科学出版社“十四五”普通高等教育本科规划教材

微 生 物 学

（第四版）

主　　编　蔡信之　黄君红　康贻军

副 主 编　陈旭健　魏淑珍　乔　帼
　　　　　沈　敏　陈　璨　卢冬梅

编　　者　蔡信之　黄君红　康贻军　陈旭健
　　　　　魏淑珍　乔　帼　沈　敏　陈　璨
　　　　　卢冬梅　苏　龙　沈会权　孙　鹏
　　　　　姚　利　朱德伟　赖洁玲　缪　静

科 学 出 版 社

北　京

内 容 简 介

本书系科学出版社“十四五”普通高等教育本科规划教材，在保持体系基本稳定的基础上，对第三版各章节做了较大的调整，补充了很多新内容，全面、系统地介绍了微生物学各方面的基础知识、基本理论、基本技术，较多地介绍了新知识、新理论、新技术、新动态。

全书共分 12 章，分别阐述各类微生物的形态结构、繁殖方式、营养、代谢、生长、遗传和变异、生态、传染与免疫、分类、鉴定及应用等知识。本书取材广泛、重点突出、结构合理、条理清晰、概念准确、图文并茂，科学性强、系统性好、理论联系实际。

本书不仅适合作为高等院校生物科学、生物技术、生物工程、生物制药和食品科学与工程等专业本科生“微生物学”课程的教科书，也可作为相关专业的科研、教学和技术人员的参考书。

图书在版编目（CIP）数据

微生物学/蔡信之，黄君红，康贻军主编. —4 版. —北京：科学出版社，2024.6

科学出版社“十四五”普通高等教育本科规划教材

ISBN 978-7-03-078650-0

Ⅰ. ①微… Ⅱ. ①蔡… ②黄… ③康… Ⅲ. ①微生物学-高等学校-教材 Ⅳ. ①Q93

中国国家版本馆 CIP 数据核字（2024）第 110592 号

责任编辑：张静秋 赵萌萌 / 责任校对：严 娜

责任印制：赵 博 / 封面设计：金舵手世纪

科学出版社 出版

北京东黄城根北街 16 号

邮政编码：100717

http:// www.sciencep.com

三河市骏杰印刷有限公司印刷

科学出版社发行 各地新华书店经销

*

1996 年 8 月第 一 版 开本：787×1092 1/16

2024 年 6 月第 四 版 印张：25 1/2

2024 年11月第十一次印刷 字数：683 000

定价：89.00 元

（如有印装质量问题，我社负责调换）

前　言

Preface

“微生物学”是高等院校生物科学、生物技术、生物工程、生物制药和食品工程等专业的重要专业基础课，内容广泛，发展迅速。本课程的教学目的是使学生对微生物学有较全面的了解，掌握本学科的基础知识、基本理论和基本技术，培养学生分析和解决相关问题的能力，以便更好地完成进一步学习及未来从事生物学教学或生物技术、生物工程和生物制药等相关工作。

本书第三版自 2011 年发行以来多次重印，许多兄弟院校的同行纷纷来信、来电，对其编写质量和使用效果给予高度评价，并希望根据新的形势尽早修订再版。本次修订工作于 2019 年开始，广泛征求意见，充分讨论大纲，反复修改稿件。本次修订在保持体系基本稳定的基础上，对第三版各章节做了较大调整，补充了很多新内容，替换和增加了不少图表。体系严密，内容丰富，取材新颖，语言通俗。特别注意与本书相配套的《微生物学实验（第四版）》（ISBN：978-7-03-061196-3）的一致性。本书线下与线上相结合，提供了许多与书本内容密切相关的视频、课件、动画、试卷、彩图、拓展资料等数字资源，以帮助读者对书本相关内容的理解和记忆。本书不仅适合作为高等院校生物科学、生物技术、生物工程、生物制药和食品科学与工程等专业本科生“微生物学”课程的教科书，也可作为相关专业的科研、教学和技术人员的参考书。

本书的修订根据师范学院及工学院的培养目标、教学大纲和教学实际，力求科学性强，系统性好；强调基础性，注重先进性，着重介绍微生物学各方面的基础知识、基本理论、基本技术，较多地介绍新知识、新理论、新技术、新动态；取材广泛，重点突出，结构合理，条理清晰，概念准确，图文并茂，事例生动，形象直观；理论联系实际，广泛介绍微生物在各方面的应用；注重启发性，设置问题，促进思考；努力贯彻“少而精”的原则，力求内容简明，语言精练，重点内容深而细，一般内容少而精。

本书的修订较细致：首先根据教学大纲和教学实际，对修订大纲进行充分讨论和反复修改；然后根据修订大纲分别修订各章初稿，初稿经主编统一反复修改后再印成讨论稿广泛征求意见，经反复修改后于 2023 年秋季学期在盐城师范学院等院校进行试用；最后根据试用结果反复修改后定稿。

本书的修订得到许多单位领导和同仁的大力支持，武汉大学沈萍教授和彭珍荣教授、复旦大学周德庆教授、南京师范大学戴传超教授等专家对修订大纲和讨论稿提出了很多宝贵的修改意见。还有很多教师对本书的修订工作给予了多方面的关心与支持，在此一并表示诚挚的谢意。还要感谢盐城师范学院及江苏省沿海地区农业科学研究所的大力支持。特别感谢科学出版社对本书出版工作的大力支持。

限于编者的水平，书中不当之处在所难免，恳请微生物学同行和广大读者指正。

编　者

2024 年 2 月

目录

Contents

学习资源申请单

读者填写以下申请单后扫描或拍照发送至联系人邮箱，可获赠学习课件及试卷一份。

<table>
<tr><td colspan="2">姓名：</td><td colspan="2">职称：</td><td colspan="2">职务：</td></tr>
<tr><td colspan="2">手机：</td><td colspan="2">邮箱：</td><td colspan="2">学校及院系：</td></tr>
<tr><td colspan="3">课程名称：</td><td colspan="3">上课人数：</td></tr>
<tr><td colspan="3">开课时间：
□春季　□秋季　□春秋两季</td><td colspan="3">读者身份：
□教师　□学生</td></tr>
<tr><td colspan="6">您对本书的评价及修改建议（必填）：</td></tr>
</table>

联系人：张静秋　编辑　电话：010-64004576　邮箱：zhangjingqiu@mail.sciencep.com

扫码查看学习视频

第一章
绪　论

第一节　微生物学的研究对象和任务

一、微生物学的研究对象

（一）微生物及其主要类群

微生物并非生物分类学上的名词，而是所有形体微小、结构简单的低等生物的总称。微生物包括没有细胞结构的病毒、亚病毒，有细胞结构的原核类的细菌、放线菌、蓝细菌、立克次体、支原体、衣原体、螺旋体、蛭弧菌、黏细菌及古菌，有细胞结构的真核类的酵母菌、霉菌和蕈菌，以及单细胞藻类和原生动物等。细菌是微生物学的主要研究对象。微生物的种类虽多，但其生物学特性和分类地位都比较接近，在研究方法和应用方面也非常相似。

（二）微生物在生物界的分类地位

在生物学发展中曾将所有生物分为植物界和动物界。我国在两千多年前的《周礼》等典籍中就明确将生物分为植物和动物，并进一步细分为很多种类。藻类有细胞壁，能进行光合作用，归于植物界。原生动物无细胞壁，可运动，绝大多数不进行光合作用，归于动物界。许多细菌具有细胞壁，能进行光合作用，又可运动，将它们归于植物界或动物界均不合适。1866 年，海克尔（Haeckel）提出三界系统，将生物分为动物界、植物界和原生生物界。1969 年，惠特克（Whittaker）提出的五界系统将有细胞结构的生物分为：原核生物界，包括细菌和蓝细菌；原生生物界，包括单细胞藻类、黏菌和原生动物；真菌界，包括酵母菌和霉菌等；植物界；动物界。1977 年，我国学者王大耜等提出将所有生物分为六界：病毒界、原核生物界、真核原生生物界、真菌界、植物界和动物界（图 1-1）。1979 年，我国学者陈世骧等建议将生物分为三总界和五界：Ⅰ. 非细胞总界；Ⅱ. 原核总界：细菌界和蓝细菌界；Ⅲ. 真核总界：植物界、真菌界和动物界。1990 年，伍斯（Woese）等根据 16S rRNA（18S rRNA）序列的比较，提出将生物分为三域（domain）：细菌、古菌和真核生物。可见，微生物在所有界级中都具有最宽的领域，在生物界中占极重要的地位。对微生物的认识水平是生物界级分类的核心。

（三）微生物的一般特点

微生物具有生物的共同特点：基本组成单位是细胞（病毒和亚病毒除外）；主要化学成分与其他生物相同，都含有蛋白质、核酸、多糖、脂类等；新陈代谢等生理活动相似；受基因控制的遗传机制相同；都有生长繁殖的能力。微生物还具有与动植物不同的特点，可以归纳如下。

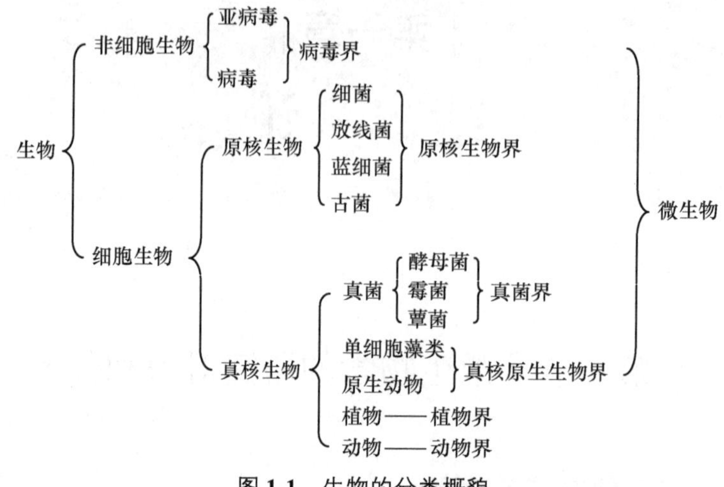

图 1-1 生物的分类概貌

1．形体微小，结构简单 微生物的个体都相当微小，通常以微米（μm）或纳米（nm）为测量单位。肉眼一般看不见微生物，必须借助显微镜才能看清，有些微生物如病毒用普通光学显微镜也无法看到，只有用电子显微镜才能看清。

微生物结构简单，大多数是单细胞个体，少数是简单的多细胞个体。病毒、亚病毒等是没有细胞结构的大分子生物。形体微小、结构简单是所有微生物的基本特征。

2．种类繁多，分布广泛 微生物的种类多、代谢类型多、代谢产物多、遗传基因多、生态类型多。据统计，目前已发现的微生物约 15 万种。截至 2005 年 12 月底，已描述过的微生物中有病毒 5450 多种，古菌 520 种，细菌 19 858 种，真核微生物 120 336 种。更大量的微生物资源还有待我们发掘。随着分离、培养方法的改进和研究工作的深入，微生物的新种、新属、新科，甚至新目、新纲不断被发现。即使研究较早的真菌，现在每年仍可发现约 1500 个新种。有人估计已发现的微生物种类至多不超过自然界中微生物总数的 10%。

微生物体积小、质量轻、数量多，在自然界分布极为广泛，几乎无处不在。土壤、空气、河流、海洋、盐湖、高山、沙漠、冰川、油井、地层下，以及动物体内外、植物体表等各处都有大量的微生物在活动。微生物与其他生物间存在互生、共生、寄生、拮抗、竞争和猎食等生态关系。例如，在人体肠道中常聚居着 100～400 种不同种类的微生物，个体总数超过 100 万亿个；20 世纪 70 年代末，人们用火箭从 85km 的高空采集到微生物；我国科学家在江苏省东海县采自 1080m 深处的岩芯样品中发现了活细菌。即使在高温、高盐、高压、低温、酸碱、干旱等极端环境中也存在各种嗜极微生物。1974 年 4 月，科学家发现东太平洋深达一万多米的海底温泉中存在既耐高温（100℃）又耐高压（1140 个标准大气压，1 标准大气压＝101.325kPa）、在厌氧条件下营自养生活的硫细菌。可见，微生物的分布比高等生物广泛得多。

3．代谢类型多，代谢能力强 微生物能分解地球上的一切有机物，也能合成各种有机物。其代谢产物极多，仅抗生素已发现一万多种。它们有多种产能方式：有的利用分解有机物放出的能量，有的从无机物的氧化中获得能量，有的能利用光能进行光合作用；有的能进行有氧呼吸，有的能进行无氧呼吸；有的能固定分子态氮，有的能利用复杂的有机氮化物；有的有抗热、冷、酸、碱、高渗、高压、高辐射剂量等极端环境的特殊能力。

微生物的代谢能力比动植物强得多。它们个体小，比表面大，一个或几个细胞就是一个独立的个体，能迅速与周围环境进行物质交换，因而具有很强的合成与分解能力。据研究，大肠杆菌（*Escherichia coli*）每小时可消耗自重 2000 倍的糖；乳酸菌每小时可产生自重 1000 倍的乳酸；产朊假丝酵母（*Candida utilis*）合成蛋白质的能力是大豆的100倍，是肉用公牛的10万倍。微生物高效率的吸收转化能力有极大的应用价值。

4．生长繁殖快，培养容易 微生物的繁殖速度是动植物无法比拟的。有些细菌在适宜条件下每20min就繁殖一代，在竞争中可以量取胜。微生物的快速繁殖能力应用在工业发酵上可提高生产率，运用于科学研究中可缩短科研周期。

微生物培养容易，能在常温、常压下利用简单营养物甚至废弃物生长，积累代谢产物。工业发酵中可用廉价的米糠、麸皮、蚕蛹粉等各种工农业废弃物作原料，其来源广，成本低。

5．容易发生变异，适应能力强 微生物个体微小，易受环境条件影响，加上繁殖快、数量多，容易产生大量变异的后代。利用这一特性选育优良菌种比较方便。例如，1943年，青霉素生产菌产黄青霉（*Penicillium chrysogenum*）每毫升发酵液含青霉素约20单位。经多年的选育，变异逐渐积累，该菌目前每毫升发酵液青霉素含量已达10万单位。当然，事物总是具有两面性。微生物容易发生变异的特性在某些方面对人类也有害，如致病菌对青霉素等抗生素的抗药性，几十年来由于变异的不断积累，使抗生素的治疗效果不断下降。耐药性强的“超级细菌”大量出现，严重威胁人类的健康。易发生变异这一特性还常导致菌种衰退。

微生物有极强的适应性，为了适应多变的环境条件，微生物在长期的进化中产生了许多灵活的代谢调控机制，并能根据自身需要及时合成多种诱导酶。微生物对环境条件尤其是恶劣的极端环境具有惊人的适应能力。例如，海洋深处的某些硫细菌可在100℃以上的高温下正常生长繁殖，一些嗜盐细菌能在32%的盐水中正常活动。

拓展资料

（四）微生物与人类的关系

1．微生物与物质转化 微生物在自然界物质循环中起着巨大的作用。地球上生物的发展，一方面依赖于植物和部分微生物的光合作用合成有机物；另一方面依赖于微生物对生物体排泄的有机物及其遗体的分解。如果没有微生物的分解作用，那么一切生物将无法生存。

2．微生物与农业生产 微生物在农业生产中作用巨大。微生物是土壤肥力的重要因素，可分解有机残体，促进难溶性矿物转化，固定空气中的氮，增加土壤有效养分；可促进土壤团粒结构的形成。利用微生物的活动可将废弃有机物堆沤成优质的有机肥料。利用微生物发酵沼气，既可产生清洁燃料，又可生产优质肥料。利用微生物可生产多种抗生素、杀虫剂、除草剂和生长促进剂，能防治作物病虫害和杂草，促进动植物生长。利用微生物还可大量生产单细胞蛋白和食用菌。农产品的加工和贮藏很多是利用有益微生物的作用或抑制有害微生物的活动。

3．微生物与工业生产 利用微生物发酵法生产药物、化工原料等产品有许多优点：设备简单，不需要耐高温、耐高压的设备；原料广泛，可用廉价的工农业副产品甚至废弃物，可因地制宜，就地取材；不需要催化剂；产品一般无毒；耗能少；污染轻；工艺独特，成本低廉。微生物是发酵工业的核心，在工业生产中起着越来越大的作用。有的是直接利用其菌体，有的是利用其代谢产物或代谢活动。微生物已被广泛用于生产食品、药物、化工原料、生物制品、饲料、农药等。有的被用于纺织、制革、石油发酵、细菌冶金，以及石油的勘探、开采和加工。近年来也有利用微生物生产塑料、树脂等高分子化合物的报道。基因工程、固定化酶、固定化细胞等先进技术的应用，进一步发掘了微生物在工农业生产中的巨大潜力。

4．微生物与能源供应 石油、天然气、煤炭等化石能源正日益减少。微生物不仅可通过分解、产气等作用提高石油采收率，而且在新能源生产方面具有巨大的潜力：微生物可将秸秆等中的纤维素转化成乙醇，可将粪便、垃圾、污水等废弃有机物发酵产生甲烷、氢气等清洁能源，可发酵生产正烷烃类等燃料，可生产微生物电池，还可进行微生物发电。

5. 微生物与资源开发 微生物发酵纤维素等大分子有机物可产生乙醇、丙酮、丁醇、甘油及各种有机酸等小分子有机物，作为化工、轻工、制药等工业的原料。这些原料原来都是用化学方法生产的。微生物有很强的分解和合成能力，很多废弃物、污染物都可由微生物经多种途径降解或转化为宝贵的资源，使其综合利用，变废为宝，化害为利。

6. 微生物与环境保护 微生物种类多，分解能力强。在环境保护方面，越来越多地利用微生物处理污水、污物、毒物，以消除污染，保护环境，监测环境质量。含有农药、氰化物、酚类等毒物的污水、污物也可以被微生物降解。微生物的这种降解能力还可以通过人工方法获得更大的提升。

7. 微生物与人类健康 微生物与人类及畜禽的健康关系密切。例如，有些微生物生活在动物肠道内，可合成维生素、氨基酸等为宿主提供营养。牛、羊等反刍动物需要微生物的共生才能消化草料中的纤维素。微生物产生的抗生素可治疗人及畜禽病害；真菌多糖等对许多癌症有疗效。利用微生物还可生产各种药物及疫苗等生物制品。随着更多新的微生物，特别是有特殊性质和功能的微生物被发现，以及对微生物研究的深入，微生物必将在人类的生产和健康等方面发挥更大的作用。

微生物也有对人类有害的一面。有些微生物能引起人及动植物的病害，称为病原微生物。天花、鼠疫、霍乱、结核、流感、梅毒等曾给人类造成重大的灾难。人类免疫缺陷病毒、SARS冠状病毒、新型冠状病毒、流感病毒、肝炎病毒、结核杆菌、口蹄疫病毒、花叶病毒等至今仍在严重威胁人类健康和农牧业生产。人类历史上因传染病的大流行而死亡的人数远远超过两次世界大战的死亡人数。例如，6世纪、14世纪和20世纪初三次鼠疫流行共殃及人口近两亿，特别是1347年的鼠疫流行使欧洲1/3的人（约2500万）死亡，此后鼠疫又多次流行，使欧洲约75%的人死亡；16世纪初由西班牙人传入美洲的天花病毒，使墨西哥半数人口死亡，2000万印第安人中95%死亡；1918～1919年发生的“西班牙流感”死亡人数超过5000万；1845～1846年爱尔兰发生马铃薯晚疫病大流行，毁灭当地5/6的马铃薯，造成著名的“爱尔兰大饥荒”，仅爱尔兰800万人口中就有150万人因饥饿而死。病毒、细菌和真菌毒素可诱发肿瘤。微生物还能引起工农业产品及生活日用品的霉烂、腐蚀。

二、微生物学的分支学科和任务及意义

（一）微生物学的分支学科

微生物学是研究微生物及其生命活动规律和应用的科学。研究内容包括微生物的形态结构、生理生化、生长繁殖、遗传变异、生态分布、分类鉴定及其在工业、农业、医疗卫生、环境保护和生物工程等方面的应用。除了相应的理论体系，还有独特的研究技术。

由于研究任务不同，微生物学形成了许多分支学科。研究微生物基本生命活动规律的学科有普通微生物学、微生物分类学、微生物生理学、微生物生态学、微生物遗传学及分子微生物学等，还有重点研究微生物与宿主细胞相互关系的细胞微生物学和伴随人类基因组计划兴起的微生物基因组学、人体微生物组学、微生物蛋白组学、宏基因组学等分支学科。根据被研究对象的类群分为细菌学、真菌学、病毒学、藻类学和原生动物学等。应用微生物学有农业微生物学、工业微生物学、医学微生物学、兽医微生物学、药学微生物学、卫生微生物学、食品微生物学、粮食微生物学、乳品微生物学、石油微生物学、海洋微生物学、土壤微生物学、环境微生物学、地质微生物学、太空微生物学、水微生物学等。学科交叉、融合产生合成微生物学、

分析微生物学、检验微生物学、微生物工程学、微生物信息学等新学科。微生物学的各分支学科既互相区别，又互相联系、互相渗透、互相促进。

（二）微生物学的任务及意义

微生物学的任务是研究微生物及其生命活动的规律，研究它们与人类的关系，发掘微生物资源，充分利用微生物的有益作用，消除其有害影响，造福人类。

微生物学是生命科学的重要组成部分。微生物结构简单、生长迅速、易于培养，突变体应用方便，是研究生命科学中许多基本问题的良好材料。现代生物化学和分子生物学的许多重要概念都是从微生物代谢研究中得到的。微生物遗传学的研究大大丰富了现代遗传学。微生物学与生物化学、分子生物学、分子遗传学和细胞生物学等学科相互渗透、相互促进，在探索生命的本质、生命活动规律、生命起源与生物进化等方面有重要意义。

第二节 微生物学的发展

一、我国古代劳动人民对微生物的认识和利用

微生物学的历史虽短，但人类利用微生物的时间很长。我国劳动人民在长期的生产实践中对微生物的活动早就有很深刻的认识，利用微生物的历史悠久、经验丰富。

工业方面，据考古学研究，我国在八千多年前就利用微生物酿酒。2021 年，在河南仰韶村遗址第四次考古中发现距今五千多年的发酵酒。四千多年前的龙山文化遗址出土的陶器中发现很多饮酒器具，说明我国在那时酿酒已很普遍。商代甲骨文中记载了很多不同品种酒。在商代遗址中发现具有相当规模的酿酒工场遗址，并发现人工培植的酵母菌，说明至少在商代我国已有相当发达的独立酿酒手工业。据古籍记载，我国在战国前就开始酿造黄酒，唐代以前就有白酒。北魏贾思勰著的《齐民要术》和明代宋应星著的《天工开物》都详细记载了我国几十种酒及其先进的酿造技术。我国的制曲酿酒以工艺独特、历史悠久、经验丰富、品种多样的四大特点闻名世界。直到 19 世纪末，欧洲才开始研究我国的酿酒方法。近年来，基于世界 287 株和中国 266 株代表性酿酒酵母菌基因组数据，通过对酵母菌株群体基因组、系统发育基因组和比较基因组学分析，以及表型性状差异与基因组变异的对应性分析等发现，中国是酿酒酵母的野生群体及其驯养群体的起源中心。

红曲是我国劳动人民的一项重大发明，它是我国的特产，不仅是无害的食品染料，而且能入药。公元前 10 世纪，我们的祖先已利用豆类在霉菌的作用下制酱。公元 6 世纪，《齐民要术》详细记载了制醋的方法。长期以来，我国劳动人民一直利用盐腌、糖渍、烟熏、风干等方法保存食品，这些方法都是抑制微生物生长繁殖、防止食品腐烂变质的有效措施。

1000 年前，我国已正式用细菌浸出法大量生产铜。北宋张潜著《浸铜要略》中有详细记载。

农业方面，我国早在商代已使用沤粪肥田。公元前 1 世纪《氾胜之书》就已提出用熟粪肥田和瓜与小豆间种的耕作制度。公元 3 世纪《广志》记载稻田栽培紫云英作绿肥。《齐民要术》明确提出“凡谷田，绿豆、小豆底为上”，提倡谷豆轮作，利用根瘤菌为农业生产服务。我们的祖先对作物、牲畜、蚕、桑的病害及其防治方法也早有很高的认识。公元 2 世纪《神农本草经》就记载了蚕的“白僵（病）”。《陈旉农书》也明确记叙“黑白红僵”三种蚕病，并提出了相应的防治措施。李时珍的《本草纲目》中有很多对植物病害及其防治的记载。我国劳动人

民对作物及蚕的病害早就有了多种科学有效的防治措施，如保持环境清洁、蚕房干燥、空气流通，洗晒养蚕用具等。这些措施直至现在仍是预防病原菌传染的好方法。

食用菌栽培是我国劳动人民的首创。《本草纲目》记载我国人工栽培食用菌从公元 7 世纪（唐朝）开始，而西方从 18 世纪才开始。《菌谱》（1245 年）及《广菌谱》（1500 年）分别系统地描述了 19 种食用菌的形态和生态，并作了科学的分类，比西方同类专著早几百年。

医学方面，直接用真菌作药材是我国劳动人民的一大发明。2500 多年前就用曲治疗饮食停滞，用豆腐上的霉治疗疮痈，用茯苓、灵芝等真菌治疗疾病。汉代《神农本草经》等书中详细记载了茯苓、灵芝和麦角等十几种药用真菌。2000 多年前已认识到许多疾病有传染性，为防治传染病积累了丰富经验。春秋时代名医扁鹊提出“防重于治”的正确医学思想。2000 年前就有鼠疫流行的记载。公元前 556 年已知狂犬病来源于疯狗，并采取驱逐疯狗的方式预防狂犬病。公元 3 世纪已有“取猘（疯狗）脑傅之”以防治狂犬病的记载，与近代防治狂犬病的免疫学方法相同。公元 2 世纪张仲景已认识到伤寒流行与环境、季节有关，并提出禁止食用病死兽类的肉及不清洁的食物。三国时期名医华佗首创麻醉术及消毒严格的剖腹外科，并主张割去腐肉以防传染。这种先进的医学思想和高超的医疗技术当时在世界上遥遥领先。公元 4 世纪葛洪《肘后备急方》中详细记载了天花的病状和流行方式。公元 9 世纪我国已发明用鼻苗法种痘，11 世纪（宋代）广泛种人痘预防天花。明代已有《治痘十全》等专著，这是世界医学史上的伟大创造，后来传至亚洲、欧洲及美洲各国。18 世纪英国詹纳（Jenner）在我国发明的种人痘的基础上发展为种牛痘。1641 年，我国医生吴又可提出“戾气”学说，认为传染病的病因是一种看不见的“戾气”，主要经口、鼻传播。

二、微生物的发现

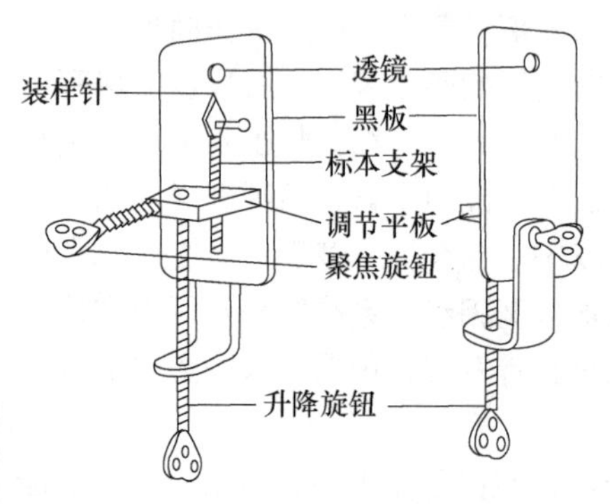

图 1-2　列文虎克发明的显微镜

拓展资料

人类对微生物利用虽早，并推测自然界存在肉眼看不见的微小生物，但因技术条件限制无法用实验证实。显微镜的发明揭开了微生物世界的奥秘。1676 年，列文虎克（Leeuwenhoek）用自制的放大倍数为 200～300 倍的显微镜（图 1-2）在污水、牙垢等样品中观察到并描绘了微小生物，为研究微生物创造了条件。限于科学技术水平，在此后近两个世纪中对微生物知识的积累缓慢，停留在形态描述和分门别类阶段，未能将其形态及生理活动与生产实践相联系，不了解其活动规律及与人类的关系，未形成学科。

三、微生物学的奠基

19 世纪 30～40 年代由于马铃薯晚疫病在欧洲流行，造成严重灾荒，60 年代又出现酒变酸和蚕病危害等问题，推动了人们对微生物的研究。巴斯德（Pasteur）通过研究酒变酸、蚕病及鸡霍乱、牛羊炭疽病、人狂犬病获得了许多微生物学知识，发现酒、醋的酿造是不同微生物的发酵引起的，酒变酸是有害微生物繁殖的结果。这些有害微生物需要不同的生活条件，通过控制发酵条件便可有效地控制发酵过程。他通过接种减毒疫苗预防鸡霍乱、人狂犬病和牛羊炭疽病等传染病。他还提出了科学的消毒法（60～65℃短时间加热，杀死有害微生物），后称巴氏消毒法，推动了罐头和食品工业的发展。他用严密的科学实验令人信服地否定了微生物的“自然发生说”，提出了生命只能来自生命的胚种学说。他将两个瓶中的有机汁液煮沸后，其中一个瓶子的瓶口连接一个弯曲的长管以保持有机汁液与外界空气接触，另一个瓶子从顶端开口，都不加盖置于空气中。结果前一个瓶中没有微生物发生，而后一个出现了大量微生物。前一个瓶中之所以能保持无菌状态，是由于空气中的带菌尘埃不能通过弯曲的长管进入瓶内（图 1-3）。从此，对微生物的研究从形态描述进入生理学研究的新阶段。

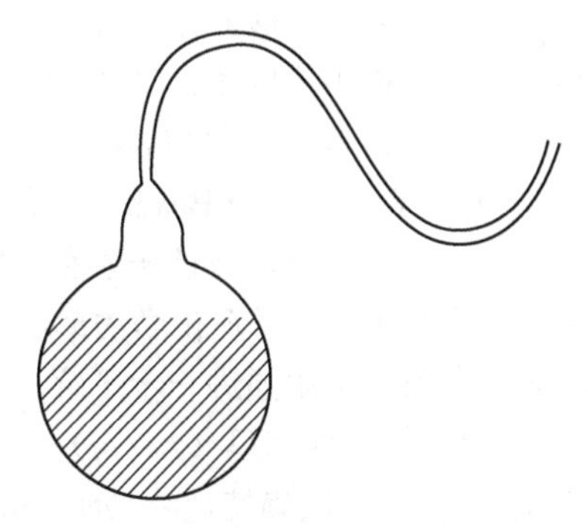

图 1-3 鹅颈培养瓶

科赫（Koch）在建立微生物学实验方法、寻找并确认重要传染病的病原体等方面作出了重大贡献。他首先分离、培养出炭疽病菌、霍乱弧菌和结核杆菌等病原菌，于 1884 年提出了确定病原微生物的科赫法则：病原微生物总是存在于患传染病的动物体内；这一病原微生物能从宿主分离，并被培养为纯培养物；这种纯培养物接种到敏感动物体内，应出现特有的疾病症状；从人工接种的致病动物体内能分离出与原来相同的病原微生物。这一法则至今仍指导着动植物病原体的确定。他建立了一套研究微生物的技术，如菌种分离、培养、接种、染色、显微摄影等，并沿用至今。其助手 Petri 设计出玻璃培养皿，另一助手 Hesse 在用琼脂做果冻的妻子的启发下以琼脂作固体培养基的凝固剂，现在仍广泛使用。

巴斯德与科赫的工作奠定了微生物学的科学基础。此后，微生物学发展比较迅速，微生物学各分支学科相继建立。许多微生物学家作出了贡献，如贝杰林克（Beijerinck）与维诺格拉德斯基（Виноградскнй）研究了豆科植物的根瘤菌及土壤中的固氮菌和硝化细菌，提出了土壤细菌和自养型微生物的研究方法，奠定了土壤微生物学的基础。伊万诺夫斯基（Иbahobckий）在研究烟草花叶病时发现了烟草花叶病毒，扩大了对微生物的认识，并奠定了病毒学的基础。布赫纳（Buchner）用酵母菌无细胞压榨汁发酵葡萄糖产生乙醇，发现了微生物酶，推动了微生物生理生化的研究。梅契尼可夫（Мечиникоb）发现了白细胞的噬菌作用，对免疫学的建立作出了贡献。埃利希（Ehrlich）用化学药剂控制病菌，开创了化学治疗法。李斯特（Lister）提出了外科消毒法。在此期间各种病原菌陆续被发现，病原菌新的检查方法相继建立。由于各类微生物包括放线菌、立克次体、病毒等相继被发现，人们对微生物种类的认识日益加深，对微生物的应用更加广泛，各种微生物学专著陆续出版。

四、现代微生物学的发展

（一）20 世纪微生物学研究的重大事件

进入 20 世纪，电子显微镜的发明，同位素示踪原子的应用，生物化学、生物物理学等交叉学科的建立，推动了微生物学向分子水平的纵深方向发展。

1929 年，弗莱明（Fleming）发现青霉素能抑制细菌生长。此后，开展了对抗生素的深入研究，抗生素工业像雨后春笋一样发展起来，形成了强大的现代化产业部门。除医用外，抗生素还广泛用于动植物病害及杂草防治和食品保藏等许多方面。

1935 年，斯坦利（Stanley）得到烟草花叶病毒结晶。1937 年，鲍登（Bawden）等证实该结晶为核蛋白，有感染性。此后证明其他病毒主要成分也是核蛋白，由核酸与蛋白质组成，两部分分开后只有核酸具侵染性。这些发现不仅为病毒病的治疗指明了途径，而且为探索生命的本质和起源提供了线索。20 世纪 30 年代电子显微镜的发明为微生物学等学科提供了重要的观察工具。1939 年，考雪（Kausche）等首次用电子显微镜观察到了棒状的烟草花叶病毒。

1941 年，比德耳（Beadle）和塔图姆（Tatum）分离并研究了粗糙脉孢菌（*Neurospora crassa*）的系列生化突变型，使遗传学和生物化学结合，不仅促进了微生物遗传学和微生物生理学的建立，而且推动了分子遗传学的形成。阐明了基因和酶的关系，提出“一个基因一个酶”的假说。对基因作用和本质的进一步了解，使细胞遗传学进入生化遗传学阶段。

1944 年，埃弗里（Avery）等通过细菌转化实验证明储存遗传信息的物质是脱氧核糖核酸（DNA），第一次确切地将 DNA 和基因的概念联系起来，开创了分子生物学的新纪元。

1953 年，沃森（Watson）和克里克（Crick）总结了前人的实验结果，分析了 DNA 的 X 射线衍射图片，提出了脱氧核糖核酸分子双螺旋结构模型；不久，他们又提出了 DNA 的半保留复制假说；1958 年，梅塞尔森（Meselson）和斯塔尔（Stahl）利用氮的同位素 ^{15}N 标记大肠杆菌的 DNA，首先证实了 DNA 的半保留复制假说。他们的工作为分子生物学和分子遗传学奠定了坚实的理论基础。

1958 年，克里克（Crick）提出遗传信息传递的“中心法则”。

1961 年，雅各布（Jacob）和莫诺（Monod）通过对大肠杆菌乳糖代谢调节机制的研究，提出操纵子学说和基因表达的调节机制。1963 年，莫诺等提出调节酶活力的变构理论。

1965 年，尼伦伯格（Nirenberg）等用大肠杆菌的离体酶系加标记氨基酸及多聚核苷酸等进行实验，证实了三联体遗传密码的存在，编写了遗传密码字典，提出遗传密码的理论，阐明了遗传信息的表达过程。这些微生物学研究成果，使分子生物学更快地发展起来。

1970 年，史密斯（Smith）等从流感嗜血杆菌 Rd 的提取液中发现并提纯了限制性内切酶，为分子生物学及遗传工程实验室找到了加工 DNA 分子的“手术刀”。

1973 年，科恩（Cohen）等首次将重组质粒成功转入大肠杆菌中并得到复制和表达。

1975 年，密尔斯坦（Milstein）等建立单克隆抗体技术，它是微生物培养、合成培养基、营养缺陷型筛选及原生质体融合等技术在免疫学领域的应用。

1977 年，桑格（Sanger）等对 ΦX174 噬菌体的 5373 个核苷酸的全部序列进行了分析。20 世纪 90 年代中后期，研究者相继对独立生活的原核微生物流感嗜血杆菌和真核微生物酿酒酵母 DNA 进行全序列分析。为“人类基因组作图和测序计划”及其后基因组研究的完成做好了技术准备。

1979 年，将人胰岛素 A 链和 B 链基因转入大肠杆菌并成功表达，使高等生物的遗传信息能在原核生物细胞中表达；后来莫里斯（Mullis）又建立了 PCR 技术，使生物技术全面发展。

1982 年，普鲁西纳（Prusiner）发现了朊病毒，发现它有与普通病毒不同的成分、结构和致病机制。

1989 年，比肖普（Bishop）和瓦穆斯（Varmus）发现癌基因，为癌症的预防和治疗指明了方向。

1990 年，伍斯（Woese）等根据对 16S rRNA（18S rRNA）的全序列研究，提出古菌（archaea）是不同于细菌（bacterium）和真核生物（eukaryote）的特殊类群。

20 世纪，微生物学与生命科学的其他学科不断汇合、交叉，获得了全面、深入的发展。首先，它与遗传学、生物化学汇合，形成了微生物遗传学和微生物生理学，使其他各分支学科都迅速发展。随后，微生物生态学、环境微生物学等许多新的分支学科在与生态学、环境科学等学科的交叉中发展起来。如今，微生物学研究全面进入分子水平，并与分子生物学等学科相互渗透，使微生物学成为生命科学中发展最快、影响最大，体现生命科学发展主流的前沿学科，在生命科学发展的各个阶段都发挥了关键作用。微生物学应用也飞速发展，抗生素、酶制剂、有机酸、氨基酸、核苷酸、维生素、生物制品等都用微生物大量生产。在基因工程带动下，微生物发酵工业已成为现代生物技术的重要部分。

（二）微生物学推动生命科学的发展

1．促进许多重大理论问题的突破 微生物学对生命科学的发展特别是许多重大理论问题的突破起了至关重要的作用。“一个基因一个酶”假说的提出、遗传物质基础的确定、DNA双螺旋结构的提出及基因的深入研究等许多重大理论问题都是在研究微生物中解决的。DNA、RNA、蛋白质的合成机制及遗传信息传递的“中心法则”的提出都是微生物学家作出的贡献。糖酵解及许多氨基酸、核苷酸等的合成途径都是在对微生物的研究中搞清楚的。许多代谢途径首先在微生物中发现，再从动物组织中找到，最后在植物中得到证明。微生物学也为分子生物学的形成和发展奠定了基础。通过研究大肠杆菌无细胞蛋白质合成体系及多聚尿苷酶发现了苯丙氨酸的遗传密码，继而完成了全部密码的破译，为人类从分子水平研究生命现象开辟了新的途径。通过研究大肠杆菌诱导酶的形成机制提出操纵子学说，阐明基因表达调控机制。微生物学、生物化学和遗传学相互渗透，促进了分子生物学的形成，深刻地影响了生命科学的各个方面。因此，微生物学是现代生命科学的带头学科之一，处于整个生命科学发展的中心和前沿。

2．微生物是研究生命科学的理想材料 微生物具有种类众多、结构简单、繁殖快速、培养容易、代谢旺盛、便于保藏、基因组小、分散的各细胞受环境的影响直接而均匀等优点。遗传的物质基础，基因的转化、转导、接合，代谢阻遏，遗传密码，转录，翻译，mRNA，tRNA等许多基本概念，都是以微生物为研究材料发现和证实的。例如，“断裂基因”的发现源于对病毒的研究，“跳跃基因”（可转座因子）的最终证实来源于对大肠杆菌的研究，基因结构的精细分析、重叠基因的发现，以及最先完成的基因组测序等都和微生物学的发展直接相关。

3．对生命科学研究技术的突出贡献 微生物学的许多先进实验方法，如显微镜技术和制片染色技术、无菌操作技术、消毒灭菌技术、纯种分离和克隆化技术、纯种培养技术、突变型标记及筛选技术、菌种保藏技术、原生质体制备和融合技术、DNA重组与转化技术等，已在生命科学的很多领域中被广泛采用，推动了整个生命科学的发展。例如，动植物细胞的离体培养、转基因动物和转基因植物的转化技术等新技术都依赖微生物学的理论和技术。特别是20世纪70年代微生物学的许多重大发现，包括DNA重组与转化技术和以微生物为主角的基因工程的出现，使整个生命科学翻开了新的一页，也将使人类定向改变生物的梦想成为现实。基因工程为人工定向控制生物遗传性状、根治疾病、美化环境、用微生物生产稀有药物及其他发酵产品展现了极其美好的前景。

4．对基因组学发展的贡献 微生物基因组的研究对基因组学的发展作出了突出贡献，世界上第一个全测序的基因组是ΦX174噬菌体（1977年）、第一个全基因组测序的独立生活物种是流感嗜血杆菌（1995年）、第一个全基因组测序的真核生物是酿酒酵母（1996年）。在两百多种独立生活的模式微生物全基因组序列的测定中，基因作图和测序方法不断改进，大大加快了“人类基因组计划”的进程。在后基因组时代，微生物仍将作为模式生物为高等生物基因功能的研究提供帮助。

5．微生物学研究是揭示生命本质的重要途径 微生物是地球上最早出现的生命，特别是病毒、亚病毒具个体微小、结构简单、基因组小等特点，其特别适合作研究生命本质和起源的材料，这是其他生物无法替代的。研究病毒、亚病毒对探索生命本质和起源有特别重大的意义。例如，在海洋深处某些硫细菌可在250℃甚至300℃高温下生活，其代谢特殊，研究这类微生物对揭示生命本质有重大意义。

合成新生命成功的起点是微生物，研究的最初目标是病毒和细菌。合成新生命的研究瞄准了基因组最小的支原体。2008 年，史密斯（Smith）等报道成功化学合成、装配并克隆了生殖支原体（*Mycoplasma genitalium*）的全基因组，并有合成脊髓灰质炎病毒（poliovirus）的全基因组序列和重建流感病毒等的报道。合成生物学已成为国内外科学家的研究热点。

（三）21 世纪微生物学发展的趋势

1．向纵深方向和分子水平发展 分子生物学的飞速发展使整个生命科学都进入分子水平，并将持续发展。人类基因组计划更加促进了微生物基因组学、微生物信息学、微生物分子进化学、微生物功能基因组学、微生物结构生物学、微生物蛋白质组学、微生物代谢组学、微生物组（特定环境中的微生物群）学及合成微生物学等新学科的形成和发展，迎来了后基因组生物学时代。进一步认识基因和基因组的精细结构和功能，为从本质上认识、改造、利用微生物产生质的飞跃奠定基础，并推动分子微生物学等基础研究学科的发展。随着基础研究的不断深入，一批基础性新学科正在形成，如厌氧微生物学、嗜热菌生物学、嗜极菌生物学、古菌学、亚病毒学和固氮遗传学等。

2．微生物多样性的研究以更快的速度推进 据最新的估计，微生物的种类占地球生物种类数的 60%，现在已知微生物的种类占地球上实际存在的微生物种类的比例不足 10%，已利用的种类不足 1%。发展新的分离、培养技术，寻找和鉴定新的微生物，特别是具有特殊性质和功能的微生物将是 21 世纪微生物学家的一项重大任务。现在微生物基因库中已积累了成千上万个记录。近几年来，应用核酸探针技术发现了许多和已知基因序列差别很大的 DNA 片段，目前还不能培养含有这些基因序列的微生物。随着微生物基因全序列数据的增加和基因功能知识的增长，人们将会更深刻地了解微生物之间的亲缘关系，加快鉴定微生物的速度，以及发现更多的微生物和以前未发现的功能。在应用方面，可利用现代生物学技术分离新功能菌株，利用新的基因或基因簇降解环境中的污染物，获得新能源，回收重金属。

3．与其他学科更广泛交叉，获得新的发展 20 世纪微生物学、生物化学和遗传学交叉形成了分子生物学，21 世纪微生物基因组学则是数学、物理、化学、信息、计算机等多种学科交叉的结果；21 世纪初新发展的合成微生物学是分子生物学、基因组学、信息科学和工程技术交叉融合形成的。微生物学将进一步向地质、海洋、大气、太空等领域渗透，使更多的边缘学科得到发展，如微生物地球化学、海洋微生物学、大气微生物学、太空微生物学及极端环境微生物学。微生物与能源、信息、材料、计算机的结合也将开辟新的研究领域。微生物学的研究技术和方法将会在吸收其他学科先进技术的基础上，向自动化、定向化和定量化发展。随着快速、灵敏、微型、智能的各种新技术、新仪器的广泛应用，微生物学研究将逐步提高到动态、定量、定位、立体、原位、实时、痕量、小样的新水平，推动生命科学更快发展。

4．开创微生物产业的新局面 继动物、植物两大产业后，微生物产业在 20 世纪已成为第三大生物产业，这是以微生物的代谢产物和菌体为生产对象的新兴产业。21 世纪微生物产业除更广泛地利用和挖掘不同生态环境的自然资源微生物外，还将利用基因工程技术构建更多的高效基因工程菌以生产各种外源基因表达的产物，用微生物生产各种动、植物的组成成分，特别是疫苗、药物、保健品及精细化学品等的生产将出现空前的新局面，抗癌、抗病毒、调节细胞功能等的各类药物将大量出现。

微生物产业在农业方面将会有更大的发展，微生物肥料、农药、生长促进剂、抗干旱和冻害剂、土壤改良剂的使用会更加普遍。微生物饲料和其他兽用微生物制剂将成为畜牧业的必需品。担子菌及藻类等的特殊营养和药用价值将得到进一步的利用。

在环境保护和生物修复等方面，微生物产业将提供更多更有效的产品，不断改进微生物处理污物的方法和工艺，更有效地处理有毒有害废物、修复环境；将广泛利用微生物快速降解废物并回收可用材料，还可提供氢气、甲烷等清洁能源；废弃物无害化处理的微生物制剂将陆续问世，为修复污染的环境和消除突发污染提供快速、有效的手段。

5. 向宏观范围拓宽 微生物学除向纵深方向研究微生物生命活动的规律外，还将向宏观、各种复合生态系统发展，形成许多新学科，如资源微生物学、热带真菌学、太空微生物学、海洋微生物生态学、人体微生态学、植物微生态学、感染微生态学和嗜极菌生态学等。

微生物作为地球上最早出现的生物，既有生物的共性又有其特性。微生物是动物、植物等大生物存在的基础，是研究整个生物圈对外界环境刺激作出应答最合适的材料。21世纪，微生物将是解决生物学重大理论问题如生命的本质及起源和进化，物质运动的基本规律与实际应用问题如能源开发、资源利用、环境保护、粮食增产及人类健康等最理想的材料。

五、现阶段我国微生物学的简况

我国劳动人民勤劳、智慧，认识和利用微生物的历史已有 5000 多年，特别是在酿造酒、酱油、醋等微生物发酵产品，以及种“人痘”和“麦曲”防治疾病等方面作出了卓越贡献。但将微生物作为一门科学进行系统研究在我国起步晚，发展慢。1949 年前，我国微生物学研究力量薄弱且分散，没有形成自己的队伍和研究体系，没有专门的微生物学教学、科研机构，也没有我国自己的现代微生物工业。1949 年后，在党和政府的领导下，微生物学和其他学科一样发展迅速，在基础理论研究和应用研究方面都取得了大批重要成果。

工业方面，古老的酿造业恢复了生气，设备不断更新，逐步实现了连续化和自动化；产品质量和原料利用率不断提高。品种齐全、质量上乘的各种名酒享誉全球。陆续建立了抗生素、生物制品、酶制剂、石油发酵、微生物农药等发酵工业，建立了现代微生物工业体系，使微生物广泛应用于食品、医药、制革、纺织、石油、化工、冶金及环保等国民经济的许多部门，形成了一个庞大的产业，对整个国民经济起着极其重要的作用。我国抗生素、氨基酸、有机酸、多糖、寡糖、维生素、酿酒、酶制剂等的生产都已具相当规模。例如，抗生素产量不断增加，质量逐步提高，品种逐渐增多，发酵单位也稳步上升，产品的产量稳居世界首位，远销世界各国。我国的两步及一步发酵法生产维生素 C 和十五碳二元酸生产新工艺，以及十二碳二元酸及其衍生物工业化生产技术都达到了世界先进水平。我国成功地以薯干和废糖蜜为原料，用微生物发酵法生产味精、柠檬酸、甘油、有机酸等，产量高、质量好。许多产品结束了过去依赖进口的局面。尤其是利用发酵法生产酶制剂，促进了酿酒、食品、印染、制糖、纺织、皮革等行业的发展，提高了产量、降低了成本，更主要的是提高了产品质量。我国成功地用微生物发酵法进行石油脱蜡，降低油品凝固点，以满足工业生产和国防建设的需要。以石油为原料发酵生产酵母菌、有机酸、酶制剂、抗生素等都有深入研究。利用微生物法勘探石油和天然气，利用微生物提高原油采收率，创造多种微生物采油工艺，应用范围不断扩大。对石油酵母和石油蛋白质综合利用的研究工作已有很大进展。细菌冶金的研究工作进展很快，分离选育了氧化力强的嗜酸菌及嗜热菌，并成功地应用于铜、锰、铀、钴、金、镍等金属矿物的浸出和提取。

环境保护方面，利用微生物处理有毒废水的研究和应用进展都很快，选育出一批高效降解污染物的细菌，研究了合理的生物治理工艺。已用微生物处理含酚、氰、有机磷、丙烯腈、TNT、硫氰酸盐、石油、重金属、染料等的各种废水。我国在20世纪70年代初分离筛选有效微生物，成功处理氯丁橡胶、腈纶、TNT炸药、豆制品等工业废水和生活污水，研究污水处理中活性污泥膨胀的微生物学机制。70年代末，对多种农药降解菌进行研究，用氧化塘法处理有机磷农药废水。80年代，研究石油污染降解微生物，建立了分子微生物研究方法，研究降解石油烃类污染的质粒，以及污染水源的饮用水致突变物的生成及防治。

农业方面，微生物应用越来越多。我国已研制成功多种微生物农药，如防治园林、蔬菜、农田害虫的苏云金杆菌制剂和昆虫病毒制剂，防治松毛虫等的白僵菌制剂，防治蚊子幼虫的球形芽孢杆菌制剂等。农用抗生素如春雷霉素、井冈霉素、庆丰霉素、内疗素等已被广泛应用。用“鲁保一号”微生物除草剂防治大豆菟丝子获得良好效果。微生物肥料有我国科技工作者分离的泾阳链霉菌（*Streptomyces jingyangensis*）、根瘤菌、自生固氮菌、联合固氮菌、磷细菌、钾细菌、内生菌、菌根菌等多种制剂，其应用越来越广。生物固氮的研究在各方面都取得很大进展。根瘤菌调查与分类研究成果丰硕，达到世界先进水平。沼气发酵在农村、城市普遍推广应用。赤霉素等生长激素、糖化饲料、畜禽用生物制品的研究与应用进展迅速。植物病毒病害的调查、鉴定及防治各项研究工作都取得显著成绩，可用生物化学、分子生物学、电子显微镜（简称电镜）等手段对一些重要作物病毒病原迅速作出鉴定，为综合防治提供科学依据。用控制温度等生长条件、接种类病毒及病毒卫星RNA、创建抗病毒的转基因植物等多种途径防治植物病毒病获得了成功。

医学卫生方面，各类生物制品如菌苗、疫苗等的生产和应用飞速发展。由于大力开展爱国卫生运动，普遍进行预防接种，我国已在1949年后的不长时间内消灭或控制了天花、鼠疫、霍乱等烈性传染病。小儿麻痹症也已消灭。乙型脑炎等流行病也在逐步被控制和消灭中。对人类流感病毒开展了生态研究，亚洲甲型流感病毒是我国首先发现的。肿瘤病毒的研究十分活跃，还开展了对真菌毒素和细菌毒素、衣原体、支原体等的研究工作。我国科学家汤飞凡于1956年首先分离并用鸡胚培养成功沙眼衣原体，在国际学术界引起轰动，荣获国际沙眼防治组织颁发的沙眼金质奖章。我国著名科学家顾方舟等成功研制脊髓灰质炎糖丸减毒活疫苗，普遍计划免疫，使我国本土于2000年消灭了小儿麻痹症。

动物医学方面，对布鲁氏病等多种人畜共患疾病进行了深入的研究。已使常用诊断制剂标准化，提高了诊断技术。研制了许多细菌病原安全有效的菌苗，有效地防治了这些细菌性传染病。对动物病毒病的研究取得了显著成绩，首先研制并应用的马传染性贫血疫苗、猪瘟疫苗、猪肺疫-猪瘟-猪丹毒三联疫苗等多种疫苗，在国际上得到了较高的评价。

基础理论方面，微生物分类、代谢、遗传育种、分子遗传学、菌种筛选与保藏、微生物资源开发等各个领域都取得了很大成绩。菌种保藏工作进展很快，1951年成立了中国菌种保藏委员会，1979年成立了中国微生物菌种保藏管理委员会。目前仅中国普通微生物菌种保藏管理中心（CGMCC）就保藏各类微生物资源3200余种，菌种三万多株，并编印了《中国菌种目录》一书。菌种选育工作成绩显著，除用常规育种方法获得许多优质高产菌株外，还利用微生物代谢调控理论、原生质体融合、基因工程等新理论、新技术选育出许多优良菌株。1981年，我国将乙型肝炎病毒表面抗原基因分别在细菌、酵母菌中表达，制得疫苗，达到世界先进水平。1965年，我国第一次成功地人工合成了具有生物活性的结晶胰岛素，引起了全世界的巨大轰动，至今其仍是全世界唯一的人工合成的具有生物活性的蛋白质。1983年，我国构建了一套多功能质粒，在大肠杆菌中表达胰岛素成功，在世界上又是首屈一指。1987年，我国在大肠杆菌中表达干扰素成功。利用细胞融合技术获得了许多新菌种。对某些酶类、氨基酸、抗生素的生物合成及其调节的研究也取得了进展。微生物遗传学的研究，特别是细菌质粒的研究获得了很大进展。

近年来，我国学者正进行微生物基因组研究，已完成痘苗病毒天坛株及我国的辛德毕斯毒株（变异株）的全基因组测序工作。2002 年我国完成了从云南腾冲地区热海沸泉中分离到的腾冲嗜热厌氧菌全基因组测序工作。在微生物分类方面，已广泛使用液相及气相色谱、电泳、DNA 中碱基 G+C 含量的测定、核酸分子杂交法、电子显微镜、电子计算机、数值分类法等各种新技术，促进了物种关系研究的不断深入。我国幅员辽阔，地理景观复杂，微生物资源极其丰富，科学家已在真菌、放线菌、细菌特别是根瘤菌的系统分类和区系调查方面做了大量的工作，完成了一大批放线菌生物多样性和国家细菌区系调查等研究项目。我国的放线菌、细菌、真菌的分类学研究，生物固氮特别是共生固氮的研究，达世界先进水平。微生物生态学方面，对土壤、水体等自然界各处微生物的分布作了很多调查研究。我国微生物基因组学研究成就显著，已完成很多种微生物全基因组序列测定。

总之，我国微生物学进入了全面发展的新时期。但从总体看，我国微生物学除部分领域已达到世界先进水平外，多数领域与世界先进水平相比尚有一定差距。我们要充分发挥优势，着重加强菌种资源及代谢产物多样性特别是有关新能源、新材料微生物等的基础研究；大力加强对应用微生物尤其是病毒、环境微生物及其利用方式、重要工业菌种及其代谢生理、发酵工程等的研究；注意重视重要微生物研究方法、技术和实验仪器的研究。

习　　题

1．什么是微生物？它包括哪些类群？微生物在生物界的分类地位如何？
2．微生物的特点是什么？试举例说明。
3．举例说明微生物与人类的关系。
4．什么是微生物学？其主要内容和任务是什么？
5．我国古代劳动人民在微生物应用上的主要成就有哪些？
6．试述微生物学发展的几个主要时期及主要标志、重要人物。简述科赫法则有无局限，为什么？
7．简述微生物学在生命科学发展中的作用。
8．微生物学将会在哪些方面对生命科学进一步作出贡献？
9．现代微生物学发展的趋势是什么？
10．微生物对可持续发展有何影响？

（蔡信之）

第二章
原核微生物

微生物种类多，包括细胞型和非细胞型两大类。根据进化水平和细胞结构的不同，细胞型微生物可分为原核微生物和真核微生物。原核微生物是一类细胞核无核膜包裹，无核仁，只有称作核区的裸露 DNA 的较原始的单细胞生物，包括细菌和古菌两大类群。广义的细菌主要有细菌、放线菌、蓝细菌、立克次体、支原体、衣原体、螺旋体、蛭弧菌和黏细菌等；古菌主要有产甲烷菌、嗜盐菌、嗜热菌、嗜冷菌、嗜酸菌和嗜碱菌等。原核微生物中细菌的细胞结构有代表性，研究较深入，应用很广泛，是本章的重点。

第一节 细　　菌

细菌是一类形态微小、结构简单、细胞壁坚韧、以分裂方式繁殖和水生性较强的单细胞原核微生物。自然界中，在生物体内外都有大量的细菌集居，特别是在温暖、潮湿和富含有机物的地方，各种细菌的生长繁殖和代谢活动十分旺盛，常有一股特殊的臭味和酸败味。夏天腐败的固体食品表面常出现一些水珠状、鼻涕状、浆糊状等形状多样的小突起，挑动会拉出黏丝，手摸常有黏、滑的感觉；液体食品出现浑浊、沉淀或液面漂浮“白花”，冒小气泡，均说明其中长有细菌。

少数病原细菌曾猖獗一时，夺走无数生命；腐败细菌常引起食物和工农业产品腐烂变质。随着科学技术的进步和微生物学的发展，人们对细菌的生命活动规律认识越来越清楚。越来越多的有益细菌被发掘并应用到工业、农业、医药、环保等生产实践中，给人类带来极大的益处。

一、细菌的形态和大小

（一）细菌的形态

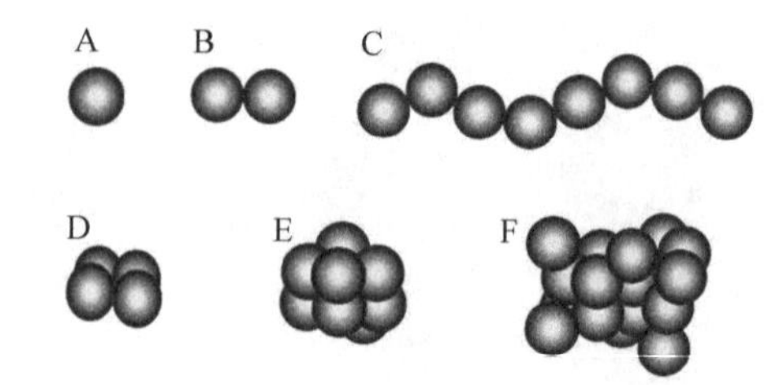

图 2-1　球菌的形态及排列方式

A．单球菌；B．双球菌；C．链球菌；D．四联球菌；E．八叠球菌；F．葡萄球菌

细菌的基本形态有球状、杆状和螺旋状，分别称球菌、杆菌和螺旋菌。自然界中的细菌，以杆菌最为常见，球菌次之，螺旋菌最少。

1．球菌　球菌呈球形或近球形，分裂后的子细胞保持一定的排列方式（图 2-1），在分类鉴定上有重要意义。根据排列方式可分为以下几种。

（1）单球菌　细胞沿一个平面分裂，子细胞分散而单独存在，如尿素微球菌（*Micrococcus ureae*）。

（2）双球菌　细胞沿一个平面分裂，子细胞成双排列，如褐球固氮菌（*Azotobacter chroococcum*）。

（3）链球菌 细胞沿一个平面分裂，子细胞呈链状排列，如溶血性链球菌（*Streptococcus hemolyticus*）。

（4）四联球菌 细胞按两个互相垂直的平面分裂，子细胞呈“田”字形排列，如四联球菌（*Micrococcus tetragenus*）。

（5）八叠球菌 细胞按三个互相垂直的平面分裂，子细胞呈立方体排列，如尿素八叠球菌（*Sarcina ureae*）。

（6）葡萄球菌 细胞分裂无定向，子细胞呈葡萄状排列，如金黄色葡萄球菌（*Staphylococcus aureus*）。

2．杆菌 细胞呈杆状或圆柱形。其长短、粗细差别很大（图 2-2）。短而粗、近似球形的称短杆菌，如产氨短杆菌（*Brevibacterium ammoniagenes*）。长而细、呈圆柱形或丝状的称长杆菌，如乳杆菌（*Lactobacillus* spp.）。呈分枝状的称分枝杆菌，如双歧杆菌（*Bifidobacterium* spp.）。一般地，同一种杆菌其粗细比较稳定，长短常因培养时间、培养条件不同而有较大变化。不同杆菌的端部形态各异，一般钝圆；有的截平，如炭疽杆菌（*Bacillus anthracis*）；有的略尖，如鼠疫耶尔森菌（*Pasteurella* spp.）；有的末端分叉，如双歧杆菌。多数杆菌分散存在，也有链状、栅状、“八”字状的群体。杆菌的形状和排列方式是其分类的依据之一。

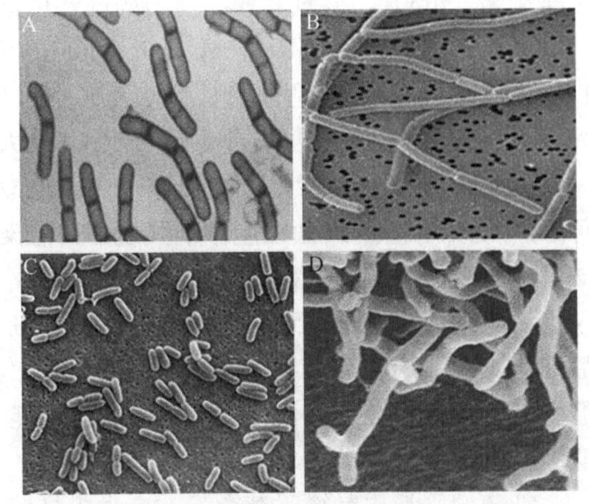

彩图

图 2-2 杆菌（电镜图）

A．巨大芽孢杆菌（*Bacillus megaterium*）；B．德氏乳杆菌保加利亚亚种（*Lactobacillus delbrueckii* subsp. *bulgaricus*）；C．大肠杆菌（*Escherichia coli*）；D．长双歧杆菌（*Bifidobacterium longum*）

杆菌是细菌中种类最多的，工农业生产中所用的细菌大多是杆菌。例如，生产淀粉酶与蛋白酶的枯草杆菌（*Bacillus subtilis*），生产谷氨酸的北京棒状杆菌（*Corynebacterium pekinense*），作杀虫剂的苏云金杆菌（*Bacillus thuringiensis*），作细菌肥料的根瘤菌（*Rhizobium* spp.）等都是杆菌。杆菌中也有不少致病菌，如伤寒沙门菌（*Salmonella typhi*）、痢疾志贺菌（*Shigella dysenteriae*）等。

3．螺旋菌 弯曲杆状的细菌统称螺旋菌。若弯曲不满一圈，呈弧状或逗号形的叫弧菌，如霍乱弧菌（*Vibrio cholerae*）。菌体较长，弯曲在 2～6 圈、较小、较硬的称螺旋菌，如迂回螺菌（*Spirillum volutans*）。菌体弯曲在 6 圈以上体长而柔软的称螺旋体，如梅毒螺旋体（*Treponema pallidum*）。螺旋菌常以单细胞分散存在（图 2-3）。

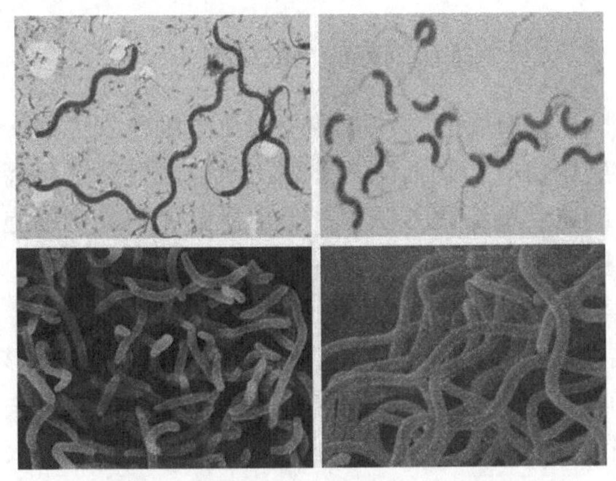

图 2-3 螺旋菌的几种形态（电镜图）

球菌、杆菌和螺旋菌是细菌的三种基本形态。还有其他形态的细菌，如柄杆菌属（*Caulobacter*）细胞呈梭状并有一根细柄；球衣菌属（*Sphaerotilus*）细胞呈链状排列在衣鞘

彩图

内成为丝状。还有三角形、方形、圆盘形、星形、梨状和叶球状等特殊形状的细菌。

细菌形态受培养温度、培养时间、培养基的组成和浓度、有害物质等环境条件的影响。在幼龄和适宜条件下细菌形态正常、整齐，具特征性的形态。较老的培养物中或不正常的条件下细胞常呈异常形态。尤其是杆菌，有的细胞膨大，有的呈梨形，有的产生分支，有的伸长呈丝状。将其转移到新鲜培养基中或适宜条件下培养又恢复正常形态。

（二）细菌的大小

细菌个体微小，其大小随种类不同而异，可用测微尺在显微镜下测量。度量细菌大小的单位是微米（μm），度量其亚细胞结构则要用纳米（nm）。

球菌以直径大小表示，一般 0.5～1.0μm；杆菌以长和宽表示，一般长 1.0～5.0μm，宽 0.5～1.0μm；螺旋菌测量其弯曲形长度，其直径为 0.5～1.0μm，长 1～50μm。1997 年，科学家在非洲西部大陆架土壤中发现一种迄今为止最大的细菌——纳米比亚嗜硫珠菌（*Thiomargarita namibiensis*），细胞球状，直径 400～750μm。最近发现一种能引起尿结石的细菌，直径仅 50nm，每 3d 才分裂一次。细菌细胞微小又透明，需染色后作显微镜观察。其大小与所用染色、固定方法有关。经干燥固定的菌体长度比活菌体要缩短 1/4～1/3；若用负染色法，其菌体要大于普通染色法。细菌大小记载通常是平均值。影响细菌形态变化的因素同样影响细菌的大小。一般幼龄细菌比成熟的或衰老的细菌要大。例如，培养 4h 的枯草杆菌比培养 24h 的细胞长 5～7 倍，但宽度变化不明显。菌体大小随菌龄变化可能与代谢物积累有关。培养基渗透压增加也使细胞变小。

细菌的质量更是微乎其微，一个大肠杆菌细胞重 10^{-12}g，约 10^9 个细胞才重 1mg。

二、细菌的细胞结构

细菌的细胞结构（图 2-4）可分为一般结构和特殊结构。一般结构是一般细菌都有的基本结构，包括细胞壁、细胞膜、细胞质及其内含物和核区等。特殊结构是部分细菌中才有的或在特殊环境条件下才形成的结构，如糖被（包括微荚膜、荚膜和黏液层）、鞭毛、菌毛、性毛和芽孢等。

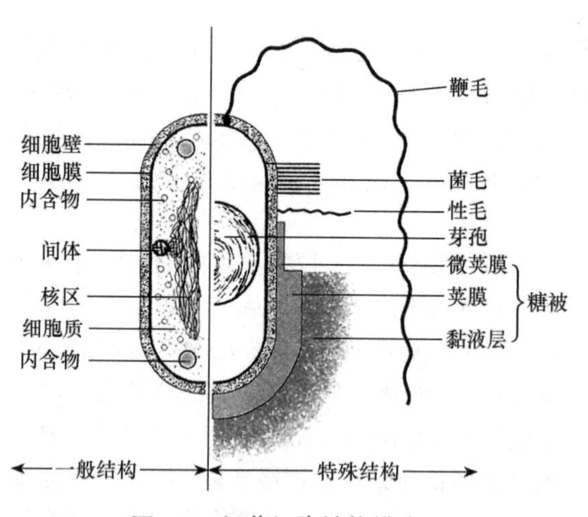

图 2-4 细菌细胞结构模式图

（一）细菌细胞的一般结构

1. 细胞壁 细胞壁是位于细胞表面的一层厚实、坚韧而略有弹性的结构，借质壁分离或适当的染色方法可在光学显微镜下看到细胞壁；用电子显微镜观察细菌超薄切片（图 2-5）等方法更可证明细胞壁的存在。

（1）细胞壁的功能 细胞壁的功能与其化学组成和结构有关。主要有：①维持细胞外形和提高机械强度，免受渗透压等外力的损伤；②为细胞的生长、分裂和鞭毛运动所必需（失去细胞壁的原生质体就没有这些功能）；③能阻挡大分子（分子质量大于 800Da）有害物质（水解酶类和药物等）进入细胞；④赋予细菌特定的抗原性、致病性和对抗生素及噬菌体的敏感性。

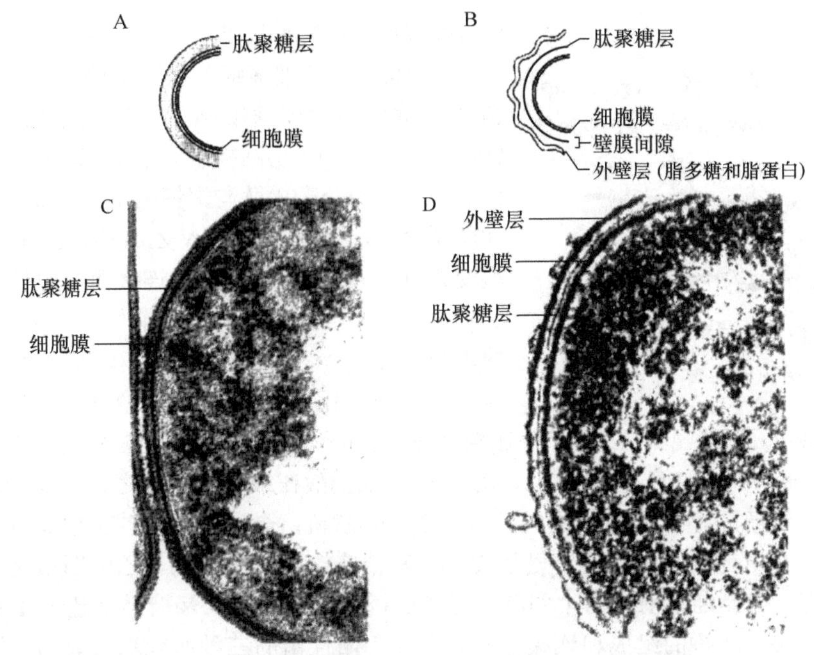

图 2-5　G^+菌（C）和G^-菌（D）细胞壁超薄切片电镜照片的比较

A 和 B 分别为G^+菌和G^-菌的细胞壁示意图

（2）细胞壁的化学组成　　细菌细胞壁主要成分为肽聚糖，这是原核微生物特有的成分，还有磷壁酸、脂多糖、脂蛋白等。不同细菌细胞壁化学成分不完全相同。革兰氏阳性菌（G^+菌）和革兰氏阴性菌（G^-菌）细胞壁成分有明显的差别（表 2-1）。

表 2-1　不同细菌细胞壁成分的比较

成分	占细胞壁干重的百分比		成分	占细胞壁干重的百分比	
	革兰氏阳性菌	革兰氏阴性菌		革兰氏阳性菌	革兰氏阴性菌
肽聚糖	含量高（30%～95%）	含量低（5%～20%）	脂多糖	1%～4%	11%～22%
磷壁酸	含量较高（<50%）	0	脂蛋白	一般无	含量较高

（3）细胞壁的结构　　细菌细胞壁除绝大多数以肽聚糖为基本成分外，在革兰氏阳性菌、革兰氏阴性菌、抗酸细菌和古菌中还有各自的特点（图 2-5、图 2-6）。

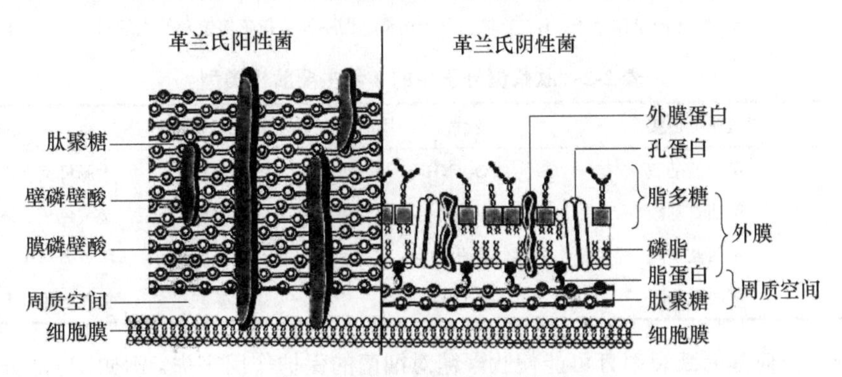

图 2-6　G^+菌和G^-菌细胞壁结构比较

A. 革兰氏阳性菌细胞壁　　G^+菌细胞壁特点是厚度大（20～80nm）、组成简单，一般含

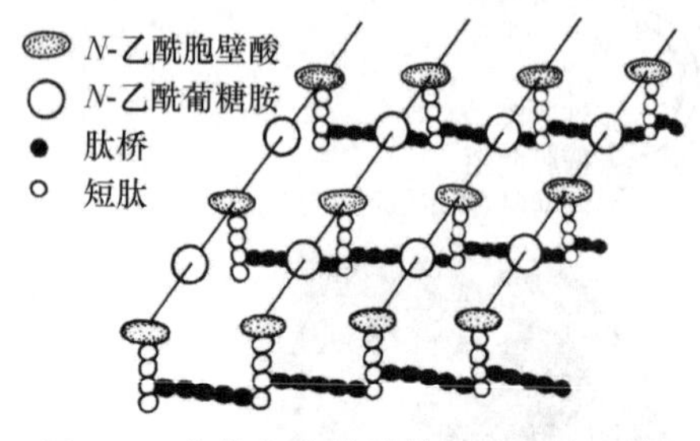

图 2-7 金黄色葡萄球菌细胞壁肽聚糖结构模式图

90%肽聚糖、10%磷壁酸。

1）肽聚糖是细菌细胞壁特有的成分。革兰氏阳性菌如金黄色葡萄球菌细胞壁只有肽聚糖层，厚 20～80nm，由 25～40 层网格状分子交织成的网套覆盖整个细胞。肽聚糖分子由肽与聚糖两部分组成，肽有四肽尾和肽桥两种，聚糖则是由 *N*-乙酰葡糖胺和 *N*-乙酰胞壁酸交替排列通过 β-1,4-糖苷键连接而成的长链（图 2-7）。

从图 2-8 可知每一肽聚糖单体由三部分组成。①双糖单位：由一个 *N*-乙酰葡糖胺和 *N*-乙酰胞壁酸通过 β-1,4-糖苷键相间连接，构成肽聚糖骨架。②四肽尾：由 4 个氨基酸分子按 L 型与 D 型交替连接而成。金黄色葡萄球菌中接在 *N*-乙酰胞壁酸上的四肽尾为 L-Ala→D-Glu→L-Lys→D-Ala，两种 D 型氨基酸在细菌细胞壁之外很少出现。肽尾借其肽键连接在聚糖链 *N*-乙酰胞壁酸的乙酰基上。③肽桥：金黄色葡萄球菌中肽桥为甘氨酸五肽，其氨基端与甲链四肽尾第四个氨基酸的羧基相连接，其羧基端与乙链四肽尾第三个氨基酸的氨基相连，它是连接前后两个四肽尾分子的桥梁。已知的肽聚糖类型超过 100 种，肽聚糖的多样性取决于肽桥的组成和连接方式。革兰氏阳性菌的三种肽聚糖代表与大肠杆菌肽桥的比较见表 2-2。

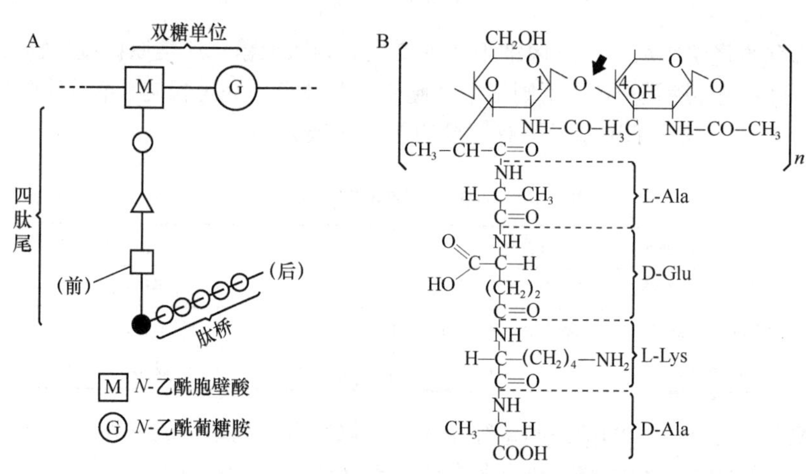

图 2-8 革兰氏阳性菌细胞壁肽聚糖的单体结构

A．简化的单体分子；B．单体的分子构造。图中箭头指示溶菌酶的水解点

表 2-2 肽聚糖分子中的 4 种主要肽桥类型

类型	甲肽尾上连接点	肽桥	乙肽尾上连接点	举例
Ⅰ	第四氨基酸	—CO—NH—	第三氨基酸	大肠杆菌（G^-菌）
Ⅱ	第四氨基酸	—（Gly）$_5$—	第三氨基酸	金黄色葡萄球菌（G^+菌）
Ⅲ	第四氨基酸	—（尾肽）$_{1/2}$—	第三氨基酸	藤黄微球菌（G^+菌）
Ⅳ	第四氨基酸	—D-Lys—	第二氨基酸	猩猩木棒杆菌（G^+菌）

肽聚糖中任何键的断裂都有可能使肽聚糖对细菌的保护作用丧失。例如，广泛分布于卵清、人的泪液和鼻涕及部分细菌和噬菌体中的溶菌酶攻击双糖单位中的 β-1,4-糖苷键，使其断裂，致使细菌因细胞壁解体而死亡。青霉素的内酰胺环结构与 D-丙氨酸末端结构相似，能占据 D-

丙氨酸的位置与转肽酶结合，抑制转肽酶的转肽作用，干扰两短肽间肽键的形成，使肽尾与肽桥不能交联，抑制肽聚糖的合成，使细菌缺少完整的细胞壁而死亡。杆菌肽、环丝氨酸、万古霉素、枯草杆菌素等抗生素都能抑制肽聚糖的合成。

2）磷壁酸是革兰氏阳性菌细胞壁上的酸性多糖，是甘油磷酸或核糖醇磷酸的多聚体。按其结合部位分两类：一是与肽聚糖分子共价结合的壁磷壁酸，含量随培养基成分改变，一般占细胞壁质量的10%，有时接近50%。用稀酸或稀碱可提取；二是穿越肽聚糖层与细胞膜上脂质结合的膜磷壁酸，甘油磷酸链分子与细胞膜磷脂共价结合，含量与培养条件关系不大。可用45%热酚水提取，也可用热水从脱脂的冻干细菌中提取。磷壁酸有 5 种类型，主要为甘油磷壁酸（图 2-9）和核糖醇磷壁酸，前者存在于干酪乳杆菌（*Lactobacillus casei*）等细菌中，后者存在于金黄色葡萄球菌和芽孢杆菌属（*Bacillus*）等细菌中。

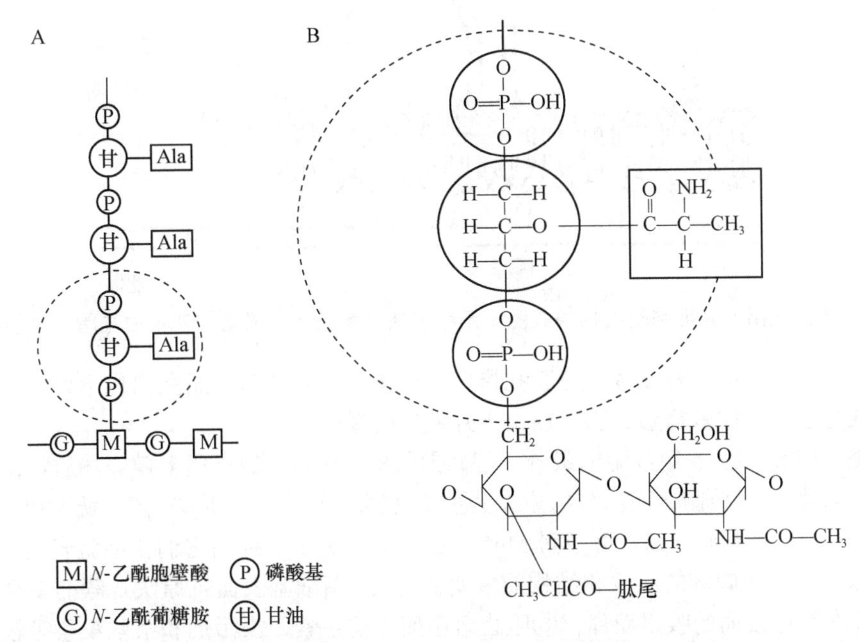

图 2-9　甘油磷壁酸的结构模式（**A**）及其单体（虚线范围内）的分子结构（**B**）

磷壁酸的主要功能：①其磷酸分子上较多的负电荷可提高细胞周围 Mg^{2+}、Ca^{2+}的浓度，并最终吸收进细胞；②贮藏磷元素；③调节细胞内自溶素的活力，防止细胞自溶；④可作噬菌体的特异性吸附受体；⑤是革兰氏阳性菌特异的表面抗原，可用于菌种鉴定；⑥增强某些致病菌如 A 族链球菌对宿主细胞的粘连，避免被白细胞吞噬，有抗补体的作用。

B．革兰氏阴性菌细胞壁　　G^-菌细胞壁的特点是其厚度较 G^+菌小（15～20nm），层次较多，成分较复杂，肽聚糖层很薄（2.0～3.0nm），故机械强度较 G^+菌弱。

1）肽聚糖。以大肠杆菌为例，其肽聚糖埋在外膜脂多糖（LPS）层内，由 1 层或 2 层肽聚糖分子组成，含量占细胞壁总重 5%～10%。其单体结构与 G^+菌基本相同，差别有：①肽尾的第三个氨基酸不是 L-Lys，而是一种原核微生物细胞壁特有的内消旋二氨基庚二酸（m-DAP）；②没有肽桥，前后两个单体间的连接仅通过甲肽尾的第 4 个氨基酸 D-Ala 的羧基与乙肽尾的第三个氨基酸（DAP）的氨基直接相连，形成较稀疏、强度较差的肽聚糖网套（图 2-10）。

2）外膜（外壁）。位于革兰氏阴性菌细胞壁的最外层，厚 18～20nm。由磷脂双分子层、脂蛋白与脂多糖组成（图 2-11），因含脂多糖常称为脂多糖层。磷脂双分子层与细胞膜的脂双

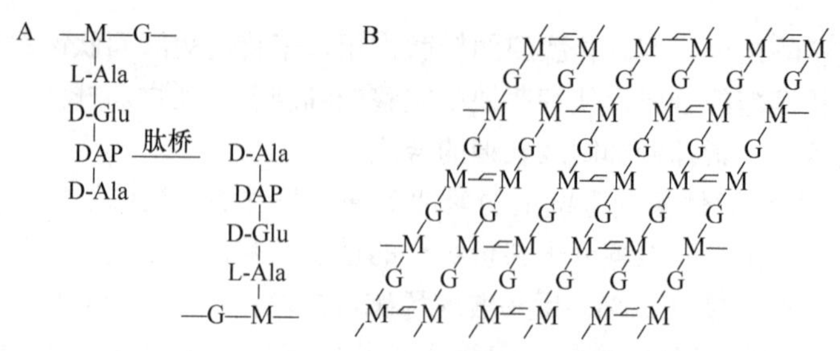

图 2-10　革兰氏阴性菌——大肠杆菌肽聚糖的结构模式图

A．肽桥的连接方式；B．肽聚糖网的一部分。M．*N*-乙酰胞壁酸；G．*N*-乙酰葡糖胺

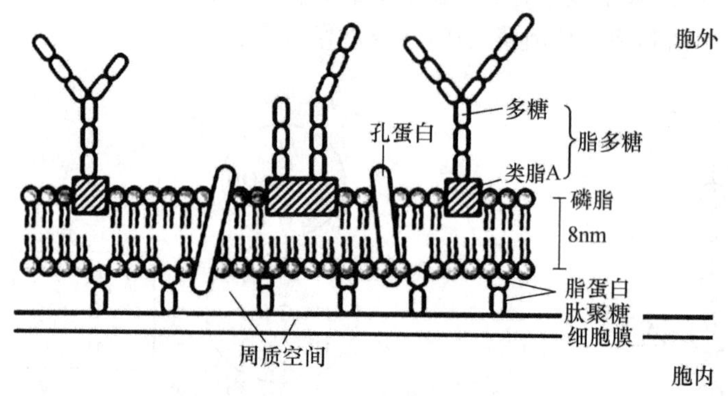

图 2-11　革兰氏阴性菌细胞壁结构模式图（示脂多糖、类脂 A、磷脂、孔蛋白与脂蛋白的排列）

层十分相似，只是其中插有较多的跨膜孔蛋白、脂蛋白和脂多糖。脂蛋白位于外壁层内侧，连接着磷脂双分子层与肽聚糖层。脂多糖位于外壁层的最外层。

脂多糖（LPS）是 G^-菌细胞壁最外一层较厚（8～10nm）的类脂多糖类物质，由类脂 A、核心多糖和 *O*-特异多糖侧链三部分组成。其主要功能：①类脂 A 是 G^-菌致病物质——内毒素的物质基础；②因其带负电荷，可吸附 Mg^{2+}、Ca^{2+}等阳离子以提高它们在细胞表面的浓度（与磷壁酸相似）；③*O*-侧链的组成和结构的多变决定 G^-菌细胞表面抗原决定簇的多样性；④是许多噬菌体在细胞表面的吸附受体；⑤阻止溶菌酶、抗生素、去污剂和某些染料等较大分子进入菌体，也可阻止周质空间中的酶外漏，起保护作用。G^-菌因有 LPS 外膜，比 G^+菌更能抵抗毒物和抗生素的毒害。要维持 LPS 结构的稳定必须有足够的 Ca^{2+}。若用 EDTA 等螯合剂去除 Ca^{2+}和降低离子强度就会使 LPS 解体，其内壁层的肽聚糖就露出，易被溶菌酶水解。

外膜蛋白是指嵌合在 LPS 和磷脂层外膜上的二十余种蛋白，其功能多数还不清楚。其中脂蛋白一端嵌入外膜内层，另一端以共价键连接肽聚糖使外膜层与内壁肽聚糖层紧密连接。另有两种蛋白质研究得较清楚都称孔蛋白。每个孔蛋白分子是由三个相同分子质量（36 000Da）蛋白亚基组成的三聚体跨膜蛋白，中间有一直径约 1.0nm 的孔道，通过孔的开闭可阻止分子量大于 600 的抗生素等物质通过外膜层。孔蛋白是多种小分子成分进入细胞的通道，有特异性与非特异性两种：非特异性孔蛋白可通过分子量较小的任何亲水性分子；特异性孔蛋白有特异性结合位点，只允许一种或少数几种相关物质通过。

3）周质空间。革兰氏阴性菌中，周质空间一般是指其外膜与细胞膜之间的狭窄空间（宽 12～15nm），呈胶状，肽聚糖层夹在其中。肽聚糖层与细胞膜之间的间隙较宽，肽聚糖层与外膜的间隙较窄。在周质空间中有多种周质蛋白，包括水解酶类（蛋白酶、核酸酶等）、合成酶类（肽聚糖合成酶）、结合蛋白（运送营养物质）和受体蛋白（与细胞的趋化性相关）等。革兰氏阳性菌周质空间很小，许多水解酶直接释放到胞外环境中。

革兰氏阳性菌和革兰氏阴性菌细胞壁构造不同，使形态、构造、化学组分、革兰氏染色反应、生理生化和致病性等不同，这对微生物学理论研究和实际应用都有重要意义（表 2-3）。

表 2-3　革兰氏阳性菌和革兰氏阴性菌生物性质的比较

项目	革兰氏阳性菌	革兰氏阴性菌
革兰氏染色反应	能阻留结晶紫而染成紫色	可经脱色而复染成红色
肽聚糖层	厚，层次多，交联度高	薄，一般单层，交联度低
磷壁酸	多数含有	无
外膜	无	有
脂多糖	无	有
类脂和脂蛋白含量	低（仅抗酸性细菌含类脂）	高
鞭毛结构	基体上着生 2 个环	基体上着生 4 个环
芽孢	部分产	不产
产毒素类型	外毒素为主	内毒素为主
耐干燥能力	强	弱
对机械力的抗性	强	弱
抗溶菌酶能力	弱	强
对青霉素、磺胺敏感度	敏感	不敏感
碱性染料的抑制作用	强	弱
对阴离子去污剂敏感程度	不敏感	敏感

C．抗酸细菌的细胞壁　　抗酸细菌是一类细胞壁中含大量分枝菌酸等蜡质的特殊 G^+菌。因它们被酸性复红染上色后就不能像其他 G^+菌那样再被盐酸乙醇脱色，故称抗酸细菌。常见抗酸细菌有结核分枝杆菌（*Mycobacterium tuberculosis*）和麻风分枝杆菌（*Mycobacterium leprae*）。

一直认为，抗酸细菌的细胞壁含较厚的蜡质层，致使营养物、染料和抗菌药物不易进入细胞，因而使抗酸细菌生长极其缓慢（培养数天甚至数周才能形成微小的菌落），对药物和染料具有极强抗性。1993 年，Nikaido 鉴于某些营养物和抗菌药物仍能顺利进入细胞的事实，曾用 X 射线衍射法研究分枝菌酸分子在细胞壁上排列的规律。结果发现，类脂在细胞表面整齐地排成两层，亲水头在外表，疏水尾在内侧，形成一种高度有序的膜。为适应物质运送，在这层透性极差的膜上嵌埋着许多有透水孔的蛋白质。

抗酸细菌的细胞壁（图 2-12）约含 60%类脂（包括分枝菌酸和索状因子等），肽聚糖含量则很少。它们在革兰氏染色反应上属于阳性菌，但从其类脂外壁层（相当于革兰氏阴性菌的 LPS 外膜）和肽聚糖内壁层的结构看又与革兰氏阴性菌的细胞壁相似。

分枝菌酸是一类含 60～90 个碳原子的分支长链 β-羟基脂肪酸，它连接在由阿拉伯糖（Ara）和半乳糖（Gal）交替连接形成的杂多糖链上，并通过磷酯键与肽聚糖链相连接（图 2-13）。其不同菌种的化学结构有一定差别。

索状因子是分枝杆菌细胞表层的 6,6-二分枝菌酸海藻糖。结核分枝杆菌在液体培养基中菌体可因索状因子“肩并肩”聚集呈长链缠绕，使菌体沿器壁呈索状生长，直达培养基表面形成菌膜。它与结核分枝杆菌的致病性有关。

D．古菌的细胞壁　　热原体属（*Thermoplasma*）无细胞壁，其余古菌都有与细菌类似功能的细胞壁。但其化学成分差别较大，大多数不含二氨基庚二酸、D-氨基酸和胞壁酸。古菌细胞壁中没有真正的肽聚糖，由多糖（假肽聚糖）、糖蛋白或蛋白质构成。假肽聚糖结构虽与肽

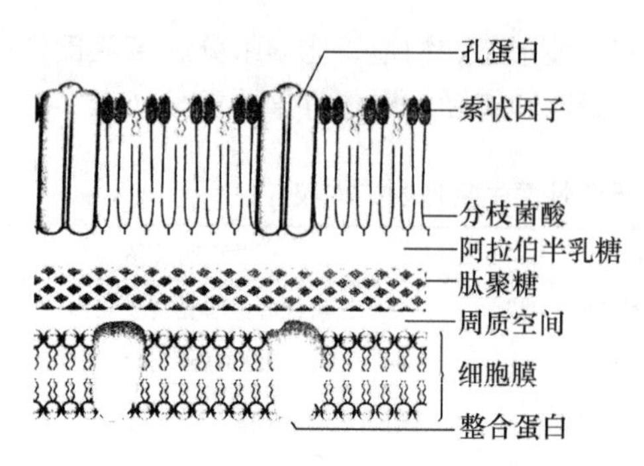

图 2-12 抗酸细菌细胞壁构造模式图

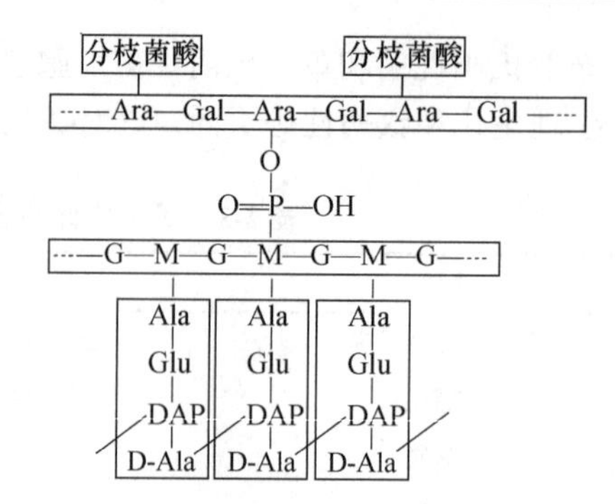

图 2-13 分枝菌酸的结构及其与肽聚糖的连接

Ara. 阿拉伯糖；Gal. 半乳糖；G. *N*-乙酰葡糖胺；M. *N*-乙酰胞壁酸；DAP. 二氨基庚二酸

聚糖相似，但其多糖骨架由*N*-乙酰葡糖胺和*N*-乙酰塔罗糖胺糖醛酸通过β-1,3-糖苷键（不被溶菌酶水解）交替连接而成，连在后一氨基糖上的肽尾由L-Glu、L-Ala和L-Lys组成，肽桥仅由L-Glu组成，不受内酰胺类抗生素作用。甲烷八叠球菌属（*Methanosarcina*）的细胞壁有独特的多糖，含半乳糖胺、葡萄糖醛酸、葡萄糖和乙酸，不含磷酸和硫酸。可使细胞呈革兰氏反应阳性。盐球菌属（*Halococcus*）的细胞壁由硫酸化多糖组成，含葡萄糖、甘露糖、半乳糖和相应的氨基糖及糖醛酸和乙酸。盐杆菌属（*Halobacterium*）的细胞壁由糖蛋白组成，有葡萄糖、葡糖胺、甘露糖、核糖和阿拉伯糖，蛋白质部分由大量酸性氨基酸尤其是天冬氨酸组成，这种带强负电荷的细胞壁可平衡环境中高浓度的Na^+，使其能很好地生活在20%～25%高盐溶液中。

E. 缺壁细菌　在自然界进化和实验室菌种突变中都会产生缺少细胞壁的种类；可用人工方法抑制新生细胞壁合成或酶解现成细胞壁获得缺壁细菌。缺壁细菌归纳如下。

- 缺壁细菌
  - 实验室或宿主体内形成
    - 缺壁突变——L型细菌
    - 人工去壁
      - 基本去尽——原生质体 (G^+菌)
      - 部分去掉——球状体 (G^-菌)
  - 在自然界长期进化中形成——支原体

L型细菌由李斯特（Lister）研究所的学者于1935年发现，故称L型细菌。其细胞膨大，对渗透压敏感，对四环素等干扰核酸和蛋白质合成的抗生素更加敏感，因而细胞通透性增大。L型细菌细胞呈多形态，大小不一。它们仍能繁殖，在固体培养基表面形成油煎蛋似的小菌落。除去诱因后L型细菌在一定条件下（恢复等渗，琼脂浓度由0.8%增加到2%～3%，培养基中不加血清或血浆）可恢复产生细胞壁变为原来的正常细菌，这称为L型的回复。它们在遗传学、临床医学和流行病学等研究方面有重要意义。在遗传学中，不同种L型细菌可在聚乙二醇(PEG)作用下融合；外源细菌DNA易进入L型细菌提高转化率。它们有利于DNA提取和质粒寻找。

原生质体是指人工条件下用溶菌酶除尽原有的细胞壁或用青霉素抑制细胞壁的合成，仅由细胞膜包裹的细胞，一般由革兰氏阳性菌形成。

球状体是用同样方法处理革兰氏阴性菌，保留脂多糖、脂蛋白等部分的原生质体。

原生质体和球形体没有完整的细胞壁，故细胞呈球形，特别脆弱，对渗透压、振荡、离心、通气都很敏感，长有鞭毛也不能运动，对噬菌体不敏感，细胞不能分裂。若在形成原生质体或球状体前已有噬菌体侵入，则该噬菌体仍能正常增殖和裂解；同样，从快要形成芽孢的细菌制得的原生质体，适当培养可形成芽孢。原生质体在适宜条件下能产生新的细胞壁，称为原生质体的再生。原生质体或球状体与L型细菌的一个重要区别是原生质体和球状体没有繁殖能力，

L 型细菌有正常的繁殖能力。原生质体和球状体比有细胞壁的细菌更易导入外源遗传物质，是研究遗传规律和原生质体育种的良好材料。

支原体是在长期进化中形成的、适应自然生活条件的无细胞壁的原核微生物。其细胞膜中含一般原核微生物所没有的甾醇，即使无细胞壁，其细胞膜仍有较高的机械强度。

（4）细胞壁与革兰氏染色　革兰氏染色是由革兰（Gram）于 1884 年发明的重要鉴别染色法，可鉴别原核微生物。1983 年，彼弗里奇（Beveridge）等用铂代替革兰氏染色中媒染剂碘，用电子显微镜观察到结晶紫与铂复合物可被细胞壁阻留。进一步证明革兰氏阳性菌和阴性菌主要是其细胞壁化学成分差异引起脱色能力不同，决定染色结果不同。其操作分初染、媒染、脱色和复染四步（图 2-14）。细菌经此法染色后可分两大类：一类经乙醇处理后不脱色，保持初染的深紫色，称革兰氏阳性菌，常用 G^+菌表示。另一类经乙醇处理后脱去原来的紫色，复染上番红的颜色，称革兰氏阴性菌，常用 G^-菌表示。

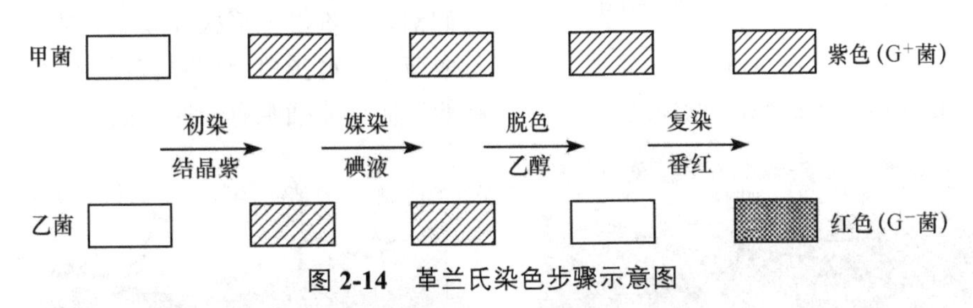

图 2-14　革兰氏染色步骤示意图

（5）革兰氏染色机制　这与细菌细胞壁化学组成和结构有关。细菌经初染和媒染，细胞膜或原生质体染上不溶于水的结晶紫与碘大分子复合物。革兰氏阳性菌细胞壁厚，肽聚糖含量高，交联度大，网孔小，乙醇脱色时肽聚糖网孔因脱水明显收缩，又不含类脂，故不会因乙醇处理使壁出现孔隙，结晶紫与碘复合物被阻留在细胞壁内使其呈现紫色。革兰氏阴性菌因壁薄，肽聚糖含量低，交联度小，网孔大，乙醇脱色时肽聚糖收缩不明显，类脂含量高，被乙醇溶解使壁出现较大的孔隙，结晶紫与碘复合物容易被抽提出来，细胞褪去紫色，复染上番红的红色。

G^-菌对革兰氏染色反应较稳定，G^+菌常因某些条件影响发生变化。衰老或死亡的 G^+菌常呈阴性反应。染色操作不当，特别是乙醇脱色过度会使 G^+菌呈阴性反应。任何细菌去掉细胞壁后革兰氏染色均呈阴性反应。

2．细胞膜　它是紧贴细胞壁内侧包围细胞质的一层柔软、有弹性的半透性薄膜。细胞膜厚 7.0～8.0nm，质量为细胞干重的 10%。主要成分是蛋白质（60%～70%）和磷脂（20%～30%），还含有少量糖蛋白、糖脂及微量的金属离子和核酸等。电镜观察到的细胞膜是在内外两暗色层（厚各 2nm）之间夹着一浅色中间层（厚 2～5nm）的双层膜结构。这是因为组成细胞膜的主要成分是磷脂，膜由两层磷脂分子按一定规律整齐排列而成。每个磷脂分子由一个带正电荷、能溶于水的极性头（磷酸端）和一个不带电荷、不溶于水的非极性尾（烃端）构成。两个极性头朝向内外两表面，呈亲水性，非极性端的疏水尾埋入膜的内层，形成膜的基本骨架——磷脂双分子层。磷脂是由脂肪酸和甘油磷酸组成的甘油磷脂，极性头的甘油 C3 上不同种微生物有不同的 R 基团，如磷脂酸、磷脂酰甘油、磷脂酰乙醇胺、磷脂酰胆碱、磷脂酰丝氨酸或磷脂酰肌醇等（图 2-15）。原核微生物细胞膜多数含磷脂酰甘油，G^-菌中多数还含磷脂酰乙醇胺，分枝杆菌中含磷脂酰肌醇等。非极性尾由长链脂肪酸通过酯键连接在甘油的 C1 和 C2 位上组成，其链长和饱和度因细菌生长温度和种类而异，于较低温度生长时不饱和脂肪酸的比例增加，于较高温度生长时不饱和脂肪酸的比例降低。有 20%～30%的磷脂因与蛋白质结合称界面脂，对膜上酶的活性有调节作用。

甘油-3-磷酸　长链脂肪酸

R有多种形式：① —H（磷脂酸）

② $-CH_2-CH_2-NH_3^+$（磷脂酰乙醇胺）

③ $-CH_2-CH_2-N(CH_3)_3^+$（磷脂酰胆碱）

④ $-CH_2-CHOH-CH_2OH$（磷脂酰甘油）

⑤ —CH—（环己六醇，OH ×5）（磷脂酰肌醇）

图 2-15　磷脂的分子结构

细菌细胞膜（图 2-16）的磷脂双分子层通常呈液态，有流动性，其中镶嵌许多具运输功能、有时分子内还存在运输通道的整合蛋白，在磷脂双分子层外表面“漂浮着”许多具有酶促作用的周边蛋白。不同种类的蛋白质在液体的磷脂双分子层中做侧向运动，起酶和载体的作用。脂质分子间或脂质分子与蛋白质分子间无共价结合。整个膜结构的稳定主要依靠氢键和疏水作用，Ca^{2+}、Mg^{2+}等二价阳离子与磷脂的负电荷结合也有助于膜结构的稳定。

细胞膜的糖类主要是一些寡糖和多糖链，它们都以共价键的形式和膜脂质或蛋白质结合，形成糖脂和糖蛋白；这些糖链绝大多数是裸露在膜的外面（非细胞质一侧）的。

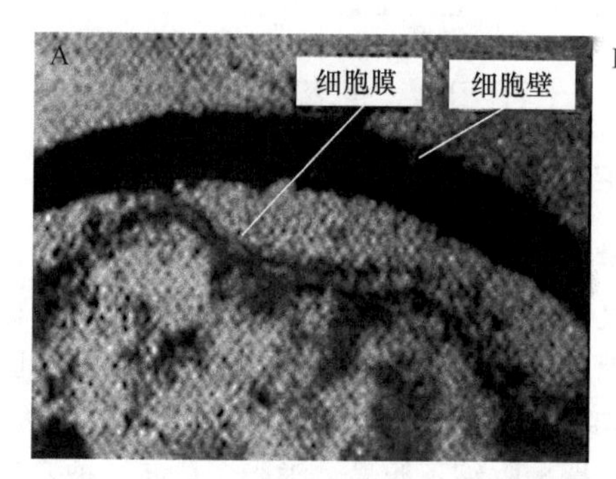

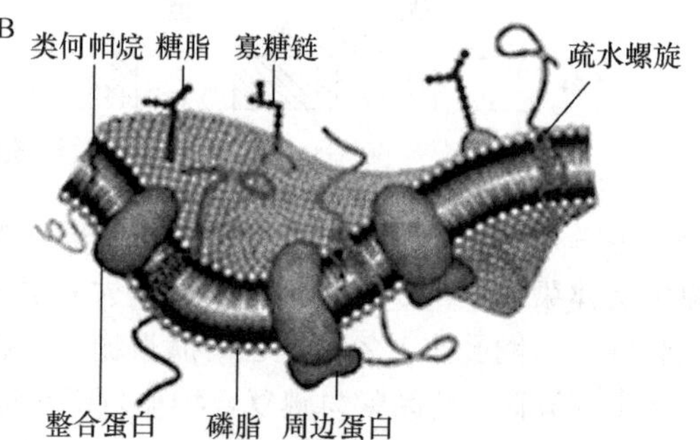

图 2-16　细菌细胞膜电镜照片（A）及结构模式图（B）

细胞膜是细菌极重要的结构，受损后细胞会立即死亡。其主要功能：①控制细胞内外物质运输；②维持细胞内正常渗透压；③是合成细胞壁和糖被有关成分（肽聚糖、磷壁酸、LPS 和荚膜多糖）的重要场所；④膜上有氧化磷酸化或光合磷酸化等能量代谢的酶系，是细胞的产能基地；⑤是鞭毛基体的着生部位并提供运动所需能量；⑥膜上有些蛋白质受体与趋化性有关，某些特殊蛋白能接受光、电和化学物质等产生的信号，传递信息。

除支原体外，原核微生物细胞膜一般不含固醇，这一点与真核生物不同。可破坏固醇的多烯类抗生素（制霉菌素等）对原核微生物无抑制作用。在许多细菌中发现其质膜上有类似于甾醇的五环固醇样分子，称类何帕烷，可稳定膜的结构。原核微生物质膜还含与呼吸作用和光合作用有关的蛋白质，而真核细胞则没有。

（1）内膜系统　细菌没有内质网、高尔基体等内膜系统。许多光合细菌、硝化细菌、甲烷氧化细菌及固氮菌等有细胞膜内凹延伸或折叠成形式多样的内膜系统，如间体、载色体和羧酶体以提供某种功能所需的更大面积。在结构上没有与细胞质膜完全脱离。

（2）间体　这是由细胞膜内陷形成的层状、管状或囊状结构（图 2-17），G^+菌更明显。每个细胞含一至几个，位于细胞中央的主要是促进细胞壁横隔壁的形成并与遗传物质的复制及其分裂有关。其他的可能是分泌胞外酶的位点。

（3）载色体　紫色光合细菌细胞膜内陷延伸或折叠形成发达的片层状、管状或囊状的载色体。绿色光合细菌细胞膜下有许多不与细胞膜相连的膜囊——类囊体。两者膜上有光合色素和电子传递组分，是进行光合作用的场所，其作用相当于真核细胞的叶绿体。

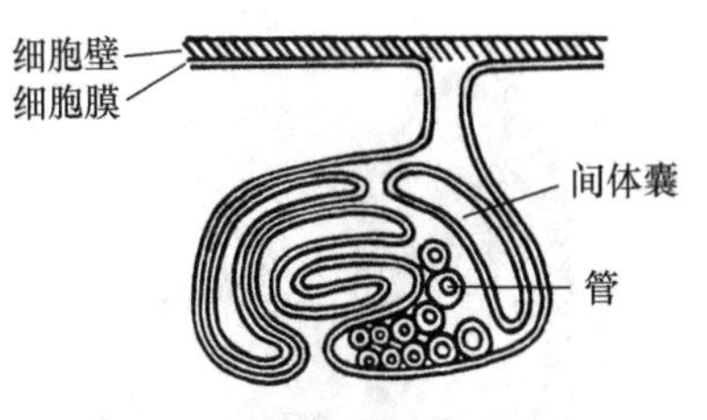

图 2-17 细菌的间体

（4）羧酶体 某些自养细菌有由单层膜围成的多角体，内含固定 CO_2 所需的1,5-二磷酸核酮糖羧化酶和5-磷酸核酮糖激酶，存在于化能自养的硫杆菌属（*Thiobacillus*）、贝氏硫杆菌属（*Beggiatoa*）和光能自养的蓝细菌中，是固定 CO_2 的场所。

3．细胞质及其内含物 细胞膜内除核区外的一切透明、胶状、颗粒状的物质称细胞质。细胞质含水量70%～80%。与真核生物明显不同的是，原核生物的细胞质不流动，其中的大分子无单位膜包裹，多以共价键与膜连接。其主要成分为核糖体、蛋白质、贮藏物、质粒、中间代谢产物、各种营养物质和脂类，并有少量的糖和无机盐。细胞质中因含有多种酶类，能进行物质的合成和分解，使细胞内的物质不断更新。因此，细胞质是细菌进行营养物代谢及合成核酸和蛋白质的场所。少数细菌还含类囊体、羧酶体、气泡、伴孢晶体等结构。富含核酸，嗜碱性强，易着色。细胞质内形状较大的颗粒构造称内含物，主要有以下几种。

（1）核糖体 核糖体是原生质内的一种核糖核蛋白的颗粒状结构，它是蛋白质合成的场所。核糖体由50%～70%的RNA和30%～50%的蛋白质组成，呈粗糙的球形，体积为13.5nm×20nm×40nm，在细胞内可以呈单个游离的或呈链状的多聚核糖体状态。每个细菌有一万多个核糖体。原核微生物核糖体沉降系数均为70S，由30S和50S两个亚基组成，30S亚基含有16S rRNA分子和约21种特殊核糖体蛋白质；50S亚基含有一个23S rRNA分子和约34种特殊核糖体蛋白质（图2-18）。链霉素、四环素、氯霉素等只对70S核糖体起作用，对人体核糖体（80S）无影响，故可用于治疗细菌性疾病。

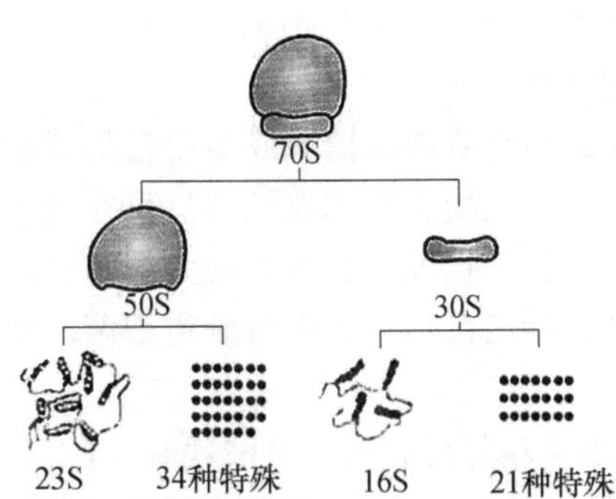

图 2-18 70S 核糖体结构示意图

（2）颗粒状内含物 很多细菌细胞含有各种较大的颗粒，大多为细胞贮藏物，颗粒的多少随菌龄及培养条件不同有很大差异。

A．异染粒 因用亚甲蓝或甲苯胺蓝染成红紫色得名，是大小为0.5～1.0μm的多聚磷酸盐（PP）颗粒（图2-19），是与脂质和蛋白质相结合的多聚偏磷酸盐，分子呈线状。常在含磷丰富的环境中或核酸合成受阻时产生，白喉杆菌和结核杆菌中常见，可用于有关细菌的鉴定。其功能是贮藏磷和能量，并可降低渗透压。

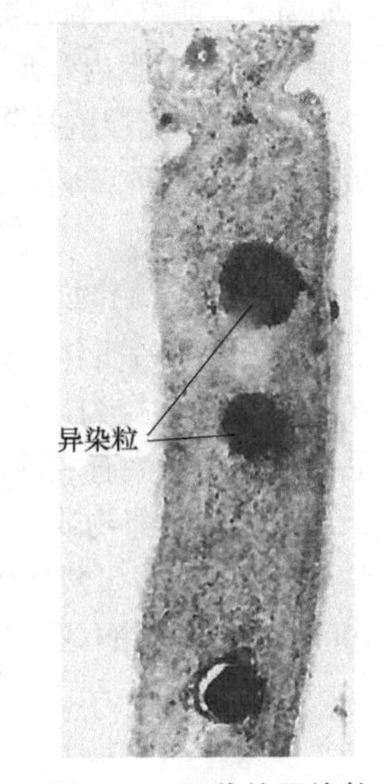

图 2-19 细菌的异染粒

B．聚β-羟基丁酸（PHB）颗粒 其直径为0.2～0.7μm，它是细菌特有的类脂性质的碳源类贮藏物，不溶于水，可溶于氯仿。用苏丹黑染色后在光学显微镜下清晰可见（图2-20），具有贮藏能量、碳源和降低细胞内渗透压的作用。真核细胞中未发现有PHB颗粒。巨大芽孢杆菌（*Bacillus megaterium*）在含乙酸或丁酸的培养基中生长时，细胞内贮藏的PHB颗粒可达其干重的60%。在棕色固氮菌（*Azotobacter vinelandii*）的孢囊中也含PHB。PHB颗粒是D-3-羟基丁酸的直链聚合物，其结构式（式中的 n 一般大于 10^6）如下。

$$H\!-\!\!\left[O-\underset{CH_3}{\overset{H}{C}}-\underset{H}{\overset{H}{C}}-\overset{O}{\overset{\|}{C}}-O\right]_n\!\!-H$$

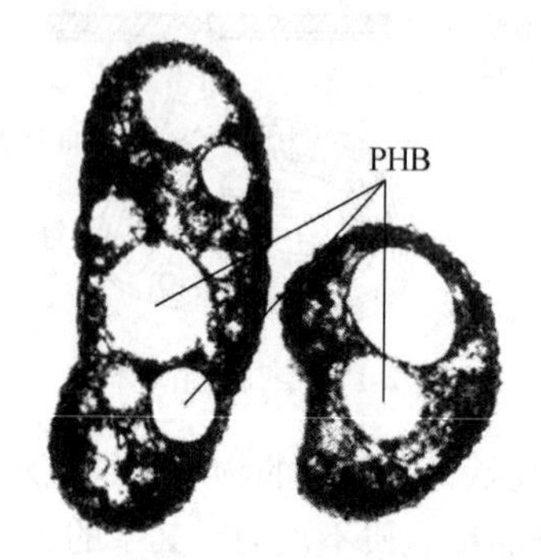

图 2-20　红螺菌属（***Rhodospirillum***）的 **PHB** 颗粒

已发现 60 多属细菌能合成并贮藏 PHB。它无毒、可塑、易降解，是无公害的安全材料，可制作无毒且易降解的医用塑料器皿、手术线及快餐盒、化妆品等。若干产碱杆菌（*Alcaligenes* spp.）、固氮菌（*Azotobacter* spp.）和假单胞菌（*Pseudomonas* spp.）是主要生产菌种。现又在一些好氧菌和光合厌氧细菌中发现与 PHB 类似的化合物，它们与 PHB 仅是 R 基不同（R=CH_3时即为 PHB），可通称为聚羟基脂肪酸酯（PHA）。其结构式如下。

$$HO-\underset{R}{\underset{|}{CH}}-CH_2-\underset{O}{\underset{\|}{C}}\!\!-\!\!\left[O-\underset{R}{\underset{|}{CH}}-CH_2-\underset{O}{\underset{\|}{C}}-O-\underset{R}{\underset{|}{CH}}\right]_n\!\!CH_2-COOH$$

已发现 90 多属的细菌可合成并贮藏 PHA。我国在 PHA 等生物聚酯的研究、生产和应用方面都已进入国际前列。特别是在用“蓝水生物技术”（用塑料生物反应器、不灭菌海水培养液开放式连续培养）生产嗜盐菌方面显示了高产量、低成本的优势。

C．多糖类贮藏物　　包括糖原和淀粉粒。有些细菌能在细胞质内以糖原或淀粉粒形式积累多聚葡萄糖。颗粒直径为 20～100nm，均匀分布在细胞质中。这类颗粒用碘处理后可在光学显微镜下检出。糖原粒较小，遇碘呈褐红色。淀粉粒遇碘呈蓝色。糖原粒和淀粉粒是细菌碳源和能量的贮藏物。以糖原为贮藏物的细菌很多，如大肠杆菌、沙门菌属等大多数肠道细菌，还有芽孢杆菌属、梭菌属、节杆菌属和溶壁微球菌等。

D．藻青素　　这是一种氮源、能源贮藏物，颗粒状，由含精氨酸、天冬氨酸残基（1∶1）的多分支多肽构成，分子量为 25 000～125 000Da。通常存在于蓝细菌中。

E．硫粒　　有些硫细菌如贝氏硫杆菌属（*Beggiatoa* spp.）能氧化硫化氢为硫以获得能量。这些细菌能将硫贮藏在细胞内，形成硫粒（图 2-21），当环境缺少 H_2S 时，硫粒就被氧化成为硫酸并释放出能量，是硫源与能源的贮藏物。

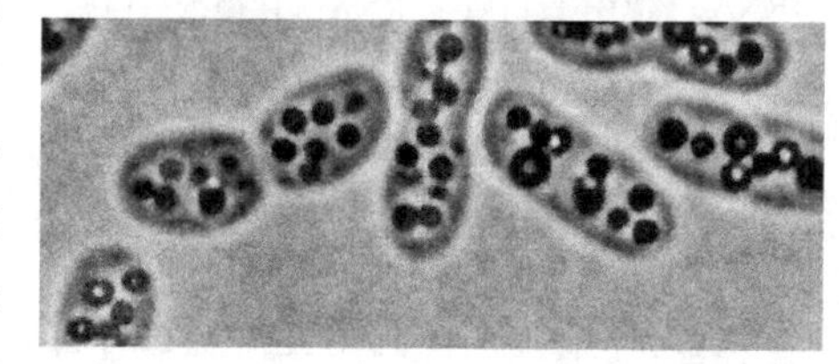
图 2-21　细菌细胞中的硫粒

F．磁小体　　主要存在于许多水生细菌和部分真核藻类细胞中，是细胞内 Fe_3O_4 的结晶体颗粒，在含铁硫化物的环境中则主要是 Fe_3S_4，外有一层磷脂、蛋白质或糖蛋白包裹，无毒，有磁性，便于连接抗体、酶、药物等。不同细菌的磁小体大小均匀（20～100nm），数目不等（2～20 颗），链状排列，形状不一，呈正方形、长方形和刺状等（图 2-22）。其有导向作用，借鞭毛游向对细菌最有利的泥水界面微氧处生活。趋磁菌有应用前景，可用于食品检测、病原菌诊断，生产定向药物或抗体、固定化酶、生物传感器等。

G．羧酶体（羧化体）　　是存在于一些自养细菌内的多面体内含物（图 2-23），直径约 100nm，内含核酮糖-1,5-二磷酸羧化酶，在自养细菌二氧化碳固定中起关键作用。

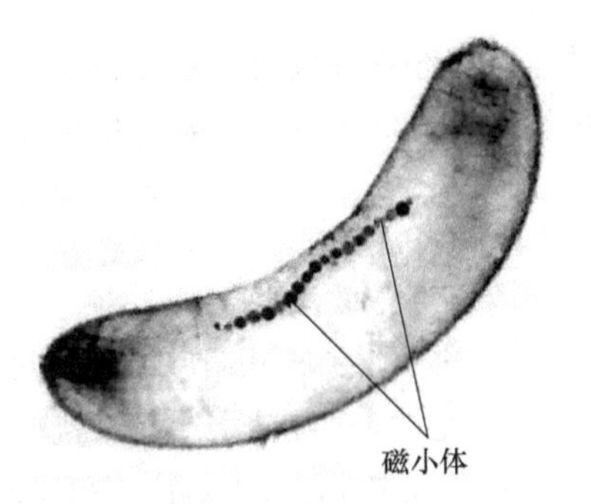

图 2-22　趋磁螺菌（*Magnetospirillum magnetotacticum*）细胞中的磁小体

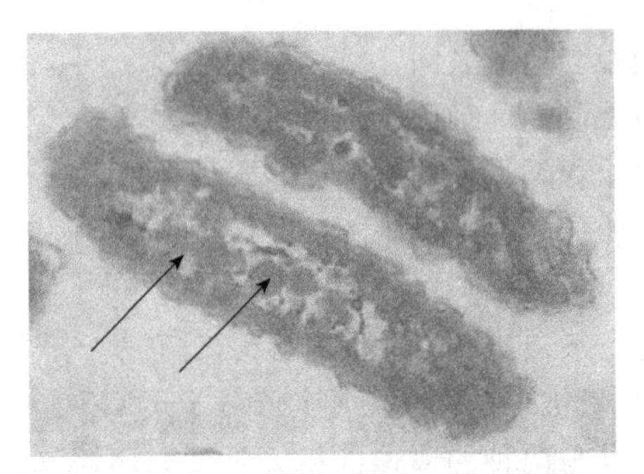

图 2-23　硫杆菌细胞中的羧酶体（箭头所示）

H．气泡　　蓝细菌等水生细菌细胞质中有几个至几百个气泡，呈中空但坚硬的纺锤形，大小为 0.075μm×（0.2～1.0）μm，内由数排柱形小空泡组成，外有 2nm 厚的蛋白质膜包裹。气泡不透水，不透溶质，只能透气，不耐压。光学显微镜下观察气泡高度折射和透明。其功能是调节相对密度使细胞漂浮在最适水层中获取光、氧和营养物。

拓展资料

原核微生物细胞质中还有蛋白质丝状系统，结构与真核细胞的细胞骨架相似，通过蛋白质单体的聚合实现其功能：维持细胞形态、参与细胞分裂。

4．核区和质粒

（1）核区　　细菌无真正的细胞核，只有原核生物特有的无核膜结构、无核仁、无固定形态的原始细胞核（图 2-24），又称核质体、原核、拟核或核基因组。经富尔根染色法染色可见紫色的形态不定的核区。核区是一个大型环状的双链 DNA 分子紧密缠绕形成的较致密的不规则小体，一般不含组蛋白或只有少量碱性蛋白质与其结合，拉直后其长度达 0.25～3.00mm。DNA 分子量为（1～3）×10^9Da。大肠杆菌核区为 4640kb，长 1.1～1.4mm，含 4288 个基因。枯草杆菌核区为 4210kb，长约 1.7mm，有 4100 个基因。细菌核区结合少量类组蛋白和 RNA 分子使其压缩成脚手架形的致密结构。每个细胞核区数与其生长速度密切相关，一般为 1～4 个。快速生长的细菌中核区 DNA 占细胞总体积的 20%。细菌核区除在染色体复制的短时间内呈双倍体外，一般均为单倍体。多数细菌 DNA 呈环状，伯氏疏螺旋体（*Borrelia burgdorferi*）和放线菌 DNA 呈线状。其功能是贮存和传递遗传信息，执行复制、重组、转录、翻译及调节过程。

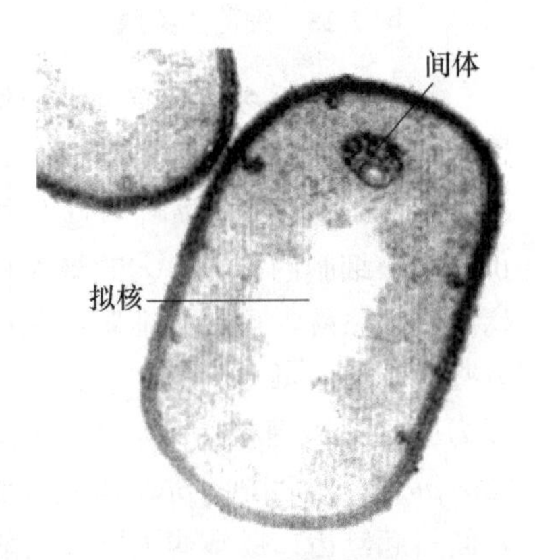

图 2-24　细菌的核区

（2）质粒　　很多细菌有染色体外遗传因子，为环状 DNA 分子，称质粒。细菌质粒通常都是共价闭合的超螺旋小型双链 DNA。少数细菌中发现有线性双链 DNA 质粒（如链霉菌等）和单链环状质粒（如枯草杆菌等）。质粒大小为 1～300kb。每个菌体含一或多个质粒，携带决定细菌某些遗传特性的基因，如致育（F 因子）、抗药（R 因子）及产毒、致病、降解毒物、生物固氮、植物结瘤、气泡或芽孢形成、抗原获得、限制与修饰系统、形成原噬菌体、产生抗生素和色素等次生代谢产物等。

质粒能自我复制，其存在与否不影响细菌的生长繁殖。多数质粒会自行或经某种理化因子（如丝裂霉素等）处理而消失，这一过程称质粒消除或自愈。有的质粒能以附加体的形式整合到宿主菌的染色体中，在染色体控制下与染色体一起复制并随宿主细胞分裂传给子代菌体。有的质粒（如 F 因子）DNA 中有插入序列（insertion sequence，IS）或转座子（transposon，Tn），能在质粒与质粒之间、质粒与染色体之间、细胞之间转移，有介导细菌之间基因交换与遗传重组的重要功能。细菌质粒的这些特性与功能为现代生物学研究提供了重要工具，特别是在基因工程中质粒是重要的基因克隆载体。

（二）细菌细胞的特殊结构

除一般结构外，有些细菌还有糖被、S层、鞭毛、菌毛、芽孢、菌鞘和附器等特殊结构。

1．糖被 它是某些细菌在一定条件下向细胞壁表面分泌的一层松散、透明的胶状物质。其厚薄除与菌种的遗传性相关，还与环境（尤其是营养）条件密切相关。较厚（＞0.2μm）、有明显的外缘和一定的形状，较紧密结合于细胞壁外的称荚膜（图2-25）；较薄（＜0.2μm）、光学显微镜观察不到但可用血清学方法显示的称微荚膜；量大且与细胞表面结合比较松散，易变形，没有明显外缘，可扩散到周围环境中的称黏液层。通常是一菌一膜，也有多菌共膜的，称菌胶团。

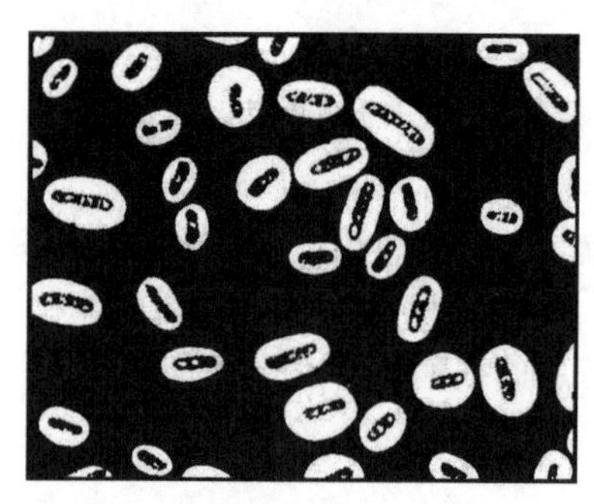

图2-25 细菌的荚膜

糖被含水90%以上，化学成分大多数为多糖，也有的是多肽或蛋白质，如肺炎链球菌糖被为多糖；炭疽杆菌糖被为多肽；鼠疫耶尔森菌糖被为蛋白质；巨大芽孢杆菌糖被为多糖和多肽复合物。糖被不易着色，要用特殊的染色法或负染色（即背景染色）才能在光学显微镜（简称光镜）下看清。

糖被中水分多，故有糖被的细菌形成的菌落湿润、光滑，称光滑型菌落。相反，无糖被的细菌形成的菌落较干燥、粗糙，为粗糙型菌落。

糖被的主要功能如下。①保护菌体，防止菌体变干，防止化学药物毒害和噬菌体侵袭，防止宿主白细胞的吞噬。②贮藏养料，营养缺乏时可被细菌用作碳源和能源。③作为透性屏障和离子交换系统，可保护细菌免受重金属离子的毒害。④致病作用，糖被为主要表面抗原，它是有些病原菌的毒力因子，与致病力有关，如具糖被的S型肺炎链球菌可阻止宿主白细胞的吞噬，毒力强，失去糖被后致病力降低，是某些病原菌必需的黏附因子，如引起龋齿的唾液链球菌（*Streptococcus salivarius*）等能分泌一种己糖基转移酶使蔗糖转变成果聚糖，使细菌黏附于牙齿表面引起龋齿；肠致病大肠杆菌的毒力因子是肠毒素，仅有肠毒素产生并不足以引起腹泻，还必须依靠其酸性多糖荚膜（K抗原）黏附于小肠黏膜上皮才能引起腹泻。⑤堆积代谢废物。⑥细菌间的信息识别作用，如根瘤菌属。

细菌的糖被与生产实践关系密切，如肠膜明串珠菌（*Leuconostoc mesenteroides*）利用蔗糖合成大量的糖被物质——葡聚糖，已用于大量生产右旋糖酐作代血浆的主要成分和生化试剂。我国学者1958年从桃皮上分离的1226优良菌株就长期用于生产代血浆（右旋糖酐注射液）。野油菜黄单胞菌（*Xanthomonas campestris*）的黏液层可提取黄原胶，它可用作石油开采中的钻井液添加剂，也可用于印染、食品等工业中。菌胶团有吸附和沉降性能，在污水净化中有重要作用。有些产糖被菌也给生产带来不利影响，常使糖厂的糖液及酒类、牛乳等饮料和面包等食品发黏变质；在工业发酵中，若发酵液被产糖被的细菌污染就会阻碍发酵的进行和影响产物的提取；某些致病菌的糖被会对该病的防治造成困难；链球菌糖被引起的龋齿严重危害人类健康。

产糖被是细菌的遗传特性，是种的特征。糖被的有无及其性质可作为鉴定细菌的依据之一。

2．S层 这是一层包围在原核微生物细胞壁外，由蛋白质或糖蛋白亚基以方块形或六角形排列的连续层（图2-26）。有人认为它是糖被的一种。S层与细胞壁表面的结合方式在不同的细菌中略有不同。在G^+菌中S层结合在肽聚糖层表面。在G^-菌中S层结合在细胞壁外膜上同脂多糖相连。古菌中它直接紧贴于细胞膜上取代细胞壁。S 层可起选择性分子筛作用，只允许分子量较小的物质通过；促进病原菌对宿主细胞的黏附；抵御宿主吞噬细胞的吞噬、补体的攻击及蛭弧菌的侵入。

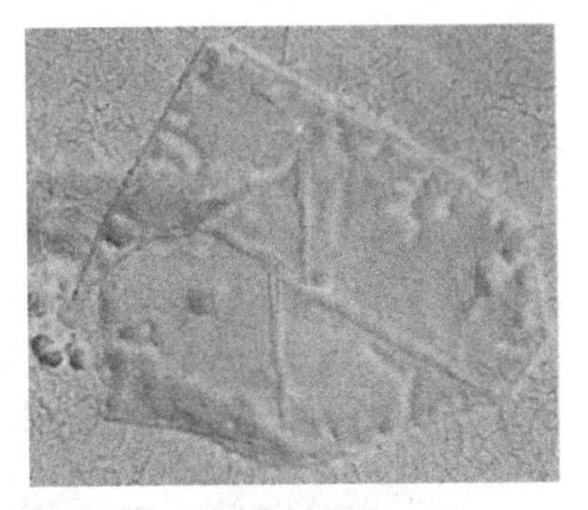

图 2-26 细菌的 S 层

3．鞭毛 某些细菌体表着生细长、波浪形的丝状物称鞭毛，具刚韧性，是细菌的“运动器官”。其直径 0.015～0.020μm，长 15～20μm，用电子显微镜可直接看见。用特定染色法使染料沉积在鞭毛上加大其直径，可在光学显微镜下看到。据细菌在水浸片或悬滴片标本中的运动及在半固体直立柱穿刺线上群体扩散和在平板培养基上的菌落外形可推测某菌是否长有鞭毛。

（1）鞭毛的成分 其主要成分为蛋白质，有少量多糖或脂类。鞭毛有抗原性，称为鞭毛抗原或 H（Hauch）抗原，不同细菌的 H 抗原因组成的氨基酸不同而具有型特异性，常作为血清学鉴定的依据之一。

（2）鞭毛数目及着生位置 大多数球菌不生鞭毛，部分杆菌生鞭毛，假单胞菌、螺旋菌和弧菌一般都生鞭毛。据鞭毛数目及着生位置可分为单毛菌、丛毛菌和周毛菌三类。

A．单毛菌 在菌体一端或两端各着生一根鞭毛，如霍乱弧菌（*Vibrio cholerae*）、铜绿假单胞菌（*Pseudomonas aeruginosa*）在菌体的一端只生一根鞭毛（图 2-27A），多做直线运动。鼠咬热螺旋体（*Spirochaeta morsusmuris*）在菌体两端各具一根鞭毛。

B．丛毛菌 在菌体一端或两端各着生一束鞭毛，如荧光假单胞菌（*P. fluorescens*）一端生一束鞭毛（图 2-27B），红色螺菌（*Spirillum rubrum*）两端各生一束鞭毛，常做摇摆运动。

C．周毛菌 菌体周身有许多鞭毛（图 2-27C、图 2-28），常做翻转运动，如苏云金杆菌。

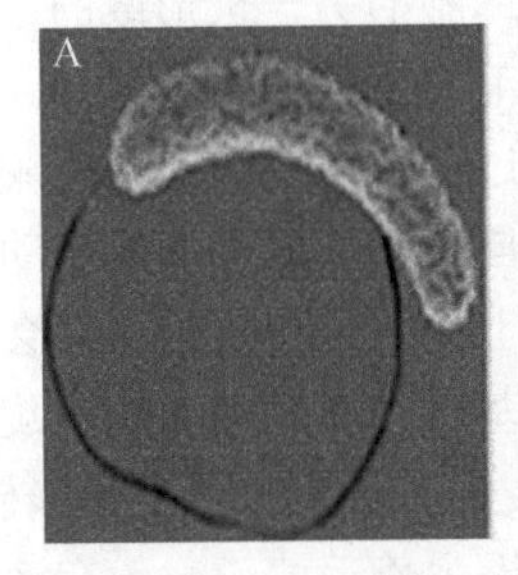

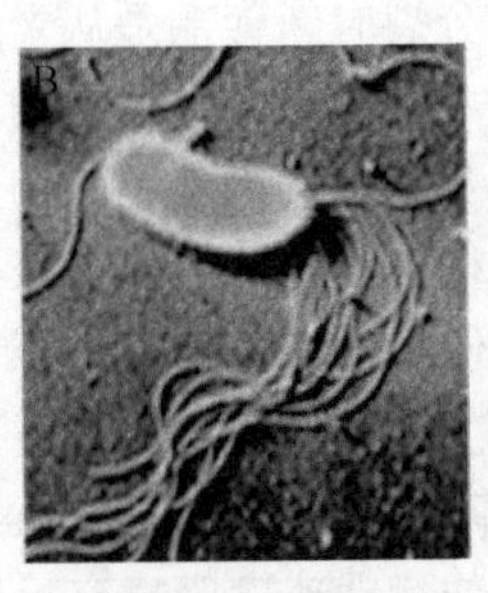

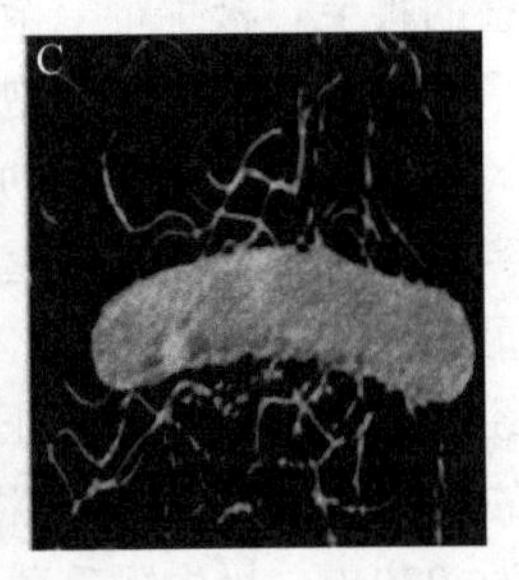

彩图

图 2-27 细菌鞭毛的着生位置和数目

A．单毛菌；B．丛毛菌；C．周毛菌

鞭毛的着生位置和数目是细菌分类鉴定的重要依据。鞭毛蛋白变化多，细菌的鞭毛血清型很多。临床上将鞭毛（H 抗原）和 LPS 的 O 抗原血清型作为确定菌株的指标。

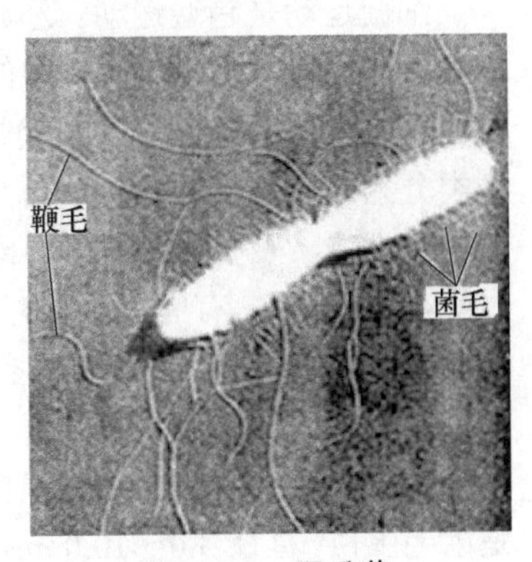

图 2-28 周毛菌

（3）鞭毛的结构 原核生物的鞭毛都有共同的结构，由基体、钩形鞘和鞭毛丝三部分组成，G^+菌和 G^-菌鞭毛结构稍有区别。

A．基体 鞭毛基部嵌埋在细胞壁与细胞膜中的部分称基体，由 10～13 种不同蛋白质亚基组成。基体由一个同心环系与穿过这个环系中央的小杆组成。中心杆的直径 7nm，长 27nm。革兰氏阴性的大肠杆菌（图 2-29）最外层的 L 环连在细胞壁的

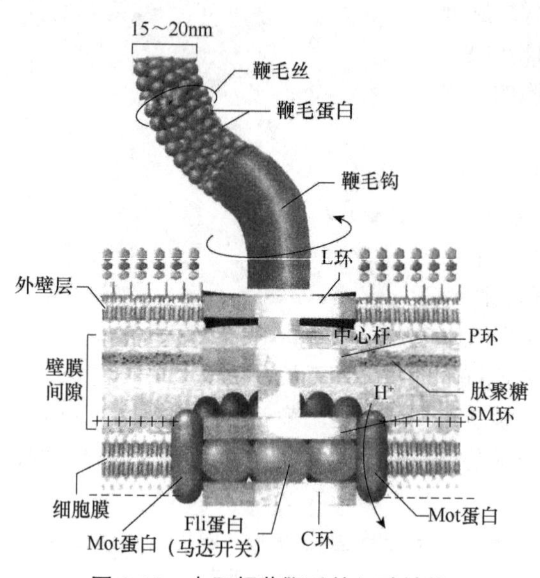

图 2-29 大肠杆菌鞭毛的细致结构

外膜层上，接着是连在肽聚糖内壁层的 P 环，第三个是靠近周质空间的 S 环，它与 M 环连在一起称 SM 环或内环，共同嵌埋在周质空间和细胞膜上。SM 环被 10 多个 Mot 蛋白包围，由它们驱动 SM 环快速旋转。SM 环的基部还有一种起键钮作用的 Fli 蛋白，它可根据细胞提供的信号让鞭毛正转或逆转。C 环是近年来新发现的，连接在细胞膜和细胞质的交界处，功能与 SM 环相同。革兰氏阳性菌（如枯草杆菌）环系只有 S 和 M 环，分别位于细胞壁和细胞膜中，其余的均与革兰氏阴性菌相同。

B．钩形鞘　　它位于近细胞表面，连接鞭毛丝和基体，较短、弯曲，可 360° 旋转，使鞭毛加大运动幅度。其直径较鞭毛丝大，长约 45nm。由 120 个蛋白亚基组成。

C．鞭毛丝　　它为伸在细胞壁外的波浪形弯曲的中空纤丝，由许多鞭毛蛋白亚基沿中央孔道螺旋状排列而成，每周有 8～10 个亚基，鞭毛丝末端有一冠蛋白。鞭毛蛋白是一种呈球状或卵圆状蛋白，分子量为 3 万～6 万，它在细胞质内靠近鞭毛基体的核糖体上合成，由鞭毛基部通过中央孔道输送到鞭毛游离的顶部自我装配，该装配过程在冠蛋白指导下完成。因此，鞭毛的生长方式是在其顶部延伸而非基部延伸。先合成 SM 环，再依次合成 P 环、L 环、鞭毛钩和冠蛋白，最后合成鞭毛丝。细胞分裂时两个子细胞都必须得到完整的鞭毛。极生鞭毛菌分裂时新鞭毛是从老细胞的另一极形成的；周生鞭毛菌分裂时原有鞭毛平均分配到两个子细胞中，然后新合成的鞭毛再填补在缺位上。

（4）*鞭毛的运动*　　鞭毛的运动如轮船的螺旋桨，通过旋转使菌体运动。鞭毛的旋转由基体引发，基体实际上是一个精致的超微型马达，其能量来自细胞膜内外的质子动势。质子穿过 Mot 复合体中间孔道做穿膜运动，它作用于 SM 环和 C 环上按螺旋排列的电荷会产生静电力。当大量质子流经 Mot 蛋白时，通过正负电荷的吸引，就使基体带动鞭毛丝快速旋转，使菌体运动。鞭毛运动的速度很快。例如，螺菌鞭毛旋转可达 40r/s（超过一般电动机的转速），大肠杆菌鞭毛的转速为 270r/s。极生鞭毛菌的运动速度明显高于周生鞭毛菌。一般在液体介质中的运动速度为 20～80μm /s，最高时达 100μm /s（每分钟达到 3000 倍体长）。

细菌运动是趋避运动。运动细菌对环境的刺激非常敏感，可立即作出改变运动方向的反应。细菌对环境刺激作出反应而做的定向运动称趋性。可以是向环境因子浓度高的方向运动，称正趋性，也可是避开刺激的负趋性。据引起趋性的环境因子的种类分为趋光性、趋氧性、趋化性和趋磁性等。趋磁细菌体内有磁小体，磁小体具有两极磁性，游动方向受磁场影响。

4．菌毛　　有些细菌还有菌毛（纤毛），是长在细菌体表比鞭毛更细、短、硬、直、多的蛋白质丝状物（图 2-30），中空，可使菌体附着于物体表面。其结构较鞭毛简单，无基体等构造，直接着生于细胞膜内侧的菌毛基粒上，主要成分是菌毛蛋白。直径 3.0～10.0nm，长 0.2～2.0μm。每菌有 250～300 条，周身分布。有菌毛者以 G^- 致病菌居多。它不是运动

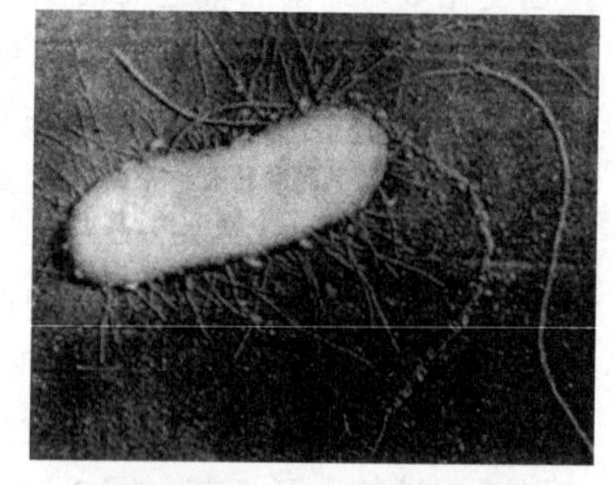
图 2-30 大肠杆菌菌毛

器官，有的在细菌接合时传递遗传物质，称性菌毛；有的是噬菌体的吸附位点；有的可黏附于其他物体（呼吸道、消化道或生殖泌尿道等黏膜）表面引起疾病；痢疾志贺菌等菌毛中空，可向宿主肠壁细胞注入毒素；口腔中的细菌可通过菌毛黏附于牙齿并形成菌斑；有的增强菌体的聚集能力形成菌膜。

性毛（性菌毛）一般存在于大肠杆菌等肠道细菌雄性菌株（F^+株）表面，构造和成分与菌毛相同，比菌毛长，较粗，仅有一至几根。决定产生性毛的基因位于接合型质粒的转移功能区。性毛是一些革兰氏阴性菌如大肠杆菌接合所必需的，抗药性和毒力因子等遗传基因可通过此种方式转移。有的性毛还是一些噬菌体特异性的吸附位点。

5. 芽孢及其他休眠结构　芽孢是某些细菌在生长发育后期细胞内形成的圆形或椭圆形、厚壁、含水量低、抗逆性强的休眠体。每一细菌只形成一个芽孢，一个芽孢萌发后也只能产生一个菌体，所以它不是繁殖体，只起渡过不良环境的作用。

（1）*产芽孢细菌的种类*　产芽孢的细菌属不多，杆菌有好氧的芽孢杆菌属和厌氧的梭菌属（*Clostridium*）。球菌除芽孢八叠球菌属（*Sporosarcina*）外均不产芽孢。螺旋菌少数种产芽孢。放线菌中高温放线菌属（*Thermoactinomyces*）产芽孢。

（2）*芽孢的形态和大小*　芽孢的形状、大小和位置因菌种而异（图 2-31）。例如，破伤风梭菌（*Clostridium tetani*）芽孢位于菌体末端，圆形，比菌体大，鼓槌状；枯草杆菌芽孢在菌体中央，椭圆形，比菌体小；肉毒梭菌（*C. botulinum*）芽孢在菌体近末端。

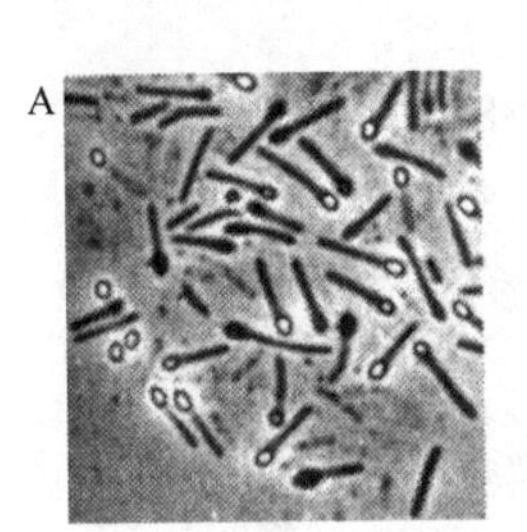

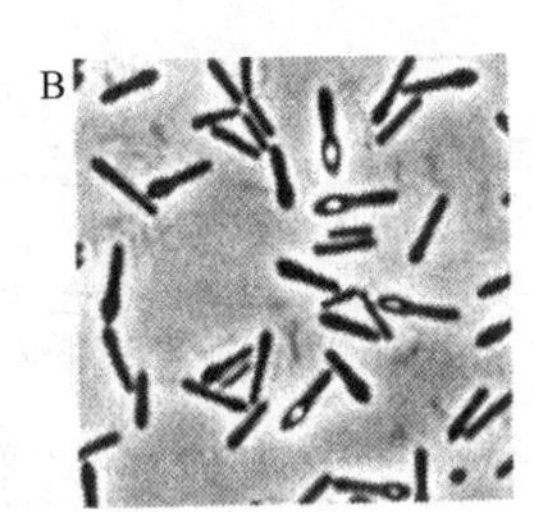

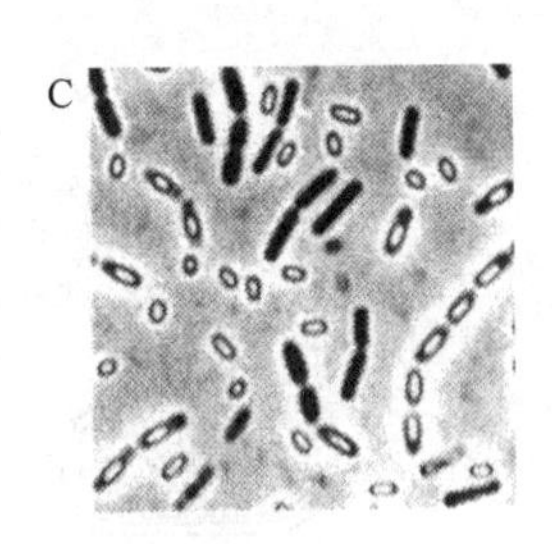

图 2-31　细菌芽孢的形状、大小和位置

A．末端生；B．近端生；C．中央生

（3）*芽孢的结构*　芽孢由孢外壁、芽孢衣、皮层和核心 4 部分组成。①孢外壁位于芽孢最外层，主要含蛋白质、脂类和糖类，透性差，有的芽孢无此层。②芽孢衣是紧靠孢外壁内侧、层次多（3～15 层）的结构，致密，主要含疏水性角蛋白，透性差，能抗酶和化学物质透入。③皮层很厚，约占芽孢总体积的一半，主要含大量芽孢皮层特有的芽孢肽聚糖，其特点是呈纤维束状、交联度小、负电荷强、可被溶菌酶水解。皮层中还有芽孢特有的吡啶二羧酸（DPA）及大量 Ca^{2+}，两者结合成吡啶二羧酸钙盐（DPA-Ca），有较强的抗热性。皮层的渗透压很高。④核心是原生质体，由核心壁、芽孢膜、芽孢质和核区构成。主要含有核糖体和 DNA，含水极少，代谢停止（图 2-32），只有少量的酶且处于不活泼状态。

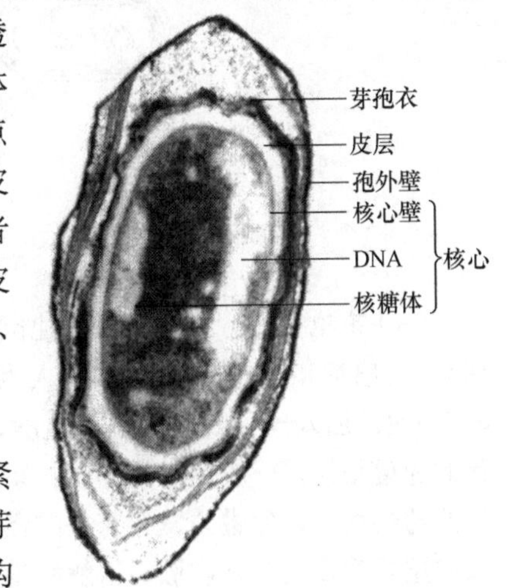

图 2-32　巨大芽孢杆菌芽孢电镜图

芽孢形成中产生一种小分子酸溶性芽孢蛋白与 DNA 紧密结合，保护其免受紫外线辐射、脱水及干热等的损害，芽孢萌发时可作碳源和能源。芽孢是生物界抗逆性最强的构造，对热、干燥、杀菌剂、辐射和静水压力等抗性很强。例如，肉毒梭菌芽孢沸水中能存活 5.0～9.5h，其休眠能力更突出，常温下可存活数年甚至更久。据报道，有的芽孢可休眠数千年。检查发酵设备、罐藏食品、医疗器械、微生物学实验器皿等灭菌是否彻底应以是否杀死芽孢为标准。

（4）芽孢的耐热机制　　芽孢耐热性的本质至今尚无公认的解释，主要有两种：一是认为芽孢含有营养细胞所没有的 DPA-Ca，能稳定芽孢的生物大分子，增强芽孢的耐热性。另一解释是渗透调节皮层膨胀学说认为芽孢衣对多价阳离子和水的透性很差，皮层的离子强度很高使皮层产生极高的渗透压以夺取芽孢核心的水，结果造成皮层的充分膨胀，核心部分的细胞质却形成高度失水状态，因而产生极强的耐热性和抗药性。

（5）芽孢的形成　　芽孢的形成与遗传特性、菌龄、环境条件有关。其形成过程可分 7 个阶段（图 2-33）。①轴丝形成：核物质逐渐浓缩延续成轴丝。②前芽孢隔膜形成：细胞膜内陷形成横隔膜将细胞分成大、小两部分，轴丝同时被分为两部分。③前芽孢形成：小细胞被大细胞质膜包裹形成有双膜的前芽孢。④皮层形成：先合成芽孢肽聚糖沉积在双膜之间，后合成 DPA 并吸收大量 Ca^{2+}产生 DPA-Ca 复合物形成皮层，再经脱水使折光率增高。⑤芽孢衣形成：在皮层外形成以含较多半胱氨酸和疏水氨基酸的特殊蛋白质为主的致密芽孢衣。⑥芽孢成熟：皮层合成完成，抗热性增强。⑦芽孢释放：芽孢囊（营养细胞壁）裂解，释放出芽孢。枯草杆菌芽孢形成约需 8h，约有 200 个基因参与，需要合成许多蛋白质，有的与终止营养细胞的功能有关，有的是芽孢的特异蛋白。

拓展资料

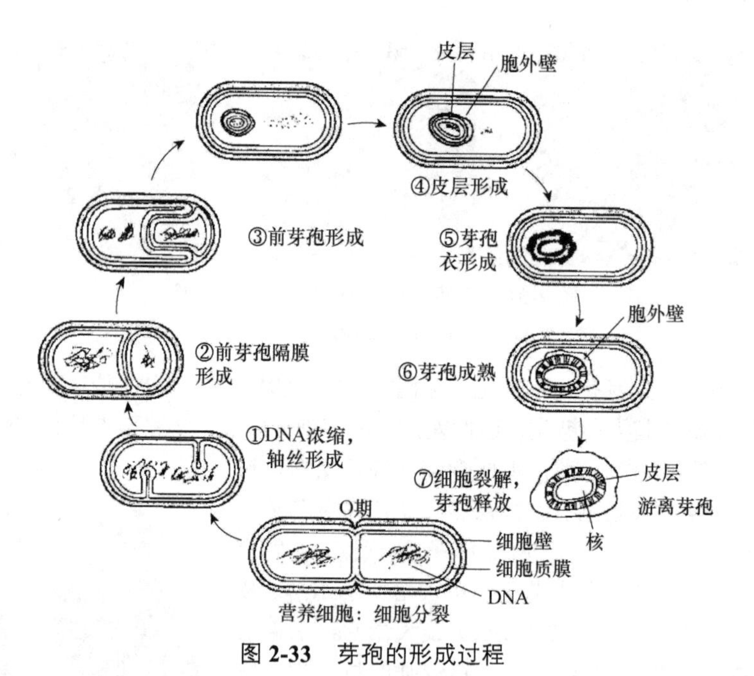

图 2-33　芽孢的形成过程

（6）芽孢萌发　　在某些理化因素刺激下休眠的芽孢变成营养细胞的过程称芽孢的萌发，包括活化、出芽和生长三个阶段。在人为条件下，适当加温（枯草杆菌 50～80℃温水浸渍 5～10min），降低 pH，加入一种或几种 L-丙氨酸、Mn^{2+}、表面活性剂、葡萄糖等萌发剂可促进芽孢活化。出芽的速度很快，一般仅需几分钟。芽孢出芽时芽孢衣中富含半胱氨酸蛋白质的立体结构改变使芽孢的透性增加，促进与发芽有关的蛋白酶活动；芽孢衣上的蛋白质逐步降解，外界阳离子不断进入皮层导致皮层吸水膨胀、溶解和消失。接着芽孢核心部位各种酶类被活化，芽孢的抗热性、光密度和折射率等特性指标逐步下降，DPA-Ca 等物质逐步释放和转化，核心中含量较高的可防止

DNA 损伤的小酸溶性芽孢蛋白浓度迅速下降，细胞壁、DNA、RNA 和蛋白质等生命物质开始重新合成，芽孢囊壁破裂，皮层迅速破坏，长出芽管，重新发育成活跃的营养细胞。

（7）研究芽孢的意义　芽孢的抗逆性和休眠能力有助于产芽孢细菌度过不良环境，芽孢对产芽孢细菌的生存有重要意义，有利于产芽孢细菌菌种的筛选和保藏。灭菌中杀灭芽孢是制订灭菌标准的主要依据，常以有代表性的产芽孢细菌——肉毒梭菌、产气荚膜梭菌（*Clostridium Perfringens*）和嗜热脂肪芽孢杆菌（*Geobacillus stearothermophilus*）等细菌芽孢耐热性作灭菌程度的依据；许多产芽孢细菌是强致病菌，如炭疽芽孢杆菌、肉毒梭菌和破伤风梭菌等；一些产芽孢细菌可产生抗生素短杆菌肽、杆菌肽等有用产物；芽孢是芽孢杆菌属、梭菌属等十多个属细菌特有的形态构造，其存在及特点是细菌分类鉴定中的重要形态学指标。

有些芽孢杆菌如苏云金杆菌形成芽孢的同时，菌体内产生一个方形或菱形的碱溶性蛋白质晶体，称伴孢晶体（δ 内毒素，图 2-34）。伴孢晶体对鳞翅目、双翅目等 200 多种昆虫幼虫有强烈的毒杀作用。目前已将苏云金杆菌等制成细菌杀虫剂用于杀灭农林害虫（详见第十二章第一节“四、微生物农药”）。

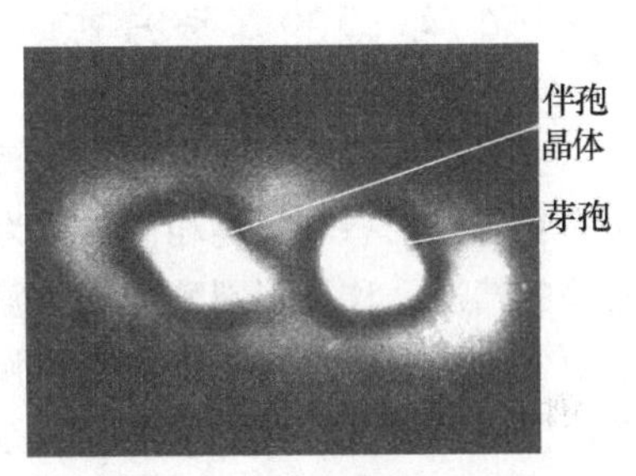

图 2-34　苏云金杆菌的伴孢晶体

细菌的其他休眠结构：固氮菌属可产生厚壁的球形孢囊，孢囊能抗干旱、机械破坏和辐射，抗热性差，不完全休眠；黏球菌产生黏孢子可抗干旱、超声波和紫外线，抗热性差；蛭弧菌属（*Bdellovibrio*）可产生蛭孢囊；嗜甲基细菌和红微菌能形成外生孢子等。

6. 菌鞘　有些水生细菌如浮游球衣菌（*Sphaerotilus natans*）细胞常排成丝状体，外套有长的管状物称菌鞘（图 2-35），这类细菌称鞘细菌。鞘细菌常见于污染的河流、滴滤池和活性污泥等富含有机质的流动淡水中。菌鞘由菌体分泌后紧包在菌链的外面，薄而透明，平时难以观察到，只有当菌鞘内细胞游去而变薄时，用相差显微镜和染色就容易看到。菌鞘的成分主要是蛋白质、多糖和脂质，不含胞壁酸。作用主要有：①有助于菌体吸收营养，菌鞘是胶状物，上有固着器，能使菌体附着于固体基质上吸取养分，尤其是在低营养的水中，可使鞘细菌附着在固体物质上随水漂流富集营养；②保护作用，菌鞘能抵御原生动物等捕食者的捕食或蛭弧菌等寄生者的攻击。

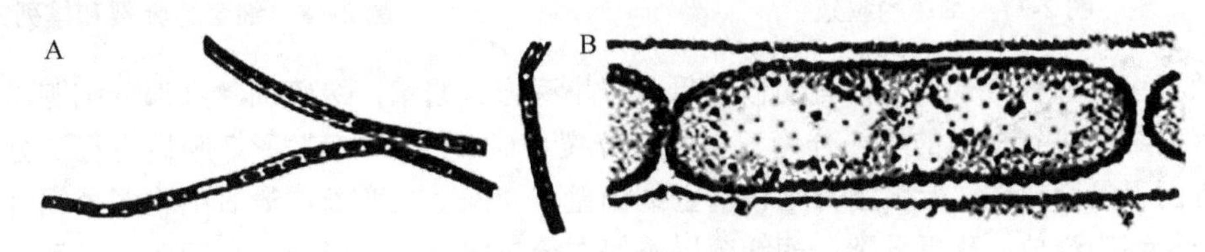

图 2-35　浮游球衣菌

A. 丝状体的菌鞘；B. 丝状体细胞

7. 附器　有些 G^- 菌还有菌柄（图 2-36）或菌丝状细胞质伸出物。其直径小于成熟细胞，内含细胞质，还有核糖体，偶尔还含 DNA，外包细胞壁，统称为附器。附器细菌是一个非常多样化的大类群，包括柄杆菌属（*Caulobacter*）、突柄杆菌属（*Prosthecobacter*）、嘉利翁氏菌属（*Gallionella*）、涅瓦河菌属（*Nevskia*）、浮霉状菌属（*Planctomyces*）等属的细菌。大多数为水生性。附器细菌的分裂为不等分裂，形成两个不相等的子细胞。

附器的主要功能：作为吸附“器官”吸附在固体表面或其他细菌上随之漂浮；增加菌体表面积与体积之比；有利于吸收营养，使附器细菌在稀营养的水生环境中有竞争优势。

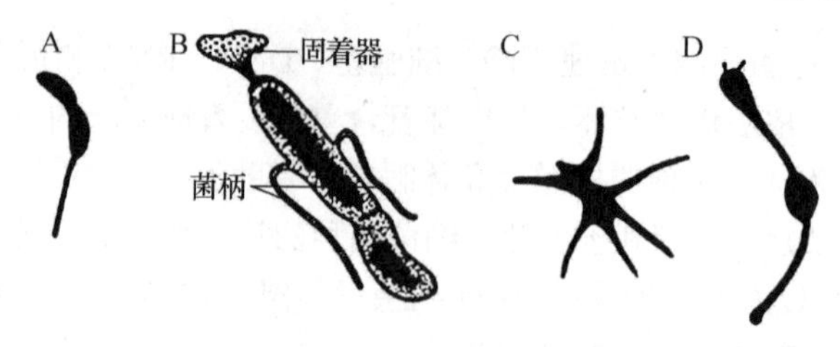

图 2-36 一些细菌的附器

A．有一个柄的柄杆菌（*Caulobacter* sp.）；B．双鞘不黏柄菌（*Asticcacaulis biprosthecum*）有两个菌柄；C．有多（2～8）个菌柄的臂微菌；D．有 1～2 个菌丝伸出的生丝微菌

三、细菌的繁殖方式

细菌一般进行无性繁殖，表现为细胞的横分裂，称为裂殖。裂殖后形成的子细胞与母细胞大小相等，形态和结构相同者称为同形裂殖；在陈旧培养基中偶尔产生子细胞与母细胞大小不相等的情况，称异形裂殖。其繁殖过程可分三步：首先染色体复制，核一分为二，同时细胞膜在菌体中央沿横切方向形成横隔膜将细胞质分为两部分；其次细胞壁向内生长将横隔膜分为两层，横隔壁也分两层成子细胞细胞壁；最后子细胞分离成两个独立的菌体（图 2-37）。细菌分裂时不同菌种形成的子细胞排列方式不一样，有的单独存在，有的连接形成各种排列形式的群体（图 2-38）。

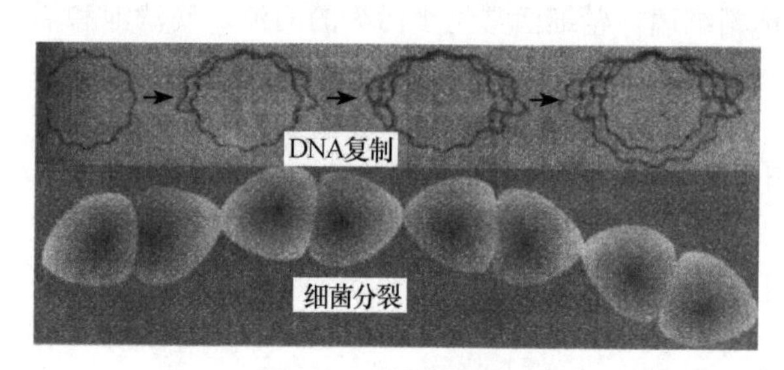

图 2-37 细菌的裂殖

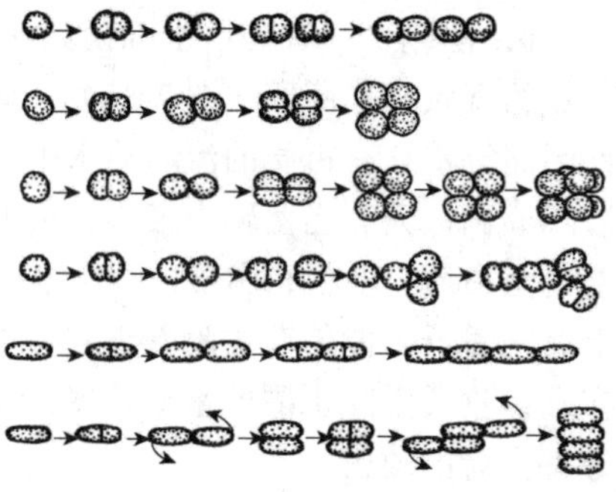

图 2-38 细菌的分裂和排列方式

少数细菌以其他方式繁殖，有的似酵母菌以出芽方式繁殖；绿硫细菌大部分细胞以二分裂繁殖，有的细胞进行成对的“一分为三”的三分裂，形成一对“Y”形细胞后进行二分裂，结果形成有网眼的菌丝体；蛭弧菌寄生在宿主细菌壁与膜间生长变长，最后细胞多处同时均等分裂成多个子细胞释放，称复分裂；柄细菌以不等二分裂繁殖，形成一个有柄、不运动的细胞和一个无柄、极生单鞭毛的细胞；埃希菌属、志贺菌属、沙门菌属等有较少的有性接合。

四、细菌的培养特征

（一）菌落

将单个细菌（或其他微生物）细胞或一小团同种细胞接种到固体培养基上，于适合条件培养形成肉眼可见的、有一定形态的子细胞群称菌落。由一个细胞繁殖成的群体称纯培养，又称克隆。各种细菌在一定培养条件下形成的菌落有一定的特征（图 2-39）。菌落特征取决于组成菌落的细菌的细胞结构和生长行为。例如，有鞭毛的细菌能运动，其菌落大而扁平，边缘不规则；无鞭毛、不能运动的细菌形成的菌落较小、较厚、边缘平整，半球状。有糖被的细菌菌落光滑、黏稠、透明；无糖被细菌的菌落表面较粗糙、多褶、较干燥。呈链状排列的细菌菌落，表面粗糙、卷曲，边缘不整齐。有芽孢细菌因芽孢影响折光率，分裂后常呈链状排列，它们一般有周生鞭毛，故形成的菌落表面粗糙、多褶、不透明，边缘有毛状突起。有的菌落有颜色，其色素有些是脂溶性的，存在于细胞内；有的是水溶性的，扩散到培养基中。同种细菌在不同培养条件下形成的菌落也有差异。

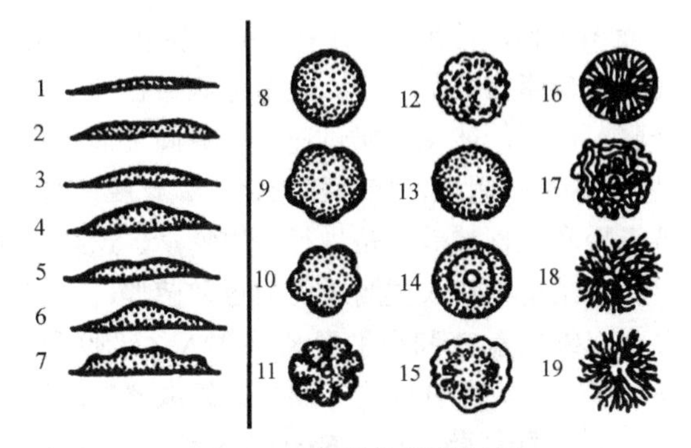

图 2-39　细菌的菌落特征

隆起形状：1．扁平；2．隆起；3．低凸起；4．高凸起；5．脐状；6．草帽状；7．乳头状。表面结构形态及边缘形状：8．圆形、边缘完整；9．不规则、边缘波浪状；10．不规则、颗粒状、边缘叶状；11．规则、放射状、边缘叶状；12．规则、边缘扇边状；13．规则、边缘齿状；14．规则、有同心环、边缘完整；15．不规则、毛毯状；16．规则、菌丝状；17．不规则、卷发状、边缘波状；18．不规则、呈丝状；19．不规则、根状

细菌的菌落特征包括大小、形状、边缘情况、隆起形状、表面光泽、表面状态、质地、颜色和透明度等，是细菌分类的重要依据。多数细菌菌落圆形，小而薄，表面光滑、湿润、较黏稠，半透明，颜色多样，色泽一致，质地均匀，易挑起，常有臭味。可与其他微生物菌落相区别。菌落主要用于微生物的分离、纯化、鉴定、计数、选种和育种等许多方面的工作。

（二）菌苔

当菌体在固体培养基表面密集生长时，很多个菌落相互连接成一片，称菌苔。

（三）半固体培养基内的培养特征

纯种细菌穿刺接种在半固体培养基中会出现许多特有的培养性状，有鞭毛的细菌可以从接种线向四周蔓延；无鞭毛的仅沿接种线生长；好氧的细菌在上层生长得好；厌氧的在底部生长得好。这对菌种鉴定和纯培养识别等都非常重要。若用明胶半固体培养基还可根据明胶液化层形成的不同形状判断某细菌是否产生蛋白酶及其他特性。

（四）液体培养特征

在液体培养基中，细菌的流动性较大，一般分散在整个培养基中。不同的细菌在液体培养基中表现不一，大多数形成均匀一致的混浊液；一些好氧细菌则在表面生长形成菌环、菌膜或菌醭；有的产生沉淀；有的还产生气泡、分泌色素等。

菌体附着到物体表面后分泌黏性聚合物并在其中大量繁殖形成生物膜，可由纯菌种或多菌种组成。它是导致某些细菌性疾病难以根治的主要原因，其中的细菌对抗生素等药物、恶劣环境和宿主免疫防御等都有很强的抗性。膜内细菌的生理代谢和对环境的抗性等都有自己的特性。

五、重要代表菌

1．大肠埃希菌（*Escherichia coli*）　大肠埃希菌又称大肠杆菌，埃希菌属，细胞直杆状，0.5μm×（1.0～3.0）μm，有的近似球形，有的长杆状，多数周生鞭毛，有的菌株有大量菌毛，一般无荚膜，无芽孢，具有呼吸代谢和发酵代谢两种产能系统，营兼性厌氧生活，革兰氏阴性。在营养琼脂上菌落扁平，乳白色到黄白色，半透明，光滑，湿润，边缘圆形或波形。发酵糖类产酸、产气，能使牛奶迅速产酸凝固，但不胨化，不液化明胶；吲哚试验阳性，甲基红试验阳性，VP 试验阴性，接触酶阳性，氧化酶阴性。大肠杆菌可用于生产谷氨酸脱羧酶、天冬氨酸、苏氨酸和缬氨酸等；是进行微生物学、遗传学和分子生物学、分子遗传学、基因工程研究的好材料；是动物和人类肠道内的正常菌群，可抑制肠道致病菌（如痢疾杆菌）和腐生菌的滋生，并合成维生素 B 和维生素 K 等供人体吸收利用；是食品业和饮用水卫生检验是否受粪便污染的指示菌。当大肠杆菌侵入肠外组织或器官时则是条件致病菌，可引起肠外感染。

2. 醋酸杆菌（*Acetobacter aceti*） 醋酸杆菌属，椭圆至杆状、直或稍弯，(0.6～0.8)μm×(1.0～4.0)μm，单个、成对或成链排列。无芽孢，对热抗性弱，60℃下 10min 死亡。周生或侧生鞭毛，幼龄细胞革兰氏阴性，老龄常为阳性。菌落灰白色，多数菌株不产色素，少数菌株产褐色水溶性色素，或因细胞内含卟啉使菌落呈粉红色。专性好氧，有较强的氧化能力，化能异养，能将乙醇氧化为乙酸，并将乙酸、乳酸氧化成 CO_2 和 H_2O。不液化明胶，不水解淀粉。最适生长温度 25～30℃，最适 pH 5.4～6.3。生长最好的碳源是乙醇、甘油和乳酸。

醋酸杆菌属细菌为生产食醋和维生素 C 的重要工业菌种。现生产乙酸的菌株主要有纹膜乙酸杆菌（*Acetobacter aceti*）、恶臭乙酸杆菌（*A. rancens*）、巴氏醋酸杆菌（*A. pasteurianus*）、奥尔兰乙酸杆菌（*A. orleanense*）和许氏乙酸杆菌（*A. schutzenbachii*）等。常见于发酵的粮食、腐败的蔬菜及变酸的酒类和果汁中，如纹膜乙酸杆菌使葡萄酒、果汁变酸；胶乙酸杆菌（*A. xylinum*）能产生大量黏液妨碍醋的生产。

3. 北京棒杆菌（*Corynebacterium pekinense*） 系棒杆菌属，短杆或小棒状，有时略弯，两端钝圆，单个或呈“八”字排列。无芽孢、鞭毛。细胞内有横隔，有异染粒。革兰氏阳性。好氧或兼性厌氧。在普通肉汁琼脂平板上菌落为圆形，中间隆起，表面光滑湿润，半透明，边缘整齐，颜色开始呈白色，直径 1.0mm，培养一周后变为淡黄色，直径增大至 6.0mm，无水溶性色素。能发酵葡萄糖、麦芽糖和蔗糖产酸不产气；不分解酪蛋白、淀粉和油脂，不液化明胶；不使石蕊牛奶发生变化，一周后呈微碱性。其生长需要生物素，最适生长温度 30～32℃，致死温度为 55℃，是我国分离和筛选的生产谷氨酸、赖氨酸等氨基酸的重要菌种。

4. 德氏乳杆菌（*Lactobacillus delbrueckii*） 乳杆菌属，杆状，(0.5～0.8)μm×(2.0～9.0)μm，圆端，单个或成短链。无芽孢，无鞭毛。菌落粗糙，不产生色素。随菌龄和培养基酸度的增加菌体革兰氏染色由阳性变成阴性，厌氧，发酵葡萄糖和其他糖类产酸不产气，不发酵乳酸盐，同型乳酸发酵产生 D-乳酸。不液化明胶，不分解酪素，不产生吲哚和硫化氢。接触酶和氧化酶均阴性。需要营养丰富的培养基，5%～10% CO_2 可促进生长。最适生长温度 40～44℃。德氏乳杆菌在乳酸发酵中应用甚广。

5. 长双歧杆菌（*Bifidobacterium longum*） 系双歧杆菌属，呈多形态，可弯曲、棒状和分支状。单个或链状，“Y”形或“V”形、栅状排列，或聚成星状。无芽孢、鞭毛，G^-菌，抗酸染色阴性。厌氧生长，仅少数几个种能在 10% CO_2 的空气中生长。生长要求多种维生素，最适生长温度 37～41℃。发酵葡萄糖产乙酸和乳酸，不产 CO_2、丁酸和丙酸。不液化明胶，不产生吲哚，接触酶阴性。该属主要种类有婴儿双歧杆菌（*B. infantis*）、两歧双歧杆菌（*B. bifidum*）等。双歧杆菌是人体肠道的有益菌群，可定殖在宿主肠黏膜上形成生物学屏障，具有拮抗致病菌、改善微生态平衡、合成多种维生素、分解致癌前体物、抗肿瘤细胞、降低胆固醇、提高免疫力、延缓衰老等重要生理功能，其促进人体健康的作用远超过其他乳酸菌。

6. 丙酮丁醇梭菌（*Clostridium acetobutylicum*） 梭菌属，细胞杆状，圆端，(0.6～

0.7)μm×（2.6～4.7)μm，单生或成对，不成链。芽孢卵圆，中生或次端生，芽孢囊膨大成梭状或鼓槌状。无荚膜，周生鞭毛，革兰氏阳性。菌落圆形，隆起，乳脂色，不透明。专性厌氧，最适生长温度37℃。液化明胶，使石蕊牛奶强烈产酸凝固，凝块被气体冲碎但不胨化。能发酵淀粉、糊精等多种糖类。主要用于生产丙酮丁醇。

7．枯草杆菌（*Bacillus subtilis*）　芽孢杆菌属，细胞直或近似直杆状，（0.7～1.0)μm×(2.0～3.0)μm，单个，周生鞭毛，无荚膜，芽孢小于或等于细胞宽，椭圆至圆柱形，中生或近中央。菌落形态变化大，圆形或不规则，粗糙，表面灰白色或微黄色，不透明，有皱纹。好氧，液化明胶，产生吲哚，胨化牛奶，还原硝酸盐，水解淀粉。它是工业发酵的重要菌种之一，可生产淀粉酶、蛋白酶、5′-核苷酸酶、某些氨基酸和核苷。

8．苏云金杆菌（*Bacillus thuringiensis*）　芽孢杆菌属，细胞杆状，单生或链状，（1.0～1.2)μm×（3.0～5.0)μm。两端钝圆，周身鞭毛，革兰氏阳性，好氧。形成芽孢时体内产生一个方形或菱形的伴孢晶体。最适生长温度28～30℃，适宜pH中性。菌落圆形，较大，扁平，边缘不整齐，淡黄色，不透明。苏云金杆菌产生多种毒素，包括晶体毒素（δ内毒素）、β外毒素、α外毒素和γ外毒素，其中毒杀害虫的主要是碱溶性晶体毒素，对鳞翅目（如蛾、蝶）、双翅目（如蝇、蚊）和鞘翅目（如甲虫）有很大杀伤力，可防治多种农林害虫，是重要的杀虫细菌。

9．圆褐固氮菌（*Azotobacter chroococcum*）　固氮菌属，细胞幼年为杆状，成长后变为卵圆形，个体大，通常为1.5～2.0μm或更大，一般成对排列呈“8”字形，或不规则团块。无芽孢，具周身鞭毛，革兰氏阴性，好氧，化能异养。适宜生长温度25～30℃，最适pH 7.0～7.5。在含碳水化合物的培养基上菌体可形成丰厚的荚膜或黏液层，使菌落先呈黏液状，后产生非水溶性黑色素呈褐色或黑色。主要分布在土壤和水中。细胞内具有特殊的防氧保护机制。在好氧条件下进行自生固氮作用，并生成很多维生素类物质，对植物生长有刺激作用。固氮酶中的钼可用钒替代。它不能水解蛋白质，有可利用的硝酸盐和铵盐或某些氨基酸时它便不固氮。

10．霍乱弧菌（*Vibrio cholerae*）　弧菌属，呈弧形或逗点状，（0.3～0.6）μm×（1.0～3.0）μm，分散排列，菌体一端有单鞭毛，运动活泼，无芽孢，某些菌株有荚膜，革兰氏阴性。最适生长温度25～30℃，兼性厌氧，有呼吸和发酵两种代谢类型，营养要求不高，一般培养基中多数生长良好。耐碱不耐酸，过氧化氢酶阳性，氧化酶阳性，吲哚试验阳性。还原硝酸盐，发酵糖类产酸不产气。霍乱弧菌引起的霍乱是一种烈性消化道传染病，主要通过污染的水源或未经煮熟的食物如海产品、蔬菜等经口摄入。主要表现为剧烈呕吐、腹泻，失水，严重者可致死。

11．金黄色葡萄球菌（*Staphylococcus aureus*）　葡萄球菌属，球形，葡萄串状排列，直径0.8～1.0μm，G^+菌，不运动，不生芽孢。兼性厌氧，化能异养，普通培养基即能生长。产生金黄色素使菌落呈金黄色。菌落边缘整齐，表面光滑，不透明。接酶阳性，血浆凝固酶、溶血素、耐热核酸酶、分解甘露醇、脂酶等均阳性，但氧化酶阴性。可与非病原性葡萄球菌区别。还原硝酸盐为亚硝酸盐。最适生长温度30～37℃。金黄色葡萄球菌可产生多种毒素和酶，是致病的物质基础。可引起化脓性感染，如丘疹、肺炎、骨髓炎、心肌炎、脑膜炎及关节炎等，所产生的肠毒素，可引起食物中毒。

12．结核分枝杆菌（*Mycobacterium tuberculosis*）　分枝杆菌属，细胞杆状，细长，直或微弯，常聚集成团。0.4μm×（1.0～4.0)μm。无菌毛和鞭毛，不产芽孢。细胞壁脂质含量较高，并含大量分枝菌酸，可影响染料的渗入。用一般细菌染色法不易着色，用抗酸染色法菌体染成红色。严格需氧。生长缓慢，需要营养丰富的培养基，要3～4周甚至两个月才长出菌落。菌落乳白色或淡黄色，不透明，表面干燥皱褶，隆起，较厚，边缘不整齐，呈花椰菜样。最适生长温度37℃，最适pH 6.4～7.0。该菌对酸、碱和干燥抵抗力强，但对湿热（68℃就失活）、乙醇和紫外线敏感，对抗结核药物易产生耐药性。它常在人及猿、犬、牛等动物中传播产生结核病。可通过呼吸道引起肺部感染，经消化道或皮肤损伤侵入易感机体，引起多种组织器官的结核病。

第二节 放 线 菌

放线菌是一类主要呈丝状生长、以孢子繁殖、陆生性较强的单细胞多核原核微生物，细胞结构、细胞壁的化学成分和对噬菌体的敏感性与细菌相同，但在菌丝的形成和以外生孢子繁殖等方面则类似于真菌。因其菌落呈放射状而得名。已发现80余属、2000多种。革兰氏染色几乎都呈阳性反应。放线菌大多数为腐生菌，少数为寄生菌，在自然界分布很广，以中性和偏碱性、有机质丰富的土壤中最多，每克土壤中其孢子数可达10^7个左右。泥土所特有的泥腥味主要是放线菌产生的土腥味素所引起的。骆驼寻找水源主要是嗅到了土腥味素。

放线菌与人类的关系密切，绝大多数属有益菌，其最突出的特性是产生抗生素。放线菌产生的抗生素及其他生理活性物质已有万余种，约占所发现抗生素的70%，其中又以链霉菌属（*Streptomyces*）居首位（7500种）。临床常用的抗生素如链霉素、庆大霉素、卡那霉素、四环素、土霉素、金霉素等，以及应用于农业的井冈霉素、庆丰霉素等都是放线菌产生的。许多放线菌的次生代谢产物在抗肿瘤、离子载体、酶抑制剂、免疫抑制剂、球虫抑制剂、灭螨虫剂、杀虫剂和除草剂等方面有重要作用。放线菌还是酶类（葡萄糖异构酶、蛋白酶等）、维生素B_{12}、氨基酸、核苷酸、免疫调节剂、受体拮抗剂等药物的产生菌。弗兰克菌属等放线菌可与非豆科植物共生固氮，对绿化造林、改良土壤等有重要作用。放线菌能分解各种复杂的有机物，在甾体转化、石油脱蜡、烃类发酵、污水处理等方面有广泛应用，对提高土壤肥力和促进物质转化都有重大作用。引起动植物病害的放线菌是极少数，如诺卡菌属的某些种能引起动物（包括人类）的皮肤、肺和足部感染，还有少数放线菌能引起马铃薯和甜菜的疮痂病。

一、放线菌的形态结构

放线菌种类多，形态结构多样。较原始的放线菌细胞是杆状分叉或只有基内菌丝没有气生菌丝。现以种类最多、分布最广、形态特征最典型的链霉菌属为例阐述其形态结构。

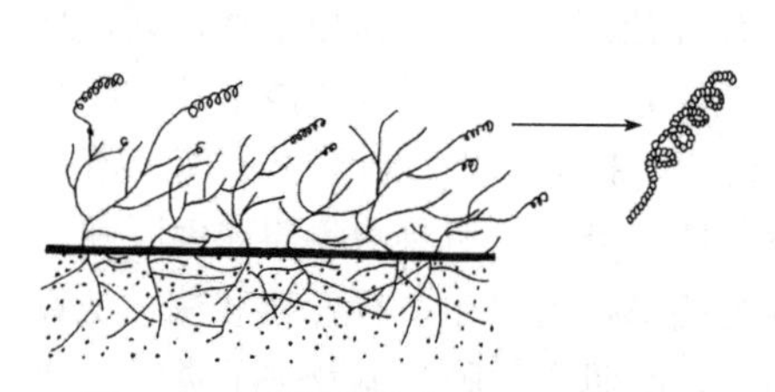

图2-40 链霉菌的形态结构模式图

链霉菌属是放线菌中的大属，已鉴定的有千余种。其细胞呈丝状分支，菌丝直径1μm左右，无隔膜，故一般呈多核的单细胞。细胞壁的主要成分是肽聚糖，也有胞壁酸和二氨基庚二酸，不含几丁质和纤维素。革兰氏染色阳性。放线菌菌丝细胞的结构与细菌基本相同，不同放线菌的细胞壁组成差异较大。菌丝根据形态和功能，分为基内菌丝、气生菌丝和孢子丝三部分（图2-40）。

1．基内菌丝 基内菌丝又称营养菌丝或一级菌丝。基内菌丝紧贴培养基表面并向其内部生长，较细，直径通常0.5～1.0μm，一般色淡，有的无色，有的产生黄、橙、红、紫、蓝、绿、褐、黑等脂溶性或水溶性色素使培养基着色。基内菌丝具有吸收营养和排泄代谢废物的功能。放线菌中多数种类的基内菌丝无隔膜，不断裂，如小单胞菌属等，但诺卡菌属放线菌无气生菌丝，基内菌丝生长成熟后形成横隔膜，继而断裂成球状或杆状分生孢子。

2. 气生菌丝　气生菌丝又称二级菌丝。基内菌丝发育到一定时期长出培养基表面伸向空中的菌丝称气生菌丝。一般较基内菌丝粗（1.0～1.2μm）、色较深，呈直形或弯曲状而分支，有的产生色素。其功能是多核菌丝生成横隔进而分化形成孢子丝。

3. 孢子丝　气生菌丝生长发育到一定阶段，大部分菌丝顶端分化为可形成孢子的菌丝称孢子丝，孢子丝的形态和在气生菌丝上的着生方式随菌种而异。孢子丝的形状有直形、波曲、钩状、螺旋状，着生方式有互生、轮生或丛生等。螺旋状孢子丝的螺旋结构和长度都很稳定。螺旋数目、疏密程度、旋转方向等都是种的特征。各种链霉菌有不同形态的孢子丝，而且形状较稳定，是进行分类鉴定的重要依据（图 2-41）。

孢子丝生长到一定阶段产生成串的分生孢子。孢子的形态多样，有球形、椭圆形、杆形、圆柱形、瓜子形、梭形和半月形等。孢子的颜色有白、灰、黄、橙、红、蓝、绿等。其表面有的光滑，有的褶皱，有的有小疣、刺状或毛发状、鳞片状物，刺有粗细、大小、长短和疏密之分。因此，孢子表面的结构特征可作为鉴别菌种的依据（图 2-42）。孢子表面的结构与孢子丝的形状有关，凡直或波曲的孢子丝都产生表面光滑的孢子；螺旋状的孢子丝有的产生光滑的孢子，有的产生刺状或毛发状的孢子。

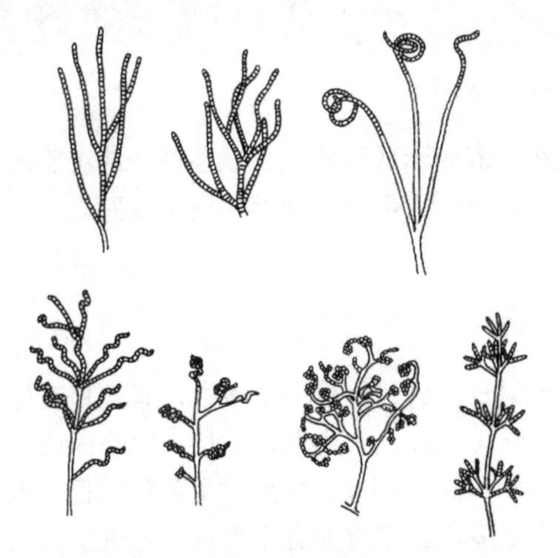

图 2-41　放线菌孢子丝的不同类型

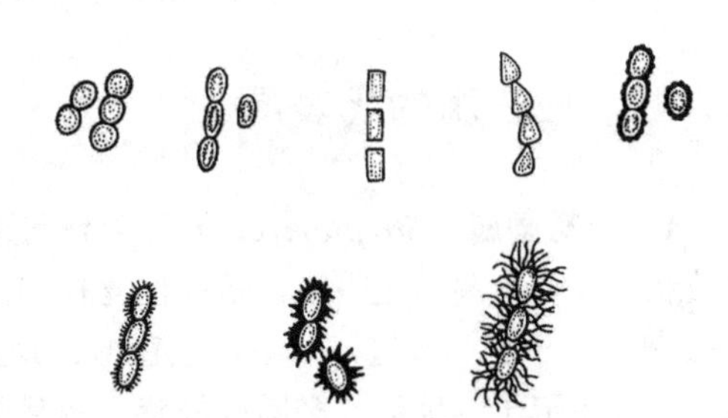

图 2-42　放线菌孢子形态示意图

二、放线菌的繁殖方式

放线菌主要通过形成无性孢子的方式繁殖，也可借菌丝断裂片段繁殖。

以前一直认为，放线菌形成孢子的方式有凝聚分裂方式和横隔分裂方式两种，但根据电子显微镜对放线菌超薄切片的观察，发现放线菌孢子的形成只有横隔分裂而无凝聚分裂方式。横隔分裂可通过两种途径实现：一种是细胞膜内陷，并由外向内逐渐收缩，最后形成一个完整的横隔膜，通过这种方式可把孢子丝分隔成许多分生孢子；另一种是细胞壁和细胞膜同时内陷，并逐步向内缢缩，最终将孢子丝缢裂成一串分生孢子。

游动放线菌属（*Actinoplanes*）和链孢囊菌属（*Streptosporangium*）等可由孢子丝盘卷形成孢囊，有的由孢囊柄顶端膨大形成孢囊，在囊内形成大量孢囊孢子。游动放线菌属的孢囊孢子上着生一至数根端生或周生鞭毛，可运动。某些放线菌也可产生厚壁孢子。

放线菌孢子耐干燥能力较强，但不耐高温，60～65℃处理 10min 即失活。普通高温放线菌（*Thermoactinomyces vulgaris*）产生耐热的孢子，和细菌芽孢一样含有吡啶二羧酸。

三、放线菌的培养特征

放线菌的菌落由菌丝体组成。菌丝较细，生长缓慢，分支交错缠绕，形成的菌落一般圆形，较小，质地致密，表面呈紧密的丝绒状，坚实、干燥、多皱，不透明。孢子大量形成后菌落表面呈絮状、粉末状或颗粒状，周围有辐射状菌丝（图 2-43）。基内菌丝伸入培养基内，所以菌落与培养基结合紧密而不易挑起，或者整个菌落被挑起而不致破碎。菌丝和孢子常具有色素，使菌落正面和背面的颜色不同。正面是气生菌丝和孢子的颜色，背面是基内菌丝或它所产生的色素的颜色。少数低等的放线菌如诺卡菌属等缺少气生菌丝或气生菌丝不发达，菌落外形与细菌接近，表面光滑，疏松、易粉碎。

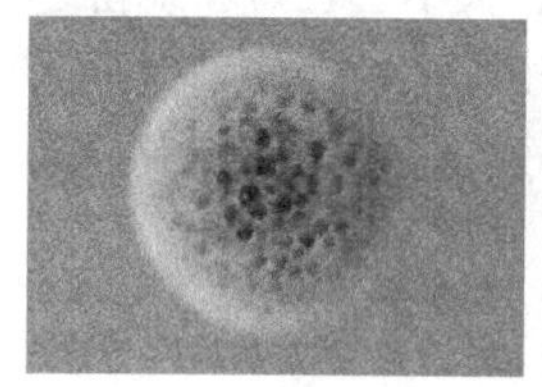
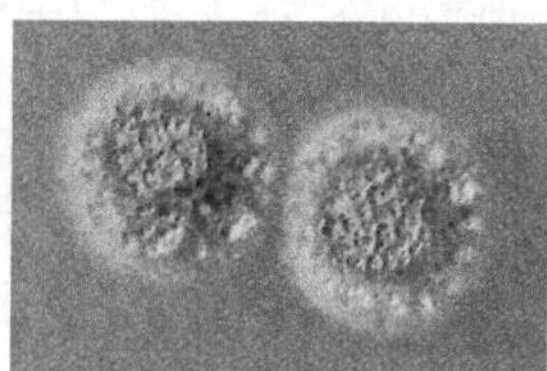
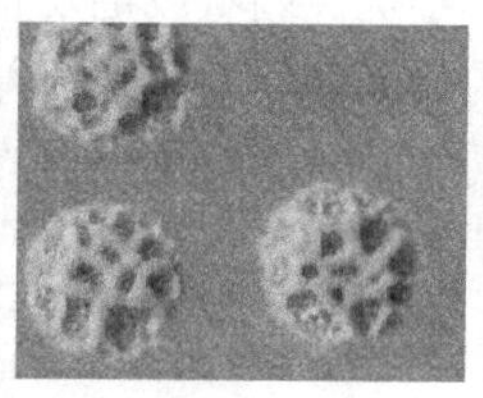
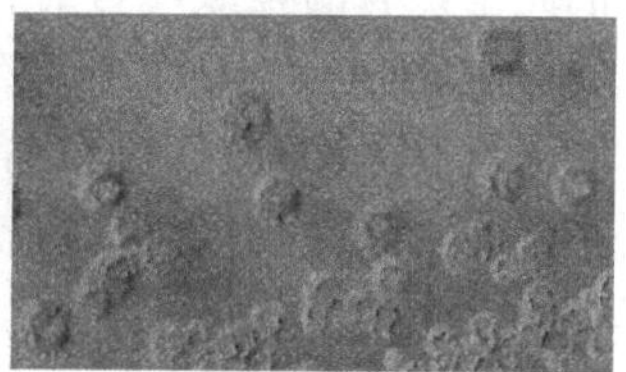

图 **2-43**　放线菌的菌落形态

将放线菌接种于液体培养基，静置培养在靠近瓶壁液面形成斑状或膜状菌苔，或沉于瓶底不显混浊；振荡培养形成由短菌丝构成的球状颗粒，很少形成孢子。菌丝片段可繁殖。

四、放线菌的代表属

1．链霉菌属（*Streptomyces*）　链霉菌属大多生长在通气较好的土壤中，有发育良好的分枝状菌丝体。菌丝无隔膜，基内菌丝较细，直径 0.5～0.8μm，气生菌丝发达，比基内菌丝粗 1～2 倍。孢子丝为长链，单生，呈直形、波曲或螺旋状（图 2-44），成熟时呈各种颜色。孢子丝产生分生孢子，球形、椭圆或杆状。链霉菌属种类很多，已鉴定的有千余种，是抗生素工业所用放线菌中最重要的属，如灰色链霉菌（*S. griseus*）产生链霉素；龟裂链霉菌（*S. rimosus*）产土霉素；红霉素链霉菌（*S. erythreus*）产红霉素。防治水稻纹枯病的井冈霉素、抗肿瘤的丝裂霉素（自力霉素）、抗真菌的制霉菌素、抗结核的卡那霉素等都是链霉菌的次生代谢产物。据统计，链霉菌属产生的抗生素占放线菌目的 90%左右，还可产生维生素、酶和酶抑制剂等，是重要的微生物资源。我国学者阎逊初根据基内菌丝和孢子丝的颜色及形态将链霉菌分为 12 个类群。

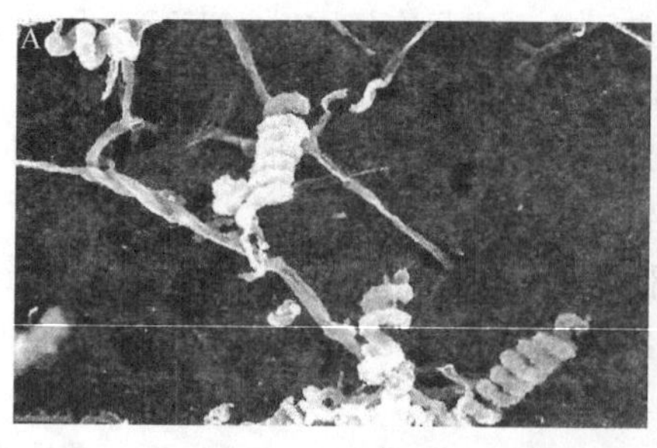

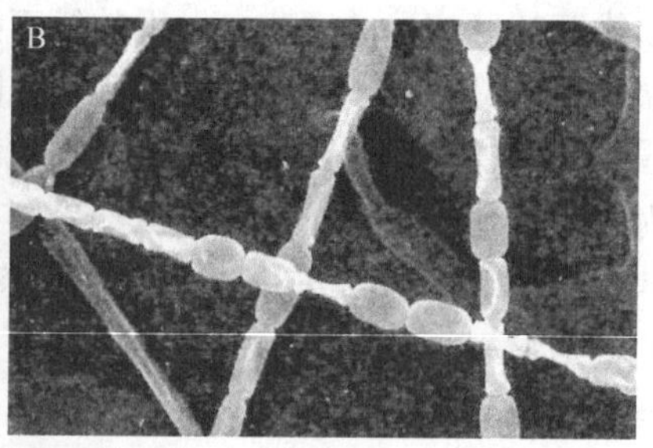

图 **2-44**　链霉菌不同形态的孢子丝

A．螺旋状；B．直形

我国广泛应用的“5406”菌肥即由链霉菌属的泾阳链霉菌制成。对农作物生长有多方面的促进作用。

链霉菌多数是非致病的，但也有少数与动植物疾病有关。疮痂链霉菌（*S. scabies*）可引起马铃薯和甜菜的疮痂病；索马里链霉菌（*S. somaliensis*）是唯一已知的人类致病链霉菌，它与放线菌肿、皮下组织感染和脓肿有关。

2. 诺卡菌属（*Nocardia*）　主要分布在土壤中，与链霉菌属不同，菌丝有隔膜，基内菌丝较细，直径0.5～1.0μm。一般无气生菌丝。营养菌丝成熟后以横隔分裂方式突然产生形状、大小较一致的杆状、球状或分枝杆状的分生孢子，这是该属突出的特点。菌落较小，表面崎岖多皱，致密干燥，一触即碎，颜色多样。有些种产生抗生素，如抗结核菌、麻风病菌有特效的利福霉素；对作物白叶枯病有特效的蚁霉素等。此外，有些种类分解有机物的能力很强，常用于石油脱蜡、烃类发酵及污水处理中分解腈类化合物。

3. 放线菌属（*Actinomyces*）　多为致病菌。菌丝较细，直径<1.0μm，有隔膜，可断裂成“V”形或“Y”形。不形成气生菌丝，不产孢子。厌氧或兼性厌氧。许多种可致病，如牛型放线菌（*A. bovis*）引起牛颚肿病；衣氏放线菌（*A. israelii*）引起人后颚骨肿瘤及肺部感染。生长需要较丰富的营养，常在培养基中加入血清或心、脑浸汁。

4. 小单孢菌属（*Micromonospora*）　分布于土壤及水底淤泥中，利用复杂化合物能力强。菌丝纤细，直径0.3～0.6μm，多分支，无隔膜，不断裂，不形成气生菌丝。孢子单生，无柄，直接从基内菌丝长出短孢子梗，顶端着生一个球形或椭圆形的孢子（图2-45）。菌落较小。多数好氧，少数厌氧。该属是产生抗生素的重要菌种，如绛红小单孢菌（*M. purpurea*）和棘孢小单孢菌（*M. echinospora*）都产生庆大霉素，有的种还产生利福霉素。此属产抗生素的潜力较大。有的种还能产生维生素B_{12}。与小单孢菌属类似的还有小双孢菌属（*Microbispora*）、小四孢菌属（*Microtetraspora*）和小多孢菌属（*Micropolyspora*）。

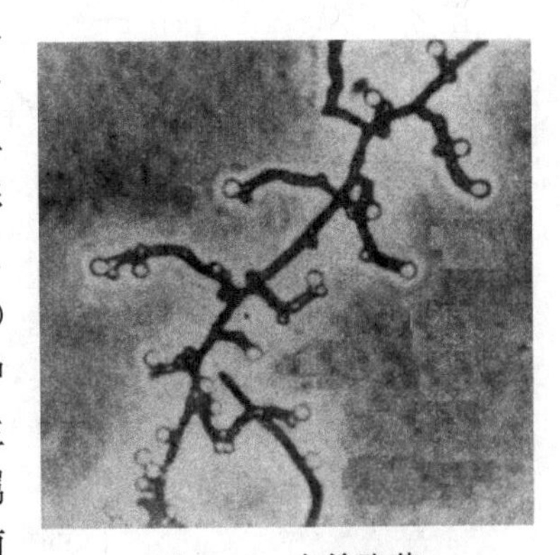

图2-45　小单孢菌

5. 链孢囊菌属（*Streptosporangium*）　其特点是气生菌丝既可盘绕形成孢子囊，内生多个孢囊孢子，又可形成螺旋形孢子丝，产生分生孢子。菌丝体与链霉菌相似。基内菌丝多分支，横隔稀少，直径0.5～1.2μm，不断裂。气生菌丝丛/散生或呈同心环状生长。有不少种产生广谱抗生素，如玫瑰链孢囊菌（*S. roseum*）产生的多霉素可抑制细菌、病毒，对肿瘤也有抑制作用；绿灰链孢囊菌（*S. viridogriseum*）产生的绿菌素对细菌、霉菌、酵母菌有抑制作用。

第三节　古　　菌

20世纪70年代末，Woese等在利用16S rRNA等序列研究原核生物间的相互关系时，发现它们中间存在差异，就提出将原核生物的另一部分称为古细菌，又简称为古菌。古菌多数生活在高温、低温、高酸、高碱、高盐、高压及高辐射等恶劣环境中，它们不仅能耐受这些极端环境，而且能在这类特殊生境中生长繁殖，甚至为了更好地繁衍后代需要一种或多种极端条件。少数种可作为共生菌存在于动物消化道内。

极端环境下微生物的生态、结构、分类、代谢、遗传等与一般环境中的微生物都有区别，研究极端环境微生物有重要的学术价值，特别是对研究在地球早期恶劣自然环境中生命起源和生物进化有重要意义。记载的古菌已有 289 种（2006 年）。我国的极端环境微生物资源丰富，开发利用潜力巨大。

一、古菌的形态和大小

古菌的形态多样，有球形、杆形、螺旋形、方形、三角形、棒状、盘状和叶状等。古菌直径在 0.1～15.0μm，长度可达 200μm，有的需用电子显微镜才能观察清楚。

二、古菌的细胞结构

1．细胞壁 古菌细胞壁的功能与真菌类似，其组成比较多样，不含胞壁酸、D 型氨基酸和二氨基庚二酸。G^-古菌细胞壁由蛋白质或糖蛋白亚基组成，没有外壁层和肽聚糖网状结构。G^+古菌细胞壁与G^+菌相似，但古菌细胞壁由多糖（假肽聚糖）、糖蛋白或蛋白质构成，无真正的肽聚糖。古菌对溶菌酶及抑制肽聚糖合成的青霉素等有抗性。

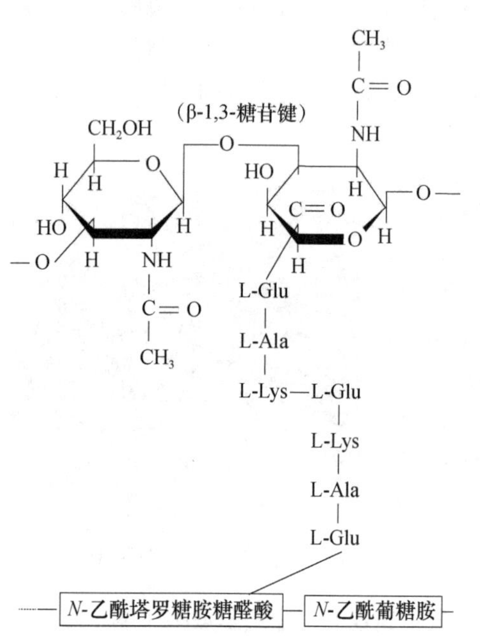

图 2-46 甲烷杆菌细胞壁中假肽聚糖的结构（单体）

（1）*假肽聚糖细胞壁* 其结构与肽聚糖相似，多糖骨架由 *N*-乙酰葡糖胺和 *N*-乙酰塔罗糖胺糖醛酸以 β-1,3-糖苷键交替连接而成，肽尾由 L-Glu、L-Ala 和 L-Lys 三个氨基酸组成，肽桥由一个 L-Glu 组成，如甲烷杆菌属（*Methanobacterium*）（图 2-46）。

（2）*独特多糖细胞壁* 其中含有独特的多糖，该糖含半乳糖胺、葡萄糖醛酸、葡萄糖和乙酸，不含磷酸和硫酸。例如，甲烷八叠球菌属（*Methanosarcina*）细胞壁，革兰氏反应阳性。

（3）*硫酸化多糖细胞壁* 极端嗜盐古菌盐球菌属（*Halococcus*）的细胞壁是由硫酸化多糖组成的。其中含葡萄糖、甘露糖、半乳糖和它们的氨基糖，以及糖醛酸和乙酸。

（4）*糖蛋白细胞壁* 盐杆菌属（*Halobacterium*）细胞壁由糖蛋白组成，包括葡萄糖、葡糖胺、甘露糖、核糖和阿拉伯糖，蛋白质由大量天冬氨酸、谷氨酸等酸性氨基酸组成。这种带强负电荷细胞壁可平衡环境中高浓度 Na^+，使其能生活在 20%～25%高盐溶液中。

（5）*蛋白质细胞壁* 少数产甲烷菌的细胞壁是由蛋白质组成的。有的由几种不同蛋白质组成，如甲烷球菌属（*Methanococcus*）和甲烷微菌属（*Methanomicrobium*），另一些则由同种蛋白的许多亚基组成，如甲烷螺菌属（*Methanospirillum*）。

近年来发现，几乎所有古菌的细胞壁都有类结晶表面层（S 层），由蛋白质或糖蛋白等组成的六角形对称的小单体拼接而成。S 层也可直接构成细胞壁。

2．细胞膜 古菌细胞膜与细菌、真核生物有明显差异。①膜中磷脂的亲水性头部仍由甘油组成，但疏水性尾部由长链烃组成，一般是异戊二烯的重复单位（四聚体植烷、六聚体鲨烯等）而不是脂肪酸。② 亲水头（甘油）与疏水尾（烃链）通过醚键连接成甘油二醚或二甘油四醚等，细菌及真核生物的疏水尾通过酯键连接甘油和脂肪酸。③古菌细胞膜中有独特的单分子层膜或单、双分子层混合膜。磷脂为二甘油四醚时连接两端两个甘油分子的两个植烷侧链间会发生共价结合形成二植烷，出现独特的单分子层膜（图 2-47）。真细菌和真核生物的细胞膜都是双分子层。这类单分子层膜多存在于嗜高温的古菌中，可能是这种膜的机械强度较双分子层膜高。④在甘油分子的 C3 位上可连接多种与真细菌和真核生物细胞膜上不同的基团，如磷酸酯基、硫酸酯基及多种糖基等。⑤古菌细胞膜上含多种独特的脂类，仅在嗜盐菌中就发现细菌红素、α 胡萝卜素、β 胡萝卜素、番茄红素、视黄醛（可与蛋白质结合成视紫红质）和萘醌等。

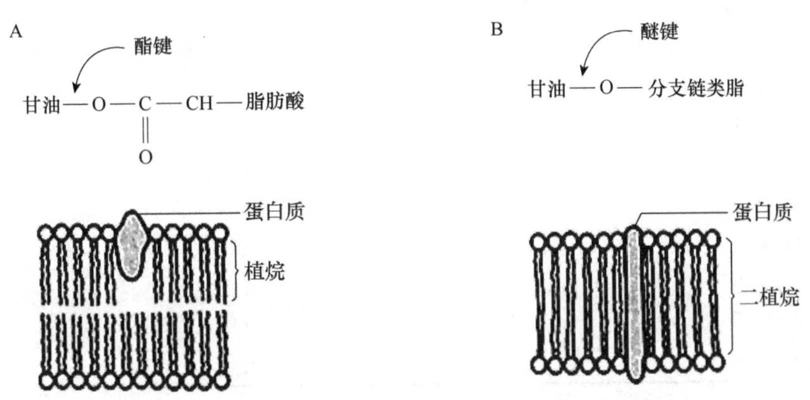

图 2-47　细菌（A）和古菌（B）的细胞膜结构示意图

3．细胞质　古菌的细胞质和内含物与细菌的基本相同，如无细胞器、核糖体 70S 等。

三、古菌的遗传学特征

古菌的一些遗传学特征与细菌相似，染色体都是单个共价闭合环状 DNA 分子，某些古菌的基因组比一般真细菌的基因组小得多。例如，大肠杆菌的 DNA 约为 4.6Mb，嗜酸热原体（*Thermoplasma acidophilum*）的 DNA 为 1.7Mb。詹氏甲烷球菌（*Methanococcus jannaschii*）的整个基因组已被测序，共有 1738 个基因，约 56%的基因与细菌和真核生物不同。古菌 DNA（G＋C）mol%的范围较大，为 21%～68%。古菌中只有少数种有质粒。

古菌的 RNA 聚合酶类似于真核生物而不同于细菌。古菌的 RNA 聚合酶亚基数 8～12 个，比细菌多 4 个。古菌的核糖体大小与细菌相同，为 70S，但蛋白质合成开始时的氨基酸与真核生物一样为甲硫氨酸，而细菌是甲酰甲硫氨酸，对抑制蛋白质合成的抗生素的敏感性等均与细菌不同而类似于真核生物。由此可以认为古菌是一类 16S rRNA 及其他部分细胞成分在分子水平上与细菌和真核生物有所不同的生物类群。古菌、细菌和真核生物主要特性的比较见表 2-4。

表 2-4　古菌、细菌和真核生物主要特性的比较

项目	古菌	细菌	真核生物
核膜、核仁	无	无	有
细胞器	无	无	有
染色体 DNA	共价闭合环状	共价闭合环状	线状
细胞壁中胞壁酸	无	有	无
膜脂结构	醚键（二醚和四醚）	酯键	酯键
核糖体	70S	70S	80S

续表

项目	古菌	细菌	真核生物
tRNA 起始氨基酸	甲硫氨酸	甲酰甲硫氨酸	甲硫氨酸
操纵基因	有	有	无
mRNA 的剪接加帽加尾	无	无	有
质粒	有	有	罕见
核糖体对白喉毒素	敏感	不敏感	敏感
RNA 聚合酶	多个（含 8～12 个亚基）	单个（含 4 个亚基）	3 个（含 12～14 个亚基）
对抑制蛋白质合成的抗生素	不敏感	敏感	不敏感
对多烯类抗生素	不敏感	不敏感	敏感
产甲烷	能	不能	不能
还原硫生成硫化氢	能	能	不能
生物固氮	能	能	不能
叶绿素光合作用	无	有	有
化能无机自养型	有	有	无
细胞质膜中甾醇	无	无	有

四、古菌的主要类群

1．产甲烷菌　这是一类严格厌氧的极端微生物，形态和生理方面差别很大。其共同点是能以氢气、甲酸或乙酸等还原 CO_2 并产生甲烷。此过程只能在厌氧条件下进行，故它们都是严格厌氧菌，氧气对它们有致死作用。其细胞内不含过氧化氢酶和过氧化物酶，常含有辅酶 M（β-巯基乙基磺酸）和能在低电位条件下传递电子的辅酶 F_{420}。在荧光显微镜下观察有自发荧光，这是识别产甲烷菌的重要方法。有的能同化 CO_2 营自养生活，但同化 CO_2 不经卡尔文循环，而是将它直接固定为乙酸盐加以利用。乙酸可以刺激其生长。某些种需要氨基酸、酵母膏、酪素水解物作生长因子。有的可以固氮。产甲烷菌都需要镍、铁、钴等微量元素。

产甲烷菌主要分布在有机质厌氧分解的环境中，如沼泽、湖泊、污水和垃圾处理场、动物的瘤胃及消化道和沼气发酵池中。包括 G^+菌和 G^-菌，自养和异养，形态有球状、杆状、丝状、螺旋状等多种类型，宽 0.5～1.0μm。细胞壁由假肽聚糖组成。有菌毛，不运动。产甲烷菌根据形态特征、可利用的底物及系统发育分析，目前划分为 1 门（广古菌门）、3 纲（甲烷杆菌纲、甲烷球菌纲、甲烷微菌纲）、5 目（甲烷杆菌目、甲烷球菌目、甲烷微菌目、甲烷八叠球菌目、甲烷火菌目）、9 科、28 属、99 种（2000 年）。

产甲烷菌代谢机制独特，不能利用碳水化合物、蛋白质等复杂有机物，但可利用其他微生物降解有机废物、污水等有机物所产生的乙酸、甲酸、H_2 和 CO_2 等转化为甲烷。沼气发酵既可生产清洁能源和优质有机肥，又可消除污染，还能杀死病菌、虫卵和草籽。

2．嗜盐微生物　嗜盐微生物能在含盐 20%～30%甚至饱和盐水中生活，主要分布在盐湖和晒盐池等高盐度环境中。严格好氧，革兰氏染色阴性，二分裂繁殖，不产生孢子，无休眠状态，细胞呈球状或杆状，（0.5～1.2）μm×（1.0～6.0）μm。大多数不运动，化能有机营养，常以蛋白质、氨基酸等为碳源和能源，一般因具有类胡萝卜素而呈红、橙等颜色。紫膜是嗜盐微生物细胞结构的一个重要特征，除具有光合作用外，还具有光能转换等特性，如将太阳能转换成电能。在厌氧、有光时能合成细菌视紫红蛋白嵌入细胞膜中，利用光能将 H^+泵出细胞膜，利用由此产生的电化势，在 ATP 酶的催化下，合成 ATP。

嗜盐微生物可用于生产医药和食品中广泛应用的 β-胡萝卜素、胞外多糖、聚 β-羟基丁酸（PHB）、食用蛋白、调味剂、保健食品强化剂、酶保护剂及计算机存储器等，还可用于海水淡化、盐碱地改良及能源开发如太阳能电池等。一些嗜盐微生物可引起食品腐败变质，如副溶血弧菌（*Vibrio parahaemolyticus*）能污染食品，并引起食物中毒。

根据 16S rRNA 序列分析并结合其他生物学性状，将极端嗜盐菌分为盐杆菌属（*Halobacterium*）、盐球菌属（*Halococcus*）、盐红菌属（*Halorubrum*）、盐棒菌属（*Halobaculum*）、富盐菌属（*Haloferax*）、盐盒菌属（*Haloarcula*）、嗜盐碱杆菌属（*Natronobacterium*）和嗜盐碱球菌属（*Natronococcus*）等 26 个属。

3. 嗜热微生物　嗜热微生物简称嗜热菌，是一类依赖于硫、能耐高温（100℃以上）的特殊类群，主要生活在含硫的温泉、泥沼地、火山口、燃烧后的煤矿及含硫的水中。形态有球状、杆状、圆盘状等。绝大多数专性厌氧，以硫作电子受体，进行化能有机营养或化能无机营养的厌氧呼吸产能代谢。嗜热菌可细分为以下 5 类。

嗜热菌：
- 耐热菌 (*Thermotolerant bacteria*)，最高生长温度55℃，最低30℃
- 兼性嗜热菌 (*Facultative thermophile*)，最高生长温度65℃，最低30℃
- 专性嗜热菌 (*Obligately thermophile*)，最高生长温度70℃，最低42℃
- 极端嗜热菌 (*Extreme thermophile*)，最高生长温度70℃，最适65℃，最低40℃
- 超嗜热菌 (*Hyper thermophile*)，最高生长温度113℃，最适80~110℃，最低55℃

由于生物氧化作用，富硫的热水及其周围环境往往呈酸性，pH 5.0 左右，有的低于 1.0。含硫的热泉称硫磺热泉。主要的极端嗜热菌多生活在弱酸性的高热地区，如热网菌（*Pyrodictium* sp.）是海洋火山极端嗜热菌中最令人感兴趣的古菌之一，它自 82℃开始生长，最适温度 105℃，最高达 110℃，中性条件下利用氢气进行化能无机营养，以硫作电子受体；火叶菌属（*Pyrolobus*）在 113℃能生长，121℃可存活 1h。已发现有的种能在 121℃下生长，130℃可存活 2h，该菌球形，严格厌氧。极端嗜热菌的呼吸类型多，无论是以有机物、无机物作呼吸底物，还是进行化能有机营养或化能无机营养的厌氧呼吸产能代谢，硫元素在各类呼吸作用中都起关键的作用，可作电子受体和电子供体。加入有机物对其生长有刺激作用。在厌氧条件下进行化能有机营养。许多化能无机营养的极端嗜热菌能利用氢作能源，在好氧条件下以氢作电子供体。

嗜热菌在生产实践和科学研究中有广阔的应用前景，因为嗜热菌具有生长速度快、代谢活动强、产物与细胞的质量比高和培养时不怕杂菌污染等优点，特别是其耐热酶因作用温度高和热稳定性好等突出优点，已在 PCR 等科研和应用领域中发挥越来越重要的作用。有的嗜热菌可用于细菌浸矿、石油和煤炭的脱硫；有助于堆肥、垃圾场等高温环境中有机物的降解；发酵工业中嗜热菌已用于纤维素酶、蛋白酶、淀粉酶、脂肪酶及菊糖酶等多种酶制剂的生产，这些酶制剂热稳定性好，催化反应速度快，易于在室温下保存。

4. 嗜冷微生物　它们在 0℃以下也能生长，最适生长温度低于 15℃，最高生长温度低于 20℃。主要生长在雪山、冻土、冰窖、冷藏库等低温环境，在室温中短时间就会死亡。

嗜冷微生物在自然界和人工环境的广泛分布反映了其代谢能力的多样性，在自然界的物质循环中起重要作用。许多嗜冷固氮根瘤菌已分离到，一些嗜冷菌能产生降解有机污物等大分子的胞外酶用于污染物处理。嗜冷菌是低温保藏食品发生腐败的主要原因。

5. 嗜酸微生物　是能在 pH 0.5～4.5 环境中生长的一类微生物，一般分布在酸性矿水、生物滤沥堆、酸性热泉和酸性土壤等酸性环境中，pH 5.5 以上不能生长。极端嗜酸微生物是指生长 pH 上限为 3.0、最适生长 pH 在 2.5 以下的微生物。例如，氧化硫杆菌（*Thiobacillus thiooxidans*）在pH低于0.5的环境中仍能存活，专性自养嗜酸的氧化亚铁硫杆菌（*T. ferrooxidans*）能氧化硫和铁，并产生硫酸，这两种细菌都是极端嗜酸微生物。多年来，一些嗜酸微生物被广泛用于铜等金属的细菌浸矿。也尝试利用硫杆菌分解磷矿粉，提高其溶解度，增加磷矿粉的肥效。用嗜热嗜酸的硫化叶菌（*Sulfolobus*）脱除煤炭中的硫化物，不仅无机硫化物去除率高，还可去除有机硫化物。一些嗜热嗜酸微生物还是高温酶的来源，已分离出乙醇脱氢酶、β-半乳糖苷酶和苹果酸脱氢酶等耐高温酶，将开拓酶工业的新领域。

6．嗜碱微生物 多数生活在盐碱湖、碱湖、碱池和盐碱土中，环境 pH 可达 11.5 以上，最适 pH 8.0～10.0。专性嗜碱微生物可在 pH 11.0～12.0 的条件下生长，但在中性条件下却不能生长，如巴氏芽孢杆菌（*Bacillus pasteurii*）、嗜碱芽孢杆菌（*B. alcalophilus*）等。大多数嗜碱微生物是好氧菌，有些还是嗜盐菌或中度嗜盐菌。除碱性环境外几乎所有嗜碱芽孢杆菌生长、发芽及芽孢形成都需要 Na^+；许多嗜碱菌生长需要多种营养，少数嗜碱芽孢杆菌还能在含甘油、谷氨酸、柠檬酸等简单的基础培养基中生长。利用嗜碱微生物可生产碱性蛋白酶、碱性淀粉酶、碱性果胶酶、碱性纤维素酶等酶制剂。

第四节 其他原核微生物

一、蓝细菌

蓝细菌曾称蓝藻、蓝绿藻，是一类进化历史悠久、革兰氏阴性、无鞭毛、含叶绿素 a（不形成叶绿体）、具胡萝卜素及藻胆蛋白且能进行产氧性光合作用的大型原核微生物。蓝细菌营养简单，分布极广，在河流、海洋、湖泊和土壤中生长，在极端环境（如温泉、盐湖、荒漠、岩石表面或风化壳中及植物树干等）中也能生长，称为“先锋生物”。

蓝细菌在地球上已存在了约 35 亿年，可能是地球上最早的产氧的光合生物，对地球大气从无氧转变为有氧及在真核生物的进化等过程中起重要作用。蓝细菌与人类关系密切，有重要的经济价值，近年来研究较多的螺旋藻是由钝顶螺旋蓝细菌（*Spirulina platensis*）和极大螺旋蓝细菌（*S. maxima*）等加工成的一种营养食物，富含蛋白质、多糖、维生素、钙、铁、微量元素、β-类胡萝卜素及 γ-亚麻酸等，对肝硬化、贫血、白内障、青光眼、胰腺炎、糖尿病、肝炎等疾病有一定的辅助治疗作用。普通木耳念珠蓝细菌（*Nostoc commune*）（地木耳）和发菜念珠蓝细菌（*N. flagelliforme*）等都可食用。有些蓝细菌还能与真菌、苔藓、蕨类、珊瑚和种子植物共生，如地衣就是蓝细菌与真菌的共生体，红萍是固氮鱼腥蓝细菌（*Anabaena azotica*）和蕨类植物满江红（*Azolla imbricata*）的共生体。已知固氮蓝细菌有 120 多种，在岩石风化、土壤形成及增加土壤氮营养、沙漠化土壤治理、促进植物生长等方面有重要作用。蓝细菌能结合并清除水中的有害金属和化学物质，淡化海水，监测环境污染，处理污水等。但一些蓝细菌的过度繁殖是富营养化的海水“赤潮”和湖泊中“水华”的元凶，严重危害渔业和养殖业。少数水生种类如微囊蓝细菌属（*Microcystis*）可产生诱发肝癌的蓝细菌毒素。

1．蓝细菌的形态和大小 蓝细菌形态多样（图 2-48），有的是二分裂或复分裂形成的球状或杆状的单细胞，有的呈丝状体。其细胞比细菌大，直径 3.0～10.0μm，巨颤蓝细菌（*Oscillatoria princeps*）直径达 60.0μm。

2．蓝细菌的结构 蓝细菌细胞结构与 G^- 菌极相似。细胞壁有内外两层，外层为脂多糖层，内层为肽聚糖层。许多蓝细菌还向细胞壁外分泌黏胶物质，形成类似细菌荚膜的外套或包裹在丝状体外形成鞘。多数丝状蓝细菌虽无鞭毛，但能做滑行运动。细胞膜单层，很少有间体。其脂肪酸一般是含有两个或多个双键的不饱和脂肪酸，其他细菌通常只含有饱和脂肪酸及只有一个双键的不饱和脂肪酸。细胞核无核膜，核糖体70S。

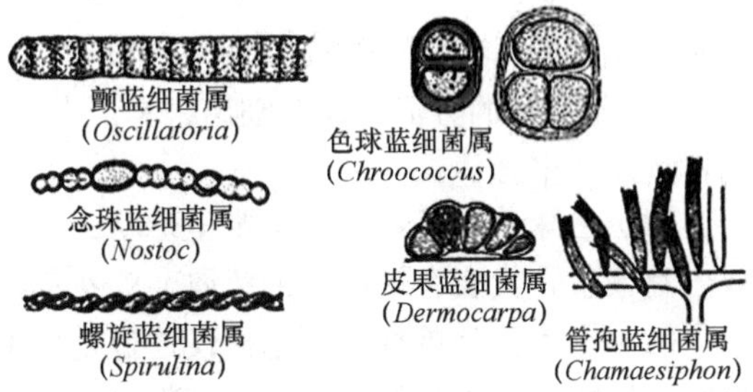

颤蓝细菌属（*Oscillatoria*）
色球蓝细菌属（*Chroococcus*）
念珠蓝细菌属（*Nostoc*）
皮果蓝细菌属（*Dermocarpa*）
螺旋蓝细菌属（*Spirulina*）
管孢蓝细菌属（*Chamaesiphon*）

图 2-48　几类蓝细菌的典型形态

蓝细菌的营养要求简单，不需要维生素，能以硝酸盐或氨化物作氮源，有些种能固定空气中的氮。其光合作用部分称类囊体，数量很多，以平行或卷曲的方式贴近细胞膜。类囊体膜上有叶绿素a及β-胡萝卜素、藻胆素等辅助光合色素和电子传递链的有关组分。藻胆素为蓝细菌所特有，缺氮时可作氮源。藻胆素与蛋白质共价结合成藻胆蛋白（PBP），聚集在类囊体外表面构成颗粒状藻胆蛋白体。藻胆蛋白含藻蓝素和藻红素两种色素，不同的蓝细菌各种色素比例不同，故呈现绿、蓝、红等不同的颜色。大多数蓝细菌兼有藻蓝素和叶绿素a，使细胞呈特殊的蓝色，故称蓝细菌。但受氮饥饿的蓝细菌，由于藻蓝素被用去，所以常呈绿色。有些蓝细菌呈红色或棕色系藻红素所致。蓝细菌的藻蓝素和藻红素比例受生长环境的影响，尤其是光照的变化。在蓝、绿光下，藻红素占优势，在红光下主要是藻蓝素，这就保证了蓝细菌对不同生境的适应性。有些蓝细菌的代谢产物对环境有重要影响，如许多蓝细菌能产生神经毒素，动物饮用了含大量这类蓝细菌的水后会很快死亡。蓝细菌细胞内有各种贮藏物，如糖原、聚磷酸盐、PHB、氮源储藏物——蓝细菌肽，还有能固定CO_2的羧酶体。水生性种类细胞中常有气泡，能保持细胞浮在上层水面，得到最充足的光线，以利光合作用。

蓝细菌的细胞有几种特化形式，较重要的有以下几种。

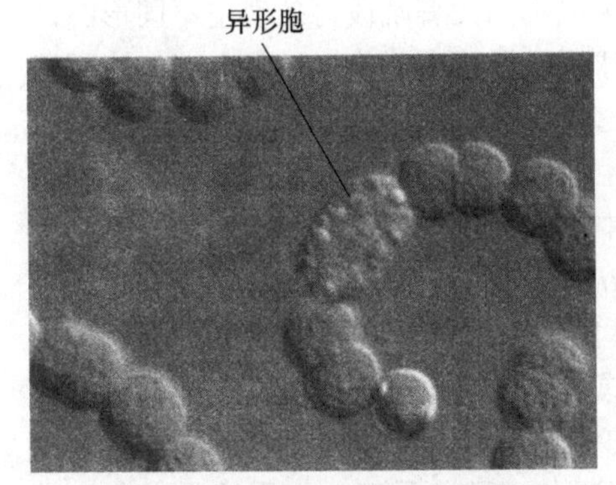

图 2-49　鱼腥蓝细菌属的异形胞

（1）异形胞　分布在丝状体中间或末端，比营养细胞大、色浅，细胞壁变厚（图2-49），环境中缺乏硝酸盐或氨时由少数营养细胞异化而来，是适应在有氧条件下固氮的细胞。它仅含少量的藻胆蛋白，只存在光合系统Ⅰ，缺少产氧的光合系统Ⅱ，不会因光合作用而产生对固氮酶有严重毒害的分子氧，却能产生对固氮所必需的ATP。异形胞与邻近的营养细胞间由厚壁孔道相连，利于“光合细胞”和“固氮细胞”间的物质交流。有些不形成异形胞的藻类如能产生鞘膜的黏球蓝细菌属中的几种单胞藻在有氧条件下也可以固氮，说明在其细胞中有一套有效的除氧系统以保证固氮酶的活力。

（2）静息孢子　是一种在干燥、低温和长期黑暗等条件下长在细胞链中间或末端的形大、色深、壁厚的休眠细胞，富含贮藏物，能抵抗冷冻和干旱等不良条件。

（3）链丝段　又称藻殖段，是长细胞链断裂而成的短链段，有繁殖功能，可形成新的菌丝。

（4）内孢子　少数种类［如管孢蓝细菌属（*Chamaesiphon*）］能在细胞内经复分裂形成许多球形或三角形的内孢子，待成熟后即可释放，具有繁殖功能，可形成新的营养细胞。

3．蓝细菌的繁殖　蓝细菌以无性方式繁殖。单细胞类群以裂殖（二分裂或多分裂）方式繁殖；有异形胞的丝状蓝细菌形成静息孢子；丝状类群除能通过裂殖使丝状体加长外，还能通过含有两个或多个细胞的链丝段脱离母体后长成新的丝状体。少数类群可通过形成内孢子繁殖。

4. 蓝细菌的分群 蓝细菌根据形态特征可分为 5 群。前两群为单细胞或呈团聚体，后三群呈丝状聚合体。

（1）色球蓝细菌群 细胞呈球状或杆状，单生或聚合体；细胞间有荚膜或黏液；以裂殖或出芽繁殖。代表有聚球蓝细菌属（*Synechococcus*）、黏球蓝细菌属（*Gloeocapsa*）等。

（2）宽球蓝细菌群 包括仅通过复分裂繁殖的单细胞蓝细菌。在鞘套内排成丝状的杆状单细胞借复分裂产生许多小球状有繁殖能力的细胞。该群的代表有宽球蓝细菌属（*Pleurocapsa*）、皮果蓝细菌属（*Dermocarpa*）等。

（3）颤蓝细菌群 细胞链仅由营养细胞组成，在丝状鞘套内排成链状的球状单细胞借二分裂和菌丝断裂繁殖，如螺旋蓝细菌属（*Spirulina*）、鞘丝蓝细菌属（*Lyngbya*）等。

（4）念珠蓝细菌群 是唯一能进行二分裂并产生异形胞的丝状蓝细菌。细胞链在只有游离氮作氮源时会分化出异形胞，有时产生静息孢子，如鱼腥蓝细菌属（*Anabaena*）等。

（5）分支异形孢蓝细菌群 是能多平面多方向分裂、有异形胞的丝状蓝细菌。各属都能产生分支，有些属形成多个细胞列。有些产生静息孢子，如费氏蓝细菌属（*Fischerella*）。

二、立克次体

立克次体是一类介于细菌与病毒之间、接近于细菌、专性真核活细胞内寄生的原核微生物。它与支原体的区别是有细胞壁和不能独立生活；与衣原体的区别是其细胞较大、无过滤性和有不完整的产能代谢系统，不形成包涵体，必须通过媒介感染宿主。

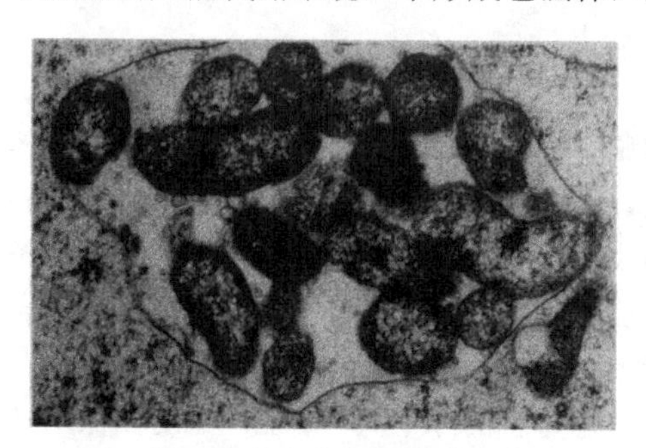

图 2-50 生长在宿主细胞液泡中的立克次体电镜照片

立克次体一般呈球状或杆状，球状直径 0.2～0.5μm，杆状大小为（0.3～0.5）μm×（0.8～2.0）μm。在不同宿主中或不同发育阶段可表现出不同形态，如球状、双球状、杆状或丝状等（图 2-50）。不运动，无芽孢，革兰氏染色阴性，光学显微镜下可见，不同的种寄生在细胞不同部位，常存在于宿主细胞质或细胞核中。立克次体基因组很小，如普氏立克次体（*Rickettsia prowazekii*）基因组为 1.1Mb，含 834 个基因。其细胞结构及化学组成与 G^-菌相似，以二分裂方式繁殖，繁殖速度慢。

立克次体缺少糖酵解基因及合成氨基酸和核苷酸的许多基因，仅能进行一部分独立的代谢活动，如可以氧化谷氨酸；有细胞色素系统，可进行氧化磷酸化反应。酶系统不完全，如缺少糖酵解途径，不能氧化葡萄糖、6-磷酸葡萄糖、有机酸，故不能脱离宿主细胞独立生活。另外，立克次体的细胞质膜比较疏松，物质较易通过，这既对它吸取宿主的大分子营养物质有利，也使其细胞物质易外渗，一旦脱离宿主会立即死亡。因此，除战壕热立克次体（*R. quintana*）可在没有活细胞的培养基中培养外，其他立克次体均不能在人工培养基上生长，必须在活细胞内才能生长繁殖，通常在敏感动物、鸡胚及动物组织中培养。1934 年，我国科学家谢少文首先用鸡胚成功培养立克次体，为认识和防治立克次体病作出了重大贡献。

立克次体对热、光照、干燥及化学药剂抗性差，60℃处理 30min 即死亡，100℃很快死亡，对消毒剂、磺胺及多种抗生素敏感，四环素、氯霉素、红霉素等可抑制其生长。

立克次体常寄生在虱、蚤、蜱、螨等节肢动物的消化道上皮细胞内，但不会致病。人的立克次体要通过这些动物叮咬、抓伤或随昆虫的粪便或口器进入血液而传播，在血细胞中大量繁殖可导致细胞破裂，并产生内毒素。其内毒素耐低温、干燥，但对热、消毒剂敏感。因此，防治人立克次体病的主要措施是消灭虱、蚤等传染媒介。

人立克次体病主要有流行性斑疹伤寒、落基山斑疹伤寒、恙虫热和 Q 热等。引起流行性斑疹伤寒的病原体是普氏立克次体，由虱传播；引起落基山斑疹伤寒的立氏立克次体（*R. rickettsii*）由蜱传播；引起人恙虫热的恙虫热立克次体（*R. tsutsugamushi*）由螨传播；引起地方性斑疹伤寒的穆氏立克次体（*R. mooseri*）由蚤传播；Q 热的病原体是伯氏考克斯体（*Coxiella burnetii*），立克次体中抗性较强，在宿主体外也能存活。立克次体也寄生在植物细胞中，称类立克次体。

三、支原体

支原体是介于细菌与立克次体之间、无细胞壁的原核微生物。最早从患胸膜肺炎的牛体内分离，它们在液体培养基中培养常呈分支的丝状体（图 2-51），故称支原体。它是已知的能离开活细胞独立生活的最小生物，是最小的原核微生物，大小只有 0.10～0.25μm。其基因组很小，仅为 0.6～1.1Mb。突出的结构特征是没有细胞壁，有细胞膜。细胞柔软，形态多变，呈球状或长短不一的丝状及分支状，对渗透压敏感。能通过细菌过滤器。其细胞膜为三层单位膜结构，内外两层均为蛋白质和糖类，中层为类脂、胆固醇和类胡萝卜素。质膜中有较多的甾醇或脂多糖，比其他原核生物的膜更坚韧。

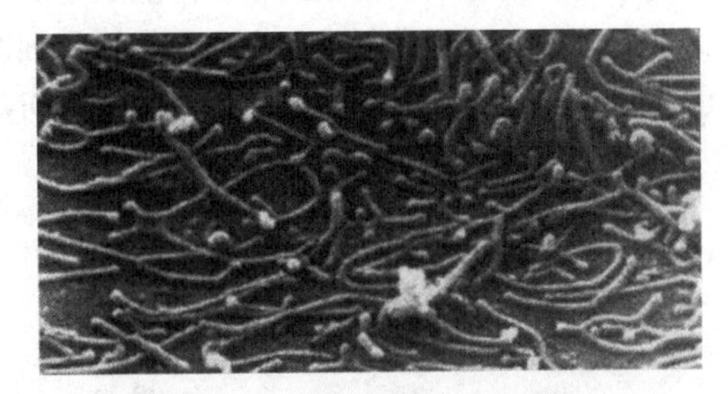

图 2-51　肺炎支原体的电镜照片

支原体革兰氏染色阴性；不产生芽孢；无鞭毛；大多数不能运动，但能沿液体表面滑行；以二分裂方式繁殖，有些可以出芽的方式繁殖或从球状体长出丝状体，丝状体断裂成球状进行生长循环。多数支原体营兼性厌氧生活，多数种类能以糖作碳源。固体培养基上生长大多数支原体的菌落呈典型的"油煎蛋"状，中央厚实，颜色较深，这是由于中央菌体向培养基深部生长，四周扁平透明。菌落很小，在液体培养基中生长不产生混浊。人工培养需要较丰富的营养，通常要加入新鲜血清及牛心、酵母浸出汁，提供固醇等。支原体对热及干燥抵抗力弱，45℃处理 30min 即可被杀死。对苯酚、来苏尔等化学消毒剂及各种表面活性剂、脂溶剂等敏感。支原体的生长不受青霉素、环丝氨酸等抑制细胞壁合成的抗生素影响，对溶菌酶不敏感。但对四环素等抑制蛋白质合成的抗生素和两性霉素等破坏含甾醇的细胞膜的抗生素都敏感。

据对固醇的需要将支原体分两类：一类为需固醇类群，包括支原体属（*Mycoplasma*）、厌氧支原体属（*Anaeroplasma*）、螺原体属（*Spiroplasma*）和脲原体属（*Ureaplasma*）；另一类为不需固醇类群，有无胆甾原体属（*Acholeplasma*）和热原体属（*Thermoplasma*）。

支原体广泛分布于动植物体内外及土壤、污水中，有寄生的，有腐生的。少数是动植物的病原菌，如丝状支原体丝状亚种 SC 型（*Mycoplasma mycoides* subsp. *mycoides* SC）是牛传染性胸膜肺炎病原体；无乳支原体（*M. agalactiae*）引起羊的缺乳症；肺炎支原体（*M. pneumoniae*）引起人非典型肺炎，其主要通过飞沫传播；人型支原体（*M. hominis*）引起女性泌尿及生殖道感染。近来发现有些支原体是植物病害病原体，称类支原体或植原体，高等植物感染后的症状主要是丛枝（如泡桐丛枝病）、黄化（如翠菊黄化病、水稻黄萎病）和组织坏死（如橡胶褐皮病）等。

支原体与 L 型细菌相似，鉴定支原体前应在无抗生素培养基连续转接 5 次以排除后者。

四、衣原体

拓展资料

衣原体是介于立克次体与病毒之间的一类原核微生物，能通过细菌过滤器，在真核细胞内专性寄生。以前一直把这类微生物误认为是大型病毒，直至 1956 年我国著名微生物学家汤飞凡等通过鸡胚卵黄囊接种培养，在世界上首先成功从沙眼中分离出该病原菌并对它进行研究，逐步证实它是一类独特的接近于细菌的原核生物。衣原体已可用多种细胞培养。

衣原体的形态与立克次体相似，球形或椭圆形；较立克次体稍小，直径为 0.2～0.3μm，在光学显微镜下勉强可见；细胞壁主要由脂多糖和蛋白质组成，缺少肽聚糖层；同时含有 DNA 和 RNA，基因组分子量大小为（4～6）$\times10^8$；核糖体为 70S；以二分裂繁殖。

衣原体有一定的独立代谢能力，但生物合成能力差，更突出的是它们缺乏 ATP 再生体系，不能磷酸化葡萄糖或代谢葡萄糖，它们能吸收宿主细胞的 ATP 和 CoA。因此，衣原体必须在活细胞中生长繁殖，从宿主细胞获得能量才能生活，故又称“能量寄生物”。

衣原体生活周期包括大小不同的两种细胞类型。小细胞称原体，球状，直径小于 0.4μm，壁厚、致密、不能运动、不生长（RNA∶DNA＝1∶1），能在宿主细胞外存活，抗干旱，有传染性，通过胞饮作用进入宿主细胞，被宿主细胞膜包围形成空泡，原体逐渐长大为始体。大细胞称始体或网状体，球状，直径 1.0～1.5μm，壁薄而脆弱，易变形，G^-菌，无传染性。利用宿主的高能化合物和小分子中间代谢物合成自己的细胞物质，生长较快（RNA∶DNA＝3∶1），通过二分裂反复繁殖形成大量子细胞。子细胞又变成原体聚集于细胞质内成为各种形状的包涵体，宿主细胞破裂后释放，再感染新的宿主细胞（图 2-52）。整个周期约 48h。

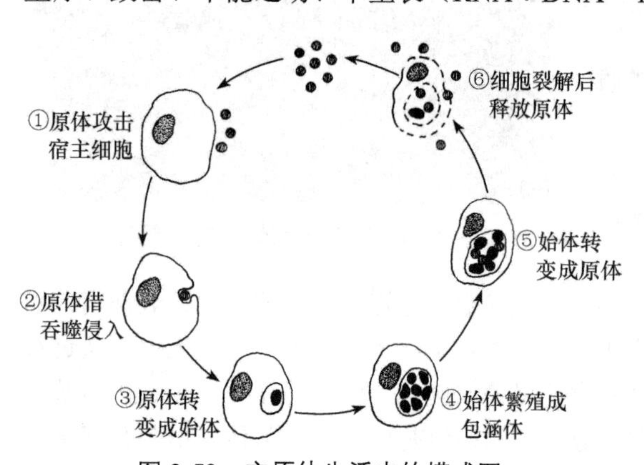

图 2-52 衣原体生活史的模式图

衣原体抗性差，对热敏感，56～60℃存活 5～10min。冰冻条件下可存活数年。对消毒剂和四环素、氯霉素、红霉素、多西环素及磺胺等敏感。鹦鹉热衣原体（*Chlamydia psittaci*）对磺胺有抗性。衣原体可直接侵入宿主细胞，能感染人类、鸟类及哺乳动物。例如，沙眼衣原体（*C. trachomatis*）为人类沙眼、埃及眼疾（结膜炎并导致失明）的病原体；肺炎衣原体（*C. pneumoniae*）是非典型肺炎的病原体，可引起肺炎并严重损伤心脏；鹦鹉热衣原体是鸟类肠胃道及呼吸道感染的病原体，可从病鸟传染给人，使人患肺炎并侵染消化道、生殖道。

立克次体、支原体、衣原体与细菌和病毒特性的比较见表 2-5。

表 2-5 立克次体、支原体、衣原体与细菌和病毒特性的比较

特征	立克次体	支原体	衣原体	细菌	病毒
细胞结构	有	有	有	有	无
直径/μm	0.2～0.5	0.10～0.25	0.2～0.3	0.5～2.0	<0.25
可见性	光镜可见	光镜勉强可见	光镜勉强可见	光镜可见	电镜可见

续表

特征	立克次体	支原体	衣原体	细菌	病毒
细菌滤器	不能过滤	能过滤	能过滤	不能过滤	能过滤
革兰氏染色	阴性	阴性	阴性	阳性或阴性	无
细胞壁	有（含肽聚糖）	无	有（无肽聚糖）	有（含肽聚糖）	无
细胞膜	有（无甾醇）	有（含甾醇）	有（无甾醇）	有（无甾醇）	无
繁殖方式	裂殖	裂殖	裂殖	裂殖	复制
培养方式	宿主细胞	人工培养基	宿主细胞	人工培养基	宿主细胞
核酸种类	DNA 和 RNA	DNA 和 RNA	DNA 和 RNA	DNA 和 RNA	DNA 或 RNA
核糖体	有	有	有	有	无
大分子合成	有	有	有	有	无
产生 ATP 系统	有	有	无	有	无
氧化谷氨酰胺能力	有	有	无	有	无
增殖中结构的完整性	保持	保持	保持	保持	不保持
对抗生素	敏感	敏感（除青霉素）	敏感（除青霉素）	敏感	不敏感
对干扰素	有的敏感	不敏感	有的敏感	某些菌敏感	敏感

五、螺旋体

螺旋体是一群菌体细长并弯曲成螺旋状、运动活泼、介于细菌和原生动物之间的单细胞原核微生物。细胞非常长［（0.1～3.0）μm×（3.0～500.0）μm］，有细胞壁但不及细菌坚韧，菌体柔软，不产生芽孢，革兰氏染色阴性。除个别种类如钩端螺旋体属（*Leptospira*）好氧外，其余均为厌氧或兼性厌氧型。能在含糖、蛋白胨、酵母膏、还原剂和脂肪酸的培养基上生长。有的不能在人工培养基上生长。

螺旋体具备细菌所有的基本结构，主要由原生质柱、轴丝和外鞘组成。外包细胞膜与细胞壁的原生质柱螺旋状，是螺旋体细胞的主要部分，内含细胞质和拟核。轴丝着生于原生质柱两个亚极端的细胞膜，缠绕在原生质柱外向另一端延伸，在其中部重叠，外包有外鞘。外鞘只能在超薄切片的电镜照片或负染色标本中观察到，是由蛋白质、脂类和碳氢化合物组成的柔软多层膜。外鞘破损菌体就死亡。轴丝数一般 2～100 条。轴丝的超微结构（基部有“钩”，有成对的盆状结构）、化学成分（亚基螺旋排成的蛋白质）和着生方式（一端连于细胞，一端游离）均与鞭毛相似，称周质鞭毛。螺旋体借轴丝快速旋转使菌体表面的螺旋凸纹不断伸缩而移动，由此推动细胞呈拔塞钻状快速前进。若是游离细胞外鞘沿纵轴旋转，细胞向前运动；如固着在固体表面，外鞘转动，细胞就向前爬行。

螺旋体以二分裂方式繁殖。螺旋体广泛分布于水体和动物体内，可分腐生和寄生两类，大多数属腐生类群，生活在水体、污泥和垃圾中。寄生类群有致病和非致病两类。哺乳动物肠道、睫毛表面、白蚁和石斑鱼肠道、软体动物躯体及反刍动物瘤胃中都有螺旋体。有些是动物体内固有的微生物区系，有些有致病性，如梅毒密螺旋体引起梅毒，回归热螺旋体引起回归热，伯氏疏螺旋体引起慢性游走性红斑（莱姆病），钩端螺旋体引起人的钩端螺旋体病（图 2-53）。

根据形态、生理特性、致病性和生态环境，螺旋体分为 13 个属。其中重要的属为螺旋体属（*Spirochaeta*）、脊螺旋体属（*Cristispira*）、密螺旋体属（*Treponema*）、疏螺旋体属（*Borrelia*）、

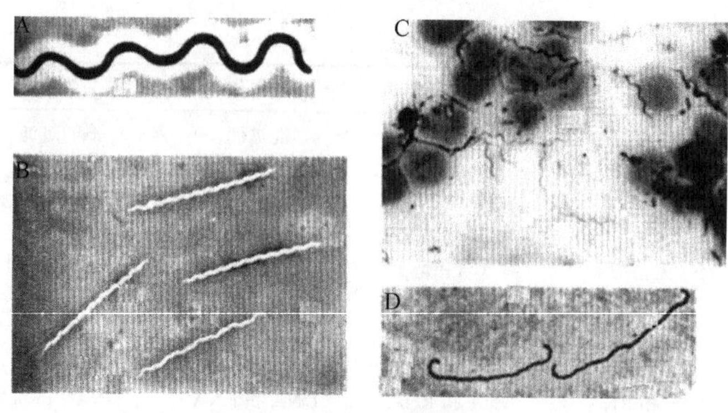

图 2-53　螺旋体的不同形态

A. 脊螺旋体属（*Cristispira* sp.）；B. 苍白密螺旋体（*Treponema pllidum*）；
C. 达氏疏螺旋体（*Borrelia duttonii*）；D. 问号钩端螺旋体（*Leptospira interrogans*）

钩端螺旋体属（*Leptospira*）、纤细螺旋菌属（*Leptonema*）、短螺旋体属（*Brachyspira*）和蛇形螺旋体属（*Serpulina*）等。螺旋体在分类上列为螺旋体门。

六、蛭弧菌

蛭弧菌是个体微小、可寄生并裂解其他 G^-菌的特殊原核微生物。基本特征与细菌相似，单细胞，弧形或逗号状，G^-菌，专性好氧，（0.3～0.6）μm×（0.8～1.2）μm，能通过细菌过滤器并形成蛭弧菌斑。多为端生单鞭毛，水生类群的鞭毛外还附有由壁延伸形成的鞘膜，运动活跃。它借特殊的“钻孔”效应（还有酶的作用）进入后杀死宿主细菌，利用宿主的细胞质为营养，在周质空间生长为螺旋状蛭弧体，宿主细胞膨大呈球状，蛭弧体最后均分为多个具鞭毛的子细胞随宿主细胞裂解而释放，通常释放 5～6 个蛭弧菌。完成全过程需 2.5～4.0h（图 2-54）。

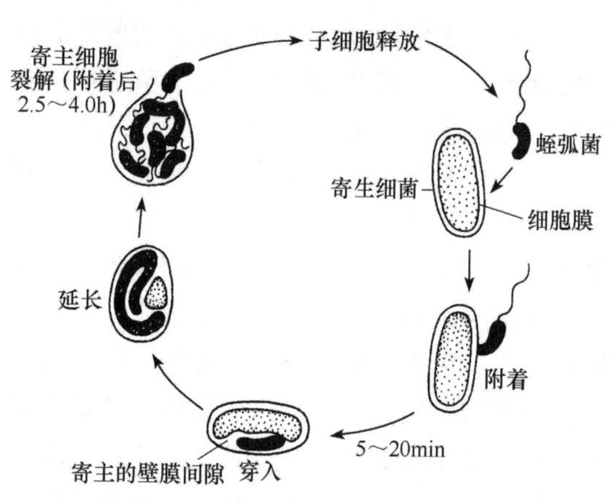

图 2-54　食菌蛭弧菌（*Bdellovibrio bacteriovorus*）的生活周期

在固体培养基平板上，蛭弧菌也能形成类似噬菌斑的斑点，不过噬菌斑只有在宿主细胞生长时才会变大，而蛭弧菌斑能在被侵袭细胞停止生长后仍继续增大，最终在平板表面形成一个大斑，可呈现一定的颜色。可以从这一蚀斑中分离到蛭弧菌的纯培养。可用添加高浓度细菌提取物的无敏感细菌的培养基培养蛭弧菌。

蛭弧菌可侵袭 G^-菌，不侵袭 G^+菌。部分类群也可腐生，不能利用葡萄糖产能，以蛋白质、肽、氨基酸和乙酸钠为能源和碳源，能在含酵母膏和蛋白胨的天然培养基上生长。专性好氧，适宜在 pH 6.0～8.5、温度 23～37℃的环境中生活。蛭弧菌广泛存在于土壤、河流、污水及近海水域中，它们在污染环境的净化和动植物细菌性病害防治等方面具有一定的应用价值。

七、黏细菌

黏细菌是细菌中具有复杂的行为模式和生活周期的类群。典型黏细菌的生活周期可分为营养细胞和子实体两个阶段（图 2-55）。营养细胞杆状，宽小于 1.5μm，G^-菌，突出的特点是在体外产生黏液物质并将细胞团包埋在黏液中，无鞭毛，能借黏液在固体或气液界面上滑行。营养细胞以二分裂繁殖，缺乏营养时能趋聚成团，形成形态各异、颜色鲜艳、肉眼可见的子实体。营养细胞在子实体内转变为球形的黏孢子，有较强的抗性和折光性，并能在子实体干后借风和水等传播，在适宜的条件下萌发为营养细胞。

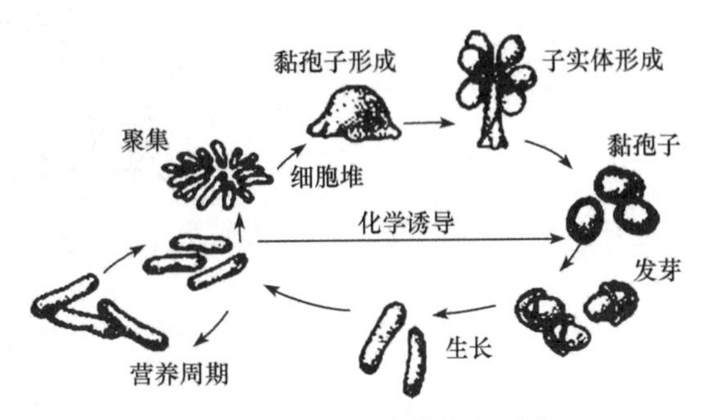

图 2-55　黄色黏球菌的生活史

黏细菌专性好氧，主要以死的或活的细菌、真菌和藻类细胞或有机物为养料，多数能在含蛋白胨或酪蛋白水解物的固体培养基上生长。产生的胞外酶能水解蛋白质、核酸、脂肪和各种糖，有的能分解纤维素。多数种能溶解真核和原核生物。许多黏细菌可分泌抗生素杀死捕食者。主要分布在土壤表层、树皮、腐烂木材、堆厩肥和食草动物粪便上。

黏细菌在原核生物中生活周期和群体变化最复杂，对研究微生物的进化发育等有重要价值；能产生丰富的次级代谢产物，能分解复杂有机质。其代谢产物结构新颖，作用机制独特。纤维堆囊菌（*Sorangium cellulosum*）产生的埃博霉素能抗肿瘤，水溶性好，副作用小。近十多年从黏细菌中发现 600 余种具不同生理功能的活性物质，已成研究热点，开发应用潜力巨大。

习　题

1. 名词解释：原核微生物；细菌；菌落；菌苔；肽聚糖；假肽聚糖；磷壁酸；LPS；周质空间；溶菌酶；聚 β-羟丁酸；原生质体；间体；核区；L 型细菌；鞭毛；糖被；芽孢；皮层；异形胞。
2. 细菌细胞有哪些主要结构？它们的功能是什么？
3. 试图示 G^+菌和 G^-菌细胞壁的结构，并简要说明其成分及特点。
4. 试述革兰氏染色机制及其重要意义。
5. 作用于细菌细胞壁的抗生素有哪些？它们的杀菌机制是什么？
6. 肽聚糖的化学结构是怎样的？G^+菌和 G^-菌的肽聚糖结构有何不同？
7. 试就作用物质、作用机制、作用结果和作用对象比较溶菌酶与青霉素对细菌细胞壁的作用。
8. 细菌的原核有什么特点？它与真核生物的细胞核有何不同？
9. 简述微生物细胞膜的组成、结构和功能。
10. 什么是伴孢晶体？它在何种细菌中产生？有何作用？
11. 芽孢与营养细胞有何区别？芽孢为什么能耐热？有何实践意义？
12. 试比较细菌的鞭毛和菌毛的异同。
13. 何谓放线菌？为何说它接近于细菌？何谓基内菌丝、气生菌丝和孢子丝？它们之间有何关系？
14. 试从细胞的形态结构分析细菌与放线菌的菌落特征。
15. 为什么蓝细菌是光合原核微生物？有哪些不同于细菌的结构和成分？它们的功能是什么？
16. 支原体有何特点？哪些特点是缺乏细胞壁引起的？
17. 比较各类原核微生物的异同。
18. 古菌的细胞结构有哪些特点？如何鉴别 G^-菌和古菌？

（黄君红　孙鹏　卢冬梅）

第三章
真核微生物

真核微生物是细胞核有核膜、核仁，能进行有丝分裂和减数分裂，细胞质中有线粒体等多种由膜包围的细胞器的一类微生物。与原核细胞相比，真核细胞形态更大，结构更复杂，细胞器的功能更专一，并已进化成有核膜包裹的结构完善的细胞核。核中有构造精巧的染色体，其双链 DNA 与组蛋白紧密结合以更好地执行其遗传功能。真核微生物主要包括真菌、黏菌、单细胞藻类和原生动物。本章主要介绍真菌。

真菌是具细胞壁、有细胞核、无叶绿体、产孢子、营异养生活的一类真核微生物。少数是单细胞，大多数为有发达分支的菌丝体，气生性强，以产生大量无性和有性孢子的方式繁殖。真菌在自然界分布很广，土壤、水域、空气及动植物体内外均有分布。真菌种类繁多，估计有380万种，已鉴定的有14.4万多种（2018年）。主要包括大型真菌如蘑菇、马勃及小型的酵母菌和霉菌等。真菌与人类关系非常密切，是人类认识最早、应用最广的微生物。真菌界包括壶菌门（Chytridiomycota）、接合菌门（Zygomycota）、球囊菌门（Glomeromycota）、子囊菌门（Ascomycota）、担子菌门（Basidiomycota）和芽枝霉门（Blastocladiomycota）等。

第一节　酵　母　菌

酵母菌不是分类学上的名称，它是一类以出芽繁殖为主、能发酵糖类产能的单细胞真菌的统称。它不形成有分支的菌丝体，常以芽殖或裂殖进行无性繁殖，少数产子囊孢子进行有性繁殖。已知的酵母菌有56个属、1000多种，分属于子囊菌门、担子菌门和半知菌亚门。

酵母菌常分布于含糖较多和偏酸的环境中，如水果、蔬菜、花蜜及植物叶片上，尤其是果园的上层土壤中较多，树皮、森林土壤和腐木等中也存在大量的酿酒酵母，空气及一般土壤中较少见，故有“糖菌”之称。有些酵母菌可利用烃类物质，在油田和炼油厂附近的土层中可分离到。大多数酵母菌为腐生，有的则与动物特别是昆虫共生，如球拟酵母属（*Torulopsis*）存在于昆虫肠道、脂肪体及其他内脏中。也有少数种寄生，引起人及动植物病害。酵母菌是人类应用最早的微生物之一。我国是世界上最早（8000多年前）利用酵母菌酿酒、制作食品的国家。现在酵母菌的用途更广，除酿酒、发面制馒头和面包外，还用于石油脱蜡和生产有机酸、甘油、甘露醇、氨基酸，以及提取多种酶、核苷酸和维生素等。通气培养酵母菌可生产大量菌体，其蛋白质含量可达干酵母的50%，且菌体蛋白中含人体所必需的各种氨基酸，故常用于菌体蛋白生产，作饲料和食物添加剂。酵母菌属于单细胞真核微生物，其细胞结构和高等生物单个细胞的结构基本相同，同时它具有世代时间短、容易培养、单个细胞能完成全部生命活动等特性，故成为分子生物学、分子遗传学等重要理论研究的良好材料，是重要的模式生物。少数酵母菌能引起人及动物的疾病，其中最常见者为白念珠菌［白假丝酵母（*Candida albicans*）］和新型隐球酵母（*Cryptococcus neoformans*），能引起鹅口疮、阴道炎、肺炎和慢性脑膜炎等疾病。

酵母菌的特点是：①个体多以单细胞状态存在；②多数出芽繁殖，少数裂殖；③能发酵糖类产能；④细胞壁常含甘露聚糖；⑤喜在含糖量较高的偏酸性环境中生长。

一、酵母菌的形态结构

（一）酵母菌的形态与大小

大多数酵母菌为单细胞，形状因种而异，其基本形状为球形、卵圆形和圆柱形，有些形状特殊，呈柠檬形、椭圆形、三角形、瓶形等（图 3-1）。有的快速繁殖时能形成假菌丝，如热带假丝酵母（*Candida tropicalis*）出芽繁殖中子细胞与母细胞不立即脱离，其间以极狭小的面积相连，这种藕节状的细胞串称假菌丝（图 3-2）。该丝状结构与霉菌的真菌丝不同，后者为相连细胞间的横隔面与细胞直径一致的竹节状菌丝。不同种酵母菌的大小差别很大。一般长 5～20μm，有些种可达 30～50μm。其宽度变化较小，通常为 2～5μm，有的达 10μm。生产中常用的酵母菌直径为 4～6μm。各种酵母菌有一定的形状和大小，也随菌龄及条件而变化。

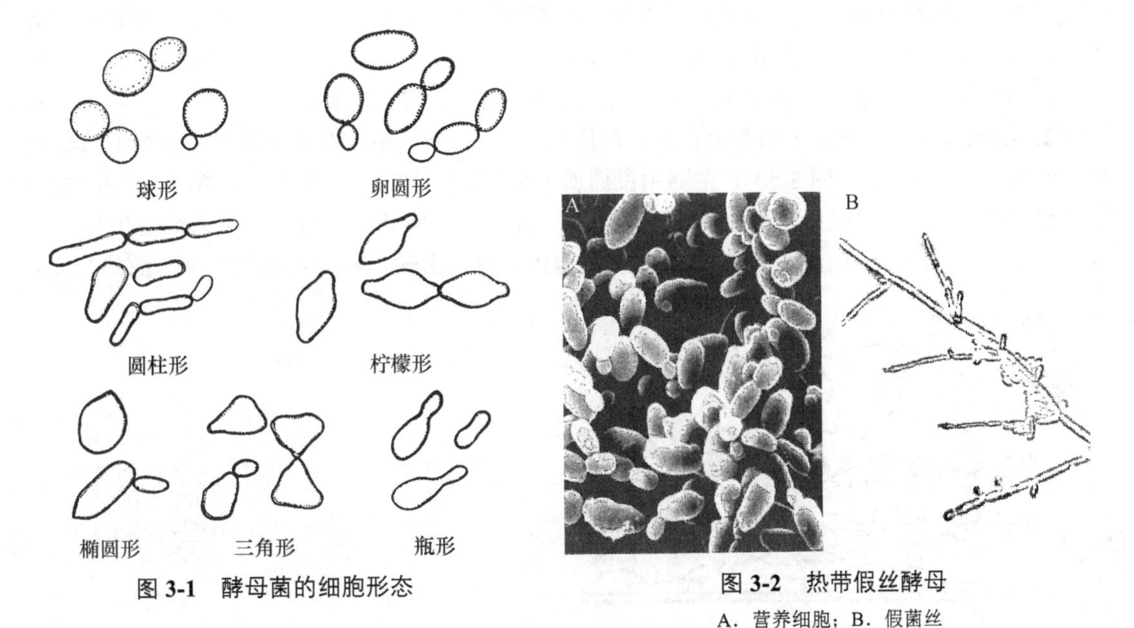

图 3-1　酵母菌的细胞形态

图 3-2　热带假丝酵母

A. 营养细胞；B. 假菌丝

（二）酵母菌的细胞结构

酵母菌的细胞结构与其他真核微生物相似，有细胞壁、细胞膜、细胞核、细胞质等，有些种还有荚膜、菌毛等（图 3-3）。

1. 细胞壁　细胞壁在细胞最外层，幼龄时较薄，有弹性，以后逐渐变厚、变硬，较坚韧，其坚韧性不及细菌细胞壁。有些出芽繁殖的酵母菌芽体脱落后在母细胞壁上留下瘢痕，称为芽痕。由于芽体一般不会在旧芽痕上产生，故计算芽痕数可确定某一细胞已产生的芽体数，测定其菌龄。细胞壁厚 25～70nm，约占细胞干重的 25%，其功能与细菌类似，可固定细胞外形和保护细胞免受外界因素损伤。细胞壁的主要成分是葡聚糖和甘露聚糖，均为分支状聚合物，二者占细胞壁干重的 75%以上，还含有蛋白质 8%～10%、脂类 8.5%～13.5%，几丁质（*N*-乙酰葡糖胺的多聚物）含量因种而异。同一种菌在不同生长阶段其细胞壁的成分也有变化。酿酒酵

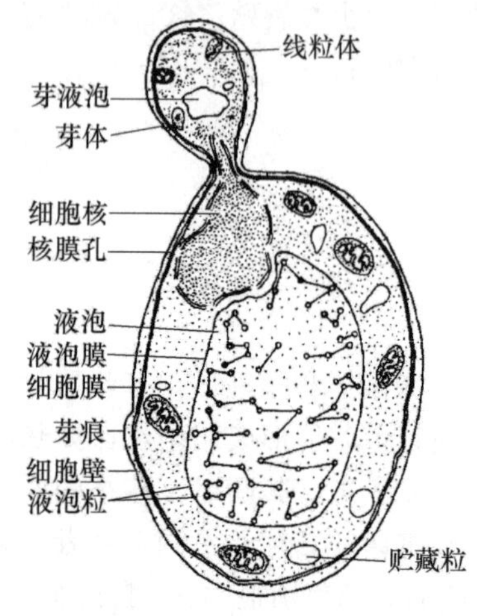

图 3-3 酵母菌细胞结构模式图

母（*Saccharomyces cerevisiae*）约含几丁质 1%，有些假丝酵母含几丁质超过 2%，一些裂殖酵母（*Schizosaccharomyces* spp.）一般不含甘露聚糖而含较多的几丁质，它和葡聚糖连接。葡聚糖是细胞壁的主要成分，位于壁的内层，赋予细胞壁以机械强度，将其除去细胞壁会完全解体。甘露聚糖是一种甘露糖的复杂聚合物，主要分布在细胞壁外层，除去甘露聚糖不改变细胞外形。蛋白质位于细胞壁中间，连接葡聚糖和甘露聚糖，在细胞壁中起重要作用（图 3-4）。蛋白质中少量的为细胞壁结构蛋白，大部分是以与细胞壁结合的酶的形式存在，这些酶有的帮助细胞摄取营养物质（如葡萄糖淀粉酶），有的与细胞壁扩增和结构变化有关（如蛋白质二硫键还原酶）。玛瑙螺胃液制得的蜗牛消化酶内含甘露聚糖酶、葡糖酸酶、几丁质酶等多种酶，可水解酵母菌细胞壁制备原生质体或释放子囊孢子。

有些酵母菌细胞壁外有荚膜，如汉逊酵母属（*Hansenula*）的碎囊汉逊酵母（*H. capsulata*）。荚膜的成分为磷酸甘露聚糖。多数荚膜多糖黏附于细胞上，其中大部分可释放于培养基中，特别是在搅拌培养时。少数子囊菌细胞表面有发丝状结构，称作真菌菌毛，其成分是蛋白质，起源于细胞壁下面，可能与有性繁殖有关。短的菌毛与酵母菌凝聚有关。

2．细胞膜 它紧贴于细胞壁内侧，厚约 7.5nm，外表光滑。结构和功能与细菌细胞膜相似，分内、中、外三层（图 3-5），主要由蛋白质（约占细胞膜干重的 50%）、类脂（约占 40%）及少量糖类组成。酿酒酵母等的细胞膜含丰富的麦角甾醇，紫外线照射后转化为维生素 D_2，可作维生素 D 的来源。细胞膜主要功能是控制细胞内外物质运输，参与细胞壁和部分酶的合成。

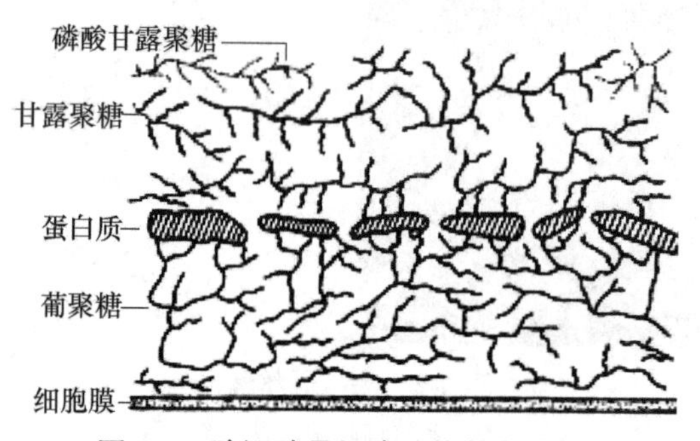

图 3-4 酿酒酵母细胞壁的化学结构

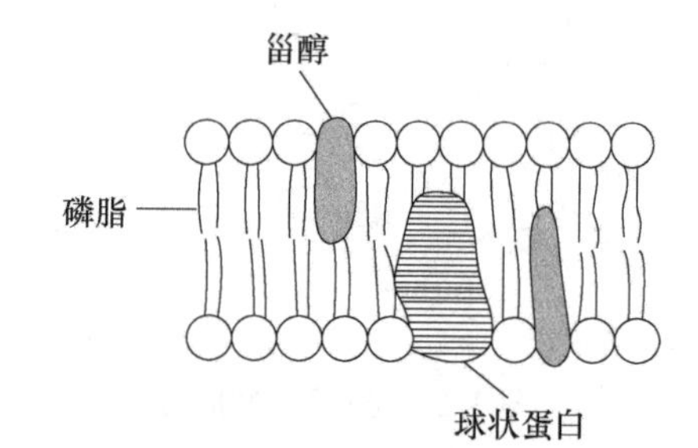

图 3-5 酵母菌细胞膜的三层结构

3．细胞核 呈球形，直径约 2μm，大多在细胞中央与液泡相邻，有核膜、核仁和染色体。核膜是厚为 8～20nm 的双层膜，在细胞的整个生殖周期中保持完整，外层与内质网紧密相接。核膜上有许多直径为 40～70nm 的核膜孔，是细胞核与细胞质交换大分子物质的通道，能让核内制造的核糖核酸转移到细胞质中，为蛋白质合成提供模板等。核内有新月状的核仁和半透明的染色质。核仁表面无膜，富含蛋白质和 RNA，是合成核糖体 RNA 和装配核糖体的场所。细胞核处于静止状态时，除核仁外看不到核内其他结构。核膜外有中心体，可能与出芽和有丝分裂有关。酵母菌细胞核是其遗传信息的主要贮存库，在代谢和繁殖中起重要作用。用相差显微镜可观察到活细胞内的核；细胞分裂时染色质丝经盘绕、折叠、浓缩后变成在光学显微镜下可见的棒状染色体。特别是在细胞分裂中期可见到呈条状的染色体，其数目因种而异。酿酒酵母的单倍体细胞中有 17 条染色体，其基因组的测序已于 1996 年完成，基因组总长度为 12 052kb，约有 6500 个具有功能的基因，是第一个完成基因组测序的真核生物。真核微生物 DNA 的含量比原核微生物高 10 倍左右。细胞核中还有不同种的少量 RNA 和一种有 20～40 个磷酸残基的链状聚磷酸盐。

在酵母菌的线粒体和质粒中也含有少量 DNA。线粒体 DNA 呈环状，分子量为 5.0×10^7。质粒为闭合环状超螺旋 DNA 分子，长约 2μm，一般每个细胞内含 60～100 个，占细胞 DNA 总量的 3%。质粒可作为研究基因调控、染色体复制的理想系统，也可作转化的载体。

4．细胞质 它是透明、黏稠、流动的胶体溶液，有细胞器，是新陈代谢的场所，也是代谢物贮存和运输的环境。幼龄的细胞质稠密而均匀，老龄的细胞质出现液泡和贮藏物质。

细胞质内含大量核糖体、异染颗粒、肝糖粒、脂肪滴、质粒等，还有多种细胞器。核糖体沉降系数为 80S，由 60S 和 40S 两个亚基组成，直径 25nm，由约 40%的蛋白质和 60%的 RNA 共价结合而成，大多数形成多聚核糖体，是合成蛋白质的场所。异染颗粒主要成分为高能磷酸盐，对碱性染料有亲和力，老龄细胞中形成较大颗粒，折光性强，为细胞的营养贮藏物。肝糖粒为糖类的贮藏物，白色，无定形，可被淀粉酶水解为葡萄糖，用稀碘液染色呈红褐色。营养良好、生长旺盛的幼龄细胞内可见大量肝糖粒，营养缺乏时肝糖粒消失。多数酵母菌细胞有折光性很强、大小不一的脂类颗粒，在电镜下呈透明状，用苏丹黑 B 或苏丹红染色时呈蓝黑色或蓝红色。有的酵母菌如黏红酵母（*Rhodotorula glutinis*）细胞内积累的脂类物质可达细胞干重的 50%。有些种类的细胞中积累大量蛋白质、多糖和脂类物质，常作为人和畜禽的补充食料。

酵母菌细胞器主要有溶酶体、微体、线粒体、内质网和液泡等。①溶酶体是由单层膜包裹、内含多种酸性水解酶的球状囊，其功能是细胞的内消化、维持细胞营养和防止外来物侵袭。②微体是含氧化酶和过氧化氢酶的球形囊，功能是使细胞免受过氧化氢的危害，分解脂肪。③线粒体通常呈杆状或球状，长 1.5～3.0μm，直径 0.3～1.0μm，一般位于核膜及中心体表面，有数十个或更多。它由双层膜包裹，囊内充满液体，外膜平整，内膜较厚、向内卷曲折叠成嵴，扩展了内膜进行生化反应的面积。嵴上有许多排列整齐的圆形颗粒——基粒，是线粒体上传递电子的基本功能单位。线粒体是细胞呼吸产生能量的场所，将蕴藏在有机物中的化学能转化为生命活动所需的能量（ATP）；也是氧化还原的中心，含有呼吸所需的各种酶。它还参与调控细胞的分化、生长、凋亡和信息传递等活动。线粒体内含一个长 25μm 的环状双链 DNA 分子，含特有的 DNA 和 RNA，可独立复制。线粒体 DNA 编码大量呼吸酶。有氧条件下酵母菌形成许多线粒体，数量可达细胞质总体积的 14%；厌氧条件下或葡萄糖过多时线粒体生成被阻遏，只能形成简单的无嵴线粒体，线粒体变小、数量减少，无氧化磷酸化功能。④内质网是由脂蛋白组成的膜围成的管状或囊状结构组成的复杂双层膜系统，两层膜的间隔为 20nm，其间充满液体。内质网外与细胞膜相连，内与核膜相通。它起物质传递和通信联络作用，还能合成脂类和脂蛋白，供给细胞质中所有细胞器的膜。其分两类：一类是膜上附有核糖体的粗面内质网，合成和运送胞外分泌蛋白至高尔基体，在高尔基体内修饰后包装形成囊泡进行运输；另一类是膜上不含核糖体的光面内质网，是脂质合成场所。⑤酵母菌细胞中有一个或几个大小不一的多为球形、透明的液泡。其直径为 0.3～3μm，幼龄细胞的液泡很小，老龄细胞液泡较大，位于细胞中央，外具一层液泡膜。液泡内含有盐类、糖类、脂类、氨基酸，有的种类含蛋白酶、酯酶、核糖核酸酶。液泡是离子和代谢产物的交换、贮藏场所，还有溶酶体的功能，将蛋白酶等水解酶类与细胞质隔离，防止细胞损伤。

拓展资料

二、酵母菌的繁殖方式

酵母菌的繁殖方式有无性繁殖和有性繁殖两种，以无性繁殖为主。

（一）无性繁殖

酵母菌的无性繁殖方式主要是芽殖，还有芽裂、裂殖和产生无性孢子等方式。

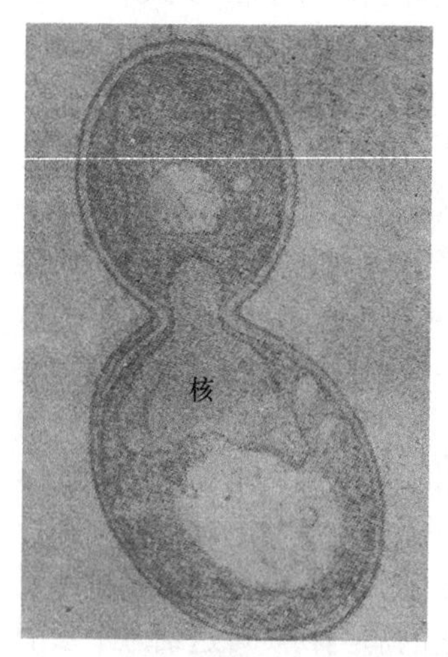

图 3-6 酿酒酵母出芽的电镜截面图

1．芽殖 芽殖是在成熟的酵母菌细胞上长出一个小芽，芽细胞长到一定程度后脱离母细胞继续生长，再出芽产生新个体，如此循环往复。一个成熟的酵母菌一生中通过芽殖可产生 9～43 个子细胞。不同的酵母菌在母细胞上出芽的部位不同。如果在母细胞的各个方向出芽则为多边出芽，这时细胞都是圆形、椭圆形或腊肠形，大多数酵母菌如此；如果在细胞两端出芽为两端芽殖，此时细胞常为柠檬形；有的在细胞三端出芽、细胞呈三角形，这种情况较少；如果总在细胞一端出芽为一端出芽，这时细胞呈瓶形。

酵母菌出芽过程：首先是液泡长出一根小管，同时在细胞表面将要形成芽体的部位通过水解酶的作用使细胞壁变薄，大量新细胞物质堆积在芽体起始部位形成一个小的突体称芽体；然后液泡小管进入芽体，同时中心体产生一个小突体并随母细胞的部分细胞质进入芽体（图 3-6），母核分裂成两个子核，新合成的细胞壁组分不断插入芽体表面，芽体壁扩增、长大，芽体长到母细胞大小的 2/3 时与母细胞相连部位形成隔膜及由葡聚糖、甘露聚糖和几丁质组成的隔壁，芽体成为子细胞；最后，子细胞因与母细胞的隔壁部分降解而分离成独立的新个体。母细胞上留下一个直径略大于 1μm 的环形突起，称芽痕。子细胞上相应地留下一个环形突起，称蒂痕。任何细胞蒂痕只有一个，芽痕可有多个。芽痕富含几丁质，其大小以后不会改变。蒂痕含几丁质少，以后慢慢扩大、消失。光学显微镜下无法直接看到酵母菌芽痕。用钙荧光素或樱草灵等荧光染料染色后可在荧光显微镜下看到芽痕、蒂痕。通过扫描电镜可清晰看到芽痕和蒂痕的细微结构（图 3-7）。环境条件适宜、生长繁殖迅速时酵母菌出芽形成的子细胞尚未自母细胞脱离又在子细胞上长出新芽，如此连续出芽就会形成成串的细胞即假菌丝（图 3-8）。

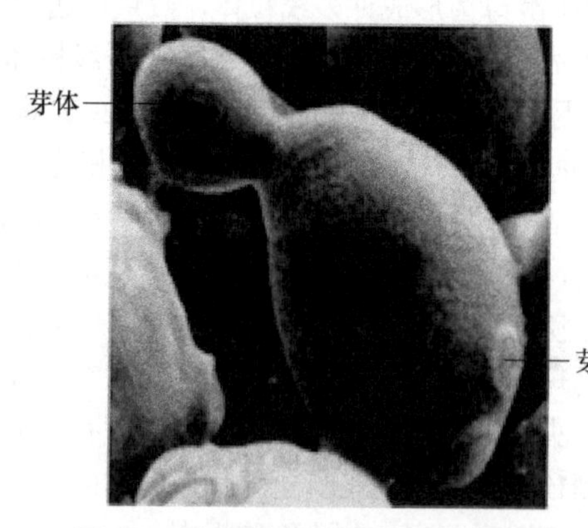

图 3-7 酿酒酵母芽殖的扫描电镜照片

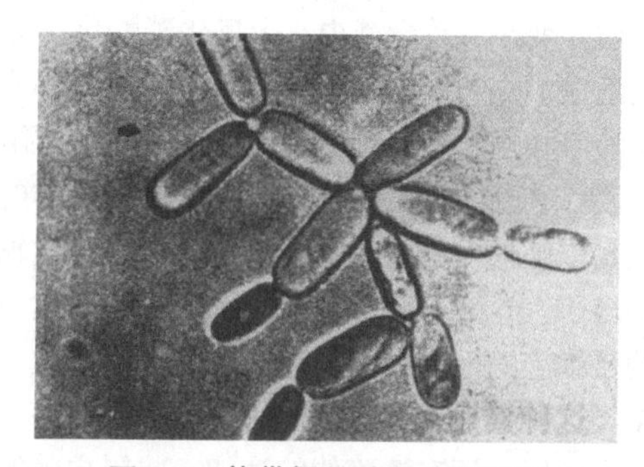

图 3-8 热带假丝酵母的假菌丝

2．芽裂 有的酵母菌一端出芽并在芽基很宽的颈处形成隔膜将母细胞与子细胞分开，子细胞呈瓶状。这种出芽的同时产生横隔膜的方式称芽裂或半裂殖（图 3-9）。

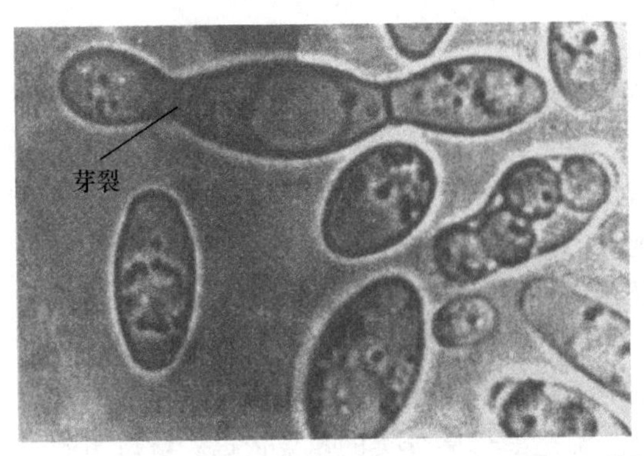

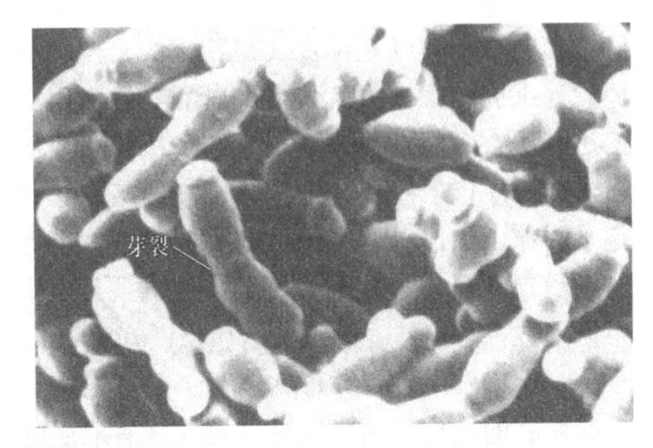

图 3-9　类酵母的芽裂繁殖图

3．裂殖　少数酵母菌像细菌一样以分裂的方式繁殖，叫裂殖，如八孢裂殖酵母（*Schizosaccharomyces octosporus*），球形或卵圆形细胞长到一定大小后细胞伸长，核一分为二，细胞中间形成隔膜，两个子细胞分开，末端变圆，形成两个新个体（图 3-10）。快速生长时细胞可以未形成隔膜核分裂或形成隔膜子细胞暂不分开形成细胞链，类似于菌丝，最后细胞会分开。

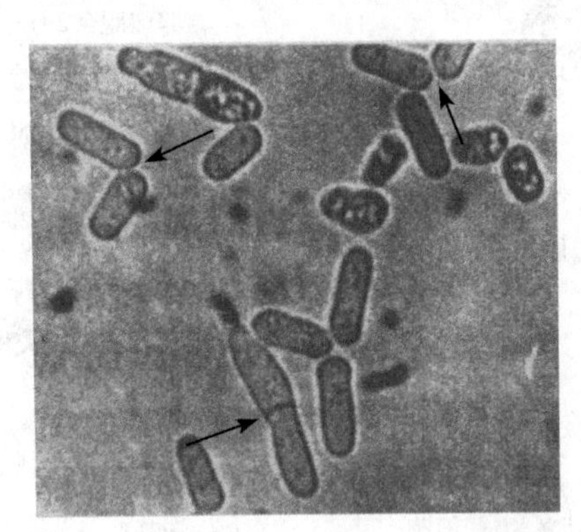

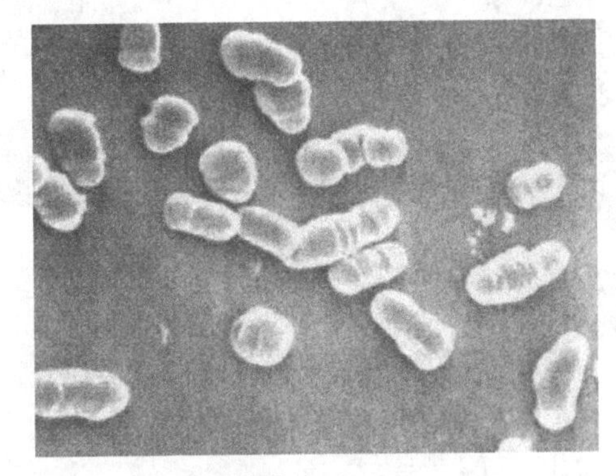

图 3-10　裂殖酵母的裂殖（箭头示裂殖点）

4．产生无性孢子　有的酵母菌可产生掷孢子、厚垣孢子、节孢子，或在小梗上形成分生孢子等无性孢子。

（二）有性繁殖

凡能有性繁殖的酵母菌称真酵母，归于子囊菌亚门；尚未发现有性繁殖的酵母菌称假酵母，暂归半知菌亚门。真酵母以形成子囊和子囊孢子的方式进行有性繁殖。

酵母菌发育到一定阶段，两个形态相同而性别不同的邻近细胞，各伸出一小突起相接触，接触处的细胞壁溶解形成一个管道，两个细胞的细胞质通过管道融合称质配。随后两个单倍体核移至融合管道中融合形成二倍体核称核配。二倍体接合子可在融合管的垂直方向生出芽，二倍体核移入芽内（图 3-11）。此二倍体芽可从融合管道中脱离，开始二倍体营养细胞的出芽繁殖。很多

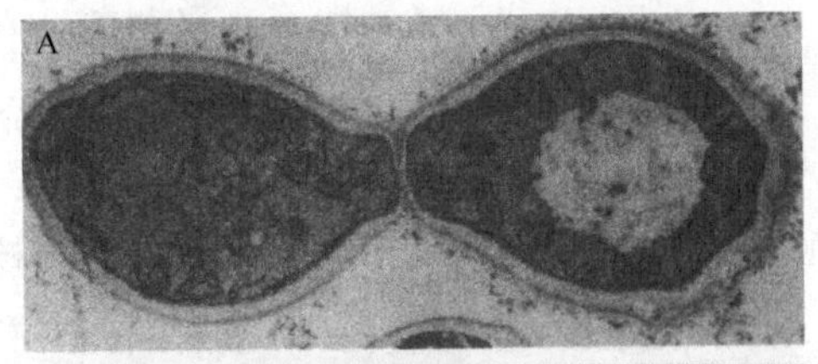

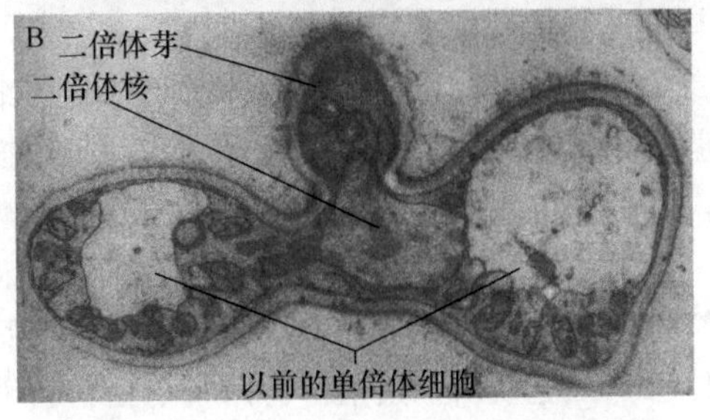

图 3-11　温奇汉逊酵母接合的电镜照片

A．在接合点同时伸出突起；B．核融合并产生二倍体芽

酵母菌的二倍体细胞可多代营养生长繁殖。酵母菌的单倍体、二倍体细胞均可独立存在。二倍体营养细胞较大，生活力强，发酵工业多用二倍体细胞生产。适宜条件下，如营养缺乏接合子核进行减数分裂，成为4个或8个核（一般形成4个核），以核为中心的原生质浓缩，在其表面形成一层孢子壁成为孢子。原来的接合子称子囊，其内的孢子称子囊孢子。子囊破裂，子囊孢子释放出来，子囊孢子可萌发成单倍体营养细胞。

酵母菌形成子囊孢子需要一定的条件。生长旺盛的幼龄细胞容易形成子囊孢子，老龄细胞不易形成，还需要适宜的培养基和良好的生长条件。酵母菌产生的子囊孢子的形状因菌种而异，有球形、椭圆形、半球形、柑橘形、柠檬形、土星形、帽形、肾形、针形等。孢子表面有平滑的或刺状的，孢子的皮膜有单层的、有双层的。这些都是酵母菌分类的重要依据。酵母菌的生活史有三种类型（图3-12）。

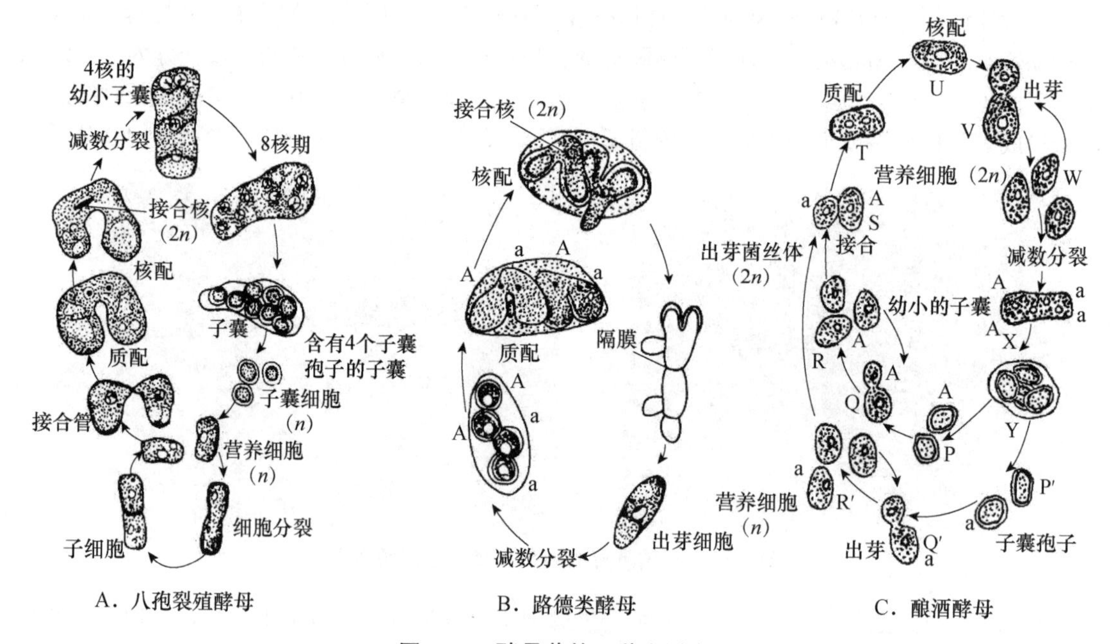

图3-12 酵母菌的三种生活史

*n*表示染色体数，A和a分别表示来自不同个体的细胞，其余字母分别表示不同的阶段

1．单倍体型 在生活史中单倍体阶段较长，二倍体细胞不独立生活，此阶段很短，如八孢裂殖酵母（图3-12A）。其过程要点：①单倍体营养细胞借分裂繁殖；②两个营养细胞接触发生质配，质配后立即核配；③二倍体核通过减数分裂形成4个或8个单倍体子囊孢子。

2．双倍体型 在生活史中单倍体阶段较短，二倍体营养阶段较长，如路德类酵母（图3-12B）。其过程要点：①子囊孢子在囊内成对结合，发生质配和核配，异核期极短，核配后不立即进行减数分裂，形成二倍体细胞；②该二倍体细胞萌发形成的芽管穿过子囊壁成为芽生菌丝，在此菌丝上长出芽体，子细胞与母细胞间形成横隔后迅速分开；③二倍体细胞转变为子囊，每个囊内的核通过减数分裂产生4个单倍体的子囊孢子。

3．单双倍体型 在生活史中单倍体阶段和二倍体阶段同等重要，均能以出芽方式进行繁殖，这就使生活史形成了明显的世代交替，如酿酒酵母（图3-12C）。其过程要点：①单倍体营养细胞以出芽繁殖；②两个单倍体营养细胞接合，经质配后核配，形成二倍体核；③二倍体细胞不立即进行核分裂，而是以出芽方式进行无性繁殖，成为二倍体营养细胞；④二倍体营养细胞在营养缺乏时经减数分裂形成4个单倍体子囊孢子，子囊破壁后释放出其中的子囊孢子。

其接合型分别为 a 型和 α 型，子囊孢子萌发后各自转变为 a 细胞和 α 细胞，都可独自生长繁殖。在营养等条件适宜时 a 细胞和 α 细胞相互识别后发生趋化性生长，经细胞接触、质配和核配，形成二倍体细胞（a/α）。二倍体细胞可以出芽繁殖。

三、酵母菌的培养特征

大多数酵母菌是单细胞的非菌丝体，细胞间没有分化。与细菌相比，酵母菌细胞粗而短。

固体培养基上形成的菌落与细菌相似，表面光滑、湿润、黏稠，与培养基结合不紧，易挑起，质地均匀，颜色均一，较细菌菌落大且厚。有的酵母菌菌落因培养时间较长而皱缩。大多数酵母菌菌落不透明，乳白色，少数为红色如红酵母与粉红掷孢酵母（*Sporobolomyces roseus*）等，个别为黑色，其颜色比细菌单调。不生成假菌丝的酵母菌形成的菌落表面隆起，边缘圆整；生成假菌丝的酵母菌形成的菌落较扁平，表面和边缘较粗糙。酵母菌菌落由于有乙醇发酵一般都发出酒香味。菌落的颜色、光泽、质地、表面和边缘等特征均为其菌种鉴定的依据。

在液体培养基中，不同酵母菌的生长情况不同。有的产生沉淀，有的在液体中均匀生长，有的则在液体表面生长形成菌醭或菌膜。有假菌丝的酵母菌所形成的菌醭较厚，有些酵母菌形成的醭很薄，干而皱。菌醭的形成及特征具有分类意义。

四、重要代表菌

1．酿酒酵母（*S. cerevisiae*）　酿酒酵母属子囊菌亚门半子囊菌纲酵母属。单细胞，圆形、卵形、椭圆形或腊肠形。大小不一，（2.2～10.5）μm×（3.5～21.0）μm。在麦芽汁琼脂培养基上酿酒酵母的菌落为乳白色，有光泽，平坦，边缘整齐。在加盖片的玉米粉琼脂培养基上培养，不生成假菌丝或有不典型的假菌丝。无性繁殖为芽殖，进行多边出芽，繁殖旺盛时能形成假菌丝。有性繁殖时由两个单倍体的营养细胞接合成接合子。接合子通常能出芽繁殖几代，成为二倍体营养细胞。在适当的条件下二倍体细胞的核进行减数分裂，形成子囊孢子。酿酒酵母能发酵葡萄糖、蔗糖、麦芽糖、半乳糖等多种糖类，但不发酵乳糖和蜜二糖。

酿酒酵母是酵母属中的典型种，也是发酵工业中重要的菌种。不仅在啤酒、白酒、乙醇及其他饮料的酿造和面包的制作中应用，而且由于含有丰富的蛋白质和维生素，也作食用、药用和饲料，又可提取核酸、麦角固醇、谷胱甘肽、细胞色素 c、辅酶 A 及三磷酸腺苷等，具有重要的经济价值。主要分布在各种水果的表皮、发酵的果汁、果园土壤及酒曲中。

2．热带假丝酵母（*C. tropicalis*）　热带假丝酵母未发现有性繁殖，属半知菌亚门假丝酵母属。在葡萄糖酵母汁蛋白胨液体培养基中于 25℃培养 3d，细胞呈卵形或球形，大小（4～8）μm×（5～11）μm，菌体沉淀于管底。在麦芽汁琼脂培养基上，菌落呈白色至奶油色，无光泽或稍有光泽，软而平滑或部分有皱纹，培养时间较长时菌落变硬。在加盖片的玉米粉琼脂培养基上培养，可见大量假菌丝，包括伸长的分枝假菌丝，上面长有芽生孢子。

热带假丝酵母氧化烃类的能力很强。在含 230～290℃石油馏分的培养基中，经 22h 培养后，可得到相当于烃类质量 92%的菌体，不仅能获得菌体蛋白，而且可除去正烃烷（脱蜡），降低石油馏分的凝固点，比用物理、化学方法脱蜡简单，采用混合菌种脱蜡效果更好，故为石油蛋白生产的重要酵母菌。用农副产品和工业废料也可培养热带假丝酵母，如用生产味精的废液培养热带假丝酵母作饲料，既扩大了饲料来源，又减少了工业废水对环境的污染。

3．异常汉逊酵母（*Hansenula anomala*）　细胞圆形、椭圆形、卵形和腊肠形，大小

（2.5～6.0）μm×（4.5～20.0）μm。多边芽殖。有假菌丝或真菌丝。子囊形状与营养细胞相同，子囊孢子帽形、土星形、圆形、半圆形，表面光滑。子囊成熟后破裂释放出子囊孢子。麦芽汁琼脂培养基上菌落平坦，乳白色，无光泽，边缘丝状。加盖片马铃薯葡萄糖琼脂培养基上生成假菌丝。液体培养基中液面形成白色菌膜，培养液混浊、有菌体沉于底部。能产乙酸乙酯，并可自葡萄糖产生磷酸甘露聚糖，用于纺织及食品工业，生产药物、氨基酸、饲料等。是酒类酵母的污染菌，在饮料表面形成干而皱的菌醭。能利用乙醇为碳源，对乙醇发酵有害。

4. 粉状毕赤酵母（*Pichia farinosa*） 细胞有不同形状，多边芽殖，能形成假菌丝。常有一油滴在其中。接合形成子囊或不接合。子囊孢子球形或土星形，表面光滑。每囊有 4 个孢子，子囊易破裂放出孢子。不同化硝酸盐。对正癸烷、十六烷的氧化力较强，能发酵石油产生蛋白质、麦角固醇、苹果酸、甲醇及磷酸甘露聚糖。它是基因工程表达宿主，已成为重要的蛋白质表达系统，广泛用于各类实验室，其表达蛋白质的水平是酿酒酵母的 10～100 倍，适合高密度发酵，适用于工业生产。它也是饮料、酒类的污染菌，常在酒面生成白色干燥的菌醭。

第二节 霉　菌

霉菌不是分类学上的名词，而是一类丝状小型真菌的总称。凡在固体营养基质上生长形成绒毛状、蜘蛛网状或棉絮状菌丝体但不产生大型肉质子实体的小型真菌统称霉菌。分类学上霉菌分属于壶菌门、接合菌门、子囊菌门和担子菌门，有 4 万多种。霉菌在自然界中分布极广，大量存在于土壤中，水域、空气、动植物体内外均有其存在。它们与人类生产、生活关系密切，是人类认识和利用最早的一类微生物。霉菌除用于传统的酿酒、制酱和制作发酵食品外，发酵工业中还广泛用于生产乙醇、有机酸、抗生素、酶制剂、维生素和药物等；农业上用于生产发酵饲料、植物生长激素、杀虫农药、除草剂等。腐生型霉菌能分解复杂有机物，在自然界物质转化中起重要作用。霉菌作为基因工程受体菌，有很强的蛋白质分泌能力，能进行多种翻译后加工，便于外源蛋白质的表达。因此，在理论研究和实际应用中都有重要价值。

霉菌对人类也有不利的一面。它使谷物、水果、食品、衣物、仪器设备及工业原料等发霉变质。据统计，全世界平均每年因霉变不能食（饲）用的谷物约占总产量的 3%，蔬菜、水果因霉变造成的损失更大。有的能产生多种毒素，严重威胁人类和畜禽的健康。已知的真菌毒素达 300 多种，其中毒性最强的是由黄曲霉产生的黄曲霉毒素，有致癌作用。黄曲霉在霉变的花生、大米、玉米中最多。有的霉菌还是人类和动植物的病原菌。霉菌感染可引起皮肤、皮下和全身性疾病。真菌毒素可侵害肝、肾、脑、中枢神经系统和造血组织。

一、霉菌的形态结构

（一）霉菌的形态

构成霉菌营养体的基本单位是菌丝，其直径一般为 2～10μm，与酵母菌相似，比细菌和放线菌菌丝粗约 10 倍。分支或不分支的菌丝交织在一起称菌丝体。霉菌菌丝生长都是通过其顶端细胞延伸实现的。随着顶端细胞不断延伸，细胞壁和细胞质的形态、成分都逐渐变化、加厚并趋向成熟。在菌丝顶端的伸展区和硬化区中，细胞壁的内层是几丁质，外层是蛋白质；在亚顶端即次生壁形成区由内至外分别为几丁质层、蛋白质层和葡聚糖蛋白网层；在成熟区由内至外相应为几丁质层、蛋白质层、葡聚糖蛋白网层和葡聚糖层；最后是隔膜区，是由细胞菌丝内壁向内延伸而成的环片状构造。菌丝几乎沿着其长度的任何一点都能产生分支。

霉菌菌丝有两种类型（图 3-13）。①无隔膜菌丝：菌丝是一个长管状单细胞，细胞质内含多个核。其生长过程只表现出菌丝的延长和细胞核的分裂增多及细胞质的增加，如根霉属（*Rhizopus*）、毛霉属（*Mucor*）等低等真菌的菌丝。②有隔膜菌丝：菌丝中有隔膜，被隔膜隔开的每一段是一个细胞。菌丝体由很多细胞组成，每个细胞有一个或多个细胞核。隔膜上有一个或多个直径 0.05～0.50μm 的小孔，使细胞间的细胞质可自由流通进行物质交换，但约束细胞核通过。各细胞功能相同。老龄菌丝中隔膜孔常塞以极稠密物质，阻止原生质穿流。如果菌丝断裂或其中有一个细胞死去则小孔可立即封闭，以免生活细胞质外流或死细胞的分解产物流入生活细胞影响生活细胞的生命活动。大多数霉菌菌丝属此类，如青霉属（*Penicillium*）、曲霉属（*Aspergillus*）等高等真菌。

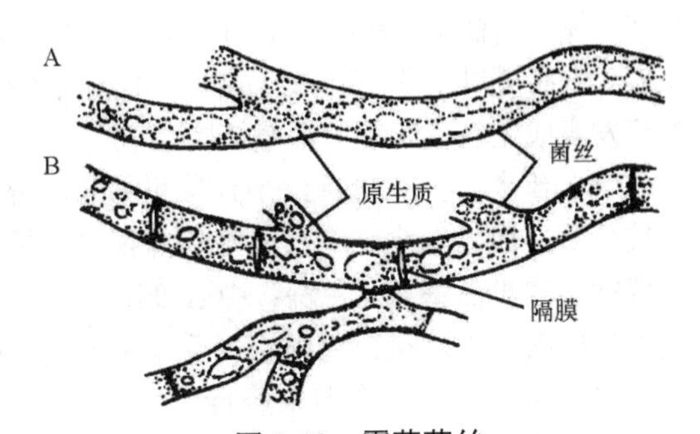

图 3-13 霉菌菌丝

A. 无隔膜菌丝；B. 有隔膜菌丝

霉菌菌丝功能有一定的分化。固体培养基上一部分菌丝生长在基质中吸收养料，称营养菌丝；另一部分菌丝向空中生长，称气生菌丝。有的气生菌丝发育到一定阶段形成有繁殖功能的细胞称生殖菌丝。为适应环境霉菌菌丝有许多特化的形态，营养菌丝可形成假根、吸器、附着胞、菌核、菌索、菌丝束、匍匐丝等。气生菌丝可形成各种形态的子实体。有的菌丝产生不同的色素。

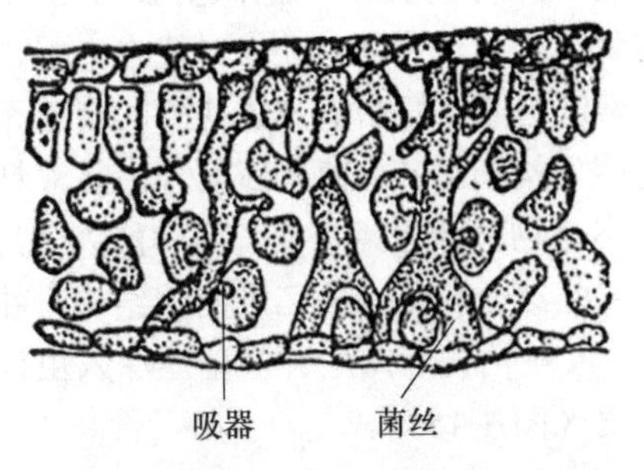

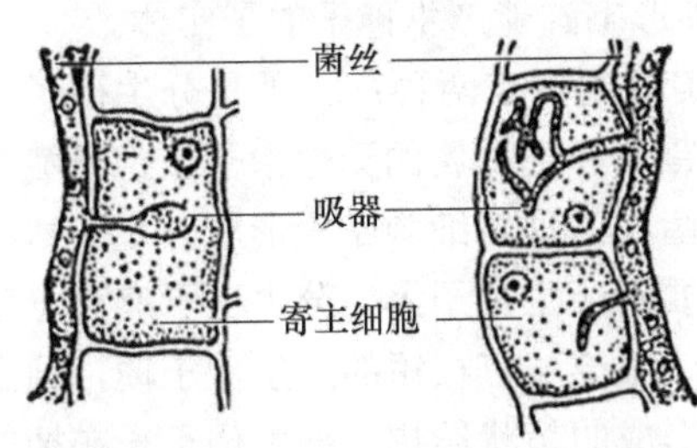

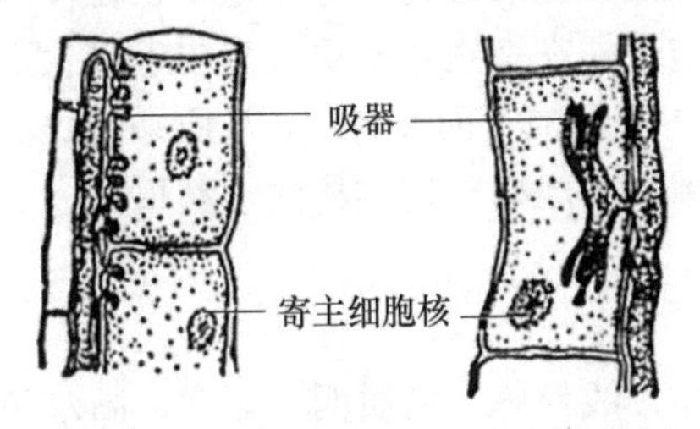

图 3-14 霉菌菌丝吸器的各种类型

1. 营养菌丝的特化形态

（1）假根　是从根霉属霉菌匍匐丝与基质接触处分化出的根状结构，可固着和吸取养料。

（2）吸器　是锈菌、霜霉菌和白粉菌等植物寄生真菌菌丝生出侧生细枝，侵入宿主细胞内分化成指状、球状或丝状以吸收宿主细胞养料的特化结构，不破坏寄主细胞（图 3-14）。

（3）附着胞　是许多植物寄生真菌的芽管或老菌丝顶端膨大并分泌黏状物、牢固黏附在宿主表面的结构。附着胞上再形成针状菌丝侵入宿主角质层吸取养料。

拓展资料

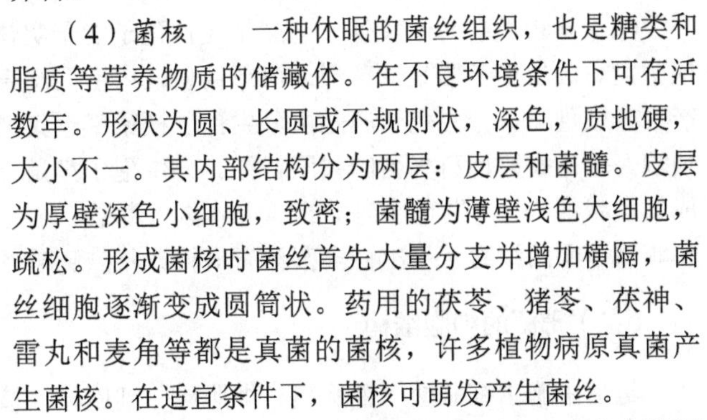

（4）菌核　一种休眠的菌丝组织，也是糖类和脂质等营养物质的储藏体。在不良环境条件下可存活数年。形状为圆、长圆或不规则状，深色，质地硬，大小不一。其内部结构分为两层：皮层和菌髓。皮层为厚壁深色小细胞，致密；菌髓为薄壁浅色大细胞，疏松。形成菌核时菌丝首先大量分支并增加横隔，菌丝细胞逐渐变成圆筒状。药用的茯苓、猪苓、茯神、雷丸和麦角等都是真菌的菌核，许多植物病原真菌产生菌核。在适宜条件下，菌核可萌发产生菌丝。

（5）子座　由菌丝密集缠绕、分化形成膨大的团块状、棒状、柱状或头状等结构。简单的子座仅由一层相互交织的菌丝构成。复杂的子座与菌核相似。子座可以由菌丝单独组成，也可由菌丝和宿主组织共同构成。子座成熟后在其内部和表面都可发育成无性或有性的繁殖结构。

（6）菌索　大量菌丝平行聚集并高度分化成根状的特殊组织称菌索。组成菌索的细胞大小较一致，菌丝缠绕交织形成生长点帽以保护生长点。生长点后为伸长区，其后是吸收区。其外层细胞较小而壁厚，色深；中心细胞大，壁薄，长形。整根菌索直径 4mm，分布在地下或树皮下，肉眼可见，呈白色根状。菌索主要起吸收、运输营养和蔓延作用。多种伞菌都有菌索。

（7）菌丝束　许多未经特殊分化的菌丝平行排列并聚集在一起形成的束状结构称菌丝束。菌丝束内菌丝相互交织、融合，外侧菌丝常卷曲成疏松的一层，似一绺粗毛。其功能主要是输送水分和养分。子囊菌、担子菌和半知菌中可见菌丝束。蘑菇菌柄就是菌丝束。

（8）匍匐丝　根霉等毛霉目真菌形成的与固体基质表面平行、有延伸功能的匍匐状菌丝称匍匐丝。每隔一段距离在其上长出假根伸入基质，假根之上形成孢囊梗。新的匍匐丝不断向前延伸形成不断扩展、大小无限制的菌落。

（9）捕捉菌丝　捕虫霉目和半知菌类真菌中有捕食能力菌种产生的球状、环状或网状的特殊菌丝结构，可捕捉线虫等微小动物。其捕虫方式有两种：一种靠黏着，另一种靠机械捕捉，或二者兼有。靠机械捕捉的真菌有特殊形状的菌丝结构，有的菌丝侧生短分支，短分支末端膨大成拳头状，当线虫通过该部位时就被抓住。有的真菌由三个膨大细胞组成菌环，当线虫不慎落入这个菌环时这三个细胞立即缩紧将线虫卡住。菌环内表面对摩擦特别敏感，虫体越扭动，三个菌丝细胞越膨大，菌丝内环越小，对线虫卡得越紧，使线虫难以逃脱。靠黏着方式捕食的真菌无特殊形状的菌丝构造，仅靠菌丝表面分泌黏液粘捕线虫等微小生物。有些菌种具备两种能力，其侧枝弯曲，彼此结合，交织成三维网状结构，并分泌黏液，小虫被粘住后产生许多菌丝深入虫体吸收营养物质（图 3-15）。

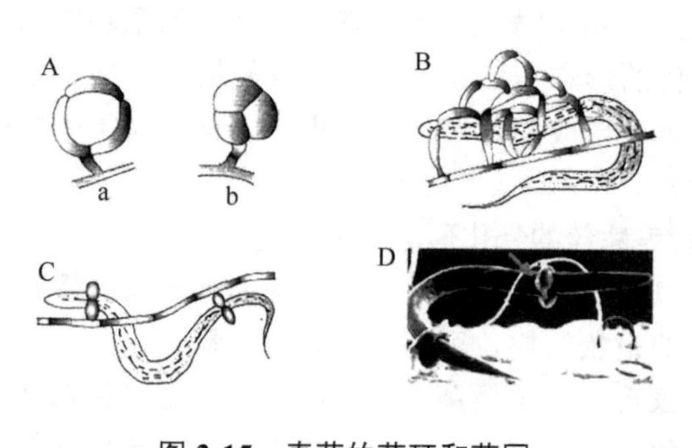

图 3-15　真菌的菌环和菌网

A. 菌环（a. 未膨大；b. 膨大后）；B. 菌网；C. 线虫经过菌环；D. 抓住线虫的菌环照片

2. 气生菌丝的特化形态　气生菌丝主要特化成各种形态的能产生孢子的子实体。

（1）结构简单的子实体　产生无性孢子的简单子实体主要有两种：一种是分生孢子头（穗），代表霉菌为青霉属和曲霉属；另一种为孢子囊，根霉属和毛霉属的无性孢子由孢子囊产生。担子是担子菌产生有性孢子的简单子实体，它由双核菌丝的顶端细胞膨大形成。

（2）结构复杂的子实体　产生无性孢子的子实体主要有分生孢子器、分生孢子座和分生孢子盘。分生孢子器是一球形或瓶形结构，内壁四周表面或底部长有极短的分生孢子梗，梗上产生分生孢子。分生孢子座是由分生孢子梗紧密聚集成簇形成的垫状结构，分生孢子长在梗的顶端，这是瘤座孢科真菌的共同特征。分生孢子盘是分生孢子梗在宿主角质层或表皮下簇生形成的盘状结构。产生有性孢子的子实体称子囊果。在子囊与子囊孢子的发育中，从原来的雄器和雌器下面的细胞上生出许多菌丝有规律地将产囊菌丝包围，形成有一定结构的子囊果。

（二）霉菌的细胞结构

霉菌细胞由细胞壁、细胞膜、细胞质、细胞核、核糖体、线粒体、内质网、囊泡、高尔基体、微体、微管和其他内含物组成。幼龄菌丝细胞质均匀透明，充满整个细胞；老龄菌丝细胞质黏稠，出现较大液泡，含肝糖粒、脂肪滴及异染颗粒等许多贮藏物质。

细胞壁厚 100～250nm。除少数低等水生霉菌细胞壁含有纤维素外，大部分霉菌细胞壁由几丁质组成（占细胞干重的 2%～26%）。几丁质与纤维素结构很相似，是由数百个 *N*-乙酰葡糖胺分子以 β-1,4-糖苷键连接成的多聚糖（图 3-16）。几丁质和纤维素分别构成了高等和低等霉菌细胞壁的网状结构，它包埋在基质中，细胞壁还有蛋白质、脂类等物质。粗糙脉孢霉细胞壁由内到外分别为几丁质层（18nm）、蛋白质层（9nm）、葡聚糖蛋白网层（49nm）和葡聚糖层（87nm）。霉菌等真菌的细胞壁可被蜗牛消化液中的酶溶解，得到原生质体。

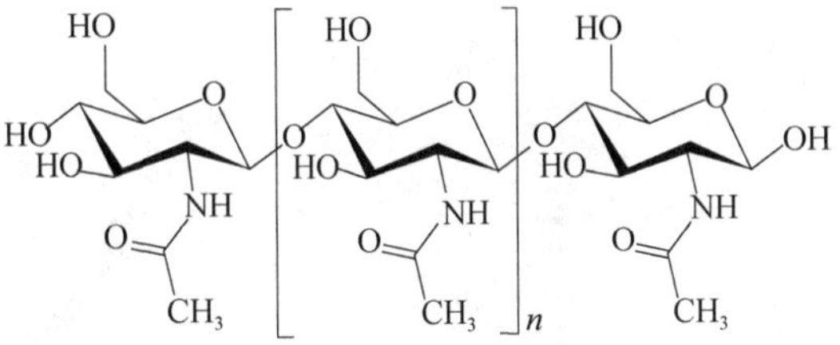

图 3-16　几丁质的分子结构

细胞膜厚 7～10nm，其结构和功能与酵母菌细胞相同。

细胞核的直径为 0.7～3.0μm，有核膜、核仁和染色体，核膜上有直径 40～70nm 的核膜孔，核仁的直径约 3nm。在有丝分裂时，核膜、核仁不消失，这是与其他高等生物的不同之处。霉菌细胞中有与高等生物相似的核糖体和线粒体。其他结构与酵母菌的细胞基本相同。

二、霉菌的繁殖方式

霉菌的繁殖能力很强，且方式多样，除菌丝片段可长成新菌丝体外，还可通过无性或有性方式产生多种孢子。霉菌孢子有小、轻、干、多、休眠期长、抗逆性强等特点，其形态有球形、卵形、椭圆形、礼帽形、土星形、肾形、线形、针形及镰刀形等。据孢子的形成方式、作用及特点，可分多种类型。每一个体产生成千上万个孢子，甚至几百亿、几千亿个。孢子的这些特点有助于霉菌在自然界广泛传播和繁殖。在生产实践中霉菌孢子的上述特点有利于接种、扩大培养、菌种选育、保藏和鉴定，也易造成污染、霉变和动植物真菌病害传播。霉菌的繁殖方式可归纳如下。

- 霉菌繁殖
  - 无性孢子
    - 内生孢子 —— 孢囊孢子
    - 外生孢子
      - 分生孢子
      - 节孢子
    - 菌丝细胞形成 —— 厚垣孢子
  - 有性孢子
    - 卵孢子
    - 接合孢子
    - 子囊孢子
  - 菌丝片段伸长、产生分支—— 断裂繁殖

（一）无性孢子繁殖

无性繁殖是不经过两性细胞结合，只是营养细胞分裂或菌丝断裂形成同种新个体的过程。霉菌主要以无性孢子繁殖，菌丝无隔膜霉菌常形成孢囊孢子，有隔膜霉菌多数产生分生孢子。

1．孢囊孢子　它形成于囊状结构的孢子囊中，故称孢囊孢子。霉菌发育到一定阶段，气生菌丝加长，顶端细胞膨大成圆形、椭圆形或梨形的囊状结构。囊的下方有一层无孔隔膜与菌丝分开形成孢子囊，并逐渐长大。囊中的核经多次分裂，形成许多密集的核，每一核外包围原生质，囊内的原生质分化成许多小块，每一小块周围形成孢子壁，将原生质包裹，发育成一

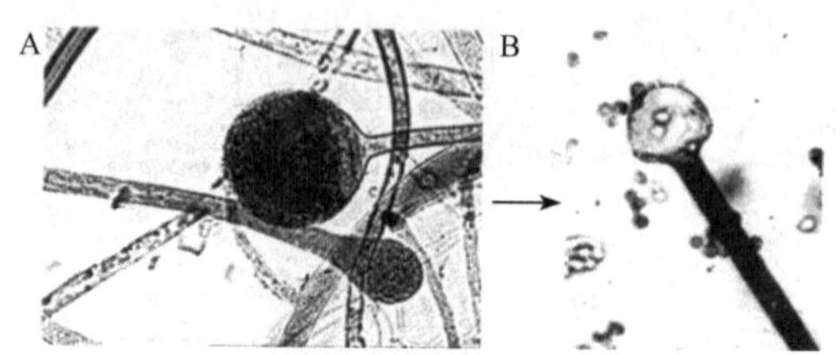

图 3-17　高大毛霉的孢子囊和孢囊孢子

A．孢子囊梗和幼年孢子囊；

B．孢子囊破裂后露出囊轴和孢囊孢子

个孢囊孢子，原来膨大的细胞壁就成为孢子囊壁。孢子囊下方的菌丝叫孢子囊梗。孢子囊与孢子囊梗之间隔膜是凸起的，使孢子囊梗伸入孢子囊内部，称囊轴。孢囊孢子成熟后孢子囊壁破裂，孢子飞出（图 3-17）。有的孢子囊壁不破裂，孢子从孢子囊上的管或孔口溢出。孢囊孢子呈球状或卵形，在适宜的条件下萌发成新个体。

孢囊孢子按其运动性可分为两类：一类是壶菌等水生霉菌产生的具鞭毛、在水中能游动的孢囊孢子，称游动孢子，可随水传播；另一类是陆生霉菌产生的无鞭毛、不能游动的孢囊孢子，称不动孢子，可在空气中传播。毛霉和根霉等都产生不能游动的孢囊孢子。

2．分生孢子　这是霉菌中最常见的一类无性孢子，青霉和曲霉等大多数霉菌以此方式繁殖。分生孢子是由菌丝顶端细胞或菌丝分化来的分生孢子梗的顶端细胞分割缢缩形成的单个或成簇的孢子。这类孢子生于细胞外，故称外生孢子，可借助空气传播。其形状、大小、结构、着生方式多种多样。红曲霉属（*Monascus*）、交镰孢霉属（*Alternaria*）等霉菌的分生孢子着生在菌丝或其分支的顶端，单生、成链或成簇排列，分生孢子梗的分化不明显。曲霉属和青霉属分生孢子梗分化明显，两者分生孢子着生方式不同，曲霉的分生孢子梗顶端膨大形成顶囊，顶囊表面着生一层或两层呈辐射状排列的小梗，小梗末端形成分生孢子链（图 3-18B）；青霉的分生孢子梗顶端多次分支成帚状，分支顶端着生小梗，小梗上形成串生的分生孢子（图 3-18A）。木霉的分生孢子梗多分支（图 3-18C）。镰孢霉的分生孢子有大小之分（图 3-18D）。

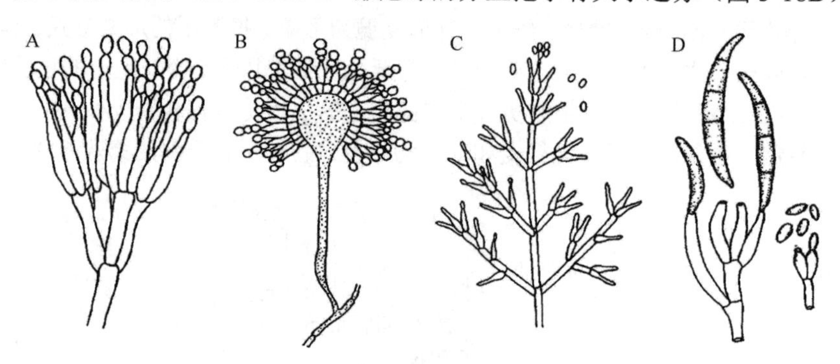

图 3-18　分生孢子及分生孢子梗

A．青霉；B．曲霉；C．木霉；D．镰孢霉

3．节孢子　又叫粉孢子，是由菌丝断裂形成的孢子。其形成过程：菌丝生长到一定阶段出现许多横隔膜，然后从横隔膜处断裂，产生许多短柱状、筒状或两端呈钝圆的节孢子，如白地霉（*Geotrichum candidum*）幼龄菌体多细胞、丝状，老龄菌丝内出现许多横隔膜，然后自横隔膜处断裂形成成串的节孢子（图 3-19）。

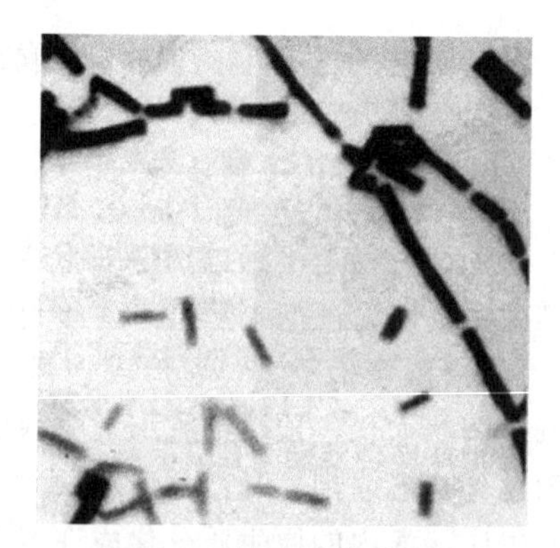

图 3-19　地霉属的节孢子

4．厚垣孢子　它因壁厚又叫厚壁孢子，很多霉菌能形成这类孢子。其形成过程：菌丝中间或顶端的个别细胞膨大，原生质浓缩，细胞变圆，类脂物质密集，在四周生出厚壁或原细胞壁加厚形成圆形、纺锤形或长方形的厚

垣孢子（图 3-20）。它是霉菌抵抗热与干燥等不良环境的休眠体，寿命较长，菌丝体死亡后上面的厚垣孢子还活着，条件适合时能萌发成菌丝体。有的霉菌在营养丰富、环境条件正常时也形成厚垣孢子，可能与其遗传特性有关。毛霉属有些种如总状毛霉（*Mucor racemosus*）常在菌丝中间形成厚垣孢子。

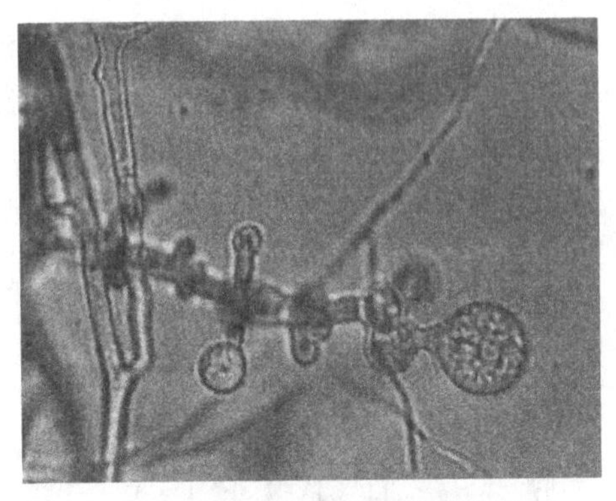

图 3-20　毛霉目的厚垣孢子

（二）有性孢子繁殖

经过两性细胞结合产生新个体的过程称有性繁殖。霉菌有性孢子的形成过程一般分三个阶段。①质配。两性细胞接触后细胞质融合在一起，但两个核不立刻结合，每个核的染色体数目都是单倍的，这个细胞称双核细胞。②核配。质配后，低等真菌双核细胞中的两个核立即融合产生二倍体接合子核，其染色体数目是双倍的；高等真菌双核细胞中的两个核并不立即融合，常有双核阶段，双核在细胞中甚至又可同时分裂，这是真菌特有的现象。③减数分裂。核配后双倍体核通过减数分裂细胞核中的染色体数目又恢复为单倍。霉菌形成有性孢子有不同方式：一种是少数霉菌经过核配后含有双倍体核的细胞直接发育形成有性孢子，这种孢子的核处于双倍体阶段，在萌发时才进行减数分裂，卵孢子和接合孢子属于此种情况；另一种是多数霉菌在核配以后双倍体的核立即进行减数分裂，再形成有性孢子，这种有性孢子的核是单倍体，子囊孢子就是这种情况；还有一种方式是极少数霉菌两性细胞结合形成合子后直接侵入宿主组织，形成休眠体孢子囊，囊内的双核在萌发时才进行核配和减数分裂。

霉菌的有性繁殖不如无性繁殖普遍。大多发生在特定条件下，在一般培养基上不常见，在自然条件下较多。霉菌常见的有性孢子有卵孢子、接合孢子和子囊孢子。

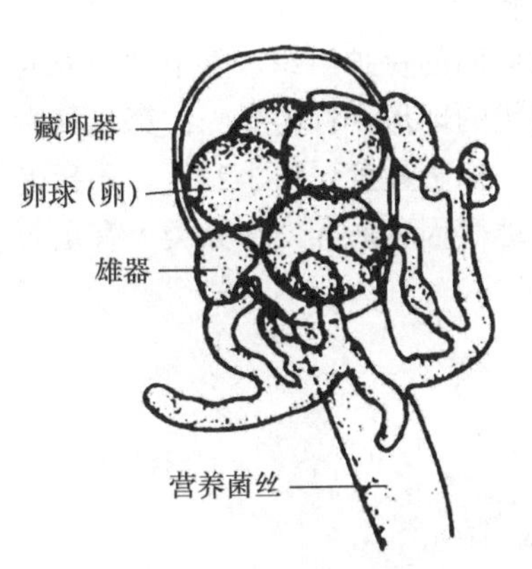

图 3-21　滨海水霉的卵孢子

1. 卵孢子　由两个大小不同的配子囊结合后发育而成。其形成过程：先在菌丝顶端产生雄器和藏卵器，分别为小型配子囊和大型配子囊。藏卵器中的原生质在与雄器配合前收缩成一个或数个原生质团成单核卵球。有的藏卵器原生质分化为两层，中间的原生质浓密，称卵质，其外层叫周质，卵质形成的团是卵球。雄器与藏卵器配合时雄器中的细胞质和细胞核通过受精管进入藏卵器与卵球配合，此后卵球生出厚的外壁即卵孢子（图 3-21）。水霉常形成卵孢子。卵孢子的成熟过程较长，约需数周或数月。刚形成的卵孢子没有萌发能力，要经一段时期的休眠。卵孢子是二倍体。许多形成卵孢子的菌种在其整个营养期均是二倍体，在发育成雄器和卵球时才进行减数分裂。

2. 接合孢子　由菌丝生出的结构基本相似、形态相同或略有不同的两个配子囊接合而成。其形成过程：首先两条相近的菌丝各自向对方伸出极短的侧枝称接合子梗。两个接合子梗成对地相互吸引，在其顶部融合形成融合膜。两个接合子梗顶端膨大成为原配子囊。然后每个原配子囊中形成一个横隔膜使其分隔成两个细胞（一个顶生的配子囊和一个配子囊柄细胞）。随后融合膜消失，两个配子囊发生质配与核配形成原接合孢子囊。原接合孢子囊膨大发育成具有厚而多层的壁、颜色很深、体积较大的接合孢子囊，在其内部产生一个接合孢子。接合孢子须经一段休眠期后才能在适宜条件下萌发长成新的菌丝体（图 3-22）。接合孢子的核是双倍体的，其减数分裂有的在萌发前进行，有的在萌发时才发生，还有的在萌发后有单

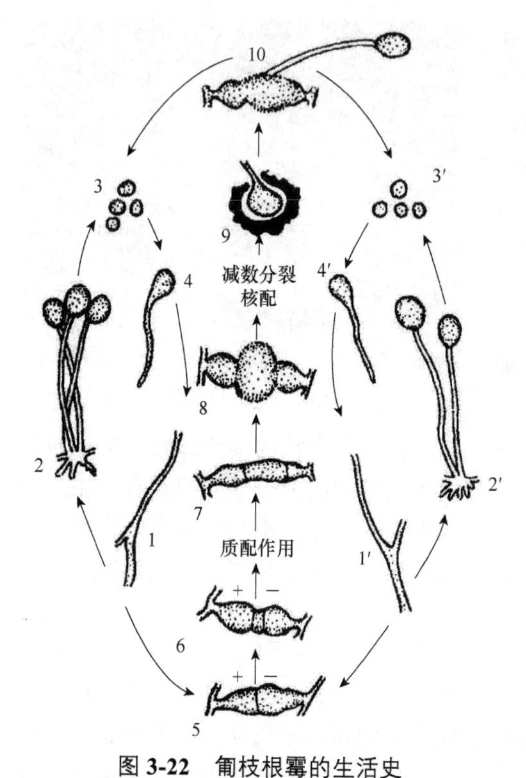

图 3-22 匍枝根霉的生活史

1．菌丝；2．假根、孢子囊梗和孢子囊；3．孢囊孢子；4．孢囊孢子萌发；5．原配子囊；6．配子囊；7．原接合孢子囊；8．成熟接合孢子囊；9．接合孢子萌发；10．芽孢子囊；1′～4′．表示来自不同的个体

倍体和二倍体两种核存在。

据产生接合孢子菌丝来源和亲和力的不同一般分同宗配合和异宗配合。凡是由同一个体的两个配子囊形成的接合孢子叫同宗配合，如有性根霉（*Rhizopus sexualis*）同一菌丝不同分支接触形成接合孢子。凡是由不同个体的两个配子囊形成的接合孢子叫异宗配合，如匍枝根霉（*R. stolonifer*）等均以此方式形成接合孢子。这两种不同质的菌丝形态上无法区别，生理上有差异，常用“+”和“−”符号表示。

3．子囊孢子 在子囊中形成的有性孢子叫子囊孢子。子囊孢子是子囊菌的主要特征。子囊是一种囊状结构，有球形、棒形、圆筒形、长形等。各子囊菌形成子囊的方式不同。最简单的是两个单倍体营养细胞互相结合后直接形成，如酿酒酵母。霉菌形成子囊孢子过程较复杂，首先是同一菌丝体的两个分支或相邻的两个菌丝形成两个异形配子囊：产囊器和雄器，两者配合，经一系列质配与核配后形成子囊。子囊中的二倍体细胞核经减数分裂形成 8 个子核，每个子核周围环绕一团浓厚的原生质并产生孢壁形成一个子囊孢子。每个子囊内通常有 8 个子囊孢子，虽有数量变化，但总为 2^n 个。

子囊和子囊孢子发育过程中，多个子囊外部由菌丝体形成共同的保护组织，整个结构成为一个子实体，称子囊果。子囊果主要有三种类型：第一种为封闭的球形，称闭囊壳；第二种为有孔的球形，称子囊壳；第三种呈盘状，子囊平行排列在盘上，称子囊盘（图 3-23）。子囊孢子、子囊（图 3-24）及子囊果的形状、大小、颜色、纹饰、质地等因种而异，在分类上有重要意义，为子囊菌的分类依据。

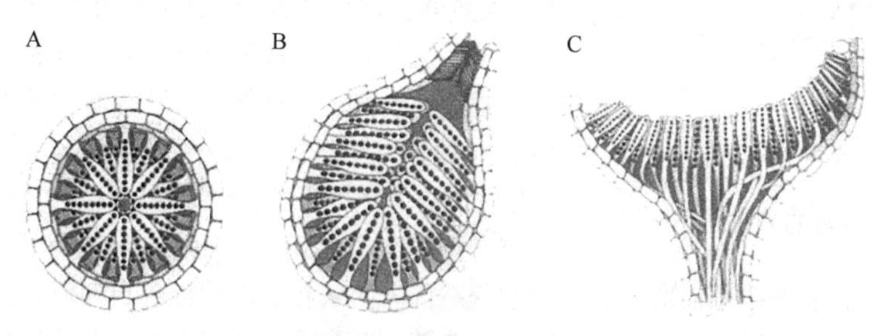

图 3-23 子囊果的类型

A．闭囊壳；B．子囊壳；C．子囊盘

子囊果成熟后子囊顶端开口或开盖射出子囊孢子，有的是子囊壁溶解释放出子囊孢子。在适宜的条件下子囊孢子萌发成新的菌丝体。孢子萌发主要包括孢子膨胀、形成萌发管和菌丝生长三个时期。孢子膨胀是在适宜条件下孢子吸水并利用内外源营养物质代谢，合成的胞壁物质均匀、

多点插入孢子壁，使球形孢子均衡扩大生长。在孢子壁一固定位点形成萌发管并发育成有极性的菌丝。

霉菌的生活史是从一种孢子开始，经过一定的生长发育，最后又产生同一种孢子的过程。它包括有性繁殖和无性繁殖两个阶段。典型的生活史：霉菌菌丝体在适宜条件下产生无性孢子，无性孢子萌发形成新的菌丝体，重复多次，这是霉菌生活史中的无性阶段。霉菌生长发育后期，在一定条件下进入有性繁殖阶段，菌丝体上形成配子囊，通过质配、核配形成二倍体细胞核后经减数分裂产生单倍体孢子，孢子萌发成新的菌丝体（图 3-22）。

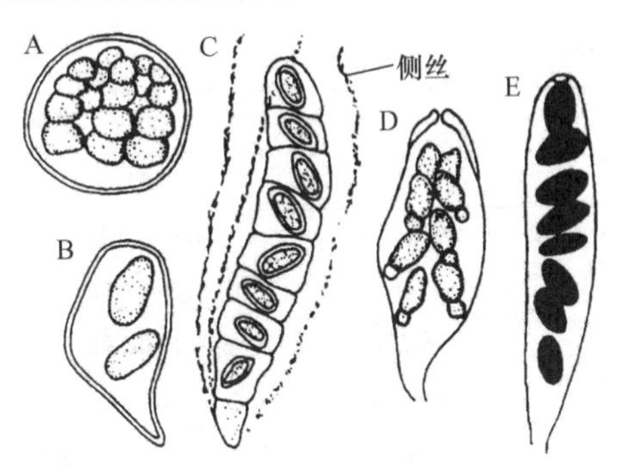

图 3-24 各种类型的子囊

A. 球形；B. 宽卵形，有柄；C. 有分隔的；D. 棒形；E. 圆筒形

三、霉菌的培养特征

霉菌菌丝较粗且长，菌丝体疏松，因此形成的菌落呈绒毛状、棉絮状或蜘蛛网状，圆形，呈辐射状向四周扩展，干燥，不透明，与培养基结合紧密，不易挑起，有的表面有水滴状分泌物，有霉味，一般比细菌和放线菌菌落大几倍至几十倍。多数霉菌菌丝的蔓延有一定的局限，所形成的菌落也有局限，在一个培养皿内可清楚地看到有几个或十几个菌落。根霉、毛霉、脉孢菌等少数霉菌生长很快，菌丝生长没有局限，可在固体培养基表面蔓延至整个培养皿，看不到单独菌落。在发酵中污染了这类霉菌，若不及早处理会造成重大经济损失。在固体培养基上菌落最初常呈浅色或白色，当菌落产生各种颜色的孢子后，菌落表面往往呈现出不同的结构和颜色，如绿、青、黄、棕、橙、黑等，这是孢子有不同形状、构造与色素所致。大多数霉菌菌丝是透明的，有的能产生色素，有的霉菌的营养菌丝分泌脂溶性色素留在菌丝中，有的分泌的水溶性色素可扩散到培养基中，使得菌落背面与正面呈现不同颜色。一些生长较快的霉菌菌落，处于菌落中心的菌丝菌龄较大，位于边缘的菌丝则较幼小。菌落中心与边缘颜色不同，一般菌龄越大颜色越深。同一种霉菌在不同成分的培养基上和不同条件下培养生长，形成的菌落特征有所变化，但各种霉菌在一定的培养基上和一定的条件下形成的菌落大小、形状、颜色、纹饰等相对稳定。故菌落特征是鉴定霉菌的重要依据之一，通常根据菌落特征就可辨认到属。

在液体培养基中振荡培养时菌丝体紧密缠绕生长，往往呈球状，均匀地悬浮于培养液中。静置培养时菌丝体常生长在培养液表面，培养液不混浊，可用来检查培养物是否被细菌所污染。

细菌、放线菌、酵母菌和霉菌的细胞及菌落特征比较见表 3-1。

表 3-1 四大类微生物的细胞及菌落特征比较

特征		单细胞微生物		菌丝状微生物	
		细菌	酵母菌	放线菌	霉菌
细胞	相互关系	单个分散或有一定排列方式	单个分散或呈假菌丝	菌丝交织	菌丝交织
	形态特征（高倍镜观察）	小，内部结构不可见，个别有芽孢	大 可见内部模糊结构	细 内部结构不可见	粗 可见内部模糊结构

续表

特征		单细胞微生物		菌丝状微生物	
		细菌	酵母菌	放线菌	霉菌
菌落	表面状态	湿润、黏稠	湿润、黏稠	干燥、粉末状	干燥、絮状
	外观形态	小而凸起或大而平坦	大而凸起	小而致密	大而疏松
	透明度	透明或稍透明	稍透明	不透明	不透明
	与培养基结合	不结合	不结合	结合紧密	结合较紧密
	颜色	多样，正反面及边缘与中央均相同	单调，正反面及边缘与中心均相同	十分多样，正反面不同，边缘与中央相同	十分多样，正反面及边缘与中央不同
	边缘状态（低倍镜观察）	一般看不到细胞	可见球状或卵圆形细胞	有时可见细丝状细胞	可见粗丝状细胞
	生长速度	一般很快	较快	慢	较快
	气味	一般有臭味	大多带酒香味	常有泥腥味	常有霉味

四、重要代表菌

1．毛霉属（*Mucor*） 毛霉菌丝体发达，棉絮状，由许多分支的菌丝构成。菌丝无隔膜，有多个细胞核，为单细胞真菌，大多腐生。以孢囊孢子进行无性繁殖，孢囊梗直接由菌丝体长出，无假根及匍匐丝，一般单生。孢子囊球形，囊壁上常有针状草酸钙结晶，囊内有囊轴，基部无囊托，孢子为球形或椭圆形，无色，无条纹，表面有光泽（图 3-17）。有些种能产生厚垣孢子。有性繁殖产生接合孢子，无附属丝，多数为异宗配合。

毛霉产生的蛋白酶有较强的分解大豆蛋白质的能力，常用于制作豆腐乳和豆豉，可使腐乳产生芳香的物质及蛋白质分解物。毛霉产生的淀粉酶活性很强，可将淀粉转化为糖，是酿酒工业上常用的糖化菌。有些毛霉能产生柠檬酸、草酸、乳酸、琥珀酸、甘油等，并能转化甾族化合物。毛霉广泛分布于土壤和堆肥中，常引起水果、蔬菜、谷物及淀粉性食物霉变。

（1）高大毛霉（*M. mucedo*） 分布很广，多出现在牲畜的粪便上。在固体培养基上菌落初期为白色，老熟后为淡黄色，有光泽，菌丛高达 3～12cm。孢囊梗直立不分支。孢囊壁有草酸钙结晶。该菌能产生 3-羟基丁酮、脂肪酶，还能产生大量的琥珀酸，可转化甾族化合物。

（2）鲁氏毛霉（*M. rouxianus*） 该菌最初从我国小曲中分离得到，最早被用于淀粉糖化法制造乙醇。马铃薯培养基上菌落呈黄色，米饭上略带红色。孢囊梗呈假轴状分支。能产蛋白酶分解大豆蛋白，我国多用其制作豆腐乳。该菌还能产生乳酸、琥珀酸及甘油等，但产量较低。

（3）总状毛霉（*M. racemosus*） 是毛霉中分布最广的一种，几乎在各地土壤中、生霉的材料上、空气中和各种粪便上都能找到。菌落质地疏松，灰白色，菌丝直立，高度＜1cm，孢囊梗总状分支。孢子囊球形，黄褐色；接合孢子球形，有粗糙的突体；其显著特征是形成大量的厚垣孢子，菌丝体、孢囊梗甚至囊轴上都有，厚垣孢子形状、大小不一，光滑，无色或黄色。我国四川的豆豉即用此菌制成。总状毛霉能产生 3-羟基丁酮，并对甾族化合物有转化作用。

2．根霉属（*Rhizopus*） 根霉与毛霉同属毛霉目。菌丝分支，白色，无隔膜，单细胞，气生性强。固体培养基上生长呈棉絮状，匍匐于培养基表面的气生菌丝为匍匐丝，有节，接触培养基处向下分支成假根。从假根处向上丛生直立、不分支的孢囊梗，顶端膨大成球形孢子囊，囊轴明显，囊轴与梗相连处有囊托，孢子囊成熟后孢囊壁消解，释放大量孢囊孢子（图 3-25）。

孢子球形或卵形，常有棱角和条纹，灰色、蓝灰色或浅褐色。在一定条件下也能产生接合孢子行有性繁殖，无附属丝，多数为异宗配合。

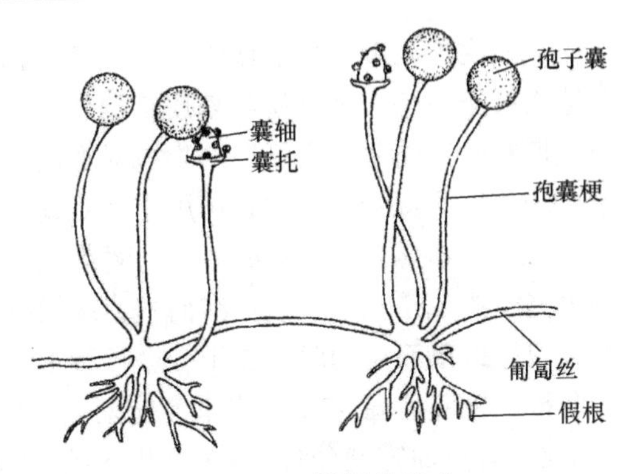

图 3-25　根霉的形态

根霉在自然界分布极广，空气、土壤及各种物体表面都有其孢子，可引起有机物霉变，使食品发霉变质，甘薯、水果、蔬菜霉烂。根霉用途广泛，其淀粉酶活性很强，是酿酒工业常用的糖化菌；可生产发酵食品、葡萄糖、酶制剂、有机酸及发酵饲料；能转化甾族化合物，是重要的转化甾族化合物的微生物。

（1）黑根霉（*R. nigricans*）　分布广泛，瓜果、蔬菜等在运输和贮藏中腐烂及甘薯的软腐都与黑根霉有关。菌落初期白色，老熟后灰褐色或黑色；匍匐丝爬行，无色；假根发达，棕褐色。孢囊梗着生于假根处，直立，通常 2～3 根簇生。囊托大而明显，楔形。菌丝上一般不形成厚垣孢子。接合孢子球形，直径 150～220μm，有粗糙的突起。生长适温为 30℃，37℃不能生长，能产生延胡索酸及果胶酶，常引起果实腐烂和甘薯的软腐。能转化孕酮为羟基孕酮，是转化甾族化合物的重要真菌。

（2）米根霉（*R. oryzae*）　是我国酒药和酒曲中重要的霉菌之一。常见于土壤、空气及其他基质上。菌落疏松或稠密，最初白色后变为灰褐至黑褐色，匍匐丝爬行，无色。假根发达，指状或根状分支。孢子囊球状，囊托楔形，孢囊孢子椭圆形，菌丝形成厚垣孢子，未见其接合孢子。发育温度 30～35℃，最适温度 37℃，41℃也能生长。能糖化淀粉、转化蔗糖，产生乳酸、延胡索酸及少量乙醇。产 L（＋）乳酸能力强，达 70%左右。转化甾族化合物的能力强。

3. 曲霉属（*Aspergillus*）　菌丝发达，有隔膜，多核，多分支，初期无色，成熟后呈浅黄色至褐色。活力旺盛时菌丝由分化为厚壁的足细胞长出分生孢子梗，大多无隔膜、不分支，顶端膨大成顶囊，球形。顶囊周围长满辐射状小梗，有的在初生小梗上又产生次生小梗，小梗顶端球形分生孢子成串生长（图 3-26）。顶囊、小梗及分生孢子链合称分生孢子头。菌落绒状，孢子呈绿、黄、橙、褐、黑等颜色使菌落现不同色彩。曲霉属中仅有极少数进行有性繁殖，有性阶段产生闭囊壳，内生球状子囊，子囊内有 8 枚子囊孢子。曲霉一般根据无性世代鉴定菌种，如分生孢子梗长度、顶囊形状、小梗着生方式，分生孢子形状、大小、表面结构和颜色等。

图 3-26　曲霉子实体扫描电镜图

曲霉多数为腐生菌，广泛分布在土壤、谷物和有机物上，空气中有曲霉孢子。它可引起食品、衣服、皮革等发霉、腐烂。花生和大米上的黄曲霉能产生黄曲霉毒素 B 和黄曲霉毒素 G，不仅使动物（包括人类）中毒，而且有很强的致癌性。少数种为致病菌。曲霉是发酵工业、食品工业和医药工业上的重要菌种，在土壤中对有机物分解起重要作用。我国古代已用曲霉制曲酿酒及制酱、醋等。现代还用曲霉生产多种酶制剂和有机酸等。

（1）黑曲霉（*A. niger*）　自然界分布极广，各种基质上普遍存在。能引起水分较高的粮食霉变。菌丛黑褐色，顶囊大球形，小梗双层，自顶囊全面着生，分生孢子球形，平滑或粗糙，有的菌系形成菌核。它有多种活性强的酶系可用于工业生产。例如，淀粉酶用于淀粉的液化、糖化，以生产乙醇、白酒或制造葡萄糖和消化剂。果胶酶用于水解多聚半乳糖醛酸、果汁澄清和植物纤维精炼。柚苷酶和陈皮苷酶用于柑橘类罐头去苦味或防止白浊。葡萄糖氧化酶用于食品脱糖和除氧防锈。它还能产生抗坏血酸、柠檬酸、葡糖酸和没食子酸等多种有机酸。某些菌系可转化甾族化合物。它也可用来测定锰、铜、钼、锌等微量元素和作霉腐试验菌。

（2）黄曲霉（*A. flavus*） 菌落生长较快，最初黄色，后变为黄绿色，老熟后呈褐色。分生孢子头疏松呈放射状，继而变为疏松柱形。分生孢子梗粗糙，顶囊瓶形或近球形，小梗单层、双层或单双层同时存在于一个顶囊上。分生孢子球形或梨形，粗糙，有些菌系产生带黑色的菌核。培养适温37℃，产生液化型淀粉酶（α-淀粉酶）的能力较黑曲霉强，蛋白质分解力次于米曲霉。黄曲霉能分解DNA产生5′-脱氧胸腺嘧啶核苷酸、5′-脱氧胞苷酸和5′-脱氧鸟苷酸等。黄曲霉中的某些菌系能产生黄曲霉毒素，特别是在花生或花生饼粕上易产生黄曲霉毒素B1，能引起家禽、家畜严重中毒甚至死亡。黄曲霉毒素能致癌，已引起人们的极大关注。

（3）米曲霉（*A. oryzae*） 菌落生长较快，质地疏松，初为白色、黄色，后变为黄褐色至淡绿褐色，反面无色。分生孢子头放射形，顶囊球形或瓶形，小梗一般为单层，分生孢子球形，平滑，少数有刺，分生孢子梗长达2mm，粗糙。培养适温37℃。含有多种酶类，糖化型淀粉酶和蛋白酶活性都较强。不产生黄曲霉毒素。主要用作酿酒的糖化曲和制酱油的酱油曲。

图3-27 青霉的扫描电镜图

4. 青霉属（*Penicillium*） 青霉菌丝与曲霉相似，有隔膜，多核，多分支，无足细胞和顶囊。菌丝发育成直立的分生孢子梗，孢子梗的上部产生几轮小梗，小梗顶端产生成串的蓝绿色分生孢子。孢子穗形如扫帚，称帚状枝，这是青霉属形态上的典型特征。帚状枝依其部位不同分别称为副枝、梗基、小梗（图3-27），少数种产生闭囊壳或菌核。菌落絮状。青霉种类很多，广泛分布于空气、土壤和各种物品上，常生长在腐烂的柑橘皮上，呈蓝绿色。主要用于生产抗生素、酶制剂（脂肪酶、磷酸二酯酶、纤维素酶）、有机酸（抗坏血酸、葡糖酸、柠檬酸）等。产黄青霉（*P. chrysogenum*）和点青霉（*P. notatum*）都是生产青霉素的重要菌种。

（1）产黄青霉 普遍存在于空气、土壤及腐败的有机材料上。属于不对称青霉群，菌落生长快，致密，绒状，有些略呈絮状，有明显的放射状沟纹，边缘白色，孢子多，蓝绿色，老后有的呈灰色或淡紫褐色，大多数菌系渗出液很多，聚成醒目的淡黄色至柠檬黄色液滴。反面亮黄至暗黄色，色素扩散于培养基中。分生孢子梗光滑，帚状枝不对称。分生孢子链呈分散的柱状。分生孢子椭圆形，壁光滑。该菌能产生多种酶类及有机酸，在工业生产上主要用于生产青霉素，并用以生产葡萄糖氧化酶或葡糖酸、柠檬酸、草酸和抗坏血酸。发酵青霉素的菌丝废料含有丰富的蛋白质、矿物质和B类维生素，可作家畜家禽的饲料。它还可作霉腐试验菌。

（2）橘青霉（*P. citrinum*） 属不对称生青霉群，菌落生长无限，有放射状沟纹，大多数菌系为绒状，有些呈絮状、艾绿色，反面黄色至橙色，培养基颜色有时带粉红色，渗出液淡黄。分生孢子梗不分支，壁光滑，帚状枝由3～4个轮生面略散开的梗基构成，分生孢子球形或近球形，光滑或近于光滑，分生孢子链为分散的柱状。其许多菌系可产生橘青霉素，也能产生脂肪酶、葡萄糖氧化酶和凝乳酶，有的菌系产生5′-磷酸二酯酶，可用来生产5′-核苷酸。它分布普遍，除土壤外一般在霉腐材料和贮存粮食上经常发现。在大米上生长引起黄色霉变，有毒性。

5．脉孢菌属（*Neurospora*） 原称链霉菌，其子囊孢子表面有似叶脉的纵向花纹，故称脉孢菌。菌丝无色透明，有隔膜，多核，具分支，蔓延迅速。分生孢子梗直立，双叉分支，分支成串生长分生孢子，孢子卵圆形，红色、粉红色。常在面包等淀粉性食物上生长俗称红色面包霉。有性繁殖以异宗配合产生子囊和子囊孢子，子囊黑色、棒状，内生 8 枚长圆形子囊孢子，孢子在其中顺序排列。一般行无性繁殖，很少有性繁殖（图 3-28）。脉孢菌是研究遗传学和生化途径的好材料。菌体含有丰富的蛋白质和维生素可作饲料。有的可造成食物腐烂。常见种类有粗糙脉孢菌（*N. crassa*）、好食脉孢菌（*N. sitophila*）等。

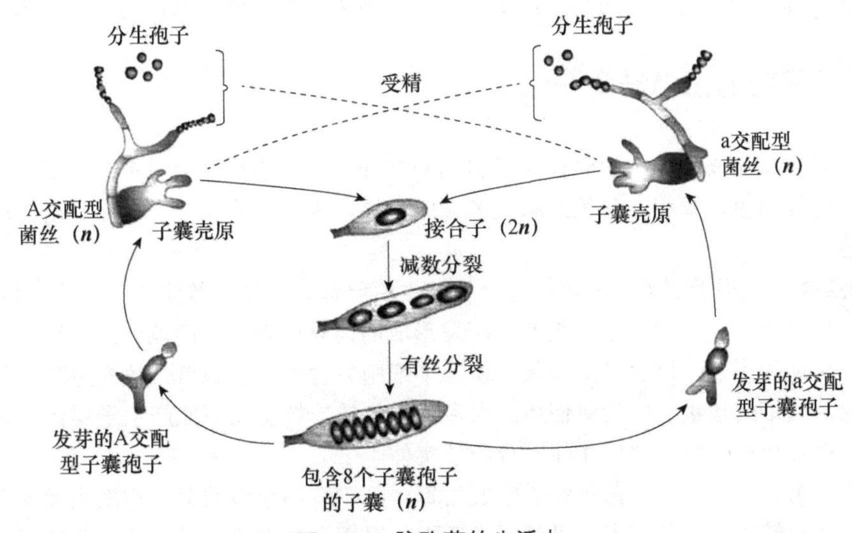

图 3-28 脉孢菌的生活史

6．镰孢霉属（*Fusarium*） 镰孢霉菌丝体发达，菌丝有隔膜，具分支，细胞多核。分生孢子形成于气生菌丝或分生孢子梗上。分生孢子有大、小两类，大型分生孢子长柱形或镰刀形，多细胞，有数个平行隔膜；小型分生孢子大多数单细胞，卵圆形、梨形等（图 3-18D）。有些种能形成菌核或厚垣孢子。镰孢霉属种类多，分布广，多为腐生，许多种是植物病原菌，如尖孢镰孢霉（*F. oxysporum*）是棉花枯萎病的病原菌。有些种类产生极毒的真菌毒素，如拟分枝孢镰孢霉（*F. sporotrichioides*）产生单端孢烯族毒素 T2，引起人和畜禽中毒。

7．赤霉菌属（*Gibberella*） 赤霉菌多寄生于植物体内，菌丝在宿主体内蔓延生长，在宿主表面产生大量白色或粉红色分生孢子。分生孢子产生于菌丝尖端形成的多级双叉分支的孢子梗上。分生孢子分大、小两种，大的为镰刀形，中间有 3～5 个横隔膜；小的卵圆形。大、小分生孢子都可萌发形成新的菌丝体。有性繁殖时形成子囊孢子，子囊中有 8 个子囊孢子，子囊着生于子囊壳内。赤霉菌在固体培养基上可形成白色、较紧密的绒毛状菌落。赤霉菌多为植物致病菌，如藤仓赤霉（*G. fujikuroi*）是水稻恶苗病病原菌，可使稻苗疯长。其代谢物赤霉素（“920”）是植物生长刺激剂，能促进各种农作物和蔬菜等的生长。

8．白僵菌属（*Beauveria*） 菌丝无色透明，具隔膜，有分支，直径 1.5～2.0 μm。产分生孢子繁殖，它着生在多次分叉的分生孢子梗顶端，聚集成团。孢子球状，直径 2.0～2.5μm。液体培养形成圆柱形节孢子。孢子在昆虫体表萌发后，菌丝可穿过体壁进入虫体内大量繁殖，使其死亡，死虫僵直，呈白绒毛状，故称白僵菌。已广泛用于杀灭棉花红蜘蛛、松毛虫、玉米螟、蚜虫、蝗虫、白蜡虫、蝉等农林害虫，特异性强，药效持久，是杀虫效果最好的真菌杀虫剂。对家蚕也有毒杀作用，形成的僵蚕是著名中药材。还产生对动、植物有害的毒素。

第三节 担 子 菌

担子菌又称蕈菌、伞菌，已发现1100属30 000余种，菌丝发达，分支繁茂，具横隔，较高等。大多数能与高等植物形成菌根。它发育中产生初生菌丝体和次生菌丝体，次生菌丝体双核时期长，是其特点之一。其最大特点是形成担子、担孢子。很多种可供食用，如蘑菇、香菇、黑木耳等，营养丰富，滋补力强；药用的如灵芝、茯苓等是名贵中药；许多担子菌多糖能提高人体抑制肿瘤细胞的能力；有的产生抗生素。少数种类有毒或可引起作物病害、木材腐烂。

一、担子菌的形态结构

担子菌是多细胞真菌，由菌丝体和子实体两部分组成。菌丝体由许多有分隔和分支的丝状菌丝组成，菌丝白色，管状。菌丝细胞大多含两个核，称双核菌丝。子实体是由菌丝扭结转化组成的繁殖体。

1. 菌丝体 担子菌类的菌丝体可分为初生菌丝体、次生菌丝体和三生菌丝体。

（1）*初生菌丝体* 由单核的担孢子萌发形成的菌丝称为初生菌丝，比较纤细，单核，存在时间短，初期为多核，以后产生隔膜，使每个细胞只含一个细胞核，故初生菌丝又称单核菌丝。初生菌丝的细胞核染色体为单倍体，大多数种类的单核菌丝不能产生子实体，只有经过两条初生菌丝接合形成双核菌丝后才能发育成子实体。

（2）*次生菌丝体* 初生菌丝经质配变为每个细胞有两个核的菌丝称次生菌丝，又称双核菌丝。次生菌丝较粗壮，分支多，可长期生活不断繁衍，条件适宜且生理成熟时扭结形成子实体。它是食用菌菌丝存在的主要形式，寿命很长，可多年产生子实体。形成双核菌丝是担子菌的又一特征。食用菌生产中使用的菌种都是双核菌丝，只有双核菌丝才能产生子实体。其双核分别来自父母亲本。大多数食用菌如香菇、木耳、平菇等都是异宗配合。异宗配合可获得有新性状的杂种，可提高产品质量。有些食用菌菌丝体在一定生长阶段或遇到不良环境，部分疏松菌丝体可扭结形成菌核、菌索、子座等。

菌丝较细的食用菌顶端双核细胞分裂通过一种称为锁状联合的特殊方式进行（图3-29）。

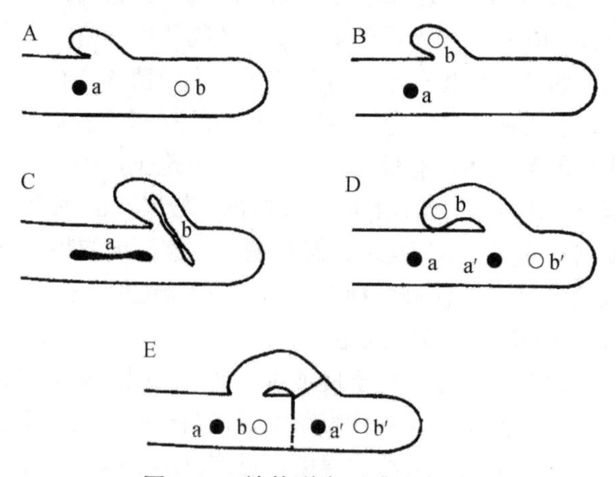

图3-29 锁状联合形成示意图

A．短枝形成；B．b核进入短枝；C．核分裂；D．子核转移；E．新隔膜生成，两个子细胞形成。小写字母表示不同的细胞核

双核细胞分裂时两核之间菌丝壁向外生出一突起，逐步伸长、向下弯曲成钩状短枝；前面的核进入短枝中，后面的核留在细胞里；两核同时分裂产生4个子核；短枝中的两个子核一个留在其中，另一个进入细胞前端；细胞中的两个子核前面的一个前移，后面的一个留在后面；此时短枝向下弯曲与菌丝细胞壁接触，接触处细胞壁溶化成拱桥形，同时短枝基部产生隔膜；最后短枝中的子核进入细胞，同时在钩的垂直方向产生隔膜形成两个双核子细胞。菌丝尖端继续生长又开始新的锁状联合过程。菌丝较粗的食用菌无锁状联合。只有担子菌中才有锁状联合，通过显微镜检查其菌丝体有锁状联合这个特殊构造可确定为担子菌。

（3）三生菌丝体　三生菌丝由次生菌丝特化而来，包括生殖菌丝、骨架菌丝和联络菌丝，其共同构成担子菌的子实体。生殖菌丝分支发达，原生质稠密，锁状联合多，是构成子实体的主要部分。骨架菌丝壁厚、无隔膜和锁状联合，主要起支撑作用。联络菌丝联络骨架菌丝。

拓展资料

2．子实体　有一定排列方式、一定结构和组织分化的双核菌丝体，称子实体（结实性双核菌丝体）。它是产生孢子的构造，由气生菌丝特化而成，有伞状（蘑菇）、头状（猴头菌）、球状（马勃）、花朵状（银耳）、块状、珊瑚状、喇叭状、舌状、耳片状等，质地有胶质、革质、肉质、炭质、软骨质、海绵质、木质等，基本结构类似。担子菌子实体可分三型：裸果型，子实层暴露在外，如非褶菌目（Aphyllophorales）；半被果型，子实层先是封闭后因子实体开裂暴露于外，如伞菌目（Agaricales）；被果型，子实层包在子实体内，孢子只有在担子果分解或破裂才释放，如马勃目（Lycoperdales）。伞状最多，其子实体有菌盖、菌柄、菌环和菌托等部分（图3-30）。

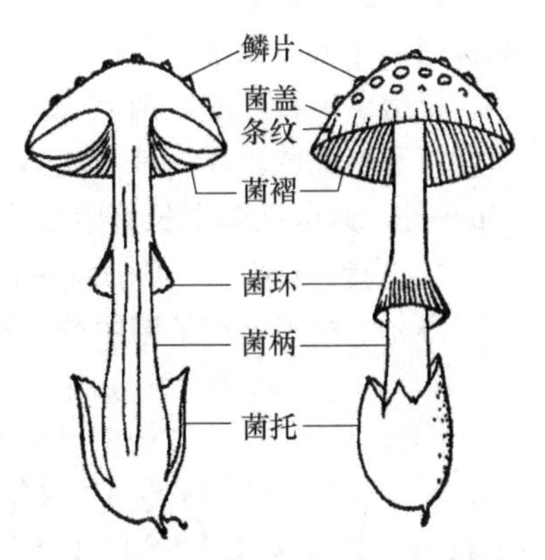

图3-30　伞菌子实体结构示意图

（1）菌盖　菌盖的形状多种多样，常见的有钟状、斗笠状、半球状、漏斗状和贝壳状等。其表面干燥、湿润、光滑，有的还有不同附属物，如纤毛、环纹、各种鳞片等。菌盖的边缘形状成熟后有内卷、反卷、上翘、延伸等。周边有全缘而整齐或呈波状而不整齐。

A．菌肉　菌盖的表层称皮层。皮层菌丝里含有不同色素，有白色、灰黑色、红色、茶褐色。皮层下面便是菌肉，菌肉是最有食用价值的部分。绝大多数食用菌的菌肉为肉质，大部分由菌丝组成。

B．子实层体　子实层体位于菌盖的腹面，是生子实层的部分。有的呈片状称菌褶；有的呈管状称菌管；子实层排列在菌褶两侧或菌管周围表面。

1）菌褶：菌褶常呈刀片状，由菌柄向外到达菌盖边缘，放射状排列。菌褶中部是菌髓细胞，两面是子实层。菌褶显示的颜色一般是孢子的颜色，幼嫩时白色，老熟后变成各种不同的颜色。菌褶边缘通常完整平滑，也有呈波状或锯齿状的。

2）菌管：菌管呈管状，有长有短，管口有粗有细。牛肝菌的子实层呈管状。

3）子实层：子实层由无数栅状排列的担子和囊状体组成。

（2）菌柄　菌柄是菌盖的支持部分，其质地有肉质、蜡质、革质等。有的与菌盖不易分离，有的极易分离。菌柄形状有圆柱状、棒状、纺锤状、杆状等。表面有的有纵行沟纹，有的有网状纹，有的光滑，有的有鳞片、碎片、茸毛、纤毛等附属物。菌柄有的空心，有的实心，有的填塞，但这些性状随生长阶段而变化。菌柄与菌盖的着生位置有三种。

1）中央生：菌柄生于菌盖的中央，如蘑菇、草菇等。

2）偏生：菌柄生于菌盖的稍偏中心处，如香菇等。

3）侧生：菌柄生于菌盖一侧，如侧耳。

（3）菌环　有些食用菌子实体幼年期菌盖边缘与菌柄连接处有一层膜，称内菌膜。子实体成长后内菌膜破裂，常在菌柄上留下一个环状物就是菌环。部分内菌膜残留在菌盖边缘。菌环有的位于菌柄上部，有的在中部或下部。菌环大小、厚薄各异。有的固定，有少数可移动。

（4）菌托　某些食用菌子实体在发育早期外面有一层膜包着，这层膜称总苞或外菌膜。子实体发育中薄外菌膜常消失不留痕迹。厚外菌膜常遗留在菌柄的基部形成一个袋状物就是菌托，如草菇子实体有菌托。其上缘边缘整齐或波状或开裂，有的呈几圈残片绕在菌柄基部。

二、担子菌的繁殖方式

1．无性繁殖　担子菌的无性繁殖由菌丝通过芽殖、菌丝断裂及产生分生孢子、节孢子或粉孢子完成。担孢子和菌丝都可以芽殖产生分生孢子。菌丝常断裂成单细胞的片段形成节孢子。粉孢子由特殊的短菌丝分支即粉孢子梗逐个割裂产生。这些无性孢子在适宜的环境条件下都可萌发形成菌丝体。其菌丝体通过顶端生长和分支繁殖扩展。菌丝生长点位于菌丝顶端 2～10μm 处，此区细胞生长繁殖很快，没有菌丝分支。其菌丝可产生分支，分支顶端也有生长点。

2．有性繁殖　担子菌的有性繁殖是产生担孢子。担孢子是一种外生孢子，因长在担子上而得名。担子是担子菌中产生担孢子的构造，是完成核配和减数分裂的细胞。子实体菌褶或菌管内壁的双核菌丝发育到一定时期顶细胞逐渐增大形成幼担子，其中两核融合，经两次分裂，其中一次为减数分裂，产生 4 个单倍体核；同时顶细胞膨大形成棒状担子，顶端长出 4 个小梗，头部膨大，4 个核分别进入 4 个小梗到达膨大处，发育形成 4 个单倍体的孢子（图 3-31）。有些食用菌（如双孢蘑菇）担子上只生两个小梗，产生两个担孢子。担孢子成熟后从子实体上弹射出来。担孢子形状有圆、卵圆、圆筒形、多角形和星状等。其表面光滑或粗糙，有小疣、小刺、网纹、沟纹等。担子和担孢子的形状、大小、颜色和表面纹饰等可作担子菌分类的依据。

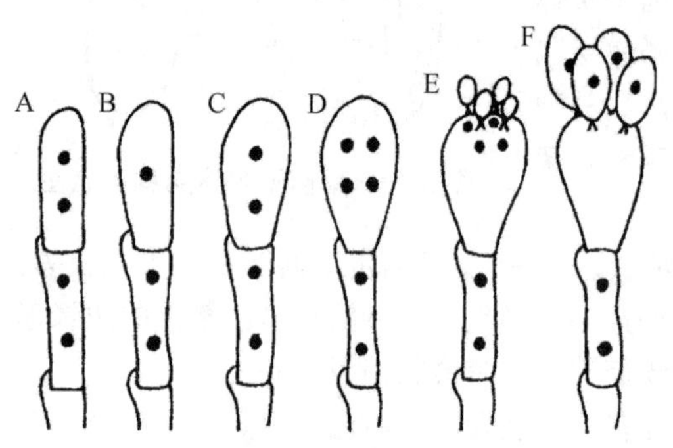

图 3-31　担子的形成过程示意图

A．双核细胞；B．核融合；C、D．核分裂；E、F．担孢子形成及成熟

3．生活史　食用菌生活史是指由有性孢子萌发生成单核菌丝，单核菌丝经质配形成双核菌丝，双核菌丝扭结形成子实体，子实层中某些双核细胞发生核配、减数分裂形成新有性孢子的全部发育阶段。有些食用菌还可进行无性繁殖的小循环。例如，银耳的菌丝可形成芽孢子，香菇的菌丝能形成厚垣孢子。这些无性孢子遇到合适的环境条件可以萌发形成菌丝体。

三、担子菌的应用

担子菌中有很多种是可供人们食用的，如蘑菇、香菇、草菇、平菇、金针菇、黑木耳、银耳、猴头、竹荪和松茸等。目前，全世界可供食用的真菌种类达 2000 多种，我国就有 1500 多种，已利用的食用菌种类约 400 种，其中人工栽培的已有 60 多种。我国担子菌种质资源十分丰富，利用最早，栽培水平最高，品种及产量均居世界首位。全世界食用菌生产中蘑菇的栽培量最大，其次为香菇，前者占食用菌总产量的 70%以上。食用菌之所以受到重视是因为它营养丰富。食用菌的天然蛋白质含量高于牛乳等大多数食物，按干重计通常为19%～35%。所含的氨基酸种类多达19种，氨基酸的含量可与牛乳、肉和鱼粉等相仿，人体8种必需氨基酸在食用菌中含量很丰富，特别是赖氨酸含量很高。食用菌脂肪含量很低，平均为4%，且不饱和脂肪酸含量高于饱和脂肪酸。食用菌含有多种维生素、矿物质、纤维素。

灵芝、茯苓、虫草等大型药用真菌有防治心血管、神经系统疾病及肝炎等作用，已被用作生药或制成中成药。药用真菌有滋补强身、提高人体免疫功能、抗衰老等多种作用。我国药用真菌种质资源非常丰富，而且品质优良。2003年8月，在我国江西省萍乡武功山上发现一株特大的南方灵芝（*Ganoderma australe*），子实体湿重达115kg。真菌作为药材在我国已有近2000年的历史，中国最早的药学专著《神农本草经》对猪苓、茯苓、雷丸等担子菌的形态、色泽、气味和功能有详细记载。此后的历代医药书籍都有对担子菌的记载。1987年版《中国药用真菌图鉴》共收录了我国药用真菌272种，其中246种为担子菌，可见担子菌是真菌中最有药用价值的一类。已在我国得到广泛研究和开发的云芝和槐耳正是担子菌，研究发现云芝中有抗癌作用的多糖主要是β-1,3-葡萄糖和1,6-D-葡萄糖。

担子菌可产生许多芳香物质，主要是芳香族化合物、萜类化合物、γ或δ-内酯及脂肪醇、脂肪酮和脂肪酸脂。担子菌产生的生理活性物质治疗肝炎及肿瘤等效果很好，主要有以下几类。①多糖类，包括香菇多糖、茯苓新糖、云芝胞内多糖等。②多肽和蛋白质，包括卧孔菌素、火菇菌素。③抗生素类，包括聚乙炔类化合物、芳香族化合物、核酸类似物、萜类抗生素等。④维生素类，包括芳香族维生素、脂肪族维生素、环状脂肪族维生素、杂环类维生素等。⑤生物碱类，如蕈毒碱，含有神经毒。⑥植物激素，从很多担子菌中分离到赤霉素样化合物，有促进植物生长和发育的作用。⑦异植物生长素，高浓度下对植物生长有抑制作用。

第四节 黏　菌

黏菌是介于原生动物和真菌之间的一类真核微生物。其营养方式及生活史和原生动物类似，特别是行动及取食的方法与原生动物中的变形虫相同，而形成子实体尤其是产生孢子的特性又与真菌相似。分类上黏菌属于原生生物界，约500种。生活史中有一个阶段能形成原质团。黏菌分细胞黏菌和非细胞黏菌两个类群。细胞黏菌的营养体由单个变形体细胞组成；非细胞黏菌的营养体是大小和形状不固定的多核原质团。黏菌为腐生型，常在阴湿的土壤、朽木、腐烂的植物、堆肥和其他水分多的有机物上生长，以细菌等有机颗粒为食。大多数黏菌在其纤弱的小孢子囊内形成有色素的孢子。孢子囊大多高达几毫米，表面有钙盐晶体。

一、黏菌的形态结构

黏菌生活周期中有三个形态不同的阶段：原质团阶段，形成孢子囊和孢子的子实体阶段，由孢子萌发产生游动孢子或配子的游动孢子阶段。

1．原质团　原质团最初为不定形黏团，逐渐发展为扇形，最后呈网状。它在基物上呈湿润和黏稠状，呈鲜艳的黄、红、粉红或灰绿等色，能在基物上爬行并留下一条明亮的“黏径”。显微镜下原质团可分为外质和内质两部分。外质较黏，被一层膜束缚。内质由分支网状菌脉组成（图3-32）。菌脉中原生质作有规则的流动：先向一个方向流动，慢慢停下来再向返回方向流动，并按一定时间重复该过程。菌脉也会变化，彼此连接而增大或在其内原生质流向别处时收缩或消失。原生质流动的机制由肌动蛋白或肌球蛋白的收缩作用引起，该作用与肌肉的肌动蛋白及肌球蛋白的收缩特性类似。已从多头绒泡菌（*Physarum polycephalum*）原质团中提取出这些物质。原质团中有大量二倍体核，其惊人之处是它们能同步进行有丝分裂。利用这一特点可详细研究有丝分裂。同一菌种的两块原质团接触后能融合为一块，数小时内完成。接触处可看到颗粒状物在原质团间流动。两个不同菌种或同一菌种不同地区分离株的原质团都不能融合，甚至还可能相互致死。可见黏菌原质团的融合是受其遗传特性控制的。活的原质团靠吞噬细菌、酵母菌和其他有机物颗粒生活，也能吸收养分生活。将细菌和酵母菌用活性染料染色后饲喂原质团可在显微镜下追踪它们在原质团中的位置和去向。

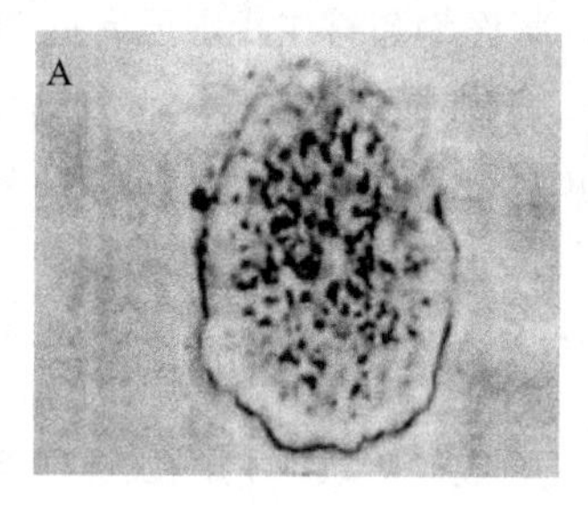

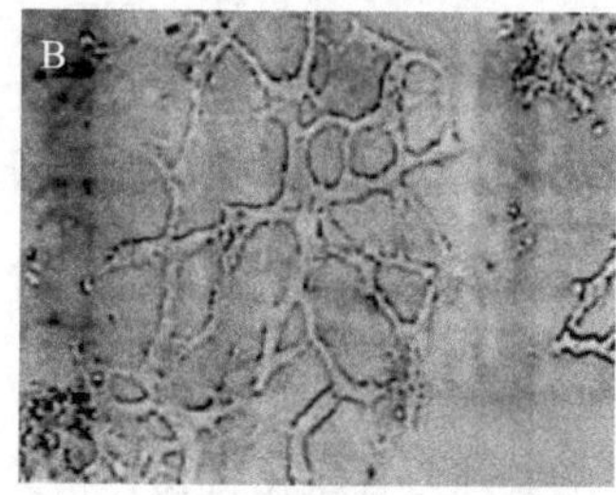

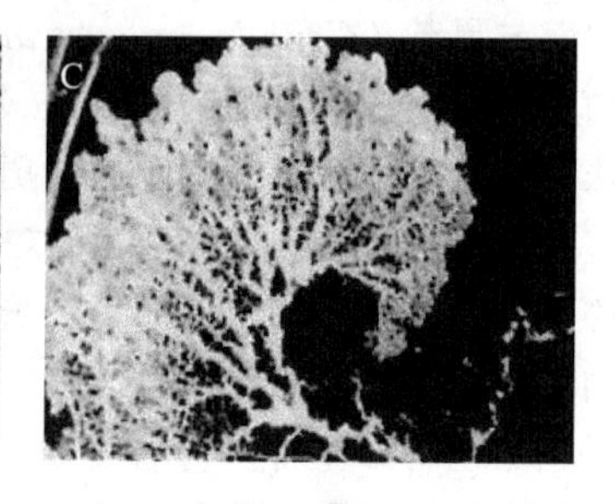

图 3-32　黏菌原质团的类型

A．刺轴菌（*Echinostelium minutum*）；B．松发菌（*Comatricha laxa*）；C．圈绒泡菌（*Physarum gyrosum*）

2．变形体群合体　它是由单倍体变形体（形态与变形虫相似）聚集形成的群体。聚集的单倍体变形体不融合，维持个体独立，但群合体可作为一个黏液状囊体活动，因此称群合体为假原质团。将变形体群合体放入水中，组成群合体的单个变形体散开。营养丰富时变形体通常不聚集，食物缺乏时变形体相互吸引聚合。变形体的聚集受其分泌的集胞素控制。例如，盘基网柄菌的变形体营养细胞饥饿时，由细胞产生有趋化作用的 cAMP 和特异性蛋白两种物质作为中心吸引其他营养细胞聚集形成假原质团。它们能聚集成各种美丽的图案，如同心圆状、螺旋状和分枝状。变形体聚集成的群合体长达 2～4mm，有一个略突起的尖端，可整体移动，有趋光和趋温湿性，移动途径上会留下黏性痕迹。开始形成子实体时便固着在一处出现“拔顶”，形成乳头状突起，逐步分化出柄原胞区、孢原胞区和基盘小区。拔顶时基盘小区留在基部，柄原胞区形成柄，最终形成孢堆果。有性生殖时两个变形体融合成有多层厚壁的大囊胞，在大囊胞中核配，成熟后大囊胞进行减数分裂，单倍体变形体从大囊胞中释放。

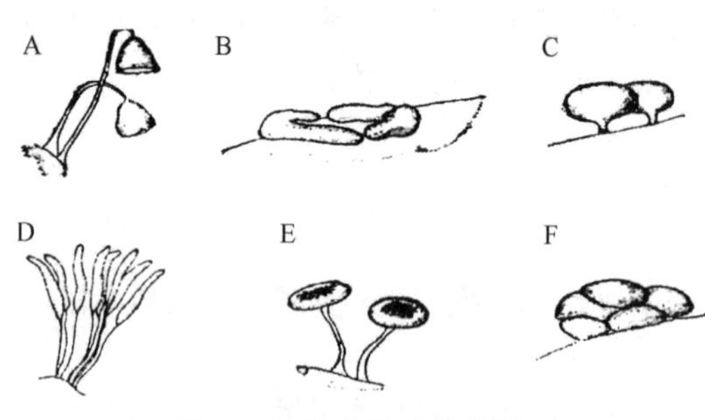

图 3-33　黏菌子实体的类型

A、D、E．孢囊体型；B．原质囊体型；C．复囊体型；F．假复囊体型

3．子实体　黏菌子实体有很美丽的颜色和外形，如淡粉红色、黄色和紫色等，形态为一根细茎，顶生各种形状的头部，或无茎，平铺生长。黏菌子实体类型如图 3-33 所示。

（1）孢子囊　有柄，顶生孢子囊，或无柄，圆形、柱形或杯形。孢子囊内生大量孢子，众多孢子之间分布一些线状孢间丝，起支持孢子的作用。每个孢子囊有独立包被，相互间无联系。

（2）复孢囊　许多无柄孢子囊在基物表面堆积成块状或不定形结构，外有共同的包被，直径达几厘米。有的无共同包被，孢子囊有各自包被，称假复孢囊。

（3）孢堆果　柄顶生成的成堆孢子被外膜包围形成的结构称孢堆果，有球形、梨形等。有的种在柄上只生一个或几个孢子称孢子果。有的在柄基部有一盘状底座贴于基物上，称基盘。

黏菌的子实体是在原质团或变形体群合体上产生的。在食物耗尽和有光线的条件下形成子实体。黏菌产生孢子时原质团群合体都有趋光爬行的习性，它们常从土缝中爬出来，恰好在土缝边缘形成子实体。形成过程为：原质团或群合体变圆，逐渐向上堆积成帽状或蛞蝓状，随后一部分原质团或变形体成为茎，另一部分成为顶端，由顶端再分化成孢子囊和孢子，茎变硬成为无生命的物质。成熟孢子多为单倍体，厚壁、深色。在不利条件下可存活数年。

4．变形体　黏菌孢子遇到合适条件萌发生出一个变形体或释放出一个有鞭毛的游动孢子，经短时间游动成为变形体。变形体无细胞壁，无定形，直径小于 10μm，可伸出伪足捕食细菌、真菌孢子或其他有机颗粒。变形体爬行有趋光性。

5．菌核　有些原质团遇到黑暗、干燥和食物缺乏等不良条件时其外面产生一层硬壳形成菌核。该结构抗不良环境的能力强，可以长期休眠。环境适宜时再萌发形成原生质团。

二、黏菌的生活周期

原质团生长到某一阶段，在一定条件下形成子实体并产生孢子。孢子在干燥环境中可存活很久，有水时萌发形成无鞭毛、不游动的变形体或一至数枚有两根一长一短鞭毛的游动细胞。游动细胞缺水时鞭毛脱落，分裂变成变形体；变形体有水时又产生鞭毛变成游动细胞。两者都有配子的功能，能成对配合形成二倍体的合子。二倍体合子不经休眠，多次进行有丝分裂形成多核的原生质体，继续长大成为二倍体原质团。通常数个二倍体原质团合并形成合胞体。条件不利时聚集形成菌核。原生质团聚集到一定时期形成子实体。子实体颜色有红、黄、褐、灰等。子实体有无柄，内有无孢丝，是黏菌分类的重要依据之一。

细胞黏菌生活周期较特殊，如盘基网柄菌（*Dictyostelium discoideum*）生活史包括：无性阶段，变形体→假原质团→子实体→变形体；有性阶段，变形体（单倍体核）→接合→大囊胞（二倍体核）→核配→减数分裂→变形体。

非细胞黏菌生活周期比较复杂，如多头绒泡菌生活史主要包括：初期原质团→后期原质团→子实体→减数分裂→休眠孢子→游动孢子（配子）→合子→原质团（图 3-34）。

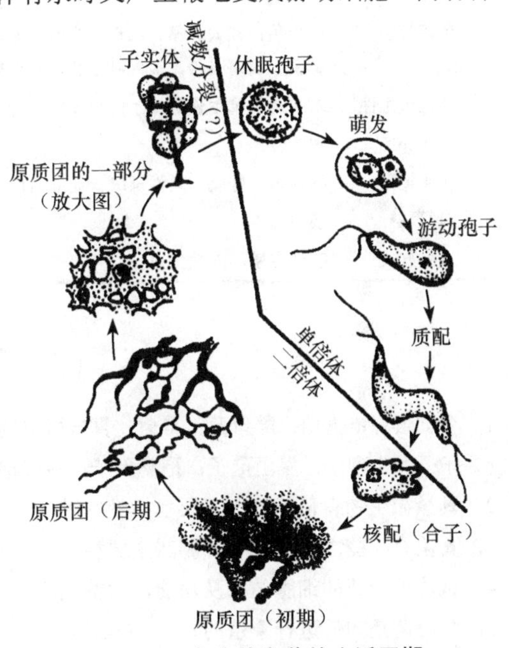

图 3-34　多头绒泡菌的生活周期

三、黏菌的培养特征

自然界黏菌分布于潮湿、温暖、阴暗、有机物多的土壤、树皮、草皮及腐叶等处。子实体主要分布于有湿度梯度、散射光和光暗交界处，孢子易释放到空气中，有美丽鲜艳的颜色。

人工培养原质团生长良好，对原质团内原生质流动、有丝分裂及原生质融合等研究较多，对盘基网柄菌研究较深入。从孢子不易培养出黏菌。目前对黏菌的描述主要根据其在自然界的表现。黏菌被忽略与其难培养有关。黏菌特殊的结构、整齐的同步分裂、有序的聚集和细胞分化能力使其成为有价值的细胞学和分子生物学研究材料。其经济价值将在深入研究中开发。

第五节 真核微生物与原核微生物的比较

真核微生物与原核微生物在化学组成、生物学特性、研究方法和利用方式等方面有许多相似之处，但在形态结构、菌落特征、繁殖方式、代谢类型等方面又有较大差异，对化学治疗剂的反应、营养需要、生长环境的要求等也不相同。现将其主要异同作一简单比较（表 3-2）。

表 3-2 真核微生物与原核微生物比较

比较项目	真核微生物	原核微生物
形态	大多为多细胞，分支状菌丝体	单细胞，不分支（放线菌除外）
大小	直径 5～100μm	直径 1～10μm
细胞壁	葡聚糖、甘露聚糖、几丁质等	主要是肽聚糖
细胞膜	常有固醇，不参与光合作用	无固醇（支原体除外），有的参与光合作用
细胞质	有线粒体、内质网、液泡，核糖体 80S，无间体	无线粒体、内质网等，核糖体 70S，有间体
细胞核	有核膜、核仁，多条线性染色体，DNA、RNA 与组蛋白结合，有减数分裂和有丝分裂	无核膜、核仁，单条环状染色体，DNA、RNA 不与组蛋白结合，无减数分裂和有丝分裂
繁殖方式	酵母菌：芽殖为主；霉菌：无性孢子和有性孢子	裂殖为主，极少数具有性接合
菌落特征	酵母菌：较大且厚、圆形、光滑、湿润，有酒味； 霉菌：大而疏松，多为绒毛状，与培养基结合紧	细菌：小，多种形状，光滑、湿润，有臭味； 放线菌：小而致密，与培养基结合紧，干燥
对药剂敏感性	对多烯类抗生素等敏感，对磺胺、青霉素等不敏感	与真核微生物相反
生长 pH	偏酸性	中性或微碱性
代谢类型	异养型，好氧，兼性厌氧；无固氮能力	自养、异养；专性或兼性好氧与厌氧；固氮
呼吸链	线粒体	细胞膜
重组方式	有性生殖，准性生殖	转化、转导、接合等

习　题

1. 名词解释：真菌；酵母菌；霉菌；真核微生物；假根；匍匐丝；足细胞；芽殖；子囊；子囊孢子；节孢子；分生孢子；厚垣孢子；孢囊孢子；接合孢子；卵孢子；质配；核配；蕈菌；黏菌；子实体。
2. 真核微生物有何特点？主要包括哪些种类？
3. 真菌有哪些主要特征？有哪些主要种类？
4. 试述酵母菌的细胞结构及功能，举例说明酵母菌在工农业生产中的应用。
5. 酵母菌是如何进行繁殖的？
6. 试述霉菌的形态结构及其功能，举例说明霉菌在工农业中的应用。
7. 霉菌的繁殖方式有哪几种？各类孢子是怎样形成的？各有何特点？
8. 毛霉与根霉、曲霉与青霉各有哪些异同点？
9. 试比较细菌、放线菌、酵母菌和霉菌的菌落特征。
10. 举例说明常见食用菌的特点及其应用价值。
11. 霉菌与其他丝状真菌明显的区别在哪里？
12. 试述原核微生物与真核微生物的主要区别。

（陈　璨）

第四章
病　　毒

病毒是一类由核酸和蛋白质等少数几种成分组成的超显微的专性活细胞内寄生的非细胞生物。非细胞生物包括病毒和亚病毒。与其他细胞生物相比，病毒具有下列基本特征。①个体极小：大多数比细菌小，能通过细菌过滤器，必须借助电镜才能看见。②缺乏独立代谢能力：没有完整的酶系统，既无产能酶系也无蛋白质和核酸合成酶系，无核糖体，不能进行独立的代谢活动，只能在活细胞内用宿主细胞的代谢机构复制核酸、合成蛋白质，再由蛋白质外壳包裹核酸装配成子代病毒，无个体生长，无分裂繁殖。③没有细胞结构：病毒称分子生物，化学成分较简单，主要成分仅核酸和蛋白质两种，而且绝大多数病毒只含 DNA 或 RNA 一类核酸。④对一般抗生素不敏感，但对干扰素敏感。⑤具有双重存在方式：在活细胞内营专性寄生，在活体外能以无生物活性的化学大分子颗粒状态长期存在并保持侵染活性。

病毒既是一种致病因子也是一种遗传成分。近几年陆续发现比病毒更小、更简单的类病毒、拟病毒、卫星病毒、卫星 RNA 和朊病毒等亚病毒。病毒是专性活细胞内寄生物。有细胞生物之处都有其相应的病毒存在。人、动植物、微生物等各种细胞生物中都发现了病毒。病毒与人类的关系密切，它是人类、畜禽、作物许多传染病的病原体；严重危及发酵工业生产；可制成生物农药防治害虫；是生物学和医学研究的重要材料。

拓展资料

第一节　病毒的形态结构

各种病毒都有一定的形状、大小、组成和结构，对其分类和应用等研究都有重要意义。

一、病毒的大小

成熟的具有侵染力的病毒个体称病毒粒子。病毒粒子体积微小，要用电子显微镜才能观察到其形态结构。常用纳米（nm）作测量单位。病毒的大小相差较大，已知最大的病毒是 2013 年报道的潘多拉病毒（Pandoravirus），直径达 1μm，与细菌大小相当，中等大小的如流感病毒，直径为 90～120nm，最小的病毒为菜豆畸矮病毒，直径仅 9～11nm。病毒的大小可借分级过滤、电泳、超速离心沉降、电镜观察等方法测定。

二、病毒的形态

病毒的形态多样，有球形、卵圆形、砖形、杆状、丝状、蝌蚪状、子弹状等（图 4-1），基本形态为球形、杆状和蝌蚪状。病毒的形态可分为 5 类。①球形或近球形：动物（包括人类）、真菌的病毒多为球形，如腺病毒、蘑菇病毒、脊髓灰质炎病毒、花椰菜花叶病毒、噬菌体 MS_2 等。②杆状或丝状：很多植物病毒呈杆状，如烟草花叶病毒、苜蓿花叶病毒呈直杆状，马铃薯

X 病毒呈稍弯曲的杆状，甜菜黄化病毒呈很长的弯曲丝状，昆虫病毒如家蚕核型多角体病毒，人类某些病毒如流感病毒、噬菌体 fd 及噬菌体 M_{13} 等也呈杆状。③砖形：常见的大病毒有天花病毒、痘病毒等。④弹状：如狂犬病毒、水疱性口炎病毒、植物弹状病毒等。⑤蝌蚪形：为大部分噬菌体的典型形态，如 T 偶数噬菌体和 λ 噬菌体等。有的病毒颗粒呈多形性，如流感病毒新分离的毒株常呈丝状，在细胞内稳定增殖后则变为拟球形颗粒。

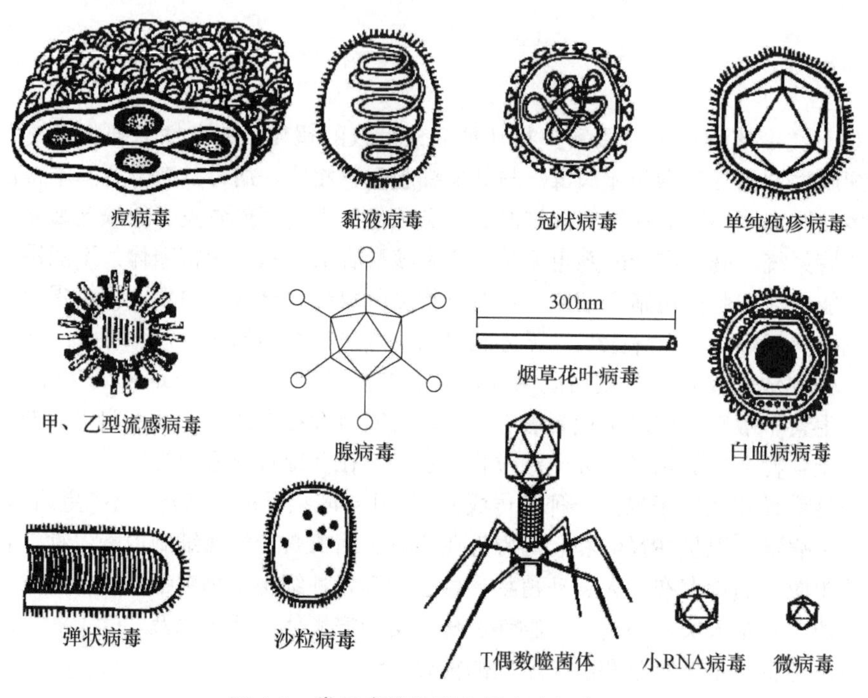

图 4-1 常见病毒的形态及大小示意图

三、病毒的化学组成

病毒的基本成分为核酸和蛋白质。大型病毒有脂类和糖类等，有的还有胺类、阳离子等。

1. 核酸 病毒的核酸是病毒遗传信息的载体，控制着病毒的遗传、变异、增殖及对宿主的感染性。一种病毒一般只含有一类核酸（DNA 或 RNA），含 DNA 的病毒称 DNA 病毒，含 RNA 的病毒称 RNA 病毒。噬菌体的核酸大多为 DNA，植物病毒的核酸大多为 RNA，少数为 DNA。动物病毒包括昆虫病毒的核酸部分是 RNA，部分是 DNA。真菌病毒绝大部分是 RNA。除逆转录病毒基因组为二倍体外，其他病毒的基因组都是单倍体。分离的核酸脆弱，有弱感染力。

病毒核酸的类型多样，有单链（ss）与双链（ds）、正链（＋）与负链（－）的区别，以及线状与环状的区别。将碱基排列顺序与 mRNA 相同的定为正链，与 mRNA 互补的定为负链。就此可将其分为 6 类：(±)DNA、(±)RNA、(＋)DNA、(＋)RNA、(－)DNA 和(－)RNA。RNA 病毒多数为单链、线状，有正、负链之分；丁型肝炎病毒等少数亚病毒含环状 ssRNA。个别病毒 RNA 是双义的，部分为正极性，部分为负极性。DNA 病毒多数为双链，少数为单链(＋)DNA，只有腺相关病毒为(－)DNA。动物病毒以线状 dsDNA 和 ssRNA 为多，植物病毒以线状 ssRNA 为主，噬菌体以线状 dsDNA 居多。已发现的真菌病毒都是 dsRNA，我国学者发现核盘菌

（*Sclerotinia sclerotiorum*）中有 ssDNA 病毒（SsHADV-1）（2010 年）。藻类病毒都是 dsDNA。大多数病毒粒子含一个核酸分子，少数 RNA 病毒有多个核酸分子，各个分子担负不同的遗传功能，称分段基因组，共同构成病毒基因组，如流感病毒核酸分 8 个节段。只有各分子同时存在病毒才能感染、复制。不同病毒核酸有不同结构特征：黏性末端、循环排列和末端重复序列等。

病毒基因组很小，主要含有对自身复制最重要的基因，编码那些不能从宿主细胞获得的功能蛋白。其 DNA 的分子量为（1～200）$\times 10^6$，病毒 RNA 的分子量为（2～15）$\times 10^6$。不同的病毒核酸含量差别较大，通常在 1%～50%，如流感病毒核酸含量约 1%，大肠杆菌 T 系偶数噬菌体核酸含量超过 50%。每种病毒粒子核酸的长度是一定的，一般由 100～250 000 个核苷酸组成。最大的病毒有几百个基因。最小的如 MS_2 噬菌体仅有三个基因。

2．蛋白质 病毒只有两类蛋白质：结构蛋白和酶类，主要存在于衣壳与包膜中，占病毒总质量 70%左右，一般只含一种或少数几种蛋白质。例如，烟草花叶病毒只含一种蛋白质，MS_2 噬菌体含 4 种蛋白质，流感病毒含 8 种蛋白质，T_4 噬菌体可含 30 余种蛋白质。它们由常见的 20 种氨基酸组成，半胱氨酸和组氨酸在病毒蛋白中较少见，氨基酸的种类和含量随病毒种类而异，大肠杆菌 M13 噬菌体的外壳蛋白只有 49 个氨基酸，家蚕核型多角体病毒蛋白质有 244 个氨基酸。病毒蛋白质主要在病毒的结构功能、侵染性、增殖和抗原性中发挥作用。

（1）结构功能 由蛋白质组成病毒衣壳，包裹在病毒核酸外面。简单病毒的衣壳由一种或少数几种蛋白质亚基构成，复杂病毒可达 20 多种。衣壳保护核酸，免受理化因子破坏及被核酸酶水解。构成病毒包膜结构的病毒蛋白质包括包膜糖蛋白和基质蛋白两类。包膜糖蛋白是病毒的主要表面抗原。基质蛋白构成膜脂双层与衣壳之间的亚膜结构，具有支撑包膜、维持病毒结构、介导衣壳与包膜糖蛋白之间的识别、促使病毒出芽释放等作用。

（2）侵染性 衣壳、包膜、噬菌体尾丝上含有使病毒吸附在宿主细胞表面受体上的位点，决定感染的特异性，促使病毒吸附。病毒蛋白质还构成多种分解性酶，如位于噬菌体尾部基板内的溶菌酶可使细胞壁溶解，便于病毒进入宿主细胞和释放；流感病毒的神经氨酸酶能水解宿主细胞表面糖蛋白，使病毒侵染细胞时能穿入细胞，成熟时能从细胞中释放。

（3）增殖 病毒蛋白质也构成如 DNA 和 RNA 聚合酶、RNA 转录酶、逆转录酶等核酸复制酶及合成病毒蛋白质所需的各种合成性酶等。

（4）抗原性 蛋白质决定病毒粒子的抗原性，刺激机体产生抗体，激发机体免疫应答。

3．其他成分 病毒包膜含脂类和糖类等。糖类以糖脂、糖蛋白存在于包膜表面以决定病毒抗原性。脂类包括磷脂、胆固醇和脂肪，以双分子层存在于包膜。有的病毒还含有丁二胺、亚精胺和阳离子。

四、病毒的结构

病毒体主要由核酸和蛋白质衣壳构成。它们组成病毒的基本结构——核衣壳。核酸位于病毒颗粒中心，构成核心或基因组。衣壳（壳体）是包在核酸分子外面的蛋白质结构，由一定数量的衣壳粒以次级键结合组成。衣壳粒是电镜下能见到的最小形态学单位，由一种或几种肽链折叠缠绕而成，空心。病毒不同部位的衣壳粒可由不同的多肽分子组成。有些病毒在核衣壳外还有一层由脂质或脂蛋白组成的包膜，是病毒粒子成熟时由宿主细胞膜或核膜包裹而成。包膜不同于细胞膜，由病毒特异性内膜蛋白和宿主细胞质膜衍生的类脂层构成。包膜的基本结构与生物膜相似，为脂双层膜，在包膜形成时细胞膜蛋白被病毒编码的包膜蛋白取代。有的包膜表面还有蛋白或糖蛋白突出结构，称刺突，由细梗及游离末端的顶球构成，有病毒的特异性，它们是包膜病毒的主要抗原，包括狂犬病毒的 G 刺突、人类免疫缺陷病毒（HIV）的 gp120 刺突、冠状病毒的 S 刺突和流感病毒的 HA 刺突，也是病毒分类的依据之一。病毒包膜有维系毒粒结构、保护毒粒核衣壳、决定感染的特异性等作用（图 4-2）。有包膜的病毒失去包膜后便失去了感染性。

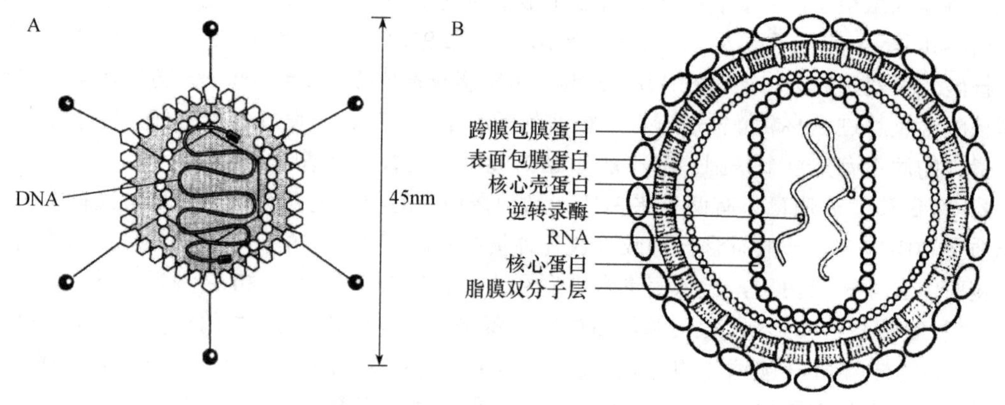

图 4-2　病毒的结构示意图

A．无包膜的腺病毒；B．有包膜的 HIV

五、病毒的对称性

用电子显微镜观察发现病毒呈现结构的高度对称性：立方对称、螺旋对称、复合对称及复杂对称。立方对称与螺旋对称是病毒的两种基本结构类型，复合对称是前两种对称的结合。立方对称、螺旋对称和复合对称分别相当于球状、杆状和蝌蚪状的病毒。所有 DNA 病毒（除痘病毒外）为立方对称；RNA 病毒有立方对称［主要是(+)RNA 病毒］，也有螺旋对称［主要是(−)RNA 病毒］；噬菌体及逆转录病毒多数呈复合对称，痘类病毒属于复杂对称型。

1．立方对称　双链 DNA 病毒和双链 RNA 病毒外壳为小结晶或球状，实际是立方对称的二十面体，特别有利于核酸分子高度盘绕折叠在小体积衣壳中。它由 20 个等边三角形组成，有 12 个顶角、20 个面和 30 条棱。每条棱上衣壳粒数相同。核酸的结合有助于增加二十面壳体的稳定。腺病毒衣壳是二十面体的典型代表，没有包膜，直径 70～80nm（图 4-3）。每棱 6 个衣壳粒，总衣壳粒数 252 个。顶角上衣壳粒被 5 个相邻的衣壳粒围成五邻体，棱上和面上衣壳粒由 6 个相邻衣壳粒围成六邻体，有 240 个六邻体和 12 个五邻体壳粒。每个五邻体壳粒上伸出

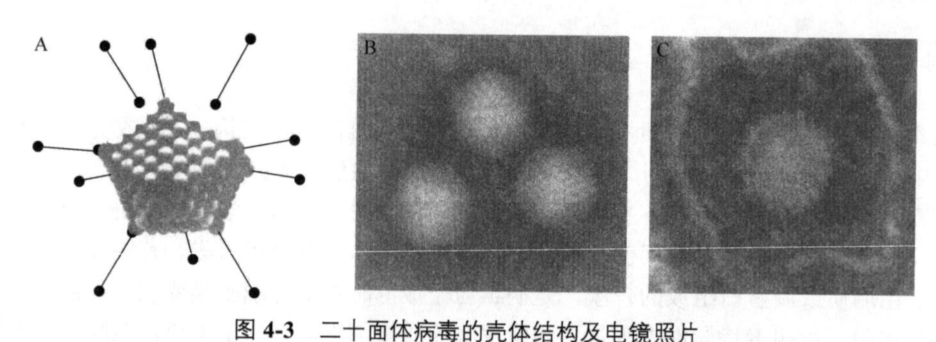

图 4-3　二十面体病毒的壳体结构及电镜照片

A．腺病毒的结构模型；B．腺病毒的电镜照片；C．有包膜的二十面体（疱疹病毒）的电镜照片

一根末端带有顶球的蛋白纤维刺突。腺病毒核心由 36 500bp 的线状双链 DNA 构成。不同种二十面体病毒棱上衣壳粒数不同，总衣壳粒数也不同，如 ΦX174 总衣壳粒数为 12 个，只在每个顶点有一单独的衣壳粒；脊髓灰质炎病毒总衣壳粒数为 32 个。二十面体病毒有的也有包膜。

2．螺旋对称 有些病毒粒子呈杆状或丝状，其衣壳形似一中空柱，电镜观察可见其表面有精细螺旋结构。螺旋对称衣壳中病毒核酸以多个弱键与蛋白质亚基结合，不仅可控制螺旋排列的形式、衣壳长度，而且核酸与衣壳结合还增加衣壳结构的稳定。病毒螺旋壳体的特征可用构成螺旋的衣壳粒总数、螺旋长度、螺旋直径、轴孔直径、螺距、螺旋圈数及每圈的衣壳粒数等参数描述。螺旋壳体直径由衣壳粒的特征决定，其长度由病毒核酸分子长度决定。烟草花叶病毒（TMV）是螺旋对称的典型代表，其棒状衣壳由 2130 个呈皮鞋状的衣壳粒（蛋白质亚基）以逆时针方向排列成 130 圈螺旋，平均每三圈螺旋 49 个衣壳粒，螺距 2.3nm，衣壳全长 300nm，外径 15nm，中空（内径 4nm）。一条含有 6390 个核苷酸的单链 RNA 以螺旋方式盘绕在衣壳内侧螺旋沟内，每个衣壳粒凹处结合 3 个核苷酸，每圈 49 个核苷酸（图 4-4）。其核酸有合适的蛋白质衣壳包裹和保护，结构十分稳定，在室温下放置 50 年仍有侵染力。

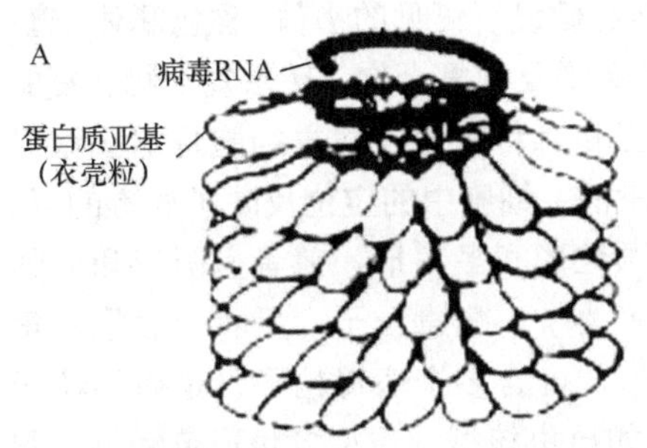

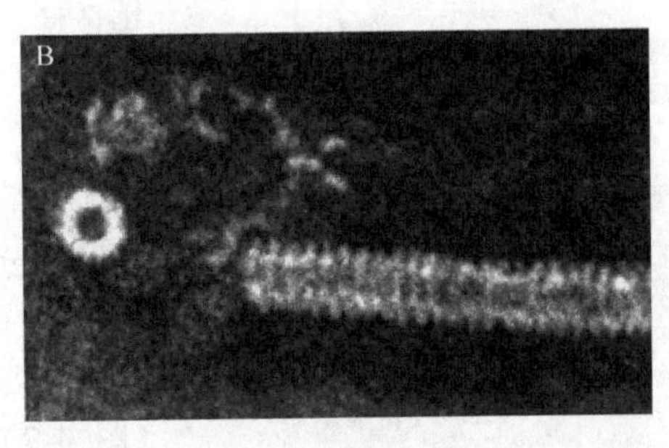

图 4-4 烟草花叶病毒结构示意图（A）及电镜照片（B）

3．复合对称 大肠杆菌 T 偶数噬菌体有 T_2、T_4、T_6 三种，T_4 噬菌体是复合对称的代表，由二十面体的头与螺旋对称的尾复合构成，蝌蚪状。椭圆形二十面体头部长 95nm，宽 65nm，含直径 6nm 的衣壳粒 212 个，线状双链 DNA 位于头部蛋白质外壳内，长约 50μm，大小为 1.7×10^5bp。

头尾相连处有颈部，由颈环和颈须构成，颈环为一中央有孔的六角形盘，直径 37.5nm，其上有 6 根颈须，其功能是裹住吸附前的尾丝。尾部由尾鞘、尾管、基板、刺突和尾丝构成。尾鞘由 144 个分子量各为 5.5×10^4 的衣壳粒螺旋排列的 24 圈螺旋组成，中空，长 95nm，可收缩。尾管长 95nm，直径 8nm，其中央孔道直径 2.5～3.5nm，是头部 DNA 进入宿主细胞的通道。尾管也由 24 圈螺旋组成，恰与管外尾鞘上的 24 圈螺旋相对应。基板也是中央有孔的六角形盘，直径 3.5nm，上面有 6 个刺突和 6 根尾丝，刺突长 20nm，尾丝长 140nm，直径 2nm，折成等长的两段，均有吸附功能（图 4-5），能特异地吸附在敏感宿主细胞表面相应受体上。T_4 噬菌体通过尾丝吸附于宿主大肠杆菌表面，吸附后由于基板受到构象上的刺激，中央孔开口，释放溶菌酶并水解部分细胞壁，接着尾鞘蛋白收缩，将尾管插入宿主细胞中。

逆转录病毒内部是螺旋形的核心，外部是二十面体的外壳，是复合对称性病毒。

4．复杂对称 痘病毒科的病毒对称性较复杂，病毒粒子常呈卵圆形，干燥的病毒标本呈砖形。无清晰可辨的壳体，核酸外由几层复杂的脂蛋白膜包裹。病毒体表有双层膜，中心为哑铃状核芯，内含蛋白质和核酸，线形双链 DNA。核芯两侧为侧体（图 4-6）。

有些病毒没有任何对称性，其外壳组成不规则，如冠状病毒和风疹病毒等。

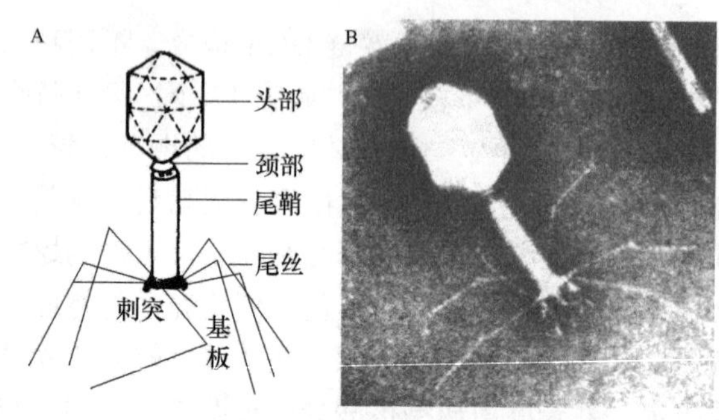

图 4-5 有尾 T 噬菌体的模型（A）及电镜照片（B）

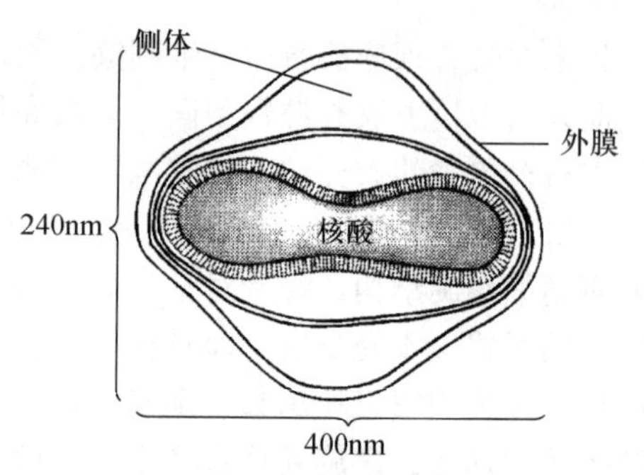

图 4-6 痘病毒的图解

六、包涵体

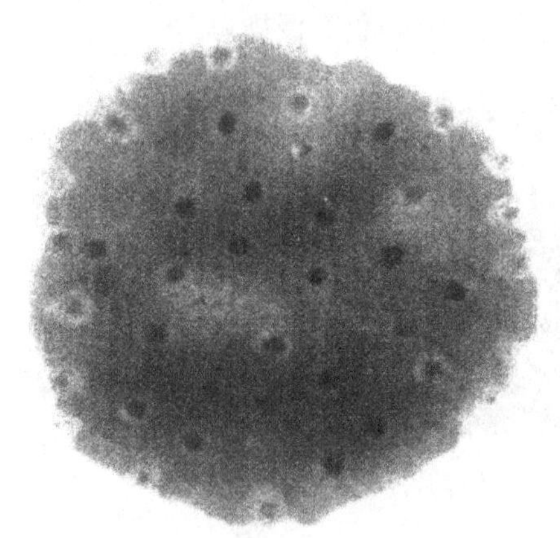

图 4-7 包涵体的电镜照片

某些感染病毒的宿主细胞内形成结构特殊、有一定染色性、光学显微镜下可见的小体，称包涵体。直径 0.8～5.0μm。它是病毒复制复合物、转录复合物、复制和装配中间体、核壳和毒粒积累在宿主细胞特定区域形成的病毒加工厂，在宿主细胞中的定位反映了病毒的复制位点。包涵体分为颗粒形和多角形，前者呈圆形和卵圆形，内含一个（偶尔两个）病毒粒子，后者一般呈六角形、五角形、四角形，内含多个病毒粒子，是病毒粒子聚集体（图 4-7），如昆虫核型、质型多角形包涵体和腺病毒包涵体。有些包涵体是病毒过剩的衣壳蛋白聚集体，如人类巨细胞病毒的致密体和许多植物病毒的包涵体。包涵体多数位于细胞质内，如松毛虫质型多角体病毒、多数痘类病毒和狂犬病毒的包涵体，具嗜酸性；少数位于细胞核内，如柞蚕核型多角体病毒、疱疹病毒和腺病毒的包涵体，具嗜碱性；有的在细胞质内和核内均有，如麻疹病毒、巨细胞病毒的包涵体。

包涵体的主要成分是多角体蛋白，由病毒基因组编码。它不同于宿主细胞蛋白也不同于病毒蛋白，不易被正常的蛋白酶水解，在自然界较稳定，在土壤中能保持活性几年到几十年。包涵体从细胞中释放，接触其他细胞可引起感染。包涵体具有保护病毒粒子的作用。

并非所有的病毒都能形成包涵体，不同病毒包涵体的大小、形状、组分及其在宿主细胞中的部位不同，包涵体可用于病毒的快速鉴定和某些病毒性疾病的辅助诊断。例如，烟草蚀纹病毒与马铃薯 Y 病毒的形态极其相似，但其包涵体形态不同，前者为三角形，后者为矩形。有 6 种较重要的包涵体可作病毒病的辅助诊断：细胞质内的狂犬病毒 Negri 氏小体、痘病毒的 Guarnieri 氏小体、细胞核内单纯疱疹病毒的 Lipshutz 氏小体、腺病毒的包涵体、细胞质和细胞核内都有的麻疹病毒包涵体、核周围细胞质内呼肠孤病毒的包涵体。昆虫核型、质型多角体病毒包涵体内有大量活性病毒粒子，可生产生物杀虫剂。

第二节 病毒的增殖

病毒缺乏生活细胞的细胞器、代谢必需的酶系统和能量，它的繁殖不能独立地以分裂方式进行，是在宿主活细胞内控制其生物合成机构，利用宿主细胞的能量和原料合成病毒的核酸与蛋白质等成分，再装配成新的病毒粒子，以复制方式进行。病毒的繁殖是病毒基因组在宿主细胞内复制与表达的结果，这种繁殖方式与其他微生物不同，称为增殖。与细胞微生物不同，病毒粒子不存在个体长大的过程，同种病毒粒子间没有年龄和大小之分。

一、病毒的增殖过程

各种病毒的增殖过程基本相似，一般可分为吸附、侵入、合成、装配、释放5个阶段。整个增殖过程很快，如大肠杆菌T系噬菌体在温度等条件合适时增殖仅需15～20min。

1．吸附　吸附是指病毒通过其表面的吸附蛋白与宿主细胞表面的吸附受体发生特异结合的过程。病毒粒子由于随机碰撞或布朗运动、静电引力与敏感细胞表面接触，通过病毒表面吸附蛋白与细胞受体间的结构互补性及相互间的电荷、氢键、疏水性相互作用、范德瓦耳斯力等，吸附于宿主细胞表面的特异受体上。这些受体并非为病毒感染特地表达的，它们多数是细胞表面的特定蛋白质、多糖、糖蛋白和脂蛋白。病毒一个吸附蛋白分子与宿主一个受体蛋白分子结合并不紧密，病毒粒子多个位点与多个受体结合很牢固。噬菌体尾丝尖端与宿主细胞表面的特异受体接触，就可触发颈须把卷紧的尾丝散开，随即就吸附在受体上，将刺突、基板固定于宿主细胞表面（图4-8）。噬菌体和包膜病毒表面的蛋白质结构（吸附点）与宿主细胞表面特异性受体有“互补”关系，两者有一方发生突变或被破坏则吸附和感染均不能发生。病毒的宿主受体有种系和组织特异性，这些特性决定病毒的宿主谱。不同病毒粒子有不同吸附位点，如大肠杆菌T_3、T_4、T_7噬菌体吸附在脂多糖受体上，T_2和T_6噬菌体吸附在脂蛋白受体上。有些复杂的病毒有几种吸附位点，分别与不同受体作用。另外，不同宿主细胞也有不同病毒吸附受体。有的宿主细胞有不同病毒的受体，可被多种病毒感染。最近发现有些病毒如人类免疫缺陷病毒等的感染需要辅助受体参与。无特殊吸附结构的动物病毒只能通过吞噬作用或胞吞作用被动进入宿主细胞。植物病毒除莴苣坏死黄化病毒等有刺突外，其余均无专门的吸附结构。而且，在植物细胞表面尚未发现病毒特异的受体。

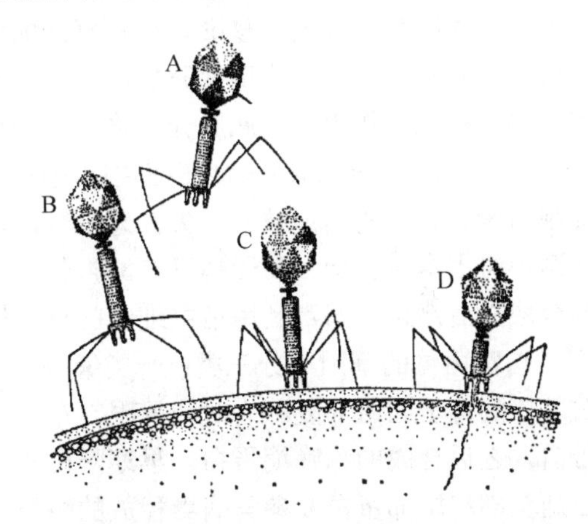

图4-8　T_4噬菌体吸附及侵入的示意图
A．尚未吸附；B．尾丝吸附；C．刺突固定；D．核酸注入

吸附受许多内外因素影响。影响细胞受体和病毒吸附蛋白活性的代谢抑制剂、酶类、脂溶剂、抗体及温度、离子浓度、pH等环境因素均影响病毒吸附。pH中性时有利于吸附，pH小于5或大于10时均不易吸附。在生长最适温度范围内最有利于吸附。一价、二价阳离子如Na^+、Ca^{2+}、Ba^{2+}、Mg^{2+}促进吸附，Al^{3+}、Fe^{3+}、Cr^{3+}等三价阳离子可使病毒失活。

2．侵入　侵入指病毒或其一部分进入宿主细胞的过程，需要能量。侵入方式取决于宿主细胞性质尤其是表面结构。大部分噬菌体由尾部的溶菌酶溶解接触处细胞壁中的肽聚糖，使细胞壁产生一个小孔，然后尾鞘收缩，将尾管压入细胞，通过尾管将其头部核酸注入细菌中，蛋白质外壳留在菌体外（图4-8）。T_4噬菌体在条件适宜时，从吸附到侵入只需15s。

动物病毒侵入宿主细胞有三种方式。①膜融合：包膜病毒的刺突与宿主细胞受体结合，促进病毒包膜与宿主细胞膜融合，核衣壳释放到细胞质内，如流感病毒。②胞吞：吸附的病毒被细胞膜包围，在细胞质内形成吞噬泡将整个病毒粒子包入宿主细胞，如痘类病毒，是动物病毒侵入宿主细胞的主要方式。③直接穿过细胞膜：主要是无包膜病毒，如呼肠孤病毒。

植物有角质化或蜡质化的表皮和坚硬的细胞壁，植物病毒的侵入通常由表面伤口直接侵入或通过昆虫口器侵染，并通过胞间连丝、导管和筛管在细胞间乃至整个植株中扩散。

脱壳是指病毒颗粒脱去包裹其核酸的衣壳及包膜，释放出核酸的过程。噬菌体的侵入与脱壳同时进行，仅有病毒核酸和结合蛋白进入细胞。动植物病毒以整个粒子或整个核衣壳侵入，必须脱去包膜和衣壳才能释放出病毒核酸，这是病毒核酸复制和转录的必要前提，方式因种而异。通过胞吞方式侵入的病毒，病毒包膜和宿主细胞膜融合，核衣壳在吞噬泡中溶酶体酶的作用下将衣壳降解，释放出核酸。结构复杂的病毒如痘类病毒脱壳分两步，先在宿主细胞溶酶体酶作用下除去外壳，将病毒部分蛋白质及核酸释放到细胞质内，转录 mRNA，翻译出病毒脱壳酶，再在脱壳酶作用下彻底脱壳，将病毒 DNA 从核心中释放。

3．合成 合成指病毒在宿主细胞内复制病毒核酸和合成病毒蛋白质的过程。此时宿主细胞内没有完整的病毒粒子，失去感染性，进入隐蔽期，开始病毒的生物合成。同时宿主细胞代谢不再由本身支配，而受病毒核酸携带的遗传信息控制，宿主细胞 DNA、mRNA 和蛋白质的合成先后停止。病毒利用宿主细胞的合成机构和物质复制病毒核酸并合成病毒蛋白质。

T_4噬菌体的基因可分三类：一类编码早期蛋白，一类编码中期蛋白，还有一类编码晚期蛋白。以病毒基因组的复制为时间界限，在此之前合成的蛋白质称早期蛋白，同期合成的称中期蛋白，之后合成的称晚期蛋白。早期蛋白和中期蛋白都是参与 DNA 复制和转录的酶。晚期蛋白是头部和尾部蛋白及参与病毒释放的酶类。病毒的合成有严格的时序性，在宿主细胞内病毒基因组从核衣壳中释放后，首先利用宿主细胞的 RNA 聚合酶转录早期基因，合成它们的早期 mRNA，与宿主多聚核糖体结合翻译成早期蛋白，修饰宿主细胞的 RNA 聚合酶。利用早期合成的和修饰宿主细胞的 RNA 聚合酶转录病毒中期基因，形成中期 mRNA 和中期蛋白。其中有的是抑制蛋白，可抑制宿主大分子物质的合成，使细胞转向有利于合成病毒，如分解宿主 DNA 的 DNA 酶，停止宿主基因表达并为病毒 DNA 合成提供前体；一部分是病毒所必需的复制酶，如复制病毒 DNA 的 DNA 聚合酶，用以复制子代基因组。中期基因还编码第二次修饰宿主细胞 RNA 聚合酶的蛋白质以转录病毒晚期基因。基因组复制完成即开始晚期转录，在中期基因产物作用下，晚期基因转录产生晚期 mRNA，经晚期转译大量产生病毒衣壳蛋白等结构蛋白和在病毒装配中所需的非结构蛋白，如各种装配蛋白、溶菌酶等酶类（图 4-9）。病毒合成数量也受严格的调控，早期蛋白大部分是酶类，表达量较少；晚期蛋白主要是病毒结构蛋白，合成量较大。

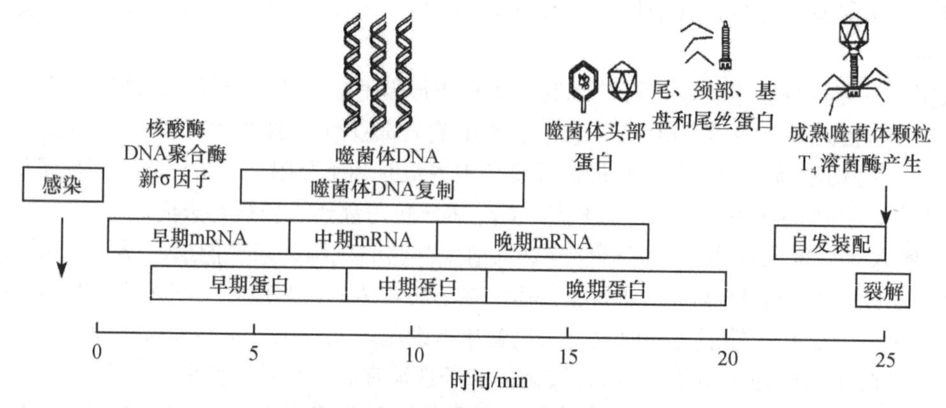

图 4-9 T_4噬菌体转录的三个阶段

根据病毒核酸的类型及如何转录 mRNA，病毒的复制与转录方式分 6 种类型（图 4-10）。

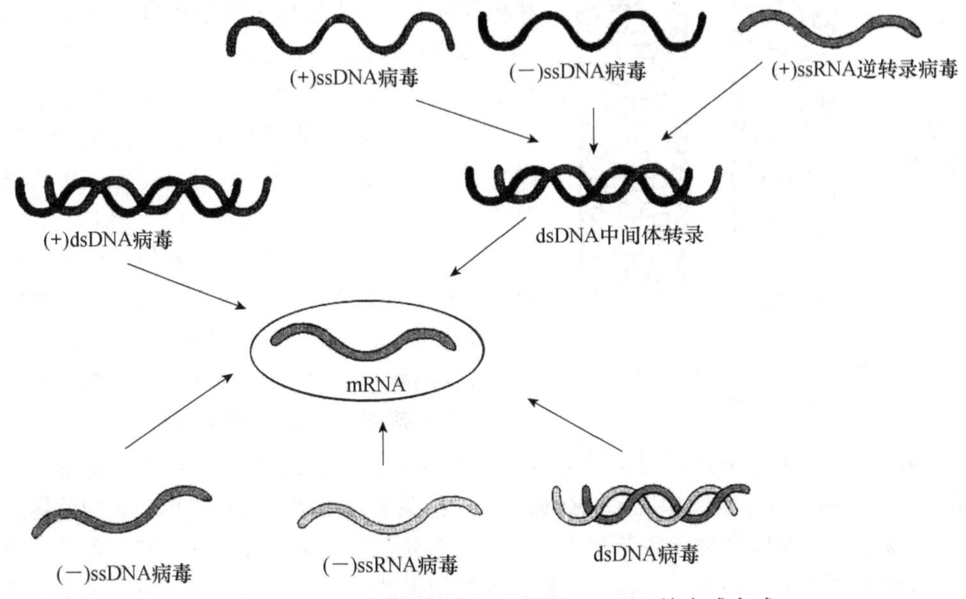

图 4-10　不同核酸型病毒在宿主内 mRNA 的合成方式

（1）双链 DNA 病毒　经半保留复制子病毒(±)DNA，以其(−)DNA 为模板合成 mRNA。

（2）单链(+)DNA 病毒　先由(+)DNA 合成(−)DNA，组成(±)DNA，再以新合成的(−)DNA 为模板合成 mRNA 和子代(+)DNA。

（3）双链 RNA 病毒　先以(−)RNA 为模板合成(+)RNA 即 mRNA，它既可翻译出蛋白质，又可作模板合成(−)RNA。新合成的(−)RNA 和(+)RNA 组成子代病毒的双链 RNA 分子。只有(−)RNA 才能作为起始模板，而亲代 RNA 不能用于子代基因组中。

（4）侵染性单链 RNA 病毒　其基因组(+)RNA 既可作 mRNA 指导病毒蛋白合成，又可作模板复制(−)RNA，再用复制型(−)RNA 为模板合成子代(+)RNA，或作 mRNA 合成病毒蛋白。

（5）非侵染性单链 RNA 病毒　这类病毒的单链(−)RNA 没有侵染性，也不能起信使作用。(−)RNA 用病毒粒子携带的转录酶转录出(+)RNA，再翻译出几种蛋白质，其中包括一种 RNA 复制酶，在此酶的作用下合成与负链等长的(+)RNA，再以此(+)RNA 作模板合成子代病毒(−)RNA。

（6）逆转录病毒　它也是(+)RNA 病毒，在病毒粒子携带的逆转录酶作用下能以病毒(+)RNA 作模板合成(−)DNA，再以(−)DNA 作模板合成(+)DNA 组成双链 DNA。由此方式合成的(±)DNA 不但可以作模板合成 mRNA，而且能与宿主细胞的 DNA 整合变成宿主 DNA 的一部分。有人认为，这就是肿瘤病毒能诱发肿瘤的原因。

大部分 DNA 病毒在宿主细胞核内合成 DNA，在细胞质内合成蛋白质。绝大部分 RNA 病毒其 RNA 和蛋白质都在细胞质中合成。有少数例外，如天花病毒的 DNA 在细胞质内合成，烟草花叶病毒 RNA 在细胞核内复制。

4．装配　装配是将分别合成的病毒核酸和蛋白质组装成完整病毒粒子的过程。其方式与病毒在宿主细胞中复制部位及其有无包膜相关。DNA 病毒除痘类病毒外均在细胞核内装配，RNA 病毒与痘类病毒在细胞质内装配。衣壳蛋白到一定浓度时将聚合成衣壳并包裹缩合的核酸

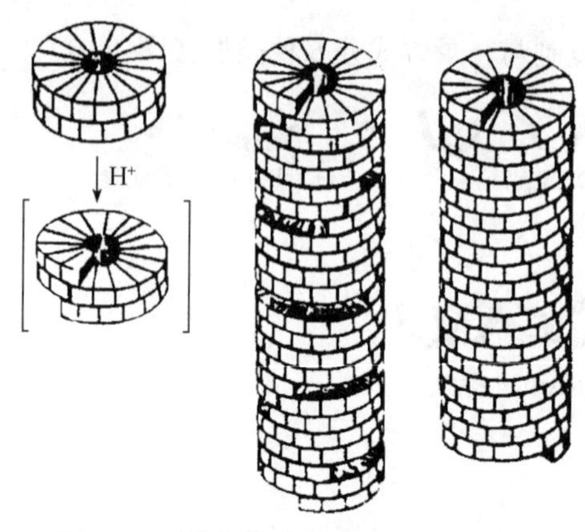

图 4-11 烟草花叶病毒蛋白质亚基的装配过程示意图

形成核衣壳。包膜病毒在细胞内组装成核衣壳，出芽释放时包上宿主细胞核膜或质膜成为成熟病毒。

烟草花叶病毒的衣壳不是由其蛋白亚基一个一个地装配而成，而是先聚集成许多双层平盘（每层 17 个亚基，共 34 个亚基）、沉降系数为 20S 的圆盘。以双层平盘作装配单位，同时又是组装中必需的启动者。病毒 RNA 有一个特殊的“起始区”，当该区与圆盘中央孔洞的多肽链的残基特异结合就形成起始复合物，使扁平的结构变化，衣壳粒呈螺旋状排列，并将 RNA 夹在里面，只要保持适当的 pH 和温度，圆盘结构有序地加到 RNA 链上，就能自动装配成完整的螺旋对称的病毒粒子（图 4-11）。

T_4噬菌体的装配复杂有序，可大致分 4 步（图 4-12）：①DNA 分子缩合，头部衣壳包裹 DNA 成头部；②由基板、尾管和尾鞘装配成尾部；③头部与尾部结合；④单独装配的尾丝与病毒颗粒尾部相接成完整噬菌体。各装配步骤通过一系列有序装配反应进行，其中每种结构蛋白装配时都发生构型改变，为后一种蛋白质结合提供识别的位点。头部装配还需要脚手架蛋白的参与，它们在结构完成后被除去。整个装配过程约有 30 种不同蛋白质和 47 个基因参与，要在非结构蛋白指导下进行。

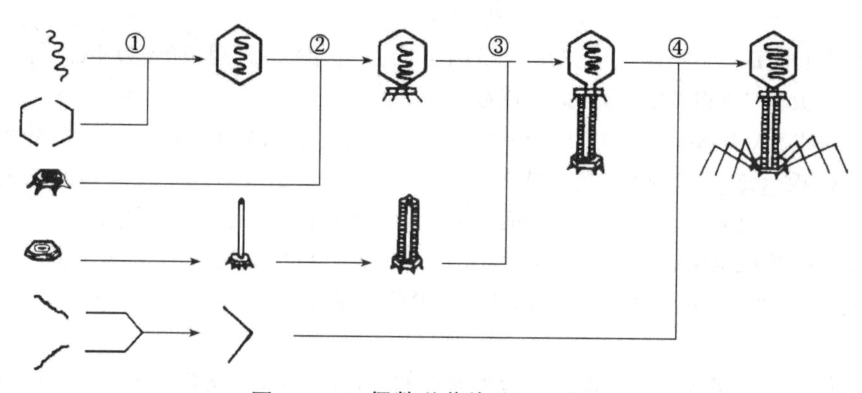

图 4-12 T 偶数噬菌体装配示意图

5．释放 释放是病毒粒子从感染细胞内转移到外界的过程。主要有以下两种方式。

（1）*破胞释放* 细胞内无包膜病毒如 T_4 噬菌体装配完成，借助降解宿主细胞壁或细胞膜的溶菌酶、脂肪酶和神经氨酸酶等裂解宿主细胞，子代病毒一起释放到胞外，宿主细胞死亡。不同病毒有不同的释放量，为 100～10 000 个。

（2）*芽生释放* 有包膜病毒在细胞内合成衣壳蛋白时还合成包膜蛋白，经添加糖残基修饰成糖蛋白，转移到核膜、细胞膜上取代宿主细胞的膜蛋白。宿主核膜或细胞膜上有该病毒特异糖蛋白的部位便是出芽位置。细胞质内装配的病毒出芽时包上一层质膜成分（图 4-13）。核内装配的病毒出芽时包上一层核膜成分。有的先包上一层核膜成分后又包上一层质膜成分，其包膜由两层膜构成，两层包膜上均有病毒编码的特异蛋白、血凝素、神经氨酸酶等，宿主细胞不死亡。有的动物病毒沿核周与内质网相通部位逐步释放。

巨细胞病毒等通过细胞间连丝或细胞融合从感染细胞直接进入另一正常细胞，很少释放于细胞外。这一过程需要病毒编码的运动蛋白的参与。不管以何种方式释放的病毒粒子均可再行感染。

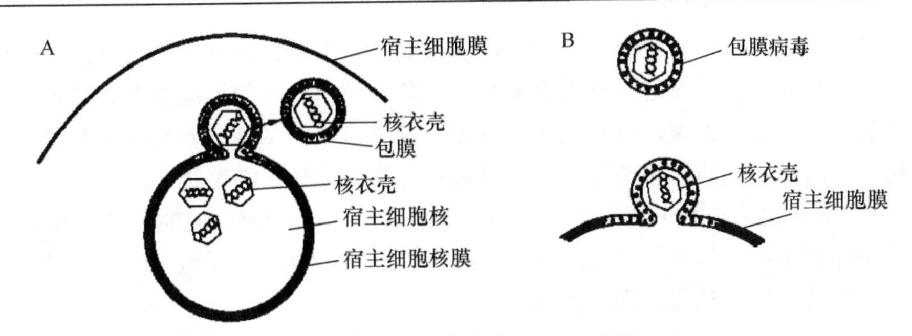

图 4-13 包膜病毒的装配示意图

A．从宿主细胞核膜穿出时获得包膜；B．从宿主细胞膜穿出时获得包膜

二、一步生长曲线

能在宿主细胞内增殖、产生大量子噬菌体并使细菌裂解的噬菌体称烈性噬菌体。定量描述烈性噬菌体增殖规律的实验曲线是一步生长曲线。实验方法是：先把高浓度的对数期敏感细菌悬浮液与噬菌体的稀释液混合（细菌和噬菌体混合比例为 10∶1），使噬菌体分别吸附在不同细菌上。几分钟后用抗噬菌体的抗血清中和游离噬菌体，再用保温培养液高倍稀释以免发生第二次吸附，同时可中和抗血清的作用，使每个菌体只受一个噬菌体侵染。在适宜宿主细胞生长的温度下培养，定时取样接种在有敏感菌的菌苔平板上，计数噬菌斑数目。以噬菌斑数目为纵坐标，培养时间为横坐标作图，得到一步生长曲线。一步生长曲线（图 4-14）可分三个时期。

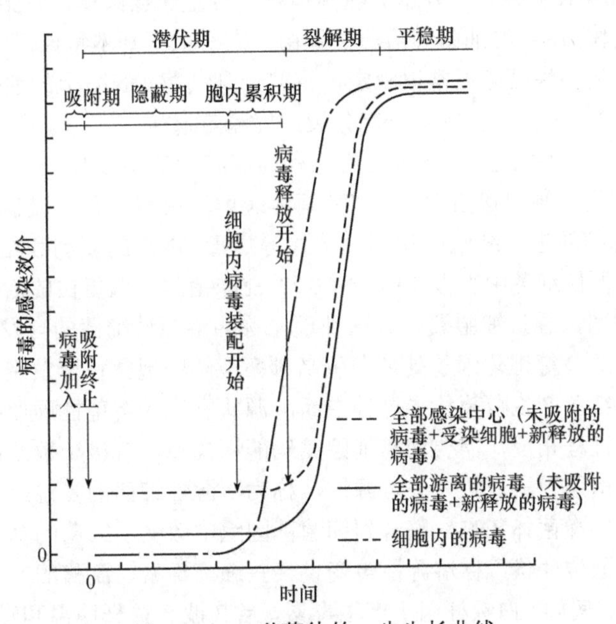

图 4-14 T_4 噬菌体的一步生长曲线

（1）潜伏期 是从噬菌体侵入宿主细胞到宿主细胞开始释放子代噬菌体所需时间。潜伏期噬菌斑数目不增加。不同病毒潜伏期长短不一，噬菌体一般需几分钟，动物病毒和植物病毒可以几小时甚至数天。潜伏期又分两个阶段：前一阶段在宿主细胞内检测不到完整的噬菌体，正在进行噬菌体核酸和蛋白质的合成，尚未装配，即自病毒进入细胞到出现新病毒的时间称隐蔽期；后一阶段噬菌体装配，宿主细胞内噬菌体数量急剧增加称胞内累积期。

（2）裂解期　潜伏期后几分钟取的样品噬菌斑数目突然急速增加，表示已装配成成熟噬菌体并裂解细胞释放，直至最后一个被感染宿主细胞裂解这段时间为成熟期或裂解期。

（3）平稳期　成熟期末，感染的宿主细胞全部被裂解，噬菌斑数目在最高处达到稳定，此期为平稳期。用潜伏期的噬菌斑数（噬菌斑数是感染噬菌体的细菌数）除平稳期的噬菌斑数（噬菌斑数是噬菌体的释放数）便得到裂解量，即每个被感染细菌释放的新噬菌体颗粒的平均数。不同噬菌体有不同裂解量，如 T_4 为 100，ΦX174 约 1000，f_2 高达 10 000 左右。

一步生长曲线适用于动物病毒和植物病毒研究。

三、温和噬菌体与溶源性细菌

有些噬菌体感染细菌后并不增殖也不裂解细菌，称温和噬菌体。温和噬菌体侵染敏感细菌后与细菌共存的特性称溶源性。大多数将其 DNA 整合到宿主基因组中，少数以质粒形式存在。可随宿主基因组同步复制，并随宿主细胞分裂进入子细胞。因不合成病毒壳体蛋白故不裂解宿主细胞。噬菌体具整合能力，能将其 DNA 整合到宿主菌 DNA 中，处于整合状态的噬菌体 DNA 称前（原）噬菌体。整合时需要噬菌体整合基因编码产生的整合酶，该酶能识别噬菌体与细菌之间具同源性的附着点，并催化整合过程。温和噬菌体有很多种，如大肠杆菌 λ、Mu-1、P_1 和 P_2 噬菌体，鼠伤寒沙门菌 P_{22} 等噬菌体。λ 噬菌体头为直径 55nm 的二十面体，尾可弯曲、中空、非收缩，核心为线状 dsDNA，两端各有一段黏性末端。感染宿主时线状 dsDNA 在宿主 DNA 连接酶的作用下环化。接着进入裂解性或溶源性周期。温和噬菌体一般用括号写在宿主细菌株号后面。例如，*E .coli* K_{12}（λ），表示 λ 噬菌体是一种温和噬菌体，寄生在大肠杆菌 K_{12} 菌株细胞中。整合上噬菌体 DNA 的细菌称溶源性细菌。它有如下基本特性。

（1）稳定性　溶源性细菌通常很稳定，将整合到细菌 DNA 上的前噬菌体作为其遗传结构的一部分，随细菌 DNA 一起复制，一起分裂，能稳定遗传。

（2）免疫性　溶源性细菌对同源噬菌体有高度特异的免疫性。其免疫是由于前噬菌体有 *cI* 基因，能编码产生一种阻遏蛋白，阻抑噬菌体裂解基因等大部分基因表达，不复制 DNA，不合成蛋白质，并抑制新进入细胞的相同噬菌体等病毒 DNA 的复制和结构蛋白的合成。

（3）裂解　溶源性细菌中少数（10^{-5}～10^{-3}）前噬菌体阻遏蛋白的活性水平降低，自发脱离细菌细胞染色体增殖，导致细胞裂解。这种现象称为溶源性细菌的自发裂解。经紫外线、X 射线、氮芥、丝裂霉素 C 等理化因子处理发生高频率裂解的现象称诱发裂解。实验室常用这些理化因子诱导溶源性细菌产生噬菌体。这种中断溶源状态进入溶菌性周期的现象称为前噬菌体的切离，切离与整合过程相反，需要切离基因编码的切离酶。有极少数溶源性细菌的前噬菌体离开染色体，不进入增殖周期，就失去溶源性，称为溶源性细菌的复愈或非溶源化。

（4）溶源转变　噬菌体 DNA 整合到细菌基因组中改变了细菌的基因型，使宿主细菌获得除免疫性以外的新遗传性状，称溶源性转变。某些细菌毒素、激酶的产生，抗原结构和血清型别可受溶源性控制。例如，白喉杆菌不产生毒素，当其被 β-棒杆菌温和噬菌体感染而溶源化，由于后者带有毒素蛋白的结构基因（*tox*$^+$），可编码毒素蛋白，因而变成产白喉毒素的致病菌，细菌失去该噬菌体即丧失产毒能力。又如，肉毒梭菌产生的肉毒毒素、某些链球菌产生引起猩红热的红斑毒素都与它们的溶源性细菌携带原噬菌体有关。我国学者发现在红霉素链霉菌中其 P_4 温和噬菌体也有溶源转变活性，由它决定宿主红霉素的生物合成和形成气生菌丝的能力。溶源转变在微生物进化中有一定作用。细菌溶源性也是研究肿瘤病毒的一个好模式，因为这些病毒也有将其基因引入感染细胞产生肿瘤的能力。

溶源性细菌在发酵生产中危害极大。检验溶源性细菌的具体方法是将少量溶源性细菌与大量敏感性指示菌（溶源性细菌裂解后释放的温和噬菌体会发生裂解性周期者）混合，再加入琼脂培养基混匀倒平板。过一段时间溶源性细菌长成菌落。溶源性细菌分裂中有极少数个体自发裂解，释放的噬菌体不断侵染溶源性细菌菌落周围的指示菌，会产生中央有溶源性细菌小菌落、四周有透明圈的特殊噬菌斑（图 4-15）。

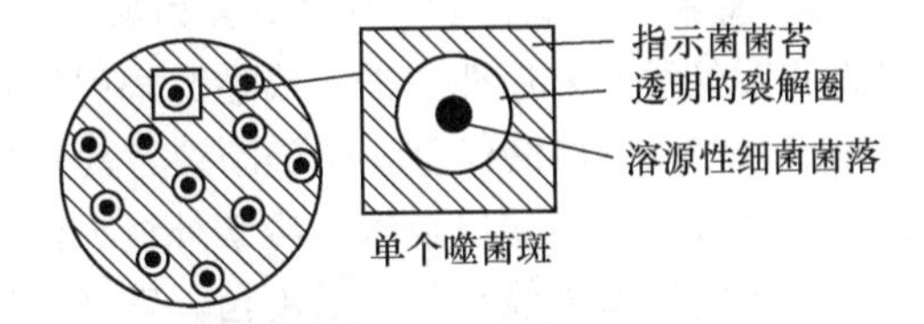

图 4-15 溶源性细菌及其特殊噬菌斑（模式图）

温和噬菌体可以三种状态存在（图 4-16）：①游离有感染性的病毒粒子；②前噬菌体整合进细菌染色体并一道复制；③营养期噬菌体在宿主细胞内指导病毒核酸和蛋白质合成。

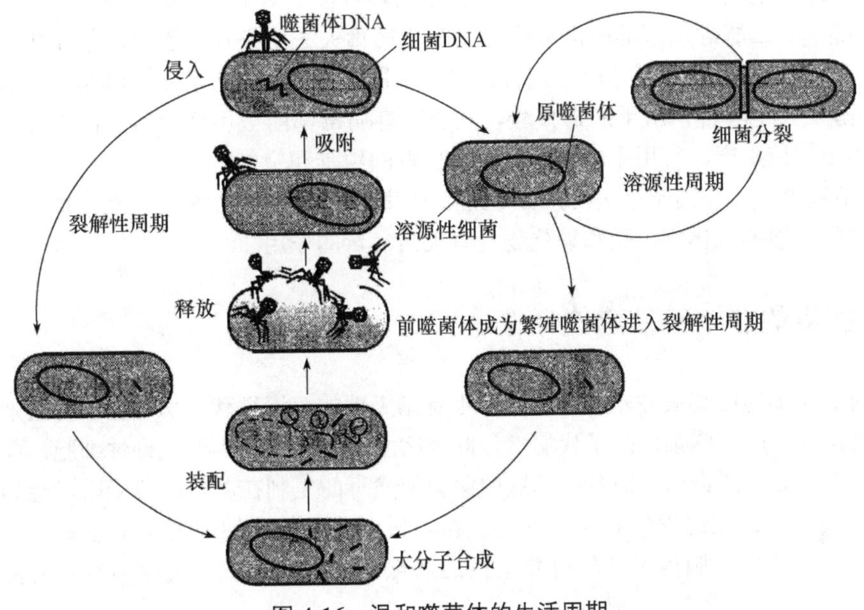

图 4-16 温和噬菌体的生活周期

溶源性现象广泛存在于细菌中。卫星病毒感染也可导致其宿主细胞溶源化。

四、理化因素对病毒感染性的影响

病毒的化学组成是核酸与蛋白质，有的病毒有包膜。凡能破坏病毒成分和结构的理化因素均可使病毒失去感染性，即灭活。灭活的病毒仍保留其抗原性及血吸、血凝等活性。

（一）物理因素对病毒的影响

1．温度 大多数病毒耐冷不耐热，离开机体后在室温中只能存活数小时。某些病毒如肝炎病毒和肠道病毒抵抗力较强，能在自然界中存活数日至数月。大多数病毒经加温 60℃、30min 即被灭活。但乙肝病毒需加热 100℃、10min 才能被灭活。病毒在低温下活性不易丧失，低温（－70～－20℃）是保存病毒活力的有效方法，可保存几个月。经冷冻干燥处理的病毒 4℃可永久保存。有包膜病毒一般比无包膜病毒对温度敏感，反复冻融易被灭活。许多病毒有蛋白质和盐存在时较稳定。因此，在研制活疫苗时添加盐类有利于疫苗的保存。

2. 辐射 病毒对γ射线、X射线、紫外线等各种射线比较敏感，易变性、钝化，受直射日光和紫外线照射后即失去传染性。辐射钝化单链核酸的作用较强，能导致多核苷酸链的致死性断裂，对双链核酸仅有一条链断裂。紫外线对DNA的作用是使核酸邻近的嘧啶形成二聚体。但有些病毒如脊髓灰质炎病毒经紫外线灭活后再受可见光照射，激活修复酶可使灭活的病毒复活，故不能用紫外线制备灭活疫苗。紫外线可用于空气消毒。

（二）化学因素对病毒的影响

1. pH 一般病毒在pH 6～9较稳定。常用5%苯酚等酸性或碱性消毒剂消毒病毒污染的器材和用具。保存病毒以中性或偏碱条件较好，常用50%中性甘油盐水保存含病毒组织块。

2. 染料 某些染料可以穿透病毒，与核酸结合，当这些病毒遇到可见光时可被灭活。故病毒空斑实验中用中性红染色时需避光，否则病毒可被灭活不能形成空斑。

3. 乙醚 乙醚等脂溶剂能溶解病毒包膜使病毒失去感染性。因此，包膜病毒对乙醚等脂溶剂敏感，裸露病毒对乙醚等脂溶剂有较强的抗性。可用乙醚来鉴别病毒是否具有包膜。

4. 甲醛 甲醛可作用于病毒核酸，几乎所有病毒都能被甲醛灭活，但仍可保持其抗原性，故常用于疫苗生产。常用甲醛消毒污染了病毒的用具和空气。

5. 其他药物 非离子型去污剂如NP_{40}，阴离子去污剂如SDS及过氧化氢、漂白粉、高锰酸钾和过氧乙酸等氧化剂，碘和碘化物均有灭活病毒的作用。

五、病毒的非增殖性感染

病毒对敏感细胞的感染并不一定都能产生有感染性的病毒子代。病毒感染宿主细胞并在其内完成复制循环，产生感染性的子代病毒，此类宿主细胞称该病毒的允许性细胞，此感染过程称增殖性感染。如果感染由于病毒或细胞的原因使病毒的复制在某一阶段受阻，会导致病毒感染的不完全循环。在此过程中病毒与细胞的相互作用可以导致细胞发生某些变化，甚至产生细胞病变，但在宿主细胞内不产生有感染性的病毒子代，称为非增殖性感染。主要有以下三种类型。

1. 流产感染 据发生原因分为依赖于细胞的流产感染和依赖于病毒的流产感染。如果病毒感染的细胞是病毒不能复制的非允许细胞，将导致依赖于细胞的流产感染。非允许细胞由于缺失某些参与病毒复制的酶、tRNA或细胞因子，仅有少数病毒基因表达，不能完成病毒复制。允许细胞和非允许细胞的划分是相对的，一种病毒的允许细胞可能是另一种病毒的非允许细胞，反之亦然，如猴肾细胞是病毒SV40的允许细胞，但人腺病毒感染猴肾细胞会发生流产感染。

依赖于病毒的流产感染由基因组不完整的缺损病毒引起，如干扰缺损病毒、卫星病毒等，它们虽然是包被在典型病毒壳体内的RNA，但只含有病毒核酸的部分基因，缺损少数病毒复制必需的基因，因此它们无论是感染非允许细胞还是允许细胞都不能完成复制循环。

有生物学活性的缺损病毒包括干扰缺损病毒、卫星病毒、条件缺损病毒和整合的病毒。干扰缺损病毒是病毒复制时产生的基因缺失的突变体，必须依赖同源的完全病毒提供其缺失基因的产物才能复制。卫星病毒的基因有缺失，必须依赖辅助病毒才能复制。条件缺损病毒是基因发生了突变的病毒条件致死突变体，在限制条件下导致流产感染。病毒整合感染的细胞没有感染性的病毒产生，只有在一定的条件下它才能转入复制，产生病毒颗粒。

2．限制性感染 这类感染因细胞的瞬时允许性产生，其结果或是病毒持续存在于受染细胞内不能复制，直到细胞成为允许性细胞病毒才能繁殖，或是一个细胞群体中仅有少数细胞产生病毒子代。例如，人乳头瘤病毒可感染上皮细胞，其早期基因的转录可在各分化期上皮细胞中进行，但晚期基因的转录只能在分化成熟的鳞状上皮细胞中进行，所以只有进入终末分化的鳞状上皮细胞病毒才能完成正常增殖。

宿主细胞形成自噬体是对病毒侵入和复制的另一种重要防御措施。自噬体是双层膜围成的囊泡结构，它捕获病毒并将其运到溶酶体降解。自噬过程通过识别受体信号启动天然免疫反应，诱导干扰素合成，也可选择性地降解病毒感染形成的成分。

3．潜伏感染 在受染细胞内有病毒基因组长期存在，但并不产生感染性病毒颗粒，而且受染细胞也不会被破坏。这种携带病毒基因组但不产生感染性病毒的细胞称为病毒基因性细胞。例如，单纯疱疹病毒感染后在三叉神经节中潜伏，此时机体既无临床症状也无病毒排出；以后由于机体劳累或免疫功能低下等因素影响，潜伏的病毒被激活后沿感染神经到达皮肤、黏膜，发生单纯疱疹。潜伏感染的另一个极端情况是病毒基因的功能表达导致宿主基因表达的改变，以致正常细胞转化为恶性细胞，与溶源化过程相似。

六、病毒与宿主的相互作用

病毒是专性活细胞寄生物。它与宿主时刻都在相互作用。病毒为宿主细胞的外来异物，一方面，宿主对病毒感染表现出主动限制作用，努力抑制、消灭病毒，或使病毒潜伏处于隐性感染状态，保护宿主细胞免受病毒的侵犯；另一方面，病毒也积极对宿主细胞的核酸、蛋白质等主要大分子物质进行修饰、改造，以控制宿主细胞的代谢活动，使宿主细胞为病毒的感染和复制提供必需的场所、物质和能量。病毒进入宿主细胞后立即控制宿主的代谢活动，使宿主细胞大分子物质合成停止，并利用宿主细胞的大分子合成机制和能量装置大量复制病毒的核酸和蛋白质等；同时给宿主细胞乃至宿主机体造成多方面的损害，甚至导致宿主细胞裂解。例如，许多噬菌体感染时都能产生关闭蛋白，能以不同方式抑制宿主大分子物质的合成，包括抑制宿主基因的转录和抑制宿主蛋白质及 DNA 的合成。许多噬菌体能编码某些酶破坏宿主细胞的限制性酶系统，保护病毒核酸。不同的噬菌体感染对宿主细胞的生物学效应差别很大，大多数较简单的噬菌体通常都不破坏宿主细胞 DNA，对受感染细胞影响较小。有强致细胞病变效应的病毒对宿主细胞膜、细胞骨架等结构造成严重影响，最终都会导致细胞死亡。

第三节 病毒的分离和测定

病毒的分离与纯化、鉴定、效价的测定都是病毒学研究的基本技术。同微生物学其他分支学科一样，病毒学的进步得益于研究方法和技术手段的发展。

一、病毒的分离与纯化

病毒是专性活细胞内寄生的，利用宿主接种、鸡胚培养和细胞培养可进行病毒的分离。

1．标本处理 根据病毒的生物学性质、感染特征、流行病学规律及机体的免疫保护机制选择所需标本的种类，确定最适采集时间和处理方法。为避免细菌污染，标本一般都应加抗生素除菌，也可用离心或过滤处理。为使细胞内病毒充分释放还需研磨或用超声波破碎细胞。

大多数病毒对热不稳定，标本处理后应立即接种。如需运送或保存，数小时内可置50%中性甘油内4℃保存，对需较长时间冻存的标本最好置−20℃以下或用干冰保存。

2．宿主接种 分离标本接种于实验宿主的种类和接种途径主要取决于病毒宿主范围和组织嗜性，同时考虑操作、培养及结果判定的简便。噬菌体标本可接种于生长在培养液或培养基平板中的敏感细菌培养物。植物病毒标本可接种于敏感植物叶片，产生坏死斑或枯斑。动物病毒标本可接种于敏感动物的特定部位，嗜神经病毒接种于脑内，嗜呼吸道病毒接种于鼻腔。常用动物有小鼠、大鼠、地鼠、家兔和猴子等。接种病毒后隔离饲养，每日观察动物发病情况，根据动物出现的症状，初步确定是否有病毒增殖。

3．鸡胚培养 不同的病毒可选择不同日龄的鸡胚和不同的接种途径，如痘类病毒接种于10～12d的鸡胚绒毛尿囊膜上，鸡新城疫病毒宜接种在10d的鸡胚尿囊腔和羊膜腔内，虫媒病毒宜接种于5d的鸡胚卵黄囊，继续培养观察。

4．细胞培养 用机械方法或胰蛋白酶将离体的活组织分散成单个的细胞，在平皿中制成贴壁的单层细胞，然后铺上动物病毒悬液进行培养。植物病毒也可采用细胞培养法培养。

经第一次接种而未出现症状的往往需要重复接种，进行盲传。即将经接种而未出现感染症状的宿主或细胞培养材料再接种传递给新的宿主或细胞培养，以提高病毒毒力或效价。

收获培养的病毒，将病毒分离出来。刚分离出来的病毒不纯，需纯化。重复地将一个空斑、灶斑或痘斑中的病毒适当稀释，接种到新制备的单层细胞中，可获得纯系病毒。至少要连续三次分离纯化，每次所观察到斑的大小和形态特征及毒粒的大小、形态、密度、化学组成、抗原性和感染性等应保持均一，方可认为已达到纯化，否则还应继续纯化。

病毒纯化的方法很多，有盐析、等电点沉淀、有机溶剂沉淀、凝胶层析、离子交换层析及超速离心等。不同病毒有不同的纯化方法，同种病毒在不同宿主系统中其纯化方法不同。

二、病毒的鉴定

以物理、化学、生物学及分子生物学方法鉴别病毒的性质，描述其特征是病毒分类的前提。病毒鉴定也是病毒性疾病诊断的可靠办法。

1．细胞病变效应 大多数病毒都有相当专一的宿主范围，故病毒的宿主谱可作病毒初步鉴定的指标。有些病毒感染细胞后不产生细胞病变效应或其他变化，却能阻止后一种病毒在细胞内的增殖，如乙型脑炎病毒能干扰脊髓灰质炎病毒的增殖，间接说明前一种病毒已在该细胞内增殖。据此可检出不引起细胞病变和不产生血凝、血吸现象的病毒。多数病毒在细胞内增殖后可引起细胞、组织明显的变化和特征性病斑。例如，单纯疱疹病毒感染细胞后表现出细胞圆缩、脱落或细胞融合形成多核细胞；麻疹病毒感染后可形成多核巨细胞；有的病毒可在细胞核或细胞质里形成包涵体；痘类病毒在鸡胚绒毛尿囊膜上形成肉眼可见的痘斑；鸡新城疫病毒使鸡胚全身出现出血点。多数病毒增殖时可杀死宿主细胞，出现与噬菌斑相似的空斑。细胞感染了肿瘤病毒则生长速率大增，受感染细胞堆积起来形成类似菌落的感染病灶。根据这些特征性表现可初步鉴定病毒。细胞病变是特定病毒与细胞相互作用的结果，不同病毒感染同一细胞时可能出现不同的细胞病变效应，同一病毒在不同细胞也可能引起不同效应。培养液成分、温度、病毒感染时细胞年龄等也会影响细胞病变效应。

2．理化性质 利用电镜技术、分析超速离心技术及热、紫外线、化学药物和脂溶剂等理化因子对病毒感染性的作用，可分别检查毒粒的大小、形态和结构特征，测定病毒及其组分的沉降系数、浮力密度和分子量，鉴定病毒核酸类型，确定病毒对不同理化因子的敏感性。根据这些理化性质可对病毒作进一步的鉴定。

3．血吸和血凝 受某些包膜病毒感染的细胞表面出现病毒蛋白成分（血凝素），其表面能吸附脊椎动物红细胞称血吸。某些病毒感染细胞后病毒可释放到细胞培养液里，将细胞培养液与前述红细胞作用可出现红细胞凝集现象称血凝。不同病毒所凝集的血细胞的种类及凝集所要求的温度、pH 等条件都不相同。它们均可作病毒鉴定的依据。

4．免疫学方法 根据抗原抗体特异性反应建立的免疫学方法是病毒鉴定的重要方法。免疫沉淀反应、凝集反应、酶联免疫吸附测定、血凝抑制试验、中和试验、免疫荧光、免疫电镜、放射免疫及单克隆抗体等技术都已广泛用于病毒鉴定。对病毒的抗原分析可使病毒鉴定更准确、更精细。这对病毒的分型、区分亲缘关系及病毒性疾病的诊断都至关重要。

5．分子生物学方法 用聚丙烯酰胺凝胶电泳、蛋白质肽图与 N 端氨基酸分析、核酸酶切图谱和寡核苷酸图谱分析、分子杂交、序列测定及聚合酶链反应等生物化学与分子生物学方法鉴定病毒核酸、蛋白质组分性质，对病毒鉴定及病毒性疾病诊断都有特殊意义。

三、病毒效价的测定

病毒效价表示每毫升试样中所含侵染性病毒的粒子数。其测定以噬菌体为例：噬菌体侵入菌体复制导致宿主细胞裂解，释放出子噬菌体继续侵染周围宿主细胞，结果使混浊菌悬液变清或在固体培养基上出现透明噬菌斑（图 4-17）。若每个噬菌体产生一个噬菌斑则根据在固体培养基上形成的噬菌斑数可测得每毫升试样中所含侵染性噬菌体数即噬菌体效价。计算的病毒粒子数比电镜直接计数低，因病毒粒子对宿主细胞感染率不会达到 100%。空斑表示的病毒效价并非悬液中病毒粒子真正数目，而是空斑形成单位（PFU）数目。空斑数与噬菌体数之比为成斑率。噬菌体的成斑率大于 50%，动、植物病毒用类似方法得到的成斑率为 10%。试样中一般噬菌体粒子含量较高，应先逐级稀释再测定效价。测定方法如下。

1．双层平板法 这是一种普遍采用能精确测定效价的方法。先将含 2%琼脂底层培养基 7～8mL 铺成平板，再将含 1%琼脂上层培养基 3mL 在试管中熔化并冷却至 45℃，加入 0.2mL 较浓的对数期敏感菌和 0.1mL 待测噬菌体稀释液，充分混匀，立即倒在底层平板上铺平，凝固后保温培养 10h 计数噬菌斑（图 4-17）。其优点较多：所有噬菌斑几乎在同一个平面，大小一致、边缘清晰、无重叠；可形成形态较大、特征较明显的噬菌斑。

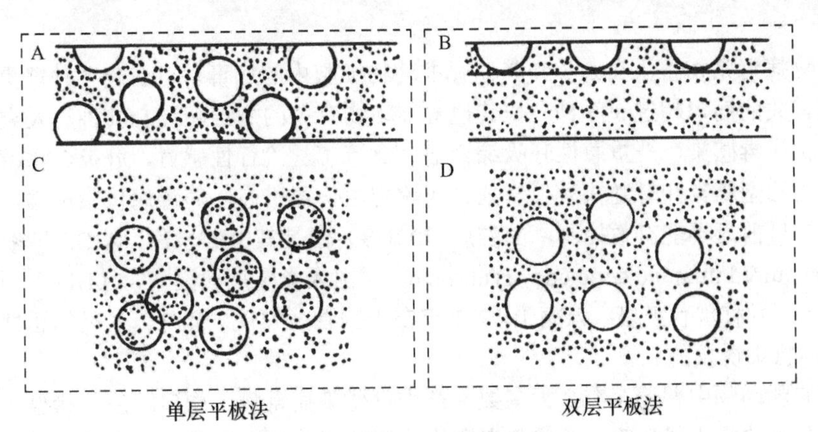

图 4-17 琼脂平板上的噬菌斑

A、B．侧面观；C、D．顶面观

2．单层平板法 在双层平板法中省略底层，但培养基琼脂浓度和量比双层法中的上层略大。此法简便、节省，但不够清晰、准确（图 4-17）。

3．斑点试验法 它是一种半定量的预试验方法。先将敏感宿主菌悬液涂布于合适的培养基平板上。平板表面朝下置于 45℃温箱中使表面不留水膜，再把不同稀释度待测试样依次用接种环点种在平板上，保温数小时后根据点样处是否产生噬菌斑可初步判断试样效价。

4．液体稀释管法 这与活菌计数中的系列稀释法相似。不同的是：①各试管中均加培养液；②各管中均须接入处于对数期的宿主细胞；③以不长菌的最高稀释管计算效价。

5．玻片快速法 将噬菌体和敏感宿主细胞与适量熔化的 0.5%～0.8%琼脂培养基混合，涂布于无菌载玻片上短期培养后在显微镜或放大镜下计数。此法速度快，但精确度较差。

每种噬菌体噬菌斑有一定的大小、形状、边缘特征和透明度，故可作鉴定的指标。噬菌斑不仅用于噬菌体的分离和计数，也用于噬菌体的检出和鉴定。据测定，一个直径 2mm 的噬菌斑所含噬菌体数达 10^7～10^9 个。噬菌斑测定法已被动物病毒、植物病毒的测定所借鉴，建立动物病毒的蚀斑测定法及植物病毒的枯斑（坏死斑）测定法。如果是肿瘤病毒，细胞不是被溶解，而是生长速率增加导致受感染细胞堆积形成类似于菌落的感染病灶。不能用蚀斑法或枯斑法测定的动、植物病毒可用终点法定量。方法是：取等体积经 10 倍或 2 倍稀释的病毒系列稀释液分别接种同样的实验单元（动物、植物、鸡胚或细胞培养），经一段时间孵育后以实验单元群体中半数个体出现某一感染反应所需的病毒剂量确定病毒的效价，称半数效应剂量。用使 50%实验单元出现感染反应的病毒稀释液的稀释度倒数的对数值表示。

竞争性聚合酶链反应和竞争性逆转录聚合酶链反应等分子生物学定量方法也广泛用于病毒的测定，这对体外培养困难的病毒和病毒含量极微样品的定量分析有特别的意义。

第四节 病毒的种类和分类

病毒分布极为广泛，可以感染几乎所有生物引起病害。根据宿主范围分脊椎动物病毒、无脊椎动物病毒、植物病毒和微生物病毒。有的病毒群侵染多种宿主生物，如呼肠孤病毒科中有引起婴儿和幼小动物腹泻的轮状病毒、昆虫质型多角体病毒和水稻矮缩病毒。

一、脊椎动物病毒

脊椎动物病毒是指寄生在人类和其他脊椎动物细胞内的病毒，可引起各种严重疾病。已知与人类健康有关的病毒超过 300 种，与其他脊椎动物有关的病毒超过 900 种。人类 80%的传染病如新型冠状病毒感染、严重急性呼吸综合征、禽流感、流行性感冒、肝炎、水痘、麻疹、腮腺炎、流行性乙型脑炎和脊髓灰质炎、狂犬病等均由病毒引起。病毒病传染性强，流行广，死亡率高，有的目前还不能有效控制，艾滋病（AIDS）便是其中的一种。AIDS 即获得性免疫缺陷综合征（acquired immune deficiency syndrome），由人类免疫缺陷病毒（HIV）引起，传染性强，死亡率高，号称现代瘟疫。该病于 1981 年在美国首次发现。此外，人类的恶性肿瘤中约有 15%是由病毒感染诱发的。

病毒在哺乳动物中普遍存在。大多数家畜均可感染病毒病，如口蹄疫、猪瘟、牛瘟、马传染性贫血病及兔的乳头状瘤等，严重危害畜牧业的发展。许多病毒病是人兽共患病，应防止相互传染。家禽的瘟疫病如鸡新城疫和鸡劳斯肉瘤病等都是由病毒引起的。两栖类、鱼类也有病毒病，如蛙的病毒性肿瘤、鱼的感染性肿瘤及鱼痘等。

动物病毒感染宿主后，一般表现为病毒粒子大量增殖导致宿主细胞裂解。有些病毒感染动物后并不致死宿主细胞，而是引起肿瘤。病毒的致肿瘤效应已通过多种方法确定。引起动物肿瘤的病毒包括DNA病毒和RNA病毒。许多DNA肿瘤病毒和RNA肿瘤病毒都能整合入宿主染色体，RNA肿瘤病毒的基因组通过逆转录产生DNA中间体再整合入宿主染色体。有的病毒感染后暂不裂解寄主细胞，而是缓慢释放病毒粒子，造成持久性的感染。还有的暂不裂解寄主细胞，而是进入潜伏状态，形成潜伏性感染，以后又进入裂解性感染。

二、昆虫病毒

无脊椎动物病毒主要在昆虫中发现，蜘蛛纲、甲壳纲、水螅、原生动物及软体动物等体内都有。昆虫病毒数量多，已知的有1690种（2016年），其中80%以上是农业、林业中常见鳞翅目害虫的病原体，有的寄生在传播脑炎、出血热等疾病的蚊、蜱等虫媒中，与农、林、医关系密切。昆虫病毒主要通过口器感染，大多数能形成包涵体，其直径一般为3μm，成分为碱溶性结晶蛋白，其中包裹着数目不等的病毒粒子。可保护病毒粒子免受外界不良环境的破坏。根据包涵体的有无及其在细胞中的位置、形状，可将昆虫病毒分为以下几类。

1．核型多角体病毒（NPV）　病毒粒子杆状，其包涵体呈多面体，在昆虫细胞核内增殖。有两个类型：一个包膜内只含一个核衣壳的单核衣壳核型多角体病毒和一个包膜内含多个核衣壳的多核衣壳核型多角体病毒。分类上属杆状病毒科（*Baculoviridae*）A亚群。大多数在鳞翅目中发现，如棉铃虫核型多角体病毒、斜纹夜蛾核型多角体病毒、家蚕核型多角体病毒、桑毛虫核型多角体病毒，双翅目、膜翅目中也有报道。多角体表面有一层蛋白膜。病毒粒子可单个被包埋于多角体中，大多以多个成束被包埋于多角体中。多角体经宿主昆虫幼虫口食入体内，在碱性肠液作用下多角体蛋白溶解，病毒粒子侵入中肠的圆柱状细胞开始原发感染。产生的新病毒粒子（BV）进入血液继发感染多种组织细胞，使被感染细胞裂解，昆虫死亡。它们可使黏虫、水稻夜蛾、棉铃虫、斜纹夜蛾等害虫致病，已广泛用于生物防治。有的感染家蚕、蜜蜂等，应注意防治。2001年5月，我国和荷兰科学家合作完成了中国棉铃虫单核衣壳核型多角体病毒（HaSNPV）的基因组全序列测定（全长131 403bp），这是我国自主研究并用于农业生产的第一个病毒杀虫剂，年产量已达2000t。甘蓝夜蛾核型多角体病毒悬浮剂也在江西大量生产。

2．质型多角体病毒（CPV）　病毒粒子呈二十面体，球状，直径48～69nm，无蛋白质包膜，有双层蛋白质构成的衣壳，核酸为线状dsRNA，由10～12个片段组成。在昆虫细胞质内增殖。分类上属呼肠孤病毒科质型多角体病毒属（*Cypovirus*）。主要在鳞翅目、双翅目、膜翅目中发现。形成多角状包涵体，大小0.5～10.0μm，包埋着1～10 000个病毒粒子。在pH>10.5时即溶解，如家蚕质型多角体病毒、油松毛虫质型多角体病毒、小地老虎质型多角体病毒。病毒粒子通过昆虫口腔进入消化道，在碱性肠液作用下多角体蛋白溶解，释放出病毒粒子，侵入中肠上皮细胞。主要在昆虫肠道中增殖，在细胞核内合成RNA，再经核膜进入细胞质，与在细胞质中合成的蛋白质衣壳装配成完整的病毒粒子，最后再包埋入多角体蛋白中。昆虫感染后不取食，饥饿而萎缩。我国用质型多角体病毒防治松毛虫效果很好。

3．颗粒体病毒（GV）　病毒杆状，dsDNA，在细胞质和细胞核中都可增殖。包涵体呈圆形、椭圆形或肾形，长200～500nm，宽100～350nm，包埋着一个包膜病毒粒子，如菜青虫颗粒体病毒、稻纵卷叶螟颗粒体病毒等。主要感染鳞翅目昆虫的真皮、脂肪组织与血细胞等。昆虫吞食后停止进食，行动迟缓，腹部肿胀，表皮易破，流出液呈脓状，腥臭、混浊、乳白色。

我国用菜粉蝶颗粒体病毒制剂防治菜粉蝶等害虫的技术已很成熟。

4. 昆虫痘病毒（EPV） 病毒粒子大型，卵形或砖形，长400～500nm，宽200～350nm，有厚包膜，dsDNA。包涵体球状或纺锤形，但病毒粒子只包埋于球状体中。在鞘翅目、双翅目、直翅目和鳞翅目中发现。幼虫被感染后食欲减退、体弱无力、行动迟缓、腹部肿胀变色，表皮破裂后流出腥臭、混浊、乳白色的脓。

5. 非包涵体病毒 主要有大蜡螟浓核症病毒、家蚕软化病病毒、中蜂大幼虫病病毒等。

三、植物病毒

植物病毒种类很多，已鉴定的有 1000 多种，有杆状、丝状和近球状三种基本形态，少数有包膜。绝大多数种子植物都可发生病毒病，大多数是 ssRNA 病毒，基因组多数是单组分。不少 RNA 植物病毒基因组为多组分，这些 RNA 分子分散在几个病毒粒子中，这是 RNA 病毒特有的现象。多分体是 RNA 病毒增加其遗传信息的一种方式，也便于它们完成细胞间的转移。各组分担负不同的功能，它们同时存在才能表达病毒完整的功能。例如，苜蓿花叶病毒由四种粒子组成，其中三种杆状，一种近球状。单独一种粒子不侵染，两种以上粒子同时混合感染时才侵染。烟草脆裂病毒基因组分散在长、短两个 RNA 分子中，它们分别在两个杆状颗粒中，长颗粒具侵染性，长、短两种颗粒一齐感染病毒才能复制。

植物病毒对宿主专一性不强，一种病毒可寄生于不同科的植物。例如，烟草花叶病毒（TMV）能侵染 36 个科、500 余种草本和木本植物。植物病毒主要借昆虫口器或伤口进入植株，侵入宿主细胞后才脱去衣壳。在植物组织中借胞间连丝扩散。引起的主要症状有：①破坏叶绿体或不能形成叶绿素，表现为花叶、黄化或红化等；②阻碍植株发育导致植株矮化、丛枝和畸形；③杀死植物细胞形成枯斑或坏死。另外，在感染病毒的细胞内形成包涵体。植物病毒的传播主要靠虫媒或草媒（如菟丝子），不少是种子传播的，少数通过接触传播。

植物病毒的防治主要考虑植株发病和流行规律、环境因素及病毒本身等因素，如选育抗病毒或耐病毒的作物品种，改变耕作制度，消灭传毒昆虫等。高等植物、微生物的代谢产物含有抗病毒物质，如从香菇菌体中提取出的苯恩特明。这些天然抑制剂主要使病毒的 RNA 失去 mRNA 的功能，不能合成病毒复制所需要的早期蛋白质，或促进宿主表现耐病毒性。病毒病是仅次于真菌病害的第二大病害，每年病毒病造成的损失相当严重，寻找安全、有效的抗病毒制剂是当前植物病害防治工作的首要任务。

四、微生物病毒

病毒还寄生于细菌、真菌、单细胞藻类等细胞内。

细菌和放线菌病毒称噬菌体。根据外形，噬菌体可分蝌蚪形、球形、线形三种。经电镜观察的噬菌体绝大部分为蝌蚪形。根据结构又可分为 A、B、C、D、E、F 6 种。A、B、C 型均为蝌蚪形，dsDNA，A 型有可收缩的长尾，B 型有不可收缩的长尾，C 型有不可收缩的短尾。D、E 型均为球形，D 型 ssDNA，12 个顶角各有一个较大的壳粒；E 型 ssRNA 或 dsRNA，各顶角壳粒较小。F 型 ssDNA，为无头的丝状。大多数噬菌体无包膜，仅个别有脂质包膜。核酸有线状、环状，以线状 DNA 居多。噬菌体在自然界分布很广，从土壤、污水、粪便、腐烂有机物、患病植株及发酵工厂下水道等处均可分离到。发酵工业中常出现噬菌体污染，影响产品的产量、质量，甚至停产。噬菌体对宿主专一性较强，一种噬菌体通常只侵染一种细菌的个别品系，可用换种的方法防止噬菌体危害。如果两种细菌可被一种噬菌体侵染，说明这两种细菌亲缘关系较近，故可用已知噬菌体鉴定未知菌种或作细菌分型。噬菌体还侵染古菌。古菌噬菌体蝌蚪状，基因组为线状 dsDNA。大多数支原体病毒分离自莱氏无胆甾原体。分三个类群：类群 1 为裸露弹状粒子，ssDNA；类群 2 为近似球状的包膜病毒，dsDNA；类群 3 为有尾的多面体病毒，可能是 dsDNA。在螺旋状支原体中也发现三类不同形态的病毒粒子：SV-1 型为长杆状；SV-2 型为蝌蚪形，具非收缩性长尾；SV-3 型有多面体头部与短尾。

蓝细菌病毒称噬蓝细菌体，已发现三种类型：一类蝌蚪形，短尾，dsDNA；一类与烟草花叶病毒相似；还有一类与大蚊虹彩病毒（一种昆虫病毒）相似，但无其独特的光学性质。

在各类真菌中发现真菌病毒或类似病毒的粒子，称作噬真菌体和噬酵母菌体。已知的真菌病毒 100 余种，分布在 50 余属。大多数真菌病毒是直径 25～45nm 的球形，少数杆状。蘑菇病毒已发现 5 种类型，除Ⅲ型为杆状外，其余均为球形，直径分别为 25nm、29nm、35nm 和 50nm，核酸都是 dsRNA，双孢蘑菇病毒是二十面体粒子。食用菌病毒主要通过孢子传播。

五、病毒的分类和命名

1. 病毒的分类原则 病毒分类的主要依据包括病毒的形态、结构、基因组、复制、化学组成和对理化因子、脂溶剂的敏感性等性质以及病毒的抗原性、生物学性质。具体根据下列标准分类：①宿主范围及传播方式；②核酸类型，DNA 或 RNA；③衣壳对称性（立方对称或螺旋对称）；④二十面体的衣壳粒数（或螺旋对称病毒的螺旋直径）；⑤有无包膜；⑥核酸链数（双链或单链）；⑦病毒颗粒大小；⑧核酸分子量；⑨有无包涵体；⑩病毒在宿主细胞中的存在部位等。

2. 病毒的命名规则 由于历史的原因，病毒的命名十分混乱，很多病毒的名称不能反映病毒的种属特征。为求统一，经国际病毒分类委员会（ICTV）批准，于 1998 年提出 41 条新的病毒命名规则，主要内容：病毒分类系统依次采用目（order）、科（family）、属（genus）、种（species）为分类等级。种学名用英文（种名加词在前，属名在后），只用单名，斜体；目、科、亚科和属名也用斜体，其后缀分别用拉丁词“*-virales*”“*-viridae*”“*-virinae*”和“*-virus*”表示；类病毒的科名和属名的词尾分别为“*viroidae*”和“*viroid*”。病毒“种”构成一个复制谱系，占据特定的生态环境并有多原则分类特征（包括基因组、毒粒结构、理化特性、血清学性质等）。病毒“属”是一群有某些共同特征的种，承认一个新属必须同时承认一个代表种。病毒“科”是一群有某些共同特征的属，承认一个新科必须同时承认一个代表属。病毒“目”是一群有某些共同特征的科。

3. 病毒的分类系统 现在的分类系统（2012 年）将已发现的 5450 余种（株）病毒分为 dsDNA 病毒、ssDNA 病毒、DNA 和 RNA 逆转录病毒、dsRNA 病毒、负义 ssRNA 病毒、正义 ssRNA 病毒和亚病毒因子共七大类，6 目、87 科、19 亚科、349 属、2288 种（表 4-1）。6 个目分别为有尾噬菌体目（*Caudovirales*）、单组分负义 RNA 病毒目（*Mononegavirales*）、成套病毒目（*Nidovirales*）、小 RNA 病毒目（*Picornavirales*）、芜菁黄化叶病毒目（*Tymovirales*）和疱疹病毒目（*Herpesvirales*）。将卫星病毒、卫星核酸、类病毒及朊病毒归于亚病毒因子，除类病毒外，其他亚病毒因子均不设科和属。

表 4-1 常见病毒科及其主要特征

核酸类型	病毒科	特征	病毒举例
dsDNA	肌尾噬菌体科（*Myoviridae*）	复合对称，无包膜	大肠杆菌 T_4、P_1、P_2 噬菌体
	痘病毒科（*Poxviridae*）	复合对称，有包膜	天花病毒、传染性软疣病毒
	虹彩病毒科（*Iridoviridae*）	二十面体对称，有包膜	大蚊虹色病毒
	疱疹病毒科（*Herpesviridae*）	二十面体对称，有包膜	单纯疱疹病毒、带状疱疹病毒
	腺病毒科（*Adenoviridae*）	二十面体对称，无包膜	腺病毒
	长尾病毒科（*Siphoviridae*）	复合对称，无包膜	λ 噬菌体、T_1 噬菌体
	乳头瘤病毒科（*Papillomaviridae*）	二十面体对称，无包膜	棉尾兔乳头状瘤病毒
	杆状病毒科（*Baculoviridae*）	螺旋对称，有包膜	家蚕及棉铃虫核型多角体病毒
ssDNA	丝状病毒科（*Inoviridae*）	螺旋对称，无包膜	埃博拉病毒、M_{13} 噬菌体
	细小病毒科（*Parvoviridae*）	二十面体对称，无包膜	鼠细小病毒、家蚕浓核症病毒
	双粒病毒科（*Geminiviridae*）	二十面体对称，无包膜	玉米线条病毒、甜菜曲顶病毒
	微病毒科（*Microviridae*）	二十面体对称，无包膜	大肠杆菌 ΦX174 噬菌体
dsRNA	呼肠孤病毒科（*Reoviridae*）	二十面体对称，无包膜	哺乳动物正呼肠孤病毒
	囊病毒科（*Cystoviridae*）	二十面体对称，无包膜	假单胞菌 Φ6 噬菌体
ssRNA	冠状病毒科（*Coronaviridae*）	(+)RNA，二十面体，有包膜	冠状病毒
	雀麦花叶病毒科（*Bromoviridae*）	(+)RNA，二十面体，无包膜	雀麦花叶病毒
	黄病毒科（*Flaviviridae*）	二十面体对称，有包膜	丙型肝炎病毒、黄热病病毒
	披膜病毒科（*Togaviridae*）	(+)RNA，二十面体，有包膜	风疹病毒
	小 RNA 病毒科（*Picornaviridae*）	二十面体对称，无包膜	脊髓灰质炎病毒、甲型肝炎病毒
	光亮病毒科（*Leviviridae*）	二十面体对称，无包膜	MS_2 噬菌体
(−)ssRNA	副黏病毒科（*Paramyxoviridae*）	螺旋对称，有包膜	副流感病毒、麻疹病毒
	弹状病毒科（*Rhabdoviridae*）	螺旋对称，有包膜	狂犬病毒、莴苣坏死黄化病毒
	正黏病毒科（*Orthomyxoviridae*）	螺旋对称，有包膜	流感病毒
	布尼亚病毒科（*Bunyaviridae*）	螺旋对称，有包膜	布尼安维拉病毒
	沙粒病毒科（*Arenaviridae*）	螺旋对称，有包膜	丁型肝炎病毒
逆转录	嗜肝 DNA 病毒科（*Hepadnaviridae*）	复合对称，有包膜	乙型肝炎病毒
DNA、RNA	逆转录病毒科（*Retroviridae*）	ssRNA，二十面体，有包膜	人类免疫缺陷病毒、禽白血病病毒
	花椰菜花叶病毒科（*Caulimoviridae*）	dsDNA，二十面体，无包膜	花椰菜花叶病毒

第五节 亚 病 毒

亚病毒是一类比一般病毒更小、更简单的非细胞生物，与一般病毒有显著差别，是病毒学的一个新分支，突破了原先以核衣壳为病毒体基本结构的传统认识，有的是仅有核酸或仅有蛋白质的感染性活体。亚病毒包括卫星病毒、卫星核酸、类病毒、拟病毒及朊病毒。它们为生物学家探索生命起源提供新对象；为分子生物学家研究功能生物大分子提供好材料；为病理学家揭开传染性疑难杂症指明新方向；为哲学家研究生命本质提供新例证。

一、类病毒

类病毒无蛋白质外壳，也无类脂成分，仅有一条裸露核酸，是已知最小可传染的致病因子。1971 年首先发现的马铃薯纺锤块茎病类病毒仅由一个含 359 个核苷酸的单链环状 RNA 分子组成，长 50nm，分子量 1.2×10^5。该分子内约 70%碱基通过氢键配对形成双螺旋区，共形成 122 个碱基对，未配对碱基则形成 27 个小环，双螺旋区与内环交替形成一个伸长的棒状分子（图 4-18）。抗热性较强，抗脂溶剂，对 RNA 酶敏感，无抗原性。类病毒的 RNA 均无 mRNA 活性，不能编码蛋白质。其复制完全利用宿主的酶，以滚环式复制。已鉴定的类病毒有 20 多种，每种类病毒都有一定的宿主范围。已知的类病毒主要寄生于高等植物细胞核内，与核仁结合，能在宿主细胞内自我复制。其 RNA 分子直接干扰宿主的核酸代谢。(一)RNA 与核内低分子 RNA 形成碱基对，导致细胞高分子合成系统障碍而致病。类病毒使多种作物发生缩叶病、矮化病等严重病害，严重的可减产 80%，如马铃薯纺锤块茎病、柑橘裂皮病、菊花矮缩病、椰子坏死病等。传染力强，潜伏期长。能自我复制，不需要辅助病毒。大多数类病毒通过营养繁殖传播，如宿主植物的嫁接、整枝等，也可通过植株的花粉或胚珠传播。类病毒与人类的关系尚不清楚。最近报道动物中也有 DNA 类病毒。

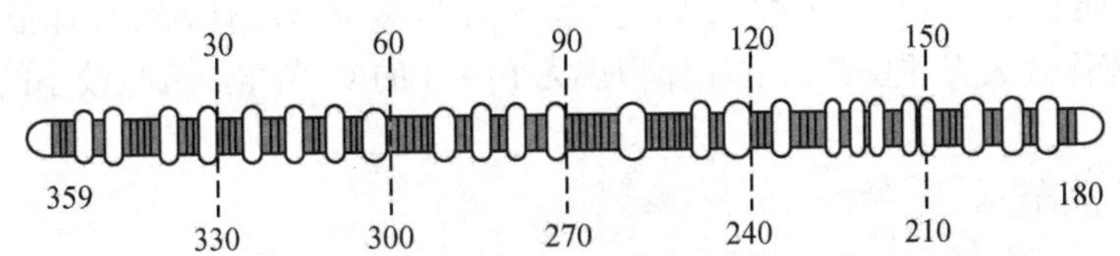

图 4-18　马铃薯纺锤块茎病类病毒（PSTV）的结构模型

数字表示核苷酸序号

二、拟病毒

拟病毒是一类包裹在病毒内有缺陷的类病毒。拟病毒极小，仅由裸露的 RNA（300～400 个核苷酸）组成。与拟病毒“共生”的病毒称辅助病毒。拟病毒的侵染、复制必须依赖辅助病毒的协助。拟病毒可干扰辅助病毒的复制从而减轻其对宿主的危害，可用于生物防治。

拟病毒首先在绒毛烟的斑驳病毒中分离到（1981 年）。它是一种直径为 30nm 的二十面体病毒，其核心中除含大分子线状 ssRNA（RNA-1）外，还有小分子环状 ssRNA（RNA-2）及线状 ssRNA（RNA-3），后两者为拟病毒，它们与辅助病毒 RNA-1 没有序列同源性。实验证明，只有 RNA-1 和 RNA-2 或 RNA-3 合在一起才能感染宿主。现已在许多植物病毒中发现拟病毒。

三、卫星病毒

某种基因组缺损的 RNA 病毒寄生于另一种病毒中，其侵染与复制依赖于后者的协助。前者称卫星病毒，后者称辅助病毒，如腺相关病毒（AAV）、大肠杆菌 P_4 噬菌体、卫星烟草坏死病毒（STNV）、卫星烟草花叶病毒（STMV）、丁型肝炎病毒（HDV）等。卫星病毒形态结构、抗原性都与辅助病毒不同，其基因组与辅助病毒基因组也无同源性。它们既可干扰辅助病毒复制，又能改变其辅助病毒引起的宿主病症。其存在对辅助病毒的复制无益。与其他亚病毒不同，其基因组可编码自身外壳蛋白，此外壳蛋白与辅助病毒没有血清学关系。

1．植物卫星病毒 植物卫星病毒已发现多种，它们都依赖辅助病毒提供复制酶进行复制，都编码有壳体蛋白。植物卫星病毒对辅助病毒的依赖较专一，如卫星烟草坏死病毒（STNV）的复制只能依赖烟草坏死病毒（TNV）的辅助。它们都是二十面体病毒，但其核酸和衣壳蛋白都无同源性。TNV 直径 28nm，ssRNA 分子量（1.3～1.6）$\times 10^6$，有独立感染能力；STNV 直径 17nm，ssRNA 分子量 4.0×10^5，所含遗传信息仅够编码自身衣壳蛋白，无独立感染能力，不能独立复制。两者的依赖关系有高度的特异性，也与宿主有关。

2．丁型肝炎病毒 丁型肝炎病毒（HDV）必须利用乙型肝炎病毒的包膜蛋白才能完成其复制，土拨鼠肝炎病毒也能辅助其复制。丁型肝炎病毒粒子球形，有包膜，核衣壳直径 19nm，其单链环状 RNA 基因组与植物类病毒类似，呈杆状二级结构，但其大小与类病毒不同，且有编码蛋白质能力。其包膜蛋白完全由 HBV 提供。丁型肝炎病毒以自身 RNA 为模板，利用宿主的依赖 DNA 的 RNA 聚合酶，通过滚环式复制产生子代共价环状 RNA 分子。

3．腺相关病毒 是小型含单链 DNA 的二十面体病毒，本身不能独立复制，必须与腺病毒或疱疹病毒并存才能复制。它能干扰腺病毒的复制和腺病毒引起的细胞转化。若无腺病毒存在，则它只能整合在宿主基因组中以前病毒形式进入潜伏期，此时对宿主无致病性。

4．大肠杆菌 P_4 噬菌体 是复杂的线状 dsDNA（约 11 400 个核苷酸）卫星病毒，没有大肠杆菌 P_2 噬菌体同时感染，它虽可复制 DNA 和通过与宿主基因组整合并以前噬菌体使宿主细胞溶源化，但不能复制产生成熟的噬菌体。大肠杆菌 P_4 噬菌体没有编码壳体蛋白的结构基因，必须依靠 P_2 噬菌体合成壳体蛋白，装配体积仅为 P_2 1/3 的 P_4 壳体，包装较小的 P_4 DNA。

四、卫星核酸

卫星核酸完全不同于卫星病毒，是指一些必须完全依赖辅助病毒进行复制的小分子核酸，多数是单链 RNA，无 mRNA 的活性，少数是 DNA。它们不编码外壳蛋白，被包裹在辅助病毒的衣壳中，多个卫星 RNA 分子可与辅助病毒的基因组存在于同一个衣壳中，与辅助病毒的 RNA 无明显的同源性。它们对宿主植物无独立的感染性，其复制、装配全部依赖辅助病毒。其对辅助病毒的侵染、复制都不是必需的，但能干扰辅助病毒的复制。

卫星核酸分大、小两类。大者与卫星病毒基因组类似，多为 300 个核苷酸左右。较大的卫星 RNA 能表达，较小卫星 RNA 似乎无 mRNA 功能。许多卫星 RNA 都能以线状和环状两种形式存在于被感染的组织中，但在辅助病毒颗粒中只有线状形式。不同卫星 RNA 复制方式不同。较小卫星 RNA 以对称的滚环式复制，产生的 RNA 多聚体经自我切割产生线状单体分子。有些卫星 RNA 复制不能自我切割。许多卫星 RNA 能影响其辅助病毒在宿主中产生的症状，有的能加重症状，有的能减轻症状。能减轻症状的卫星核酸已被用于防治植物病毒病，已将卫星核酸的 cDNA 转入植物，构建抗病毒的转基因植物以防治植物病毒病。

五、朊病毒

朊病毒是一种很小、具侵染性并在宿主细胞内复制的蛋白质颗粒，它不同于一般病毒和类病毒，没有核酸，是特殊的蛋白质，无免疫原性。1982 年，Prusiner 首先报道羊瘙痒病病原体是一种分子量为 3.0×10^4 的疏水蛋白质感染因子，命名为朊病毒。它对蛋白酶、氨基酸化学修饰剂、蛋白质变性剂敏感，对核酸酶、核苷酸修饰剂、核酸变性剂有抗性，显示朊病毒是蛋白质成分而非核酸。朊病毒蛋白（prion protein，PrP）分子量 27 000～30 000，是构成朊病毒的基本单位，单个无感染性，3个PrP分子结合有极强的感染性。电镜下，朊病毒为直径25nm、长100～200nm的杆状颗粒，大约由1000个PrP构成，丛状排列。它对高温、紫外线、辐射、非离子型去污剂、蛋白酶等能使病毒灭活的理化因子有较强抗性。

源于羊瘙痒病的朊病毒蛋白以PrP^{SC}表示。据检测，正常人体和动物细胞DNA中有编码PrP的基因，人类*PrP*基因定位于2号染色体短臂，全长约20kb。且无论感染瘙痒病因子与否，宿主细胞PrP mRNA水平无变化，说明PrP是细胞组成型基因表达的产物。PrP分正常型与疾病型两种。*PrP*基因表达的正常产物为33～35kDa，是神经元表面蛋白，称PrP^{C}，为可溶性糖蛋白，对蛋白酶敏感。PrP^{C}通过糖基磷脂酰肌醇（GPI）锚定于细胞膜。疾病型PrP是PrP^{C}的同分异构体，称PrP^{SC}。它们的一级结构相同。侵入的朊病毒能修饰这个宿主蛋白，使其折叠的交替模式变化，并使它失去正常功能，能部分抵抗蛋白酶的分解并变得不溶解。PrP^{SC}为不可溶性蛋白，可抵抗蛋白酶的水解而沉淀。目前认为，Prions病是PrP^{C}改变其折叠状态向PrP^{SC}转变所致。PrP^{C}羧基端结构中有43%为α螺旋、3%为β折叠结构，PrP^{SC}则有30% α螺旋和43% β折叠结构（图4-19）。此结构变化导致其对蛋白酶K从敏感变为抵抗和致病性产生。自发、遗传及获得性Prions病都有共同典型表现：蛋白质代谢异常并产生PrP^{SC}堆积。

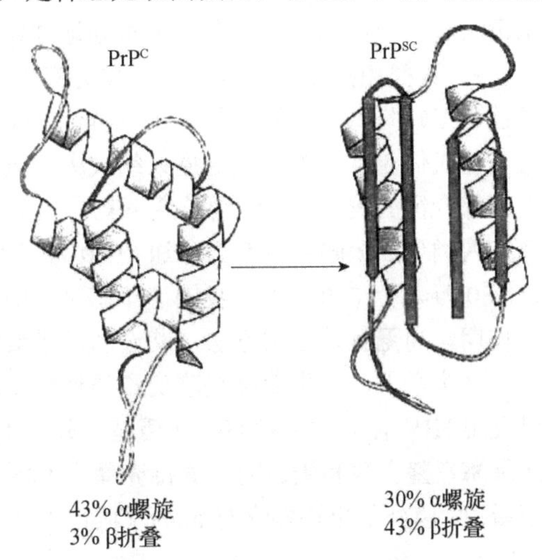

图4-19 朊病毒的结构变异

有人认为PrP^{SC}来源于PrP^{C}，PrP^{SC}的形成是翻译后的加工过程，不是蛋白质内共价键的修饰。有假说认为PrP^{SC}进入细胞后与PrP^{C}结合形成PrP^{C}-PrP^{SC}复合体，导致PrP^{C}构型变化，转变为PrP^{SC}，产生的两个PrP^{SC}分子再与另外两个PrP^{C}结合，又产生4个PrP^{SC}，导致PrP^{SC}数成倍增加。PrP^{SC}积累到一定浓度可造成细胞死亡，死亡细胞裂解释放出的PrP^{SC}又继续攻击其他细胞。

朊病毒的研究已取得很大进展，已有大量证据支持上述假说。但仍有人认为朊病毒含有很少量的核酸。所以，对朊病毒的本质、繁殖、传播方式、致病机制有待进一步阐明。朊病毒的发现有重大理论和实践意义。它可能为弄清一系列疑难传染性疾病的病因、传播及治疗带来新的希望。蛋白质的折叠而导致致病性的问题已成为分子生物学的重要研究课题，由蛋白质的折叠与生物功能之间的关系研究延伸至与疾病的致病因子关系研究。

朊病毒主要在脊椎动物中发现，引起人和动物中枢神经系统疾病，如羊瘙痒病、牛海绵状脑病（疯牛病）、貂传染性脑病、猫海绵状脑病、人库鲁病等。这类病患者脑组织在光镜下可见大量针状孔洞，伴有星状细胞胶质化、脑细胞减少、大脑海绵状变性和异常淀粉样蛋白增多，引起神经退化。其共同特征是潜伏期长，对中枢神经功能影响严重。朊病毒侵入人体借食物进入消化道，再经淋巴系统侵入大脑。实验证明，疯牛病PrP能传染给人，应严防。近来发现自然界分离的700种酵母菌中有1/3存在朊病毒，并赋予宿主某些有益的特性。

第六节 病毒的应用及防治

病毒与人类实践关系密切，它们常给人类健康、畜牧业、种植业和发酵工业造成不利影响，同时也可利用它们进行生物防治、疫苗生产和作遗传工程的基因载体、实验材料等。

一、病毒与人类健康

病毒对人类健康危害极大，不仅引起艾滋病、肺炎、肝炎、脑炎、脊髓灰质炎、狂犬病等严重传染病，还诱发肝癌等多种恶性肿瘤。公元前 3 世纪，我国就有关于病毒性疾病天花的详细记载。近 40 多年中新出现的 40 多种传染病大多数由病毒引起，人类 80%以上的传染病是由病毒引起的。可以说，“同人类争夺地球统治权的唯一竞争者就是病毒。”

1．人类免疫缺陷病毒 人类免疫缺陷病毒（human immunodeficiency virus，HIV）是获得性免疫缺陷综合征的病原体。该病毒 1981 年在美国首次被发现，是感染人免疫细胞的慢病毒。它破坏人体免疫细胞，使免疫系统失去抵抗力，导致各种感染、恶性肿瘤及神经障碍等一系列临床综合征的发生，最终因长期消耗，全身衰竭死亡。据联合国卫生部门 2008 年底统计，全球感染人类免疫缺陷病毒者累计逾 7900 万，其中 4000 万病亡。现全球感染者达 3860 万，我国超过 180 万人（2010 年）。我国近年感染人数每年以 30%速度增长，由传入期、传播期进入快速增长期。尚无有效控制方法，艾滋病已成威胁人类健康的严重病毒传染病。

分类学上，人类免疫缺陷病毒属逆转录病毒科（*Retroviridae*）的慢病毒属（*Lentivirus*）。已发现 HIV 有 HIV-1 和 HIV-2 两型。外形呈圆球状，直径为 100～140nm；核心含 ssRNA、逆转录酶、整合酶和蛋白酶；病毒壳体由 P25 壳体蛋白组成；壳体外有脂双层膜，膜内有 P17 内膜蛋白，膜外长出许多含有 gp41 和 gp120 糖蛋白的跨膜蛋白和刺突。电镜下可见一致密的截头圆锥状核心（图 4-20）。HIV 基因组是由两条相同正链 RNA 在 5′端通过氢键结合形成的二聚体，长约 9749 个核苷酸，含 *gag*（编码壳体蛋白）、*Pol*（编码逆转录酶、整合酶）和 *env*（编码包膜糖蛋白）三个结构基因，以及至少 6 个调控基因（*tat*、*rev*、*nef*、*vif*、*vpu*、*vpr*），在基因组 5′端和 3′端各有相同的长末端重复序列（LTR），其中含启动子、增强子、TATA 序列等调节病毒基因转录的顺式作用元件。

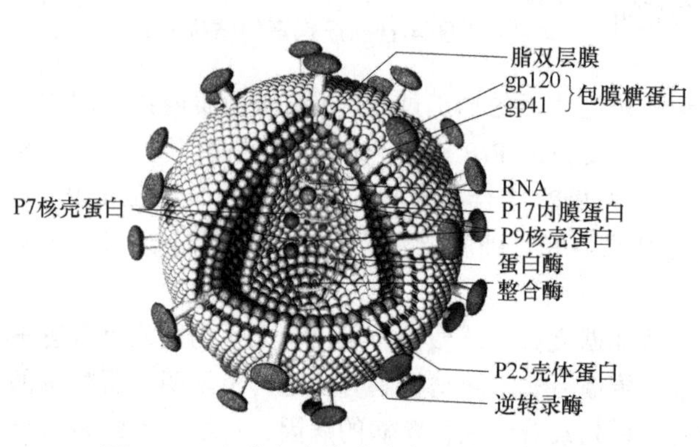

图 4-20 人类免疫缺陷病毒的结构模式图

HIV 从人体皮肤创口或黏膜进入血液，先被巨噬细胞吞噬，但 HIV 能改变巨噬细胞溶酶体赖以消化病毒的酸性环境，使溶酶体中多种酸性水解酶失活，为 HIV 创造有利生存和增殖的环境，再侵入 $CD4^+T$ 细胞大量增殖。通过其包膜糖蛋白 gp120 与 T_4 细胞表面的 CD4 分子结合，还需辅助受体 CCR3 和 CCR8 等参与，以膜融合方式进入细胞。核衣壳脱壳后在病毒携带的逆转录酶的作用下，由病毒基因组 RNA 逆转录产生 cDNA，进一步复制产生双链 DNA 中间体，双链 DNA 进入细胞核并整合进细胞染色体成为前病毒，并与细胞核同步复制，随细胞分裂垂直传递给子细胞。整合的前病毒 DNA 在细胞的依赖 DNA 的 RNA 聚合酶的作用下转录产生正链 RNA，其中有的为病毒基因组 RNA，有的为 mRNA 并翻译产生结构蛋白。然后装配、出芽、成熟，子代病毒从受感细胞中释放。最终导致 $CD4^+T$ 细胞大批死亡，使 $CD4^+T$ 细胞减少、B 细胞对各种抗原产生抗体的功能受限。HIV 能感染许多带 CD4 受体及辅助受体 CCR5 或 CXCR4 的细胞，巨噬细胞和树突状细胞等有 CD4 受体和 CCR5 受体，特别是 $CD4^+T$ 细胞有 CD4 受体和 CXCR4 受体，是 HIV 攻击的主要靶细胞。最后，细胞免疫和体液免疫系统完全被破坏，极易发生各种严重的机会感染和恶性肿瘤。

HIV 是逆转录病毒，从 RNA 复制出 DNA 非常容易，以前病毒的形式成为被感染细胞核酸的一部分。HIV 可长期（8～15 年）潜伏，一旦被激活便大量复制、释放，不断感染新的细胞。大多数患者能产生针对 HIV 的抗体，因 HIV 整合并潜伏且有多种血清型和高抗原突变率，体液免疫不能阻止其增殖。病毒的依赖 RNA 的 RNA 聚合酶和逆转录酶都缺乏校正修复活性，病毒基因组复制中碱基错配率很高，变异频繁，使预防、诊断和治疗困难。

HIV 的传染途径为性传播、血液传播和母婴传播。AIDS 目前无法治愈，疫苗研制短期内难见成效，以预防为主，严肃安全的性行为、使用清洁的注射器、严格的血液检查等预防措施是防止感染 HIV 病毒的有效措施。AIDS 不仅是医学问题，而且是严重的社会问题。

2．SARS 冠状病毒　2003 年 4 月，世界卫生组织（WHO）宣布一种未知的冠状病毒为严重急性呼吸综合征（severe acute respiratory syndrome，SARS，“非典”）的病原体，命名为 SARS 冠状病毒（SARS-CoV）。SARS 是病毒性肺炎的一种，症状：发烧、干咳、呼吸急促、头疼及低氧血等，伴随血细胞下降和转氨酶水平升高等，还引起消化道、神经系统等的疾病，严重时呼吸衰竭致死。

冠状病毒近球型，直径 60～200nm，有包膜，膜表面有长 12～24nm 的突起糖蛋白，末端球形。其结构花瓣状，因电镜下病毒颗粒呈王冠状（图 4-21）而得名。其基因组为不分段正链 ssRNA，27～31kb，是 RNA 病毒中最大的。其基因组 5′端有甲基化帽、3′端有 poly（A）尾，有 7～10 个基因。此结构和真核的 mRNA 相近，是其基因组 RNA 可发挥翻译模板作用的重要结构基础。我国科学家完成 SARS-CoV 全基因组测序，全长 29 727 个核苷酸，主要结构蛋白及复制酶基因排列和其他冠状病毒一致。其中 5′端约 2/3 区域编码病毒 RNA 聚合酶复合蛋白；后 1/3 区域依次为突起糖蛋白（S）、包膜蛋白（HE）、基质蛋白（M）和核壳蛋白（N）编码区，5′端和 3′端含短的非翻译区。它不是其他冠状病毒变异株，而是与它们相似的新病毒，有许多独特特征。属套式病毒目（*Nidovirales*）冠状病毒科（*Coronaviridae*）冠状病毒属（*Coronavirus*）。

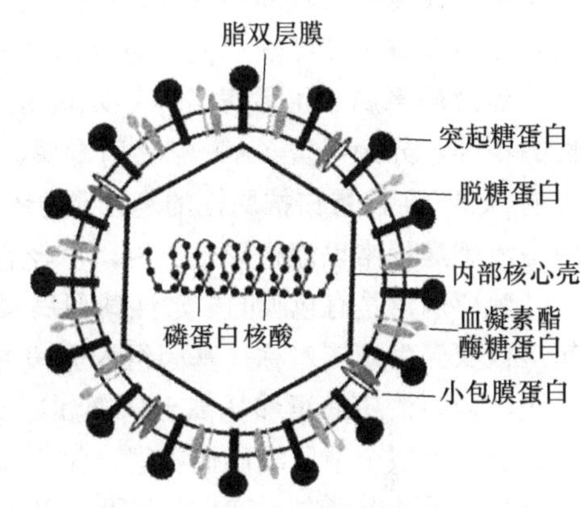

图 4-21　SARS 冠状病毒的结构示意图

SARS-CoV 可能通过 S 或 HE 与细胞表面受体结合，以与细胞质膜融合或胞吞的方式进入细胞。脱壳后分别合成核酸 RNA 和结构蛋白，衣壳蛋白包装病毒 RNA 的基因组组成核衣壳，新合成的 M、S 和 HE 结合进入粗面内质网和高尔基体之间的膜上，通过 N 与 M 的相互作用，核衣壳在粗面内质网和高尔基体等处装配，以小泡运输到细胞膜，出芽获得包膜成熟，成熟的病毒以外排作用或裂解细胞方式释放。

它主要通过近距离飞沫、接触感染者呼吸道分泌物和密切接触传播，患者消化道排泄物及其污染的水、食物和物品等也是重要传播途径。通风换气、消毒空气、出门戴口罩、保持间距、进屋洗净手脸，可有效预防呼吸道传染病。

3．新型冠状病毒　新型冠状病毒（SARS-CoV-2）引发新型冠状病毒感染（COVID-19）。它属套式病毒目冠状病毒科冠状病毒属，对热较敏感，56℃、30min 可灭活；75%乙醇、含氯消毒剂、过氧乙酸可灭活。

新型冠状病毒可在复制中不断适应宿主产生突变，已有 7 种“关切的变异株”：阿尔法（α）、贝塔（β）、伽玛（γ）、德尔塔（δ）、奥密克戎（o）、XBB 系列和 EG5.1。

患者症状各人不一，主要表现为发热、畏寒、干咳、乏力、肌痛、鼻塞、流涕、咽痛、头痛、头晕、腹泻、呕吐、喉咙干痛、全身酸痛、嗅觉味觉减退或丧失，较重者逐渐出现呼吸困难等。部分严重病例可出现心肌炎、呼吸衰竭、急性呼吸窘迫综合征或脓毒症休克，甚至死亡。其传播具高传染性、高感染率和高隐蔽性，并可多次重复感染。部分患者病程中无相关临床表现，且 CT 影像学无病毒感染影像学特征，但呼吸道等标本新型冠状病毒病原学检测呈阳性，称无症状感染者。据目前的流行病学调查，本病潜伏期 1～14d，多数为 3～7d，传染源主要是新型冠状病毒感染的患者，潜伏期即有传染性，无症状感染者同样有传染性。主要经呼吸道飞沫和密切接触传播，接触病毒污染物也可造成感染，在相对封闭的环境中通过气溶胶传播。

据研究，新型冠状病毒既有 SARS-CoV 基因，还有人免疫缺陷病毒基因；不仅感染人呼吸系统，而且侵染人消化系统、免疫系统、血液循环系统、神经系统、骨骼等许多部位。

4．流感病毒 流行性感冒病毒简称流感病毒，是一种造成人类及动物患流行性感冒的 RNA 病毒，会造成急性上呼吸道感染并借空气迅速传播，在世界各地常有周期性的大流行。1918 年，西班牙流感大流行波及世界许多地区，使全球 1/4 的人感染，夺走近两千万人的生命。流感病毒在免疫力较弱的老人、小孩及免疫失调的患者中，常引起肺炎或心肺衰竭等严重的症状。流感多发生在冬季。流感病毒都是水平传播，不能垂直传播。

流感病毒属于正黏病毒科（*Orthomyxoviridae*），根据病毒核蛋白和膜蛋白抗原及其基因特性的不同，分为甲型（A）流感病毒属、乙型（B）流感病毒属、丙型（C）流感病毒属和托高土病毒属。在核蛋白抗原性的基础上，还可根据血凝素和神经氨酸酶的抗原性分为不同的亚型。甲型流感病毒常以流行形式出现，广泛存在于动物中。

流感病毒是有包膜的多形性球型病毒，直径 80～120nm，包膜表面有血凝素和神经氨酸酶突起，核衣壳为螺旋对称，基因组为分段的负链 RNA。甲型和乙型流感病毒的 RNA 由 8 个节段组成，丙型流感病毒和托高土病毒属则比它们少一个节段。其第一、二、三个节段编码 RNA 多聚酶，第四个节段编码血凝素，第五个节段编码核蛋白，第六个节段编码神经氨酸酶，第七个节段编码基质蛋白，第八个节段编码一种能起拼接 RNA 功能的非结构蛋白（其他功能尚不清楚）。丙型流感病毒缺少第六个节段，其第四个节段编码的血凝素可同时行使神经氨酸酶的功能。

禽流感病毒是引起禽类急性高度接触性传染病禽流感的病原，属甲型流感病毒。据表面血凝素和神经氨酸酶结构及其基因特性的不同，甲型流感病毒可分许多亚型，血凝素有 18 个亚型（H1～H18），神经氨酸酶有 11 个亚型（N1～N11）。禽流感病毒在各地分离到的毒株毒力有很大差异，分为高致病性、低致病性、无致病性三种。高致病性病毒传播快，死亡率高。近年来 H5N1 型高致病性禽流感病毒在世界许多地区肆虐，使大量禽类死亡，部分地区人也被感染致死，损失巨大。各种亚型的流感病毒几乎均可在禽类中找到。有人认为禽类是流感病毒的基因库，1918 年，世界大流行的猪型流感病毒（H1N1）就来自禽流感病毒。它可感染多种禽类和哺乳动物。

流感病毒以空气传播为主，污染空气通过呼吸道感染，污染环境通过接触感染。

5．肝炎病毒 病毒性肝炎是严重威胁人类健康的传染病。引起肝炎的病毒包括甲型肝炎病毒（hepatitis A virus，HAV）、乙型肝炎病毒（hepatitis B virus，HBV）、丙型肝炎病毒（hepatitis C virus，HCV）、丁型肝炎病毒（hepatitis D virus，HDV）、戊型肝炎病毒（hepatitis E virus，HEV）、庚型肝炎病毒（hepatitis G virus，HGV）及输血后传播型肝炎病毒（TTV）等。

甲型肝炎严重威胁人类健康。1988 年，上海甲肝大流行，30 多万人感染，损失巨大。

乙型肝炎（简称乙肝）是世界性疾病，感染者逾三亿，严重威胁人类健康。乙肝易转为慢性活动性肝炎、慢性迁移性肝炎或无症状病毒携带者，多数发展为肝硬化或原发性肝癌。乙型肝炎病毒（HBV）属嗜肝 DNA 病毒科（*Hepadnaviridae*），球形，直径 42～49nm，有包膜（图 4-22）。它在患者血清中有三种形态：由空心膜构成的小球状颗粒，直径 22nm；由少量空心膜构成的管状颗粒，直径约 22nm，长 50～500nm；大球状颗粒，直径约 42nm，由双层衣壳和核心组成的具感染性的病毒粒子。包膜表面有乙肝病毒表面抗原（HBsAg）糖蛋白突起，核衣壳内含病毒DNA及DNA多聚酶，二十面体对称，直径 25～27nm，构成壳体的蛋白是 C 蛋白即乙肝核心抗原（HBcAg）。还有与壳体有关、分泌到细胞外的可溶性抗原称乙肝病毒 e 抗原（HBeAg）。小球状及管状颗粒无病毒核酸，无感染性，有抗原性。

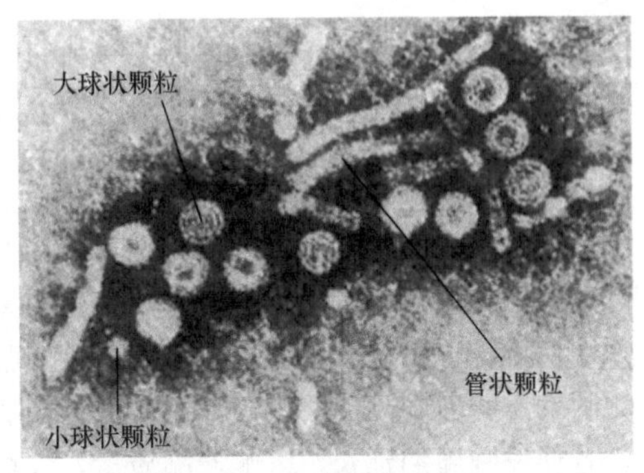

图 4-22　乙肝病毒的电镜照片

HBV 的基因组为有部分单链区的环状双链 DNA，约含 3200 个碱基对。长链（L）长度固定，负链，有一缺口处为 DNA 聚合酶；短链（S）长度不定，正链。HBV 复制时内源性 DNA 聚合酶修补短链使其成为完整的双链结构，然后转录。HBV DNA 的长链有 4 个可读框（ORF）：S 区、C 区、P 区和 X 区。S 区包括前 S1、前 S2 和 S 区基因，编码前 S1、前 S2 和 S 三种外壳蛋白；C 区包括前 C 区，C 区基因编码 HBcAg 蛋白，前 C 区基因编码一个信号肽，在组装和分泌病毒颗粒及在 HBeAg 的分泌中起重要作用；*P* 基因编码 DNA 聚合酶；*X* 基因编码 X 蛋白，具反式调控功能，可激活增强子和启动子。HBV DNA 的短链不含开放阅读框，因此不能编码蛋白质。

HBV 由其包膜糖蛋白（HBsAg）与细胞表面特异性受体结合侵入肝细胞，病毒穿过细胞膜后在细胞质中脱壳，其核酸在细胞内质网状膜结构中移行，部分核酸最终经核膜孔进入细胞核，在 DNA 聚合酶作用下修补缺口，成为完整的双链结构，再在宿主 RNA 聚合酶作用下转录。进入细胞核的病毒 DNA 还可以整合到肝细胞染色体 DNA 中，也有一部分病毒 DNA 游离，为病毒复制作准备。大球状颗粒的组装在细胞内膜上进行。HBV 变异繁多，给诊断和控制造成许多困难，主要通过血液、母婴、性和密切接触传播。

丙型肝炎病毒属黄病毒科（*Flaviviridae*），为有包膜的球形颗粒，直径约 50nm，包膜内是密度很高的核心，基因组为长 9.4kb 正链 RNA。丙型肝炎病毒（HCV）感染者目前全球约有 1.7 亿，其中约有 75%的人会发展为慢性肝炎，多数会发展为肝硬化和肝癌。HCV 通过血液、母婴、性传播，与 HIV、HBV、HGV 极易联合感染。

拓展资料

丁型肝炎病毒（HDV）是 δ 病毒属的代表，是一种缺损的卫星病毒，必须利用乙型肝炎病毒包膜蛋白才能完成复制。HDV 为球形颗粒，直径约 36nm，有包膜，包膜蛋白来源于其辅助病毒 HBV 的 HBsAg，包膜包裹的是 δ 抗原 HDAg 及病毒基因组 RNA。

彻底消毒感染者的呕吐物和排泄物，切勿使其污染水源；加强饮用水的管理，严格消毒；不喝生水，少吃生冷食物，是预防消化道传染病的有效措施。

6. 狂犬病毒　属于弹状病毒科狂犬病毒属，子弹形，直径 75～80nm，长 130～200nm，有包膜。其基因组是负义单链 RNA，全长 12 000nt。它能感染温血动物，通过唾液传播，引起狂犬病。一旦感染，若未及时处理死亡率很高。该病表现神经症状，有兴奋型和麻醉型两种，犬、猫和马感染后出现兴奋状。人被带毒动物咬伤或抓伤后病毒通过伤口进入机体，侵犯中枢神经系统。临床症状主要是特有的恐水、怕风、恐惧不安、咽喉肌痉挛，是人类最可怕的传染病之一。目前尚无特效药物。暴露前后预防接种联合免疫球蛋白是防止狂犬病毒发病的唯一有

拓展资料

效手段。我国批准使用的有地鼠肾细胞疫苗、鸡胚细胞疫苗和传代的细胞系疫苗，用于暴露前后预防接种。

二、病毒与发酵工业

噬菌体对发酵工业的危害极大。污染发酵生产的噬菌体以噬菌体颗粒和溶源状态两种形式存在。涉及的噬菌体主要是细菌和放线菌噬菌体。细菌噬菌体涉及的发酵工业较多，如氨基酸、酶制剂及酸乳制品等的生产，放线菌噬菌体主要在抗生素发酵工业。发酵生产中污染了噬菌体，轻者使发酵周期延长，影响产品质量，发酵单位（产量）降低；重则造成倒罐、停产，酿成重大损失。噬菌体危害可以防治，如控制噬菌体赖以生存增殖的环境条件，不使用可疑菌种，避免使用溶源性菌株，严格保持环境卫生，注意通风质量（选用30～40m高空的空气再经严格过滤），严格会客制度，用药物防治，不任意丢弃和排放有生产菌种的菌液，加强发酵罐和管道灭菌。最有效的防治措施是根据菌株和噬菌体的遗传变异规律，选育抗噬菌体的突变株，使敏感菌株转化为有抗性的新菌种，定期轮换生产菌种。

三、病毒与农业生产

病毒能引起家禽、家畜、野生动物、农作物、林木果类及其他许多经济动植物的疾病，因而给人类的经济活动、生态环境造成极大的危害。

植物病毒是影响作物产量和品质的病原体之一，经常给农业生产造成巨大损失。较常见的有烟草花叶病毒、大麦条纹花叶病毒、花椰菜花叶病毒、马铃薯卷叶病毒等。

动物病毒广泛侵袭各类动物，在家禽家畜养殖中常造成重大损失。禽流感病毒和口蹄疫病毒是影响范围广、造成经济损失较严重的两种。鸡新城疫病毒、猪瘟病毒等也是常见病毒。

昆虫病毒是生物防治的重要手段之一，有资源丰富、致病力强、专一性高、药效持久、不伤害天敌、不污染环境等优点。目前广泛用于生物防治的主要是杆状病毒，尤其是核型多角体病毒。例如，棉铃虫核型多角体病毒是棉铃虫特异性病原病毒，该病毒在1993年登记注册为我国第一个病毒杀虫剂，国际上影响很大，年产量已达500t（2022年）。赤松毛虫质型多角体病毒（CPV）、棉铃虫和油桐尺蠖核型多角体病毒（NPV）及菜粉蝶颗粒体病毒（GV）等病毒杀虫剂都有较好的防治效果。有近百种病毒杀虫剂正在进行大田试验，40多种已实现商品化生产。病毒杀虫剂也有不易大规模生产、杀虫速度慢、在野外易失活、杀虫范围窄等缺点，正利用基因工程等手段对其进行改造。我国在该领域的研究取得了许多重要成果：对棉铃虫核型多角体病毒基因组的测序已完成，棉铃虫群养技术获得突破，发明了独特的病毒分离纯化技术，用赤眼蜂传播病毒成功，使我国在昆虫工厂化饲养、病毒杀虫剂的高效生产、产品质量及使用效果大幅度提高等方面获得巨大进步。我国生产的棉铃虫核型多角体产品质量世界领先（每克产品含病毒粒子达5000亿个）。2006年，在新疆50万亩（1亩≈666.7m^2）棉田试验中，每亩仅用2～3g产品即达到杀虫80%以上的效果。甘蓝夜蛾核型多角体病毒制剂“康邦”已在多地大规模应用，效果良好。

四、病毒在基因工程中的应用

在基因工程操作中，将外源目的基因导入受体细胞并使其表达的中介体称为载体。除原核生物的质粒外，病毒是最好的载体。

1．原核生物基因工程的载体 λ噬菌体是最主要的一种原核生物载体。λ噬菌体是温和噬菌体。自1974年以来，已用野生型λ改造和构建出一系列噬菌体载体。在λ噬菌体颗粒中，DNA是线状双链分子带有单链的互补末端。末端长12个核苷酸，称为黏性末端。当噬菌体感染宿主细胞后，双链DNA分子通过黏性末端连成环状。

噬菌体λ载体有两种类型。①插入型载体：改建后的λ噬菌体DNA都短于野生型，可插入1～23kb的外源DNA。②置换型载体：λ噬菌体基因组中有非必需区，称可替代区，约占λ基因组的1/3。用外源基因片段替代这个区域不影响噬菌体颗粒的形成，此特性构成λ噬菌体作外源基因克隆载体的基础。置换型噬菌体λ是使用最广的载体。

噬菌体λ载体有很多优点：①遗传背景清楚；②载有外源基因时，仍可与宿主染色体整合并同步复制；③宿主范围狭窄，使用安全；④由于其两端各有12个核苷酸组成的黏性末端，故可组成黏端质粒；⑤感染率极高（近100%），比一般质粒载体的转化率高出千倍。

2．真核生物基因工程的载体 目前动物基因工程的载体常用的有改造的动物病毒，如猴肾病毒40（Simian virus 40）、腺病毒、牛乳头瘤病毒、痘苗病毒及RNA病毒等。用花椰菜花叶病毒及藻类的DNA病毒等作植物基因工程的载体，昆虫杆状DNA病毒等作真核生物基因工程的载体。使用这些病毒载体的目的是将目的基因或序列插入动物细胞中表达或试验其功能或作基因治疗等。我国利用重组了毒素基因的杆状病毒作生物防治剂，使害虫既受病毒侵染又遭毒素侵害，双重杀灭害虫，快速、高效、安全，且不产生抗药性。

此外，T_4噬菌体产生的T_4 DNA连接酶、聚合酶、T_4多核苷酸激酶及禽肿瘤病毒的逆转录酶等都是基因工程中的重要工具酶。

习 题

1．名词解释：病毒粒子；包膜病毒；多角体病毒；包涵体；衣壳粒；衣壳；核衣壳；噬菌体；烈性噬菌体；病毒的效价；增殖；逆转录病毒；人类免疫缺陷病毒；溶源性转换；缺损病毒。

2．什么是病毒？病毒与其他微生物有何区别？

3．试述病毒的主要化学组成与结构。病毒核酸有何特点？病毒蛋白质有何功能？

4．病毒有哪几种对称类型？每种对称类型病毒的形态是什么？试各举一例。

5．病毒的增殖有什么特点？试述腺病毒、流感病毒、HIV病毒和*E. coli* T_4噬菌体的增殖过程。

6．什么是病毒的一步生长曲线？它包括哪几个时期？每个时期的特点是什么？

7．什么是温和噬菌体和溶源性细菌？温和噬菌体有哪几种存在方式？溶源性细菌有哪些特点？

8．什么是噬菌斑、空斑和病灶？噬菌体效价如何测定？最常用的是哪种方法？有何优点？

9．按宿主范围，病毒可分为哪几种？病毒分类的主要依据是什么？

10．如何诊断植物的病毒病？

11．什么是亚病毒？亚病毒有哪几类？各有何特点？

12．试述新型冠状病毒的生物学特征、流行特点和防治方法。

13．在发酵工业中，防止因噬菌体感染引起的倒罐的措施有哪些？溶源性细菌如何检出？

14．病毒在工农业生产中有哪些应用？

15．病毒在基因工程中有哪些应用？

（魏淑珍）

第五章

微生物的营养

和其他生物一样，微生物也需要不断地从外部环境中吸收所需要的各种物质，通过新陈代谢获得能量、合成细胞内的物质，同时排出代谢产物，使机体正常生长繁殖。凡能满足微生物机体生长繁殖和完成各种生理活动所需要的物质都称为微生物的营养物质。营养物质是微生物生命活动的物质基础，可为其生命活动提供结构物质、能量、代谢调节物质和必要的生理环境。微生物获得与利用营养物质的过程称为营养。营养是生命活动的起点，是微生物维持和延续其生命的生理过程。掌握微生物的营养理论是研究和利用微生物的必要条件。微生物的营养主要研究营养物质在微生物生命活动中的生理功能和微生物细胞从外界环境中摄取营养物质的机制。

第一节 微生物的营养要求

分析微生物细胞的化学组成是研究微生物营养的基础。

一、微生物细胞的化学组成

分析结果表明，微生物细胞和动植物一样由碳、氢、氧、氮、磷、硫、钾、镁、钙、铁、锰、硼、氯、铜、钴、锌、钼、硒等元素组成。其中碳、氢、氧、氮、磷、硫6种占菌体细胞干重的97%。微生物细胞中的这些元素主要以水、有机物和无机盐的形式存在（表5-1）。

表5-1 微生物细胞中主要干物质含量 （单位：%）

微生物	蛋白质	碳水化合物	脂肪	核酸	矿质元素
腐败细菌	50～80	5～25	5～20	15～25	10～20
小球菌	40～50	10～25	10～30	15～25	6～10
酵母菌	40～70	25～60	15～60	5～10	5～10
霉菌	20～35	20～40	8～40	2～8	6～12

1. 水分 水是微生物细胞中含量最高的成分，不同种类的微生物含水量不同。细菌细胞游离水含量平均为鲜重的75%～85%，酵母菌为70%～80%，霉菌为85%～90%。同一种微生物的含水量随发育阶段和生活条件的不同也有差别。一般衰老细胞较幼龄细胞含水少，休眠体含水量较营养体要少得多，细菌芽孢的游离水含量约为40%，霉菌孢子含水量仅为38%左右。酵母菌在20℃生长时含水量为91.2%；43℃生长时含水量降为74%。微生物细胞游离水含量可采用低温真空干燥、红外线快速烘干或高温（105℃）烘干等方法测定。

2. 有机物 微生物细胞的干物质中90%以上是有机物，主要是蛋白质、核酸、碳水化合物、脂类、维生素及其降解产物。根据其作用可分为三类：一是结构物质，是细胞壁、细胞膜、细胞核、细胞质和细胞器等的主要结构成分；二是贮藏物质，主要是多糖和脂类；三是代谢底物和产物，包括存在于细胞内的糖、氨基酸、核苷酸、有机酸和维生素等低分子质量化合物。各种有机物的含量随着微生物的种类和生活条件的不同而改变。通常可采用两种方法分析细胞中的有机物：一是用化学方法直接提取细胞内的各种有机成分，再进行定性和定量检测；二是先破碎细胞，获得不同的亚显微结构，再分析这些结构的化学成分。

3．矿质元素　微生物细胞干物质中有3%～10%的矿质元素。其中磷的含量最高，占矿质元素的50%左右，其次为硫、钙、镁、钾、铁等，它们的含量也较高，与碳、氢、氧、氮一起称大量营养元素（表5-2）。铜、锌、锰、硼、钴、钼、镍、硒等含量极少，称微量营养元素。它们含量虽少，但都有各自的特殊作用，是微生物体不可缺少的。这些矿质元素大多数参与细胞结构组成，少数游离存在。分析细胞中矿质元素一般先将干细胞在高温炉（550℃）中烧成灰，灰分是各种矿质元素的氧化物；再用无机化学常规分析法测定细胞灰分中各种矿质元素的含量。

表5-2　微生物细胞中几种主要元素的含量　（单位：%干重）

元素	细菌	酵母菌	霉菌	元素	细菌	酵母菌	霉菌
碳	46～52	46～52	45～55	氧	20	31.1	40.2
氮	10～15	6～8.5	4～7	磷	3	1.0～2.5	—
氢	8	6.7	6.7	硫	1	0.1～0.5	—

微生物细胞化学元素的组成量与它们对营养元素的需求量一致，配制微生物培养基时应包含组成细胞化学元素的各种营养物质。微生物细胞内的有机物、无机物和水等共同赋予细胞的遗传连续性、通透性和生化活性等。

微生物细胞的化学组成并不是绝对不变的，常因其种类、培养条件、菌龄不同而有一定的差异。例如，碳在各类微生物细胞中含量比较稳定，占干重的50%左右。氮的含量差异较大。细菌和酵母菌细胞含氮量较高，占干重的7%～13%，霉菌含氮量较低，占干重的5%左右。幼龄细胞的含氮量比老龄细胞高；在含氮丰富的培养基上生长的细胞的含氮量比在氮源缺乏的培养基上生长的细胞高。硫细菌比其他微生物含硫多，铁细菌含铁多，海洋微生物含较多的钠。

二、微生物的营养物质

微生物生长所需要的元素主要由相应的有机物和无机物提供。小部分可由气体物质提供。根据营养物质在细胞内的生理作用，可将它们分为碳源、氮源、能源、无机盐、生长因子和水。

1．碳源　凡能提供微生物生长繁殖所需碳营养的物质都称为碳源。有机碳源不仅用于构成微生物的细胞物质和代谢产物，还为微生物生命活动提供能量。

微生物能利用的碳源种类极其广泛，既有简单的无机碳化物，如CO_2和碳酸盐等，也有各种复杂的有机物，如糖类及其衍生物、脂类、醇类、有机酸、烃类、芳香族化合物等。不同微生物利用碳化合物的能力不同。有的微生物能利用多种不同的碳化合物，如洋葱伯克氏菌（*Burkholderia cepacia*，旧称洋葱假单胞菌）能利用100多种碳源。有的只能利用少数几种碳源，如甲烷氧化菌只能利用甲烷和甲醇两种碳源。许多微生物只利用单一有机碳化合物满足其营养要求，有些微生物生长需要多种有机碳化合物，如螺旋体的培养基除糖外还需加入脂肪酸。大多数微生物都以有机物作碳源和能源，其中糖类是微生物最好的碳源，特别是葡萄糖和蔗糖都是实验室中常用的碳源。其次是醇类、有机酸类和脂类等。有机酸、醇类比糖类的效果差，有机酸较难进入细胞，并导致细胞内 pH 下降。脂类要分解为甘油和脂肪酸才能被吸收利用。糖类中，单糖优于双糖和多糖，己糖优于戊糖，葡萄糖、果糖优于甘露糖、半乳糖；多糖中淀粉优于纤维素或几丁质等同多糖，同多糖优于琼脂等杂多糖和其他聚合物。有些微生物能利用酚、氰化物、农药等有毒的碳化合物。如某些霉菌和诺卡氏菌可利用氰化物，热带假丝酵母可分解塑料，许多细菌、放线菌和真菌都可分解农药。这些微生物正被用于处理"三废"（废渣、废气、废水），消除污染并生产单细胞蛋白等。自然界中所有的有机物，即使高度不活泼、有毒的有机物都可被微生物分解利用。有少数微生物能利用 CO_2 作为唯一碳源或主要碳源，将 CO_2 逐步合成细胞物质和代谢产物。这类微生物在同化 CO_2 时需要日光提供能量或从无机物的氧化中获得能量。

实验室内常用的碳源主要有葡萄糖、蔗糖、淀粉、甘露醇、有机酸等。工业发酵利用的碳源主要是糖类物质，如饴糖、玉米粉、甘薯粉、野生植物淀粉及麸皮、米糠、酒糟、废糖蜜、造纸厂的亚硫酸废液等工农业废弃物，需要量很大。它们不仅含有丰富的糖类，是良好的碳源，而且含有较多的氨基酸、维生素等多种营养成分。为了解决工业发酵用粮与人类食用粮、畜禽饲料用粮的矛盾，已广泛进行以纤维素、石油、CO_2 和 H_2 等作碳源和能源培养微生物的节粮、代粮研究工作，并取得了显著成绩。已能利用石油及石油副产品作碳源发酵生产各种氨基酸、维生素、辅酶、有机酸、核苷酸和抗生素、酶制剂等。有些微生物细胞表面有一种糖脂组成的特殊吸收系统，可将难溶的烃充分乳化后吸收利用。根据同一微生物对不同碳源的利用差别，可将碳源分为速效碳源和迟效碳源：凡是能被微生物直接吸收利用的碳源称为速效碳源，如葡萄糖；凡是不能被微生物直接吸收利用的碳源称为迟效碳源，如淀粉、纤维素等。

2．氮源 凡能提供微生物生长繁殖所需氮营养的物质称氮源。主要用于合成细胞物质及代谢产物中的含氮化合物，一般不提供能量。只有少数自养细菌如硝化细菌能利用铵盐、硝酸盐作氮源和能源。某些厌氧细菌在厌氧和糖类缺乏时也可利用氨基酸作能源。微生物能利用的氮源种类相当广泛，从分子态氮到复杂有机化合物的各类含氮物质。蛋白质、蛋白胨、多肽、氨基酸、尿素、尿酸、铵盐、硝酸盐、亚硝酸盐、分子态氮、嘌呤、嘧啶、脲、胺、酰胺、氰化物等都能作微生物的氮源。不同微生物对氮源的利用差别很大。固氮微生物能以分子态氮作唯一氮源，也能利用化合态的有机氮和无机氮。大多数微生物都利用简单的化合态氮，如铵盐、硝酸盐、氨基酸等，尤其是铵盐可以被多种微生物吸收利用。只有铵离子才能进入有机分子的合成，硝酸盐必须先还原成铵离子后才能用于生物合成。蛋白质需经微生物产生并分泌到胞外的蛋白酶水解后才能被吸收。有些微生物在只含无机氮源的培养基中不能生长。有些寄生性微生物只能利用活体中的有机氮化物作氮源，因为它们没有从无机氮化物合成某些或某种有机氮化物的能力。

实验室里常用的氮源有碳酸铵、硫酸铵、硝酸盐、尿素及牛肉膏、蛋白胨、酵母膏、多肽、氨基酸等。工业发酵中常用鱼粉、蚕蛹粉、黄豆饼粉、玉米浆（浸制玉米制取淀粉后的副产物）、酵母粉等作氮源。铵盐、硝酸盐、尿素等氮化物中的氮是水溶性的，玉米浆、牛肉膏、蛋白胨、酵母膏等有机氮化物中的氮主要是蛋白质的降解产物，都可以被菌体直接吸收利用，称为速效性氮源。饼粕中的氮主要以蛋白质的形式存在，属迟效性氮源。速效性氮源有利于菌体的生长，迟效性氮源有利于代谢产物的形成。工业发酵中，将速效性氮源与迟效性氮源按一定的比例配制成混合氮源加入培养基，以控制微生物的生长时期与代谢产物形成期的长短，提高产品产量。微生物在以硫酸铵为氮源的培养基中，吸收铵离子后会导致 pH 下降；在以硝酸钾为氮源的培养基中，吸收硝酸根离子会导致 pH 上升。它们分别称为生理酸性盐和生理碱性盐。在含有这类盐类的培养基中常加入缓冲物质，以防培养基 pH 变化。

微生物根据对氮源的利用和氨基酸的合成能力可分为氨基酸自养型和氨基酸异养型。前者可以合成所需的各种氨基酸，后者不能合成某些必需的氨基酸。很多微生物能将非氨基酸类的简单氮源，如尿素、铵盐、硝酸盐、氮气等合成所需要的各种氨基酸和蛋白质。可以更多地利用它们生产大量的菌体蛋白和氨基酸等含氮的有机化合物，以进一步满足人类对食物的需要。

3．能源　能源是指为微生物的生命活动提供最初能量来源的营养物质或辐射能。化能异养型微生物的能源就是碳源。化能自养型微生物的能源是还原态的无机物质，如 NH_4^+、NO_2^-、S、H_2S、H_2、Fe^{2+}等。光能营养型微生物的能源是辐射能。微生物的能源谱归纳如下。

- 能源
  - 化学物质
    - 有机物：化能异养型微生物的能源（同碳源）
    - 无机物：化能自养型微生物的能源（不同于碳源）
  - 辐射能：光能营养型微生物的能源

辐射能仅供给能源，是单功能的；还原态无机养料如 NH_4^+、NO_2^-是双功能的，既作能源又是氮源；有机氮化物是三功能的，同时作能源、碳源、氮源。有机物大多数是双功能的，有的是三功能的。

4．无机盐　无机盐为微生物生长提供除碳、氮以外的各种必需的养分，其生理作用是：构成细胞的组成成分；参与酶的组成；构成酶的活性基；作为酶的激活剂；调节细胞的渗透压、pH 和氧化还原电位；作为某些自养型微生物的能源和无氧呼吸时的氢受体。无机盐包括磷酸盐、硫酸盐、氯化物及钾、钠、镁、钙、铁、钼、锌、铜、锰、钴等金属的盐类。它们都有各自的生理作用。通常用磷酸氢二钾和硫酸镁，可同时提供四种需要量最大的矿质元素（10^{-4}～10^{-3}mol/L）。

磷是合成核酸、核蛋白、磷脂及许多酶与辅酶的重要元素。参与能量的转移。磷酸盐还是重要的缓冲剂。微生物主要从无机磷化物中获得磷，磷进入细胞后迅速同化为有机磷化合物。一般磷的适宜浓度为 0.005～0.010mol/L。

硫是胱氨酸、半胱氨酸、甲硫氨酸等氨基酸的主要组成元素，是构成蛋白质的重要元素。由半胱氨酸形成的二硫键决定蛋白质的形状和结构的稳定性。硫参与一些生理活性物质如维生素 B_1、生物素、辅酶 A 的组成。硫及硫化物还是某些自养型微生物的能源。微生物从环境中以 SO_4^{2-}的形式吸收硫，＋6 价硫进入细胞即还原为－2 价（－SH）态。

镁是构成某些酶的活性成分，是构成细菌光合色素的重要元素；作酶的辅基；还有稳定核糖体、细胞质膜结构的作用。镁的需要量为 0.0001～0.0010mol/L。

铁是固氮酶、过氧化氢酶、过氧化物酶、细胞色素、细胞色素氧化酶的组成元素。铁还是某些铁细菌生长的能源。铁对细菌毒素的形成影响很大。例如，白喉杆菌在含铁充足的培养基中基本上不形成白喉毒素，在缺铁的培养基中则产生大量毒素。因此，在白喉杆菌所生存的组织中，铁的浓度控制着毒素的产生和疾病的症状。

钾是许多酶的辅基和活化剂。钾对原生质胶体特性、细胞质膜透性有重要的调控作用。钾也参与细胞内许多物质运输系统的组成。

钙主要参与调节细胞质的胶体状态、降低细胞膜的透性、调节 pH 等。它是许多酶的辅基和激活剂。它还是细菌芽孢的重要组成成分，在细菌芽孢耐热性方面起着重要作用。

微量元素有的参与酶蛋白的组成或使许多酶活化。各种微量元素的生理作用见表 5-3。缺乏微量元素使细胞生理活性降低甚至停止生长。微生物对微量元素的需要量极少（10^{-8}～10^{-6}mol/L），没有特殊原因培养基中不必另外加入。因为微量元素常混杂于其他营养物质和水中。如果配制研究营养代谢等的精细培养基，所用的玻璃器皿应是硬质的，试剂是高纯度的，则须根据需要加入必要的微量元素。微量元素中许多都是重金属，过量供应会产生毒害，特别是一种过量的微量元素单独存在时产生的毒害更大。微生物所需要的微量元素一定要控制在正常浓度范围内，而且各种微量元素间的比例要恰当。

表 5-3 各种微量元素的生理作用

元素	生理作用
钴	维生素 B_{12}、谷氨酸变位酶等的成分；肽酶的辅助因子
锌	RNA 和 DNA 聚合酶的成分；乙醇脱氢酶及乳酸脱氢酶等活性基的成分；肽酶、脱羧酶的辅助因子
铜	细胞色素氧化酶、抗坏血酸氧化酶、酪氨酸酶等的成分
锰	黄嘌呤氧化酶的组成成分；对许多酶有活化作用
钼	硝酸还原酶、固氮酶、甲酸脱氢酶等的成分
硒	甘氨酸还原酶、甲酸脱氢酶等的成分

5．生长因子 生长因子是指微生物生长不可缺少、本身又不能合成或合成量不足的微量有机物。某些微生物在含有碳源、氮源、无机盐的合成培养基中仍不能正常生长，如果加入少量的某种组织（或细胞）的浸提液，便生长良好。表明这种组织（或细胞）中含有这些微生物必需的生长因子。根据它们的化学结构及其在机体内的生理作用，可分为维生素、氨基酸、嘌呤或嘧啶碱基三类。有时还包括卟啉及其衍生物、甾醇、胺类、C4—C6 的分支或直链脂肪酸。主要生长因子的生理作用及微生物的需要量见表 5-4。

表 5-4 主要生长因子的生理作用及微生物的需要量

生长因子	代谢作用	需要量/mL
硫胺素（维生素 B_1）	硫胺素焦磷酸脱羧酶、转醛醇酶、转酮醇酶的辅基	金黄色链球菌约需 0.5ng
核黄素（维生素 B_2）	黄素单核苷酸（FMN）和 FAD 的前体，它们是黄素蛋白的辅基，与氢的转移有关	少数细菌如乳酸细菌、丙酸细菌需要补给 0.02μg
烟酸（维生素 B_5）	NAD 和 NADP 的前体，为脱氢酶的辅酶，作为电子和氢原子的载体，与氢转移有关	多数微生物需要，弱氧化醋酸杆菌约需 3μg
对氨基苯甲酸	四氢叶酸的前体，一碳单位转移酶的辅酶	乳酸细菌等需要，弱氧化醋酸杆菌需 0~10ng
吡哆醇（维生素 B_6）	磷酸吡哆醛是转氨酶和氨基酸脱羧酶的辅酶	乳酸细菌和几种真菌需要，肠膜明串珠菌约需 0.025μg
泛酸	辅酶 A 的前体，乙酰载体的辅基，与酰基转移有关	乳酸细菌等多种细菌需要，阿拉伯聚糖乳杆菌需要 0.02μg
叶酸	辅酶 F（四氢叶酸）包括在一碳单位转移酶的辅酶中，与核酸合成有关	乳酸细菌、丙酸细菌等需要，粪链球菌需 200μg
生物素（H）	催化羧化反应的酶的辅酶	乳酸细菌、根瘤菌等多种细菌需要，干酪乳杆菌需 1ng
维生素 B_{12}	辅酶 B_{12} 参与某些化合物的重组反应（如谷氨酸变位酶），作甲基载体	细菌普遍需要
维生素 K	甲基醌类的前体，作电子载体（如延胡索酸还原酶）	某些厌氧菌如产黑素拟杆菌需要
胆碱	参与蛋白质的合成	肺炎链球菌等约需 6μg
β-丙氨酸	作为酰基的传递体	白喉杆菌等约需 1.5μg
甲硫氨酸	作为甲基的传递体	细菌等约需 10μg

续表

生长因子	代谢作用	需要量/mL
精氨酸	参与蛋白质合成	粪链球菌等约需 50μg
酪氨酸	参与蛋白质合成	德氏乳杆菌等约需 8μg
尿嘧啶	参与蛋白质合成	破伤风梭菌等需 0~4μg
胸腺核苷	参与蛋白质合成	德氏乳杆菌等需 0~2μg

维生素是最先发现的生长因子，大多数维生素是辅酶或辅基的成分与微生物的生长代谢关系密切。大部分微生物最大生长时所需维生素浓度约是 0.2μg/mL。

氨基酸是许多微生物都需要的生长因子。因为它们缺乏合成某些氨基酸的能力，必须在培养基中补充这些氨基酸或含有这些氨基酸的短肽才能正常生长。不同微生物合成氨基酸的能力相差很大。有些细菌如大肠杆菌能合成自己所需要的全部氨基酸，不需要补充。有些细菌如伤寒沙门菌能合成所需的大部分氨基酸，仅需补充色氨酸。还有些细菌合成氨基酸的能力极弱，如肠膜明串珠菌需要从外界补充 17 种氨基酸和多种维生素等生长因子才能正常生长。一般革兰氏阴性菌合成氨基酸的能力比革兰氏阳性菌强。大部分微生物需要氨基酸的量为 20～50μg/mL。配制培养基时必须将所需氨基酸的浓度控制在一定的范围之内，或供给短肽满足其对氨基酸的需要，以免氨基酸之间因浓度不协调产生不良影响。培养基中一种氨基酸浓度过高会影响对其他氨基酸的吸收，这叫氨基酸的不平衡。

嘌呤和嘧啶是许多微生物需要的生长因子，其主要作用是构成核酸和辅酶、辅基。嘌呤和嘧啶进入细胞后必须转变为核苷和核苷酸才能被利用。大多数微生物特别是乳酸细菌非常需要它们。大部分微生物生长旺盛时需要嘌呤和嘧啶的浓度为 10～20μg/mL。有些微生物不仅缺乏合成嘌呤和嘧啶的能力，而且不能把它们正常结合到核苷酸上。对这类微生物需要供给核苷或核苷酸。

不同微生物合成生长因子的能力不一，各种动物致病菌及乳酸细菌等许多微生物需要多种生长因子。自养型微生物和某些异养型微生物如大肠杆菌不需要添加生长因子。有的微生物不但不需要供给，而且在代谢活动中能分泌大量的维生素等生长因子。例如，阿舒假囊酵母（*Eremothecium ashbya*）能分泌维生素 B_2，常作为维生素 B_2 的产生菌。同种微生物对生长因子的需求也会随环境条件的变化而改变。如鲁氏毛霉在厌氧条件下生长时需要维生素 B_1 和生物素，在好氧条件下生长时自身能合成这些生长因子。若不了解某些微生物生长是否需要或需要何种生长因子，通常在培养基中加入酵母浸膏、牛肉膏、蛋白胨及动植物组织液如玉米浆、麦芽汁、豆芽汁、米曲汁、马铃薯汁、米糠浸液、肝浸液等天然物质以满足其需要。

6. 水　水是一切生物生存的基本条件。微生物的生命活动离不开水，要从环境中吸收较多的水分才能维持其正常的代谢活动。水是微生物机体的重要组成成分。微生物细胞中的水分，一部分约束于原生质胶体系统中成为细胞物质的组成部分；另一部分处于自由流动状态，是生活细胞中各种生化反应的介质，也是最基本的溶剂。微生物营养物质的吸收和代谢产物的排出都必须通过水完成。水参与细胞内一系列化学反应，如蓝细菌等光合细菌要利用水中的氢还原二氧化碳合成糖类。水能维持蛋白质、核酸等生物大分子稳定的天然构象，如水与蛋白质表面的极性基团结合形成水膜，使蛋白质颗粒不至于相互碰撞、聚集而沉淀。水的比热和气化热高，能有效地吸收代谢过程中放出的热并将过多的热迅速散发出去，从而能有效地控制细胞内温度的变化。水还能维持细胞的正常形态。通过水合作用及脱水作用控制由多亚基组成的细胞结构如酶、微管、鞭毛及病毒粒子的组装与解离。因此，水是微生物生长不可缺少的物质。试验证明，缺水比饥饿更容易导致微生物死亡。如果细胞中水分稍有缺少就会影响整个机体的代谢。

水一般以自由水和结合水形式存在。微生物不能利用结合水，因其没有流动性和溶解性。微生物生长环境中水的有效性常以水活度（a_w）表示。它是指在一定的温度和压力下，溶液蒸气压与同样条件下纯水蒸气压之比，即 $a_w=P_{溶液}/P_{纯水}$。溶液中溶质越多 a_w 越小。微生物一般要求 a_w 为 0.60～0.99。a_w 过低微生物生长缓慢。不同微生物要求 a_w 不一样，细菌生长最适 a_w（0.91）比酵母菌（0.88）、霉菌（0.80）高。少数特化微生物通过提高细胞内溶质浓度而从环境获得水。

第二节 微生物的营养类型

营养类型是根据微生物生长所需的主要营养要素即能源和碳源的不同划分的微生物类型。根据所需碳源的性质微生物可分为异养型和自养型。自养型微生物能以 CO_2 或碳酸盐作唯一碳源或主要碳源，异养型微生物只有当有机物存在时才能生长。根据氢供体的性质微生物又可分为无机营养型和有机营养型。前者还原 CO_2 时的氢供体是无机物，后者的氢供体是有机物。由于氢供体与基本碳源的性质一致，所以这两种分类的结果相同。根据所需能源的不同，自养型微生物和异养型微生物都可分为化能营养型和光能营养型（表 5-5）。这样，微生物的营养类型可分为光能无机营养型、光能有机营养型、化能无机营养型、化能有机营养型四大类。有少数微生物为化能无机异养型又称混养型，它们以还原性无机物为能源，以有机物为碳源生长。

表 5-5 微生物的营养类型

营养类型	能源	氢供体	基本碳源	实例
光能无机营养型（光能自养型）	光能	无机物	CO_2	蓝细菌、紫硫细菌、绿硫细菌、藻类
光能有机营养型（光能异养型）	光能	有机物	CO_2 及简单有机物	红螺菌属的细菌（即紫色非硫细菌）
化能无机营养型（化能自养型）	化学能	还原态无机物*	CO_2	硝化细菌、硫化细菌、铁细菌、氢细菌、硫黄细菌等
化能有机营养型（化能异养型）	化学能	有机物	有机物	绝大多数原核微生物和全部真核微生物（单细胞藻类除外）

* NH_4^+、NO_2^-、S、H_2S、H_2、Fe^{2+}等

一、光能无机营养型

光能无机营养型又称光能自养型。它们能以 CO_2 或碳酸盐作唯一碳源或主要碳源并利用光能生长，以硫化氢或硫代硫酸钠等还原态无机物作氢供体，还原 CO_2 成细胞物质，可以在完全无机的环境中生长。蓝细菌、紫硫细菌、绿硫细菌等属于这种营养类型。它们有叶绿素或细菌叶绿素及类胡萝卜素、藻胆素等光合色素，可将光能转变成化学能（ATP）供机体利用。

蓝细菌含叶绿素及类胡萝卜素、藻胆素，其光合作用与高等绿色植物一样，在光下以水为氢供体，同化 CO_2，并释放出 O_2。许多种蓝细菌含有固氮酶，能固定氮气。多数蓝细菌类群固氮作用在异形细胞中进行。少数固氮蓝细菌类群没有特化的异形胞结构。

$$H_2O+CO_2 \xrightarrow[\text{叶绿素}]{\text{光}} [CH_2O]+O_2\uparrow$$

紫硫细菌和绿硫细菌含细菌叶绿素，以 H_2S、S 和 $Na_2S_2O_3$ 等还原态硫化物作为氢供体，进行不放氧的光合作用。产生的元素硫或是积累在细胞内，或是分泌到细胞外。其光合作用在严格厌氧的条件下进行。利用 H_2S 生长的反应如下。

$$CO_2 + 2H_2S \xrightarrow[\text{光合色素}]{\text{光}} [CH_2O] + 2S + H_2O$$

光合细菌可分为紫色细菌和绿色细菌两大类群。紫色细菌细胞只含有菌绿素 a 或菌绿素 b 一种色素，绿硫细菌则含有细菌叶绿素 c、细菌叶绿素 d 和细菌叶绿素 e，还含有少量细菌叶绿素 a。光合细菌的类胡萝卜素也与蓝细菌不同，在分子结构上多带有甲氧基或芳香基。

为了进行光合作用和获得还原态无机物，光合细菌主要存在于富含有机物、二氧化碳、氢和硫化物的浅水池塘、湖泊等的次表层水域中。利用表层透过的蓝绿色及绿色等长波光。蓝细菌和藻类则在表层生长。

二、光能有机营养型

光能有机营养型又称光能异养型。它们有光合色素，能利用光能，不能以 CO_2 作唯一碳源或主要碳源，需要以简单有机物作碳源和氢供体，利用光能将 CO_2 还原成细胞物质。人工培养时需要供应生长因子。湖泊和池塘淤泥中的红螺菌属（*Rhodospirillum*）中的一些细菌属于这种营养类型。它们在含有机质、无机硫化物和有光、缺氧的条件下，能利用有机酸、醇等简单有机物作氢供体，使 CO_2 还原成细胞物质，同时积累其他有机物。以异丙醇作氢供体则积累丙酮。

$$2\ (CH_3)_2CHOH + CO_2 \xrightarrow[\text{光合色素}]{\text{光}} 2CH_3COCH_3 + [CH_2O] + H_2O$$

这一类型与光能自养型微生物的主要区别在于氢供体和电子供体的来源不同。它们不能以硫化物为唯一电子供体，需要同时供给某些简单的有机物和少量维生素才能生长。有机物在这里除与硫化物一起作氢或电子的供体外，也可直接利用。这类微生物属兼性光能营养型与兼性厌氧型。多数种类在有光与黑暗条件下均生长良好。在有氧条件下不能合成光合色素。

光能异养型微生物虽然能利用 CO_2，但必须在有机物同时存在的条件下才能生长。这类细菌能利用低分子有机物迅速繁殖。已开始应用这类细菌净化高浓度的有机废水。如果再与活性污泥法等方法配合，则净化效率更高，既可消除污染，又可生产单细胞蛋白。

光能无机营养型和光能有机营养型微生物都可以利用光能生长，在地球早期生态环境的演化过程中起重要作用。

三、化能无机营养型

化能无机营养型又称化能自养型。它们能利用无机物氧化时释放出的化学能作能源，以 CO_2 或碳酸盐作唯一碳源或主要碳源，利用电子供体如氢气、硫化氢、二价铁离子或亚硝酸盐等使 CO_2 还原为细胞物质。无机物氧化时产生的能量有限，它们生长一般较缓慢，某些类群（如硝化细菌）甚至只能在严格的无机环境中生长，有机物的存在对它们有毒害作用。硫化细菌、硝化细菌、氢细菌和铁细菌等均属这类微生物。它们几乎全部为专性好氧菌，其专一性很强，一种菌只能氧化一种特定的无机物。它们广泛分布于土壤和水体中，在物质转化方面起重要作用。铁细菌能通过铁的氧化获得能量，常存在于含铁量高的酸性水中，将亚铁离子氧化成高铁离子放出能量。氧化亚铁硫杆菌（*Thiobacillus ferrooxidans*）能将硫或硫代硫酸盐氧化成硫酸和将亚铁氧化成高铁，已用于尾矿或低品位矿藏中铜等金属的浸出。其氧化黄铁矿的化学过程如下。

$$2FeS_2+7O_2+2H_2O \longrightarrow 2FeSO_4+2H_2SO_4$$

$$2FeSO_4+H_2SO_4+1/2O_2 \longrightarrow Fe_2(SO_4)_3+H_2O$$

生成的 $Fe_2(SO_4)_3$ 是强氧化剂和溶剂，可溶解矿石，如可溶解铜矿（CuS），浸出铜元素。

$$CuS+Fe_2(SO_4)_3 \longrightarrow CuSO_4+2Fe_2SO_4+S$$

溶出的 $CuSO_4$ 液再加入铁屑、废铁等便可将铜置换出来。生成的 $FeSO_4$ 和 S 还可以在这类细菌的作用下再次氧化成 H_2SO_4 和 $Fe_2(SO_4)_3$ 而循环使用。

四、化能有机营养型

化能有机营养型又称化能异养型。已知的微生物绝大多数属于这一类型，它们种类多、数量大、分布广、作用强，就类群整体而言，它们几乎能利用全部的天然有机化合物和各种人工合成的有机聚合物（2000 多万种）。这类微生物以有机物作碳源，利用有机物氧化过程中的氧化磷酸化产生的 ATP 为能源生长。在一般情况下，同一有机物既是碳源又是能源。

根据其利用的有机物的特性和栖息场所，化能异养型微生物可分为腐生型和寄生型。腐生型微生物利用无生命活性的有机物为生长的碳源和能源。寄生型微生物寄生在生活细胞内，从宿主体内吸取营养物质。在腐生型和寄生型之间还存在着中间的过渡类型，即兼性腐生型与兼性寄生型，如结核分枝杆菌、痢疾志贺菌就是以腐生为主、兼营寄生的兼性寄生菌。寄生菌和兼性寄生菌大多数是有害微生物，可引起人、畜、禽、农作物的病害。腐生菌虽不致病，但可使食品、粮食和衣物、饲料，甚至工业品发霉变质，有的还产生毒素，引起食物中毒。腐生菌和兼性腐生菌在自然界物质循环中起重要作用。

上述 4 种营养类型的划分不是绝对的。自养型和异养型之间，光能型和化能型之间，都有中间过渡类型。例如，氢单胞菌属（*Hydrogenomonas*）在完全无机的环境中利用氢的氧化获得能量，将 CO_2 还原成细胞物质营自养生活；若环境中存在有机物便直接利用有机物营异养生活。这种营养类型称兼性自养型。又如，红螺菌除在有光和厌氧条件下能利用光能生长外，在暗处和有氧的条件下也可利用有机物氧化产生的能量营异养生活。这种营养类型称兼性光能型。微生物营养类型的可变性有利于提高其对环境条件变化的适应能力。为避免混乱，微生物营养类型分类一般以最简单的营养条件为依据，即光能营养先于化能营养，自养先于异养，以“严格”和“兼性”描述营养的活动性，如氢单胞菌可定为“兼性自养型”，红螺菌定为“兼性光能营养型”。

许多异养型微生物能利用 CO_2，只是不能以 CO_2 作为唯一碳源或主要碳源生长，必须在有机物存在的条件下利用 CO_2 合成部分细胞物质。例如，固定 CO_2 到丙酮酸中生成草酰乙酸。

微生物营养类型划分方法很多，如以氨基酸合成能力分为氨基酸自养型和氨基酸异养型；以生长因子的需求分为原养型或野生型和营养缺陷型；以所需营养物浓度分为贫养菌和富养菌。

第三节　微生物对营养物质的吸收

环境中的营养物质只有吸收到细胞内才能被微生物逐步利用。微生物在生长中不断产生多种代谢产物，必须及时排到胞外，避免在细胞内积累产生毒害作用，微生物才能正常生长。微生物没有专门的摄食器官和排泄器官。其营养物质的吸收和代谢产物的排出是依靠整个细胞表面的扩散、渗透、吸收等作用完成。微生物细胞的渗透屏障作用主要由细胞质膜、细胞壁、荚膜及黏液层组成。荚膜与黏液层结构疏松对营养物质吸收影响较小。细胞壁对营养物质的吸收有一定影响，能阻挡分子质量过大（＞800Da）的溶质进入。革兰氏阳性菌细胞壁由网状结构的肽聚糖组成，分子质量大于 10 000Da 的葡聚糖难以通过这类细菌的细胞壁。革兰氏阴性菌细胞壁由外膜和很薄的肽聚糖组成，外膜上存在非特异性孔蛋白，三个非特异性孔蛋白形成一个通道，允许分子质量小于 800～900Da 的溶质通过，而维生素 B_{12}、核苷酸、铁-铁载体复合物需要通过特异性孔蛋白形成的通道进入周质空间。真菌细胞壁只能允许分子量较小的物质通过。细胞膜在控制物质进入细胞的过程中起更重要的作用。营养物质的吸收与代谢产物的排出都直接依赖于细胞质膜的功能。物质的脂溶性或非极性越强，越容易透过细胞膜。

细胞膜由磷脂双分子层和镶嵌蛋白组成，是控制营养物质进入和代谢产物排出的主要屏障。微生物一般直接吸收水溶性和脂溶性的小分子物质。大分子的营养物质如多糖、蛋白质、核酸、脂肪等，必须经相应的胞外酶水解成小分子物质，才能被微生物细胞吸收。

根据对细胞膜结构及物质运输的研究结果，目前一般认为微生物吸收营养物质主要有单纯扩散、促进扩散、主动运输、基团转位 4 种方式。它们的特点可概括如下。

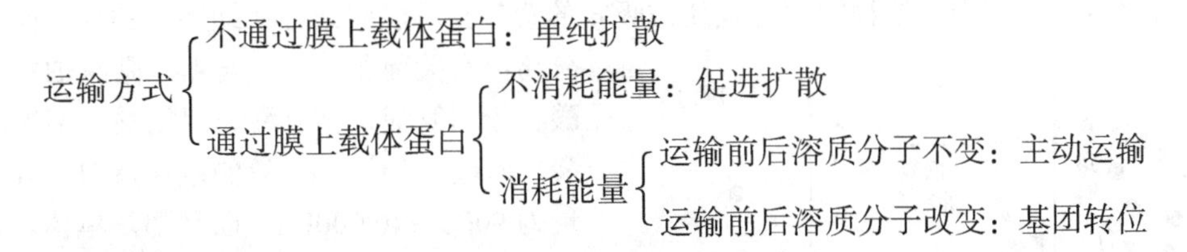

一、单纯扩散

单纯扩散又称被动扩散，是一种物理扩散，扩散速度慢。像溶质通过透析袋扩散一样，被运输的物质以细胞内外的浓度梯度为动力，不规则运动的溶质分子通过细胞膜中的含水小孔，由高浓度的一侧向低浓度的一侧扩散，直到细胞膜内外的浓度相等为止（图 5-1）。进入细胞的营养物质不断被消耗，使细胞内始终保持较低的浓度，故胞外营养物质能源源不断地通过单纯扩散进入细胞。这种扩散是非特异性的，但膜上的含水小孔的大小和形状对被扩散的物质分子大小有一定的选择性。物质在运输中既不与膜上的分子反应，本身的分子结构也不改变。这种吸收过程既不消耗能量，也不需要膜上载体蛋白的参与。物质不能逆浓度梯度运输。

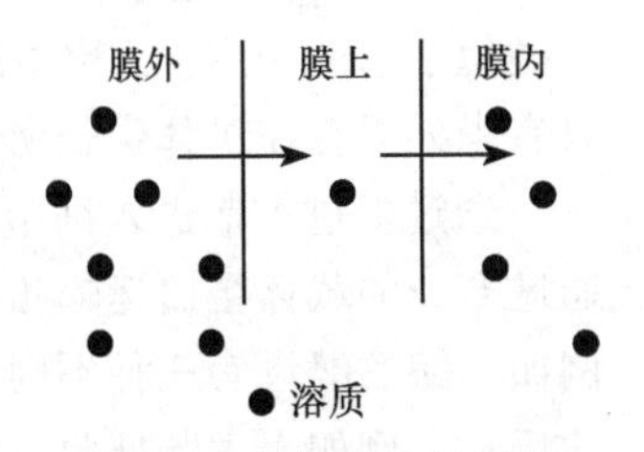

图 5-1　单纯扩散示意图

影响单纯扩散的因素主要是被吸收营养物质的浓度差、分子大小、溶解性、极性及膜外 pH、离子强度、温度等。一般分子量小、脂溶性强、极性小、温度高时营养物质容易吸收，反之则不容易吸收。pH 与离子强度通过影响营养物质的电离程度起作用。细胞质膜的疏水性使其具有一层紧密屏障的功能，使极性较大的可溶性物质不能轻易通过。带电荷的离子、分子都必须经过特殊的方式运输。脂溶性物质一般比水溶性物质容易通过细胞膜，它们通过细胞膜的磷脂部分扩散，碳氢化合物及其他非极性化合物易溶于脂肪或脂溶剂，不溶于水。一个脂溶性基团较小并有一定极性的溶质分子要从膜外侧进入内侧，必须经过三步：第一步是离开水进入膜的疏水脂质区域；第二步是通过脂质双分子层；第三步是离开脂相回到水相（胞内）。极性分子实现第一、二步较困难。事实上细胞膜的脂质双分子层是一种具有高度流动性的结构，膜上磷脂酰基-磷脂的两条长尾的随机运动能导致膜的疏水区出现间隙，允许体积较小的极性分子通过。但对体积较大的极性分子，其分子体积就上升为限制其进入细胞的主要原因。

单纯扩散不是微生物吸收营养物质的主要方式。因为，细胞既不能通过这种方式选择必需的营养成分，也不能将稀溶液中溶质分子逆浓度梯度运送以满足细胞的需要，扩散速度又慢。单纯扩散仅限于吸收小分子物质如水、溶于水的气体（如氧、二氧化碳）和小的极性分子（如尿素、乙醇、甘油、脂肪酸等）及某些氨基酸、离子等少数物质。大肠杆菌依靠单纯扩散吸收钠离子。

二、促进扩散

促进扩散又称协助扩散，与单纯扩散一样，物质在运输中不需要代谢能量，以物质的浓度梯度为动力，不能逆浓度梯度运输，运输速率随细胞内外该物质浓度差的缩小而降低，直到膜内外的浓度差消失，达到动态平衡；被运输的物质的分子结构也不发生变化。促进扩散的速度也受温度和 pH 的影响。不同的是促进扩散有载体蛋白参加。它是位于细胞膜上的蛋白质，起着渡船的作用，将营养物质从膜外运至膜内（图5-2）。一般是整合蛋白，一部分暴露在细胞质，另一部分暴露于环境中。这种排列方式使被吸收的营养物质能够结合在细胞膜的外表面上。已分离出有关葡萄糖、半乳糖、阿拉伯糖、亮氨酸、苯丙氨酸、精氨酸、组氨酸、酪氨酸、磷酸、硫酸、Ca^{2+}、K^{+}等的载体蛋白，其分子质量为 9000～40 000Da，而且都是单体。载体蛋白运送溶质的机制是其构型的改变。营养物质在胞外与载体的亲和力高，易于结合；进入细胞后亲和力降低，将营养物质释放出来，使营养物质穿过膜进入细胞。由于载体蛋白的协助，促进扩散速度比单纯扩散要快，提前达到平衡。载体蛋白有高度的特异性，每种载体蛋白只运输相应的物质，如运输葡萄糖的载体只能运输葡萄糖，其他糖类就不能依靠它的帮助进入细胞。它类似于酶的作用，又称渗透酶。微生物细胞膜上有各种不同的渗透酶。它们大多数是诱导酶，只有当外界存在机体生长所需要的某种营养物质时，运输这种物质的渗透酶才合成。

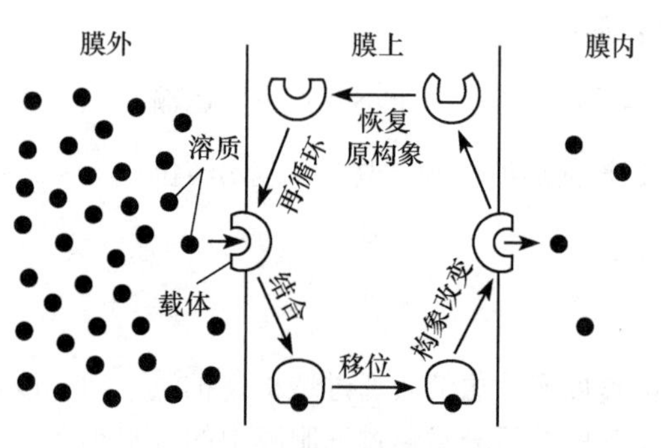

图 5-2 促进扩散示意图

通过促进扩散进入细胞的营养物质主要有氨基酸、单糖、维生素及无机盐等。一般微生物通过专一的载体蛋白运输相应的物质，但也有的微生物对同一物质的运输由几种载体蛋白完成。例如，酿酒酵母有三种不同的载体蛋白运输葡萄糖。另外，某些载体蛋白可同时完成几种物质的运输。例如，大肠杆菌可通过一种载体蛋白运输亮氨酸、异亮氨酸和缬氨酸。

除蛋白质载体介导的促进扩散外，某些抗生素也可提高细胞膜的通透性，促进离子的跨膜运输。例如，两个短杆菌肽 A 分子可在膜上形成含水通道，离子可通过此通道进入细胞。缬氨霉素分子呈环状，K^{+}可结合在环状分子的中心，而环状分子的碳氢链使得该复合物能穿过膜的疏水性中心，从而促进 K^{+}的跨膜运输。在这一过程中，缬氨霉素起到载体的作用。

促进扩散多见于真核微生物中。例如，厌氧的酵母菌对葡萄糖等某些营养物质的吸收和代谢产物的排出就是通过此方式完成的。在好氧微生物中物质的这种运输机制不太重要。促进扩散在原核微生物中比较少见，最近发现甘油可通过促进扩散进入沙门菌、志贺菌等肠道细菌。

三、主动运输

主动运输是微生物吸收营养物质的主要方式，其特点是被吸收的营养物质的运输速度不受细胞膜内外浓度差的制约，可逆浓度梯度运输，因而在运输过程中要消耗细胞能量。主动运输需要载体蛋白参加，被运输的物质在细胞膜外侧与载体的亲和力强，能形成载体溶质复合物。进入膜内侧在能量参与下，载体构型变化，与结合物亲和力降低，营养物质被释放出来，载体重新利用（图 5-3）。

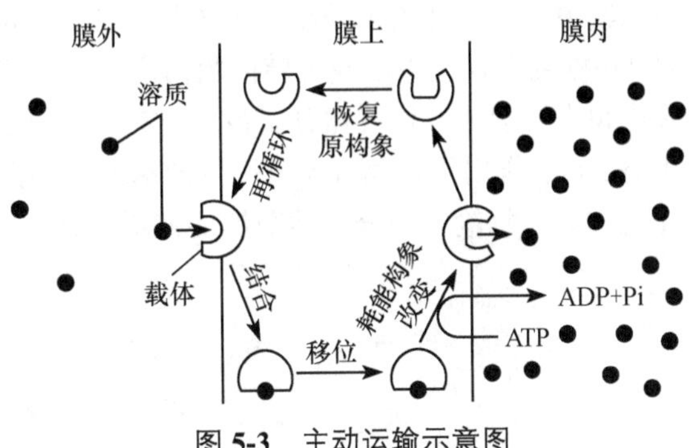

图 5-3　主动运输示意图

在促进扩散与主动运输中，载体蛋白起重要作用。载体蛋白与被运输物质之间亲和力大小的改变是由载体蛋白构型变化引起的。这种构型变化在促进扩散中不需要能量，是通过载体蛋白与被运输物质之间的互相作用引起的。在主动运输中，载体蛋白构型的变化需要消耗能量，能量通过引起膜的激化，再引起载体蛋白构型变化，或直接影响载体蛋白的构型变化。

主动运输必须有能量参与。例如，大肠杆菌吸收乳糖是以主动运输方式进行的。如果加入对其代谢过程有毒害作用的物质如叠氮钠到其生长环境中，代谢能量停止产生，结果导致大肠杆菌细胞对乳糖的吸收停止。大肠杆菌通过主动运输吸收 1 分子乳糖大约消耗 0.5 分子 ATP，吸收 1 分子麦芽糖要消耗 1.0～1.2 分子 ATP。在主动运输中所需要的能量来源因微生物种类而异，好氧微生物和兼性厌氧微生物直接来自呼吸作用中电子传递时产生的质子动势，厌氧微生物主要来自 ATP 水解时产生的质子动势，光合微生物利用光能，嗜盐细菌通过紫膜利用光能。

主动运输中被运输的物质不发生化学变化，物质的性质没有改变。通过这种运输方式吸收的营养物质主要有无机离子（钾离子）、有机离子、糖类（乳糖等）、氨基酸和核酸等。

四、基团转位

基团转位是另一种类型的主动运输。在基团转位的运输过程中，被运输的物质分子发生了化学变化。除此以外，其他方面都与主动运输一样，需要载体蛋白和能量参与。基团转位主要存在于厌氧型和兼厌氧型细菌中，主要用于许多糖及糖衍生物的运输，如乳糖、葡萄糖、甘露糖、果糖、蔗糖、纤维二糖、麦芽糖、*N*-乙酰葡糖胺及脂肪酸、核苷酸、丁酸、嘌呤、嘧啶等都是利用基团转位方式运输的。目前尚未发现好氧型细菌和真核微生物中存在这种运输方式，也未发现氨基酸通过这种方式吸收。

根据大肠杆菌对葡萄糖和金黄色葡萄球菌对乳糖吸收的研究结果表明，这些糖在运输过程中发生了磷酸化作用，并以磷酸糖的形式存在于细胞质中。磷酸糖可以立即进入细胞的合成或分解代谢。进一步研究的结果表明，磷酸糖中的磷酸来自磷酸烯醇丙酮酸（PEP）。因此，又将基团转位的运输方式称为磷酸烯醇丙酮酸-磷酸糖转移酶运输系统（PTS），简称磷酸转移酶系统。这种运输系统十分复杂，一般由 5 种不同的蛋白质组成：酶Ⅰ、酶Ⅱ（包括 a、b、c 三种）和 HPr。HPr 是一种含组氨酸的低分子量的可溶性热稳定载体蛋白质。酶Ⅰ和 HPr 是两种非特异性的细胞质蛋白，不与糖结合，主要起能量传递作用，在所有以基团转位方式运输糖的系统里它们都起作用。酶Ⅱ对糖有特异性，是一类结合在膜上的特异性酶，为诱导酶，可诱导产生，对特定的糖起作用，种类很多。其中酶Ⅱa（也称酶Ⅲ）为可溶性的细胞质蛋白，亲水性的酶Ⅱb 与位于细胞膜上疏水性的酶Ⅱc 结合，对底物有特异性。

PTS 运输系统中除酶Ⅱb、酶Ⅱc 位于细胞膜上外，其余三种成分都存在于细胞质中。在糖的运输中，膜外环境中的糖分子先与细胞外表面上的底物特异膜蛋白——酶Ⅱc结合，酶Ⅱb、酶Ⅱc-糖复合物使糖由膜外转向膜内表面；磷酸烯醇丙酮酸上的磷酸通过酶Ⅰ、HPr 的逐步磷酸化和去磷酸化，接着糖分子被由 HPr～P→酶Ⅱa→酶Ⅱb 逐级传递来的磷酸基团激活，最后在酶Ⅱc 的作用下，酶Ⅱb 所携带的磷酸转移到糖，生成的磷酸糖通过酶Ⅱc 释放于细胞质中（图 5-4）。每输入一分子葡萄糖要消耗一分子 ATP。

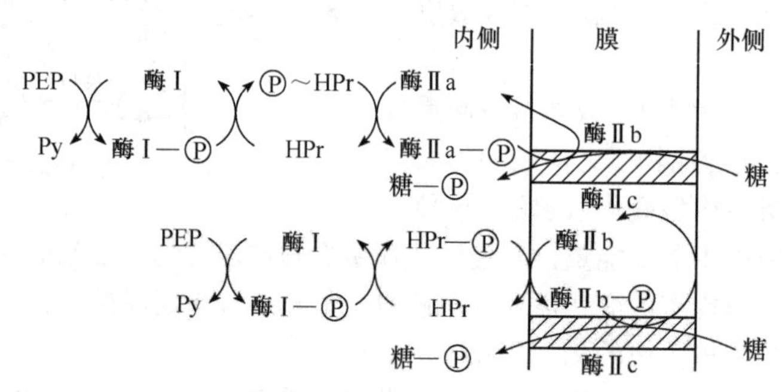

图 5-4 磷酸转移酶系统输送糖的示意图

金黄色葡萄球菌吸收乳糖的过程可概括为以下几点。

（1）酶Ⅰ磷酸化　PEP 上的磷酸通过高能共价键结合到酶Ⅰ的组氨酸上。

$$\text{PET}+\text{酶Ⅰ}\longrightarrow\text{酶Ⅰ}\sim\text{P}+\text{丙酮酸}$$

（2）HPr 磷酸化　磷酸基团通过酶Ⅰ将 HPr 激活，磷酸从酶Ⅰ转移到 HPr 的组氨酸上。

$$\text{酶Ⅰ}\sim\text{P}+\text{HPr}\longrightarrow\text{HPr}\sim\text{P}+\text{酶Ⅰ}$$

（3）酶Ⅱa 磷酸化　磷酸从 HPr 转移到特异性的酶Ⅱa 上，以共价键与酶Ⅱa 的组氨酸或谷氨酸结合，酶Ⅱa 的三个亚基同时被磷酸化。

$$\text{HPr}\sim\text{P}+\text{酶Ⅱa}\longrightarrow\text{酶Ⅱa}\sim\text{P}+\text{HPr}$$

（4）磷酸糖生成　磷酸从酶Ⅱa 转移到酶Ⅱb，在酶Ⅱc 的作用下酶Ⅱb 携带的磷酸再转移到糖，生成的磷酸糖释放到细胞质中。

$$\text{糖}+\text{酶Ⅱa}\sim\text{P}\xrightarrow{\text{酶Ⅱb、酶Ⅱc}}\text{糖}\sim\text{P}+\text{酶Ⅱa}$$

由于细胞膜对大多数磷酸化的化合物有高度的不渗透性，磷酸糖一旦生成就不再渗透出细胞，使细胞内糖的浓度远远高于细胞外。

不能合成酶Ⅰ或 HPr 的突变株会丧失运输和利用许多糖的能力。例如，丧失了酶Ⅰ的鼠伤寒沙门菌（*Salmonella typhimurium*）突变株就不能利用由磷酸转移酶系统运输的所有糖。在丧失了酶Ⅰ或 HPr 的突变株中，酶Ⅱ可以运送特异性物质进行促进扩散。

以上 4 种营养物质运输方式的比较见表 5-6。

表 5-6 4 种营养物质运输方式的比较

比较项目	单纯扩散	促进扩散	主动运输	基团转位
特异载体蛋白	无	有	有	有
运输速度	慢	快	快	快
溶质运输方向	由浓至稀	由浓至稀	可由稀至浓	可由稀至浓
平衡时内外浓度	内外相等	内外相等	内部浓度高	内部浓度高
运输分子	无特异性	有特异性	有特异性	有特异性

续表

比较项目	单纯扩散	促进扩散	主动运输	基团转位
代谢能量消耗	不需要	不需要	需要	需要
运输前后溶质	无化学变化	无化学变化	无化学变化	有化学变化
载体饱和效应	无	有	有	有
与溶质类似物	无竞争性	有竞争性	有竞争性	有竞争性
运输抑制剂	无	有	有	有
运输对象举例	水、CO_2、O_2、甘油、乙醇、少数氨基酸、盐类等	SO_4^{2-}、PO_4^{3-}；糖（真核微生物）	氨基酸、乳糖等糖类，K^+、Ca^{2+}等无机离子	葡萄糖、甘露糖、果糖、嘌呤、核苷、脂肪酸等

五、膜泡运输

除上述4种吸收营养物质的基本方式以外，某些微生物特别是原生动物还可以通过膜泡运输吸收营养物质。原生动物通过趋向运动靠近某种营养物质，并将该物质吸附到膜表面，然后在该物质附着处的细胞膜开始内陷，膜逐步包围该物质，最后形成包含这种营养物质的膜囊，膜囊离开细胞膜而游离于细胞质中。营养物质通过这种方式由胞外进入胞内。如果膜泡中包含的是固体营养物质，这种营养物质运输方式称为胞吞作用；如果膜泡中包含的是液体营养物质，则称为胞饮作用。膜泡运输的专一性不强，它摄取的营养物质逐步被胞内酶分解并利用。

除以上几种吸收营养物质的途径外，还发现了微生物吸收铁的方式。许多细菌和真菌能分泌低分子量的铁载体与Fe^{3+}结合，供细胞吸收。在进入细胞前，Fe^{3+}可能与三个铁载体基团结合，形成一个六配位的八面体复合物。一旦这种铁-铁载体复合物到达细胞表面，它能与铁载体受体蛋白结合将铁载体复合物运至胞内，或借助于细胞膜上的转运蛋白将铁-铁载体复合物穿过细胞膜，然后Fe^{3+}从铁载体上释放，直接进入细胞。Fe^{3+}进入细胞后被还原成Fe^{2+}利用。

第四节　培　养　基

培养基是人工配制的适合不同微生物生长繁殖或积累代谢产物的营养基质。应根据微生物的营养类型、培养目的，选择价格便宜、来源广泛的材料配制出较好的培养基，以满足科研与生产的需要。任何培养基都应具备微生物生长所需要的六大营养要素，且比例要适合。否则，微生物生长缓慢甚至不生长。配制好的培养基必须及时灭菌，以防杂菌滋生破坏培养基的营养成分。绝大多数腐生微生物和部分共生微生物都可以在人工培养基上生长，只有少数共生微生物和寄生微生物目前还不能在人工培养基上生长。

一、培养基的配制

（一）配制原则

1. 明确培养目的　配制培养基首先要明确培养目的：要培养什么微生物？为了得到菌体还是代谢产物？是生产含氮量低的产物（如乙醇等）还是含氮量高的产物（氨基酸等）？用于实验室还是发酵生产？不同的微生物有不同的营养要求。

自养型微生物有较强的合成能力，能以简单的无机物如CO_2和无机盐合成糖、脂类、蛋白质、核酸、维生素等复杂的细胞物质。故培养自养型微生物的培养基应由简单的无机物组成。异养型微生物的合成能力弱，不能以 CO_2 作为唯一碳源。因此，培养异养型微生物的培养基中至少要有一种有机物。有的异养型微生物需要多种生长因素，通常采用天然有机物为其提供所需的生长因素。只有满足其营养要求，才能使其正常生长。

实验室中常用牛肉膏蛋白胨培养基培养异养型细菌，用无机的合成培养基培养自养型细菌，用高氏一号合成培养基培养放线菌，用麦芽汁培养基培养酵母菌，用查氏合成培养基培养霉菌。营养要求严格的微生物培养基应加肝蛋白胨，肝含有它们所需要的生长因子。病毒、立克次体等专性活细胞寄生微生物须在动植物活细胞中培养。培养特殊类型的微生物需特殊的培养基。有的土壤微生物的培养基需加土壤浸提液；有的海洋微生物培养基需要海水或某些海中盐类。

如果为了获得菌体，则培养基的营养成分特别是含氮量应高些，尤其是种子培养基，以利菌体蛋白质的合成。如果为了获得代谢产物则要考虑微生物的生理和遗传特性及代谢产物的化学组成，一般要求碳氮比（C/N）应高些，使微生物不至于营养生长过旺，有利于代谢产物的积累。有些代谢产物的生产中还要加入作为它们组成部分的元素或前体物质，如生产维生素 B_{12} 时要加入钴盐，在金霉素生产中要加入氯化物，生产苄青霉素时要加入其前体物质苯乙酸。通常菌体的数量与代谢产物的积累量成正比。为了获得较多的代谢产物必须先培养大量的菌体。例如，酵母菌发酵生产乙醇，在菌体生长阶段要供应充足的氮源，在发酵积累乙醇阶段则要减少氮供应，以限制菌体过多生长，降低葡萄糖的消耗，提高乙醇得率。工业发酵常采用增加培养基中营养物质的含量和中途补料等措施提高产量。

2．注意营养协调 微生物细胞内各种成分之间有一定的比例，只有在营养物质浓度适当、各营养物质比例合适时才能生长良好。营养物质浓度过低不能满足其生长的需要；过高又抑制其生长。例如，适量的蔗糖是异养型微生物的良好碳源和能源，但高浓度的蔗糖则抑制微生物生长。金属离子是微生物生长所不可缺少的矿质养分，但浓度过大特别是重金属离子反而抑制其生长，甚至产生杀菌作用。

各营养物质间的配比，特别是 C/N 直接影响微生物的生长繁殖和代谢产物的积累。碳氮比一般指培养基中元素碳和元素氮的摩尔数比，有时也指培养基中还原糖与粗蛋白含量比。一般情况下，微生物将一份碳组成细胞物质大约需要 4 份碳作能源。碳源不足菌体易早衰；碳源过多，易引起 pH 下降，不利于菌体生长。氮源过多菌体生长过旺，pH 偏高，不利于积累代谢产物。氮源不足菌体生长缓慢。不同微生物需要不同的营养物质配比。一般细菌和酵母菌细胞 C/N 约为 5/1，霉菌细胞约为 10/1，所以霉菌培养基的 C/N 应较大，适宜在富含淀粉的培养基上生长；细菌、酵母菌培养基的 C/N 应较小，尤其是动物病原菌，要求有较丰富的氮源物质。微生物在不同生长阶段对 C/N 的最适要求也不一样。一般在生长初期合成菌体物质多，要求营养丰富，C/N 应较低；生长后期 C/N 应较高。微生物发酵生产中各营养物质的配比直接影响发酵产量。发酵生产的培养基用量大，产物中以碳成分为主，故发酵培养基中 C/N 要高于种子培养基。一般工业发酵培养基的 C/N 为 100/（0.2～2.0）。若发酵产物中含碳量高则培养料的 C/N 要高些，如所需发酵产物中含氮量较高则 C/N 要低些，如柠檬酸发酵培养基只用甘薯粉作原料；微生物发酵生产谷氨酸需要较多的氮以合成谷氨酸，若培养基 C/N 为 100/（0.5～2.0）则菌体大量繁殖，谷氨酸积累少；若培养基 C/N 为 100/（15～21）则菌体繁殖受抑制，谷氨酸产量增加。抗生素发酵生产中可通过调节培养基中速效氮（或速效碳）与迟效氮（或迟效碳）之比控制菌体生长与抗生素合成。使用矿质元素时必须注意其浓度，并且各离子间的比例必须适当，避免单盐离子产生毒害。很多无机盐在低浓度时为微生物最适生长所必需，但超出其生长范围的高浓度时则变为抑制因子。一种氨基酸含量过多会发生氨基酸不平衡，抑制对其他氨基酸的吸收。因此，添加生长因子必须比例适当，以保证微生物对各生长因子的平衡吸收。

3．控制理化条件

（1）控制培养基的 pH　　各种微生物要求的 pH 不同。霉菌与酵母菌生长的 pH 通常是 4.5～6.0；细菌和放线菌生长的 pH 是 7.0～7.5。具体到某一种微生物还有其特定的适宜 pH 范围。配制培养基必须根据微生物的特点调节 pH。经高压蒸汽灭菌后培养基 pH 会略微下降，因此配制时应比适宜 pH 高 0.5。微生物在生长过程中，营养物质的消耗与代谢产物的积累，会改变培养基的 pH。若不及时控制常常会导致生长停止。因此，为了维持培养基 pH 的相对恒定，通常在培养基中加磷酸盐等缓冲剂或不溶性的碳酸盐。在实验室中，常用缓冲性强的蛋白胨、牛肉膏、氨基酸为材料配制培养基。K_2HPO_4 和 KH_2PO_4 是常用的缓冲剂，K_2HPO_4 溶液呈碱性，KH_2PO_4 溶液呈酸性，它们的等摩尔溶液的 pH 为 6.8。如果微生物代谢活动使培养基的酸性增强，则弱碱盐变为弱酸盐。

$$K_2HPO_4 + H^+ \longrightarrow KH_2PO_4 + K^+$$

如果培养基的碱性增强，则弱酸盐变为弱碱盐。

$$KH_2PO_4 + KOH \longrightarrow K_2HPO_4 + H_2O$$

加缓冲剂对培养基 pH 的调节作用不会很大。因此，磷酸盐缓冲剂只能在一定范围（pH 6.4～7.2）内起作用。若微生物产生大量的酸，可在培养基中加 1%～5%的碳酸钙中和。碳酸钙是不溶性的，不会使培养基的 pH 有较大的升高，但它能不断地中和菌体所产生的酸。

$$CO_3^{2-} \longleftrightarrow HCO_3^- \longleftrightarrow H_2CO_3 \longleftrightarrow CO_2 + H_2O$$

产生的 CO_2 可以从培养基中逸出。如果不希望培养基有沉淀，则可添加 $NaHCO_3$。

碳酸钙、碳酸氢钠还可以为自养型微生物提供 CO_2 作碳源。

有时，微生物的活动产生大量的酸或碱，使用缓冲剂和碳酸盐都不足以解决问题，就需要在培养过程中不断添加酸或碱调节。

（2）调节氧化还原电位　　氧化还原电位是度量氧化还原系统中还原剂释放电子或氧化剂接受电子趋势的一种指标，一般以 Eh 表示，是指以氢电极为标准时某氧化还原系统的电极电位值，单位为 V（伏）或 mV（毫伏）。各种微生物对培养基的氧化还原电位要求不同。适宜好氧微生物生长的 Eh（氧化还原势）为 0.3～0.4V，厌氧微生物只能在 0.1V 以下生长。好氧微生物必须保证氧的供应，这在大规模发酵生产中尤为重要，需要采用专门的通气措施。厌氧微生物又必须除去氧气，因为氧对它们有害。所以，在配制厌氧微生物的培养基时常加入还原剂以降低氧化还原电位。常用的还原剂有巯基乙酸、半胱氨酸、Na_2S、抗坏血酸、铁屑、谷胱甘肽等。也可以用其他理化手段除去氧。发酵生产上常采用深层静置发酵法创造厌氧条件。

测定氧化还原电位除用电位计外，还可使用化学指示剂，如刃天青等。刃天青在无氧条件下呈无色（Eh 相当于－40mV）；在有氧条件下，其颜色与溶液的 pH 有关，一般在中性时呈紫色，碱性时呈蓝色，酸性时为红色；在微含氧溶液中，则呈现粉红色。

（3）调节渗透压　　培养基渗透压的大小是由溶液中所含的分子或离子的质点数决定的，等质量的物质其分子或离子越小则质点数越多，产生的渗透压就越大。与微生物细胞质渗透压相等的等渗溶液最适宜微生物生长。多数微生物能耐受渗透压较大幅度的变化，如可通过体内糖原等大分子贮藏物的合成或分解调节细胞内的渗透压。培养基中营养物质的浓度过大会使渗透压太高，使细胞发生质壁分离，抑制微生物的生长。也不利于溶氧。低渗溶液则营养物质浓度过低，不利于菌体生长，使细胞吸水膨胀，易破裂。配制培养基时要注意渗透压的大小，要掌握好营养物质的浓度。常在培养基中加入适量的 NaCl 以提高渗透压。实际应用中常用水活度（a_w）表示微生物可利用的游离水的含量。微生物生长繁殖的 a_w 为 0.60～0.99。在不影响微生物生理特性和代谢转化率的情况下，常采用高浓度发酵以提高生产率和设备利用率。

4. 力求经济节省 配制培养基还应遵循力求节省的原则，尽量选用价格便宜、来源方便的原料。特别是工业发酵中培养基用量大，更应注意这一点，以降低产品成本。例如，废糖蜜（制糖工业中含蔗糖的废液）、乳清废液（乳制品工业中含乳糖的废液）、豆制品工业废液、纸浆废液（造纸工业中含戊糖、己糖、短小纤维的亚硫酸纸浆）、各种发酵废液及酒糟、酱渣等发酵废弃物，大量的农副产品如麸皮、米糠、玉米浆、豆饼、花生饼、花生麸等都可作发酵工业的良好原料。

5. 及时灭菌处理 为避免杂菌污染培养基必须及时严格地灭菌，通常采用高压蒸汽灭菌。一般培养基用 0.1MPa（121.3℃）、维持 15～30min 可彻底灭菌。长时间高温灭菌会使某些不耐热的物质破坏，如使糖类物质形成氨基糖、焦糖。因此，含糖培养基常用 0.05MPa（112.6℃）、15～30min 灭菌。某些对糖类要求更高的培养基可先将糖过滤除菌或间歇灭菌，再与其他已灭菌的成分混合。长时间高温灭菌会使磷酸盐、碳酸盐与钙、镁等阳离子形成难溶性化合物，产生沉淀。为防止这类沉淀发生可将这些物质分别灭菌，冷却后再混合，也可在培养基中加入少量螯合剂（0.01%乙二胺四乙酸，即 EDTA），使金属离子形成可溶性络合物以防止沉淀产生。

（二）设计方法

具体设计某种培养基时，首先要调查研究，查阅文献，走访同行，调查前人的工作资料，借鉴他人的经验，寻找有用的东西，以便从中得到启发。还要调查生态，考察微生物喜欢在什么环境中生长，喜欢什么营养物质，然后按需配料。掌握了微生物的生态知识就可以模拟某种自然条件，初步设计出简单、初步的培养基。在设计新培养基时首先仔细测定微生物的营养要求，可采用生长谱法分别测定微生物对糖类、氮源和生长因子等营养物质的要求。其次，要试验比较，理想的培养基配方要经过反复试验比较才能得到。为了提高工作效率，可以采用优选法、正交设计、生物统计等科学的数学方法，使培养基成分更加合理。最佳培养基配方的确定应建立在对细胞的生长和代谢情况完全了解的前提下，从生物化学和生化工程技术原理出发推断和计算出来。但目前还无法实现这一点。因此，主要还是通过单因子试验、正交设计和均匀设计等试验方法确定最佳培养基的组成和配比。

试验由定性到定量、由小到大、由实验室到工厂逐步扩大。可先用培养皿琼脂平板测试某微生物的营养要求，再经摇瓶、台式发酵罐、试验型发酵罐到生产型发酵罐培养试验。

（三）注意事项

1. 原料质量 配制培养基用的原料要新鲜，不能有发霉变质的成分混入。

2. 水质 配制培养基用水要清洁，不能含有杂质和抑制微生物生长的化学物质，如铜、铬等重金属离子及氯气或漂白粉等。实验室中做比较精确的研究实验要求水里不能含有钙、镁等金属离子，以免产生沉淀，一般要用蒸馏水。发酵生产中最好选用地下水或矿泉水。

3. 防止烧焦 淀粉、糖类等在加热中易烧焦，并使容器破裂。烧焦的培养基不宜再用。

二、培养基的类型

1. 根据培养基的成分划分

（1）天然培养基 是用化学成分不清楚或不恒定的天然有机物如肉浸汁、酵母浸汁、豆芽汁、马铃薯、玉米粉、麸皮、牛奶、血清等制成的培养基。常用的牛肉膏蛋白胨培养基、豆芽汁培养基、马铃薯培养基等均属于天然培养基。这类培养基的优点是种类多样、配制方便、营养丰富、价格便宜，特别适于实验室中菌种培养及生产上大规模培养微生物和生产微生物产品。缺点是其成分不清楚、不稳定，营养成分难控制，做精细的科学实验结果重复性较差。

牛肉膏是由精牛肉浸汁经浓缩去渣得到的胶状物，含有糖类、含氮有机物、维生素、无机盐等营养物质。蛋白胨是蛋白质的水解产物，可用牛奶、大豆等制作，也可是肉类食品加工厂、皮革厂等工厂的副产物。主要有含氮有机物，也有维生素、糖类等。酵母浸膏是酵母菌细胞的水溶性提取物浓缩成的膏状物质，富含B类维生素，也含有机氮化物和糖类。

（2）合成培养基 是由化学成分明确的物质配制成的培养基。葡萄糖铵盐培养基、高氏一号合成培养基和查氏合成培养基都属这种类型。它们的组成成分精确，重复性强。但价格较贵，且营养不全面，微生物生长缓慢。一般适用于实验室内做有关微生物营养、代谢、生理、生化、分类、鉴定、生物量测定、选育菌种及遗传分析等方面对定量要求较高的研究工作。

（3）半合成培养基 在天然培养基的基础上适当加入已知成分的无机盐类或在合成培养基的基础上添加某些天然成分如马铃薯等，使其更充分满足微生物的营养要求。培养真菌的马铃薯蔗糖培养基就属于半合成培养基。凡含未经特殊处理的琼脂的合成培养基都是半合成培养基。

2．根据培养基的物理状态划分

（1）固体培养基 在液体培养基中加入凝固剂使其凝固成固体状态称为固体培养基。常用的凝固剂有琼脂、明胶和硅胶三种。近年来，海藻酸胶、瓜尔胶、黄原胶、刺槐豆胶、聚丙烯酸（PAA）系列高分子化合物等作为新型凝固剂以满足新的研究需要。比较理想的凝固剂应具备以下条件：①不被微生物液化、分解和利用；②在微生物的生长温度范围内保持固体状态；③凝固剂凝固点的温度对微生物无害；④对所培养的微生物无毒害作用；⑤凝固剂不会因培养基灭菌而破坏；⑥透明度好、黏着力强；⑦配制方便、价格低廉。根据这些条件，目前最理想的凝固剂是琼脂，其次是明胶和硅胶。琼脂与明胶的主要特征比较见表5-7。

表5-7 琼脂与明胶的主要特征比较

项目	常用浓度/%	熔化点/℃	凝固点/℃	pH	灰分/%	氧化钙/%	氧化镁/%	氮/%	耐高温灭菌性	微生物可利用性
琼脂	1.5～2.0	96	40	微酸	16	1.15	0.77	0.4	强	极少数微生物能利用
明胶	5.0～12.0	25	20	酸性	14～15	0	0	18.3	弱	许多微生物能利用

琼脂又名洋菜，是从红藻（如石花菜）中提炼出来的，其化学成分是多聚半乳糖硫酸酯。琼脂没有营养价值，绝大多数微生物都不能分解液化。在一般微生物生长温度范围内呈固态，透明，黏着力强，经过高温灭菌也不破坏。正是因为琼脂具有这些优良特性，便取代了明胶成为制备固体培养基常用凝固剂。硅胶是由无机的硅酸钠（Na_2SiO_3）及硅酸钾（K_2SiO_3）被盐酸及硫酸中和时凝聚成的胶体，不含有机物，适合于培养自养型微生物。明胶由胶原蛋白制得，是最早使用的凝固剂。由于它的凝固点太低，易被许多微生物分解液化，目前已很少作凝固剂。

拓展资料

用天然有机物如马铃薯块、胡萝卜条、麸皮、米糠、棉籽壳等制成的培养基属不加凝固剂的固体培养基。在液体营养基质上覆盖滤纸或微孔滤膜，或将滤纸条一端插入培养液，另一端露出液面，都有固体培养基的性质。含有蛋清或血清的培养基、疱肉培养基等都属固体培养基。

固体培养基为微生物生长提供了一个营养表面，在营养表面上生长的微生物可以形成单个菌落。因此，固体培养基常用于微生物的分离、鉴定、计数、育种、菌种保藏、生物测定、收获孢子及微生物固体培养等方面。在食用菌栽培和工业发酵中也常使用。

（2）*液体培养基* 未加凝固剂、呈液态的培养基称液体培养基。液体培养基组分均匀，微生物能充分接触和利用培养基各部位的养料，它适用于大规模的工业生产和实验室内进行微生物生理代谢等基本理论的研究工作。液体培养基发酵率高，操作方便，便于实现生产自动化。

（3）*半固体培养基* 是在液体培养基中加入少量（0.2%～0.7%）的琼脂制成半固体状态的培养基。半固体培养基常用于对细菌的运动特征、趋化性的研究，以及厌氧菌培养、计数、分离、鉴定及细菌、酵母菌的菌种保藏和噬菌体效价测定等方面。

（4）*脱水培养基* 脱水培养基是含有除水以外的各种成分的商品培养基，使用时只要加入适量的水分并加以灭菌即可使用，是一类既成分精确又有使用方便等优点的培养基。

3．根据培养基的用途划分

（1）*基础培养基* 各种微生物的营养要求不同，但大多数微生物所需要的基本营养物质是一样的。按一般微生物生长繁殖所需要的基本营养物质配制的培养基称为基础培养基。牛肉膏蛋白胨培养基就是最常用的基础培养基。基础培养基也可作为一些特殊培养基的基本成分，再根据某种微生物的特殊要求，在基础培养基中添加所需营养物质成为补充培养基或完全培养基。

（2）*加富培养基* 是指在普通培养基里添加血液、血清、酵母浸膏、动植物组织液等配制成营养丰富的培养基，主要用来培养某些营养要求苛刻的异养型微生物。加富培养基还可富集和分离某种微生物，加富培养基中含某种微生物所需的特殊营养物质，如分离某些病原菌在培养基中加血液或动植物组织液，分离硫杆菌在无机培养液中加硫磺或无机硫化物，都属加富培养基。作加富的营养物质主要是一些特殊的碳源或氮源，如甘露醇可富集自生固氮菌，较浓的糖液可富集酵母菌。在加富培养基中某种或某类微生物生长速度比其他微生物快，其他微生物逐渐被淘汰，达到分离该种微生物的目的。加富培养基有相对的选择性，常用于菌种筛选。

（3）*选择培养基* 是根据某一种或某一类微生物的特殊营养要求或对某种化合物的敏感性不同设计的一类培养基。利用这种培养基可将某种或某类微生物从混杂的微生物群体中分离出来。一类选择培养基是根据某些微生物的特殊营养要求设计的。例如，利用以纤维素或液体石蜡作唯一碳源的选择培养基可分离出能分解纤维素或液体石蜡的微生物；用以酪素为唯一氮源的或缺乏氮源的选择培养基可分离到能分解蛋白质或具有固氮能力的微生物。另一类选择培养基是利用微生物对某种化学物质的敏感性不同，在培养基中加入某种化合物，可以抑制或杀死其他微生物，从而分离到能抗这种化合物的微生物。例如，在培养基里加数滴10%的酚以抑制细菌和霉菌的生长，可以从混杂的微生物群体中分离出放线菌。若在培养基中加入适量的孟加拉红、青霉素、四环素或链霉素等可以抑制细菌和放线菌的生长，分离霉菌和酵母菌。

在培养基里加入适量的染料亮绿或结晶紫以抑制革兰氏阳性菌，可分离革兰氏阴性菌。提高培养基中NaCl的浓度（含7.5%NaCl），可从脓液、粪便中分离葡萄球菌。高浓度的盐可以抑制其他大多数细菌的生长。用于选择性培养的理化因子还有温度、氧、pH和渗透压等。

我国劳动人民在12世纪的宋代，就已根据红曲霉（*Monascus* sp.）有耐酸耐高温的特性，用明矾调节酸度和用酸米抑制杂菌的高温培养法，获得了纯度很高的红曲，这是人类最早应用选择培养基的典型先例。我国民间流传至今的泡菜制作也是利用选择培养基的实例。

（4）*鉴别培养基* 鉴别培养基是根据微生物的代谢特点在普通培养基中加入某种试剂或化学药品，通过培养后的显色反应区别不同微生物的培养基（表5-8）。例如，在不含糖的肉汤中分别加入各种糖和指示剂，根据细菌对各种糖发酵作用的不同——有的发酵糖产酸又产气，有的只产酸不产气，有的不产酸也不产气，可以将细菌鉴定到种。又如，用以观察饮用水和乳品中是否含有肠道致病菌的伊红亚甲蓝（EMB）培养基，常用于区别大肠杆菌和产气杆菌。大肠杆菌发酵乳糖产生有机酸，能使伊红亚甲蓝结合成深紫色化合物，故在这种培养基上生长的大肠杆菌菌落呈紫黑色并有金属光泽，菌落较小；产气杆菌虽能发酵乳糖但产酸少，菌落较大，湿润，呈棕色；沙门菌属、志贺菌属、变形杆菌属等不能发酵乳糖，不产酸，菌落较大，湿润，无色透明。属于鉴别培养基的还有：明胶培养基，可检查微生物能否液化明胶；硝酸盐肉汤培养基，可检查微生物是否具有硝酸盐还原作用；醋酸铅培养基，用来检查微生物是否产生 H_2S 气体等。

表 5-8　常用的鉴别培养基

培养基名称	加入化学物质	微生物代谢产物	培养基特征性变化	主要用途
酪素培养基	酪素	胞外蛋白酶	蛋白水解圈	鉴别产蛋白酶菌株
明胶培养基	明胶	胞外蛋白酶	明胶液化	鉴别产蛋白酶菌株
油脂培养基	食油、吐温、中性红指示剂	胞外脂肪酶	由淡红色变为深红色	鉴别产脂肪酶菌株
淀粉培养基	可溶性淀粉	胞外淀粉酶	淀粉水解圈	鉴别产淀粉酶菌株
H_2S 试验培养基	醋酸铅	硫化氢	产生黑色沉淀	鉴别产硫化氢菌株
糖发酵培养基	溴甲酚紫	乳酸、乙酸、丙酸等	由紫色变成黄色	鉴别肠道细菌
远藤培养基	碱性复红、亚硫酸钠	有机酸、乙醛	带金属光泽深红色菌落	鉴别水中大肠菌群
伊红亚甲蓝培养基	伊红、亚甲蓝	有机酸	带金属光泽深紫色菌落	鉴别水中大肠菌群

以上关于选择培养基和鉴别培养基的划分是人为的，仅为理解的方便而定的理论标准。在实际应用时，这两种作用常常结合在一起，如伊红亚甲蓝培养基既有鉴别作用又有抑制作用。

按用途划分的培养基还有分析培养基、还原培养基、种子培养基和发酵培养基等。分析培养基常用来分析某些化学物质的浓度和微生物的营养要求。还原培养基专门用于培养厌氧微生物。种子培养基用于培养强壮而整齐的种子细胞，营养丰富、全面，氮源、维生素含量较高。发酵培养基用于生产发酵产物，既要使种子接种后能迅速生长达到一定的菌浓度，又要使菌体长好后大量合成所需要的发酵产物，还要符合发酵工艺要求，便于发酵产品的提取。

4．微生物的寄生培养　病毒、衣原体和立克次体等专性活细胞寄生微生物，目前还不能在普通培养基上生长。培养专性活细胞寄生微生物的方法是将它们接种在动植物体内、动植物组织或细胞里。培养它们最常用的动物有小鼠、家兔、豚鼠等。鸡胚也是培养某些病毒、衣原体和立克次体的良好基质。可用鸡胚培养新城疫病毒、牛痘病毒、天花病毒、狂犬病毒等十几种病毒。将病毒接种到绒毛尿囊膜、尿囊、羊膜囊或卵黄囊中经一定时间培养后即可得到培养物（图 5-5）。

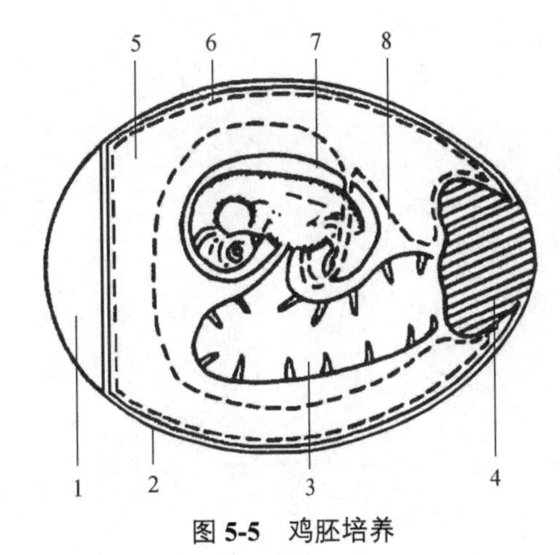

图 5-5　鸡胚培养

1．气室；2．蛋壳；3．卵黄囊；4．卵白；5．尿囊腔；6．绒毛囊膜；7．羊膜腔；8．胚外体腔

组织培养技术也广泛用于培养和研究病毒。例如，用单层细胞培养法培养人羊膜细胞分离脊髓灰质炎病毒，用该法培养兔肚肾细胞分离疱疹病毒等。这种方法也是诊断病毒病的有效手段。

目前在实验室能培养的微生物还不到自然界中微生物的 1%，根本原因是自然界的微生物大多数不能在常规培养基上生长，尚未找到合适的培养基和培养条件，这些微生物曾称为“未培养微生物”。近年来，培养“未培养微生物”的技术有了新的突破：在培养基中加入非传统的生长底物促进新型微生物的生长，发现了一些新生理型微生物；采用营养成分贫乏的培养基，其养分浓度是常规培养基的1%；采用新的培养方法，模拟天然环境，以流动方式供应培养液，使不同微生物细胞间进行信息交流，实现细胞互喂，促进菌落形成。

习　　题

1．名词解释：合成培养基；天然培养基；半合成培养基；基础培养基；加富培养基；固体培养基。
2．什么是微生物的营养？什么是微生物的营养物质？微生物的营养物质有哪些？
3．什么是碳源？它有什么作用？常用的微生物碳源物质有哪些？
4．什么是氮源？它有什么作用？常用的微生物氮源物质有哪些？
5．异养型微生物和自养型微生物最适宜的碳源是什么？
6．什么叫能源？异养型微生物的能源物质与自养型微生物是否相同？为什么？
7．矿质元素的营养作用是什么？
8．什么是生长因子？它包括哪些种类的物质？它们的作用是什么？如何满足微生物对生长因子的需要？
9．什么是水活度？水对微生物的生命活动有何影响？这与人类的生产和生活实践有何关系？
10．微生物的营养类型有哪几种？划分的依据是什么？举出各种营养类型的几个代表菌。
11．以紫色非硫细菌为例，解释微生物营养类型的可变性及其对环境变化适应的灵活性。
12．微生物吸收营养物质的方式有哪几种？试比较它们的异同。
13．什么叫培养基？配制培养基应考虑哪些原则？试设计筛选产蛋白酶细菌的培养基，并说明如何优化它。
14．用于固体培养基中的凝固剂有哪几种？各有什么优缺点？为什么一般以琼脂为最好？
15．试设计用于筛选产纤维素酶真菌的培养基，并说明如何优化该培养基。
16．什么是选择培养基？它们在微生物学中有何重要性？试举一例并分析其作用原理。
17．什么是鉴别培养基？以伊红亚甲蓝培养基为例，分析鉴别培养基的作用原理。

（赖洁玲　陈旭健）

第六章
微生物的代谢

代谢是生物体内进行的各种生化反应的总称。代谢是生命的本质，是生物体最基本的属性之一。微生物代谢包括物质代谢和能量代谢两个方面。物质代谢又分为合成代谢和分解代谢，能量代谢又分为产能代谢和耗能代谢。合成代谢是生物体将简单的小分子物质合成复杂的大分子细胞物质的过程，是耗能反应；分解代谢是生物体将营养物质或细胞物质逐步降解为简单的小分子物质的过程，是产能反应。合成代谢和分解代谢、耗能代谢和产能代谢是对立统一的过程，偶联进行。连接分解代谢和合成代谢的是各种中间代谢产物（12 种）。有些代谢途径在分解代谢和合成代谢中都有功能，如糖酵解（EMP）、戊糖磷酸途径（HMP）和三羧酸循环等都是重要的两用代谢途径。有些重要的中间代谢产物还可以由多条代谢物回补顺序（添补途径）产生，以满足合成代谢的需要。真核生物中分解代谢一般在线粒体、微体或溶酶体中进行，合成代谢一般在细胞质中进行，以利两者同时有条不紊地进行。原核生物因细胞微小、间隔程度低，反应的控制大多在简单的酶分子水平上进行。微生物的代谢是在酶系统的催化下协调进行的。微生物细胞通过调节酶的种类、数量、活性来控制其代谢活动。

微生物代谢与其他生物有同一性，但特殊性更突出。微生物代谢有代谢旺盛、代谢类型多和代谢调节既严格又灵活三个特点。例如，分解代谢，微生物种类多，所处的环境条件不一，同一物质可经不同分解途径，经不同的酶催化产生不同的代谢产物；合成代谢中生物固氮为微生物所特有；有些微生物代谢中还产生抗生素、生长刺激素、生物碱、毒素、色素等次级代谢产物。

第一节　微生物对有机物质的分解

微生物对分子量较小的物质能直接吸收，对分子量较大的有机物，如淀粉、纤维素、果胶质、蛋白质、几丁质、木质素等必须通过酶的作用分解为分子量较小的单体后才能被吸收利用。微生物对大分子有机物的分解一般可分为三个阶段：第一阶段是将蛋白质、多糖、脂类等大分子营养物质降解成氨基酸、单糖及脂肪酸等小分子物质；第二阶段是将第一阶段的分解产物进一步降解为更简单的乙酰辅酶 A、丙酮酸及能进入三羧酸循环的中间产物，在这个阶段会产生能量（ATP）和还原力（NADH 及 $FADH_2$）；第三阶段通过三羧酸循环将第二阶段的产物完全降解成 CO_2，并产生能量和还原力。微生物对有机物质的分解对自然界的物质循环和环境保护具有重要意义。

一、纤维素的分解

纤维素在自然界中极其丰富，植物的枯枝、落叶、秸秆、杂草、树皮、糠壳等有机物质都含有大量的纤维素。它是植物细胞壁的重要成分。纤维素是由 300～2500 个葡萄糖分子通过β-1,4-糖苷键连接起来的大分子聚合物，不溶于水，人和动物均不能消化。但很多微生物，如青霉、木霉、曲霉等真菌，噬纤维菌属、纤维单胞菌属等细菌和黑色螺旋放线菌、纤维放线菌等放线菌，都有分解纤维素的能力。能分解纤维素的微生物都能分泌纤维素酶。真菌的纤维素酶是胞外酶，它们分解纤维素的能力较强。细菌的纤维素酶位于细胞表面，只有接触菌体的纤维质物质才能被分解，所以它们分解纤维素的能力较弱。

纤维素酶是一类作用于纤维素的酶的总称，是诱导酶。它可分为 C_1 酶、C_x 酶（又分为 C_{x1}、C_{x2} 酶）和 β-葡萄糖苷酶三类。C_1 酶主要使天然纤维素转变为水合非结晶纤维素；C_{x1} 酶是内切酶，可任意切割水合非结晶纤维素分子内部的 β-1,4-糖苷键，一般产物为纤维二糖和纤维糊精；C_{x2} 酶是外切酶，从水合非结晶纤维素分子的非还原末端作用于 β-1,4-糖苷键，每次切下两个葡萄糖单位，生成纤维二糖；β-葡萄糖苷酶水解纤维二糖及寡糖等生成葡萄糖。分解过程如下。

$$\text{天然纤维素} \xrightarrow{C_1\text{酶}} \text{水合非结晶纤维素} \xrightarrow{C_{x1}\text{酶、}C_{x2}\text{酶}} \text{纤维二糖} + \text{葡萄糖}$$

$$\text{纤维二糖} \xrightarrow{\beta\text{-葡萄糖苷酶}} \text{葡萄糖}$$

用于生产纤维素酶的菌种常用的有绿色木霉（*Trichoderma viride*）、康氏木霉（*T. koningii*）等。纤维素酶对纤维素的分解，一方面会引起木材、纸张和棉织品的腐烂，造成严重损失；另一方面土壤微生物能分解植物秸秆等有机物，提高土壤肥力。利用纤维素酶可使纤维素转变为人、动物可利用的发酵食品、发酵饲料等，综合利用农副产品，变废为宝，造福人类。

二、淀粉的分解

淀粉广泛存在于植物的种子、块茎及块根中，是葡萄糖通过糖苷键连接而成的大分子聚合物。淀粉有直链淀粉和支链淀粉之分，前者由 250～300 个葡萄糖通过 α-1,4-糖苷键结合而成，在天然淀粉中约占 20%；后者在直链淀粉基础上通过 α-1,6-糖苷键形成侧链，在天然淀粉中约占 80%。绝大多数微生物能分泌淀粉酶水解淀粉。淀粉酶是水解淀粉糖苷键的一类酶的总称，种类较多，作用的方式和产物各异，主要有以下 4 种。

1．液化型淀粉酶 α-淀粉酶为内切酶，作用于 α-1,4-糖苷键，但不作用于 α-1,6-糖苷键和与 α-1,6-糖苷键邻近的 α-1,4-糖苷键，产物是麦芽糖及寡糖。它能使淀粉溶液黏度下降故称液化淀粉酶；生成的麦芽糖在光学上是 α 型故称 α-淀粉酶。曲霉和枯草杆菌是工业发酵中常用的 α-淀粉酶生产菌株。

2．糖化型淀粉酶

（1）β-淀粉酶 它为外切酶，从直链淀粉分子的非还原端开始以双糖为单位每次分解出一个麦芽糖分子，可将直链淀粉彻底分解为麦芽糖。生成的麦芽糖在光学上是 β 型，所以称 β-淀粉酶。它不能作用于 α-1,6-糖苷键，也不能越过 α-1,6-糖苷键去作用后面的 α-1,4-糖苷键，所以它分解淀粉后留下分子较大的糊精。很多微生物如巨大芽孢杆菌、假单胞菌、根霉、米曲霉等都产生 β-淀粉酶。

（2）淀粉-1,4-葡糖苷酶 它从淀粉分子的非还原端开始以葡萄糖为单位切割 α-1,4-糖苷键，不能作用于 α-1,6-糖苷键，但能越过 α-1,6-糖苷键继续作用后面的 α-1,4-糖苷键，水解直链淀粉产物是葡萄糖，作用于支链淀粉的产物为葡萄糖和寡糖。根霉、曲霉等都能产生此酶。

（3）异淀粉酶 它专门水解 α-1,6-糖苷键，生成葡萄糖，能水解 α-淀粉酶和 β-淀粉酶作用淀粉后的产物糊精。很多微生物如产气杆菌、链霉菌、黑曲霉、米曲霉等都能产生异淀粉酶。

这三种淀粉酶的共同特点是可将淀粉水解为麦芽糖或葡萄糖，所以称为糖化型淀粉酶。

淀粉在上述 4 种酶的共同作用下，可被完全水解成葡萄糖。许多微生物在生长过程中能合成分解淀粉的酶类，并将这些酶分泌到细胞外。目前微生物淀粉酶制剂用于棉织物淀粉脱浆、酶法生产葡萄糖和制曲酿酒等，广泛用于食品、发酵、纺织、医药、化工等行业。

三、果胶质的分解

果胶质广泛存在于植物细胞壁和细胞间层内。它是 D-半乳糖醛酸通过 α-1,4-糖苷键连接起来的高分子聚合物，其中大部分羧基形成甲基酯。天然果胶质称原果胶（不可溶性果胶），不含甲基酯的果胶质称果胶酸。果胶酶广泛存在于植物、霉菌、细菌和酵母菌中，曲霉属、青霉属、毛霉属、根霉属等多种真菌，如文氏曲霉（*Aspergillus wentii*）、黑曲霉（*A. niger*）分泌的果胶酶最好，产量高，澄清果汁能力强。费氏浸麻梭菌（*Clostridium felsineum*）、蚀果胶梭菌（*C. pectinovorum*）、浸麻芽孢杆菌（*B. macerans*）等也能分泌果胶酶系分解果胶类物质。分解果胶质的酶是多酶复合物。果胶质首先由原果胶酶水解成聚合链较短的可溶性果胶，再经果胶甲基酯酶分解成果胶酸，果胶酸由聚半乳糖醛酸酶水解成半乳糖醛酸。半乳糖醛酸最后进入糖代谢途径。

$$\text{原果胶}\xrightarrow{\text{原果胶酶}}\text{可溶性果胶}\xrightarrow{\text{果胶甲基酯酶}}\text{果胶酸}\xrightarrow{\text{聚半乳糖醛酸酶}}\text{半乳糖醛酸}\longrightarrow\text{糖代谢}$$

我国民间传统的麻类堆积或浸沤脱胶就是利用微生物分解果胶质的特性进行的，沤制中果胶质分解有助于纤维素完好地从植物组织剥落。好氧过程起作用的是真菌，厌氧过程起作用的是多种细菌，它们在生长的同时使果胶质逐步分解。在浆果中果胶质的含量丰富，它的一个重要特点是有酸和糖存在时可形成果冻，食品厂利用它的这一特性制果浆、果冻等食品；它也引起果汁加工、葡萄酒生产的压榨困难。现用发酵法生产果胶酶，广泛用于食品、纺织品加工等。

四、木质素和芳香族化合物的分解

植物木质组织含较多木质素，木材含量达 30%，禾本科秸秆含 20%左右。它是由许多苯丙烷单元通过醚键和碳键连接，难以酸解的复杂的无定形高聚合物很难分解。分解木质素的主要是木素木霉（*Trichoderma lignorum*）、干朽菌属（*Merulius*）、多孔菌属（*Polyporus*）等真菌，假单胞菌、无色杆菌等细菌也能分解。木质素通过微生物的解聚、氧化等作用最后变成乙酸和琥珀酸。

苯酚等芳香族化合物也是植物体的主要成分，如单宁、芳香油等。分枝杆菌、假单胞菌、诺卡菌等细菌和青霉、曲霉、酵母菌等真菌可以分解含苯环的芳香族化合物，它们的氧化一般为开环裂解，受加氧酶的催化。反应过程中的一系列产物可以进入三羧酸循环。酚的氧化过程如下。

苯酚 → 邻苯二酚 → 己二烯二酸 → β-酮基己二酸 → 琥珀酸（CH_2—COOH / CH_2—COOH） + CH_3—COOH（乙酸）

微生物对芳香族化合物的分解越来越受到人们的重视。芳香族化合物可为微生物提供碳源和能源，用于合成菌体物质或代谢产物；微生物也可分解施入土壤中的芳香族化合物的除草剂如萘乙酸、2,4-D 等及含酚废水。对开发生物资源、保护环境、消除污染等都有重大意义。

五、几丁质的分解

几丁质是构成真菌细胞壁、昆虫体壁与节肢动物甲壳的主要成分。它是由*N*-乙酰葡糖胺以β-1,4-糖苷键连接的含氮多糖类物质，较难分解。嗜几丁质芽孢杆菌（*Bacillus chitinovorus*）等细菌和链霉菌等放线菌能分泌几丁质酶，有较强的分解几丁质的能力，其过程如下。

$$\text{几丁质} \xrightarrow{\text{几丁质酶}} \text{几丁二糖} \xrightarrow{\text{几丁二糖酶}} N\text{-乙酰氨基葡萄糖} \longrightarrow \text{氨}+\text{葡萄糖}$$

根据某些细菌能分解几丁质的特性，以几丁质为唯一碳/氮源的选择培养基可筛选分解几丁质的微生物。实验室里常用几丁质酶分解细胞壁，制备原生质体；农业上可用它抑制病原真菌。

六、蛋白质的分解

蛋白质存在于动物的肉、蛋、毛、角、蹄等和豆类植物中，是微生物常用的有机氮源。它是由氨基酸组成的分子巨大、结构复杂的有机物，不能直接进入细胞。微生物利用蛋白质时，先分泌蛋白酶至细胞外，将蛋白质分解为短肽后进入细胞，细胞内的肽酶将肽水解为氨基酸后再被利用。

$$\text{蛋白质} \xrightarrow[\text{（细胞外）}]{\text{蛋白酶}} \text{短肽} \xrightarrow[\text{（细胞内）}]{\text{肽酶}} \text{氨基酸}$$

蛋白酶有专一性，不同蛋白质由不同蛋白酶分解，微生物分泌蛋白酶种类因菌种而异。枯草杆菌产生明胶酶和酪蛋白酶，能水解明胶和酪蛋白；费氏链霉菌（*Streptomyces fradiae*）产生角蛋白酶，能水解动物毛、角、蹄等的角蛋白。肽酶也有一定的专一性，根据其作用部位的不同，分氨肽酶和羧肽酶两种。氨肽酶作用于游离氨基端的肽键；羧肽酶作用于游离羧基端的肽键。肽酶是胞内酶，它在细胞自溶后释放到环境中。产生蛋白酶的菌种很多，细菌、放线菌、霉菌等均有。不同菌种可生产不同的蛋白酶，如黑曲霉主要生产酸性蛋白酶，短小芽孢杆菌生产碱性蛋白酶。

微生物对蛋白质的水解作用与人类关系密切。蛋白质被蛋白酶、肽酶降解后得到的各种氨基酸的混合物可配制成含多种氨基酸的混合注射液或口服液，用作患者的营养物，也可作代血浆注射液。蛋白酶可作消化剂促进消化。制作腐乳、酱油、豆豉等也是利用微生物对蛋白质分解的特性。蛋白酶制剂已广泛用于皮革脱毛、蚕丝脱胶、蛋白胨的生产和洗涤添加剂等。微生物对蛋白质的分解作用对人类也有不利方面，如引起食物腐烂、伤口化脓等。

七、氨基酸的分解

氨基酸通常是被微生物直接用于合成细胞物质，厌氧与缺少碳源时也能被某些细菌用作能源和碳源。能分解利用氨基酸的微生物很多，不同微生物分解氨基酸的能力不同。大肠杆菌、变形杆菌、铜绿假单胞菌（*Pseudomonas aeruginosa*）等几乎能分解所有的氨基酸，乳杆菌、链球菌分解能力较差。微生物分解利用氨基酸主要是通过脱氨基作用和脱羧基作用，分别由脱氨酶和脱羧酶催化。这两类酶的生成受环境因素的影响，尤其是pH。pH在酸性时生成脱羧酶，pH在碱性时生成脱氨酶。

1．脱氨基作用 有机氮化物经微生物作用产生氨的过程称氨化作用。通过氨化作用把有机氮化物转化为植物能吸收利用的无机氮化物。氨基酸脱氨基分解产生氨和酮酸，酮酸进入呼吸途径，进一步氧化产能，氨可直接参与合成反应。脱氨的方式主要有氧化脱氨基（如大肠杆菌）、还原脱氨基（如梭状芽孢杆菌）、水解脱氨基（如酵母菌）、氧化还原脱氨基（如某些梭菌）4种。

（1）*氧化脱氨基* 在有氧条件下，氨基酸在氨基酸氧化酶的参与下，脱氨生成氨和 α-酮酸。

$$\underset{\text{丙氨酸}}{CH_3CHNH_2COOH}+\frac{1}{2}O_2\xrightarrow{\text{氨基酸氧化酶}}\underset{\text{丙酮酸}}{CH_3COCOOH}+NH_3$$

（2）*还原脱氨基* 在无氧条件下，氨基酸在氢化酶的参与下还原脱氨生成有机酸和氨。

$$\underset{\text{天冬氨酸}}{HOOCCH_2CHNH_2COOH}\xrightarrow{\text{氢化酶}}\underset{\text{丁烯二酸}}{HOOCCH{=}CHCOOH}+NH_3$$

（3）*水解脱氨基* 在无氧条件下，氨基酸在水解酶的参与下被水解生成羟酸和氨。

$$\underset{\text{丙氨酸}}{CH_3CHNH_2COOH}+H_2O\xrightarrow{\text{水解酶}}\underset{\text{乳酸}}{CH_3CHOHCOOH}+NH_3$$

羟酸脱羧生成一元醇，或氨基酸在水解中伴有脱羧作用，生成一元醇、氨和二氧化碳。

$$\underset{\text{丙氨酸}}{CH_3CHNH_2COOH}+H_2O\longrightarrow\underset{\text{乙醇}}{CH_3CH_2OH}+CO_2+NH_3$$

不同氨基酸经不同微生物水解生成不同的产物，据产物不同，可用来鉴定菌种。大肠杆菌、霍乱弧菌等含色氨酸酶能分解蛋白胨中的色氨酸生成吲哚。吲哚可与对二甲基氨基苯甲醛作用生成红色的玫瑰吲哚，为吲哚试验阳性。产气杆菌、变形杆菌、沙门菌属等吲哚试验阴性。

色氨酸（吲哚环—CH_2CHNH_2COOH）$+ H_2O \longrightarrow$ 吲哚 $+ NH_3 + CH_3COCOOH$

2 吲哚 + 对二甲基氨基苯甲醛（$N(CH_3)_2$—苯环—CH=O）$\longrightarrow$ 玫瑰吲哚（$N(CH_3)_2$—苯环—CH(吲哚基)$_2$）$+ H_2O$

吲哚　对二甲基氨基苯甲醛　玫瑰吲哚

大肠杆菌、枯草杆菌、沙门菌等能水解胱氨酸或半胱氨酸生成硫化氢，在含硫酸亚铁或醋酸铅的培养基培养细菌出现黑色硫化亚铁或硫化铅为硫化氢反应阳性。这两个反应常用于细菌的鉴定。

（4）*氧化还原脱氨基（Stickland 反应）* 培养基中的碳源物质与能源物质缺乏时，酵母菌、某些梭菌在厌氧条件下通过此反应获得能量。在这一反应中，一种氨基酸作为供氢体氧

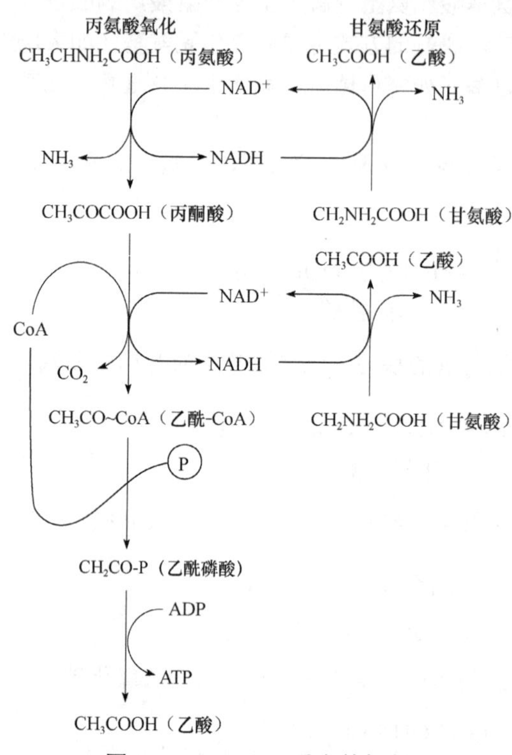

图 6-1 **Stickland** 反应的机制

化脱氨，另一种氨基酸作为受氢体还原脱氨，生成相应的有机酸、α-酮酸、NH_3，并放出能量。例如，甘氨酸和丙氨酸就可以通过这种方式分解（图 6-1）。Stickland 反应不是在任何两种氨基酸之间都可以发生。据实验结果，作供氢体的氨基酸有丙氨酸、异亮氨酸、亮氨酸、缬氨酸等；作受氢体的有甘氨酸、脯氨酸和鸟氨酸等。

2．脱羧基作用 氨基酸脱羧多见于腐败细菌和真菌。不同氨基酸由相应氨基酸脱羧酶催化氨基酸脱羧生成有机胺和二氧化碳。

$$R—CHNH_2COOH \xrightarrow{\text{氨基酸脱羧酶}} R—CH_2NH_2+CO_2$$

胺的进一步降解视环境条件而不同，在有氧条件下，受氧化酶催化生成有机酸，由此可进入其他途径；在无氧条件下，生成醇和有机酸，并常有 H_2S 产生。

氨基酸脱羧酶有高度的专一性，几乎是一种脱羧酶只分解一种氨基酸。利用这一特性可通过微量测压计测定放出 CO_2 的量分析某一氨基酸的含量和测定脱羧酶的活力，如味精厂测定谷氨酸脱羧酶催化谷氨酸脱羧反应产生的 CO_2 量计算谷氨酸含量。氨基酸脱羧反应普遍存在于微生物及高等动植物组织中。动物肝、肾、脑中都有氨基酸脱羧酶。氨基酸脱羧后形成的胺有许多具重要的生理作用。例如，组氨酸脱羧形成的组织胺可降低血压，又能刺激胃液分泌；酪氨酸脱羧形成的酪胺可升高血压。绝大多数胺类对动物有毒，如二元胺统称尸碱，有毒性，是食物中毒的原因之一。故肉类蛋白质腐败后不宜食用。有些氨基酸降解时不直接脱氨或脱羧，而是在一系列反应中经酶的作用最后变成有机酸。

八、脂肪的分解

微生物分解脂肪在脂肪酶的作用下，将甘油三酯分子中三个酯键逐个切断，水解产生三个脂肪酸分子和一个甘油分子。脂肪酸进入 β-氧化途径，脂肪酸经 β 碳原子氧化成羰基，再在 α 和 β 碳原子间断裂，脱下一个乙酰-CoA，乙酰-CoA 可通过三羧酸循环或乙醛酸循环彻底氧化；脱下的氢和电子进入电子传递链，放出大量的能量。比葡萄糖氧化放出的能量多。在有氧条件下脂肪酸彻底氧化；无氧条件下分解不彻底产生甲基酮，有臭味。甘油先磷酸化成α-磷酸甘油，再经 EMP 途径和三羧酸循环降解，产生各种中间产物和能量。一般条件下脂肪分解缓慢。

九、烃类及有机农药的分解

1．烃类化合物的分解 烃类化合物是一类由碳、氢组成的高度还原性物质。沼气和石油都是含不同长度碳链的烃类混合物。微生物分解烃类是在有氧条件下逐步进行的。能利用烃类的微生物主要有假单胞菌、分枝杆菌、解脂假丝酵母、毕氏酵母、镰刀菌、单胞枝霉等。它们可氧化甲烷、乙烷、丙烷和高级烃类获得能量和生成各种氧化产物，如甲烷假单胞菌（*Pseudomonas methanica*）对正烷烃的氧化系借加氧酶的作用，使分子氧加入被氧化的烃，形成氢过氧化物，氢过氧化物再被氧化成醇、醛、脂肪酸。

$$\underset{\text{正烷烃}}{RCH_2CH_3}\xrightarrow[\text{加氧酶}]{O_2}\underset{\text{氢过氧化物}}{R-CH_2CH_2OOH}\xrightarrow{+H_2-H_2O}\underset{\text{醇}}{RCH_2CH_2OH}$$

$$\xrightarrow{-2H}\underset{\text{醛}}{RCH_2CHO}\xrightarrow{-2H+H_2O}\underset{\text{脂肪酸}}{RCH_2COOH}$$

脂肪酸可以被微生物进一步利用，如继续进行β-氧化生成乙酸，乙酸进入三羧酸循环。

硫酸盐还原菌、亚硫酸盐氧化菌、硝酸盐还原菌、铁细菌、产甲烷菌及产乙酸菌等许多厌氧或兼厌氧微生物能缓慢降解原油中的烷烃和芳烃生成小分子有机酸、气态烃如甲烷和硫化氢。

芳香烃是一类含苯环或联苯类化合物，许多细菌和真菌都能分解它们，其起始反应也是加氧形成过氧化物再氧化成二醇和酚。芳烃的降解是将 O_2 的两个原子都组合到芳香环中，烷烃和脂环烃的降解是将 O_2 中的一个原子组合进去。苯环的氧化是微生物分解多环芳烃的限速步骤。

氧化烃类的微生物近年来很受重视。它们可以作为勘探石油的指示菌，也可通过氧化（石油发酵脱蜡）降低石油的凝固点，还可以利用廉价的烃类物质代替粮食大量培养微生物以获得微生物的蛋白质、脂肪或次生代谢产物等。最近在研究利用碳氢化合物培养一种无孢子酵母菌。

2．有机农药的分解　大量使用农药会严重污染环境。许多微生物如无色杆菌属、土壤杆菌属、节杆菌属、黄杆菌属、诺卡菌属、假单胞菌属、曲霉属、木霉属、青霉属等能分解多种农药。常用农药在土壤中的半衰期见表 6-1，降解速率首先取决于其化学结构，破坏了相应的结构就能解除其毒性。环境中有机农药的消失主要是由于微生物的降解。微生物对有机农药的降解主要为矿化作用和共代谢作用。有些微生物可以农药为碳源、能源，直接利用或通过产生诱导酶降解，具体反应有脱卤、脱烃、氧化、还原、裂解、水解等。许多微生物通过共代谢作用使农药降解，特别是结构复杂的农药大多靠这种方式降解。

表 6-1　常用农药在土壤中的半衰期　（单位：年）

农药	半衰期	农药	半衰期
狄氏剂、六六六、DDT	2～4	2,4-D、2,4,5-T 除草剂	0.1～0.4
三吖嗪类除草剂	1～2	有机磷杀虫剂	0.02～0.20
苯甲酸类除草剂	0.2～1.0	氨基苯甲酸脂类杀虫剂	0.02～0.10
脲类除草剂	0.3～0.8		

第二节　微生物的产能代谢

微生物的一切生命活动都需要能量。微生物产能代谢是物质在细胞内经一系列连续的氧化还原反应逐步分解并释放能量的过程，又称生物氧化。氧化还原反应中放出的能量可被微生物直接利用，或通过能量转换贮存在通用的高能化合物（ATP）里以便逐步利用，或以热能放出。微生物产能代谢有丰富的多样性，不同微生物利用的能源不同，产能方式也不同。可分为两类途径和三种方式：发酵、呼吸两类分解营养物质获得能量的途径；底物水平磷酸化、氧化磷酸化和光合磷酸化三种化能与光能转换为生物通用能源物质（ATP）的转换方式。ATP 是能量转化的枢纽。为了长时间储存能量，许多微生物生成糖原等不溶性聚合物，无外来能源时这些聚合物被氧化利用。

一、异养型微生物的产能代谢

异养型微生物主要通过氧化分解有机物获得能量。生物氧化形式包括底物与氧结合、脱氢和失去电子三种；过程可分脱氢（或电子）、递氢（或电子）和受氢（或电子）三个阶段；其作用有产能（ATP）、产还原力［H］和产小分子中间代谢物三种。根据氧化还原反应中最终电子受体的性质，生物氧化分为发酵和呼吸两种类型，呼吸分为有氧呼吸和无氧呼吸两种方式。微生物能以各种有机物作为生物氧化的基质，其中最有代表性的是以葡萄糖为基质的产能代谢。

（一）发酵

发酵是厌氧条件下微生物在产能代谢中以有机物作最终电子受体的生物氧化过程。工业上将利用微生物生产有用代谢产物的过程称发酵。发酵对有机物的氧化不彻底，产能机制都是底物水平的磷酸化反应，物质氧化中放出的电子直接由一种中间代谢物转移给另一种中间代谢物，不经过电子传递链，发酵的结果都有有机物积累，产生的能量少。据主要发酵产物微生物发酵可分不同类型。

1．发酵的途径　生物体内葡萄糖降解成丙酮酸的过程称糖酵解。葡萄糖在厌氧条件下分解产能主要有 EMP 途径、HMP 途径、ED 途径和磷酸解酮酶途径，都有脱氢、产能和产小分子中间产物供合成反应作原料的功能。

（1）EMP 途径（embden-meyerhof-parnas pathway）　又称糖酵解途径或二磷酸己糖途径，这是绝大多数微生物共有的基本代谢途径。古菌细胞中不含果糖-6-磷酸激酶，故不能通过 EMP 途径降解葡萄糖。EMP 途径与乙醇、丙酮、甘油、乳酸、丁醇等许多重要发酵产品的生产关系密切。通过 EMP 途径，1 分子葡萄糖经 10 步反应转变成 2 分子丙酮酸，净增 2 分子 ATP 和 2 分子 $NADH+H^+$。总反应式如下。

$$C_6H_{12}O_6+2NAD^++2ADP+2Pi \longrightarrow 2CH_3COCOOH+2NADH+2H^++2ATP+2H_2O$$

整个 EMP 途径大致可分两个阶段：第一阶段是不涉及氧化还原反应及能量释放的准备阶段，只是生成两分子的主要中间产物甘油醛-3-磷酸；第二阶段发生氧化还原反应，合成 ATP 并形成两分子丙酮酸。在 EMP 途径中，葡萄糖所含的碳原子只有部分氧化，产能较少（图 6-2）。丙酮酸后的发酵是以细胞内的中间代谢产物为受氢体，生成氧化态的 NAD^+和还原态的中间代谢产物。

EMP 途径的特征性酶是果糖-1,6-二磷酸醛缩酶，它催化果糖-1,6-二磷酸裂解生成两个磷酸丙糖，磷酸二羟丙酮可转为甘油醛-3-磷酸。它们经磷酸烯醇丙酮酸生成两分子丙酮酸。丙酮酸是 EMP 途径的关键产物，由它出发在不同的微生物中可进行多种发酵，产生不同的产物。

EMP 途径可为微生物的生理活动提供 ATP 和 NADH，是连接三羧酸循环、HMP 途径、ED 途径等的桥梁；其中间产物又可为微生物的合成代谢提供碳骨架，并在一定条件下逆转合成多糖。

（2）HMP 途径（hexose monophosphate pathway）　又称戊糖磷酸途径（图 6-3），为循环途径：6 分子葡萄糖以葡萄糖-6-磷酸参与循环，一次用去 1 分子葡萄糖，产生大量的还原力（$NADPH+H^+$）。

$$6葡萄糖\text{-}6\text{-}磷酸+12NADP^++6H_2O \longrightarrow 5葡萄糖\text{-}6\text{-}磷酸+12NADPH+12H^++6CO_2+Pi$$

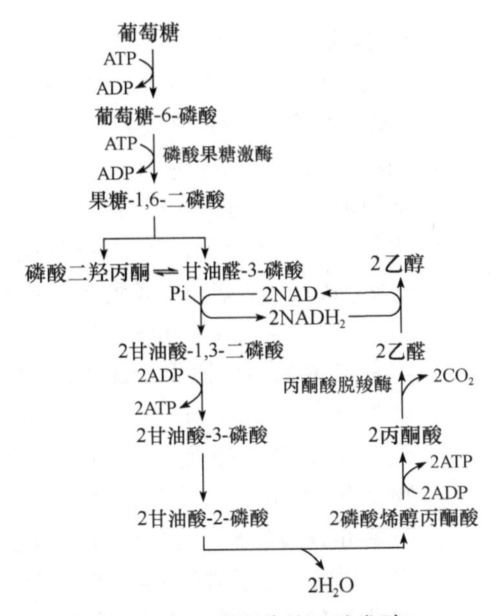

图 **6-2** 酵母菌的乙醇发酵

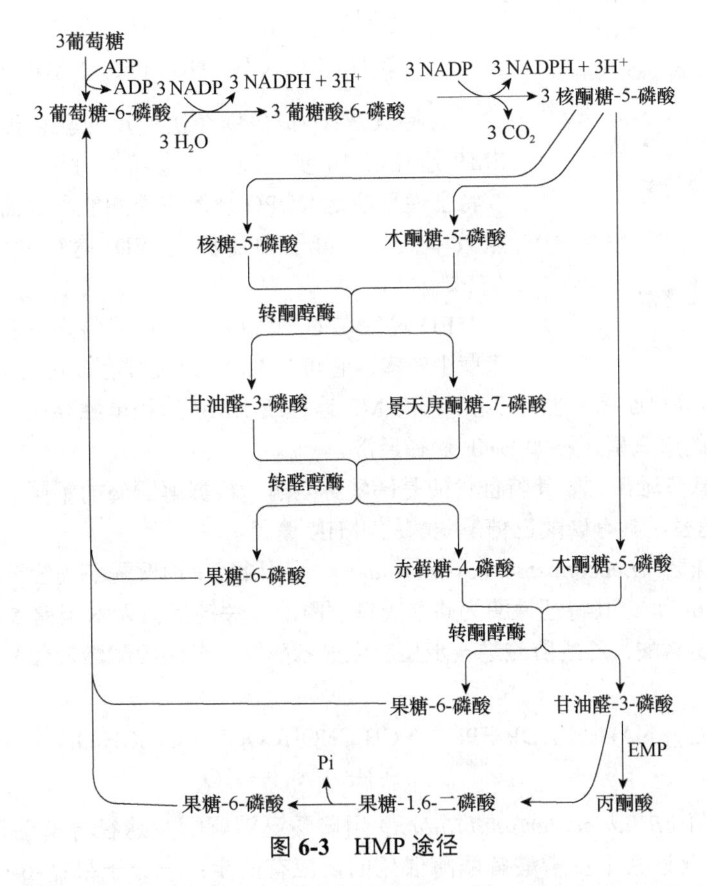

图 **6-3** HMP 途径

HMP 途径不是产能途径，主要是为生物合成提供大量还原力（NADPH＋H^+）和不同长度碳架原料，如核酮糖-5-磷酸用于核苷酸、核酸及 $NAD(P)^+$、FAD（FMN）、CoA 等的合成；赤藓糖-4-磷酸用于苯丙氨酸、酪氨酸、色氨酸和组氨酸等芳香族氨基酸的合成。核酮糖-5-磷酸可转化为核酮糖-1,5-二磷酸，在羧化酶的催化下固定二氧化碳。该途径中葡萄糖-6-磷酸和甘油

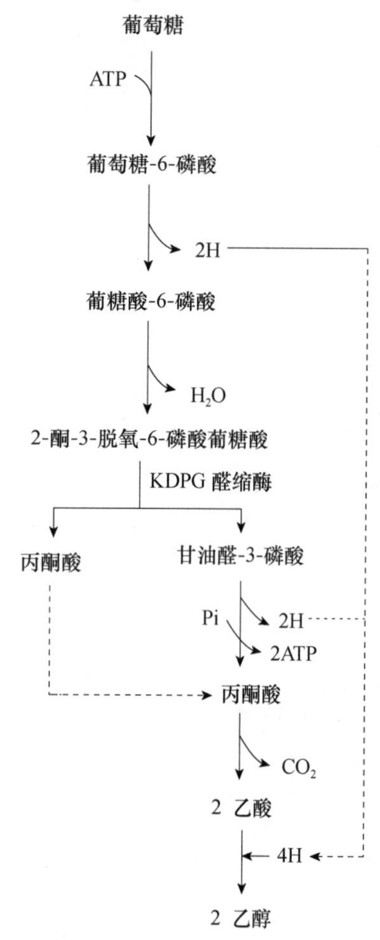

图 **6-4** 细菌的乙醇发酵

醛-3-磷酸是 EMP 途径中间产物。说明这两个途径相通，该途径与三羧酸循环也相通。大多数好氧和兼性好氧微生物都有 HMP 途径。HMP 途径特征性酶是转酮醇酶和转醛醇酶。有 HMP 途径的微生物中往往同时有 EMP 途径，如酵母菌利用葡萄糖 87%通过 EMP 途径，13%通过 HMP 途径。只有 HMP 途径的微生物少见，已知的仅有弱氧化醋杆菌（*Acetobacter suboxydans*）和氧化醋单胞菌（*Acetomonas oxydans*）等。

（3）ED 途径（entner-doudoroff pathway） 又称 2-酮-3-脱氧-6-磷酸葡糖酸（KDPG）途径，是 1952 年研究嗜糖假单胞菌（*Pseudomonas saccharophila*）时发现的。它是少数缺乏完整 EMP 途径微生物具有的替代途径（图 6-4），为微生物特有。它可不依赖于 EMP 途径和 HMP 途径独立存在。葡萄糖-6-磷酸脱氢产生葡糖酸-6-磷酸，再在脱水酶和醛缩酶作用下生成一分子甘油醛-3-磷酸和一分子丙酮酸，甘油醛-3-磷酸进入 EMP 途径转变成丙酮酸。其总反应式如下。

$$C_6H_{12}O_6+NADP^++NAD^++ADP+Pi \longrightarrow 2CH_3COCOOH+NADPH+NADH+2H^++ATP$$

其特点是：①葡萄糖经快速反应获得丙酮酸（5 步反应，EMP 途径需 10 步反应）；②特征性酶是 KDPG 醛缩酶；③特征性反应是 KDPG 裂解成丙酮酸和甘油醛-3-磷酸；④产能效率低，一分子葡萄糖经 ED 途径分解只产生一分子 ATP。

ED 途径在 G^-菌中分布较广，特别是假单胞菌和某些固氮菌中较多。它可与 HMP 途径并存，可与 EMP 途径、HMP 途径和 TCA 循环等相连接，也可不依赖于 EMP 途径或 HMP 途径单独存在。对于靠底物水平磷酸化获得 ATP 的厌氧菌，不如 EMP 途径经济。

（4）磷酸解酮酶途径 其特征性酶是磷酸解酮酶。根据解酮酶的不同，将具有磷酸戊糖解酮酶的称 PK 途径，具有磷酸己糖解酮酶的叫 HK 途径。

肠膜状明串珠菌（*Leuconostoc mesenteroides*）利用磷酸戊糖解酮酶途径分解葡萄糖进行异型乳酸发酵（图 6-5）。其特征性酶为磷酸戊糖解酮酶，关键反应为木酮糖-5-磷酸裂解生成乙酰磷酸和甘油醛-3-磷酸，乙酰磷酸进一步反应生成乙醇，后者经丙酮酸转化为乳酸。总反应式如下。

$$C_6H_{12}O_6+NAD^++ADP+Pi \longrightarrow CH_3CHOHCOOH+CH_3CH_2OH+NADH+H^++ATP+CO_2$$

两歧双歧杆菌（*Bifidobacterium bifidum*）用磷酸己糖解酮酶途径分解葡萄糖产生乳酸和乙酸（图 6-5）。此途径中由磷酸解酮酶催化的反应有两步：一分子果糖-6-磷酸由其特征性酶——磷酸己糖解酮酶催化裂解为赤藓糖-4-磷酸和乙酰磷酸；另一分子果糖-6-磷酸与赤藓糖-4-磷酸反应生成 2 分子木酮糖-5-磷酸，木酮糖-5-磷酸经磷酸戊糖解酮酶催化分解成甘油醛-3-磷酸和乙酰磷酸。1 分子葡萄糖经磷酸己糖解酮酶途径生成 1 分子乳酸、1.5 分子乙酸和 2.5 分子 ATP。

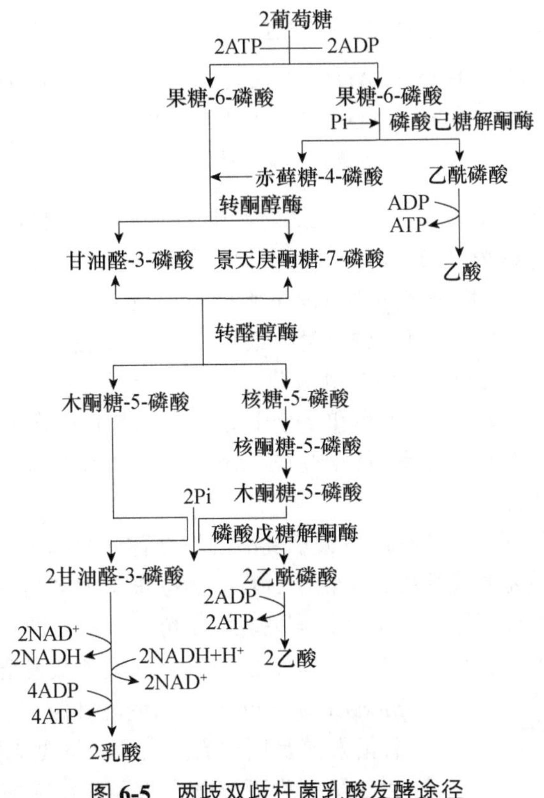

图 6-5　两歧双歧杆菌乳酸发酵途径

2．发酵的类型　葡萄糖在微生物细胞中通过 EMP、HMP、ED 和磷酸解酮酶等途径厌氧分解形成多种中间代谢产物。它们在不同的微生物细胞中及不同环境条件下进一步转化形成不同的发酵产物。根据微生物发酵葡萄糖的主要产物，可将发酵分为不同的类型。主要有乙醇发酵、乳酸发酵、丙酮丁醇发酵、混合酸发酵、Stickland 反应等。

（1）乙醇发酵　能进行乙醇发酵的微生物包括酵母菌、根霉、曲霉和某些细菌。典型的乙醇发酵是指酵母菌的乙醇发酵，尤其是酿酒酵母的乙醇发酵，其产物较纯，只有乙醇和 CO_2。

A．酵母菌的乙醇发酵　乙醇发酵主要由酵母属的一些种进行，以酿酒酵母的多种菌株为代表。在厌氧和偏酸（pH 3.5～4.5）的条件下它们通过糖酵解途径将葡萄糖降解为 2 分子丙酮酸。丙酮酸在乙醇发酵关键酶丙酮酸脱羧酶作用下脱羧生成乙醛，乙醛在乙醇脱氢酶的作用下还原成乙醇（图 6-2）。其特点是氢的完全平衡即没有外来受氢体。1 分子葡萄糖经酵母菌的乙醇发酵产生 2 分子乙醇、2 分子 CO_2 和净产生 2 分子 ATP。

$$C_6H_{12}O_6 + 2ADP + 2H_3PO_4 \longrightarrow 2CH_3CH_2OH + 2CO_2 + 2ATP$$

酵母菌是兼性厌氧菌，有氧条件下丙酮酸进入三羧酸循环彻底氧化成 CO_2 和 H_2O。将氧通到发酵葡萄糖的酵母菌悬液中，葡萄糖分解速度下降并停止产生乙醇；恢复厌氧条件葡萄糖分解率上升并产生乙醇。这是巴斯德在研究酿酒发酵观察到的，称巴斯德效应。

培养基中有亚硫酸氢钠时，它便与乙醛起加成反应生成难溶性磺化羟基乙醛，使磷酸二羟丙酮代替乙醛作氢受体生成 α-磷酸甘油，再水解去磷酸生成甘油，使乙醇发酵变成甘油发酵。

$$C_6H_{12}O_6 + NaHSO_3 \longrightarrow \text{甘油} + CH_3CHOH\text{-}SO_3Na + CO_2$$

酵母菌的乙醇发酵还应控制在偏酸条件下，弱碱性条件（pH 为 7.6）乙醛因得不到足够的氢而积累，两个乙醛分子间会发生歧化反应产生乙酸和乙醇，使磷酸二羟丙酮作氢受体产生甘油，这称为碱法甘油发酵。不产生能量，但产生乙酸使 pH 下降，回到乙醇发酵。

$$CH_3CHO + H_2O + NAD^+ \longrightarrow CH_3COOH + NADH + H^+$$
$$CH_3CHO + NADH_2 \longrightarrow CH_3CH_2OH + NAD^+$$
$$2\text{葡萄糖} \longrightarrow 2\text{甘油} + \text{乙醇} + \text{乙酸} + 2CO_2$$

发酵产物会随发酵条件变化而改变。发酵生产中必须随时监测与调节发酵条件。酵母菌的乙醇发酵已广泛应用于各种酒类的生产。

B．细菌的乙醇发酵　细菌如运动发酵单胞菌（*Zymomonas mobilis*）、厌氧发酵单胞菌（*Zymomonas anaerobia*）等也能进行乙醇发酵，既可利用 EMP 途径也可利用 ED 途径进行乙醇发酵。经 ED 途径发酵产生乙醇的过程与酵母菌通过 EMP 途径生产乙醇不同。1 分子葡萄糖经 ED 途径进行乙醇发酵，生成 2 分子乙醇和 2 分子 CO_2，净增 1 分子 ATP（图 6-4）。细菌乙醇发酵可用于工业生产，具有代谢速率高、产物转化率高、菌体生成少、代谢副产物少、发酵温度高、不必定期供氧等优点。

（2）乳酸发酵　能利用葡萄糖产生大量乳酸的细菌称乳酸细菌。乳酸发酵是乳酸细菌将葡萄糖分解产生的丙酮酸还原成乳酸的生物学过程。乳酸细菌大多为耐氧菌，有氧时能生长，产生乳酸时必须厌氧。可分同型乳酸发酵、异型乳酸发酵和双歧发酵三种类型。

A．同型乳酸发酵　发酵产物中只有乳酸的发酵称同型乳酸发酵，如乳酸链球菌（*Streptococcus lactis*）、乳酸乳杆菌（*Lactobacillus lactis*）等进行的发酵是同型乳酸发酵。同型乳酸发酵中葡萄糖经 EMP 途径降解为丙酮酸，丙酮酸在乳酸脱氢酶的作用下还原成乳酸，1 分子葡萄糖产生 2 分子乳酸、2 分子 ATP，不产生 CO_2（图 6-6）。乳酸脱氢酶是乳酸发酵的关键酶。

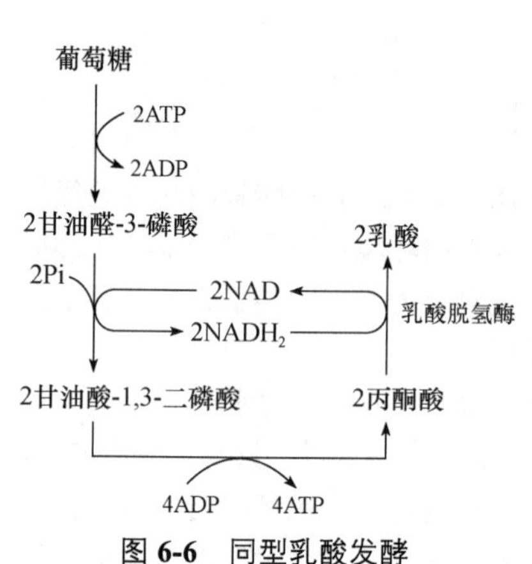

图 6-6　同型乳酸发酵

B．异型乳酸发酵　发酵产物中除乳酸外还有乙醇或乙酸、CO_2 和 H_2 等称异型乳酸发酵。肠膜状明串珠菌和短乳杆菌（*Lactobacillus brevis*）等进行的乳酸发酵是异型乳酸发酵。异型乳酸发酵以戊糖磷酸途径或磷酸解酮酶途径为基础，发酵 1 分子葡萄糖产生 1 分子乳酸、1 分子乙醇和 1 分子 CO_2，净增 1 分子 ATP（短乳杆菌产生乙酸时为 2 分子 ATP）（图 6-7）。

C．双歧发酵　这是两歧双歧杆菌发酵葡萄糖产生乳酸的途径。此反应中果糖-6-磷酸磷酸解酮酶和木酮糖-5-磷酸磷酸解酮酶分别催化果糖-6-磷酸和木酮糖-5-磷酸裂解产生乙酰磷酸和丁糖-4-磷酸及甘油醛-3-磷酸和乙酰磷酸。终产物是乳酸和乙酸。

乳酸细菌在家庭、农业和食品工业中广泛应用，其生长可使环境 pH 降至 5 以下，能抑制其他不耐酸细菌生长。乳酸细菌无分解纤维素、蛋白质等复杂有机物的酶，不破坏植物细胞，也不分解蛋白质等营养物质。乳酸发酵产物中有乳酸可引起乳类酸化，泡菜、酸菜、青贮饲料等都是用乳酸发酵制得的。乳酪、酸牛奶也是乳酸发酵制品。工业上常用德氏乳杆菌生产乳酸。

（3）丙酮丁醇发酵　葡萄糖的发酵产物中以丙酮、丁醇为主（还有乙醇、CO_2、H_2 及乙酸）的发酵称丙酮丁醇发酵。有些细菌如丙酮丁醇梭菌（*Clostridium acetobutylicum*）能进行丙酮丁醇发酵。发酵中葡萄糖经 EMP 途径降解为丙酮酸，由丙酮酸产生的乙酰辅酶 A 通过双双缩合为乙酰乙酰辅酶 A。乙酰乙酰辅酶 A 一部分可脱羧为丙酮，另一部分经还原生成丁酰辅酶 A，再进一步还原生成丁醇。每发酵 2 分子葡萄糖可产生 1 分子丙酮、1 分子丁醇、4 分子 ATP

和 5 分子 CO_2（图 6-8）。

丙酮和丁醇是重要化工原料和有机溶剂。丙酮丁醇梭菌等细菌有淀粉酶，发酵以淀粉为原料。淀粉先分解为葡萄糖再经 EMP 途径降解为丙酮酸，丙酮酸生成乙酰 CoA 再合成丙酮和丁醇。

（4）混合酸发酵　能积累多种有机酸的葡萄糖发酵称混合酸发酵。大多数肠道细菌如埃希菌属、沙门菌属、志贺菌属等均能进行混合酸发酵。经 EMP 途径将葡萄糖分解为丙酮酸，再在不同酶作用下分别转变成乳酸、乙酸、甲酸、乙醇、CO_2 和 H_2，部分磷酸烯醇丙酮酸固定 1 分子 CO_2 转变为琥珀酸（图 6-9）。

肠道细菌的混合酸发酵特性有重要的实际意义，如大肠杆菌与产气肠杆菌在厌氧条件下可合成甲酸氢解酶，在酸性条件下催化甲酸裂解产生 CO_2 和 H_2，故它们发酵葡萄糖时产酸、产气；志贺菌没有甲酸氢解酶不能分解甲酸，只产酸不产气。通过此试验可区分产酸又产气与产酸不产气及不产酸的细菌。

产气肠杆菌等细菌发酵葡萄糖时可将丙酮酸缩合、脱羧生成 3-羟基丁酮（乙酰甲基甲醇），它在碱性条件下被氧化成二乙酰，二乙酰可与蛋白胨中精氨酸的胍基作用生成红色化合物，故 VP 试验（图 6-10）为阳性。大肠杆菌不能将丙酮酸脱羧，不产生 3-羟基丁酮，VP 试验呈阴性。

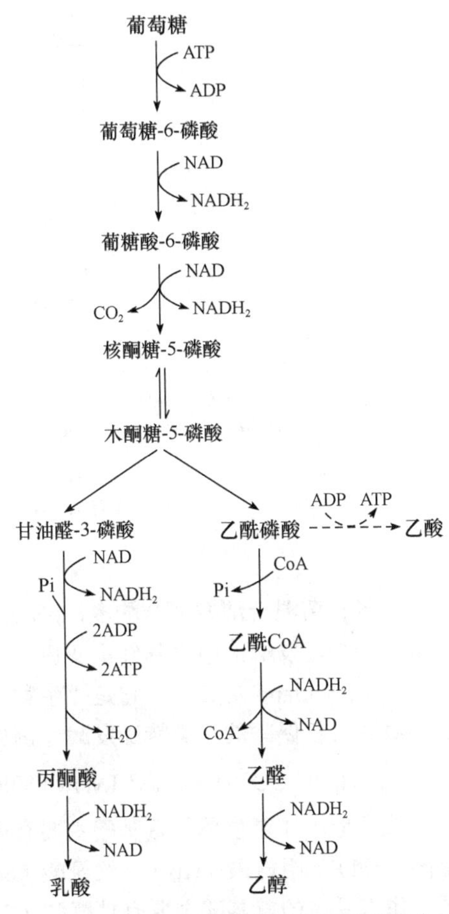

图 6-7　异型乳酸发酵（肠膜状明串珠菌）

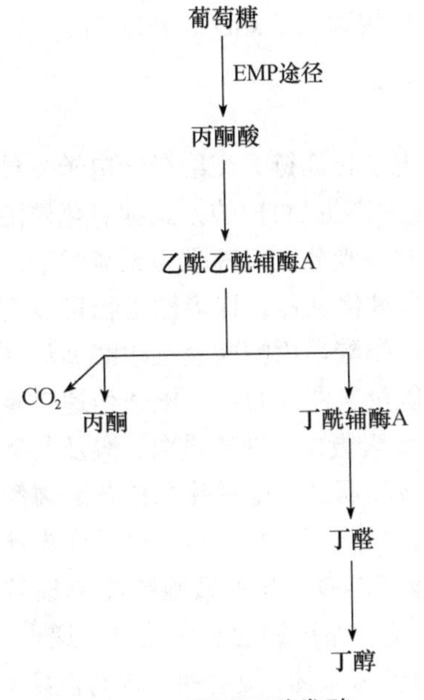

图 6-8　丙酮丁醇发酵

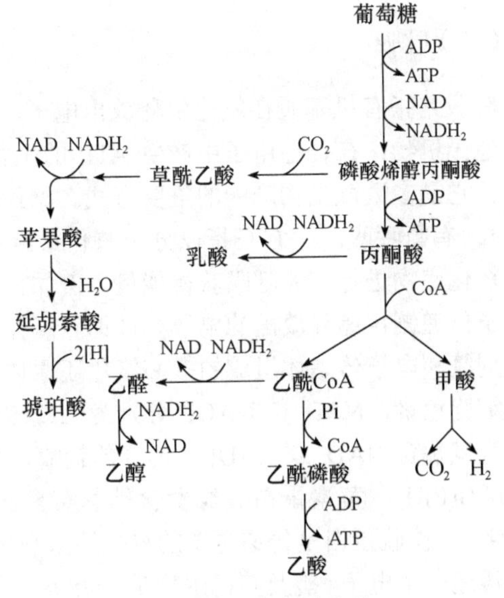

图 6-9　混合酸发酵

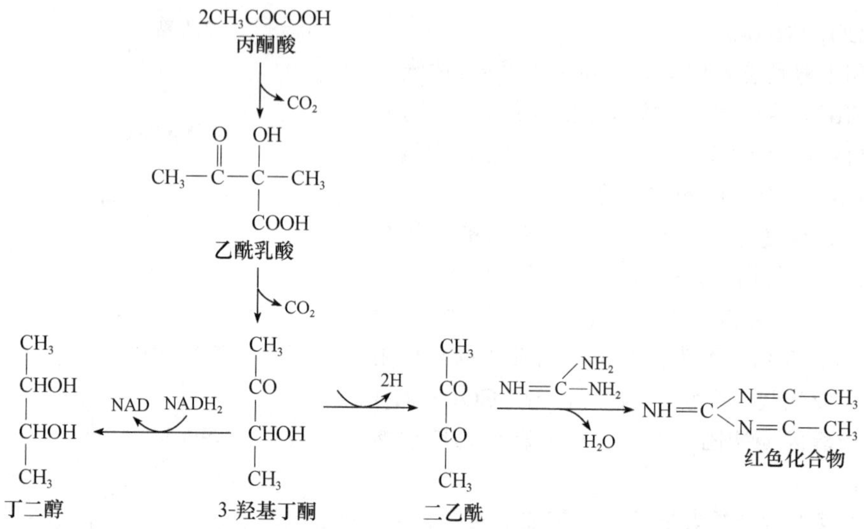

$2CH_3COCOOH$
丙酮酸

$\downarrow$ CO_2

$CH_3-CO-C(OH)(COOH)-CH_3$
乙酰乳酸

$\downarrow$ CO_2

$CH_3-CHOH-CHOH-CH_3$ 丁二醇 $\xleftarrow{NAD \quad NADH_2}$ $CH_3-CO-CHOH-CH_3$ 3-羟基丁酮 $\xrightarrow{2H}$ $CH_3-CO-CO-CH_3$ 二乙酰 $\xrightarrow[H_2O]{NH=C(NH_2)-NH_2}$ $NH=C(N=C-CH_3)(N=C-CH_3)$ 红色化合物

图 6-10 VP 试验

大肠杆菌混合酸发酵产酸多，pH 低于 4.5，甲基红指示剂显示，甲基红反应阳性；产气肠杆菌产酸少，发酵液中甲基红不变色，呈阴性反应。

（5）*Stickland 反应* 它是微生物在厌氧条件下将一个氨基酸的氧化脱氨与另一个氨基酸的还原脱氨相偶联的一类特殊发酵。例如，典型的甘氨酸与丙氨酸之间的 Stickland 反应如下。

$$2CH_2NH_2COOH + CH_3CHNH_2COOH + ADP + Pi \longrightarrow 3CH_3COOH + CO_2 + 3NH_3 + ATP$$

该反应中作氢供体的氨基酸主要有丙氨酸（Ala）、亮氨酸（Leu）、异亮氨酸（Ile）、缬氨酸（Val）、组氨酸（His）、丝氨酸（Ser）、苯丙氨酸（Phe）、色氨酸（Trp）和酪氨酸（Tyr）等；作氢受体的氨基酸主要有甘氨酸（Gly）、脯氨酸（Pro）、鸟氨酸（Orn）、精氨酸（Arg）和甲硫氨酸（Met）等。

已知能进行 Stickland 反应的细菌都是专性厌氧的梭菌，如生孢梭菌（*Clostridium sporogenes*）、肉毒梭菌（*C. botulinum*）、双酶梭菌（*C. bifermentans*）和斯氏梭菌（*C. sticklandii*）等。

（二）呼吸

呼吸是指有机基质在氧化中释放出电子，通过呼吸链（电子传递链）交给最终电子受体氧或其他无机物，在传递电子中产生 ATP 的生物化学过程。这种产生 ATP 的方式称氧化磷酸化作用。它是多数微生物产能的重要方式。据最终电子受体不同呼吸分有氧呼吸和无氧呼吸。

1．有氧呼吸 它是指以分子氧作最终电子受体的生物氧化过程。许多微生物可以有机物作氧化底物进行有氧呼吸获得能量。例如，葡萄糖酵解为丙酮酸，丙酮酸经三羧酸循环（同时电子传递链传递释放出的电子）被彻底氧化时释放出大量能量（图 6-11）。电子传递链是由一系列氢和电子传递体组成的多酶氧化还原体系：NAD(P)、黄素蛋白、铁硫蛋白、醌及其衍生物、细胞色素。NAD 和 NADP 分别为烟酰胺腺嘌呤二核苷酸和烟酰胺腺嘌呤二核苷酸磷酸。某些脱氢酶含 NAD^+或 $NADP^+$ 形式的辅酶，能从还原性底物脱出一个 H^+和两个电子变为还原态 $NAD(P)H_2$。黄素蛋白脱氢酶含辅基黄素腺嘌呤二核苷酸（FAD）和黄素腺嘌呤单核苷酸（FMN）。铁硫蛋白是传递电子的氧化还原载体，其辅基含铁硫，通过铁的氧化还原传递电子，每次传递一个电子。醌及其衍生物是一类小分子非蛋白的脂溶性氢载体，微生物体内有泛醌（辅酶 Q）、甲基萘醌和脱甲基萘醌三种类型。它们可作氢的受体和电子供体，在电子传递链中的功能是传递氢，收集呼吸链中各种辅酶或辅基传出的氢还原力 NAD(P)H_2，并将它们传递给细胞色素系统。细胞色素（Cyt）是一类含铁卟啉的血红蛋白，位于呼吸链的末端，功能是传递电子，不传递氢。电子传递链的功能：一是从电子供体接受电子并传递给电子受体； 二是通过合成 ATP 贮藏电子传递中释放的部分能量（图 6-12）。真核微生物细胞的呼吸链组成、结构较完整，原核微生物特别是自养型微生物的呼吸链组分不完全，长度较短，多样。呼吸链氧化磷酸化的效率可用 P/O 值（每消耗 1mol 氧原子产生的 ATP 摩尔数）衡量。原核微生物呼吸链的 P/O 值比真核生物细胞线粒体的低。

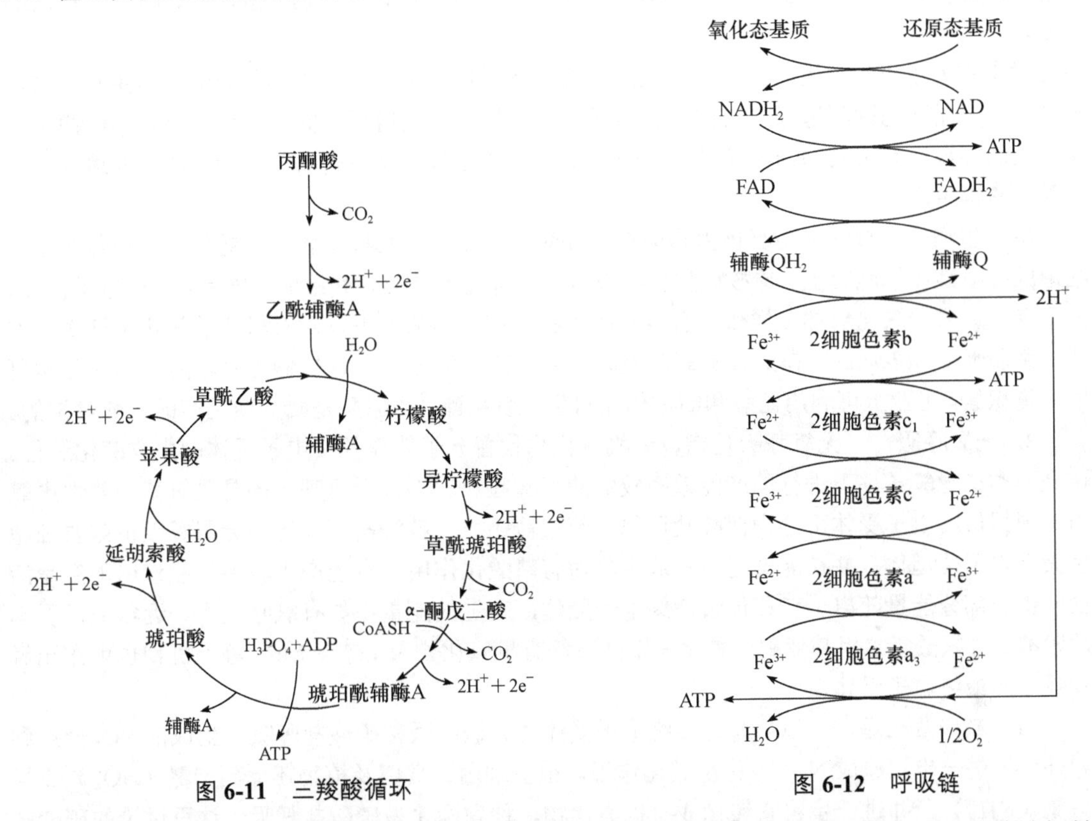

图 6-11 三羧酸循环

图 6-12 呼吸链

可见以葡萄糖为基质的有氧呼吸可分两个阶段。第一阶段是葡萄糖在细胞质中经糖酵解转变为丙酮酸；第二阶段是在有氧条件下，丙酮酸进入三羧酸循环，丙酮酸脱羧形成 NADH＋H^+，并产生乙酰 CoA，它与草酰乙酸缩合形成柠檬酸。通过一系列氧化还原反应最后转化为 CO_2 和 H_2O。三羧酸循环的特点：①必须在氧条件下运转，NAD^+和 FAD 再生时需要氧；②产能效率高；③它位于所有分解代谢和合成代谢的枢纽，为微生物的生物合成提供各种碳架原料、能量和还原力。一分子葡萄糖通过有氧呼吸产生的能量计算如下。

基质水平磷酸化	净产生ATP数
糖酵解途径	2
三羧酸循环	2
电子传递水平磷酸化	
2个NADPH＋H^+	6
8个NADH＋H^+	24
2个$FADH_2$	4
1分子葡萄糖完全氧化产生	38个ATP

总的反应式表示如下。

$$C_6H_{12}O_6+6O_2+38ADP+38Pi \longrightarrow 6CO_2+6H_2O+38ATP$$

与发酵相比，呼吸作用起始电子供体和终端电子受体间的还原电势差较大，会合成更多的ATP；呼吸作用底物被彻底氧化，放出大量能量；呼吸作用中电子载体不是将电子直接传递给底物降解的中间产物，而是交给电子传递系统，逐步释放出能量后再交给最终电子受体，有利于能量的充分利用，避免能量放出太快对机体生长不利；三羧酸循环为机体生长提供细胞物质合成所需的还原力 $NADH+H^+$ 和小分子的碳架前体物质，它是糖、蛋白质、脂肪酸代谢的桥梁。

微生物为了正常的生命活动不断从三羧酸循环中移走可利用的中间代谢物用于生物合成，影响三羧酸循环的顺利进行。它们可利用回补途径补充这些消耗掉的中间代谢物。不同微生物在不同的环境下有不同的回补途径。乙醛酸循环途径是微生物特有的三羧酸循环回补途径，使草酰乙酸再生。

原核生物的有氧呼吸与真核生物的有氧呼吸基本相同，真核生物呼吸链位于线粒体膜上，细菌的呼吸链在细胞膜上。原核微生物呼吸链有多样化的特点，其组成、传递方式、电子供体、电子受体、末端氧化酶都多样化。有少数微生物在有氧的情况下，对有机物的氧化不彻底，如醋杆菌属（*Acetobacter*）在进行有氧呼吸时，由于三羧酸循环进行较慢并且耐酸，因此乙酸可以大量积累。工业上可利用乙醇和酒糟作原料生产食用醋，冰醋酸是醋酸菌生产的乙酸精制的。

2．无氧呼吸 无氧呼吸是指以无机氧化物代替分子氧作最终电子受体的生物氧化过程。这是一类在无氧条件下进行的产能效率较低的特殊呼吸。进行无氧呼吸的是厌氧菌和兼性厌氧菌。根据最终电子受体可分为硝酸盐还原、硫酸盐还原、碳酸盐还原等。无氧呼吸也需要细胞色素等电子传递体，并在能量逐级释放中伴随有磷酸化作用，也能产生较多的能量用于生命活动。由于部分能量随电子转移传给最终电子受体，产生的能量不如有氧呼吸多。近年来发现延胡索酸、甘氨酸、二甲基亚砜、氧化三甲基胺等有机氧化物及 Fe^{3+}、Mn^{2+}等无机物也可作无氧呼吸中的最终电子受体。

拓展资料

（1）*硝酸盐还原* 以NO_3^-为最终电子受体的无氧呼吸称硝酸盐呼吸，生成的NO_2^-分泌到胞外，可进一步还原成 N_2，也称反硝化作用。很多细菌、真菌及植物还原硝态氮（NO_3^-）成氨态氮（NH_4^+），并进一步将它转化成有机氮化物，称为同化型硝酸盐呼吸。这里讨论的硝酸盐呼吸系异化型硝酸盐呼吸。能使硝酸盐还原的细菌称硝酸盐还原细菌。以葡萄糖为氧化基质的硝酸盐还原反应如下。

$$C_6H_{12}O_6+12NO_3^- \longrightarrow 6CO_2+6H_2O+12NO_2^-$$

有些硝酸盐还原菌如地衣芽孢杆菌（*B. licheniformis*）还能将 NO_2^- 还原为 NO、N_2O 和 N_2。

$$NO_2^-+e^-+H^+ \longrightarrow NO+OH^-$$

$$2NO+2e^-+2H^+ \longrightarrow N_2O+H_2O$$

$$N_2O+2e^-+2H^+ \longrightarrow N_2+H_2O$$

反硝化作用发生在有硝酸盐的土壤、水体、淤泥和废物处理系统等厌氧环境中。反硝化作用对农业生产是不利的。在堆肥中，若时干时湿，干时通气良好，硝化作用旺盛，硝酸形成多；湿时通气不良，反硝化作用强烈，损失大量的氮。田间土壤板结或积水，反硝化作用强，也易损失氮。有机碳丰富的环境中反硝化过程的终产物不是气态产物而是 NH_4^+。因此，多施有机肥；中耕松土，保持土壤疏松；排除过多的水分，保证土壤通气良好等是防止反硝化作用的有效措施。如果没有反硝化作用，自然界氮循环就要中断。水生性反硝化细菌对环境保护有重大意义，能除去水中的硝酸盐或亚硝酸盐以减少水体污染和富营养化而保护水生生物，还可用于高浓度硝酸盐废水的处理。

（2）硫酸盐还原（反硫化作用）　硫酸盐还原菌如普通脱硫弧菌能以硫酸盐作最终电子受体将硫酸盐还原为 H_2S。氧化基质是其他细菌的发酵产物如乳酸等，但氧化不彻底，积累乙酸与 H_2S。

$$2CH_3CHOHCOOH + H_2SO_4 \longrightarrow 2CH_3COOH + 2CO_2 + 2H_2O + H_2S$$

多数微生物能吸收硫酸盐合成有机硫化物，称硫酸盐同化还原，其过程是首先 ATP 对硫酸根活化，再依次还原为亚硫酸和硫化氢，硫化氢加到丝氨酸上合成半胱氨酸。这与硫酸盐异化还原不同。

硫酸盐还原发生在富含硫酸盐的厌氧环境，如土壤、海水、污水、温泉、地热区、油井、硫矿、淤泥、腐蚀的铁、牛羊瘤胃、昆虫与人的肠道中。硫酸盐还原的产物是 H_2S，不仅造成水体和大气的污染，还引起埋于土壤或水底的金属管道与建筑构件的腐蚀。水田 H_2S 积累过多会损害植物根系，产生黑根，使水稻烂秧，应适时排水晒田。但是硫酸盐还原参与自然界的硫循环，在生态学上有特殊意义。一些兼性或专性厌氧菌也能以无机硫作呼吸链的最终电子受体并产生 H_2S。

（3）碳酸盐还原　这是一类以 CO_2 或碳酸氢盐作最终电子受体的无氧呼吸。有两个主要碳酸盐还原细菌类群，它们都是专性厌氧菌，但还原产物不同。同型产乙酸细菌如伍氏醋酸杆菌（*Acetobacterium woodii*）利用氢或 CO_2 进行无氧呼吸，产物几乎全部是乙酸。

$$4H_2 + 2H^+ + 2HCO_3^- \longrightarrow CH_3COOH + 4H_2O$$

使碳酸盐还原产生甲烷是产甲烷细菌的特点，专性厌氧菌利用甲醇、甲酸、乙醇、乙酸等为原料，以 CO_2 作电子受体，氢为电子供体，将 CO_2 还原为甲烷从中获得能量。其反应式：

$$4CH_3OH \longrightarrow CO_2 + 2H_2O + 3CH_4$$

$$4HCOOH \longrightarrow 3CO_2 + 2H_2O + CH_4$$

$$2CH_3CH_2OH + CO_2 \longrightarrow 2CH_3COOH + CH_4$$

$$CH_3COOH \longrightarrow CO_2 + CH_4$$

$$CO_2 + 4H_2 \longrightarrow 2H_2O + CH_4$$

产甲烷细菌在自然界分布很广，沼泽地、河底、湖底、海底淤泥及反刍动物瘤胃、粪池等处都有其存在。沼气发酵是利用产甲烷细菌的作用产生沼气（主要是甲烷），甲烷燃烧热值较高，可解决能源不足。沼气水、渣都是优质有机肥料。它们在沼气发酵及环境保护等方面起重要作用。

微生物种类、环境条件不同，产能的数量不一样。微生物产能代谢比较见表 6-2。

表 6-2　微生物产能代谢的比较

生物氧化方式	最终电子（氢）受体	以葡萄糖为基质的氧化结果	微生物呼吸类型	举例
有氧呼吸	分子氧	$C_6H_{12}O_6 + 6O_2 \longrightarrow 6CO_2 + 6H_2O + 2880.518kJ$	全部好氧及兼性厌氧微生物	白僵菌、苏云金杆菌、硝酸盐还原菌、酵母菌
无氧呼吸	无机氧化物	$C_6H_{12}O_6 + 12KNO_3 \longrightarrow 6CO_2 + 6H_2O + 12KNO_2 + 1796.14kJ$	部分兼性厌氧微生物	硝酸盐还原菌
发酵作用	有机物	$C_6H_{12}O_6 \longrightarrow 2CH_3CHOHCOOH + 9.839kJ$ $C_6H_{12}O_6 \longrightarrow 2C_2H_5OH + 2CO_2 + 22.609kJ$	厌氧及部分兼性厌氧微生物	乳酸菌、酵母菌

二、自养型微生物的产能代谢

自养型微生物能在无机环境中生长，利用光或氧化无机物获得能量，以 CO_2 或碳酸盐为碳源生长，有特殊的生物合成能力。它们与异养型微生物在生物合成能力方面的区别是前者生物合成的起始点建立在对氧化程度极高的 CO_2 还原的基础上，后者起始点建立在对氧化还原水平适中的有机碳化物直接利用的基础上。它们必须消耗部分 ATP 以逆呼吸链传递方式将无机氢（$H^+ + e^-$）转变成还原力［H］。据所利用的能源分为光能自养型微生物和化能自养型微生物。

（一）光能自养型微生物

拓展资料

光能自养型微生物有叶绿素、细菌叶绿素、类胡萝卜素和藻胆色素等光合色素，能进行光合作用，以 CO_2 为唯一碳源或主要碳源。它们可将光能转变为化学能，并伴有 ATP 生成。其光合作用在位于细胞质膜中类似于呼吸链的光合电子传递链上进行，ATP 合成也有赖于质子运动力。

1．主要类群　根据所含色素不同，光能自养型微生物可以分为三种主要类群。

（1）绿色细菌　又称绿硫细菌，属红螺菌目绿菌科，主要存在于沟、塘、湖、硫泉、河等含硫化物的有光的次表层厌氧区中，为严格厌氧专性光合细菌，硫化物或元素硫为唯一电子供体，光合生长。不能在无光条件下生长。多数种在有还原态硫化物作硫源的条件下可同化乙酸、丙酸、丙酮酸、乳酸等简单有机物。细胞中主要含菌绿素 c、菌绿素 d。在有光照和 H_2S 的条件下进行光合作用，细胞内不积累硫颗粒而分泌到胞外，大多数种能进一步利用硫。

（2）紫色细菌　属红螺菌目，常见于湖泊和含硫温泉的有光次表层厌氧区，其代表是着色细菌（旧称红硫细菌）和红螺细菌。其细胞中主要含菌绿素 a 或菌绿素 b，有多量的红色或黄色类胡萝卜素。着色细菌和红螺细菌的供氢体不同，代谢特性也不同。着色细菌是专性光合、专性厌氧菌，属着色菌科，形态多样，菌体较大，主要特征是利用 H_2S 作还原 CO_2 的电子供体，H_2S 被氧化成硫以至硫酸。产生的硫积累于细胞内或细胞外。主要存在于 H_2S 含量丰富的厌氧水域。红螺细菌属红螺菌科，常利用有机物作电子供体还原 CO_2，常存在于有有机物、没有或只有低浓度的无机硫化物的淡水湖中。硫化物浓度较低时它可在光下厌氧氧化成硫酸盐，不积累硫。它是兼性光合细菌，在无光条件下进行好氧异养生活。大多数红螺细菌能固氮。

（3）蓝细菌　它和藻类相似为专性光能自养菌，有叶绿素，以 H_2O 为主要电子供体，进行放氧性光合作用。多数能固氮。在自然界分布极广，主要生活在淡水中，营养要求低。

还有只含叶绿素的原绿蓝细菌和含菌绿素 g 的阳光细菌等光合细菌。

2．细菌的光合色素　光合色素是光合生物特有的色素，是将光能转化为化学能的关键物质。细菌的光合色素主要是叶绿素或菌绿素，其主要作用是：一部分直接捕获光能；另一部分与光化学中心结合将光能转变为化学能。有些含有类胡萝卜素或藻胆素等辅助色素。

（1）叶绿素　蓝细菌依靠叶绿素进行光合作用，含有叶绿素 a。叶绿素 a 与绿色植物和藻类的叶绿素基本相似，其基本结构也是 4 个吡咯环组成一个大卟啉环的化合物（图 6-13）。它吸收红光（680nm）和蓝光（440nm），透射绿光而呈绿色，作用是将由天线叶绿素吸收的光能转变为化学能。

（2）菌绿素　大多数光合细菌依靠菌绿素进行光合作用。光合细菌中有 a、b、c、d、e、g 6 种菌绿素。菌绿素 a 的结构与叶绿素 a 基本相似，仅在几处稍有差异（图 6-13）。菌绿素 a 的最大吸收波长约在 850nm 处；菌绿素 b 的最大吸收波长在 840nm 和 1030nm 处，其余几种菌绿素的最大吸收波长在 720～780nm。菌绿素 a 和菌绿素 b 的主要功能与叶绿素 a 相似，菌绿素

c、菌绿素 d、菌绿素 e 有接收光能的“天线”作用，需要量较多。光合细菌有多种吸收不同波长的菌绿素可提高光的利用率；有利于具不同菌绿素的光合细菌在同一生态环境中共存。

（3）辅助色素　辅助色素是帮助提高光能利用率的色素。菌绿素或叶绿素只能吸收太阳光谱中的部分光，光合生物依靠辅助色素能捕获更多可利用的光。类胡萝卜素是光合细菌中最普遍的一种辅助色素。它是有黄、红或绿颜色物质的总称。与菌绿素或叶绿素以几乎相等的比例紧密地结合在一起，以利于它将捕获的光能高效地传给菌绿素（或叶绿素），但不直接参与光合反应。它还吸收有害于细胞的光，保护菌绿素（或叶绿素）和光合作用机构免受光氧化反应的破坏。还与细胞内多种氧化还原反应有关，并在细胞能量代谢中起辅助作用。藻胆素是蓝细菌特有的辅助色素，因有类似胆汁的颜色得名，其作用是将捕获的光能传给叶绿素。

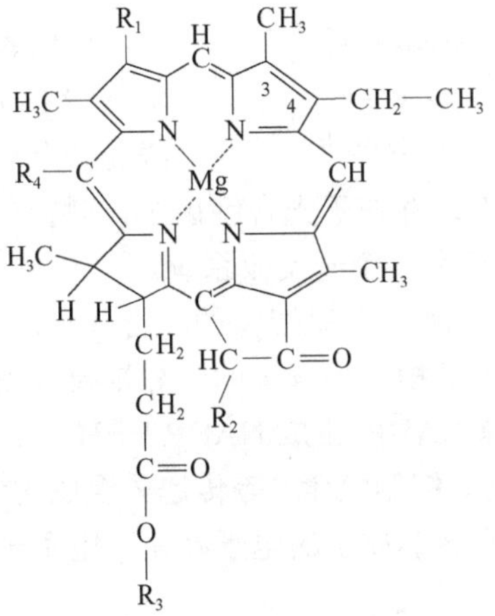

	R_1	3,4	R_2	R_3	R_4
叶绿素a	$-CH=CH_2$	—	$-C(=O)OCH_3$	叶绿醇	$-H$
菌绿素a	$-C(=O)CH_3$	$-H, -H$	$-C(=O)OCH_3$	叶绿醇	$-H$
菌绿素b	$-C(=O)CH_3$	—	$-C(=O)OCH_3$	叶绿醇	$-H$
菌绿素c	$-CH(OH)CH_3$	—	$-H$	法呢醇	$-CH_3$
菌绿素d	$-CH(OH)CH_3$	—	$-H$	法呢醇	$-H$
菌绿素e	$-CH(OH)CH_3$	—	$-H$	法呢醇	$-CH_3$

图 6-13　叶绿素与菌绿素化学结构比较

3．细菌的光合作用　细菌有依靠菌绿素、叶绿素、菌视紫红质三种类型的光合作用。

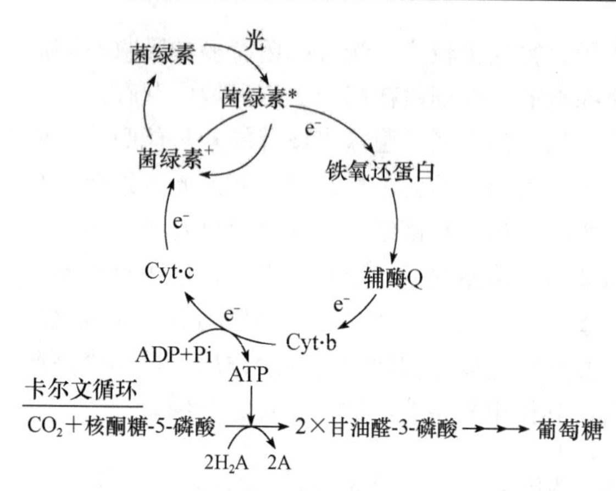

图 6-14 光合细菌的环式光合磷酸化

H_2A 为硫化氢等无机氢供体；*表示激发态；菌绿素$^+$表示失去电子带上正电荷的菌绿素

（1）依靠菌绿素的光合作用　不产氧的光合细菌利用 H_2S、H_2 等无机物或丁酸、乳酸、琥珀酸、苹果酸等有机化合物作还原 CO_2 的氢供体，依靠菌绿素与一个光反应系统进行不产氧的光合作用。其菌绿素吸收光量子而被激发，并逐出高能电子，带上正电荷。放出的电子经铁氧还蛋白、辅酶 Q、细胞色素 b 和细胞色素 c 一系列电子载体传递后回到带正电荷的菌绿素分子，使它还原（图 6-14）。在细胞色素 b 到细胞色素 c 的这一步有 ATP 产生。这种由光引起菌绿素分子放出电子，并通过电子传递产生 ATP 的方式称光合磷酸化。这个过程中电子绕着一个环传递，开始于菌绿素，再返回菌绿素，又称环式光合磷酸化。它普遍存在于光合细菌中，其特点是产生能量，不产生还原力（$NADPH+H^+$），没有分子氧放出，只有一个光反应系统。

（2）依靠叶绿素的光合作用　蓝细菌的光合作用和绿色植物一样存在非环式光合磷酸化，有光反应系统Ⅰ和Ⅱ。其过程：系统Ⅰ的叶绿素吸收光量子被激活逐出高能电子经电子载体铁氧还蛋白、黄素蛋白还原 $NADP^+$生成 $NADPH+H^+$；系统Ⅱ的叶绿素吸收光被激发放出高能电子经质体醌、细胞色素 b、细胞色素 f 等传递体组成的电子传递链还原系统Ⅰ叶绿素分子，系统Ⅱ叶绿素失去的电子以水光解放出的电子补充。电子传递中生成 ATP（图 6-15）。

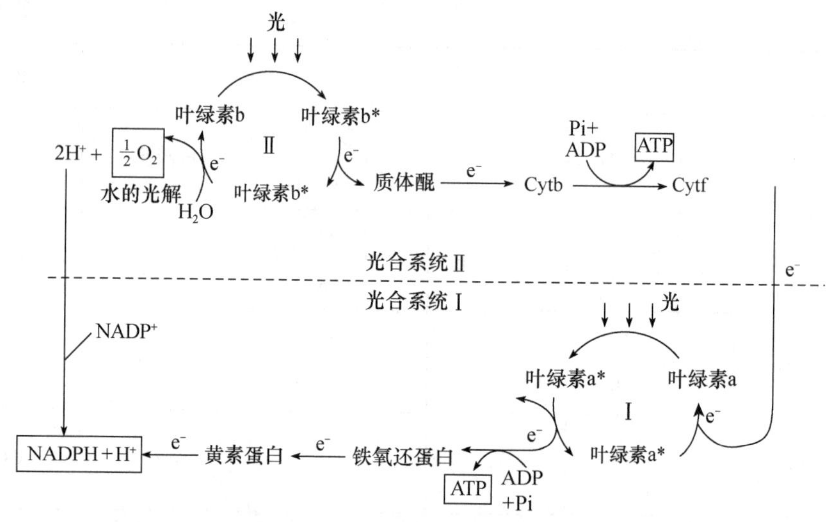

图 6-15 绿色植物、藻类和蓝细菌的非环式光合磷酸化

*表示激发态

非环式光合磷酸化过程中电子被提高到高能状态，最后去还原 $NADP^+$，不返回产生它的光反应系统Ⅰ或Ⅱ。还原作用必需的 $2H^+$来自水的光解，同时产生氧。细菌光合作用所需的 $2H^+$来源于 H_2S 等无机物，结果是积累硫。因此，非环式光合磷酸化作用的特点是除产生 ATP 外，还产生还原力（$NADPH+H^+$），放出氧气，有两个光反应系统。

（3）依靠菌视紫红质的光合作用　嗜盐古菌无菌绿素和叶绿素，无电子传递链，依靠其特有的菌视紫红质进行光合作用，是已知最简单的光合磷酸化反应。盐生盐杆菌（*Halo-*

bacterium halobium）在低浓度氧时合成菌视紫红质。因类似于人眼视网膜上的视紫红质蛋白而得名。菌视紫红质散埋于红色细胞膜（含类胡萝卜素）内与膜脂一起形成一块块紫斑——紫膜。每斑直径约 0.5μm，其总面积约占细胞膜的 50%。紫膜由称作菌视紫红质的蛋白质（占 75%）和类脂（占 25%）组成。菌视紫红质的功能与叶绿素相似，能吸收光能，强烈吸收 560nm 处的光，在光驱动下有质子泵的作用。菌视紫红质中的视黄醛吸收光后由全反式构型变为顺式构型，导致质子抽出膜外，它又从细胞质获得质子，在光照下又被排出，随着质子在膜外积累形成膜内外质子梯度差和电位梯度差，质子动势驱动 ATP 酶合成 ATP（图 6-16）。

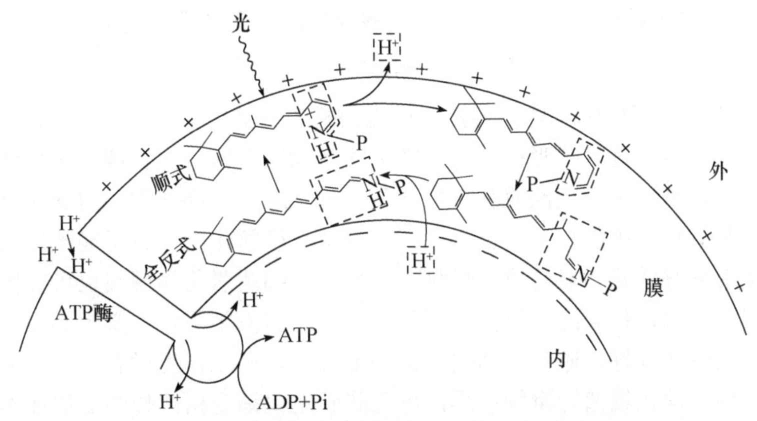

图 6-16　盐细菌的菌视紫红质及其光合磷酸化模型

P 表示与带色视黄醛结合的蛋白质

菌视紫红质有光致变色、光电响应和质子传递等功能，对太阳能的高效利用、海水淡化、疾病诊断及生物芯片、生物电池和光敏元件制作等有重要意义。

（二）化能自养型微生物

能从无机物氧化中获得能量和还原力、以 CO_2 或碳酸盐作唯一或主要碳源的微生物称化能自养型微生物。其产能主要借助经过呼吸链的氧化磷酸化反应，故一般都好氧。种类很多，主要有硝化细菌、硫细菌、氢细菌、铁细菌等，广泛存在于土壤和水体中，对自然界物质转化起重要作用。化能自养细菌也是经过呼吸链通过氧化磷酸化产生 ATP。无机物氧化与呼吸链偶联的位点决定于其氧化还原电位。作能源的还原性无机物中除氢外其余的氧化还原电势都比 $NAD^+/NADH$ 高，从中脱下的氢都得在 NAD^+以后的位置进入呼吸链（图 6-17）。

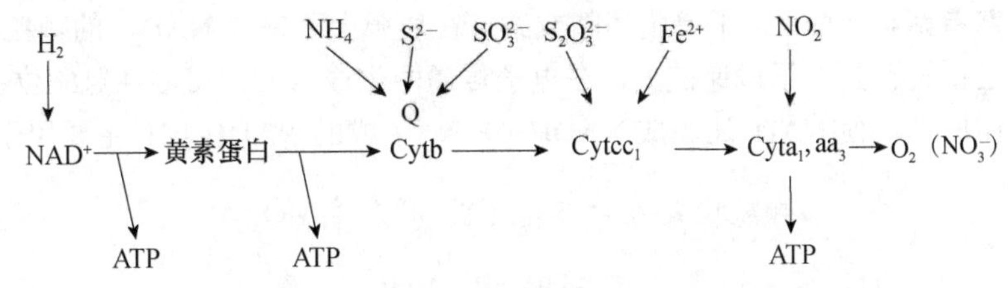

图 6-17　无机底物上脱下的电子进入呼吸链的部位

与异养型微生物相比，化能自养型微生物的能量代谢有三个主要特点：①无机底物的氧化直接与呼吸链偶联，无机底物脱下的氢或电子可直接进入呼吸链传递；②氢或电子可从多处进入呼吸链故呼吸链的组分更多样化；③还原态的无机氧化物的氧化还原电势比 $NAD^+/NADH$ 高，其呼吸链较短，生成 ATP 的偶联位少，所以其产能效率 P/O 比低于化能异养型微生物，生长缓慢。

1．硝化细菌 能利用还原性无机氮化物自养生长的细菌称硝化细菌，分两大类：亚硝化细菌和亚硝酸氧化细菌。亚硝化细菌有亚硝化单胞菌属（*Nitrosomonas*）、亚硝化螺菌属（*Nitrosospira*）、亚硝化球菌属（*Nitrosococcus*）、亚硝化叶菌属（*Nitrosolobus*）等。通过两步反应氧化氨成亚硝酸。

$$NH_3+O_2+NADH+H^+ \longrightarrow NH_2OH+H_2O+NAD^+（无能量产生）$$

$$NH_2OH+O_2 \longrightarrow NO_2^-+H_2O+H^+（产生1分子ATP）$$

亚硝酸氧化细菌有硝化杆菌属（*Nitrobacter*）、硝化刺菌属（*Nitrospina*）、硝化球菌属（*Nitrococcus*）等。它们通过一步反应氧化亚硝酸成硝酸，参加反应的氧来自水的分解。

$$2NO_2^-+O_2 \longrightarrow 2NO_3^-（产生1分子ATP）$$

2015 年，在硝化螺菌属中发现能将氨氧化为硝酸的菌株。NO_3^-/NO_2^-对的氧化还原电位高，电子在接近呼吸链末端处进入呼吸链，硝化细菌的产能效率低，生长慢，平均代时 10h 以上。

自然界中亚硝化细菌和亚硝酸氧化细菌伴生一处，在其共同作用下将氨氧化成硝酸，促进自然界氮循环，并避免亚硝酸积累产生毒害。土壤中有机氮化物一般不能被植物吸收利用，经腐败菌的氨化作用分解成氨才能被植物吸收。氨被硝化细菌氧化为硝酸也可被植物吸收，但易随水流失。亚硝酸有毒，积累过多对作物根系有毒害。水田施用铵态氮肥必须深施，防止铵氧化成硝酸。旱地应通气良好，避免亚硝酸积累产生毒害。硝化作用对农业生产无益，但是自然界氮循环中的一环。硝化细菌对毒物敏感，可用其固定化细胞构建传感器快速测定环境中氨、亚硝酸盐和尿素含量。

2．硫细菌 能利用 H_2S、S 和 $S_2O_3^{2-}$等无机硫化物进行自养生长的细菌称为硫细菌。主要是硫杆菌属（*Thiobacillus*）、贝氏硫杆菌属（*Beggiatoa*）等。它们能将还原态的硫化物（硫化氢、元素硫、硫代硫酸钠等）氧化成元素硫或硫酸，并从中获得能量。硫杆菌利用 S^{2-}和 S 产能的反应式如下。

$$S^{2-}+2O_2 \longrightarrow SO_4^{2-}+495.3kJ$$

$$S+3/2O_2+H_2O \longrightarrow SO_4^{2-}+2H^++139.8kJ$$

硫细菌将硫化物或元素硫氧化成硫酸，导致环境中 pH 明显下降，有的可下降到 pH 2 以下。产生的硫酸可以用于湿法冶金，但也可使金属管道（如自来水管、燃气管等）腐蚀，造成危害。

3．氢细菌 这是兼性化能自养菌，多数是革兰氏阴性，好氧，如氢单胞菌（*Hydrogenomonas* spp.）、嗜糖假单胞菌等能从氢的氧化中得到能量，以 CO_2 为碳源。

$$H_2+1/2O_2 \longrightarrow H_2O+237.39kJ$$

多数氢细菌有两种氢酶。位于壁膜间隙或结合在质膜上不需要 NAD^+ 的颗粒状氢酶，催化氢放出电子并直接转移到电子传递链上，在电子传递中生成 ATP；可溶性氢酶位于细胞质中能直接催化氢作还原剂，使 NAD^+还原成 $NADH+H^+$，生成的 $NADH+H^+$主要用于还原 CO_2。

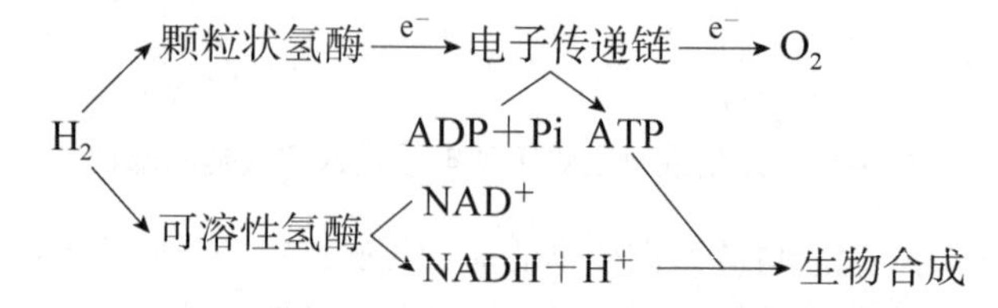

4．铁细菌 铁细菌具有氧化亚铁的能力，在将亚铁氧化成高铁的反应中获得能量。

$$2Fe^{2+}+2H^++1/2O_2 \longrightarrow 2Fe^{3+}+H_2O+46.8kJ$$

铁氧化产生的能量少，因此铁细菌生长需要大量的铁。氧化亚铁硫杆菌（*Thiobacillus ferrooxidans*）等在富含 FeS_2 的煤矿中繁殖，产生大量的硫酸和 $Fe(OH)_3$，造成严重的环境污染。

第三节 微生物的固氮作用

生物固氮是指常温常压下，固氮生物通过体内固氮酶的催化作用，将大气中游离的分子态 N_2 还原为 NH_3 的过程。N_2 占空气体积近 80%，N≡N 键非常稳固，动植物和大多数微生物都不能直接利用 N_2。某些微生物能通过细胞内酶系的作用将 N_2 转变成 NH_3。能完成这一过程的唯一生物类群是原核微生物。生物固氮是极重要的生物氧化反应，为所有生物生长提供必不可少的还原态氮，与农业生产关系密切。

一、固氮微生物

已发现的固氮微生物包括细菌、放线菌和蓝细菌等原核微生物，共有 200 余属（2006 年）。有自养菌也有异养菌；有光能营养型也有化能营养型；有好氧菌也有厌氧菌和兼性厌氧菌。据估计，全球每年的生物固氮量约两亿吨，超过工业氮肥总量。其中共生固氮量占 65%～70%。据研究，每亩豆科植物每年固氮量达 16kg（大气氮），相当于施用 30～80kg 硫酸铵。固氮菌是土壤中的正常菌群，也是水环境和植物表面如根表及叶面的正常菌群。据其生态类型可将它们分为三个类群（表 6-3）。

表 6-3 一些重要的固氮微生物

类型	固氮微生物	类型	固氮微生物
1．自生固氮微生物		2．共生固氮微生物	
好氧菌	固氮菌属（*Azotobacter*）、固氮单胞菌属（*Azotomonas*）、固氮球菌属（*Azotococcus*）、鱼腥蓝细菌属（*Anabaena*）、氧化亚铁硫杆菌（*Thiobacillus ferrooxidans*）等	与豆科植物共生的根瘤菌	根瘤菌属（*Rhizobium*）、中华根瘤菌属（*Sinorhizobium*）、固氮根瘤菌属（*Azorhizobium*）、慢生根瘤菌属（*Bradyrhizobium*）、大豆根瘤菌（*Rh. japonicum*）等
微好氧菌	棒杆菌属（*Corynebacterium*）、固氮螺菌属（*Azospirillum*）等	与非豆科植物共生的固氮微生物	弗兰克氏菌属（*Frankia*）、满江红鱼腥蓝细菌（*Anabaena azollae*）等
兼性厌氧菌	克雷伯菌属（*Klebsiella*）、多黏芽孢杆菌（*Bacillus polymyxa*）、红螺菌属（*Rhodospirillum*）、红假单胞菌属（*Rhodopseudomonas*）等	3．联合固氮微生物	
专性厌氧菌	巴氏固氮梭菌（*Clostridium pasteurianum*）、着色菌属（*Chromatium*）、绿假单胞菌属（*Chloropseudomonas*）等	产脂固氮螺菌（*Azospirillum lipoferum*）、雀稗固氮菌（*Azotobacter paspali*）、拜叶林克氏菌属（*Beijerinckia*）等	

1. 自生固氮微生物 自生固氮微生物能独立固氮，在固氮酶作用下将 N_2 转化成 NH_3，不释放到环境中，进一步合成氨基酸，组成自身蛋白质。只有当固氮微生物死亡后通过氨化作用才被植物吸收。它的固氮效率低。自生固氮微生物的种类很多，包括好氧、兼性厌氧和厌氧的各个类群（表 6-3）。

自生固氮微生物中，好氧的以固氮菌属较重要，固氮能力较强，每消耗 1g 有机物可固氮 10～20mg；厌氧的以巴氏固氮梭菌较重要，固氮能力较弱，每发酵 1g 有机物只能固定 1～3mg 氮。

圆褐固氮菌（*Azotobacter chroococcum*）是最常见的自生固氮菌，专性好氧，幼龄细胞呈杆状，后变为圆形。细胞荚膜较发达，常成对排列，呈“8”字形，有时 4 个细胞连在一起，产生非水溶性黑色素。在阿须贝无氮琼脂培养基上，菌落圆形，边缘整齐，黏稠，由最初无色透明、表面光滑逐渐转为白色，以后转为褐色、产生皱褶，最适生长温度为 25～30℃。在菜园土中可以分离到。圆褐固氮菌可利用不同的糖、醇、有机酸为碳源。供给适当的氮化物（如 NH_3、尿素、硝酸盐等）时它就不固定 N_2，直接利用氮化物。它们能形成多种维生素类物质，对植物生长有一定的刺激作用。

2．共生固氮微生物 共生固氮微生物一般需要与其他种生物共生才能固定 N_2 或者才表现旺盛的固氮作用。一些重要的共生固氮微生物如表 6-3 所示。与自生固氮微生物相比，共生固氮微生物有更高的固氮效率。以与满江红共生的满江红鱼腥藻和与豆科植物共生的根瘤菌较重要。满江红是一种蕨类植物，鱼腥藻生活在满江红同化叶片共生腔里，稻田养萍可以增产就是利用满江红鱼腥藻的固氮作用。据计算，满江红每公顷养殖面积每年满江红鱼腥藻可固氮 313kg；与豆科植物共生的根瘤菌每公顷每年能固定 150～300kg 氮，并且能将约 90%固定的氮供植物利用。所以，农业上栽培豆科植物（如种植绿肥紫云英等）常作为养地的一项重要措施。据统计，根瘤菌固定的氮约占生物固氮总量的 40%。

在培养条件下，根瘤菌为杆状，革兰氏阴性，快生型周生鞭毛，慢生型单生鞭毛，无芽孢。在根瘤中的形态有的仍为杆状；有的种类逐渐改变，常呈“X”“Y”“T”形，称类菌体。类菌体只能长大，不能分裂，也不能在一般培养基上生长。根瘤菌与豆科植物共生有专一性，每种根瘤菌只能在一种或几种豆科植物上形成根瘤，形成互接种族。种豆科植物施用根瘤菌肥料应选择相应的根瘤菌制剂。

根瘤的形成从根瘤菌侵入宿主的根毛开始，根瘤菌侵入根毛细胞并繁殖。根毛分泌纤维质物质包围根瘤菌形成套状的侵入线。随着根瘤菌的繁殖带状侵入线不断伸长，最后到达皮层深处刺激皮层细胞分裂，使皮层加厚形成根瘤。根瘤中有新分化的输导组织与植物输导组织相通。皮层细胞里的根瘤菌加速分裂、膨大形成类菌体。随着含根瘤菌的皮层细胞的形成，类菌体的胞膜中出现红色的豆血红蛋白，根瘤成熟并开始固氮。有效的根瘤含有丰富的豆血红蛋白运输固氮所需能量和物质。

3．联合固氮微生物 联合固氮微生物是一类必须生活在植物根际、叶面或动物肠道等处才能固氮的微生物，如产脂固氮螺菌、雀稗固氮菌（*Azotobacter paspali*）。它们既不同于共生固氮微生物（不形成根瘤等特殊结构），也不同于自生固氮微生物，它们有较强的宿主专一性，并且固氮作用比在自生条件下强得多。

近年来在甘蔗、玉米等作物中发现多种内生固氮菌，定殖在植物内部固氮，对宿主无不良反应。

二、固氮作用机制

1966 年，Mortenson 等从固氮菌细胞抽提液分离到固氮酶，解开固氮的生化和遗传机制。

（一）生物固氮反应的五要素

生物固氮反应的五要素如下。①固氮酶及其作用的厌氧条件。固氮酶由组分Ⅰ和组分Ⅱ两部分组成。组分Ⅰ即钼铁蛋白（MoFd）是真正的“固氮酶”，它直接作用于 N_2，使其还原成 NH_3，是固氮的中心；组分Ⅱ即铁蛋白（AzoFd），实质上是一种“固氮酶还原酶”，它主要起传递电子的作用，是活化电子的中心。固氮时必须两种组分结合在一起才能起作用。固氮酶的两个组分都对氧高度敏感，遇氧分子则发生不可逆的失活；高浓度的氧对固氮酶的合成有抑制作用；氧可氧化电子载体使电子无法到达固氮酶。固氮作用只能在厌氧条件下进行。现已发现有的固氮菌的固氮酶中钼的作用可由钒或铁代替。②ATP 的供应。N≡N 分子存在三个共价键，将 1 分子的 N_2 还原成 2 分子的 NH_3 时需要消耗大量的 ATP［N_2∶ATP＝1∶（18～24）］。这些能量厌氧微生物来自糖的酵解，好氧微生物来自有氧呼吸，光合微生物来自光合磷酸化。③还原力（H）及其传递载体。固氮反应需要大量还原力［N_2∶（H）＝1∶8］，以 NAD(P)H＋H^+的形式提供，还原力（H）由低电势的电子载体铁氧还蛋白或黄素氧还蛋白传递至固氮酶。所需的电子供体来自有机物的分解或水的光解（如蓝细菌等）。丙酮酸是重要的电子供体和能量来源。④还原底物——N_2。⑤镁离子。

（二）固氮作用的生化过程

各类固氮微生物固氮作用的基本反应相同。

$$N_2+6H^++6e^-+nATP \longrightarrow 2NH_3+nADP+nPi$$

固氮生化过程可分为两个阶段（图 6-18）：

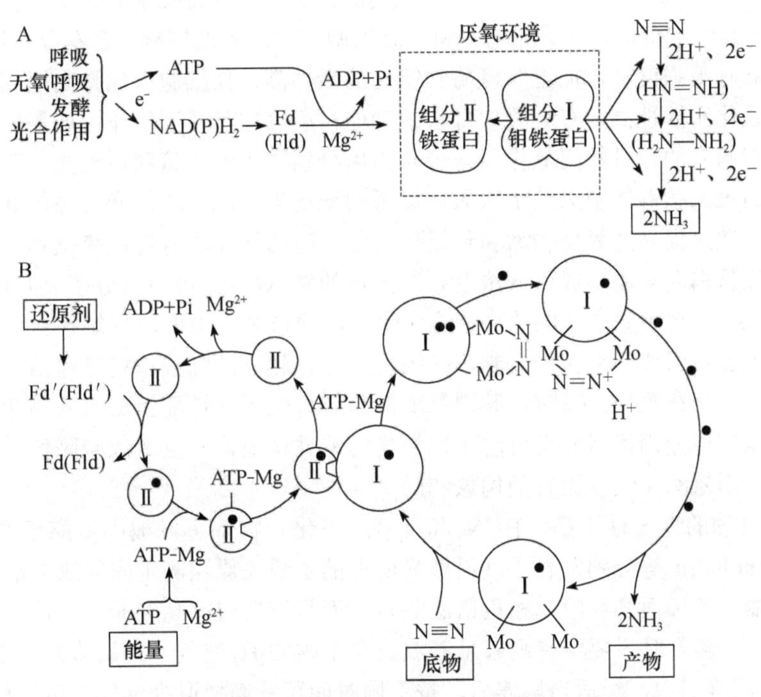

图 6-18 微生物固氮的生化途径（A）及其细节（B）

1. 固氮酶形成阶段 固氮酶钼铁蛋白有三种状态：氧化态、半还原态和完全还原态；铁蛋白有两种状态：氧化态和还原态。N_2 还原成 NH_3 需要接受 6 个电子，由电子供体（如丙酮酸）传至电子载体 Fd 或 Fld，再由电子载体向氧化态的铁蛋白的铁原子提供一个电子使其还原。还原态的铁蛋白与 ATP-Mg 结合后改变构象。钼铁蛋白在含钼的位点上与分子氮结合，并与铁蛋白-Mg-ATP 复合物反应，形成 1∶1 复合物——固氮酶。

2. 固氮阶段 固氮酶分子上有一个电子从铁蛋白-Mg-ATP 复合物转移到钼铁蛋白的铁原子，铁蛋白重新变为氧化态，同时 ATP 水解为 ADP＋Pi，通过连续 6 次电子转移使钼铁蛋白放出 2 分子 NH_3。实际上还原 1 分子 N_2 要用 8 个电子，理论上只需 6 个电子，有 2 个电子消耗在产 H_2，其原因尚不清楚，不过有证据表明 H_2 的产生是固氮酶反应机制中不可分割的组成部分。固氮酶也能催化 $2H^+ + 2e^- \longrightarrow H_2$ 反应，缺 N_2 时可将 H^+ 全部还原为 H_2 释放；有 N_2 时只将 75%的 H^+ 用于还原 N_2，25%的 H^+ 还原为 H_2。大多数固氮菌中还有氢化酶能将释放的 H_2 激活回收一部分还原力 H^+ 和 ATP。

NH_3 是固氮作用的产物，它与相应的 α-酮酸结合生成各种氨基酸。例如，与丙酮酸结合生成丙氨酸，与 α-酮戊二酸结合生成谷氨酸等。氨基酸再进一步合成蛋白质等。NH_3 能阻遏固氮基因的转录，使固氮酶不能合成。缺乏 NH_3 时谷氨酰胺合成酶处于非腺苷化状态，具有催化和调节功能，能与固氮酶启动基因结合，推动 RNA 聚合酶催化转录 mRNA，合成固氮酶；NH_3 丰富时谷氨酰胺合成酶被腺苷化，构象改变，不能与固氮酶启动基因结合，固氮酶不能合成。因此，生成的 NH_3 如不及时转化，或施用过多的氮肥，使 NH_3 超过一定浓度便抑制固氮作用。自生固氮菌的固氮作用和 NH_3 的同化在同一细胞内进行。共生固氮菌的固氮作用在类菌体中进行，产生的 NH_3 穿过类菌体膜，其同化由根瘤细胞质中的酶系催化完成，其产物绝大部分转运给宿主特别是地上部分。蓝细菌异形胞固定的分子态氮以酰胺的形式传递给周围的营养细胞。只有在 C/N 高时才发挥其固氮作用。

固氮过程中固氮酶必须始终受防氧保护机制的保护。丝状蓝细菌有特殊结构，固氮作用在异形胞中进行，其细胞壁厚，不受环境中和邻近细胞产生的氧的影响，它本身不进行光合作用，不产生氧气；其呼吸强度高，加上脱氢酶和氢化酶活性高，使细胞内保持高度的还原状态；且其中超氧化物歧化酶活性高，有解除氧毒害的功能，所以它具备固氮作用所需的还原性条件。无异形胞的蓝细菌有的通过将固氮作用与光合作用分别在夜晚黑暗和白天光照下进行以保护其固氮酶；有的通过束状群体中央处于厌氧环境下的细胞失去能产氧的光合系统Ⅱ，以便进行固氮作用；还有的通过提高过氧化物酶和超氧化物歧化酶活性除去有毒过氧化物。根瘤菌靠类菌体膜上的豆血红蛋白向类菌体提供低浓度和高流量的氧，豆血红蛋白与分子氧有很强的亲和力，通过氧化态（Fe^{3+}）和还原态（Fe^{2+}）间的变化可以调节氧的浓度。好氧性自生固氮菌则利用呼吸保护和构象保护组成防氧保护机制，呼吸保护是以较强的呼吸作用迅速消耗掉固氮酶周围的氧气；构象保护是在氧分压高时，其固氮酶能与一种耐氧的铁硫蛋白质Ⅱ结合形成耐氧复合物，其固氮酶能形成无固氮活性又可防止氧损伤的特殊构象，一旦氧浓度降低，此蛋白质便从酶分子上解离，固氮酶又恢复原有的构象和固氮活性。

固氮酶对底物的专一性不高，HCN 和 C_2H_2 等化合物都可以被固氮酶还原。1966 年，Dilworth 和 Scholhorn 等分别发表了既灵敏又简便的乙炔还原法测定固氮酶的活力。乙炔被固氮酶还原成乙烯，乙烯很容易用气相色谱法测定。而且该反应有高度的专一性，没有其他的酶能催化这一反应。测定时只要将待测菌悬液放在含 10% C_2H_2 空气（好氧菌）或 10% C_2H_2 氮气（厌氧菌）的密闭容器中，经适当培养后，按不同时间用针筒抽取少量气体至气相色谱仪测定，即可获得固氮酶活性的准确数据。此方法灵敏度高、设备简单、成本低廉、操作方便，已广泛用于固氮酶活性的测定。

生物固氮能提高土壤肥力。长期以来人们一直重视利用其固氮特性。现已制成根瘤菌剂、联合固氮菌剂等各种固氮菌剂用于农业生产，增产效果显著。固氮菌对铁和钼敏感，在缺钼、缺铁的土壤中施用钼肥可提高其固氮效果。所以，固氮菌剂要注意与钼肥、磷肥和有机肥等肥料配合施用。我国的固氮微生物资源调查及分类研究进展较大，接近国际先进水平，但微生物固氮肥料发展还比较迟缓，深入研究固氮菌的固氮分子基础，以提高微生物的固氮水平；利用基因重组技术有可能构建固氮能力更强的新菌株；通过 DNA 重组技术改造共生细菌，提高其竞争力，使其能超越天然共生细菌，促进根瘤的形成等。完成这些工作需要借助现代生物工程，尤其是酶工程和现代发酵工程。

第四节　微生物细胞物质的合成

微生物细胞物质的合成是一个耗能过程，需要产能代谢产生的ATP和还原力（$NADPH+H^+$）；还需要各种原料，即简单的无机物质（如 CO_2、NO_3^-、SO_4^{2-}等）和有机物质，有机物质除个别直接来源于营养物质，绝大部分来自糖代谢的中间产物，如磷酸己糖、磷酸戊糖、磷酸赤藓糖、丙酮酸、乙酰 CoA、α-酮戊二酸等。合成代谢与分解代谢密切相关，但酶系不同，酶活性调节机制也不同。

在微生物细胞物质的合成过程中，首先合成各种前体物质，如单糖、氨基酸、核苷酸、脂肪酸等，再进一步合成大分子物质，如多糖、蛋白质、核酸等。合成物质的化学反应大多由酶催化进行，少数可以自发进行。自养型微生物所需前体物质能全部由无机物合成，异养型微生物可利用有机基团合成。

一、糖类的生物合成

自养型微生物单糖的合成从 CO_2 的固定开始。

（一）自养型微生物对 CO_2 的固定

CO_2 是自养型微生物的唯一碳源，异养型微生物也能利用 CO_2 作辅助碳源。CO_2 的固定是将 CO_2 同化为细胞物质的过程。自养型微生物中 CO_2 加在特殊受体上，经循环反应使其合成糖并重新生成该受体。异养型微生物中 CO_2 固定在丙酮酸等有机酸上，主要合成草酰乙酸等三羧酸循环中间产物。异养型微生物即使能同化 CO_2 也必须吸收有机物。自养型微生物将生物氧化中取得的能量主要用于 CO_2 的固定，再进一步合成糖、脂质和蛋白质等细胞组分。已知自养型微生物固定 CO_2 特有的途径主要有三条。

1．卡尔文循环　自养型微生物主要通过卡尔文循环固定 CO_2。其过程可分为三个阶段：CO_2 的固定、被固定的 CO_2 还原、CO_2 受体的再生。

（1）CO_2 的固定　CO_2 通过二磷酸核酮糖羧化酶作用被固定于核酮糖-1,5-二磷酸中，并转变成 2 分子甘油酸-3-磷酸。二磷酸核酮糖羧化酶和磷酸核酮糖激酶是卡尔文循环中的特征性酶。

$$CO_2+\begin{array}{c}CH_2O\text{Ⓟ}\\|\\C{=}O\\|\\HCOH\\|\\HCOH\\|\\CH_2O\text{Ⓟ}\end{array}\xrightarrow{\text{二磷酸核酮糖羧化酶}}\left[\begin{array}{c}CH_2O\text{Ⓟ}\\|\\C(OH)—COOH\\|\\C{=}O\\|\\HCOH\\|\\CH_2O\text{Ⓟ}\end{array}\right]\xrightarrow{H_2O}\begin{array}{c}CH_2O\text{Ⓟ}\\|\\HCOH\\|\\COOH\\+\\COOH\\|\\HCOH\\|\\CH_2O\text{Ⓟ}\end{array}$$

不稳定的中间产物

（2）被固定的 CO_2 还原　羧化反应后通过逆 EMP 途径，在甘油酸-3-磷酸激酶和甘油醛-3-磷酸脱氢酶的作用下，将甘油酸-3-磷酸的羧基还原为醛基。这两步反应需要消耗 ATP 和［H］。

$$\begin{matrix}CH_2O℗\\HCOH\\COOH\end{matrix}\xrightarrow[ATP \to ADP]{\text{甘油酸-3-磷酸激酶}}\begin{matrix}CH_2O℗\\HCOH\\COO℗\end{matrix}\xrightarrow[NAD(P)H+H^+ \to NADP^+ \ Pi]{\text{甘油醛-3-磷酸脱氢酶}}\begin{matrix}CH_2O℗\\HCOH\\CHO\end{matrix}$$

（3）CO_2受体的再生　生成的甘油醛-3-磷酸有 1/6 经 EMP 途径逆转形成葡萄糖，其余的经复杂反应生成核酮糖-5-磷酸，在磷酸核酮糖激酶催化下消耗 ATP 后，再生成核酮糖-1,5-二磷酸以便重新接受 CO_2（图 6-19）。循环一次将 6 分子 CO_2 同化为 1 分子葡萄糖，总反应式如下。

$$6CO_2+12NAD(P)H_2+18ATP \longrightarrow C_6H_{12}O_6+12NAD(P)^++18ADP+18Pi+6H_2O$$

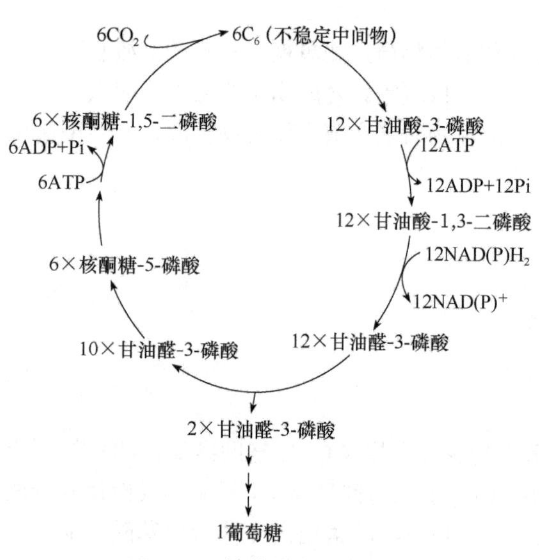

图 6-19　精简的卡尔文循环

光合色素吸收的光能和产生的 $NAD(P)H+H^+$及 ATP 用于同化 CO_2，使其转化成贮存能量的有机物，将光能转变成化学能贮存起来。

细菌的光合作用和绿色植物相似，都有光合色素，以 CO_2 为碳源合成有机物质，将光能转变成化学能贮存。不同之处主要有：第一，捕获光能的色素不同，绿色植物以叶绿素捕获光能，细菌则以菌绿素或类胡萝卜素吸收光能；第二，光合磷酸化途径不同，植物光合作用有环式和非环式光合磷酸化两条途径，细菌光合作用主要是环式光合磷酸化途径；第三，供氢体不同，光合产物不同，植物光合作用供氢体是水，有分子氧放出，产生还原力，细菌光合作用供氢体是硫化氢等无机物，没有氧放出，不产生还原力，积累硫。

2．厌氧乙酰 CoA 途径　产乙酸菌、产甲烷菌及某些硫酸盐还原细菌无卡尔文循环，利用厌氧乙酰 CoA 途径固定 CO_2。产乙酸菌通过该途径固定 CO_2 的关键酶一氧化碳脱氢酶催化 CO_2 还原为 CO 的反应：$CO_2+H_2 \longrightarrow CO+H_2O$。固定时还需要四氢叶酸（THFA）和类咕啉（维生素 B_{12}）等辅酶参与。每次固定 2 分子 CO_2，产物为乙酸。乙酸的甲基由 1 分子 CO_2 通过四氢叶酸和类咕啉参与的一系列酶促还原反应而来；其羧基是另一分子 CO_2 经一氧化碳脱氢酶作用而来。反应中一分子 CO_2 先后被还原为 CHO—THFA、CH_3—THFA，再转变为 CH_3—B_{12}；另一分子 CO_2 在一氧化碳脱氢酶催化下形成 CO 与该酶的复合物 CO—X，再与 CH_3—B_{12} 形成 CH_3—CO—X，进一步变成乙酰 CoA 后既可生成乙酸，也可在丙酮酸合成酶催化下与第三个 CO_2 分子结合形成丙酮酸（图 6-20）。

3．还原性三羧酸循环途径　绿色硫细菌如嗜硫代硫酸盐绿菌（*Chlorobium thiosulfatophilum*）用还原性三羧酸循环途径固定 CO_2（图 6-21）。实质上是三羧酸循环（TCA cycle）的逆向还原途径。该途径中的多数酶与三羧酸循环途径相同，不同的只是依赖于 ATP 的柠檬酸裂解酶可将柠檬酸裂解为草酰乙酸和乙酰辅酶 A。三羧酸循环途径中草酰乙酸和乙酰辅酶 A 在柠檬酸合成酶作用下合成柠檬酸。本循环起始于柠檬酸的裂解产物草酰乙酸，以它作接受 CO_2 的分子，每循环一周掺入 2 分子 CO_2 并还原成乙酰 CoA，由乙酰 CoA 再固定 1 分子 CO_2，进一步合丙酮酸、丙糖、己糖等。每次循环固定 3 分子 CO_2，需要还原态铁氧还蛋白，产物为丙酮酸。净反应式为 $3CO_2+10[H]+2ATP \longrightarrow$ 丙酮酸。

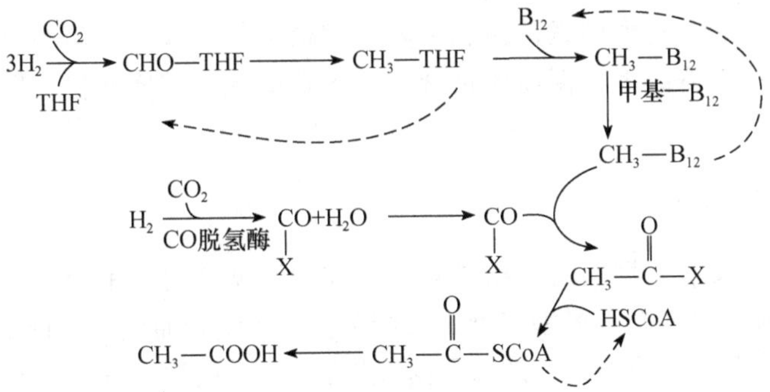

图 **6-20**　厌氧乙酰 **CoA** 途径的反应

X．一种中间产物的酶结合形式。图中的 $CH_3—B_{12}$ 先与 CO 结合形成乙酰基，再与 CoA 结合成乙酰 CoA，脱去 CoA 得到产物乙酸

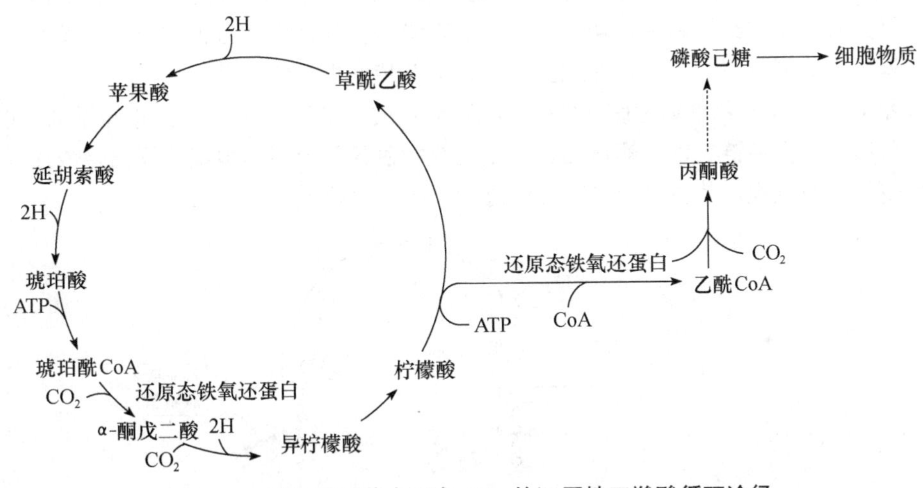

图 **6-21**　绿色硫细菌中固定 $\mathbf{CO_2}$ 的还原性三羧酸循环途径

绿色非硫细菌有羟基丙酸途径，这是绿屈挠菌属（*Chloroflexus*）以氢或硫化氢作电子供体营自养生活特有的 CO_2 固定途径。它们无卡尔文循环和还原性三羧酸循环途径，以羟基丙酸途径将 2 分子 CO_2 转变为乙醛酸。总反应为 $2CO_2+4[H]+3ATP \longrightarrow$ 乙醛酸 $+H_2O$，关键步骤是产生羟基丙酸。

（二）单糖的生物合成

异养型微生物所需要的各种单糖及其衍生物通常是直接从生活环境中吸收并衍生而来，也可利用简单的有机物合成。自养型微生物所需要的单糖则需要通过同化 CO_2 合成。单糖的合成和互变都要消耗能量，能量都来自 ATP 的水解。

无论是自养型微生物还是异养型微生物，其合成单糖途径一般都是通过 EMP 途径逆行合成 6-磷酸葡萄糖，再转化成其他糖。单糖合成的中心环节是葡萄糖的合成。自养型微生物与异养型微生物合成葡萄糖的前体来源不同。自养型微生物主要通过卡尔文循环同化 CO_2，产生甘油醛-3-磷酸，再通过 EMP 途径逆转形成葡萄糖，也可通过还原性三羧酸循环同化 CO_2 得到草酰乙酸或乙酰辅酶 A，进一步产生丙酮酸，再进一步合成磷酸己糖；还可通过厌氧乙酰辅酶 A 途径固定 CO_2 形成丙酮酸，丙酮酸逆 EMP 途径生成果糖-1,6-二磷酸，再在果糖-1,6-二磷酸酶作用下生成果糖-6-磷酸。异养型微生物可利用乙酸为碳源经乙醛酸循环产生草酰乙酸；利用乙醇酸、草酸、甘氨酸为碳源时通过甘油酸途径生成甘油醛-3-磷酸；以乳酸为碳源时可直接氧化成丙酮酸；将生糖氨基酸脱去氨基后也可作合成葡萄糖的前体。生物合成所需的已糖可从外界环境获得或用非糖前体物合成。多数情况下戊糖是将已糖通过多种途径脱去一个碳原子得到。

（三）多糖的生物合成

微生物的多糖及其衍生物都由单糖或其衍生物通过糖苷化作用合成。微生物多糖种类很多，包括同型多糖和异型多糖。同型多糖由相同单糖分子聚合而成，如糖原、纤维素等。异型多糖由不同单糖分子相间聚合而成，如肽聚糖、脂多糖、透明质酸等。其结构复杂，分子大小、合成途径都各不相同。多糖的合成不仅仅是分解反应的逆转，而是以一种核苷糖为起始物，糖单位逐个添加到多糖链的末端。所需的能量由核苷糖中高能糖-磷酸键水解得到。

下文仅介绍肽聚糖的生物合成。肽聚糖是大多数原核微生物细胞壁特有的结构大分子物质，它不仅具有重要的结构和生理功能，还是青霉素、头孢霉素、万古霉素、环丝氨酸和杆菌肽等抗生素作用的靶位点。所以，在抗生素治疗上有特别重要的意义。

肽聚糖的主链由 *N*-乙酰葡糖胺（GNAc）及 *N*-乙酰胞壁酸（MuNAc）相间排列，以 β-1,4-糖苷键连接组成的多糖链。以了解得比较清楚的金黄色葡萄球菌细胞壁肽聚糖合成途径为例说明肽聚糖生物合成过程。其生物合成和装配过程可分三个阶段（图 6-22）。

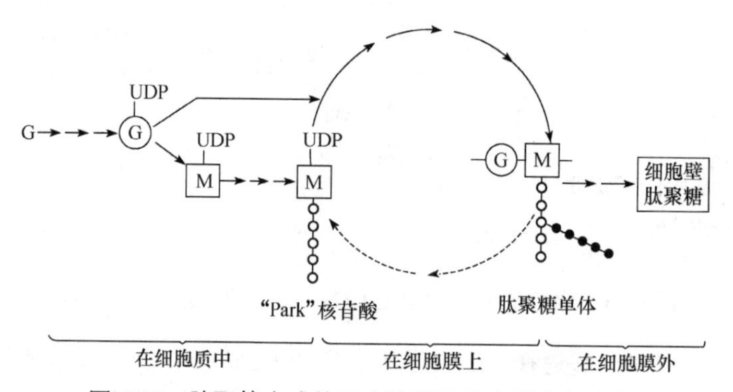

图 6-22　肽聚糖合成的三个阶段及其主要中间产物

G. 葡萄糖；Ⓖ. *N*-乙酰葡糖胺；M. *N*-乙酰胞壁酸；“Park”核苷酸. UDP-*N*-乙酰胞壁酸五肽

第一阶段在细胞质中合成胞壁酸五肽。先由葡萄糖逐步合成 *N*-乙酰葡糖胺和 *N*-乙酰胞壁酸。葡萄糖首先由 ATP 获得磷酸成为葡萄糖-6-磷酸，再转变为果糖-6-磷酸，获得 L-谷氨酸提供的氨基形成葡糖胺-6-磷酸，又经乙酰化形成 1-磷酸-*N*-乙酰葡糖胺，在尿苷二磷酸（UDP）存在时，经焦磷酸化酶催化形成 *N*-乙酰葡糖胺-UDP，再和磷酸烯醇丙酮酸在 *N*-乙酰葡糖胺-UDP 丙酮酸转移酶催化下，合成 *N*-乙酰胞壁酸-UDP（图 6-23）。

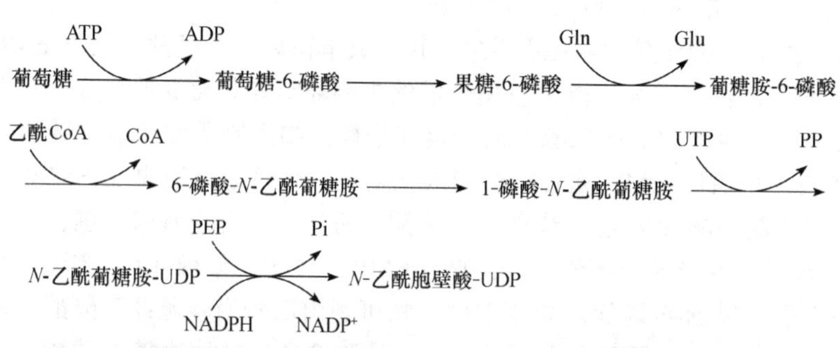

图 6-23　葡萄糖合成 *N*-乙酰葡糖胺-UDP 和 *N*-乙酰胞壁酸-UDP 的过程

再由 *N*-乙酰胞壁酸合成“Park”核苷酸，即 UDP-*N*-乙酰胞壁酸五肽，其合成过程分 4 步，先是 L-丙氨酸与 UDP-*N*-乙酰胞壁酸的羧基通过肽键相连，再是其他氨基酸以肽键依次相连接。每加入一个氨基酸要消耗一分子 ATP，都需 UDP 作糖载体。还有合成 D-丙氨酰-D-丙氨酸两步反应，都可被环丝氨酸抑制（图 6-24）。

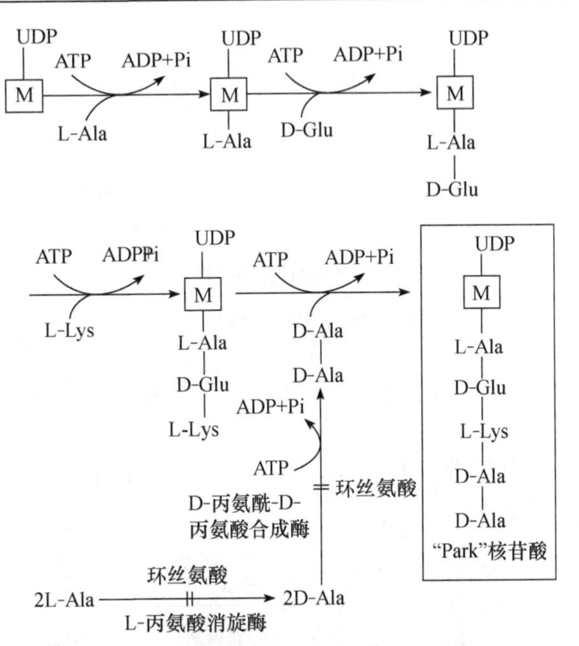

图 6-24　*N*-乙酰胞壁酸合成“Park”核苷酸的过程

大肠杆菌中 L-Lys 被 m-DAP 代替

第二阶段是在细胞膜上由“Park”核苷酸合成肽聚糖单体。该阶段中有一种称为细菌萜醇的脂质载体参与运送，它是由 11 个异戊二烯单位组成的 C_{55} 类异戊二烯醇，通过两个磷酸基与 *N*-乙酰胞壁酸分子相连（图 6-25），载着胞壁酸五肽在细胞膜上与 *N*-乙酰葡糖胺结合，并在 L-Lys 上接上五肽 $(Gly)_5$，形成双糖肽亚单位（肽聚糖单体），并转移到膜外，同时释放焦磷酸类脂载体。万古霉素和杆菌肽分别可抑制反应④和⑤。类脂载体还可参与各类微生物多糖和脂多糖的合成、转运。

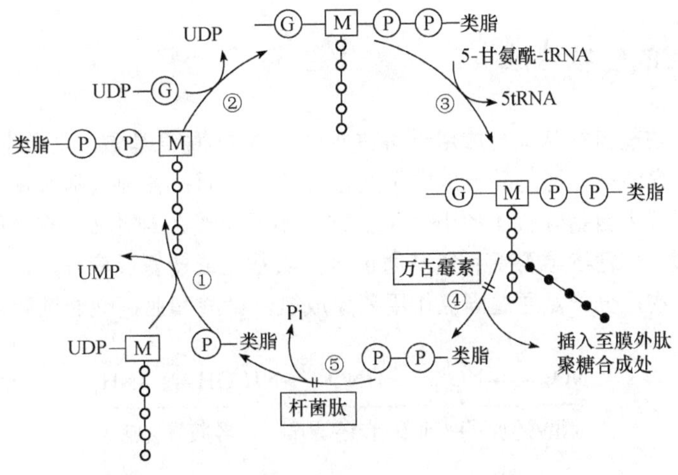

图 6-25　由“Park”核苷酸合成肽聚糖单体

类脂即类脂载体，反应④与⑤可分别被万古霉素和杆菌肽所抑制

第三阶段是双糖肽单体在细胞壁中合成肽聚糖。新合成的肽聚糖单体被运送到现有细胞壁的生长点，细胞因分裂产生自溶素的酶解开细胞壁上肽聚糖网套，原有肽聚糖分子成为新合成分子的引物，肽聚糖单体与引物间先发生转糖基作用，使多糖链横向延伸一个双糖单位。再通过转肽酶的转肽作用使前后两条多糖链的甲肽尾第五甘氨酸肽的游离氨基与乙肽尾的第四个氨基酸羧基结合形成一个肽键，使多糖链间交联，称转肽作用（图 6-26）。青霉素作用于该反应，其 β-内酰胺结构与肽聚糖单体五肽尾末端的 D-丙氨酰-D-丙氨酸结构类似，可与转肽酶的活性中心结合使转肽作用不能进行，新合成的细胞壁机械强度差，易破裂，使细胞死亡。青霉素对生长休止期的细胞无影响。

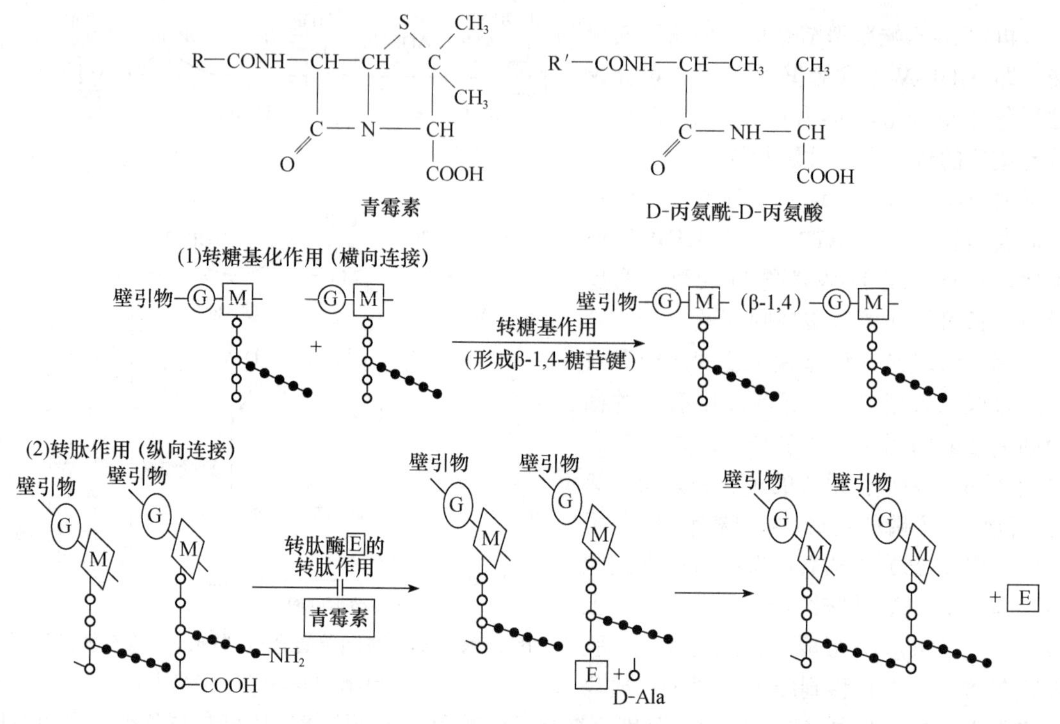

图 6-26　在细胞膜外合成肽聚糖时的转糖基化作用和转肽作用

E．转肽酶

二、氨基酸的生物合成

绝大多数微生物能自行从头合成用于蛋白质合成的 21 种氨基酸，且微生物中 21 种氨基酸的合成途径已经研究清楚。氨基酸合成中主要包含两个方面：各种氨基酸骨架的合成及氨基酸的结合。氨基酸碳架来自新陈代谢的中间化合物，如丙酮酸、α-酮戊二酸、草酰乙酸或延胡索酸、赤藓糖-4-磷酸、核糖-5-磷酸等；氨基通过直接氨基化或转氨反应导入。无机氮只有通过氨才能参入有机化合物，分子氮通过固氮作用还原成氨。硝酸和亚硝酸通过同化作用还原为氨。

$$\underbrace{NO_3^- \xrightarrow{2e^-} NO_2^-}_{\text{硝酸还原酶}} \underbrace{\xrightarrow{2e^-} HNO \xrightarrow{2e^-}}_{\text{亚硝酸还原酶}} \underbrace{NH_2OH \xrightarrow{2e^-} NH_3}_{\text{羟胺还原酶}}$$

氨再参与有机物合成（图 6-27）。这与硝酸盐异化还原不同。合成氨基酸方式主要有三种。

1．氨基化作用　是指 α-酮酸与氨反应形成相应的氨基酸（初生氨基酸），是微生物同化氨的主要途径。例如，氨与 α-酮戊二酸在谷氨酸脱氢酶作用下，以还原辅酶为供氢体通过氨基化反应合成谷氨酸。

2．转氨基作用　是指在转氨酶催化下使一种氨基酸的氨基转移给酮酸形成新氨基酸的过程。由初生氨基酸可生成次生氨基酸。存在于各种微生物体内可消耗一些过多的氨基酸，得到某些缺少的氨基酸。

3．前体转化　氨基酸还可通过糖代谢的中间产物经一系列生化反应合成。例如，苯丙氨酸、酪氨酸和色氨酸等通过一个复杂的莽草酸途径合成。磷酸烯醇丙酮酸和赤藓糖-4-磷酸经若干步骤合成莽草酸，莽草酸又经几步反应合成分枝酸，再分别合成苯丙氨酸、酪氨酸及色氨酸。

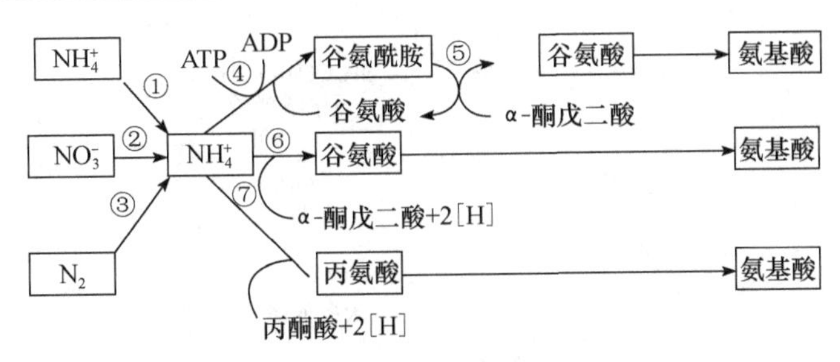

图 6-27　最重要的氮同化途径

①培养基中的铵离子直接被细胞吸收；②硝酸根离子通过同化作用还原为铵；③分子态氮通过固氮作用转化为氨，氨通过两个途径参入有机化合物；④、⑤在 ATP 的参与下通过谷氨酰胺的形成合成氨基酸；⑥、⑦不消耗 ATP，通过 α-酮戊二酸或丙酮酸的氨基化反应合成氨基酸

磷酸烯醇丙酮酸 + 赤藓糖-4-磷酸 → → → 莽草酸 → → → 分支酸 → 色氨酸、酪氨酸、苯丙氨酸

胱氨酸和半胱氨酸合成需要硫，硫酸盐是微生物硫的主要来源，还原成 H_2S 才能合成氨基酸。

三、核苷酸的生物合成

核苷酸主要合成核酸和参与某些酶的组成。它由碱基、戊糖和磷酸三部分组成。根据碱基成分可分嘌呤核苷酸和嘧啶核苷酸。它在生物体内由糖代谢的中间体通过一系列反应逐步合成。

1．嘧啶核苷酸的生物合成　微生物合成嘧啶核苷酸有两种方式：一种由小分子化合物合成尿嘧啶核苷酸，前体是天冬氨酸与氨甲酰磷酸，二者缩合生成氨甲酰天冬氨酸，再经乳清酸合成尿嘧啶核苷酸与胞嘧啶核苷酸（图 6-28），最后转化为其他嘧啶核苷酸；另一种以完整的嘧啶或嘧啶核苷酸分子组成嘧啶核苷酸。

2．嘌呤核苷酸的生物合成　与嘧啶核苷酸的生物合成途径相比，嘌呤核苷酸生物合成途径要复杂得多。嘌呤环几乎是一个原子接着一个原子合成的。其碳和氮来自氨基酸、CO_2 和甲酸，它们逐步添加到起始物核糖磷酸上。微生物合成嘌呤核苷酸也有两种方式。一种是先由各种小分子化合物合成次黄嘌呤核苷酸，再转化成其他嘌呤核苷酸。整个生物合成过程可分三个阶段：第一阶段是由核糖-5-磷酸与 ATP 反应到 5-氨基咪唑核苷酸合成；第二阶段是从 5-氨基咪唑核苷酸到次黄嘌呤核苷酸合成；第三阶段是由次黄嘌呤核苷酸到鸟嘌呤核苷酸与腺嘌呤核苷酸的合成（图 6-29）。另一种是由自由碱基或核苷组成相应的嘌呤核苷酸。有的微生物无全新合成嘌呤核苷酸的能力，就以这种方式合成嘌呤核苷酸。

3．脱氧核苷酸的生物合成　脱氧核苷酸是核苷酸以还原方式合成，是核苷酸糖基第 2 位碳上的—OH 还原为 H，需消耗能量。不同微生物中脱氧作用在不同水平上进行。大肠杆菌里这种还原反应在核苷二磷酸水平上进行。还原反应中需要一种硫氧蛋白（一种黄素蛋白）参加，通过它的氧化与还原传递电子（图 6-30）。赖氏乳酸菌的这一反应在核苷三磷酸水平上进行。

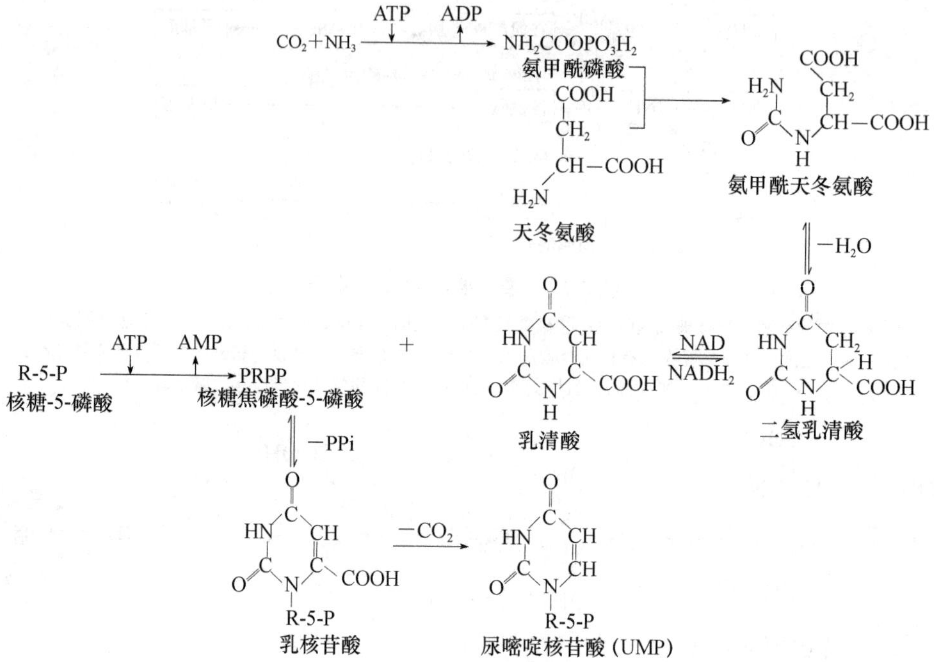

ATP
ADP
CO_2+NH_3
$NH_2COOPO_3H_2$
氨甲酰磷酸
COOH
CH_2
CH—COOH
H_2N
天冬氨酸
H_2N
COOH
CH_2
CH—COOH
H
氨甲酰天冬氨酸
$-H_2O$
二氢乳清酸
NAD
$NADH_2$
乳清酸
ATP
AMP
R-5-P
核糖-5-磷酸
PRPP
核糖焦磷酸-5-磷酸
−PPi
乳核苷酸
$-CO_2$
R-5-P
尿嘧啶核苷酸 (UMP)

图 **6-28** 嘧啶核苷酸的生物合成

次黄嘌呤核苷酸
天冬氨酸
GTP
腺苷酸琥珀酸合成酶
GDP+Pi
核糖-5-Ⓟ
NAD^++H_2O
次黄嘌呤核苷酸脱氢酶
NADH
CH_2—COOH
CH—COOH
NH
腺苷酸琥珀酸
黄嘌呤核苷酸
核糖-5-Ⓟ
NH_3
ATP
GMP 合成酶
H_2O
AMP+PPi
延胡索酸
腺苷酸琥珀酸裂解酶
NH_2
H_2N
Ⓟ−OCH_2
OH OH
AMP
GMP

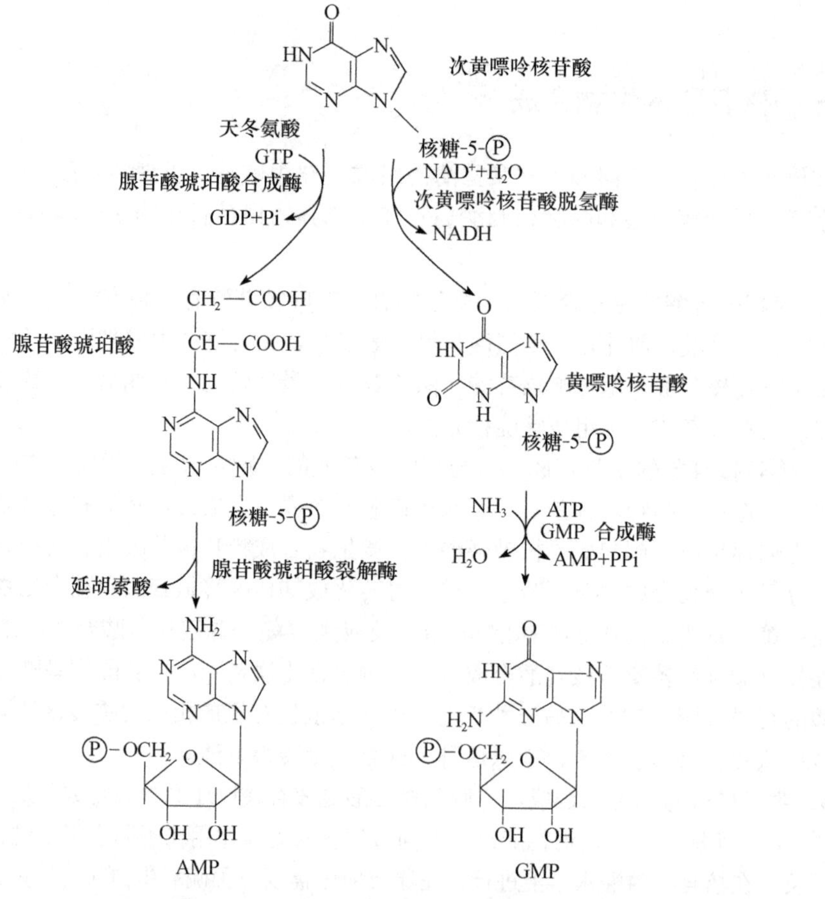

图 **6-29** 嘌呤核苷酸的生物合成

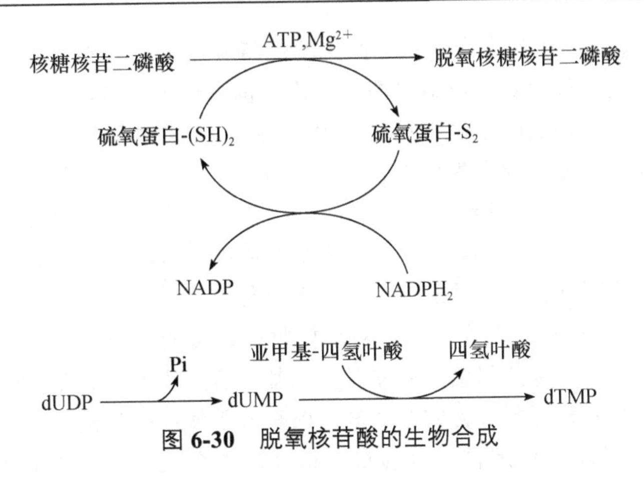

图 6-30 脱氧核苷酸的生物合成

尿嘧啶脱氧核苷酸不是 DNA 的组成部分，它是合成胸腺嘧啶脱氧核苷酸的前体，经脱磷酸与甲基化两步反应合成胸腺嘧啶脱氧核苷酸。在各种核苷酸基础上可转化成相应核苷二磷酸和核苷三磷酸及脱氧核苷酸，由它们合成核酸。

第五节 微生物的次生代谢

微生物从外界吸收营养物质通过分解代谢和合成代谢生成维持生命活动的物质和能量的过程称初生代谢。次生代谢是生物在一定生长时期以初生代谢产物为前体，通过支路代谢合成对其生命活动尚无明确功能物质的过程。次生代谢途径被阻断不会影响菌体生长繁殖。它是某些生物为避免初生代谢中间产物积累造成不利影响或环境因素胁迫下产生的利于生存的代谢类型。次生代谢与初生代谢关系密切，初生代谢是次生代谢的基础，为次生代谢提供前体和能量；次生代谢是初生代谢的继续和发展，对初生代谢的调控也适用于其次生代谢。次生代谢在某些菌体对数生长后期或稳定期进行，在菌体生长阶段碳源利用后的分解物阻遏了次生代谢酶系的合成，只有在中后期碳源被用完，解除阻遏作用，次生代谢产物才能合成，与菌体生长不平行，初生代谢始终存在于所有生物体内且与菌体生长平行。次生代谢对环境条件比初生代谢更敏感。质粒与次生代谢的关系密切，控制着多种抗生素的合成，代谢途径多，不稳定，质粒丢失就影响相关的次生代谢。

一、次生代谢产物的种类

次生代谢产物约 5 万种（2008 年），主要是抗生素（约 1.65 万种）和生理活性物质（约 0.6 万种），与人类的医药、保健关系密切。它们既不参与细胞组成，又不是酶的活性基，也不是细胞的贮存物质，大多分泌于胞外。据其作用分为维生素、抗生素、生长刺激素、毒素、色素等。

1. 维生素 细菌、放线菌、霉菌、酵母菌的一些种在特定条件下合成超过本身需要的维生素。它是生理学的概念，不是化学同类物。机体含量过多时可分泌到细胞外。例如，丙酸杆菌产生维生素 B_{12}；分枝杆菌利用碳氢化合物产生吡哆醇（维生素 B_6）；酵母菌细胞除含有大量 B 族维生素如硫胺素（维生素 B_1）、核黄素（维生素 B_2）外，还含有各种固醇，其中麦角固醇是维生素 D 的前体，经紫外线照射能转化成维生素 D；醋酸细菌合成维生素 C。临床上应用的各种维生素主要是利用微生物合成提取的。

2．抗生素 是生物在其生命活动中产生的能特异性抑制其他生物生命活动的次生代谢产物及其人工衍生物的总称。其既不参与细胞结构，也不贮藏养料，对产生菌本身无害，对某些生物有拮抗作用。一定种类的微生物只能产生一定种类的抗生素。已发现的抗生素大多数是放线菌产生的，细菌、真菌也都产生抗生素。抗生素已广泛应用于临床、农业及畜牧业生产。

3．生长刺激素 是由某些细菌、真菌、植物合成的能刺激生物生长的一类生理活性物质。已知有 80 多种真菌能产生吲哚乙酸。赤霉菌产生的赤霉素是已广泛应用的植物生长刺激素。茭白黑粉菌能产生吲哚乙酸。“5406”放线菌既能产生抗生素也能产生生长刺激素。

4．毒素 微生物在代谢中产生一些对动植物有毒害的物质称毒素。破伤风芽孢杆菌、白喉杆菌、痢疾志贺菌、伤寒沙门菌等病原微生物都可合成毒素。大多数细菌毒素是蛋白质，分外毒素和内毒素。苏云金杆菌可合成对许多昆虫有毒杀作用的伴孢晶体，即 δ 内毒素。影响人类健康的霉菌毒素已知有百余种，有的毒性很强，如黄曲霉产生的黄曲霉毒素。

5．色素 许多微生物在培养中能合成一些带不同颜色的代谢产物。微生物形成的色素有的留于细胞内，有的排到培养基中，有细胞内色素和细胞外色素之分。许多细菌产生光合色素，有的产生水不溶性色素使菌落呈各种颜色；有的产生水溶性色素使培养基着色。色素的合成途径尚不清楚。真菌和放线菌产生的色素更多。微生物产生的色素是天然色素的重要来源。

微生物的代谢产物特别是次生代谢产物，大部分尚未很好地利用。微生物次生代谢的资源很丰富，潜力很大，有极其广阔的应用前景。

二、次生代谢产物的合成

次生代谢产物的化学结构复杂，分属多种类型，如内酯、大环内酯、多烯类、多炔类、四环类和氨基糖类等，其合成途径也十分复杂，但各种初生代谢途径，如糖代谢、TCA 循环、脂肪代谢、氨基酸代谢及萜、甾体化合物代谢等仍是次生代谢途径的基础（图 6-31）。

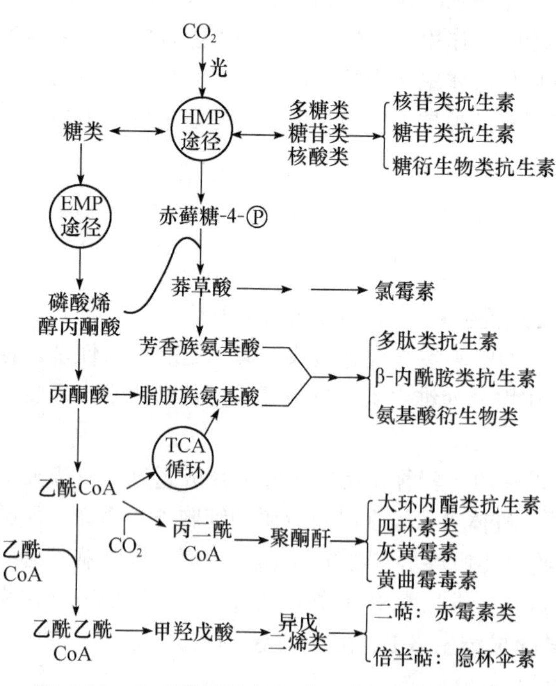

图 6-31 初生代谢途径与次生代谢途径的联系

微生物次生代谢的合成途径主要有以下 4 条。

（1）糖代谢延伸途径 由糖类转化、聚合产生多糖类、糖苷类和核酸类化合物进一步转化形成核苷类、糖苷类和糖衍生物类抗生素。

（2）莽草酸延伸途径 由莽草酸分支途径产生氯霉素等多种重要抗生素。

（3）氨基酸延伸途径 由各种氨基酸衍生、聚合形成多种含氨基酸的抗生素，如多肽类抗生素、β-内酰胺类抗生素、D-环丝氨酸和杀腺癌菌素等。

（4）乙酸延伸途径 又可分两条支路，其一是乙酸经缩合后形成聚酮酐，进而合成大环内酯类、四环素类、灰黄霉素类抗生素和黄曲霉毒素等；另一支路是经甲羟戊酸合成异戊二烯类，进一步合成重要的植物生长刺激素赤霉素或真菌毒素隐杯伞素等。

催化次生代谢产物合成的酶是诱导酶。只有在胞内某种初生代谢产物积累时才诱导合成次生代谢合成的酶，次生代谢产物合成的调节也是酶的调节，只是次生代谢产物的合成更易受外界条件的影响，除培养基组成外，培养基的 pH 也有很大影响。例如，栖土曲霉（*Aspergillus terricola*）在 pH 1.8 的培养基里振荡培养时可大量合成衣康酸，当 pH 高于 1.8 时机体只合成少量的衣康酸，但合成大量的细胞物质；同样在表面培养时，pH 2.3 有利于衣康酸合成，pH 低于 2.2 或高于 2.4 都不利于衣康酸合成，说明培养基的 pH 在栖土曲霉的初生代谢与次生代谢之间的转换中起着重要作用。培养基的成分如碳源及其分解产物、NH_4^+、硝酸盐、磷酸盐、金属离子及培养的温度与通气量在这两类代谢的转换中也起重要作用。高浓度的 NH_4^+ 不利于抗生素的产生；硝酸盐可促进利福霉素的合成。

抗生素的发酵中发酵单位达到一定范围后就很难再提高，这主要是末端产物反馈抑制的结果。同时，由于某种初生代谢产物的合成和某种次生代谢产物的合成之间有一条共同的合成途径，当初生代谢产物积累时，抑制了共同途径中某步反应的进行，最终抑制了次生代谢产物的合成。例如，在产黄青霉的青霉素合成中，赖氨酸过量能够抑制青霉素合成。因为，从乙酰 CoA 和 α-酮戊二酸合成 α-氨基己二酸是合成赖氨酸和青霉素的一段共同途径，赖氨酸过量就会抑制这个共同反应途径中的第一个酶，进而同时抑制了赖氨酸和青霉素的合成。

次生代谢一般以初生代谢产物为前体，因此次生代谢必然要受到初生代谢的调节。还可通过改变培养条件、利用基因工程方法使细菌和真菌产生更多更好的代谢产物。

第六节 微生物的代谢调节

微生物的代谢途径多种多样，要在不断变化的环境中生存须依靠调节系统，一方面严格控制代谢活动，使其有条不紊、协调有效地进行，另一方面能灵活适应外界环境的变化。已鉴定众多的调节机制，在 DNA 复制和基因的转录、翻译与表达及酶的合成与活性等多个水平上的调节，也可在细胞水平上调节，常表现为多水平协同进行。大多数基因表达由多种机制调节。

由于细胞结构的不同，真核微生物与原核微生物的代谢调节不同。多细胞真核微生物细胞功能有分化，不同的细胞或组织对环境的变化作出快速、专一的反应，代谢调节有区域化特征。单细胞的原核微生物对环境变化极为敏感，代谢调节机制更加多样化。在诱导与非诱导条件下，真核微生物的基因表达水平相差 2～10 倍，原核微生物高达 1000 倍。

一、微生物代谢调节的方式

微生物代谢由各种酶类催化，代谢的调节主要是通过控制酶的合成和活性实现，两者同时存在，密切配合，协调进行。酶合成的调节较粗放，不够及时；酶活性的调节较精确、迅速。

（一）酶合成的调节

1．酶合成的诱导 酶分组成酶和诱导酶。组成酶为细胞固有的酶，在相应的基因控制下合成，不依赖底物或底物类似物而存在，如分解葡萄糖的 EMP 途径中有关的酶；诱导酶是机体在外来底物或底物类似物诱导下合成的，如 β-半乳糖苷酶。微生物能利用不同的营养成分就是因为能经这些营养诱导合成利用它们必需的酶。大多数分解代谢酶类经诱导合成。

酶合成的诱导研究最多的是大肠杆菌利用乳糖的过程，须水解后才能进入己糖降解途径。

$$乳糖+H_2O \xrightarrow{\beta\text{-半乳糖苷酶}} D\text{-葡萄糖}+D\text{-半乳糖}$$

正常情况下该酶只有在乳糖存在时才产生。利用葡萄糖生长，野生菌株几乎测不出β-半乳糖苷酶的活性，它们生长在含乳糖或其他半乳糖苷的培养基上时，β-半乳糖苷酶活性提高1000倍。底物类似物α-丙基-β-半乳糖硫苷可诱导β-半乳糖苷酶生成，产生的酶不能水解这种诱导物。

莫诺（Monod）和雅各布（Jacob）在深入研究大肠杆菌β-半乳糖苷酶诱导生成的机制后，于1961年提出操纵子学说。操纵子是由启动基因、操纵基因及它们共同控制的结构基因组成的基因表达单位。启动基因是一种能被RNA聚合酶识别和结合并起始RNA合成的一段碱基顺序。操纵基因是位于启动基因和结构基因之间的碱基顺序，也能与调节蛋白即阻遏物结合。调节蛋白是调节基因产生的一类变构蛋白，它有两个特殊的位点，一个可与操纵基因结合，另一个可与效应物结合。调节蛋白与效应物结合后就发生变构作用。调节蛋白可分两种，一种能在没有诱导物时与操纵基因结合，另一种只能在辅阻遏物存在时才能与操纵基因结合。结构基因是编码酶蛋白的碱基顺序。

大肠杆菌乳糖操纵子由启动基因、操纵基因和3个结构基因组成。3个结构基因分别编码β-半乳糖苷酶、渗透酶和转乙酰基酶。根据该学说，无乳糖时编码利用乳糖酶的结构基因关闭。因为结构基因旁的操纵基因结合着调节蛋白，影响mRNA聚合酶结合到启动基因上，进而影响转录。利用乳糖的酶不能合成。调节蛋白活性部位可结合DNA，变构部位可结合效应物。有乳糖时乳糖作为效应物与调节蛋白结合，其构象改变，使原来与DNA有亲和力的蛋白质失去亲和力。调节蛋白不能与操纵基因结合，启动基因上结合mRNA聚合酶，结构基因转录成mRNA，经翻译合成β-半乳糖苷酶、渗透酶和转乙酰基酶（图6-32）。

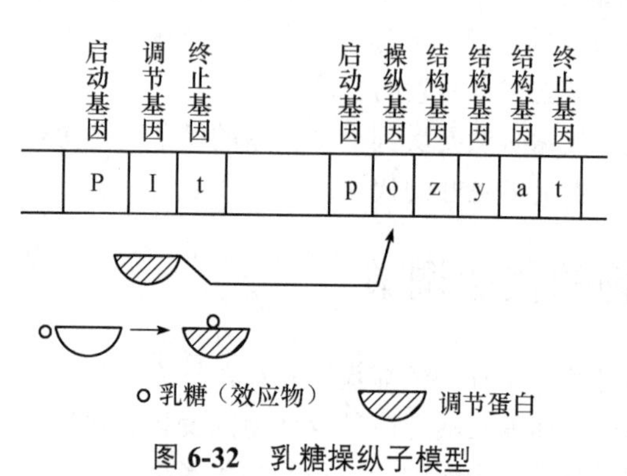

图6-32 乳糖操纵子模型

酶合成的诱导分协同诱导和顺序诱导。诱导物同时诱导几种酶的合成称协同诱导，如乳糖诱导大肠杆菌同时合成β-半乳糖苷透性酶、β-半乳糖苷酶和半乳糖苷转乙酰酶与分解乳糖有关的酶，使细胞迅速分解底物。顺序诱导是先诱导合成分解底物的酶，再诱导分解其后各中间代谢产物的酶。顺序诱导对底物的转化速度较慢。

2．酶合成的阻遏 是微生物阻止代谢中酶合成的过程，分为终产物阻遏和分解物阻遏。

（1）终产物阻遏 嘌呤、嘧啶和氨基酸等的合成代谢中酶合成受阻遏作用的调节。大多数情况下阻遏物是生物合成途径的终产物。有效保证细胞不浪费原料和能量合成不需要的酶类。

大肠杆菌的色氨酸合成中，色氨酸超过一定浓度就停止合成有关色氨酸合成的酶。这也可用色氨酸操纵子解释。色氨酸操纵子的调节基因能编码一种无活性的阻遏蛋白，色氨酸为辅阻遏物，后者浓度高时，两者结合形成有活性的阻遏蛋白并与操纵基因结合，结构基因不能转录，酶合成停止。

（2）分解物阻遏 当培养基中同时存在两种分解代谢底物时，大多数情况下能使细胞生长最快的那一种被优先利用，而分解另一种底物的酶的合成被阻遏，这称为分解物阻遏。

大肠杆菌的葡萄糖效应或两次生长曲线早已被注意到。大肠杆菌在有葡萄糖和乳糖的培养基上生长时先利用葡萄糖，同时阻遏与分解乳糖有关的酶合成，葡萄糖被利用完后才开始利用乳糖。这就是葡萄糖效应或两次生长曲线。利用葡萄糖的酶系是固有的，利用乳糖的酶系经诱导生成。

葡萄糖效应也可用乳糖操纵子解释。mRNA 聚合酶结合到乳糖操纵子的启动基因上需要 cAMP 和 cAMP 受体蛋白的参与，这两者结合 mRNA 聚合酶才能结合到启动基因上。cAMP 缺少时 mRNA 聚合酶不能结合到启动基因上，mRNA 转录就停止。葡萄糖存在时 cAMP 就缺乏。因为 cAMP 是 ATP 通过腺环化酶催化形成的，葡萄糖的代谢产物对此酶有抑制作用；cAMP 在磷酸二酯酶的作用下转化为 AMP，葡萄糖的代谢产物对该酶有激活作用。

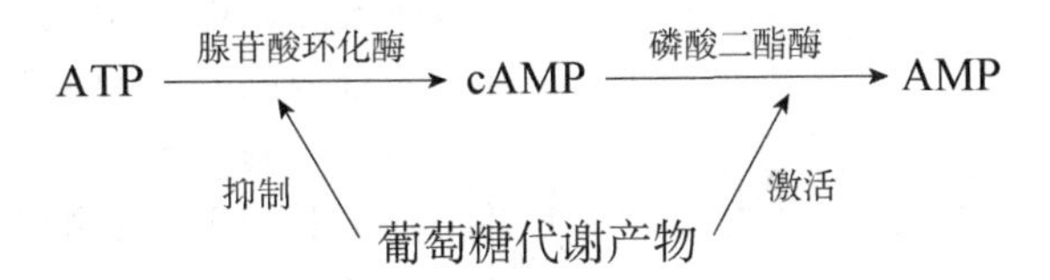

（二）酶活性的调节

酶活性的调节包括酶活性的激活和抑制两个方面，其方式有变构调节和酶分子的修饰调节。修饰调节通过共价调节酶实现，共价调节酶通过修饰酶催化其多肽链上某些基团进行可逆的共价修饰，使其实现活性和非活性的互变，导致调节酶的活化或抑制，以控制代谢的速度和方向。它与变构调节不同，酶的变构调节只是酶的构象发生变化；酶的修饰调节是酶分子共价键即一级结构发生变化，其催化效率比酶的变构调节要高。

1．酶活性的激活　是指代谢途径中后面的反应被前面反应的中间产物促进。酶的激活作用普遍存在于微生物的代谢中，对代谢的调节起重要作用。在糖分解的 EMP 途径中，果糖-1,6-二磷酸积累可激活丙酮酸激酶和磷酸烯醇丙酮酸羧化酶，促进葡萄糖分解。当然，酶的激活与抑制是不可分的，磷酸烯醇丙酮酸羧化酶活性提高，使草酰乙酸浓度提高，又抑制磷酸烯醇丙酮酸羧化酶的活性，PEP 积累，又抑制磷酸果糖激酶，使葡萄糖分解速率降低。

2．酶活性的抑制　主要是产物抑制，大多是反馈抑制，是指生物代谢途径的终产物过量可直接抑制该途径中第一个酶的活性，使整个过程减缓或停止，避免终产物过多积累。反馈抑制有作用直接、效果快速及终产物浓度低时又可消除抑制等优点。生物合成途径中的第一个酶通常是调节酶，它受终产物的抑制。调节酶是一种变构蛋白，有多个结合位点，一个是与底物结合的活性中心，另一个是与效应物结合的调节中心。酶与效应物结合可引起酶结构的变化，改变酶活性中心对底物的亲和力，使底物能或不能与酶的活性中心结合，调节酶的活性。与酶结合后能促进活性中心与底物结合，提高催化活性的效应物称活化剂，使酶激活；降低催化活性的效应物称抑制剂，抑制酶的活性。

（1）直线式代谢途径的反馈抑制　这是最简单的反馈抑制。在从苏氨酸合成异亮氨酸的途径中，苏氨酸脱氨酶就被异亮氨酸抑制。细胞内终产物异亮氨酸积累就对它合成途径中的第一个酶苏氨酸脱氨酶产生抑制作用，减少中间代谢产物 α-酮丁酸，避免末端产物过多积累。

苏氨酸 —苏氨酸脱氨酶→ α-酮丁酸 →→→ 异亮氨酸

末端产物抑制

（2）分支代谢途径的反馈抑制　在两种或两种以上的末端产物的分支代谢途径里，它们的调节方式要复杂得多。其共同特点是每个分支的末端产物控制分支点后的第一个酶，同时每个末端产物又对整个途径的第一个酶有部分的抑制作用。据目前所知，其调节方式主要有：同工酶调节、协同反馈抑制、累加反馈抑制、顺序反馈抑制等。

A. 同工酶调节　同工酶是一类作用于同一底物，催化同一反应，但酶的分子构型不同，并能分别受不同末端产物抑制的酶。其特点是在分支代谢途径中的第一个酶有几种结构不同的一组酶，每一种代谢终产物只对其中相应的酶有反馈抑制作用，而不影响其他终产物的合成，只有几种代谢终产物同时过量才能完全阻止反应进行。同工酶调节较普遍存在于微生物代谢途径中。例如，在大肠杆菌的天冬氨酸族氨基酸合成途径中，天冬氨酸激酶催化的反应是苏氨酸、甲硫氨酸、赖氨酸和异亮氨酸合成的共同反应之一，该酶已发现有三种同工酶，即天冬氨酸激酶Ⅰ、天冬氨酸激酶Ⅱ和天冬氨酸激酶Ⅲ，分别受苏氨酸与异亮氨酸、甲硫氨酸和赖氨酸的反馈抑制；同样，同型丝氨酸脱氢酶催化的反应也是苏氨酸、异亮氨酸与甲硫氨酸合成的共同反应，此酶也有两种同工酶，即同型丝氨酸脱氢酶Ⅰ与同型丝氨酸脱氢酶Ⅱ，分别受苏氨酸和甲硫氨酸的反馈抑制(图 6-33)。因此，大肠杆菌在生长过程中，某种末端产物积累可通过各自的反馈抑制使其代谢过程能平衡进行。

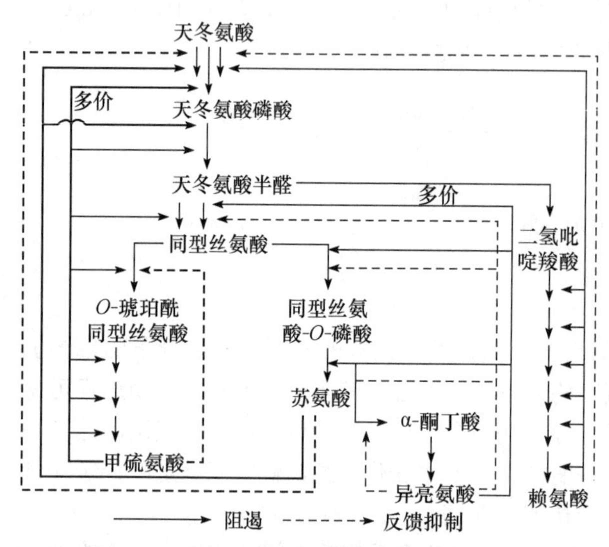

图 6-33　天冬氨酸族氨基酸生物合成的调控

B. 协同反馈抑制　许多微生物的分支代谢途径中，催化第一步反应的酶往往有多个同末端产物结合的位点，可以分别与相应的末端产物结合；只有当酶上的每个结合位点都同各自过量的末端产物结合以后，才能抑制该酶的活性（或合成）；任何一种末端产物过量，其他的末端产物不过量都不会引起酶活性（或合成）的反馈抑制。这种需要各个末端产物同时过量才能引起反馈抑制的方式称为协同反馈抑制。

在多黏芽孢杆菌的天冬氨酸族氨基酸合成途径中存在协同反馈抑制，只有苏氨酸与赖氨酸在胞内同时积累，才能抑制天冬氨酸激酶的活性。在大肠杆菌的天冬氨酸族氨基酸合成途径中除同工酶抑制外，还发现有协同反馈抑制即胞内苏氨酸与异亮氨酸同时积累才能抑制天冬氨酸激酶Ⅰ和同型丝氨酸脱氢酶Ⅰ的合成等。

C. 累加反馈抑制　累加反馈抑制与协同反馈抑制非常相似，即催化分支代谢途径第一步反应的酶也有同多个末端产物结合的位点，这些位点同相应的末端产物结合时可产生不同程度的抑制作用。累加反馈抑制与协同反馈抑制方式不同的是每个末端产物积累时，通过与酶上相应的位点结合都可以引起酶活性的部分抑制，总的抑制效果是累加的，且各个末端产物所引起的抑制作用互不影响，只是影响这个酶促反应的速率。图 6-34A 是累加反馈抑制方式的模式图，末端产物 E 和 G 单独过量时分别可抑制途径中第一个酶活性的 30%和 40%，二者同时过量可抑制该酶活性的 58%。

目前只发现累加反馈抑制存在于大肠杆菌谷氨酰胺合成酶中。提供 ATP 的条件下，谷氨酰胺合成酶可催化谷氨酸与氨反应生成谷氨酰胺。谷氨酰胺是微生物合成氨甲酰磷酸、磷酸葡糖胺、GMP、CTP、AMP、组氨酸、色氨酸和其他氨基酸的氨基供体。谷氨酰胺合成酶也受这些末端产物的累加反馈抑制。例如，色氨酸、AMP、CTP 和氨甲酰磷酸单独过量时，分别可以抑制该酶活性的 16%、41%、14%和 13%，这 4 种末端产物同时过量可抑制该酶活性的 63%，剩下 37%的酶活性可以被其他末端产物同时过量时所抑制（图 6-34B）。

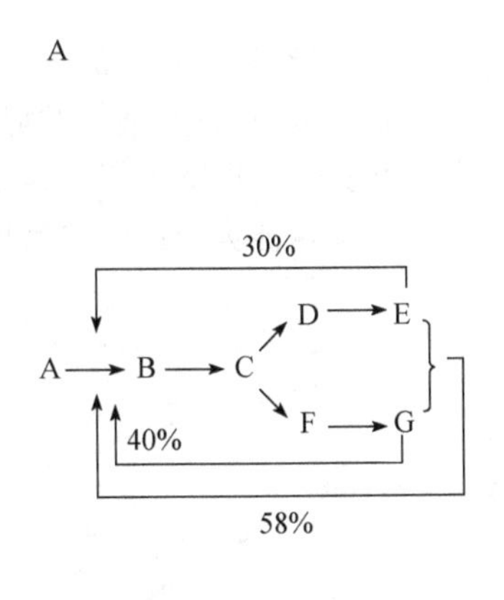

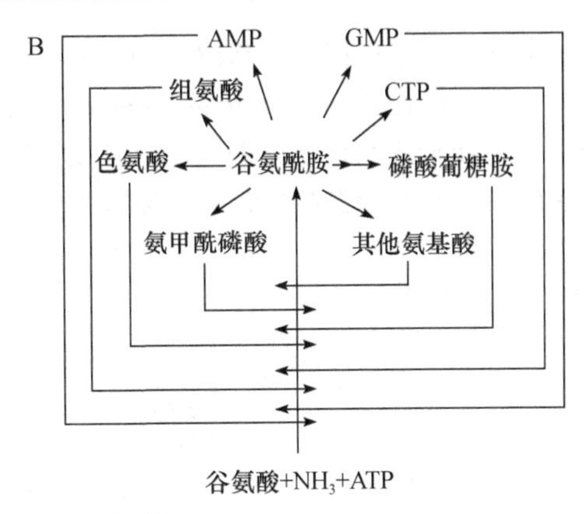

图 6-34 累加反馈抑制

A. 模式图；B. 谷氨酰胺合成酶的抑制

D. 顺序反馈抑制　　分支代谢中的两个末端产物，不能直接抑制代谢途径中的第一个酶，而是分别抑制分支点后的反应，造成分支点上中间产物的积累，此高浓度的中间产物再反馈抑制第一个酶的活性。只有当两个末端产物都过量时才能对途径中的第一个酶起抑制作用。枯草杆菌合成芳香族氨基酸的代谢就采用这种方式调节。图 6-35 中，E 过量抑制 C→D，使 C 浓度增高，反应向 C→F→G 方向进行，使 G 浓度增高，抑制 C→F，使 C 浓度增高，抑制 A→B，实现反馈抑制。

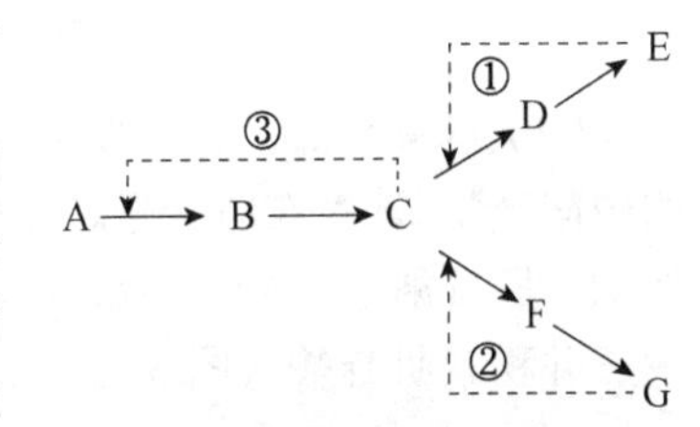

图 6-35 顺序反馈抑制示意图

①～③为抑制顺序；实线箭头表示反应方向和步骤，虚线箭头表示反馈抑制

二、代谢调节在发酵工业中的应用

工业发酵的目的是尽可能多地积累人们需要的微生物代谢产物。正常生理条件下微生物通过代谢调节系统最经济地利用营养物质生长繁殖，不会过量积累代谢产物。人为打破微生物代谢控制体系有可能使代谢朝人们希望的方向进行。微生物代谢调节理论还有很大局限性，但它已在微生物育种和发酵工艺中发挥了重要作用。随着分子生物学技术和代谢组学、代谢工程技术的发展，人们可用基因工程技术修饰、改造和设计代谢途径，使微生物代谢的途径、方式和产物朝着人类理想的方向发展，代谢人工控制将对发酵工业发挥更重要的作用。微生物代谢人工控制主要是改变微生物遗传特性和控制发酵条件。

（一）改变微生物的遗传特性

1. 应用营养缺陷型菌株解除正常的反馈调节　　营养缺陷型突变株代谢改变的结果是途径中断前的代谢产物的积累。对于分支代谢途径，营养缺陷型发生在其中的一个分支上，则其他分支上的代谢流量就会增大；营养缺陷使支路上的末端产物不能合成从而解除菌体细胞内原有的反馈抑制，使另一分支途径的终产物积累。目前，氨基酸类和核苷酸类发酵生产用菌种大多是营养缺陷型突变株。

（1）赖氨酸发酵　　赖氨酸是人类必需的氨基酸，许多食物中又缺乏，作食品添加剂对人类的营养保健有重要意义。许多微生物可用天冬氨酸作原料，通过分支代谢途径合成赖氨酸、苏氨酸和甲硫氨酸（图 6-36）。在代谢中，一方面由于赖氨酸对天冬氨酸激酶（AK）有反馈抑制作用；另一方面，天冬氨酸除用于合成赖氨酸外，还要作合成苏氨酸和甲硫氨酸的原料，因此在正常细胞内难以积累较高浓度的赖氨酸。为了解除正常的调节以获得赖氨酸的高产菌株，有人选育谷氨酸棒杆菌（*Corynebacterium glutamicum*）的高丝氨酸缺陷型作赖氨酸的发酵菌株。该菌株由于不能合成高丝氨酸脱氢酶（HSDH），故不能合成高丝氨酸，也就不能合成苏氨酸和甲硫氨酸，在补充适量高丝氨酸（或苏氨酸和甲硫氨酸）条件下菌株能大量产生赖氨酸。

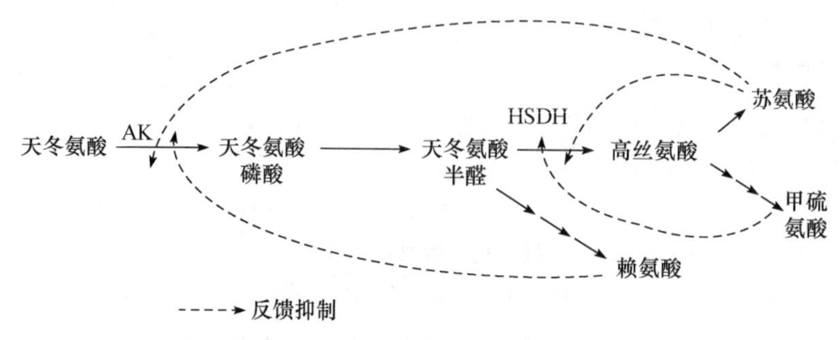

图 6-36　谷氨酸棒杆菌的调节与赖氨酸生产

（2）肌苷酸生产　肌苷酸（IMP）是重要的呈味核苷酸，是嘌呤核苷酸生物合成途径中的中间产物。选育在肌苷酸转化成腺苷酸或鸟苷酸的几步反应中的营养缺陷型才能积累肌苷酸。例如，腺苷酸琥珀酸合成酶（ASS）缺失的腺嘌呤缺陷型在添加少量腺苷酸的培养基中能正常生长并积累肌苷酸（图 6-37）。

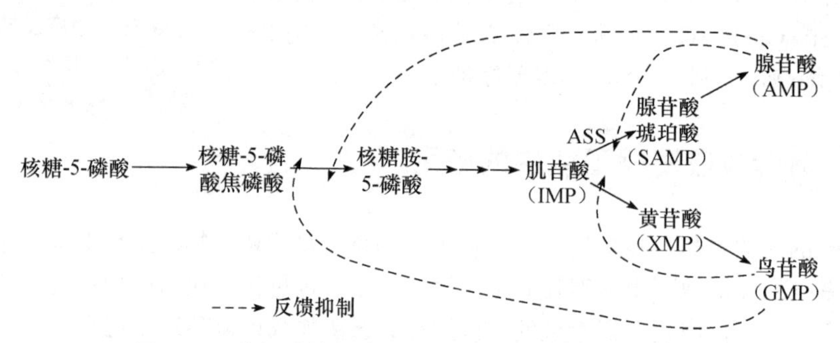

图 6-37　谷氨酸棒杆菌的肌苷酸合成途径与代谢调节

（3）青霉素的合成　青霉素是次级代谢产物，与初级代谢产物赖氨酸是同一分支代谢途径的两个产物（图 6-38）。其共同前体是 α-氨基己二酸。赖氨酸对合成 α-氨基己二酸的酶有反馈阻遏作用，赖氨酸达一定浓度便阻止 α-氨基己二酸和青霉素合成。选育赖氨酸营养缺陷型就可解除赖氨酸反馈调节，同时切断通向赖氨酸的代谢支路，使生成的 α-氨基己二酸合成青霉素。

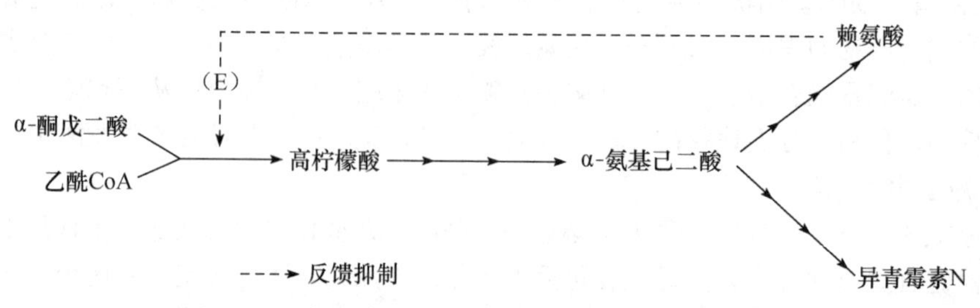

图 6-38　青霉菌合成赖氨酸和青霉素中的反馈抑制

2．应用抗反馈调节的突变株解除反馈调节　抗反馈抑制突变株是对反馈抑制不敏感或对阻遏有抗性或两者兼有的菌株。这类菌株中反馈调节解除，大量积累末端代谢产物。它可从结构类似物抗性突变株和营养突变型回复突变株中获得。例如，在大肠杆菌中筛选到一个抗苏氨酸结构类似物 α-氨基-β-羟基戊酸突变型，高丝氨酸脱氢酶不再被苏氨酸抑制，是抗反馈突变型，其苏氨酸产量是1.9g/L。再在这突变株中筛选异亮氨酸缺陷型，使从苏氨酸到异亮氨酸的途径中断，也减少异亮氨酸的反馈抑制作用，这一双重突变型的苏氨酸产量为4.7g/L。再从中筛选甲硫氨酸缺陷型，解除甲硫氨酸的阻遏作用，这三重突变型的苏氨酸产量达6g/L（图6-39）。

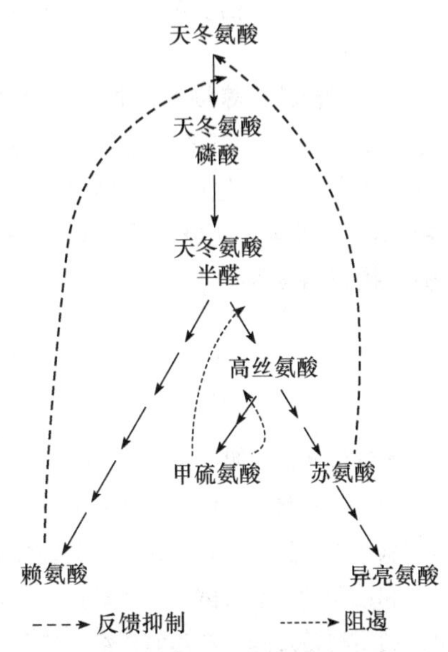

图 6-39　*E. coli* 抗性菌株高产苏氨酸的代谢调节

3．应用细胞膜通透性突变株改变其通透性　微生物细胞膜对细胞内外物质运输有高度的选择性。细胞内代谢产物常以较高浓度积累在细胞内反馈抑制它的进一步合成。用细胞膜缺损突变株可改变细胞膜通透性，使细胞内代谢产物迅速渗透到细胞外，消除反馈抑制，有利于提高发酵产量。例如，用产谷氨酸的油酸缺陷型菌株在限量添加油酸的培养基中，使细胞膜发生渗漏提高谷氨酸产量。油酸是一种含有一个双键的不饱和脂肪酸（十八碳烯酸），是细胞膜磷脂中的重要脂肪酸。油酸缺陷型突变株因不能合成油酸而使细胞膜缺损。又如，诱变选育获得的青霉素高产菌株中，有些突变株改变了细胞膜的透性使硫酸盐更易透过细胞膜，提高胞内硫酸盐浓度，促进青霉素前体物半胱氨酸的合成，增加合成青霉素的前体物使青霉素的产量提高。

还有抗分解阻遏突变体、组成型突变体、条件致死突变体等多种突变体和利用基因工程技术构建的各类工程菌都已广泛用于发酵生产中，使发酵产量成倍提高。

（二）控制发酵条件

发酵条件如基质成分及其浓度、温度、pH、溶解氧等的控制不仅关系到微生物的生长，而且还影响代谢产物的产量。发酵中培养基组成及培养条件对产量的影响很大，必须进行最优化控制。否则即使有了优良的菌种，其生产能力也不能充分发挥。现以营养基质为例说明发酵条件的影响。

1．限量补加营养物去除反馈调节　生物合成酶常受终产物阻遏，通过限制终产物（辅助阻遏物）在胞内积累，可使酶产量明显增加。最明显的是控制营养缺陷型所需物质的补加量，使菌体细胞处于半饥饿状态，可促进酶的高产或中间产物、分支途径终产物的高产。营养缺陷型菌株的生长阶段与发酵阶段对所缺陷的生长因子的需求量是不同的。一般菌体最大生长所需的氨基酸量为0.5～1.0mg/mL，发酵生产最适量为上述量的1/3～2/3。

2．控制发酵基质成分解除分解阻遏　工业生产的酶大多受分解阻遏的控制，在培养基中避免使用可阻遏的碳源或氮源，可促进对分解阻遏敏感酶的生产。例如，荧光假单胞菌（*Pseudomonas fluorescens*）的纤维素酶的合成受半乳糖的分解阻遏，若以甘露糖作碳源，酶活性可提高1500倍。

3．添加前体，绕过反馈阻遏　在培养基中添加产物的前体物质，绕过反馈阻遏，可提高某些代谢产物的量。例如，由异常汉逊酵母进行色氨酸发酵，过量的色氨酸对3-脱氧-2-酮-D-阿拉伯庚酮糖酸合成酶有反馈抑制。若往培养基中加入直接参与色氨酸合成反应但不经过3-脱氧-2-酮-D-阿拉伯庚酮糖-7-磷酸阶段的邻氨基苯甲酸就可不再受过量色氨酸的影响，使色氨酸不断合成。

4．限制营养物的添加或加入抗生素，增加细胞膜通透性　谷氨酸发酵中控制生物素在亚适量的浓度，可增强谷氨酸产生菌细胞膜的透性，使谷氨酸不断分泌到细胞外，解除过量谷氨酸对谷氨酸脱氢酶的反馈抑制，提高谷氨酸产量。若在培养基中添加青霉素抑制细胞壁后期合成，使细胞壁合成缺损，增加细胞壁透性，有利于代谢产物外渗，也能降低谷氨酸的反馈抑制，提高谷氨酸产量。

习　题

1．名词解释：代谢；代谢调节；生物氧化；有氧呼吸；无氧呼吸；发酵；同型乳酸发酵；异型乳酸发酵。
2．微生物的代谢有哪些特点？分解代谢和合成代谢有何区别与联系？
3．从代表微生物、发酵途径、关键性酶或特征性酶、产物、产能5个方面，列表比较酵母菌的乙醇发酵和细菌的乙醇发酵，同型乳酸发酵和异型乳酸发酵。
4．利用淀粉发酵生产乙醇，经过哪些主要阶段?在每个阶段中是哪些微生物在起作用?
5．何谓硝化作用?何谓反硝化作用?它们有什么不同?在实践中有何意义?
6．列表比较有氧呼吸、无氧呼吸和发酵的异同。
7．光能自养型微生物有哪些主要类群？细菌的光合作用和绿色植物光合作用有哪些异同？
8．就光合色素、光合系统、产能方式、氢供体及产氧气列表比较绿色细菌、紫色细菌和蓝细菌光合作用的异同。
9．何谓生物固氮？对生物圈的发展有何意义？能固氮的微生物有哪几类？为什么真菌和植物不能固氮？
10．固氮酶作用的条件是什么？简述固氮作用的生化过程。
11．简述肽聚糖的生物合成过程，哪些抗生素可抑制其合成？并说明其抑制机制。
12．以乳糖操纵子为例，说明酶合成的诱导调节的机制。
13．试比较底物水平磷酸化、氧化磷酸化和光合磷酸化中ATP的产生。
14．什么是次生代谢？有何特点？有哪几条次生代谢产物合成途径?各产生哪些次生代谢产物?
15．微生物代谢调节的方式有哪些？代谢调节在发酵工业中有何重要性？举例说明。
16．如何利用代谢调控提高微生物发酵产物的产量?

（苏龙　陈旭健）

第七章
微生物的生长

微生物在适宜的环境中不断地吸收营养物质，按自身方式进行新陈代谢。如果同化作用大于异化作用则细胞物质的量不断增加，体积增大。微生物细胞的组分和结构有规律、按比例地增加的过程称为生长。微生物生长到一定阶段，经过细胞结构的复制和重建并通过特定方式产生新个体引起个体数目增多的生物学过程称为繁殖。生长是逐步发生的量变过程，是繁殖的基础；繁殖是生长的结果，是产生新生命个体的质变过程。随着群体中各个体的生长、繁殖，该群体生长。微生物个体微小，在生长中细胞体积和质量的变化不易察觉，而且生长和繁殖的速度很快，两者界限难以划分，因此常以群体生长即细胞数量的增加及细胞群体总质量的增加作为衡量微生物生长的指标。微生物的生长繁殖与环境因素关系密切，其生长是内外各种因素相互作用的综合结果。

微生物的生长繁殖规律与生产实践中的各种应用及对有害微生物的防治都密切相关，因此研究微生物的生长繁殖具有重要的意义。本章主要介绍微生物纯培养的生长、理化因素对微生物生长的影响、微生物生长的控制及微生物细胞的分化。

第一节　微生物纯培养的生长

微生物体积小、质量轻、数量多，在自然界中分布广泛，而且都是混杂地生活在一起。如土壤就是微生物的大本营，一粒土含有很多种微生物。因此，要研究和利用某种微生物就必须把它同其他微生物分开，得到只含一种微生物的培养物。微生物学中将在实验室条件下由一个细胞繁殖得到的后代称为纯培养，得到纯培养的过程称分离纯化。

一、纯培养的分离方法

1．平板分离法

（1）稀释倒平皿（或涂布）分离法　　这是常用的纯种分离法。将待分离材料作一系列倍比（如 10 倍）稀释，取少许不同稀释液分别与已熔化并冷却到 45℃左右的琼脂培养基混匀后倒入无菌培养皿，凝固后保温培养一段时间即有菌落出现（图 7-1），或将熔化的琼脂培养基倒入无菌平皿，凝固后取适量不同的稀释液用无菌涂布棒将菌液均匀涂布在培养基表面，培养一段时间即出现菌落。挑取平板上分散的单菌落或重复上述操作可得到纯培养。

（2）平板划线分离法　　将熔化的培养基倒入无菌平皿中，凝固后用接种环挑取少许待分离材料在培养基表面进行平行划线或其他形式的连续划线（图 7-2），微生物随着划线次数的增加而分散。保温培养后在划线的最后部分可形成由一个细胞繁殖成的单菌落，获得纯培养。

2．单细胞分离法　　这是从待分离的材料中直接分离单个细胞进行培养获得纯培养的方法。该法在显微镜下操作，对体积较大的微生物可用毛细管提取微生物个体；对较小的细胞或

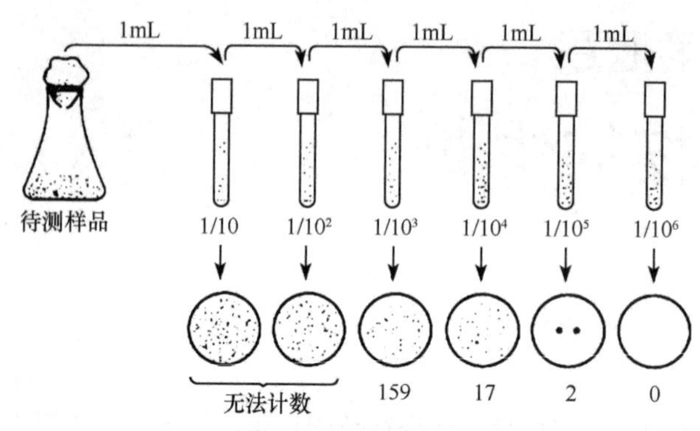

图 7-1 稀释倒平皿（或涂布）分离法示意图

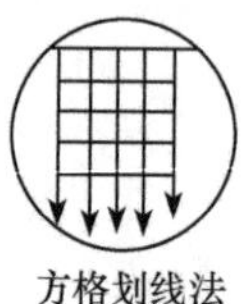

图 7-2 平板划线分离法

孢子可用显微针、钩、环等挑取以获得单细胞；也可将适当稀释的样品制成小液滴，在显微镜下选取只有一个细胞的液滴培养。

3．选择培养基分离法 不同微生物需要不同的营养物质，对不同的化学药剂如消毒剂、染料、抗生素等有不同的抵抗力，可配制成适合某种微生物生长而限制其他微生物生长的各种选择培养基进行纯种分离。例如，从土壤中分离放线菌，在培养基中加入10%酚数滴以抑制细菌和霉菌生长；海洋放线菌在分离培养时需要在培养基中添加重铬酸钾、放线菌酮、萘啶酮酸等抑制剂；海洋细菌尤其是海水来源的细菌分离培养时一般采用低营养的培养基，常以海水代替纯水配制培养基；分离真菌时可用链霉素、新霉素和卡那霉素抑制革兰氏阴性菌，用结晶紫抑制革兰氏阳性菌生长；分离某病原菌可将它接种于敏感动物，宿主某组织可能只含此病原菌，较易获得纯培养。

针对样品的特点设计前处理十分重要，可显著提高分离的效率。例如，分离有芽孢的细菌，可在分离前先将样品经高温处理杀死没有芽孢的细菌；对于来自深海、远海的样品一般采用膜过滤浓缩后再分离培养；含量低的样品须经富集培养使其数量占优后再分离培养；存在于植物组织内部的细菌要经过组织粉碎、梯度离心等程序才能得到。

拓展资料

二、微生物的培养方法

对微生物进行研究和利用，首先要培养微生物，保证微生物能够大量生长繁殖或产生所需的代谢产物，这就需要给微生物提供适宜的理化条件并防止杂菌的污染。若其他微生物进入了纯培养则称为污染。根据微生物对氧的需要可将培养方法分为好氧培养法和厌氧培养法；也可根据所用培养基的状态分为固体培养法和液体培养法。

1．好氧培养法

（1）固体培养法 实验室中将菌种接种在固体培养基表面，使其获得充分的氧气生长。据所用器皿分试管斜面、培养皿平板及茄瓶斜面等平板培养方法。工业生产中常用麸皮或米糠等疏松的固体营养物为主要原料，加水拌成含水适度的固体物料作培养基接种培养，这类含菌的发酵产品称曲。其物理特性十分有利于通气、散热和微生物生长。成熟的曲据外形可分散曲、丸曲（小曲）、砖曲（大曲）等，可作接种剂或提取酶等发酵产品。我国劳动人民在5000多年前发明了制曲酿酒。原始曲制作是将麸皮、碎麦或豆饼等固态基质经蒸煮和自然接种后铺在容器表面，使微生物获得充足的空气，又有利于散热，真菌可产生大量孢子。据制曲容器的形状和通气方法分瓶曲、袋曲、盘曲、帘子曲、转鼓曲和通风曲。食醋、酱油等的固体发酵中仍广泛应用。此法对无菌操作不很严格，与液体发酵相比有能耗少、环境污染小、产品质量好等许多优点，是工业发酵中常用的重要方法。据所用设备和通气方法可分为浅盘法、转桶法和厚层通气法。食用菌生产常以菌瓶或菌袋作容器将棉籽壳等培养料装入其中或平铺在床架上接种培养。

（2）*液体培养法* 液体培养中微生物一般只能利用水中的溶解氧，一般情况（1 标准大气压、20℃）下，水中氧的溶解度仅为 6.2mL/L（0.28mmol/L），仅能氧化 8.3mg 的葡萄糖（相当于培养基中常用葡萄糖浓度的千分之一）。因此氧的供应是好氧菌培养中的限制因子。实验室中常用的培养方法主要为摇瓶培养法，将菌种接入装有液体培养基的锥形瓶中，瓶口用 8 层纱布或封口膜包扎以利通气和防止杂菌污染，置于摇床上振荡培养，使空气中的氧不断溶解于液体培养基中；也可用试管液体培养和锥形瓶浅层培养，试管液体培养的装液量可多可少但通气效果不够理想，锥形瓶浅层培养的通气量与装液量和通气塞的状态密切相关，这两种方法因液体中溶氧速度较慢仅适合兼性厌氧菌的培养；有时实验室也用小型台式发酵罐，有良好的通气、搅拌和其他各种必要装置，可模拟发酵条件研究。工业上主要采用深层液体通气法，向培养液中强制供应无菌空气，并设法将气泡微小化，使它尽可能滞留于培养液中以促进氧的溶解。最常用的是通用型搅拌发酵罐（图 7-3），可为微生物提供丰富、均匀的养料，良好的通气和搅拌，适宜的温度和酸碱度，可消除泡沫，防止污染；还有浅盘液体培养，用大型盘子对好氧菌进行液体静止培养，由于局限性较大，生产上用得不多。现在已有多传感器、计算机在线控制的自动化发酵罐和能为特定微生物或动植物细胞培养或产生特种代谢产物提供必要的光、声、磁等条件的生物反应器。

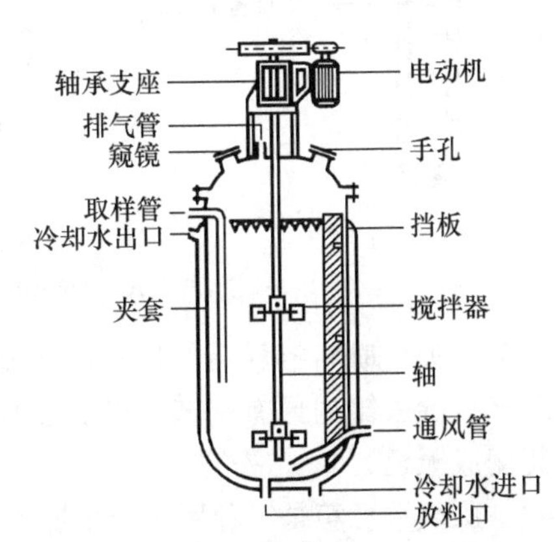

图 7-3 通用型搅拌发酵罐的构造

2. 厌氧培养法 培养厌氧微生物不需要氧气，氧气对它们有害。所以厌氧菌需用厌氧培养法。不管是液体还是固体厌氧培养都需要特殊的培养装置和培养基，以除去氧或降低氧化还原电位。若放在有氧环境中培养，则需在培养基中加入谷胱甘肽、巯基乙酸盐、半胱氨酸、维生素 C 等氧化还原剂降低培养基中的氧化还原电位；用焦性没食子酸、磷、发芽的种子、好氧菌与厌氧菌混合培养等方法吸收氧气；用 CO_2、N_2、H_2、真空或混合气体取代氧气；用深层液体静置培养、半固体穿刺培养和液体石蜡封存等方法隔绝氧气。培养基中除含有必要的营养要素外还需加入还原剂和氧化还原指示剂如刃天青等。

实验室中早期主要用厌氧培养皿和高层琼脂柱，现在主要用厌氧手套箱、Hungate 厌氧试管和厌氧罐等（图 7-4）。Hungate 滚管技术利用除氧铜柱（玻璃柱内装有密集铜丝，加热至 350℃可使柱内氮气中 O_2 与铜反应被除去）制备高纯氮，再用此氮气驱除培养基配制、分装中各种容器及其小环境中的空气，使培养基的配制、分装、灭菌和贮存及菌种的接种、稀释、培养、观察、分离、移种和保藏等操作处于无氧条件，保证厌氧菌存活。用严格厌氧方法配制、分装、灭菌的培养基称为预还原无氧灭菌培养基。分离产甲烷菌等严格厌氧菌时，可先用这种“无氧操作”稀释菌液，再用注射器接种到装有融化的预还原无氧灭菌培养基试管中，用密封性好的丁基橡胶塞塞严后平放，置冰浴中均匀滚动，使含菌培养基均匀布满试管内表面，培养后会长出许多单菌落。该专用试管内径小，内表面大。

厌氧罐都有一个用聚碳酸酯制成的圆柱形透明罐体，其上有可用螺旋夹夹紧的罐盖，盖内中央有一个用不锈钢丝织成的催化剂盒，内放钯催化剂。罐内有亚甲蓝溶液作氧化还原指

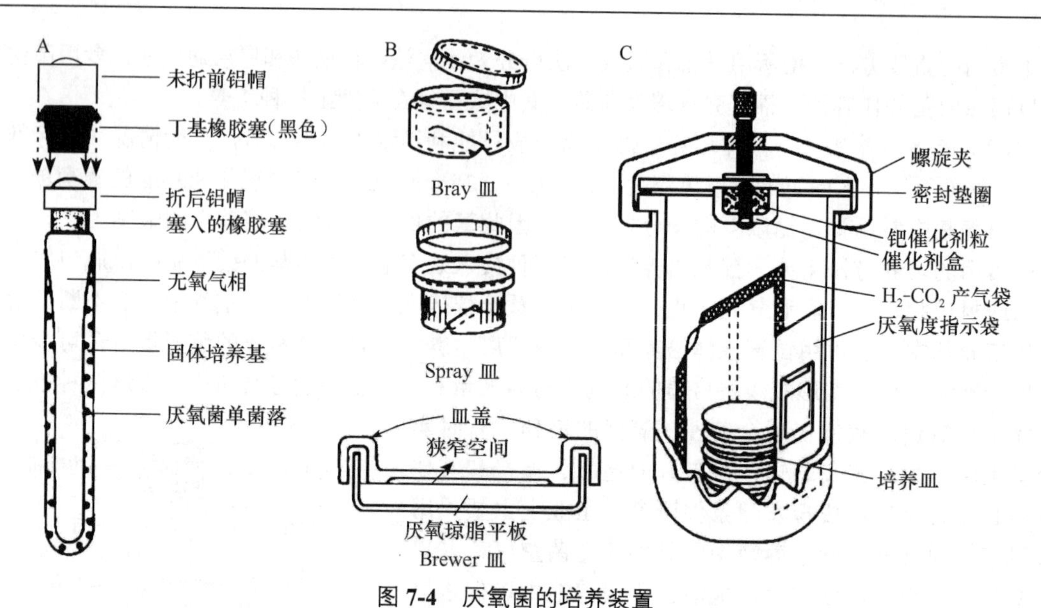

图 7-4 厌氧菌的培养装置

A．Hungate 厌氧试管；B．厌氧培养皿；C．厌氧罐

示剂。使用时将接种后的培养皿或试管菌样装入罐内，封闭罐盖。可用抽气换气法或内源性产气袋除去罐内原有空气。以氮取代空气，残留的氧用氢去除，形成良好的无氧状态（亚甲蓝变成无色）。

厌氧手套箱是一种用于无菌操作和培养厌氧菌的箱形装置（图 7-5），箱体结构严密，不透气，箱内始终充满成分为 N_2∶CO_2∶H_2＝85∶5∶10（体积比）的惰性气体。残留的氧用氢去除，有钯催化剂保证箱内无氧。通过两个塑料手套对箱内操作。箱内还设有接种装置和恒温培养箱。外界物件进出箱体可通过有密闭和抽气换气装置的交换室（由计算机自控）进行。

拓展资料

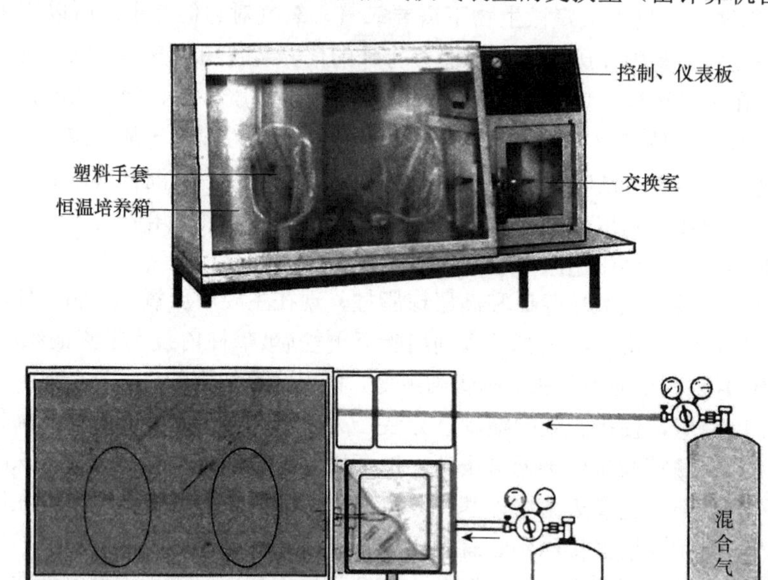

图 7-5 厌氧手套箱外观图

工业上的固体厌氧培养是将菌种接种到疏松而富有营养的固体培养基中，在适合的条件下进行深层培养，如白酒和糖化饲料的生产。我国传统白酒生产中用大型深层地窖对固体发酵料进行堆积式固态发酵，这对酵母菌乙醇发酵和己酸菌的己酸发酵十分有利，可生产多种名优白酒。固体培养设备简单、投资小、工艺易掌握，但是劳动强度高、条件不易控制、产品质量不够稳定。工业上主要用液体静置培养方法，接种后不通空气静置保温培养，常用于发酵生产。该法发酵速度快，周期短，发酵完全，原料利用率高，适合大规模机械化、连续化、自动化生产。

拓展资料

寄生微生物只能在宿主细胞内生长，必须将其与宿主细胞一起培养，并排除其他杂菌。互营共生微生物须共同培养获得共培养物，其中含两种或多种微生物。不易单独培养。

三、微生物的个体生长

单细胞微生物个体生长表现为细胞物质的合成和细胞体积的增大，生长到一定时期分裂为两个细胞。多细胞微生物个体生长反映在细胞数目和每个细胞物质含量的增加。

1．细菌细胞的生长　细菌是单细胞生物，个体生长即细胞生长，主要表现为细胞体积增大、原生质量增加、细胞结构组建。细胞结构组建包括染色体复制、细胞壁扩增、核糖体建成、细胞分裂等。染色体复制与分离是决定细菌个体生长和繁殖的关键。大肠杆菌生长周期中有两个严格控制染色体复制与分离的调控机制：一是新分裂的大肠杆菌细胞必须生长到特定大小时才启动染色体复制，其调控系统对细胞质量敏感；二是大肠杆菌细胞必须生长到特定的二倍长度细胞时复制的染色体才准确分离并分配到子细胞，其调控系统对细胞长度敏感。

（1）细菌染色体的复制　细菌染色体是环状双螺旋 DNA 分子，它有双向与单向复制两种方式。双向复制方式是根据凯恩斯（Cairns）的放射性自显影实验结果提出来的。他从放射性自显影照片中找到了正处于双向复制阶段的DNA，直接证明了DNA的双向复制方式。例如，大肠杆菌 DNA 的复制是从某一点开始的，在这个点上大部分双链是解开的并附在细胞膜上。此后，这个复制点沿着染色体移动，最后每个亲本单链复制出一条与其互补的新链。现在证明，枯草杆菌、鼠伤寒沙门菌等大多数细菌的环状 DNA 分子及高等真核细胞染色体 DNA 都以此半保留复制的方式进行复制。这是 DNA 复制的主要方式。

大肠杆菌 P_2 和 P_{186} 噬菌体及质粒和线粒体的 DNA 以单向方式复制，即滚环式复制（图 7-6）。开始复制时染色体以其特定区域附着到细胞膜的复制点上并在附近形成新复制点，复制点上有 DNA 复制酶。染色体正链在特定复制起点断裂放出 3′端和 5′端，5′端固定在细胞膜新复制点上。随后 DNA 开始滚动即复制点按顺时针方向滚动，DNA 按逆时针方向滚动。在 DNA 聚合酶的催化下以 DNA 负链为模板，从正链 3′端合成正链并延长，同时断开的正链 DNA 也作为模板开始复制新负链，形成一个带尾巴的环。复制完成后在连接酶作用下形成新双股环状 DNA。复制时细胞膜扩展使两个 DNA 分开。细菌个体生长中 DNA 的半保留复制使其遗传特性能保持高度的连续性和稳定性。

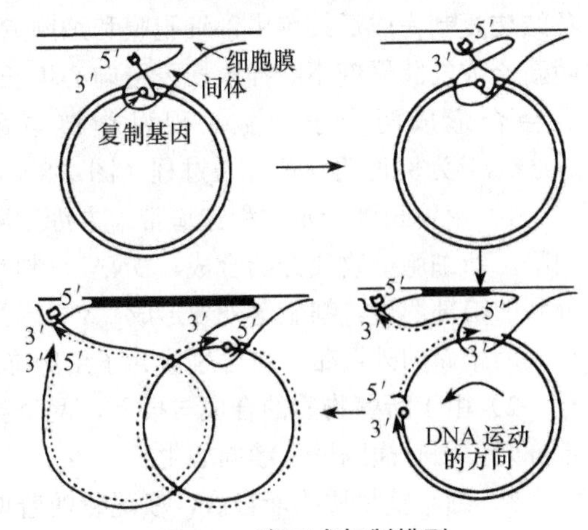

图 7-6　滚环式复制模型

细菌 DNA 只有一个复制点。真核微生物染色

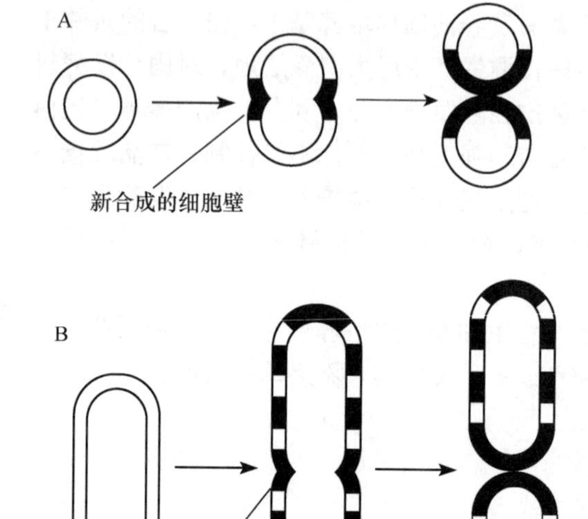

图 7-7 细菌细胞壁的扩增

A．革兰氏阳性菌细胞壁的生长；

B．革兰氏阴性菌细胞壁的生长

体有多个复制点，彼此会合完成 DNA 复制。

（2）细胞壁和细胞膜的扩增　细胞在生长中细胞壁和细胞膜只有不断扩增，细菌体积才能不断扩大。通过荧光抗体技术可研究细胞壁的生长情况。提取细菌细胞壁制备相应的抗体，再将抗体与荧光素结合制得荧光抗体。将荧光抗体加入培养基使荧光抗体和细胞壁特异地结合。再将细菌移到不含荧光抗体的培养基上培养一段时间，用荧光显微镜观察。观察到革兰氏阳性的酿脓链球菌（*Streptococcus pyogenes*）和革兰氏阴性的鼠伤寒沙门菌（*Salmonella typhimurium*）细胞壁的扩增部位与方式明显不同。酿脓链球菌细胞壁的扩增部位在球形细胞的赤道带附近，将老壁推向两端。鼠伤寒沙门菌的细胞壁上有多个新壁合成位点（图 7-7）。新合成的肽聚糖在细胞壁中使新老细胞壁相间分布。细菌都产生肽聚糖水解酶，在外界胁迫的条件下这些酶活化导致细胞自溶，称自溶素，在细胞隔膜和壁的延伸、细胞分裂、壁组分的转换、芽孢形成、转化中细胞感受态的形成及毒素和胞外酶的分泌等活动中均起重要作用。在细胞生长中，自溶素打开原来的肽聚糖结构，以利新合成的肽聚糖插入。在肽聚糖水解酶和糖基转移酶、转肽酶的有序配合下细菌细胞壁得以扩增，细胞得以生长和分裂。细胞膜的形成与细胞壁的形成相似，呈高度的局限性。

（3）核糖体的建成　核糖体建成包括 rRNA 合成、蛋白质合成及蛋白质在 rRNA 上装配三个过程。对大肠杆菌核糖体的建成已了解较清楚。每个大肠杆菌约含 10 000 个核糖体，如按 30min 分裂一次，则核糖体生物合成速度为每秒 5～6 个。大肠杆菌核糖体 30S 和 50S 两个亚基分别在新生的 16S RNA 和 23S RNA 上逐步添加蛋白质形成。

新生的 16S RNA→21S→26S→30S 亚单位

新生的 23S RNA→32S→43S→50S 亚单位

（4）细胞分裂　细菌细胞长到一定程度，各结构复制完成后细胞中部细胞膜和细胞壁凹陷，随新合成的肽聚糖不断插入横隔壁向心生长，在中心会合形成两个子细胞。现以粪链球菌（*S. faecalis*）为例说明球菌分裂过程（图 7-8）。

1）菌体长到一定体积赤道带下方细胞膜向心凹陷，新细胞壁物质开始合成。DNA 复制完成后分到凹陷部两边。细胞壁外表形成“V”形开口并形成两个新的外壁带，将分别成为子细胞赤道带。

2）由于新壁物质的合成与插入，两个新外壁带分开，同时横隔壁继续向心生长。

3）细胞壁物质不断合成，横隔壁随着增厚、扩增直到在中央会合形成完整的横隔壁，逐步裂开

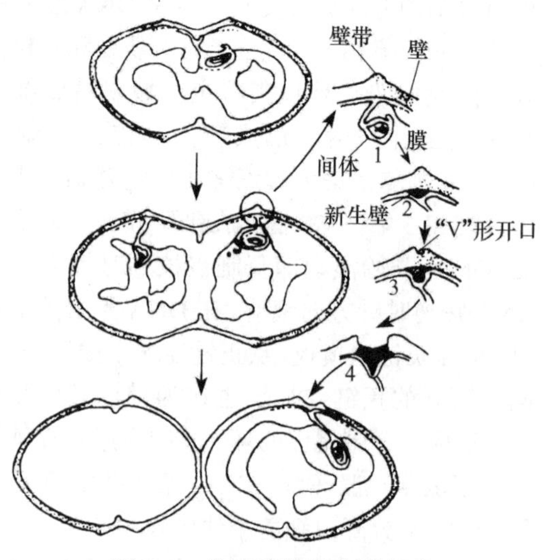

图 7-8 粪链球菌的分裂方式

1～4 分别代表细菌分裂的不同阶段

形成新的细胞壁，完成分裂。

4）两个新细胞半球达一定体积时，两个外壁带又处于新细胞赤道带附近，子细胞赤道带出现新凹陷。第一次分裂结束前又开始第二次分裂。

蛋白质和 DNA 在细菌分裂中起重要作用。细菌中许多蛋白质是细胞分裂必需的，这些蛋白质称 Fts 蛋白，其中关键蛋白质 FtsZ 蛋白在分裂中起至关重要的作用，我国学者叶升等发现细菌分裂主要由 FtsZ 蛋白产生的机械能所驱动（2013 年）。FtsZ 蛋白是一种有 GTPase 活性的 GTP 结合蛋白，附着在细胞中心周围称 Z 环的分裂环上（图 7-9），该环即为细胞分裂的支架，其他 Fts 蛋白再与其结合，Z 环收缩促进细胞分裂。Z 环在 DNA 复制后于两个拟核之间的细胞中部形成。细菌细胞分裂都经历染色体复制前的准备、染色体复制和细胞分裂三个阶段，其时间长短不同，分别以 *I*、*R*、*D* 表示。*R* 和 *D* 在一定营养条件下较恒定，*I* 随营养条件变化。细菌两次分裂的间隔时间称代时。大肠杆菌在 37℃下的生长代时等于或小于 60min，其染色体复制与细菌分裂间时间关系见图 7-10。其 *R* 为 40min，*D* 为 20min，代时长短取决于 DNA 的开始复制时间。代时小于 *R* 说明 DNA 在第一次复制完成前就开始第二次复制。细胞代时长短不同，DNA 复制与细胞分裂总是互相协调的，以保证每个子细胞都能获得一个染色体复制品。细菌转入营养丰富的培养基后开始还是以老的速率即大约 60min 的代时分裂一次，此后就以新的较快速率分裂。快速生长的细菌体内有多个染色体和多倍数复制点，DNA 复制是连续的，菌体相对较小。自然界中微生物细胞的生长速度要比它们在实验室观察到的最大速率慢得多，因为实验室中细胞最佳生长所需条件和营养自然环境无法满足，自然界中微生物时刻都要与其他物种竞争有限的资源和空间。细菌中决定形态的主要因素是 MreB 蛋白，在细菌和少数古菌细胞膜下方形成螺旋状的细丝，构成简单的细胞骨架（图 7-9）。

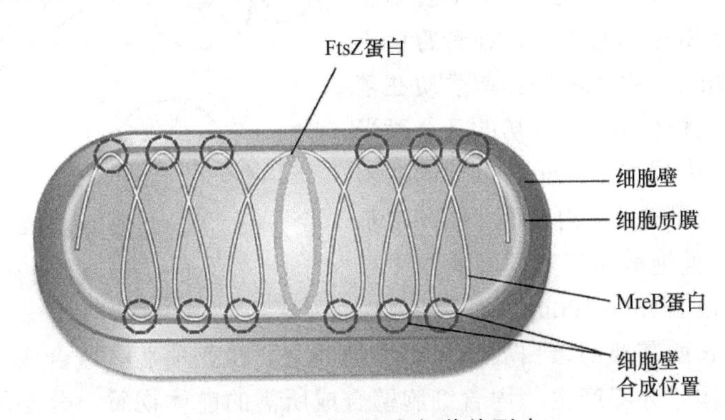

图 7-9　MreB 蛋白与菌体形态

细胞骨架蛋白 MreB 蛋白在杆菌长轴上卷曲，与细胞膜接触（深色线圈）的位置是新细胞壁合成位置

彩图

2．酵母菌细胞的生长　酵母菌细胞生长表现为细胞体积增大并发生核和细胞分裂，一次细胞分裂与下次细胞分裂之间完整的生长过程是酵母菌的细胞周期。酵母菌细胞分裂分两类：一种是不等分裂即出芽繁殖，如酿酒酵母细胞体积增大到一定程度细胞表面便向外凸起，出芽，新合成的细胞壁组分不断插入芽体表面，不断长大。同时复制的核和部分原生质及其他细胞器导入芽内，芽体长到体积接近母细胞的 2/3 时在芽和母细胞间形成横隔膜、壁，细胞质分裂。芽体一侧的隔壁部分分解，使芽体与母细胞分离形成大小不完全相等的两个细胞，新生芽的细胞壁几乎全部是新合成的。另外是均等分裂即裂殖，如粟酒裂殖酵母菌体积增加到一定大小后细胞伸长，核分裂，细胞被产生的隔膜、壁一分为二，形成两个大小均等的细胞，其细胞壁是从细胞顶端延伸的。酵母菌细胞周期分 4 个时期（图 7-11）：G_1 期、S 期、G_2 期和 M 期。S

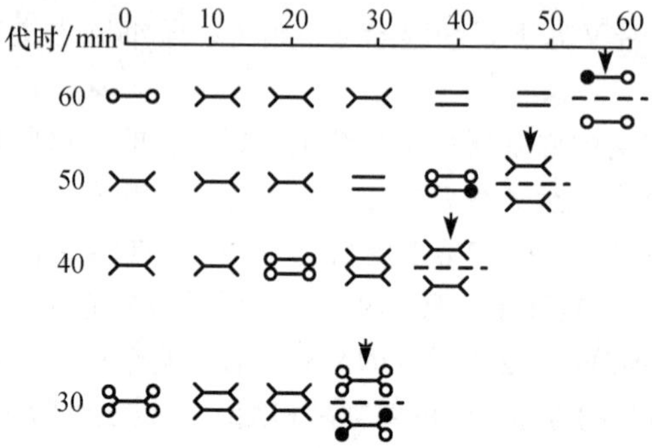

和 M 期分别指 DNA 合成期和有丝分裂期，G_1 和 G_2 期分别指 S 和 M 期间的间隙期。G_1 期是 DNA 合成准备期，染色体解旋、伸展，RNA、蛋白质和 DNA 复制所需酶类开始合成；S 期是 DNA 合成期；G_2 期是有丝分裂准备期，细胞体积增大，核移至母细胞与芽体交界处，延伸，一部分进入芽体；M 期是有丝分裂期，核分裂，细胞分裂。G_2 期细胞还未分裂，但 DNA 复制已完成，故 G_2 期 DNA 量是 G_1 期的两倍。将一个单拷贝的染色体组 DNA 量定为 C 值，G_1 期单倍体细胞 C 值为 1，双倍体 C 值为 2；G_2 期单倍体 C 值为 2，双倍体 C 值为 4。测定 C 值可粗略确定细胞处于细胞周期中的时期。G_1 期后期有个起始点，细胞经过起始点就可顺利通过随后几个时期完成细胞周期，不良的营养条件或环境因素都不能阻止细胞分裂。细胞质分裂在有丝分裂之后。

图 7-10　大肠杆菌染色体复制和细胞分裂之间的关系

短线代表打开伸直的染色体；线上圆圈代表复制起点；线分叉长短代表复制过程

3．丝状真菌菌丝的生长　丝状真菌营养菌丝的各个部分有极性之分，即幼龄菌丝位于前端，老龄菌丝位于后面，其生长方式为顶端生长。菌丝顶端呈半椭圆形，其短轴半径就是菌丝的最大半径，长轴半径与短轴半径比例不等，在脉胞菌中是短轴半径（6.3μm）的 4 倍，在青霉菌中则是短轴半径（0.9μm）的 1.6 倍。原生质在菌丝细胞内呈区域化的极性分布。最初的几个微米区域为最顶端区域，从顶端 3～6μm 以后的亚顶端区域充满着丰富的微囊泡、内质网（或高尔基体）和线粒体等，微囊泡散布在其间及其原生质周缘，核只是在距顶端 40～100μm 之后的成熟区域出现。菌丝生长所需要的蛋白质、脂肪和糖类主要在亚顶端区域合成，新生的微囊泡由内质网（或高尔基体）分泌产生，内含细胞壁合成所需的前体物质。分泌的微囊泡从亚顶端移向最顶端，当与细胞膜融合时囊泡膜被补充为新的细胞膜，微囊泡含的细胞壁前体物质释放出来在细胞壁和细胞膜间隙处聚合，成为新生的黏滞可塑的细胞壁，导致菌丝顶端向前延伸，原先最顶端的细胞壁和膜被推向后部，细胞壁在被推向后部的过程中因其多糖分子之间发生交联而硬化（图 7-12）。由高尔基体衍生来的各种微囊泡与微管和微丝相连，由微管和微丝将它们运送到菌丝顶端部位（图 7-12A）和新的分支部位（图 7-12B）。顶端可塑的细胞含有新生的壳多糖微纤丝和葡聚糖微纤丝，再逐步通过结晶化和共价键交联变得坚硬。在新的菌丝分支处坚硬的细胞壁因水解酶的作用重新变得可塑。幼龄菌丝任何一点都能形成分支生长，大多数菌丝在顶端之后的某点产生分支。当顶端细胞的原生质积累到一个临界体积时核分裂并形成隔膜，形成顶端和次顶端两个细胞。菌丝分支的密度与营养有关，营养丰富则分支点距菌丝顶端近，分支多；反之，距菌丝顶端远，分支少。

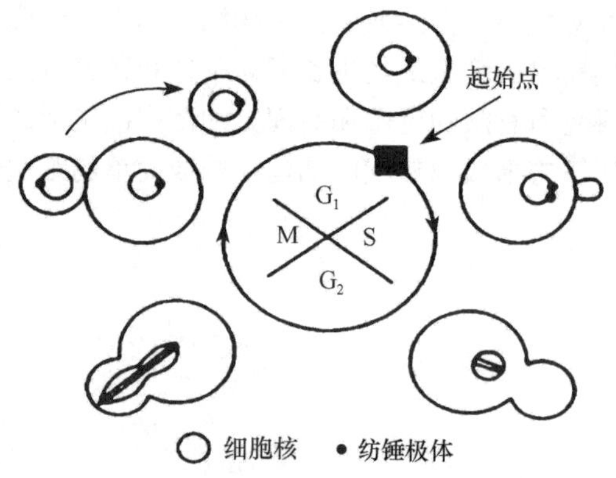

图 7-11　酵母菌的细胞周期

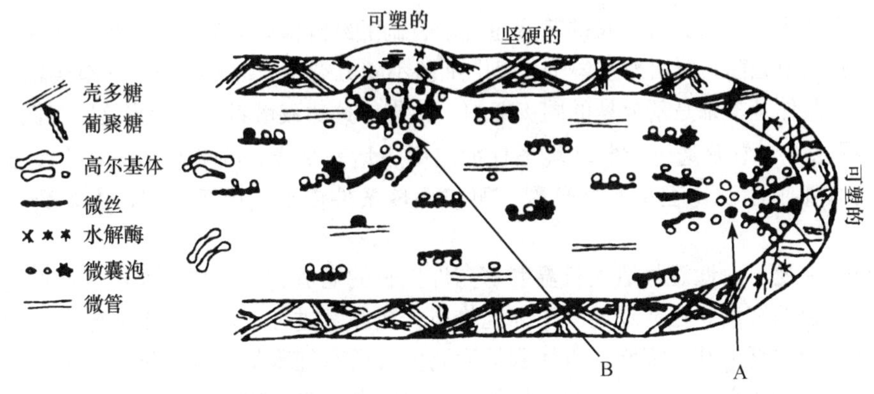

图 7-12　丝状真菌顶端生长（A）和分支（B）形成的模型

由孢子开始的生长包括孢子肿胀、萌发管形成和菌丝生长三个阶段。孢子肿胀是它在适宜条件下吸水和代谢使其体积扩大，但仍呈球形。孢子继续吸收营养物质和合成新细胞壁物质，并固定在孢子壁的一个位置形成萌发管，最后发育成菌丝。

四、微生物的同步生长

微生物细胞微小，以单个细胞为对象研究生长中其内部发生的复杂的生物化学变化极为困难。一般培养中微生物各个体细胞处于不同生长阶段，其生长、生理和代谢活性等特性都不一致，生长与分裂不同步。可用同步培养技术使研究的微生物群体处于相同的生长阶段，就可通过研究该群体各阶段的生物化学变化了解单个细胞相应的变化规律。通过同步培养使培养物群体细胞都处于同一生长阶段并同时分裂的生长方式称同步生长。同步培养法得到的培养物叫同步培养物。同步培养物常用于微生物生理及遗传特性研究，作工业发酵种子。获得同步培养物常用方法有以下几种。

1．选择法　这是根据微生物细胞在不同生长阶段体积与质量不完全相同的原理设计的方法，主要有以下三种，其中离心分离法和膜洗脱法最常用。

（1）离心分离法　以不被该菌利用的蔗糖溶液或葡聚糖液悬浮细胞，通过密度梯度离心将大小不同的细胞分成不同区带，分别取出培养即可得到同步生长细胞（图 7-13B）。常用此方法获得大肠杆菌和酵母菌等同步培养物。

（2）过滤分离法　利用孔径不同的微孔膜可将大小不同的细胞分开。选用适当孔径的微孔膜只使个体较小的刚分裂的细胞通过滤膜，培养后获得同步培养物。

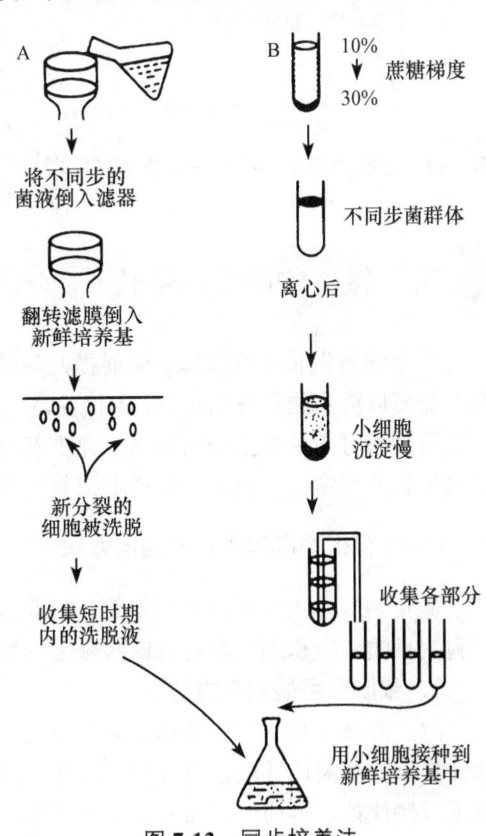

图 7-13　同步培养法

A．膜洗脱法；B．离心分离法

（3）膜洗脱法　将异步生长的菌液通过垫有硝酸纤维薄膜的滤器，细菌带异性电荷吸附于膜上，翻转滤膜用无菌新鲜培养基淋洗，膜上细菌不断分裂，子细胞有的不与膜接触易随培养基流下，滤液中菌体基本都是新分裂的同步细胞，收集部分滤液培养可得同步培养（图 7-13A）。

2．诱导法　它是通过控制环境条件如温度、培养基成分或能影响周期中主要功能的代谢抑制剂等使细胞生长，但抑制其分裂，再将环境条件恢复到最适状态，大多数细胞就同时分裂。

（1）控制温度　通过最适生长温度与允许生长的亚适温度间交替处理可使不同步生长细菌转为同步分裂的细菌。在亚适温度下细胞物质合成照常进行，但细胞不能分裂，使群体中分裂准备较慢的个体赶上其他细胞，再换到最适温度时所有细胞都同步分裂。

（2）控制培养基成分　将不同步生长营养缺陷型细胞在缺少主要生长因子的培养基中饥饿一段时间，细胞都不能分裂，再转到完全培养基中就可获得同步生长细胞，如大肠杆菌胸腺嘧啶缺陷型菌株缺少胸腺嘧啶时 DNA 合成停止，但 RNA 和蛋白质合成不受影响，30min 后加入胸腺嘧啶 DNA 合成立即恢复，40min 后几乎所有细胞都分裂。将不同步菌液在有一定浓度抑制剂（如氯霉素等抑制蛋白质的合成，蝶呤等代谢抑制剂阻断 DNA 合成）的培养基里培养一段时间再接种到另一完全培养基中可获得同步生长细菌。

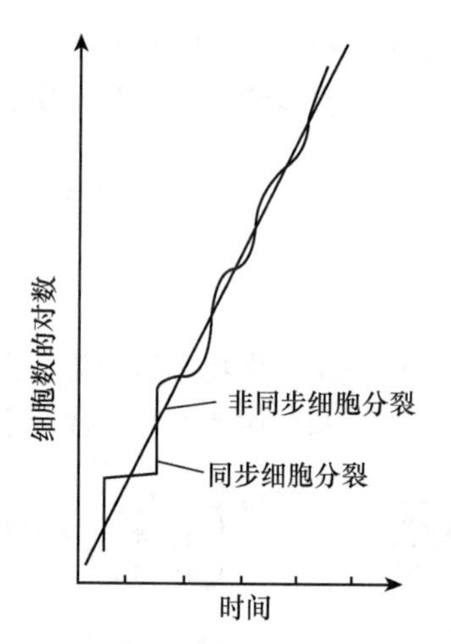

图 7-14　细菌的同步生长与非同步生长

光合细菌可通过光照、黑暗交替培养获得同步生长菌体；芽孢杆菌可在培养至绝大部分芽孢形成时加热杀死营养细胞，再接种到新鲜培养基培养获得同步生长细胞。

保持同步生长的时间因菌种和条件的差异而不同。无论用哪种方法，由于同步群体内细胞个体差异，同步生长最多只能维持 2～3 代，又逐渐变为随机生长（图 7-14）。

五、微生物的群体生长

单个细胞生长是群体增长的前提，与微生物生态学最相关的是种群增长，可度量的微生物活动需要以微生物种群为单位，不仅仅是单个的微生物细胞。测定微生物生长可评价培养条件、营养物质等对微生物生长的影响；评价不同抗菌物质的抑菌效果；反映微生物生长的规律。微生物生长的测定在理论上和实践中都有重要意义。

（一）微生物群体生长的测定方法

微生物群体生长表现为细胞数目或群体细胞物质的增加，因此群体生长的测定方法可分为细胞数目的测定和细胞物质总量的测定两类。

1．细胞数目的测定方法

（1）直接计数法　又称全菌计数法，将待测样品适当稀释，染色，加到特制计数板（血球计数板或细菌计数板，两者原理及部件相同，后者较薄可用油镜观察）的计数室内，在显微镜下直接计数，再用一定的公式换算可得。所得结果是死菌和活菌总数。现用特殊染色方法作活菌染色后用光学显微镜计数，如用亚甲蓝液对酵母菌染色，其活细胞无色，死细胞蓝色，分别计数。细菌经吖啶橙染色在紫外线显微镜下可观察到活细胞发橙色荧光，死细胞发绿色荧光，分别计数。该法有一定局限，只适用于单细胞微生物或丝状微生物产生的孢子。待测菌悬液的浓度不宜过高或过低，一般细胞数应控制在 10^7 个/mL。活跃运动的细菌应先用甲醛杀死或适度加热使其停止运动。如果样本中细胞数量很少，如海水样本可用过滤器收集细胞，染色后显微计数。

显微计数操作快速、简单、方便，是一种常用的方法。常常可以得到非常有价值的信息，所以在环境微生物生态学研究中，显微细胞计数很常用。

（2）*平板菌落计数法*　又称活菌计数法，分浇注平板法和涂布平板法两种。先将待测菌液作一系列 10 倍稀释，将最后三个稀释度的稀释液各取一定量（0.2mL）与熔化并冷却至 45℃左右的琼脂培养基混匀倾入无菌平皿中，或将稀释液均匀地涂布于琼脂培养基表面培养。根据平皿上出现的菌落数和菌液的稀释倍数计算出原菌液所含活菌数。一般在直径 9cm 的培养皿平板上出现 30～300 个菌落为宜。浇注平板法因熔化琼脂温度较高，对热敏感菌可能会使其受损伤不能形成菌落；培养基内外差异使有的菌落无法在培养基内部呈现独特外观，影响对菌落判定，导致计数结果不准。可用涂布平板法。平板菌落计数法是教学、生产、科研中最常用的一种细菌计数法。它不仅适用于多种材料，而且适用于含菌极少的样品。所得的菌落数量不仅取决于样品中微生物的大小和活力，还与培养基和培养条件有关，菌落数量也会随培养时间的长短而变化。对混合培养物计数平板上的细胞不会以相同的速度形成菌落；若培养时间较短，计数菌落数量将少于最大菌落数量。此外，菌落的大小可能会不同，一些微小的菌落会在计数中被遗漏。由于某些因素，菌落计数可能出现较大误差，如液体样品的移液不准确，样品不均匀（含有细胞团块），混合不充分，细胞对热不耐受等其他因素。因此，要获得准确计数，样品制备和涂布时必须非常仔细。特别要掌握好菌液系列稀释技术并使样品中菌体充分分散，确保计数准确。

已有多种微型、快速计数菌落的小型纸片和密封琼脂板。利用加在培养基中的活菌指示剂 2,3,5-氯化三苯基四氮唑（TTC）使菌落在很微小时就染成易于观察的玫瑰红色。

厌氧菌的菌落计数可用亨盖特滚管培养法和半固体深层琼脂法。后者主要原理是试管中的半固体深层琼脂有良好的厌氧性，利用其凝固前可作稀释用、凝固后又计数的性能。

（3）*薄膜过滤计数法*　常用此法测定空气和水中微生物数量。将定量样品通过微孔薄膜后菌体被阻留在滤膜上，取下薄膜放在培养基上培养。计数其上的菌落数算出样品中的菌数。它适用于测定量大、含菌浓度很低的水和空气等样品，常用于检测大肠菌群。

（4）*比浊法*　这是测定菌悬液中细胞数的快速方法。其原理是悬液中细胞使透过菌液的光线散射，细胞浓度与浑浊度成正比，与透光度成反比，用比色计或分光光度计测定透光率或光密度。单细胞微生物在一定范围内光吸收值的大小与液体中的细胞数目及细胞物质的量成正比，用显微镜直接计数法或平板菌落计数法制作标准曲线，换算后可用作溶液中总细胞的计数。待测菌悬液的细胞浓度不宜过高或过低，要控制在菌浓度与光密度成正比的线性范围内。对无色菌液的测定一般选用 450～650nm 波段。其优点是简便、快速，不破坏或显著干扰样品，广泛用于监测细菌、古菌和许多真核微生物纯培养物的生长。适用于菌液浓度在 10^7 个/mL 以上、无杂物、颜色较浅的样品。缺点是灵敏度较差，特别是对易形成菌膜或菌胶团的样品，可通过搅拌、振荡等方式尽量保持细胞生长均匀。

2．细胞物质总量的测定方法

（1）*称重法*　这是一种常用的方法，分干重法和湿重法。微生物的干重一般为湿重的 10%～20%。此法可用于单细胞、多细胞及丝状体微生物生长的测定，适用于菌体浓度较高的样品，并要除净杂物。湿重法对于细菌等单细胞微生物可通过离心收集菌体直接称重，对于丝状微生物需过滤后用滤纸吸干菌丝之间的自由水再称重；干重法即将样品放在已知质量的容器内于105℃烘干至恒重，然后放到干燥器内冷却再称重。可根据干重计算细菌数量，每个大肠杆菌细胞干重为2.8×10^{-13}g。测定固体培养基上的放线菌或丝状真菌，可先加热至50℃使琼脂熔化，再过滤获得菌丝体，用50℃的生理盐水洗涤后称重。

丝状真菌生长测定除称重外，还有菌丝直线生长测定和菌落生长测定等方法。前者是用测微尺在低倍显微镜下定时直接测定一定生长条件下菌丝伸展的长度。后者是定时直接测定一定生长条件下菌落半径或直径的扩展。

（2）含氮量测定法　蛋白质是细胞的主要物质，含量比较稳定，而氮又是蛋白质的重要组成，因此可用蛋白质含量反映菌体数和细胞物质的量。一般细菌的含氮量为其干重的12.5%，酵母菌为7.5%，霉菌为6.5%。此法要点：从一定量培养物中分离细菌，洗涤，用凯氏定氮法测定总含氮量，再乘以系数6.25换算成细胞蛋白质总含量。此法只适用于细胞浓度较高的样品，且操作麻烦，主要用于研究工作。也可测定含碳量、含磷量等。

（3）DNA含量测定法　DNA作为微生物重要的遗传物质，在细胞内的含量相当恒定。根据DNA能和DABA-2HCl（20% 3,5-二氨基苯甲酸-盐酸溶液）显示特殊荧光的原理，通过测定荧光反应强度求得DNA含量，可直接反映所含细胞物质的量。还可根据DNA含量计算细菌数量，每个细菌平均含DNA 8.4×10^{-5}ng，也可测定RNA、ATP等。

还可测定微生物的与生长相关的生理指标，如耗氧、耗糖、酶活性及产CO_2、产酸、产热量和黏度等推知其生长情况，其变化明显说明样品中微生物数量多或生长旺盛。主要用于分析微生物生理活性等。作生长指标的生理活动应不受外界因素干扰。

（二）单细胞微生物的群体生长

1．单细胞微生物群体生长特征　单细胞微生物群体生长以群体中细胞数量增加表示，其生长速率即单位时间内细胞数目或细胞生物量增加量。其细胞数目呈指数增加，其生长特征为指数生长。不同微生物代时变化很大，微生物研究中常需要掌握其代时。

2．细菌群体的生长规律（生长曲线）　研究细菌群体生长规律通常采用分批培养。将少量单细胞纯培养物接种到恒定容积新鲜液体培养基中，在适宜条件下培养，定时取样测定细菌数量。以细菌数量的对数或生长速度为纵坐标，以生长时间为横坐标，绘制成反映培养期间细菌菌数变化规律的曲线称为细菌的生长曲线。生长曲线代表细菌在新的适宜环境中生长繁殖直至衰老死亡全过程的动态变化。

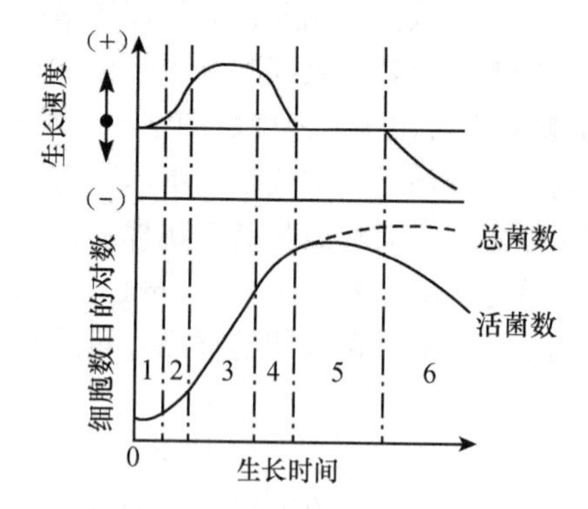

图7-15　细菌的生长曲线

1、2．迟缓期；3．对数期；4、5．稳定期；6．衰亡期

每种细菌都有典型的生长曲线，但它们的生长过程都有共同的规律。根据细菌生长繁殖速率的不同，可将曲线大致分为迟缓期、对数期、稳定期与衰亡期4个阶段（图7-15）。

（1）迟缓期　少量细菌接种到新鲜培养基一般不立即繁殖，细胞数几乎不变，这段时期称迟缓期，又称调整期。迟缓期细菌的特征是细胞分裂虽迟缓，但代谢活跃，核糖体、酶类和ATP加速合成，细胞体积增长快，如巨大芽孢杆菌长度可从3.4μm增长到9.1～19.8μm。细胞质均匀，贮藏物消失，细胞蛋白质和RNA含量高，原生质呈嗜碱性，易产生各种诱导酶等。其原因是细胞接触新环境后需要合成必需的酶、辅酶或某种中间代谢产物，以适应新环境为细胞分裂作准备。对不良环境抵抗力降低，如对温度、盐浓度和抗生素等敏感。

迟缓期的长短与菌种的遗传特性、菌龄、接种量及移种前后所处的环境条件等因素有关，短的几分钟，长的可达几小时。迟缓期会因菌种不同有变化，以对数期种子接种子代培养物迟缓期较短，以迟缓期或衰亡期种子接种子代培养物迟缓期较长；接种量大则迟缓期短；种子培养基与发酵培养基成分接近且营养丰富则迟缓期短。迟缓期的出现在工业上会延长生产周期、提高生产成本，但该时期出现是不可避免的。因此，采取措施缩短迟缓期在发酵工业上有重要意义，改善菌种的遗传特性、用最适种龄的健壮菌种（处于对数期的菌种）、加大接种量（种子/发酵培养基＝1/10，*V/V*）、用营养丰富的培养基都可缩短迟缓期和发酵周期，提高设备利用率。

（2）对数期（指数期）　细菌经迟缓期调整后快速分裂，细胞数按几何级数增加故称对数期。此时细胞代谢活性最强，酶活力高而稳定，组成新细胞物质最快，生长速率最大，代时最短，对环境变化敏感。很多因素都会影响对数期菌体代时的长短。不同菌种对数期代时不同，原核微生物比真核微生物生长得快，小的真核微生物比大的生长得快。这与其比表面积有关，小细胞比大细胞有更强的吸收能力，这代谢优势极大影响其生长和特性。同种菌不同培养条件代时不同。培养基营养丰富、温度适宜代时短，反之则长。例如，大肠杆菌20℃时其代时是35℃时的两倍。对数期菌体平衡生长，细胞内各成分均匀，其个体形态、化学组成和生理特性较一致，酶系活跃，代谢旺盛，代时稳定，不仅是代谢、生理、遗传、酶学等研究的好材料，还是增殖噬菌体最适宿主，也是发酵生产理想种子。

（3）稳定期　该时期新增殖的细菌与死亡的相等，二者处于动态平衡，生长速率趋于零，活菌数保持相对稳定。这是由于在一定容积的培养基中细菌的活跃生长引起周围环境条件的一系列变化，营养物质特别是生长限制因子的消耗，有害代谢产物积累和其他环境条件的改变（如pH、氧化还原电位等），限制了菌体细胞按对数期高速率无限生长。一般连续繁殖不超过40代，细菌分裂速率降低，代时延长，细胞代谢活力减退。

稳定期细胞内开始积累贮藏物，如肝糖粒、异染颗粒、脂肪粒等。大多数芽孢细菌此时形成芽孢。次生代谢活跃，合成多种次生代谢产物。这时活菌总数最高，是积累代谢产物的重要阶段，某些放线菌抗生素的大量形成也在此时期。稳定期的生长规律对生产实践有重要的指导意义，对于以收集菌体或与菌体生长相平行的代谢产物为目的的发酵生产，稳定期是最佳收获时期。可通过通气、补料（特别是限制性营养物质）、调节pH、调整温度等延长稳定期，以积累更多的代谢产物；促进连续培养技术的建立和发展。

（4）衰亡期　稳定期过后如继续培养，细菌死亡速率增加，死亡数大大超过新生数，总活菌数下降，出现“负增长”，此阶段叫衰亡期。这时细胞蛋白水解酶活力增强开始自溶，释放代谢产物，革兰氏染色阳性反应变为阴性反应，菌体出现多种形态，膨大或不规则退化，甚至畸形，芽孢菌释放芽孢。该时期培养环境持续恶化，对细菌的生长越来越不利，引起细胞内分解代谢明显超过合成代谢，导致大量菌体死亡，是衰亡期产生的主要原因。工业发酵中一般只需经历前面的三个生长阶段，对于只收获菌体产品的发酵仅需经历前两个生长阶段。

微生物对不同物质的利用能力不同，有的可直接利用（如葡萄糖、NH_4^+等），称速效碳源、氮源；有的需要经过一定的适应期才能获得利用能力（如乳糖、NO_3^-等），称迟效碳源、氮源。在同时含有速效养分和迟效养分的培养基中，微生物首先利用速效养分生长直至该速效养分耗尽，经过短暂的停滞再利用迟效养分重新生长，这种生长称二次生长。

认识和掌握细菌生长曲线对指导发酵生产和科学研究有重要意义。工业上根据生长曲线特点采取相应措施缩短迟缓期、延长稳定期以获得更多的产品和更高的设备利用率。科研上为了得到合适的研究材料要预计某一细菌群体生长到一定数量水平需要的时间，计算生长速率及代时。医学上用革兰氏染色等方法鉴定病原菌要根据生长曲线选对数期菌体，菌体特征最典型。

（三）丝状微生物的群体生长

1. 丝状微生物群体生长的特征 丝状微生物包括放线菌和丝状真菌。液体培养基搅拌培养通常以分散的沉淀物出现（沉淀生长），沉淀物形态从松散的絮状沉淀到堆集紧密的菌丝球不等。氧气不能进入菌丝球中心，内部已发酵。这类微生物也可以菌丝球近乎均匀分布的悬浮液方式生长（丝状生长）。接种体积大小、接种物是否凝聚及菌丝体是否易于断裂等的综合作用决定它们是丝状生长还是沉淀生长。其生长通常以单位时间内微生物细胞物质量（主要是干重）的变化表示。丝状微生物在液体培养中的生长方式在工业生产中很重要，它影响发酵中通气性、生长速率、搅拌能耗及菌丝体与发酵液分离难易等。

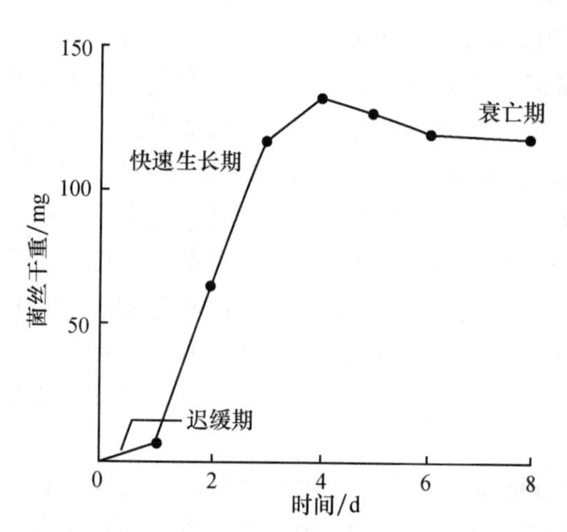

图 7-16 腐皮镰孢霉在深层通气液体培养基中的生长曲线

2. 丝状微生物群体生长曲线 丝状微生物群体生长有与单细胞微生物类似的规律，不同的是它们没有指数生长，其快速生长期菌丝体干重迅速增加，干重立方根与时间呈线性关系。图 7-16 为腐皮镰孢霉（*Fusarium solani*）在深层通气液体培养基中的生长曲线，有迟缓期、快速生长期和衰亡期。

（四）连续培养

分批培养中培养基一次加入，不补充，不更换，随着细菌的活跃生长培养基营养物质逐渐消耗，有害代谢产物不断积累，细菌的对数生长不可能长期维持。在培养容器中不断补充新鲜营养物质并立即搅拌均匀；同时不断以同样速度排出培养物（含菌体及代谢产物），使培养系统中细胞数量和营养浓度保持恒定。由于营养得到及时补充，菌体可长时间维持在对数期，这就是连续培养法。连续培养装置主要有恒浊器和恒化器（图 7-17）两类。恒浊器是根据培养液细胞密度调节培养液流入速率使装置内细胞密度保持恒定，微生物始终能以最高速率生长。细胞密度通过光电控制系统调节。发酵生产中为了获得大量菌体或与菌体生长速率平行的代谢产物（如乳酸、乙醇等）时都可用恒浊类的连续发酵器。恒化器通过控制某种限制性营养物质的浓度调节微生物的生长速度及其细胞密度，使装置内营养物质浓度恒定。恒化器中营养物质更新速度以稀释率表示，它是培养基流速与培养器容积的比值。生长速率和产量是独立控制的：生长速率由稀释率控制，细胞产量由限制性营养物浓度控制。只有在低养分浓度时生长速率和产量才会同时受到影响。恒化器

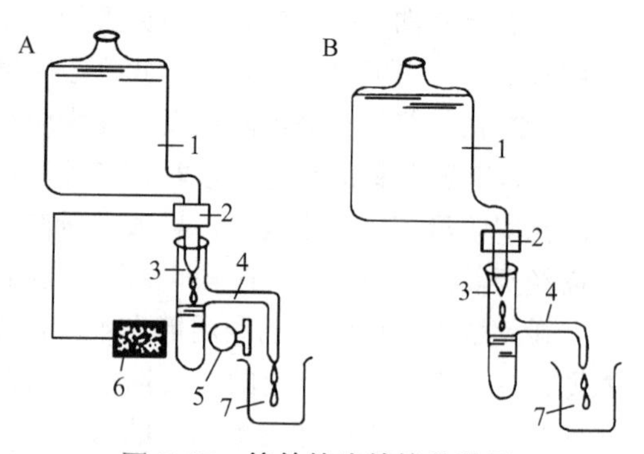

图 7-17 简单的连续培养装置

A. 恒浊器；B. 恒化器。

1. 培养基贮存器；2. 控制流速阀；3. 培养室；4. 排出管；5. 光源；6. 光电池；7. 流出物

主要用于实验室内科学研究，尤其适用于与生长速率相关的各种理论研究。若某微生物代谢产物产生速率与菌体生长速率平行可用单级连续发酵。如要生产的产物产生速率与菌体生长不平行，应用与其生长规律相适应的多级连续培养（图 7-18），如丙酮丁醇梭菌发酵可分两个阶段：前期是菌体生长时期，较短，生长以 37℃为宜；后期较长，以产丙酮、丁醇为主，温度以 37℃为宜。我国上海等地早在 20 世纪 60 年代就用多级连续发酵技术大规模生产乙醇、丙酮、丁醇等溶剂。不仅产量高，效益好，且可在一年多的时间里连续稳定运转。

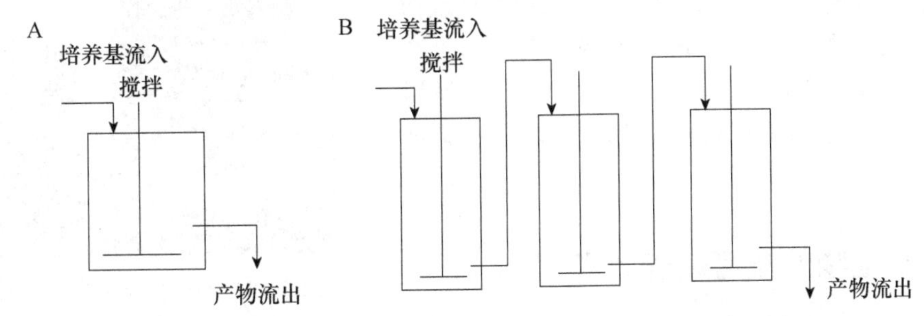

图 7-18 单罐连续培养（**A**）和多罐串联连续培养（**B**）示意图

与分批培养相比连续培养的优点有：减少非生产时间，提高设备利用率；便于自动化控制；产品质量稳定；节省能源，减轻劳动强度等。其不足之处是营养物质利用率低，杂菌易污染，菌种易退化。可通过恒化培养分离不同的变种，观察微生物在不同条件下的生理变化等；可用于微生物生态学和生理学研究，如模拟自然界常见的低养分状况，通过监测微生物群落在不同营养条件下的变化可探明哪些生物可更好地在营养限制下生存；可用于从自然界富集和分离细菌，针对某一环境样品在一个营养和稀释率条件下选择一个稳定种群，再慢慢增加稀释率直到只剩下一个生物体。应用此法科学家研究了各种土壤细菌的生长速率，并分离出一种仅有 6min 倍增时间的细菌，这是已知生长最快的细菌。通过恒浊培养进行以获得大量菌体为目的的工业生产已成为发酵工业的方向。

六、营养物质对微生物生长的影响

培养基中营养物质的组成不同对微生物生长的影响很大。同一种微生物在不同组成的培养基中生长速率相差很大，甚至有的不能生长。例如，在仅有睾丸酮作唯一碳源的基础培养基中，只有可利用睾丸酮的睾丸酮假单胞菌在上面生长，其他不能利用睾丸酮的微生物都不能生长。因此，选择合适的培养基组成非常重要。

培养基中营养物质浓度对微生物生长影响很大。首先是影响生长速率。必需营养物质浓度过低，微生物生长需要的能源、碳源、氮源、无机盐等不足使菌体减少或停止细胞物质合成，生长停止。微生物培养基中最先耗尽的营养物质称限制性底物，它决定微生物的生长速率。研究微生物培养限制性底物意义重大。其次是培养基中营养物质浓度影响微生物细胞生物量。营养物质浓度低就限制菌体密度和产物浓度。

七、微生物的高密度培养

微生物高密度培养是指微生物在液体培养中细胞群体密度是常规培养的10倍以上的培养技术（图 7-19）。提高菌体培养密度对提高生产率、设备及培养基利用率、产物的分离与提取效率等都有重要意义。要实现高密度细胞培养，首先要选育合适的菌种，其次是改进培养技术。不同菌种达到高密度的水平差别很大。有报道大肠杆菌用于生产PHB的“工程菌”达175.4g（湿重）/L。改进培养技术主要是优化培养基的成分和比例，合适的C/N，全面、协调的营养供应；及时、适量地补料并逐量流加；提高溶解氧的浓度，可提高氧的浓度甚至用纯氧或加压氧；保持合适的酸碱度使培养基保持良好的缓冲性；防止有害代谢产物生成，可选择合适的培养基以减少有害代谢产物生成或设法去除已生成的有害产物等。

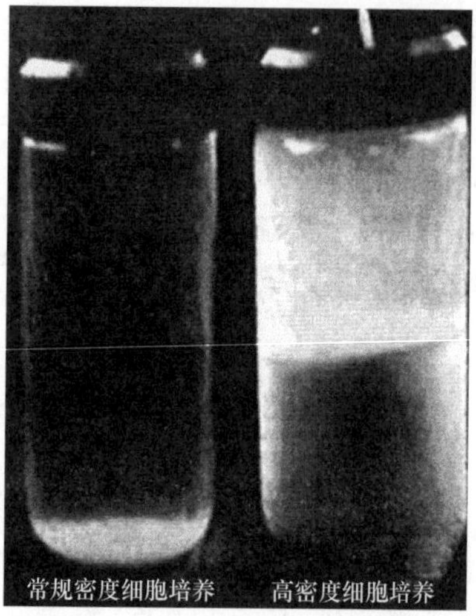

图 7-19　高密度毕赤酵母细胞培养

八、微生物的非可培养状态

1982年，中国海洋大学教授徐怀恕等通过对霍乱弧菌和大肠杆菌在海洋与河口环境的存活规律研究，首次提出“活的不可培养状态”。发现霍乱弧菌、大肠杆菌、肺炎克雷伯菌等许多细菌都有非可培养状态。生长在寡营养环境的微生物有非可培养状态，虽有代谢活性但在常规培养基中不能生长，在适宜的条件下又恢复生长。非可培养状态的细菌细胞往往缩成球状，表面产生皱褶，细胞完整，胞内酶维持活性，染色体和质粒DNA均保持稳定，对底物仍有反应，可产生诱导酶，是病原体的仍有致病力。非可培养状态是微生物受到环境因素压力呈现的特殊休眠状态。要将自然界更多的微生物转变成可培养，就要让培养条件尽量模拟原先的自然状态，如用土壤浸提物和海水过滤液制作培养基。还可用原位自然或近自然培养、限制性培养、单细胞分离法等新型分离方法分离培养它们。

证实细菌的非可培养状态的关键方法是直接活菌计数法，用萘啶酮酸和酵母浸膏先处理样品后再经核酸荧光染色计数，可用荧光显微镜对具有代谢活性的细菌进行计数。

用常规培养方法评价抗生素、消毒剂等的效果时应考虑非可培养状态。环境中霍乱弧菌冬季时常处于非可培养状态，春季时复苏，夏季时转为活跃状态。监测细菌在生态环境的存活时间、空间分布、流行、迁移、转归等规律时用直接活菌计数法才能得出科学的结论。

第二节　理化因素对微生物生长的影响

微生物与环境关系密切，环境因素影响微生物的生长繁殖，微生物的生长也影响环境。环境条件的改变，在一定限度内可引起微生物形态、生理、生长、繁殖等性状的改变，轻则抑制生长，重则引起死亡。创造适宜的环境，可促进有益微生物生长；应用不利条件可控制无益微生物生长；利用理化方法消毒、灭菌和防腐，可消灭有害微生物。

一、物理因素对微生物生长的影响

（一）温度

温度是影响微生物生长的重要因素。一方面，一定范围内温度上升酶活性提高，细胞生化反应速度和生长速率加快，一般温度每升高 10℃生化反应速率增加一倍；同时营养物质和代谢产物溶解度提高；细胞膜流动性增大，有利于营养物质吸收和代谢产物排出。另一方面，机体核酸、蛋白质等重要组成对温度敏感，温度过高可受不可逆的破坏。各种微生物都有其生长繁殖的最低温度、最适温度、最高温度和致死温度。微生物能进行繁殖的最低温度称最低生长温度。低于此温度微生物虽有活力但酶的活性低，代谢缓慢；细胞质膜流动差，影响物质运输和能量转化；影响细胞物质合成，不能生长，呈休眠状态。使微生物生长速率最高的温度叫最适生长温度。微生物生长繁殖的最高温度叫最高生长温度。超过这个温度会引起细胞成分不可逆地失活而导致死亡。微生物的生长温度范围通常小于 40℃。微生物的最高生长温度反映一个或多个必需的细胞成分（如关键酶）发生变性的温度。最适生长温度反映大部分细胞成分功能在最大速率，但不是其一切生理的最适温度，也不是积累代谢产物最高时的培养温度。它通常更接近最大值（图 7-20）。不同微生物最适生长温度差异很大，这与其长期进化中的环境温度有关。据其最适生长温度分为嗜冷微生物、嗜中温微生物、嗜热微生物和超嗜热微生物（表 7-1）。

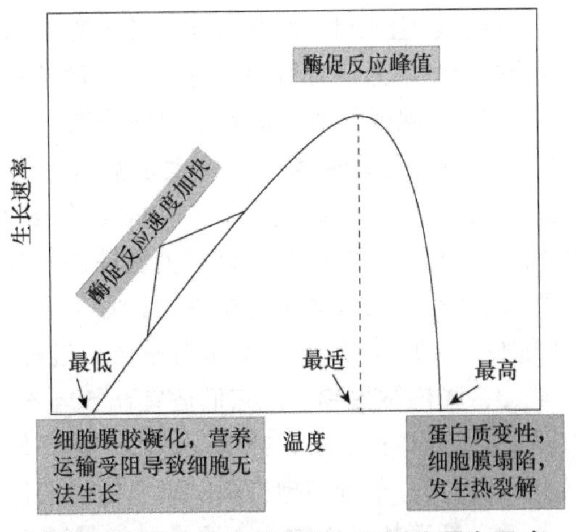

图 7-20　微生物生长最低、最适和最高温度

表 7-1　微生物的生长温度类型

微生物类型		生长温度三基点/℃			分布的主要处所
		最低	最适	最高	
嗜冷型	专性嗜冷	−12	5～15	15～20	两极地区
	兼性嗜冷	−5～0	10～20	25～30	海水及冷藏食品
嗜中温型	室温	10～20	20～35	40～45	腐生菌
	体温	10～20	35～40	40～45	寄生菌
嗜热型		25～45	50～60	70～95	温泉、堆肥堆、土壤表层、热水加热器等
超嗜热型		55	80～110	110～120	热水流、喷气孔、地热井及深海热液口

1. 嗜冷微生物　在 0℃以下生长的微生物可分专性嗜冷和兼性嗜冷两种。专性嗜冷微生物最适生长温度 15℃左右，最高生长温度 20℃。已分离到一种冷单胞菌 *Psychromonas* 生长在 −12℃，这是已知细菌的最低生长温度。兼性嗜冷微生物生长温度范围较广，最适生长温度 20℃左右，最高生长温度 30℃左右。嗜冷微生物包括假单胞菌属、乳酸杆菌属和青霉菌属等，多分布在海洋、深湖、冷泉和冷藏库中，海洋平均温度 5℃的海水占 90%，低温微生物极多。

据研究，嗜冷微生物能在低温下生长主要是由于嗜冷微生物的酶在低温下能更有效地起催化作用，温度达 30～40℃时会使酶失活，这显然与蛋白质结构有关。几种已知结构的嗜冷酶的二级结构含有较多的 α 螺旋，β 折叠结构的含量较少。α 螺旋能使酶蛋白在寒冷环境中有较强的弹性。α 螺旋含量高可以使蛋白质在低温催化反应时有更大的灵活性。与嗜中温微生物酶相比，嗜冷酶的极性氨基酸含量更大，疏水氨基酸含量更少，弱键（如氢键和离子键）的数量也更少，这些分子特征很可能使嗜冷酶在低温条件下保持弹性和功能。嗜冷微生物的细胞膜含较高比例的不饱和脂肪酸和短链脂肪酸，能在低温下保持膜的半流动性，从而保证细胞膜的通透性，进行物质运输和能量转化，有利于微生物的生长。其他适应低温的分子机制包括冷休克蛋白和低温保护剂，冷休克蛋白有多种功能，包括在低温条件下保持其他蛋白质的活性形式。低温保护剂包括专用的抗冻蛋白或特定溶剂，如甘油或某些在低温下大量产生的糖，这些物质可防止冰晶的形成，冰晶会刺穿细胞质膜。高度嗜冷的微生物产生的大量胞外多糖也有低温保护特性。

低温能阻止微生物生长但并不一定会致死。在低于细胞生长的温度下酶可继续发挥作用。培养基也影响悬浮细胞对冷冻温度的敏感性。低温已被用于微生物菌种保藏。细胞悬浮在含有10%二甲亚砜或甘油的培养基中并冷冻在−80°C 或−196°C 下，能存活数年。

2．嗜中温微生物 绝大多数微生物属于这一类，如发酵工业中常用的黑曲霉、枯草杆菌等。其最适生长温度为 20～40℃，最低生长温度为 10～20℃，最高生长温度为 40～45℃。它们又可分为室温性微生物和体温性微生物。前者包括土壤微生物和植物性病原微生物。后者包括温血动物及人体中的微生物。嗜中温微生物的生长速率高于嗜冷微生物，其最低生长温度不能低于 10℃，低于 10℃蛋白质合成过程则不能启动，许多酶功能受到抑制，生长停滞。

3．嗜热微生物 它们适宜在 50～60℃的温度中生长（低于 30℃便不能繁殖）。这类微生物主要分布在温泉、热电厂、热水器、堆肥堆、发酵饲料、日照充足的土壤表面等腐烂有机物中。例如，部分芽孢杆菌、高温放线菌属等都能在 55～70℃中生长。

4．超嗜热微生物 这是一类最适生长温度在 80～110℃的微生物。它们中除栖热菌目（Thermales）、热袍菌目（Thermotogales）、网球菌目（Dictyoglomales）等少数为细菌外，大多数是古菌。已知的嗜热古菌可分三类：第一类为硫依赖型嗜热古菌；第二类为硫还原型嗜热古菌；第三类为甲烷起源型嗜热古菌。大部分嗜热古菌都为硫依赖型嗜热古菌，硫依赖型嗜热古菌又分厌氧型和需氧型两类。自然界中已知微生物最高生长温度为 120℃，但纯培养物最高生长温度为 113℃（*Pyrolobus fumarii*）。

高温型微生物能在较高的温度下生长，可能是由于菌体内的酶和蛋白质比中温型微生物更能抗热，尤其是蛋白质对热更稳定；它们产生热胺和高温精胺可稳定细胞中与蛋白质合成有关的结构和保护大分子免受高温的损害；超嗜热菌蛋白质中碱性氨基酸和酸性氨基酸间的离子键数量的增加及紧密折叠的疏水核心也能增强其热稳定性；高温型微生物的核酸也有保证热稳定性的结构，其鸟嘌呤（G）和胞嘧啶（C）的含量变化很大。tRNA 在特定的碱基对区含较多的 G≡C，较多的氢键保证了核酸的热稳定性；高温型微生物的细胞膜中含有较多的饱和脂肪酸和直链脂肪酸，能在高温下调节膜的流动性维持膜的功能，饱和脂肪酸比不饱和脂肪酸形成更强的疏水环境，长链脂肪酸的熔点高于短链脂肪酸；超嗜热菌大多为古菌，其膜中不含脂肪酸，由多个重复异戊二烯单元组成 C_{40} 碳氢化合物，通过醚键与磷酸甘油连接；其细胞膜是单层结构，共价连接膜的两侧，防止超嗜热菌细胞膜在高温下熔化；细胞内含有钙、镁等金属离子和多胺等保护因子。高温下嗜热微生物代谢迅速，及时合成生物大分子弥补高温对其造成的破坏。

同一微生物在生长发育的不同阶段对温度的要求不同。例如，产黄青霉最适生长温度为30℃，产青霉素的最适温度为 23℃；黑曲霉最适生长温度为 28℃，产糖化酶的最适温度为 32～34℃；低温型食用菌菌丝最适生长温度为 25℃左右，子实体分化的最适温度为 18℃左右。

生产实践和日常生活中温度对微生物的影响有非常广泛的应用。低温条件下微生物代谢微弱但仍具生命活性，因此常用 4℃冰箱保藏菌种，同时低温也是保存食品的有效条件。实验室常采用的高温灭菌是利用高温对蛋白质等生物大分子可造成不可逆变性的原理。将通过高温筛选出的高温型微生物应用于工业生产，可在一些发酵工业、废物处理等方面节省控制温度的费用，同时防止杂菌污染。超嗜热菌的酶可以在高温下催化生化反应，比中温菌的酶更稳定，延长纯化酶制剂的保质期。从水生栖热菌（*Thermus aquaticus*）中分离出的DNA聚合酶（*Taq*酶）被用于扩增特异性DNA序列的聚合酶链式反应（PCR）。

（二）辐射

辐射是通过空间以波动方式传播的能量、微观粒子或电磁波。它包括可见光、红外线、紫外线、X射线和γ射线等。光量子所含能量随波长改变，一般波长愈短所含能量愈高，杀菌力愈强（图7-21）。不同光合微生物含不同光合色素，吸收利用光的波段不同。红外辐射（波长800～1000nm）可作光合细菌的能源；可见光（波长380～760nm）是蓝细菌等光合作用的主要能源。闪光须霉（*Phycomyces nitens*）等菌丝生长有趋光性，向光部位比背光部位生长得快速、旺盛；一些真菌在形成子实体、担子果、孢子囊和分生孢子时需要一定散射光的刺激。紫外辐射（波长136～400nm）有杀菌作用，这是由于核酸的吸收光谱在260nm处，紫外辐射可使其易形成嘧啶二聚体，使DNA链断裂或交联，导致微生物变异或死亡；波长更短的X射线、γ射线、β射线和α射线常引起水及其他物质电离，产生的游离自由基会与细胞中敏感的生物大分子作用，使其失活，因而具有杀菌作用。

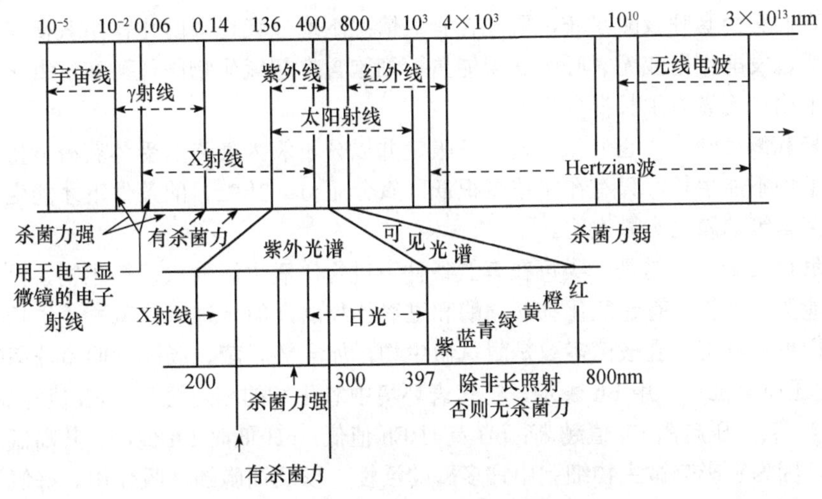

图7-21　不同波长辐射与杀菌力的关系

（三）氧和氧化还原电位

1. 氧　根据与氧的关系可将微生物分成5类（图7-22）。专性好氧微生物仅生长在培养基顶部；兼性厌氧微生物在整个培养基中生长，但顶部生长最好；微好氧微生物生长在顶部附近但不是最顶部；专性厌氧微生物仅生长在氧扩散不到的培养基底部。

（1）专性好氧微生物　必须在较高的氧分压（20.2kPa）条件下才能生长，缺氧不能生长，因为氧是其呼吸作用的最终电子受体；固醇类不饱和脂肪酸的生物合成需氧参与。氧虽会使其产生超氧阴离子、H_2O_2和自由基（含有不成对电子的分子或原子）形式的过氧化物等有毒物质。这些物质性质不稳定，化学反应能力极强，在细胞内可破坏各种重要的生物大分子和膜结构，产生其他活性氧化物，使细胞损伤、突变或死亡。但是，细胞含超氧化物歧化酶（SOD）

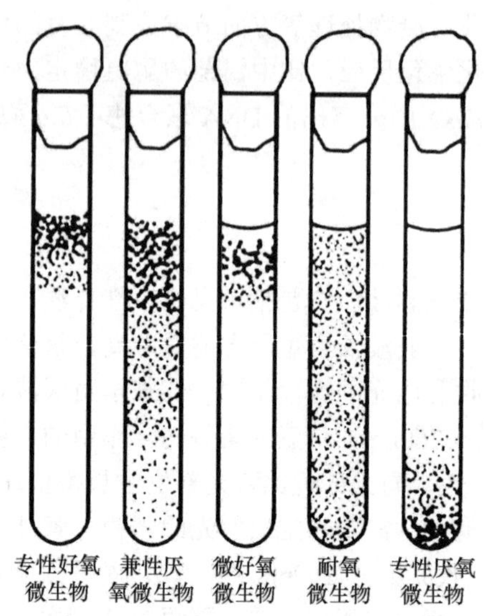

图 7-22 不同微生物在半固体琼脂柱中的生长状态（模式图）

和过氧化氢酶。剧毒的超氧阴离子可被超氧化物歧化酶歧化为毒性较低的 H_2O_2，在过氧化氢酶的作用下 H_2O_2 被还原成 H_2O。培养专性好氧微生物必须保证通气良好。振荡、通气、搅拌都是实验室和工业生产中常用的供氧方法。很多细菌及放线菌、真菌、藻类都属好氧微生物。

（2）专性厌氧微生物　梭状芽孢杆菌属、甲烷杆菌属、瘤胃球菌属（*Ruminococcus*）和链球菌属中一些种都属于此类微生物。它们只能在无氧环境中通过发酵获得能量生长，氧对其会产生毒害而致死。因为它们不能产生或只少量产生超氧化物歧化酶和过氧化物酶、过氧化氢酶，缺少细胞色素氧化酶。微量氧气也会对它们产生毒害作用，必须采取措施造成厌氧环境。

（3）兼性厌氧微生物　这类微生物包括的范围较广，如肠道细菌、人及很多动物的病原菌、酵母菌和其他一些真菌等。兼性厌氧微生物是一类既能在有氧条件下生长又能在无氧条件下生长的微生物，它们有两套呼吸酶系统，既能在有氧情况下通过氧化磷酸化作用获得能量，又能在无氧条件下通过发酵作用或无氧呼吸获得能量。细胞含有超氧化物歧化酶和过氧化氢酶。它们在有氧条件下比在无氧时生长得更好。

（4）微好氧微生物　它们虽是通过呼吸链并以分子氧为最终氢受体获得能量，但在好氧和厌氧条件下均不能生长，只有在氧浓度很低（氧分压 1～3kPa）的条件下才能生长。霍乱弧菌、氢单胞菌属等都属这类微生物。

（5）耐氧微生物　这是一类可在有氧条件下进行厌氧生活的厌氧微生物，没有呼吸链，靠发酵获得能量，细胞内有超氧化物歧化酶和过氧化物酶，但无过氧化氢酶，生长不需要氧。分子氧对它们也无毒害。乳酸菌多数是耐氧微生物，如乳链球菌、肠膜状明串珠菌等。

2. 氧化还原电位　用 Eh 表示，它代表环境中氧化剂的相对强度。Eh 值与氧分压有关，也受 pH 影响。氧分压越高 Eh 值越高；pH 高时 Eh 值低；pH 低时 Eh 值高。其高低对微生物生长影响很大，因为它影响微生物细胞中许多酶的活性，以及细胞的呼吸作用。好氧微生物的氧化酶系活动需较高的 Eh 值，通常要求 Eh 值在 0.1V 以上，以 0.3～0.4V 为宜。专性厌氧微生物只能在 0.1V 以下生长，以−0.1V 为宜。兼性厌氧微生物在 0.1V 以上进行好氧呼吸，在 0.1V 以下进行发酵或无氧呼吸。微生物生长可改变环境的氧化还原电位，常在培养基中通入空气或加氧化剂提高氧化还原电位以培养好氧微生物；在培养基中加还原性物质降低氧化还原电位培养厌氧微生物。

（四）水分

微生物的生命活动离不开水。可利用水通常用水活度（a_w）表示。水活度越低水的可利用性就越差。可利用水量不单纯取决于水的含量，它与吸附或溶液因子有复杂的函数关系。固态物质表面微生物可利用水量取决于水被吸附的牢固程度及微生物对水吸收能力的大小；溶液中微生物可利用水的量与溶质溶解时解离和水合的程度有关。

不同微生物生长的水活度范围不同（表 7-2），a_w 小于 0.6 时大多数微生物停止生长。

表 7-2　几种微生物生长的 a_w 值

类群		a_w	类群		a_w
细菌	枯草杆菌	0.95	酵母菌	酿酒酵母	0.94
	大肠杆菌	0.92		产朊假丝酵母	0.94
	耐盐细菌	0.75		嗜盐真菌	0.65
霉菌	黑曲霉	0.84		耐旱真菌	0.60
	黄曲霉	0.90			

a_w 受吸附和溶液组分的相互影响，分别称为基质的影响和渗透压的影响。

微生物在等渗溶液中能正常生长；在低渗溶液中细胞吸水膨胀甚至胀破；在高渗溶液中，外界溶液的浓度比细胞内高，细胞脱水，引起质壁分离或死亡。这就是用盐渍和糖浸的方式保存食品的理论依据。大多数微生物能通过胞内积累某些能调整胞内渗透压的相容溶质以适应培养基渗透压的变化。相容溶质是一些适合细胞进行新陈代谢和生长的细胞内高浓度物质，它可以使细胞原生质渗透压高于周围环境的渗透压，从而使其细胞膜紧贴于细胞壁上。相容溶质可以是 K^+等阳离子，也可以是谷氨酸等氨基酸或氨基酸的衍生物如甜菜碱（甘氨酸的衍生物）或海藻糖等糖类。这类物质称为渗透保护剂或渗透稳定剂。

自然界中仍有些微生物能在较高渗透压中生长，如嗜盐微生物可在 15%～30%盐水中生长。嗜盐菌能耐受高浓度盐是因为：①菌体内具有较高的离子浓度；②细菌细胞壁需 Na^+保持稳定，否则细胞壁会破坏使菌体溶解；③菌体内许多酶在较高盐浓度下才有活性；④菌体核糖体需要高浓度 K^+维持稳定。

微生物在固态物质（如食物、麸皮、土壤）上生长，通常受基质水活度控制。在 a_w 低于 0.6 的干燥条件下，除少数真菌（如某些曲霉）外，多数微生物都不能生长。干燥会使微生物代谢活动停止，处于休眠状态，严重时会引起细胞脱水，蛋白质变性，导致死亡。日常生活中常利用干燥保存物品（如食物、衣物等），防止其腐败霉烂；实验室中常利用休眠孢子抗干燥能力强的特性保藏菌种。

除基质中水分外，空气中的水分即湿度也影响微生物特别是放线菌、霉菌、担子菌的生长、繁殖，因为它们有相当部分菌体暴露在空气中。空气湿度大（70%以上）有利生长。

二、化学因素对微生物生长的影响

1. 氢离子浓度　环境的 pH 对微生物的生命活动影响很大：①pH 引起细胞膜电荷变化，影响膜的透性和结构的稳定，影响微生物对营养物质的吸收；②影响酶的活性；③改变环境中营养物的可给性及有害物质的毒性。每种微生物都有其生长 pH 范围和最适 pH（表 7-3）。有些微生物能在低 pH（pH＜5.4）条件下生长，称嗜酸性微生物，如氧化硫硫杆菌。决定其嗜酸性的一个关键因素是细胞膜的稳定性。pH 升高到中性时强嗜酸菌细胞膜破坏，细胞溶解，表明这些生物不仅耐酸，而且高质子浓度实际上是稳定细胞膜所必需的。在中性（pH 5.5～7.9）条件下生长的微生物称嗜中性微生物。有些微生物能在高 pH（pH 7.0～11.5）条件下生长称嗜碱性微生物，如巴氏芽孢杆菌能在 pH 11 环境中生长。细胞膜外表面呈碱性时细胞如何产生质子动力？嗜碱的坚强芽孢杆菌（*Bacillus firmus*）解决这个问题的策略是利用钠离子（钠动力）而不是质子（质子动力）促进运输反应和运动。

表 7-3 不同微生物的生长 pH 范围

微生物	pH		
	最低	最适	最高
氧化硫硫杆菌	1.0	2.0～2.8	4.0～6.0
嗜酸乳杆菌	4.0～4.6	5.8～6.6	6.8
大豆根瘤菌	4.2	6.8～7.0	11.0
褐球固氮菌	4.5	7.4～7.6	9.0
亚硝酸细菌	7.0	7.8～8.6	9.4
放线菌	5.0	7.0～8.0	10.0
酵母菌	3.0	5.0～6.0	8.0
黑曲霉	1.5	5.0～6.0	9.0

不同种类微生物有不同的最适 pH，同一种微生物在其不同生长阶段和不同生理、生化过程中要求不同的最适 pH。例如，丙酮丁醇梭菌生长繁殖的最适 pH 是 5.5～7.0，它合成丙酮丁醇的最适 pH 是 4.3～5.3。研究其规律对发酵生产中 pH 的控制尤其重要。微生物环境 pH 变化很大，而 DNA、ATP 等易被酸破坏，RNA、磷脂等易被碱破坏。为防止 DNA、ATP、菌绿素、叶绿素、RNA、磷脂等关键胞内大分子被破坏，细胞内 pH 必须保持中性范围。微生物细胞内 pH 相当稳定，一般都接近于中性，以免重要成分被酸碱破坏。其胞内酶的最适 pH 一般为中性，位于周质空间的酶和分泌到胞外的酶的最适 pH 则接近于环境的 pH。对一些强嗜酸和嗜碱菌细胞质 pH 的测定结果显示，其 pH 范围从略低于 5 到略高于 9。嗜酸性及嗜碱性微生物都有维持细胞内 pH 接近中性的能力。嗜酸性微生物在酸性环境中细胞膜可阻止 H^+ 进入细胞。嗜碱性微生物在碱性条件下可阻止 Na^+ 进入细胞。大肠杆菌等嗜中性微生物有多种能力适应环境 pH 变化。pH 小幅度变化可通过 K^+/H^+ 和 Na^+/H^+ 逆向运输系统调节；pH 向强酸转化可合成质子转位 ATP 酶等系列新应答蛋白提高产生 ATP 或将 H^+ 泵出胞外的能力，或合成酸性休克蛋白和热休克蛋白作分子伴侣防止胞内其他蛋白质因酸性造成损伤或帮助蛋白质复性，以维持生长。

一方面 pH 影响微生物的生长繁殖，pH 超过一定范围时甚至引起死亡。强酸、强碱都具有杀菌作用；弱酸、弱碱有抑菌作用。因此，某些有机酸如苯甲酸可作防腐剂；面包和食品常加入丙酸防霉；酸菜、饲料的青贮是利用发酵产生乳酸抑制腐败菌的生长。在发酵工业中，pH 的变化常可改变微生物的代谢途径，产生不同的代谢产物。例如，酵母菌在 pH 4.5～6.0 发酵糖产生乙醇，当 pH 大于 7.6 时则产生甘油。黑曲霉在 pH 2.0～3.0 时可发酵蔗糖产生柠檬酸，当 pH 升至中性时则产生草酸。因此，调节和控制发酵液 pH 可改变微生物的代谢方向以获得需要的代谢产物。

另一方面微生物的代谢活动也改变环境 pH。许多细菌和真菌分解碳水化合物产酸使环境变酸；有些微生物分解蛋白质产氨使环境变碱。环境 pH 因此产生的变化又影响微生物生长繁殖。因此，培养微生物时要采取相应的措施控制环境 pH。常用的方法有：①在培养基中加入稀盐酸或氢氧化钠溶液调整 pH；②配制培养基时加入适当的缓冲物质（如 K_2HPO_4、KH_2PO_4）使培养基 pH 维持在适宜范围内；③发酵生产中常根据 pH 变化的原因适当加入酸性或碱性的营养物质并调整通气量；④发酵中不断添加酸或碱调节。

2．重金属及其化合物 重金属及其化合物都有杀菌作用，最强的是 Hg、Ag 和 Cu。重金属离子带正电，容易与带负电的菌体蛋白质结合使其凝固变性，或者它们进入细胞后与酶的—SH 结合使酶失活。重金属盐类是蛋白质的沉淀剂，它们能产生抗代谢作用，或与细胞内主要代谢产物发生螯合作用，或取代细胞结构中的主要元素使正常的代谢物变为无效化合物，抑制微生物生长或导致死亡。$HgCl_2$、$AgNO_3$ 和 $CuSO_4$ 都是常用的重金属化合物。

3．卤族元素及其化合物　卤族元素杀菌能力强弱为 F＞Cl＞Br＞I，Cl 和 I 最常用。

碘是强杀菌剂。3%～7%碘溶于 70%～83%的乙醇中配制成的碘酊、5%碘与 10%碘化钾水溶液都是有效的皮肤消毒剂。有人认为，碘杀菌机制是碘不可逆地与菌体蛋白质（或酶）中的酪氨酸结合，而且它是一种氧化剂。

氯气和次氯酸钙常用于饮水消毒。其杀菌机制是氯与水结合产生了次氯酸（HClO），次氯酸易分解产生新生态氧［O］，［O］的氧化作用很强，故杀菌力较强。

$$Cl_2 + H_2O \longrightarrow HCl + HClO$$

$$Ca(ClO)_2 + 2H_2O \longrightarrow Ca(OH)_2 + 2HClO$$

$$HClO \longrightarrow HCl + [O]$$

病毒比细菌抗性强，在 400mg/kg 氯条件下，病毒仍可存活 10min。

4．有机化合物　酚、醇、醛是常用的杀菌剂。

低浓度的酚可破坏细胞膜组分，高浓度酚凝固菌体蛋白。酚还能破坏结合在膜上的氧化酶与脱氢酶，引起细胞的迅速死亡。常用的酚类有苯酚和甲酚。

醇是脱水剂也是脂溶剂。它能溶解细胞膜中的类脂，破坏细胞膜的结构，并能使蛋白质脱水变性，损害细胞膜而具杀菌力。常用 70%～75%的乙醇进行表面消毒。

醛类的作用主要使蛋白质烷基化，破坏蛋白质的氢键或氨基，改变酶或蛋白质的活性，使菌的生长受到抑制或死亡。常用的醛类有甲醛、戊二醛等。

5．染料　染料，特别是碱性染料如孔雀绿、亮绿、结晶紫等，低浓度就可抑制细菌生长，革兰氏阳性菌比革兰氏阴性菌更敏感。其杀菌抑菌机制可能是碱性染料离子干扰了细胞的氧化过程；碱性染料的阳离子能与细胞蛋白氨基酸的羧基或核酸上的磷酸基结合形成弱电离的化合物，使细胞蛋白失去活性，妨碍菌体的正常代谢，抑制生长。例如，结晶紫可干扰细菌胞壁肽聚糖的合成，阻碍 UDP-*N*-乙酰胞壁酸转变为 UDP-*N*-乙酰胞壁酸五肽。

第三节　微生物生长的控制

在微生物学研究或生产实践中，常需要控制微生物的生长速率并杀灭不需要的微生物。影响微生物生长的因素都可以控制微生物生长，包括加热、低温、干燥、辐射、过滤等物理方法和消毒剂、防腐剂、化学治疗剂等化学方法两大类。

目的不同对微生物生长控制的要求和采用的方法不同，产生的效果也不同。利用强烈的理化因素杀死物体中所有微生物的措施称为灭菌，如高温灭菌、辐射灭菌等。采用温和的理化因素杀死物体中所有病原菌的措施称为消毒，如巴氏消毒、皮肤消毒等。利用某种理化因素抑制微生物生长的措施称为防腐，如低温、缺氧、干燥、高渗等。利用具有选择毒性的化学物质抑制宿主体内病原微生物或病变细胞的治疗措施称为化疗，如磺胺等。

一、控制微生物生长的物理方法

（一）高温灭菌

温度超过微生物的最高生长温度就会使微生物死亡。主要是引起蛋白质和核酸不可逆地变性；破坏细胞的组成；热溶解细胞膜上类脂质成分形成极小的孔使细胞内容物泄漏。一定时间（一般 10min）内杀死微生物所需要的最低温度称致死温度。同一温度杀死数量大的细胞比杀死数量小的细胞需要更长时间。受热介质也影响营养细胞和芽孢杀灭。微生物在酸性条件下死亡更快，酸性食物如西红柿、水果和泡菜比玉米和豆类等中性食物容易灭菌。pH 在 6.0～8.0 时微生物不易死亡。高浓度糖、蛋白质和脂肪会降低热穿透力，通常会增加生物体对热的抵抗力。干细胞和芽孢比湿细胞更耐热，故对干燥物体热处理杀菌比潮湿物体需要更高的温度和更长的加热时间。大件物品灭菌时间应延长。

高温灭菌分干热灭菌和湿热灭菌。相同温度下后者效果比前者好。有水时蒸汽能破坏维持蛋白质空间结构和稳定的氢键，菌体蛋白易凝固（表 7-4）；热蒸汽比热空气穿透力大（表 7-5）；蒸汽有潜热，它在物体表面凝结为水时放出大量热量可提高灭菌温度。

表 7-4　蛋白质含水量与其凝固温度的关系

蛋白质含水量/%	蛋白质凝固温度/℃	灭菌时间/min	蛋白质含水量/%	蛋白质凝固温度/℃	灭菌时间/min
50	56	30	6	145	30
25	74～80	30	0	160～170	30
18	80～90	30			

表 7-5　热蒸汽与热空气穿透力的比较

加热方式	温度/℃	加热时间/h	穿透纱布层数及其温度/℃		
			20 层	40 层	100 层
干热	130～140	4	86	72	70 以下
湿热	105	3	101	101	101

1．干热灭菌　它通过灼烧或烘烤等方法引起细胞膜破坏、细胞各组分氧化变质和蛋白质变性杀死微生物。干细胞抗热性比湿细胞强，干热灭菌需要更高温度或更长时间。

（1）*烘箱热空气法*　常将灭菌物品置于鼓风干燥箱内，171℃加热 1h 或 160℃加热 2h 或 121℃加热 16h，利用热空气灭菌，灭菌时间可根据被灭菌物品体积作适当调整。该法适用于金属和玻璃器皿等耐热物品的灭菌，也可用于油料和粉料物质的灭菌。

（2）*火焰焚烧法*　其优点是灭菌彻底、迅速、简便，缺点是破坏力强。实验室常用酒精灯火焰灼烧接种工具和试管口等不易烧坏物品。医院常焚烧污染物品及实验动物尸体等。

2．湿热灭菌　湿热灭菌是指用高温的水或 100℃以上的加压蒸汽灭菌。主要有煮沸消毒、高压蒸汽灭菌、间歇灭菌及巴氏消毒法。

（1）*煮沸消毒*　物品在水中煮沸（100℃）15min 以上，可使某些病毒失活，可杀死细菌及真菌的所有营养细胞和部分芽孢、孢子。如延长时间并加入 1%碳酸钠或 2%～5%苯酚则效果更好。此法适用于解剖器具等的消毒，也用于饮用水的消毒（煮沸数分钟）。

（2）*高压蒸汽灭菌*　常用密闭的高压蒸汽锅加热灭菌。在密闭系统中，蒸汽压力增高，水的沸点也增高，杀菌力提高。高压蒸汽灭菌的原理是蒸汽的高温致死微生物而绝非压力的作用。因此，必须排尽锅内的空气使密闭的系统中充满纯蒸汽。因为空气的膨胀压大于蒸汽的膨胀压，且空气是热的不良导体，如果蒸汽中混有空气则锅内压力升高后，空气聚集在中下部，围绕在灭菌物体周围，使饱和蒸汽难与灭菌物体接触。所以，温度会低于相同压力下纯蒸汽的温度而降低杀菌效果（表 7-6）。此法适用于各种耐热物品的灭菌，如一般培养基、生理盐水及各种缓冲溶液、玻璃器皿、工作服等。常采用 0.1MPa 的蒸气压，121.5℃的温度处理 15～20min

（图 7-23），可达灭菌目的。待灭菌物体体积较大则向内部传递热量会受阻碍，因此总加热时间必须延长。温度越高微生物死亡越快。高温下易褐化的含糖、牛奶等培养基也可在较低温度下（115℃）维持一定时间灭菌。

表 7-6　灭菌锅内留有不同质量空气时压力与温度的关系

压力		全部空气排出时的温度/℃	2/3 空气排出时的温度/℃	1/2 空气排出时的温度/℃	1/3 空气排出时的温度/℃	空气不排出时的温度/℃
kg/cm²	lb/in²①					
0.35	5	108.8	100	94	90	72
0.70	10	115.5	109	105	100	90
1.05	15	121.3	115	112	109	100
1.40	20	126.2	121	118	115	109
1.75	25	130.0	126	124	121	115
2.10	30	134.6	130	128	126	121

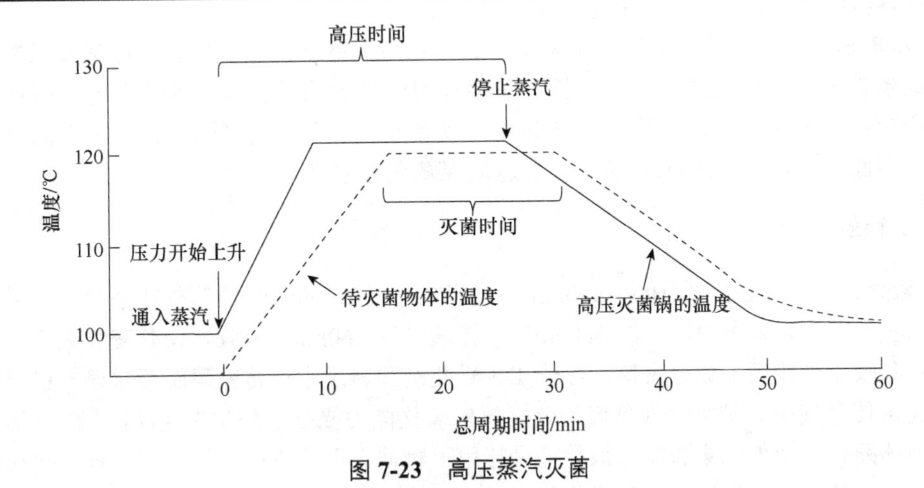

图 7-23　高压蒸汽灭菌

大型发酵厂培养基高温灭菌现大多是在管道中连续加热至 135～140℃，维持 5～15s，快速升温、灭菌、冷却，有利于培养基养分的保存及锅炉的平稳运行和操作自动化。

（3）间歇灭菌　　它是用常压流通蒸汽反复处理几次的方法。将待灭菌物品于常压下加热至 100℃处理 15～60min，杀死其中营养细胞。冷却后 37℃保温过夜，使其中残存芽孢萌发成营养细胞，第二天以同法加热、保温，反复三次，可杀灭所有的芽孢和营养细胞，彻底灭菌。此法主要用于一些不耐高温的培养基、营养物等的灭菌，但较费时间。

（4）巴氏消毒法　　它是用温和加热处理牛奶等对热特别敏感的食品的方法，既可杀死其中的病原菌如结核分枝杆菌、伤寒沙门菌等，又不损坏食品的营养和风味，以其发明者巴斯德命名。此法没有沸水和高压蒸汽条件剧烈，只能消毒不能灭菌。该法可使食品中微生物数量下降 97%～99%，并能杀死其中的病原微生物。它最初用于预防葡萄酒变质，在 63～66℃的大缸中加热 30min 实现消毒，加热和冷却都很慢，易改变产品的味道，效率又低。牛奶可用 71.6℃快速处理 15s。将待消毒液体通过管状热交换器，控制流速和热源温度，使液体温度升到 71℃并持续 15s，再快速冷却。鲜牛奶等液态食品都用超高温瞬时灭菌，135～150℃灭菌 2～6s，既可杀菌又能保质，时间缩短，效率提高。

① $1lb/in^2=703.07kg/m^2$

（二）低温抑菌

低温能抑制微生物生长，0℃以下时菌体内水分冻结，生化反应无法进行，因而停止生长；0℃以上时，中温和高温型微生物因细胞膜内饱和脂肪酸含量较高而被“冻结”，致使营养物质无法进入细胞而停止生长。细菌细胞内有许多高分子复合物（如核糖体、异构酶等）在低温下呈松散状态而失活，细胞停止生长。有的微生物在冰点以下会死亡或部分死亡，主要原因是细胞内的水变成了冰晶使细胞脱水，而且冰晶使细胞膜有物理损伤。快速冷冻和加入保护剂如甘油、血清、葡聚糖等可防止冰晶过大，降低细胞脱水程度。

低温的作用主要是抑菌，使微生物代谢活力降低，生长繁殖停滞，不能杀死微生物。温度升高后可恢复其正常生命活动。低温是保藏食品和菌种最常用的方法。

1．冷藏法　将新鲜食物放在5℃保存（通常冰箱冷藏室的温度），防止腐败。但只能贮藏几天，因为低温下耐冷微生物仍能生长，造成食品腐败。利用低温下微生物生长缓慢的特点，可将微生物斜面菌种放置冷藏箱中保存数周至数月。

2．冷冻法　家庭或食品工业中采用－20℃左右的冷冻温度，使食品冷冻成固态加以保存，在此条件下，微生物基本上不生长，保存时间比冷藏法更长。冷冻法也用于菌种保藏，需加入一定比例的甘油、血清等作保护剂与菌液混匀，所用温度更低，如－20℃低温冰箱，或－70℃超低温冰箱或－195℃液氮。温度越低保藏效果越好。

（三）辐射

1．紫外线　它由波长100～400nm的光组成，200～300nm的紫外线杀菌作用最强。其杀菌作用主要是它可被蛋白质（约280nm）和核酸（约260nm）吸收，使其变性失活。核酸中胸腺嘧啶吸收紫外线后形成二聚体，导致DNA复制和转录中遗传密码阅读错误，引起致死突变。它还可使空气中分子氧变为臭氧，分解放出氧化能力极强的新生态［O］，破坏细胞物质结构使菌体死亡。紫外线穿透能力很差，只能用于物体表面或室内空气灭菌。紫外线灭活病毒特别有效，对其他微生物细胞的灭活作用因DNA修复机制的存在受影响。紫外线杀菌效果也与菌种生理状态有关，休眠细胞抗紫外辐射能力比生长细胞强，孢子的抗性比营养细胞强，带色细胞的色素若可吸收紫外线也可起保护作用。

实验室使用的接种箱、无菌室等常用紫外线灭菌的方式创造无菌环境。还可采用紫外线辐射进行微生物的诱变育种。值得注意的是，经紫外线照射的菌体若立即暴露在可见光之下，其表面受损伤的微生物会因光复活作用而恢复活性，达不到灭菌或诱变的效果。

2．电离辐射　它是一种有较高能量的电磁辐射，通过分子碰撞产生能量更高的电子、羟基自由基（·OH）和氢自由基（H·），均能破坏大分子，杀死辐照过的细胞。控制微生物生长用的电离辐射主要是X射线和γ射线，其光子的能量是紫外线的10 000倍，撞击分子能逐出其中的电子使其电离，形成氧化能力强的自由基。电离辐射最重要的影响是对水的作用，使水分解为相关离子和游离基，这些相关离子和游离基再与液体内的氧结合产生有强氧化作用的过氧化物，使细胞蛋白质和酶的—SH基氧化，使细胞损伤或死亡；或者直接作用于生物大分子，打断氢键、氧化双键、破坏环状结构或使某些分子聚合，破坏或改变生物大分子的结构，杀死或抑制微生物。氧可增强X和γ射线的作用。电离辐射的单位是伦琴，灭菌的标准是辐射吸收剂量，用拉德（100尔格/克）或戈瑞（1戈瑞＝100拉德）定量。电离辐射通常由X射线源或放射性核素^{60}Co和^{137}Cs产生，它们是相对低廉的核裂变副产品。这些核素产生的X射线或γ射线均有足够的能量和穿透能力，可有效杀灭食品和医疗用品等大宗物品中的微生物。用电离辐射杀死芽孢比营养细胞更难，病毒比细菌更难杀灭，微生物一般比多细胞生物更能抵抗电离辐射。

电离辐射波长短，穿透力强，能量高，效应无专一性，作用于一切细胞成分，而且没有光复活作用。主要用于其他方法不能解决的塑料制品、医疗设备、药品和食品的灭菌。γ 射线是某些放射性同位素如 ^{60}Co 发射的高能辐射，能致死所有微生物。已有专门用于不耐热的大体积物品消毒的 γ 射线装置。目前，用辐射方法控制肉食和禽类产品中的病原微生物的研究已经比较深入。一些研究表明，应用电离辐射可控制新鲜水果、果汁和蔬菜中的病原微生物。我国已经批准使用电离辐射对各种物品进行消毒，如外科用品、塑料实验室器具、药物，甚至组织移植等。某些食品及其产品，如新鲜农产品、家禽、肉制品和香料也经常受到辐照，确保它们是无菌的，或至少没有病原体和昆虫。

3．强可见光　太阳光有杀菌作用，主要由紫外线造成。含 400～700nm 波长的强可见光有直接的杀菌效应，它们能作用于细菌细胞内的光敏感物质分子，如核黄素和卟啉环（构成氧化酶的成分），光敏色素吸收光能后被激发或活化，并将吸收的能量传递给氧，产生的氧自由基作用于细胞导致菌体死亡或突变。因此，实验室应注意避免将细菌培养物暴露于强光下。曙红和亚甲蓝能吸收强可见光使蛋白质和核酸氧化，因此常将两者结合用来灭活病毒和细菌。

（四）干燥和渗透压

水占微生物活细胞成分的 90%以上，微生物代谢离不开水。干燥或提高溶液渗透压降低微生物可利用水的量，可抑制其生长。

1．干燥　干燥的主要作用是抑菌，使细胞失水，代谢停止，也可引起某些微生物死亡。干果、稻谷、奶粉等食品通常采用干燥法保存，防止腐败。不同微生物对干燥的敏感性不同，革兰氏阴性菌如淋球菌对干燥特别敏感，几小时便死去；结核分枝杆菌又特别耐干燥，在干燥环境中 100℃、20min 仍能存活；链球菌用干燥法保存几年而不丧失致病性。休眠孢子抗干燥能力很强，在干燥条件下可长期不死，可用于菌种保藏。

2．渗透压　一般微生物都不耐高渗透压。微生物在高渗环境中，水从细胞中流出，使细胞脱水。用盐（浓度为 10%～15%）腌制咸肉或咸鱼，加糖（浓度为 50%～70%）将新鲜水果浸制成果脯或蜜饯等均是利用此法保存食品的。

（五）过滤除菌

高压蒸汽灭菌不适合于空气或不耐热物品的灭菌，此时可用过滤除菌。它是将流体通过某种多孔的材料使微生物与流体分离。现大多用膜滤器除菌。膜滤器用微孔膜作材料，通常由硝酸纤维素和醋酸纤维素制成，可根据需要选择 0.025～25.000μm 的特定孔径。含微生物的液体通过微孔滤膜时大于滤膜孔径的微生物被阻拦在膜上与滤液分离。微孔滤膜有孔径小、价格低、滤速快、不易堵塞、可高压灭菌及能处理大容量的液体等优点；缺点是 0.22μm 孔径滤膜病毒及支原体等可通过；小于 0.22μm 孔径滤膜过滤时滤孔易堵塞。现有一种新型纳米净水滤纸，用夹在两层滤纸间的陶瓷层自流过滤，可高效去除液体中的细菌、病毒和铅、砷等有害物。发酵工业上常用两层滤板间放多层滤纸灭菌后过滤除菌。过滤除菌可用于对热敏感的如含酶或维生素的溶液、血清等的灭菌，还可用于啤酒生产代替巴氏消毒。

微生物学实验中常用的过滤器包括深层过滤器、膜过滤器和核孔膜过滤器。深层过滤器是由随机排列的重叠纸张或硼硅酸盐（玻璃）纤维制成的纤维片或垫子，可将颗粒物截留在纤维网络中，它应用广泛。例如，进行细胞培养、微生物培养等相关的操作时，要求实验环境污染降到最低。可利用生物安全柜中的高效空气过滤器从内外气流交换中去除 0.3μm 及以上的颗粒，效率大于 99.9%。使用安全柜时空气通过高效空气过滤器进入机柜，将机柜内的空气排出机柜外，防止污染安全柜内部。橱柜为微生物和组织培养操作提供了一个无菌的工作空间。膜过滤器是微生物实验室用于液体除菌最常用的过滤器，它是由醋酸纤维、硝酸纤维或聚砜等高拉伸强度聚合物制成，含有大量微孔。无菌滤膜过滤器用于小体积的液体（如培养基）除菌，通常用于科学研究和临床实验室。过滤常使用手动注射器或真空泵过滤器使液体通过过滤装置，进入无菌收集容器完成除菌。核孔膜过滤器是由 10μm 厚的聚碳酸酯薄膜经核辐射处理、化学蚀刻制成。核辐射使胶片局部破坏，化学蚀刻使被破坏的部位形成孔非常均匀的微孔，孔的大小由蚀刻溶液的强度和作用时间控制。核孔膜过滤器常用于分离标本以利电镜扫描观察。

（六）超声波

超声波（频率 20 000Hz 以上）有强烈的生物学作用。主要通过探头的高频振动引起周围水溶液的高频振动致死微生物，探头和水溶液的高频振动不同步时能在溶液内产生空穴（真空区），菌体接近或进入空穴，由于细胞内外压力差，细胞就会破裂，内含物外泄。此外，超声波振动时机械能转变为热能，溶液温度升高，细胞发生热变性，抑制或杀死微生物。科研中常用此法破碎细胞，研究其组成、结构等。超声波几乎对所有微生物都有破坏作用，效果因作用时间、频率及微生物的种类、数量、大小、形状而异。高频率比低频率杀菌效果好，球菌较杆菌抗性强，小菌体比大菌体抗性强，细菌芽孢抗性更强。

二、控制微生物生长的化学方法

许多化学药剂可抑制或杀灭微生物，被用于微生物生长的控制，可分为消毒剂、防腐剂、化学治疗剂。化学治疗剂是指能直接干扰病原微生物的生长繁殖并可用于治疗感染性疾病且有选择性毒性的化学药物，按其作用和性质又可分为抗代谢物和抗生素。

评价化学药剂等的药效和毒性常用以下三种指标：①最低抑制浓度，是指在一定条件下某化学药剂完全抑制特定微生物生长的最低浓度，是评价化学药剂药效强弱的指标；②半致死剂量，是指在一定条件下某化学药剂能杀死 50%试验生物的剂量，是评价药物毒性强弱的指标；③最低致死剂量，是指在一定条件下某化学药剂能引起试验动物群体 100%死亡的最低剂量，也是评价药物毒性强弱的指标。

活菌生长试验和浊度生长试验可区分抗菌剂对细菌培养的影响，将其分为抑菌剂、杀菌剂和溶菌剂（图 7-24）。抑菌剂是一些重要生化过程如蛋白质合成的抑制剂，结合相对较弱，如

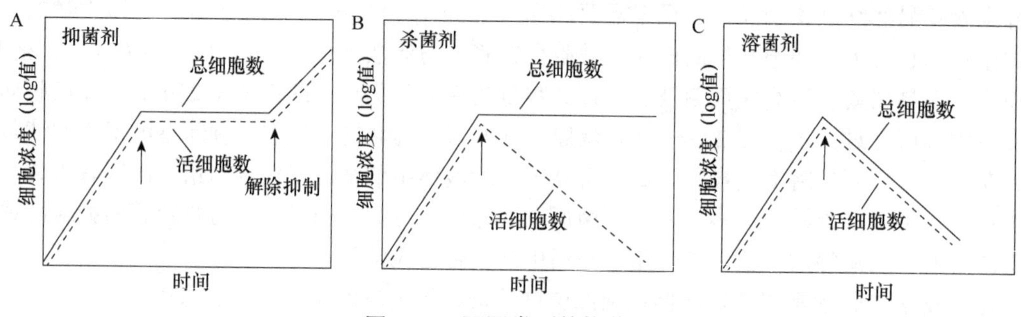

图 7-24 不同类型的抗菌剂

A．抑菌剂有抑制作用，但不能杀死细菌；B．杀菌剂能杀死细菌但不溶解细胞；C．溶菌剂溶解细胞

果解除药剂作用细胞仍能继续生长，许多抗生素都属于这一类。甲醛等杀菌剂能紧密结合并杀死靶细胞，但死亡的细胞没有被溶解，若用培养物的浑浊度表示细胞总数，其值保持不变。溶菌剂则通过溶解细胞将其杀死，同时释放胞内物。裂解过程使活细胞数和总细胞数都减少，洗涤剂是溶菌剂，能破坏细胞膜。

（一）消毒剂和防腐剂

消毒剂是可抑制或杀灭微生物，对人体也能产生有害作用的化学药剂，主要用于抑制或杀灭非生物体表面、器械、排泄物和环境中的微生物。防腐剂是可抑制微生物但对人和动物毒性较低的化学药剂，可消毒皮肤、黏膜、伤口等机体表面防止感染，也可用于食品、饮料、药品的防腐。消毒剂和防腐剂界限不严格，3%～5%苯酚用于器皿表面消毒，0.5%苯酚用于生物制品防腐。消毒剂和防腐剂在低浓度时会对微生物的生命活动有刺激作用，随着浓度的递增相继出现抑菌和杀菌作用。理想的消毒剂和防腐剂应具有作用快、效力大、渗透强、配制易、价格低、毒性小、无怪味的特点。完全符合上述要求的化学药剂很少，只能根据需要尽可能选择具有较多优良特性的化学药剂。

1. 主要的消毒剂和防腐剂

（1）醇类　　醇类具杀菌能力，但对细菌芽孢无效，主要用于皮肤及器械消毒。其杀菌作用是丁醇＞丙醇＞乙醇＞甲醇，丁醇以上不溶于水，甲醇毒性很大，通常用乙醇。无水乙醇与菌体接触后使细胞迅速脱水，表面蛋白凝固形成保护膜，阻止乙醇进一步渗入，影响杀菌能力。实验表明，70%乙醇杀菌效果最好，实际常用 75%乙醇。若与其他杀菌剂混合使用则可大大增强其杀菌作用。碘酊就是常用的皮肤表面消毒剂。我国具有悠久历史的传统风味食品醉蟹、醉笋、醉螺等就是用白酒或黄酒保存的。

（2）醛类　　醛也是常用杀菌剂。常用甲醛，37%～40%甲醛溶液称福尔马林，因有刺激性和腐蚀性不宜在人体使用，常以 2%甲醛溶液浸泡器械，10%甲醛溶液熏蒸房间。

（3）酚类　　浓度 0.5%的酚可消毒皮肤，2%～5%的酚可消毒痰、粪便与器皿，5%的酚可喷雾消毒空气。甲酚是酚的衍生物，杀菌效果比酚强几倍，水中溶解度较低，在皂液或碱性溶液中形成乳浊液。来苏尔是甲酚与肥皂混合液，常用 3%～5%溶液消毒皮肤、桌面及用具。

（4）表面活性剂　　主要是破坏菌体细胞膜的结构，胞内物质泄漏，蛋白质变性，菌体死亡。肥皂和洗衣粉是阴离子表面活性剂，对肺炎球菌和链球菌有效，对葡萄球菌、结核分枝杆菌无效，0.25%肥皂溶液对链球菌的作用比 0.7%来苏尔或 0.1%氯化汞还强，其作用主要是微生物附着于泡沫中被水冲洗掉。杀菌力较强的是阳离子表面活性剂，都是季胺类化合物如新洁尔灭，其 0.05%～0.1%溶液消毒皮肤、黏膜、器械及种子表面。

（5）染料　　碱性染料可抑制细菌特别是革兰氏阳性菌的生长，低浓度有明显的抑菌效果，是常用消毒剂。临床上常用 2%～4%结晶紫水溶液即紫药水消毒皮肤和伤口。

（6）氧化剂　　氧化剂作用于蛋白质的巯基，使蛋白质和酶失活，强氧化剂还可破坏蛋白质的氨基和酚羟基。常用的氧化剂有卤素、过氧化氢、高锰酸钾。95%乙醇-2%碘-2%碘化钠、83%乙醇-7%碘-5%碘化钾、5%碘-10%碘化钾水溶液都称碘酒，消毒皮肤比其他药品强。氯对金属有腐蚀，常用于水消毒，氯溶解于水形成盐酸和次氯酸，次氯酸在酸性环境中解离放出新生态氧，具强烈的氧化作用。漂白粉主要含次氯酸钙，很不稳定，水解成次氯酸，产生新生态氧，0.5%～1%漂白粉溶液能在 5min 内杀死大部分细菌。0.2%～0.5%过氧乙酸消毒皮肤、塑料等。新型消毒剂二氧化氯（ClO_2）对细菌有较强的吸附和穿透能力，破坏菌内含巯基的酶。对细菌、病毒等有很强的灭活能力，对芽孢等也有很好的杀灭作用，是取代氯气的最佳消毒剂。

广泛用于水处理、医疗保健、食品加工、蔬菜种植等行业。过碳酰胺［CO（NH_2）$_2H_2O_2$］是过氧化氢以氢键结合到尿素上形成的1∶1加合物，白色结晶粉末，无不良气味。它是固体过氧化物，性能稳定，杀菌作用广泛、快速，无毒性残余物，可作生产其他过氧化物类消毒剂的原料，用途很广。过氧化氢“纳米雾”是过氧化氢消毒剂雾化干燥的小微粒，能更长时间悬浮在空气中，与空气中的细菌充分接触杀菌。适用于病房、实验动物中心、冷冻干燥机及各类管道的灭菌。

（7）重金属　重金属离子都有很强的杀菌作用。常用汞及其衍生物，0.1%氯化汞可杀灭大多数细菌，腐蚀金属，对动物有剧毒，常用于组织分离时外表消毒和器皿消毒。2%红汞即红药水常消毒皮肤、黏膜及小创伤，不可与碘酒共用。银是温和的消毒剂，0.1%～1%硝酸银可消毒皮肤，1%硝酸银可防治新生儿传染性眼炎。硫酸铜对真菌和藻类有强杀伤力，与石灰配制的波尔多液可防治某些植物的真菌病害。

（8）酸碱类　酸碱类物质可抑制或杀灭微生物。强酸、强碱有很强的杀菌力，但腐蚀性很强，很少用。多用弱酸、弱碱作防腐剂、消毒剂。氢氧化铵、碳酸盐、重碳酸盐、硅酸盐及碱式磷酸盐等碱性化合物，依靠其强有力的清洁功能起杀菌作用。生石灰常以1∶（4～8）配成糊状消毒排泄物及地面。有机酸解离度小，但杀菌力大，作用机制是抑制酶或代谢活动，并非酸度的作用。苯甲酸、山梨酸、乙二酸、二甲基延胡索酸和丙酸用于食品、饮料及饲料防腐，在偏酸性条件下有抑菌作用。脱氢醋酸作化妆品防腐剂。

（9）酯类　对羟基苯甲酸酯（甲酯、乙酯、丙酯等），又名尼泊金酯，是目前世界上用途最广、用量最大、应用频率最高的防腐剂。它有高效、低毒、广谱、易配伍等优点。广泛用于日化、医药、食品、饲料及工业防腐等方面，并作医疗器械的清洗消毒剂，也是有机合成的中间体，是我国重点发展的替代苯甲酸钠等食品防腐剂的产品之一。

（10）天然防腐剂　已研制乳酸链球菌素、溶菌酶、抗菌肽和鱼精蛋白等天然防腐剂。

乳酸链球菌素（乳球菌肽）是某些乳酸链球菌代谢中合成和分泌的有很强杀菌作用的小肽，高效、无毒，是目前唯一可作防腐剂用于食品的细菌素。可抑制食品中的致病菌和腐败菌，减少食品化学防腐剂造成的安全隐患。它是由食品级微生物产生的蛋白质或多肽类物质，可被肠道蛋白酶分解，对肠道正常菌群无不良影响。但其产量较低；抑菌谱较窄，只抑制革兰氏阳性菌，对其他菌无作用；不同种属的抑菌机制不很清楚；不同食品介质中的溶解性和稳定性较差。可将它与山梨酸、螯合剂等配合使用，山梨酸主要抑制霉菌、酵母菌和需氧细菌，可克服其抗菌谱窄的缺点。试验表明，它与溶菌酶和柠檬酸钾的混合物有良好的抑菌效果。它还可与茶多酚、乙二胺四乙酸（EDTA）、山梨酸钾、双乙酸钠、抗坏血酸等保鲜剂联合使用有较好的防腐保鲜效果。此外，桂醛、茴香脑、毛桃、杏核油、迷迭香、大蒜、生姜、花椒、丁香、黑胡椒等提取物都有防腐抑菌作用，对食品常见的葡萄球菌、大肠杆菌、枯草杆菌、汉逊酵母、黑曲霉、青霉等有抑制作用，可作天然食品防腐剂。

2. 影响消毒剂作用的因素

（1）消毒剂的性质、浓度和作用时间　消毒剂理化性质不同对微生物作用程度不同。消毒剂浓度高杀菌作用大，浓度降至一定程度只能抑菌。有些消毒剂过浓影响消毒效力，如70%乙醇消毒效果最好；过浓的乙醇使菌体表面蛋白质迅速凝固影响其渗入，杀菌效力降低。消毒剂在一定浓度下对细菌作用时间愈长消毒效果愈强。

（2）微生物的种类与数量　同一消毒剂对不同种类和不同生长期的微生物杀菌效果不同。例如，一般消毒剂对结核分枝杆菌的作用比对其他细菌繁殖体作用差；70%乙醇可杀死细菌繁殖体，但不能杀灭细菌芽孢。因此，必须根据消毒对象选择合适的消毒剂。细菌可形成生物膜，以多糖包封多层微生物细胞紧密覆盖在机体组织或医疗设备表面，减缓甚至完全阻止消毒剂渗透，降低其有效性。微生物数量越大所需消毒时间越长。

（3）温度　一般温度升高可增强消毒剂的杀菌效果。例如，温度每增高10℃，重金属盐类的杀菌作用增加2～5倍，苯酚的杀菌作用增加5～8倍。

（4）酸碱度　消毒剂的杀菌作用受pH影响。例如，戊二醛本身呈中性，其水溶液呈弱酸性，当加入碳酸氢钠后才发挥杀菌作用。新洁尔灭的杀菌作用是pH越低所需杀菌浓度越高，如在pH为3时其所需杀菌浓度较pH为9时要高10倍左右。pH也影响消毒剂的解离度，一般来说，未解离的分子较易通过细胞壁，杀菌效果好。

（5）有机物　有机物特别是蛋白质能和许多消毒剂结合，严重降低消毒剂的效果。

（6）药物的相互拮抗　消毒剂理化性质不同，混用可能产生拮抗作用使药效降低。

（二）抗代谢物

有些化合物结构与生物代谢物相似，竞争特定酶的活性部位，阻碍酶功能，干扰正常代谢，这些物质称抗代谢物。其种类较多，如磺胺类药物为对氨基苯甲酸的对抗物；6-巯基嘌呤是嘌呤的对抗物；5-甲基色氨酸是色氨酸的对抗物；异烟肼是吡哆醇的对抗物。

抗代谢药物主要作用原理：与正常代谢物竞争酶的活性中心使微生物代谢所需重要物质无法合成；冒充正常代谢物使微生物合成无生理活性的假产物；与某一生化合成途径终产物结构类似，通过反馈调节抑制该途径代谢。

磺胺类药物是最常用的化学治疗剂，有抗菌谱广、性质稳定、使用简便、在体内分布广等优点，可抑制肺炎链球菌和痢疾志贺菌等的生长繁殖，能治疗多种传染性疾病。它们能干扰细菌叶酸合成。细菌叶酸由对氨基苯甲酸（PABA）和二氢蝶啶在二氢蝶酸合成酶的作用下先合成二氢蝶酸。二氢蝶酸与谷氨酸经二氢叶酸合成酶的催化形成二氢叶酸，再通过二氢叶酸还原酶催化生成四氢叶酸。磺胺与PABA化学结构相似（图7-25）。磺胺浓度高时可与PABA争夺二氢蝶酸合成酶，阻断二氢蝶酸合成。其作用机制如下。

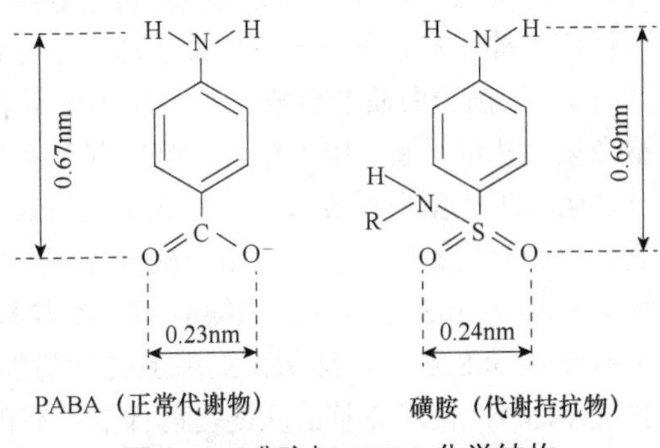

图7-25 磺胺与PABA化学结构

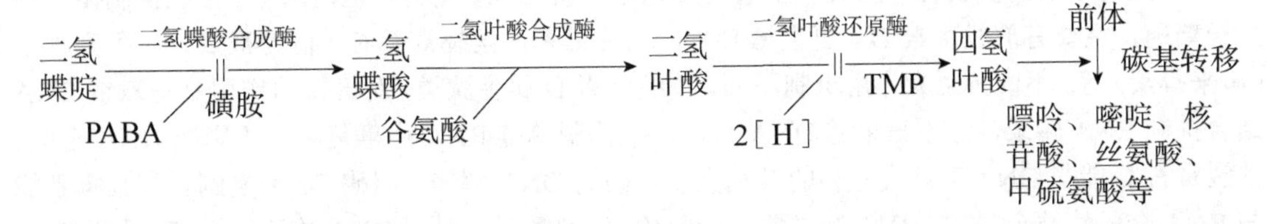

四氢叶酸（THFA）是极重要的辅酶，在核苷酸、碱基和某些氨基酸合成中起重要作用，缺少四氢叶酸，阻碍转甲基反应，代谢紊乱，抑制细菌生长。磺胺结构式中R若被不同基团取代，可生成不同的衍生物。其疗效比磺胺好。三甲基苄二氨嘧啶（TMP）抗菌力较磺胺强，又能增强磺胺和多种抗生素的作用，称抗菌增效剂。其作用机制是抑制二氢叶酸还原酶的功能，使二氢叶酸无法还原成四氢叶酸，增强磺胺的抑制作用。磺胺类药物抑制细菌生长，不干扰动物和人的细胞，许多细菌要自己合成叶酸，动物和人无二氢蝶酸合成酶、二氢叶酸合成酶和二

氢叶酸还原酶，从食物摄取叶酸。

现已发现很多维生素、氨基酸、嘌呤和嘧啶等化合物的类似物，当 DNA 复制时它们可竞争性地插入 DNA 中，却不能使 DNA 正常复制和转录。嘌呤和嘧啶碱基类似物可用于治疗病毒感染，因为病毒对碱基类似物的利用比细胞快，受到的损伤更严重。

（三）抗生素

抗生素是生物在新陈代谢中产生或人工衍生的，很低的浓度就特异抑制他种生物的生命活动甚至杀死他种生物的化学物质，是临床常用的重要药物。其主要作用机制如下。

1．抑制细胞壁的形成 细胞壁对细菌起保护作用，细胞壁受损或其合成过程受阻都会导致细菌死亡。细菌细胞壁的主要成分是肽聚糖，抗生素抑制细菌细胞壁形成主要是干扰肽聚糖的合成。这类抗生素有 D-环丝氨酸、万古霉素、头孢霉素、瑞斯托菌素、杆菌肽、青霉素等。它们作用于肽聚糖合成的某一步反应，影响肽聚糖的合成。它们只作用于生长的细菌细胞，对静息的细胞无影响。G^+菌对这类抗生素的敏感性强于G^-菌。人及动物的细胞无细胞壁，不受这些抗生素的影响。真菌的细胞壁含几丁质。多氧霉素阻碍几丁质的合成，有很强的抗真菌能力，对农作物没有影响。因此，多氧霉素是防治作物真菌病害最好的抗生素，很有发展前途。

2．影响细胞膜的功能 多黏菌素、制霉菌素、两性霉素等抗生素有选择地作用于微生物细胞膜，与膜结合使其结构破坏、细胞质泄漏、细胞死亡。多黏菌素分子有极性基团和非极性基团，其极性基团与膜中磷脂作用，非极性部分插入膜的疏水区，在静电引力作用下使膜解体，细胞质外流，菌体死亡。这类抗生素对动物毒性较大，常作外用药。两性霉素和制霉菌素等多烯类抗生素与真菌细胞膜中麦角固醇结合使膜破坏、细胞质泄漏，它们不能作用于细菌。短杆菌肽等作特异离子载体使某些离子不正常积累或排出。

3．干扰蛋白质的合成 这类抗生素较多，如链霉素、氯霉素、卡那霉素、四环素、春雷霉素、林可霉素、庆大霉素、嘌呤霉素等。它们与细菌核糖体结合，使 mRNA 与核糖体的结合受阻，干扰蛋白质合成，抑制微生物生长，并非杀死原有微生物细胞。不同抗生素抑制蛋白质合成的机制不同。有的作用于核糖体不同的亚基，链霉素改变核糖体 30S 亚基构型；四环素影响核糖体 30S 亚基并封锁氨酰-tRNA 与核糖体结合；氯霉素、红霉素、林可霉素等则作用于核糖体 50S 亚基，抑制大亚基上转肽酶的催化反应；嘌呤霉素影响 50S 亚基，从 P 点驱除肽链-tRNA，使不完整的肽链提前释放。有的抗生素在蛋白质合成的不同阶段起作用。动物、人的核糖体与细菌不同，上述抗生素对动物和人无影响。

4．阻碍核酸的复制 这类抗生素主要通过干扰 DNA 复制和阻碍 RNA 转录抑制微生物生长繁殖，主要有放线菌素 D（更生霉素）、利福霉素、丝裂霉素 C（自力霉素）、争光霉素（博来霉素）等。不同抗生素作用机制不同。放线菌素 D 属多肽类，对机体的作用是与双链 DNA 结合抑制 RNA 转录，它不与单链 DNA 结合，不抑制单链 RNA 病毒复制，不影响 DNA 合成。丝裂霉素 C 能与 DNA 双螺旋互补的碱基交联，妨碍 DNA 解链，阻碍 DNA 复制。利福霉素能与 RNA 合成酶结合，抑制 RNA 合成酶反应起始。丝裂霉素可引起 DNA 酶活性提高，导致 DNA 部分裂解。博来霉素是 DNA 的损伤剂，使 DNA 反复产生多个断点，释放出单个核苷酸干扰复制。阻碍核酸合成的抗生素对病原菌和人类的细胞都有毒害，因为两者的核酸代谢相似，所以这类抗生素的临床应用有限，主要用于抗癌。

5．影响能量的利用 抗霉素、寡霉素、短杆菌素 S 和缬氨霉素等抗生素通过作用于呼吸链，干扰氧化磷酸化，尤其是好氧微生物。抗霉素是呼吸链电子传递系统的抑制剂，使微生物呼吸作用停止。寡霉素是能量转移的抑制剂，使能量不能用于 ATP 的合成。

（四）微生物的抗药性

随着各种化学治疗剂的广泛应用和含抗生素废水的随意排放，葡萄球菌、大肠杆菌、痢疾志贺菌、结核分枝杆菌等致病菌表现出越来越强的抗药性，现在出现了能抗多种药物的“超级菌”，给医疗带来困难。抗性菌株的抗药性主要表现在以下方面。

1. 细菌产生钝化或分解药物的酶　青霉素临床应用初期，金黄色葡萄球菌死亡率达 90% 以上，疗效显著。长期使用后出现了大量耐青霉素菌株，某些地区金黄色葡萄球菌耐药菌株竟稳定在 80%～90%。菌株抗青霉素是由于它们产生青霉素酶即 β-内酰胺酶，使青霉素或头孢霉素分子中的 β-内酰胺环开裂失去抑菌作用。

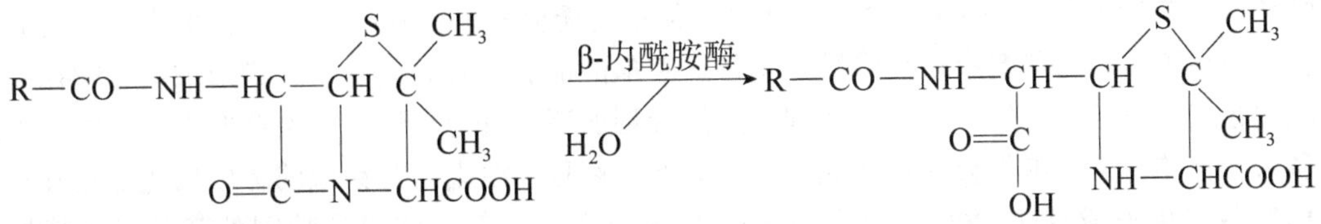

$$\begin{array}{c}\text{R—CO—NH—HC—CH}\overset{\text{S}}{\frown}\text{C(CH}_3)_2\\ \text{O=C—N—CHCOOH}\end{array}\xrightarrow[\text{H}_2\text{O}]{\beta\text{-内酰胺酶}}\begin{array}{c}\text{R—CO—NH—CH—CH}\overset{\text{S}}{\frown}\text{C(CH}_3)_2\\ \text{O=C(OH)}\qquad\text{NH—CHCOOH}\end{array}$$

现通过制造半合成青霉素，改变青霉素的结构，保护 β-内酰胺环，克服金黄色葡萄球菌等的抗药性。半合成青霉素是由青霉素的主核——6-氨基青霉烷酸（6-APA）分别与不同的化学基团，在酶的作用下合成生物学和化学性质不同的青霉素，如氨苄青霉素、羧苄青霉素等。

有些病原微生物产生其他酶类，通过乙酰化、磷酸化和腺苷酸化使抗生素的分子结构改变。例如，有些肠道细菌产生乙酰转移酶使有抗菌活性的氯霉素变成无抗菌活性的氯霉素。

2. 改变细胞膜的透性　其机制有多种，如委内瑞拉链霉菌细胞膜透性改变，阻止四环素进入细胞，但易排出细胞；某药物经细胞代谢变成某衍生物后外渗速度比该药物渗入速度大。

3. 改变对药物敏感的位点　例如，链霉素的作用是与细菌核糖体的 30S 亚基结合，抗链霉素的菌株通过突变使 30S 亚基的亚单位的 p10 蛋白组分改变，使结构发生变化，不能与链霉素结合，链霉素就不能抑制其蛋白质的合成。

4. 菌株发生变异　变异株合成新多聚体取代原多聚体，或产生仍能合成原来产物的新途径，如抗青霉素菌株能合成其他壁多聚体；金黄色葡萄球菌和肠道细菌耐磺胺变异菌株。

5. 存在主动外排系统　近年来发现铜绿假单胞菌的一些耐药菌株的细胞膜上存在主动外排系统，可将进入细胞内的药物泵出细胞外。

为避免细菌出现耐药性，使用抗生素必须注意：①只有在必要时才使用；②首次使用的药物剂量要足；③避免长期单一使用同种抗生素；④不同抗生素混合使用；⑤改造现有抗生素；⑥筛选新的高效抗生素。

研究发现很多中草药有明显的抗菌效果，如黄檗、黄连、黄芩、紫花地丁、金银花等。

第四节　微生物细胞的分化

微生物的形态结构虽然比较简单，但它们的细胞也有不同程度的分化。微生物在生长发育中，细胞内不断分化和调节，从一个阶段发展到另一个阶段。不仅有生理生化上的改变，也表现出细胞形态结构的变化，如产生孢子、鞭毛、梗和有性器官等。这种细胞形态结构的分化称为形态发生。研究证明细胞形态的形成是受遗传基因控制的。

微生物细胞的分化主要取决于遗传因素，受细胞内酶的诱导与抑制的调控；同时也与环境条件关系密切。导致分化的外界因素有光线、温度、饥饿、特殊营养和季节等。

一、细菌细胞的分化

1. 细菌芽孢的形成 细菌芽孢形成前菌体中先出现两个核区，整个过程可观察到 7 个分化阶段（图 2-33）：Ⅰ. 轴丝形成；Ⅱ. 前芽孢隔膜形成；Ⅲ. 前芽孢形成；Ⅳ. 皮层形成；Ⅴ. 芽孢衣形成；Ⅵ. 形成芽孢内衣，芽孢成熟；Ⅶ. 芽孢释放。细菌芽孢形成主要受遗传因子控制，也受外环境因素影响。温度、pH、氧等对细菌芽孢形成的影响不显著，主要是培养基成分影响很大。在营养丰富培养基上能形成芽孢的细菌也不形成芽孢，如枯草杆菌在含水解酪蛋白、丙氨酸、天冬氨酸、谷氨酸和无机盐等营养丰富的培养基上培养时以营养细胞生长，不形成芽孢。若将对数生长期的枯草杆菌接种到简单的无机盐培养基，大约经过 8h 大部分营养细胞就形成芽孢。若培养基中缺少磷酸盐也促进芽孢的形成。营养条件对芽孢形成的影响在芽孢形成的起始阶段是可逆的。只有当芽孢形成进行到前芽孢时逆转现象才不会发生，此时无论加入多么丰富的营养芽孢仍会继续形成，直到成熟。可见环境因素对芽孢的形成仅起启动作用。枯草杆菌芽孢形成有约 200 个基因参与，环境因素可启动某些成孢基因使营养细胞特异性 mRNA 的合成终止，并启动成孢基因的转录，合成一系列特异蛋白，完成芽孢形成。

2. 链霉菌的分化 链霉菌的分化有产生菌丝及孢子的形态分化和气生菌丝产生抗生素等次生代谢产物的生理分化。天蓝色链霉菌 A3 菌株分生孢子萌发形成营养菌丝和多分支气生菌丝。气生菌丝成熟后形成孢子丝，缢裂形成分生孢子，呈现形态分化；只有气生菌丝产生放线菌紫素、次甲基霉素、十一烷基灵菌红素、A 因子和依赖钙的抗生素 5 种次生代谢产物，呈现生理分化。其形态分化受菌丝形成基因和孢子生成基因控制，次生代谢产物合成由各自相关基因控制。*bldA* 基因是控制其形态分化和生理分化的总开关。灰色链霉菌产生的 A 因子是激素，它与胞质内 A 因子结合蛋白结合时释放一种抑制剂抑制链霉素合成和孢子形成。它是灰色链霉菌形态分化和生理分化的开关。

二、真菌细胞的分化

1. 真菌孢子的形成 其分化过程复杂。脉孢菌分生孢子形成可分 5 个阶段：Ⅰ. 分生孢子梗形成；Ⅱ. 核转移到分生孢子梗内；Ⅲ. 分生孢子梗膨胀；Ⅳ. 顶端出芽并形成一串相通的芽体；Ⅴ. 芽体间产生横隔形成一串孢子。研究证明控制这几个阶段的是细胞核，其控制基因分布在 6 条染色体上。器官发育伴随大分子化合物的聚合和积累，细胞质膜的新生与分配，细胞壁物质的合成、转移和构成细胞壁。这些过程均受核控制。

酿酒酵母形成子囊孢子受细胞类型和营养饥饿两方面调节。只有 a/α 型双倍体细胞才能对营养饥饿作出反应形成子囊孢子。营养饥饿使双倍体细胞分裂被阻断在 G_1 期，终止核复制和有丝分裂出芽，进行减数分裂形成子囊孢子。在细胞分裂 G_1 期早期是否有营养饥饿成为控制双倍体细胞是有丝分裂出芽还是减数分裂形成子囊孢子的关键调节因子。

孢子形成也受环境因素影响。其中温度、光线、营养的作用较突出。靠控制环境条件可诱发有性或无性孢子产生。例如，用石膏或胡萝卜斜面诱发酵母菌产生子囊孢子；日光下镰刀菌形成大量分生孢子；蓝光下可诱发甘蓝黑胫病菌（*Phoma lingam*）产生子囊孢子。某些鞭毛菌因温度决定产生无性孢子的类型。例如，致病疫霉（*Phytophthora infestans*）在 15℃和有水时形成游动孢子囊，在 20℃和无水时形成分生孢子。环境因素与形态形成密切相关的例子很多。它与控制某些酶的生成和抑制有关，即控制了某一操纵子的启动和阻遏。

2．黏菌形态的形成 黏菌是一类多形态微生物，其生活周期中有形成原生质团、变形虫群合体、子实体和孢子等不同阶段，对其各种组织类型的生成和细胞分化的协同作用进行了许多研究。黏菌原生质团形成孢子前需要一个饥饿期，这时原生质团停止生长，开始合成某些酶和新物质，主要是半乳糖和黑色素。根据对多头绒泡菌的研究，饥饿后整个原生质团可移到向光的地方。其孢子的形成需要光线，只有在光线照射下才由原生质团逐步发育成孢子囊和孢子。在自然界发现孢子囊的产生与湿度有关。细胞黏菌在形成变形虫群合体前，可在基物表面颤动地向中心运动并形成同心圆形、螺纹形和丛枝形等美丽图形。它们如此协调一致地运动靠的是什么？已从中分离到一种可扩散称为“群合黏菌素”的化学物质。人工测试各类化学物质发现环状 AMP 可使变形虫聚集成图形。还不能认为环状 AMP 就是群合黏菌素，因为群合黏菌素可能是几种物质的总称。变形虫进入聚集流时彼此黏接，黏接有规律地发生于细胞的一定部位，变形虫群合体是一个完整的个体，细胞彼此紧紧黏在一起为形成子实体打下基础。群合体中孕育并已分化好形成子实体茎和头部的细胞。通常位于群合体前端约 1/3 处的细胞形成茎，后面 2/3 处的细胞形成头部。形成头部的细胞通过前端细胞爬到顶部形成子实体头部和孢子。

习　题

1．名词解释：纯培养；混菌培养；分批培养；连续培养；抑菌；溶菌；化学治疗剂；抗代谢物；抗生素。

2．什么是微生物的生长、繁殖？两者有何关系？试比较细菌、酵母菌、丝状真菌个体生长的异同。

3．何谓同步生长？用哪些方法可获得同步生长微生物？

4．什么是生长曲线？指出细菌生长曲线各时期的形态和生理特点及其实际应用。

5．测定微生物群体生长的方法有哪些？试比较这些方法的优缺点及适用范围。

6．根据最适生长温度，可将微生物分成哪几种类型？它们各有何特点？

7．根据对分子氧的要求，微生物可分成哪几种类型？它们各有何特点？举例说明。

8．连续培养有何优缺点？为什么连续培养时间总是有限的？

9．什么是高密度培养？如何保证好氧菌或兼性厌氧菌获得高密度生长？

10．微生物培养中引起 pH 改变的原因有哪些？实践中如何保证微生物处于较稳定和合适的 pH 环境中？

11．什么叫防腐、消毒、灭菌和化疗？有何异同？举例说明。

12．试说明罐藏、盐渍、干制保藏食品的微生物学原理。

13．实验室常用的灭菌方法有哪些？试阐述这些方法的原理及适用范围。

14．影响高压蒸汽灭菌效果的主要因素有哪些？在实践中应如何正确处理？

15．治疗外伤使用红汞、紫药水、碘酒、H_2O_2 等药物的杀菌机制是什么？

16．试以磺胺及其增效剂 TMP 为例，说明化学治疗剂的作用机制。

17．抗生素的抗菌机制是什么？举例说明。

18．细菌的抗药性机制有哪些？如何避免抗药性的产生？

（康贻军　沈敏）

第八章

微生物的遗传和变异

遗传和变异是生物最本质的属性之一。生物子代与亲代之间的性状既相似又不完全相同。子代与亲代性状相似的现象叫遗传；子代与亲代或子代之间性状不同的现象叫变异。遗传是相对的；变异是绝对的，普遍发生的。遗传保证了物种的存在和延续，变异推动了物种的进化和发展。有的表型变化并不涉及遗传物质结构的改变，只发生在转录、翻译水平上的变化称饰变，即外表修饰性的改变，不能遗传。微生物种类和代谢类型多样；结构简单，营养体一般都是单倍体，其遗传物质的变化都能在性状上表现出来；繁殖速度快，能在短时间内获得较多的代数和众多的子代，易于得到突变体；容易形成营养缺陷型和抗性突变型等突变株；易于培养，变异现象普遍且易于识别；环境条件对微生物群体中各个体作用比较直接、均一。因此，微生物是研究遗传与变异的好材料，特别是在分子遗传学方面微生物成了最热衷的研究对象。

研究微生物遗传规律不仅促进了遗传学向分子水平发展，还促进了生物化学、分子生物学和生物工程学的发展；为微生物和其他生物的育种工作提供了丰富的理论基础，促使育种工作从自发向着自觉、从低效转向高效、从随机转为定向、从近缘杂交朝着远缘杂交等方向发展。

第一节　遗传变异的物质基础

遗传变异的物质基础是什么？孟德尔（Mendel）认为是遗传因子（1865 年），苏顿（Sutton）认为是染色体（1903 年），约翰森（Johannsen）认为是基因（1909 年）。遗传的物质基础是蛋白质还是核酸，曾是生物学中激烈争论的重大问题，当时学术界普遍认为，决定生物遗传型的染色体和基因的活性成分是蛋白质。直到 20 世纪 40 年代后一系列以微生物为对象进行的实验证实：性状由基因决定，基因存在于染色体，染色体是核酸或其与蛋白质的结合物。核酸分子是遗传物质，基因是其信息单位，染色体是其存在形式。

拓展资料

一、证明核酸是遗传变异的物质基础的经典实验

1. 转化实验　转化指 A 品系的生物吸收了来自 B 品系生物的遗传物质获得 B 品系的遗传性状的现象。转化现象是格里菲斯（Griffith）于 1928 年研究肺炎链球菌感染小鼠的实验（图 8-1）中发现，后经艾弗里（Avery）等于 1944 年证实。肺炎链球菌有不同的菌株和血清型。有荚膜的菌落表面光滑（smooth）称 S 型，具致病性；没有荚膜的菌落表面粗糙（rough）称 R 型，无致病性。它们都有不同的血清型（Ⅰ、Ⅱ、Ⅲ等）。格里菲斯将肺炎链球菌 SⅢ型加热杀死后注入小鼠体内，小鼠健康。将加热杀死的 SⅢ型与少量的不致病的 RⅡ型混合后注入小鼠体内则小鼠感染病死，并从死亡的小鼠体内分离到活的 SⅢ肺炎链球菌。这说明 RⅡ型获得了 SⅢ型的遗传性状。艾弗里做了更细的研究，他把从 SⅢ型分离到的多糖、蛋白质及 DNA 分

别与 RⅡ型混合后注入小鼠。结果发现只有 DNA 能使 RⅡ型转化为 SⅢ型，DNA 纯度越高其转化率越高。经 DNA 酶水解的 DNA 则无转化作用。多糖和蛋白质都无转化能力。表明 RⅡ型吸收了 SⅢ型的 DNA 即可获得 SⅢ型的性状。第一次证明了遗传信息的载体是 DNA。

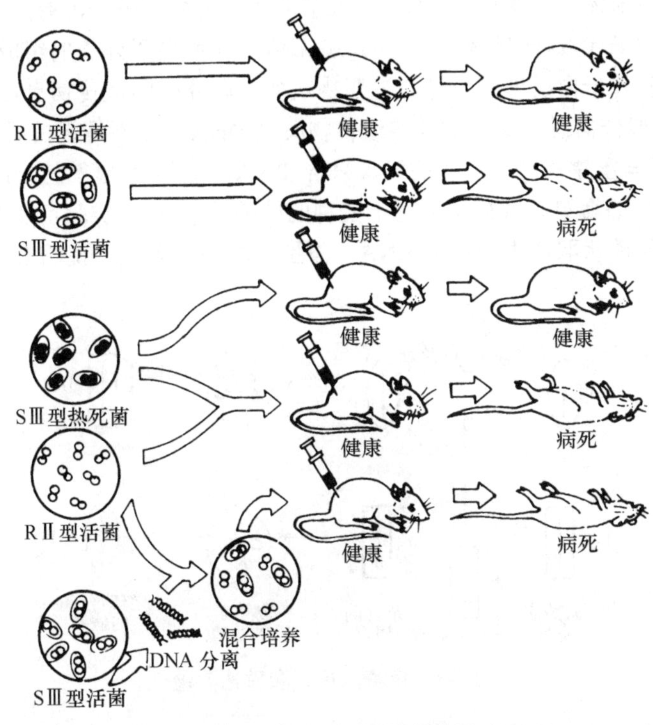

图 8-1 **Griffith** 的转化实验

2．噬菌体感染实验 1952 年，赫尔希（Hershey）和蔡斯（Chase）为了证实噬菌体的遗传物质是 DNA，用放射性同位素标记大肠杆菌 T_2 噬菌体（图 8-2）。T_2 噬菌体由蛋白质和核酸组成，噬菌体中硫元素只存在于蛋白质中，磷元素只存在于核酸中。分别在含 ^{32}P 和 ^{35}S 的培

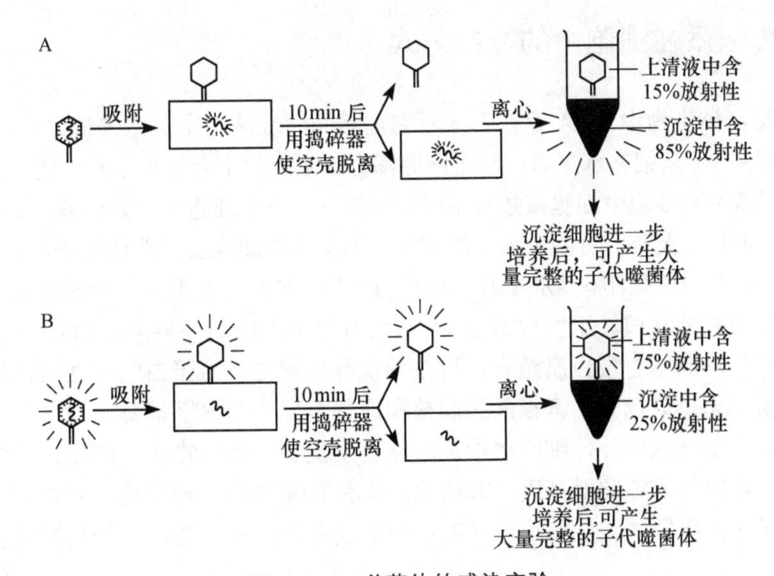

图 8-2 T_2 噬菌体的感染实验

A．^{32}P 标记 DNA 的 T_2 噬菌体感染大肠杆菌；B．^{35}S 标记蛋白质外壳的 T_2 噬菌体感染大肠杆菌

养基上培养大肠杆菌，再分别用该大肠杆菌培养 T_2 噬菌体，则一部分 T_2 噬菌体的 DNA 被 ^{32}P 标记，另一部分的蛋白质被 ^{35}S 标记。分别用被标记的 T_2 噬菌体感染正常大肠杆菌，10min 保温后搅动、离心。已知这一短时间可恰好完成感染。结果发现 ^{35}S 位于上清液，^{32}P 则存在于底部。底部是大肠杆菌菌体。说明只有 DNA 进入了菌体，蛋白质外壳没有进入。不仅完成复制、装配，释放出完整的子代 T_2 噬菌体。而且 T_2 噬菌体后代蛋白质外壳的组成、形状、大小等各种特性均与留在细胞外蛋白质外壳一样。说明决定蛋白质外壳的遗传信息在 DNA，DNA 携带有 T_2 噬菌体的全部遗传信息。又一次证实遗传物质是 DNA，而不是蛋白质。

3．病毒的拆开与重建实验 有的病毒只含 RNA。法郎克-康勒特（Fraenkel-Conrat）于 1956 年用只含 RNA 的烟草花叶病毒的两个变种的核酸-外壳重组实验证实其遗传物质是 RNA（图 8-3）。重建病毒性状取决于相应的 RNA，与蛋白质外壳无关，说明 RNA 是其遗传物质。

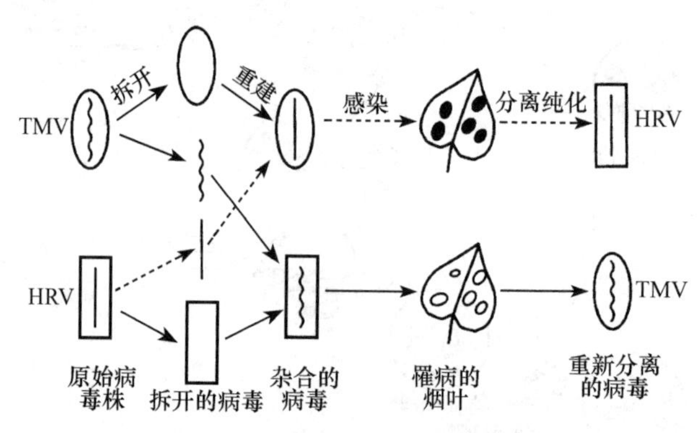

图 8-3 病毒的拆开和重建实验

这三个经典实验证明核酸是遗传物质。现代分子生物学及基因工程成就更说明核酸是遗传信息的载体。绝大多数生物遗传物质是 DNA，少数生物遗传物质是 RNA。朊病毒是有传染性的蛋白质致病因子，尚未发现该蛋白质内有核酸，它通过改变宿主蛋白质构象增殖，与已知传染因子都有核酸不同。

二、遗传物质在细胞中的存在方式

原核生物与真核生物中 DNA 存在形式不完全相同。现从 7 个层次来探讨。

1．细胞水平 从细胞水平看，每个细胞都有该生物的全套遗传信息，绝大多数都聚集于细胞核中。不同微生物细胞中细胞核数目不同。有的只有一个细胞核，如球菌、酵母菌等；有的有两个细胞核，如担子菌等；有的有多个细胞核，如真菌和放线菌的菌丝体等，孢子有一个核。

2．细胞核水平 从细胞核水平看，真核微生物 DNA 与组蛋白结合形成染色体，由核膜包裹形成有固定形态的真核。组蛋白对 DNA 结构有保护作用，并能影响 DNA 上基因的表达。原核微生物 DNA 一般不与蛋白质结合，近来发现有少数与类组蛋白的碱性蛋白结合形成松散无定形的染色质，无核膜包裹。真核的细胞核和原核微生物的核区都是其遗传信息最主要的承载者称核基因组。除细胞核外，细胞质中还有能自主复制的遗传物质。例如，真核微生物的中心体、线粒体、叶绿体等细胞器基因和共生物，还有 2μm 质粒。原核微生物质粒种类很多，如细菌的致育因子（F 质粒）、抗药因子（R 质粒）及降解性质粒等，控制宿主细胞的次要遗传性状。

3．染色体水平 不同生物核内染色体数目不同。真核微生物细胞核中染色体数目较多，酿酒酵母单倍体细胞含有 16 条主要由 DNA 构成的染色体。我国学者将酿酒酵母的 16 条染色体成功地融合成一条，使原来的 32 个端粒减为 2 个，结果细胞的生长、繁殖功能基本不变（2018 年）。原核微生物只有一条。除染色体的数目外，染色体套数也不相同。一个细胞中只有一套染色体称单倍体。绝大多数微生物是单倍体。一个细胞中含有两套相同功能的染色体则称二倍体。酿酒酵母等少数微生物营养细胞及单倍体性细胞接合或体细胞融合形成的合子是二倍体。

4. 核酸水平　从核酸种类看，大多数微生物的遗传物质是 DNA，只有少数病毒遗传物质是 RNA。真核微生物核酸分子与缠绕的组蛋白构成染色质，细胞分裂期形成染色体。原核微生物 DNA 单独存在。从核酸结构看，有双链和单链之分。绝大多数微生物 DNA 是双链，只有少数病毒 DNA 是单链，如大肠杆菌 ΦX174 噬菌体 DNA 为单链。绝大多数 RNA 是单链，少数是双链。从核酸长度看，DNA 分子极长，如大肠杆菌 DNA 分子长 1.1～1.4mm，是其菌体长度的 1000 倍。T_2 噬菌体 DNA 长度为其头部直径的 500 倍。基因组大小用碱基对（bp）、千碱基对（kb）和兆碱基对（Mb）作单位。不同微生物的基因组大小相差很大。真核微生物的 DNA 比原核微生物长得多。从核酸状态看，真核微生物核内 DNA 是念珠状（核小体链），核外 DNA 同原核微生物的一样。原核微生物中双链 DNA 一般是环状，部分链霉菌和古菌的双链 DNA 是线状，细菌质粒中的 DNA 呈超螺旋状，病毒粒子双链 DNA 呈环状或线状，RNA 分子都是线状。

拓展资料

多数细菌对噬菌体感染及其他外源 DNA 侵染都有一套功能性的防御系统。细菌能识别进入的外源 DNA 并用相应的酶将其降解，以免它们干扰细菌 DNA。为防止这些酶降解自身 DNA，细菌中还有一类酶可修饰自身 DNA 分子使其甲基化。这就是细菌 DNA 的限制性和修饰性。

拓展资料

5. 基因水平　基因的概念不断发展。1909 年约翰森提出“基因”这个名词，无任何内涵。摩尔根将基因和染色体联系起来使基因由符号变成实体。随着“一个基因一个酶”理论和操纵子学说建立及顺反子等概念提出使基因的内涵不断丰富。基因是指生物体内有自主复制能力的遗传功能单位，通常指位于染色体上的一段以直线排列的特定核苷酸序列，能编码特定功能的多肽、蛋白质或 RNA。众多基因构成染色体。基因通过转录形成 RNA 产物：mRNA、tRNA、rRNA。mRNA 再通过翻译产生蛋白质。这两个过程就是基因的表达。根据功能原核生物的基因分调节基因、启动基因、操纵基因和结构基因。几个相关的基因组成一个操纵子。结构基因是决定某一多肽链一级结构的 DNA 模板，通过转录和翻译执行多肽链的合成，它所编码的蛋白质合成与否受调节基因和操纵基因的控制。调节基因是能调节操纵子中结构基因活动的基因，能转录出自己的 mRNA 经翻译产生阻遏物。阻遏物和操纵基因相互作用可使 DNA 双链无法分开，阻挡 RNA 聚合酶沿结构基因移动，关闭结构基因的活动。操纵基因位于启动基因和结构基因之间，它与结构基因紧密连锁在一起，通过与阻遏物结合与否控制结构基因转录的开放或关闭。启动基因是 RNA 聚合酶附着和启动的部位。一个基因为 1000～1500bp，分子量约 6.7×10^5。基因大小差别很大，从几十个 bp 至上万个 bp。每个细菌有 5000～10 000 个基因。

真核生物的基因与原核生物的基因有许多不同之处，最明显的是真核生物的基因一般无操纵子结构，存在大量不编码序列和重复序列，转录与翻译在细胞中有空间分隔，以及基因被许多无编码功能的内含子阻隔，从而使编码序列变成不连续的外显子状态。这类结构上断裂的基因为真核生物所特有，称为割裂基因。有的基因可与其他基因共用一段序列，称作重叠基因。

拓展资料

基因名称用英文名前三个小写字母表示，斜体，若同一基因有不同位点，在基因符号后加一正体大写字母或数字，如 *lacZ*。基因表达产物蛋白质名称用三个正体字母（首字母大写）表示，如 LacZ。抗性基因将抗用大写正体 R 注在基因符号右上角如抗链霉素基因“str^{R}”。

6. 密码子水平　遗传密码是指 DNA 链上决定各具体氨基酸的特定核苷酸排列顺序。基因中携带的遗传信息（核苷酸排列顺序）通过 mRNA 传给蛋白质。遗传密码的单位是密码子。

密码子是由核酸分子上三个连续的核苷酸序列决定的。三联密码子一般都用 mRNA 上的三个连续核苷酸顺序表示。A、C、G 和 U 4 种核苷酸三个一组可排列 64 种密码子，其中 AUG 为起始密码子，对应甲硫氨酸（真核生物）或甲酰甲硫氨酸（原核生物）；UAA、UGA 和 UAG 是蛋白质合成的终止信号，叫终止密码子。其余的分别对应除甲硫氨酸以外的 19 种编码氨基酸。两者的对应关系早已破译（表 8-1）。这种关系在生物界是通用的。因此，原核微生物也可翻译人的基因转录的 mRNA。如人胰岛素基因转入大肠杆菌体内，大肠杆菌即可合成人的胰岛素。

表 8-1 反映在 mRNA 上的遗传密码子

第一碱基	第二碱基				第三碱基
	U	C	A	G	
U	苯丙氨酸	丝氨酸	酪氨酸	半胱氨酸	U
	苯丙氨酸	丝氨酸	酪氨酸	半胱氨酸	C
	亮氨酸	丝氨酸	终止	终止	A
	亮氨酸	丝氨酸	终止	色氨酸	G
C	亮氨酸	脯氨酸	组氨酸	精氨酸	U
	亮氨酸	脯氨酸	组氨酸	精氨酸	C
	亮氨酸	脯氨酸	谷氨酰胺	精氨酸	A
	亮氨酸	脯氨酸	谷氨酰胺	精氨酸	G
A	异亮氨酸	苏氨酸	天冬酰胺	丝氨酸	U
	异亮氨酸	苏氨酸	天冬酰胺	丝氨酸	C
	异亮氨酸	苏氨酸	赖氨酸	精氨酸	A
	甲硫氨酸（起始）	苏氨酸	赖氨酸	精氨酸	G
G	缬氨酸	丙氨酸	天冬氨酸	甘氨酸	U
	缬氨酸	丙氨酸	天冬氨酸	甘氨酸	C
	缬氨酸	丙氨酸	谷氨酸	甘氨酸	A
	缬氨酸	丙氨酸	谷氨酸	甘氨酸	G

7. 核苷酸水平 核苷酸是核酸的组成单位，绝大多数微生物 DNA 中都只有 dAMP、dTMP、dGMP 和 dCMP 4 种脱氧核糖核苷酸；绝大多数 RNA 中只有 AMP、UMP、GMP 和 CMP 4 种核糖核苷酸。其中某一个核苷酸中碱基发生变化则导致一个密码子意义改变，进而导致整个基因信息改变，指导合成新的蛋白质，引起性状改变。核苷酸是最小的突变单位或交换单位。

第二节 微生物的基因组

基因组是指单倍体细胞核内外或病毒中所含的全套遗传物质。包括细胞中的基因及非基因 DNA 序列。大多数细菌和噬菌体的基因组是指单个染色体上所含的全部基因，二倍体真核生物的基因组是单倍体（配子）细胞核内整套染色体所含的 DNA 分子及其所携带的全部基因。基因组学是研究生物基因组的组成，组内各基因的精细结构、相互关系及表达调控的科学。专门借助于计算机程序分析处理基因组及其他生物学信息的学科，称为生物信息学。

微生物基因组一般都比较小，其中最小的大肠杆菌 MS_2 噬菌体的 RNA 仅有 3569bp，含三个基因，而人的染色体 DNA 为 3.2×10^9bp，含约三万个基因。病毒、原核生物和真核生物的基因组大小分别约为：10^3bp、10^6bp、10^9bp 数量级（表 8-2）。

表 8-2　几种微生物及其他代表生物的基因组

生物	基因数/个	基因组大小/bp	生物	基因数/个	基因组大小/bp
MS_2 噬菌体	3	3.00×10^3	黄色黏球菌	8 000	9.40×10^6
ΦX 噬菌体	11	5.00×10^3	流感嗜血杆菌	1 760	1.83×10^6
λ 噬菌体	50	5.00×10^4	生殖道支原体	473	5.80×10^5
T_4 噬菌体	150	2.00×10^5	詹氏甲烷球菌	1 738	1.66×10^6
大肠杆菌	4 288	4.70×10^6	天蓝色链霉菌	7 846	8.60×10^6
枯草杆菌	4 100	4.20×10^6	果蝇	13 601	1.65×10^8
啤酒酵母	5 800	1.35×10^7	人	约 30 000	3.00×10^9

一、大肠杆菌的基因组

大肠杆菌是微生物中研究最深入的能独立生活的微生物。1997 年完成其基因组全序列测定，用于序列测定的菌株为埃希菌属 K-12MG1655，针对该菌株的遗传操作较少，并处理去除了染色体外的主要遗传物质 F 质粒和 λ 噬菌体。

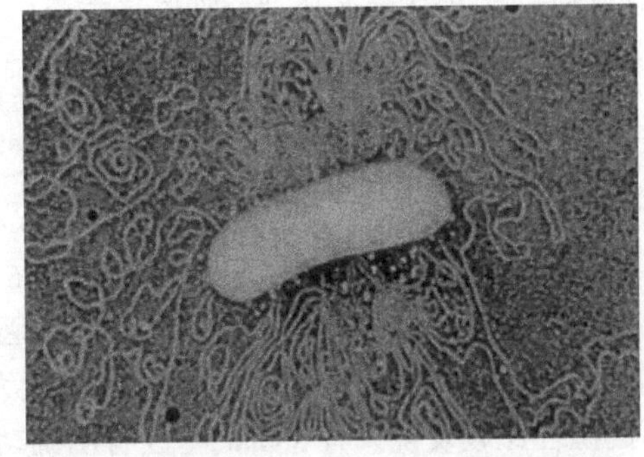

图 8-4　大肠杆菌 K_{12} 菌株的染色体电镜图

彩图

1．大肠杆菌基因组的组成　它为环状双链 DNA（图 8-4），长 4 639 221bp，87.5%编码蛋白质，0.7%为重复序列，0.8%编码 RNA，其余为调节序列或功能未明序列。其基因组有 4290 个编码序列，已知确切功能的 2700 个，其中 1853 个基因已鉴定过，其余基因通过生物信息学分析得到。大肠杆菌复制起点位于 3 900 000～3 950 000bp，复制终点位于起点对面。

2．大肠杆菌基因组的结构特点　大肠杆菌 DNA 分子以紧密缠绕、致密的不规则小体存在于细胞中，其上结合类组蛋白质和少量 RNA，使其压缩成脚手架形的致密结构。大肠杆菌就以这种原核在细胞中执行复制、重组、转录、翻译及复杂的调节过程。其基因组的结构特点如下。

（1）遗传信息具有连续性　大肠杆菌和其他原核生物基因数基本接近由它的基因组大小所估计的基因数（通常以 1000～1500bp 为一个基因计），说明这些微生物基因组 DNA 绝大部分用来编码蛋白质、RNA；用作复制起点、启动子、终止子和一些由调节蛋白识别与结合的位点等信号序列。除在个别细菌（鼠伤寒沙门菌和犬螺杆菌）和古菌的 rRNA 与 tRNA 中发现有内含子或间插序列外，其他绝大部分原核生物不含内含子，遗传信息是连续的。

（2）功能相关的结构基因组成操纵子结构　大肠杆菌总共有 2584 个操纵子，基因组测序推测出 2192 个操纵子。其中 73%只含 1 个基因，16.6%含 2 个基因，4.6%含 3 个基因，6%含 4 个或 4 个以上的基因。大肠杆菌有如此多的操纵子结构，可能与原核基因表达大多采用转录调控有关，因为组成操纵子有其方便的一面。功能相关的 RNA 基因也串联在一起，如构成核糖核蛋白体的三种 RNA 基因转录在同一个转录产物 16S rRNA-23S rRNA-5S rRNA 中。这三种 RNA 除组建核糖体外别无他用，在核糖体中的比例又是 1∶1∶1，若它们不在同一个转录产物中则造成这三种 RNA 比例失调，影响细胞功能，还造成浪费，或要一个调节机构。

（3）结构基因的单拷贝及 rRNA 基因的多拷贝　大多数情况下结构基因在基因组中是单

拷贝的，但编码 rRNA 的基因 *rrn* 常是多拷贝的，大肠杆菌有 7 个 rRNA 操纵子，其特征都与基因组的复制方向有关，即按复制方向表达。这反映了它们基因组经济而有效的结构。

（4）基因组的重复序列少且短　原核生物基因组有一定数量的重复序列，比真核生物少得多。而且重复的序列比较短，一般为 4～40 个碱基，重复程度有的是十多次，有的达千次。

二、酿酒酵母的基因组

酿酒酵母是单细胞真核生物，结构较简单，生活周期短，易于进行遗传学分析，1996 年完成了其全基因组的测序，这是第一个完成测序的真核生物基因组。该基因组大小为 13.5×10^6bp，含 6287 个基因，分布在 16 个不连续的染色体中，每条染色体 DNA 长度不同。与其他真核细胞一样，酵母菌 DNA 也是与 4 种主要的组蛋白（H2A、H2B、H3 和 H4）结合构成染色质的核小体 DNA；染色体 DNA 上有着丝粒和端粒，没有明显的操纵子结构，有间隔区或内含子序列。酵母菌基因组最显著的特点是高度重复，tRNA 基因在每个染色体上至少是 4 个，多则 30 多个，总共有 275 个拷贝（大肠杆菌约 60 个拷贝）。rRNA 基因位于Ⅻ号染色体的近端粒处，每个长 9137bp，有 100～200 个拷贝。酵母菌基因组全序列测定完成后在其基因组上还发现了许多较高同源性的 DNA 重复序列，称遗传丰余。有利于它在复杂环境中生存。

三、詹氏甲烷球菌的基因组

詹氏甲烷球菌（*Methanococcus jannaschii*）是一种从太平洋深海底火山口附近污泥中分离到的产甲烷、耐高压和高温的古菌。1996 年完成其基因组的全测序。基因组除一个 1 664 976bp 的环状染色体外还有两个染色体外遗传因子，大的 58 474bp，编码 44 种蛋白质；小的 16 550bp，编码 12 种蛋白质。基因组总 G+C 含量为 31%左右。染色体 DNA 编码 1682 种可能的蛋白质，同源性比较发现只有 38%的基因有明确功能。古菌基因组结构与细菌类似，都呈环状，基因都组成操纵子，两者基因图谱相似，其基因的操纵子和多顺反子结构及调控代谢、细胞分裂和固氮作用的基因等与细菌同源，无核膜、核仁。它有两种 rRNA 操纵子，一种为 16S rRNA-23S rRNA-5S rRNA；另一种为 16S rRNA-23S rRNA，两者的 16S rRNA 和 23S rRNA 间都有一个 tRNA 基因。还有一个 5S rRNA 和几种 rRNA 在一起。它的一些特性介于细菌和真核生物之间。例如，其信号识别颗粒中的 7S RNA 组分的高保守区域与细菌、真核生物的相应成分相同，二级结构类似真核生物；分泌系统信号肽酶和停泊蛋白也类似真核生物；移位酶类似大肠杆菌的 SecY 移位相关蛋白。其绝大部分基因无内含子，少数基因有蛋白质内含子。

针对细菌和古菌同一个种的不同菌株基因有广泛的多样性，有人提出微生物泛基因组的概念，它是指一个种的所有菌株的全部基因。主要是细菌和古菌存在广泛的水平基因转移所致。泛基因组包括核心基因组和非必要基因组，前者是指存在于所有菌株中的基因，后者是指只存在于少数菌株中的基因。细菌种可用泛基因组来描述其遗传多样性和生态分布的广泛性。核心基因组对流行病的疫苗或抗微生物制剂的研制有重要意义，特别是高度变异的致病微生物。

现有技术条件下自然界中的微生物 95%以上还不能培养。宏基因组是指生境中全部微生物遗传物质的总和，包含可培养的和未可培养的微生物的基因。宏基因组学是在微生物基因组学的基础上发展起来的研究微生物多样性、开发新生理活性物质的新理念和新方法。其主要含义是：对特定环境中全部微生物的总 DNA（宏基因组）进行克隆，并通过构建宏基因组文库和筛选等手段获得新的生理活性物质，或根据 rDNA 数据库序列设计引物，通过 PCR 技术从提纯的宏基因组中扩增细菌的 rDNA，获得特定环境中各种细菌的 rDNA，测定序列后通过系统学分析获得该环境中微生物的遗传多样性和分子生态学信息。因此，宏基因组学研究的对象是特定环境中全部微生物的总 DNA。人体微生物组学就是利用宏基因组学研究人体微生物。

第三节　微生物的染色体外遗传因子

质粒是微生物染色体外的主要遗传物质，多数为共价闭合环状双链 DNA，具麻花状超螺旋结构，少数为线状、开环状，能自主复制，无胞外期。大小为 1.0～500.0kb，分子量为 10^6～10^8，仅为核基因组的 1%。所含基因对宿主细胞生长繁殖并非必需，在某些特殊条件下质粒能赋予宿主细胞特殊机能，使宿主得到生长优势。有些质粒可与宿主染色体整合、脱离。有的质粒有重组功能，可在质粒间、质粒与染色体间基因重组。真菌中发现线状双链 RNA 质粒。据分子大小和结构特征通过超速离心或琼脂糖凝胶电泳将质粒与染色体 DNA 分开，分离质粒。

一、质粒

（一）质粒的主要类型

1. F 因子　又称致育因子、F 质粒，是最早发现的与大肠杆菌有性生殖（接合）有关的质粒。假单胞菌属等多种细菌中也有 F 质粒。它决定细菌的性别，与细菌接合有关。其大小约 100kb，分子质量 63MDa，含与质粒复制和转移有关的许多基因。分为复制控制区、插入与缺失区和转移操纵子等三个部分（图 8-5）。

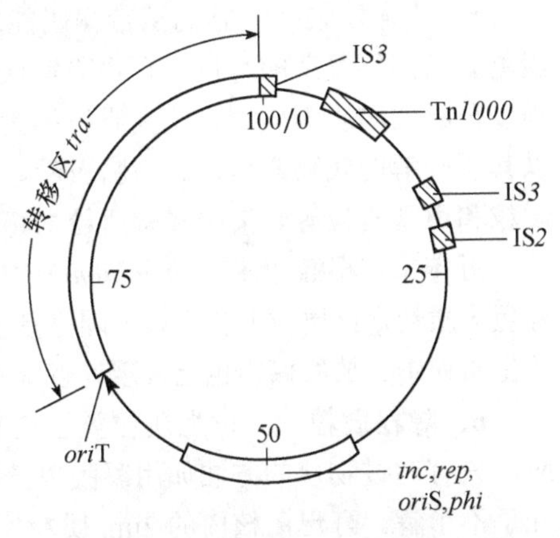

图 8-5　大肠杆菌 F 质粒的基因图

图中圈内的数字单位为 kb，表示质粒大小。F 质粒上各基因：*tra*. 转移功能区；*ori*T. 转移起始点；*ori*S. 复制起始点；*inc*. 不相容组；*rep*. 复制功能区；*phi*. 噬菌体抑制；IS2、IS*3* 和 Tn*1000* 表示转座因子

2. R 因子　又称抗性质粒，是分布最广、研究最充分的质粒之一。主要包括抗药性和抗重金属两类，简称 R 质粒。带有抗药性因子的细菌对几种抗生素或其他药物呈现抗性。例如，R1 质粒（94kb）可使宿主对下列 5 种药物有抗性：氯霉素、链霉素、磺胺、氨苄青霉素和卡那霉素，这些抗性基因成簇存在于 R1 质粒上。它赋予宿主抵抗各种抗生素或生长抑制剂的功能。许多 R 质粒使宿主对多种金属离子有抗性。R 因子一般由相连的两个 DNA 片段组成，其一称抗性转移因子，它含调节质粒 DNA 复制和转移的基因；其二是抗性决定质粒，含有 1～2 个抗性基因，如青霉素抗性基因（pen^R）、氨苄青霉素抗性基因（amp^R）、氯霉素抗性基因（cam^R）、四环素抗性基因（str^R）、卡那霉素抗性基因（kan^R）及磺胺药物抗性基因（sul^R）等，它们不能自行移动，只能在抗性转移因子的推动下转移。由 RTF 质粒和抗性决定质粒结合形成 R 因子的过程见图 8-6。R 因子能自行重组，两种不同耐药菌株的 R 因子基因整合在

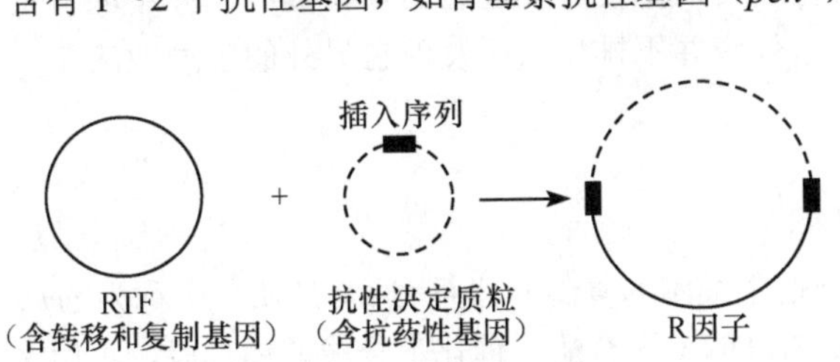

图 8-6　R 因子的形成过程

一起构成多重耐药菌株。它借助性菌毛接合传递，能与F因子重组。它不能整合到核染色体上，它不是附加体是稳定的质粒。

3. Col因子　又称产大肠杆菌素因子，许多细菌能产生抑制或杀死其他近缘细菌的多肽，是由质粒编码的蛋白质，不像抗生素有很强的杀菌力，称细菌素。种类很多，按其产生菌命名，如大肠杆菌素、枯草杆菌素等。该质粒有编码大肠杆菌素的基因。大肠杆菌素能通过抑制复制、转录、翻译或能量代谢等方式杀死近缘且不含Col质粒的菌株，宿主不受其影响。该质粒编码一种免疫蛋白使宿主对大肠杆菌素有免疫力，不受其伤害。G^+菌产生的细菌素通常也由质粒基因编码，一种乳酸细菌产生的细菌素NisinA能强烈抑制某些G^+菌生长，被用于食品保藏。Col质粒种类多，Col E1分子量小，松弛型控制，广泛用于重组DNA研究和体外复制系统。

4. 毒性质粒　越来越多的证据表明，许多致病菌的致病性是由其携带的质粒产生的，这些质粒有编码毒素的基因，如苏云金杆菌含有编码δ内毒素（伴孢晶体中）的质粒，大肠杆菌有编码肠毒素的质粒及根癌土壤杆菌（*Agrobacterium tumefaciens*）的Ti质粒。

Ti质粒是引起双子叶植物冠瘿瘤的致病因子，其特殊DNA片段转移至植物细胞内并整合在其染色体上，一方面合成正常植物组织没有的冠瘿碱类化合物为根癌土壤杆菌生长提供氮元素；另一方面合成过量的植物生长素和细胞分裂素，破坏控制细胞分裂的激素调节系统，使它转为癌细胞导致细胞无控制地瘤状增生。该DNA片段称T-DNA，含三个致癌基因。Ti质粒长200kb，大型环状质粒，已成植物遗传工程的重要载体，具重要性状的外源基因可借DNA重组技术插入Ti质粒的T-DNA并整合到植物染色体上，改变植物遗传性，培育优良品种。

5. 代谢质粒　它们携带编码能降解某些基质酶的基因，含有这类质粒的细菌，特别是假单胞菌能将复杂的有机化合物降解成能被其作碳源和能源利用的简单形式，能利用一般细菌难以分解的物质为碳源。此类质粒称为降解质粒，在环境保护方面具有重要的意义。这些质粒以其所分解的底物命名，有樟脑质粒、辛烷质粒、二甲苯质粒、水杨酸质粒、扁桃酸质粒、萘质粒和甲苯质粒等。某些降解质粒如樟脑质粒可通过接合在假单胞菌间转移。

近年来在根瘤菌属（*Rhizobium*）中发现的一种质粒分子量比一般的质粒大几十倍至几百倍，称巨大质粒，该质粒上有一系列固氮基因。例如，根瘤菌中与结瘤和固氮有关的所有基因均位于共生质粒中。放线菌中也已发现许多大的线型质粒（500kb以上）含有抗生素合成的基因。

6. 隐秘质粒　以上质粒类型均有某种可检测的遗传表型，隐秘质粒不显示任何表型效应，只有通过物理的方法如用凝胶电泳检测细胞抽提液等方法才能发现其存在。其生物学意义几乎不了解。酵母菌核内的2μm质粒不赋予宿主任何表型效应，也属于隐秘质粒。

还应注意到：和质粒有关的性状是多方面的，会发现更多的性状和质粒有关；温和噬菌体和细菌质粒一样能控制宿主细胞的某种遗传性状，在遗传工程中它们都可用作基因的载体；一种质粒可有多种表型效应，从表型效应区分质粒并不准确。称为某一种质粒只是指发现这些质粒时所注意的表型，如许多R因子有致育因子作用，大肠杆菌素因子和樟脑质粒都有致育因子作用；致育因子SCP1和抗生素合成有关。隐秘质粒只是没有发现它的表型效应，并不能肯定它没有任何表型效应。发现某种质粒有某种表型效应并不排斥以后发现它另外的表型效应。

（二）质粒的特性、应用与命名

1. 质粒的特性

（1）质粒的复制　质粒的复制主要依赖于宿主细胞的复制酶体系，通常是从一个称为*ori*V的位点开始，包括单向和双向两种类型。一般先在DNA聚合酶Ⅰ催化下合成前体片段，再用聚合酶Ⅲ催化链的延伸至终止点，完成复制的全部过程。研究表明，质粒Col E1的复制只有一个

*ori*V 起点，它全部依赖于大肠杆菌的复制酶进行单向复制。已知大多数的结合性质粒有两个潜在的复制起始点，其复制主要依赖于宿主细胞的复制酶体系。如果其复制与核染色体同步称严紧型复制控制；有的质粒复制与核染色体不同步称松弛型复制控制。

（2）质粒的不亲和性　细菌通常含多种稳定遗传的质粒，彼此亲和。不同质粒不能共存于同一细胞中的特性称质粒的不相容性或不亲和性。根据质粒在同一细菌中能否并存可将其分成许多不亲和群，能在同一细菌中并存的质粒属于不同的不亲和群，在同一细菌中不能并存的质粒属于同一不亲和群。因为质粒的不亲和性主要与复制和分配有关，不能在同一细胞共存的质粒是因为它们共享一个或多个共同的复制因子或相同的分配系统，它们属于同一不亲和群。两种同一不亲合群的质粒共处同一细胞，其中一种由于不能复制在细胞不断分裂中被稀释掉或被消除。只有具不同复制因子或不同分配系统的质粒才能共存于同一细胞中，它们属不同的不亲和群。这是接近质粒本质的分类方法。已在大肠杆菌中发现 30 多种不同的不亲和群。

（3）质粒的稳定性　正常条件下质粒在细胞分裂前复制，并借特殊的分配机制保证其在子代细胞中的均等分配，实现质粒遗传的稳定。细胞学研究结果表明，质粒分配方式可能与染色体的相似，都是依附于细胞膜特定位点的方式，随细胞分裂而均等分配到子细胞中。

含质粒的细胞受吖啶类染料、丝裂霉素 C、紫外线、利福平、重金属离子或高温等处理时，由于其复制受抑制而核染色体的复制仍继续进行，引起子细胞不带质粒，此即质粒消除。

（4）质粒的转移　根据质粒的转移性可将它们分为转移性和非转移性两类。转移性质粒大多是低拷贝的大质粒。F 因子、R 因子、Ti 质粒等都属转移性质粒。转移性质粒可在细胞间转移并带动染色体或非转移性质粒转移。非转移性质粒不能单独转移。质粒的转移不仅与质粒的性质有关，还与供体菌和受体菌的基因型有关。质粒转移均通过接合进行，通常从转移原点（*ori*T）开始，在转移的同时进行复制。质粒的转移通常只能在相同或相近的供体与受体菌间进行，导入受体菌的质粒也受新宿主细胞的限制修饰作用。试验结果表明，供体与受体间的亲缘关系愈近，质粒转移的频率就愈高。许多 R 类群的质粒也能在较广的宿主范围内转移。

2. 质粒的应用　转移性质粒广泛用于基因工程作目的基因转移的载体，如 Ti 质粒经人工改造后已广泛用于转基因植物的载体。质粒具许多有利于基因工程操作的优点：分子量小，便于 DNA 的分离和操作；呈环状，使其在分离中保持性能稳定；有不受核基因组控制的独立复制起始点；含多种限制酶的单一识别位点；可通过转化或电穿孔法极易导入宿主细胞；拷贝多，使外源 DNA 可很快扩增；有抗药性基因等选择性标记便于含质粒克隆的检出和选择。基因工程中常用人工构建的质粒作载体，它可集多种有用的特征于一体，如含多种单一酶切位点、抗生素耐药性等。常用的人工质粒载体有 pBR322、pSC101。pBR322 含有四环素抗性基因（tcr^{R}）和氨苄青霉素抗性基因（apr^{R}），并有 5 种内切酶的单一切点。外源基因可随意插入任何一个位点。如果将 DNA 片段插入 *Eco*R Ⅰ切点，不会影响两个抗抗生素基因的表达。但是如果将 DNA 片段插入 *Hind*Ⅲ、*Bam*H Ⅰ或 *Sal* Ⅰ切点就会使抗四环素基因失活。这时含 DNA 插入片段的 pBR322 将使宿主细菌仅抗氨苄青霉素，对四环素敏感。没有 DNA 插入片段的 pBR322 会使宿主细菌既抗氨苄青霉素又抗四环素，无 pBR322 质粒的细菌将对氨苄青霉素和四环素都敏感。pSC101 与 pBR322 相似，只是没有抗氨苄青霉素基因和 *Pst* Ⅰ切点。质粒载体的最大插入片段约为 10kb。近年来用强启动子构建了许多表达载体。

3. 质粒的命名　细菌质粒研究迅速发展，统一的命名很必要。1976 年提出的一个比较为细菌质粒工作者所接受的命名规则是用小写字母 p 代表质粒（plasmid），在 p 后面用两个大写字母代表发现这一质粒的作者或实验室名称，在这后面加上质粒的编号。

质粒不能独立存在，细菌质粒的命名又涉及宿主菌株的命名。菌株的命名中一般把质粒的名称写在细菌后面的括号里，每一个括号里写一种质粒的名称。如质粒被消除则在细菌后括号里在原有质粒的右上角加一负号，以便于和原来不带这一质粒的细菌相区别。例如，下列4个菌株：①K_{12}，是大肠杆菌K_{12}原始菌株；②C600:K_{12}（F^-）、（λ^-）*thr leu ton lac*Y *thi*，C600是一个消除了F因子和λ噬菌体的多重缺陷型K_{12}菌株；③XY100:C600（F′155）（pXY1234），XY100是在C600菌株中引入括号中所列的两个质粒的菌株；④XY1001:XY100（pXY1234$^-$），XY1001是XY100菌株中又消除了质粒pXY1234的一个菌株。

质粒会发生缺失、重复等结构改变。缺失用符号△表示，DNA插入用Ω表示。将缺失或插入包括的基因或DNA放在△或Ω符号后面括号中。例如，①pXY9109:F△*tra*A3（63.1～64.0kb），pXY9109是缺失转移基因*tra*A3的F因子，缺失部分从63.1～64.0kb；②pXY1112:p1258△7（*cad*～*asa*），pXY1112是包括基因*cad*到*asa*一段DNA缺失（这一缺失命名为△7）的金黄色葡萄球菌质粒p1258；③pXY2101:PSC101Ω4（0kb:K_{12}*his*A～1.5kb），pXY2101是插入包括基因*his*A在内的一段DNA（这一插入命名为Ω4）的大肠杆菌质粒PSC101，插入的DNA片段的长度是从0～1.5kb，其中包含大肠杆菌K_{12}*his*A基因。

抗药性的符号规定：用大写字母表示表型，用与染色体基因相同的三个小写字母表示基因型。例如，四环素抗药性的表型用Tc^R表示，基因型用*tet*［四环素（tetracyclin）简写］表示；氨苄青霉素抗药性的表型用Ap^R表示，基因型用*amp*表示［氨苄青霉素（ampicillin）简写］。

二、可移动遗传因子

可移动遗传因子称转座因子，是细胞中可改变自身位置的一段DNA序列。可在染色体内、质粒与染色体间及细胞间转移。由转座因子的易位引起基因失活和重组作用称转座。据其分子结构和遗传性质，原核微生物中的转座因子可分为插入序列、转座子和诱变噬菌体三类。

1. 插入序列（insertion sequence，IS） 是最简单的也是最早发现的转座因子。仅在细菌中就发现500多种IS。已有100多种插入序列的一级结构研究清楚。其长度在800～1400bp，只含有编码转座所必需的转座酶的基因。在其两端有反向重复序列。它们既能单独也可作为其他转座子的一部分在细菌染色体、噬菌体DNA和质粒上的许多位点移出或移进。它们一般不给予细菌以任何表型特征，但可干扰基因的正常表达，导致基因复活或引起突变。

2. 转座子（transposon，Tn） 比IS分子大，与插入序列的区别是携带能赋予宿主细胞某种遗传特性的基因，主要是抗生素和药物（Hg）等的抗性基因及毒素基因、降解基因等。它能在细胞内从一个质粒转移到另一质粒或从质粒转移到细胞染色体、原噬菌体。细菌、植物和动物细胞都发现有转座子。

根据转座子两端结构组成已知细菌转座子分为Ⅰ类转座子、Ⅱ类转座子和接合性转座子。Ⅰ类转座子两端为重复的IS，药物抗性基因位于中间，IS提供转座功能同抗性基因一起转移，Tn5转座子（图8-7）是该类型代表，长5.7kb，左右两端为1534bp插入序列，中央区2.6kb。在转座酶作用下将转座子从供体DNA切割下来，插入靶DNA使其带有转座子。供体DNA不再含转座子。Ⅱ类转座子两端为短的反向重复序列（IR），长30～50bp，其间是编码转座功能和药物抗性功能的基因。Tn3转座子是其代表。其转座是复制型转座，带有转座子的DNA在转座酶作用下与靶DNA整合，整合期间转座子复制使供体DNA和靶DNA各含一个转座子，在解离酶作用下整合体解离成两个DNA分子。接合性转座子通过细胞间接触将转座子从一个细胞DNA转座到另一个细胞DNA。转座时先将转座子从整合的染色体或质粒DNA切离下来形成环状分子，通过供体细胞与受体细胞接触环状分子单链转移和复制，使供体细胞和受体细胞都含一个环状分子，再与染色体或质粒整合。接合性转座子也可含抗药基因和降解基因等。

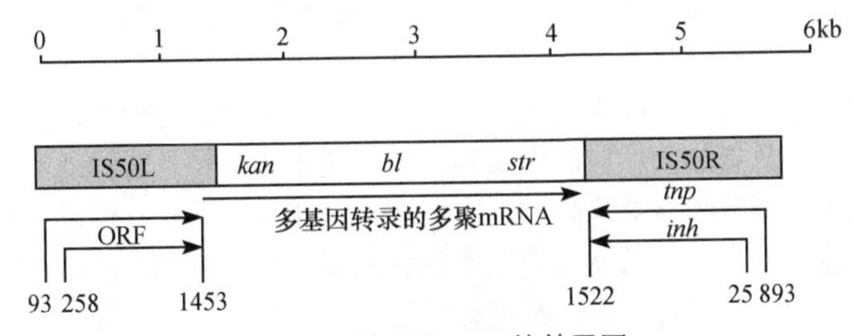

图 8-7 转座子 Tn5 的基因图

kan. 卡那霉素抗性基因；*bl*. 博来霉素抗性基因；*str*. 链霉素抗性基因；*tnp*. 转座酶基因；*inh*. 抑制子基因；ORF. 可读框

诱变噬菌体（mutator phage，Mu）是具有转座功能的一类可引起突变的溶源性噬菌体。其中研究得比较多的是以大肠杆菌为宿主的温和噬菌体，也是最大的转座因子，全长约 39kb。具有温和噬菌体和转座因子双重特性。主要特点是任何时候都可整合于宿主染色体，不分原噬菌体期或裂解期，而且整合部位是随机的。与 IS、转座子相比较，诱变噬菌体有两个特点：①它不是细菌基因组的正常组分，因而易于识别；②可经诱导产生，易于制备。

转座因子不同于质粒或噬菌体。它与质粒的区别是不能自主复制，不能游离于染色体之外。它与噬菌体的不同是不存在类似的生活史循环，它两端都结合着不同宿主的 DNA。

转座子的转座可引发多种遗传学效应：插入突变、产生染色体畸变、基因的移动和重排。如果插入结构基因会使其失活，插入调节基因能使受其控制的操纵子不能正常表达。转座子常带有抗性、降解和毒素等基因，还能赋予受体菌新的特性，利于突变株的筛选。转座因子能将结构、亲缘关系不同的 DNA 片段连接在一起，对产生遗传多样性和生物进化都有重要意义。

真菌核外也有 DNA，在细胞质中也有控制子代的遗传因子，也能使子代或异核体的表现型改变，这种现象称核外遗传。其主要特点是控制的性状通常不分离，其遗传特性一般来自母本而不是父本的原生质。真菌的核外遗传可来自线粒体、质粒、转座因子或病毒颗粒的转移。

第四节 微生物的突变

突变指遗传物质发生数量或结构变化的现象，它导致的性状改变叫变异。突变是变异的物质基础，变异是突变的表现。广义突变包括基因突变和染色体畸变。狭义突变指基因突变，它是指一个基因内部 DNA 序列的任何改变，包括一对或少数几对碱基的缺失、插入或置换，导致遗传性状的变化，变化的范围很小，又称点突变。本教材采用广义概念。对微生物来说基因突变较为重要。在遗传学中，表型是指可观察或可检测到的个体性状或特征，是特定的基因型在一定环境条件下的表现。基因型是指贮存在遗传物质中的遗传信息，即其 DNA 碱基序列。

作为遗传物质的核酸一般比较稳定，但在某些情况下也会发生改变引起可遗传的变异。发生了突变的菌株叫突变体或突变型，从自然界分离到的未发生突变的菌株叫野生型。

一、微生物突变体的主要类型

微生物突变体的主要类型按发生方式分为自发突变和诱发突变；按遗传物质结构改变可分为染色体畸变和基因突变；按突变的表型，可分为以下 5 种。

1．形态突变型 指微生物的细胞或菌落形态发生改变的突变型。如鞭毛、荚膜、芽孢、孢子的有无及其数量、颜色的变化，菌落的形态和颜色及噬菌斑的大小或清晰度的改变等。

2．生化突变型 指发生了代谢途径变异但无明显形态变化的突变型。常见的有以下几种。

（1）营养缺陷型 指由于基因突变引起代谢中失去合成某种酶的能力，无法合成某种必需生长物质的突变型，只有加入相应的生长物质它才能正常生长。营养缺陷型主要有氨基酸缺陷型、维生素缺陷型和嘌呤嘧啶缺陷型等。它们在科研和生产上都有广泛应用。

（2）抗性突变型 指能抗某些有害因素的突变型，如抗药物、抗噬菌体、抗辐射等。在医疗卫生及发酵工业中受到重视。它也是遗传学研究中重要的正选择标记。

（3）发酵突变型 指从能利用到不能利用某种营养物质的突变型。例如，野生型大肠杆菌可发酵乳糖，也能分离到不能发酵乳糖的突变体。可利用鉴别培养基呈现的反应检测。

（4）毒力突变型 指突变后致病能力增强或减弱的突变型。

（5）产量突变型 指产生某种代谢产物的能力增强或减弱的突变型。产量显著高于原始菌的称正变株，反之称负变株。产量的提高或降低也是逐步积累的。产量高低由多个基因决定，育种需将诱发突变、基因重组和基因工程等多种方法结合运用，效果更好。

3．抗原突变型 是突变引起细胞抗原改变的类型，如细胞壁、荚膜或鞭毛成分变异等。

4．条件致死突变型 指在某一条件下具有致死效应，而在另一条件下没有致死效应的突变型，如大肠杆菌的某些突变体在42℃时不能生长，在37℃则可以生长。主要是由于突变使某些重要蛋白质的结构和功能发生变化，使其在某些温度下有功能，在较高温度下无功能。

5．致死突变型 是突变后活力丧失或下降致死的突变型。仅见于隐性杂合子的二倍体个体，研究较少。

以上分类是为研究的方便，其实它们彼此是密切联系或相互交叉的，并无明显的界限，如营养缺陷型也是条件致死型，生化突变型大多可见形态的变异。

二、基因突变的特点

整个生物界的遗传物质基础是相同的，所以在遗传变异的本质上都遵循着同样的规律，这在基因突变的水平上尤为明显。现以细菌的抗药性为例说明基因突变的特点。

1．随机性 各种性状的突变可在无任何人为诱变因素处理的情况下发生在生物的任何个体的任何发育时期及任何基因上。这是突变发生的自发性、随机性、不对应性，即突变的发生与环境因子没有对应性。下列三个经典实验证明基因突变的随机性。

（1）变量实验 又称彷徨实验、波动实验。1943年，鲁里亚（Luria）和德尔波留克（Delbrück）将对T_1噬菌体敏感的大肠杆菌悬液培养18h后分别取10mL分装在A、B两个大试管中，又取A管中菌液0.2mL分装于50个小试管，以相同温度将其与B管菌液同时培养24h再分别接到有T_1噬菌体的固体培养基上，每支小试管接1只培养皿，共50只；B管同样每皿接0.2mL，共50只，培养36h观察结果（图8-8）。培养基中有噬菌体，一般大肠杆菌对噬菌体敏感不生长；生长的是抗噬菌体突变体。结果发现A管分装在50个小试管中培养物在各皿中的抗噬菌体菌落数差异大，B管接种的50个培养皿中出现的抗噬菌体菌落数较相近。它们接触噬菌体的时间相同。说明抗性突变体产生在接触相应的噬菌体之前，在细胞某一次分裂中自发产生。这一自发突变发生得越早则抗性菌落越多，反之则越少。噬菌体在这里仅起淘汰未突变的敏感菌和甄别抗噬菌体突变型的作用，绝非“驯化”作用。此法还可计算突变率。

（2）涂布实验 1949年，纽康布（Newcombe）设计证实同一观点的涂布实验：在12只

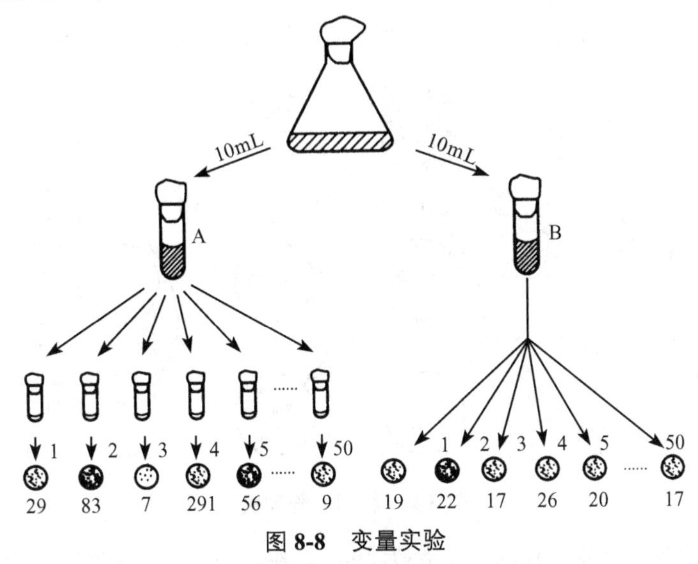

图 8-8 变量实验

最下方的数字表示相应培养皿中的菌落数

培养皿平板上涂布数目相等（5×10^4）对 T_1 噬菌体敏感的大肠杆菌，经 5h 培养在培养皿中长出大量微小菌落。取半数培养皿喷上相应 T_1 噬菌体为 A 组，另一半培养皿用无菌棒将微菌落重新涂布均匀后喷上相应的噬菌体为 B 组。将两组培养皿在相同条件下培养 24h 观察结果。计算这两组培养皿上形成的抗噬菌体菌落。发现在涂布过的 B 组中抗性菌落比未经涂布的 A 组多得多（353∶28）。这意味着这种抗性突变发生在接触噬菌体之前。噬菌体的加入只起甄别这类突变是否发生的作用，而不是诱发突变的因素。说明大肠杆菌对噬菌体的抗性突变是在接触相应的噬菌体之前在细胞分裂中自发产生的，也说明某一性状的突变与环境因素不相对应。

（3）影印培养实验　1952 年，莱德伯格（Lederberg）等设计了一种更巧妙的影印培养实验，证实了微生物的抗性突变是自发产生、与环境因素无关的论点。

影印培养实验是因该实验用类似盖印章的方法接种得名。“印章”做法：取一块比培养皿略小的圆木块，一端用绒布包裹，布上有许多小纤维似接种针，将其灭菌备用。将新培养的大肠杆菌液涂布在固体培养基 1 上培养。待培养基上长出菌落后用无菌“印章”在有密集小菌落的培养基上印一下（取样），把“印章”上的细菌先影印接种到不含链霉素的培养基 2 上，再接到含链霉素的培养基 3 上，同时置于 37℃培养。培养后在含链霉素的培养基 3 上出现抗药性菌落。在不含链霉素的培养基 2 上相应位置找到培养基 3 上抗药性菌落的“兄弟”菌落。“兄弟”菌落没有接触链霉素，将其增殖培养发现它也能抗链霉素。将培养基 2 上与此最近的菌落挑至不含链霉素的培养液 4 中，培养后涂布到培养基 5 上。重复以上各步骤可做到只要涂越来越少的原菌液到培养基 5 和 9 中就出现越来越多的抗性菌落。最终甚至可得到纯的抗性菌落。说明抗药突变与接触药物无关，突变是自发、随机产生的（图 8-9）。

这三个实验证明突变发生与环境因素无直接关系，可自发或诱发得到。诱发突变是利用诱变剂的作用加快细胞发生突变。一般可提高突变概率 $10\sim10^5$ 倍。自发突变与诱发突变无本质区别，都使基因发生突变，只是利用诱变剂可提高突变率。

2．稀有性　生物的基因自发突变是随时发生的，突变率很低也很稳定，一般为 $10^{-9}\sim10^{-6}$。这反映了物种和基因的相对稳定性。突变率是每一细胞在每一世代中发生某一基因突变的概率。细菌可用一定数目的细胞在一次分裂中形成突变体的数目表示。如一个有 10^8 个细胞的群体分裂为 2×10^8 个细胞时，平均形成一个突变体的突变率为 10^{-8}。不同生物和不同基因的突变率不同。一般高等动植物的突变率为 10^{-8}～10^{-5}，细菌和噬菌体的突变率为 10^{-10}～10^{-4}。

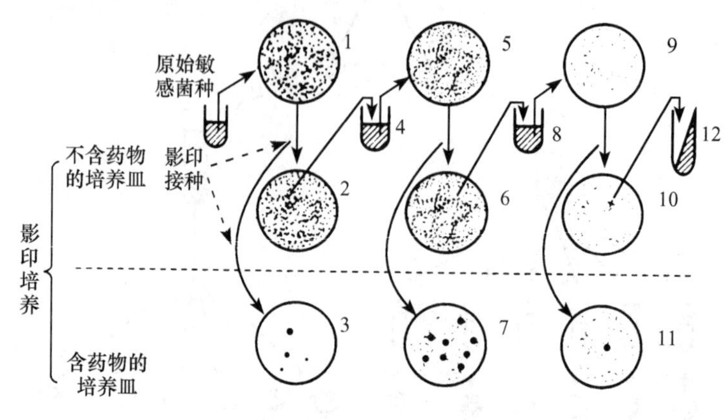

图 8-9 影印培养实验

3. 独立性 基因突变的发生一般是独立的，即在某一群体中既能发生抗青霉素的突变型，也可发生抗链霉素或其他药物的突变型，而且还可发生不属抗药性的突变型。各个突变体的发生是随机的、独立的，互不干扰，如巨大芽孢杆菌抗异烟肼的突变率是 5×10^{-5}，抗氨基柳酸的突变率是 1×10^{-6}，同时兼抗两者的突变率是 8×10^{-10}，大约等于两者的乘积。因此，在临床中常同时使用两种抗生素治疗，如肺结核的治疗中同时使用异烟肼和链霉素。也有交叉抗性，这是细菌对两种抗生素等药物同时由敏感状态转变为抗性状态。这可从药理机制上找到原因，如抗四环素的突变型往往也抗金霉素，这两种抗生素有相似的分子结构，因而也有相似的药理作用。

4. 可逆性 基因突变过程是可逆的。这主要是指点突变，较大范围的染色体畸变是不可能真正逆转的。某种生物野生型基因 A 可突变为对应的基因 a 称正向突变；反之，基因 a 也可突变成野生型基因 A 称回复突变或回变。任何性状的突变型都有可逆性，都可恢复为原来的野生型，回复突变率同样很低。从突变体表型回复到野生型表型的菌株称回复子。它有两种类型：同位回复子和异位回复子。前者是回复突变发生在原来突变位置能完全回复原来的表型。后者是回复突变发生在别的位置不一定能完全恢复原来的表型也称抑制突变。抑制突变分在同一基因的其他位置突变恢复原来表型的基因内抑制和在其他基因突变恢复原来表型的基因间抑制。

5. 稳定性 突变的根源是遗传物质结构发生稳定的变化，产生的变异性状是可遗传的。

三、基因突变的机制

突变是 DNA 分子结构或数目的变化。根据引起变化的原因可分自发突变和诱发突变；根据 DNA 变化的程度可分基因突变和染色体畸变。其相互关系可概括如下。

- 自然 / 人工 —引起→ DNA损伤
  - 修复成功 —— 正常（野生型）
  - 修复失败 —— 突变
    - 损伤小 —— 基因突变
    - 损伤大 —— 染色体畸变

- 基因突变
  - 点突变 —— 碱基置换（转换和颠换）
  - 移码突变 —— 插入或缺失核苷酸

- 染色体畸变
  - 数目
    - 整套（多倍体、单倍体…）
    - 个别（单体、三体、缺体…）
  - 结构（倒位、易位、缺失、重复）

核酸分子是非常稳定的，故其突变具有稀有性。由于某些原因仍能发生变化使性状改变。自然条件下自发的基因突变叫自发突变；人为诱发的基因突变叫诱发突变。自发突变由自然因素（物理的、化学的或生物的）或碱基的互变异构引起。诱发突变也是这些因素，是人为的。能诱发细胞突变的物质称诱变剂。自发突变率低；诱发突变率高，广泛用于菌种选育。

据核酸变化引起遗传信息的变化量大小，突变分为碱基置换、移码突变和染色体畸变。

（一）碱基置换

碱基置换是DNA分子中碱基对置换引起的，是染色体的一种微小损伤，又称点突变。碱基置换可分两类：一类是DNA链中嘌呤被另一个嘌呤或嘧啶被另一个嘧啶置换，称转换；另一类是DNA链中一个嘌呤被另一个嘧啶或一个嘧啶被另一个嘌呤置换，称颠换。

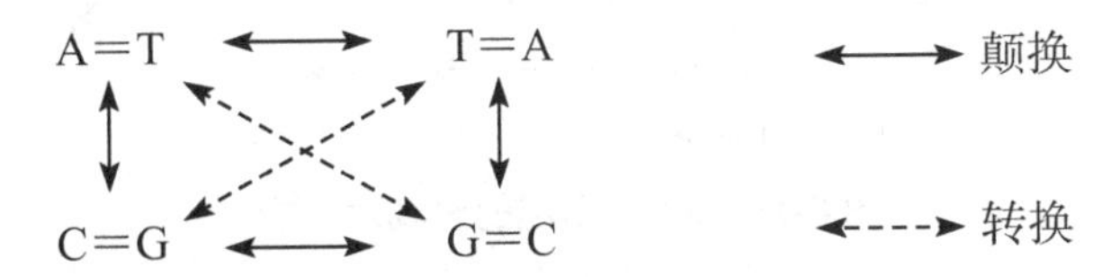

碱基对的置换可由互变异构和化学诱变引起。

1．互变异构 DNA分子的4种碱基中，胸腺嘧啶（T）和鸟嘌呤（G）可以酮式或烯醇式出现。胞嘧啶（C）和腺嘌呤（A）可以氨基式或亚氨基式出现。在生物体中一般以酮式和氨基式结构存在。在极少数情况下胸腺嘧啶分子中的N3位上的氢能转移到C4位氧上使酮式转变为烯醇式，瞬间即恢复为酮式，这种分子结构上的互变称为互变异构。如果就在变为烯醇式的瞬间，DNA的复制刚好到达这一部位，这时的胸腺嘧啶就不再与腺嘌呤配对，而与鸟嘌呤配对。当DNA再次复制时，通过GC的配对就使AT对转换为GC对（图8-10）。

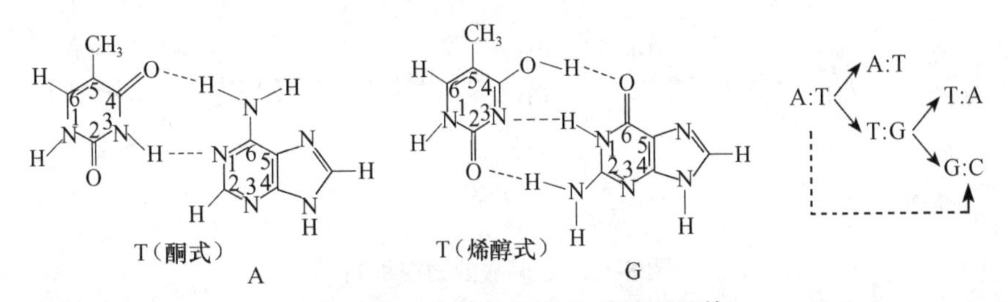

图8-10 互变异构引起的碱基对置换

2．化学诱变剂引起的碱基对置换 能引起DNA分子碱基对置换的诱变剂很多，常见的有碱基结构类似物、亚硝酸、羟胺、烷化剂等，可直接或间接引起DNA分子的碱基对置换。

（1）碱基结构类似物 化学结构与A、G、T、C、U常见碱基结构相似的化合物叫碱基结构类似物，如5-溴尿嘧啶（5-BU）、5-脱氧尿嘧啶（5-dU）、8-氮鸟嘌呤（8-NG）和2-氨基嘌呤（2-AP）等。它们能整合进DNA而不妨碍其复制。但它发生的错误配对可引起碱基对置换导致突变。如5-BU结构与T相似，微生物在含5-BU的培养基生长并合成DNA时能以5-BU代替T与A配对。5-BU渗入DNA对细菌无影响。5-BU有酮式和烯醇式的互变且出现烯醇式机会多，5-BU为烯醇式时不与A配对而与G配对，使AT转为GC（图8-11）。

（2）亚硝酸 是对含氨基的碱基对直接起作用而诱发碱基对置换的化学诱变剂。它使DNA中某碱基的氨基氧化脱氨，结果使氨基变为酮基，使腺嘌呤（A）变为次黄嘌呤（H）、胞嘧啶（C）变为尿嘧啶（U）。由于H和C配对、U与A配对，DNA再次复制时AT转换为GC，GC转换为AT（图8-12）。

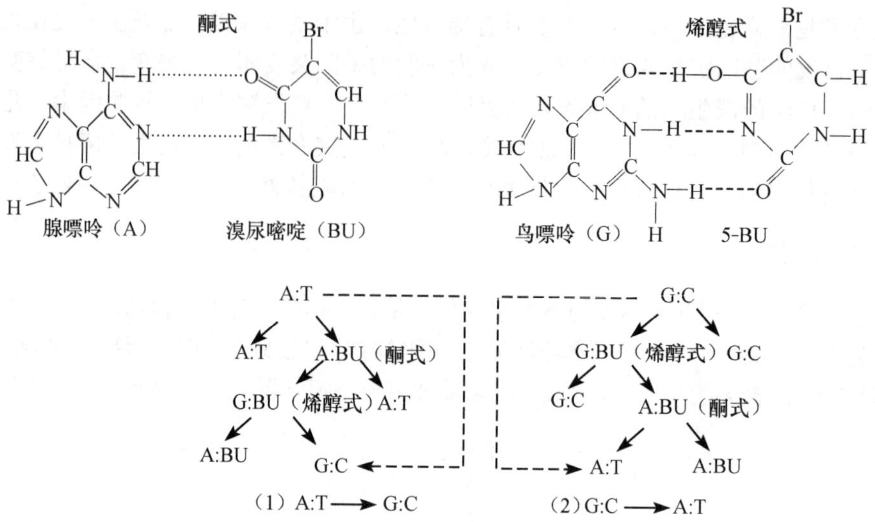

图 8-11 5-BU 引起的碱基对置换

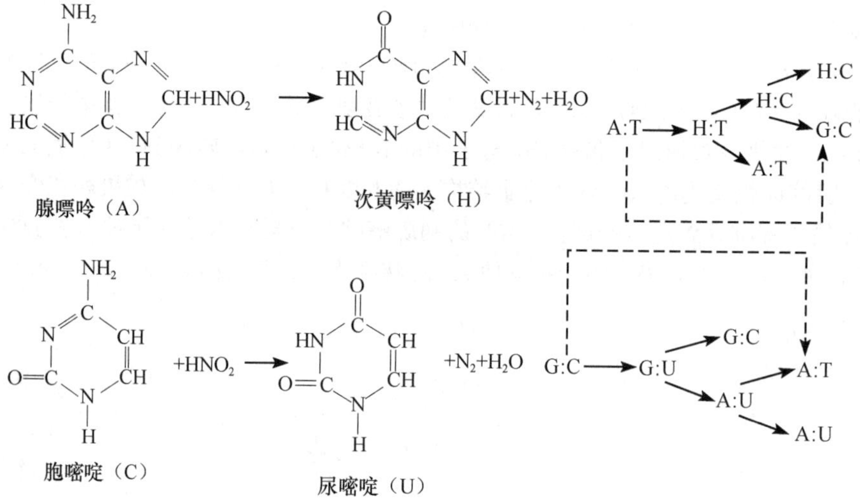

图 8-12 亚硝酸的诱变机制

（3）其他化学诱变剂 羟胺类化合物能专一地与胞嘧啶反应，使胞嘧啶上的氨基变为羟胺基，使其能与腺嘌呤配对，使 GC 转换为 AT。

硫芥、氮芥、硫酸二乙酯、乙基磺酸乙酯及二乙基亚硝酸胺等烷化剂能与核苷酸分子中的磷酸基、嘌呤、嘧啶等烷基化，造成 DNA 损伤，引起碱基对置换，是强诱变剂。特别是甲基磺酸乙酯和亚硝基胍等烷化剂，其烷基化位点主要在鸟嘌呤 N7 位和腺嘌呤 N3 位。烷基化碱基像碱基结构类似物一样能引起碱基配对的错误。它们还诱发碱基缺失，严重的使两条 DNA 链交联。亚硝基胍诱变作用特别强，能引起 DNA 双链交联称超级诱变剂，使群体中任何基因的突变率高达 1%，且能多位点突变，主要集中在复制叉附近，其作用位置随着复制叉移动。

碱基对置换引起的突变，根据是否表现出来可分同义突变、错义突变和无义突变。碱基对的置换不影响蛋白质中氨基酸组成，在同义密码子范围内的变化引起的突变叫同义突变；若改变蛋白质中氨基酸组成，产生的蛋白质无原来的活性，这类突变称错义突变；若碱基对置换变成终止密码子，使其不能合成完整多肽，形成无活性的多肽链，这类突变叫无义突变。举例如下。

（二）移码突变

移码突变指 DNA 分子中增添或缺失几个碱基对造成其后面全部遗传密码发生转录和翻译错误的基因突变。点突变一般只涉及一个密码子改变，它使突变点以后所有密码子改变，是影响较大的突变。与染色体畸变相比，移码突变仍属于 DNA 分子的微小损伤。

遗传信息是以三个核苷酸为一组的密码子形式表达的。所以一对或几对核苷酸的增减往往造成该部位以后的全部密码子意义改变。例如，某一 mRNA 正常顺序如下。

GGG	AAA	UUU	AAA	CCC
甘氨酸	赖氨酸	苯丙氨酸	赖氨酸	脯氨酸

当其基因的前面加一个 A 时，转录的 mRNA 顺序如下。

AGG	GAA	AUU	UAA	ACC	C
精氨酸	谷氨酸	异亮氨酸	终止		

密码子全部移动，导致合成不正常蛋白质，引起性状改变。

移码突变可自然或人工产生。自然者发生于减数分裂时的不对称交换，一个配子里少一个或数个碱基，另一个配子里多相应数目的碱基。DNA 复制时由于在短的重复核苷酸序列发生 DNA 链的滑动导致一小段 DNA 的插入或缺失也是自发突变的原因。碱基偶尔会从核苷酸移出留下一个称为脱嘌呤或脱嘧啶的缺口，该缺口在下一轮复制时不能进行正常的碱基配对。例如，胞嘧啶自然脱氨基形成尿嘧啶，尿嘧啶不是 DNA 的正常碱基将被 DNA 修复系统识别被除去，留下一个脱嘧啶位点。自发突变还有一个重要原因是转座因子的转座。人工者一般用吖啶类染料作诱变剂。它在化学结构上属于一个平面型三环分子，结构与一个嘌呤—嘧啶对相似，可嵌入 DNA 分子中相邻的碱基对之间，造成 DNA 双链部分解开（两个碱基对原来相距 0.34nm，嵌入一吖啶分子后成 0.68nm），在 DNA 复制中造成滑动，使 DNA 链上增添或缺失一个碱基引起移码突变。吖啶类染料常见的有原黄素、α-氨基吖啶、吖啶黄、吖啶橙等。

（三）染色体畸变

某些强烈的理化、生物因素的作用造成 DNA 分子的大损伤引起的突变叫染色体畸变。包括染色体结构上的缺失、重复、插入、易位和倒位，及染色体数目的变化。染色体结构上的变化可分染色体内畸变和染色体间畸变。染色体内畸变只涉及一条染色体的变化，如染色体结构的缺失、重复、插入、易位和倒位。部分染色体的缺失或重复导致基因的减少或增加，易位或倒位导致基因排列顺序的改变。倒位是断裂下的染色体片段旋转 180°后重新插入原位置。易位是断裂下的一段染色体顺向或逆向插入同一条染色体上其他部位。染色体数目不变。染色体间畸变是非同源染色体间的易位。引起染色体畸变的原因很多，有自发的和诱发的。亚硝酸等诱发点突变的诱变剂也可引起染色体畸变。物理诱变剂主要引起染色体畸变。

1. 紫外线 DNA 能强烈吸收紫外线，尤其是核酸链上的碱基对。紫外线的大剂量为杀菌剂，小剂量为诱变剂。其主要生物学效应是对 DNA 的作用，包括使 DNA 链断裂、DNA 链内或链间交联、嘧啶的水合作用及胸腺嘧啶二聚体的形成。结果可引起碱基置换、移码突变或染色体畸变。嘧啶比嘌呤对紫外线更敏感，其中主要机制是相邻的胸腺嘧啶形成二聚体，可在同一条链上或两链间发生。同一链上形成的二聚体会破坏腺嘌呤的正常渗入和碱基的正常配对。链间形成的二聚体可使双链解开受阻而妨碍复制，导致突变的产生。

2. X 射线、γ 射线和快中子 它们属电离辐射，穿透力强，碰到原子或分子便产生次级电子，次级电子可产生电离作用。其直接效应是使碱基间、DNA 间、糖与磷酸间的化学键断裂；间接效应是电离作用引起水或有机分子产生自由基作用于 DNA 导致缺失或其他损伤。

3. 热 短时间的热处理可使胞嘧啶脱氨基变成尿嘧啶，引起碱基配对错误。热还可引起鸟嘌呤脱氧核糖键移动，在 DNA 复制时出现碱基对的错配。

4. 生物诱变因子 转座因子也是实验室中常用的诱变因子，它们可在基因组的任何部位插入，引起该基因的失活导致突变。如果在基因组上存在两个或多个拷贝则会发生同源重组，导致缺失、重复和倒位。有些 DNA 片段不但可在染色体上移动，还能从一个染色体跳到另一个染色体，从一个质粒跳到另一个质粒或染色体，甚至从一个细胞转移到另一个细胞。在其跳跃中常导致 DNA 链的断裂或重接，产生重组交换或使某些基因启动或关闭，导致突变。转座因子引起的插入或缺失（indel）可诱导自发突变，这是我国学者提出的“Indel 诱变假说”。

病毒的 RNA 基因组也能发生突变，RNA 的基因组突变率比 DNA 的基因组高 1000 倍。

四、诱变剂与致癌物质

细胞癌变的原因很多，其中之一是基因突变（另有病毒、遗传等），能诱发基因突变的因素都有可能致癌。事实上烷化剂、亚硝酸、紫外线、X 射线、γ 射线等许多诱变剂都是极强的致癌物质。因此，日常要避免接触诱变剂，以免癌变。做诱变处理时更要做好人身防护，并注意诱变剂遗物的妥善处理，严防污染环境。

五、DNA 损伤的修复

一些理化因素可诱发 DNA 损伤，细胞也有一系列校正和修复机制能在一定条件下使损伤的 DNA 完全或一定程度修复。已知 DNA 聚合酶除 5′→3′ DNA 复制功能外还有 3′→5′核酸外切酶活性的纠错功能，随时校正错配碱基。DNA 损伤修复分无差错修复和差错倾向修复两类。

1. 无差错修复 这类修复可使损伤的 DNA 完全恢复。以嘧啶二聚体的修复研究最清楚，其修复机制有以下两种。

（1）光复活作用 被紫外线损伤的细胞立即暴露于可见光下，大部分受损的 DNA 可复原，称光复活作用。光复活由基因 *phr* 编码的光解酶 Phr 进行。Phr 在黑暗中专一识别嘧啶二聚体并与之结合形成复合物，有可见光时酶利用光能将二聚体连接键切断，重新分解成单体，释放酶。微生物都有光复活作用，故用紫外线诱变处理应在红光下操作，在黑暗中培养。

（2）暗修复作用　又叫切除修复，是与可见光无关的完全修复，除碱基错误配对和单核苷插入不能修复外其他 DNA 损伤都可修复，是细胞内主要修复系统。它先除去含二聚体的 DNA 单链片段，再重新合成一段正常 DNA 链填补切去的空缺。该修复过程需 4 种酶协同作用（图 8-13）：①内切核酸酶识别损伤区域并在二聚体 5′端附近切开缺口；②外切核酸酶从 5′—P 至 3′—OH 方向切除二聚体；③DNA 聚合酶以 DNA 的另一条完好链为模板，从原有链上暴露的 3′—OH 端起逐个延长重新合成一段缺失的 DNA 链；④DNA 连接酶连接新合成链与原 DNA 链。

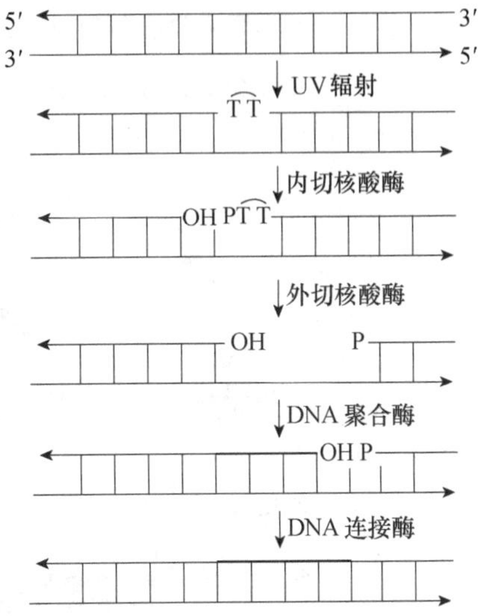

5′ 3′
3′ 5′
UV 辐射
TT
内切核酸酶
OH PTT
外切核酸酶
OH P
DNA 聚合酶
OH P
DNA 连接酶

图 8-13　切除修复过程示意图

2．差错倾向修复　上述修复方式不能进行或还未修复就复制到损伤点进行的修复有差错叫差错倾向修复，也叫复制后修复。有以下两种方式。

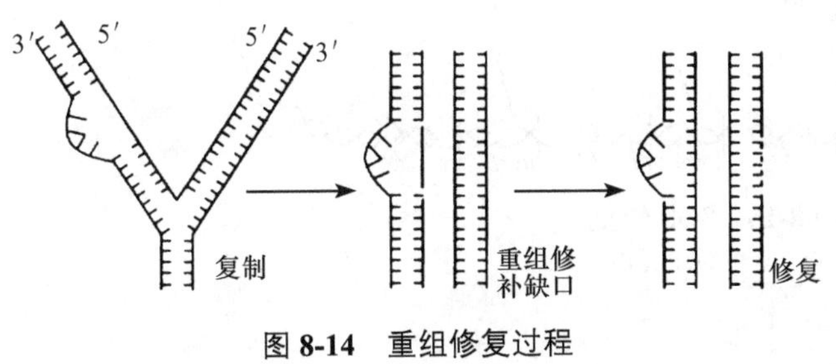

图 8-14　重组修复过程

（1）重组修复　这是经染色体交换的修复方式（图 8-14）。

1）受损伤 DNA 未修复可越过损伤先复制，对应损伤部位不配对核苷酸出现缺口。

2）两个 DNA 分子分离前在 RecA 重组蛋白作用下同源部位进行交换，使有损伤的 DNA 获得丢失的信息，原无损伤的子 DNA 出现缺口。

3）原无损伤的子 DNA 由聚合酶填补缺口，由连接酶连接成完整 DNA。

4）原有损伤的子 DNA 保留损伤，在细胞分裂中传递、稀释或再次通过切除修复除去。

（2）SOS 修复　SOS 修复是细胞中 DNA 分子受到重大损伤影响细胞正常代谢时诱导产生的保护 DNA 分子的一种应急反应。涉及一系列的修复基因和基因调控系统。

未诱导时 *lexA* 基因编码的 LexA 阻遏蛋白抑制所有 SOS 基因的转录。但能产生少量 RecA 蛋白，浓度很低只能满足 DNA 复制的需要。RecA 蛋白不仅参与基因修复，还是一种蛋白酶，可促进基因重组中 DNA 分子同源配对，其表达受 DNA 损伤的活化（图 8-15）。DNA 较大损伤留下空隙和单链，RecA 蛋白立即与单链 DNA 结合使 RecA 蛋白变成有活性的蛋白酶降解 LexA 蛋白，SOS 系统基因大量表达修复 DNA 损伤。DNA 损伤修复 SOS 系统被关闭。

据研究，经紫外线照射的大肠杆菌还诱导产生一种称为错误倾向的 DNA 聚合酶催化空缺部位的 DNA 修复合成，它们识别碱基精确度低，容易造成复制差错，这是一种以提高突变率换取生命存活的修复又称错误倾向的 SOS 修复。修复和纠正错误是普遍的，错误倾向的修复是极少数，修复复制产生的突变比未修复的少得多。修复系统可有效阻碍突变形成。

病毒 RNA 突变率极高，种群就此进化。部分原因是 RNA 复制酶无 DNA 聚合酶的校正功能；细胞无相应的 RNA 修复机制。

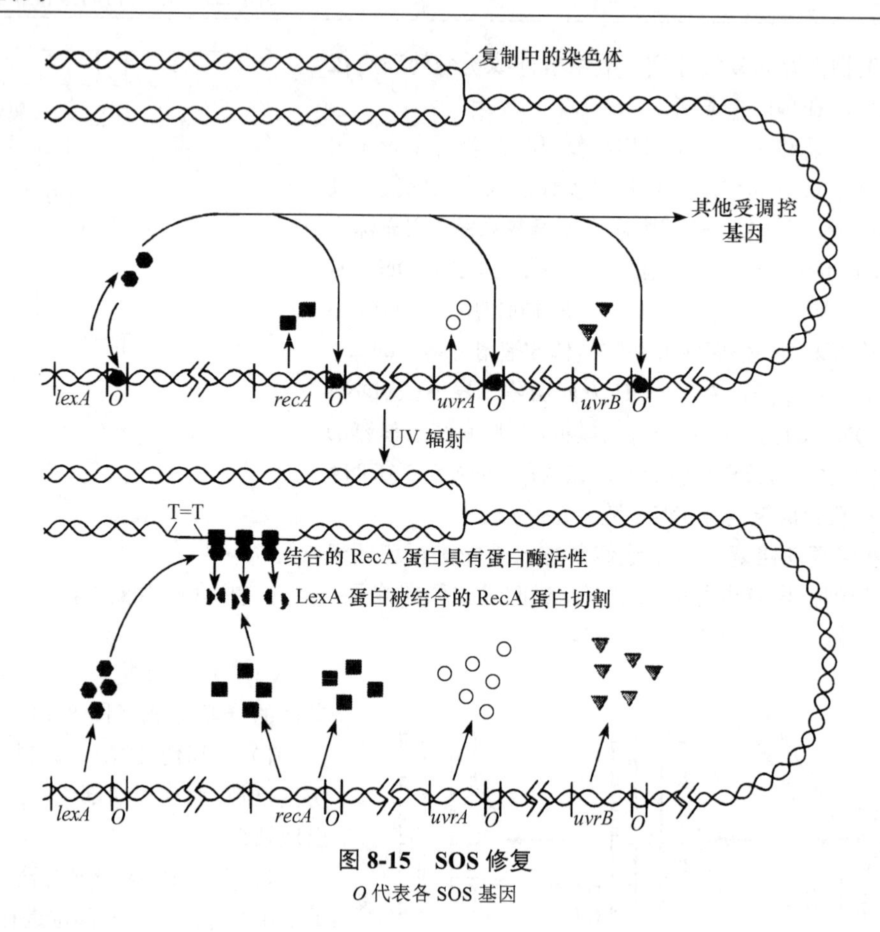

图 8-15 SOS 修复

O 代表各 SOS 基因

第五节 细菌的基因重组

微生物的变异除通过基因突变产生外，还可通过基因重组产生。基因重组是两个不同性状的个体细胞中一个细胞内的基因转移到另一个细胞内并通过基因重新组合使其发生遗传变异的过程。基因重组时不发生基因突变，是整个基因的水平转移，使受体细胞获得该基因并表现其性状。通过基因的重组以适应改变的环境。这种基因转移不仅发生在微生物之间，也发生于微生物与高等动植物之间，如引起人结核病的结核分枝杆菌基因组中就有 8 个人的基因，在人的基因组上发现至少有 223 个来自细菌的基因。癌细胞基因组更容易接纳细菌基因。基因重组是杂交育种的理论基础。基因的转移与交换是普遍存在的，是生物进化的重要动力之一。

原核微生物没有有性生殖系统，基因重组通常只是部分遗传物质的转移与重组，方式主要有转化、转导、接合及原生质体融合等。细菌的基因重组中，提供部分染色体或少数基因的细菌称供体菌，接受部分染色体或少数基因的细菌称受体菌。

一、转化

转化是受体菌直接吸收来自供体菌的 DNA 片段，通过交换将其整合到自己的基因组中，从而获得供体菌部分遗传性状的现象。转化后出现供体遗传性状的受体细胞即转化成功的菌株称转化因子。转化现象是由转化因子引起的，转化因子指有转化活性的外源 DNA 片段。它是供体菌释放或人工提取的游离 DNA 片段。脱氧核糖核酸酶可抑制转化作用的进行。

转化因子需具备两个条件：较高的分子质量和同源性。分子质量一般在 1×10^7Da，以双链较多，单链者少见。供体菌和受体菌亲缘关系越近，DNA 的纯度越高，越易转化。

受体菌需处于感受态才有转化能力。感受态是指细菌能从周围环境中吸取外源 DNA 片段并实现转化的生理状态。细菌生长到一定阶段分泌一种称感受态因子的蛋白质，其分子量为 5000～10 000。它与细胞表面受体相互作用诱导一些感受态特异蛋白表达，其中一种是细胞壁自溶素，使细胞表面的 DNA 结合蛋白和核酸酶裸露出来，使其有与 DNA 结合的活性。一般出现在细菌对数生长的中、后期。主要由受体菌的遗传性所决定，并非所有细菌都能转化。常见的有肺炎链球菌、大肠杆菌、嗜血杆菌属、芽孢杆菌属、葡萄球菌属、根瘤菌属等 20 多种。还与细菌菌龄及培养条件有关。细菌转化的感受态有两种学说：①局部原生质化假说。认为细胞壁能阻碍转化因子进入受体菌，在某种条件下细菌局部失去细胞壁，转化因子就能通过细胞膜进入受体菌。②酶受体学说。认为感受态细胞的表面出现一种能结合 DNA 并能使其进入细胞的酶。处于感受态细胞表面约有几十个能结合转化因子位点。细胞感受态维持的时间有的可达几小时，有的仅几分钟。根据感受态建立方式，转化可分自然转化和人工转化。实验室中常用 $CaCl_2$、cAMP 等处理菌体细胞和电穿孔等方法提高感受态水平并进行人工转化。高浓度 Ca^{2+} 可增加细胞的透性使其成为能摄取外源 DNA 的感受态，有简便、便宜等优点，已成许多实验室转化的常用方法。电穿孔法是将细胞置于短暂的高压电场下电脉冲几毫秒内使细胞膜形成 20～40nm 瞬时孔洞，允许 DNA 通过孔洞进入细胞。对原核生物和真核生物都适用。

转化过程一般为转化因子先以双链吸附于感受态细菌细胞表面特定位点，再借助细胞表面两种 DNA 酶的作用进入细胞。细胞壁上有一种核酸内切酶把吸附 DNA 切成约 1×10^7Da 长的片段。细胞膜上另一种核酸酶把一条单链切除、水解，使另一条单链与感受态特异蛋白质结合以防被核酸酶降解进入受体细胞。进入细胞的单链先与重组蛋白 RecA 结合，再与受体细胞染色体同源区段配对。接着受体菌染色体上相应的单链片段被切除，其位置被转化因子取代。细胞分裂后有一半子细胞为纯合的转化子（图 8-16）。有时外来 DNA 片段也以双链进入受体菌，其单链化与整合同时进行。供体 DNA 和受体菌没有同源性转化难以成功。

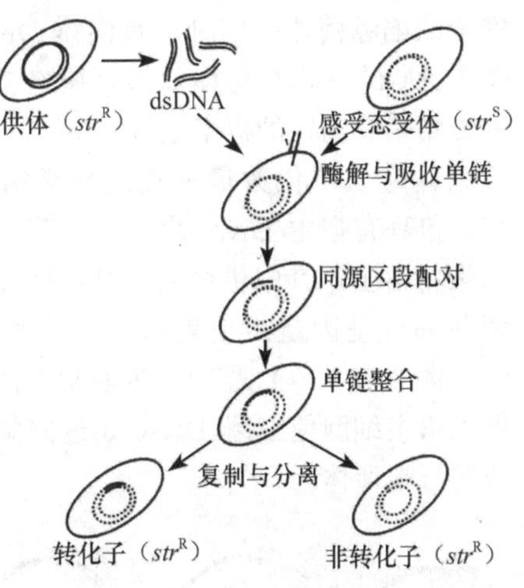

图 8-16 转化全过程示意图

感受态细胞除摄取线状染色体 DNA 片段外，也能吸收质粒 DNA 和噬菌体 DNA，但通常不与染色体重组。后者又称转染，可增殖出一群正常的病毒后代。

自然转化广泛存在于自然界，是基因交换的重要途径。细菌向环境分泌或裂解释放 DNA，与土粒结合得到保护；自然感受态作为许多细菌应对不良环境的调节机制普遍存在。

二、转导

通过缺陷型噬菌体将供体菌的 DNA 片段携带到受体菌中，使后者获得前者部分遗传性状的现象称转导。通过转导获得供体细胞部分遗传性状的重组受体细胞称转导子。

1952 年，辛德（Zinder）和莱德伯格（Lederberg）在试验鼠伤寒沙门杆菌能否接合时意外发

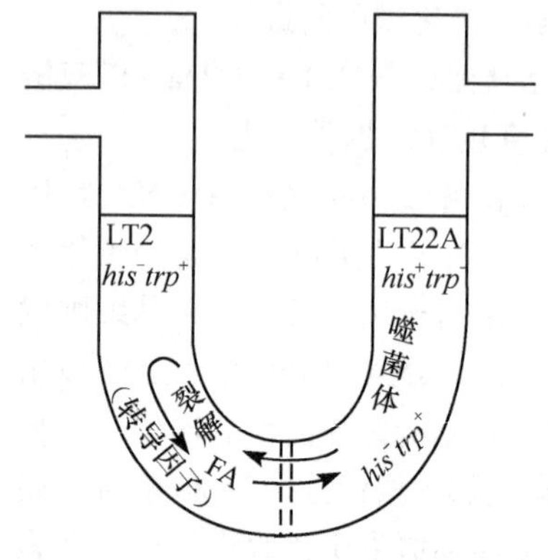

图 8-17 转导实验中的 U 形管实验

现转导。他们选用的是该菌的营养缺陷型：组氨酸营养缺陷型 LT2（his^-）和色氨酸营养缺陷型 LT22A（trp^-），将它们分别放在中间隔以超微烧结玻璃滤板的 U 形管两边，培养时用泵交替吸引使两端的流体来回运动。中间隔有滤板，两种菌体不能接触。幸运的是他们用的沙门菌 LT22A 正好是携带 P_{22} 噬菌体的溶源性细菌，另一株恰好是对 P_{22} 噬菌体敏感的非溶源性细菌。结果在 LT22A 端出现原养型个体 *his*$^+$ *trp*$^-$（图 8-17）。辛德等反复研究，发现可滤过物质并非 DNA 片段（排除转化）而是 P_{22} 噬菌体。它通过滤板侵入敏感菌株 LT2 产生大量噬菌体，其中极少数在装配时包裹了 LT2 DNA 片段（含有 *trp* 基因），通过滤板再感染 LT22A 群体，结果使少数 LT22A 获得 *trp* 基因通过重组使原来的营养缺陷型转变为原养型。原养型指营养缺陷型突变株回变或重组后产生的菌株，其营养要求在表型上与野生型相同。

根据噬菌体和转导途径，转导分普遍性转导和局限性转导。

1. 普遍性转导 普遍性转导指供体菌中任何部位的基因都能被噬菌体携带并传递给受体菌的转导。噬菌体侵入宿主细胞通过复制和合成，也将宿主 DNA 降解为小片段。装配时正常情况下噬菌体将自身 DNA 包裹在衣壳中，但有时它误将宿主细胞 DNA 中与噬菌体 DNA 大小相近的某一片段包裹进去，这种噬菌体叫缺陷噬菌体。体内仅含供体 DNA 的缺陷噬菌体称完全缺陷噬菌体；同时含有供体 DNA 和噬菌体 DNA 的缺陷噬菌体称部分缺陷噬菌体。这种异常情况出现的概率很低（10^{-8}～10^{-5}）。因噬菌体产生子代数量多故此异常情况出现较多。包裹有宿主 DNA 片段的噬菌体释放后再感染新宿主，其中供体菌 DNA 片段进入受体菌并通过基因重组使受体菌形成稳定的转导子（图 8-18）。T_4 噬菌体等通常不能转导，它侵入宿主细胞使细菌 DNA 迅速降解来不及形成转导噬菌体。

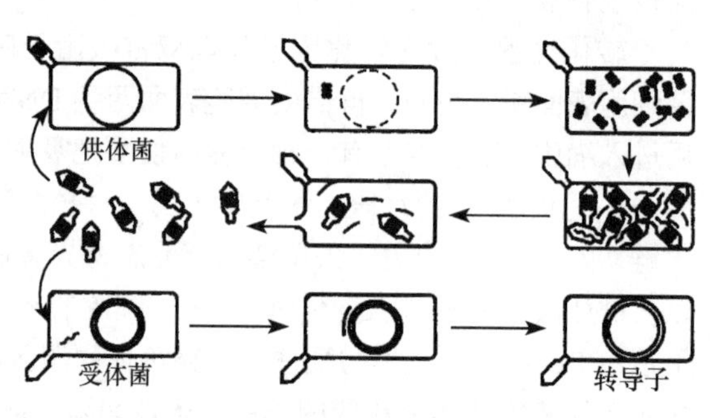

图 8-18 P_{22} 噬菌体引起的普遍性转导

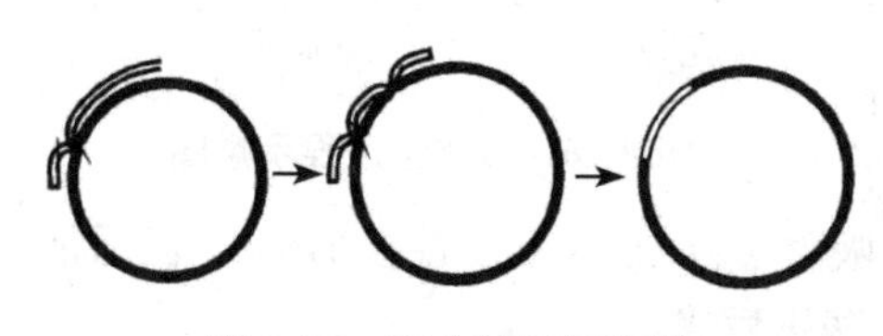

图 8-19 完全转导示意图

普遍性转导有两种情况：一是进入受体菌的供体菌 DNA 片段与受体菌同源区段配对，通过双交换整合在染色体上，随受体菌分裂每个子细胞都有这个片段，称完全转导（图 8-19）。另一种是进入受体菌的供体菌 DNA 不与受体染色体整合，不能复制，仅能在细胞质中转录得到表达称流产转导（图 8-20）。受体菌细胞分裂后仅一个子细胞能得到来自供体菌的 DNA 片段，另一个子细胞只获得供体菌基因的产物——酶，可在表型上出现供体菌的特征，随细胞分裂次数增多该酶越来越少，最终又成受体菌原来状态。在选择培养基上形成微小菌落（仅一个细胞是转导子）就成流产转导的特征。普遍性转导中大部分转入受体的 DNA 为流产转导。

2. 局限性转导 局限性转导指通过某些部分缺陷的温和噬菌体将供体菌少数特定基因携带至受体菌的转导。被转导的特定基因与噬菌体 DNA 共价连接，与其一起复制、切离、包装，感染受体细胞后整合进宿主染色体形成稳定的转导子。它只能转导一种或少数几种基因（一般为位于整合点两侧的基因）。例如，λ 噬菌体侵入大肠杆菌 K_{12} 后其DNA整合在细菌DNA 与合成生物素（biotin）和发酵半乳糖（galactose）有关基因之间，使宿主细胞溶源化。若该溶源性细菌因诱导裂解，释放的噬菌体大多数是正常的，有极少数由于不正常的切离带有 *bio* 或 *gal* 基因，将噬菌体 DNA 中相应长度的一段留在宿主细胞的 DNA 上（图 8-21）。带有 *bio* 或 *gal* 基因的部分缺陷噬菌体再侵染 bio^- 或 gal^- 的受体菌，就使原来不能合成生物素或不发酵半乳糖的细菌具有合成生物素或发酵半乳糖的遗传性状。

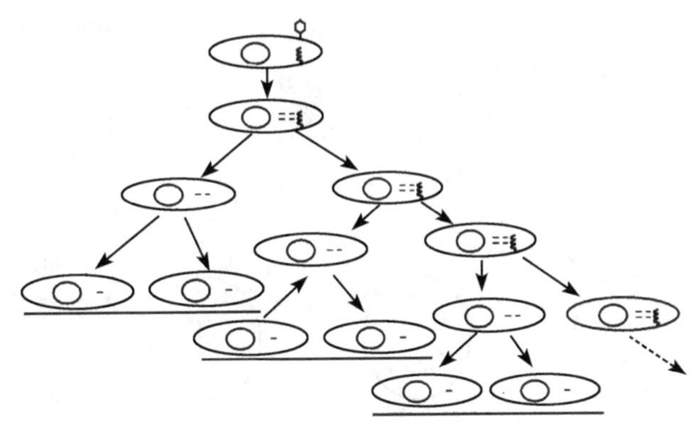

图 8-20　流产转导示意图

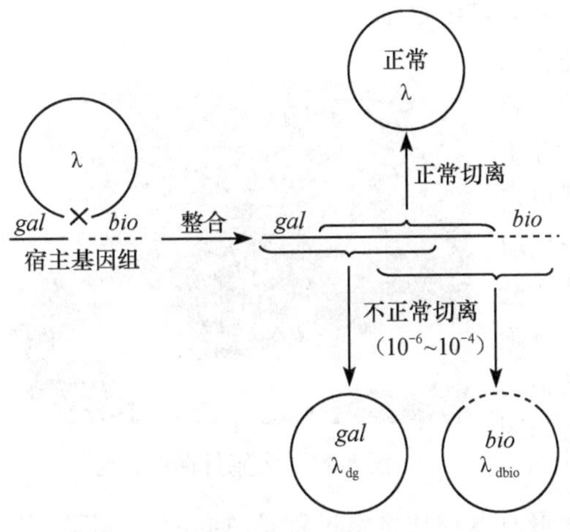

图 8-21　缺陷型 λ 噬菌体的产生机制

局限性转导表面上与溶源转变类似，但它们有本质的区别：①在溶源转变中噬菌体不携带供体菌的任何基因，而局限性转导中噬菌体被诱导时与供体菌的特定基因发生交换；②溶源转变中的噬菌体都是正常的温和噬菌体，而在局限性转导中具有转导能力的噬菌体都是缺陷噬菌体；③溶源转变中获得新遗传性状的是溶源化的宿主细胞而不是转导子；④溶源转变所获得的性状可随噬菌体一起消失。

普遍性转导和局限性转导都是噬菌体携供体菌 DNA 片段到受体菌，但在转导方式、性质等方面不同（表 8-3）。

表 8-3　普遍性转导与局限性转导的区别

项目	普遍性转导	局限性转导
转导的发生	自然发生	人工诱导
噬菌体的形成	错误装配	原噬菌体错误切割
形成机制	包裹选择模型	杂种形成模型
内含 DNA	只有宿主 DNA	噬菌体 DNA 和宿主 DNA
转导基因	供体菌的任何基因	原噬菌体两侧的基因
转导子	不具溶源性，转导特性稳定	为缺陷溶原菌，转导特性不稳定

三、接合

1. 接合及其发现　细菌接合又称细菌杂交，遗传物质通过细胞间接触发生转移和重组。通过接合获得新性状的受体细胞就是接合子。被转移的遗传物质小到几个基因，大到整个质粒或整个染色体，甚至是质粒和染色体的整合体。接合主要存在于细菌和放线菌。G^-菌尤为普遍。近年来发现 G^+菌中接合也普遍存在，但其接合系统更复杂。放线菌中链霉菌属和诺卡菌属最为常见。接合还可发生在不同属的一些种间，如大肠杆菌和志贺菌间也能接合。接合是 1946 年莱

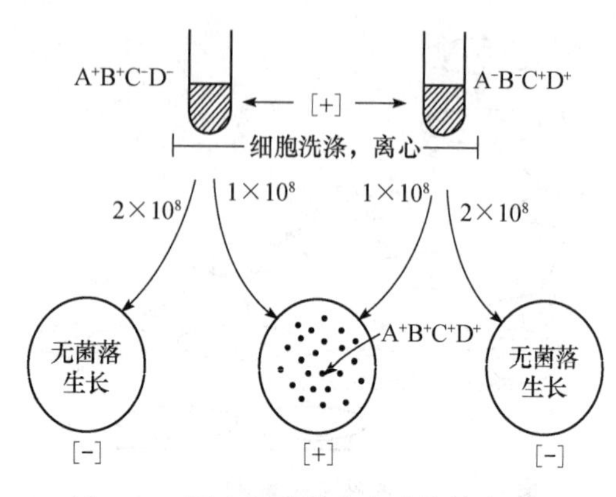

图 8-22 研究细菌接合方法的基本原理

德伯格和塔图姆用大肠杆菌的两株营养缺陷型实验证实的。分别以A、B、C、D表示大肠杆菌苏氨酸和亮氨酸营养缺陷型（$Bio^+Met^+Thr^-Leu^-$）及大肠杆菌生物素和甲硫氨酸营养缺陷型（$Bio^-Met^-Thr^+Leu^+$）所需的4种生长因素。这两株营养缺陷型细菌只能在完全培养基或补充培养基生长，不能在基本培养基生长。把这两种营养缺陷型细菌在完全培养基中混合培养后再涂布于基本培养基上，发现其后代能在基本培养基上长出菌落（图 8-22）。它们相互接触，发生遗传物质的转移和重组，使遗传特性发生变化。

$$A^-B^-C^+D^+ \times A^+B^+C^-D^- \longrightarrow A^+B^+C^+D^+$$

为排除该原养型的产生由转化或转导引起，并证实只有通过细胞间接触才能接合，Davis 设计U形管实验。将这两营养缺陷型菌株分别培养在中间隔有玻璃滤板的U形管两端使其不能接触，培养基和DNA大分子物质可流通，经一段时间来回抽吸使两边培养液交换培养，分别取两端菌株培养在基本培养基上结果没有菌落出现。该实验结果充分说明不让细菌接触其遗传物质就无法转移，排除了转化或转导，证实接合需细胞接触。随着电子显微镜的广泛应用，科学家得到大肠杆菌接合的电子显微镜摄影图像（图 8-23），进一步证实细菌接合的存在。

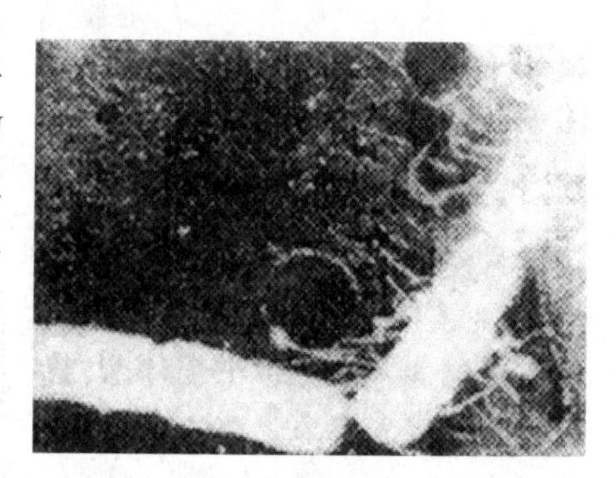

图 8-23 大肠杆菌的接合

2．大肠杆菌的接合 1952 年，Hayes 发现大肠杆菌遗传重组过程是单向的，基因转移有极性。他根据致育性将大肠杆菌分成两群：F^+（雄性菌株）为供体菌，F^-（雌性菌株）为受体菌，前者含有质粒F因子，后者没有。后来又从 F^+菌株中分离到 Hfr 菌株。

从电子显微摄影图像可看到大肠杆菌接合与性菌毛有关。遗传物质可通过性菌毛转移。不久又发现能接合的大肠杆菌有性别分化，其性别由F因子决定。F因子又称致育因子是一种质粒，是染色体外的小型环状DNA分子，分子质量为 5×10^7Da，大小 99 159bp，能编码 40～60 种蛋白质。其中与转移有关的基因包括编码性菌毛、稳定接合配对、转移起始和调节等有 20 多个，约占整个F质粒的 1/3。F因子有自主与染色体同步复制和转移到其他细胞的能力。

含F因子的菌株称雄性菌株，其细胞表面会产生 1～4 条细长的性菌毛；不含F因子的菌株称为雌性菌株即 F^-菌株，表面无性菌毛。根据F因子在细菌细胞中存在的不同方式它们有不同的名称。含游离F因子的细菌称 F^+菌株；F因子整合在染色体的特定位点上的细菌称 Hfr（high frequency recombination）菌株即高频重组菌株；当高频重组菌株内的F因子由于不正常切割脱离染色体组时，形成含有游离的但带有一小段细胞核DNA的特殊F因子称 F′因子。携带 F′因子的菌株就是 F′菌株，其遗传性状介于 F^+菌株和 Hfr 菌株之间。以上三种雄性菌株通过性菌毛与雌性菌株接合，将会产生以下不同的结果。

（1）F^+与 F^-菌株的接合 F^+与 F^-接近时性菌毛的游离端与受体细胞接触，通过供体或受体细胞膜的解聚和再溶解作用收缩使供体和受体细胞紧密相连。接着开始转移 DNA，*ori*T 有被 *tray* Ⅰ编码的切口酶——螺旋酶识别的序列，该酶将其中的一条链切断，并结合于切口的 5′端，解链，一条单链以 5′端为先导通过供体和受体细胞紧密相连处的小孔进入 F^-细菌，合成一条互补的新DNA链，并随之经环化恢复成一个环状的双链F因子；另一条DNA留在供体菌内并以滚环复制成一个新的环状F因子。F^-就变成了F^+。很少发生染色体的转移（图8-24）。

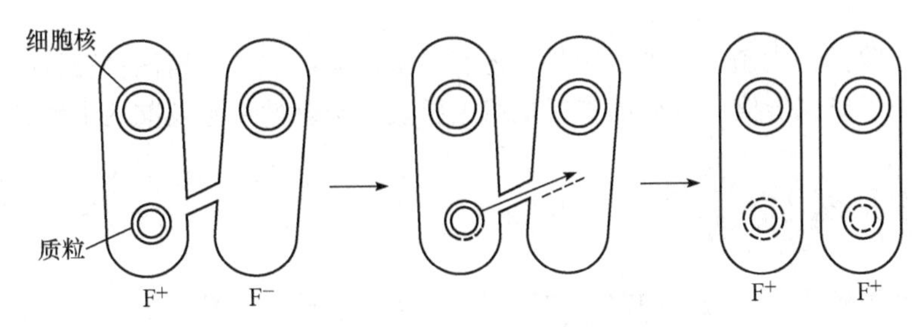

图8-24　F^+菌株和F^-菌株接合

（2）Hfr和F^-菌株的接合　Hfr菌株是因为它与F^-菌株接合后其染色体重组频率比F^+与F^-接合后重组频率高几百倍，故名高频重组菌株。Hfr菌株与F^-菌株接合时Hfr染色体双链中的一条单链在F因子*ori*T处被*tray* I编码的酶识别产生缺口，由环状变成线状。F因子的先导区结合染色体DNA向受体细胞转移，其余绝大部分处于转移染色体末端，要等供体菌染色体全部转入受体细胞，F因子才能完全进入受体菌F^-细胞。整段单链线状DNA以5′端引导等速通过性菌毛转移到F^-细胞中毫无干扰时约需100min。实际转移中这么长的单链DNA常断裂；因环境影响接合又容易中断，使F因子来不及进入F^-菌株，故大多数重组菌株还是雌性，只有在极少数情况下全部染色体才能被转移，受体菌才能成为Hfr菌株。而其他遗传性状的重组频率却很高。这种DNA转移是有序的，可用于测定大肠杆菌染色体基因的排列顺序，此技术称中断杂交试验。

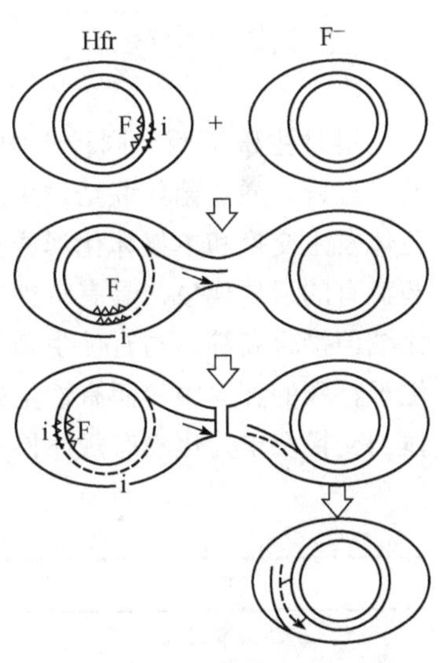

图8-25　Hfr菌株和F^-菌株接合

Hfr菌株染色体转移与F^+菌株F因子转移基本相同。不同的是进入F^-的单链染色体经双链化形成部分合子（半合子），两者染色体在同源区段配对，经双交换实现重组（图8-25）。

（3）F′菌株与F^-菌株接合　通过F′菌株与F^-菌株接合，F^-菌株变成F′菌株，不仅获得F因子也得到F′菌株遗传基因。$F'\times F^-$杂交与$F^+\times F^-$不同的是供体部分染色体基因随F′因子转入受体细胞不需整合就可表达，实际上是形成部分二倍体，受体细胞就成F′菌株。供体细胞基因以这种接合方式传递称性导或F因子转导。

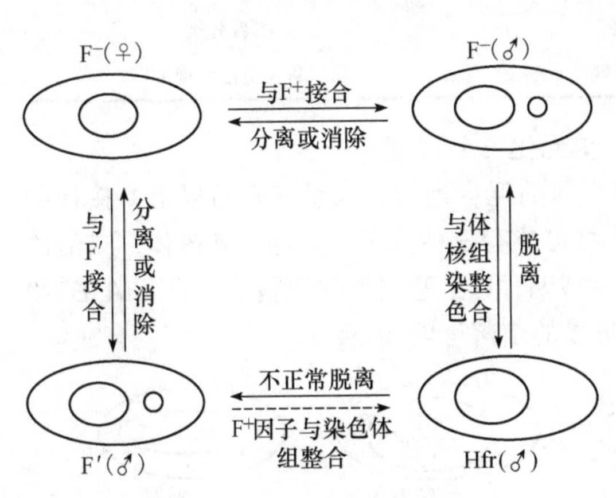

图8-26　F因子的各种转移方式

F因子在大肠杆菌K_{12}的不同菌株间的各种转移方式见图8-26。

自然界中细菌基因水平转移频率很高，质粒在不同种属间转移或从环境中摄入DNA分子并将其整合进自己的基因组，获得新的基因及其性状，推动了细菌的进化，也有实践意义。

第六节 真菌的基因重组

真菌的遗传除无性生殖、有性生殖外，还有异核现象和准性生殖两种独特的遗传系统，因此有较高的遗传学研究价值。真菌的基因重组主要发生于有性生殖及准性生殖过程中。

一、有性生殖

真菌的有性生殖相当普遍，如常见的卵孢子、接合孢子、子囊孢子、担孢子等。其有性生殖和性的融合发生于单倍体核之间，两个单倍体细胞经质配、核配、减数分裂，发育成新的单倍体细胞。染色体在减数分裂时配对分离，发生交换，实现基因重组，产生变异个体。部分真菌的减数分裂发生于一个闭合的子囊壳中，并有较短的生活周期，研究遗传重组特别方便。

二、准性生殖

准性生殖指两个同种不同株的细胞融合后不经减数分裂导致染色体单元化和基因重组的变异过程。通过菌丝联结发生质配形成异核体，极少数的进行核配，有丝分裂中有极少数的染色体发生交换和单倍体化形成有新性状的单倍体杂合子。准性生殖是不产生有性孢子的丝状真菌特有的遗传现象，具有有性生殖的最终结果，但无有性生殖的典型过程，比有性生殖原始，比细菌接合高等。与有性生殖不同之处主要在：重组体细胞和一般营养细胞形态相同，并不产生于特殊的囊器中，而有性生殖为性细胞的结合，产生于特殊囊器（子囊、担子等）中；染色体的交换及单元化没有规律性，而有性过程通过减数分裂进行基因交换和分配（表 8-4）。

表 8-4 准性生殖与有性生殖的比较

项目	准性生殖	有性生殖
亲本细胞	形态相同的体细胞	形态或生理上有分化的性细胞
独立生活的异核体阶段	有	无
二倍体细胞的形态	与单倍体基本相同	与单倍体明显不同
二倍体变为单倍体的途径	有丝分裂	减数分裂
发生的概率	低（偶然发现）	高（正常出现）

准性生殖过程包括异核体形成、二倍体形成、单元化三个阶段。

1. 异核体形成 将两个不同营养缺陷型突变体的混合孢子，大量（百万以上）接种到基本培养基表面，可得到少量原养型菌落。此原养型可能有三种情况：互养；异核体；二倍体或重组体。所谓异核体是指一个细胞内同时具有两种或两种以上基因型的细胞核。若以 A^-B^+ 和 A^+B^- 代表两种营养缺陷型，则在基本培养基表面形成的菌落可能如下。

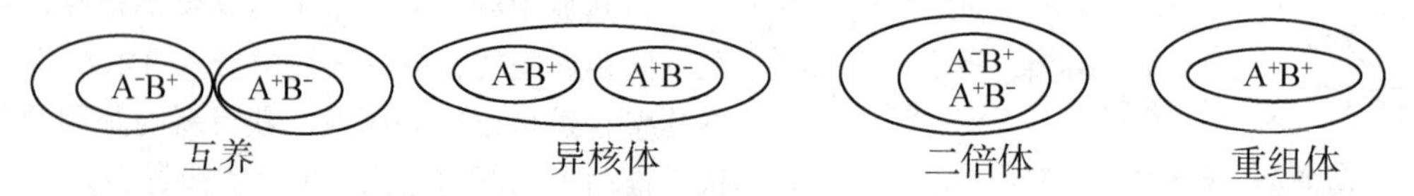

从菌落边缘切取单个菌丝在基本培养基上培养，结果仍能生长，说明该菌落不是互养，而是通过细胞质融合形成了异核体，不同的核各自通过有丝分裂独立增殖。异核体可以百万分之

一的概率发生核融合形成杂合二倍体，常用于真菌的杂交育种，相当于高等生物的杂种优势。

2．二倍体形成 真菌一般为单倍体，两个营养缺陷型在基本培养基上形成的菌落所产生的孢子仍然可在基本培养基上生长，说明形成了二倍体。它是异核体的进一步发展。

3．单元化 二倍体有丝分裂时极少数细胞同源染色体的两条染色单体发生交换（称体细胞重组）导致部分隐性基因的纯合化，细胞分裂时产生重组型单倍体细胞，形成新的性状，如能在基本培养基上生长等。单元化过程是指二倍体在一系列有丝分裂中一再发生个别染色体减半，直至最后形成单倍体的过程，又称单倍体化。它不像减数分裂那样染色体的减半一次完成。准性生殖过程可出现许多新的基因组合，可成为遗传育种的重要手段；在遗传分析上也十分有用，如基因定位、测定等位基因的显隐关系、考察细胞质对核的影响等。

我国学者用准性杂交法，通过选择亲本、强制异合、移单菌落、验稳定性、促进变异和选出良种等步骤，在灰黄霉素生产菌——荨麻青霉（*Penicillium urticae*）育种中取得了好成效。

第七节 微生物遗传变异知识的应用

微生物遗传变异知识应用广泛，尤其在微生物菌种选育方面。微生物发酵中有 10^{-6} 左右的自发突变，其中有少数正突变株，可从中获得优良的生产菌株。例如，在污染噬菌体的发酵液中分离到抗噬菌体的自发突变株。还可用特定选择条件定向培育优良菌株。例如，卡介苗是牛型结核分枝杆菌的减毒活菌苗，它由牛型结核分杆菌接种在含牛胆汁和甘油的马铃薯培养基上 13 年连续移种 230 多代获得。

一、诱变育种

诱变育种是通过人工方法处理微生物使其发生突变并运用合理的筛选程序和方法，把适合人类需要的优良菌株选育出来的过程。它可大大提高微生物突变率，是十分重要的育种手段。例如，青霉素生产中，通过诱变育种由原来的每毫升几十单位提高到每毫升十万单位。诱变育种不仅可以提高产量，还可以减少杂质、提高产品质量、扩大品种和简化工艺等。

诱变育种的主要过程是先对微生物的单孢子或单细胞悬液作诱变处理，使其 DNA 分子中的碱基对发生变化，产生突变体，其中绝大多数是无用的，需经过筛选，选出有用的菌株。

（一）一般方法

1．出发菌株的诱变处理

（1）出发菌株的选择 用于诱变育种的原始菌株称出发菌株。其选择原则：具有利性状并对诱变剂敏感。经验证明选已经多次突变且每次诱变都有较好效果的菌株作出发菌株可获得较好效果。选择合适的出发菌株可提高诱变育种效率。还应注意时期和对象，应选对数期菌体，孢子或芽孢的萌发前期。对象应为孢子或芽孢，多为单核，可减少诱变后性状的分离及退化。

（2）诱变剂的选择 选择原则是简便、有效。应用较多的有紫外线、氮芥、硫酸二乙酯、亚硝酸、甲基磺酸乙酯、*N*-甲基-*N'*-硝基-*N*-亚硝基胍（NTG）和亚硝基甲基脲（NMU）等。后两种有突出的诱变效果称超级诱变剂。每种诱变剂都有其特殊性，使用复合诱变因素效果比单一的好。育种工作中多种诱变剂同时使用、交叉使用或一种诱变剂反复应用效果较好。

（3）诱变剂量的确定 剂量的选择受处理条件、菌种情况、诱变剂的种类等多种因素的影响。剂量一般指强度与作用时间的乘积。在育种实践中常以杀菌率表示其相对剂量。一般随着剂量的提高诱变率也增加。但是超过一定的限度，随着剂量的增加诱变率反易下降。因此，凡在提高诱变率的基础上既能扩大变异幅度又能促进正突变的剂量就是合适的剂量。正突变指突变体的有利性状优于出发菌株的突变。合适剂量的确定要经过多次试验，以前常采用杀菌率为99%，现大多采用杀菌率为30%～75%的相对剂量，容易出现更多的正突变。

实践中有许多简便有效的方法，现介绍一种：先在平板培养基表面均匀涂布一层出发菌株细胞，然后在上面划区并分别放上吸有诱变剂溶液的小滤纸片，保温培养后可在纸片周围出现一透明的抑菌圈，在其边缘有若干突变株菌落。将它们一一制成悬液，分别涂布在平板培养基表面，待其长出大量单菌落后用影印接种法或逐个检出法选出所需的突变株。

2．突变体的筛选　诱变处理使微生物群体中出现各种突变型，其中绝大多数是负变株。要获得预定的效应表型主要靠科学的筛选方案和筛选方法，一般要经初筛和复筛两个阶段的筛选。

（1）*初筛*　以粗测为主，一般通过平板稀释法获得单个菌落，然后对各个菌落进行有关性状的初步测定，从中选出具有优良性状的菌落。尽量利用鉴别培养基等方法将肉眼无法观察的生理性状及产量性状转化为可见的“形态”性状。例如，产抗生素菌选抑菌圈大的菌落；产蛋白酶菌选透明圈大的菌落。此法快速、简便，结果直观性强。缺点是培养皿的培养条件与锥形瓶、发酵罐的培养条件相差大，两者结果常不一致。

（2）*复筛*　指对初筛出的菌株的有关性状作精确的定量测定。一般要在摇床上或台式发酵罐中进行培养，经过精细的分析测定，得出准确的数据。可连续进行多轮，直至获得满意的结果。突变体经筛选后还必须经小型或中型的投产试验，才能用于生产。

设计高效的筛选方法可大幅度提高工作效率。例如，我国科学工作者设计的构思巧妙、效果良好的琼脂块培养法可将产量突变型的初筛和复筛结合进行：将诱变处理后的春日链霉菌（*Streptomyces kasugaensis*）的分生孢子悬液均匀涂布在营养琼脂平板上，长出小菌落后用打孔器一一取出长有单菌落的小琼脂块分别移入无菌空培养皿中，在合适的温湿度下继续培养4～5d，再将每个长满单菌落的琼脂块移到已混有供试菌的琼脂平板上，培养后分别测定其抑菌圈，判断其抗生素效价。所测数据与摇瓶试验结果十分相似，效率大大提高。近年来，有的已采用微量高通量微生物筛选法：在96孔塑料板每孔中加入2mL培养液，再用多点（12点）接种器快速接种纯菌株，经适当培养后快速自动检测每孔中的代谢产物，工作效率很高。

（二）营养缺陷型的筛选

营养缺陷型是经诱变产生的某些营养物质（如氨基酸、维生素和碱基等）的合成能力有缺陷，必须在基本培养基中加入相应的有机营养成分才能生长的变异菌株。其基因型常用所需营养物的前三个英文小写斜体字母表示，如*his*C^-、*lac*Z^-分别代表组氨酸缺陷型和乳糖发酵缺陷型，其中大写字母C和Z则表示同一表型中不同基因的突变。相应表型分别用HisC^-、LacZ^-（首字母大写）表示。营养缺陷型筛选与鉴定涉及的培养基：基本培养基（MM）是能满足某一菌种野生型菌株营养要求的最低成分的合成培养基。完全培养基（CM）是在基本培养基中添加天然物质能满足某种微生物各种营养缺陷型营养要求的加富培养基。补充培养基（SM）是在基本培养基中添加某种营养物质以满足该营养缺陷型菌株生长需求的加富培养基。

营养缺陷型菌株不仅在生产中可直接作发酵生产核苷酸、氨基酸等中间产物的生产菌，而且在科学实验中也是研究代谢途径的好材料和研究杂交、转化、转导、原生质体融合等遗传规律必不可少的遗传标记菌种。还可作为氨基酸、维生素和碱基等物质生物测定中的试验菌种。

营养缺陷型的筛选一般经以下4个环节。

1．中间培养　诱变一般在菌株的对数生长期，而此期的细胞常出现双核，多核细胞的核也成倍增加。突变常发生在一个核上，要经过培养突变核和未突变核才能分离，这一培养过程叫中间培养。细菌的中间培养一般是在完全培养基或补充培养基中培养十多个小时。

2．淘汰野生型　淘汰野生型即浓缩营养缺陷型，常用的方法有以下几种。

（1）*抗生素浓缩法*　青霉素能抑制细菌细胞壁的合成，杀死正在繁殖的细菌，不能杀死停止分裂的细菌。在基本培养基中加入青霉素，野生型生长被杀死，营养缺陷型不能在基本培养基中生长而被保留下来。制霉菌素能与真菌细胞膜上的甾醇作用，损伤其细胞膜，它只能杀死正在生长繁殖的真菌，故可用于真菌野生型的淘汰。

（2）*菌丝过滤法*　该法适用于菌丝生长的霉菌和放线菌。在基本培养基中野生型的霉菌和放线菌的孢子萌发形成菌丝，而营养缺陷型孢子不能萌发或萌发不能形成菌丝，用滤孔较大的擦镜纸过滤，重复数遍即可将野生型除去，保留下营养缺陷型。

（3）*梯度培养法*　此法适用于筛选抗性突变体。把含有药物的培养基倒在斜放的培养皿中，凝固后平放再倒入不含药物的培养基，将中间培养物接入培养，可得到不同程度抗性的突变体。通过利用此法筛选抗代谢类似物突变株的手段还可定向培育某代谢产物高产突变株。

（4）*差别杀菌法*　根据细菌的芽孢比营养体耐热的特点，将经中间培养的菌体接种到基本培养基中，野生型菌株的芽孢生长成营养细胞，将菌液加热到80℃，15min即可将营养体杀死，留下未萌发的营养缺陷型的芽孢，达到浓缩营养缺陷型的目的。

3．检出营养缺陷型　淘汰野生型后还需检出。方法很多，在同一培养皿上可检出的有夹层培养法和限量补充培养法；在不同培养皿上分别对照和检出的有逐个检出法和影印接种法。

（1）*夹层培养法*　先在培养皿内倒一层不含细菌的基本培养基，凝固后再加一层含诱变处理的细菌的基本培养基，凝固后再浇一层不含细菌的基本培养基，经培养出现菌落后在培养皿底部做上标记，然后再加一层完全培养基，培养后新出现的小菌落多数是营养缺陷型菌株。

（2）*限量补充培养法*　将经过诱变处理的菌液接种在含有微量（<0.01%）蛋白胨的基本培养基上培养，野生型迅速长成较大的菌落，而营养缺陷型则缓慢地生长成小菌落。若需筛选出特定的营养缺陷型，可在基本培养基中加入微量的相应物质。

（3）*逐个检出法*　将经过处理后的菌液涂布在完全培养基平板上，培养后将平皿上出现的菌落逐个分别点接到位置对应的基本培养基和一种完全培养基平皿上经培养后逐个对照，若发现在完全培养基上生长，而在基本培养基上不生长，即可认为是一个营养缺陷型菌株。

（4）*影印接种法*　将诱变处理的细胞涂布在完全培养基平板上培养长成菌落。用影印接种工具——“印章”在此平皿上印一下，分别在基本培养基和完全培养基上印一下，经培养若在完全培养基上生长，在基本培养基的相应位置上不生长，即认为它是营养缺陷型菌株。霉菌孢子易飞散，在薄纸上涂抹孢子液代替丝绒，先将薄纸放在完全培养基上培养到孢子长出菌丝伸入培养基后再将纸移至基本培养基上培养一段时间后移去薄纸，培养后比较相应位置菌落。

4．鉴定营养缺陷型　常采用生长谱法：把生长在完全培养基上的缺陷型菌落刮下，经无菌水离心清洗后配制成浓度为10^7～10^8个/mL悬液，吸取悬液0.1mL与基本培养基混匀、倒平板，待凝固、表面干燥后在背面等份划区，在各区分别放置浸有微量不同氨基酸、维生素、嘌呤或嘧啶溶液的小滤纸片，经培养若发现在含某一营养物质滤纸片周围有菌体生长即为该物质的营养缺陷型菌株。用类似方法还可测定双重和多重营养缺陷型。

二、原生质体融合育种

通过人工方法使遗传性状不同的两个细胞的原生质体融合并产生融合子的过程称原生质

体融合。通过细胞核融合实现基因组间的交换、重组，形成稳定的重组子。主要步骤如下。

1．选择亲本　选择两个有特殊价值并带选择性遗传标记的细胞作亲本。

2．原生质体制备　这是原生质体融合的关键，主要是去除细胞壁。在高渗溶液中用适当方法除去细胞壁。去壁最好的方法是酶解，细菌用溶菌酶，放线菌用溶菌酶、裂解酶2号等，霉菌用葡萄糖苷酶、壳多糖酶、蜗牛酶等，酵母菌常用蜗牛酶、酵母裂解酶等。用酶消化细胞壁时应注意菌龄及酶浓度，一般用对数期菌体。酶浓度过低不利于原生质体形成；过高则导致原生质体再生率降低。有时还对目的菌作预处理，使菌体细胞壁对酶的敏感性增强。例如，在细菌中加青霉素或甘氨酸、D-环丝氨酸等干扰其细胞壁合成，有利溶菌酶处理。

3．原生质体融合　核融合是原生质体融合的核心，融合体只有成为单核细胞才能继续生长、繁殖。融合方法很多，常用生物助融、物理助融、化学助融等。生物助融是通过仙台病毒等病毒聚合剂和某些生物提取物使原生质体融合。物理助融是通过离心沉淀、电脉冲、激光等方法刺激原生质体使之融合。化学助融是通过化学助融剂刺激使原生质体融合。化学助融剂现在主要是聚乙二醇（PEG）加钙离子。PEG对细胞也有毒性，作用时间不宜过长。

4．原生质体再生　再生就是使原生质体恢复细胞原来面貌能再生长。在高渗溶液中稀释，涂布在能使其再生细胞壁并能生长、分裂的培养基上培养。融合子起初形成的壁不坚固，易破裂。在一定渗透压下保持细胞膜稳定对细胞壁的再生十分重要。影响原生质体再生的因素主要是菌体的再生特性、原生质体制备的条件、再生培养基的成分及培养条件等。

5．融合子的检出与鉴定　培养形成菌落后通过影印接种到各种选择性培养基上鉴定它们是否为重组子。可从形态学、生理生化、遗传学及生物学等方面鉴定。有两个遗传标记互补的菌体即可确定为融合子。为省去制备遗传标记亲本，近年来用许多其他方法，灭活原生质体法应用较多，用加热或紫外线灭活亲株原生质体融合可形成有生物活性的融合子。其重组率可接近或超过活亲株融合。灭活原生质体融合可在无标记下进行。用荧光染色也是重要方法，向酶解液中加荧光色素使原生质体带有荧光，将融合的原生质体悬液置于带显微操作器和落射荧光装置的立体显微镜下，挑选带有双亲荧光色素的融合子。几种方法常配合使用。

原生质体融合有许多优越性，它打破微生物的种属界限可实现远缘菌株间的基因重组；可使遗传物质传递更完整，可快速组合优良性状，加速育种速度；可借助聚合剂同时将几个亲本的原生质体随机地融合在一起，获得综合几个亲本性状的重组体。

三、杂交育种

杂交育种是选有优良性状的供体菌和受体菌作亲体，能集中双方的优良性状于重组体，比诱变育种优越得多，已成重要的育种方法。现杂交概念已突破细胞水平，进入分子水平，可以多种方式实现微生物遗传物质杂交。原核微生物基因重组常用接合、转化、转导等方式。用接合成功将肺炎克雷伯菌的固氮基因传递给大肠杆菌获得能固氮的大肠杆菌变异株。通过杂交将固氮基因转移给不固氮的生物使其能固氮有重大实际意义。随研究的不断深入原核微生物中杂交育种将越来越普遍。真核微生物杂交育种较普遍，常用有性杂交、准性杂交等。生产中常用有性杂交培育优良菌株，如乙醇发酵的酵母菌和面包发酵的酵母菌虽同属酿酒酵母，但菌株间差异很大，前者产乙醇率高而对麦芽糖和葡萄糖的发酵能力弱，后者则正相反。通过杂交育出既能高产乙醇又对麦芽糖和葡萄糖发酵能力强的优良菌株。乙醇发酵后的菌体可作发面酵母。

四、代谢工程育种

代谢工程育种是一种用基因工程技术对微生物代谢网络中特定代谢途径进行有目标的基因操作，改变微生物原有的调节系统，使目的代谢产物的活性或产量大幅度提高的育种新技术。根据微生物的不同代谢特征可采用改变代谢途径、扩展代谢途径和构建新的代谢途径等方法。

1．改变代谢途径　改变代谢途径是指改变分支代谢途径的流向，阻断其他代谢产物的合成，以增加目标产物。改变代谢途径有加速限速反应、改变分支代谢途径流向、构建代谢旁路、改变能量代谢途径等多种不同的方法。例如，在赖氨酸合成中选育出解除反馈抑制和缺失高丝氨酸脱氢酶的突变株，提高了赖氨酸的产量（图 6-36）。

2．扩展代谢途径　这是指在引入外源基因后使原来的代谢途径向后延伸产生新末端产物，或使原代谢途径向前延伸可利用新原料合成代谢产物。酿酒酵母不能直接利用淀粉发酵生成乙醇，将淀粉酶基因转入酵母菌，但该基因在酵母菌中表达量太低，用巴斯德毕赤酵母的抗乙醇阻遏的醇氧化酶基因的启动子表达淀粉酶基因可提高淀粉酶产量，可使酿酒酵母直接利用淀粉发酵生产乙醇，简化工艺，降低成本。以纤维素、木质素为原料的代谢工程取得较大进展。

3．构建新的代谢途径　这是将催化一系列生化反应的多个酶基因克隆到不能产生某种新化学结构的代谢产物的微生物中，使其获得产生新化合物的能力，或利用基因工程克隆少数基因使细胞中原来无关的两条代谢途径联结起来，形成新的代谢途径产生新的产物，或将催化某一代谢途径的基因克隆到另一种微生物中，使其发生代谢转移产生目的产物。例如，我国学者将麦迪霉素丙酰基转移酶基因转移到螺旋霉素产生菌中获得了 4″-丙酰螺旋霉素。不仅扩大了抗菌谱，也开拓了利用新的途径获得新的目的产物及其合成机制的研究。

五、基因工程

基因工程是指用人工方法通过体外基因重组和载体的作用，将目的基因导入受体细胞并在其中复制和表达，形成新物种的育种新技术。它是一种在分子生物学理论指导下进行的可事先设计和控制的、可超远缘杂交的、前景广阔的定向育种新技术。与传统育种技术相比，它周期短、效率高、针对性强，还可导入新的基因。基因工程技术已在生产多肽类药物和疫苗、改造传统工业发酵菌种、动植物特性基因工程改良、环境保护中分解多种毒物的“超级菌”的构建及生物农药中新型基因工程杀虫剂的研制等许多方面广泛应用。

（一）基本要素

1．工具酶　基因工程所用的千余种工具酶绝大多数是从微生物中分离的，主要如下。

（1）限制性内切核酸酶　工具酶中，种类多、使用广的是一类水解 DNA 的磷酸二酯酶，能在双链 DNA 的特定位点切开。不同的限制性内切核酸酶识别的核苷酸碱基序列各不相同。限制酶可分为Ⅰ、Ⅱ、Ⅲ三类。所有限制酶切割 DNA 均产生 5′—P 和 3′—OH 的末端。

（2）DNA 聚合酶　主要有以下 4 种。

1）DNA 聚合酶Ⅰ。它能在模板和 Mg^{2+} 作用下，催化 DNA 链从 5′→3′方向的聚合反应，同时也具有从 5′→3′（小片段）和 3′→5′（大片段）的外切核酸酶活性。

2）T_4 DNA 聚合酶。具有与 DNA 聚合酶Ⅰ相同的聚合酶活性和从 3′→5′外切核酸酶活性。

3）DNA 末端转移酶（TdT）。其聚合反应不需要模板，能在单链 DNA 的 3′—OH 端或双链的3′-黏性末端进行脱氧核苷三磷酸的聚合反应，加上一个到多个核苷酸。

4）逆转录酶。逆转录酶可以RNA为模板，合成对应的DNA（cDNA）。

（3）核酸酶类　主要有：核酸酶S1主要将黏性末端切平；核酸酶BAL31是多功能的核酸酶，作用于单链DNA和RNA，表现出与核酸酶S1相同的内切酶活性，作用于双链DNA能同时从3′和5′端降解DNA，使其缩短到25%左右；外切核酸酶Ⅲ能从双链DNA的3′端起依次切下单核苷酸形成有5′端单链的DNA分子，分解至双链的40%～50%时即不再降解。

（4）连接酶　主要有：DNA连接酶用于将DNA链中两个相邻核苷酸的3′—OH与5′—P结合形成磷酸二酯键；RNA连接酶主要是T_4 RNA连接酶，连接机制与T_4 DNA连接酶相同。

2．载体　它是可插入外源DNA并将其导入宿主细胞复制与表达的运载工具。其基本要求是：在宿主细胞中能自主复制；含若干限制酶的单一切点；带有选择标记；尽可能地小，只保留必需的序列，易操作；较安全，不转移，不扩散。基因工程中常用的载体均来自微生物，主要有三类：原核微生物载体主要是质粒和改造后的病毒或噬菌体；真核微生物载体主要是酵母菌质粒、Ti质粒和真核生物病毒；人工染色体主要有酵母菌人工染色体和细菌人工染色体。

3．外源DNA　即目的基因，绝大多数外源基因都是从供体细胞中分离并经改造的DNA片段，含有正确表达所需要的全部碱基序列。微生物种类繁多，性状独特，为基因工程提供了极其丰富而独特的基因资源。

4．基因克隆的宿主　载体对宿主的基本要求是：能高效吸收外源DNA；无限制修饰系统，不使外源DNA降解；为重组缺陷型菌株，不使外源DNA与宿主染色体同源重组；具安全性，宿主须对人、畜、作物安全。微生物细胞是基因克隆的宿主，即使植物和动物基因工程也要先构建穿梭载体，使外源DNA或重组DNA在大肠杆菌中克隆、拼接和改造，才能转入动植物细胞。现在都是用大肠杆菌或酵母菌的工程菌作生物反应器进行大规模工业发酵生产。

（二）操作步骤

基因工程的核心内容是基因重组、克隆和表达，其基本操作过程可概括如下。

1．目的基因制备　目的基因是指将要被引入受体细胞的基因。其来源主要有：①从供体细胞中提取，通常原核生物可从基因文库中分离，真核生物可通过逆转录酶的作用由mRNA合成互补DNA，再复制成双链DNA或从cDNA文库中分离；②利用DNA聚合酶链反应（PCR）技术扩增基因；③利用基因定位诱变获得突变基因；④化学合成有特定功能的基因。目的基因除需有完整的所需信息外还要有黏性末端，指位于DNA两端的单链部分，如下所示。

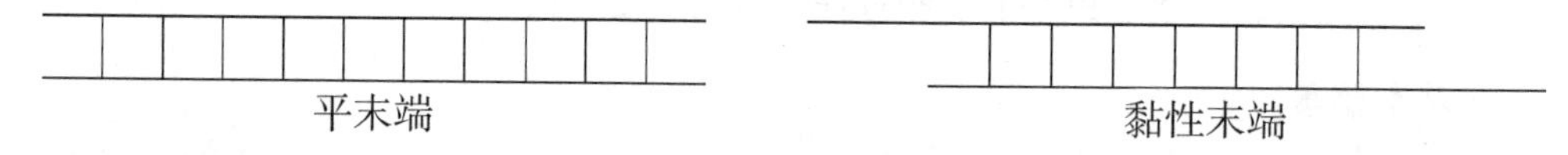

黏性末端可用限制性内切酶作用DNA获得。其简单过程：用限制性内切酶处理基因源，用凝胶电泳等方法分离出带黏性末端的目的基因。

2．载体制备　载体指可将目的基因导入受体细胞的DNA。优良的载体必须分子量较小，结构清楚，可导入受体细胞，能自我复制；在受体细胞中能大量扩增；最好只有一个限制性内切核酸酶的切口，使目的基因能固定地整合到载体一定的位置；具有便于选择的遗传标记；具有与目的基因有互补的黏性末端。常用的有质粒、噬菌体和病毒等DNA。互补黏性末端可用同一限制性内切核酸酶分别处理目的基因和载体，则两者的末端互补。

3．体外重组　将处理过的目的基因和载体在较低温度（5～6℃）下按一定比例混合，俗称退火。两者由于有互补的黏性末端因氢键的作用而结合，重新形成双链，再在连接酶作用下形成完整的、有复制能力的环状 DNA 分子。完成目的基因与载体 DNA 的重组。

4. 载体传递 通过载体把目的基因导入受体细胞。其方式一般为转化（质粒）或转导（病毒或噬菌体）或人工显微注射、电穿孔法。后者是在极短的时间内用高压电（kV）脉冲电击宿主细胞，使细胞膜瞬时被击穿，产生许多微孔，重组 DNA 通过微孔进入细胞。它也成功用于酵母菌和动植物细胞的转化。细菌繁殖迅速，培养容易，一般以细菌作受体细胞。

5. 复制和表达 目的基因载体复合物导入受体细胞后，控制适当条件，使受体细胞繁殖。目的基因随载体复制、表达，结果受体细胞表现出目的基因所决定的性状。经人工基因重组的细菌叫基因工程菌。外源基因既可在染色体外表达，也可整合到染色体 DNA 中表达。

6. 重组体筛选和鉴定 目前准确分离纯净的基因单位还较困难，重组后的“杂种质粒”的遗传性状是否符合设计的目的需求，以及它能否在受体细胞内正常繁殖和表达等问题还需要仔细检查，根据载体的特征和目的基因性状等，从大量个体中设法筛选出具有所需性状的基因工程菌，并在鉴定、测序后繁殖利用。重组体的鉴定通常有三类方法：重组体表型特征的鉴定、重组 DNA 分子结构特征的鉴定和外源基因表达产物的鉴定。

（三）安全防护

基因工程主要有以下几个方面的风险。①致癌病毒 DNA 的扩散：动物基因组内潜在有肿瘤病毒的 DNA 片段，在基因分离和转移中致癌病毒可能被扩散。特别是转移至人体的基因有可能会激活原癌基因。②耐药质粒传播：基因工程产品使用能产生耐抗生素的新菌株，给疾病治疗带来困难。③干扰破坏正常细胞功能：基因工程中若处理不当则使正常细胞控制失调、功能破坏。④破坏生态平衡：基因工程菌一旦扩散至自然界，可能破坏自然界生态系统的平衡。⑤制造杀伤力巨大的生物武器：利用基因工程技术可制造对人类有极大危害的生物武器。对此必须高度警惕。

例如，消除石油污染的高效降解菌扩散后会导致油井、贮油罐，甚至沥青路面、屋顶等的毁坏。因此，要求任何转基因生物进入环境前必须确保其安全性。通常采取以下措施。①物理防护措施：采用隔离实验室、隔离试验区，对污染物和废弃物严格管理和处理。②生物防护措施：主要从基因分离、载体和受体菌的选择上严加要求，使用专一性强、不易传递的安全载体，选择非致病菌作受体菌。③基因控制措施：在基因工程菌内装上自杀基因，脱离人工环境基因工程菌自行死亡。

目前人们仍较多地选择与驯化土著优势菌作受体菌，使之更接近自然条件，也更安全。

拓展资料

（四）CRISPR 与基因编辑

CRISPR 全名是规律间隔成簇短回文重复（clustered regularly interspaced short palindromic repeat），又称 CRISPR/Cas 系统，是广泛存在于原核生物染色体上的一种串联重复 DNA 序列，它是清除外来有害核酸（病毒、质粒）的特殊免疫系统，由以下三部分组成。

1. CRISPR 相关基因 它们位于 DNA 双链上，为由一些高度保守的同向重复序列和间隔序列构成的 R-S 结构。有不同的亚型，由重复序列、前导序列和 *cas* 基因共同决定。细菌可用它记住曾攻击过自己的各种外源 DNA——把外源 DNA 作为新的间隔序列，整合到自己的基因组中。当遇到同种病毒再次入侵时，经 crRNA 定位和 Cas 蛋白剪切，即可达到免疫保护效果。在基因编辑技术中，间隔序列可作为外源基因的定点剪切和插入的位点。

2. crRNA 也称向导 RNA，上述间隔序列的转录产物。它通过碱基配对与 traRNA（反向活化 RNA）相结合，形成的 tracrRNA 复合物可引导 Cas9 到与 crRNA 序列互补的外源双链 DNA

的靶点上以完成特异性识别和剪切功能。traRNA 和 crRNA 可人工设计和合成。

3. Cas 蛋白 它是一类双链核酸酶，有多种亚型，由位于 CRISPR 相关基因附近的 *cas* 基因编码，一旦激活即可经转录、翻译后形成 Cas 蛋白。它含有 RuvC 和 HNH 两个独特的活性位点，既能加工产生成熟的 crRNA，也有剪切降解靶标 DNA 的功能，俗称“分子剪刀”。通过 Cas 剪切既可敲除不需要的基因，也可将新基因插入新的间隔中。基因编辑中常用的 *Cas9* 来自酿脓链球菌的 *Cas9* 基因，结构简单，机制清楚，适合哺乳动物和人体细胞的基因编辑。

CRISPR 免疫作用分适应、表达和干扰三个阶段。适应阶段通过 CRISPR 相关基因表达的核心蛋白将外源 DNA 的同源片段插入前导序列与第一段重复序列间，经复制形成一新 R-S 单元，作记忆留存。表达阶段首先是细菌染色体上的 CRISPR 相关基因经转录、翻译后形成一条 crRNA 前体链；接着它被 Cas 剪切成许多 crRNA 片段；最后，crRNA 与 Cas 相结合，形成有向导功能的 Cas-crRNA 复合体，寻找 DNA 链上靶标。干扰阶段 crRNA 作为 Cas-crRNA 的向导，找到目标位点后与外源 DNA 的前间隔序列互补配对，再进行定点剪切或添加等操作。

基因编辑是一类人为定点改造生物基因组的新技术。方法很多，从早期的基因打靶法、寡聚 DNA-RNA 介导修复法到后来的锌指核酸酶法、类转录激活因子效应物核酸酶法和 CRISPR/ Cas9 等。既用于遗传工程，也用于基因表达调控，还用于基因治疗、新药开发等。

CRISPR/Cas9 是一种建立在细菌和古菌的 CRISPR 免疫机制基础上的第三代基因编辑技术。它利用 crRNA 作向导，借助 Cas9 对目的基因的特定位点进行剪切、添加等精准操作，达到对活体细胞的基因组进行简便、快速、高效改造的目的。其技术要点：先设计并合成 crRNA 和 tracrRNA，使其与 Cas9 形成复合物，再用显微注射器注入待“编辑”的活体细胞中。经 crRNA 引导，复合物整合到双链 DNA 的靶标上，随即由 Cas9 打开 DNA 双链，对目的基因作定点剪切、修改、替换或添加，使原有基因组得到精确的改造。它还有许多需要完善之处，例如，如何防止因改变了非目的基因而造成不良后果（“脱靶”）和违反有关伦理学等问题。

◆ 第八节 菌种的衰退、复壮和保藏

一、菌种的衰退与复壮

在生物进化中，遗传性的变异是绝对的，而其稳定性是相对的；退化性的变异是大量的，进化性的变异是个别的。在自然条件下，个别的适应性变异通过自然选择得到保存和发展，最后成为进化的方向；在人为条件下，可通过人工选择有意识地筛选出个别的正突变体用于实践中。相反，如不进行有意识的人工选择，大量的自发突变菌株就会泛滥，最后使菌种衰退。

菌种衰退指群体中退化个体数量达一定比例后表现出菌种生产性能下降或优良性状丧失的现象。对产量性状来说，菌种的负变就是衰退。其原有典型性状丧失也是衰退。首先易发现的是菌落和细胞形态的改变。例如，苏云金杆菌芽孢和伴孢晶体变小甚至丧失；泾阳链霉菌（“5406”）菌落由原来的凸形变成扇形、帽形或小山形，孢子丝由原来螺旋状变成波曲状或直丝状，孢子从椭圆形变成圆柱形等。其次是生长速度变慢，产孢子少。例如，“5406”菌苔变薄，生长缓慢，不产生丰富的橘红色的孢子层，甚至只长些浅绿色的基内菌丝。再次是产代谢产物能力或其对宿主寄生能力下降。例如，赤霉素生产菌产赤霉素能力下降，枯草杆菌“7658”产淀粉酶能力降低，白僵菌对宿主致病能力降低等。最后，衰退还表现在抗不良环境条件能力减弱等。菌种衰退是一个由量变到质变逐步演变的过程，必须及时采取有效措施复壮。

复壮是指菌种发生衰退后，通过纯种分离和性能测定等方法，从衰退的群体中筛选出尚未衰退的个体，恢复该菌种原有典型性状的一种措施。这是一种消极的措施，属狭义的复壮。广义的复壮是一种积极的措施，即在菌种的典型性状或生产性能衰退前就经常进行纯种分离和生产性能的测定，以从中选出自发突变的正突变使菌种的典型性状或生产性能逐步提高。

1．衰退的防止

（1）控制传代次数　尽量避免不必要的接种传代，把必要的传代降到最低水平，以降低突变概率。微生物的自发突变都是在繁殖过程中发生的。不论在实验室还是在生产中，都必须严格控制传代的次数。良好的菌种保藏方法可减少移种传代次数。

（2）创造良好的培养条件　创造适合原种生长的条件可防止菌种衰退。例如，用菟丝子的种子汁培养“鲁保一号”可防止菌种退化；在藤仓赤霉（*Gibberella fujikuroi*）培养基中加糖蜜、天冬酰胺、谷氨酰胺、5′-核苷酸或甘露醇等能防止退化；用老苜蓿根汁培养基可防止“5406”退化。

（3）利用不易衰退的细胞接种传代　放线菌和霉菌的菌丝细胞常含几个核甚至是异核体，用菌丝接种就会出现不纯和衰退。孢子一般是单核的，用孢子接种就没有这种现象。例如，用灭菌棉团轻巧地对“5406”放线菌进行斜面移种就可避免接入菌丝，可防止衰退；构巢曲霉（*Aspergillus nidulans*）的分生孢子传代易退化，而用其子囊孢子移种则不易退化。

（4）采用有效的菌种保藏方法　工业生产菌种主要性状都属于数量性状，这类性状最易衰退。即使在较好的保藏条件下也无法避免。例如，灰色链霉菌 πC-1 以冷冻干燥孢子经 5 年的保藏，菌群中衰退的菌落略有增加，在同样条件下，另一菌株 773#只经过 23 个月就降低 23%的活性，即使在−20℃下冷冻保藏，经过 12～15 个月后，链霉素产生菌 773#和环丝氨酸产生菌 908#的效价水平还是有明显降低。可见，要防止菌种衰退需要研究更有效的保藏方法。

2．菌种的复壮

（1）纯种分离　通过纯种分离可把退化菌种中一部分仍保持原有典型性状的单细胞分离出来，经扩大培养可恢复原菌株的典型性状。常用菌种分离和纯化方法很多，可归纳成两类。一类较粗放，只能达到“菌落纯”即“种类纯”水平。例如，在琼脂平板上划线分离、表面涂布或与琼脂培养基混匀后倒平板以获得单菌落等。另一类是较精细的单细胞或单孢子分离法。可达到“细胞纯”即“菌株纯”水平。后一类方法应用较广，种类很多，既有简单的利用培养皿或凹玻片等作分离室的方法，也有用复杂的显微操纵器的纯种分离法。不长孢子的丝状菌可用无菌小刀切取菌落边缘的菌丝尖端分离移植，也可用无菌毛细管截取菌丝尖端单细胞分离纯种。

（2）通过宿主复壮　寄生微生物的退化菌株可通过接种到相应昆虫或动植物宿主体内以提高菌株的毒性。例如，经长期培养的苏云金杆菌会使毒力减退、杀虫率降低，可用退化的菌体感染菜青虫幼虫，再从最早、最重的病死虫体内分离典型菌株。反复多次就可提高菌株杀虫率。

（3）淘汰已衰退的个体　有人曾将“5406”分生孢子在低温（−30～−10℃）下处理 5～7d，使其死亡率达到 80%，结果发现在抗低温的存活个体中留下了未退化的健壮个体。

以上综合了实践中取得一定效果的防止衰退和实现复壮的某些经验。但是，在使用这些方法之前，必须仔细分析和判断自己的菌种究竟是衰退、污染还是仅属一般性的饰变。

二、菌种的保藏

菌种是重要的自然资源，菌种保藏是微生物学的重要基础工作。其目的是使其不混乱、不死亡、不污染，并稳定保持原有特性。菌种保藏方法很多，原理大同小异。首先，要选典型菌种的优良纯种，最好用其休眠体（孢子、芽孢等）；其次，要创造最有利于长期休眠的环境条件，如干燥、低温、缺氧、避光、缺营养及添加保护剂或酸度中和剂等。好的保藏方法首先应保持原菌种优良性状长期稳定；其次要通用、简便、易于普及。常用的菌种保藏方法有低温保藏、隔绝空气保藏、干燥保藏和宿主保藏。一般实验室都用多种保藏法结合，近期、中期、长期配合保藏菌种。中国普通微生物菌种保藏管理中心（CGMCC）规模目前为世界第二（2023年有5万余株各种微生物），现采取斜面传代、冷冻干燥保藏和液氮保藏三种方法。收到合适的纯种先将原种制成若干管液氮菌种长期保藏，再制成第一批冷冻干燥保藏菌种分发用户。5年后前一批冷冻干燥菌种用完再打开一支液氮保藏原种制备新一批大量冷冻干燥保藏菌种。可减少传代次数，至少在20年内用户使用的冷冻干燥管至多是原种的第二代，保证了菌种高质量。

1．低温保藏法　低温可抑制微生物的代谢活动，简单有效。将菌种接在斜面培养基上，再把培养好的新鲜菌种用牛皮纸将棉塞包好，移入4℃冰箱中保藏。每隔3～6个月重新移种培养一次，继续保藏。若无冰箱可将菌种试管口封严，外用塑料袋扎紧，埋入固体尿素内或沉入井中保存。其优点是简便，对大多数微生物都适用。缺点是保藏期太短。用较低温度保藏效果更理想，－20℃比4℃好，－70℃（干冰温度）又比－20℃好。近年来采用－196～－150℃的液态氮超低温保藏菌种，能保存各类微生物菌种，而且微生物的代谢水平最低，菌种变异的可能性极小。这是目前最理想的菌种保藏方法。但需要液氮罐等特殊设备，管理费用高，操作较复杂，发放不方便。

低温会使细胞内的水分形成冰晶，引起细胞膜等结构损伤。速冻法产生的冰晶小，可减少细胞损伤。从低温下移出并开始升温时冰晶又会长大，快速升温也可减少细胞损伤。不同微生物的最适冷冻速度和升温速度不同。例如，酵母菌的冷冻速度以每分钟10℃为宜。冷冻时的介质对细胞损伤与否有显著影响。糊精、血清白蛋白、脱脂牛奶、海藻糖等大分子物质可通过与细胞表面结合防止细胞膜冻伤。为防止菌种死亡，一般冷冻保藏的菌种只用一次，切勿反复冻融。

2．隔绝空气保藏法　保藏的原理主要是通过限制氧的供应以削弱微生物的代谢作用，故不适用于厌氧菌。

（1）*液体石蜡保藏法*　在无菌条件下，将无菌、无水的液体石蜡加入培养好菌种的试管内，使液体石蜡面高出琼脂斜面1cm，将试管直立。放入4℃冰箱中保存。此法简便易行；保藏期可达一至数年；对大多数微生物适用，可分解烃类的微生物不宜采用此法保藏。

（2）*橡皮塞密封保藏法*　当斜面菌种长到最好时，无菌条件下用灭菌橡皮塞代替原有的棉塞，塞紧管口，用石蜡封严，于室温下暗处或4℃冰箱中可保藏多年。

（3）*琼脂柱穿刺封口保藏法*　在无菌条件下，用接种针挑取培养物穿刺接种至试管琼脂柱底部，培养后保藏，此部位相对缺氧。如果结合液体石蜡或橡皮塞隔绝空气法，则效果更好。

3．干燥保藏法　断绝对微生物的水分供应，能使微生物的代谢活动强度明显减弱。

（1）*砂土管保藏法*　此法适用于产生孢子的放线菌、霉菌和产生芽孢的细菌。将培养好的菌种斜面，用无菌水洗下孢子制成孢子悬液，再将孢子悬液接入无菌的砂土管中，用接种针拌匀。也可以用接种环直接从斜面上将孢子接入砂土管。干燥后置于4℃冰箱中，可保藏数年。

（2）*真空冷冻干燥法*　这是很有效的保藏微生物的方法。此法的优点是具备低温、真空和干燥三个保藏菌种的条件。广泛适用于各种细菌、酵母菌、霉菌、放线菌和病毒的保存。其保存时间可达10～20年，并且存活率高，变异率低。但手续比较麻烦，需一定的设备条件。其大体过程是：将需保存的菌种或其孢子保护剂悬液装在安瓿瓶里，在低温下快速冷冻，并在低温下立即抽真空，使其中的水分升华脱去，形成完全干燥的固体菌块，再在真空条件下融封。

制备过程是在低温下使菌液呈冻结状态，并减压、抽气使其干燥，微生物在此条件下易死亡，需加一些物质作保护剂。常用的保护剂有脱脂牛奶、血清、淀粉、葡聚糖等高分子物质。

干燥保藏法还有麸皮保藏法和碳酸钙保藏法等。前者特别适用于丝状真菌的保藏。

4．宿主保藏法　此法适用于专性活细胞寄生微生物（病毒、立克次体等）。它们只能寄生在活的动植物或其他微生物体内，故可针对宿主细胞的特性进行保存。例如，植物病毒可用植物幼叶的汁液与病毒混合，冷冻或干燥保存。噬菌体可经细菌培养扩大后，与培养基混合直接保存。动物病毒可直接用病毒感染适宜的脏器或体液，然后分装于试管中密封，低温保藏。

保藏菌种活化的要求是使保藏菌种恢复旺盛的生命活动并显示原有的代谢和生产性能。因此，保藏菌种活化必须使用与保藏时相同的或使其生长最佳的培养基和条件。

习　题

1．名词解释：遗传；变异；饰变；自发突变；诱发突变；转换；颠换；转化；转染；转导；接合；野生型；营养缺陷型；原养型；完全培养基；补充培养基；基本培养基；准性生殖；异核体。

2．证明核酸是遗传物质基础的经典实验有哪几个？举其中之一加以说明。为什么都选用微生物作材料？

3．细菌环状染色体 DNA 和质粒 DNA 在质粒提取中发生什么变化？它们对质粒的检测和分离有何意义？

4．什么是质粒？它有哪些特点？主要有哪几种类？各有何理论和实践意义？

5．什么是基因突变？基因突变有何特点？试用变量实验说明其随机性。

6．何谓碱基置换、移码突变？两者有何异同？

7．试述亚硝酸、5-BU 及紫外线的诱变机制。

8．转化和转导有何区别？接合和转导又有何区别？转化和转基因是何关系？

9．F^+、F^-、Hfr 和 F′菌株有什么区别？

10．Hfr×F^-和 F^+×F^-杂交得到的接合子都有性菌毛产生吗？它们是否都能被 M_{13} 噬菌体感染呢？

11．普遍性转导和局限性转导有何异同？

12．能否找到仅对某基因有特异诱变作用的诱变剂？为什么？诱变育种基本步骤有哪些？关键是什么？

13．紫外线诱变的机制是什么？处理时应注意什么？如何使被处理的细胞能受到紫外线的均匀照射？

14．什么是微量高通量微生物筛选法？其创新点在哪里？

15．何谓菌种退化、复壮？如何防止菌种退化？如何区分菌种究竟是衰退还是污染或饰变？

16．常用的菌种保藏方法有哪些？冷冻干燥保藏法和液氮超低温保藏法各有何优缺点？

17．设计实验确定某细菌发生的遗传物质转移是转化、转导还是接合？说明预期结果。有下列条件可用：①合适的突变株和选择培养基；②DNase（降解裸露 DNA 的酶）；③两种滤板，一种能持留细菌和细菌病毒但不能持留游离 DNA 分子，另一种滤板只能持留细菌；④可插入滤板使其分隔成两个空间的玻璃 U 形管。

（姚利　朱德伟）

第九章
微生物的生态

生态学是研究生命系统与其环境系统间相互作用规律的科学。微生物生态学是生态学的一个分支，研究微生物与其环境间相互作用规律。微生物与环境间的关系十分密切。一方面，微生物的生命活动依赖于环境，在不同的环境影响下形成不同的微生物区系；另一方面，微生物的生命活动又影响着环境。微生物是地球生物演化的先锋，对生态系统乃至整个生物圈的能量流动、物质循环和信息传递都有独特、不可替代的作用。

研究微生物的生态有重要的理论意义和实践价值。研究微生物的分布、相互作用及其在自然界物质循环中的作用不仅可推动生物进化、分类和地质演变等方面的研究；而且促进菌种资源的开发，防止有害微生物的危害，推动微生物在工业生产、农业生产、医药卫生和环境保护等方面的应用。特别是解决严重的环境污染和生态破坏，微生物能发挥重要作用。

第一节　自然环境中的微生物

微生物是自然界中分布最广的生物，从地表土壤到上千米深的地下、几万米的高空，从空气到河流、湖泊及海洋，从动植物体表面到体内，以及高温、高盐、高压、低温和缺氧等各种极端环境都有微生物的存在。以研究全部微生物基因为目标的微生物环境基因组学（宏基因组学）已成为微生物学的一个研究热点。

自然界中，微生物生活的特定物理位置称为微环境。单个微生物细胞生长形成种群。代谢相关的种群称共位群。多组共位群相互作用形成微生物群落。微生物群落是生态系统的结构和功能的单位。微生物群落与其他生物群落、环境相互作用形成生态系统。一个特定环境中的微生物群称为微生物组。生态环境中的微生物倾向于吸附在固体表面和形成生物膜，取得游离生长所没有的优势。它们不同于浮游细菌，在生理、代谢、对底物的降解和利用、对环境的抵抗能力等都有独特的性质，能相互促进新陈代谢、信号转导和基因交换，对抗生素等杀菌剂、恶劣环境及宿主免疫防御机制有很强的抗性。生物膜可由一种或多种菌形成。在多菌种生物膜中不同菌种交替演变。人类的活动促进了微生物的广泛迁移，必须注意其不利影响。

一、土壤中的微生物

1．土壤是微生物生活的良好环境　自然界中，土壤是微生物最适宜生活的良好环境。土壤有机物为微生物提供良好的碳源、氮源和能源，有机质的含量直接影响微生物的数量。无机物主要提供硫、磷、钙、镁、钾等矿质营养元素。土壤结构疏松，具团粒结构，团粒是由黏粒、微生物、植物残体及腐殖质构成的团聚体，团粒内部和表面含微生物生长需要的水分，团粒间有好氧微生物需要的空气，团粒内有厌氧微生物需要的厌氧环境。土壤渗透压一般为3.03～6.06Pa；pH 5.5～8.5，且缓冲性较强；土壤温度随地区、季节变化而不同，但大多数为0～30℃，一年中大部分时间土壤温度为10～25℃。土壤温度变化比大气小。这些都是大多数微生物最适宜的生长范围。土壤还有屏障作用，在表层土几毫米以下便可保护微生物免受阳光直射致死。

总之，土壤为微生物的生长繁殖提供了几乎一切必要的条件，有“微生物天然培养基”之称。土壤中微生物种类多，数量大，是微生物的“大本营”和“菌种资源库”。

2．土壤中微生物的种类和数量　土壤微生物主要有细菌、放线菌、真菌、藻类和原生动物等。其中细菌最多，放线菌和真菌次之，藻类及原生动物较少。土壤微生物种类齐全，数量众多，代谢潜力巨大，一般都处于饥饿状态，繁殖速率极低，存在数量极大的活的未被培养的微生物。营养物加到土壤中后微生物的数量和代谢活性就迅速增加。所以为了促进土壤微生物的活动、提高土壤肥力，要多施有机肥，努力增加土壤有机质含量。

细菌是土壤中的主要微生物，数量占土壤微生物的70%～90%，总数可达10^6～10^9个/g土。生物量超过全部土壤微生物总量的1/4。主要有固氮菌属、纤维单胞菌属、硝化细菌、氨化细菌、蓝细菌等类群，多数是异养菌，需氧，无芽孢。专性厌氧菌以梭状芽孢杆菌为主。

放线菌占土壤微生物的5%～30%，达10^5～10^8个/g土，仅次于细菌，但生物量与细菌相当。喜欢偏碱性和有机质丰富的土壤。土壤中的放线菌主要有链霉菌属、诺卡菌属和小单孢菌属。

真菌在土壤中的数量比细菌和放线菌少，主要分布于土壤耕作层，酸性土壤中较多。数量有10^3～10^5个/g土，主要有青霉属、曲霉属、地霉属、伞菌属、镰刀菌属等真菌。因其个体大生物量较大。例如，某农田15cm深处土壤每克含细菌9.8×10^7个，放线菌2.0×10^6个，真菌1.2×10^5个；生物量每平方米含细菌160g，放线菌160g，真菌达200g。

藻类在土壤中的含量很少，所占比例不到百分之一，常生长在潮湿的土壤表层，多为单细胞绿藻和硅藻。藻类是光能自养型微生物，其分布受光照影响较大，土壤下层数量较少。

每克土壤中原生动物的含量从几百到几十万个，主要分布在富含有机质和潮湿的土壤中，种类有鞭毛虫、纤毛虫和肉足虫等，以吞食土壤中细菌、真菌孢子和藻类及有机物残片为生。

土壤中微生物的数量及分布受土壤类型、深度和季节的影响。土壤表面因经常受阳光的照射水分较少，所以微生物的分布也较少。土壤微生物大多分布于土壤表层和附着于土粒表面。在5～25cm土层内因含有大量植物根系的分泌物、脱落物及动植物残体等，有机物丰富，温度、水分、空气、渗透压、pH均适宜，微生物数量最多。分离或检测土壤微生物应在该层范围内取样。随着土层深度增加，氧气缺乏，有机质减少，土温降低，微生物数量也减少。

土壤类型不同，微生物的数量也不同（表9-1）。例如，我国东北地区有机质含量丰富的黑土、草甸土、暗棕壤及西沙群岛的磷质石灰土中微生物的数量较多。西北干旱地区的棕钙土、华中及华南地区的红壤和砖红壤、沿海地区滨海盐土，有机质含量少，并呈碱性或酸性，微生物的数量很少。

表9-1　我国各主要土壤类型的微生物数量　（单位：万个/g干土）

土类	地点	细菌	放线菌	真菌
草甸土	黑龙江亚沟	7863	29	23
磷质石灰土	西沙群岛	2229	1105	15
黑土	黑龙江哈尔滨	2111	1024	19
暗棕壤	黑龙江呼玛	2327	612	13
塿土	陕西武功	951	1032	4
黄棕壤	江苏南京	1406	271	6
白浆土	吉林蛟河	1598	55	3

续表

土类	地点	细菌	放线菌	真菌
黑钙土	黑龙江安达	1074	319	2
棕壤	辽宁沈阳	1284	39	36
砖红壤	广东徐闻	507	39	11
红壤	浙江杭州	1103	123	4
滨海盐土	江苏连云港	466	41	0.4
棕钙土	山西宁武	140	11	4

注：中国科学院南京土壤研究所资料

季节不同土壤中微生物数量也不一样，因为在不同的季节里温度、水分、有机质不一样。在春秋两季气温较高，有机质增加，土壤中微生物数量最多。

土壤微生物的大量活动促进了物质转化，增加了土壤有机物和有效养分，形成大量腐殖质，改善了土壤物理结构和理化性质，提高了土壤肥力。研究不同土壤微生物区系的特征可反映土壤生态环境的综合特点，如土壤的熟化程度和生态环境。圆褐固氮菌可作土壤熟化程度的指示生物。土壤微生物区系是指在某一特定生态环境的土壤中微生物的种类、数量及活动强度。

带病原微生物未经处理的固体废弃物随意丢弃、堆放或作农田肥料使用，都可能造成土壤的污染，病原微生物对土壤环境的适应能力影响其生长、繁殖和存活，决定其数量及迁移传播。

研究发现，地壳深部高温厌氧，有化能自养型微生物，大多数厌氧，利用氢作电子供体，产生甲烷、乙酸，还原硫酸盐。在沉积岩中还发现少量化能异养细菌，缓慢分解有机碳源生长。

二、水体中的微生物

自然水域中含有机物和无机物，并有溶解氧，pH 大多在 6.5～8.5，水温在 0～36℃，具备微生物生长和繁殖的基本条件。因此，自然水域成为微生物生活的第二个天然场所，通常分为淡水和海水两大类。水中微生物的数量和分布主要受营养、温度、光照、溶解氧和盐分等因素的影响。水体中微生物倾向于生长在固体物或颗粒的表面，常有吸盘或附着器。

1．淡水中的微生物　淡水主要指存在于江河、湖泊、池塘、水库、小溪中的水及地下水。淡水中的微生物主要来自土壤、尘埃、污水、腐败的动植物尸体及人畜粪便等。主要有细菌、放线菌、真菌、病毒、原生动物及单细胞藻类等，其种类和数量比土壤中少得多。

大气水包括雨、雪等，其中的微生物主要来自空气尘埃。多为球菌、杆菌及放线菌和霉菌孢子。初降的雨水中含菌量较大，过一段时间随尘埃的减少，雨水中微生物的量也降低，甚至达无菌状态。高山积雪中也很少。远离居住区的湖泊、水库、小溪中的地表水有机质少，微生物也少，以自养型微生物为主。有少量异养型微生物，都是能在低浓度（1～15mgC/L）有机质的培养基上就可生长的贫营养细菌。靠近城市和人口稠密地区的江河、湖泊、池塘中的地表水很容易被污水污染，特别是在污染源头，微生物数量较大，每毫升水可达几千万甚至几亿个，大多为腐生细菌，主要为肠道杆菌、芽孢杆菌、弧菌、螺菌等，且致病菌含量较多，须经处理方可使用。一些缺水城市开始试行将饮用水与生活用水分开，生活用水主要是污水的回收品。地表水中的微生物含量还随季节、气候波动，通常雨季含菌较多。水渗入地下时土层将大量有机质和微生物滤掉，地下水一般无菌，有时会因滤层薄、结构差等原因含少量微生物。

2．海水中的微生物　受海洋特定条件影响，海水中的微生物与淡水区别很大。海水的特点是含盐量大、渗透压高、水温低、有机质少，深水处静压力大。陆地常见的肠道细菌因不适应海水的特定环境很快死亡，海洋微生物嗜盐、嗜冷、耐高压。主要是光能自养型、化能自养型、化能异养型的细菌及古菌、真菌、藻类、原生动物等，还有噬菌体。海洋微生物不同区域变化较大，从每毫升几个到几千万个。近海岸及海底淤泥以细菌最多，一克海泥中有几亿个细菌，海口、港湾的海水每毫升约含 10 万个细菌，远洋海水每毫升只有 10～250 个细菌。

水中微生物的分布无论是海水或淡水都有明显的层次性。表层及浅层水由于受阳光的直射，微生物的数量较少，距表面 5～20m 的中层水中光线足，溶氧多，微生物数量最多，分布大量好氧和光合微生物。以后随深度的增加而减少，到水底沉积物表层又增多。通常居于水面和上层的微生物是好氧的，水底沉积层中的微生物则是厌氧的。深水处的缺氧环境使有机物很少被微生物分解利用，大量沉积在水底，经长期的地质作用逐渐形成泥炭、煤炭和石油。

深海热液喷口存在完全不同的生物群落，高温、高压、缺氧，有丰富的还原性物质，喷口周围有大量自养型的硫化细菌、硝化细菌、氢细菌、铁细菌和甲烷氧化细菌，还有一些原生动物。

3．水的细菌学检查　水源常被人畜粪便污染含有腐生和病原微生物。腐生微生物如梭菌、变形杆菌、大肠杆菌、粪链球菌等对人体无害，病原微生物能引起传染病的发生。水源一旦被粪便污染就可能被肠道病原菌污染，引起肠道传染病，如伤寒、霍乱、脊髓灰质炎和传染性肝炎等。因此，常需要对饮水取样测定，判断是否符合标准。通常包括以下两个项目。

（1）*细菌总数的测定*　将定量水样接种在普通肉膏蛋白胨琼脂平板培养基上，37℃保温培养 24h，计数平板上细菌菌落数，再乘以稀释倍数即可算出每毫升水样中的细菌总数。所得结果虽不能直接说明污水中微生物的状况，但可说明被有机物污染的状况。细菌数越多，说明水源受有机物和粪便污染越严重，病原微生物污染该水源的可能性亦越大。我国饮用水卫生标准规定饮用水每毫升中的细菌总数不超过 100 个，超过 500 个的不宜饮用。

（2）*大肠菌群的测定*　水中病原菌的含量少，且检测手续复杂，故一般以来源相同、数量又多的大肠菌群作指示菌，通过检测指示菌的数量判断水源被粪便污染的程度。大肠菌群是指一群以大肠杆菌为主的好氧或兼性厌氧的杆菌，无芽孢，革兰氏阴性，能发酵乳糖产酸、产气。常用的检测大肠菌群的方法有多管发酵法和滤膜法。多管发酵法是根据大肠杆菌能分解乳糖产生大量混合酸。菌体带 H^+ 而被染上酸性伊红，伊红与亚甲蓝结合，菌落被染成深紫色，并呈绿色金属光泽，再通过平板分离计数。滤膜法是用滤膜过滤器过滤水样使其中的细菌截留在滤膜上，然后将滤膜放在伊红亚甲蓝琼脂平板上 37℃培养 48h，大肠菌群可在膜上生长，直接计数。我国饮用水卫生标准规定：每升饮用水中大肠菌群数不超过 3 个。

三、空气中的微生物

1．空气中的微生物及其分布　空气中缺乏营养物质和水分，经常受阳光照射。因此，空气不是微生物生活的良好场所，无固定的微生物种类，主要种类有真菌、细菌、病毒等。真菌主要以孢子存在于空气中。细菌主要有枯草杆菌、微球菌及八叠球菌，还有结核分枝杆菌、白喉杆菌等病原菌。病毒主要有流感病毒、麻疹病毒等。空气中的微生物主要来自带微生物的尘埃、水滴、动物体的脱落物和排泄物。凡尘埃多的空气中微生物的种类和数量也多。畜舍、公共场所、医院、宿舍、城市街道的空气中微生物的含量最高，还含多种病原菌，有些还是耐药菌；海洋、高山、高空、森林及两极等处空气中微生物的含量极少，甚至无菌（表 9-2）。空气中的微生物多数存活时间不长，仅有抗逆性较强的休眠体可存活较长时间，传播很远的距离。

表 9-2 不同条件下 $1m^3$ 空气的含菌量

条件	数量	条件	数量
畜舍	(1～2)$\times 10^6$	市区公园	200
宿舍	20 000	海洋上空	1～2
城市街道	5 000	北极(北纬 80°)	0

尘埃是空气中微生物的“飞行器”，由于重力作用要自然沉降或遇雨沉降，故越近地面的空气含菌量越高。空气中的微生物主要存在于 3000m 以下的对流层。随空气污染的加重，微生物在高空的上限已从 20 世纪 30 年代 20km 上升到近年来的 90km。

空气中微生物的分布除受污染程度、垂直高度等因素决定外，还与季节、气候变化有关，夏季空气中微生物多于冬季，雨雪过后空气中微生物大大减少。

空气中的微生物常使工农业产品霉变、发酵产品污染，给国民经济造成重大损失，特别是空气中的病原微生物直接威胁人类的健康，常造成动植物传染病的大面积流行。病原微生物在空气中的传播通过生物气溶胶进行。生物气溶胶是悬浮在大气的气溶胶体、微生物及其产物和花粉的集合体。颗粒越大扩散能力越低，风力、高温和干燥可加速扩散。主要传染呼吸道疾病。

2．空气中微生物的测定 空气中微生物的数量是大气被污染程度的标志之一。检测空气中微生物的含量对人类健康和环境保护有重要意义。测定空气中微生物的方法很多，常用的有沉降法和过滤法两种。沉降法方法简单、操作方便，但准确性较差。过滤法手续烦琐但准确性好，一般用于空气中致病菌或空气消毒效果的测定。

(1)沉降法 主要是利用空气中的微生物自然沉降于牛肉膏蛋白胨培养基表面，培养后计数其上生长的菌落，公式为 $1m^3$ 空气中所含微生物数＝培养皿上的菌落数×$1m^3$/培养皿体积。科赫沉降法一般在距地面一定高度打开培养皿盖 10min，其 $100cm^2$ 表面沉降的微生物约等于 $10m^3$ 空气中的数量。

(2)过滤法 将一定体积空气通过过滤装置，再在培养基上培养、计数滤膜上的微生物。

四、工农业产品中的微生物

工农业产品大多富含微生物所需要的营养物质，外界条件如温度、湿度适合时，微生物就大量繁殖，以各种酶系去分解工农业产品中的相应组分，造成巨大损失。据统计，全世界每年因霉变损失的粮食就占总产量的 3%左右，我国粮食每年因病虫害损失的高达总产量的 9%以上(2012 年)，蔬菜和水果因霉烂损失的量约占全行业损失的 30%。

1．农产品中的微生物 各种农产品都具备微生物生长繁殖的必要条件，存在大量微生物，粮食尤为突出。粮食上的微生物按其来源分原生微生物区系和次生微生物区系。原生微生物区系是在微生物与植物长期相处中形成的，主要以种子的分泌物为生，其数量与种子的代谢强度密切相关。在正常情况下不损害种子，相反还可抑制其他有害微生物。例如，其中的草生假单胞菌(*Pseudomonas herbicola*)与引起粮食霉变的主要微生物曲霉、青霉等有拮抗关系。它们的数量占优势通常被认为是贮粮健全优良的标志。次生微生物主要来自土壤、空气和仓储环境，通过各种途径侵染粮食的微生物主要是曲霉属、青霉属。谷物以曲霉和青霉居多，小麦以镰孢霉为主，它们常造成贮粮霉变、发热、变色、变味，失去利用价值。

粮食上的微生物不仅因霉变造成经济损失，更重要的是产生各种真菌毒素直接威胁人畜健康。已知的真菌毒素超过 300 种，其中 14 种能致癌。不同霉菌产生的毒素其毒性原理不同，按毒性原理可分为肝毒、肾毒、细胞毒及类似性激素作用的物质。通常按其所产生毒素的微生物名称命名或分类。已知毒性最强的有两种：由部分黄曲霉产生的黄曲霉毒素 B1 和镰孢霉产生的单端孢霉烯族毒素 T2。黄曲霉毒素（aflatoxin，AFT）是强致肝癌物质，至少有 20 种衍生物，毒性以 B1、B2、G1、G2 和 M1、M2 为最强，其中以黄曲霉毒素 B1 毒性最大，LD_{50}=0.36mg/kg（LD_{50}＜50mg/kg 为剧毒），不但对人和动物有剧毒，而且还是强致肝癌物，已被列为一级致癌物。特别是 B1 的致癌性比公认的三大致癌物还要强得多。黄曲霉毒素不直接致癌，要在人或动物体内经代谢活化后才致癌。它先与肝脏内的细胞色素 P450 酶系作用产生 AFT-8,9-环氧化物，后者可与肝脏细胞 DNA 及血清白蛋白共价结合形成加合物，但主要与 DNA 分子的鸟嘌呤 N7 位结合形成 AFB1-N7-鸟嘌呤，由此引起抑癌基因 *p53* 突变，最终导致肝癌发生。农产品尤其是贮粮特别容易污染黄曲霉毒素，花生、玉米的感染率最高，其次是大米、棉籽等。黄曲霉毒素很稳定，能耐 280℃高温，在 205℃高温下也只能破坏 65%，一旦污染极难去除。主要措施是防止霉变，防止污染，要充分认识、广泛宣传“癌从口入”“防癌必先防霉”的重要性。我国规定玉米、花生、花生油及其制品中黄曲霉毒素含量不得超过 20ppb[①]，大米、食用油（不含花生油）不超过 10ppb，其他粮食、豆类、发酵食品不超过 5ppb，婴儿食品不得检出。单端孢霉烯族毒素 T2 表现为细胞毒性，人与动物接触均可引起局部刺激、炎症甚至坏死。主要引起白细胞的急剧下降和骨髓造血机能的破坏，其致死量为 100ppb。

粮食中的微生物还受地理环境的影响，热带和亚热带地区的粮食污染往往较重。我国长江沿岸地区的粮食中黄曲霉污染较重，东北、西北地区相对较少。

防止粮食霉变主要是加强保管。入仓前将粮食充分晒干或烘干，除尽破损、色变、霉变的粮粒；入仓后尽量创造干燥、低温、缺氧的条件，使粮食上的有害微生物失去生长繁殖的条件。

2．食品中的微生物　食品由营养丰富的动植物原料加工成，在加工、包装、运输、贮藏和销售等环节中常受各种微生物污染。在合适的条件下它们迅速繁殖，造成食品腐败变质，影响食用。污染食品的微生物主要是腐败细菌、霉菌和酵母菌等。有的污染病原体引起食源性疾病。

细菌和霉菌在食品中生长繁殖除使食品发生腐败变质外，有些还产生有毒害的物质，如肉毒梭菌产生的对人畜有剧毒的细菌外毒素——肉毒毒素。它是一种强烈的神经毒素，毒性比氰化钾强一万倍，对人的致死量约为 10^{-9}mg/kg。罐头食品常因加工中灭菌不彻底造成污染。为有效防止食品霉变，必须注意加工制造和包装贮藏的环境卫生，并采用盐腌、糖渍、低温、干燥、密封（充 N_2）等措施。也可在食品中添加少量无毒的化学防腐剂苯甲酸、山梨酸、丙酸等。

3．工业产品中的微生物　大量工业品都用动植物产品作原料制成。例如，竹木制品、皮革制品、纤维制品、生物制品等含微生物所需要的丰富营养，易受环境中微生物的侵蚀引起霉变、腐烂，主要是霉菌。有些工业产品如塑料、涂料等虽是用人工合成的有机物制成，但仍然有很多微生物可分解、利用它们，主要是细菌。即使无机物如金属、玻璃等材料制成的产品，如建筑材料、钢缆、光学仪器上的镜头和棱镜、地下管道、金属机械等都会沾染或多或少的有机物，受到微生物的污染引起腐蚀。硫酸盐还原菌等导致的储罐、地下管道等的钢铁腐蚀损失巨大。微生物的活动引起衣物霉烂，管道腐蚀，图书、档案、文物、艺术品、生物标本、烟叶、中药材等的霉变普遍发生。霉腐微生物在石油产品中繁殖后，不仅产生大量菌体堵塞机件，而且产生的代谢产物还会腐蚀金属部件；硫细菌、铁细菌和硫酸盐还原细菌会腐蚀金属制品、地下管道、舰船外壳等；霉腐微生物还会腐蚀机电设备、电讯器材、光学仪器等。全世界每年因霉腐微生物引起的工业产品损失巨大。工业上防止微生物霉变可从以下几个方面进行：①控制微

① 1ppb=1×10^{-9}

生物生长繁殖的条件，如温度、湿度、氧气和养料等；②采用高效化学杀菌剂和防腐剂杀灭或去除物品上的微生物，再用物理方法严防杂菌再污染；③可在工业产品上涂上一层抗微生物腐蚀的材料或涂上含抗菌杀菌物质的薄膜，保护它们不受损害。

五、生物体内外的正常菌群

生物体与环境接触的部位都有大量微生物存在，正常情况下它们对生物体有益无害，伴随其终生。生活在健康生物体各部位，数量、种类较稳定，一般有益无害的微生物称为生物体的正常菌群。不同生物的栖息环境、自身条件不同，其正常菌群也不同。正常菌群之间、正常菌群与宿主之间、正常菌群与周围其他因子之间关系密切，这就是微生态关系。

1．人体的正常菌群　人体的皮肤、黏膜及其他与外界相通的腔道都存在大量微生物。其数量高达 10^{14} 个，约为人体细胞总数的 10 倍，总质量可达 1～2kg。正常菌群在人体各部位的分布不同。皮肤上主要有金黄色葡萄球菌、表皮葡萄球菌、类白喉杆菌等。人体腋窝分布的优势菌主要是球菌与类白喉杆菌，其数量差异与人的体质有关，皮肤干燥的人多为球菌，皮肤湿润的人多为类白喉杆菌。有些人内分泌失调，皮脂腺分泌的脂质物过多，在类白喉杆菌作用下生成有恶臭味的氨和胺的代谢物。金黄色葡萄球菌在整个皮肤到处都有，主要积聚在鼻腔、腋窝及会阴。肠道中经常生活多达 1000 种微生物，总数可达数十万亿个，粪便干重的 1/3 左右为细菌，主要以拟杆菌、双歧杆菌、变形杆菌、乳杆菌等厌氧菌为主。口腔中微生物主要有唾液链球菌、乳杆菌、芽孢杆菌、螺旋体等。鼻咽腔中主要有葡萄球菌、肺炎链球菌、类白喉杆菌、奈氏球菌属等。生殖泌尿系统有乳杆菌、棒杆菌等。

一般情况下，正常菌群不会使机体患病，它们与人体之间保持相对稳定的互生关系，菌群内部各种微生物之间相互制约，这就是微生态平衡。但这种稳定状态是相对的、有条件的。当机体防御功能减弱时，如皮肤大面积烧伤、黏膜受损、机体着凉、过度疲劳或受病毒感染等，一部分正常菌群会成为致病菌。有些正常菌群改变生长部位也会致病，如外伤或手术消毒不严等原因使大肠中的拟杆菌进入腹腔或泌尿生殖系统便引起腹膜炎、肾盂肾炎或膀胱炎等，这类特殊致病菌称条件致病菌，由它们引起的感染称内源感染。若外界环境条件改变使正常菌群内部相互制约关系破坏也能引起疾病，如长期服用磺胺类药物使肠道内对药物敏感的细菌被抑制，而不敏感的白色假丝酵母或耐药葡萄球菌就会从劣势菌成为优势菌引起人体疾病，叫正常菌群失调症。可用微生态制剂建立人消化道等处的正常菌群，抑制有害微生物，合成营养和消化酶。

拓展资料

正常菌群是维持人体健康不可缺少的，它们能抑制、排阻外来致病菌；提供维生素 B_1、维生素 B_2、维生素 B_6、维生素 B_{12}、维生素 K、叶酸及部分氨基酸等供人体利用；产生淀粉酶、蛋白酶等助消化的酶类；分解有毒及致癌物质（亚硝酸等），产生有机酸，降低肠道 pH，促进肠道蠕动和对钙、铁等离子的吸收；刺激机体的免疫系统并提高其免疫力；通过抑制肿瘤生长因子的表达和激活免疫效应细胞发挥抗肿瘤作用；一定程度的固氮作用，肺炎克雷伯菌固定的氮通过肠壁进入血液可补充人体蛋白质的不足。因此，保护正常菌群，维持其与人体的生态平衡对人体健康很有益。

拓展资料

除正常菌群外，很多病毒、细菌、真菌能寄生在人体内，常引起人体各种传染性疾病甚至死亡。各种病原微生物的传播方式和侵染途径是不同的。可以通过水体、空气、土壤、食物、直接接触等多种途径传播，可以侵染人体的呼吸系统、消化系统、神经系统、血液循环系统等各部分，对人类的健康和生命造成重大危害（详见“第十章 传染与免疫”）。

2．动物体的正常菌群　动物体有大量正常菌群，没有正常菌群它们的生命将不能维持。

例如，反刍动物有多个胃腔和较长肠道，其中厌氧微生物很多。瘤胃中有种类繁多、数量庞大的瘤胃微生物才能直接食用草料。大量营养基质的输入和相对稳定适宜的环境条件使瘤胃微生物大量繁殖。细菌数量达 10^{10}～10^{11} 个/g 内含物。它们能产生分解纤维素的酶，帮助动物消化纤维素、半纤维素等产生脂肪酸、维生素和菌体蛋白供反刍动物利用。

鱼类、昆虫体内都有共生微生物。鱼类与发光细菌建立互惠共生的关系，发光细菌生活在某些鱼类的特殊的囊状器官中，依靠鱼类提供营养和良好的生活环境。同时发出的光有助于鱼类配偶的识别，还成为同类识别、聚集的信号，成群游动以抵抗天敌捕食，并可诱惑其他小动物以利捕食。许多微生物与昆虫都有共生关系，如白蚁消化管中的共生体是细菌和原生动物，能分解纤维素，转化昆虫代谢的废物尿酸，并固定氮元素，这些产物都可被昆虫同化利用。

在体内外检测不到任何正常菌群的动物称无菌动物。它们是在无菌条件下将剖腹产的鼠、兔、狗、猪、羊等或特殊孵育的鸡等放在无菌培养设备中精心培养而成。用无菌动物实验可排除正常菌群干扰，更深入更精确地研究动物的免疫、营养、代谢、衰老和疾病及正常菌群的生理活动规律等。在无菌动物内接种某已知微生物的称悉生动物。研究悉生生物的科学叫悉生学。

通过对无菌动物的研究发现：①由于没有正常菌群存在，无菌动物的免疫机能特别低下，若干器官变小；②无菌动物的营养要求更高，如需要维生素 K 等；③无菌动物对非致病的枯草杆菌等变得极为敏感，易患病，这是由于缺乏正常菌群的相对抑制；④无菌动物不易患阿米巴痢疾，由于这种原生动物得不到细菌作食物。

除正常菌群外，动物体常有病毒、细菌、真菌等不同病原体寄生，引起各种传染疾病甚至死亡。病原微生物侵染有益动物，常给畜牧业、养殖业造成重大损失。病原微生物侵染有害动物就对人类有益，已利用这类微生物防治农业和林业害虫（详见“第十二章 微生物的应用”）。

3．植物体的正常菌群 植物体表面有正常微生物区系，据其所处位置不同分为两类：

（1）根际微生物 植物根系经常产生脱落物并向周围土壤分泌各种物质为微生物生长提供充足的营养。其种类受植物的种类和发育阶段影响，一般以无芽孢杆菌居多，如土壤杆菌属（*Agrobacterium*）、分枝杆菌属等。它们在根际的大量繁殖，强烈影响植物的生长发育。主要表现为：①改善植物的营养条件，根际微生物的代谢活动能加快土壤有机物和矿物质的分解，改善植物营养元素的供应，固氮菌属等可为植物提供氮养料；②可分泌维生素、氨基酸和植物生长刺激素类物质及抗生素等，如丁酸梭菌（*Clostridium butyricum*）可分泌若干 B 族维生素等；③可去除硫化氢等有害物质，抑制病原微生物的生长等。它们有时也会对植物产生有害的影响，如与植物争夺氮和微量元素等，甚至还可直接分泌一些有害物质，抑制植物生长。

（2）附生微生物 主要是指生活在植物表面以其分泌物质为营养的微生物。叶面上以细菌居多，也有少数酵母菌和霉菌。成熟的浆果表面有大量的糖质分泌物，主要有酵母菌等。

有些微生物与植物形成更紧密的关系，如根瘤菌与植物形成根瘤，某些固氮菌能侵入植物叶内形成叶瘤，有的真菌与植物共生形成菌根，植物内生菌生活在健康植物体内，互惠互利。

无菌植物接种某已知纯种微生物的称悉生植物。无菌植物主要靠单细胞培养和组织培养脱毒苗获得。研究悉生植物可认识哪些菌群是植物必需的，为植株移植和繁殖提供理论依据。

除正常菌群外，很多微生物能寄生于植物体中，引起各种植物病害甚至死亡。能引起植物病害的病原微生物主要有病毒、细菌、真菌。特别是真菌能引起很多种植物病害。例如，藻状菌可引起马铃薯、番茄等的晚疫病，子囊菌可引起大麦、苹果等的白粉病，担子菌可引起小麦的锈病、黑穗病，半知菌可引起棉花的炭疽病、立枯病、黄萎病和水稻的稻瘟病、纹枯病等。可采用选育抗病品种、消灭病原菌、改进栽培技术和改善环境条件等措施防治。

六、极端环境中的微生物

极端环境是指高温、低温、高盐、高酸、高碱、高压及高辐射等环境，在这些环境中仍存在微生物。存在于极端环境中的微生物称极端环境微生物。它们有不同于一般微生物的特殊结构和生理功能，在生产及科研中有重要的意义：①开发利用新的微生物资源，包括特殊基因资源；②为研究生物进化、生命起源及微生物生理、遗传、分类乃至相关学科提供新的材料。

1．高温环境中的微生物　它们是分布在肥堆、温泉、煤堆、火山地、地热区土壤及海底火山附近等处的嗜热菌。其最适生长温度在45～65℃。有的可在更高温度下生长，如热溶芽孢杆菌（*Bacillus caldolyticus*）可在92～93℃下生长。专性嗜热菌的最适生长温度在65～80℃，超嗜热菌的最适生长温度在80～110℃，有的低于90℃就不生长。大部分超嗜热菌都是古菌。

已分离到的嗜热菌有几十个属，它们对高温的适应机制主要表现在细胞膜上的脂肪酸成分、耐高温的酶及生物大分子物质的热稳定性上。嗜热菌细胞膜上的饱和脂肪酸含量高，不饱和脂肪酸含量低，提高了膜对热的稳定性，保护了微生物的生物大分子，如3-磷酸甘油醛脱氢酶、糖酵解酶等在90℃温度下仍稳定存活。DNA及tRNA中的G、C含量较高，含有较多的氢键也增加了其热稳定性。新的研究发现，专性嗜热菌株的质粒携带与热抗性相关的遗传信息。

嗜热菌的利用优势主要有：生长速度快、代谢能力强，代谢反应快、代时短，发酵效率高；酶促反应温度高，在生产中可有效防止杂菌污染；耐高温酶使发酵过程不需冷却，降低了成本；在污水、污物处理中具有特殊的作用；耐高温的DNA聚合酶使DNA体外扩增技术得到突破，为PCR技术的广泛应用奠定基础。已获得热稳定的α-淀粉酶和β-淀粉酶等多种耐高温的酶。

2．低温环境中的微生物　它们是能在5℃以下生长的微生物。主要分布在南北极地区、冰窖、冷藏库、高山、深海及冰川等低温环境中，主要有芽孢杆菌属、链霉菌属、八叠球菌属、假单胞菌属等。嗜冷菌可分两类：一类是从海洋深处和某些冰窖中分离的专性嗜冷菌，通常对20℃以下的环境有较强的适应性，20℃以上则会死亡。另一类是从不稳定的低温环境中分离的兼性嗜冷菌。它们生长的温度范围较宽，最高生长温度可达25℃以上。

嗜冷菌适应低温的机制是其细胞膜内含有大量不饱和脂肪酸，保证膜在低温下的流动性和通透性，有利于营养物质通过细胞膜进入细胞。菌体内的酶、转运系统在低温下仍能使核糖体正确参与蛋白质的合成。嗜冷菌使低温贮藏食品受到威胁。但研究和利用嗜冷微生物中的低温酶对工业和生活都有应用价值，如将低温蛋白酶用于洗涤剂中，不仅节省能源，而且效果好。

3．酸性环境中的微生物　它们是分布在酸性水域、酸性土壤等处的嗜酸菌。极端嗜酸菌生长pH为3以下，如氧化硫硫杆菌生长pH为0.9～4.5，最适pH为2.5。它可氧化硫元素生成硫酸（浓度可达5%～10%）。氧化亚铁硫杆菌能氧化还原态硫化物和金属硫化物生成硫酸，还能把亚铁氧化成高铁，从中获得能量。这类细菌已广泛用于细菌冶金、煤炭及石油的生物脱硫和重金属污染土壤的治理等许多方面，同时也给矿区造成严重的浪费和污染。

在电镜下这类嗜酸菌细胞与一般革兰氏阴性菌无明显差别，但它能在高酸性环境下维持菌体内的近中性环境。现在一般认为它们的细胞壁、细胞膜具有排斥H^+作用或将H^+从胞内排出的机制。而嗜酸微生物的细胞壁和细胞膜需要高浓度H^+维持其结构。

4．碱性环境中的微生物　它们分布较广，在碱性和中性土壤中均可分离到嗜碱菌，pH在7.6～12均可生长。主要是芽孢杆菌属、微球菌属（*Micrococcus*）、无色杆菌属（*Achromobacter*）、假单胞菌属等的一些种。一般将最适生长pH在9以上的微生物称为嗜碱微生物，中性条件下不能生长的称专性嗜碱微生物，中性条件甚至酸性条件都能生长的称为耐碱微生物。

与嗜酸菌一样，嗜碱菌的细胞膜具有排出 OH^- 的功能，在其外界环境 pH 达 11～12 时仍能维持细胞内近中性的 pH，所产生的胞外酶也有耐碱性，如产生的淀粉酶、蛋白酶和脂肪酶等最适 pH 均在碱性范围内，因此可以发挥其特殊的应用价值，如添加在洗涤剂中。

5．高盐环境中的微生物　存在于盐场、腌制海产品、盐湖等含盐浓度高的环境中的微生物，根据对盐需要的不同可分为弱嗜盐微生物、中度嗜盐微生物、极端嗜盐微生物。极端嗜盐微生物生长的最适盐浓度在 15%～20%，有些甚至能在 32%的饱和盐水中生长，如盐杆菌属、肋生弧菌、盐脱氮副球菌、红皮盐杆菌等。

嗜盐微生物的嗜盐机制是其细胞膜上有占面积 50%的紫膜区，起质子泵和排盐作用。嗜盐菌有浓缩、吸收外部的 K^+ 向胞外排 Na^+ 的能力，在多 Na^+ 的盐环境中，可防止过多的 Na^+ 进入细胞，保持细胞中 Na^+ 的低浓度。目前正设法利用这一机制制造生物电池和淡化海水的装置等。

6．高压环境中的微生物　分布在深海底部和深油井等处的嗜压菌与耐压菌不同，嗜压菌必须生活在高静水压的环境中，耐压菌无此要求。其种类主要是微球菌属、芽孢杆菌属、弧菌属、螺菌属及假单胞菌属等。它们大多数为耐压菌，嗜压菌较少，生长十分缓慢，如耐压菌假单胞菌代时为 33d。嗜热硫酸盐还原菌是在 3500m 深、压强 400 个大气压、温度 60～105℃的油井分离到的。在太平洋 4000m 深处发现酵母菌。耐压菌在短时间内对高压产生耐受性更是普遍。嗜压菌和耐压菌的耐压性机制目前还不清楚。有人在西太平洋海底分离到一种既可在高压下生长也能在常压下生长的革兰氏阴性菌，它在高压下生长时能产生独特的外壁蛋白，其分子质量为 37 000Da，其含量在高压下为常压下的 70 倍。

在采油中可加嗜压菌分解原油中的黏性物质，产气增压，并降低原油黏度，提高采油率。

7．抗辐射的微生物　它们是对辐射有一定抗性或耐受性的微生物。其抗辐射能力高于人和所有动植物。不同种类的微生物对辐射的耐受性不同，如马铃薯芽孢杆菌对 X 射线的平均致死剂量为 130 000Rad，烟草花叶病毒为 200 000Rad，人类仅为 400Rad。

微生物具有多种抗辐射机制，或能使它免受射线的损伤，或在损伤后能准确修复。例如，耐辐射异常球菌（*Deinococcus radiodurans*）能耐 150 万 Rad 辐射，它受到一定剂量的射线照射后虽已发生相当数量的 DNA 链断裂，但都可准确修复，其存活率可达 100%，且几乎不发生突变。

七、菌种资源的开发利用

人类在正式确立微生物是一类资源之前，实际上已经在不自觉地利用微生物资源了。历史久远的酿造产业，近代的抗生素、氨基酸等发酵生产，现代的基因重组菌株的出现，都是对微生物资源的开发和利用。微生物资源丰富，用途广泛，潜力巨大。

开发利用微生物主要有 4 个方面：①对微生物菌体的利用，如活性酵母、单细胞蛋白、微生物杀虫剂、细菌肥料和食用菌等；②微生物代谢产物的利用，如抗生素、氨基酸、有机酸、维生素、醇类、核酸、多糖和酶制剂等；③微生物特性的利用，如甾体转化、湿法冶金、石油勘探等；④微生物基因的利用，如将苏云金杆菌毒蛋白基因转入作物，培育出抗虫作物等。

分离样品中的微生物，通常可分 4 步进行。

1．采集菌样　选择适合其生长的特定环境采集样品。

2．富集培养　即增殖培养，利用选择培养基的原理，在所采集的土壤等含菌样品中加入某些特殊营养物，并创造有利于待分离对象生长的条件，使样品中少数能分解利用这类营养物的微生物大量繁殖，有利于分离。维诺格拉斯基柱适用于加富培养多种好氧及厌氧的微生物。

3．纯种分离　经多次分离纯化得到纯培养物。常用的方法有稀释平板法、划线平板法和琼脂振荡试管法三种。琼脂振荡试管法用深层琼脂可在不同层次分离到好氧、厌氧与微好氧的微生物。

4．性能测定 根据需要测定相关特性。

八、原位研究法

微生物生态学涉及的主要是微生物在复杂环境条件下的结构与功能，实验室的纯培养、共培养等方法尽管在一定程度上可以研究自然环境中的微生物，但并不适于研究生态系统中的微生物群体，因此需要发展自然状况下的研究方法或称原位研究方法。环境中微生物群落的原位观察由于激光扫描共聚焦显微镜的出现得以实现。这种显微镜产生的少量 X 射线可以在不扰动或不固定的条件下成像。而且激光光学捕集可以把单个细胞从生境中剥离出来成像，这些技术提供了新的洞察力，以便了解群落的种群组成。荧光染料已广泛用于不透明生境中的微生物的染色，有的染色结果还能区分死、活细胞，同时获得数量和活性的数据。荧光标记等技术能够进行群落的原位观察。原位培养是一种微生境模拟技术，微宇宙模拟微生境最常用，微宇宙类似于小的生态系统，包括各种微生物、植物、动物及多种生境和各种界面，通过控制光、营养、氧和硫等环境因素可以模拟微生境，能够检查生态系统内更复杂的相互关系。原位培养一般使用瓶、实验桶、透析袋或微孔滤膜组成围隔，将要研究的样品放入原来的位置培养。原位活性检测使用微电极持续测定环境样品中 O_2、H_2S、NO_3^-等物质的变化，指示系统内的生物活性。

分子生物技术已经成为微生物生态研究的强有力工具，并开创出一系列检测环境微生物的新方法，为我们从基因组及其调控、表达水平上认识环境中的微生物打下基础。基因探针、PCR 扩增、重组 DNA、荧光杂交、芯片杂交、宏基因组学等技术已在原位研究中得到广泛的应用。

微生物分子生态学用基因信息在分子水平上阐述微生物的生态分布和生态功能。利用分子生物技术，主要是 DNA 提取技术、基因标记技术、PCR 扩增及其他修饰处理技术、基因克隆文库技术、DNA 的分析检测等技术，研究生态环境中微生物的组成、结构、多样性及其与环境间的相互作用。不仅扩大了研究范围，认识未能培养的微生物，而且拓展了研究领域，新的课题不断提出。获取微生物大分子信息，丰富对微生物的认识，获得一大批有重要价值的基因。

第二节 微生物在自然界物质循环中的作用

自然界物质循环中，微生物是主要的推动者。在营养元素的生物小循环中，一方面通过绿色植物和自养型微生物合成各种有机物，这是无机物的有机化。在这个过程中植物和自养型微生物（主要是海洋中的藻类和光合细菌）利用光能或化学能将 CO_2 和水合成碳水化合物，后者再与氮、磷、硫等元素合成生物体内的各种有机物，同时将光能贮存在有机物中。据估计每年由海洋固定的碳达 400 亿 t，主要是自养型微生物的作用。另一方面自然界中的有机物经微生物分解为无机物，此过程称有机物的矿质化，主要由微生物分解实现。据估计世界上 95%以上的有机物是通过微生物矿化的。使数量有限的营养元素得以循环利用，生物界才能不断地发展。在生态系统中微生物不仅是重要的生产者和消费者，而且是主要的分解者。在自然界物质循环中微生物的作用非常重要，不仅参与所有物质的循环，而且在许多物质循环中起独特的或关键的作用。

一、微生物在碳循环中的作用

碳是无机环境中的主要元素，也是构成生物体的基本元素，没有碳就没有生命。碳的循环主要包括CO_2的固定和再生（图 9-1）。空气中的CO_2通过绿色植物和自养型微生物的光合作用合成碳水化合物，进一步转化成各种有机物；植物和微生物通过呼吸获得能量，同时释放CO_2。动物以植物和微生物为食料，在呼吸中放出CO_2。动物、植物和微生物尸体等有机物被微生物分解产生CO_2，有一小部分有机物由于地质作用形成石油、煤炭、天然气、油页岩等化石燃料，开采出来燃烧或经微生物氧化放出CO_2。

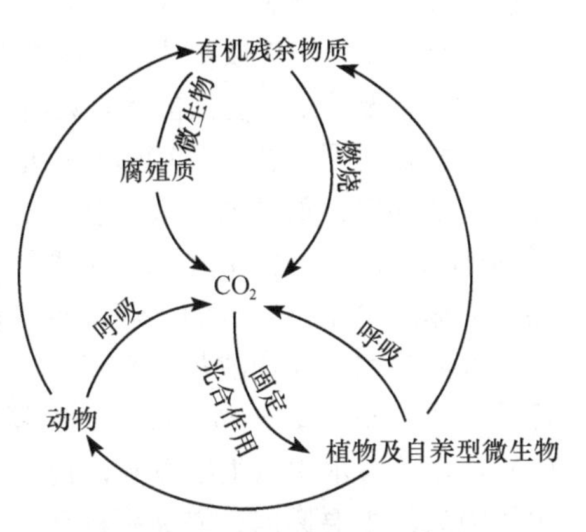

图 9-1　微生物在碳循环中的作用

微生物不仅和绿色植物一起参与合成有机物固定CO_2，而且能分解各种有机物完成CO_2的再生。据估计，地球上有 95%的CO_2是靠微生物的分解作用产生的。微生物分泌的胞外酶分解纤维素、半纤维素、木质素、淀粉等各类复杂的有机物，放出CO_2。完成碳的循环，维持空气中CO_2的平衡，保证生命的延续。如果没有微生物分解有机物放出CO_2，大气中低含量（0.032%）的CO_2只够绿色植物和微生物进行约 20 年的光合作用之需要。

土壤有机物在微生物的作用下经过复杂的转化形成腐殖质，对增强土壤生物活性和团粒结构，提高土壤肥力发挥重要作用。微生物在土壤腐殖质的合成、更新中起非常重要的作用。

二、微生物在氮循环中的作用

氮是合成蛋白质、核酸等生命物质的主要成分，是构成生物体必不可少的营养元素之一。自然界中，氮主要以铵盐、硝酸盐、亚硝酸盐、有机氮化物、N_2O和分子态氮的形式存在。其中只有铵盐、硝酸盐、亚硝酸盐等无机氮化物能被植物和微生物利用，但数量较少，约占含氮化合物的 1%，有 2 亿～2.5 亿 t。因此，它们通常是许多生态系统中初级生产者最主要的限制因子。有机氮化物包括生物体中的蛋白质、核酸以及其他有机氮化物和腐殖质，有 200 亿～250 亿 t。这些物质在一般条件下分解缓慢，故其中的氮很难释放和重新被植物利用。大气中游离的分子态氮，估计在 1000 万亿 t 左右，是最大的氮贮藏库。但除极少数原核微生物能利用它外，其他生物均不能利用。上述 6 种形式氮在不停的相互转化中。

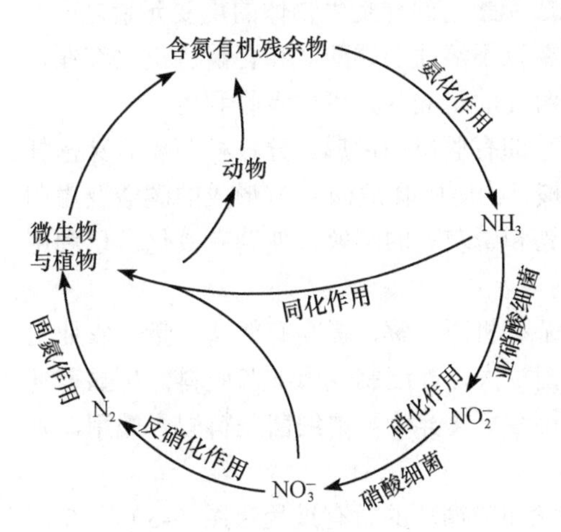

图 9-2　微生物在氮循环中的作用

氮在自然界中的循环途径可概括为同化作用、氨化作用、硝化作用、硝酸盐还原作用和固氮作用（图 9-2）。微生物在每个环节都起关键作用，在许多过程中有独特作用，是自然界中氮循环的核心生物。

同化作用是植物和多种微生物以硝酸盐和铵盐为氮营养合成氨基酸、蛋白质、核酸等各种有机氮化物的过程。

氨化作用是将有机氮化物分解为氨供植物和微生物吸收利用的过程。能分解蛋白质、尿素、尿酸等含氮有机物的微生物种类很多。氨化作用在农业生产中有十分重要的意义，施入土壤的绿肥、堆肥、厩肥等各种有机肥都必须通过氨化作用才能成为被植物吸收和利用的氮养料。

硝化作用是土壤或水体中的氨态氮经化能自养等化能型细菌氧化成硝酸态氮的过程。它对农业生产并无益处，但在自然界氮循环中必不可少。

硝酸盐还原包括异化硝酸盐还原和同化硝酸盐还原。同化硝酸盐还原是硝酸盐被还原成亚硝酸盐和氨，氨被同化成氨基酸的过程。异化硝酸盐还原在无氧或微氧的条件下，微生物以 NO_3^-或 NO_2^-代替 O_2 作为电子受体，产生气态的 N_2O、N_2，该过程称反硝化作用。它是自然界氮循环中不可缺少的一环。没有反硝化作用，硝化作用形成的硝酸就会随土壤淋溶最终流入大海使水中含硝酸盐越来越多，氮循环就会中断。在淡水中加入反硝化菌群如地衣芽孢杆菌（*Bacillus licheniformis*）、脱氮硫杆菌（*Thiobacillus denitrificans*）等可消除高浓度的 NO_3^-，可使淡水中微生物下降，提高淡水可饮用性。农业生产中反硝化菌的活动是造成土壤中氮损失的主要原因。提高肥料利用率的途径之一是抑制土壤中的反硝化作用。常用的措施有：旱地中耕松土等抑制反硝化作用；水田要施用铵态氮肥并要深施，以防止氮流失和反硝化作用发生。

生物固氮为生物圈提供氮营养，在农业生产和环境保护方面都有十分重要的意义。估计根瘤菌每年每公顷土地固氮达 250kg，全球每年约固定 2.4×10^8t 氮，其中 85%是生物固氮。农业生产中为充分利用固氮菌的固氮作用，常用谷类与豆类作物轮作或间作技术，并施用固氮菌剂。可减少化学氮肥施用量，节约能源，减轻因大量施用化学氮肥造成的污染。过量施用化学氮肥不仅造成无机氮大量流入江河，使水体因富营养化而污染。同时铵盐和硝酸盐积累对人类及动物都有害，亚硝酸盐更是致癌物质。化学氮肥施用切忌过量，并要深施盖土。

综上所述，通过微生物的固氮作用将分子态氮转化为氨态氮供植物利用，通过氨化作用将含氮有机物转化为氨供植物吸收。又通过分解和硝化作用、反硝化作用将有机及无机氮转化为分子态氮释放到大气中，维持自然界氮平衡。

三、微生物在磷循环中的作用

磷作为遗传物质、细胞结构和能量贮存物质的组成元素，同样是生物体的重要元素之一。在细胞膜、细胞质及细胞核中都有磷存在。土壤中主要以不溶性的磷酸盐和含磷有机物存在，两者均不能直接被植物利用，必须经微生物分解为可溶性的磷酸盐方可被吸收利用。

能分解土壤中磷酸钙或磷灰石的微生物较多，常见的有假单胞菌属、分枝杆菌属、芽孢杆菌属、青霉属、曲霉属等，它们在代谢中产生的有机酸，由呼吸释放的 CO_2 形成的碳酸及由硝化细菌、硫化细菌产生的硝酸和硫酸等都能促进磷酸钙和磷灰石的溶解，使磷有效化。已利用这类细菌与磷矿粉混合制成细菌磷肥。

巨大芽孢杆菌、蜡状芽孢杆菌等能将土壤中的复杂有机磷分解，提高有效磷含量。农业生产上已将分解有机物能力强的细菌和产酸能力强的细菌扩大培养配制成磷细菌肥料，可显著促进土壤中磷的有效化。如果将大量的秸秆、畜禽粪便等有机废弃物与磷细菌肥料配合施用，则会大幅度地提高土壤有效磷的含量。

微生物还与植物一起完成磷的同化作用。微生物参加磷循环的所有过程（图 9-3）。在这些过程中，微生物不改变磷的价态，只是转化其形态。与氮一样，水体中的可溶性磷过多会造成水体的富营养化，污染水源。原来生产的洗衣粉为增强去污力，常添加有机磷（三聚磷酸钠）。现已禁止生产和使用含磷的洗衣粉。施用磷肥要注意适量，切忌过量。

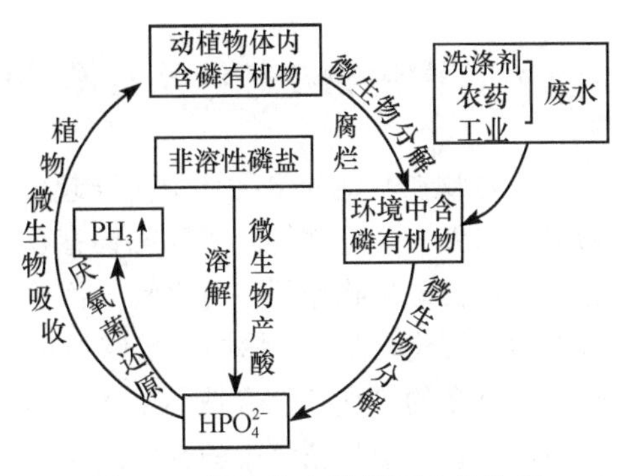

图 9-3　微生物在磷循环中的作用

四、微生物在硫循环中的作用

硫是生命物质的必需元素，是蛋白质、维生素、辅酶以及生物素等的组成元素。它在自然界中的贮量十分丰富，主要以元素硫、硫化氢、硫酸盐和有机硫化物 4 种形态存在。植物仅能以硫酸盐为养料。微生物在硫的形态转化中起着重要作用，参加循环的各个过程（图 9-4）。

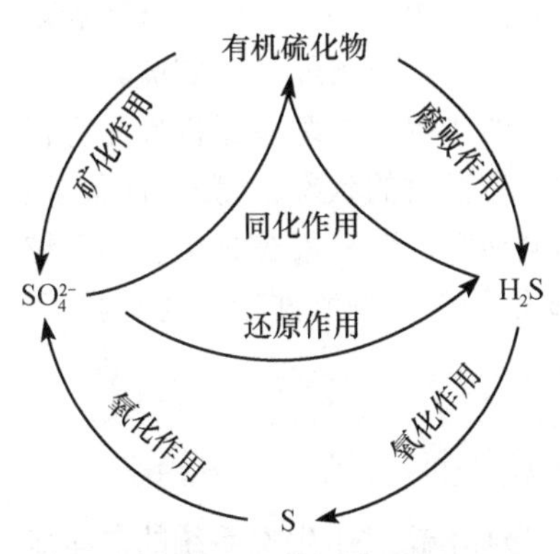

图 9-4　微生物在硫循环中的作用

硫的循环途径可概括为 4 个过程：同化作用、分解作用、氧化作用、还原作用。同化作用是指植物和微生物将硫酸盐或硫化氢转变为有机硫化物的过程。分解作用是将有机硫化物转变为硫酸盐或硫化氢的过程，后者又称脱硫作用。氧化作用是指将硫化氢转化为元素硫或硫酸盐的过程，也称硫化作用。很多微生物都能完成硫化作用，有自养的，也有异养的。还原作用是将硫酸盐转变成硫化氢的过程，也称反硫化作用。这 4 个过程中每一步都有微生物参加。微生物利用硫酸盐或硫化氢合成细胞物质。含硫有机物又可被微生物分解，在有氧条件下生成硫酸盐，在厌氧条件下生成硫化氢。硫酸盐还可在脱硫弧菌属（*Desulfovibrio*）等细菌作用下还原为硫化氢。水稻田若通气不良则会生成大量的硫化氢引起烂秧。应排水晒田、中耕松土，加强通气，以免硫化氢积累，危害作物。工厂也会因土壤中硫化氢的增加造成地下管道腐蚀。微生物还会将硫化氢、元素硫氧化为硫或硫酸盐，既增加土壤中的硫养分，又可消除硫化氢的危害，同时促进土壤中钾、钙、磷、铁等元素的溶解，促进作物生长。

细菌冶金技术是利用化能自养的硫化细菌氧化矿石中硫或硫化物，产生酸性浸矿剂把需要的金属不断地从矿石中溶解出来，成为硫酸铜等金属盐类，再用置换等方法提取出金属的过程。

五、微生物在铁循环中的作用

铁在地壳中含量为 4.2%，主要存在于多种矿物中，它们可在铁细菌的作用下转化为可溶性铁，铁的有效性受土壤 pH 和氧化还原电位的影响。pH 越高铁的溶解度越小。产酸微生物活动可使土壤中 pH 下降、可利用铁增加。铁循环的基本过程是氧化和还原。微生物参与的铁循环包括氧化、还原和螯合作用。微生物对铁的作用：①铁的氧化和沉积，在铁氧化菌作用下亚铁化合物被氧化成高铁化合物而沉积；②铁的还原和溶解，铁还原菌可使高铁化合物还原成亚铁化合物而溶解；③铁的吸收，微生物可产生铁螯合体作结合铁和转运铁的化合物，使铁活跃以保持它的溶解性和可利用性。许多有铁呼吸作用的微生物在厌氧条件下以 Fe^{3+}为氧化剂将其还原为 Fe^{2+}。向磁螺菌在厌氧条件下能将胞外的 Fe^{3+}还原为细胞内混合价的磁铁矿（Fe_3O_4）颗粒。新的研究发现，某些紫色光合细菌能在厌氧光合作用中以 Fe^{2+}为电子供体将其氧化为 Fe^{3+}。

六、微生物在其他元素循环中的作用

微生物在其他元素循环中同样起重要作用。土壤中的钾主要以三种形态存在：①矿物态钾；②缓效态钾；③速效钾。矿物态钾存在于原生矿物中，是土壤含钾的主体，但作物难以利用。含钾矿物在微生物作用下可水解为次生矿物，并释放出可交换性钾。三种形态的钾在微生物作用下相互转化，保证土壤中有足够的可交换性钾。微生物生长需要钾，钾会被微生物暂时固定，避免了过多的可交换性钾被淋至土壤深层。谷类作物秸秆含钾量远高于籽粒，通过秸秆还田，再经微生物分解将秸秆中的钾归还土壤。锰的转化与铁相似。许多微生物可从有机金属复合物中使锰形成氧化物和氢氧化物沉淀。钙是所有生物体的必需营养物质，钙的循环主要是钙盐的溶解和沉淀，$Ca(HCO_3)_2$溶解，$CaCO_3$沉淀。硅是某些生物细胞壁的重要组分。硅的循环表现为溶解和不溶解硅化物之间的转化。一些细菌和真菌产的酸可以溶解岩石表面的硅酸盐。

综上所述，在三极生态系统的元素循环中微生物发挥着巨大的作用，是联系无机界与有机界的桥梁。一方面，微生物将不溶于水的元素转化成为溶于水、易吸收的状态。另一方面，微生物又将死亡的生物体中的元素分解为无机物，被其他生物体再利用，使元素在整个生态系统中不停地循环。整个生态系统的发展能源来自太阳，元素则主要依赖微生物所推动的物质循环。

七、微生物在环境保护中的作用

环境污染是指生态系统的结构和机能受到外来物质的影响或破坏，超过了生态系统的自净能力，打破了正常的生态平衡，致使其中的物质流、能量流不能正常运转，给人类造成严重危害。

微生物种类繁多，代谢类型多样，遗传基因多样且易于变异，每一种微生物都有其独特的酶系与功能，因此它们是自然界进行自净作用的主力军。微生物的降解基因在质粒和染色体中的分布多种多样，一般对易降解有机污染物，其降解酶由位于染色体上的基因编码；对难降解有机污染物，一般前半部分的降解由质粒上的基因编码的酶进行，有时由质粒和染色体上的基因编码的酶共同完成，后半部分的降解由染色体上的基因编码的酶完成。有机物的降解途径复杂多样，不同微生物可以不同的途径降解同一污物，同一微生物在不同的条件下可展现出不同的途径。对污物的降解主要包括氧化、还原、水解和聚合等反应。

1. 微生物在污水处理中的作用 水是一切生命活动和生产活动的重要物质基础，也是环境的重要组成部分。水污染是指进入水体的污染物超过水体的自净能力，达到影响水体正常利用的程度。通常将污水分为生活污水和工业废水两大类。按污染物的类型可分为：①病原污染，主要是各种病菌、病毒等；②需氧物质污染，主要是有机物使水中溶解氧减少，影响鱼类及其他水生生物生长；③植物营养物质的污染，常造成富营养化，主要是氮、磷含量过高导致水体表层蓝细菌和藻类过度生长繁殖；④石油污染；⑤热污染，主要是高温废水使水中溶解氧减少；⑥有毒化学物质污染；⑦无机物污染；⑧放射性污染，主要是放射性矿物的开采、提炼废水及核动力厂的冷却水等，若将核污水大量排入海洋，会严重污染全球海水，严重影响海洋水产和养殖及人类健康。

污水处理就是以各种方法除去其中的污染物和病菌，使有机污染物矿质化。处理方法有物理的、化学的和生物的多种，其中最重要、最有效、最普遍的是生物法，主要是微生物处理法。例如，正在研究的EM菌群就有强烈的去污作用。微生物处理污水的本质是微生物代谢污水中的有机物，作为营养物质取得能量和养分促进自身生长繁殖。

污水的微生物法处理是以水体的自净作用为原理设计的。自然界中水体的污染物少时可通过沉降、稀释及水中微生物分解等自身作用自然降低，实现净化，这种现象称水体的自净作用。自然界有各种能分解污染物的微生物。例如，能分解氰化物的微生物有诺卡菌属、腐皮镰孢霉、木素木霉、假单胞菌属等，能分解多氯联苯的有红酵母属、假单胞菌属、无色杆菌属等，能分解多环芳香烃类致癌物质的有产碱杆菌属、棒杆菌属等，能分解表面活性剂的有假单胞菌属、芽孢杆菌属等，能转化重金属的有假单胞菌属、芽孢杆菌属、曲霉、青霉等。各种天然的及人造的污染物都可被不同的微生物逐步分解或转化。微生物还可通过吸收、转化水中的氮、磷等营养物质解决水体的富营养化问题。原生动物对细菌的吞噬及噬菌体对宿主的裂解都有利于水体净化。

2．微生物在污物降解中的作用　随着工业发展和城镇扩大，各种固体污染物大幅度增加，已知污染物达数十万种。据生态环境部统计，我国每年仅 246 个大、中城市的生活垃圾产生量已超过 1.85 亿 t（2015 年），其中多数为有机物，而且大多数垃圾是直接在城市周围堆放或简单填埋，已成为我国最严重的污染源之一，给大气、水体和土壤造成了严重的污染，危害人类健康。

目前处理固体废物的方法普遍停留在填埋、焚烧和堆肥等简单处理上。在现阶段比较合理的处理方法应该是在“分类收拣，综合利用”的基础上，采用以生物法为主的处理方针。垃圾中各种废金属、废塑料、废玻璃、废纸、废布等都是重要的工业原料，应充分回收利用。生物法主要是利用微生物分解有机污物产生有机肥料和沼气，还能杀灭病原微生物，化害为利。也可通过堆沤积制优质有机肥，并利用微生物的活动产生 70℃以上的高温杀死各种病菌、虫卵和杂草种子。可降解固体污物的微生物种类很多，如降解纤维素的纤维单孢菌，降解木质素的担子菌，降解芳香族化合物的分枝杆菌等，降解几丁质的芽孢杆菌等。

环境中农药污染的清除主要靠微生物的降解作用，如芽孢杆菌、棒杆菌属、链霉菌属、诺卡菌属等很多微生物都能降解有机氯、有机磷、有机硫等农药，也可降解除草剂。微生物降解农药主要有两种方式：一种是以农药作碳源、氮源、能源，分解很快，如除草剂氟乐灵可作为曲霉的唯一碳源，很容易被分解；另一种是通过共代谢作用，即通过微生物利用其他有机物作碳源、氮源、能源时被降解，如直肠梭菌（*Clostridium rectum*）降解丙体六六六需要有蛋白胨作碳源。由于微生物不能直接从共代谢农药中获得能量和碳源，降解速度很慢。微生物降解农药主要通过脱卤、脱烃、水解、氧化、还原及环裂解、缩合等方式改变农药分子的基本结构。

微生物对烃类化合物的降解主要是在加氧酶的催化下，将分子氧掺入到基质中形成含氧的中间产物，然后转化成其他物质参与代谢过程。能降解烃类的微生物很多，包括细菌、放线菌、霉菌、酵母菌、蓝细菌及藻类等。微生物对各类烃降解的难易程度与烃类的结构和复杂性有关。不同烃类降解从易到难的顺序是烯烃、烷烃、芳香烃、多环芳香烃、脂环烃。多环芳香烃是普遍存在于环境中的难降解的危险性很大的“三致”（致突变、致癌、致畸）有机污染物。

微生物对表面活性剂、多氯联苯、氰、腈等多种化合物的转化有重要作用。例如，芽孢杆菌、假单胞菌可降解表面活性剂。产碱杆菌等可降解多氯联苯。诺卡菌、假单胞菌、无色杆菌等能降解氰、腈等多种化合物。偶氮染料在厌氧条件下可被假单胞菌、芽孢杆菌、变形杆菌等还原脱色形成芳香胺类化合物。芳香胺在有氧条件下被副球菌、无色球菌等降解成二氧化碳和水。

重金属主要指汞、镉、铬、铅、砷、银、硒、锡等，它们对人的毒性常与其存在形态有关，形式不同，毒性也不同。例如，有机汞、有机铅的毒性远大于其无机化合物。微生物虽不能降解重金属，但能通过改变其存在状态，改变其毒性，减轻其毒害作用。还可积累、回收重金属。

汞造成的环境污染是最早受到注意的，汞的微生物转化及其环境意义有代表性。汞的微生物转化包括三个方面：无机汞（Hg^{2+}）的甲基化；无机汞（Hg^{2+}）还原成 Hg；甲基汞等有机汞化合物裂解并还原成Hg。能使有机汞和无机汞转化为单质汞的微生物有铜绿假单胞菌、金黄色葡萄球菌、大肠杆菌等。脉孢菌、假单胞菌和许多真菌等微生物有甲基化汞的能力。能使无机汞和有机汞转化为单质汞的微生物称为抗汞微生物。微生物的抗汞功能是由质粒控制的。

微生物对其他重金属也有转化能力，硒、铅、锡、镉、砷、钯、金、铊也可以甲基化转化。许多微生物能参与砷的转化，甲烷杆菌和脱硫弧菌等在厌氧条件下能将砷酸盐转化成甲基砷，酵母菌、微球菌等能将砷酸盐还原为亚砷酸盐，产碱菌、节杆菌等能将亚砷酸盐氧化为砷酸盐。

3．微生物在气态污染物处理中的作用 气态污染物的生物处理技术是生物降解污染物的新应用。其原理与污水处理一致，本质上都是对污染物的生物降解与转化。微生物降解作用难以在气相中进行，废气的生物处理气态污染物首先要由气相转移到液相或固体表面液膜中。降解与转化液化污染物的也是混合的微生物群体。处理在悬浮或附着系统的生物反应器中进行。提高净化效率需要增强传质（即污染物从气相转入液相）过程和创造有利于转化和降解的条件。

影响气态污染物微生物处理效率的因素主要有温度、湿度、pH、污泥或混合液悬浮物浓度。

4．微生物在污染环境修复中的作用 生物修复是利用微生物降解环境中的有机污染物或转化其他污染物，使污染的生态环境修复为正常生态环境的过程。微生物修复是微生物分解作用的延伸与扩展。自然的生物修复速度一般较慢，难以实际应用，生物修复技术是在人为促进条件下工程化的生物修复；它是传统的生物处理方法的延伸，治理的对象是较大面积的污染地。污染环境和污染物复杂多样，产生了不同于传统治理点源污染的新概念和新的技术措施。

目前生物修复技术主要用于土壤、水体（包括地下水）、海滩的污染（如原油的泄漏）治理及固体废弃物的处理。主要的污染物是石油烃及各种有毒有害难降解的有机污染物。

生物修复的本质是生物降解，能否成功取决于生物降解速率，影响生物修复速度的因素主要有修复生物、氧气、温度、湿度、pH、盐度、有毒物质、静水水压等。首要条件是必须具备有代谢活性的微生物，它们能以相当快的速度降解污染物。一般都是利用多种微生物的协同作用。其次是氧气，当氧气作为降解污染物的最终电子受体时，大多数微生物在好氧条件下分解有机污染物的速度较快。深层土壤生物修复供氧常常是限制性因素。污染物的浓度与微生物降解关系密切，浓度过高或过低都会影响微生物的代谢活性。在生物修复中常采取以下强化措施促进生物降解。①接种微生物。目的是增加降解微生物数量，提高降解能力，针对不同的污染物可以接种人工筛选分离的高效降解微生物。现多主张利用本地土著微生物作土壤及地下水生物修复的首选菌种。只有在土著微生物不能降解或污染物浓度很高，又必须快速处理时，才考虑外加菌种。②添加微生物营养液。微生物的生长繁殖和降解活动需要充足均衡的营养，为了提高降解速度，需要添加缺少的营养物。③提供电子受体。为使有机物的氧化降解途径畅通，要提供充足的电子受体，一般为好氧环境的降解提供氧，为厌氧环境的降解提供硝酸盐。④提供共代谢底物。共代谢有助于难降解有机污染物的生物降解。⑤提高生物可利用性。低水溶性的疏水污染物难以被微生物降解，利用表面活性剂、各种分散剂提高污染物的溶解度，可提高生物可利用性。⑥添加生物降解促进剂。一般使用 H_2O_2 可以明显加快生物降解的速度。

近十多年来，石油、农药、重金属等物质的微生物代谢、降解、转化方面已取得较大进展。

5．微生物在环境监测中的作用 环境中的微生物是环境污染直接承受者，环境状况的任何变化都对微生物群落结构和生态功能产生影响，可用微生物指示环境污染。微生物易变异，有抗性，作环境污染指示物应用不及动植物广泛、规范。但微生物某些独有的特性使其在环境监测中有特殊作用。生物监测就是利用生物体对环境污染发出的信息判断污染状况。它以生态系统为基础，能全面反映各种污染物对环境的综合影响及环境污染的历史和发展，对污染有“早期警报”作用。微生物分布广泛，代谢类型多样，与环境关系密切，环境监测中有特殊的作用。

水体被肠道病原菌污染的状况通常用检测其指示菌大肠菌群的办法监测。但用大肠菌群作病原菌污染的指标不能反映被病毒污染的状况。曾在大肠菌群检验为合格的饮用水中发现 10% 的水样有病毒（脊髓灰质病毒和小儿肠道病毒）。有可能改用噬菌体作水质被病原微生物污染的指标。用发光细菌检测污染水体，评价工业废水中重金属和有机污染物的生物毒性具有快速准确的特点。发光是发光细菌生理代谢正常的表现，这类细菌在生长对数期发光能力最强。环境条件不良或有毒物质存在时发光能力受影响，其减弱程度与毒物的毒性大小及浓度有一定的比例关系。通过灵敏的光电测定装置检测在毒物作用下发光菌发光强度的变化可评价检测物的毒性。研究和应用最多的是明亮发光杆菌（*Photobacterium phosphoreum*）。同样可根据某些微生物对环境的特别嗜好判断环境中某些物质是否超过污染标准。例如，硝化细菌对毒物敏感、硫细菌对硫敏感、盐脱氮副球菌对盐敏感等等。通过测定其相对代谢率检测环境中污染物的浓度。

藻类也可监测水质和水中毒物。藻类对水体污染十分敏感，水中无机氮、磷含量增多，藻类生长量就增加。例如，海水的赤潮和湖泊的水华就是蓝藻等生物增多，引起水变色的自然现象，赤潮和水华是水质被污染的信号。水中有毒物存在时，使藻体叶绿素降低，影响光合作用，使藻类繁殖量减少。水质监测中常用的藻类主要有硅藻、栅藻和小球藻等。

自然水体中，有机物的浓度与腐生菌的数量通常呈正相关。可利用这种关系监测水体被有机物污染的状况。根据水中腐生菌的数量可将水体分为多污带、中污带和寡污带。

癌症是目前世界死亡率很高的疾病。据调查其中大部分由化学致癌物引起。目前使用的化学物质有 7 万多种，且每年仍在以增加千种以上新化合物的速度递增。用传统的动物试验和人群流行病学方法检测致癌物工作量巨大，远不能满足需要，急需找到快速而准确的方法检测化学物质的致癌性。微生物繁殖周期短，突变体识别容易，已成为检测致癌突变物的新方法。

20 世纪 60 年代中期，生物学、物理学和化学融合产生新的边缘学科——传感学。产生的装置叫生物传感器。它分为分析物检测、信号转换和信号处理三部分。分析物检测是利用生物成分识别分析物，是传感器的关键元件，选材是酶膜、全细胞膜等，以微生物传感器为主。

微生物监测污染例子还很多，如大肠杆菌对烟雾和臭氧很敏感，可用其监测空气的污染。

八、环境污染对微生物的影响

1．环境污染对微生物群落结构的影响　　自然环境中微生物有分子、基因、个体、种群、群落和生态系统，群落处于关键位置。群落是一定区域内或一定生境中各微生物种群相互结合的结构单位。种群是有相似特性和生活在一定空间内的同种个体群，是组成群落的基本组分。种群的相互作用是特定群落形成和结构的基础，微生物群落由群落中相互作用的种群在协同进化中形成。在这里生态适应与自然选择起主要作用。生态系统表现的生态功能取决于群落的功能。微生物群落与其存在的生境构成微生物生态系统。生态位是生物个体、种群或群落占据的有时空特点的位置。微生物的群落结构受到生态位的生物和环境的严格选择，群落的组成是生态位情况的反应。群落结构主要包括种类组成、群落结构单元、群落的水平与垂直结构、群落的外貌与季相等。垂直结构是不同种群在垂直方向上的排列状况。水平结构主要反映随纬度改变产生的气温变化形成不同的微生物结构。因数量、大小或活性占优在群落中起主要的控制作用、有决定意义的种群称优势种群。群落是对环境的适应，会受到各种影响，包括环境污染的影响。

健康人体的正常菌群与人体维持平衡，菌群内各种微生物间相互制约维持相对稳定。外界因素的影响使其相互制约关系破坏就会引起疾病。例如，长时间服用抗生素类药物会使对药物不敏感的白色假丝酵母由劣势成为优势菌群，引起正常菌群失调，是污染对微生物种类组成的改变。

在一条被污染的河里，对不同河段的微生物采样分析，发现源头与下游相差很大，而下游各点的水样比较接近，这是由于污染使微生物群落的水平结构发生了变化。

营养物、环境条件的改变、环境污染都会对微生物群落产生胁迫，群落的结构会有相应的改变，这实际上反映了环境对群落的选择。例如，向生活污水排放表面活性剂，使其浓度逐步提高到一定水平后，污水中的表面活性剂降解菌会成为优势菌。

环境污染对群落结构的影响会使群落出现断层引起激烈竞争，就可能发生种群的小演替使生态群落出现变化。例如，在中性土壤中一般不会大量存在嗜酸、嗜碱或嗜盐的微生物，若施肥不当可使土壤过酸或过碱则大量嗜酸或嗜碱微生物就会出现，原先的微生物群落就发生变化。

微生物群落因环境污染发生结构变化后，生态系统也会随之变化，如食物链或食物网发生改变，营养级与生态效率也改变，结构变化则导致功能变化。

2．环境污染对微生物功能的影响 结构与功能相适应是生物的一大特点，当环境污染引起生物体的结构改变或抑制生物发展时都将引起生物功能的改变。

发酵工业用纯种培养产率虽有提高，但对污染菌防治的要求更高，污染杂菌轻者影响产率和品质，严重者造成“倒罐”，浪费大量原材料，扰乱生产秩序，破坏生产计划。例如，在乙醇发酵中接种纯酵母菌，正常情况下酵母菌将葡萄糖酵解生成丙酮酸，脱羧生成乙醛，再还原成乙醇。受污染时大量污染菌使酵母菌生存受抑制不能正常发挥其功能。青霉素发酵中污染细短产气杆菌比污染粗大杆菌危害更大。柠檬酸发酵中最怕污染青霉菌。谷氨酸发酵最危险的是污染噬菌体。

内部结构的改变是最根本的改变。环境污染引起微生物的基因突变时，则功能及形态也就改变。环境污染所产生的基因突变以生化突变型为主。

紫外辐射对微生物的作用主要使 DNA 分子上相邻的胸腺嘧啶形成二聚体，影响正常复制和转录，或致死，或使 DNA 复制造成差错，诱发突变，改变微生物的功能。紫外线等辐射能引起诱变，但微生物有修复系统能修复诱变出现的损伤，如光复活、切除修复、重组修复等。环境中咖啡碱含量过多就会抑制微生物切除修复系统中的酶，对紫外线的诱变作用有强化效应。

化学药品的大量生产和使用，使自然界中的化学药品肆意横流，已在南极发现了农药 DDT。这些化学药品易使微生物发生突变，使微生物的抗药性加强。例如，野生型大肠杆菌 K_{12} 对氯霉素的抗性是 5～10μg/mL，但已从患者体内分离到抗药性达 1280μg/mL 的菌株。这是滥用抗生素对微生物进行不断选择的结果。

第三节 微生物的生物环境

自然界中微生物不仅和各种物理、化学等非生物环境因子相互影响，还与其他各种生物之间以及微生物之间相互作用，形成多种复杂的生物关系。通常研究的主要是种间关系。种间关系主要包括互生、共生、竞争、拮抗、寄生、猎食，是特定的生物群落形成和结构的基础。

一、互生关系

互生关系是指两种可以独立生活的生物共同生活在一起时，其生命活动或对一方有利，或对双方都有利，即两种生物体共同生活比单独生活更好的相互关系。因为两者共处时其中一种生物的生命活动能为另一种生物提供有利的生活条件，或互相提供有利条件。

自然界中，互生关系在微生物之间广泛存在。例如，土壤中自生固氮菌与纤维分解菌两者都能独立生活，但自生固氮菌不能直接利用纤维素作碳源；纤维分解菌能分解利用纤维素，但分解中会积累大量有机酸，抑制纤维分解菌的进一步生长。当两者共栖一处时，纤维分解菌所产生的有机酸可供自生固氮菌作碳源，也消除了有机酸对纤维分解菌的危害。自生固氮菌通过固氮作用为纤维分解菌提供氮营养。彼此互为对方创造了有利条件。此外，土壤中的氨化细菌、亚硝酸细菌、硝酸细菌等之间，好氧微生物与厌氧微生物之间也都存在互生关系。

微生物与植物之间也存在互生关系。植物的根系及体表产生大量的脱落物和分泌物，如有机酸、糖类、氨基酸、维生素等，强烈刺激某些根际微生物和附生微生物大量繁殖；根系的穿插使根际的通气条件和水分状况比根际外的土壤好，温度比根际外略高。因此，根际形成对微生物生长有利的特殊生态环境。经采样分析发现，根际微生物的数量比根际以外的土壤多得多，但种类组成远比根际外土壤少。大量根际微生物的活动又加速土壤中有机质和矿物质的分解；去除硫化氢等减少对根的毒害；固氮菌旺盛的固氮作用及根际微生物所分泌的维生素和生长刺激素等又为植物的生长提供有利条件；根际微生物中有些种类能产生抗生素，可抑制植物病原菌的生长。生活在植物组织中的内生菌更与植物形成良好的互生关系。分为长期与植物共同生活的组成型和仅在植物的特定生长阶段经诱导进入植物体内的诱导型，主要是细菌和真菌。

微生物与动物及人体间也存在互生关系。人体及动物体内恒定、温和的条件及丰富的营养为微生物创造了良好的生活环境，并有保护作用。另外，微生物的活动一般对人体、动物体也是有益的。例如，肠道内的正常菌群可以合成人体、动物体必需的营养物质如维生素 B_1、维生素 B_2、烟酸、维生素 B_{12}、维生素 K、生物素及多种氨基酸等。同时，正常微生物群落的定居，在一定程度上可以抑制或排斥外来病原微生物的侵入和寄生，提高人体、动物体的抵抗力。

现代生物技术充分利用微生物间的互生作用进行共固定化。共固定化就是将几种功能不同又具有互生关系的微生物或酶同时固定于一个载体中，形成共固定化细胞系统。使许多单菌株不能合成的物质通过混合菌株得以实现，或是通过混合菌株提高发酵产品的质量和产量。例如，具有我国特色的二步发酵法生产维生素 C 的先进工艺就是混菌发酵法的很好例证（图 9-5）。维生素 C 是一种重要药物，自 1935 年以来一直采用莱氏法生产，反应中只有反应②一步由微生物发酵完成，其余各步均为化学转化反应。直到 20 世纪 70 年代，才由我国学者作了重大改进，发明了二步发酵法，优化了工艺，提高了产量和品质。除反应②外，反应③也采用混菌法发酵完成，只有利用氧化葡糖酸杆菌和条纹假单胞菌或巨大芽孢杆菌的协同作用才能完成。只用其中任何一种菌发酵都不能完成。二步发酵法的优点很多：用生物氧化取代了化学氧化；省去了酮化反应，节省了易燃、易爆、剧毒的化工原料，减轻了污染，改善了劳动条件，提高了安全生产水平；减少工业用粮，简化工艺和设备，缩短生产周期，使生产工艺、产量、质量迅速领先世界，现在我国维生素 C 产量已占世界产量的 95%（2017 年）。混菌培养除联合混菌（同时）培养外，还有序列（先后）混菌培养法、共固定化细胞混菌培养法、混合固定化细胞（先

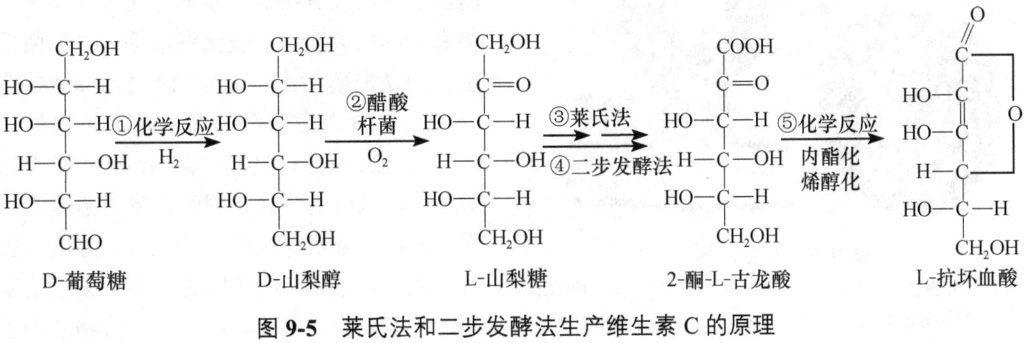

D-葡萄糖 →①化学反应 H_2→ D-山梨醇 →②醋酸杆菌 O_2→ L-山梨糖 →③莱氏法 / ④二步发酵法→ 2-酮-L-古龙酸 →⑤化学反应 内酯化 烯醇化→ L-抗坏血酸

图 9-5　莱氏法和二步发酵法生产维生素 C 的原理

分别固定，再混合）混菌培养法等多种。

我国传统发酵食品酱油、食醋、腐乳、白酒、黄酒、发酵蔬菜及水果制品都用天然混合微生物发酵生产，具历史悠久、工艺独特、品质优良、品种多样等优点。例如，生产白酒的大曲中有曲霉和酵母菌等多种微生物，发酵中除产生乙醇外还产生较多酯类、高级醇类及挥发游离酸等，比其他白酒更香。据研究，我国泸州老窖国宝窖池群已有 400 多年的历史，至今仍在生产，经长期培育已形成独特的完整的微生物区系，含 400 多种有益微生物，酿出的酒香味浓郁、独特。20 世纪为提高发酵酒的产量普遍使用纯的单菌株，结果发现产品质量比以前下降。21 世纪，使用混合菌种提高发酵产品质量已提上日程。

二、共生关系

共生关系是指两种生物紧密生活在一起互为对方创造有利条件，相互依赖甚至彼此不能分离，在生理上相互分工互换生命活动的产物，在组织上形成新的形态、结构的相互关系。两种生物间的互利关系已从代谢产物的相互利用，发展到结构和功能方面的相互利用、密不可分的程度。共生是互生关系的发展。

微生物间共生关系最典型的例子是真菌和藻类（包括蓝细菌）形成的地衣（地木耳），真菌菌丝和藻类细胞紧密缠绕或排列在一起，甚至在繁殖过程中也不分离。它们在形态上已形成统一的整体。在生理上也是互为依存，真菌以其产生的有机酸分解岩石中的某些成分，为藻类提供必需的矿质养料。藻类则通过光合作用及固氮作用为自身和真菌提供有机营养。互惠互利，共同生活。最近，发现全球主要的 52 个地衣属中都含有第二种真菌与其共生。还有产氢产乙酸细菌（S 菌株）与产甲烷细菌（MOH 菌株）的共生关系。这是在沼气池中采集到的两株菌。产氢产乙酸菌能发酵乙醇产生乙酸和分子氢，但当环境中氢浓度达到 0.5 标准大气压时，生长就受抑制；产甲烷细菌能利用分子氢产生甲烷，但不能利用乙醇，它与 S 菌株形成共生体。

微生物与植物共生的代表是根瘤菌与豆科植物形成的根瘤共生体。根瘤菌固定大气中的气态氮，为植物提供氮养料；豆科植物根的分泌物能刺激根瘤菌的生长，为根瘤菌提供碳源、能源和其他养料，并为根瘤菌提供保护和稳定的生长条件。另一代表是真菌与植物根系共生形成的菌根。自然界大多数植物都长有菌根，依照形态可分为外生菌根和内生菌根两类。外生菌根是指菌丝不侵入细胞内，仅在根表结成紧密的菌套（图 9-6）。具外生菌根的植物多为木本植物，它们虽无根毛，但包裹在根外的致密菌丝代替了根毛的作用。内生菌根的菌丝体侵入根组织内，在皮层及其细胞内生长，但不进入中柱，根表不形成菌套，一般保留根毛。内生菌根最重要的是泡囊-丛枝（VA）菌根又称丛枝菌根（AM），具内生菌根的多为禾本科植物（图 9-7）。根为真菌提供营养。菌根能促进植物对养分、水分的吸收。同时，菌根菌分泌维生素、生长刺激素等刺激植物生长。并增强植物抗病能力。与菌根菌共生的植物失去菌根菌就不能正常发育。实验证明，兰科植物的种子若

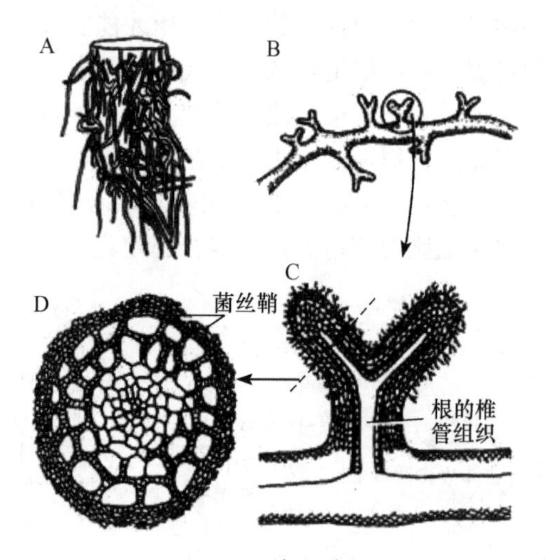

图 9-6 外生菌根

A. 栎树的外生菌根外形；B. 菌根的侧根端部为叉状的横切面；C. 为 B 的部分放大（虚线示横剖面）；D. 外生菌根的横剖面

无菌根菌则无法发芽，杜鹃科植物的幼苗无菌根菌则无法成活。

微生物与动物共生的例子也很多。反刍动物与瘤胃微生物的关系就是共生关系。反刍动物的瘤胃中有大量微生物：纤维分解菌群、淀粉分解细菌群、脂肪酸产生菌群、甲烷产生菌群、厌氧真菌及原生动物等。反刍动物吃进大量草料为瘤胃微生物提供了丰富的营养物质，并有恒定的温度、合适的酸碱度、严格的厌氧条件和良好的搅拌条件。动物的代谢活动也有助于微生物的生长繁殖和对有机物的分解。瘤胃微生物分解纤维素产生大量的脂肪酸等有机酸供瘤胃吸收，并产生大量菌体蛋白、氨基酸、维生素等养料源源不断地供给反刍动物。微生物与其他动物如白蚁、蟑螂、甲虫、鱼类等也能共生。最近发现白蚁中存在大、中、小生物间的三重共生关系：由白蚁提供木质纤维，其肠内的共生原生动物协助消化纤维素，原生动物体内共生的细菌［格氏假披发虫共生菌（*Pseudotrichonympha grasii*）］通过生物固氮向前两个宿主提供氨基酸。

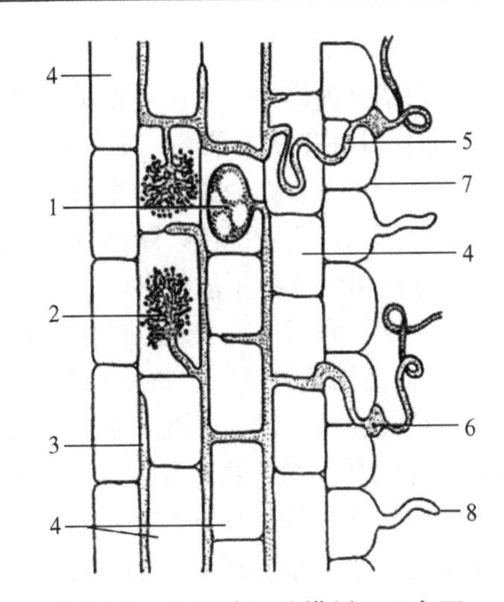

图 9-7 内生菌根的横剖面示意图

1. 泡囊；2. 丛枝；3. 胞间菌丝；4. 宿主细胞；5. 胞内菌丝；6. 侵入点；7. 宿主表皮细胞；8. 宿主根毛

三、竞争关系

当两种或多种生物生活在一起时，相互之间为争夺共同需要的资源、空间等条件发生的斗争叫竞争。可分为资源利用性竞争和相互干涉性竞争两类。微生物群体密度大、世代周期短、食性杂、代谢复杂，是生物界竞争最激烈的生物。多食性是导致微生物竞争的重要因素。在某一特定的栖息场所内，不同的时间会出现不同的优势种，即生态学所指的演替。微生物间相互竞争的结果是某种微生物在某种环境下能适应环境成为优势种。环境一旦改变其优势就被另一个种所替代。生长环境中的共同营养愈缺乏，竞争就愈激烈。

硅藻需要用硅酸盐作合成细胞壁的原料，将淡水硅藻和针杆藻分别单独培养时，发现都能增长到环境容纳量，但针杆藻利用硅资源多些。两者共同培养时发生竞争，针杆藻使硅浓度降到低于淡水硅藻所能生存和增殖的水平，使针杆藻在竞争中获胜。

两种微生物在相互竞争中，一个种比另一个种生长快，经过若干世代，终将代替另一个种，成为优势种群。一般都是其中最能适应特定环境的种群占优势。

研究结果表明，限制性养料的种类、浓度及 pH、温度和氧气等条件均会影响微生物种群间的竞争能力。微生物对干旱、高温和低温等极端因子的抗性也对其竞争能力有重要影响。

竞争虽使一些种由优势转变为劣势，但并非一定能将一个种完全消灭，它还会有少数细胞存活。当环境条件适宜时它又会迅速发展成为优势种，原来的优势种就转变为劣势种。正是由于微生物种群的演替才使外界环境的各种物质得以被逐一分解掉。

四、拮抗关系

拮抗是指两种生物生活在一起时，某种生物能够产生某些代谢产物抑制他种生物的生长发育，甚至杀死它们的相互关系。有时某微生物的生长引起环境条件改变抑制其他生物的现象也叫拮抗。通常分为两类：非特异性拮抗和特异性拮抗。

1. 非特异性拮抗关系 生物产生的代谢产物仅改变其生长的环境，如渗透压、氧气、酸度等，造成不适合其他微生物生长的环境叫非特异性拮抗关系。它没有特异性，不针对某一类微生物。例如，乳酸细菌、醋酸细菌等产酸细菌在代谢中产生大量有机酸使环境变酸，使绝大多数不耐酸微生物都不能生存。生产中用乳酸细菌制作泡菜、青贮饲料，用酵母菌生产乙醇都是拮抗关系的利用。有的通过产生或消耗氧，改变氧分压抑制另一微生物生长。

2. 特异性拮抗关系 许多微生物产生的代谢产物是细菌素或抗生素，能有选择地抑制或杀死其他微生物，称特异性拮抗。微量的抗生素就能抑制或杀死他种生物，有特异性，仅能对某一种或几种微生物起作用。其作用范围较广，主要作用于不同类群的其他微生物。青霉产生的青霉素对葡萄球菌等革兰氏阳性菌有特异的抑制作用。细菌素是某些细菌产生的能抑制或杀死亲缘关系相近类群的多肽，其作用范围较窄仅限于少数有关的种或菌株，有高度特异性和选择性。微生物间的拮抗关系已用于抗生素筛选、食品保藏、医疗保健和动植物病害防治等方面。

拓展资料

五、寄生关系

一种生物生活在另一种生物体内或体表，从中取得营养物质进行繁殖并对后一种生物造成损害甚至致死的现象叫寄生。前者称寄生物，后者称宿主。按寄生物离开宿主后能否继续生长，可分两种：一种寄生物离开宿主后就不能生长繁殖叫专性寄生物，另一种寄生物脱离宿主后仍可营腐生生活叫兼性寄生物。寄生可分为细胞内寄生和细胞外寄生，细胞内寄生的特异性较强。

微生物之间的寄生关系主要是噬菌体与宿主细菌间的关系。蛭弧菌与宿主细菌属于细菌间的寄生关系。蛭弧菌首先以特定部位吸附到大肠杆菌等宿主细胞上。然后穿过宿主细胞壁，在周质中生长、分裂，最终导致宿主细胞溶解。噬菌体又在蛭弧菌中寄生，构成了宿主细菌—蛭弧菌—蛭弧菌噬菌体之间的一种独特的“三位一体”的寄生系统。真菌之间也有寄生关系，如木霉菌丝可寄生在立枯丝核菌菌丝内，可用它防治棉花枯萎病和黄萎病。

寄生于动植物及人体的微生物极其普遍，常引起各种病害。凡能引起动植物和人类发生病变的微生物都称致病微生物。致病微生物在细菌、真菌、放线菌、病毒中都有。能引起植物病害的致病微生物主要是真菌。对动物（包括人类）致病的微生物很多，主要是细菌、真菌和病毒。微生物也能使害虫致病。利用寄生关系杀灭有害微生物和农林害虫已成生物防治动植物病虫害的重要方面。寄生于昆虫的真菌也有形成名贵中药的，如产于青藏、云贵高原的虫草。

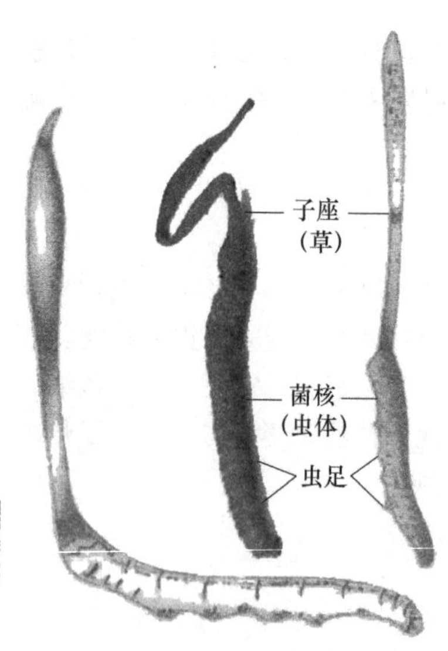

图 9-8 虫草属子实体的形态

彩图

冬虫夏草是虫草真菌中华被毛孢（*Hirsutella sinensis*）寄生在鳞翅目蝙蝠蛾幼虫中形成的产物。夏季成虫产卵于草的花叶，随之落到地面。孵化一月成幼虫钻入土层，土中的中华被毛孢的子囊孢子侵染其幼虫，在虫体内萌发成菌丝生长，幼虫内脏慢慢消失，虫体变成充满菌丝的躯壳埋在土里。次年春天菌丝生长，到夏天长出地面，貌似一根小草，幼虫躯壳和小草状菌丝组成虫草（图 9-8）。其是我国特有的补药，有益肺补肾、健脾强身、止血化痰等作用。

六、猎食关系

一种生物捕食另一种生物的现象叫猎食。前者为捕食者，后者为被食者。微生物间的猎食关系主要指原生动物吞食细菌和藻类，这种猎食关系在污水净化和生态系统的食物链中具有重要意义。另外，黏细菌和黏菌也直接吞食细菌，黏细菌也常侵袭藻类、霉菌和酵母菌，真菌也捕食线虫和其他原生动物。某些昆虫也捕食蓝细菌、光合细菌、真菌、藻类和原生动物。

猎食关系在控制种群密度、组成生态系统食物链方面有重要意义。可利用猎食关系防治某些危害严重的农业、林业、牧业的虫害和病害。

上述6种微生物的种间关系是人为划分的，实际上自然界微生物间的相互作用关系极为复杂。在一个特定生态环境中，常有多种微生物间既相互促进又相互制约的复杂关系，以促进微生物的进化发展。

习　　题

1. 名词解释：微生物生态学；内源感染；根际微生物；互生；共生；拮抗；大肠菌群；混菌培养；菌根。
2. 为什么说土壤是微生物栖息的良好场所？如何从土壤中分离所需要的菌种？
3. 淡水和海水中的微生物有何不同？为什么饮用水源必须检测大肠菌群？我国卫生部门对饮用水的细菌总数及大肠菌群量有何规定？
4. 测定空气中的微生物有何意义？常用哪些方法？各有何优缺点？
5. 微生物的分布比动植物更广泛，其生态学意义在哪里？
6. 粮食、油料及食品上的微生物对人体有何危害？如何防止？
7. 什么是生物体的正常菌群？试分析肠道正常菌群与人体的关系。
8. 为什么长期服用抗生素类药物也会引起疾病？
9. 何谓微生态制剂？现有一种只含大量死乳酸菌的口服保健液，能否称它为“微生态口服液”？为什么？
10. 微生物在自然界碳循环中有何作用？如何发挥微生物在低碳经济中的作用？
11. 氮在自然界中是如何循环的？微生物在其循环中有何作用？
12. 什么是水体的自净作用？污水生物处理的原理是什么？试举例说明。
13. 微生物在环境监测中有何作用？
14. 举例说明微生物之间6种类型的相互关系。
15. 举例说明微生物间的相互关系在混菌发酵中的应用。
16. 植物共生菌、寄生菌、内生菌和根际微生物等各对植物有何影响？

（蔡信之　沈会权）

|第十章|

传染与免疫

能引起人类或动物机体致病的微生物称病原微生物或致病菌，包括细菌、放线菌、立克次体、病毒、支原体、衣原体、螺旋体和真菌等1700多种。病原微生物侵入机体后能否使机体致病，一方面取决于微生物的致病性，另一方面取决于机体的免疫力。

传染是病原菌侵入机体在一定的部位生长、繁殖，并引起明显病理反应的过程。传染病的基本特征是体内有病原体，能产生免疫性，有传染性、流行性、地方性和季节性。

免疫的传统概念是指机体抵抗病原菌感染的能力即抗传染免疫。随着科学的发展，免疫的概念已大大超过了抗传染免疫范围。实际上机体对一切抗原异物包括改变了的自身成分都能识别和清除。免疫是生物在长期进化中逐渐发展起来的防御感染和维护机体稳定的重要手段，免疫功能异常也会对机体造成病理性损伤。其功能如下。①免疫防御：正常情况下，机体可防御病原微生物和其他异物的侵害，起抗传染免疫作用。异常情况下，反应过高引起变态反应；反应过低出现免疫缺陷病。②免疫稳定：正常情况下机体可及时清除损伤或衰老的自身细胞，并进行免疫调节以维持机体内生理平衡；稳定功能失调易发生自身免疫病。③免疫监视：正常情况下某些免疫细胞能识别并处理（杀伤、消除）体内经常出现的少量异常细胞；监视功能失调可发生肿瘤或持续感染（表10-1）。

表10-1　免疫功能的分类及其表现

功能	正常表现	异常表现
免疫防御	抵抗病原体的侵袭、中和其毒素等	变态反应；免疫缺陷病
免疫稳定	消除损伤或衰老细胞，免疫调节	自身免疫病
免疫监视	防止细胞癌变或持续性感染	肿瘤或持续性感染

传染与免疫是一对矛盾的两个方面。传染与免疫的规律是诊断、预防和治疗各种传染病的理论基础；免疫学方法特异性强、灵敏度高，不但用于基础理论研究中对多种生物大分子的定性、定量和定位等研究工作，而且用于各种传染病的诊断、法医鉴定、生化测定、医疗保健、生物制品生产、肿瘤防治、定向药物研制和反生物战等许多方面。

第一节　传　染

除病原微生物和非病原微生物外，还有些微生物在通常情况下不致病，若某些条件改变就可致病，这类微生物称条件致病菌。例如，大肠杆菌离开原来寄生的肠道侵入伤口或尿道则引起感染。因正常菌群失调、改变寄生部位或机体免疫力下降而由体内正常菌群引起的感染称内源感染。来源于机体外的感染称外源感染，主要来自传染病患者、带菌（毒）的人和动植物或物品。若是通过导管、静脉注入或外科切口等医源途径引起的感染称医源感染。病原菌的致病力主要决定于其特性，也受外界环境因素的影响。

传染病的种类很多，截至 2020 年，《中华人民共和国传染病防治法》中规定了 40 种重要的传染病，包括甲类的（2 种）鼠疫、霍乱；乙类的（27 种）新型冠状病毒感染、严重急性呼吸综合征（SARS）、人类免缺陷综合征（艾滋病）、人感染高致病性禽流感 H5N1、病毒性肝炎、狂犬病、脊髓灰质炎、淋病、肺结核、细菌性和阿米巴性痢疾、伤寒和副伤寒、梅毒、麻疹、流行性出血热、流行性乙型脑炎、登革热、炭疽、流行性脑脊髓膜炎、百日咳、白喉、破伤风、猩红热、布鲁氏病、钩端螺旋体病、血吸虫病、疟疾、人感染 H7N9 禽流感；丙类的（11 种）急性出血性结膜炎、流感、麻风病、风疹、流行性腮腺炎、斑疹伤寒、黑热病、包虫病、丝虫病、感染性腹泻（除霍乱、痢疾、伤寒外）、手足口病。各类传染病中约有 296 种（2009 年）属于人畜共患病，包括鼠疫、狂犬病、疯牛病、炭疽病、口蹄疫等，对人类和畜牧业危害极大。最近 40 多年来，不但原有的传染病因大量抗药性等变异菌株的出现及许多社会问题的产生又重新流行，而且陆续出现了艾滋病、严重急性呼吸综合征、新型冠状病毒感染等多种新的严重的传染病。2004 年全世界死亡的 5900 万人中有 2380 万死于传染病，发展中国家死于传染病的人数更多。传染病已是人类死亡的第二重要因素。

一、病原菌的致病作用

不同病原体的致病性差异很大。细菌通过产生侵袭酶类和毒素等物质危害宿主；病毒通过杀细胞、并存和整合等方式危害宿主；真菌通过致病、变态反应和产毒素等方式危害宿主；原生动物通过破坏宿主细胞及毒物致病。现以病原菌为例介绍其致病作用。

（一）病原菌的致病力

科赫法则是确定细菌有无致病性的主要依据。其要点：①特定病原菌应在同一疾病中查见；②此病原菌能被分离培养得到纯种；③此培养物接种易感动物能导致同样的病症；④自实验感染动物体内能重新获得该病原菌的纯培养物。病原菌的致病力即毒力主要取决于其侵袭力和产生毒素的能力。表示方法很多，常用的是半数致死量（LD_{50}），是指能使接种的实验动物在感染后一定时限内半数死亡所需的微生物量或毒素量。

1．侵袭力　侵袭力是指病原微生物突破机体的防御机能，侵入组织并在机体内生长、繁殖和扩散的能力。决定侵袭力的因素有以下几种。

（1）黏附作用　大多数病原菌都有黏附能力，因为菌体的表面有菌毛等黏附因素，通常是病原菌产生的糖蛋白或脂蛋白，它们能与宿主细胞的特异受体结合。受体大多为宿主细胞表面的糖蛋白。致病菌黏附于上皮细胞后，有的在上皮细胞表面定居、繁殖，引起疾病，如霍乱弧菌；有的进入上皮细胞内生长、繁殖，造成浅表组织损伤，如痢疾志贺菌；有的则进一步扩散，穿透到深层组织，引起病害，如溶血性链球菌。黏附作用与细菌的毒力有关，有菌毛的细菌一旦失去菌毛也就失去毒力。

很多病原菌对其所感染或侵袭的组织有高度的选择性即亲器官性。例如，肺炎链球菌通常限制在喉头，但常侵入下呼吸道引起肺炎。亲器官性的决定因素之一是营养条件。例如，流产布鲁菌（*Brucella abortus*）能在有胎母牛的胎儿、胎盘和胎液中大量生长造成流产，在其他组织中则没有，是因为胚胎组织中含有大量布鲁菌的生长因子赤藓糖醇。

（2）抗吞噬作用　有些致病菌在机体内被吞噬细胞吞噬后即被破坏，如肺炎链球菌等细胞外寄生物。其伤害组织仅在吞噬细胞外的时间内，引起的疾病常常是持续时间很短的急性病。

细胞内寄生物能在吞噬细胞内繁殖引起慢性疾病。例如，结核分枝杆菌被吞噬细胞吞噬后两者力量平衡时细胞内寄生状态可持续存在；失去平衡则必有一方受到伤害。

某些细胞外寄生菌表面有荚膜或其他表面结构等抗吞噬因子，可抵抗吞噬细胞的吞噬和消化，使病原菌能在体内迅速繁殖、扩散引起机体病害。例如，肺炎链球菌具荚膜的光滑型菌株可干扰吞噬细胞的黏附，能抵抗吞噬作用（无抗体存在的条件下），有很高的毒力；无荚膜的粗糙型变异株则很容易被吞噬，没有毒力。除荚膜外，有些细胞表面的特殊蛋白质，如一些致病葡萄球菌产生的 A 蛋白与调理素（抗体 IgG）的 Fc 段结合后可干扰抗体的调理作用，抑制吞噬细胞对病菌的吞噬；酿脓链球菌细胞表面的 M 蛋白及许多革兰氏阴性菌细胞壁表面的脂多糖、菌毛等都有抗吞噬作用。

（3）*胞外酶类*　许多 G^+菌能产生与侵袭力有关的胞外酶，主要作用于组织基质或细胞膜，造成损伤，增加通透性，以提高病原菌侵袭力和利于病原菌在体内扩散。

1）透明质酸酶：透明质酸是人体组织特别是结缔组织细胞间的多糖物质，起胶合剂的作用。链球菌、葡萄球菌和某些梭菌产生的透明质酸酶能分解透明质酸，使细胞间隙扩大，结缔组织松弛、通透性增加，有利于细菌在组织内扩散。

2）胶原酶：溶组织梭菌、产气荚膜梭菌等可产生胶原酶水解肌肉和皮下组织的胶原蛋白使组织崩解，便于病菌及其毒素在组织内扩散。

3）血浆凝固酶：金黄色葡萄球菌等能产生血浆凝固酶，可加速血浆凝固成纤维蛋白屏障，沉积在菌体表面，保护病原菌免受宿主吞噬细胞和抗体的作用。凝固酶的作用结果产生了血纤维蛋白基体使许多葡萄球菌的感染限定在局部位置生成小泡和疙瘩。

4）链激酶和葡萄球菌激酶：它们是链球菌和葡萄球菌产生的酶，与凝固酶的作用相反，能激活溶血纤维蛋白酶原变为溶血纤维蛋白酶，可促使血纤维蛋白凝块溶解，以利病原菌和毒素在机体内扩散。细菌的链激酶已用于治疗急性血栓栓塞性疾病，如心肌梗死、肺栓塞及深部静脉血栓疾病等。

5）卵磷脂酶：又称 α 毒素，它可以水解各种组织的细胞尤其是红细胞质膜的卵磷脂，引起细胞破坏。产气荚膜梭菌的毒力主要是由于其卵磷脂酶的作用。

此外，许多病原菌还能产生黏液酶分解细胞表面的黏蛋白以利其侵染。有些链球菌产生脱氧核糖核酸酶分解脓液中的 DNA，使其感染产生的脓液稀薄，有利于病菌的扩散。

2．毒素　细菌的毒素根据化学组成和毒性特点，可分为外毒素和内毒素两类。

（1）*外毒素*　它是病原细菌在生长中产生的分泌物，能游离于菌体外。大多数 G^+菌能产生外毒素，霍乱弧菌、志贺菌、鼠疫杆菌等少数 G^-菌也能产生外毒素，其化学组成是蛋白质。有的是酶或酶原，有的是毒蛋白。其抗原性强，毒性也强，小剂量即能使易感动物致死，如 1mg 肉毒梭菌毒素可杀死 2000 万只小鼠或 100 万只豚鼠，中毒死亡率接近 100%。但毒性极不稳定，对热和某些化学物质敏感，容易被破坏，一般 60～80℃经 10～80min 即失去毒性，用 0.3%～0.4%甲醛处理可使其毒性完全丧失，但仍保持抗原性。经处理失去毒性的外毒素称类毒素，常用于预防注射。用类毒素注射马等动物制备外毒素的抗体称抗毒素，可用于治疗。外毒素对机体的组织器官有选择性，引起特征性病变。据外毒素对宿主细胞的亲和性及作用方式可分细胞毒素、神经毒素和肠毒素三类。细胞毒素作用于全身组织的特定部位，如白喉杆菌产生的白喉外毒素对周围神经末梢及特殊组织（心脏、肾上腺皮质、胰脏）有亲和力。能抑制心肌、肾上腺皮质、胰脏、运动神经等器官的蛋白质合成，引起心肌炎、肾上腺出血和神经麻痹；破坏细胞膜，导致细胞内容物溢出或细胞破裂。神经毒素作用于神经系统引起神经传导功能紊乱，如破伤风梭菌产生的破伤风痉挛毒素对中枢神经系统有高度的亲和力，进入中枢神经后固定在神经突触上，与糖脂类神经鞘氨醇特异结合，阻止抑制性突触末端释放抑制性冲动传递介质（乙酰胆碱），阻止上、下神经单位间的正常抑制性冲动的传递，导致超反射反应（兴奋异常增高）和骨骼肌痉挛，使患者窒息或呼吸衰竭死亡。肠毒素直接作用于肠黏膜上皮细胞，引起功能紊乱导致腹泻。例如，霍乱弧菌随食物、饮水进入人体，黏附于小肠黏膜表面并迅速繁殖，生长中分泌肠毒素，它由一个 A 亚单位和 5 个 B 亚单位组成。A 是毒性组分 A1 和与 B 连接的组分 A2 以二硫键相连的双肽链，它通过 B 结合于肠黏膜上皮细胞表面受体，二硫键降解，A1 链进入细胞，增加胞内腺环化酶活性，提高 cAMP 浓度，刺激肠黏膜的分泌功能，导致严重的呕吐与腹泻。大多数外毒素由 A、B 两种亚单位组成，有多种合成和排列形式。A 亚单位为毒素的毒性部分。B 亚单位称结合单位，能使毒素分子特异结合在宿主易感组织的细胞膜受体上，并协助 A 亚单位穿过细胞膜。B 亚单位单独结合无毒性，A 亚单位单独不能结合而无法发挥毒性。

外毒素与组织的结合是不可逆的，所以要早期预防，一旦症状出现后治疗较困难。

（2）*内毒素*　它存在于菌体内，菌体裂解时才能游离出来。大多数 G^-菌都产生内毒素，其主要成分为脂多糖，由类脂 A、*O*-特异侧链和核心多糖组成。它在细胞壁的最外层，是其组成部分，对热较稳定，100℃经 1h 仍不被破坏；抗原性弱；毒力较低，小鼠的致死量为 5～25mg。它不能被甲醛脱毒，不能制成类毒素。其作用没有组织器官选择性，作用于白细胞、血小板、补体系统及凝血系统等。不同病原菌产生的内毒素引起人体的反应基本相同，表现为发热、腹泻、代谢紊乱、脏器出血与坏死，白细胞增多（伤寒沙门菌例外），弥漫性血管内凝血，严重时会出现中毒性休克。内毒素有生物毒性又很稳定，在生物制品、抗生素、葡萄糖液和无菌水等注射用药中，都严格限制其存在。测定内毒素现用鲎试剂法，专一、简便、快速、灵敏。鲎是一种无脊椎动物，鲎血中仅含一种变形细胞，其裂解产物可与 G^-菌的内毒素、脂磷壁酸（膜磷壁酸）等发生特异性和高灵敏度的凝胶化反应。鲎试剂法已广泛用于临床诊断，药品、生物制品及血制品检测，食品卫生监测及科学研究等方面。

大多数病原微生物都同时兼有侵袭力和毒素两种致病因素，但也有少数病原菌只有一种。有些病原菌还具有其他的毒性物质。例如，结核分枝杆菌的索状因子，化学名称为 6,6-双分枝菌酸海藻糖脂，对宿主细胞酶有抑制作用。外毒素与内毒素的区别见表 10-2。

表 10-2　外毒素与内毒素的主要区别

项目	外毒素	内毒素
存在部位	活细胞代谢物质，分泌到细菌细胞外	细菌细胞壁成分，菌体裂解时才能释放
化学组成	蛋白质	磷脂-多糖-蛋白质复合物
细菌种类	革兰氏阳性菌为主	革兰氏阴性菌为主
热稳定性	对热不稳定，60℃以上半小时能被破坏	较稳定，60℃耐受数小时
毒性作用	较强，对组织选择性强，引起特殊临床表现	较弱，对组织选择性不明显。引起全身中毒反应
抗原性	强，能刺激机体产生高效能的抗毒素。经甲醛处理可变成类毒素，用于预防	弱，产生抗菌性抗体，不产生抗毒素，不能制成类毒素

一些细菌感染机体后能从感染灶进入淋巴、血液循环系统，造成菌血症；若不能快速抑制，菌体大量繁殖使全身急性感染会形成败血症；如不能及时治疗将会危及生命。

细菌毒力减弱的方法包括长时间在体外连续培养传代、在高于最适生长温度条件下培养、在含有特殊化学物质的培养基中培养、在特殊气体条件下培养、通过非易感动物接种、通过基因工程改造等；在自然条件下，细菌毒力增强的最佳方法是回归易感动物。

立克次体的致病物质有内毒素和磷脂酶 A 等。引起人类流行性斑疹伤寒的普氏立克次体在吞噬体内通过磷脂酶A溶解吞噬体膜的甘油磷脂而进入细胞质，大量增殖后导致宿主细胞破裂。立克次体的内毒素与细菌内毒素的结构及作用相同。

病毒在宿主细胞内增殖，影响宿主细胞的核酸和蛋白的代谢，其后果可分为杀死宿主细胞、与宿主细胞并存及整合于宿主细胞染色体中常引起肿瘤三种类型。

真菌可引起皮肤、皮下及全身性疾病；有的引起变态反应性疾病；还有的产生毒素，可侵害肝、肾、脑、中枢神经系统和造血组织；有些真菌的代谢产物可引起肿瘤。

原虫是单细胞生物，多数于胞内寄生，在感染中破坏宿主组织细胞，连同其毒性产物引起传染病。蠕虫是多细胞生物，种类极多，通常引起胞外慢性感染，如血吸虫。

（二）病原菌侵入的数量和途径

病原菌传染除需要一定的毒力外，还需要足够的数量和适当的侵入途径。宿主在正常情况下对病原微生物有一定的抵抗力，侵入的病原菌必须有足够的数量才能致病，特别是毒力较弱的病原菌。例如，人体需要吃进较多的沙门菌（几亿个细胞）才可能引起急性胃肠炎。毒力较强的病原菌如鼠疫耶尔森菌只需要几个细胞侵入即可引起鼠疫。为减少病菌数量和传染机会，要勤洗手，特别是便后和饭前都必须认真洗手。

多数致病菌需要通过适当的途径侵入宿主才能致病，侵入途径包括消化道、呼吸道、皮肤创伤、泌尿生殖道等。例如，伤寒沙门菌和痢疾志贺菌必须经消化道传染；破伤风梭菌必须经深部损伤的皮肤或黏膜感染；白喉杆菌、肺炎支原体等通过呼吸道感染；麻风分枝杆菌、淋病奈瑟球菌等通过接触感染；疱疹病毒、乙肝病毒等由亲代通过胎盘或产道直接传给子代，即垂直传播。有些病原菌的侵入是多途径的，结核分枝杆菌和炭疽杆菌既能由呼吸道传染又能从肠道或皮肤伤口侵入，引起不同部位的结核病变。人类免疫缺陷病毒、乙型肝炎病毒既可接触传播也可通过垂直传播。

二、环境条件对病原菌传染的影响

传染的发生还决定于机体的免疫状态与环境因素。例如，机体免疫力降低，侵入机体的病原菌就有可能使机体致病。当机体的免疫力占主要地位时病原菌被消灭，机体恢复健康。所以，传染与抗传染是相互联系、相互制约的一对矛盾的两个方面。在一定条件下可以相互转化。环境条件对机体和微生物都能发生影响。良好的环境因素有助于提高机体的免疫力，也有助于限制、消灭自然疫源和控制病原体的传播，防止传染病的发生。环境因素包括两个方面：一是自然因素，指气候、季节、温度、湿度和地理环境等因素。例如，冬季容易发生呼吸道传染病，消化道疾病如痢疾等容易在夏季发生。我国南方水网地区容易发生肝炎的传染；北方干燥，尘土多，容易发生呼吸道疾病的传染。二是社会因素，社会制度对人民健康和疾病的发生起着重要的作用。1949年前，我国常发生传染病流行。1949年后我国对传染病的预防做了大量工作，设立各级爱国卫生运动委员会，建立全国范围的预防网，从婴儿开始定期预防接种，加强预防，及时治疗，控制传染源。已消灭若干危害较大的传染病，许多传染病得到较好控制和有效预防。

三、传染的三种可能结局

病原菌侵入机体后，病原菌与宿主、环境三方面力量的对比或影响的大小决定着传染的结局，主要有以下三种情况。

1．隐性传染　如果宿主的免疫力很强，而病原菌的毒力相对较弱，数量又较少，传染后只引起宿主的轻微损害，且很快就将病原菌彻底消灭，因而基本上不出现临床症状，称为隐性传染。机体仍可获得特异性免疫力，使机体免受同种病原菌的再次感染，

2．带菌状态　病原菌与宿主都有一定优势，病原菌被限制于某一局部，无法大量繁殖，长期处于相持状态称带菌状态。例如，结核杆菌等病原菌。长期处于带菌状态的宿主称带菌者。在隐性传染或传染病痊愈后宿主常会成带菌者，如不注意就成该传染病传染源。

3．显性传染　若宿主的免疫力较低或入侵病原菌的毒力较强、数量较多，病菌很快在体内繁殖并产生大量毒物，使宿主细胞和组织严重损害，生理功能异常，出现一系列临床症状，就是显性传染。按发病时间的长短可分急性传染和慢性传染。按发病部位的不同，显性传染可分局部感染和全身感染两种。按性质和程度的不同可分为以下 4 类。①毒血症：病原体被限制在局部病灶，只有其毒素进入血流引起全身性症状，如白喉、破伤风等症。②菌血症：病原体由局部原发病灶侵入血流传播至较远的组织，但未在血流中大量繁殖的传染病。③败血症：病原体侵入血流并在其中大量繁殖造成宿主严重损伤和全身性中毒症，如铜绿假单胞菌等常引起败血症。④脓毒血症：一些化脓性细菌在宿主引起败血症的同时又在宿主许多脏器中引起化脓性病灶，如金黄色葡萄球菌可引起脓毒血症。

四、生物武器

生物武器是一类由生物战剂及其施放装置组成的隐蔽且有大规模杀伤力的武器。生物战剂主要由病原性细菌、病毒、真菌和生物毒素等构成，早期的生物武器多使用病原性细菌，故称细菌武器。利用生物武器进行战争的行为称为生物战或细菌战。

生物武器具有以下特点：①病原体的毒性强，对人员的伤亡率高；②受害范围广、危害时间长；③潜伏期长；④容易制造、保存、运输、投放和播散；⑤隐蔽性强，难以侦查和及时发现；⑥对非生命器物（武器、装备、建筑物）通常无害；⑦受环境因素影响大，除少数生物战剂（如炭疽芽孢杆菌）对不良环境有强抵抗力外，多数十分敏感。

现可用于制造生物武器的病原体和生物毒素有 70 多种，包括 13 种细菌、4 种立克次体、1 种支原体、25 种病毒、2 种真菌、3 种原生动物、多种基因重组病毒与细菌及细菌毒素和真菌毒素。根据危害程度可将其分甲、乙、丙三级，甲级的传播快、死亡率高、危害大，如天花病毒、炭疽芽孢杆菌、鼠疫耶尔森菌、肉毒毒素和 T2 毒素等。

生物武器既可大规模也可个别恶意投放，很难预测和监控，危害巨大。其施放方式多样，通常由飞机喷洒气溶胶、投掷特制细菌弹，由媒介生物（鼠、蚤、蚊、蝇等）或杂物（羽毛、食品、玩具等）播散或秘密投放（信件、邮包、水源、食物、通风管网）等。生物战剂通常可经呼吸道和消化道的黏膜及皮肤或创口进入机体，引起各种病症并导致重大伤亡。应对生物武器主要是提高警惕、以防为主、常备不懈；积极研究生物武器的防护原理和技术方法，包括生物战剂的微量快速检测、防治药品和免疫制品的研制、生产与储备等；动员群众，加强锻炼，开展爱国卫生运动，提高健康水平；发动群众，注意可疑现象，一旦发现疫情，迅速封锁疫区，边消毒边组织病员的隔离、抢救、治疗等工作，控制疫源，减少损失。

第二节　非特异性免疫

宿主免疫包括非特异性免疫（先天免疫，固有免疫）和特异性免疫（后天免疫，适应性免

疫）。非特异性免疫是机体先天具有的正常生理防御机能，没有选择性。它是机体在长期种系发育和进化中逐渐形成的，不需要特殊的刺激或诱导，与机体的组织结构和生理功能密切相关。非特异性免疫与特异性免疫只是为了学习方便而人为划分的，实际上它们是密不可分的。

一、生理屏障

1．表面屏障 健康、完整的皮肤和黏膜起屏障作用，能有效阻挡各种病原微生物侵入机体。鼻腔中的鼻毛、呼吸道黏膜表面的纤毛和黏液也有阻挡病原菌的作用。同时，皮肤和黏膜的各种分泌物，如皮脂腺分泌的脂肪酸，汗液中的乳酸，胃液中的胃酸，精液中的精胺，消化道的蛋白质分解酶，唾液、泪液、乳汁、鼻涕及痰中的溶菌酶等均有抑制或杀灭病原菌的作用。吸烟或饮酒过度者纤毛运动减弱，易患支气管炎、气管炎和肺炎。

2．局部屏障 机体内某些部位有特殊结构，形成阻挡微生物及其有毒产物和大分子异物、某些药物进入机体的局部屏障，可保护该器官，维护局部生理环境恒定。例如，主要由软脑膜、脉络丛和致密的脑毛细血管内皮细胞层及附于其外的脑星形胶质细胞组成的血脑屏障可阻挡血液中的致病微生物及其代谢产物向脑内扩散，保护中枢神经系统的稳定。婴幼儿因血脑屏障尚未充分发育，病原菌可随血入脑，易患流行性脑脊髓膜炎及乙型脑炎。由怀孕母体子宫内膜的蜕膜和胎儿的绒毛膜滋养层细胞共同构成的血胎屏障能阻挡病原微生物由母体通过胎盘感染胎儿，同时保证母子间的物质交换。妊娠早期血胎屏障尚未充分发育。人妊娠不足三个月时，母体如受肝炎病毒等感染，病毒可经胎盘进入胎体，造成先天感染；不少药物也能通过胎盘，可能造成畸胎、死胎或流产。

3．正常菌群 人体皮肤、黏膜及口腔、气管、消化道和泌尿生殖道等与外界相通的腔道都存在大量正常菌群。正常菌群常通过竞争必要的营养物和生存空间，或产生抑制其他菌种的代谢产物等方式抑制周围病原菌侵入。例如，肠道中大肠杆菌可产生 20 多种大肠杆菌素，能杀死痢疾杆菌、金黄色葡萄球菌等病原菌。长期大量使用广谱抗生素会破坏菌群的正常组成，助长某些耐药病原菌发展，引起正常菌群失调症。

二、吞噬细胞

病原菌一旦突破体表的防御屏障进入体内，吞噬细胞立即表现出强大的防御作用。

1．吞噬细胞的种类 据大小可将吞噬细胞分为两类（图 10-1）：一类是大吞噬细胞，包括单核细胞和巨噬细胞；另一类是小吞噬细胞即粒细胞，主要存在于血液内。据其对染料的亲和性分嗜中性粒细胞、嗜酸性粒细胞和嗜碱性粒细胞三种，其中主要是嗜中性粒细胞。它们有很强的吞噬能力，担负着各种免疫功能。各种吞噬细胞都有一个对病原体识别的系统，借此可及时启动免疫应答反应。该识别系统的关键成分称模式识别分子，是一种结合在吞噬细胞膜上的蛋白质，能识别病原体表面特定的结构成分——病原体相关分子模式。吞噬细胞的模式识别分子与病原体相关分子模式互相识别，启动信号传导过程，激活吞噬细胞，增强其吞噬与分解活动，产生多种可杀死病原体的过氧化氢、自由基等毒性氧化物。

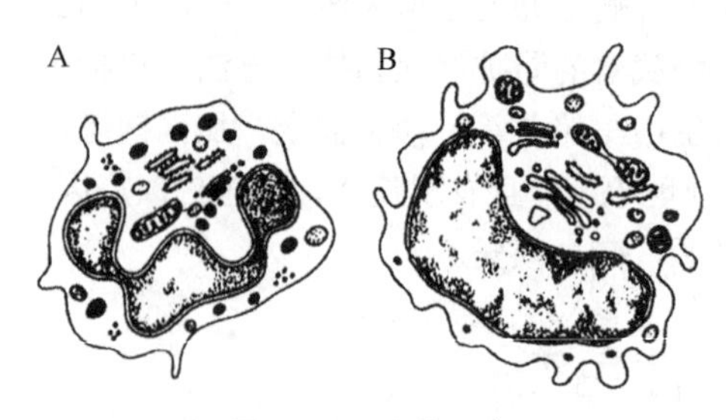

图 10-1 吞噬细胞

A．嗜中性粒细胞；B．巨噬细胞

（1）嗜中性粒细胞 存在于骨髓和血液中，由骨髓产生不断向血液补充。成人外周血中占白细胞总数的60%～70%。人血液中含量为2500～7500个/mm^3。因细胞内含很多易染色的溶酶体颗粒又称粒细胞。嗜中性粒细胞中颗粒至少有两种：一种叫初级颗粒，在细胞发育早期形成，占颗粒总数的20%，颗粒较大，内含过氧化物酶、酸性磷酸酶及其他溶酶体酶；另一种为次级颗粒，形成较晚，数量较多，每个细胞内有200个，颗粒内含碱性磷酸酶、乳铁蛋白及溶菌酶等，都有强杀伤力，将进入血液的病原微生物等异物彻底分解。在传染的急性期，嗜中性粒细胞大量出现在感染部位，它们可穿越血管壁，发挥吞噬作用。吞噬作用一般在血管壁或血纤维蛋白凝块表面进行。

（2）单核-巨噬细胞 包括血液中的单核细胞和组织中的巨噬细胞。单核细胞来自骨髓的干细胞，在血液中循环几天后就进入组织发展成有高度吞噬能力的固定巨噬细胞。固定在不同脏器中的巨噬细胞有不同的名称，如肝脏毛细血管内皮细胞称肝星状细胞，脾脏中的称树突状细胞，肺泡中的称尘细胞，中枢神经中的称小胶质细胞等，在传染的急性期和慢性期都起作用。

单核细胞为圆形或卵圆形，直径10～18μm，核呈肾形或马蹄形，进入组织转变为巨噬细胞后细胞变大，直径达20～80μm，外形不规则，可伸出伪足。寿命长，可作变形虫状运动，对异物有吞噬、胞饮、抗原加工和提呈功能。单核细胞内有溶酶体酶和髓过氧化物酶。分化为巨噬细胞后髓过氧化物酶消失，溶酶体和溶酶体酶都大幅增加。溶酶体酶有溶菌酶、过氧化物酶及各种水解酶，都能发挥杀菌作用。既能吞食入侵的病原菌，也能吞食体内衰老、死亡和变异的异常细胞。肿瘤细胞含正常细胞所没有的特殊抗原，会作为异物被识别，首先被巨噬细胞吞食。非特异性免疫中巨噬细胞主要是杀伤感染的病原微生物，吞噬坏死的组织碎片和凋亡细胞，参与损伤组织的修复等。特异性免疫中它又是抗原呈递细胞。它还分泌多种可溶性生物活性物质，不但有激活淋巴细胞、加强杀菌、促进炎症的作用，还有免疫调节等重要功能。作为抗原呈递细胞，它又是特异性免疫的重要组成部分。

（3）肥大细胞 形态不规则，直径5～25μm，在全身各处沿神经、血管和腺体分布，易接触由黏膜和腺体入侵的病原体。有较弱的吞噬作用，也参与抗原的处理和提呈。

2. 吞噬作用 微生物侵入机体局部组织后，该处的吞噬细胞就对它们进行吞噬。此外，微生物产生的趋化因子会吸引大量的吞噬细胞迁移并集中到感染部位，一起对其吞噬，大部分微生物在此可被吞噬消化。小部分未被吞噬的微生物可经过淋巴管到达淋巴结，被淋巴结中的许多吞噬细胞消灭。所以，淋巴结可称为“过滤器官”，在非特异性免疫中起很大的作用。少数毒力强的或数量多的微生物未被淋巴结阻挡，侵入血液或其他器官，再由血液、肝脏、脾脏和骨髓等处的吞噬细胞吞噬。具体的吞噬作用如下。

（1）趋化作用 趋化作用是指细胞随环境中某些可溶性物质浓度的梯度（由低浓度到高浓度）定向运动的现象。所有起这种作用的物质称为趋化因子。巨噬细胞与嗜中性粒细胞均有趋化性。在传染与免疫反应中，病原菌的产物、感染组织的产物、补体活化的产物及活化淋巴细胞的产物等趋化因子，均能吸引吞噬细胞集中到产生趋化因子的感染部位，使吞噬细胞与侵入体内的病原菌等外来异物有可能相互接触，吞噬病原菌。

（2）调节作用 吞噬细胞在抗原刺激下可分泌百余种可溶性生物活性物质如补体成分、干扰素、白细胞介素-1等细胞因子和溶菌酶等水解酶类，发挥多方面的免疫调节作用，包括激活淋巴细胞、杀伤癌细胞、促进炎症反应或加强吞噬细胞的吞噬、消化作用等。

（3）吞入作用 吞噬细胞与被吞噬物紧密接触后，如果被吞噬物是菌体或体内衰老、损伤、死亡的细胞等较大颗粒状物时，吞噬细胞会在其周围伸出伪足，逐渐将其包围进入细胞内，形成由一层质膜包绕的小泡称吞噬体或食物泡。如果被吞噬物是可溶物的液滴或病毒等微小物质，细胞膜内陷，在内部形成小泡叫胞饮泡，该过程称胞饮。吞噬体或胞饮泡形成后向中心移动，各种溶酶体颗粒（初级溶酶体）迅速向吞噬体移动，两者质膜融合形成吞噬溶酶体（次级溶酶体）。溶酶体内杀菌物和酶排入吞噬体或胞饮泡。

（4）杀灭作用　排入的溶酶体酶可直接杀死微生物并将它们水解消化。消化后的残渣碎片排出细胞外（图10-2）。细胞中的颗粒体消失，此过程称脱颗粒，简称脱粒。

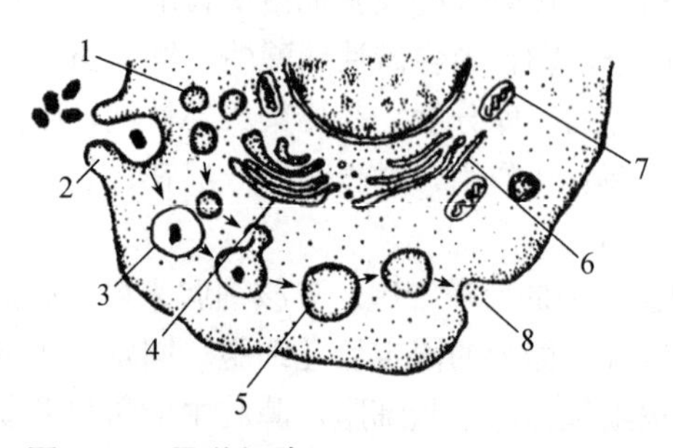

图10-2　吞噬细胞吞噬和消化过程示意图

1．初级溶酶体；2．伪足；3．吞噬体；4．高尔基体；5．次级溶酶体；6．内质网；7．线粒体；8．残渣排出

吞噬细胞吞噬、消化外来微生物和其他颗粒的效率很高。例如，侵入肝脏的颗粒有80%～90%可被清除。大多数化脓性病原菌也容易被吞噬与杀灭，在吞噬体内经5～10min即被杀死，30～60min被完全消化，称为完全吞噬。但由于人体的免疫力、微生物的种类及毒力的不同，有些病原菌可以被吞噬，但不能被消灭，甚至在其中长期存活并繁殖，称不完全吞噬。例如，结核分枝杆菌可阻止吞噬体与溶酶体的融合，逃脱细胞内被杀灭；麻风分枝杆菌虽然出现吞噬体的融合，但细菌不被杀死。酿脓链球菌被吞噬细胞吞噬后能产生一种称为杀白细胞素的杀吞噬细胞蛋白，杀死吞噬细胞。细菌的荚膜可阻止吞噬细胞的黏附，有抗吞噬作用。某些特殊的细胞壁成分能帮助细菌黏附在宿主上皮细胞表面，免被吞噬。

巨噬细胞除吞噬病原菌外，还可通过吞噬、抑制或溶解的方式杀伤癌细胞。激活后的巨噬细胞可通过非吞噬性的细胞毒作用，非特异性抑制或杀伤癌细胞；也可协同特异性抗体或致敏T细胞产生的特异性细胞因子抑制或杀伤癌细胞。卡介苗、若干多糖类物质和中药等都可提高巨噬细胞的数量和吞噬能力，增强其抗癌作用。

三、正常体液中的抗微生物因素

正常机体的血液、淋巴液及细胞外液中含有多种能抑制或杀死病原菌的物质（表10-3），统称体液因素，其中以补体系统、干扰素及溶菌酶等最为重要。它们一般不能直接杀死病原体，而是配合免疫细胞、抗体或其他防御因子，使其发挥较强的免疫功能。

表10-3　正常体液和组织中的抗菌物质

名称	主要来源	化学性质	作用范围
补体	血清	球蛋白	G^-菌、病毒
溶菌酶	吞噬细胞溶酶体、泪液、唾液、乳汁	碱性多肽	G^+菌
防御素	嗜中性粒细胞、小肠Paneth细胞	耐酶多肽	细菌、真菌、有包膜病毒
乙型溶素	血清	碱性多肽	G^+菌
吞噬细胞杀菌素	嗜中性粒细胞	碱性多肽	G^-菌、少数G^+菌
组蛋白	淋巴系统	碱性多肽	G^-菌
白细胞介素	嗜中性粒细胞	碱性多肽	G^+菌
血小板溶素	血小板	碱性多肽	G^+菌
正铁血红素	红细胞	含铁卟啉	G^+菌
精素、精胺碱	胰、肾、前列腺	碱性多肽	G^+菌、结核杆菌
乳铁蛋白	乳汁	蛋白质	G^-菌（主要是链球菌）

1. 补体　补体是正常血清和体液中的一组非特异性、具有酶原活性的球蛋白（30余种），由巨噬细胞、肠道上皮细胞及肝、脾细胞产生。在抗原抗体反应中，有增强抗体的作用，故称补体。补体不稳定，对热敏感，紫外线、振荡、酸、碱、乙醇、胆汁等均可使其破坏。

补体系统主要有11种血清蛋白，依发现的先后分别以C1、C2、C3、C4、C5、C6、C7、C8、C9表示，C1又分三个亚单位即C1Q、C1R、C1S。补体通常以酶原状态存在于体液中。可被抗原抗体复合物等多种因素激活。激活的补体攻击侵入的细菌导致菌体溶解。补体作用无特异性，对任何抗原抗体复合物都能发生反应，但不能单独作用于抗原或抗体。

补体系统的激活是复杂的连锁反应过程，有经典途径、凝集素途径和替代途径（旁路途径）三种。三条途径涉及的前段因子不完全相同，其中心均为C3的激活。经典途径由抗原抗体复合物活化C1，作用于C4和C2，产生该途径的C3转化酶C4b2a并切割C3产生C3b，进一步组成C5转化酶C4b2a3b，将C5切割成C5a和C5b。凝集素途径是感染早期由肝产生的急性期蛋白，如甘露糖结合凝集素与病原体的甘露糖残基结合后，活化丝氨酸蛋白酶，后者有与C1类似的活性，作用于C4和C2，引起与经典途径相同的反应过程。该途径对经典途径和替代途径有交叉促进作用。替代途径绕过C1、C4和C2，由体液中C3微量自发降解产生C3b，在病原体等被激活物作用的适当表面上与B因子结合后被D因子加工为此途径的C3转化酶C3bBb，也切割C3产生C3b，进一步组成C5转化酶C3bBb3b。此后，以同样的方式切割C5产生C5b，由C5b与后继成分依次组装成膜攻击复合物C5b6789*n*（*n*＝12～15），在菌膜或靶细胞膜上聚合成孔，造成细胞内容物泄漏，胞外低渗液进入细胞，靶细胞破裂死亡（图10-3）。补体系统激活的全过程可分为识别、激活、攻击三个阶段（图10-4）。补体激活的三条途径因其起始物不同，凝集素途径和替代途径的激活不依赖抗体产生，在抗感染的早期发挥作用，经典途径的激活由抗原抗体复合物结合C1启动，在抗感染的中晚期发挥作用。

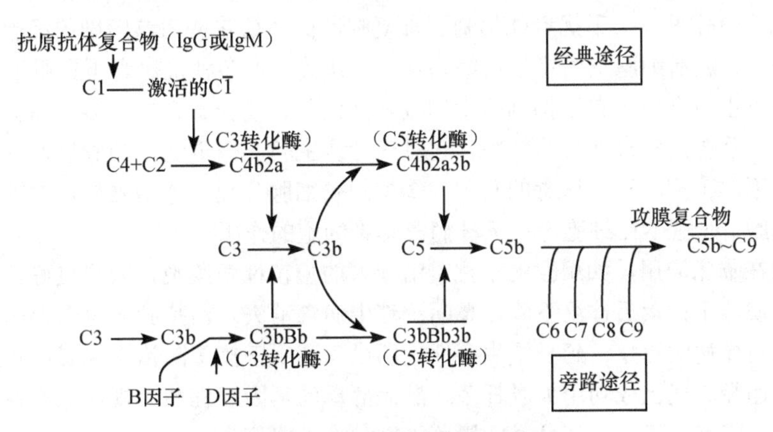

图10-3　补体两条激活途径简图

数字或字母上方的横线表示被激活

补体是非特异性免疫的重要组分。补体激活后可溶解G^-菌、红细胞和有核细胞等多种细胞及有包膜病毒。对机体抵抗病原菌、清除病变衰老细胞和癌细胞有重要作用。有些G^-菌和肿瘤细胞虽不被溶解但可被杀死。补体活化中产生的各种片段分别有趋化、促进吞噬细胞吞噬、清除免疫复合物、促进炎症等多种生理功能。补体成分还有复杂的免疫调节功能，参与机体特异性免疫。补体还有中和病毒、促进吞噬细胞吞噬、释放组胺和过敏毒素、促进凝血等多种作用。例如，补体活化中产生的C3b有调理和免疫黏附作用；C3a、C5a既是趋化因子也是过敏毒素，使组织水肿、平滑肌收缩。

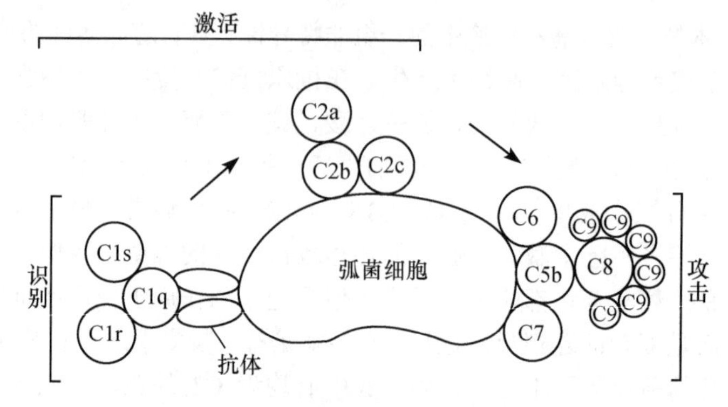

图 10-4 补体系统激活全过程的模式图

2．干扰素 干扰素是由干扰素诱生剂作用于高等动物活细胞后，由细胞产生的分子量低的糖蛋白，它作用于其他细胞时该细胞即可获得抗病毒和抗肿瘤等方面的免疫力，还有免疫调节等活性。凡能诱导细胞产生干扰素的物质统称干扰素诱生剂，如可在活细胞内繁殖的各类微生物及其产物和人工合成的聚肌苷酸、聚胞苷酸、双链核苷酸等。

（1）干扰素的性质 干扰素是分子量 2 万～10 万的糖蛋白，分 α、β、γ、ω 4 类，α、β 干扰素分别由白细胞和成纤维细胞产生，属Ⅰ型干扰素，主要以抗病毒活性为主；γ 干扰素主要由 T 淋巴细胞产生，称Ⅱ型干扰素或免疫干扰素，其抗病毒活性较弱，但免疫调节作用很强。其理化性质比较稳定，60℃下 1h 不被破坏，在 pH 2～11 的范围内不变性。干扰素的作用没有特异性，由一种诱生剂刺激产生的干扰素可抑制多种病毒的复制，是一种广谱的抗病毒物质。但产生干扰素的动物和被保护的动物之间有种属特异性。例如，鸡产生的干扰素只能保护鸡而不能保护兔对抗病毒的感染。也有交叉保护现象，如猴与人之间、兔与人之间均有交叉保护作用。

（2）干扰素的作用 干扰素能抑制病毒复制，机制是它被病毒感染的细胞产生和释放后进入附近的细胞，激活细胞抗病毒蛋白编码基因，使其产生多种抗病毒蛋白质干扰病毒 mRNA 转译，抑制病毒蛋白合成。它还抑制病毒的吸附、侵入、脱壳、合成、装配和释放。它可激活 NK 细胞促进其杀伤被病毒感染的细胞。它对病毒诱生和非病毒诱生的肿瘤均有抑制作用。作用机制大致如下：①抑制致癌病毒的复制；②抑制癌细胞分裂；③增强机体抗肿瘤的免疫力；④活化免疫细胞，增强 NK 细胞等杀灭被病毒感染细胞的作用。

干扰素已在临床应用，如用猴的干扰素治疗人的痘苗性角膜炎，效果良好。在急性呼吸道感染期，鼻内喷雾干扰素后体温下降，鼻咽洗液中病毒消失。治疗肿瘤也取得一定的效果，如对成骨肉瘤和白血病的治疗，延长了生存期。所以，利用干扰素防治病毒感染和肿瘤，可望成为一条有效的途径。现已成功用大肠杆菌、酿酒酵母的基因工程菌大规模生产各种干扰素，治疗流行性感冒、带状疱疹、乙型肝炎、黑色素瘤和多种癌症。

3．溶菌酶 它广泛存在于唾液、眼泪、汗液、乳汁、肠分泌物、卵白、血清及许多脏器组织中，是一种精氨酸含量丰富的碱性蛋白质，主要由吞噬细胞产生，不耐热，分子质量 1.47×10^4Da，等电点为 10.5～11.0。它能直接溶解或杀死革兰氏阳性菌，主要是能水解细菌细胞壁中的肽聚糖主链的 β-1,4-糖苷键，使细胞壁破损，水分进入，最后细胞溶解。它对革兰氏阴性菌一般无效，但在特异性抗体参与下，也可使革兰氏阴性菌溶解。目前从蛋清中提取溶菌酶和从霉菌中提取溶菌酶均已工业化生产。溶菌酶可药用和工业用。

4．防御素 防御素是一组耐蛋白酶的多肽，对细菌、真菌、原生动物和有包膜的病毒有直接杀伤效应。人体内存在 α-防御素、β-防御素和 θ-防御素，主要由嗜中性粒细胞和小肠

Paneth 细胞产生，生殖道上皮细胞也可产生。它通过静电作用、刺激病原菌产生自溶酶破坏病原菌膜结构杀伤病原体；干扰 DNA 或蛋白质合成，某些亚型具有抑制病毒复制的功能。

5. 乙型溶素 它是存在于血清中含赖氨酸的多肽，血液凝固时由血小板释放，能溶解 G^+ 菌，但不如溶菌酶的作用强；较溶菌酶耐热，60℃下 30min 不被破坏。在机体免疫中起辅助作用。

6. C反应蛋白 这是机体感染时血清中急剧增高的一种蛋白质。在 Ca^{2+} 存在的条件下，它能与多种细菌、真菌结合，并通过激活物激活补体，促进吞噬细胞对细菌、真菌的吞噬。

体液中还有转铁蛋白、血浆铜蓝蛋白等能杀菌或抑菌的因素，在免疫中起辅助作用。

四、炎症反应

炎症反应是机体受到毒素或病原体等有害刺激时表现的非特异性防御应答，其作用为清除有害异物、修复受伤组织、保持自身稳定。其特征是：在宿主与有毒刺激物接触位点红肿、疼痛、功能障碍、起疙瘩和发热。当病原体感染，组织和微血管受到刺激损伤时释放多种可溶性炎症介质，引起凝血、激肽和纤溶系统级联反应。导致血管扩张，毛细血管通透性升高、血流变缓；促进局部血凝，阻止病原体通过血流向其他部位扩散；各种白细胞迁移到炎症部位吞噬、杀灭病原体；活化的补体攻击病原菌；病原微生物的某些特定产物是热源性的，各种致热原导致发热；死亡的白细胞和靶细胞酿成脓液；各种毒性产物和活性介质刺激机体组织。因此，伴随炎症过程有红、肿、痛、热和功能障碍等症状。炎症后期成纤维细胞、上皮细胞、巨噬细胞多种细胞和因子参与修复过程。

炎症既是一种病理过程又是一种防御病原体的积极方式。它动员机体防御功能围歼病原体；同时也给机体造成不良影响如组织坏死，损伤心、脑、肾、血管、关节等器官。

第三节 特异性免疫

特异性免疫是机体针对一种或某一类病原菌或其产物等抗原产生的特异性防御能力。它是个体在与病原菌作斗争中获得的，又称获得性免疫，包括体液免疫和细胞免疫。

一、抗原

凡能诱导机体产生特异性的细胞免疫反应或体液免疫反应，并能与相应的致敏淋巴细胞或相应的抗体特异结合的大分子物质称为抗原，也称完全抗原。因此，完全抗原必须具有两种性能：刺激机体产生免疫反应的免疫原性和与相应免疫物质特异结合的反应原性。大多数常见抗原都是完全抗原，如大多数蛋白质、细菌细胞、细菌外毒素、病毒及动物血清等。只有反应原性的物质称为半抗原，如某些药物、脂类、多糖等低分子量物质。半抗原可分为复合半抗原和简单半抗原，复合半抗原无免疫原性但有免疫反应性，能在试管中与相应的抗体发生特异结合并产生可见反应，如细菌的荚膜多糖等；简单半抗原既无免疫原性也无反应原性，但能与相应的抗体发生不可见的特异性结合，可阻止抗体再与相应的抗原发生可见的结合反应，如细菌荚膜多糖的水解产物等。半抗原只有与蛋白质（载体）结合后才具有抗原性。抗原物质上能刺激淋巴细胞产生应答并与其产物发生特异反应的化学基团称为抗原决定簇（基）。抗原决定簇的数目称为抗原的价。

（一）抗原的性质

抗原必须具备下列性质才能刺激机体产生特异性免疫反应。

1．异物性 异物性指化学结构与机体自身成分相异或未与其胚胎期免疫细胞接触过的物质。抗原通常是异种物质，如兔血清注射给兔一般不产生抗体，注射给人则能产生抗兔血清抗体。所有微生物对人都是异种物质，都有抗原性。同种生物的异体组织、器官等也有抗原性，异体移植会产生免疫排斥反应。种族关系越远，其组织结构间的差异越大，免疫原性也越强。

正常情况下，自身组织对机体本身无抗原性，不会产生免疫反应，这叫“自我识别”。“自我识别”被破坏或某些隔绝组织如眼球的晶体蛋白、甲状腺球蛋白、精子等因外伤或感染进入血流，或因外伤、感染、电离辐射和药物等影响使自身组织发生变性时都能对自身显示抗原性，这称自身抗原。自身抗原能激发免疫反应导致自身免疫性疾病，如白细胞减少病等。对异物的识别功能是高等动物在个体发育中通过淋巴细胞与抗原的接触形成的一种“非己则异”的免疫识别功能。凡在胚胎期淋巴细胞接触过的物质即被当作“自身”物质，否则就是“异己”物质。

2．分子量大 抗原首先必须是大分子物质，分子量越大，免疫原性越强。通常大于10kDa的分子是极好的免疫原。绝大多数蛋白质分子都是很好的抗原，有些结构复杂的多糖、核酸及磷壁酸质也有免疫原性。某些2.5～5.0kDa的化合物也能引起免疫应答，如胰岛素的A链和B链（2500kDa）及胰增血糖素（3600kDa）是豚鼠的免疫原。主要由于其氨基酸成分及肽链结构复杂。低分子量化合物如氨基酸、脂肪酸、嘌呤和嘧啶及单糖等通常均没有免疫原性，它们是半抗原，一旦与大分子载体如白蛋白结合成复合物后即可获得免疫原性。半抗原实际是一抗原决定簇。

大分子物质免疫原性强是因为其抗原决定簇较多，化学结构稳定，能聚集成胶体，不容易被降解、排泄，在体内停留时间较长，有充分的机会与产生免疫应答的细胞接触。

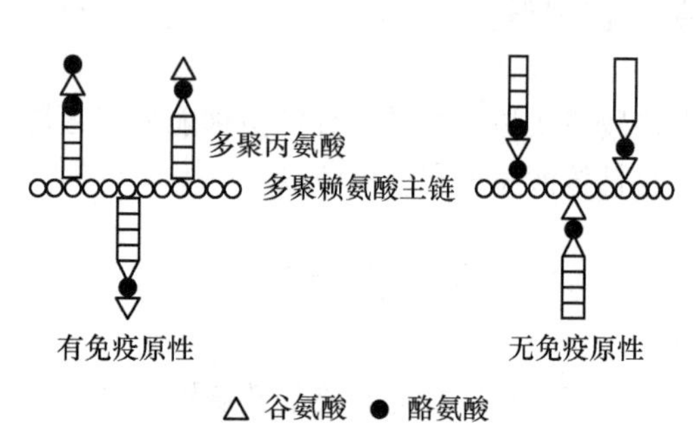

图10-5 化学组成和结构与抗原性的关系图解

3．结构复杂 有些分子量大的分子不一定有抗原性，如人工合成的多聚丙氨酸-多聚赖氨酸复合物的分子量超过一万，但并不是很好的抗原。如果将酪氨酸、谷氨酸连接到多聚丙氨酸的末端则表现有抗原性。如果连接到多聚丙氨酸的内端，直接与多聚赖氨酸主链相连（图10-5）则抗原性消失。可见，抗原的特殊结构和蛋白质抗原中的芳香族氨基酸都起很大作用。抗原结构特别是空间结构对免疫原性的影响很大。构成生物体的各种大分子物质中，蛋白质的抗原性最强，其次是多糖，再次是核酸，脂类一般不具抗原性。蛋白质中又以含有大量芳香氨基酸特别是含酪氨酸蛋白质的抗原性最强。

4．特异性 特异性就是对应性，即抗原只能与相应的免疫物质（抗体、致敏淋巴细胞）反应。抗原的特异性是由抗原分子表面特殊的化学基团即抗原决定簇决定的。抗原决定簇分子很小，一般由5～7个氨基酸、单糖或核苷酸残基组成。抗原决定簇既是供产生抗体的细胞作“异物”识别的“标志”，又是同相应抗体特异结合的构型。每一抗原决定簇可引起一种特异性抗体的形成，决定簇增多形成的特异性抗体也相应增加。许多微生物抗原中，这些决定簇与菌体的多糖有关。

一个复杂的高分子具有的决定簇不是单一的，其表面和内部都有一定数量的抗原决定簇。例如，牛血清白蛋白有18个决定簇，甲状腺蛋白有40个决定簇。一般抗原是多价的。

（二）微生物的抗原结构

细菌、病毒和立克次体等的抗原性都很强，它们刺激机体产生的抗微生物抗体都有保护机体不受该微生物侵害的能力。每种微生物都有许多性质不同的蛋白质及与蛋白质结合的类脂和多糖，每种微生物是由多种不同抗原组成的复合抗原。细菌主要有菌体抗原、鞭毛抗原、菌毛抗原和表面抗原。病毒抗原可分为病毒颗粒抗原、组分抗原和可溶性抗原。

1. 菌体抗原 一个细菌细胞含有许多菌体抗原，是一个由不同的蛋白质、多糖和类脂组成的复合抗原。包括存在于细胞壁、细胞膜和细胞质上的抗原。不同种或不同型的细菌都有各自特有的菌体抗原，叫特异性抗原，由它产生的特异性抗体只能与该种或该型的细菌发生反应。有些不同种或不同型细菌之间还有相同的抗原，叫类属抗原或共同抗原。它们产生的类属抗体既能与产生抗体的该菌发生反应，又能与含有相同抗原的其他种或型的细菌发生反应，叫交叉反应（表 10-4）。

表 10-4 菌体抗原及其抗体

细菌	抗原				抗体			
	特异性抗原		共同抗原		特异性抗体		共同抗体	
甲	A	B	C	D	a	b	c	d
乙	E	F	C	D	e	f	c	d

注射动物后细菌甲可产生抗体 a、b、c、d，细菌乙产生 e、f、c、d。其中 a、b 是细菌甲产生的特异性抗体，e、f 是细菌乙产生的特异性抗体，c、d 是甲、乙产生的共同抗体。

革兰氏阴性菌的菌体抗原叫 O 抗原，是脂-多糖-蛋白质的复合物，耐热，抗乙醇，其中的类脂与细菌毒素有关，蛋白质具有抗原性，多糖决定它的特异性。

适量肽聚糖经口服或非肠道途径进入人体可增强宿主的免疫功能，促进各种细胞因子和抗体产生，提高自然杀伤细胞和巨噬细胞的活性，增强机体抗感染和抗肿瘤的能力。

2. 鞭毛抗原 存在于细菌的鞭毛上，称为 H 抗原［H 来自德文“hauch”（会运动的细菌）］，其化学成分为蛋白质，抗原性强，特异性高，不耐热，易被乙醇破坏。

3. 菌毛抗原 存在于细菌菌毛上，抗原性强。它与相应抗体发生凝集反应迅速，外观云雾状，易与鞭毛凝集反应混淆，但前者不因 0.05mol/L 盐酸或 50%乙醇处理而消失。

4. 表面抗原 指包围在细菌细胞壁外层的抗原，主要是荚膜抗原，化学成分为糖脂。随菌种和结构不同，有不同的名称。例如，肺炎链球菌的表面抗原叫荚膜抗原，由多糖组成；大肠杆菌、痢疾杆菌的表面抗原称为荚膜抗原或 K 抗原［K 来自德文“kapsel”（荚膜）］；沙门菌的表面抗原叫 Vi 抗原［Vi 来自英文“virulence”（毒力）］。

5. 外毒素和类毒素 细菌的外毒素是蛋白质，具极强的抗原性。类毒素是外毒素经 0.3%～0.4%甲醛脱毒后的蛋白质，对动物无毒，仍有极强的抗原性，可使机体产生相应的抗体即抗毒素，可用于治疗有关细菌中毒症，如白喉抗毒素、破伤风抗毒素等。

根据刺激机体 B 细胞产生抗体时是否需要 T 细胞的辅助，分为胸腺依赖性抗原和非胸腺依赖性抗原。前者包括细胞、蛋白质等大多数抗原，后者包括多糖、脂质、核酸等。

有极少数抗原不需要经过加工提呈即可被 T 细胞识别，称为超抗原，大多数为细菌和病毒的产物，如金黄色葡萄球菌肠毒素。其激发免疫应答能力比多肽抗原高 10^2～10^4 倍。

（三）佐剂

能特异地增强抗原的免疫原性和机体免疫反应的物质称为佐剂，是一种免疫增强剂。它与抗原合用，既可增强细胞免疫力，也能提高抗体的产量，还能改变免疫反应的类型，使体液免疫转变为细胞免疫，并能改变抗体的种类和免疫反应的状态。已发现有佐剂效应的物质种类很多，主要有油质佐剂、无机物质、微生物及其提取物、双链核酸等。

二、免疫系统

特异性免疫的物质基础是免疫系统，包括免疫器官、免疫细胞和免疫分子三个层次。

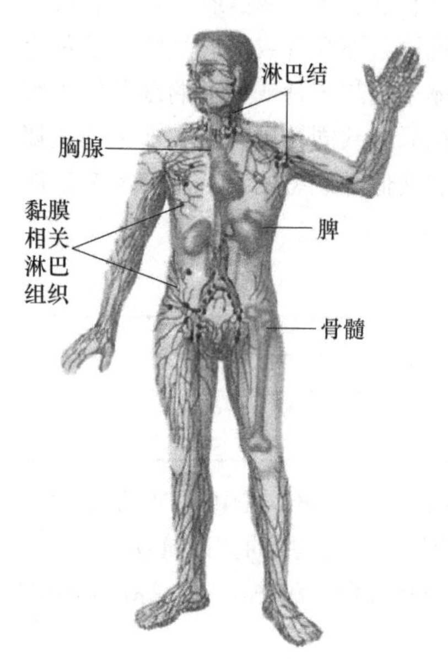

图 10-6 人体的免疫器官

（一）免疫器官

免疫器官是免疫细胞发生、分化、成熟、定居、增殖和产生免疫应答的场所，即机体执行免疫功能的组织结构。

1. 中枢免疫器官 T 淋巴细胞（简称 T 细胞）在胸腺中分化成熟，B 淋巴细胞（简称 B 细胞）在骨髓中发育。鸟类 B 淋巴细胞在腔上囊（法氏囊）中发育。胸腺、腔上囊或骨髓是免疫细胞发生、分化和成熟的场所，称中枢免疫器官或一级免疫器官。

（1）胸腺 人和哺乳动物的胸腺是胸腔内前纵隔上部、胸骨后方，紧贴气管、心脏和大静脉的腺体（图 10-6），外包结缔组织被膜。常由两个大叶组成，每个大叶又分若干小叶。小叶周围为皮质，深部为髓质。皮质主要由淋巴细胞密集而成，只有少量的上皮细胞和极少量的巨噬细胞。髓质主要由上皮细胞组成，淋巴细胞较少。

胸腺在免疫中起中枢性的重要作用。其大小依个体年龄改变，是胚胎期出现最早的淋巴组织，幼年时腺体逐渐增大，青春期达到高峰，以后开始萎缩成脂肪样组织，但仍有一定的功能。胸腺不产生抗体，是 T 细胞分化和成熟的场所。来自骨髓的干细胞在胸腺中通过网状上皮细胞分泌的胸腺素和胸腺生成素等多种胸腺因子及胸腺微环境的共同作用，分化成有免疫活性的 T 细胞（胸腺依赖淋巴细胞）。干细胞分化成 T 细胞的成熟过程是干细胞先在皮质部大量增殖，但只有少部分（5%）继续发育成熟进入髓质。成熟的 T 细胞通过毛细血管壁进入血流，到达周围淋巴器官的特定区域——胸腺依赖区，在那里定居，起细胞免疫作用，并协同体液免疫。

（2）法氏囊 它是鸟类特有的位于泄殖腔后上方的囊状结构（图 10-7），是鸟类 B 细胞分化发育的中枢免疫器官。来自骨髓的干细胞在囊内受激素的影响分化成熟为囊依赖细胞即 B 细胞。再随血流分布到淋巴结、脾脏和外周血液中，发挥体液免疫作用。人与哺乳动物无腔上囊，目前认为可能是胎肝、骨髓起着类似的功能，称为类囊器官。

图 10-7 鸡的法氏囊

（3）骨髓 它是形成淋巴细胞、巨噬细胞和血细胞的场所。其中的多能干细胞有很大分化潜力，能分化为原血细胞和淋巴干细胞。原血细胞发育成红细胞系、粒细胞系和巨噬细胞系的细胞。淋巴干细胞发育成淋巴细胞，为各种免疫细胞的总来源（图 10-8）。

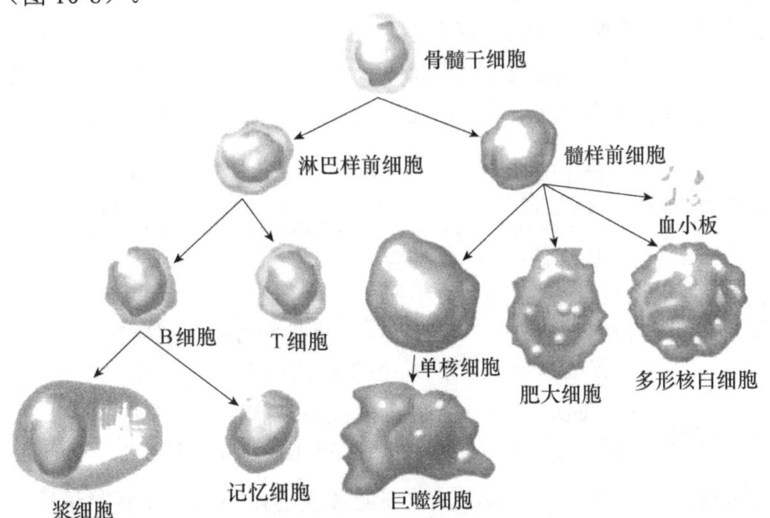

彩图

图 10-8　各种免疫细胞的来源

2．周围免疫器官　包括脾脏、淋巴结和黏膜的相关淋巴组织。来自中枢免疫器官的淋巴细胞在其中定居，遇抗原后增殖分化成为效应 B 细胞和 T 细胞及产生抗体的浆细胞，执行免疫功能，是免疫应答的重要场所。

（1）淋巴结　遍布人体全身的小淋巴管形成淋巴管网，汇集为越来越大的淋巴管，一般与静脉平行，最后通过左右锁骨下静脉并入血液循环。机体的组织液进入末梢淋巴管称淋巴液。淋巴细胞顺淋巴管迁移称淋巴细胞再循环。淋巴结广泛分布于全身，主要集中在颈、腋、腹股沟、肠系膜、盆腔及肺门等处（图 10-6），总数 500～600 个，肾形，直径 1.0～2.5mm，被结缔组织包围，分为皮质（外部）与髓质（内部）两部分，皮质区为 B 细胞和 T 细胞增殖分化与聚集的场所。凡是 T 细胞密集的区域称胸腺依赖区，B 细胞密集的区域称胸腺非依赖区。皮质区还有网状纤维、网状细胞和巨噬细胞分布。髓质区由髓索和髓窦组成，含网状细胞、B 细胞、成熟浆细胞和巨噬细胞。淋巴结接受淋巴和血液的双循环，主要起净化淋巴液的作用。细菌、毒素或癌细胞等有害物质从组织液进入通透性较高的毛细淋巴管中随淋巴液流入淋巴结，由淋巴结中的巨噬细胞和抗体等作用予以消除。所以，淋巴结是一个能消除侵入机体有害异物的重要免疫器官。

（2）脾脏　它只接受血液循环，主要起净化血液的作用，去除血液中的病菌、毒素等，是过滤和贮存血液的器官，是最大的淋巴器官，是产生致敏淋巴细胞和抗体的重要场所。脾脏外有较厚的结缔组织构成的被膜，并伸入实质区形成许多小梁，组成网状支架。实质区分白髓和红髓，白髓是包围在中央动脉外的淋巴组织，主要居留 T 细胞，偶有浆细胞和巨噬细胞。红髓分布在白髓周围，以 B 细胞为主，有大量浆细胞和巨噬细胞。脾脏中 T 细胞、B 细胞、巨噬细胞、浆细胞在机体防御和消除异物中起重要作用。

除淋巴结和脾脏外还有其他若干周围免疫器官，如扁桃体、阑尾和肠系膜淋巴结等器官中的淋巴细胞、浆细胞和巨噬细胞，在机体局部抵抗外来异物中都有一定的作用。

（二）免疫细胞

参与免疫的细胞包括各类淋巴细胞、巨噬细胞、单核细胞和粒细胞等统称为免疫细胞。免疫活性细胞主要指在免疫中能特异识别抗原，受抗原刺激后能进行分化、增殖并发生特异性免疫应答的T细胞、B细胞。免疫细胞均来源于骨髓的造血干细胞（图10-8）。

1．造血干细胞 造血干细胞是存在于造血组织中的一群原始造血细胞，能自我增殖和分化。分化发育为不同血细胞系的定向干细胞后，再进一步增殖分化为各系统的血细胞系的始祖细胞，最后再分别分化成各类终末细胞。造血干细胞又称多能干细胞。

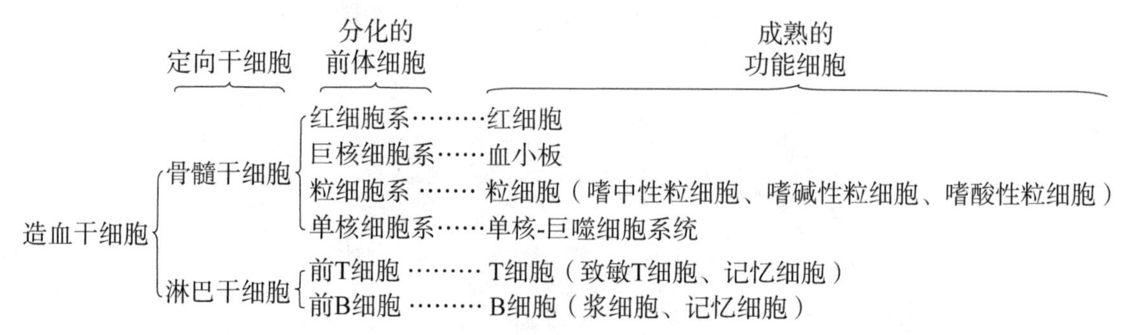

人类造血干细胞首先发现于胚龄第2～3周卵黄囊的血岛内，在胚胎早期（2～3个月）迁至胚肝，出生后的第5个月从肝迁至骨髓，骨髓是造血干细胞的主要来源。

2．淋巴细胞 淋巴细胞圆形或椭圆形，直径6～15μm，成人一般大约有10^{12}个。其中最主要的是小淋巴细胞，直径6～8μm，细胞核很大，占细胞体积的绝大部分，几乎看不到细胞质。淋巴细胞可在全身循环，淋巴细胞有特异识别外来异物的能力，根据其表面标志及功能不同，可分为T细胞、B细胞、第三类（非T非B）淋巴细胞和第四类淋巴细胞，第三类淋巴细胞主要包括K细胞、N细胞和NK细胞。

（1）T细胞 胎肝、骨髓产生的T细胞的干细胞称前T细胞，在胸腺中分化为成熟T细胞。其中绝大部分在胸腺中死亡，只有少数随血流进入淋巴结、脾脏定居或通过血流、淋巴管再循环。受到抗原刺激后T细胞进一步增殖、分化成致敏T细胞参与细胞免疫。T细胞是长寿细胞，能存活数月至数年。淋巴再循环中大部分为T细胞，占淋巴细胞总数的60%～70%。抗原物质进入机体后一般经过巨噬细胞的吞噬消化，再经加工浓缩，然后将抗原多肽片段与细胞内主要组织相容性复合体（MHC）结合转移到细胞表面供T细胞识别。巨噬细胞需要与T细胞密切接触，将抗原决定簇传给T细胞，使T细胞发生一系列增殖与分化。首先分化为淋巴母细胞，最后形成致敏淋巴细胞（致敏T细胞）参与细胞免疫。在分化中有一部分细胞转变成免疫记忆细胞，再次受到抗原刺激时其增殖、分化速度大大加快。近期研究证明，各种动物的T细胞膜表面都有另一种动物红细胞的受体，如人T细胞表面有与绵羊红细胞非特异性结合的E受体，两者结合形成玫瑰花环，常用于人血T细胞的鉴定和计数。T细胞表面的抗原受体是一种伸出细胞表面的抗原特异受体蛋白，为跨膜蛋白，每个细胞表面有数千个，它是T细胞识别抗原异物的物质基础之一。它不能直接识别天然抗原，只能识别经巨噬细胞加工提呈的抗原。T细胞的表面抗原受体主要由α和β两条多肽链组成，每条链都有一可变功能区（V）和一恒定功能区（C），镶嵌在细胞膜内，还有Fc受体和补体受体。根据T细胞表面抗原特异受体蛋白的分化群的不同，可将成熟T细胞分为$CD4^+$T细胞和$CD8^+$T细胞两个亚类。$CD4^+$T细胞主要有辅助及炎症功能，称辅助性T细胞（Th）。$CD8^+$T细胞包括杀伤性T细胞（Tc）和抑制性T细胞（Ts）。T细胞按其功能可分调节T细胞（Tr）和效应T细胞（Te）。

调节T细胞包括辅助性T细胞（Th）和抑制性T细胞（Ts）两个亚群。辅助性T细胞主要功能为辅助B细胞、促使B细胞的活化和产生抗体。抑制性T细胞可抑制Th、Tc和B细胞的功能，控制机体淋巴细胞的增殖。Th细胞功能过高时易出现变态反应；当Ts功能过低时易产生自身免疫性疾病，过高则易患肿瘤。

效应T细胞包括迟发型超敏T细胞（Td）和杀伤性T细胞（Tc）两个亚群。能诱导免疫炎症的T细胞称迟发型超敏T细胞，它在遇到抗原后可被活化增殖并释放50种以上的淋巴因子。淋巴细胞产生的细胞因子归为淋巴因子。细胞因子是一类存在于人和高等动物体内由白细胞和其他细胞合成并分泌到胞外的小分子异源性蛋白或糖蛋白，可结合在靶细胞的特异受体上。细胞因子可使细胞间的各种信使分子连成一动态网络发挥其激活和调节免疫系统的多种功能，以便对外来病原体感染或抗原异物迅速作出免疫应答和其他生理反应。淋巴因子作用一般无特异性，可引起迟发型超敏反应，在肿瘤免疫、移植细胞排斥反应和自身免疫病中也有重要作用。杀伤性T细胞能杀伤肿癌细胞、移植物、受微生物感染的宿主细胞等带抗原的靶细胞，约占外周血T淋巴细胞的50%。

（2）B细胞　骨髓中的多能干细胞经淋巴干细胞分化为前B细胞。前B细胞在哺乳动物的骨髓或鸟类的腔上囊中再分化为成熟B细胞。人的B细胞主要分布在淋巴结和脾脏的发生中心及髓索部分，只有少数B细胞参与再循环。抗原进入机体先经巨噬细胞吞噬处理，将抗原决定簇传递给T细胞，再由T细胞传递给B细胞。T细胞非依赖性抗原可直接激活B细胞。成熟B细胞随血流进入外周免疫器官，受到抗原刺激进一步增殖、分化为浆细胞。浆细胞形态较大，寿命较短，一般只存活数天至数周，产生抗体，行使体液免疫功能。少数成熟B在抗原刺激后可成为记忆细胞，记忆细胞形态较小，寿命较长，能存活数月至一年，再遇到相同的抗原刺激会迅速转变为浆细胞，产生抗体。抗体在浆细胞的粗面内质网中合成，多肽的合成由不同的多聚核糖体参与，并分别翻译成L链和H链，接着转运至光面内质网直至高尔基体，逐步完成多肽链的装配和糖基的修饰，最后以“出芽”的方式产生许多充满抗体的小泡，小泡转移至膜上与膜融合，将抗体释放到细胞外。B细胞表面有IgG的Fc受体及补体C3受体，还有抗原受体即镶嵌于膜脂质双分子层中的膜表面免疫球蛋白，其主要成分是单体的IgM和IgD，为鉴别B细胞的标志之一，可分别与IgG的Fc端、补体C3及抗原结合。

（3）K细胞　即杀伤细胞（killer cell），是由人骨髓多能干细胞直接衍化而来，主要分布于腹腔渗出液、血液和脾脏中，占人体淋巴细胞总数的5%～10%。它是一类与NK细胞相似的大颗粒淋巴细胞。K细胞膜上IgG的Fc受体能与任何抗原（靶细胞）抗体复合物的Fc端结合，从而激发K细胞将靶细胞杀伤或破坏。所以，K细胞具有非特异性杀伤靶细胞作用，但必须以特异性的抗体作媒介。在杀伤寄生虫和肿瘤细胞及受病毒感染的宿主细胞的免疫中起重要作用。它对移植物、自身组织等也有破坏作用。

（4）N细胞　裸细胞（null cell），因其表面无T细胞和B细胞标记也称无标记细胞，有杀伤作用。有人认为其就是K细胞，有人认为是未成熟的T细胞和B细胞。

（5）NK细胞　也称自然杀伤细胞（natural killer cell），细胞较大，细胞核呈肾形，细胞质内有几个大型线粒体。它也来自骨髓干细胞，分布在外周血液、脾脏和骨髓中，是机体抗肿瘤的第一道防线，数量占淋巴细胞总数的5%～10%。在人、小鼠及豚鼠体内发现一种有自然杀伤力的细胞，在无任何抗原刺激下能在体外杀伤肿瘤细胞。体内抗肿瘤能力的大小与NK细胞的水平呈正相关。故认为NK细胞在机体内的免疫监视中起重要作用，并有抗病毒和抗细菌感染的作用。NK细胞是机体非特异性细胞免疫的重要组成成分，其主要靶标为肿瘤细胞和被病毒感染的细胞。并能分泌干扰素，促进其他组织抗病毒。NK细胞的作用机制是通过释放穿孔蛋白和颗粒酶造成靶细胞死亡，也可通过释放肿瘤坏死因子（TNF）等细胞因子杀伤靶细胞。

（6）第四类淋巴细胞　20 世纪 90 年代发现了一种同时具备 T 细胞和 NK 细胞特征的淋巴细胞，称为 NK T 细胞。这是继 T 细胞、B 细胞、NK 细胞和 K 细胞之后的第四类淋巴细胞。NK T 细胞可抑制自身免疫疾病、癌症转移，并可延缓人体衰老。

还发现许多天然淋巴细胞存于人外周血液及器官、黏膜组织中，在组织修复、炎症应答特别是抗病毒免疫应答等方面发挥重要的调节作用。

3．巨噬细胞　这是一群有很强的吞噬和杀伤微生物能力的细胞。它们在特异性免疫中也起重要作用，无论是细胞免疫还是体液免疫都需要巨噬细胞参加。在特异性免疫中，T 细胞起细胞免疫的作用，B 细胞起体液免疫的作用，但淋巴细胞不易直接摄取抗原，靠巨噬细胞摄取并加工处理，再将抗原信息传递给 T 细胞、B 细胞。巨噬细胞通过趋化、黏附、吞噬等作用将抗原吞入后绝大多数抗原被消化降解失去抗原性，只有少数未被降解或部分降解，改变构象，暴露出抗原决定簇后可与巨噬细胞中的主要组织相容性复合体结合成复合体再转移到膜外，浓集于巨噬细胞表面，免疫原性大增，较长期地留在细胞膜上。T 细胞通过结合于巨噬细胞表面的抗原与巨噬细胞接触，被活化，行使细胞免疫功能。主要组织相容性复合体是由主要组织相容性复合体基因编码的蛋白质，其基本功能是作为抗原提呈分子参与抗原和 T 细胞受体间的相互作用。T 细胞受体只与含外来抗原的主要组织相容性复合体结合。巨噬细胞有加工提呈抗原能力，是主要的抗原提呈细胞之一。巨噬细胞能分泌百余种活性产物，包括补体成分、细胞因子及酶类等，有多方面的免疫功能。细胞因子是一类能调节细胞功能的可溶性蛋白。巨噬细胞释放的白细胞介素-1 参与激活辅助性 T 细胞（Th），并间接地使 B 细胞激活，它也能直接作用于 B 细胞，使其激活、分化为浆细胞和记忆细胞。巨噬细胞既是效应细胞又是调节细胞，在特异性免疫和非特异性免疫中都有重要作用。

单核细胞、树突状细胞、朗格罕细胞及 B 细胞等许多细胞也能递呈抗原信息，它们表达主要组织相容性复合体、摄取和表达抗原的协同刺激分子，参与免疫应答。

（三）免疫分子

免疫分子包括膜表面免疫分子和体液免疫分子两大类，其中主要是抗原和抗体。

膜表面免疫分子主要包括膜表面抗原受体、主要组织相容性抗原、白细胞分化抗原和黏附分子。B 细胞和 T 细胞表面都有各自的特异性膜表面抗原受体，能识别相应的抗原并与其结合，启动特异性免疫应答。组织相容性是指在不同高等动物个体间进行组织和器官移植时供体与受体双方彼此可接受的程度。这类代表个体组织特异性的抗原是一类特殊的细胞表面蛋白称组织相容性抗原。它们有的在细胞膜上，也有的以可溶性状态存在于血液和体液中。主要组织相容性抗原是机体的自身标志性分子，参与 T 细胞对抗原的识别及免疫应答中各类免疫细胞间的相互作用，也限制 NK 细胞误伤自身组织，是机体免疫系统区分自己与非己的重要分子基础，能迅速引起强烈的排斥反应。白细胞分化抗原是各类白细胞在其不同分化发育阶段中表达的膜表面分子。种类很多，有的在不同阶段出现或消失，有的持续终生。它们不仅是细胞类型或发育、活化阶段的标志，还有参与细胞活化、介导细胞迁移等多方面的功能。黏附分子是广泛分布于细胞表面介导细胞与细胞、细胞与基质相互接触与结合的分子，种类与成员众多，多数为糖蛋白，少数为糖脂。有参与细胞活化、生长、分化、移动、炎症与修复及活化信号转导等作用。

体液免疫分子包括抗体、补体和细胞因子。细胞因子是主要由免疫细胞分泌的小分子的多肽。包括白细胞介素、干扰素、生长因子及肿瘤坏死因子等，对细胞功能有多方面调节作用，参与免疫应答。补体与抗体是非特异性免疫和特异性免疫的主要体液成分。

三、特异性免疫的应答过程

机体对大多数致病微生物的应答是复杂的，涉及多种免疫机制的联合作用。天然免疫与获得性免疫、体液免疫与细胞免疫均是机体免疫功能的有机组成部分，相互协同，相互促进，并无界限。只是在不同感染类型和感染的不同阶段表现为以某型免疫为主。

淋巴细胞对抗原的识别及自身活化、增殖、分化并产生免疫效应的过程称免疫应答。能识别异己、有特异性和记忆性是免疫应答的三个突出特点。主要发生在淋巴结和脾脏。

免疫活性细胞在抗原刺激下可诱发细胞免疫和体液免疫，其反应过程可分以下三个阶段。

1．感应阶段　抗原进入机体后，大多数种类通过巨噬细胞处理或携带传递给 T 细胞，再由 T 细胞传递给 B 细胞，这类抗原称 T 细胞依赖性抗原。辅助 T 细胞和抑制 T 细胞可协助和调节 B 细胞活性。Th2 细胞是活化 B 细胞产生抗体的辅助细胞。少数可溶性抗原（如荚膜多糖、脂多糖等）不需要巨噬细胞和 T 细胞的辅助，可直接激发 B 细胞，这类抗原称 T 细胞非依赖性抗原。所以，感应阶段是巨噬细胞处理抗原和淋巴细胞识别抗原的阶段。

2．反应阶段　T 细胞和 B 细胞表面受体与抗原决定簇结合后，受体由于膜流动而集聚在一侧，形成帽状，经胞饮而将抗原摄入细胞内。T 细胞和 B 细胞受抗原刺激后，开始增殖分化为致敏淋巴细胞和浆细胞，并分别合成淋巴因子和抗体。其中小部分 T 细胞和 B 细胞中途停止分化，将抗原信息贮存在胞内，转化为免疫记忆细胞。当再次接受同样抗原刺激时免疫记忆细胞能迅速增殖分化，加速免疫反应。所以，反应阶段就是 T 细胞和 B 细胞增殖、分化阶段。

3．效应阶段　致敏 T 细胞如果再与同样抗原接触，就会产生各种淋巴因子或直接杀伤靶细胞，发生细胞免疫反应。此时浆细胞合成并分泌抗体进入淋巴液、血液、组织或黏膜表面，中和毒素，或在巨噬细胞和补体参与下，杀伤或破坏抗原性物质，发挥体液免疫效应。所以，效应阶段就是免疫效应细胞发挥免疫功能的阶段。体液免疫与细胞免疫的比较见表 10-5。

表 10-5　体液免疫与细胞免疫的比较

项目	细胞免疫	体液免疫
抗原	蛋白质	蛋白质、多糖
参与细胞	T 细胞	B 细胞
反应出现时间	慢，24～48h	快，几分钟到数小时
转移	淋巴细胞或其提取物	血清或抗体
活性物质	淋巴因子	抗体
有利作用	细胞内寄生菌及多数病毒的免疫，肿瘤免疫	抗毒素、化脓性球菌、某些病毒免疫
有害作用	Ⅳ型变态反应，自身免疫疾病，移植物排斥反应	Ⅰ、Ⅱ、Ⅲ型变态反应，自身免疫疾病

四、抗体与体液免疫

体液免疫指由抗体介导的免疫作用。抗体是抗原刺激机体的 B 细胞，由 B 细胞转化成的浆细胞产生的一类能与相应抗原发生特异结合的免疫球蛋白（Ig）。抗体主要存在于血清中，也有部分存在于体液和乳汁等分泌液中，还有的存在于 B 细胞的膜上。含抗体的血清叫免疫血清或抗血清。只有脊椎动物的浆细胞才能产生抗体。

1．抗体的种类与结构

（1）抗体的种类　抗体种类繁多，人和动物血清中有千百种不同的抗体，就其理化及免疫学性质，基本上可分为五大类，已统一命名为IgG、IgA、IgM、IgD和IgE。鱼类只有IgM，两栖类具有IgM和IgG，鸟类一般有IgM、IgG和IgA，哺乳动物大多数有IgM、IgG、IgA和IgE，只有人类和鼠类具有5类Ig。

（2）抗体的结构　5类免疫球蛋白单体分子结构基本相似，都由4条多肽链组成，其中两条相同的长链叫重链（H），两条相同的短链叫轻链（L）。一般轻链的氨基酸残基在220个左右，重链约为440个。重链还含有少量的糖。5类Ig的H链的血清类型分别是γ（IgG）、α（IgA）、μ（IgM）、δ（IgD）、ε（IgE）。两条L链的血清类型有κ、λ两种，每一Ig的单体两条L链总是一致的，即或2κ或2λ。两条重链借两个二硫键连接起来，呈“Y”形，两条轻链又各通过一个二硫键连接在“Y”形的两侧，所以整个免疫球蛋白分子结构是对称的。在多肽链的羧基（C）端，轻链的1/2与重链的3/4氨基酸排列顺序比较稳定，称不变区（C区），在氨基端（N），轻链的另1/2与重链的1/4氨基酸的排列顺序可因抗体种类不同有变化，叫可变区（V区）。V区中还有三个氨基酸序列特别多变的区域称高可变区或互补决定区，是与抗原互补的位点，是真正与抗原结合的部位。抗体的多样性与特异性均由可变区决定。抗原结合点仅在可变区。在重链的C区中部还有一个由约30个氨基酸残基组成的枢纽区，含较多的脯氨酸，坚韧、易柔曲，抗体分子可在此处发生转动使形状改变（图10-9），是多种蛋白酶作用的部位。一条轻链的V区与一条重链的V区共同组成了抗体的抗原结合部位。一个Ig单体有两个抗原结合部位。Ig分子可结合的抗原数称抗原结合价，IgG为二价。电子显微镜下游离的Ig分子不能产生清晰的图像，只有当它与二价的半抗原交联成不大的复合物时才能产生清晰的图像。这是Ig分子与抗原结合后构象改变所致，从相对松散的结构变为较致密的折叠形式。分子形状由“T”形变为“Y”形（图10-10）。使原来处于隐蔽状态的补体结合部位暴露并启动一系列与补体有关的免疫应答。

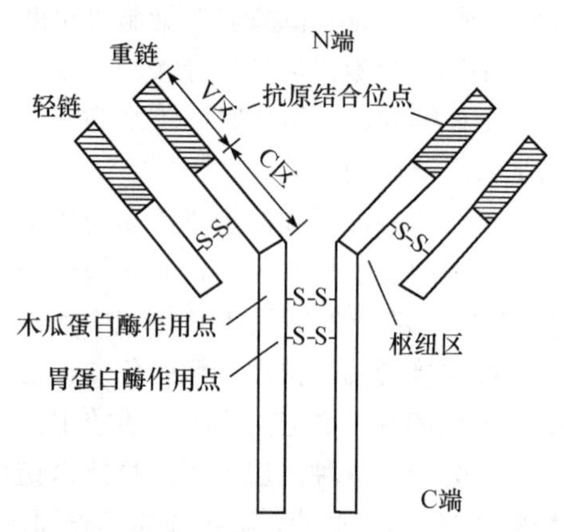

图10-9　免疫球蛋白的基本结构示意图

用木瓜蛋白酶水解IgG，可从H链间二硫键近N端切断（图10-9）得到三个片段。其中一个片段由两个C末端的半段H链通过二硫键组成，可结晶，称Fc段；另两个片段完全相同，由L链与半条H链通过二硫键相连，称Fab（fragment antigen binding）段。Fab段仍能与相应抗原特异结合。Fc段内有补体结合位点和巨噬细胞受体，能分别与补体和巨噬细胞相结合，Fc上还结合有糖基；IgG通过胎盘的能力也与此段有关。

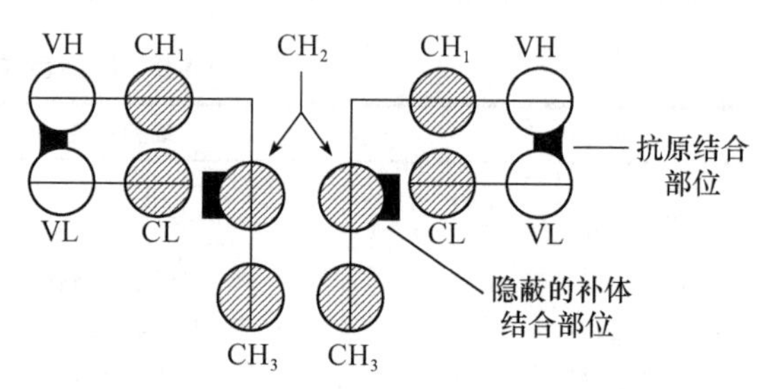

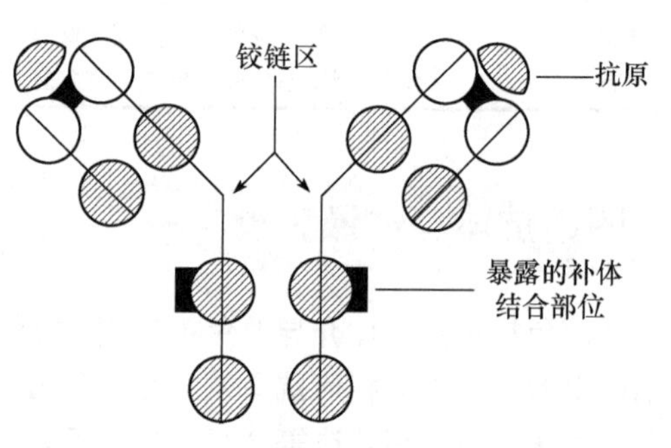

图10-10　IgG的构象转变示意图

用胃蛋白酶水解IgG，可从H链间二硫键近C端切断（图10-9），得到一个二价抗体活性的F（ab′）$_2$段，剩余的小分子碎片（与Fc相似但略短）未发现任何生物活性。

按存在方式 Ig 可分膜型和分泌型两种。膜型 Ig 存在于 B 细胞膜表面，是 B 细胞的特异性抗原受体。分泌型 Ig 进入血液、组织液和分泌液中，为经典的抗体。IgG 分子只含一个“Y”形结构，呈单体形式，为二价抗体，存在于血清中。少数抗体是双体或三体，双体是两个单体通过连接链（J 链）连接起来的，分泌型 IgA 是双体，在分泌液中较多。三体是由三个“Y”形分子组成的 Ig。IgG、IgE、IgD 和血清型 IgA 在正常情况下都以单体存在，IgM 和分泌型 IgA 则分别由 5 个和 2 个单体通过 J 链（多肽链）及二硫键连接成五聚体和二聚体。双体是 4 价，五体的 IgM 理论上应是 10 价，但实验测定只有 5 价，只是对小分子的半抗原显示 10 价。主要由于空间位置拥挤，每对结合价只能发挥一半的作用。

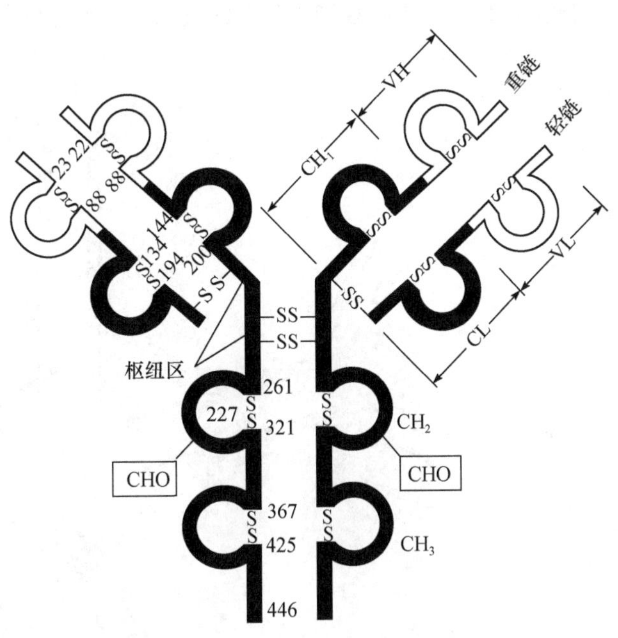

图 10-11　IgG 分子的功能区

Ig 各条多肽链均靠链内二硫键维系，由 110 个氨基酸链经 β 折叠由链内二硫键拉近连成环形结构，担负特异的免疫功能称功能区。它是 Ig 的结构单元，一般成对排列。L 链有两个功能区，IgG 的 H 链各有 4 个功能区（图 10-11）。每个功能区至少行使一种功能，除由 VL 和 VH 共同构成特异抗原的结合部位外，IgG 的 CH_2 区有补体 C1q 的结合位点，CH_3 能固定组织细胞，通过 CH_3 使抗体粘连在单核细胞、巨噬细胞等免疫细胞上。

2．免疫球蛋白的分布和作用

（1）IgG　　它是血清中含量最高、半衰期最长（23d）的典型抗体，几乎能进行所有形式的抗原抗体反应。有 40%～60%存在于人血清中，其余分布在各种组织液中。它有中和毒素、调理作用及抗感染作用。它是血清的主要免疫球蛋白，占 80%左右。不同个体或同一个体在不同条件下含量不同。大多数抗细菌、抗病毒和抗毒素的抗体均属于 IgG 类抗体。它是唯一能通过胎盘的抗体，因此初生儿开始几个月能抵抗某些传染。一般出生后三个月自己合成 IgG。IgG 与抗原结合后可激活补体。结合抗原的 IgG 从“T”形变成“Y”形，使 Fc 段上原来掩盖的 C1q 结合点暴露出来，才能结合补体。IgG（除 IgG_4 外）的 Fc 对补体的结合只限于补体激活的经典途径。临床上使用的胎盘球蛋白、丙种球蛋白及抗毒素血清等生物制品主要含 IgG。

（2）IgA　　IgA 占人血清免疫球蛋白总量的 13%左右，仅次于 IgG。它具有显著的抗菌、抗毒素和抗病毒的功能，对保护呼吸道和消化道起重要作用。血清型 IgA（单体）占总 IgA 的 85%左右，外分泌液（如唾液、泪液和初乳等）中分泌型 IgA（双体）（图 10-12）占 15%左右，主要在机体黏膜局部发挥抗感染免疫的作用。例如，胃肠道黏膜组织合成 IgA 或分泌片的功能（保护 IgA 免受蛋白酶水解）发生障碍时可引

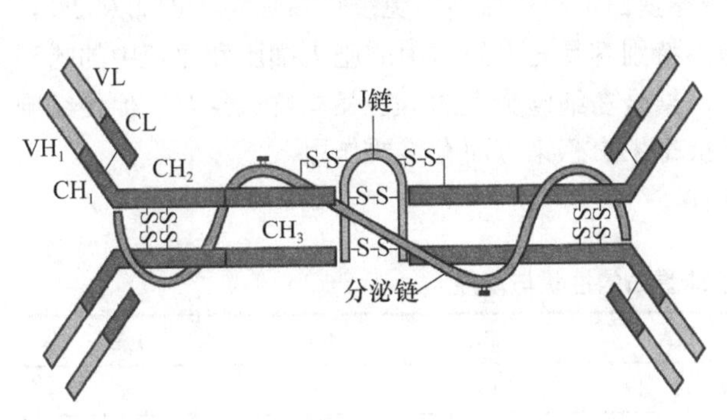

图 10-12　分泌型 IgA（双体）的结构

起肠道菌群失调等。IgA 不能激活补体的经典途径，但能激活 C3 途径。也不能促进调理作用。婴儿从初乳中获取 IgA。

（3）IgM　IgM 分子量大（图 10-13），只限于血管内，约占免疫球蛋白总量的 6%，主要在脾脏中合成。其作用主要是促进巨噬细胞对颗粒性抗原的吞噬。其调理作用最强，凝集作用也最强。也有与补体结合作用，在补体参与下，溶解细胞的能力也最强。它是血液中抗菌能力最强的 Ig。IgM 使 B 细胞膜上的抗原受体能与抗原结合，有调节浆细胞产生抗体的作用。

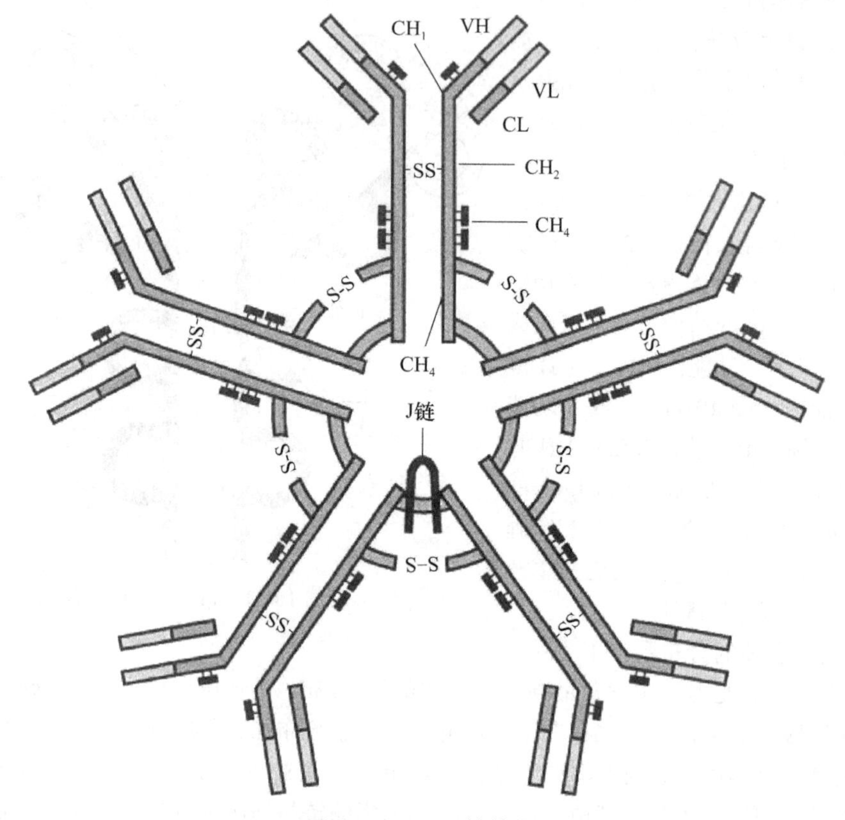

图 10-13　IgM 的结构

（4）IgD　IgD 主要存在于血清中，约占血清中免疫球蛋白总量的 1%。提取中易聚合又易降解，研究进展慢，主要作 B 细胞表面的重要受体，在识别抗原激发 B 细胞和调节免疫应答中起重要作用。

（5）IgE　它是血清中含量最少的免疫球蛋白，约占血清中免疫球蛋白总量的 0.002%。不能通过胎盘，不能结合补体，亲同种细胞，特别容易与人组织中的肥大细胞和血流中的嗜碱性粒细胞结合。特异性抗原再次进入人体后，结合在细胞膜上的 IgE 又与抗原结合，促使细胞脱颗粒，释放组胺，引起 I 型变态反应。在抗寄生虫感染方面有重要作用。

5 类免疫球蛋白的主要性状与功能见表 10-6。

表 10-6　免疫球蛋白的性状与功能

性状	IgG	IgA	IgM	IgD	IgE
沉降系数（S）	7	7，11，14	19	7	8
主要存在形式	单体	单体、双体	五体	单体	单体

续表

性状		IgG	IgA	IgM	IgD	IgE
分子量		150 000	150 000	970 000	180 000	190 000
重链	型	γ1，γ2，γ3，γ4	α	μ	δ	ε
	亚型	—	α1，α2	μ1，μ2	—	—
	分子量	50 000～55 000	62 000	65 000	70 000	75 000
轻链	型	κ或λ	κ或λ	κ或λ	κ或λ	κ或λ
	分子量	23 000	23 000	23 000	23 000	23 000
血清中平均含量/（mg/100mL）		1 350	350	150	3	0.05
占免疫球蛋白总量/%		80	13	6	1	0.002
半衰期/d		23	6	5	2.8	2.3
分布		血液，淋巴	唾液等分泌物血清，细胞液	血液，B淋巴细胞表面	血液，B淋巴细胞表面	血液，淋巴肥大细胞表面
生物功能		结合补体；能通过胎盘；抗菌、抗毒素、抗病毒	分泌型IgA在黏膜局部抗菌、抗病毒	结合补体；凝集作用；溶菌、溶血；早期防御	不明	与Ⅰ型变态反应有关；抗寄生虫感染

3．抗体形成的一般规律　在一定条件下和一定范围内，抗体的形成有以下规律。

（1）*初次反应*　抗原初次进入机体都需要经过一段潜伏期，免疫活性细胞增殖、分化后才产生抗体，主要是IgM。抗体的量一般不高，维持的时间也短，接着逐渐下降。主要由于B细胞只有少数分化为浆细胞，多数变成记忆细胞。机体的这种初次接触抗原后的反应称初次反应。特点是需要的抗原浓度高、潜伏期长、抗体滴度低且持续时间短。

（2）*再次反应*　在初次反应后的抗体下降期再次接触同样抗原时抗体量迅速上升到最高水平，可达初次免疫时的10～100倍，主要是IgG，在体内维持的时间较长，叫再次反应。特点是需要的抗原浓度低、潜伏期短、抗体滴度高且持续时间长等。再次反应的抗体逐渐下降后重新接触同样抗原时抗体又会回升（图10-14）。这种再次遇到同一抗原时反应更快、更强的现象称免疫记忆。免疫记忆的物质基础是抗原刺激下的B细胞分化为浆细胞的同时分化出一群抗原特异性的长寿记忆细胞。人类患天花、麻疹等传染病可获得终生免疫力。非胸腺依赖性抗原引起的体液免疫不产生记忆细胞，只有初次应答，没有再次应答。因此，这类疾病可反复感染，不能获得持久免疫力。

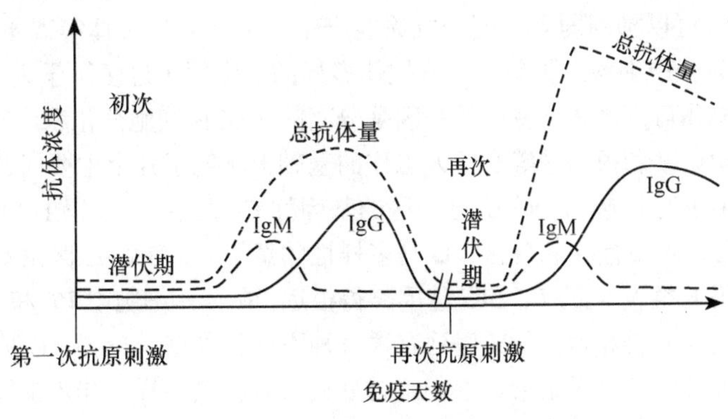

图10-14　抗体形成的初次反应与再次反应

（3）*回忆反应* 当初次接触抗原后产生的抗体在体内完全消失时若再接触抗原可使该抗体迅速上升叫回忆反应。若再接触的抗原与初次接触的抗原相同引起的回忆反应叫特异性回忆反应；抗原不同也可引起与初次抗原相对应的抗体的产生，叫非特异性回忆反应。

（4）*几类抗体出现的顺序* 某种抗原能刺激机体产生几类 Ig，它们在血清中出现的次序也有一定的规律。一般都是 IgM 最先出现，其次是 IgG，IgA 最晚。例如，给儿童接种脊髓灰质炎疫苗，3d 后 IgM 出现，两周后达到高峰，然后又逐渐下降，两个月后已测不出。IgG 稍后出现，当 IgM 消失时正是 IgG 的高峰期，并在血流中维持较长时间，IgA 在 IgM 及 IgG 出现两周到两个月才能在血流中测出，含量很低，但维持时间较长。

抗体形成的规律在预防接种和疾病早期诊断上有一定的意义。预防接种一般在疾病大流行前进行，并必须经两次或多次接种以强化免疫作用。通过动物制备抗体也必须经多次注射抗原。IgM 出现最早，检测血清中特异性的 IgM 可进行疾病的早期诊断。

4．抗体形成的机制 抗体形成的机制问题，学说很多，可大致归纳为模板学说和克隆选择学说两类。

（1）*模板学说* 这类学说过多强调抗原的作用，直接模板学说认为抗体的一级结构由基因决定，其立体结构的形成以抗原作模板。间接模板学说认为抗原决定簇通过影响 DNA 的结构控制抗体的合成。它们虽可解释抗原抗体反应的特异性和少量抗原刺激机体产生大量抗体，但不能解释分辨异己、免疫耐受性、回忆反应、终生免疫的获得等问题。

（2）*克隆选择学说* 这类学说比较强调生物内因——遗传性在抗体多样性形成中的主导作用。该学说认为机体内存在多种多样的抗体产生细胞，每种抗体产生细胞只能产生一种抗体。每个细胞克隆产生特异抗体的能力主要决定于其遗传基因。新近的研究结果表明，人类抗体的生成受染色体上互不连锁的三大基因群控制，它们是位于 14 号染色体上的重链基因群、位于 22 号染色体上的 λ 轻链基因群和位于第 2 号染色体上的 κ 轻链基因群。抗原进入机体后能选择出与其对应的受体细胞，与其结合，促进其增殖、分化成浆细胞，产生抗体。其中一部分淋巴细胞中途停止分裂，成为免疫记忆 B 细胞，再次接触抗原时，记忆细胞再分化成浆细胞。这就是克隆选择。在胚胎期，体内克隆处于幼稚阶段，能与抗原（通常是自身成分）特异结合，自身反应 T 细胞与胸腺组织结合非常紧密，不能分开，它们被留在胸腺。但不能增殖产生抗体，被破坏或抑制，成为禁忌克隆，失去与该抗原结合及免疫应答的能力，出现免疫耐受性。能识别自身抗原的淋巴细胞在发育中被淘汰，形成对自身抗原的天然耐受状态。禁忌克隆可以复活，会对此抗原重新发生反应。若为自身抗原，则会导致自身免疫病。此学说能解释抗原抗体反应的特异性、免疫记忆及免疫耐受性等大部分免疫学现象，并经许多研究证实，获得学术界比较广泛的承认。但也存在不少问题，如不能解释一株细胞可以产生两种以上的特异抗体；强弱抗原同时注入机体时，强者可以抑制弱者；同一抗原能产生多类或多型抗体等现象。

（3）*抗体多样的分子生物学机制* 就抗体多样的原因提出过多种学说，1976 年利根川进等用实验证明编码抗体可变区和不变区的基因是分离的，在 B 细胞分化和成熟过程中不断重排，支持了体细胞突变学说。利根川进等在前人工作的基础上阐明了几个主要问题：①编码 L 链 V 区的基因由 VL 和 J 序列组成，编码 L 链 C 区的基因称 C 序列；②编码 H 链 V 区的基因除 VH 和 J 序列外，在它们之间还有一个 D 区（D 是多样性的意思），H 链 C 区由 CH 序列编码；③人胚胎期的细胞中编码 L 链 V 区的 *VL* 和 *J* 基因离得很远，成人 B 细胞中 *VL* 和 *J* 基因可连在一起。H 链基因的组装方式与 L 链相似；④V 序列有数百种不同的类型，*J*、*D*、*C* 基因也有多种，任何 L 链的基因可与任何 H 链的基因组合，它们组合后的形式极其多样；⑤*V* 除和 *J* 基因连接外，有时也能与另一 *V* 误连，再加各基因的突变，使抗体呈现多种多样的分子结构。

5. 抗体的免疫作用 抗体介导的特异性免疫为体液免疫，其作用有以下几方面。

（1）中和作用 抗体可与外毒素或病原体结合，使其不能再与宿主细胞结合，因而可不发生对宿主细胞的毒害作用，而抗体与外毒素或病原体结合的复合物可被吞噬细胞消除。

（2）调理作用 抗体可增强吞噬细胞对病原体的吞噬作用，或使原来不易被吞噬的病原体有可能被吞噬。人的嗜中性粒细胞与单核巨噬细胞有 IgG1 和 IgG3 的 Fc 受体，因此 IgG1 和 IgG3 的 Fab 端与病原菌表面抗原结合，Fc 端与吞噬细胞结合，促进了吞噬细胞对细菌的摄取。同时 IgG 与 IgM 又能结合补体，而吞噬细胞也有补体 C3 受体，因此抗原抗体复合物若再与补体 C3 结合则抗原细胞就更容易被吞噬了。这就是抗体与补体的调理作用。也可结合于 K 细胞、NK 细胞和巨噬细胞介导其对抗原靶细胞的杀伤。

（3）凝集作用 抗体与病原菌结合可使菌体细胞凝集，虽不能致死但凝集块易被吞噬。

（4）阻止黏附 病原菌要造成感染，首先要在机体表面黏附，存在于呼吸道、消化道和生殖泌尿道等表面黏膜的分泌型 IgA 通过与抗原结合能阻止特异性病原菌对黏膜的黏附。例如，口腔内链球菌的 IgA 抗体可阻止多种链球菌对口腔黏膜上皮的黏附。尿道、肠道、肺等处的 IgA 均有阻断黏附的作用。抗体与病毒结合可阻止其对宿主细胞的吸附。

（5）激活补体 IgM、IgG 与相应的抗原结合后两个 Fab 段向前伸展，其重链 C 区的补体 C1 结合位点暴露，通过经典途径活化补体。IgA 和 IgG4 不能通过经典途经激活补体，但其凝聚形式可通过旁路途径活化补体，继而由补体系统发挥其重要的抗感染功能。

6. 淋巴细胞杂交瘤技术和单克隆抗体 抗体广泛用于疾病诊断和防治及科学研究，人工制备抗体是重要生物学技术。最初人工制备抗体主要是以相应抗原免疫动物（鼠、兔、羊或马）获得抗血清。传统的抗体制备物都是抗血清，含有多种抗体成分，表位特异性不高，易发交叉反应，从中提取单一特异性抗体费时费力，得率极低。不同个体产生的及不同时间产生的抗血清也有差别。

（1）淋巴细胞杂交瘤技术的建立 人们希望通过分离培养单克隆 B 细胞获得单一特异性抗体，而 B 细胞在体外又不能长时间生存。骨髓瘤是一种癌变的浆细胞，能产生免疫球蛋白，可在长期培养中生存但不具有符合需要的抗体特异性。1975 年，Köhler 和 Milstein 将已用 SRBC（绵羊红细胞）免疫后产抗体的小鼠脾细胞与骨髓瘤细胞融合，使其形成一种新的杂交瘤。从中筛选出所需特异性杂交瘤细胞株。由于脾细胞只产生一种特异性抗体，瘤细胞则具有长期增殖的特性，因此杂交瘤细胞兼有产生所需特异性单一抗体和长期增殖两种特性。由上述两种亲本细胞融合成的淋巴细胞杂交瘤细胞，是兼容两个亲本优点于一身又消除了它们各自原有缺点的新型杂种细胞。有了满意的杂交瘤细胞株就可用它大量生产所需要的单克隆抗体。单克隆抗体是由一纯系 B 淋巴细胞克隆经分化、增殖后的浆细胞产生的单一成分、单一特异性的免疫球蛋白分子。常用的方法有体外大量培养杂交瘤细胞，取其含有抗体的上清液；还有体内繁殖法，即将杂交瘤细胞接种到小鼠腹腔内，长成肿瘤，收取含有抗体的腹水。鼠源单克隆抗体在人体应用有易从循环系统中清除、难以激发宿主的免疫防御系统、会引发人体产生抗鼠蛋白的抗体等缺点。现已通过遗传工程改造杂交瘤抗体基因生产含鼠抗体的 Fab 片段和人抗体的 Fc 片段的人鼠嵌合抗体及人兔嵌合抗体。并进一步用鼠抗体的 Fab 片段基因代入人抗体基因，甚至仅将其高变区基因代入人抗体基因，后者表达的产物与人抗体非常接近，称人源化抗体。现将 Ig 的重链和轻链基因片段随机配对克隆入适当的人工载体称抗体基因库，简称抗体库。当用某些噬菌体基因作载体时抗体可表达于噬菌体表面称噬菌体抗体。简化筛选富集手续。抗体库筛选范围远大于单克隆抗体且彻底解决人源抗体问题，称第三代抗体。

（2）单克隆抗体的应用 单抗在基础研究中为研究抗体的一级和高级结构提供了理想的

材料；为研究 Ig 生物合成的遗传机制和代谢调节提供了必要条件；为研究抗原与抗体的结合机制提供了可靠保证；可制成荧光抗体探针，借以对生物大分子精确定位等。实践中可准确诊断疾病；提供高效的治疗剂；用其制成的固相亲和层析系统可提纯相应的抗原；用其制成“药物导弹”可治疗深层的肿瘤，并大大降低毒素对正常细胞的伤害。已获得了经动物试验有疗效的针对黑色素瘤、肺癌、淋巴瘤、结肠癌、乳腺癌、卵巢癌、骨癌等十多种肿瘤的单克隆抗体。中国科学院上海生物化学与细胞生物学研究所 2007 年首先成功制备出抗人肝癌的单克隆抗体，并已用单克隆抗体导向药物美妥昔（利卡汀）对三名晚期肝癌患者进行临床试验，疗效显著。2015 年，我国第一个单抗中试基地在福建建成，年产单抗蛋白 3t，为肿瘤治疗创造了良好条件。

拓展资料

五、特异性细胞免疫

细胞免疫是通过免疫细胞清除异物的过程。主要是由 T 细胞介导的特异性免疫，包括由活化 T 细胞产生的特异性杀伤和免疫炎症。参与的 T 细胞包括 Td 细胞和 Tc 细胞。

1. Td 细胞的作用 脾脏和淋巴结中的 T 细胞受抗原刺激后很快增殖、分化成致敏 T 细胞，后者进入感染部位再受相同抗原刺激即释放许多淋巴因子。淋巴因子是由淋巴细胞产生的能调节细胞免疫功能的可溶性蛋白。有些有趋化和活化的功能，能吸引、活化更多的免疫细胞（如 Tc 细胞、单核巨噬细胞、嗜中性粒细胞等）到感染局部发挥各自的免疫功能；有些因子如肿瘤坏死因子有直接效应。这些因子与聚集的白细胞一起在吞噬杀伤靶细胞、抵御感染的同时造成了感染局部的炎症。这类免疫炎症发生较慢称迟发型超敏反应。对某些胞内寄生菌如麻风杆菌、结核杆菌、布氏杆菌等感染的免疫即以此型为主。这些淋巴因子通过作用于巨噬细胞、多形核白细胞、淋巴细胞及其他细胞产生免疫效应。淋巴因子产量很低，但它对以上靶细胞作用很显著。淋巴因子对宿主的防御作用、免疫疾病的发生和未定型细胞的调动起很重要的作用，如作用于巨噬细胞的移动抑制因子可抑制正常巨噬细胞的移动以利它在炎症部位的吞噬，同时也提高吞噬细胞的摄菌与杀菌能力；作用于多形核白细胞的移动抑制因子能抑制白细胞的移动使其滞留在炎症区发挥吞噬作用；作用于淋巴细胞的有丝分裂原因子是一些能引导血液中淋巴细胞 DNA 合成的生长因子，可作用于其他未致敏的淋巴细胞向淋巴母细胞转化；作用于其他细胞的淋巴毒素能杀伤除淋巴细胞以外的带相应抗原的靶细胞，使其溶解。Td 细胞释放的淋巴因子已知的有 50 余种。主要有：①巨噬细胞趋化、激活、聚合和移动抑制因子，能使巨噬细胞大量聚集在抗原所在部位并提高其吞噬杀伤功能；②淋巴细胞趋化、生长、分裂和转移因子可使大量淋巴细胞在抗原部位聚集并发挥其免疫功能；③肿瘤坏死因子 TNF-β 和干扰素 IFN-γ 的协同作用能抗病毒感染并抑制肿瘤细胞生长；④其他淋巴因子如皮肤反应因子使血管扩张、通透性增强而产生炎症反应，趋化因子分别吸引各种粒细胞，白细胞转移因子能抑制白细胞的随机转移以加强其吞噬作用等。淋巴因子作用无特异性，但其释放需要特异抗原的刺激。除淋巴毒素能直接杀伤病原体寄生的细胞和肿瘤细胞外，其他淋巴因子都通过淋巴细胞、单核细胞和巨噬细胞发挥其免疫作用。

2. Tc 细胞的作用 Tc 细胞又称杀伤性 T 细胞，是带有新的表面抗原细胞的刺激产生的，在抗肿瘤、病毒和胞内菌感染方面有特别重要的作用。例如，感染了病毒的细胞、同种异型细胞在体内均可刺激产生 Tc 细胞。将刺激细胞与动物脾细胞在体外一起培养也可产生 Tc 细胞。Tc 细胞能特异识别靶细胞表面抗原，因而可与靶细胞结合，活化的 Tc 细胞分泌穿孔蛋白和丝氨酸酯酶，在 Ca^{2+} 作用下于带抗原的靶细胞膜上插入并聚合成孔，随后 Tc 细胞分泌的颗粒酶通过此孔注入靶细胞内，引起靶细胞蛋白与核酸降解，最后使靶细胞溶解。Tc 细胞只对带有外来抗原的靶细胞起作用，对靶细胞周围的正常细胞很少有杀伤。因为T细胞通过其抗原受体在识别抗原的同时也识别与其结合的主要组织相容性复合体。

辅助性T细胞（Th）分泌多种细胞因子，有重要的免疫调节作用：增强巨噬细胞对病菌的吞噬和炎症反应，杀伤巨噬细胞内繁殖的细菌；在B细胞对Td抗原的免疫应答中起促进作用。抑制性T细胞（Ts）抑制Th、Tc和B细胞的功能，控制淋巴细胞增殖。

六、免疫应答的病理反应

正常情况下，免疫是机体的一种保护性反应。但在某些情况下，也可对机体有损害。

（一）超敏反应

当各种原因引起免疫应答反应过强或反应异常，造成机体损伤或功能障碍时，称为超敏反应。根据其发生机制及临床特点可分为4类。

1. Ⅰ型（速发型）　过敏原（抗原）多数为花粉、尘埃、霉菌、虫类、毒素、抗生素、化学药物等。它们刺激机体产生的抗体为IgE。IgE以其Fc端固着于肥大细胞和嗜碱性粒细胞膜表面使其致敏。机体再次接触同一抗原时，吸附在这些细胞上的IgE与其发生特异性结合，激活该细胞内一系列酶并释放组胺等许多生物活性物质。这些活性物质能引起平滑肌痉挛、血管通透性增加、微血管扩张和嗜酸性粒细胞浸润。临床表现为充血、水肿、荨麻疹、支气管哮喘、腹痛、过敏性休克、过敏性胃肠炎、过敏性鼻炎等症状。病变是可逆的，无后遗病变，不需要补体参加。例如，青霉素过敏症等，严重者可导致死亡。

2. Ⅱ型（细胞毒型）　抗原是自身细胞或吸附于细胞上的抗原、半抗原（各种药物），刺激机体产生细胞毒性抗体IgG或IgM。当抗体与抗原结合后，在补体、中性粒细胞、巨噬细胞或NK细胞参加下，引起靶细胞损伤或裂解。病变损伤是不可逆的。例如，血型不符的输血引起的溶血反应及药物引起的过敏血细胞减少症等。

3. Ⅲ型（免疫复合物型）　这是由可溶性抗原抗体复合物沉积于血管壁或组织间隙等处，随后补体介入引起的全身性或局部性细胞溶解和炎症反应。抗原为细菌、病毒、寄生虫、异种血清等。抗体多为IgG，也可是IgA或IgM。嗜中性粒细胞在吞噬复合物的过程中释放溶酶体酶，损伤血管，引起血管炎。或释放血小板凝固因子，引起血小板凝聚，形成微血栓。此型反应有补体参加，引起一系列严重的组织损伤或出血。例如，类风湿热、过敏性血管炎、肾小球肾炎、过敏性肺泡炎、系统性红斑狼疮等。

4. Ⅳ型（迟发型）　由T细胞与抗原结合后发生，无抗体参加，发病机制与细胞免疫一样。反应正常对机体有利；反应亢进对机体有害（Ⅳ型反应为主）。病变主要是以单核细胞浸润为主及由溶酶体酶引起的组织坏死和细胞浸润等。例如，接触性皮炎、移植排斥反应等。将病原体生成的抗原注射到机体引起典型的皮肤反应可用来诊断是否感染了传染病。

临床上遇到的超敏反应常是以某型为主的混合型，如青霉素常引起Ⅰ型超敏反应，也可引起Ⅰ、Ⅲ混合型超敏反应。引起超敏反应的抗原称过敏原。过敏原可以是异种或同种异体的，也可是自身的变应原。除过敏原外，它还与机体反应特性如清除或阻止入侵抗原能力低下、抗体生成反应过速、免疫缺陷及生理效应系统功能改变等因素有关。

（二）自身免疫病

正常机体不会对自身成分产生免疫，称为自身（天然）免疫耐受。在某些条件下，机体对人工给予的外来抗原也不能引起反应，称为人工免疫耐受。自身免疫耐受是机体自我监督的首要条件。如果这种耐受性遭到破坏，便出现自身免疫病。自身免疫病的范围很广，有的以某一器官为损伤对象，即具有器官特异性，如甲状腺炎。有的全身器官组织均遭损伤，如系统性红斑狼疮。也有的是中间类型。自身免疫病与许多因素有关。体内某些组织如脑、晶状体、睾丸、精子等隐蔽抗原在解剖结构上与免疫系统隔离，针对这类抗原的淋巴细胞在发育中从未与其相遇过而未被清除。当外伤、感染等因素使隐蔽抗原释放，则激活免疫细胞引起对自身组织的免疫反应。例如，腮腺病毒感染侵及睾丸引起睾丸炎。有的因病原体与机体组织有共同抗原决定簇，是交叉抗原，机体受这类病原菌感染即发生交叉免疫，导致自身免疫病。例如，链球菌的 M 蛋白与哺乳动物的原肌球蛋白、肌球蛋白、角蛋白都是丝状卷曲螺旋蛋白，有 40%的同源性。链球菌感染导致的风湿热患者体内可查出血清抗肌肉组织特别是抗心肌组织的自身抗体。有的因为受理化、生物等环境因素影响引起自身组织成分的抗原性改变，招致免疫系统将其作为异物攻击。例如，肺炎支原体感染可改变红细胞表面的 I 血型抗原而产生抗红细胞抗体。病毒基因组于宿主细胞的表达常会导致宿主细胞成分改变或产生新抗原，与自身免疫病密切相关。例如，乙肝病毒感染使肝细胞表面出现特异性肝蛋白而诱发机体自身免疫反应，损伤肝细胞。有的由于多克隆 B 细胞的激活可能产生自身反应性细胞。例如，在 EB 病毒和一些寄生虫感染后会出现多克隆激活，其中多数为抗平滑肌、抗核蛋白、抗血细胞等自身抗体，与抗感染无关。此外，自身免疫病有一定的遗传倾向，也受神经内分泌的影响。对超敏反应及自身免疫病的治疗和器官移植，大多采用免疫抑制措施，使机体获得免疫耐受性。

（三）移植免疫

用健康组织器官代替机体失去功能的相应器官以维持机体正常生理功能的方法称为器官移植，是临床上重要的医疗手段。但在无关个体间移植器官时，由于移植物与受体组织的抗原性不同会引起免疫应答而损伤移植物或受体本身。若受体将移植器官当作异物产生免疫应答加以清除则称为宿主抗移植物反应。当用含有免疫活性细胞的组织（骨髓、胸腺、胚肝等）植入有免疫缺陷的受者时，移植物不遭排斥但对宿主细胞产生免疫损伤就称为移植物抗宿主反应。

引起移植免疫应答的抗原称移植抗原又称组织相容性抗原。其中有些抗原性很强，能引起快速、激烈的免疫排斥反应，称主要组织相容性抗原。人白细胞抗原（HLA）是一种重要的组织相容性抗原，有高度的多态性，其基因型达 10^8 种，要在无关人群中找到 HLA 抗原性相同的两个个体很难。当受体接受 HLA 抗原性不一致的移植物后，异种抗原激活机体免疫系统，引起 T 细胞介导的杀伤和免疫炎症，单核巨噬细胞、粒细胞和 NK 细胞也参与对移植物的排斥损伤，移植器官逐渐坏死。此过程以细胞免疫为主，一般在移植后 1～2 周开始发生，后期也可产生抗体，激活补体，介导体液免疫加剧这一排斥反应。

器官移植中理想的移植物应与受体的移植抗原完全一致，实际上很难做到。为提高移植物的存活率可采取以下措施：尽量选择合适的供体，与受体 ABO 血型一致，HLA 的差异越小越好，且在受者体内无针对移植物的预存抗体；通过全身或局部放射线照射、给予免疫抑制剂或生物制品等方式抑制宿主免疫系统功能，避免或减轻排斥发生反应。

（四）免疫缺陷

机体免疫系统发育异常或功能障碍造成免疫功能不全称免疫缺陷。据病原分原发性和继发性两大类。临床表现为反复严重感染，且易并发恶性肿瘤。除抗感染、补充免疫球蛋白和适当的酶等常规手段外，骨髓移植、干细胞移植、基因治疗等新技术开始应用。

原发性免疫缺陷大多是遗传基因缺陷所致，免疫系统的任何一部分都可以发生。包括 B 细胞、T 细胞、吞噬细胞和补体等的缺陷，有的是体液免疫、细胞免疫都有缺陷的联合免疫缺陷，以骨髓造血干细胞分化障碍所致者最为严重。可用骨髓移植或胚肝及胸腺移植治疗，但也有致命的移植物抗宿主反应。

继发性免疫缺陷可因病原微生物感染、恶性肿瘤、营养不良、代谢病及接受免疫抑制治疗等引起，主要表现为免疫功能低下。例如，人类免疫缺陷病毒（HIV）感染引起的获得性免疫缺陷综合征（AIDS，艾滋病）。CD4 是 HIV 的高亲和力受体，对 $CD4^+$免疫细胞的损伤是 HIV 感染的主要后果，$CD4^+$T 细胞进行性减少、功能缺陷，对抗原刺激的增殖反应低下，细胞因子分泌减少，细胞毒性减弱。HIV 感染巨噬细胞后其趋化、杀伤力减弱，分泌细胞因子能力下降，呈提抗原功能减退并成体内贮存和播散 HIV 的场所。缺少 Th 细胞的辅助，B 细胞免疫应答也受到影响，不产生正常的抗体；Tc 细胞再生能力降低，特异性细胞毒反应减少；NK 细胞杀伤肿瘤细胞的能力降低；机体免疫功能全面下降。另一方面，HIV 的包膜糖蛋白 GP120 与主要组织相容性抗原中的 MHCⅡ类分子有交叉抗原（已由序列分析证实），引起机体自身免疫，造成对自身成分的免疫损伤。此外，HIV 的基因有高突变率，造成抗原性变异，还编码超抗原，都使机体难以产生适当免疫。艾滋病患者由于免疫系统的重要成分遭受破坏，免疫功能严重衰退，最终导致各种机会性感染和恶性肿瘤。

（五）肿瘤免疫

肿瘤发生机制十分复杂，并非单一因素引起，免疫监视假说远不能作出全面的解释。

1．肿瘤抗原 在理论上肿瘤细胞应该具有正常细胞所没有的抗原。根据特异性程度的不同可分为肿瘤特异抗原和肿瘤相关抗原。前者是指仅存在于某类肿瘤细胞表面的抗原。后者是指肿瘤细胞表面含量比正常细胞高的抗原，仅有相对的特异性。目前了解较多的是胚胎抗原和与病毒相关的抗原。胚胎抗原是胚胎期的正常成分，出生后消失或微量存在。在某种情况下，此类基因发生了脱阻遏，重新表达高水平的胚胎抗原而成为肿瘤的标志，如甲胎蛋白。有些病毒诱发的相关肿瘤往往有强抗原性，有病毒特异性。

2．机体抗肿瘤的免疫应答 当肿瘤细胞表面出现与正常细胞不同的肿瘤抗原时，机体免疫系统将其作为“异己”进行攻击，体液免疫和细胞免疫均参加，其中细胞免疫占主要地位。NK 细胞不需要特异激活，早期杀伤肿瘤细胞。巨噬细胞既能提呈肿瘤抗原激活 T 细胞，又可直接杀伤肿瘤细胞。Tc 细胞可特异杀伤带肿瘤抗原的靶细胞。T 细胞和巨噬细胞分泌的大量细胞因子也参与此抗肿瘤的免疫应答过程。

3．肿瘤的免疫逃逸机制 肿瘤细胞有多种方式逃避机体的免疫攻击而长期存活，如免疫选择、诱导机体免疫耐受、分泌抑制因子抑制机体免疫功能等。某些情况下，机体对肿瘤细胞产生的免疫应答不但无效反而有害，如某些抗体与肿瘤抗原结合后干扰了特异性的细胞杀伤；可溶性抗原封闭了效应细胞的特异性抗原受体。

4．肿瘤的免疫治疗 目前试用于肿瘤免疫治疗的主要有以下几种。

（1）*肿瘤免疫* 肿瘤疫苗与常规疫苗不同，主要用于肿瘤患者预防肿瘤复发和转移。将灭活肿瘤细胞或含肿瘤抗原无细胞提取物制成疫苗刺激机体增强对肿瘤的免疫应答。

（2）*过继免疫治疗* 这是输入有免疫活性的效应细胞使其在患者体内发挥抗肿瘤作用。例如，将患者原来不表现杀伤肿瘤细胞功能的淋巴细胞于体外经白细胞介素-2（IL-2）激活为淋巴因子激活的杀伤细胞（LAK）后与 IL2 一起输回自体，对某些肿瘤有较好疗效。

（3）*免疫导向疗法* 传统的肿瘤化疗因药物毒性大，又无特异性，副作用多，疗效差。用抗肿瘤抗原的特异抗体与药物或放射性同位素或生物毒素结合，使其特异杀伤肿瘤细胞，称为免疫导向疗法。

七、特异性免疫的获得方式

特异性免疫按照获得的方式不同可分为两大类。主要内容归纳如下。

- 特异性免疫
  - 自然免疫
    - 自然自动免疫——患传染病或隐性传染后获得
    - 自然被动免疫——通过胎盘或初乳自母体中获得
  - 人工免疫
    - 人工自动免疫——注射抗原而获得
    - 人工被动免疫——注射抗体或转移因子后获得

1．自然免疫 它是机体在生命过程中自动产生或被动获得的。

（1）*自然自动免疫* 这是在自然状态下机体受微生物抗原刺激后产生的免疫力。例如，患过天花、脊髓灰质炎、麻疹、白喉或伤寒等传染病或隐性传染后机体能产生高度的免疫力，有些是终生的免疫。

（2）*自然被动免疫* 这也是在自然条件下获得的，但机体接受的是现成的免疫力，自己没有起主动的作用。例如，胎儿通过胎盘、婴儿通过初乳，可获得母体的免疫力。因此，婴儿在出生后几个月内不会发生某些传染病。

2．人工免疫 这种免疫力是在人工的作用下获得的，分为人工自动免疫和人工被动免疫两种。

（1）*人工自动免疫* 给机体注射抗原如微生物（疫苗）或其经化学处理后的代谢产物（类毒素），使其在体内自动产生抗体，称人工自动免疫。例如，接种卡介苗预防结核病。

（2）*人工被动免疫* 与上述方式相同，但注射的是现成的抗体，因此该机体可立即获得免疫力。这种方式称人工被动免疫。例如，注射破伤风抗毒素应急预防或治疗破伤风。

人工自动免疫与人工被动免疫有一定的差别。一般地，人工自动免疫产生较慢，通常在患病或注射抗原后1～4周才能产生，然而经过人工自动免疫的个体内发生了根本的变化，体内可以继续形成抗体，并且当以后再接受相同抗原刺激时可以表现出再次反应或增强反应。人工自动免疫可以维持半年到数年，有的甚至可以终生免疫。人工被动免疫可以使机体立即获得免疫力，但体内所含的抗体量将慢慢减少，而且维持时间较短，一般2～3周后即消失。以后再次接触相应的抗原时也不会引起增强反应。根据这些特点，人工自动免疫一般作预防，人工被动免疫用以治疗某些传染病或作应急预防（详见本章第四节）。

第四节 免疫学方法及其应用

免疫学的理论和技术在生物学和医学中应用极广。在现代免疫学中细胞免疫的重要性日益突出，免疫学方法已超出血清学范围，形成了免疫诊断学和免疫学检测等新的技术学科，在疾病诊断、法医鉴定和基础理论研究等方面起重要作用。本节重点介绍血清学反应及其主要应用。

在体外进行的抗原抗体反应叫血清学反应。血清学反应既可用已知抗原检测未知抗体，又可用已知抗体检测未知抗原。常用于体外体液免疫功能的测定、传染病的诊断或微生物的分类鉴定及生物学、医学等许多学科的基础理论研究。

一、血清学反应的一般规律

抗原抗体在体外可出现不同反应，但其规律基本一致，都有相同反应条件和反应特点。

1．反应条件　抗原抗体反应都需要有抗原、抗体和环境因素等反应的基本条件。有些环境因素是各反应都必需的基本因素，有些是某些反应需要的特殊因素。基本因素是电解质、温度和 pH。实验室大多采用 0.85%的 NaCl 水溶液作电解质，37℃或 56℃、pH 7.0 左右。适当振荡以增加抗原、抗体分子间的接触。在此条件下反应易于进行。pH 2～3 时或剧烈振荡都可促使抗原抗体复合物解离。特殊因素视具体反应而定，如补体结合反应需要补体，吞噬反应需白细胞等。如存在与反应无关的蛋白、多糖等杂质会抑制反应进行。

2．反应特点

（1）特异性　血清学反应具有高度的特异性，抗原决定簇和抗体分子 V 区间的各分子引力及立体构象是其特异性的物质基础。两种抗原分子上如有相同的抗原决定簇，则与抗体结合时可出现交叉反应。例如，肠炎沙门菌抗血清能凝集鼠伤寒沙门菌，反之亦然。

（2）可逆性　抗原与抗体的结合是分子表面的结合，虽然相当稳定，但却是可逆的。因为，抗原抗体的结合犹如酶与底物的结合，是非共价键的结合，在一定条件下可以解离。分开后抗原、抗体的性质不变。例如，毒素与抗毒素结合后经稀释分离毒素又可重现毒性；细菌与抗体结合后活性并未受影响。

（3）定比性　抗原决定簇较多，为多价的，抗体一般为单体，是二价的。抗原抗体的结合必须按一定比例，只有两者分子比例适合时才出现可见反应。

图 10-15 为抗体浓度一定时逐渐增加抗原浓度的沉淀反应曲线。曲线可分三个区：前带区抗体过量没有一个抗体分子能与两个抗原结合；后带区抗原过量没有一个抗原分子能与两个抗体分子结合；平衡区抗原抗体分子比例合适，抗原抗体基团交叉连接成大的晶格结构沉淀。因此，前带区和后带区都不能形成大分子基团，都不出现可见反应。

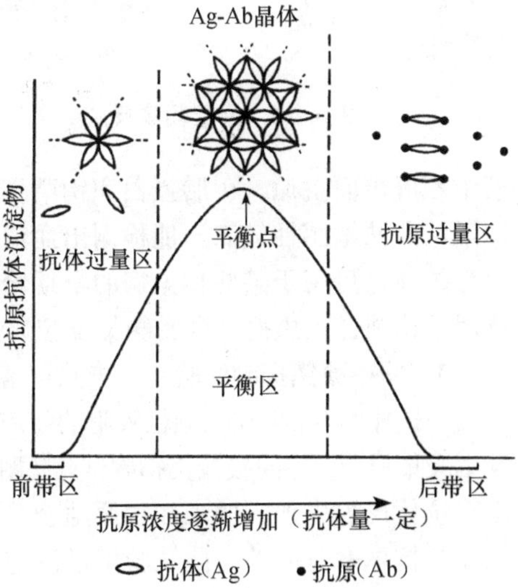

（4）敏感性　抗原抗体反应不仅有高度的特异性，还有高度的敏感性，不仅可用于定性，还可用于定量和定位。其敏感程度大大超过所应用的化学方法。

（5）阶段性　血清学反应分两个阶段进行，第一阶段为抗原与抗体的特异性结合，需时很短，仅几秒至几分钟，但无可见现象。紧接着第二阶段为可见反应阶段，表现为凝集、沉淀、细胞溶解与破坏等。此阶段需时较长，从数分钟、数小时至数日。反应现象的出现受 pH、温度、电解质和补体等多种环境因素的影响。

图 10-15　沉淀反应曲线

二、血清学反应的主要类型

（一）凝集反应

将细菌、红细胞等颗粒性抗原的悬液与含有相应抗体的血清混合，有适量电解质存在时能形成肉眼可见的凝集块即抗原抗体复合物，此现象叫凝集反应。参与反应的颗粒性抗原称凝集原，抗体称凝集素。由于抗原体积大，结合价少，为使抗原抗体的比例合适，一般应稀释抗体。

1. 直接凝集反应 这是抗原和相应抗体直接结合发生的凝集反应。常用玻片法和试管法。

（1）*玻片法* 通常为定性试验，用已知抗体检测未知抗原，鉴定菌种可取已知抗体滴在玻片上，直接从培养基上挑取活菌于抗体中，混匀，数分钟后如细菌凝集成块即为阳性反应。该法简便迅速，可用来鉴定菌种和血型等。

（2）*试管法* 本法为定量试验，用已知抗原测定待检血清中有无某种抗体及其相对含量。在一系列试管内加入不同稀释度的等量待测血清和等量抗原悬液，置 37℃或 56℃水浴 4h，再放冰箱过夜，有明显凝集现象的最高血清稀释度即为该血清中的抗体凝集效价，也称滴度，用以表示血清中抗体的相对含量。凝集反应必须有电解质参加，免疫血清必须灭活（56℃、30min）。此反应常用来鉴定细菌、血型和诊断传染病，如诊断伤寒和副伤寒的肥达试验。

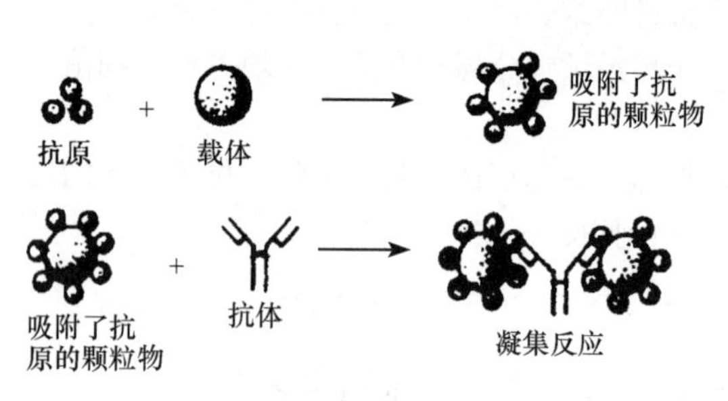

图 10-16 间接凝集反应

2. 间接凝集反应 用细菌、红细胞、聚苯乙烯乳胶、活性炭、白陶土或火棉胶等颗粒物作载体，将可溶性抗原（或抗体）吸附于表面，与相应抗体（或抗原）结合，在有电解质的条件下即发生凝集反应（图 10-16）。表面吸附有抗原（或抗体）的载体微球称免疫微球。可测定的可溶性抗原有细菌抗体、病毒及病毒抗体等。还可以将抗体吸附于红细胞等颗粒物上，以检出相应的抗原，这就是反向间接凝集试验。常用于血液中乙肝表面抗原、甲胎蛋白和钩端螺旋体等的诊断。此法敏感性较高，能检测出血清中存在的少量抗体，可用于某些传染病的早期诊断。已广泛用于诊断血吸虫病（乳胶凝集反应）等。

3. 间接凝集抑制试验 未知可溶性抗原先与已知抗体结合，再加入颗粒吸附的相应抗原而不发生凝集反应，即间接凝集抑制试验（图 10-17）。由于抗体已被先加入的未知抗原结合，说明未知抗原与抗体是对应的。此试验用以测定孕期血清和尿中人绒毛膜促性腺激素（human chorionic gonadotropin，HCG）。这是一个很有用的免疫妊娠试验方法，将尿与 HCG 的抗体混合，然后加入 HCG 覆盖的胶乳或红细胞，若尿中有 HCG 则发生凝集抑制，说明此人正处于妊娠期。

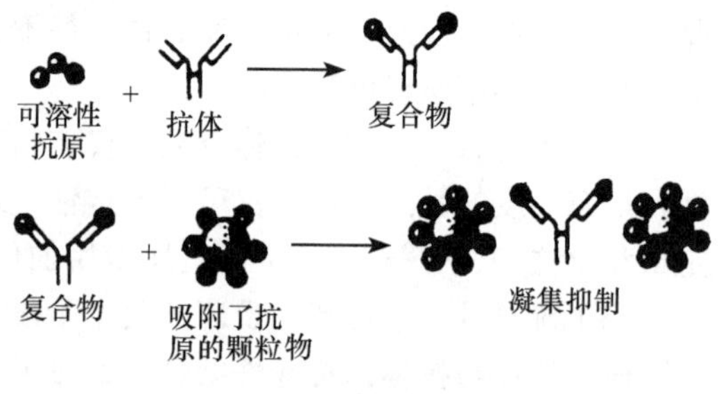

图 10-17 间接凝集抑制试验

4. 交叉凝集反应和凝集吸收试验 有共同抗原的不同种或不同型的细菌间会发生交叉反应。如果交叉反应采用凝集反应进行即为交叉凝集反应。表 10-4 中甲、乙两种菌体除能产生各自特异性的抗体外，还产生共同抗体，甲菌体与抗乙菌体的血清，乙菌体与抗甲菌体的血清均会发生交叉凝集反应。如果用过量的乙菌体与抗甲菌体的血清混合，可将抗甲菌体血清中的c、d 抗体吸附而剩下 a、b 抗体，此 a、b 抗体为甲菌体的特异性抗体，只能与甲菌体发生凝集反应而不再与乙菌体发生反应了。同样也可用甲菌体吸收乙菌体抗血清中的 c、d 抗体而剩下 e、f 抗体。此种用不同菌体凝集吸收抗血清中共同抗体的方法叫凝集吸收试验。经过吸收剩下的特异性抗体叫单因子血清。凝集吸收试验和单因子血清可用于细菌的抗原分析和鉴定菌体的型别。例如，用变形杆菌的 OX_{19}、OX_2、OX_k 等菌株诊断斑疹伤寒和恙虫病，立克次体抗原不易得到，变形杆菌与这两种病的立克次体有共同抗原。

（二）沉淀反应

可溶性抗原与相应抗体结合，有适量电解质存在时，可形成肉眼可见的沉淀物即为沉淀反应。参加反应的可溶性抗原称为沉淀原，抗体称沉淀素。

沉淀反应与凝集反应的组成成分及基本原理均相同。不同的是，凝集反应的抗原为细胞悬液，单个抗原体积大而总面积较小，出现反应所需抗体量少，试验时常将免疫血清稀释，加一定量的抗原。沉淀反应的抗原为颗粒细微的胶体溶液，单个抗原体积小而总表面积相对较大，出现反应所需抗体量多。试验时常需将抗原稀释，加浓的免疫血清。

1. 环状沉淀试验 常用于抗原的定性试验。先将高浓度等量免疫血清加入一系列试管（内径 2.5mm），再徐徐加入不同稀释度等量抗原液，使两种溶液之间形成一交界面，数分钟后若在液面交界处出现白色沉淀环即为阳性反应（图 10-18）。本法简便、灵敏，试验材料少。可用于检测未知抗原如诊断炭疽病、法医鉴别血迹来源、检查罐头肉混杂情况等。

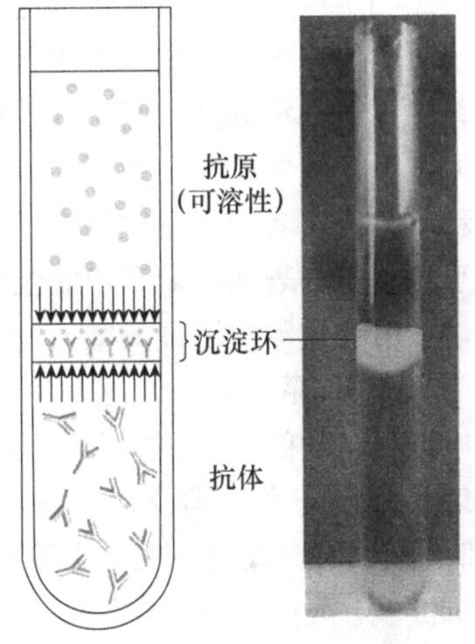

彩图

图 10-18 环状沉淀试验

2. 絮状沉淀试验 在凹玻片上或试管中滴加抗原与抗体，混匀后若出现肉眼可见的絮状沉淀物即为阳性反应。例如，诊断螺旋体引起的梅毒病的卡恩（Kahn）反应，并可滴定毒素、类毒素和抗毒素的效价。

3. 琼脂扩散试验 抗原和抗体都可以在琼脂中扩散，如果两者是相应的，且比例合适，则在相遇处产生白色沉淀线。如果加入的抗原中有几种不同成分，免疫血清中也有相应的几种抗体，由于不同抗原在琼脂中扩散的速度不同，就可以出现几条沉淀线。琼脂扩散法具有灵敏度高、分辨力强等优点，可分为单向扩散和双向扩散两种类型。

单向扩散可作定量试验，主要用于测定免疫球蛋白和补体的含量。试验时使适当浓度的抗体预先在琼脂中混匀制成平板，凝固后打孔，孔中加入抗原，抗原向四周扩散，一定时间后在两者比例适当处生成乳白色沉淀环。环的大小不仅与孔中抗原的浓度相关，也与琼脂中抗体的浓度相关（图 10-19）。

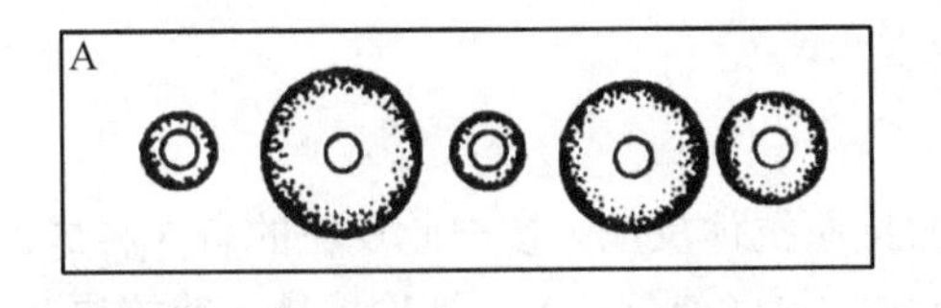

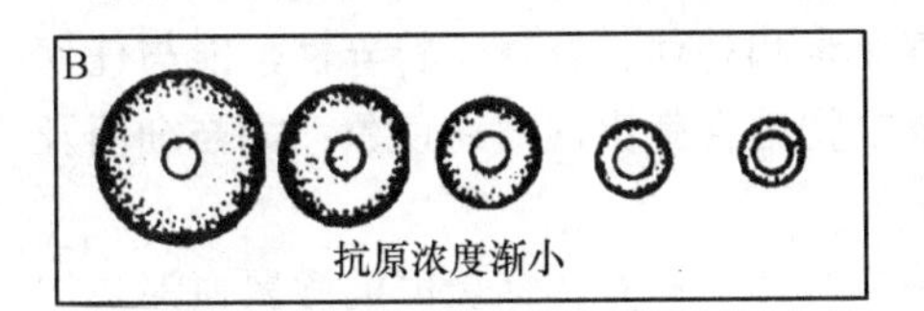

图 10-19 单向扩散

A．含待测浓度的抗原；B．含已知递减浓度的抗原

双向扩散是把熔化的半固体琼脂在玻板上浇成薄层，冷凝后打出小孔。抗原、抗体分别注入不同小孔中。如它们相互对应，浓度、比例比较适当，一定时

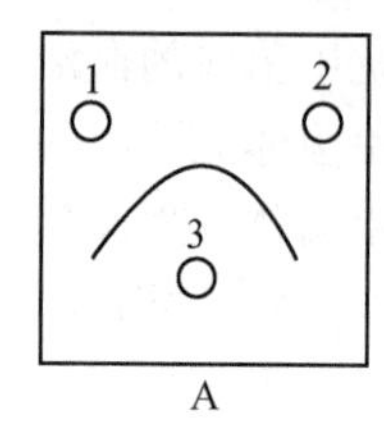

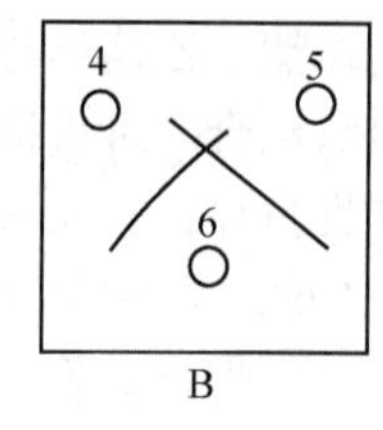

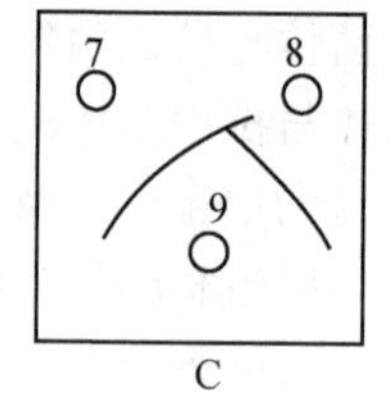

图 10-20 双向扩散

A．1 与 2 两孔为相同抗原，孔 3 为对应抗血清；
B．4 与 5 两孔为完全不同的抗原，孔 6 为对应抗血清；
C．7 与 8 两孔的抗原部分相同，孔 9 为对应抗血清

间后在抗原、抗体孔之间出现清晰致密的白色沉淀线。此法可用于分析溶液中的多种抗原（或抗体）。不同抗原由于其化学结构、分子量、带电情况各异，在琼脂中的扩散速度有差别，扩散一定时间后便彼此分离。分离后的抗原与其相应抗体在不同部位结合，在两者分子比例适合处形成沉淀线。一对相应的抗原、抗体只能形成一条沉淀线。据沉淀线数可推知溶液中抗原种数。据沉淀线融合情况可鉴定两种抗原是完全相同还是部分相同（图 10-20）。

4．免疫电泳 这是一类将琼脂扩散和电泳技术相结合的免疫学检验方法。常用的有对流免疫电泳、火箭电泳和双向免疫电泳，已广泛用于抗原抗体的分析，测定血清成分。

（1）*对流免疫电泳* 这是将双向扩散与电泳技术结合的方法。在用 pH 8.6 巴比妥缓冲液配制的琼脂平板上挖成对平行的小孔。抗原和抗体分别加入成对小孔。抗原在 pH 8.6 的环境中带负电荷，将其加入阴极孔。抗体的等电点为 pH 6～7，在 pH 8.6 的缓冲液中带负电荷少，加上其分子较大、移动缓慢，将其加入阳极孔。通电后在电场作用下抗原和抗体各向相反的电极移动。在两者相遇且比例恰当处形成白色沉淀线。此法有速度较快、灵敏度较高等优点。可用于乙型肝炎表面抗原和甲胎蛋白等的检测。甲胎蛋白检测是原发性肝癌早期诊断的有效方法，以放射免疫测定法最灵敏。

（2）*火箭电泳* 这是将单向扩散和电泳相结合的方法。抗原在含定量抗体的琼脂中向一个方向泳动，两者比例合适时，在较短时间内生成如火箭状或锥状的沉淀线，故称火箭电泳。在一定的浓度范围内，沉淀峰的高度与抗原含量成正比。

（3）*双向免疫电泳* 这是一种将血清免疫电泳与火箭电泳相结合的技术。先将免疫血清通过电泳分离出各成分，再切下凝胶板转移到另一已加有抗血清的凝胶上，进行垂直方向的第二次电泳，结果形成呈连续火箭样的沉淀线（图 10-21）。

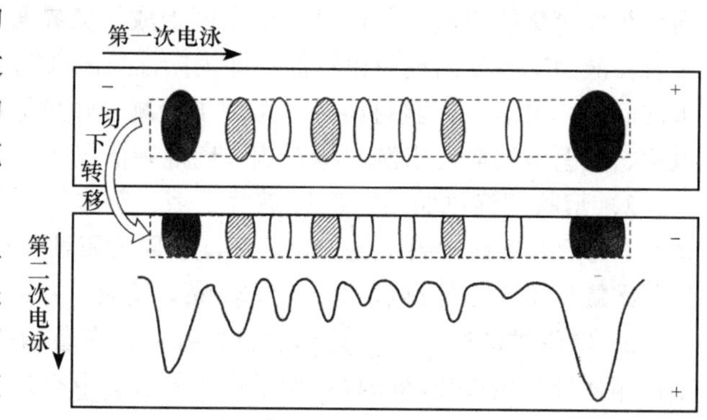

图 10-21 双向免疫电泳示意图

（三）补体结合反应

补体结合反应是有补体参与并以溶血现象作指示的抗原抗体反应。参与此反应的有 5 种成分，分两个反应系统，一为检验（溶菌）系统，包括已知抗原（或抗体）、被检抗体（或抗原）和补体；另一为指示（溶血）系统包括绵羊红细胞、溶血素和补体。补体无特异性，能与任何一组抗原抗体复合物结合。它若与红细胞、溶血素的复合物结合就出现溶血现象；如与细菌及其相应抗体的复合物结合就出现溶菌现象。

试验时先将待测抗原与已知抗体（或已知抗原与待测抗体）和补体（新鲜的豚鼠血清）按一定量放入试管中，作用一定时间后加入绵羊红细胞和溶血素，在 37℃水浴中作用半小时观察结果。如未见溶血即为补体结合反应阳性，表示待测抗原与已知抗体（或已知抗原与待测抗体）

是相应的，因两者结合后又与补体结合（出现溶菌现象），再加入绵羊红细胞与溶血素后因无补体参加所以未发生溶血。如溶血（绵羊红细胞裂解）即为补体结合反应阴性，表示试验系统的抗原与抗体不是对应的，两者未发生结合，因而补体未能被结合呈游离状态，绵羊红细胞和溶血素加入后补体就与两者的复合物结合便出现溶血现象（图 10-22）。

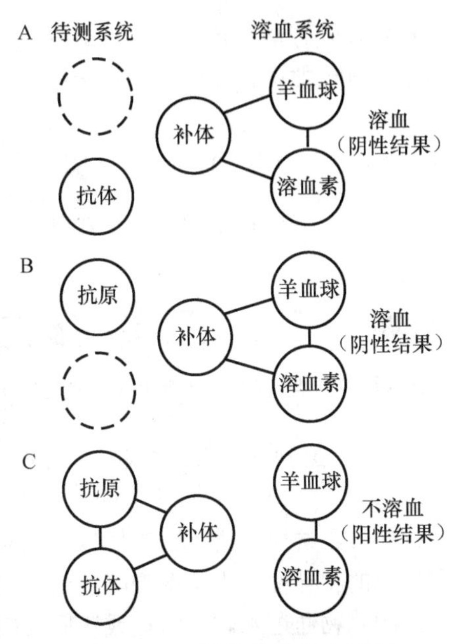

图 10-22　补体结合反应图解

此反应操作较复杂，但敏感性、特异性都较高，能测出少量的抗体或抗原，故应用范围较广。临床上常用来诊断各种传染性疾病。例如，诊断梅毒病、流行性乙型脑炎、乙型肝炎或钩端螺旋体病等。

（四）中和试验

由特异性抗体抑制相应抗原的生物学活性的反应称中和试验。属于本试验抗原的生物学活性包括细菌外毒素的毒性、酶的催化活性和病毒的感染性等。该试验不仅用于毒素或病毒种型的鉴定与抗原性分析，还用于抗毒素或中和抗体的效价测定，如临床诊断中测定风湿病患者体内是否存在抗链球菌 O 抗体。

三、免疫标记技术

某些小分子物质结合到抗原或抗体上不影响抗原抗体反应但使其更容易观察从而提高检测的灵敏度，称免疫标记技术。与抗原或抗体结合的小分子物质称标记物。近来免疫标记技术发展很快，各类物质被试作标记物，以荧光素、放射性同位素和酶标记最成熟。现又有生物素-亲和素系统，生物素是一种维生素 H，亲和素是一种碱性蛋白，一个亲和素分子可与 4 个生物素分子稳定结合。亲和素及生物素都可与蛋白质、荧光素等结合而不影响蛋白质的生物活性。一个抗体分子可偶联数十个亲和素或生物素分子，而亲和素或生物素分子又可与荧光素或酶结合，组成生物素-亲和素放大系统，显著提高检测的灵敏度。

1．免疫荧光法　也叫荧光抗体技术，将荧光素在一定条件下与抗体结合成荧光标记抗体，简称荧光抗体，但不影响抗体的免疫活性，抗原被荧光抗体结合后在荧光显微镜下可看到发出荧光的物质，借以提高免疫反应的灵敏度并适合荧光显微镜观察，检出抗原。常用的荧光素有异硫氰酸荧光素、罗丹明等，它们可与 Ig 中赖氨酸的氨基结合，在蓝紫光的激发下可分别发出鲜明的黄绿色和玫瑰红色光线。后来有了二氯三嗪基氨基荧光素。近年来又用镧系稀土元素如含铕离子（Eu^{3+}）、铽离子（Tb^{3+}）等的物质取代荧光素标记抗体，进一步提高了免疫荧光法的灵敏度和特异性。免疫荧光标记技术已广泛用于传染病的快速诊断和各种生物学研究中。其基本方法有直接法和间接法两种。

（1）直接法　以免疫血清（如抗霍乱弧菌的兔血）中的抗体与适量荧光素（如异硫氰酸荧光素）结合，再将其加到可疑霍乱患者的粪便固定标本片上，作用后用缓冲液冲洗，置荧光显微镜下检查。如显现荧光则证明标本中有与荧光抗体相应的抗原（霍乱弧菌）。

（2）间接法　先用兔丙种球蛋白作为抗原注射到马体内，马血清中便产生抗兔丙种球蛋白抗体（即抗抗体）。再将此抗抗体与荧光素结合成为荧光抗抗体。检查时先用已知的未标记的兔抗霍乱弧菌免疫血清与待测标本（如可疑患者粪便）作用。如标本中有霍乱弧菌存在则与兔抗霍乱弧菌免疫血清中的抗体结合。最后用荧光标记的抗抗体与上述标本片作用，用缓冲液冲洗后再镜检。由于霍乱弧菌与兔抗霍乱弧菌抗体特异性结合，而马抗兔丙种球蛋白荧光抗体能与兔丙种球蛋白（抗霍乱弧菌抗体）特异结合，所以能在荧光显微镜下显现荧光，从而间接地证明有霍乱弧菌（抗原）存在。间接法敏感性强、特异性高，且只要一种荧光标记的抗抗体即可检查各种患者的待测标本中可能存在的病原微生物抗原及其他未知抗原和抗体（图 10-23）。

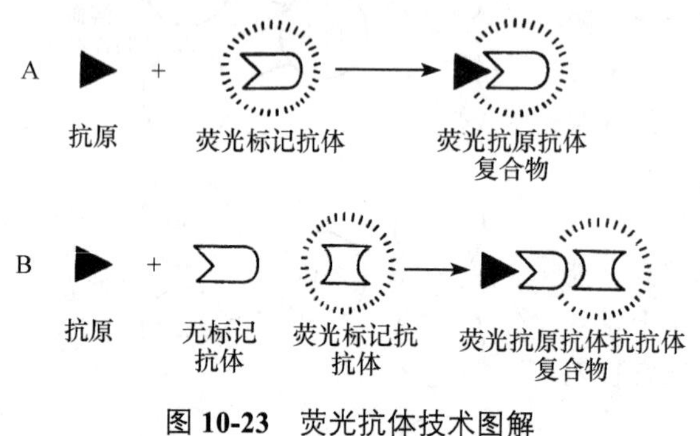

图 10-23 荧光抗体技术图解

A．直接法；B．间接法

2．酶免疫测定技术 这是以酶作标记的抗体（或抗原）进行的抗原抗体反应。酶与抗体或抗原结合后，既不改变抗原或抗体的免疫学反应的特异性，也不影响酶的活性。结合在免疫复合物上的酶，可发挥其催化作用，使原来无色的底物通过水解、氧化或还原反应而显示颜色。有色产物可通过比色等方法分析测定，也可用显微镜观察结果，还可用其他染料复染以显示细胞的形态结构。标本可长期保存，可随时查看。此法特异性强，灵敏度高，可定性或定量地分析抗原或抗体，还可用于组织切片、细胞培养标本等组织或细胞抗原的定位。常用的酶为辣根过氧化物酶，其次是碱性磷酸酶、酸性磷酸酶、葡萄糖氧化酶、脲酶、β-D-半乳糖苷酶等，这些酶催化的反应产物都有颜色，并有较高的检测灵敏度。

酶免疫测定的具体方法很多，近年来发展很快的是酶联免疫吸附测定法又称酶标法，是将可溶性抗原或抗体吸附到聚苯乙烯等固相载体上，再进行酶免疫反应，用分光光度计比色进行定性或定量测定。具体测定方法有双抗体夹心法、间接免疫吸附测定法、斑点酶联免疫吸附法等。已广泛用于各种抗原、抗体的检测。还有酶标记免疫定位技术等，可检测组织或细胞中的抗原。如免疫印迹技术用于各种微量蛋白抗原的分析研究。

3．放射免疫测定法 这是一种以放射性同位素作标记物，将同位素的灵敏性和抗原抗体反应的特异性结合的测定技术。它的灵敏度极高，能测得毫微克至微微克（10^{-12}～10^{-9}g）的含量，且准确、快速，广泛用于激素、核酸、病毒抗原、肿瘤抗原、违禁药物等微量物质的定量测定。常用的同位素有 ^{125}I、^{131}I、^{3}H、^{35}S 等，放射性强度可用液体闪烁仪（用于溶液）或 X 射线自显影（用于固相）计出，具体方法有放射免疫分析法和放射免疫测定自显影法。其缺点是需要特殊的仪器及防护措施，对抗原抗体纯度要求严格，并受同位素半衰期的限制。

4．免疫电镜技术 免疫电镜技术是将血清学标记技术与电子显微镜技术相结合，在免疫反应高度特异、敏感、快速、简便的基础上，用电子显微镜研究其超微结构，是一种在超微结构水平上定位抗原的方法。其基本原理是用电子致密物质标记抗体，再与含有相应抗原的生物标本反应，在电子显微镜下观察到电子致密物质，从而准确显示抗原所在位置。例如，以辣根过氧化物酶和铁蛋白等作标记抗体的电子致密物质，可检测细菌、病毒或动植物细胞的超薄切片等。现在又用金胶体或金、银微粒标记抗体，进行细胞表面标志定位、免疫细胞亚群计数及白血病分型等。免疫电镜技术大大提高了电镜观察的特异性、高分辨率和对生物大分子的定位能力。

5．发光免疫测定法 是将化学发光或生物发光反应与免疫测定结合的高灵敏度分析方法。发光反应一般为氧化反应。常用的化学发光剂有荧光醇、异荧光醇、吖啶酯、光泽精等；常用的生物发光剂有虫荧光素等。此法具有灵敏度高、应用范围广、试剂稳定又安全、操作简便又快速等许多优点。

6. VirScan 法　这是一种可测定一滴血液中多种病毒抗体的新方法。人体感染病毒后就会产生相应的特异性抗体，并可在病愈后仍持续产生数年至数十年。VirScan 法有一提供大量病毒蛋白片段的程序库，其中每一片段都代表能被抗体识别的某一病毒组分。将这些蛋白质片段加入一滴待测血样中，其中的抗体就会吸附与其相匹配的特定病毒片段。通过分离抗体并分析该特异片段，即可确定被测样本所含的病毒种类和感染史。目前此法测定范围可达所有能感染人的 206 种病毒，且费用较低。

7. 免疫印迹试验　这是蛋白质凝胶电泳分离技术、蛋白质转膜技术和特异性抗体鉴定技术相结合的技术。先通过聚丙烯酰胺凝胶电泳将混合的蛋白质分离；再将这些分离的蛋白质转移到硝酸纤维素膜上；再加入特定蛋白质抗体；最后加入能与抗原抗体复合物结合的放射性标记物或酶标二抗，检测放射性强度或底物颜色深浅。可检测抗原或抗体。

近年来，还出现了很多其他以抗原抗体反应为基础的免疫快速检测技术。①免疫检测试剂条：检测试剂条通常以长条形的硝酸纤维素膜为支撑物，被胶体金标志的抗体吸附（黏附）于膜的一端，其前方有一样品孔，膜的另一端分别有一条对照带和反应带（没有反应前这两条带通常是看不见的）（图 10-24）。使用时将一定量（通常是 100μL 左右）的样品提取液或微生物富集液加入样品孔中和胶体金标志的抗体反应，并沿硝酸纤维素膜向另一端扩散与反应带和对照带反应显色，比较反应带和对照带颜色深浅即可判断样品中是否含有某种有害物质（微生物）或其含量是否超标。②免疫乳胶检测试剂：也称间接乳胶凝集试验，以乳胶（聚苯乙烯）微粒为载体将抗原或抗体吸附在载体上制备成致敏载体颗粒，用以检测未知抗体或抗原的方法。如果样品中含有与乳胶颗粒上抗原或抗体对应的待检成分就会出现肉眼可见的絮状沉淀，相反则不出现沉淀。与免疫试剂条一样，其最大特点是快速，几分钟即可得到检测结果。③自动酶免疫检测：采用自动控制或计算机等技术可自动完成酶免疫检测操作的全过程，如将荧光酶联免疫分析所需试剂预先分装在同一试剂条的不同孔内，由仪器自动完成检测操作的全过程，一小时给出结果。其优点是实现分析过程的全自动化，减轻工作量；减少人为影响，提高准确性；实现多个样品同时测定，节省测定时间和费用。

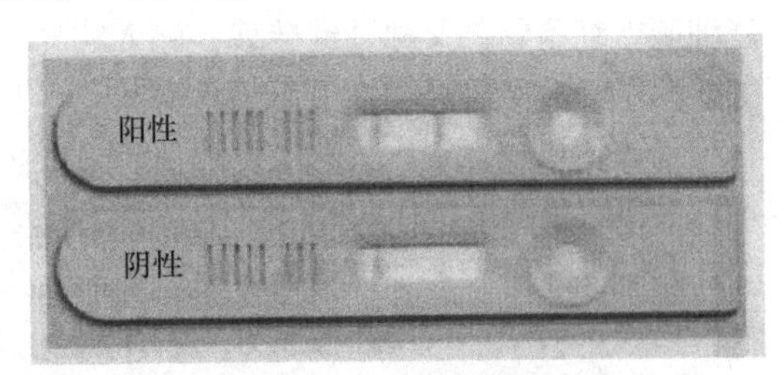

图 10-24　免疫检测试剂条

四、免疫预防

免疫预防是通过人工免疫的方法预防传染病，是经济而有效的措施。在预防传染病中发挥了重大作用。现已制备了多种专门用于预防传染病的生物制品。

1. 人工自动免疫　又称预防接种，用于预防接种的抗原制剂称为疫苗。现在疫苗的种类很多，常规疫苗是利用病原微生物体及其代谢产物制备而成。疫苗根据病原体的活性又可分为活疫苗和死疫苗两类。活疫苗是利用病原体的减毒株或无毒株制成的活微生物制剂，如卡介苗、鼠疫菌苗、脊髓灰质炎疫苗和甲型肝炎疫苗等。活疫苗接入机体后能继续繁殖，故一般接种剂量小，作用持久、可靠性高。但不易保存。死疫苗是用物理、化学方法将病原微生物灭活但保留其免疫原性，制成的死微生物制剂，可引起机体的保护性免疫。常用的有伤寒、流脑、百日咳及狂犬疫苗等。死疫苗使用安全，易保存；但用量大，持续时间短，需要多次接种，常需加入佐剂，副作用多。类毒素是细菌外毒素经甲醛脱毒后仍保留原有的免疫原性的预防用生物制品。常用的类毒素有破伤风类毒素和白喉类毒素。类毒素可与死疫苗联合使用。

现在还研制成功多种新型疫苗。例如，采用病原微生物具有免疫原性的部分制备成的亚单位疫苗；用化学方法提取微生物中有效免疫成分制成的化学疫苗；用人工方法合成的高免疫性多肽片段制成的多肽疫苗；利用基因工程构建的重组基因序列表达的多肽制成的基因工程疫苗；用病原体一段具有保护效应的核酸片段制成的核酸疫苗，在机体内表达激发机体产生抗感染免疫，具有安全、低廉等许多优点；现在又有利用抗体分子作抗原制成抗独特型疫苗，该抗体是糖蛋白，又具有针对原始抗原的独特型决定簇，可替代原始抗原刺激机体产生抗原始抗原的免疫应答，又避免原始抗原可能有的致病性。

2．人工被动免疫 输入免疫血清（含特异性抗体）、致敏淋巴细胞及其制剂或细胞因子使机体获得一定的免疫力，达到应急预防或治疗某些传染病，称人工被动免疫。其中输入免疫细胞或细胞制剂又称过继转移。输入特异性抗体可立即发挥其免疫作用但维持的时间较短，主要用于治疗某些外毒素引起的疾病或作为与某些传染病患者接触后的应急预防措施。常用的有精制破伤风抗毒素、抗狂犬病血清、白喉抗毒素、肉毒抗毒素及蛇毒抗毒素等。还有免疫球蛋白制剂、免疫核糖核酸等。现在又有了转移因子、白细胞介素-2、胸腺素、细胞毒性 T 细胞、干扰素、卡介苗等多种能增强、促进和调节免疫功能的免疫调节剂，对治疗免疫功能低下、继发性免疫缺陷症、恶性肿瘤等有一定作用。

习　题

1．名词解释：传染；免疫；侵袭力；外毒素；抗体；免疫应答；凝集反应；沉淀反应；免疫预防。
2．传染的机制是什么？细菌和病毒的致病性各有何特点？
3．什么是生物武器？它有哪些特点？如何防止生物战？
4．非特异性免疫包括哪些方面？
5．吞噬细胞的功能可因哪些体液因子的作用而增强？
6．什么是抗原？有哪些性质？
7．试述 Ig 的类型、结构和作用。
8．什么是补体？有何功能？它与抗体有何不同？
9．什么是干扰素？人类干扰素有哪几种？其作用机制是什么？干扰素系统与抗体系统有何不同？
10．什么是免疫应答？有哪几个阶段？有何特点？有哪些免疫细胞参加？各起什么作用？
11．什么是淋巴因子？有何功能？举例说明。
12．什么是特异性免疫？其应答过程是什么？
13．特异性细胞免疫与体液免疫有何不同？其关系怎样？
14．什么是免疫分子？在体液免疫中有何作用？
15．怎样才能获得特异性免疫？现行的预防接种对艾滋病、疟疾、感冒等疾病有效吗？为什么？
16．试比较隐性传染、带菌状态和显性传染的异同。
17．什么是抗原抗体反应？它需要哪些反应条件？有何特点？抗原抗体反应有哪些方面的应用？
18．特异性免疫对人类的生命有何重要意义？
19．如何提高机体的免疫力？

（乔　帼）

第十一章
微生物的分类

微生物分类学是研究微生物分类理论和方法的科学，主要研究各类微生物的特征及其亲缘关系、进化规律，为微生物资源的利用、控制和改造提供理论根据。其内容包括分类、鉴定和命名。分类是根据一定的原则对微生物分群归类，根据相似性或亲缘关系排列成系统，并描述各类群的特征；鉴定是借助现有的微生物分类系统，通过特征测定，确定某一微生物应归属类群，知类、辨名；命名是根据国际命名法规，为一新培养物确定学名。微生物系统学除含分类、鉴定和命名外还包括系统发育、进化过程和遗传机制，特别是系统发育和进化已成其核心内容，它用分子生物学的方法和技术研究微生物的进化历史及亲缘关系。

微生物分类最主要的依据是微生物之间的亲缘关系。微生物在长期进化中存在水平（横向）基因转移，模糊了亲缘关系的界限。微生物形体微小、结构简单、易受外界条件的影响、易发生变异，缺乏化石资料，微生物间关系复杂，这些都给微生物的系统分类带来困难，以致至今所提出的一些分类系统还不能很好地反映微生物自然系统分类。从 20 世纪 60 年代开始，分子遗传学和分子生物学迅速发展，许多新技术和新方法用于微生物分类，使其有了较快的发展。但如何准确、快速地对微生物进行分类鉴定仍是一个需要不断探索的科学问题。

第一节　微生物的分类单元与命名

一、微生物的分类单元

分类单元指某个具体分类群，如原核生物界、肠杆菌属和醋酸杆菌各代表一个分类单元。

1．种以上的分类单元　种以上的分类单元自上而下依次分为：界、门、纲、目、科、属、种。近年有人建议在界之上设域。两个主要的分类单元之间可设中间类群。例如，在门与纲之间可设亚门，纲与目间可设亚纲，目与科间可设亚目，科与属间可设亚科、族、亚族等。

种是微生物分类的基本单元，也是最重要的单元。微生物的种是表型特征高度相似、亲缘关系极其接近，与属内的其他种有明显差异的一群菌株的总称。种带有抽象的种群概念，具体分类时常用一个被指定的能代表这个种的典型菌株作该种的模式株。微生物分类学上，目前种的确定还带有较大的人为因素。会因分类学家观点的变化或微生物分类知识或技术的更新及对某群微生物的重视等变化使种的范围发生变化。随着分子生物学技术在微生物分类中的应用及微生物基因组学的发展，有可能将微生物种的划分和鉴定建立在基因组的基础上。

新种是权威的分类、鉴定手册中未记载的一种新分离并鉴定的微生物。发现者按国际命名法规对它命名并在规定的学术刊物上发表时应在其学名后附上“sp. nov.”。例如，由我国学者筛选的谷氨酸发酵新菌种发表时就标为“北京棒杆菌 AS 1.299，新种”（*Corynebacterium pekinense* sp.

nov. AS 1.299），以及“钝齿棒杆菌 AS 1.542，新种”（*C. crenatum* sp. nov. AS 1.542）等。新种发表前，其模式菌株培养物应存放在永久、可靠的菌种保藏机构中，并允许研究人员取得该菌种。

属也是生物分类中的基本单元。通常是将具有某些共同特征或密切相关的种归为一属。每个属内也都有其模式种，模式种往往是定为一个新属的第一个种或第一批种之一。一般地，微生物属间的差异比较明显，但属的划分也没有客观标准。因此，属水平上的分类也会随着分类学的发展而变化，属内所含种的数目也会由于新种的发现或种的分类地位的改变而变化。

属以上等级分类单元，如同属的划分一样，在分类系统中，把具有某些共同特征或相关的属归为科……以此类推。纲、门、界的划分目前主要处在积累资料的研究阶段。

种以上的分类单元，在细菌分类中还常用群（group）、组（section）、系（series）等。

2．种以下的分类单元 鉴定微生物种时，只有在所有鉴别特征都与已知的模式种相同的条件下才能定为同种。在自然界中，种有相对的稳定性，但变异是绝对的，被鉴定的微生物在某些特征上与模式株有明显而稳定的差异。这样，在微生物种以下就必须再分为亚种、变种、“型”、培养物、菌株等级别。

（1）亚种 亚种是种的进一步细分单元，一般指一明显而稳定的特征与模式株不同但又不足以区分为新种的菌株类群，在三名法中，常在种名后加上“subsp.”，再写上亚种名，如蜡状芽孢杆菌的蕈状亚种为 *Bacillus cereus* subsp. *mycoides*。在细菌分类中亚种是具有正式分类地位的最低等级。在真菌分类中可用亚种或变种，根据分类者的习惯而定。

（2）变种 它与亚种同义，近已废止。它是某些（较少）方面与特定典型株的相应特性有所不同的菌株。例如，一芽孢杆菌其他特征都与枯草杆菌相同，唯独在酪氨酸培养基上产黑色素这一特性不同，该芽孢杆菌称枯草杆菌黑色变种（*Bacillus subtilis* var. *niger*）。

（3）“型” “型”是同种之内在某些特殊性质上有区别的类群。它们之间的区别不像亚种那样显著，所以“型”曾用于亚种以下的细分，但目前已废除。现在用“var.”代替“type”，常以“型”作后缀使用。例如，生物变异型表示特殊的生理特征，血清型表示抗原结构的不同，致病变异型表示某些宿主的专一致病性。这些等级在细菌分类中没有正式地位，但常有一定的实际用途。在真菌命名中，亚种以下的等级常用型、专化型和生理小种。专化型是指寄生于特定宿主的真菌种，生理小种则为种内根据生理特性或寄生性而划分的类型。

（4）培养物 它是指一定时间、一定空间内微生物的细胞群或生长物，如微生物斜面培养物或摇瓶培养物。如果某一培养物是由单一微生物细胞繁殖产生的细胞群体则称纯培养物。

（5）菌株 菌株又称品系。一个菌株是指由一个单细胞繁衍而来的克隆或无性繁殖系中的一个微生物或微生物群体。如果用实验方法（如通过诱变）所获得的某一菌株的变异型，则可以称为一个新的菌株，以便与原来的菌株相区别。自然界不存在两个绝对相同的个体，来源不同的个体在某些特性上总有一些细微的差异。同一种微生物可有许多菌株，所以菌株常用字母和编号来表示。例如，大肠杆菌 K_{12} 和大肠杆菌 B 分别表示大肠杆菌 K_{12} 菌株和大肠杆菌 B 菌株；枯草杆菌 AS 1.398 表示产蛋白酶高的枯草杆菌菌株。在上述表示菌株的符号中，有的是人名或地名，有的为收藏该模式菌株的菌种保藏机构的缩写。例如，AS 为中国科学院（Academia Sinica）的缩写。国内外著名菌种保藏机构有中国普通微生物菌种保藏管理中心（CGMCC）、美国典型菌种保藏中心（ATCC）、荷兰微生物菌种保藏中心（CBS）和日本大阪发酵研究所（IFO）。

二、微生物分类单元的命名

微生物的学名是某一菌种的科学名称，是按有关微生物分类的国际法规命名的。

微生物属名用表示其主要特征的拉丁文、拉丁化的名词或名词化的形容词表示，单数，词首字母大写，如 *Bacillus*（芽孢杆菌属）。亚属的命名与属名相同。前后有几个同属的学名，后面几个可缩写成一个或两三个字母，在其后加一个点，如 *Bacillus* 可缩写成 *B*.或 *Bac*.等。

微生物种的命名和高等生物一样采用林奈创立的“双名法”。学名由属名和种名加词构成，属名用表达该种微生物主要特征的拉丁文或拉丁化的名词，放在前面，词首字母大写。种加词用描述该种微生物次要特征的拉丁文或拉丁化的形容词等表示，字首一律小写，不得缩写。为避免上下文混乱，印刷时学名整个词组用斜体字。书写或打字时应在学名下画一横线，以表示它应是斜体字母。为避免同物异名或同名异物造成的混乱，有时在种名加词后还附有首次定名人（加括号）、现名定名人和现名定名年份，一般使用时这几部分可省略。即

学名＝属名＋种加词＋（首次定名人）＋现名定名人＋定名年份

（属名＋种加词：必要、用斜体字；（首次定名人）＋现名定名人＋定名年份：可省略，均用正体字）

例如，金黄色葡萄球菌的学名为 *Staphylococcus aureus* Rosenbach 1884；枯草杆菌的学名为 *Bacillus subtilis*（Ehrenberg）Cohn 1872。

有时泛指某一属而不特指某一具体的种（或没有种名）时，可在属名后加 sp.（表示单数）或 spp.（表示复数）。例如，*Bacillus* sp.表示一个尚未定种名的芽孢杆菌；*Bacillus* spp.表示若干尚未定种名的芽孢杆菌。

新种要在学名后加新分类单元的缩写词“sp. nov.”，如 *Methanobacterium espanolae* sp. nov.（埃斯帕诺拉甲烷杆菌，新种）。新属为 gen. nov.，新科为 fam. nov.，新目为 ord. nov.。

亚种采用三名法，在属名和种加词之后加 subsp.（正体），再附上亚种的名称加词。即

学名＝属名＋种加词＋（subsp.或 var.）＋亚种（或变种）加词

（属名＋种加词：用斜体字；（subsp.或 var.）：用正体字，可省略；亚种（或变种）加词：用斜体字）

例如，苏云金杆菌蜡螟亚种的学名为 *Bacillus thuringiensis* subsp. *galleriae*；蜡状芽孢杆菌荧光变种的学名为 *Bacillus cereus* var. *fluorescens*。

亚科、科以上分类单元的名称是用拉丁文或拉丁化的名词，首字母都要大写。其中细菌目、亚目、科、亚科、族和亚族等级的分类单元名称都有固定的词尾（后缀）。

第二节　微生物的分类方法

微生物个体微小、结构简单、种类繁多，其分类鉴定比高等生物更困难。要对一未知微生物分类鉴定先要获得该菌种的纯培养物，再对其形态、生理生化、生态、噬菌体的敏感性、血清学反应、遗传特性和分子生物学特性深入研究，在此基础上确定其分类地位。现代微生物分类中任何能稳定反映微生物种类特征的资料都有分类学意义，都可作分类鉴定的依据。

一、经典分类法

经典分类法中使用的经典表型指标很多，这些指标是微生物鉴定中最常用、最方便、最重要的数据，也是任何现代分类方法的基本依据。

1．形态特征　微生物的形态特征不仅易于观察和比较，而且依赖于多种基因的表达，

具有相对的稳定性，因此是微生物分类鉴定的重要依据。

（1）*个体形态* 包括细胞的大小、形状、排列方式、结构；能否运动，鞭毛的数量及着生的部位；有无芽孢，芽孢的大小、形状和着生部位；有无糖被、菌毛、菌鞘、附器等结构；细胞内含物的种类、数量、特点及分布；革兰氏染色反应、抗酸染色特性。放线菌和真菌繁殖结构的形状、结构，孢子的种类、数量、形状、大小、颜色、表面特征、着生方式等。这些个体形态特征都是重要的分类依据。病毒粒子的大小、形态或对称性、有无包膜、寄主范围、核酸类型和分子量、有无包含体及基因组的组分等都是病毒分类的依据。用电镜观察细胞壁与内膜系统、细胞及孢子表面等细微结构可为微生物分类提供更细致可靠的依据。

（2）*群体形态* 微生物的群体形态可通过固体培养、半固体培养和液体培养的特征反映。

固体培养基上观察菌落的大小、形状、厚薄、表面质地（光滑、粗糙、皱折、细小颗粒状）、透明度、湿润度、黏稠度、光泽度、易挑取性、隆起情况、边缘特征和正反面颜色等。

在半固体培养基中观察穿刺接种后的生长及运动情况；在液体培养基中观察培养液的颜色、气味、浑浊度，有无菌膜或菌环、沉淀及气泡等。

2．生理生化特征 它与微生物细胞代谢直接相关，是微生物分类、鉴定的重要依据。其检测方法与技术已有很大变化，效率和准确度提高。不同菌株生理生化特性比较实验须在同样条件下同时进行。

（1）*营养特征* 微生物对碳源、氮源和能源的利用能力不同，营养类型也不同。例如，能否利用多糖、双糖、单糖、脂肪酸、醇及二氧化碳作碳源和能源；能否利用蛋白质、蛋白胨、氨基酸、铵盐、硝酸盐或游离态氮。有的还需要供应某些生长因子等特殊物质才能生长。

（2）*代谢产物* 不同微生物因生理特性不同而产生不同的代谢产物。因此，可根据特征性的代谢产物鉴别菌种。例如，通过检查微生物能否产生有机酸、乙醇、碳氢化合物、气体及硫化氢等，能否分解色氨酸产生吲哚，能否分解糖产生乙酰甲基甲醇（3-羟基丁酮），能否使硝酸盐还原产生亚硝酸或氨，能否产生色素、抗生素等次级代谢产物来鉴别。

（3）*酶活性* 不同微生物产生酶的种类不同，由酶催化的反应特性也不同。因此，可观察是否有氧化酶、接触酶、脲酶、凝固酶、氨基酸脱羧酶、精氨酸双水解酶、苯丙氨酸脱氨酶及β-半乳糖苷酶等。常测定的有淀粉水解、油脂水解、酪素水解、明胶液化和滤纸崩解等。

（4）*在牛乳培养基中生长的反应* 不同的细菌对于牛乳中乳糖和蛋白质的分解利用不同。有些使牛乳中的乳糖发酵产酸，过多的酸使牛乳的蛋白质凝固；有些具有蛋白酶，可以使酪蛋白分解为蛋白胨（又称胨化）；另外一些细菌则把牛乳中的含氮物质分解成氨使牛乳变成碱性。因此，利用牛乳鉴定细菌，可观察牛乳是凝固还是胨化，是产酸还是产碱。

3．生态特征 微生物和其他生物的寄生和共生关系也是分类的依据。寄生和共生虽不是绝对的，但有一定的专一性。例如，根瘤菌属的分类主要以共生的对象作依据。微生物的致病性在分类上有一定参考价值，尤其在医学微生物的鉴定上更重要。微生物对氧气、温度、酸碱度、静水压力、盐度等环境因素的要求也是分类的依据。不同微生物要求的温度不同。因此，鉴定微生物要检查它们生长的最适温度、最低温度和最高温度。不同的微生物与氧气的关系也不同，有的好氧，有的厌氧，有的微量好氧，还有的是兼性厌氧和耐氧的。此外，微生物在自然界的分布情况，是否耐高渗，是否有嗜盐性等，有时也作分类的参考依据。

4．对噬菌体和药物的敏感性 噬菌体有严格的宿主范围，它不仅对种有特异性，而且对同种细菌的不同型也有特异性。葡萄球菌、肺炎链球菌和伤寒沙门菌均可用相应的噬菌体分型。通过观察带菌平板上产生的噬菌斑的形状、大小，在液体培养基中以是否使培养液由混浊变为澄清等作为分类鉴定依据。

同种内不同菌株的细菌对化学药物及抗生素的敏感性不同，临床上常用此法鉴别它们。例如，奥普托欣-奎宁的衍生物和胆酸盐对肺炎链球菌（*Streptococcus pneumoniae*）有毒，亲缘关系与它很近的绿色链球菌（*Streptococcus viridians*）对这两种物质却有很强的抗性。

5．血清学反应　血清学反应具有特异性强、灵敏度高、简便快速等优点，在微生物分类鉴定中，常用已知菌种、型或菌株制成抗血清，根据它是否与待鉴定的对象发生特异性结合反应鉴定未知菌种、型或菌株，并判断它们之间的亲缘关系。血清学反应主要适用于抗原结构同源程度高的微生物种内（及个别属内不同种）不同菌株血清型的划分。例如，根据鞭毛抗原（H 抗原）将苏云金杆菌分成 71 个血清型；根据荚膜多糖抗原将肺炎链球菌分成近百个血清型；根据菌体（O）抗原、H 抗原和表面（Vi）抗原将沙门菌属分成约 2000 个血清型等。

血清学反应也用于病毒的分类。例如，根据其蛋白抗原特异性不同，流感病毒可分为甲、乙、丙三型。甲型和乙型流感病毒的包膜上有血凝素（HA）和神经氨酸酶（NA）两种不同的包膜蛋白；丙型流感病毒只有一种蛋白（gp88）突起。而甲型流感病毒又按 HA 和 NA 抗原特异性不同分为若干亚型（H1～H15、N1～N9）。

此外，生活史特别是有性生殖情况等都可以作为分类鉴定的依据。

二、化学分类法

化学分类法是应用电泳、色谱和质谱等分析技术分析比较不同微生物细胞组分、代谢产物的组成等分类的方法。测定除核酸外的细胞物质成分是微生物化学分类法的重要内容。

1．细胞壁的化学成分　不同微生物细胞壁的化学组成不同。革兰氏阴性菌细胞壁的肽聚糖含量少，类型较一致，不宜作分类学指征；革兰氏阳性菌细胞壁的肽聚糖含量多，类型多，含有磷壁酸。革兰氏阳性菌中不同菌种肽聚糖的含量差异很大（30%～95%），结构和组分也因菌种而异。古菌没有典型的肽聚糖，据此可将细菌和古菌分开。分枝杆菌、诺卡菌和棒杆菌等属在形态、结构和细胞壁成分上难以区分，但发现它们细胞壁中分枝菌酸的碳链长度差异很大，分别是 80 个、50 个和 30 个碳原子，故可用于种属的分类。放线菌细胞壁化学组成按其所含氨基酸和糖的种类分成 9 种主要类型。细胞壁组分分析可用薄板层析法和高效液相色谱法。

2．全细胞水解液的糖型　放线菌全细胞水解液的糖型可分为阿拉伯糖和半乳糖、马杜拉糖、无糖、木糖和阿拉伯糖 4 类。

3．脂肪酸组成　微生物细胞的脂肪酸组成分析已用于细菌的分类鉴定。只要培养条件与分析方法（包括皂化、甲基化、提取与测试等）标准化，脂肪酸谱是稳定的，微生物细胞的脂肪酸组成分析已成为一种快速、准确的细菌分类鉴定方法。原核生物中不同种属的细胞脂肪酸组分的质有很大的区别，同种不同菌株的脂肪酸组分的量不同。例如，蓝细菌中鱼腥蓝细菌属与念珠蓝细菌属是两个关系密切的属，它们的成员形态相似。但气-液相质谱分析测定表明：它们所含的饱和脂肪酸及不饱和脂肪酸组成均有差异。类脂是细胞膜的主要成分。在原核微生物中，细菌具有酰基脂，以酯键相连接，最常见的是磷脂和甘油酯。古菌具有醚酯，以醚键连接。这样就可以将细菌与古菌分开。细胞膜上脂肪酸结构差异会间接影响细胞对环境的适应性、生理特性和形态等。用于微生物分类的细胞脂类有磷酸类脂、脂肪酸、醌类和分枝菌酸等。分枝菌酸是另一类在第二位碳原子上含有长链烷基、第三位碳原子上含有羟基的脂肪酸。能产生分枝菌酸的细菌有诺卡菌属、红球菌属（*Rhodococcus*）、冢村菌属（*Tsukaurella*）、棒杆菌属、分枝杆菌属和戈登菌属（*Gordona*）。与这 6 个属相关菌株的鉴定均需进行分枝菌酸组分的分析。脂肪酸组分的分析已成为原核微生物分类学不可缺少的内容。

4．磷脂、醌、多胺分析 磷脂是位于细菌、放线菌的细胞膜上的极性类脂，不同微生物中的磷脂组成是不同的。磷脂的种类很多，其中有8种可作为鉴定的指标：磷脂酰乙醇胺（PE）、磷脂酰肌醇（PI）、磷脂酰胆碱（PC）、磷脂酰丝氨酸（PS）、磷脂酰甘油（PG）、甘油磷脂酸（PA）、二磷脂酰甘油（DPG）和一种含葡糖胺未知结构的磷脂。放线菌有5种磷脂类型，包括PⅠ～PⅤ型。例如，诺卡菌属的特点是基内菌丝断裂，但因基内菌丝断裂迟缓（生长晚期断裂），所以从形态上很难与链霉菌属区分开来，而且诺卡菌属和链霉菌属的细胞壁化学组成又都为Ⅰ型。而用磷脂分析却很容易地将两个属区别开来。磷脂可用层析法定性检测。

醌是位于很多细菌、放线菌细胞膜中的非极性类脂，它们参与电子传递和氧化磷酸化。用于细菌分类的醌主要是甲基萘醌（维生素K）和泛醌（辅酶Q）。每种微生物都有一种主要的醌类成分。醌类结构中的异戊二烯侧链长度和氢饱和度的变化具有重要的分类学意义。

多胺分析在一些较小细菌类群中也是可用的化学分类指标。不同种属细菌其多胺的种类与含量有特征性差异。例如，黄单胞菌属（*Xanthomonas*）与植物致病假单胞菌及一些腐生假单胞菌，大多数特征都一样，用经典分类方法不易区别，利用多胺分析能快速将它们区别开来。黄单胞菌属的主要多胺是亚精胺，植物致病假单胞菌与腐生假单胞菌的主要多胺是腐胺。

5．蛋白质分析 用SDS-聚丙烯酰胺凝胶电泳（PAGE）分析微生物细胞蛋白质，已用于支原体、细菌、放线菌和真菌的种及种以下的分类鉴定。研究表明全细胞蛋白质分析和DNA-RNA杂交有高度相关性。常用的电泳方法有单向电泳和双向电泳，并用特定的计算机软件分析电泳图谱。

对核糖体蛋白质的研究可进行三个水平分类学研究，包括单向凝胶电泳比较核糖体蛋白质种类、双向凝胶电泳（2D-PAGE）测定AT-L30蛋白的相对电泳离行率（REM）和对组成核糖体蛋白质的氨基酸进行序列分析。

近年来通过分析细胞中执行生命必需功能的酶类、辅酶或关键的基因调控蛋白，研究系统发育和分类进化。与转录有关的酶和蛋白质有RNA聚合酶亚基、TATA结合蛋白和转录因子等。与DNA复制和修复有关的酶和蛋白质有DNA旋转酶、DNA聚合酶B、光修复酶和RecA蛋白等。与翻译有关的酶和蛋白质有延伸因子、氨酰tRNA合成酶等。与中心代谢有关的酶有甘油醛-3-磷酸脱氢酶、甘油醛-3-磷酸激酶、烯醇化酶和苹果酸脱氢酶等。

微生物化学分类中除以上常用组分特性外，对特殊微生物有其他特有组分的分类特征也可使用。例如，聚球蓝细菌（*Synechococcus* spp.）和原绿球藻（*Prochlorococcus* spp.）同属蓝细菌，但色素有差异，前者含有与高等植物相同的叶绿素，后者含有二乙烯基叶绿素（特殊叶绿素）。细胞色素分析在光合细菌分类中是不可缺少的内容。

三、遗传分类法

遗传分类法主要根据核酸分析得到的遗传相关性对微生物分类。它以微生物遗传物质的组成和结构相似程度为依据，能较客观地反映微生物间的亲缘关系和系统发育关系。目前，由于直接测定、分析其基因组序列，难度大、代价高，主要是通过DNA碱基组成测定和核酸分子杂交比较基因组，对微生物分类。

1．DNA碱基组成测定［（G+C）mol%］ DNA的碱基组成和排列顺序决定生物的遗传性状，所以DNA碱基组成是各种生物的一个稳定的特征。它不受菌龄及突变因素以外的外界环境因素的影响，即使个别基因突变碱基组成也不会发生明显变化。原核生物中（G+C）mol%为22%～80%。每一种生物的DNA都有特定的结构。微生物DNA碱基G+C含量的差异代表微生物种属间亲缘关系的远近。不同种的微生物DNA碱基对排列顺序不同，其（G+C）mol%值一般随种的不同而变化。一般认为，亲缘关系相近的种的碱基对排列顺序相近，其（G+C）mol%值也接近。但（G+C）mol%值接近的两个种的亲缘关系则不一定接近。例如，假单胞菌属和棒杆菌属DNA的（G+C）mol%值都是57%～70%。这种耦合只代表DNA碱基的百分比值，而不反映它们的碱基排列顺序。一般地，同一类微生物种内各菌株间的（G+C）mol%值可相差2.5%～4.0%，相差低于2%则没有分类学上的意义；若相差在5%以上可认为已是两个不同的种；如果相差超过10%则可考虑是不同属的微生物。DNA碱基组成测定已作为建立新的微生物分类单元的一项基本特征，对种、属甚至科的分类鉴定有重要意义。单纯根据（G+C）mol%含量判断，只能肯定数值不同者是不同种属的微生物，而不能肯定数值相同者是同一种或相近属的微生物。因此，在微生物分类鉴定中，DNA碱基组成测定一定要与其他表型特征相结合。

测定DNA（G+C）mol%的方法很多，常用的有热变性温度法、浮力密度法和高效液相色谱法。在细菌分类中，由于热变性温度法操作简单、重复性好而最常用。其基本原理：将DNA溶于一定离子强度的溶液中，加热到一定温度时两条核苷酸单链间的氢键开始逐渐被打开（DNA开始变性）、分离，使DNA溶液260nm紫外吸收明显增加，称DNA的增色效应。温度高达一定值时DNA完全分离成单链，此后继续升温DNA溶液的紫外吸收不再增加。DNA的热变性过程发生在一个狭窄的温度范围内，紫外吸收增加的中点值所对应的温度称该DNA的热变性温度或熔解温度（T_m）。DNA分子中GC碱基对间有三个氢键，AT碱基对只有两个氢键。细菌DNA分子G+C含量高，其双链结合就较牢固，使其分离成单链需较高的温度。一定离子浓度和一定pH的盐溶液中，DNA的T_m值与DNA的（G+C）mol%成正比。只要用紫外分光光度计测出一种DNA分子的T_m值就可计算出其（G+C）mol%值。不同方法测得的DNA（G+C）mol%值略有差异，描述（G+C）mol%值时要指明所用方法，以资比较。

2．核酸分子杂交法　微生物DNA的碱基排列顺序组成的遗传密码决定其一切表型特征。不同微生物DNA碱基排列顺序的异同直接反映其亲缘关系的远近，碱基排列顺序差异越小，其亲缘关系越近，反之亦然。由于碱基对的排列顺序不能由DNA（G+C）mol%值反映。目前分类学主要采用间接的比较法——核酸分子杂交法，简称核酸杂交，比较不同微生物DNA中碱基排列顺序的相似程度进行微生物的分类。核酸杂交主要是DNA-DNA杂交。

DNA-DNA杂交的原理：高温下DNA双链可离解成单链（变性），降温（退火）后互补的单链又可重新结合形成双链DNA（复性）。据DNA的这个特性将两个不同细菌的单链变性DNA混合，如果它们的同源程度很高，其碱基顺序相同，这些单链就结合成完整的双链，杂交率为100%。如果两者同源程度不高，仅部分核酸同源则单链部分结合，杂交率小于100%。不同微生物之间DNA同源程度越高其杂交率就越高（图11-1）。

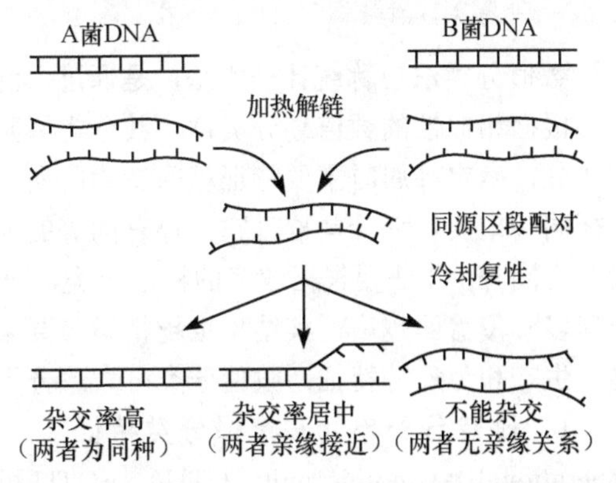

图11-1　DNA-DNA分子杂交测定核酸同源性的原理

核酸杂交的方法很多，主要有液相杂交和固相杂交两大类。常用固相杂交法，将待测菌株双链DNA离解成单链DNA，再固定在硝酸纤维素滤膜等固相支持物上，置入有经放射性同位素（如^{32}P或^{3}H）标记、酶切并解链的参照菌株单链DNA（探针）液中，在适宜条件下让它们在膜上复性，重新配对形成新的双链 DNA。洗去膜上未结合的标记 DNA 片段后测定杂合 DNA 放射性强度，以参照菌株复性的双链 DNA 的放射性强度为 100%，计算杂交率，确定菌株间的同源性。一般认为核酸杂交同源性小于 20%为不同的属，杂交同源性为 20%～70%时为属内相关的种，大于 70%的菌株为同种，大于 80%为同一亚种。用线粒体 DNA（mtDNA）分子杂交也可进行种内和种间的分类，且更灵敏。

3．16S rRNA 寡核苷酸的序列分析 它是研究生物进化较合适的方法：①16S（18S）rRNA 普遍存在于原核生物和真核生物细胞中，为合成蛋白质所必需，可用以比较它们在进化上的关系；②16S rRNA 有较重要并恒定的生理功能；③rRNA 的基因比较稳定；④16S rRNA 分子的某些碱基顺序比较保守，同时又有可变区段，具种间差异，有特异性；⑤16S rRNA 在细胞中含量大易于提取，基因长度（1540bp）适中，且信息量大又易于分析，适用于各级分类单元，是比较理想的研究材料。

16S rRNA 寡核苷酸序列分析依据的原理：用一种核糖核酸酶水解 rRNA 可产生一系列寡核苷酸片段。两种微生物亲缘关系越接近则其寡核苷酸片段的序列也越近，反之亦然。

分析方法：先将细胞培养在含 ^{32}P 的培养基中以标记 16S rRNA，再提取 ^{32}P 标记的 16S rRNA，并用 T1 核糖核酸酶分解成寡核苷酸片段。通过双向电泳法分离这些寡核苷酸片段，用放射自显影技术确定不同长度的寡核苷酸斑点在电泳图谱中的位置，据寡核苷酸在图谱中的位置可确定每个小片段寡核苷酸的碱基序列。对于不能确定序列的大片段核苷酸还需切下斑点，再用不同的核糖核酸酶或碱水解后进行二级分析，直至弄清所有片段的序列；将几个核苷酸片段按不同长度编目。现大多对 16S rRNA 的 PCR 扩增产物用自动测序仪测定其序列。一个种的 16S rRNA 的总体序列可按其长度编目、列表，汇编成“目录”，通过比较、计算、分析 16S rRNA 碱基序列的“目录”就可确定它与其他微生物间的亲缘关系。这些关系可通过成对微生物间的相似性系数 S_{AB} 值表示，$S_{AB}=2\times N_{AB}/(N_A+N_B)$，$N_{AB}$ 代表两菌所含相同寡核苷酸的碱基总数，N_A 和 N_B 分别代表两菌寡核苷酸所含碱基总数。S_{AB} 值越高遗传关系越近，用这些 S_{AB} 值可绘制出树状图（系统树），能较好地反映细菌类群间系统发育关系的相似值。

该法工作量大，操作复杂，所获信息量少，计算中易引起误差。rRNA 全序列分析法可克服这些不足。16S rRNA 序列差别大于 3%应是不同的种，差别大于 5%～7%应是不同的属。

四、数值分类法

数值分类法也称统计分类法，是通过广泛比较分类单元的性状特征，用计算机计算其相似性，根据相似性的数值划分类群。其分类原则不同于经典分类法：经典分类法的分类特征有主次之分，确定种属时主要特征相同者为同属，次要特征相同者为同种。此法强调所采用的分类特征同等重要，划分类群时它们都有同等的地位，确定种属时相似系数小者为同属，相似系数大者为同种；此法要根据较多的特征分类，一般要用 50 个以上甚至几百个特征比较，且所用特征越多，覆盖面越广，其结果也越精确。要采用相同的可比特征，包括形态、生理、生化、遗传、生态和免疫等特征。数值分类可大致分为 5 个步骤。

1．确定分类单元和选择分类特征 数值分类最低等级的分类单位称运算分类单元（operational taxonomic unit，OTU），OTU 可以是菌株也可是种或属等。应根据工作目的认真选择菌株，必须包括与该分类单元有关的分类单元的模式菌株，如有可能新分离的菌株与世界不同地区的菌株也包括在内。选择的性状不应少于 50 个。无意义性状和全同性状（如根瘤菌均为革兰氏阴性菌）不宜选用，相关性状如运动性与鞭毛不能同时选用。所选性状尽可能广泛且均匀地遍布于所研究的微生物的各个方面，如形态、生理生化、生态、遗传、免疫等。

2．性状编码　将测得的结果（阳性或阴性）转化成计算机能识别、运算的符号，如阳性结果用“＋”表示，阴性结果用“－”表示。性状编码后把它们排列成序号形成一个性状（原始数据）矩阵，再分别用 1（阳性）和 0（阴性）符号输入计算机。资料缺失用“N”表示。

3．计算相似系数　计算机用专门编码的程序对 OTU 进行两两比较，最后计算出 OTU 间总的相似系数。相似系数常用 S_{sm}（匹配系数）和 S_j（相关系数）表示，S_{sm} 量度相似性包含正反应和负反应性状，S_j 主要量度距离系数差异，仅包含正反应性状。S_{sm} 和 S_j 的计算公式：

$$S_{sm}=\frac{a+d}{a+b+c+d},\ S_j=\frac{a}{a+b+c}$$

式中，a 表示两个菌株的性状编码均为“1”的个数；b 表示一个菌株的性状编码为“1”，另一个菌株的性状编码为“0”的个数；c 表示一个菌株的性状编码为“0”，另一个为“1”的个数；d 表示两个菌株的性状编码均为“0”的个数。

4．列出相似度矩阵　由计算机计算各 OTU 间相似性并据相似性数值（百分数）分群归类，得相似度矩阵即 S 矩阵。例如，对 10 个菌株数值分类，经系统聚类得图 11-2A 所示 S 矩阵。

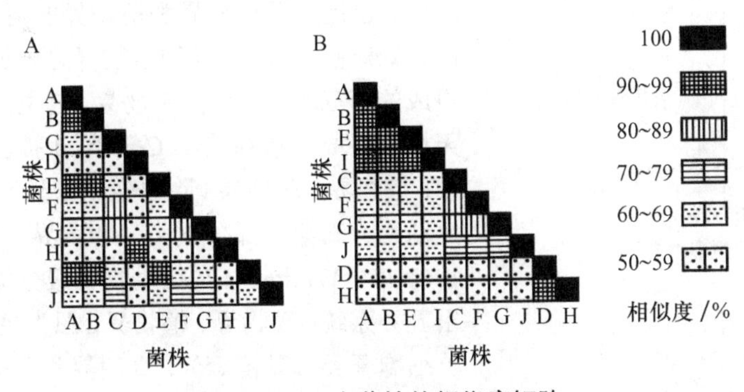

图 11-2　10 个菌株的相似度矩阵

5．系统聚类和结果表示　数值分类结果可用多种方法表示，树状谱图直观明确，最常用。从图 11-2A 的 S 矩阵看不出这 10 个菌株的相互关系，需对矩阵重新处理，将相似度高的和低的分别列在一起，得到图 11-2B 的矩阵。再由此矩阵转换成能显示这 10 个菌株相互关系的树状谱（图 11-3）。图 11-3 中垂直、虚线表示各菌株相似度水平，可作属与种不同层次的分类单元。此法是按大量表型特征总相似性分类，其结果不能直接反映系统发育的自然规律，由此法获得的类群只能称表观群，不能作严格的分类单元。约 80%相似度的表观群相当于种。

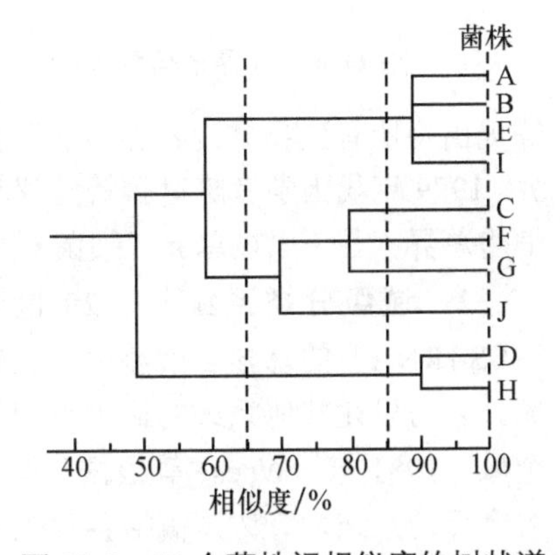

图 11-3　10 个菌株间相似度的树状谱

我国学者开发了微生物分类单元整合和检索平台，整合了 4 家的分类单元数据库，并提出分类单元的变更历史信息，通过 web 方式将整合的数据和信息供微生物工作者使用和参考。

此法分析大量表型特征对类群划分较客观和稳定，促进对细菌的全面考察，为细菌分类鉴定积累大量资料。肠道细菌和放线菌等的数值分类结果与经典分类法吻合。用此法对细菌分类定种或定属时还应做有关菌株的 DNA（G＋C）mol%值和 DNA 杂交等，以进一步确证。

第三节 微生物的分类系统

一、生物的分类系统

1．界级分类系统 随着生物科学的发展，对生物的分界产生了不同的观点和方法。早期根据生物的形态和生理特征将生物分为动物界和植物界两类，20 世纪 60 年代又根据细胞核的结构把生物分为原核生物和真核生物两类。随着对微生物认识的逐步深化，生物的分界又出现了三界、四界、五界和六界的分类系统。这些分类系统主要依靠生物整体及细胞形态学特征和某些生理特征等作推断生物亲缘关系的指征。

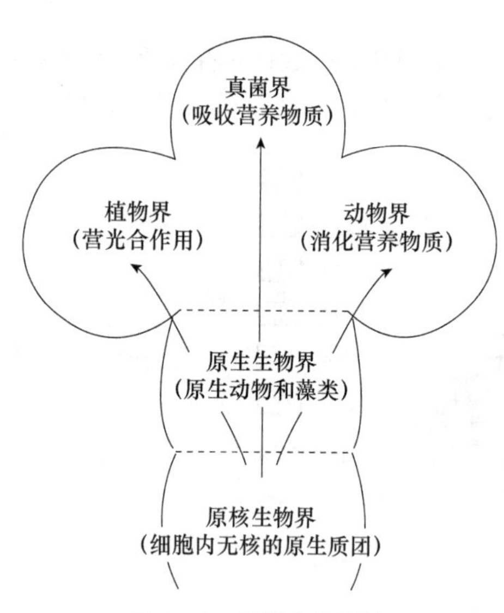

图 11-4 五界分类系统

世界上对生物分类最早的文字记载是我国两千多年前的《周礼》等典籍，明确将生物分为植物和动物，并进一步细分为很多种类。1753 年，林奈在《植物种志》中也提出了动物界和植物界的两界系统。1866 年，Haeckel 建议在动物界和植物界之外加一个由低等生物组成的第三界——原生生物界，它主要由单细胞生物及无核类组成。1938 年，Copeland 提出生物分类四界系统：植物界、动物界（除原生动物外）、原始生物界（原生动物、真菌、部分藻类）和菌界（细菌、蓝细菌）。1969 年，Whittaker 在《生物界级分类的新观点》中提出五界系统：动物界、植物界、原生生物界（原生动物、单细胞藻类和黏菌等）、真菌界和原核生物界（包括细菌、蓝细菌）（图 11-4）。1949 年，Jahn 提出一种六界系统：后生动物界、后生植物界、真菌界、原生生物界、原核生物界和病毒界。1977 年，我国学者王大耜等提出将所有生物分为六界：病毒界、原核生物界、真核原生生物界、真菌界、植物界和动物界。1979 年我国学者陈世骧等建议将生物先按发展阶段分为三总界，再据特性分成五界：Ⅰ. 非细胞总界；Ⅱ. 原核总界（细菌界和蓝细菌界）；Ⅲ. 真核总界（植物界、真菌界和动物界）。

2．域级分类系统 20 世纪 70 年代末 Woese 等对微生物和其他生物 16S rRNA（18S rRNA）的寡核苷酸测序，比较其同源性，将生物分为三域：古菌域、细菌域和真核生物域。它与以往其他系统的最大差别是把原核生物分成两个域，与真核生物一起构成生物界的三个域。1981 年，Woese 等根据某些生物 16S rRNA（18S rRNA）序列比较，绘制一个涵盖整个生物界的系统发育树，概括各种生物之间的亲缘关系（图 11-5）。

系统发育树有根，根代表进化时间的一个点，它揭示所有生物有一个共同的祖先，否定真核生物起源于原核生物的传统认识。它表明从祖先开始的进化最初先分成两支，一支发展为细菌（真细菌）；另一支是古菌和真核生物分支，进一步分叉分别发展成古菌和真核生物。它表明原核生物的古菌与真核生物属姐妹群，它们之间的亲缘关系较近，与同属原核生物的真细菌亲缘关系较远。古菌分支节点离根部最近，其分支距离最短，表明它是生物中进化程度最低的原始类群，真核生物已远离祖先，其原始特征最少，是进化程度最高的生物种类。

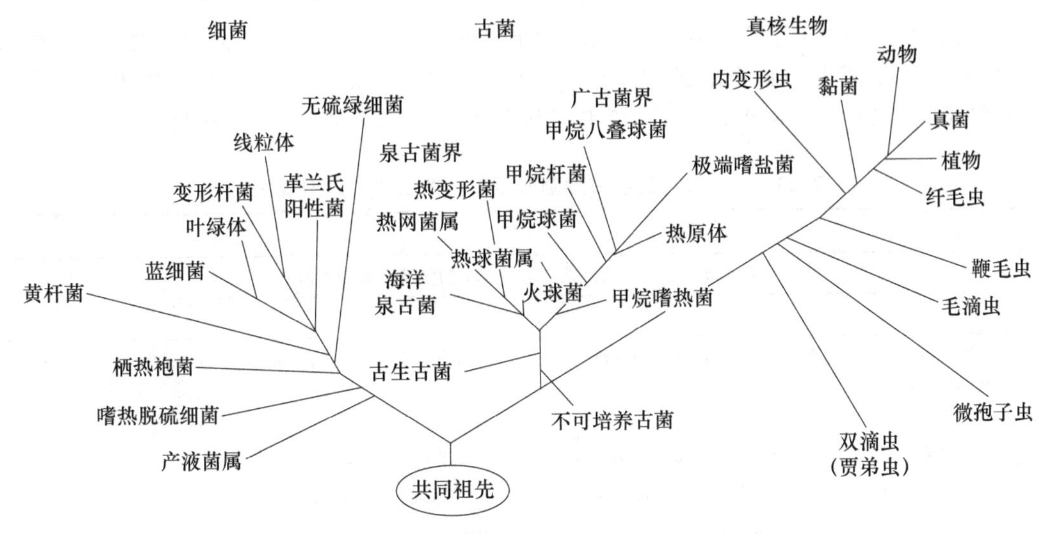

图 11-5　三域学说及学说发育树

很多人仍坚持认为：原核与真核的区分是生物界最根本、有进化意义的分类法则；与有丰富多样性的真核生物相比，古菌与细菌的差异远未大到需要改变二分法则的程度；已知许多真核生物的基因组及其表达的功能蛋白更接近于细菌而不接近于古菌；16S rRNA 或 18S rRNA 的分子进化很难代表整个基因组的分子进化；比较古菌和其他生物合成胞苷三磷酸的酶，发现古菌不是独立的一群。随着生物科学研究的深入，“三域学说”肯定还会遇到更多、更大的新挑战。

二、细菌的分类系统

20 世纪 60 年代以前，许多细菌分类学家曾对细菌做过全面分类，提出较有影响的细菌分类系统。例如，德国 Lehmann 和 Neumann 的《细菌分类图说》（1896 年）、苏联克拉西尔尼可夫著的《细菌和放线菌的鉴定》（1949 年）、法国普雷沃（Prevot）著的《细菌分类学》（1961 年）及 Starr 等编写的《原核生物》（1981 年第一版，1992 年第二版）等。70 年代后对细菌分类影响较大的是《伯杰氏手册》。伯杰（Bergey）及其同事于 1923 年编写《伯杰氏鉴定细菌学手册》（*Bergey's Manual of Determinative Bacteriology*）。1957 年第七版后吸收国际上细菌分类学家参加编写。1984～1989 年分四卷出版《伯杰氏系统细菌学手册》（*Bergey's Manual of Systematic Bacteriology*）（第一版）。

《伯杰氏系统细菌学手册（第二版）》于 2001～2007 年分五卷发行。其细菌系统发育资料较零碎，相当部分类群未能进行科、目等级分类，对纲、门、界水平的分类仅提出初步的讨论意见，未能按界、门、纲、目、科、属、种系统分类体系安排，没有全面的分类大纲，缺乏系统性；仅限于种、属特征的描述和比较；某些类群中核酸序列特征与某些重要的表型特征矛盾，给主要按表型特征进行的细菌鉴定带来新的困难。其按实际需要主要根据表型特征将原核生物分为 30 个组。

第一卷：1～14 组，包括古菌、蓝细菌、光合细菌和系统发育最早分支的细菌。

第二卷：15～19 组，包括变形杆菌（含革兰氏阴性真细菌类）。

第三卷：20～22 组，包括低（G+C）mol%值（50mol %以下）的革兰氏阳性菌。

第四卷：23 组，包括高（G+C）mol%值（50mol %以上）的革兰氏阳性菌（放线菌）。

第五卷：24～30 组，包括浮霉状菌、螺旋体、丝状杆菌、拟杆菌、梭杆菌及衣原体等 G^-菌。

《伯杰氏系统细菌学手册》第二版与第一版最大的区别是将原核生物分为古菌域和细菌域，主要是基于系统发育资料而不是表型特征。古菌域分 2 门、9 纲、13 目、23 科和 79 属，共 289 个种；细菌域分 25 门、34 纲、78 目、230 科和 1227 属，共 6740 个种（表 11-1）。

表 11-1 《伯杰氏系统细菌学手册（第二版）》分类大纲

门	纲	代表属
第一卷 古菌、蓝细菌、最早分支的细菌及光和细菌		
古菌域（Archaea）		
1．泉古菌门（Crenarchaeota）	热变形菌纲（Thermoprotei）	热变形菌属（*Thermoproteus*）、热网菌属（*Pyrodictium*）、硫化叶菌属（*Sulfolobus*）、硫还原球菌属（*Desulfurococcus*）
2．广古菌门（Euryarchaeota）	甲烷杆菌纲（Methanobacteria）	甲烷杆菌属（*Methanobacterium*）
	甲烷球菌纲（Methanococci）	甲烷球菌属（*Methanococcus*）
	甲烷微球纲（Methanomicrobia）	甲烷微球菌属（*Methanomicroccus*）
	盐杆菌纲（Halobacteria）	盐杆菌属（*Halobacterium*）、盐球菌属（*Halococcus*）
	热原体纲（Thermoplasmata）	热原体属（*Thermoplasma*）、嗜酸菌属（*Picrophilus*）
	热球菌纲（Thermococci）	热球菌属（*Thermococcus*） 火球菌属（*Pyrococcus*）
	古球菌纲（Archaeoglobi）	古球菌属（*Archaeoglobus*）
	甲烷嗜高热菌纲（Methanopyri）	甲烷嗜高热菌属（*Methanopyrus*）
细菌域（Bacteria）		
1．产液菌门（Aquificae）	产液菌纲（Aquificae）	产液菌属（*Aquifex*）、氢杆菌属（*Hydrogenobacter*）
2．热袍菌门（Thermotogae）	热袍菌纲（Thermotogae）	热袍菌属（*Thermotoga*）、地袍菌属（*Geotoga*）
3．热脱硫杆菌门（Thermodesulfobacteria）	热脱硫杆菌纲（Thermodesulfobacteria）	热脱硫杆菌属（*Thermodesulfobacterium*）
4．异常球菌-栖热菌门（Deinococcus-Thermus）	异常球菌纲（Deinococcus）	异常球菌属（*Deinococcus*）、栖热菌属（*Thermus*）
5．产金色菌门（Chrysiogenetes）	产金色菌纲（Chrysiogenetes）	产金色菌属（*Chrysiogenes*）
6．绿屈挠菌门（Chloroflexi）	绿屈挠菌纲（Chloroflexi）	绿屈挠菌属（*Chloroflexus*）、滑柱菌属（*Herpetosiphon*）
7．热微菌门（Thermomicrobia）	热微菌纲（Thermomicrobia）	热微菌属（*Thermomicrobium*）
8．硝化刺菌门（Nitrospira）	硝化刺菌纲（Nitrospira）	硝化刺菌属（*Nitrospira*）
9．铁还原杆菌门（Deferribacteres）	铁还原杆菌纲（Deferribacteres）	铁还原杆菌属（*Deferribacter*）、地弧菌属（*Geovibrio*）
10．蓝细菌门（Cyanobacteria）	蓝细菌纲（Cyanobacteria）	颤蓝细菌属（*Oscillatoria*）、螺旋蓝细菌属（*Spirulina*）、原绿蓝细菌属（*Prochloron*）、念珠蓝细菌属（*Nostoc*）、鱼腥蓝细菌属（*Anabaena*）、真枝蓝细菌属（*Stigonema*）、宽球蓝细菌属（*Pleurocapsa*）、管孢蓝细菌属（*Chamaesiphon*）
11．绿菌门（Chlorobi）	绿菌纲（Chlorobia）	绿菌属（*Chlorobium*）、暗网菌属（*Pelodictyon*）

续表

门	纲	代表属
第二卷　变形杆菌		
12．变形杆菌门（Proteobacteria）	α-变形杆菌纲（α-proteobacteria）	红螺菌属（*Rhodospirillum*）、立克次体属（*Rickettsia*）、红细菌属（*Rhodobacter*）、葡糖杆菌属（*Gluconobacter*）、布鲁菌属（*Brucella*）、土壤杆菌属（*Agrobacterium*）、甲基杆菌属（*Methylobacterium*）、根瘤菌属（*Rhizobium*）、柄杆菌属（*Caulobacter*）、醋杆菌属（*Acetobacter*）、拜叶林克菌属（*Beijerinckia*）、硝化杆菌属（*Nitrobacter*）、红假单胞菌属（*Rhodopseudomonas*）、生丝微菌属（*Hyphomicrobium*）、发酵单胞菌属（*Zymomonas*）
	β-变形杆菌纲（β-proteobacteria）	产碱杆菌属（*Alcaligenes*）、球衣菌属（*Sphaerotilus*）、硫杆菌属（*Thiobacillus*）、奈瑟球菌属（*Neisseria*）、亚硝化单胞菌属（*Nitrosomonas*）、螺菌属（*Spirillum*）、伯克霍尔德菌属
	γ-变形杆菌纲（γ-proteobacteria）	着色菌属（*Chromatium*）、黄单胞菌属（*Xanthomonas*）、军团菌属（*Legionella*）、甲基球菌属（*Methylococcus*）、海洋螺菌属（*Oceanospirillum*）、硫发菌属（*Thiothrix*）、假单胞菌属（*Pseudomonas*）、气单胞菌属（*Aeromonas*）、弧菌属（*Vibrio*）、外红螺菌属（*Ectothiorhodospira*）、肠杆菌属（*Enterobacter*）、巴氏杆菌属（*Pasteurella*）、固氮菌属（*Azotobacter*）、莫拉菌属（*Moraxella*）、埃希菌属（*Escherichia*）、克雷伯菌属（*Klebsiella*）、变形菌属（*Proteus*）、沙门菌属（*Salmonella*）、沙雷菌属（*Serratia*）、志贺菌属（*Shigella*）、耶尔森菌属（*Yersinia*）、嗜血杆菌属（*Haemophilus*）
	δ-变形杆菌纲（δ-proteobacteria）	脱硫弧菌属（*Desulfovibrio*）、脱硫菌属（*Desulfurella*）、脱硫杆菌属（*Desulfobacter*）、蛭弧菌属（*Bdellovibrio*）、脱硫单胞菌属（*Desulfuromonas*）、孢囊杆菌属（*Cystobacter*）、多囊菌属（*Polyangium*）、黏球菌属（*Myxococcus*）
	ε-变形杆菌纲（ε-proteobacteria）	弯曲杆菌属（*Campylobacter*）、螺杆菌属（*Helicobacter*）
第三卷　低（G+C）mol%值的革兰氏阳性菌		
13．厚壁菌门（Firmicutes）	梭菌纲（Clostridia）	梭菌属（*Clostridium*）、八叠球菌属（*Sarcina*）、消化链球菌属（*Peptostreptococcus*）、真杆菌属（*Eubacterium*）、消化球菌属（*Peptococcus*）、脱硫肠状菌属（*Desulfotomaculum*）、韦荣球菌属（*Veillonella*）
	柔膜菌纲（Mollicutes）	支原体属（*Mycoplasma*）、螺原体属（*Spiroplasma*）、无胆甾原体属（*Acholeplasma*）、脲原体属（*Ureaplasma*）
	芽孢杆菌纲（Bacilli）	芽孢杆菌属（*Bacillus*）、乳杆菌属（*Lactobacillus*）、动性球菌属（*Planococcus*）、芽孢八叠球菌属（*Sporosarcina*）、显核菌属（*Caryophanon*）、李斯特菌属（*Listeria*）、葡萄球菌属（*Staphylococcus*）、芽孢乳杆菌属（*Sporolactobacillus*）、类芽孢杆菌属（*Paenibacillus*）、高温放线菌属（*Thermoactinomyces*）、气球菌属（*Aerococcus*）、肠球菌属（*Enterococcus*）、明串珠菌属（*Leuconostoc*）、链球菌属（*Streptococcus*）

续表

门	纲	代表属
第四卷　高（G+C）mol%值的革兰氏阳性菌		
14．放线菌门（Actinobacteria）	放线菌纲（Actinobacteria）	放线菌属（*Actinomyces*）、微球菌属（*Micrococcus*）、节杆菌属（*Arthrobacter*）、短杆菌属（*Brevibacterium*）、纤维单胞菌属（*Cellulomonas*）、嗜皮菌属（*Dermatophilus*）、微杆菌属（*Microbacterium*）、棒杆菌属（*Corynebacterium*）、分枝杆菌属（*Mycobacterium*）、诺卡菌属（*Nocardia*）、小单孢菌属（*Micromonospora*）、游动放线菌属（*Actinoplanes*）、丙酸杆菌属（*Propionibacterium*）、假诺卡菌属（*Pseudonocardia*）、链轮丝菌属（*Streptoverticillum*）、链孢囊菌属（*Streptosporangium*）、小双孢菌属（*Microbispora*）、高温单胞菌属（*Thermomonospora*）、弗兰克菌属（*Frankia*）、链霉菌属（*Streptomyces*）、双歧杆菌属（*Bifidobacterium*）
第五卷　浮霉状菌、衣原体、螺旋体、丝状杆菌、拟杆菌和梭杆菌等		
15．浮霉状菌门（Planctomycetes）	浮霉状菌纲（Planctomycetacia）	浮霉状菌属（*Planctomyces*）
16．衣原体门（Chlamydiae）	衣原体纲（Chlamydiae）	衣原体属（*Chlamydia*）
17．螺旋体门（Spirochaetes）	螺旋体纲（Spirochaetes）	螺旋体属（*Spirochaeta*）、疏螺旋体属（*Borrelia*）、密螺旋体属（*Treponema*）、钩端螺旋体属（*Leptospira*）
18．丝状杆菌门（Fibrobacteres）	丝状杆菌纲（Fibrobacteres）	丝状杆菌属（*Fibrobacter*）
19．酸杆菌门（Acidobacteria）	酸杆菌纲（Acidobacteria）	酸杆菌属（*Acidobacterium*）
20．拟杆菌门（Bacteroidetes）	拟杆菌纲（Bacteroides）	拟杆菌属（*Bacteroides*）
	黄杆菌纲（Flavobacteria）	黄杆菌属（*Flavobacterium*）
	鞘氨醇杆菌纲（Sphingobacteria）	泉发菌属（*Crenothrix*）、屈挠杆菌属（*Flexibacter*）、噬纤维菌属（*Cytophaga*）、鞘氨醇杆菌属（*Sphingobacterium*）
21．梭杆菌门（Fusobacteria）	梭杆菌纲（Fusobacteria）	梭杆菌属（*Fusobacterium*）、链杆菌属（*Streptobacillus*）
22．疣微菌门（Verrucomicrobia）	疣微菌纲　（Verrucomicrobiae）	疣微菌属（*Verrucomicrobium*）、突柄杆菌属（*Prosthecobacter*）
23．网球菌门（Dictyoglomi）	网菌纲（Dictyoglomi）	网球菌属（*Dictyoglomus*）
24．出芽单胞菌门（Gemmatimonadetes）	出芽单胞菌纲（Gemmatimonadetes）	出芽单胞菌属（*Gemmatimonas*）

注：本表中仅列出细菌域的 24 门

三、真菌的分类系统

以细菌为代表的原核微生物的分类与鉴定的方法和技术同样适用于真菌。酵母菌的分类与鉴定及发表新种的标准很接近原核微生物。真菌特别是丝状真菌的形态特征和生殖结构比细菌复杂；真菌染色体 DNA 分子较大，结构复杂，全基因组序列测定不多。真菌的分类与鉴定中，形态学特别是孢子及子实体方面要求获得更详细的信息。目前已鉴定的真菌为 14.4 万种（2018

年），绝大多数是以形态、细胞结构、生理生化、生殖和生态等方面的特征为主要依据分类。现代生物分类最明显的趋势是用分子生物学方法和技术研究生物间的亲缘关系，揭示其系统发育。真菌的分类逐渐吸收分子鉴定和分类的理论和方法，不只基于表型特征作分类的依据。真菌分类中常用的分子生物学方法有DNA碱基组成［（G+C）mol%］、核酸分子杂交、随机引物扩增多态性DNA（RAPD）、限制性片段长度多态性（RFLP）、脉冲电场凝胶电泳（PFGE）、核糖体小亚基18s rDNA（或rRNA基因）序列分析和核糖体各亚基间隔区的序列分析等。真菌的命名根据《国际藻类、真菌和植物命名法则》进行。

真菌的分类系统较多，有Martin（1950年）、Ainsworth（1966年）、Whittaker（1969年）、Margulis（1974年）、Leedale（1974年）、Smith（1975年）和Alexopoulos（1979年）等分类系统。目前多数真菌学者趋向于应用Ainsworth等建立的分类系统。Ainsworth（1983年）第七版分类系统将真菌界分成黏菌门和真菌门。根据其营养方式、细胞壁成分和形态等特点将真菌归属于真菌门，根据有性孢子类型、菌丝隔膜有无等性状又分5个亚门，能反映一定的系统发育关系。与过去比较，其最重要的变化是将形成地衣的真菌全部并入该分类系统，因为这些真菌是生物学类群，并不是分类和进化的类群。在子囊菌亚门内去掉纲这一高级分类单元，这是因该亚门在分纲时遇到困难而采取的临时措施。在担子菌亚门中确定锈菌纲和黑粉菌纲，取消芽孢纲。现将Ainsworth（1983年）第七版分类系统介绍如下。

真菌界（Fungi）

1．黏菌门（Myxomycota）

（1）集孢菌纲（Acrasiomycetes）

（2）黏菌纲（Myxomycetes）

2．真菌门（Eumycota）

（1）鞭毛菌亚门（Mastigomycotina）

1）壶菌纲（Chytridiomycetes）

2）丝壶菌纲（Hyphochytridiomycetes）

3）卵菌纲（Oomycetes）

（2）接合菌亚门（Zygomycotina）

1）接合菌纲（Zygomycetes）

2）毛菌纲（Trichomycetes）

（3）子囊菌亚门（Ascomycotina）

（4）担子菌亚门（Basidiomycotina）

1）层菌纲（Hymenomycetes）

2）腹菌纲（Gasteromycetes）

3）锈菌纲（Uredinomycetes）

4）黑粉菌纲（Ustilaginomycetes）

（5）半知菌亚门（Deuteromycotina）

1）腔孢菌纲（Coelomycetes）

2）丝孢菌纲（Hyphomycetes）

1989年，Cavalier Smith提出生物的八界系统对五界系统中的真菌界作了调整，使八界系统中的真菌界仅包括壶菌、接合菌、子囊菌和担子菌即纯真菌。1995年，英国真菌研究所出版的《安·贝氏真菌字典（第八版）》吸收了生物八界系统的思想，根据rRNA序列、DNA碱基组成、细胞壁组分及生物化学反应分析等结果，将原来的真菌界分为原生动物界、藻界（假菌界）和真菌界。其中真菌界仅包括壶菌门、接合菌门、子囊菌门和担子菌门4个门，将原来的半知菌改称有丝分裂孢子真菌。该所2008年出版的《真菌词典（第十版）》对以前的分类系统又作了很大的调整，现介绍如下。

真菌界（Fungi）

1．壶菌门（Chytridiomycota）

（1）壶菌纲（Chytridiomycetes）

（2）单毛壶菌纲（Monoblepharidomycetes）

2．芽枝霉门（Blastocladiomycota）

（1）芽枝霉纲（Blastocladiomycetes）

3．新美鞭菌门（Neocallimastigomycota）

（1）新美鞭菌纲（Neocallimastigomycetes）

4．球囊菌门（Glomeromycota）

（1）球囊菌纲（Glomeromycetes）

5．接合菌门（Zygomycota）

（1）接合菌纲（Zygomycetes）

（2）虫霉菌亚门（Entomophthoromycotina）

（3）梳霉菌亚门（Kickxellomycotina）

（4）毛霉菌亚门（Mucoromycotina）

（5）捕虫霉菌亚门（Zoopagomycotina）

6．子囊菌门（Ascomycota）

（1）盘菌亚门（Pezizomycotina，即子囊菌亚门 Ascomycotina）

（2）酵母菌亚门（Saccharomycotina）

（3）外囊菌亚门（Taphrinomycotina）

7．担子菌门（Basidiomycota）

（1）伞菌亚门（Agaricomycotina）

（2）柄锈菌亚门（Pucciniomycotina）

（3）黑粉菌亚门（Ustilaginomycotina）

（4）节担菌纲（Wallemiomycetes，归属亚门未定）

20世纪90年代初我国学术界提出以“菌物”代替过去普遍应用但含义不够确切的“真菌”的建议。现认为，菌物和真菌的关系是菌物界（Mycetalia 即广义 Fungi）包括黏菌门（Myxomycota）、假菌门（Chromista，指卵菌类）、真菌门（Eumycota；true Fungi，即狭义 Fungi）。

第四节 微生物的鉴定

一、常规鉴定

菌种鉴定是微生物学实验室一项经常性的基础工作。鉴定微生物的工作包括三项内容：①获得该微生物的纯培养物；②测定一系列必要的鉴定指标；③查找权威性的菌种鉴定手册。

微生物鉴定要采用一系列标准，从一般鉴定到特殊鉴定。不同微生物都有各自不同的重点鉴定指标。例如，鉴定形态特征较丰富、细胞体积较大的真菌等微生物时常以其形态特征特别是孢子的特征为主要指标；鉴定放线菌和酵母菌时形态特征与生理特征兼用；鉴定形态特征较缺乏的细菌则需使用生理、生化和遗传等指标；鉴定属于非细胞生物类的病毒除使用电子显微镜和各种生化、免疫等技术外，还要使用致病性等一些独特的指标和方法。因此，鉴定工作是有针对性的，有许多微生物种类（如许多重要的致病菌）可能有规范的检测鉴定方法。如果没有现成的方法，就需要查阅有关资料，根据鉴定目的菌种的鉴别性特征进行鉴定。

现以细菌为例简述常规鉴定大致步骤：首先获得未知细菌的纯培养物，掌握该菌株的一些基本特征，如细胞的形态、革兰氏染色及其他突出的形态学特征；营养类型、需氧性等突出的生理生化特征。在此基础上查阅分类（鉴定）手册或有关资料，确定该菌株属于哪一大类，然后利用资料中有关该类群的分类检索表或特征比较表等资料中所提供的鉴别特征，进行特征测定。再根据测定结果查对检索表或有关特征描述，逐步缩小菌株的归属范围，初步确定菌株所归属的科、属。如果需要将菌株鉴定到种，则需进一步查阅有关属的分种检索表或有关该属分种的鉴别特征资料，进行进一步的鉴定，最后初步确定其归属的种。实际上，开始鉴定时可根据许多独有的特征就能很快定出种名。

常规的鉴定方法，工作量十分浩大、烦琐，而且对技术熟练度的要求也很高。因此在整个鉴定过程中，尽可能利用快速鉴定方法，以加快鉴定进程。需要指出的是，要使鉴定结果正确，必须注意查阅较新的文献资料和正确使用特征测定方法。如果鉴定结果涉及建立新的分类单元（如新属、新种），还要查阅最新文献资料并进行包括基因型特征在内的全面鉴定。

微生物鉴定的目的在大多数情况下主要是实用，故要求鉴定方法尽可能简便、快速、实用、经济。传统分类鉴定方法往往都是采用易于检测、设备技术条件及经济成本要求较低的表型特征，所以，一般实验室开展微生物鉴定不存在太大的困难。随着分类学的迅速发展，微生物越来越多地以核酸序列资料建立新的分类单元，并对原有的分类单元进行调整。

二、快速鉴定

微型、简便、快速、准确及自动鉴定微生物一直是微生物相关领域，特别是临床医学等努力实现的目标。随着微电子、计算机、分子生物学、物理和化学等先进技术向微生物学的渗透和多学科的交叉，出现了许多快速、准确、敏感、简易、自动化的微生物鉴定技术，它们不但加快普及菌种鉴定技术，而且还提高工作效率。国内外已有标准化的鉴定系统出售。例如，鉴定细菌用的 API 细菌数值鉴定系统、Enterotube 系统和 Biolog 系统等。我国已有多种成套的细菌鉴定系统，如中国人民解放军一八一医院的厌氧菌快速生化鉴定系列 ARB-ID、上海市疾控中心的发酵性革兰氏阴性杆菌鉴定系统 SWF-A、开封医学生物研究所的肠杆菌科细菌鉴定卡 E-15、深圳华士达生物科技有限公司的肠杆菌科细菌生化鉴定卡 ENT 等。

（一）微量生化法

1. API 细菌数值鉴定系统 其基本原理是根据微生物的生理生化特征配制系列培养基、反应底物、试剂等，分别微量（约 0.1mL）加入不同分隔室中（或用小圆纸片吸收），冷冻干燥脱水，各分隔室在同一塑料板上构成鉴定卡（图 11-6）。试验时加入待测菌液培养 2～48h，观察鉴定卡上各项反应，包括显色反应、浑浊度等，将结果记在相应的表格中，按判断表判定试验结果，再加细胞形态、大小、运动性、产色素、溶血性、过氧化氢酶、芽孢有无、革兰氏染色等指标，按规定对结果编码，查检索表（按数值分类原理编制），得到鉴定结果。或将编码输入计算机，用按数值分类原理编制的软件鉴定，并打印出结果。API 细菌数值鉴定系统可鉴定的细菌约 700 种，使用前可根据鉴定对象选购相应的产品，如肠道细菌鉴定可用 API-20E（“20”表示管数，“E”表示肠道细菌）。此鉴定系统已用于动植物检疫、临床检验、食品卫生、药物检查、环境监测、发酵控制和生态研究等方面。

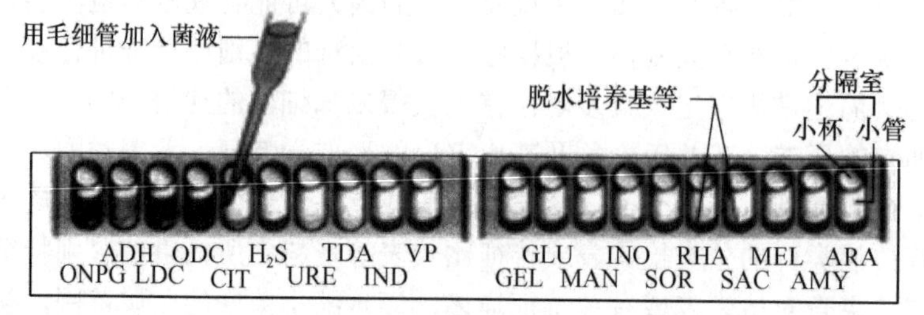

图 11-6 API-20E 鉴定卡示意图

英文缩写代表不同培养基

2．Enterotube（肠管）系统 由 8～12 个分隔室的一根塑料管制成，面上覆盖塑料薄膜以防杂菌污染。各分隔室有不同的固体斜面培养基，能检验微生物的 15 种生理生化反应（有的室中培养基能观察到两种生化反应），分隔室有孔由一条接种用金属丝纵贯其中，接种丝两端突出在塑料管外，使用前有塑料帽盖着，像一根火腿肠（图 11-7）。鉴定一未知菌时把一端塑料帽取下，用此端接种丝蘸取待检菌落，在另一端拉出接种丝，再回复原状，使每个小室的培养基都接上菌种。培养后按与 API 细菌数值鉴定系统类似的手续记录、编码和鉴定菌株。

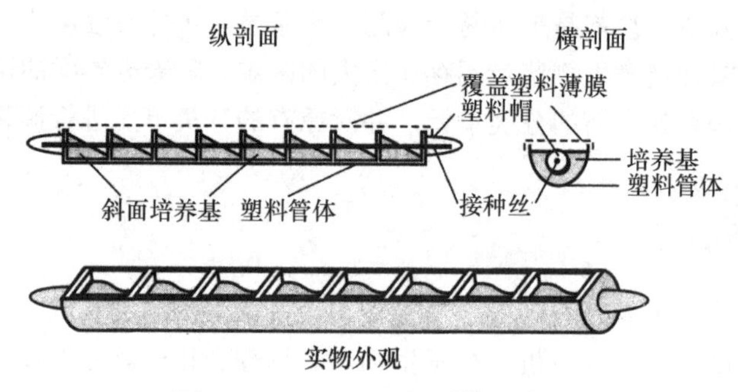

图 11-7 Enterotube 系统示意图

3．Biolog 细菌鉴定系统 其特点是自动、快速（4～24h）、高效和应用广泛。据介绍，其新版“6.01”可鉴定 2100 种微生物，包括几乎全部人类和动植物病原菌及部分与环境有关的细菌，包括 G^-菌 524 种，G^+菌 357 种，厌氧菌 361 种，丝状真菌 619 种和酵母菌等 267 种。它适用于动植物检疫、临床和兽医的检验、食品及饮水卫生的监控、药物生产、环境监测、发酵过程控制、生物工程及土壤学、生态学等许多研究工作。其关键部件是一块有 96 孔的细菌培养板，一个孔加清水作对照，其余 95 孔中各加有氧化还原指示剂和不同发酵性碳源的培养基干粉。接入待测菌液 37℃培养 4～24h，细菌利用碳源呼吸时会将四唑类物质从无色还原成紫色。把此培养板于检查室用分光光度计检测，再通过计算机统计即可鉴定该样品属哪种微生物。

4．快速酶触反应及代谢产物检测 快速酶触反应根据细菌生长繁殖中可合成和释放某些特异性的酶，根据酶的特性选用相应的底物和指示剂，测定反应结果可快速诊断细菌。例如，3MPetiffilmTM 微生物测试片可分别快速测定细菌总数、霉菌、酵母菌、金黄色葡萄球菌、大肠菌群等。

（二）电阻抗法

电阻抗法的原理是细菌在培养基内生长繁殖，会使培养基中大分子电惰性物质如碳水化合物、蛋白质和脂类等代谢为乳酸盐、醋酸盐等有电活性的小分子物质，能增加培养基的导电性，使培养基的阻抗发生变化。不同微生物代谢活性不同，阻抗变化不同。通过检测培养基的阻抗变化判定细菌在培养基中的生长繁殖特性，即可检测出相应的细菌。本法适合菌血症、菌尿症等的快速诊检。

（三）仪器法

1．Bactometer 系统　该系统主要由 BPU 电子分析器和培养箱组成，是利用电阻抗、电容抗或总阻抗等参数的自动微生物检测系统。

2．微型全自动荧光酶标分析仪（Mini-VIDAS）　它主要应用酶联荧光技术（ELFA），操作简便，只须加一次样品，按一次键，整个检测过程都由仪器自动完成。多数试验 50min 内结束。

3．自动微生物分析系统（VITEK-AMS）　它可同时测定 60～480 个样品，培养后显色，仪器识别颜色，用数值法判断，2～6h 完成。操作简单，结果准确。医院及检疫部门使用较多。

（四）现代分子生物学和免疫技术的应用

拓展资料

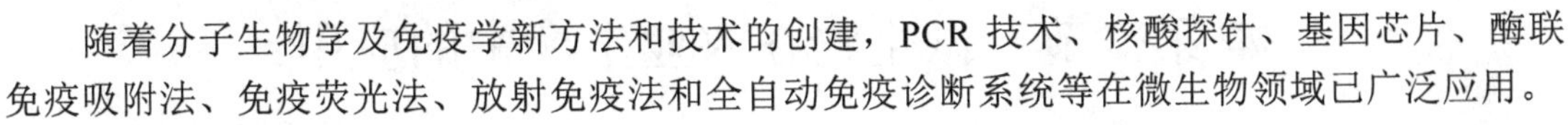

随着分子生物学及免疫学新方法和技术的创建，PCR 技术、核酸探针、基因芯片、酶联免疫吸附法、免疫荧光法、放射免疫法和全自动免疫诊断系统等在微生物领域已广泛应用。

（五）生物信息学的应用

生物信息学是用数学、信息学、统计学和计算机科学的方法研究生物学的交叉学科，是生物学与信息技术的结合体。它用计算机研究各种生物学数据，研究方法包括对生物学数据的搜索（收集和筛选）、处理（编辑、整理、管理和显示）及利用（计算、模拟）。主要研究方向：序列比对、基因识别、基因重组、蛋白质结构预测、基因表达、蛋白质反应的预测及建立进化模型。

近年来，生物芯片法、免疫传感器和激光散射仪等设计新颖、方法巧妙、灵敏快速的鉴定方法陆续问世，对医疗诊断、食品检验、作物防疫、环境检测等许多工作都有重要应用价值。

习　题

1．名词解释：分类单元；菌株；模式菌株；亚种；双名法；三名法；遗传分类法；DNA（G+C）mol%值；核酸杂交；核酸探针；五界系统；六界系统；分类；鉴定；命名；微生物分类学。
2．微生物分类学的分类、鉴定和命名的任务是什么?它们之间是何关系？用于微生物鉴定的方法有哪些？
3．微生物的分类单元有哪些？基本单元是什么？微生物的种是怎样命名的，举例说明。
4．微生物分类的依据主要有哪些？经典方法主要有哪些？新方法又有哪些？比较它们的区别与联系。
5．什么是微生物的种？试述种、模式种与模式菌株间的关系。
6．目前用于微生物分类的遗传特征有哪些？其基本原理是什么？
7．目前主要的细菌分类系统有哪些？
8．真菌分类的依据主要是什么？
9．对一未知菌株，如何将其鉴定到种？
10．现代微生物鉴定技术的发展趋势如何？试举例加以说明。

（黄君红　卢冬梅　孙鹏）

第十二章
微生物的应用

微生物种类繁多，代谢产物众多，代谢类型多样，生长繁殖迅速，变异容易，适应性强，培养方便。既可利用其菌体生产单细胞蛋白、疫苗等，也可利用其代谢产物生产抗生素、氨基酸等，还可利用其生命活动清除污染、防治害虫等，以及利用其基因如基因工程、基因探针等。随着科技和生产的发展，微生物在工业、农业、医药卫生、环境保护和科学研究等各个领域的应用越来越广泛，在经济和社会的发展中发挥着越来越重要的作用。

第一节　微生物在农业生产中的应用

微生物与农业生产的关系极为密切，对农业丰产、农产品的加工与贮藏起着重要的作用。

一、微生物与土壤肥力

1．土壤是有机与无机的复合体　在耕作土壤中，一般矿物质的含量占 95%以上，有机质占 5%以下。土壤有机质是植物、微生物及其他生物生命活动的产物。土壤有机质虽少，但对土壤肥力影响重大。

土壤肥力是指土壤供给作物生长所需的水分、养分、空气和热量的能力。土壤有机质是土壤肥力的重要因素，这不仅在于有机质的静态存在可以改善土壤的理化性状、提高土壤的养分含量，更重要的在于土壤有机质在形成和分解中产生的一系列生物化学变化及其产物。因此，不仅在土壤上面存在着郁郁葱葱的无限生机，在土壤里面也进行着十分旺盛的生命活动。土壤中旺盛的生机是各种生物生命活动总的体现，其中尤其以微生物的生命活动最为重要。

土壤是微生物的大本营。土壤中数量极大、种类繁多的微生物群进行着各种复杂的代谢活动，转化土壤中各种物质的状态，影响土壤的理化性质，是构成土壤肥力的重要因素。微生物的旺盛活动使有机质不断矿质化，同时合成大量的细胞物质，使腐殖质不断地形成、分解和更新，使土壤养分不断地进行生物循环；微生物的旺盛活动使土壤矿物不断分解，使矿物质养分逐步有效化；微生物的旺盛活动使土壤中的有害污染物被分解、清除；微生物的旺盛活动使土壤具有生物吸收性能，对于土壤保水、保肥、供肥、透气、调节温度等都有重要的意义。因此，土壤是一个非常复杂且不断变化的无机—有机—生物复合体系。

2．土壤酶　土壤酶是土壤新陈代谢的重要因素，催化着土壤中的物质转化。土壤中的酶主要来源于生活在土壤中的微生物、植物根系及其他生物。它们可分为两大类型：第一类是存在于活的微生物及其他生物细胞内的酶即胞内酶；第二类是微生物及其他生物分泌的胞外酶，以及微生物和其他生物细胞死亡崩溃后释放出来的胞内酶。不管是哪一类型的酶都对土壤活性起着重要的作用。研究表明，土壤中存在于生物体细胞外的酶种类非常多，根据其用途不同可分为氧化还原酶类、转移酶类、水解酶类和脱羧酶类。不同的酶催化着不同的物质转化。土壤酶对土壤中有机质的分解转化起重要作用。土壤酶不能单独存在，通常是吸附在土壤有机/无机胶体上；或与土壤有机/无机胶体以氢键或共价键结合；或者进入黏土矿物的细微缝隙中。土壤酶比纯酶制剂及酶溶液稳定，如土壤中的过氧化物酶能耐180℃干热3h处理。土壤酶较难提取。

在庞大的土壤酶体系中酶促作用一环接一环地进行。每个酶促作用环节都有其特定的作用条件：酶、底物、水分、温度、pH、Eh 及必要的辅助因子、抑制因子的影响。这些条件与产生酶的微生物及其他生物的生活条件密切相关，但并不与它们完全一致。没有产生特种酶的微生物存在就没有这种酶的生成；同一种（类）酶可由多种不同的微生物产生，如纤维素酶可由好氧细菌、厌氧细菌和真菌产生，不同微生物产生的纤维素酶不同，但水解纤维素的作用相同。有些微生物有两套终局氧化机制，如硝酸还原细菌在氧气充足时氧化酶起作用，在缺氧时硝酸还原酶起作用。农业生产中促进或抑制土壤中物质转化的各个环节可在促进或抑制酶促作用水平进行，如为抑制脱氮作用造成的氮损失，可深施尿素和铵态氮肥以降低硝化作用和硝酸还原作用。旱地加强通气可抑制厌氧呼吸所引起的硝酸还原和脱氨作用以减少氮损失。

3．微生物对土壤肥力的影响 土壤是微生物生活的良好环境，也是植物生长的主要场所。微生物可以多方面提高土壤肥力。微生物对岩石的风化起重要作用。土壤中有大量植物生长必需的矿质元素，但主要以难溶状态存在，植物不能吸收。微生物活动产酸能将难溶矿质元素转化成可溶态供植物吸收。进入土壤中的动植物残体和植物根部脱落物等有机物及施入的有机肥料，都必须经微生物分解转化成简单的可溶性物质后植物才能吸收利用。土壤中固氮微生物能将空气中分子态氮转化成植物可吸收的氮化物。某些土壤微生物能分泌生长素刺激植物生长，如固氮菌固氮时能分泌植物需要的氨基酸及酰胺类物质，以及硫胺素、核黄素、维生素 B_{12} 和吲哚乙酸等刺激植物生长。有些根际微生物有拮抗作用，能分泌多种抗菌物质抑制多种病菌的生长，这些抗菌物质还能被植物吸收，增强植物对病菌的抵抗力。有机质进入土壤后，在微生物作用下其中一部分转化成腐殖质，促进土壤团粒结构形成。提高土壤保水保肥能力，使土壤的水、肥、气、热协调供应。土壤中繁殖起来的微生物死亡后分解转化成植物可吸收的营养物质，可提高土壤养分含量。

在某些情况下，土壤微生物的活动也会给土壤肥力造成损失，甚至毒害作物根系。例如，土壤中的反硝化作用、反硫化作用等。可见，微生物的生命活动对土壤肥力的影响极大。

二、微生物与肥料

微生物与肥料关系密切。有机肥料积制中，原料中的多种微生物共同推动有机肥料的分解与腐熟；从自然界分离有特殊作用的微生物，经人工培养、配制，作为肥料施用，增产增收。

（一）微生物与有机肥料的积制

有机肥料积制中由于微生物的活动达到腐熟：材料的性质发生较大变化，混合物变为均匀、松软的物质；植物组织结构彻底破坏；原材料成分变化；碳氮比下降；形成腐殖质；肥效提高。

1．堆肥 厩肥是用褥草垫圈吸收粪尿，混合堆积腐熟成的有机肥料。堆肥是以秸秆为主、略加粪尿，混合堆积腐熟成的有机肥料。堆肥的原料需进行处理：切碎、压裂以利吸水、通气；加人粪尿调节碳氮比，加磷肥、石灰或草木灰促进微生物的活动。堆制时要使原料吸足水分；不压实以利通气；保温；泥封以利保温、保水、保肥、卫生；翻堆以利混匀，再次泥封。

堆制过程要经过发热、高温、降温、腐熟保肥4个阶段。

1）堆制初期微生物旺盛繁殖，分解有机质，释放热量，不断提高堆肥温度，为发热阶段。最初堆肥中微生物以中温好氧性种类为主。随温度提高，好热性微生物逐渐代替中温性种类。

2）堆温达 50℃以上即进入高温阶段。堆肥中复杂的有机物开始被微生物强烈分解；腐殖质也开始形成。在这一阶段中好热性微生物占优势。堆温达 60℃时，好热性真菌停止活动，好热性放线菌、芽孢杆菌占优势。由于微生物继续旺盛活动，热量积累，堆温上升到 70℃以上后，大多数好热微生物大量死亡或进入休眠状态，酶的作用衰退，产热减少，堆温下降至 70℃以下时，处于休眠状态的好热性微生物恢复活动，产热又增加，使堆肥持续高温，堆温在 70℃维持 5d 左右，不仅可加速腐熟，并能杀死病菌、害虫、草籽。垃圾堆制可达无害化要求。

3）纤维素、半纤维素、果胶质等有机物大部分分解后微生物活动减弱，产热量减少，堆温下降，即为降温阶段。当堆温降至 40℃以下，中温性微生物代替好热性微生物成为优势类群。

4）堆肥中秸秆绝大部分已腐解，堆温降至稍高于气温即进入腐熟保肥阶段。将堆肥压实，形成厌氧状态以利保存形成的腐殖质和植物养料。堆肥物质进一步缓慢腐解，积累腐殖质。

可通过后处理去除塑料、玻璃等杂物，再经破碎制得精制堆肥，用于农田或作土壤改良剂。也可在堆肥中加入氮、磷、钾添加剂生产复合肥，还可制成颗粒肥料方便运输、贮存和施用。

针对堆肥升温不快、腐熟时间偏长、含有重金属、产生恶臭等问题，近年来研究者开展了许多技术改进研究，包括向堆肥接种有益微生物，可使堆肥升温快、高温维持时间长、腐殖质多、腐熟时间短，并可脱臭。垃圾堆肥中重金属污染的主要解决办法是切实进行垃圾源头的分类，严防含有重金属的废品如电池、灯管等进入堆肥。垃圾中有机物不多的需添加秸秆堆制。

2．沤肥 沤肥是在田边挖一大塘，将塘底及四周打实，分层加入沤制材料，灌水踏紧，在厌氧条件下经微生物作用沤制成腐熟的有机肥料。保存的氮养分较高，速效性氮较多。浸水条件下沤肥中活动的微生物以厌氧性和兼厌氧性细菌为主，好氧性的少，以中温型细菌为主。

沤肥材料中的可溶性简单有机物、糖、淀粉等先被厌氧微生物利用，产生甲醇、乙醇、乙酸、乳酸、丁酸、丁醇、丙酮，以及氨、硫化氢和氢等。纤维素、半纤维素、果胶质等复杂有机物分解开始较晚，持续时间较长，经厌氧微生物分解也生成以上小分子的产物。整个沤制过程中，严格厌氧的产甲烷细菌利用各种简单的有机酸及醇类产生甲烷。沤制中产生的甲烷、二氧化碳及氢等混合气体称为沼气。将沤肥和生产沼气结合起来进行综合利用就是沼气发酵。

（二）微生物肥料

微生物肥料是含大量活菌体的一类生物肥料，它们以微生物的生命活动改善作物营养条件，发挥土壤潜在肥力，刺激作物生长，抑制病菌危害，提高作物产量。有固氮、分解、促生、抗病等多方面作用。作用全面，生产简单，使用方便，成本低廉，增产显著，肥效持久。为充分发挥其增产作用，必须首先保证其中含足够数量的有效微生物；其次，应创造适合有益微生物生长的环境条件，促进其大量繁殖；再次，要配合施用大量有机肥料和适量氮、磷、钾及微量元素等化学肥料；最后，还应配合耕作、排灌等综合技术措施。不要与化学农药混合使用。避免阳光照射。

1．根瘤菌剂 根瘤菌剂是含有大量根瘤菌活细胞的生物制剂。增产效果显著，尤其是新区。已用基因工程技术将正调节基因 *nif*A 基因引入根瘤菌使其固氮酶活性和结瘤能力显著提高。

（1）根瘤菌剂的生产 生产根瘤菌剂，首先应选用侵染能力和结瘤能力强，固氮活性高，对不同土壤、气候和作物等条件适应性广的优良菌株。培养基的成分因根瘤菌的种类而异。根瘤菌剂通常是用根瘤菌活菌体和泥炭吸附剂拌和而成。泥炭要经过干燥、粉碎、过筛、灭菌后使用。

若无泥炭也可用菜园土或干塘泥加细炉灰代替。常用的根瘤菌剂有两种剂型：一种为泥炭吸附剂；另一种为玻璃瓶培养液纯培养。干燥或霉变、变酸、发臭的菌剂不能使用。

（2）根瘤菌剂质量标准　①每克菌剂含活菌2亿以上；②无霉菌；③杂细菌数占根瘤菌总数的2%以下；④菌肥含水量为泥炭最大持水量的35%～60%（视泥炭好坏，但最高限度不使菌肥结块）；⑤pH为6.5～7.5。成品检验采用平皿菌落计数法。产品的有效期为6个月。

（3）根瘤菌剂的使用　根瘤菌剂的使用方法多数是拌种（用农药处理过的种子，菌剂只能接种于种子附近的土壤中）。以每亩用量100g为宜。为保证种皮上有较多的菌剂黏附，拌种时可加入黏着剂如阿拉伯树胶或黄泥浆等。为防止根瘤菌在种皮上死亡，应随拌随播随盖土，避免阳光直接照射。晴天应在室内或阴凉处拌种，傍晚播种。已拌菌的种子应在当天一次播完。已开封使用的菌剂也应在当天用完。如果种子需要消毒应在接种根瘤菌剂前3d进行。如果配合用磷肥拌种，最好选用钙镁磷肥或其他热制磷肥，若用过磷酸钙应在拌菌后加入少量泥浆裹种，然后再拌磷肥；或加入适量细土使之接近于中性反应后再拌种。出苗后15～20d应检查植株出苗与结瘤情况，未结瘤或没有来得及拌种的，可以菌液兑稀粪水在苗期泼浇至幼苗根部，用量应比拌种时加大4～5倍，泼浇过迟效果差。若菌肥供应不足，可用客土法或根瘤法接种。

创造有利的土壤条件，保证根瘤菌在土壤中生长良好。土壤水分过多，通气不良，会抑制根瘤菌生长与结瘤。土壤既要湿润又要通气良好，根瘤菌与豆科植物都适宜于中性或微碱性的土壤。所以，酸性土壤播种前应施用石灰，或将根瘤菌剂制成石灰颗粒剂后使用。有效磷含量低的土壤要施用适量磷肥，缺钼的土壤注意施用钼肥，可采用磷肥和钼肥拌种。少施化学氮肥。

根据植物与根瘤菌互接种族关系及环境条件选用相应的根瘤菌剂，增大接种量，改善土壤条件，促进种子早萌发，有利于早结瘤、提高根瘤菌的结瘤率、增强固氮能力，提高增产效果。

2. 泾阳链霉菌肥　泾阳链霉菌是中国农业科学院土壤肥料研究所于1953年自陕西泾阳县老苜蓿根土中分离到的，属放线菌目链霉菌科链霉菌属，已在农业生产中推广应用。

（1）泾阳链霉菌的作用

1）抗病作用。泾阳链霉菌能分泌两种主要的抗菌物质。一种是抗真菌的代谢产物，存在于菌体内，对酸碱比较稳定，对温度也不太敏感；另一种是抗细菌物质，存在于发酵液中，对温度特别敏感。它能抗多种病菌，施用后可减轻苗期由土壤传播的病害，对防止水稻烂秧及棉花、小麦、甘薯烂种有特效。为了充分发挥其抗病作用，必须及时使用新堆制的菌肥。

2）促生作用。泾阳链霉菌能产生植物激素类物质，经测定有4种：苯乙酸和琥珀酸是其中已知的两种，另外还有两种未知成分的激素物质。这些激素物质能促进种子发芽、根系发育、增加叶绿素的含量及提高酶的活性。在农业生产中应用泾阳链霉菌肥拌种催芽效果好。

3）营养作用。堆制要掺饼土培养。除饼土含一定量氮、磷、钾及其他养分外，还能通过其代谢活动产生有机酸将土壤中部分难溶性磷钾等养分转化为有效养分，促进作物吸收利用。

（2）泾阳链霉菌肥生产　其生产有孢子粉法和饼土母剂培养法。一般采用饼土母剂培养法。饼土母剂培养法是以饼粉（豆饼、棉籽饼、菜籽饼、花生饼等）或添加粮食（玉米粉、麦麸）及肥土为原料，用锯木、谷壳通气，逐级扩大培养，获得长有大量孢子的饼土母剂。

优质泾阳链霉菌肥应该：菌剂颗粒小而均匀，布满菌丝和孢子，无绒毛状、絮状菌丝；粉红色或白色，无杂菌污染；冰片香味浓，无臭、馊、酸、霉味；疏松易散，不结块；每克干菌剂活孢子数不少于80亿；杂菌率不高于10%。

（3）泾阳链霉菌肥施用

1）种肥。水田作耙面肥或秧田盖种肥，每亩用堆制剂200～250kg；旱地作种肥沟施或穴施，每亩用堆制剂100～150kg；水稻拌种催芽，每50kg浸胀的谷种用细肥土25～30kg，饼粉

1.5～2.5kg，泾阳链霉菌孢子粉 0.1kg，加水拌匀后再混入谷种中拌匀催芽；甘薯育苗用肥土、饼粉、泾阳链霉菌孢子粉（500∶50∶1）作苗床底肥，育出的甘薯苗齐、壮，能减少黑斑病。

2）追肥。泾阳链霉菌肥追施要早，旱地在定苗时追肥，水稻在返青后追施。每亩施堆制剂 150～200kg，施后中耕。

除根瘤菌剂和泾阳链霉菌肥外，还有固氮蓝细菌、自生固氮菌、联合固氮菌、磷细菌、硅酸盐细菌、菌根菌、植物促生根际菌及复合细菌接种剂等多种微生物制剂。

三、微生物饲料

1．青贮饲料 青贮饲料是在厌氧条件下保存的青饲料和多汁饲料。

在青饲料上附有多种微生物，包括乳酸细菌、酵母菌及丁酸细菌等腐败细菌、霉菌等。乳酸细菌和酵母菌在厌氧的条件下，利用青贮原料渗出的单糖和氨基酸作养料，生长、繁殖、进行乳酸发酵或乙醇发酵。乳酸细菌和酵母菌不能破坏植物的组织细胞，产生的乳酸和乙醇又能抑制杂菌的生长，这不仅达到了保存青饲料和多汁饲料的目的，而且提高了饲料的适口性，增加了微生物蛋白和维生素。若不接触空气，青贮饲料可以保存较长时间而不腐烂变质。

丁酸细菌等腐败细菌及霉菌等腐败微生物可破坏植物组织细胞，强烈分解蛋白质并产生恶臭。因此，青贮饲料成败的关键在于能否有效控制杂菌的生长。控制杂菌生长的有效措施有以下三点。①严格控制厌氧条件，抑制霉菌和好氧性腐败细菌的生长。因此，在青贮过程中必须将原料切碎、压实、封严，尽量排除青贮窖中的空气。②选用清洁、未被杂菌污染的新鲜原料。杂菌的主要来源是泥土、空气和水。故青贮原料必须干净、新鲜，不带泥土，不沾污水。③配料时选用或搭配一些幼嫩多汁的原料，这些原料富含可供发酵的糖类。或加入适量的食盐以促进可溶性物质的渗出，满足乳酸细菌的营养要求，促进其大量繁殖，使发酵汁液很快变酸，使 pH 降至 4 左右，抑制腐败菌的活动。

2．糖化饲料 糖化饲料是以秸秆粉为主要原料，也有的加一些精料及少许无机盐和氮源，通过天然发酵或加曲发酵得到的适口性较高（香、甜、酸、软）的发酵饲料。

糖化曲中的微生物主要是曲霉属、根霉属、毛霉属的具有糖化酶的种类及乳酸细菌和酵母菌等。它们的共同作用使淀粉糖化及某些多糖部分水解，乳酸发酵为主的产酸作用，乙醇发酵产生少量乙醇，产生芳香性发酵产物如酯类等，改变了饲料的物理学性状，质地变软，具有熟食般的色泽，适口性大大改善，蛋白质含量增加，并在一定程度上提高了饲料的可消化性。实践表明，用糖化饲料喂猪，猪爱吃食，不易生病，可节省精饲料。但应与精饲料混合使用。

3．单细胞蛋白饲料 微生物细胞富含蛋白质。一般细菌的干物质中含蛋白质 50%～80%，酵母菌含 40%～60%，所含氨基酸品质优良，还含有多种维生素。因此，用廉价的原料生产单细胞蛋白饲料十分重要。

（1）*用植物性废弃物做原料* 酒糟在 pH 4.5～5.8 条件下，保温通气培养酵母菌可得优质单细胞蛋白饲料。我国用假丝酵母、白地霉成功处理酒糟，其酵母菌得率在 1%左右，化学需氧量降低 40%～50%。用糖厂的废糖蜜作原料，补充氮和磷，pH 5.5～6.0 条件下，保温（15～35℃）、通气培养白地霉可制成白地霉饲料。我国科技工作者已成功利用选育的产孢子少的黑曲霉突变株与白地霉的偏利互生关系，直接以木薯渣等淀粉质废弃物为原料生产菌体蛋白饲料。这项双菌混生不灭菌固体发酵生产技术，工艺独特、效果良好。造纸厂和木材加工厂的亚硫酸水解液经中和、沉淀除去亚硫酸，补充氮源和无机盐，pH 4.5～5.8 条件下保温、通气培养假丝酵母可生产单细胞蛋白饲料。我国已用产朊假丝酵母发酵亚硫酸纸浆废液制得饲料酵母作饲料添加剂。用曲霉 7465 酶解碱法制浆造纸厂废液中的细小纤维，得糖率达 50%以上，用此糖化液培养白地霉获得菌体蛋白，为造纸厂环境保护和综合利用开辟了新途径。

酒厂、酿造厂、粉丝厂、味精厂、糖厂、食品厂、肉类加工厂等以农副产品为原料的工厂的废渣、废液都含丰富的碳、氮、磷及微量元素等养分，均可培养微生物生产单细胞蛋白饲料，也有利于环境保护。例如，豆腐废水含可溶性蛋白 1.04%，总糖 2.4%，还原糖 0.52%，我国在20世纪60年代就用该废水培养白地霉生产单细胞蛋白，得率为1.2%，含蛋白质40%～50%，可作“人造肉”食用，并作药用。同时大量用作单细胞蛋白饲料饲养猪、鸡、鸭、鱼等，效果良好。

（2）*用天然气和石油做原料*　许多甲基营养型微生物（细菌、酵母菌、少数放线菌和霉菌）能利用天然气（含甲烷 90%左右）作碳源和能源，外加氮源和无机盐发酵培养，生产单细胞蛋白饲料。天然气具有价格低廉、来源广泛、菌体产量高、回收容易等优点。我国从土壤中分离到一株以甲醇为碳源和能源的麝香石竹假单胞菌 186，用它处理甲醇废水，甲醇去除率达 99%以上，生化需氧量降低 92%以上，达到直接排放标准。离心、干燥制得单细胞蛋白，粗蛋白含量为 66.91%，含有 18 种氨基酸，作动物蛋白饲料效果良好。

石油加工须除去石蜡（十一碳以上的烷烃）。许多微生物有脱蜡作用，主要是酵母菌（假丝酵母属和球拟酵母属）和细菌（假单胞菌为主）。微生物脱蜡过程中可生产微生物菌体蛋白质。

（3）*用光能和二氧化碳做原料*　藻类和蓝细菌、红螺细菌等光合微生物，可利用光能和 CO_2 作能源和碳源，利用尿素或硫酸铵及氮气作氮源，大量生长繁殖，生产廉价的单细胞蛋白饲料。利用固氮蓝细菌生产单细胞蛋白饲料还可免加氮源。中国科学院植物研究所在 20 世纪 80 年代引种非洲螺旋蓝藻人工养殖获得成功，产量达 15～20g 干藻体/m^2，幼虾和草鱼对藻体蛋白的消化率达 84%。用尿素生产厂废水养殖的，除作饲料外，还可作药用，对肝病、贫血症、眼疾有疗效。藻类蛋白还有可能成为宇航员的重要食物。

（4）*用垃圾中的纤维类物质做原料*　垃圾中破布、废纸等纤维类物质多，有的用垃圾培养小单孢菌属放线菌生产单细胞蛋白饲料。我国纤维素综合利用生产单细胞蛋白的研究不断发展。用绿色木霉纤维素酶酶解蔗渣培养酵母菌，酶解液的得率为 70%，全纤维素糖转化率为 68%左右，蔗渣得糖率为 48%～49%，酵母菌对投糖的得率达 70%左右，干酵母含蛋白质 45.3%。

4．氨基酸添加剂　氨基酸添加剂是在饲料中添加 L-赖氨酸、D-甲硫氨酸、L-亮氨酸等氨基酸。这类饲料会促进畜禽生长或改善肉质、提高产卵率。还有抗生素、酶制剂、有机酸、活菌剂等添加剂。

四、微生物农药

微生物农药是利用微生物及其基因产生或表达的各种生物活性成分，制备出的用于防治植物病害、虫害、杂草、鼠害及调节植物生长的各种制剂的总称。制备微生物农药的微生物类群有细菌、真菌、病毒、原生动物等。微生物农药具以下优点：选择性强，对人畜、作物、水产安全，不伤害天敌；易分解，无残留、无污染；高效、低毒、无药害；害虫、病菌难产生抗药性；生产设备、工艺简单，成本低廉等。

（一）农用抗生素

1．农用抗生素的特点　理想的农用抗生素除有效浓度低、特异性强等特点外，还应具备以下特点。

（1）内吸性好　内吸性好的抗生素经浸种、蘸根或喷于作物叶面、茎秆、花果等表面很快被植物吸收运转，发挥作用。多数为酸性或中性；脂溶性或低水溶性；分子质量小（≤420Da）。

（2）稳定、长效　农用抗生素的耐热、耐光、耐酸碱能力强，则表明其稳定性强。只有稳定性强的抗生素在大田的自然条件下才不易被分解失活。抗生素的稳定性强，其有效期也较长。井冈霉素防治水稻纹枯病的有效期达25～30d，在病害发生的时期内都能发挥防治作用。

（3）低药害、低残毒、对人畜安全　选择低毒性抗生素，对人畜及水生生物无毒或低毒，一般要求在常用浓度的三倍以上对植物无药害，20倍以上对人畜无毒害，200倍以上对鱼、虾、贝、蚧等也无毒害为标准。目前所用的大多数农用抗生素都比较容易被微生物分解，不会在环境中积累，属无公害农药。抗生素对植物的药害表现为叶片失绿、叶尖干枯、生长缓慢。

2．农用抗生素的应用　我国已推广使用的农用抗生素，除防治瓜果、蔬菜细菌病害的土霉素、链霉素、氯霉素等外，还有防治稻瘟病的春雷霉素，防治麦类及瓜类白粉病和稻瘟病的庆丰霉素，防治水稻纹枯病的井冈霉素和“5102”，防治烟草赤星病的多抗霉素，防治橡胶条疡病、甘薯黑斑病、苹果树腐烂病等的内疗素，防治茶云纹叶枯病、洋葱猝倒病的放线菌酮，防治瓜类蔓枯病、苹果花腐病的灰黄霉素等。正在试验中的品种也较多。由我国发现并生产的申嗪霉素在抗真菌性枯萎病方面已获得显著效果，主要用于防治水稻、棉花、油料、茶叶、橡胶、果树和蔬菜等作物的20多种病害。其中井冈霉素的用量最大，其产生菌是我国于1972年从江西省井冈山地区土壤中分离筛选的吸水链霉菌井冈变种。井冈霉素具效果好、药效长、成本低、无抗药性等优点。除对水稻纹枯病有良好的防治效果外，还可防治立枯丝核菌引起的马铃薯、蔬菜、草莓、烟草、生姜、棉花、甜菜等作物的病害，还用于小麦、玉米等多种病害的防治，是我国现在最安全、有效、廉价的农药。几十年来经久不衰，目前我国年产量已达4000多t（100%原药计），可供一亿亩土地使用。公主岭霉素是我国1971年分离的不吸水链霉菌公主岭新变种产生的代谢产物，常用于种子消毒，对由种子传播的多种植物病害如黑穗病、水稻恶苗病等都有良好的防治效果。有的抗生素还能杀死害虫，如阿维菌素是一种高效、广谱，具杀虫、杀螨类、杀线虫活性的大环内酯类抗生素。其产生菌为阿维链霉菌。它不仅对一些目的昆虫有毒杀作用，对线虫、螨类也有很好的杀灭效果。它有内吸作用，能有效防治潜叶蝇类等难以防治的害虫。我国生产的阿维菌素制剂品种已有60多个。杀螨素对一些螨类有毒杀作用，对红蜘蛛特别有效。作杀螨剂应用的还有四抗菌素和浏阳霉素等。还有杀蚜26号、韶关霉素、杀粉蝶素等都有很好的杀虫效果。还有作畜禽饲料添加剂的泰乐霉素、莫能菌素和阿维菌素等。抗生素对不同植物有选择作用，对有些杂草具毁灭性的杀伤作用，如茴香霉素是一种选择性除草素，在低浓度下（如12.5mg/kg）对稗草幼根的生长有选择性抑制作用。利用抗生素作除草剂的研究工作在积极进行。利用杂草病原菌制成微生物除草剂大有可为，我国1963年研制成功的微生物除草剂鲁保一号就是用专性寄生于菟丝子的盘长孢属真菌菟丝子盘长孢状刺盘孢制成的，防治大豆主要杂草菟丝子效果达70%～95%。目前已有多种真菌和细菌制剂除草剂，有的利用微生物菌体，有的利用其次生代谢产物毒素。可用微生物的代谢产物作植物生长调节剂，如赤霉菌产生的赤霉素能促进细胞分裂、生长，可促进作物发芽、生长、开花、结果，还能防止烂果、减少棉花蕾铃脱落。它是目前应用最广、最有效的微生物源生长激素。现在我国赤霉素制剂品种已有7个。还可利用微生物发酵生产脱落酸加快植物花果脱落。

农用抗生素也可作土壤消毒剂，防治由土壤传染的植物病害，但易被土壤微生物分解或被土壤黏粒吸附而降低药效。应用农用抗生素浸种、浸根、浸苗或苗床喷洒可防治由种子、秧苗传染的病害。选择适当的时机喷洒植株可防治大田作物地上部分病害。在果木上使用主要是将农用抗生素制成油膏防治细菌性或真菌性溃疡，也可喷洒植株。正确掌握抗生素的使用浓度，不仅可降低成本，而且能避免药害。因此，对粗制品必须预先认真标定效价，严格按规定浓度稀释使用。其使用浓度除果木外，一般控制在 100mg/kg 以内。应用抗生素防治作物病害，应根据病害的发生规律和病害测报适时用药，抑制病原菌的扩展。施药后的有效期及施药次数取决于抗生素的性质和病害的发展规律。使用时添加多羟基化合物（如甘油）类增效剂，能促进农用抗生素的铺展与吸收，有明显的增效作用。农用抗生素中添加金属离子生成络合物，也能显著提高药效，例如，添加 1%～2%的硫酸铜，可使内疗素、链霉素的防治效果成倍提高。

抗生菌的培养物也可直接防治植物病害。具成本低、无毒害、药效长等优点。特别适用于防治土生病害。我国将哈栖木霉培养物施在冬季温室培养的茉莉花盆表土上，对白绢病的防治效果达 90%以上；“5406”和“878”的饼土制剂对降低棉花枯萎病和炭疽病发病率效果显著。

（二）微生物杀虫剂

许多微生物具有杀虫作用，主要是一些细菌、真菌和病毒。微生物杀虫剂选择性强，对人畜无害，不伤害害虫天敌；分解快，不污染环境；害虫对微生物杀虫剂不易产生抗药性。

1. 昆虫病原细菌制剂　昆虫病原细菌种类较多，目前生产中应用的主要有以下三种。

（1）苏云金杆菌（*Bt*）　芽孢杆菌属细菌，已报道的有 82 个亚种，69 个血清型。我国发现的杀螟杆菌、松毛虫杆菌和玉米螟杆菌等均属于苏云金杆菌的亚种。杀虫范围已从鳞翅目、双翅目、膜翅目扩展到鞘翅目、螨类等，有的亚种还对线虫、原生动物有特异的杀灭活性。我国的苏云金杆菌制剂已有 30 多个产品，年产量 3 万多 t，20 多个省（自治区、直辖市）用于防治粮、棉、果蔬、林业等作物的 20 多种害虫，使用面积 650 万亩。现已构建苏云金杆菌重组菌株以提高其杀虫活性、扩大杀虫谱；并将苏云金杆菌的毒素蛋白基因克隆到棉花、大豆、玉米和马铃薯等作物中表达。

苏云金杆菌能产生多种毒素，已知的有 4 种：晶体毒素（δ 内毒素），是一种碱性蛋白；β 外毒素，是一种热稳定性腺嘌呤核苷酸衍生物，RNA 聚合酶的抑制剂，干扰其激素的合成；α 外毒素，是一种卵磷脂酶；还有 γ 外毒素。苏云金杆菌还能产生几丁质酶、叶蜂毒素等毒效成分。苏云金杆菌菌剂的杀虫成分包括芽孢、晶体毒素及 β 外毒素等，起毒杀作用的主要是晶体毒素。

苏云金杆菌主要是经昆虫的口侵入，在中肠碱性肠液中晶体毒素溶解，并水解为 60kDa、有毒性的短肽。这些毒性肽作用于昆虫中肠上皮细胞，与中肠上皮细胞膜上的特异糖蛋白受体结合，能快速、不可逆地插入细胞膜，形成小的孔洞，破坏细胞膜的结构与渗透吸收特性，使中肠上皮细胞裂解，导致肠壁麻痹、穿孔，芽孢、菌体及肠道内含物侵入血腔，使昆虫全身麻痹，细菌大量繁殖，昆虫发生败血症死亡。敏感昆虫吞食各类苏云金杆菌后表现的症状是食欲减退、停止取食、上吐下泻、行动迟钝，1～2d 后死亡。死后虫体软化变黑，进而腐烂发臭。对苏云金杆菌敏感的昆虫主要是鳞翅目、双翅目和鞘翅目中一些种类的幼虫。

苏云金杆菌菌剂有粉剂、可湿性粉剂、液剂和胶囊剂 4 种剂型。可用喷雾、喷粉、泼浇、撒毒土等方式防治害虫。苏云金杆菌对人、畜、禽、水产无害，对作物无毒，尤其适用于飞机喷撒。与少量化学农药混合使用可提高杀虫效果。苏云金杆菌制剂用于防治稻苞虫、玉米螟、高粱条螟、菜青虫、小菜蛾、小造桥虫、棉铃虫（1～2 龄幼虫）、松毛虫、棉花灯蛾、刺蛾、苹果巢蛾、尺蠖和蚊子等 500 多种害虫，效果良好。它对家蚕、柞蚕等有致病作用，故蚕区禁用。万一误喷，用 0.3%的漂白粉消毒 3min 即可解除毒性。使用时应注意季节、温度及降水等。

（2）乳状病芽孢杆菌　该菌又名金龟子芽孢杆菌（*Bacillus popilliae*），是对金龟子幼虫（蛴螬）有高度致病力的专性病原菌，在人工培养基上不能生长或生长缓慢。因此，乳状病芽孢杆菌的商品制剂主要采用幼虫活体培养的方法生产，使之在蛴螬内繁殖形成芽孢后将虫体干燥、粉碎，加入填充剂（如滑石粉）制成菌粉。乳状病芽孢杆菌菌剂的杀虫成分是芽孢。芽孢随昆虫取食进入肠道，在肠内萌发成营养体，在中肠基膜内增殖，穿过肠壁细胞进入体腔大量繁殖，破坏各种组织使昆虫患败血症死亡。死亡后虫体含大量芽孢、呈乳白色，故称乳状病。

乳状病芽孢杆菌的芽孢在土壤中能长期存活，染病死亡后的幼虫又释放出更多的芽孢，并能随染病的幼虫自然传播到附近地区，故能控制金龟子幼虫的危害，且有长期的防治效果。

（3）球形芽孢杆菌（*Bacillus sphaericus*） 球形芽孢杆菌在自然界中分布广泛，大多数菌株不产生伴孢晶体，对昆虫没有毒性，仅少数菌株产生伴孢晶体对蚊子幼虫有毒害。有 51kDa 和 42kDa 两种蛋白质亚基，只有它们同时存在才有杀虫活性。球形芽孢杆菌的毒效成分——伴孢晶体位于细胞内，不分泌到细胞外。因此，只有昆虫吞噬细胞后才显示毒性。

球形芽孢杆菌能在普通培养基上迅速生长繁殖，并形成芽孢，适合用发酵罐进行大规模生产，其生产工艺与苏云金杆菌相似。该菌的毒性菌株已发展为消灭蚊子幼虫的生物杀虫剂。

2．昆虫病原真菌制剂 能寄生于昆虫和螨类，导致发病和死亡的真菌有 530 余种，占昆虫病原微生物种类的 60%以上。鳞翅目、同翅目、膜翅目、鞘翅目和双翅目的 200 多种昆虫普遍发生真菌病。昆虫感染真菌后的共同特征是食欲锐减、身体萎靡、皮肤失常、尸体硬化。

杀虫真菌主要经皮肤侵入昆虫体内，也可从消化道、呼吸道侵入。附着在昆虫体表的分生孢子在适宜条件下萌发长出芽管，芽管在几丁质酶和机械力作用下穿过体壁进入体腔，以体液为营养在体腔内形成菌丝，侵入虫体的各个器官，并产生称为白僵菌素的毒素和草酸钙结晶，使昆虫因细胞组织破坏和代谢功能紊乱而死亡。死虫体内充满菌丝，严重脱水，致使昆虫僵死。随后菌丝从气门、节间处伸出体外形成气生菌丝和分生孢子梗，产生分生孢子。有些种类的真菌能产生毒素，菌丝侵入主要器官前还停留在血淋巴和真皮层时宿主昆虫就可被杀死。

昆虫不同的生理状况对病原真菌的敏感性不同。一般 1～2 龄幼虫易被真菌感染致死，4～5 龄幼虫不易感染致病。但鳃角金龟幼虫大的比小的易感病。昆虫在蜕皮时易感病。鳞翅目幼虫较卵、蛹、成虫易染病，而叩头虫则是蛹和成虫最易感病。杀虫真菌的杀虫效果迟缓，且受环境因素影响较大。环境因素中最重要的是湿度，大多数真菌孢子萌发和致病需要相对湿度 90%以上。光影响孢子的寿命和宿主尸体上孢子的形成。紫外线可杀死孢子。使用时必须充分注意病原、宿主和环境三者间的相互关系，准确把握用药时机，才能更好地发挥其杀虫效果。

杀虫真菌种类虽多，商品化的只有白僵菌和绿僵菌，推广应用的仅白僵菌一种。白僵菌又称球孢白僵菌（*Beauveria bassiana*），白僵菌属，是一种广谱的寄生真菌，能侵染鳞翅目、鞘翅目、直翅目、膜翅目和同翅目等 6 个目 15 个科 200 多种昆虫及螨类。我国主要用于防治松毛虫、玉米螟、甘薯象虫、大豆食心虫、苹果食心虫、栎褐天蛾等农林害虫，尤其防治松毛虫、玉米螟效果显著，防治效果可达 70%～90%。白僵菌对人畜安全。

白僵菌菌剂的杀虫成分是分生孢子。分生孢子萌发的适宜温度为 16～28℃，相对湿度要求在 95%以上；直射光对孢子的杀伤力大，散射光对孢子无杀伤力，且能促进孢子的萌发。因此，应用白僵菌防治害虫要选择适宜的施用时间，创造有利于孢子萌发的条件。昆虫不同的生理时期对白僵菌的敏感性不同。幼虫比较敏感，幼龄幼虫比老龄幼虫更易感病。应用白僵菌有效防治农林害虫的关键是正确把握用药时期。最佳用药期是幼虫孵化高峰期第一次用药，3～5d 后第二次用药便可。用白僵菌防治农林害虫可喷雾、喷粉防治食叶害虫。制成颗粒剂防治地下害虫和钻心虫。防治玉米螟用颗粒剂效果好。防治大豆食心虫在其入土化蛹前将菌粉撒布地面，虫体入土时黏附孢子，在土中死亡。林区可用放活虫的方法将捉回的老龄幼虫用浓菌液（5 亿孢子/mL）喷湿后放回林间，每个点放 400～500 条，让携带孢子的活虫自由爬行扩散。

3．昆虫病毒制剂 据统计，能寄生于昆虫的病毒有近 2000 种，应用较多的有核型多角体病毒、质型多角体病毒和颗粒体病毒。其主要用来防治鳞翅目的幼虫，其次是直翅目、脉翅目、半翅目、膜翅目、双翅目、等翅目及蜱螨类。昆虫病毒对人、畜、禽和植物安全。我国已发现 240 多种昆虫杆状病毒，已有 20 多种进入大田试验和生产示范，其中棉铃虫核型多角体病毒、斜纹夜蛾核型多角体病毒和草原毛虫多角体病毒等 10 种病毒杀虫剂已进行商品化生产。

病毒专性寄生，不能用人工培养基培养。目前病毒制剂生产只能通过采集和人工饲养宿主昆虫培养。研究者也在致力于用组织培养法生产昆虫病毒，已得到几十个昆虫细胞株。由于连续多代组织培养病毒的感染力和产量都显著降低，多角体内病毒粒子数也减少。加上组织培养基复杂、昂贵，培养条件较高，尚未达到实用的程度。近年来，随着分子生物学技术和杆状病毒表达系统研究的发展，一批新的能同时表达苏云金杆菌杀虫蛋白、蝎子致死神经毒素、昆虫生长激素或酶的重组杆状病毒在加紧研制，有望在近期投产一批高效、广谱的新型病毒杀虫剂。

昆虫病毒制剂的杀虫成分是病毒包涵体。包涵体主要由口侵入，进入中肠后包涵体被碱性肠液溶解，释放出病毒粒子产生毒杀作用。不同类型的昆虫病毒杀虫方式不同。

（1）*核型多角体病毒* 在中肠内释放出的病毒粒子经中肠细胞进入体腔，并侵入各组织细胞的细胞核内大量增殖，感染的后期，在核内逐渐形成多角体，导致细胞核破裂。反复侵染，致使昆虫组织细胞充满病毒，导致昆虫死亡。鳞翅目幼虫感染核型多角体病毒后，食欲减退，动作迟钝，死亡前虫体变软，组织液化，皮肤极易破裂，流出白色或褐色液体，无臭味。死亡后虫尸倒挂于枝条上，体液下坠，体躯前端膨大。这是感染病毒虫体的重要特征。

（2）*质型多角体病毒* 病毒粒子不侵染其他组织细胞，仅在中肠和后肠的细胞质中增殖。病虫体肤坚韧，体躯萎缩，食欲不振，口吐黏液，腹泻。虫体解剖可见中肠肥大，乳白色，肠壁失去透明。虫尸不倒挂。它不仅侵染幼虫，还能经卵传染给子代。

（3）*颗粒体病毒* 病毒粒子能侵染昆虫各组织细胞，细胞质和细胞核中都可增殖，形成圆形或椭圆形的包涵体。其症状与核型多角体病毒基本相似，虫尸倒挂，不久尸体变黑、溶化。

昆虫病毒制剂致病性强。成虫带毒可经卵传递，有的带毒成虫通过排粪扩散病毒，病毒在自然条件下，特别是在土壤中十分稳定。因此，昆虫病毒治虫有长期控制害虫密度的作用。

昆虫病毒制剂的用法有喷雾、喷粉、直接施入土壤和放带毒活虫等。在病毒制剂中添加诱饵或增效剂（如棉籽油、0.06%硫酸铜等）是提高防治效果的重要途径。也可与其他农药混用。

温度、风、雨及昆虫种群密度等因素对昆虫病毒制剂的药效有显著影响。适于幼虫发育的温度也有利于病毒的发育，在一定范围内提高温度可加速病虫死亡。风吹雨溅有利于病毒传播。

此外，多种抗生素有杀虫作用，对许多农林害虫的防治十分有效，潜力很大。我国已研究成功并投产的有杀蚜菌素、浏阳霉素、韶关霉素、南昌霉素、盐霉素、马杜霉素和阿维菌素等。

五、沼气发酵

沼气是一种以甲烷为主的混合气体，是微生物在厌氧条件下分解有机物的产物，无色、无臭、无毒、可燃。其中甲烷占 60%～70%，二氧化碳为 30%～35%，还有少量氢、硫化氢、一氧化碳、氮和氨。许多国家已将沼气发酵与工业废水、粪便污水的厌氧处理相结合，可消除污染、产生燃料。我国沼气利用资源丰富，潜力巨大。据报道，2016 年我国秸秆产量达 10 亿 t，畜禽粪便 40 亿 t，还有大量的农林产品加工残余物、厨余物、人粪尿等，生物物质量极大。对于这些数量巨大的生物物质特别是秸秆应合理利用：先粉碎加工成饲料，再用畜禽粪便沼气发酵生产肥料、燃料。毛泽东主席在 1958 年就指示，要好好推广沼气的利用。在城镇结合废液、污水处理推广沼气发酵，既可保护环境又能产生大量燃料和肥料。在农村将沼气发酵和有机肥料积制结合，综合利用，既产生清洁燃料又积制优质有机肥料，还可改善环境卫生，减少疾病传播，减轻病虫及杂草的危害。沼气发酵是一项利国利民、促进农业生产的重要措施。我国沼气的发展历经几起几落，但整体水平、发酵技术和应用都达到国际先进水平，户用沼气池已有4000多万个，大、中型沼气池也有4万多个（图12-1）。受益人口达1.55亿。塑料大棚温室、太阳能暖圈、厕所和沼气池相结合的沼气生态园是我国首先创建，将种植、养殖、粪便处理和沼气利用有机组合，使作物生产、饲料消费和肥料积制良性循环，值得推广。

拓展资料

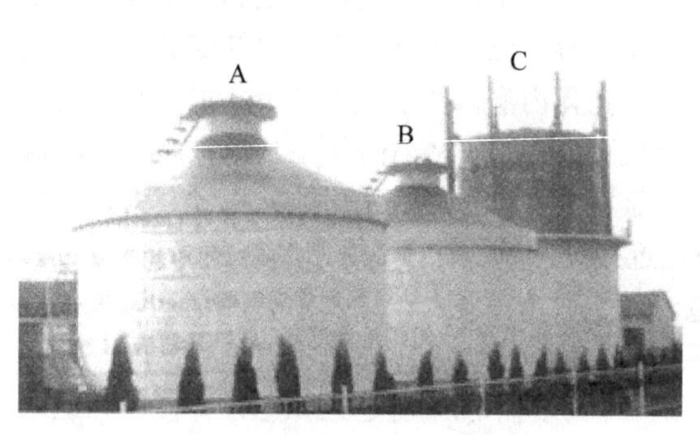

图12-1 某养猪场沼气发酵装置
A、B. 发酵罐；C. 储气罐

目前沼气发酵的主要问题是产气率较低，成本较高，沼气发酵的代谢产物开发利用不够等。应重点加强沼气发酵中微生物学相关研究，深入研究混合菌种的组成、功能和控制，增强其降解底物的能力，提高产气率；综合利用沼气发酵中的生理活性物质。鼓励沼气、沼电入网。

（一）沼气发酵微生物

沼气发酵是多种微生物的共同作用。参与沼气发酵的微生物都是严格厌氧菌。包括发酵细菌群（分解淀粉、蛋白质和纤维素的细菌）、同型产乙酸细菌群、产氢气产乙酸细菌群及产甲烷细菌群4类。产甲烷细菌严格厌氧，对氧敏感，暴露在空气中很快死亡。无芽孢，一般为中温型，少数高温型，适宜pH为中性或微碱性。其生理上的共同特点是能将H_2、CO_2转化为甲烷，能将乙酸或甲醇转化成甲烷。不能利用碳水化合物、蛋白质等复杂有机物作碳源和能源，以NH_4^+为氮源。在沼气发酵中起关键作用。

（二）沼气发酵原理

沼气发酵是有机质在无氧环境中经多种微生物作用产生沼气的过程。大致分三个阶段：第一阶段为液化阶段，发酵细菌将淀粉、蛋白质和纤维素等固体有机物转化成单糖、脂肪酸、氨基酸、醇、醛等简单的可溶性物质。第二阶段为产酸阶段，同型产乙酸细菌和产氢气产乙酸细菌将可溶性物质吸收进细胞，将其转化成小分子的有机酸、醇等，以及H_2、CO_2、NH_3、N_2等气体，其中以乙酸比例最大。第三阶段为产甲烷阶段，产甲烷细菌将简单的有机物转化成甲烷和CO_2，并将CO_2、CO还原成甲烷。研究证明，产生的CO_2主要来源于乙酸。其反应式如下。

$$2CH_3CH_2OH + CO_2 \longrightarrow 2CH_3COOH + CH_4$$

$$CH_3COOH \longrightarrow CH_4 + CO_2$$

$$4CH_3OH \longrightarrow 3CH_4 + CO_2 + 2H_2O$$

$$4H_2 + CO_2 \longrightarrow CH_4 + 2H_2O$$

$$CO + 3H_2 \longrightarrow CH_4 + H_2O$$

$$4CO + 2H_2O \longrightarrow CH_4 + 3CO_2$$

（三）沼气发酵技术要点

1. 原料 沼气发酵的原料应就地取材，尽量用人畜粪尿、植物残体、工业废水、废渣、污泥等有机废弃物。原料的碳氮比对发酵细菌的影响最大，一般认为最适宜的碳氮比为（13～

16）：1。在农村沼气发酵和沤肥相结合，为避免氮源损失，原料的碳氮比可提高至 20：1，但不宜过高以免影响产气速度和产气量。发酵池投料中的干物质和水的比例要适宜。加水时应将原料中的水计算在内。根据经验，人粪尿占整个发酵原料（包括水分）的 10%左右，猪牛粪、秸秆、青草等占 42%左右，水占 50%左右，产气效果很好。原料要勤进勤出。氨态氮超过 3000mg/kg 对发酵有抑制作用，发酵液中氨含量以 0.01%～0.1%为宜。发酵液中有机酸的浓度对产甲烷细菌的影响也较大，若乙酸浓度超过 0.2%，不论是游离酸还是盐类，对发酵均有不良影响。碳酸钙的浓度达 2000mg/kg 会妨碍发酵。发酵液中不能含有镍、铬、铜等重金属离子。

2．pH 沼气发酵的最适 pH 为 6.8～7.2，6.4 以下或 7.6 以上均会抑制发酵。一次投料过多，特别是投新鲜料过多往往使 pH 过低，不利于沼气发酵。有机酸（以乙酸计）浓度以小于 2000mg/L 为宜。过高则产甲烷作用降低。因此，新鲜原料应预先堆积使之略干后再投入，且应每天投料均匀。pH 较低的沼气池可加石灰、草木灰等碱性物质中和。

3．污泥 发酵沉淀物称污泥，含大量菌体。发酵池内污泥含量高有利于发酵但不利于搅拌，一般以 3%～5%为宜。大型发酵池可用污泥回流自然接种，使沼气发酵持续、稳定。

4．搅拌 沼气发酵池内的发酵液分为三层。

（1）*浮渣层* 一层被发酵产气冲浮液面的尚未分解的原料，含菌少，pH 低。

（2）*液体层* 中间层，原料干物质少，可溶性物质多，含菌量少。

（3）*污泥层* 含有大量菌体，并富含可溶性有机物质，是产生甲烷的主要区域。

污泥层压力大，气体溶解度大，不易释放；浮渣层易结块，影响冒气。因此，要经常搅拌。

密封必须严格，不能漏水、气，要保持严格的厌氧环境，氧化还原电位 Eh 值要小于－200mV。

5．温度 中温型沼气发酵，适温为 32～38℃；高温型沼气发酵，适温为 50～55℃。温度对产气速度与产气量有明显的制约关系。因此，在低温季节对沼气池应采取保温或加温的措施。试验表明，温度突然变化的幅度超过 5℃，对产甲烷细菌的生命活动和甲烷产量均有影响。

6．水分 沼气发酵必须有适量水分。缺水使发酵液浓度过大、有机酸及有毒物质积累，抑制发酵；原料过多不易分解，浮渣层厚且结块影响冒气，不利于搅拌和进出料等作业。水分过多，发酵液浓度过稀产气量少。实践表明，投料中干物质以 8%～10%为宜，水分 90%左右。

六、食用菌栽培

食用菌是一类可供食用的大型真菌，分类学上属真菌门，绝大部分属担子菌亚门，极少数属子囊菌亚门。食用菌有很高的营养价值，其蛋白质含量高于牛乳等大多数食物，按干重计，通常为 19%～35%。所含氨基酸种类达 19 种，氨基酸的含量与牛乳、肉和鱼粉等相仿，人体 8 种必需氨基酸在食用菌中含量很多，特别是赖氨酸含量很高。食用菌脂肪含量很低，平均为 4%，且不饱和脂肪酸含量高于饱和脂肪酸。食用菌还含多种维生素、矿物质、纤维素。食用菌不仅营养丰富，而且药用价值很高，有防治心脑血管和神经系统疾病及肝炎等多种炎症的作用，已被用作生药或制成中成药。药用真菌有滋补强壮、提高免疫功能、抗衰老等多种作用。

全球大型肉质真菌已发现有 1 万余种，可供食用的有 2000 多种，已利用的仅 400 多种，大面积栽培的 50 多种。我国食用菌种质资源丰富，已记载的有 981 种，药用菌 390 多种，人工栽培的 60 多种，利用最早，栽培水平最高，品种及产量均居世界首位。2015 年，全国食用菌总产量 3476 万 t（鲜重），占世界总产量的 70%以上。食用菌生产不与人畜争粮食，不与粮棉争土地，不与土地争肥料，不与农业争时间，不与其他行业争资源，可因地制宜，大力发展。

（一）生活条件

食用菌属异养型微生物，有腐生型、共生型和兼性寄生型三类。平菇、香菇、蘑菇等大部分食用菌是腐生型的；松口蘑、牛肝菌等属共生型；蜜环菌等属于兼性寄生型。食用菌所需要的营养物质有碳源、氮源、无机盐等。

食用菌生长一般要求培养料含水量在60%～65%。菌丝生长阶段要求空气相对湿度在70%左右，子实体发育阶段以80%～90%为宜。

食用菌生长发育需要适宜的温度。根据子实体发育所需的适宜温度，可将食用菌分为三类。

1）低温型：菌丝最适生长温度为24～28℃，子实体分化适温为15～20℃，如蘑菇等。

2）中温型：菌丝最适生长温度为25～30℃，子实体分化适温为20～24℃，如银耳等。

3）高温型：菌丝最适生长温度为28～34℃，子实体分化适温为25～30℃，如灵芝等。

不同食用菌根据子实体形成时对温度的要求，又可分为恒温结实型和变温结实型两类。前者在结实温度保持恒定时可以形成子实体，如金针菇、蘑菇、木耳、草菇等。后者是要有一定的温差刺激才能结实的菇类，如香菇、平菇等。

食用菌的生长发育还需要适宜的 pH 及适量的氧、二氧化碳和散射光等条件。大多数食用菌要求 pH 在 5.0～5.5。菌丝生长阶段一般不需要光照和二氧化碳，子实体发育阶段需要少量的散射光和二氧化碳的刺激。

（二）制种技术

1．菌种分离 食用菌菌种分离方法有孢子分离法、组织分离法和基内菌丝分离法三种。

（1）*孢子分离法* 就是利用食用菌成熟的有性孢子或无性孢子萌发成菌丝获得纯种的方法。此法分离的菌种生命力强，有利于选出优良的后代。常用的有孢子弹射法，即利用菌类孢子能自动弹射出子实层的特性获得孢子。

（2）*组织分离法* 就是利用子实体的幼嫩组织或菌核、菌索的任何部分，在适宜的条件下使它培养成菌丝体，以获得纯种。此法简便，后代不易发生变异，能保持原菌株的优良特性。

（3）*基内菌丝分离法* 利用食用菌生长的基质作分离材料获得纯种。基内菌丝分离法可分为菇木分离法和土中菌丝分离法。

2．菌种生产 据菌种来源、繁殖代数及生产目的，通常将菌种分为母种、原种和栽培种三类，分别称一级菌种、二级菌种、三级菌种。一般将从自然界分离得到的纯种称为母种，母种经扩大培养得到原种，原种再经扩大培养获得大量供生产上使用的栽培种。分离成功的母种须扩大繁殖才能接种原种。一般每支母种可扩大繁殖 30～50 支新管。应控制转管繁殖次数，以免造成菌丝生活力减弱，影响出菇的质量与数量，一般不超过 5 次。母种菌丝纤细，分解养料能力弱，需要培养在营养丰富并易吸收的培养基上。母种除用于扩大培养外，还用作菌种保藏。

原种、栽培种菌丝逐渐丰满粗壮，为逐步增强其对生产用培养基的适应能力并给生产提供大量接种材料，应逐步用棉籽壳、木屑、粪草、秸秆等材料配制培养基。原种的接种培养也在无菌条件下进行。先用无菌接种铲将母种的菌丝体连同培养基切成蚕豆大的小块，再用接种铲取出一小块母种迅速放入培养瓶内，立即塞紧棉塞。每接完一支母种接种工具都要消毒一次。原种培养室要求清洁、阴暗、凉爽。栽培种的培养基、接种方法及培养条件与原种基本相同。

生产用菌种，除了在母种、原种中作考察、选择外，还必须作出菇鉴定，以确定优良菌株。

我国已推广应用液体菌种栽培食用菌，它具有制作简单、生产周期短、菌龄一致、生活力强、定植发育快、便于机械化生产等许多优点。由斜面菌种生产的一级液体菌种在三角瓶中培养，二、三级液体菌种在摇床或发酵罐中培养。液体菌种老化快，不耐贮藏，应尽快使用。

（三）栽培技术

1．蘑菇　属真菌门担子菌亚门伞菌目伞菌科蘑菇属，包括双孢蘑菇等。

（1）菇房设置　菇房要通风换气、保温保湿、高爽排水。栽培面积以150～200m^{2}为宜。菇房内设置床架5层，底层距地面0.2m，每层相距0.6m，床面宽1.5m，长度与房宽相同。床架不靠墙，四周及每排之间都要留0.5～0.6m的走道，以便保证墙壁安全，便于管理。

（2）培养料堆制　主要有粪草培养料和合成培养料两类，普遍用粪草培养料，由粪和稻草堆制发酵而成。堆制100m^{2}栽培面积培养料需干粪（猪、牛粪）2700kg，干草（稻、麦草）1200kg、菜（棉）籽饼200kg、过磷酸钙25kg、石膏200kg。堆制时先将稻草、麦秸切成15～30cm长，预湿1d，在地面铺一层宽约2.5m、厚20～30cm的草料，长度视培养料量而定，再铺4cm厚的粪，洒水湿润，这样一层草、一层粪堆至高1.5m，堆顶呈龟背形，便于排水；每层粪草铺好后即浇水，下层少浇，上层多浇，浇在草上。料温开始下降时进行首次翻堆使粪草混匀，腐熟一致，均匀加入石膏、过磷酸钙等。再隔5d、6d各翻堆一次。

（3）播种　进料前菇房地面、墙壁要刷5%石灰浆，用甲醛熏蒸消毒，料堆表面喷洒0.5%敌敌畏，杀死螨类和害虫。进料工具要经4%～5%甲醛消毒。进房培养料要保持含水量60%左右。进料速度要快，防止热量、水分散失过多。床上料厚18～20cm，由上而下逐层铺放。培养料进房后密闭门窗，室内加热至60℃维持10h，再适当通风降温使料温在50～52℃维持4～6d，使培养料进一步分解；利用高温杀死害虫和螨类。播种常用穴播法，穴深3～5cm，穴距约10cm。现工厂化栽培都用播种机混合播种。每平方米用种3瓶，温度22～28℃。

（4）管理　菇房管理是蘑菇栽培技术的关键。播种后主要是促进菌丝生长，防止杂菌污染。其重点是调节好菇房内的空气和湿度，主要措施是抓好通风换气。菌丝在培养料表面相接并向料内伸入达2/3时要及时覆盖土粒，防止水分散失，促进子实体分化。并正确调节粗、细土粒的水分，恰当通风换气。覆土前要对床面的杂菌、害虫作全面的检查和彻底的处理。覆土后至出菇前要加强水分管理，注意通风和保湿，保持室内相对湿度在80%～85%，出菇期间要特别加强通风换气和调水，保持相对湿度在90%左右，出菇前温度控制在22～24℃，出菇时在13～16℃。越冬期间，若菌丝生长弱可喷施1%葡萄糖溶液1～2次，喷水在晴天的中午进行。

（5）采收　子实体长到标准大小、菌膜未破时及时采收。采收要轻采快削，防止损伤周围小菇。采下的蘑菇削去带泥的菇柄，按等级放入垫有纱布的筐内，覆盖塑料布，防止风吹变色。采收的蘑菇应及时销售或加工。每次采收后应将残留菌柄、死菇及时清除并在穴中补入土粒，以免影响菌丝生长。为增加产量可结合喷水适量追施1%葡萄糖或1%黄豆浆或0.2%尿素等。

2．香菇　又名香蕈，属担子菌亚门伞菌目侧耳科香菇属。香菇生产有段木栽培和代料栽培两种。香菇栽培起源于我国浙江省。我国香菇产量世界第一。最近试验成功的香菇生料栽培技术工艺简单，节约能源，成本低，效益高。生料栽培要选用抗霉力强、菌丝生长快、菌丝浓密的菌株作菌种。注意控制霉菌污染。一般气温稳定在15℃以下时栽培，霉菌不易发生。

（1）培养料配制　常用培养料：①木屑78%，麦麸20%，蔗糖1%，石膏粉1%，50%多菌灵0.1%；②棉籽壳79%，麦麸20%，石膏粉1%，50%多菌灵0.1%。配制前将原料暴晒3d。

（2）接种　接种量适当加大，一般为培养料的10%～30%，混播和表面播结合。具体方法：接种前将33cm×33cm、高5～6cm的活动木模及塑料薄膜用0.1%高锰酸钾溶液浸泡2h。模内衬消过毒的塑料薄膜，放入培养料，先用2/3的菌种与培养料混匀，用木板压紧，再将其余菌种覆盖于培养料表面，用塑料薄膜裹严，平放在栽培架上，撤去木模。间隔10cm再压制下一菌砖。

（3）管理　接种后室内遮光，室温控制在10～15℃。待菌丝长满培养料，打开薄膜，使菌块表面接触干燥的空气和散射光线，促进菌块形成红棕色菌膜。在菌块转色后去掉塑料薄膜，使房内形成10℃左右的昼夜温差，可在白天关窗保温，夜晚开窗降温；或增加揭开盖膜次数，延长光照时间。经一定时间管理后，菇蕾可突破菌皮长出，出菇整齐。出菇期间的管理以保湿保温为主，保持空气相对湿度80%～90%，温度10～12℃，加强通风，给予较多的散射光照射。出过两茬菇的菌块失水过多，可将菌块浸在15～18℃水中泡8～12h，捞出后很快会出菇。

生料栽培香菇一般从10月中下旬至第二年2～3月均可进行。春季制的菌块在夏季来临前一般不会出完菇，到9月温度下降后又开始出菇。为保证菌块安全越夏，可将菌块用沙埋好，沙厚3～5cm。并经常浇水，保持沙表面湿润。气温降至25℃以下时刨出菌块，喷水，出菇。

（4）采收　在香菇生长达八分成熟时，即菌褶全部伸长、菌膜已破、菌盖边缘内卷时，应及时采收。采收时不能扯断菌柄，也不要碰破菌盖，更不能碰伤周围小菇。采收的香菇必须及时干制，可晒干或烘干，一时未能干燥的香菇切勿堆放在一起，以免引起破碎、腐烂。

3．平菇　又名侧耳，属担子菌亚门伞菌目侧耳科侧耳属，包括50多个种。栽培方法有瓶栽、袋栽、箱栽、床架栽培及露地栽培等。9月到翌年4月均可播种，适温在20℃以下。

常用培养料：①碎稻草98%，过磷酸钙1%，石膏1%，用1%的石灰水拌料；②木屑95%，尿素0.4%，过磷酸钙2%，石膏3%，用0.3%石灰水拌料；③碎玉米芯96%，过磷酸钙2%，石膏2%，多菌灵0.1%；④棉籽壳96%，过磷酸钙3%，尿素0.6%，磷酸二氢钾0.2%，多菌灵0.2%。配制前将培养料暴晒3d以杀灭部分杂菌。接种前培养料加适量水（含水量达60%），堆制发酵（50℃以上）2d，以杀死杂菌、害虫和螨类。下文介绍生料塑料袋立体栽培平菇的方法。

（1）接种　用聚乙烯、聚丙烯或农用塑料薄膜制成筒状袋，一般袋宽20～30cm，长40～50cm，在接菌种的部位用针扎眼三行。用2%～3%来苏尔浸泡。先将袋口一端扎紧。装料时先向袋内撒少量菌种，再装料，边装边压实，在中间及两端有针眼处放菌种。最后将另一端袋口扎紧。菌种用量为10%以上，中间少两头多。装袋应松紧适当，平放手按有凹为宜。

（2）发菌　将装好的塑料袋堆放整齐，于15～18℃下发菌，要经常检查温度及有无杂菌污染。杂菌污染轻的可挖去污染，补以菌种，严重的应搬出埋掉。温度高时注意翻堆散热，温度低时要覆盖塑料薄膜、草帘等保温。

（3）管理　当菌丝发满菌袋并出现菇蕾时，将塑料袋单排堆放，高1.0～1.5m，过道宽60～70cm，在两端袋口各扎三个眼，露出菇蕾，每日通风1～2次，保持相对湿度80%～90%，并有适量散射光线照射。采收两茬菇后袋内会严重缺水，将菌袋浸在0.1%尿素、1%蔗糖水溶液内10h，吸足水分，再养菌出菇。此法栽培平菇，采收4茬后，还可脱去塑料袋，将菌块埋入菜地、林荫地、玉米地或棉田中（顺行开沟），浇水后仍可出两茬菇。

（4）采收　平菇的菌盖基本展开、孢子即将弹射时是平菇采收的最适时期。过早影响产量；过迟质量差，产量也低，也不利于下茬菇的生长。采收前4h先喷水。无论大小一次采光。采收后停止喷水、覆盖塑料薄膜，促进菌丝恢复生长，以利下茬出菇。一般可采收4～6茬。

4．黑木耳　又名木耳，属担子菌亚门木耳目木耳科木耳属。黑木耳生产有段木栽培、瓶栽及袋栽。下文介绍袋栽的方法。

（1）培养料配方　①木屑78%，麸皮或米糠20%，石膏1%，糖1%；②玉米芯粉78%，麸皮或米糠20%，过磷酸钙0.5%，蔗糖1%，石膏1%；③稻草粉95%，过磷酸钙2%，石膏2%，尿素0.5%，蔗糖0.5%；④木屑15%，棉籽壳73%，麸皮10%，糖1%，石膏1%。

配料前先将材料暴晒2d，再将各种不溶性材料按比例混匀，将糖等可溶性物质先溶于水，再加入干料中拌匀，加水至65%左右。

（2）接种　优良菌种是高产优质的关键，选用菌丝活力旺盛、生长速度快、抗性强、耳芽产生集中及子实体生长快、耳片肥厚宽大、色深黑褐、质地脆嫩而富有弹性的优良菌株作菌种。

用17cm×33cm、厚50～60μm的聚乙烯或聚丙烯塑料制成栽培袋。料装至3/5左右时压平表面，用捣木在中间钻一个直径2cm洞穴，擦去袋外壁培养料，袋口外加塑料套环后扎紧，塞上棉塞，再用牛皮纸封口扎紧。直立于灭菌锅内，常压蒸汽灭菌8～10h，或0.14MPa维持2h。灭菌后待料温降至30℃以下接种，在无菌条件下拔去棉塞，每袋装入三匙原种，塞好棉塞。

（3）培养　接种后将菌袋搬入已消过毒的培养室，控制室温23℃左右，空气相对湿度保持在60%～70%，遮光，经常通风换气。定期检查菌丝生长及杂菌污染情况。有杂菌污染及时用0.2%多菌灵或甲基托布津药液注入污染部位控制蔓延。尽量避免翻动菌袋以防塑料袋破损，减少杂菌孢子随空气侵入袋内。菌丝长满袋后将温度降至18～20℃，加强通风换气，给予散射光照射，促进原基分化，当袋壁出现部分耳芽原基时表明已达生理成熟，可移出培养室，进入出耳管理。

（4）出耳管理　选远离畜舍、近水源、光线好、能保温保湿、便于通风换气的房屋作栽培室。菌袋入室前室内严格消毒，四壁喷湿，保证较高湿度。袋外壁用3%来苏尔消毒，去掉封口纸、棉塞及项圈。将袋口折回、扎紧，用消过毒的小刀在袋面开8～10个“V”形洞，勿伤菌丝，立于床架上。每天向空中、墙壁、地面喷水1～2次，使相对湿度达85%左右，室温保持在15～22℃。出耳阶段每天向空中喷水2～3次，使空气相对湿度达85%～90%，温度达23℃左右。喷水要勤、轻、匀，防止水量过大造成流耳、长霉。为促进耳片蒸腾，增强新陈代谢，使耳片变黑、肥厚，品质好，产量高，应结合通风换气、增加光照，下午早揭帘，早晨晚盖帘。

（5）采收与加工　当木耳由黑变褐，耳片舒展变软，边缘内卷，耳柄收缩，腹部出现白色孢子粉时应立即采收，选成熟的先采，采大留小。采收时用锋利小刀齐耳根基部靠袋平削，不要带出培养料。采收前一天停止喷水，以便于采收和采耳后伤口的愈合。采收后应清除残留耳基，停止喷水几天，再加强水分管理，促进菌丝恢复生长，两周后可再次采收。

采收的鲜耳可及时出售，也可晒干或烘干。烘干的温度不得超过45℃，防止烤焦。干燥（含水量为12%～13%）的木耳要及时用塑料袋装好，密封，防止受潮霉变。

第二节　微生物在工业生产中的应用

微生物发酵具有原料来源广泛，价格低廉，利用率高；条件温和，生产安全；种类众多，适应性强，变异容易，调节方便；污染物少，处理容易；设备和技术通用性强，方便生产多种产品；水资源、能源消耗少等许多优点。在工业生产中的应用非常广泛，已用于食品、制药、冶金、石油、能源、材料、轻工、化工、军工等许多工业部门。本节主要介绍微生物在食品加工、饮料生产、有机酸生产、氨基酸生产、酶制剂生产、湿法冶金、石油工业、能源生产、新材料、传感器和DNA芯片等方面中的应用。

一、微生物与食品加工

微生物生产的食品数量、品种和产值都是微生物产业之冠，微生物不仅可生产饮料、调味品、乳制品等食品，还可生产鲜味剂、酸味剂、甜味剂、增稠剂、色素、防腐剂及单细胞蛋白等食品添加剂。

1．面包制作 面包是以面粉为主要原料，加水和一定量（1%左右）的酿酒酵母混合成面团，经发酵、造型，通过烘烤制成的膨松、酥软、香甜、细腻的食品。具体制作方法：先将1/3的面粉加水和酿酒酵母混合成面团，发酵2h称小发酵。再将其余面粉加水，加入经小发酵的面团，混合均匀进行大发酵，30℃发酵 1～4h。面粉中的葡萄糖、果糖或蔗糖，加上淀粉酶与转化酶的作用，为酵母菌提供营养物质。酵母菌分解糖产生 CO_2、醇和有机酸等物质。CO_2气体被面团中的面筋包围，不易跑出，面团逐渐胀大。发酵后的面团经加工造型放在 220℃以上的高温炉中烘烤，面团内 CO_2受热膨胀，形成面包的多孔海绵状结构。面团中的其他发酵产物构成了面包特有的香味。酿酒酵母含有丰富的营养物质，菌体残留在面包中提高了面包的营养价值。若发酵后的面团经加工造型后在 100℃蒸汽中蒸熟即成馒头。面粉等原料中含较多的微生物，其中芽孢杆菌占很大的比例。因此，面包必须经高温充分烘烤，使面团烤熟而膨胀，同时实现杀菌。

2．豆腐乳制作 豆腐乳是我国特有的发酵食品，有较高的营养价值，味道鲜美，易于消化吸收，刺激食欲，价格便宜。一般是先用大豆加工成豆腐，再经以腐乳毛霉（*Mucor sufu*）、鲁氏毛霉等毛霉为主的微生物发酵制成。腐乳的酿制是几种微生物及其所产生的酶不断作用的过程。发酵前期主要是毛霉在豆腐乳坯周围生长，引起淀粉糖化和蛋白质水解。后期经毛霉的蛋白酶和细菌、酵母菌的发酵，将蛋白质分解产生胨、多肽和氨基酸、有机酸、醇类、酯类等。

前发酵：将豆腐切成小块，在沸水中消毒10～15min后在其表面涂上2%的食盐及0.8%的柠檬酸液以防细菌生长；将豆腐坯垂直码放于笼屉或竹筐内，在其表面接种发酵菌的孢子粉或孢子悬浮液；接种后置于12～20℃条件下培养3～7d即为豆腐乳坯，此过程为前发酵。毛霉在15℃时培养较好。现工厂采用高温毛霉孢子粉法接种，28℃培养，28h后即可生长成熟。

后发酵：将豆腐乳坯一层坯、一层盐，最上面盖一层1～2cm厚的盐，腌渍8～13d。用盐量为12%～16%。配料与储藏是豆腐乳后熟的关键。根据配料的不同，可将豆腐乳分为红腐乳、白腐乳和玫瑰腐乳。将腌渍好的豆腐乳坯6面沾上红曲汤入坛，面上撒面黄（1000块坯用红曲0.5kg，面黄1kg），灌入黄酒，使液面超过坯子1.5～2.0cm，密封进行后发酵。放置约半年，即为风味良好的豆腐乳。采用坛内腌渍和分期加料的方法，可使红腐乳后发酵缩短为15～20d。具体方法是将豆腐乳坯直接装入坛中腌渍，食盐分上、中、下三层加入，然后加入10%盐水封顶。腌渍3～4d后，除去腌卤汁。加入红曲、面黄、盐、料酒（糯米甜酒2份，白酒1份）至顶面，再加盐封面，封口，25～30℃保温两周，再加封面盐，继续保温，20d 即可成熟。豆腐乳的鲜味和香味来自糖和蛋白质的分解产物。

红曲是用大米培养红曲霉属（*Monascus*）的紫红曲霉等制成的曲子。红曲霉色素包括红曲霉素、红曲霉红素、红曲霉黄素和红斑红曲霉素等色素。面黄是用面粉培养米曲霉制成的曲子。

3．泡菜制作 泡菜的制作原理与青贮饲料的加工原理基本相同，主要是在厌氧条件下利用乳酸菌进行乳酸发酵和少量的酵母菌进行乙醇发酵的作用。

泡菜水的制作：泡菜水应用井水或泉水，水中加入食盐6%～8%、白酒2.5%、黄酒2.5%、红糖2%、干红辣椒3%等，也可加入各种香料。为提高泡菜的脆性，可加入0.05%的氯化钙。最后在制好的泡菜水中人工接种乳酸菌或加入品质优良的陈泡菜水和酒曲。含糖分较少的原料还可以加入少量葡萄糖以促进乳酸发酵。

泡制方法：将蔬菜剔除粗皮、须根、老叶及病叶，洗净，沥干或晾干后装入坛中，装至半坛时将香料包放入，装至离坛口6cm时，用竹片将原料压住，随即注入已配制好的泡菜水，务必使泡菜水将原料淹没，最后将坛口密封，置阴凉处让其自然发酵。1～2d 后，打开坛口，适当添加原料和泡菜水，使装满至坛口下 3cm 时为止。

泡菜的成熟期因原料的种类及泡制时的气温而异。一般新配制的泡菜水在夏季需要 5～7d，冬季则需要 12～16d。叶菜类较根、茎类泡制时间短。加入陈泡菜水可以大大缩短泡制时间。

泡菜等乳酸发酵蔬菜（泡菜、榨菜、冬菜、雪里蕻等）的安全性评价：有人认为泡菜中存在亚硝酸盐，多食对健康不利。据现有资料，蔬菜在泡（腌）制中起主要作用的乳酸菌无硝酸还原酶，不能将原料中的硝酸盐或其他含氮化合物转化为亚硝酸盐。甘蓝等少数蔬菜在泡（腌）制中会出现亚硝酸盐增多，有一个亚硝峰，3d 后就很快下降。亚硝峰过后食用就没有影响。

4．酱油酿造 酱油是我国传统调味品，是以大豆或豆饼、小麦或麸皮、食盐和水为原料，经米曲霉发酵制成的一种液态调味剂。不仅营养丰富，含有糖、氨基酸、多肽、维生素、食盐、水等物质，而且赋予食品以咸味、鲜味、香味和颜色，增进食欲。早在周朝我国酱类生产就已相当发达，并恰当掌握其中的微生物。酱油生产中常用的霉菌主要有米曲霉（*Aspergillus oryzae*）和酱油曲霉（*A. sojae*）等。选择菌种的依据是不产生黄曲霉毒素和其他真菌毒素，蛋白酶及糖化酶活力强，生长繁殖快，对杂菌抵抗力强，发酵中能形成香味物质。我国都用米曲霉纯种酿制酱油。除米曲霉外，还有酵母菌、乳酸菌参与发酵。其鲜味来源于氨基酸和核酸的钠盐，甜味来源于糖类、某些氨基酸（甘氨酸等）、醇类（甘油等），酸味来源于有机酸，苦味来源于某些氨基酸（如酪氨酸等）、乙醛等，咸味主要来源于食盐。20 世纪 60 年代以来，国内绝大多数工厂采用低盐固态发酵法。整个发酵过程分为制备种曲、制曲、固体发酵、浸出和灭菌 5 个阶段。

1）制备种曲的原料是麸皮、面粉和水。先将原料混匀、蒸煮，冷却至 40℃左右时将米曲霉接入，28～32℃培养 3～4d 即成种曲。

2）制曲的原料是豆饼、麸皮和水。先将豆饼粉碎成直径 2～3mm 颗粒，放入 80℃左右的热水中浸润适当时间后以豆饼粉与麸皮 2∶1 的比例拌匀、蒸煮。待料温降至 40℃左右接入种曲（2%～4%），混合均匀，移入制曲池进行厚层（25～30cm）通风培养。要求室温 20～30℃，相对湿度 90%以上，制曲 24h 以上。曲料上长满浅黄绿色孢子即成曲。制曲工艺对酱油质量影响很大，其重点是严格控制制曲室内的温度和湿度，防止杂菌污染。

3）将成曲粉碎，放入发酵池内，拌入盐水，制成酱醅。盐水浓度为 12～13°Be（20℃）；盐水温度夏季为 45～50℃，冬季为 50～55℃；拌盐水量以酱醅含水量 50%～53%为宜。酱醅发酵采用水浴保温法、发酵温度为 42～45℃，约 20d 后酱醅基本成熟。

4）将成熟的酱醅装入浸出池（30～40cm 厚），要求松散、平整，疏密一致，缓慢加入抽提液（80～90℃），抽提过程中酱醅不宜露出液面。抽提次数一般为三次以上，头油的浸泡时间不少于 6h，二油浸泡时间不少于 4h，三油不少于 2h。放头油、二油速度较慢，放三油速度较快。原料中的淀粉经发酵转化为乙醇、有机酸、醛等物质；蛋白质分解形成多种氨基酸。乙醇与有机酸结合生成酯，具有香味，糖的分解产物与氨基酸结合产生褐色。

5）生酱油含多种微生物，有些种类能引起酱油变质，因此要加热灭菌。可采用间歇式加热（60～75℃维持 30min）或连续式加热（交换器出口温度控制在 85℃）。加热灭菌的温度不宜过高（65～80℃），时间不宜超过 1h，以免香味成分损失。并注意酱油灭菌后的清洁卫生，以防杂菌污染。将头油及二油按标准配兑，再静置澄清 7d 以上即可罐装成品。酱油的卫生标准规定：细菌总数每毫升不超过 5 万个，其中大肠菌群每 100mL 不得超过 30 个。不得检出致病菌。酱油生“花”是污染耐盐性产膜酵母所致，主要由浓度过稀、成熟不完全、含糖过多、食盐不足、灭菌不彻底或容器不清洁引起。酱油生霉后质量下降、成分变坏、糖分和全氮减少、香味消失、鲜味减弱，产生臭味和苦涩味。全程严防杂菌污染以免产生毒素、破坏营养和风味。

5. 食用醋生产 食用醋自古以来就是我国人民生活中必需的调味品。我国著名食醋有镇江香醋、山西陈醋等。除含乙酸外，还有糖分、氨基酸、酯类等，能增进食欲。其生产用糖或米、高粱、小麦、麸皮等淀粉类物质做原料，也可用乙醇生产食用醋。乙酸发酵有固态法和液态法。用淀粉类物质做原料必须同酿酒一样，先经制曲、糖化和乙醇发酵后再接种醋酸菌种子（成熟醋醅）。接种量为3%～4%，并拌入粗糠4%制成醋醅进行醋酸发酵，注意乙醇不应超过8%，否则将抑制醋酸菌繁殖。发酵温度以37～39℃为宜。每天倒缸翻醅一次，通风、散热。促使醋醅中乙醇转化成醋酸和少量有机酸、乙酸乙酯等。发酵接近成熟时醋醅温度会自然下降至35℃，如酸度不再增加应及时给醋醅加盐以防过度氧化，后熟2d即为成熟醋醅。醋酸发酵的简单过程如下。

$$C_2H_5OH + 1/2O_2 \xrightarrow{\text{乙醇脱氢酶}} CH_3CHO + H_2O$$

$$CH_3CHO + 1/2O_2 \xrightarrow{\text{乙醛脱氢酶}} CH_3COOH$$

与酱油的浸出方法类似，成熟醋醅采用三循环法淋醋，淋出的头醋为半成品醋。半成品醋中乙酸含量可高达10%以上。因此，经过滤、蒸煮杀菌（80～90℃）后，再稀释至乙酸含量4%～5%，即为食用醋。一般食用醋在加热时加入0.06%～0.10%的苯甲酸钠作防腐剂。

陈酿有两种方法：一是将成熟醋醅加盐压实，加盖泥封，放置15～20d。倒醅一次再封缸，陈酿数月后淋醋。另一种是淋醋后，醋液贮入大缸陈酿1～2个月即可。

6. 发酵乳制品生产 发酵乳制品是指乳液经某些微生物发酵制成的乳制品，包括酸性奶油、奶酪、酸乳等。不同的乳制品由不同的乳酸菌发酵，以保证有不同的风味，且常用多种菌混合发酵使风味多样。

（1）酸性奶油 制酸性奶油的原料是鲜乳中分离的稀奶油，发酵微生物是由乳链球菌（*Streptococcus lactis*）、嗜柠檬酸链球菌及丁二酮乳链球菌等混合发酵菌剂。奶油消毒后加入发酵菌剂，用柠檬酸调节pH至4.3～4.8，在一定温度下发酵。发酵中乳糖转化成乳酸，增强奶油的酸度能有效抑制其他腐败细菌生长。柠檬酸转化成羟丁酮进一步氧化成丁二酮，有芳香味。

（2）乳酪（干酪） 乳酪的主要成分是酪蛋白和脂肪，是一种易消化、营养价值高的食品。生产乳酪的原料是优质鲜乳，发酵微生物是由乳链球菌和乳杆菌混合成的发酵菌剂。

鲜乳经消毒后加入发酵菌剂，乳酸菌使乳糖转化成乳酸，促使乳液凝块，经加热压榨滤除乳清，加入适量食盐压成块状，包装成定型产品，然后在分解蛋白质能力强和能生产特殊风味的乳酸菌作用下，逐渐成熟为乳酪，乳酪软化，并有特殊风味。其硬度取决于后熟时间长短。

（3）酸乳 酸乳采用优质鲜乳（主要是牛、羊乳）为原料，由嗜热链球菌（*Streptococcus thermophilus*，现为唾液链球菌嗜热亚种）和德氏乳杆菌保加利亚亚种两种乳酸菌发酵而成。

鲜乳中含有乳糖和蛋白质，乳酸菌发酵乳糖产生乳酸，使pH降低，蛋白质则发生酸凝固。酸乳的简要生产过程：鲜乳先经脱脂，消毒后加入发酵剂，在42～46℃下发酵12～48h，乳汁即成均匀的糊状液体，酸度可达1%，并具有特殊风味。成品酸乳含乳酸菌10^6个/mL以上。若再加入食糖、柠檬酸、果汁及香料等物质则可配成各种酸乳饮料。

现用生物技术将酵母菌体蛋白、核酸等物质降解，精制加工成粉状、膏状或液状的调味品，含多肽、氨基酸、核苷酸、糖类、维生素及微量元素，有营养、医疗、呈味、呈色等多种作用。

二、微生物与饮料生产

1．乙醇饮料 乙醇饮料的种类很多，按其制造方法不同可分为酿造酒、蒸馏酒、勾兑酒三大类。

1）酿造酒是一类原料经糖化、乙醇发酵后的发酵液。其中含多种可溶性有机物和低浓度的乙醇（15%以下），可直接饮用或过滤后饮用，如葡萄酒、苹果酒、黄酒、荔枝酒、清酒、啤酒等。葡萄酒是以充分成熟的葡萄汁为原料，经椭圆酿酒酵母（*Saccharomyces ellipsoideus*）发酵制成的含乙醇 10%～13%、糖分 12%～16%，并含有机酸、维生素 C、维生素 B_1、维生素 B_{12} 及少量氨基酸等的饮料。产物乙醇抑制酵母菌生长。不同酵母菌耐乙醇能力差别很大。乙醇浓度达到 5%时大多数酵母菌就会停止生长。某些酵母菌能耐 18%的乙醇。各种酿造酒的原料、工艺差别很大。红葡萄酒以红葡萄为原料，果皮与果汁一起发酵。经分选、除梗、破碎、调整成分、灭菌（加 0.01% SO_2）、加酵母菌进行前发酵、压榨、后发酵、澄清、过滤、巴氏消毒等工艺流程。红葡萄酒接种发酵 3～5d 后常将上部发酵液移至另一发酵罐继续发酵 1～2 周。再将经过滤的发酵液分装在容量为 160L 的桶中，在较低的温度下后熟两年以上，其间需每年换三次容器以除去沉淀物。最后将发酵后熟的葡萄酒转入沉淀罐，同时加入酪素、单宁和膨润土等絮凝剂，过滤后以食用乙醇调节乙醇含量，分装上市。白葡萄酒用葡萄汁发酵制成黄色的葡萄酒。我国研制出生产白葡萄酒新工艺：不须压榨即可去皮，简化发酵前的预处理；加液态 SO_2，既经济又方便可靠；用 CO_2 保鲜贮存，避免多次倒罐，将生产周期由两年缩短为一年，并且风味改善；用耐 SO_2 的优良酵母菌，保证白葡萄酒具清新、细致和柔和的风格。根据糖含量葡萄酒分为：干葡萄酒，糖含量不超过 1%；半干葡萄酒，糖含量为 1%～4%，稍有甜味；甜葡萄酒，糖含量高于 4%。

2）蒸馏酒是以谷物等农副产品为原料，经糖化和发酵后蒸馏出的酒。乙醇浓度高（40%以上）、有独特香味，如中国白酒，以及白兰地、威士忌、朗姆酒、伏特加、金酒等。白酒是我国传统的蒸馏酒，历史悠久，工艺独特，是世界著名的六大蒸馏酒之一。它是以淀粉含量较高的谷物或植物块根做原料，用曲霉（黑曲霉与米曲霉混用）作糖化剂使淀粉糖化。然后用酒母（酵母醪液）作发酵剂发酵，经蒸馏获得的含乙醇 40%～65%的饮料。我国名优白酒很多，由于原料、工艺的差异，形成不同的香味风格。根据口感和香味成分可分为清香型、浓香型和酱香型三类。①清香型以山西汾酒为代表，酒精度为 65°，口感清香爽口，纯净。主要香味物质是乙酸乙酯和乳酸乙酯等。②浓香型以泸州特曲和五粮液为代表，酒精度为 60°，口感芳香浓郁，清爽甘洌，余味绵长。主体香味成分是己酸乙酯，其次是丁酸乙酯。③酱香型以贵州茅台为代表，酒精度为 52°～53°，口感低而不淡，香而不艳。香味成分比较复杂，有 70 多种。经分析，茅台酒中木酚、糠醛、β-苯乙酸含量较高，可能是其香味的主要成分。还有以桂林三花酒为代表的米香型等香型。

白酒工业生产方法有固态发酵法、半固态发酵法和液态发酵法。传统的固体白酒酿造方法是：高粱、麦类等粮食经粗粉碎后，加入谷壳和固态酒糟等填充料，润料，控制含水量在 55%左右，经过常压蒸煮（糊化）后冷却，加适当的大曲粉，混匀，入窖或发酵池，同时糖化和乙醇发酵。入窖温度控制在 15～20℃，发酵温度不超过 33℃。发酵时间为 30～60d。经过一定时间的发酵后，待品温降至 25℃左右时，将发酵好的酒醅以甑蒸馏，最先馏出的含有较低沸点物质的酒头和最后馏出的含有较少乙醇的酒尾均单独存放，中段的馏出物称为大渣酒，经贮存、勾兑出厂。为增加白酒产量，近年来采用麸曲加酒精酵母的新工艺，既降低成本，又提高出酒率。

制曲酿酒是我国独特的酿造工艺。我国独创的酿酒酒曲用米、麦或麸皮、豆类或白色黏土等为原料，添加辣蓼草或中草药，经粉碎、加水等处理，接种祖辈传下的含有菌种的曲种，在适宜的温度、湿度下培养制成。根据使用的原料，可分为米曲、麦曲、麸曲等；根据使用的菌种不同有黄曲、白曲、黑曲等；根据使用的曲的形态可分为粉状曲、固体曲、液体曲，固体曲根据块状的大小又分为小曲和大曲，小曲是直径 6cm 左右的小球，大曲为重 2～3kg 的砖块状。

我国著名的白酒绝大多数是用大曲作糖化发酵剂。制曲过程中依靠原料本身活化的一部分酶及自然界带入的各种微生物，在制曲原料中富集、扩大培养、产酶、酶解，再经风干贮藏。大曲中的微生物对大曲酒的品质、风味起极重要的作用。主要是霉菌，有曲霉属、根霉属、毛霉属、青霉属、红曲霉属、犁头霉属等，分解蛋白质、淀粉等，使原料糖化、液化产生有机酸等。其次是细菌和酵母菌，细菌多数是球菌和杆菌是产香的主要动力；酵母菌是酒类发酵的动力。

许多酒都由蒸馏酒改制而成，如白酒加上中草药制成药酒，加上果汁制成的露酒等。

3）勾兑酒指一类着色酒，是在乙醇溶液中加入各种着色料、香料、甜料、药材或其他调味料等混合制成的一类饮料，如人参酒等。

2．啤酒饮料　　啤酒是以大麦芽为原料，酒花（葎草的雌花）为香料，经糖化发酵酿造成的富含 CO_2 的低度乙醇饮料。啤酒酿造原料以大麦为主，辅以玉米和大米。要求大麦发芽率高、发芽力强、淀粉含量多、蛋白质含量少。水是啤酒的主要成分，要求水质无色透明、无沉淀、无污染。酒花的作用：赋予啤酒特异的香味和爽口的苦味；增加泡沫和稳定；促进蛋白质沉淀，利于澄清。

啤酒的酿造主要包括麦芽制备、麦芽汁制备、啤酒发酵及贮藏三部分。麦芽制备需经浸渍、发芽、烘干，其目的是利用大麦中的各种酶使麦粒中的淀粉和蛋白质适度分解。麦芽汁制备又称糖化，是将粉碎的麦芽与大米、玉米等用温水浸泡，滤除麦芽糟，这是浸出法。还有煮出法，煮出法原料利用率高，成品的味道浓醇。最后，在麦芽汁中加 1%～5%的酒花，煮沸过滤。

啤酒发酵分主发酵和后发酵两个阶段。为避免酵母菌在 20℃以上自溶使啤酒带有酵母味，主发酵应在低温下进行。主发酵分上面发酵、下面发酵和连续发酵三种方式。上面发酵用上面酿酒酵母（*S. cerevisiae*）作发酵菌种，发酵期间随 CO_2 漂浮在液面上，发酵终了形成酵母泡盖，很少下沉。下面发酵用下面酿酒酵母（*S. carlsbergensis*）作发酵菌种，发酵时悬浮在发酵液内，发酵终了很快凝结成块并沉积在底部。连续发酵的过程可分酵母适应、有氧呼吸和无氧发酵三个阶段。此法易污染杂菌，应用较少。我国啤酒生产采用下面发酵工艺，加酒花后的澄清麦芽汁冷却至 6.5～8℃、pH 5.2～5.7 时接种酵母菌发酵。经过 7～10d，发酵液温度、糖度下降，pH 为 4.2～4.4 时进入后发酵，将发酵液送入地下室（0～2℃）的桶或罐中密封贮藏。发酵液中的残糖继续分解产生乙醇和大量 CO_2；蛋白质和悬浮酵母充分沉淀，酒液进一步澄清；消除二乙酰、醛类、H_2S 等嫩酒味，使口味更成熟。后发酵期一般为数周或数月。

近年来我国用露天锥形大罐发酵，可根据啤酒工艺需要自动加温、冷却、加压，往酒中充 CO_2，变更酵母菌品种，缩短生产周期。发酵罐又是贮酒罐。机械化程度提高，成本降低。

桶装啤酒不灭菌直接销售，瓶装或听装啤酒分装后灭菌。经巴氏消毒的啤酒是熟啤酒，未经巴氏消毒的啤酒是生（鲜）啤酒。用无菌酿造、过滤除菌、无菌装罐技术生产的是纯生啤酒。

三、微生物与有机酸生产

用微生物发酵生产的有机酸种类很多，有 80 余种，且在逐年增加，如醋酸、柠檬酸、乳酸、衣康酸、琥珀酸、延胡索酸、苹果酸、酒石酸、葡糖酸、丙酸、丁酸、丙酮酸、α-酮戊二酸、曲酸和二羧酸等。有机酸的生产菌种类也很多，有细菌、酵母菌、霉菌及少数放线菌，以霉菌种类为最多。现以柠檬酸为例，介绍有机酸的微生物发酵生产。

柠檬酸主要用于食品工业，广泛用于饮料、果酱、水果糖、冰淇淋等中作为酸味料，也用作油脂抗氧化剂，还用于制药、化工、塑料等工业。医药中用作补血和输血剂，化工中用作增塑剂、洗涤剂和防锈剂等。用于生产柠檬酸的菌种有毛霉、青霉、曲霉，黑曲霉产柠檬酸能力最强，且能利用多种碳源，是生产中最常用的菌种。柠檬酸发酵的碳源主要是蔗糖、葡萄糖或淀粉等，以蔗糖为最好，以硝酸盐或铵盐作氮源，还需加磷酸盐和硫酸盐等无机盐。30～32℃通气培养 7～8d。在黑曲霉作用下发酵基质糖酵解产生丙酮酸等多种有机酸，其中草酰乙酸与乙酰辅酶 A 缩合形成柠檬酸。柠檬酸发酵工艺起初用浅盘表面法培养，操作繁重，占地面积大，产量受限制。逐渐发展为深层二步培养法，分菌种培养和柠檬酸产生两阶段。又发展为深层发酵一步法制取柠檬酸。我国以薯干为原料，用黑曲霉优良菌株 N-558 深层发酵一步法生产柠檬酸，工艺水平世界领先。发酵液经板框过滤、碳酸钙中和形成柠檬酸钙沉淀，用硫酸置换成游离的柠檬酸，阳离子树脂交换纯化，脱色并除去杂质和金属离子，浓缩结晶，获得柠檬酸纯品。

拓展资料

其他工业发酵生产的有机酸都是利用不同微生物发酵分解不同基质积累的中间产物，如利用乳酸细菌或根霉发酵糖蜜或淀粉水解产生乳酸，用黑曲霉发酵淀粉糖化液生产葡糖酸等。

四、微生物与氨基酸生产

氨基酸在食品中的应用越来越广，可用于制造调味剂、甜味剂、口服营养剂，以及食品和饲料的添加剂、强化剂等。现在，氨基酸在医药、保健、饲料、化妆品、农药、化肥等许多方面都有广泛的用途。氨基酸的工业生产主要有微生物发酵法和化学合成法。化学合成法生产的氨基酸是 L-型和 D-型异构体的混合物，不具旋光性。微生物发酵法是制备纯净的 L-氨基酸的最好方法。例如，用大肠杆菌和黄色短杆菌直接发酵生产苏氨酸；用谷氨酸缺陷型短杆菌由葡萄糖直接发酵生成天冬氨酸；用大肠杆菌酪氨酸缺陷型发酵生产苯丙氨酸；用谷氨酸棒杆菌营养缺陷型菌株发酵生产酪氨酸等。20 世纪 70 年代以来，对几乎所有的氨基酸发酵法都进行了研究和开发。已获得工业化生产的还有精氨酸、谷氨酰胺、亮氨酸、异亮氨酸、脯氨酸、高丝氨酸、缬氨酸。微生物发酵法生产氨基酸，根据菌种和原料的不同分为直接发酵法、加前体法和酶转化法三种方法：①直接发酵法是用廉价的氨和碳源，利用已解除了反馈调节的各种突变菌株或控制野生菌株的胞膜渗透性（促进氨基酸外渗）直接发酵生产氨基酸；②加前体法是为绕过终产物对合成途径中某一关键酶的反馈调节作用，在微生物的培养中加入前体发酵生产氨基酸；③酶转化法是用微生物的酶转化某种底物，省去发酵中一些酶合成的阻遏和终产物的反馈抑制作用，将底物直接酶促反应生产氨基酸。固定化酶和固定化细胞技术促进酶转化法在生产氨基酸中的应用。

除组成蛋白质的 20 多种氨基酸外，还有 400 多种非蛋白质氨基酸，1000 多种氨基酸衍生物，大多数都用微生物发酵法生产。现以谷氨酸和赖氨酸为例介绍氨基酸的发酵法生产。

（一）谷氨酸

L-谷氨酸的钠盐就是味精。20 世纪 50 年代以前味精生产用蛋白质水解法，消耗大量粮食，质量差、成本高、效率低。改用微生物发酵法后，原料来源广、成本低、效率高。用于谷氨酸发酵的早期生产菌主要是北京棒杆菌，它是我国筛选的一株谷氨酸高产菌株。现用诱变育种、

DNA 重组等新技术获得氨基酸超高产菌株，使谷氨酸产量大幅度提高。发酵的原料有各种淀粉、糖蜜、乙酸等。还需在发酵原料中添加氮源（如铵盐、尿素等）及其他盐类。获得高收率的谷氨酸还需要足够的生长因子，除生物素外，维生素 B_1 对某些谷氨酸菌株的发酵有促进作用。用淀粉做原料时必须先将淀粉水解成葡萄糖后再发酵。谷氨酸发酵菌是兼厌氧微生物，应按要求通风培养，通气量过大或不足都影响谷氨酸的产量。谷氨酸发酵的最适温度为30℃，pH 为 7～8。通气适中，铵离子充足，谷氨酸产量高。谷氨酸的提取可用等电点法、离子交换法、双柱法、盐酸盐法和直接浓缩法（适用于以乙酸为原料的发酵液提取谷氨酸）。获得的粗谷氨酸再经过精制即可用于生产味精成品。单独的谷氨酸只显酸味，只有形成谷氨酸钠盐后才有鲜味。

（二）赖氨酸

赖氨酸是人和动物的必需氨基酸之一，自身不能合成，必须靠外界供给。植物性蛋白质中赖氨酸的含量很少。因此，赖氨酸的生产必不可少。现都用微生物发酵法生产赖氨酸。

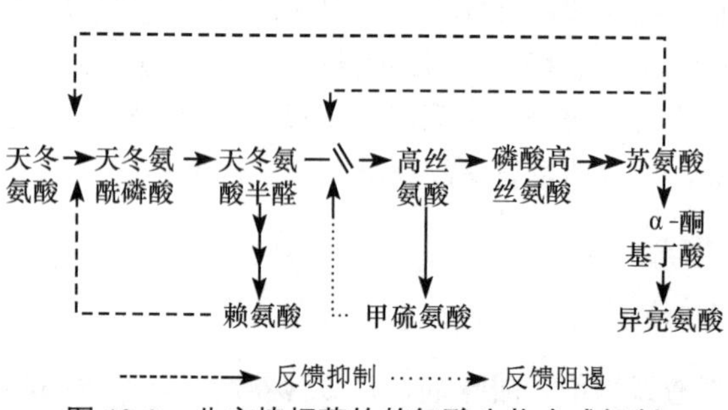

图 12-2 北京棒杆菌的赖氨酸生物合成机制

微生物发酵生产赖氨酸主要原料是淀粉液化糖（葡萄糖）或糖蜜、乙酸、乙醇、苯甲酸、乙烯、烃类等，加氮源及生长因子。赖氨酸生产菌是北京棒杆菌经诱变处理获得的高丝氨酸营养缺陷型菌株和苏氨酸及甲硫氨酸二重营养缺陷株。这两种营养缺陷型都能积累赖氨酸。用营养缺陷型主要利用其代谢阻断使之形成大量赖氨酸（图 12-2）。如为高丝氨酸营养缺陷型则天冬氨酸半醛不再转变为苏氨酸、异亮氨酸、甲硫氨酸。苏氨酸和赖氨酸对天冬氨酸激酶的协同反馈抑制解除，产生大量赖氨酸，使赖氨酸工业化生产成为可能。现通过选育优良菌种、固定化技术、控制溶解氧浓度、添加前体和加大接种量等措施使赖氨酸生产菌的发酵水平已达 7.5%以上。微生物发酵法成为赖氨酸工业化生产的唯一方法。常用添加抗生素、某些氨基酸或其衍生物、Cu^{2+}、表面活性剂、大豆汁等措施提高其产量。发酵液经离心或板框过滤，分离掉菌体等固体杂物，再通过脱色、浓缩、调节等电点、沉淀离心提取赖氨酸。常用晶析法、离子交换法、电渗法等纯化制得赖氨酸。

五、微生物与酶制剂生产

酶是活细胞产生的蛋白质生物催化剂。种类很多，目前生物中已知的酶有 4000 余种，500 多种已得到结晶。酶分氧化还原酶类、转移酶类、水解酶类、裂解酶类、异构酶类和合成酶类六大类。除动植物组织细胞中普遍存在外，微生物细胞及其培养物是最重要的酶源。微生物酶制剂有特异性高、作用条件温和、产物均一及不污染环境等优点。酶制剂商品已有 100 多种，广泛用于食品、发酵、日化、纺织、制革、造纸、医药和农业等各方面（表 12-1）。随着现代生物技术的发展，一些原先仅在实验室制备用于研究的酶已工业化大规模生产，应用于各领域。例如，二肽甜味剂味如白糖，甜度高出糖 150 倍，不腻不苦，低热量，无须胰岛素助消化，适宜于肥胖症、糖尿病和心血管疾病患者等食用。我国用工程菌生产耐热耐碱的木聚糖酶、漆酶等生物漂白剂。极端微生物产生的耐热、耐冷、耐酸和耐碱的水解酶类及 DNA 聚合酶类等特殊酶类有极广的应用前景。现简要介绍几种常用酶的微生物生产。

表 12-1　微生物生产的主要酶制剂

名称	产生菌	主要用途
α-淀粉酶	米曲霉、黑曲霉、芽孢杆菌	淀粉液化、消化剂、果汁澄清及织物脱浆
β-淀粉酶	米曲霉、芽孢杆菌	淀粉加工、制备麦芽糖及织物脱浆
淀粉-1,4-葡糖苷酶	曲霉、根霉、拟内孢菌	葡萄糖制备、酿造业、食品加工
异淀粉酶	链球菌、产气杆菌、假单胞菌	制备麦芽糖及麦芽三糖
中性蛋白酶	曲霉、芽孢杆菌	食品加工、软化剂、皮革脱毛
酸性蛋白酶	曲霉、毛霉、芽孢杆菌	食品加工、软化剂
碱性蛋白酶	链霉菌、芽孢杆菌	洗涤剂、肉类嫩化、丝绸脱胶、制革
凝乳酶	酵母菌、毛霉、芽孢杆菌	干酪制造
脂肪酶	曲霉、根霉、假丝酵母	制甘油、低脂肪食品、洗涤剂、皮革脱脂
纤维素酶	曲霉、木霉、青霉、芽孢杆菌	饲料、白酒、纺织、生物能源
果胶酶	曲霉、青霉、芽孢杆菌	果汁澄清、过滤，棉麻精制，酿酒
葡萄糖氧化酶	曲霉、青霉、醋酸杆菌	食品加工、医学检验
葡萄糖异构酶	链霉菌、假单胞菌、节杆菌	制备糖果、饮料
腈水合酶	假单胞菌	生产丙烯酰胺
链激酶	链球菌	治疗静脉血栓
过氧化氢酶	细菌、霉菌	杀菌、防腐等
DNA 聚合酶	细菌、嗜热菌	基因克隆、PCR 反应

1．淀粉酶　淀粉酶是能水解淀粉糖苷键的一类酶的总称。可分 α-淀粉酶、β-淀粉酶、淀粉-1,4-葡糖苷酶、异淀粉酶等。能产生淀粉酶的微生物很多，如枯草杆菌、马铃薯芽孢杆菌等能分泌液化型淀粉酶，根霉、黑曲霉等能产生糖化型淀粉酶。淀粉酶除用于将淀粉水解为葡萄糖外，还用于面包烤制、纺织、造纸、食品、饮料、消化类药物和洗涤剂等许多方面。用细菌生产 α-淀粉酶以液体深层发酵为主，用麸皮、玉米粉、豆饼粉、米糠、玉米浆等为原料，适当补充硫酸铵、氯化铵、磷酸铵等无机氮，添加少量镁盐、磷酸盐、钙盐等无机盐类，pH 中性或微碱性，37℃通气搅拌培养 24～48h，经分离（除去菌体及不溶物）、浓缩、沉淀、干燥即得 α-淀粉酶制剂。用霉菌生产 α-淀粉酶多用固体发酵，以麸皮为主要原料，酌加米糠或豆饼的碱水浸出液以补充氮源，pH 微酸性，相对湿度 90%以上，32～35℃通风培养 36～48h 后立即在 40℃下烘干或风干即为工业生产用的粗酶。经粉碎、浸泡、分离、浓缩、沉淀或干燥等可得 α-淀粉酶制剂成品，其纯化方法有盐析法、有机溶剂沉淀法、等电点沉淀法、柱层析法等。

2．蛋白酶　它是水解蛋白质肽链的酶类的总称。根据产生菌的最适 pH 蛋白酶通常分酸性、中性、碱性三大类。产酸性蛋白酶的微生物以霉菌为主，如黑曲霉、根霉、青霉等；产中性蛋白酶的主要是枯草杆菌、灰色链霉菌或曲霉等；产碱性蛋白酶的主要是枯草杆菌、短小芽孢杆菌等。蛋白酶已广泛用于酶法皮革脱毛、肉类嫩化、丝绸脱胶精纺、加酶洗涤剂、蛋白胨制造、毛纺原料脱脂、皮毛软化、酶法制明胶、酱油酿造、医药工业、注射用水解蛋白制造等。

用黑曲霉产生酸性蛋白酶的培养基的组成是：豆饼粉、玉米粉、鱼粉（6∶1∶1）混合物 5%，豆饼石灰水解物 10%、NH_4Cl 1%、$CaCl_2$ 0.5%、Na_2HPO_4 0.2%，pH 5.5～6.0。生产中性蛋白酶培养基的组成与碱性蛋白酶的相似，以葡萄糖、淀粉、饴糖、玉米粉、米糠、麸皮等作碳源，以豆饼粉、鱼粉、血粉、酵母粉、蛋白胨、玉米浆作氮源，添加 Ca^{2+}、Mg^{2+}、Zn^{2+}、Mn^{2+}等无机盐类。生产中性蛋白酶的培养基为微酸性，生产碱性蛋白酶的培养基为碱性。利用霉菌、放线菌生产蛋白酶的最适温度为28～30℃，培养芽孢杆菌则以30～37℃为最佳。通气培养，有利于产酶。发酵结束后要测定酶的活力，对成熟的酶液经过热处理后提取酶。

3．脂肪酶 脂肪酶是催化脂肪水解的酶。可分解脂肪中的酯键生成脂肪酸和甘油。目前，生产上用的产生脂肪酶的菌种是小放线菌（*Actinomyces parvus*）、爪哇毛霉（*Mucor javanicus*）和筒形假丝酵母。黑曲霉、黄曲霉、青霉、根霉、镰孢霉、白地霉、假单胞菌等的某些种也能产生脂肪酶。不同微生物产生的脂肪酶的特性不一样。脂肪酶主要应用于绢纺原料脱脂、黄油增香、合成酪酸酯，还用于生产去垢剂、化妆品、牙膏、饲料及皮革加工等。

4．果胶酶 它是能分解果胶的酶类，是果胶酯酶和聚半乳糖醛酸酶的总称。前者能分解甲基酯使果胶生成甲醇和果胶酸；后者能分解果胶酸中半乳糖醛酸间的1,4-糖苷键生成半乳糖醛酸。果胶酶主要由真菌和细菌产生，可用固体培养法和液体培养法制备。目前，我国大多用固体培养法生产。果胶酶主要用于生产果酱、果冻、果糕、奶糖、橘子罐头、葡萄酒、果露酒及黄麻堆仓发酵等。我国已用果胶酶进行棉纱脱胶染色和毛巾脱胶漂白等。

此外，还有纤维素酶、葡萄糖氧化酶、葡萄糖异构酶、乳糖酶、右旋糖酐酶等100多种酶可利用微生物生产。

大多数酶能溶于水或其他极性溶剂中，以前工业生产中都是利用水溶性酶制剂分批反应，反应后酶被弃去。固定化酶是将游离的酶制剂通过物理或化学的方法如吸附、包埋、共价、交联、微囊等方法与不同的固体载体结合，成为不溶于水或不易散失的可多次重复使用的生物催化剂。它有许多优点：①使用寿命长，可多次重复使用，有的可连续使用多年；②便于生产自动化，固定化酶可装成酶柱，反应液流经酶柱后即成生成物，可实现连续化、自动化；③产品提纯容易，游离酶与产物混合在一起，难分离，固定化酶使用前可以充分洗涤，除去水溶性杂质，不污染产品，产物的分离、提纯容易；④生产效率提高，固定化酶可制成酶活力很高的酶-载体复合物，而且抗酸、碱、温度变化能力增强，酶活力稳定，反应速度大大加快。现已有近百种酶制成固定化酶，已逐步用于大规模工业生产，将给微生物工业带来巨大变革。

六、微生物与湿法冶金

用微生物浸出金属已由浸出铜、铀、金发展为浸出钴、镍、锰、锌、银、铂、钛、铋、铅、硒、砷、铊、镉、镓等20多种稀有金属和名贵金属。微生物湿法冶金有投资少、成本低、操作简便、环境污染轻、金属回收率高等优点，特别适用于处理贫矿、尾矿、表外矿、炉渣等。

湿法冶金的微生物主要是化能自养型微生物，常用的有氧化亚铁硫杆菌、氧化硫硫杆菌、铁氧化钩端螺菌（*Leptospirillum ferrooxidans*）和嗜酸热硫化叶菌（*Sulfolobus acidocaldarius*）等。它们能氧化各种硫化矿获得能量，产生的硫酸和酸性硫酸高铁都是很好的矿石浸出剂，可将矿石中的铜、铀、镍、锰、钴、锌等金属浸出来。不溶的目的金属可以从矿渣中提取。

微生物浸矿的方法大体可分为池浸、堆浸和原位浸（地下）：①堆浸是在矿山附近的坡地，用水泥、沥青等砌成不渗漏的基础盘床，或选用不透水坡地，将矿石堆积在其上，再将细菌浸出液不断喷淋到矿石上，采用适当方法从流出的浸出液中回收金属；②池浸是将粉碎的矿石置于装有假底的耐酸池中，再将细菌浸出液放入池中，搅拌、通气，然后从浸出液中回收金属；③原位浸是利用自然或人工形成的矿区地面裂缝，将细菌浸出液注入矿床中，然后从矿床中提取浸出液回收金属，可节省大量人力物力、减少环境污染、增加生产安全度，较有发展前景。各种浸提法都要注意温度、酸度、通气和营养物质对微生物的影响，使之发挥最大的浸矿作用。已用表面活性剂如吐温20可扩大矿石与细菌接触面，促进溶剂渗透，提高效率。

还可利用菌体直接吸附金等名贵金属和稀有金属，如曲霉从胶状溶液中吸附金的能力是活性炭的 13 倍。也可对非金属矿物脱除金属，如用黑曲霉脱除高岭土中的铁，用此高岭土制成的陶瓷材料在电子、军工中有广泛的特殊用途。还可用菌体对煤脱硫，有的脱除率可达 96%。

现在，国内外微生物湿法冶金的应用越来越广泛。我国江西省德兴铜矿铜废石总量有 8.9 亿 t，品位 0.5%～1.0%，传统的选冶工艺难以从废石中经济地回收铜。1994 年开始用堆浸法细菌浸出，主要使用氧化亚铁硫杆菌和氧化硫硫杆菌，浸出液铜浓度达 1g/L，年产铜 200t。

七、微生物与石油工业

微生物在石油勘探、开采、脱硫、脱蜡等方面已有广泛应用。

油田中的气态烃沿地层缝隙扩散到地表。有些微生物能以气态烃为唯一碳源和能源，它们的数量取决于底土中气态烃的浓度。测定土样、水样、岩心等样品中这类指示菌的数量，可直接推测地下石油、天然气储藏分布与数量。此法称为微生物石油勘探。包括我国在内的许多国家都已广泛采用微生物石油勘探，准确率较高（55%左右），简便易行，节省投资。以气态烃为唯一碳源和能源的微生物主要是甲烷、乙烷氧化菌，它们通常为甲基单胞菌属（*Methylomonas*）、甲基细菌属（*Methylobacter*）和分枝杆菌属（*Mycobacterium*）的菌种。这类指示菌的分布受季节、气候、pH、土层状况、生态环境等因素的影响，影响微生物石油勘探的准确性。

微生物采油适用于丰产期后的油井，这类油井经过自喷、抽油两个阶段采油后，角落、缝隙中仍存在大量原油，但抽油机已无能为力，即使能抽上来也因产量不高而得不偿失。向油井中注入有益于采油的微生物，或加入营养物质活化油层内原有的菌类，使其在井下大量繁殖，它们在代谢活动中产生的酸有溶解矿石的作用；产生的 H_2、CO_2 和 CH_4 等气体既可增加地层的压力，又可溶解在原油中降低原油黏度，提高其流动性；有些微生物的代谢产物有表面活性剂的作用，能降低油水界面的表面张力，提高“洗油”效率，并改变原油的渗透性；微生物的生命活动还能将高分子的碳氢化合物分解成短链、容易流动的化合物。最终使采油率大幅度提高。我国的大庆油田、胜利油田等大型油田都已先后采用此法进行三次采油。微生物采油的另一种方法是将微生物在新陈代谢中产生的碳水化合物聚合物加入注入水中，可降低石油和水之间的黏度，减少注入水的不均匀推进和死油块现象，增加水的驱油能力，提高采油率。最具代表性的是黄原胶，还有葡聚糖等。这些微生物多糖有增黏、稳定和互溶等优良特性。用它稠化水，注入油层驱油可改善油水的流度比，扩大扫油面积，使石油的最终采收率提高 9%～29%。除作油田注水增稠剂外，还可作油田钻井黏滑剂，有利于石油开采。我国科技人员用微生物发酵法生产鼠李糖脂一类的生物表面活性剂用于三次采油，在天然岩心驱油试验中石油采收率提高 20%以上。

石油含一定量的硫，会腐蚀设备、影响石油制品的质量、污染环境。用化学法除硫需要高温、高压，还必须有无机催化剂，成本高，效率低，污染重。微生物法脱硫无须高温、高压条件，对设备腐蚀也小。有些微生物可将硫磺转变为硫化氢或硫醇。有些微生物可将石油中的有机硫化物变为无机硫化物（硫酸），再用离子交换树脂除去无机硫，或使它形成钙盐沉淀去除，或用厌氧微生物将硫酸还原成硫化氢除去硫。化学法难除的带苯环硫化物微生物也能脱除。

石油中还含有一定量的蜡，若不脱去会影响石油制品的凝固点。用物理或化学法脱蜡，工艺烦琐，设备复杂，成本很高。利用微生物法脱蜡具有设备简单，脱蜡深度高，并能得到菌体蛋白等许多优点。例如，脱蜡球拟酵母（*Torulopsis depavaffina*）发酵 300～400℃馏分油 70h 后，每千克油可得干酵母 5.4g，并将油的凝固点从 4.5℃降到−60℃。我国科技工作者采用微生物法脱蜡，获得了低凝固点的航空汽油、高级柴油等多种机油。

利用微生物可以降解海洋、江湖水体的石油污染。也可利用微生物之间的拮抗作用减少输油等管道的腐蚀。例如，用硝酸还原细菌抑制硫酸还原细菌的生长，减少对钢管的腐蚀。还可以利用这类微生物进行高黏度石油的管道运输。

用基因工程技术将某些微生物特有基因构建在某一菌中，在石油工业中可发挥更大作用。

八、微生物与能源生产

拓展资料

以有机物为原料，利用微生物技术产生的能量称微生物能源。除沼气发酵，还用微生物技术生产燃料醇类、氢气、微生物燃料电池等。它是可再生能源，可保证能源安全，保护环境。

1．微生物生产醇类 微生物发酵有机物产生乙醇、甲醇等可燃性醇类，都是燃烧完全的高效燃料。乙醇还能稀释汽油等发动机用油，汽油中乙醇添加量不超过15%时可使功率提高10%～15%，尾气中CO、氮化物和烃化物降低30%～50%。世界每年生产的乙醇有65%用作燃料。

我国石油储量不到世界的2%，而消费量居世界第二，从国外进口的石油已超过76%（2020年），能源安全问题日益突出。广西采用固定化酵母生产乙醇，以木薯淀粉为原料，产乙醇率达52%～55%。河南、吉林、安徽有4套年产30万t燃料乙醇的设备已投产。全国燃料乙醇年产量达170万t。燃料乙醇汽油已大量应用，约占全国汽油销量的20%。但多数以玉米、小麦和大米等粮食为原料。必须重点发展非粮燃料乙醇的生产，特别是要充分利用工农业废弃物。

目前发酵生产乙醇几乎都是用酵母菌发酵的，主要由于酵母菌能产生高浓度的乙醇和少量的副产物，且生产技术成熟。但酵母菌能发酵的底物范围较窄，要完全利用淀粉，还要加葡萄糖淀粉酶。研究更好地利用更多的底物产乙醇是发展乙醇工业的重点。

现在有研究用锯木、蔗渣、废纸、破布、秸秆、杂草等含纤维素的废弃有机物制取乙醇。有的研究用木霉的纤维素水解酶使纤维素水解为葡萄糖，经酵母菌发酵生产乙醇。有的研究将黑曲霉的β-糖苷酶基因在酵母中表达，使酵母能直接利用纤维二糖。有的研究用能产生纤维素酶的细菌发酵生产乙醇。已构建能发酵木糖的细菌和酵母。但都还存在技术和成本等方面的问题。

2．微生物产氢气 氢是理想的清洁能源。许多微生物可发酵有机物产氢。微生物利用废弃有机物生产氢已成世界新能源研究热点。中国科学院微生物研究所筛选出产氢活性高的菌株并对其产氢活性深入研究。红假单胞菌H菌株（*Rhodopseudomonas* strain H）以海藻酸钠作包埋材料制备的固定化光合细菌可在不同浓度豆制品废液中光照产氢。产氢率和废水化学需氧量降低都达到较高水平。哈尔滨工业大学2005年建成微生物发酵产氢试验工厂，产氢率等各项生产指标都达到设计水平。产氢微生物有异养的也有自养的，有厌氧的也有兼厌氧的，主要是厌氧、兼厌氧细菌和蓝细菌等光合自养细菌。微生物产氢目前主要研究：产氢机制和开发利用；挖掘微生物产氢资源；创新产氢工艺；拓宽可再生废物做原料等方面。微生物产氢大有可为。

3．微生物燃料电池 燃料电池是将燃烧等化学反应生成的化学能转变为电能的装置。微生物利用有机物发酵产生电能的装置就是微生物燃料电池，简称微生物电池。据微生物与电池中电极的反应形式可分直接作用和间接作用构成的微生物电池。前者指微生物同化底物时前、中期产物常富含电子，通过介体作用使它们脱离与呼吸链的偶联，直接与电极发生生物化学联系构成微生物电池，其原理如图12-3所示；后者是微生物同化底物的终产物或二次代谢产物为氢、甲酸等电活性物质，它们与电极作用产生能斯特效应构成微生物电池。发现可用硫化镉（CdS）代替氢捕获太阳能收获电子并产乙酸盐，既方便又便宜。微生物燃料电池虽未达到实用化，但在许多方面显示出广阔的应用前景：由生物转换成高效、廉价、长效的电池系统，如产气荚膜梭菌在含葡萄糖的10L发酵罐中产氢速度达18～23L/h，用产生的氢推动功率3.1～3.5V燃料电池工作；用废液、废物作燃料用微生物燃料电池产生电能，且净化环境；以人的体液为燃料做成体内埋伏型微生物燃料电池体内起搏器；从转换能量的微生物燃料电池发展到应用信息的微生物燃料电池即作检测有机物的微生物传感器。

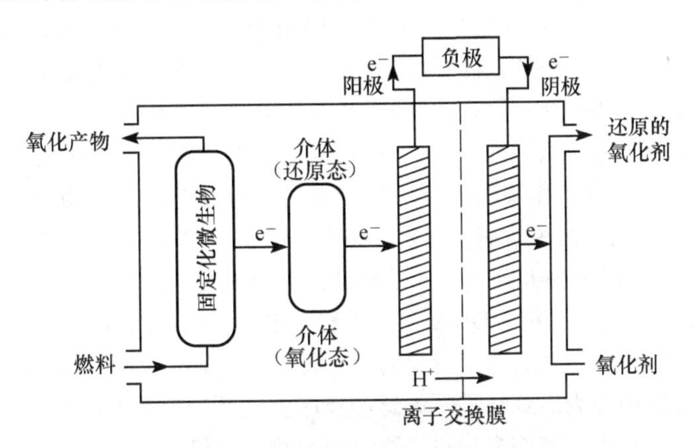

图12-3　微生物燃料电池的原理示意图

九、微生物与新材料

新材料是21世纪科学研究的重点之一，要从自然界寻找新材料已经非常困难。微生物具有种类多、代谢产物多等特点，利用微生物发酵生产新材料潜力巨大。

1．微生物塑料　以石油为原料制造的塑料化学性能稳定，耐酸碱、抗氧化、难腐蚀，在自然条件下不易被微生物降解，燃烧时又产生大量的二氧化硫和一氧化碳等有害气体，污染大气，全球性的“白色污染”日益严重。人们一直在努力寻找可降解塑料。

许多微生物能产生在自然条件下易完全降解的新型塑料，如聚β-羟基丁酸酯（PHB）和聚羟基烷酸酯（PHA）及乙基侧链聚羟基戊酯（PHV），都可生产完全生物降解塑料，称微生物塑料。洋葱假单胞菌利用木糖和少量氮能生产大量的PHB，可达细胞干重的60%。还有一种杆菌可用甲醇和戊醇为原料发酵生成PHB和PHV的共聚物。最近我国已克隆PHB合成调控新基因，成功开发新型高性能PHB材料新技术，国际领先。PHB等微生物塑料是高度结晶的晶体，物理性质甚至分子结构与聚丙烯（PP）很相似，且有很多独特的优点。微生物塑料完全可生物降解，且降解产物不仅能改良土壤结构还能作肥料。微生物塑料有高分子量、高结晶度、高熔点、高弹性及溶解性低、透氧率低、阻湿性强、压电性好等特性。还能抗紫外线，不含有毒物质，生物相容性好，不引起炎症，透明，易着色，用途更广泛，尤其适合医药领域应用。目前的最大问题是成本高、价格贵。虽有生产，但应用不广。随着人们环保观念的增强、优良菌的选育和工艺技术的改进，微生物塑料工业将蓬勃发展。

2．微生物功能材料　生物大分子蛋白质、核酸、多糖、脂质等有能量转换、信息处理、分子识别、抗辐射、抗氧化、自我装配和自我修复等多种功能。用这些大分子或对其修饰、改造能制成各种生物功能材料。现正研究将这类功能材料制成能量转换元件、信息处理及储存器件、分子识别元件和放大器件等。微生物有多样性的优势，其大分子已作为研制生物功能材料的首选对象，成了微生物功能材料研究热点，特别是对盐生盐杆菌产生的紫膜蛋白细菌视紫红质的研究较深入。细菌视紫红质在光照循环时会按一定顺序发生结构变化，结构变化中的不同状态能起光开关的作用，可用来记录数字信息。例如，用激光照射细菌视紫红质时，其结构变化显示二进制的“0”，再次照射其结构变化为二进制的“1”。细菌视紫红质作电子器材有许多突出的优点：密集度高，细菌视紫红质分子比硅芯片上的电子元件小得多，其密集度可达到现有半导体超大规模集成电路的 10 万倍；开关速度快，细菌视紫红质结构改变状态的时间以微秒计，其开关速度比目前的半导体元件开关高出 1000 倍以上；稳定可靠，细菌视紫红质能自我装配和修复，排除集成电路可能出现的故障，分子结构改变的状态可保持几年不变，不像半导体元件一旦断电就丢失数据；耗能少，细菌视紫红质分子是生化反应开关，阻扰低，耗能少，较好地解决了散热问题。要使细菌视紫红质真正成为功能材料用于电子器件，尤其是作为生物计算机的装配元件还有许多工作要做。微生物产生的半醌类有机化合物也有细菌视紫红质同样的功能，细菌和真菌产生的黑色素有能量转换和抗辐射的功能，这类物质都可用作功能材料。

3．生物计算机 用生物大分子作元件制造的计算机称生物计算机。除细菌视紫红质外也可用 DNA 作元件制造生物计算机。DNA 中大量密码相当于储存的数据，某些酶对 DNA 作用瞬间就能完成其生化反应，从一种基因代码变为另一种基因代码。反应前的基因代码可作为输入数据，反应后的基因代码则作为运算结果，如这种反应控制得当就能制成 DNA 计算机。它有运算速度快、存储容量大、耗电少等许多优点。要制成生物计算机还有许多技术难题要解决。

微生物还可发酵生产丙烯酰胺、环氧化合物、乙烯等许多物质，是新材料的重要宝库。

十、微生物与传感器和 DNA 芯片

1．微生物传感器 传感器是感受某物质规定的测定量，并按一定规律转换成可用信号（主要是电信号）的器件。其主要组成有敏感元件、转换器件和电子线路、相应的机械设备及附件。按其主要敏感元件反应性质可分为物理、化学、生物三类。生物传感器根据其主要敏感材料的特性可分为酶传感器、免疫传感器、细胞器传感器、动物组织传感器、植物组织传感器及微生物传感器。微生物传感器的敏感元件是固定化的微生物细胞，转换器是各种电化学电极或场效应晶体管，机械、电路部分与别的传感器基本相同。微生物传感器的基本原理是固定化的微生物细胞数量和活性保持恒定时，它所消耗的溶解氧或所产生的电极活性物质的量反映了被检测物质的量。借助气敏电极（如溶解氧电极、氨电极、二氧化碳电极）或离子选择电极（pH 电极）或其他物理、化学检测器件测量消耗氧或电极活性物质的量，便能获得被检测物质的量（图 12-4）。微生物传感器的信号主要有电化学信号和光学信号两种，由此可分电化学型微生物传感器和生物发光型微生物传感器两大类。电化学型微生物传感器主要检测微生物的呼吸活性或代谢物质的量。生物发光型微生物传感器主要检测微生物的发光强度。现已有各种微生物传感器用于临床诊断、食品检测、发酵监控和产物分析、环境监测等许多方面。例如，用骨胶将荧光假单胞菌固定化成膜，与氧电极装配在一起，检测样品时膜内的固定化菌利用样品中的葡萄糖消耗氧，消耗的氧量被氧电极测定，转变为电信号，可转换得出所检测样品中的血糖含量，已用于诊断糖尿病、尿毒症、内分泌亢进等疾病。用荧光假单胞菌传感器能测定污水的生化需氧量，污水中有可生物氧化的有机质，固定化膜内的菌体由内源呼吸转而进行外源呼吸，耗氧使固定化膜周围的氧分压下降，改变氧电极输出电流的强度，电流强度随生化需氧量大小而变化，在一定范围内呈线性关系，可快速（15min 内）、准确、在线动态测定生化需氧量。

微生物的多样性、特异性为发展多功能的各式微生物传感器提供了可能。加上微生物传感器有选择性好、分析速度快、操作简单、能在线连续分析、制作容易、活性稳定、使用寿命长、

价格低廉等优点，随着科学技术的不断发展，将有更多、更好的微生物传感器不断出现。我国已在谷氨酸、乳酸、葡萄糖等各种微生物传感器方面接近或达到了国际先进水平。

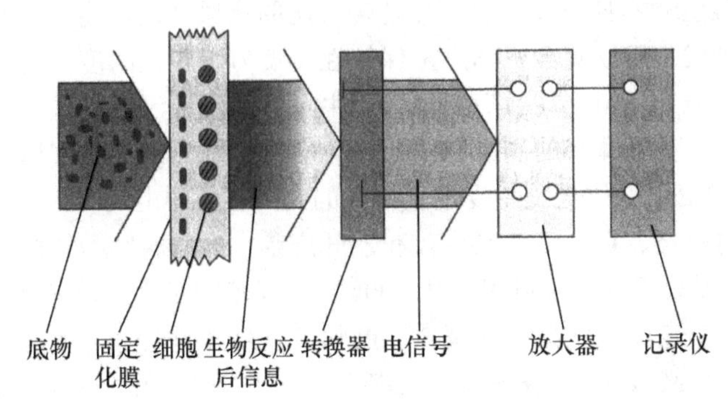

图 12-4　微生物传感器基本原理示意图

2．微生物 DNA 芯片　DNA 芯片是根据核酸杂交原理检测待测 DNA 序列，它与一般核酸杂交技术的不同之处是已知序列的寡核苷酸（DNA 探针）高度集成化，即高密度的 DNA 探针阵列以预先设计的排列方式固定在玻璃、硅片或尼龙膜上。它检测样品时将处理过的样品滴在芯片上杂交，用激光共聚焦显微镜检测 DNA 探针或样品分子上荧光素放出的荧光信号，经计算机软件处理可获得检测 DNA 序列及其变化。它借助微电子芯片的制作技术，与计算机芯片相似之处是高度集成化；不同之处是目前 DNA 芯片不作为分子的电子器件，不起计算机芯片上集成半导体晶体管的作用，不能作计算机用，主要功能是生命信息的储存和处理。

微生物 DNA 芯片是利用微生物的寡核苷酸制成的芯片。微生物种类多，基因种类更多，可制成各种不同的 DNA 芯片，储存空前规模的生命信息，可高效、快速获取大量的生命信息。例如，用于临床常见病原微生物检测的微生物 DNA 芯片，已显示鉴定大量样品准确、灵敏、快速和自动化等方面的优势。我国已研制成功用于检测病毒基因的微生物 DNA 芯片，可检测乙肝病毒和 EB 病毒的基因。我国还研制成功采油微生物 DNA 芯片，能检测 127 个属细菌，用于不同油藏条件下内源微生物群落结构普查，对微生物驱油技术研究有重要意义。它在微生物基因鉴定、基因表达、基因组研究及新基因发现等方面将会有更广泛的应用，在今后微生物学研究及各个领域的应用中会成为划时代的新技术，将开辟生命信息研究和应用的新纪元。

第三节　微生物在医药卫生中的应用

微生物与医疗卫生关系密切，在疾病的预防、诊断、治疗、康复等方面的应用越来越多。

一、生物制品

凡是人工免疫中用于预防、治疗和诊断传染病的来自生物体的各种制剂均称为生物制品。可分为疫苗、类毒素、免疫血清、细胞免疫制剂、免疫调节剂。预防制品主要是疫苗，包括菌苗、疫苗和类毒素。治疗制品多数是用细菌、病毒和生物毒素免疫动物制备的抗血清或抗毒素及人特异丙种球蛋白。单克隆抗体在诊断、治疗方面都有应用。诊断制品主要是抗原或抗体。

（一）疫苗

疫苗是由病原微生物本身制成的用于预防传染病的抗原制剂，通常用钝化、弱化或无害化的病原体或其产物制成。用以刺激机体产生保护性免疫力。广义的疫苗包括细菌、病毒和立克次体等病原微生物制成的疫苗，注射后使机体产生抗体或致敏淋巴细胞，实现特异性免疫。习惯上将细菌、螺旋体、支原体等的制品称菌苗，将病毒、立克次体和衣原体制品统称疫苗。

2007 年前，我国卫生部作全民免疫规划接种的为“五苗防七病”，“五苗”为卡介苗、麻疹活疫苗、脊灰减毒疫苗、百白破三联疫苗和乙肝疫苗，“七病”为结核病、麻疹、脊髓灰质炎、百日咳、白喉、破伤风和乙型肝炎。从 2008 年起又增加了“七苗防八病”，“七苗”为甲肝减毒活疫苗、流脑疫苗、乙脑减毒活疫苗、麻腮风联合疫苗及重点地区重点人群接种的出血热双价纯化疫苗、炭疽减毒活疫苗和钩体灭活疫苗，“八病”为甲型肝炎、流行性脑脊髓膜炎、流行性乙型脑炎、风疹、流行性腮腺炎、出血热、炭疽和钩端螺旋体病。

1．死菌（疫）苗　通常是将人工培养的病原微生物用物理方法（如加热）或化学方法（如用甲醛处理）杀死制成，使其失去毒力，保留其抗原性。死菌（疫）苗的特点是不能在体内繁殖，维持抗原刺激的时间短，导致免疫力不高，所以接种量要大。对人体的副作用也很大，有时还会引起机体发热、全身或局部肿痛等反应。常须以小剂量作多次注射。但它容易保存，且保存期长。制备死菌（疫）苗的菌种一般选用抗原性高、毒性强的菌株。常见的死菌（疫）苗有百日咳、伤寒、副伤寒、霍乱、炭疽、流感、流行性乙型脑炎、斑疹伤寒、狂犬等疾病的疫苗。

2．活菌（疫）苗　用失去或减弱毒力但仍保持抗原性的病原体突变株制成。这类菌（疫）苗有卡介苗、炭疽减毒活苗、牛痘疫苗、鼠疫活疫苗、甲肝减毒活疫苗、脊灰减毒疫苗及麻疹活疫苗等。活菌（疫）苗比死菌（疫）苗更有效，因为接种后它在体内能生长繁殖一定时间，刺激机体产生免疫力。只需一次接种，用量小，免疫力保持时间久，副作用小，但难保存，易失效。制备活菌（疫）苗所用菌株的来源有两种：一是从有免疫力的带菌机体中选择弱毒株（如鼠疫活疫苗）；二是用人工培养法使病原体变异以降低毒力（如麻疹活疫苗、卡介苗）。制备活菌（疫）苗所用菌株其无毒或减毒性状必须很稳定，即使反复进入易感机体也不会恢复毒力，否则就不能用于制备活疫苗。若要同时接种多种疫苗，为节省人力、物力和时间，可制成混合的多联多价疫苗，如含 4 种减毒活疫苗的“麻疹、腮腺炎、风疹、脊髓灰质炎”四联疫苗。

3．自身疫苗　这是以从患者病灶中分离的病原菌制成的死菌苗，作多次皮下注射可治疗反复发作并经抗生素治疗无效的慢性细菌感染疾病，如大肠杆菌引起的慢性肾炎等。

4．亚单位疫苗　每种病原微生物均有多种性质不同的抗原成分，其中只有一小部分能使机体产生有保护性的免疫力。因此，整体微生物制成的疫苗有很多无效成分，副作用也强。将有效成分提出来制成疫苗，既可提高免疫效果，又可减少副作用，此种疫苗称作亚单位疫苗。例如，只含流感病毒血凝素和神经氨酸酶的流感亚单位疫苗、腺病毒衣壳亚单位疫苗、乙型肝炎表面抗原亚单位疫苗、大肠杆菌菌毛亚单位疫苗、霍乱毒素 B 亚单位疫苗、狂犬病毒免疫体亚单位疫苗及麻疹病毒亚单位疫苗等。亚单位疫苗效果好，又无副作用，是疫苗的发展方向之一。

5．化学疫苗　用化学方法提取微生物体内有效免疫成分制成的疫苗，其成分一般比亚单位疫苗更简单，如肺炎链球菌的荚膜多糖和脑膜炎球菌的荚膜多糖都可制成多糖化学疫苗。

6．合成疫苗　用人工合成的肽抗原与适当载体和佐剂配合而成的疫苗称合成疫苗。例如，人工合成的乙型肝炎表面抗原的各种合成肽段、白喉毒素的 14 肽及流感病毒血凝素的 18

肽等加上适当载体和佐剂后，都可制成合成疫苗。

7. 基因工程疫苗 这是一类通过DNA重组技术获得的新型疫苗，又称DNA重组疫苗。利用基因工程技术已获得了一系列有实用价值的疫苗。例如，将编码*HBsAg*的基因插入酿酒酵母基因组中表达成功的DNA重组乙型肝炎疫苗，用大肠杆菌表达的仅含衣壳蛋白的口蹄疫病毒疫苗等；在一种病毒中添加另一种病毒基因，构建对两种病毒都有免疫力的重组病毒疫苗，如能同时抗禽痘和新城疫的重组病毒疫苗等；去除病原体的产毒基因保留其免疫应答能力，以构建重组减毒活疫苗等。DNA重组疫苗可用于治疗癌症等疑难病症。

8. 抗独特型抗体疫苗 抗体分子（Ab1）作抗原时可产生抗抗体（Ab2），若此Ab2是针对Ab1的独特型决定簇，则称为抗独特型抗体。抗独特型抗体可能在构象上模拟原始抗原（与Ab1对应的抗原），因此可作为原始抗原的替代物，刺激机体产生抗原始抗原的免疫应答，又避免了原始抗原可能有的致病性。已用此法制成抗寄生虫等多种抗独特型抗体疫苗。

9. 核酸疫苗 将病原体一段有保护效应的核酸片段导入体内，通过在体内的表达激发机体产生抗感染免疫，称为核酸疫苗，又称基因疫苗或DNA疫苗，这为新疫苗的设计开辟了一条新思路，如流感病毒核蛋白DNA疫苗和丙型肝炎病毒核心抗原DNA疫苗等。核酸疫苗的优点是：比传统疫苗安全；DNA提纯容易，比亚单位疫苗制备简单；稳定性强，干粉可长期保存；同一质粒或病毒体上可插入多个疫苗基因片段，一次注射可获得对多种疾病的免疫力；免疫期长；为癌症及其他疑难疾病的治疗提供新可能。缺点是必须注入较大剂量的DNA才能克服免疫率较低的困难。我国第一个预防H5亚型禽流感的DNA疫苗已于2018年试制成功。

（二）类毒素

用0.3%～0.4%的甲醛处理外毒素可使其脱毒，但仍保持其抗原性，经脱毒处理的外毒素叫类毒素。注射类毒素可使机体产生对应外毒素的抗体。常用的类毒素有白喉类毒素和破伤风类毒素。将精制的类毒素吸附在明矾或磷酸铝等佐剂上可延缓其在体内吸收、作用的时间，增强免疫效果。类毒素可与死疫苗联合使用，如将破伤风类毒素、白喉类毒素与百日咳死疫苗一起制成百白破三联疫苗使用。由霍乱弧菌、痢疾志贺菌、金黄色葡萄球菌和大肠杆菌的一些菌株产生的肠毒素经甲醛脱毒后也可制成类毒素，并制得抗毒素。

（三）免疫血清

含特异性抗体的血清叫免疫血清。用免疫血清对人体进行人工被动免疫可使机体立即获得免疫力达到治疗或紧急预防的目的。因抗体非自身产生，耗完后就无补充，故其免疫时间甚短。

1. 抗毒素 白喉抗毒素及破伤风抗毒素等通常是马免疫血清制品。它可中和相应外毒素毒性，主要用于由外毒素所致疾病的治疗或应急预防，如被毒蛇咬伤可用蛇毒抗毒素治疗。

2. 胎盘球蛋白及血清球蛋白 前者是从健康产妇胎盘中提取的丙种球蛋白，主要含有IgG。后者是从血清中提取的，主要含IgG和IgM，属精制的多价抗体。它们可抗多种病原体及其有毒产物，主要用于应急预防和治疗麻疹、脊髓灰质炎和甲型传染性肝炎等多种传染病。某些抗病毒血清如抗狂犬病毒血清可用于紧急预防。它们也可治疗某些免疫缺陷病。

3. 单克隆抗体 单克隆抗体的研究和应用发展很快，已从第一代（直接由杂交瘤分泌的单克隆抗体）、第二代（用细胞杂交和基因工程技术制备的单克隆抗体）、第三代（利用抗体库技术可筛选出针对任何抗原的单克隆抗体）发展到了第四代（利用转基因动物或植物大量生产人用单克隆抗体），价廉物美。单克隆抗体品种众多，作用独特，优点颇多，可用于疾病的诊断和治疗，在器官移植、抗肿瘤、免疫调节和疫苗研制等领域都有广泛的应用。

4．免疫核糖核酸 这是一类特异性免疫触发剂，可使机体的正常淋巴细胞转化为致敏淋巴细胞发挥其免疫作用。通常可从自痊愈肿瘤患者淋巴细胞中提取，也可用人肿瘤细胞或微生物细胞等作抗原免疫动物，然后从其脾或淋巴结等部位分离淋巴细胞，再提取其中的免疫核糖核酸。它无明显的种属特异性，可从动物体内提取治疗人的某些慢性传染病或恶性肿瘤。

（四）免疫调节剂

免疫调节剂是一类能增强、促进和调节免疫功能的非特异性生物制品，对免疫功能低下、某些继发性免疫缺陷症和某些恶性肿瘤等疾病有一定疗效，主要是通过非特异方式增强T细胞、B细胞的反应性，促进巨噬细胞的活性，激活补体或诱导干扰素的产生。对免疫功能正常的人无作用。

1．转移因子 这是一种由淋巴细胞产生的低分子核苷酸和多肽的复合物，无免疫原性，有种属特异性。从某种疾病治愈者的淋巴细胞中提取的特异性转移因子能将供者的某一特定细胞免疫能力转移给受者。从健康人的淋巴细胞中提取的非特异性转移因子可非特异性地增强机体的细胞免疫功能，促进干扰素的释放，刺激T细胞增殖，并使它产生移动抑制因子等各种介导细胞免疫的介质。转移因子已用于治疗麻疹后肺炎、疱疹等病毒病，播散性念珠菌病、球孢子菌病、组织胞浆菌病等真菌性疾病，以及原发性肝癌、白血病和肺癌等恶性肿瘤等。

2．白细胞介素-2 这是一种由活化T细胞产生的多效能淋巴因子，可促进T细胞、B细胞和NK细胞的增殖、分化；增强效应细胞的活性；诱导干扰素的产生；调节免疫；促进Tc细胞的分化和成熟，以抗病毒、抗肿瘤等多种功能。目前已用生物工程进行产业化生产。

3．胸腺素 它是一种从小牛、羊或猪的胸腺中提取的可溶性多肽，有促进T细胞分化、成熟及增强T细胞免疫功能的作用。可治疗细胞免疫功能缺陷或低下等疾病，如T细胞缺陷症、艾滋病和某些自身免疫病、肿瘤及因免疫缺陷引起的病毒感染等病症。

4．卡介苗 它不仅可预防肺结核，还有许多非特异性的免疫调节功能，可激活体内巨噬细胞等多种免疫细胞，增强T细胞和B细胞的功能，刺激NK细胞的活性，促进造血细胞生成，引起某些肿瘤细胞坏死，阻止肿瘤细胞转移，消除机体对肿瘤抗原的耐受性。现已用作黑色素瘤、急性白血病、肺癌、淋巴瘤、结肠癌、膀胱癌等许多肿瘤的辅助治疗剂。

5．小棒杆菌 它是经加热或甲醛处理的死细胞，可激活巨噬细胞增强其吞噬和细胞毒作用。口服或局部注射对实验性肿瘤如肉瘤、乳腺癌、白血病和肝癌有一定疗效。但副作用多。

6．杀伤性T细胞 它通过释放细胞毒素、细胞因子及其表面因子诱导靶细胞凋亡，具有杀伤靶细胞和抑制免疫应答的双重作用，可协助B细胞分化、产生抗体。

免疫调节除免疫增强作用外，还有免疫抑制作用。免疫抑制剂如环孢菌素A、藤霉素等可防止器官移植排斥反应，治疗系统性红斑狼疮、类风湿关节炎等自身免疫病和过敏反应等。

生物制品在控制传染病方面发挥了巨大作用。其发展趋势方面，除安全、特异、敏感、快速、简便、效力强、副作用少和自动化等要求进一步提高外，还要发展多价疫苗、多功能生物制品，以减少免疫针次和费用。生物制品剂型和使用方法也应多样化，如喷雾型、缓释型等。还应大力发展基因工程、细胞工程和蛋白质工程的生物制品，如利用基因工程技术将抗原基因克隆到大肠杆菌或酵母菌中，利用工程菌生产疫苗，产量提高，工艺简单，操作安全，免疫时间延长。

二、抗生素

抗生素的显著特点是化学结构多样。它是一类重要的化学治疗剂，不仅抑制或杀灭微生物，有的还能治疗肿瘤或早期诊断疾病等。有些有其他生物活性。例如，利福霉素能降低胆固醇；红霉素能诱导胃运动；瑞斯托霉素能促进血小板凝固等。对保障人类健康起着重要作用。

1929 年，弗莱明（Fleming）发现青霉素，他在培养葡萄球菌时偶然发现由空气中掉入培养皿平板上生长的青霉菌落的周围，因葡萄球菌被溶解而产生透明圈。这种由青霉产生的抑制细菌生长的物质命名为青霉素。由于其化学性质不稳定、结晶困难等原因，尽管其抑制菌作用已被证实，但在此后的 10 年间却并未受到注意。1940 年，弗洛里（Florey）和柴恩（Chain）第一次分离到了青霉素结晶。由于第二次世界大战中对治疗创伤药物的迫切需求，1941 年美国和英国共同研究生产。1943 年，采用通气搅拌深层发酵法生产，使战争中许多伤员得救。青霉素是世界上最早用于临床的抗生素，其的发现推动了对其他抗生素的研究。1944 年，瓦克斯曼（Waksman）从放线菌中发现了链霉素，它是由灰色链霉菌产生的，能有效抑制使用青霉素无效的革兰氏阴性的结核菌，使许多结核病患者得到救治。

拓展资料

继青霉素和链霉素之后，四环素、氯霉素、螺旋霉素、卡那霉素等相继被发现，还发现了丝裂霉素 C、博莱霉素等对肿瘤有效的抗生素。据统计，已发现 16 500 多种抗生素（2002 年）。临床上常用的有 50 多种，抗生素已成为各国最重要的药物。随着科学技术的发展，对其化学性质、结构、生物合成途径及作用机制等方面都开展了广泛的研究。我国抗生素品种已有 40 多种，产量位居世界第一。其中，创新霉素等的生产菌种是我国首先筛选到并组织生产的。目前我国抗生素的研究和生产无论是品种还是数量，均已跨入世界先进行列，产品大量出口各国。

各种抗生素的作用对象都有一定的范围，称为抗菌谱。有的抗生素可抑制多种类群的微生物，称为广谱抗生素。有的只能抑制某一类微生物或作用对象较专一，称为窄谱抗生素。根据其结构可分为 β-内酰胺类、氨基糖苷类、四环类、大环内酯类、多肽类、多烯类及其他类。

随着抗生素的大量使用，病菌的抗药性随之增强。近年来，通过抗生素的化学改造，不断研制出新的衍生物即半合成抗生素，如各种半合成青霉素、头孢菌素类、四环素类、利福霉素和卡那霉素等。例如，青霉素原是一种较理想的抗生素，毒性低、抗菌活力高，但是易过敏、不稳定、不能口服、易产生耐药菌株。改造青霉素的结构必须保存其母核 6-氨基青霉烷酸，它是所有青霉素共有的基本结构，再对其 R 基团进行各种改造或取代。为获得大量供制造半合成青霉素用的 6-氨基青霉烷酸，通常以苄青霉素为原料，用大肠杆菌青霉素酰化酶裂解后制取，将 6-氨基青霉烷酸与各种不同的化学合成侧链经酶法催化合成各种相应的半合成青霉素，如氨苄青霉素、二甲氧苄青霉素、羧苄青霉素、羟苄青霉素等。半合成抗生素的兴起克服了天然抗生素的某些缺陷，有抗菌谱广、活性高、疗效强、副作用低等优点，也是抗生素工业经久不衰的重要支柱。用基因工程技术可大大提高微生物的抗生素生产能力。基因重组既可用接合、转导、转化及原生原体融合等方法，也可通过基因工程技术对基因直接操纵。例如，通过重组 DNA 技术增加微生物中编码某种影响抗生素合成的关键酶的基因剂量，就可提高这种酶的表达量，提高抗生素的产量。用基因工程技术还可改善抗生素的组分、改进抗生素生产工艺、产生杂合抗生素等。由于对抗癌抗生素的研制，使抗生素的生产迅速发展。目前市售的 50 多种抗生素（表 12-2）中，由放线菌产生的有 40 种，由细菌和霉菌产生的分别有 6 种和 5 种。作抗生素研究对象的微生物首先是放线菌，其次是霉菌和细菌。抗生素生产首先要分离、筛选生产菌，找到生产能力高的菌株，一般以土壤作分离对象；再按生产目的进行抗菌试验。例如，研究抗癌抗生素时将培养液注射入小鼠的吉田肉瘤或艾氏腹水瘤中，观察腹水肿瘤细胞数量和形态的变化、体重的变化及延长寿命的效果等，判断培养液中有没有抗癌物质。经抗菌试验的菌液需经提取、精制、鉴定才能确定其理化和生物学性质，确定是否是新的抗生素，最后要经毒性试验和动物治疗、药理和临床试验。农用抗生素必须由盆栽试验到大田试验的长期而大规模的试验。

表 12-2 主要抗生素

抗生素	发现年份	产生菌	抗菌谱	作用方式
青霉素	1929	产黄青霉（*Penicillium chrysogenum*）点青霉（*P. notatum*）	G^+菌，部分G^-菌	抑制细菌细胞壁合成
灰黄霉素	1939	灰黄青霉（*P. griseofulvum*）	病原真菌	干扰细胞壁与核酸合成
链霉素	1944	灰色链霉菌（*Streptomyces griseus*）	G^+菌，G^-菌，结核分枝杆菌	干扰蛋白质合成
氯霉素	1947	委内瑞拉链霉菌（*S. venezuelae*）	G^+菌，G^-菌，立克次体及部分病毒	干扰蛋白质合成
放线菌素 D（更生霉素）	1957	产黑链霉菌（*S. melanochromogenes*）	癌（恶性葡萄胎及绒毛膜上皮癌）	抑制 RNA 合成
卡那霉素	1957	卡那霉素链霉菌（*S. kanamyceticus*）	G^+菌，G^-菌，结核分枝杆菌	干扰蛋白质合成
多氧霉素	1961	可可链霉菌（*S. cacaoi*）	许多植物病害真菌	阻碍真菌细胞壁合成
丝裂（自力）霉素 C	1956	头状链霉菌（*S. caespitosus*）	癌及G^+菌	抑制 DNA 合成
利福霉素	1957	地中海链霉菌（*S. mediterranei*）诺卡氏菌（*Nocardia*）	G^+菌及结核分枝杆菌，病毒，肿瘤	抑制 RNA 合成
四环素	1952	金霉素链霉菌（*S. aureofaciens*）	G^+菌，G^-菌，立克次体，病毒，原虫	干扰蛋白质合成
红霉素	1952	红霉素链霉菌（*S. erythreus*）	G^+菌，G^-菌，立克次体及部分病毒	干扰蛋白质合成
环丝氨酸	1955	淡紫灰链霉菌（*S. lavendulae*）	G^+菌，G^-菌，结核分枝杆菌	抑制细胞壁合成
头孢霉素 C	1955	头孢霉菌（*Cephalosporium*）	G^+菌，G^-菌	抑制细胞壁合成
多黏菌素	1947	多黏芽孢杆菌（*Bacillus polymyxa*）	G^-菌（包括铜绿假单胞菌）	破坏细胞膜结构
金霉素	1948	金霉素链霉菌（*S. aureofaciens*）	G^+菌，G^-菌，立克次体，病毒，原虫	干扰蛋白质合成
新霉素	1949	费氏链霉菌（*S. fradiae*）	G^+菌，G^-菌，结核分枝杆菌	干扰蛋白质合成
土霉素	1950	龟裂链霉菌（*S. rimosus*）	G^+菌，G^-菌，立克次体，病毒，原虫	干扰蛋白质合成
制霉菌素	1950	诺尔斯链霉菌（*S. noursei*）	白念珠菌，酵母菌	与固醇结合，损害细胞膜
光辉霉素	1962	一种链霉菌（*S. argillaceus*）	G^+菌，癌	抑制 RNA 合成
庆大霉素	1963	棘孢小单孢菌（*Micromonospora echinospora*）	G^+菌，G^-菌，	抑制蛋白质合成
春日霉素	1964	小金色链霉菌（*S. microaureus*）	铜绿假单胞菌，稻瘟病菌，G^-菌	抑制蛋白质合成
博来（争光）霉素	1965	轮丝链霉菌（*S. verticillatus*）	癌	抑制 DNA 合成
庆丰霉素	1970	庆丰链霉菌（*S. qingfengmyceticus*）	G^+菌，G^-菌，酵母菌及植物病原真菌	—
井冈霉素	1970	吸水链霉菌（*S. hygroscopicus*）	防治水稻纹枯病，植物病原真菌	—
林可霉素	—	—	G^+菌，G^-菌	抑制蛋白质合成
杆菌肽	—	枯草杆菌，地衣芽孢杆菌	G^+菌	抑制肽聚糖的合成
四抗菌素	—	金色链霉菌（*S. aureus*）	螨类	—
环氧噻酮	1993	纤维堆囊菌（*Sorangium cellulosum*）	肿瘤细胞	抑制 DNA 的合成
阿维菌素	—	除虫链霉菌（*St. avermitilis*）	螨类、家畜的寄生虫	—

抗生素生产的培养基基本组成与其他发酵工业相同。常用葡萄糖、乳糖、糊精、淀粉和废糖蜜等作碳源，无机氮源常用硝酸钠、硝酸铵、硫酸铵等，常用玉米浆、肉膏、蛋白胨、大豆粉、酵母膏等天然有机氮源代替无机氮源。微生物在含有机氮的培养基中生长快，活跃。常加入少量的 K_2HPO_4、$MgSO_4$、NaCl、KCl、$ZnSO_4$、$MnSO_4$ 等盐类，有时还加 $CaCO_3$ 调节 pH。

抗生素发酵可分菌体迅速生长的生长期、菌体生长稳定期和抗生素大量产生的生产期。重要的是生产期，若这时碳源耗尽就使抗生素生物合成缺乏能源；加速菌体自溶；pH 升高，抑制抗生素合成，促进对碱不稳定的抗生素溶解。因此，随时少量补充碳源，维持半饥饿状态。

青霉素生产普遍采用 40～200t 的大型发酵罐液体深层通气发酵法。发酵过程与其他液体发酵相似，只是发酵条件控制不一样。

（1）培养基　其培养基以往是用葡萄糖与乳糖作混合碳源，发酵前期葡萄糖被先利用供菌体生长，待葡萄糖耗尽才开始缓慢利用乳糖生产青霉素。乳糖不是青霉素合成的前体，作用在于缓慢利用，以延缓菌体衰老，提高产量，但是乳糖成本高。现已采用缓慢流加葡萄糖达到相同的目的，维持菌株的代谢与缓慢生长，维持青霉素的产生和分泌，直至 140h 左右停止发酵。

（2）添加青霉素合成的前体　微生物在合成抗生素时可利用现成的半成品合成自己的代谢产物。有些物质可以作为生产抗生素的前体。在发酵中连续添加青霉素合成前体——苯乙酸，可使青霉素产量倍增，菌体对苯乙酸的利用率可达 90%。肌醇和精氨酸为链霉素合成的前体物质，氯化物为金霉素和灰黄霉素合成的前体物质，丙酸和丙醇为红霉素合成的前体物质。

（3）pH 控制　青霉素发酵的最适 pH 因菌种而异，一般 pH 6.8～7.2 适于菌体生长和合成青霉素，pH 高于 7.5 会导致青霉素的破坏，尤其是有铵离子存在时。

（4）温度　青霉素发酵最适温度范围较窄，发酵期间温度恒定在 25～27℃可获得高产。

（5）通气　最适通气量是一个复杂的参数，它与培养基成分、罐型大小、搅拌速度等有关，转速为 120～150r/min 时，通气量一般为每分钟（0.3～1.0）∶1（*V*/*V*）。

（6）促进剂　发酵中添加促进剂可促进抗生素的生物合成。例如，微量的赤霉素或其他植物刺激素可促进放线菌生长，提高发酵单位，缩短发酵周期。目前青霉素发酵已达 6 万～10 万单位/mL。

三、维生素

维生素是生物生长和代谢必需的微量有机物。维生素纯品和富含维生素的制剂可防治维生素缺乏症。许多微生物含丰富的维生素，如酵母菌含丰富的 B 族维生素，大肠杆菌在肠道中产生维生素 B_2、维生素 B_{12}、维生素 K 等多种维生素。自然界微生物是某些维生素的唯一来源。现维生素 B_2、维生素 B_{12}、维生素 C 等许多维生素都由微生物发酵生产。已用育种新技术选育出合成维生素高产的菌株用于工业生产。

维生素 B_2（核黄素）作为黄素酶类的辅基，核黄素缺乏引起核黄素症，如某些皮炎、唇损害及视力受损等都与核黄素缺少有关。许多微生物如丙酮丁醇梭菌、假丝酵母属的多种酵母菌及棉阿舒囊霉（*Ashbya gossypii*）等许多丝状真菌都可以生产维生素 B_2，维生素 B_2 已广泛用于医药、食品、饲料等工业部门，主要作添加剂使用。

维生素 B_{12} 主要用于医药、饲料等部门。可用谢氏丙酸杆菌（*Propionibacterium shermanii*）、巨大芽孢杆菌、普通变形杆菌及黄杆菌属、假单胞菌属等多种微生物发酵生产，用球形红假单胞菌得到的属间原生质体融合菌株使维生素 B_{12} 的产量由每升 0.2～2.5mg 增到 135mg。

生物素（维生素 H）是羧化酶的辅酶，许多微生物如棒状杆菌、假单胞菌、短杆菌、链霉菌属的放线菌、酿酒酵母、产黄青霉等可以生产生物素。目前生物素用作食品、饲料的添加剂。

β-胡萝卜素、叶黄素及其他维生素由三孢布拉霉（*Blakesleea trispora*）、链霉菌、黄杆菌、分枝杆菌等不同微生物发酵烷烃生产，广泛用于许多方面。

维生素 C 广泛用于医药和食品等工业部门，还可用作抗氧化剂。主要由生黑葡糖杆菌（*Gluconobacten melanogenus*）、氧化葡糖杆菌（*G. oxydans*）等细菌及点青霉、产黄青霉等真菌发酵葡萄糖生产。我国利用基因工程技术构建了生产维生素C的基因工程菌，使生产工艺大大简化，实现了维生素C生产一步发酵新工艺。我国维生素C一步发酵工艺水平居世界领先地位。

近年来发明了从抗生素及有机酸工业废液（如庆大霉素发酵废液）中提取维生素的新技术。

四、微生物多糖

许多细菌和真菌产生多糖，据其在细胞中的位置分胞内多糖、胞壁多糖和胞外多糖三类。都有独特的特性和疗效，已成为新药的重要来源。真菌特别是担子菌不仅营养丰富，而且药用价值很高，有清热、解表、止咳、化痰、安神、补益、健胃、消食、平肝、通便、利尿、止血、活血、降压、祛痛、除湿、驱虫、消炎、抗癌及调节代谢、增强免疫等多种作用。例如，香菇素能降低血液胆固醇，银耳可滋补强身，木耳可润肺、助消化，灵芝可治疗神经衰弱、延缓衰老等。真菌多糖能激活淋巴细胞，增强免疫功能。例如，香菇多糖等可促进T细胞、巨噬细胞产生并增强其免疫作用。

葡萄糖酐是葡萄糖的聚合物。它是肠膜状明串珠菌和葡聚糖明串珠菌（*L. dextranicum*）在含蔗糖的培养基中发酵生成的多糖。生产葡聚糖的培养基必须含氮量低，其组成是蔗糖、蛋白胨和生长因素（如酵母膏）等。细菌将蔗糖分解为果糖和葡萄糖，仅利用果糖，并将葡萄糖以α-1,6-糖苷键联结成分子量达数百万的葡萄糖聚合物称粗右旋糖酐，再经酸水解和不同浓度乙醇沉淀，分部取出不同分子量的右旋糖酐。各种规格的右旋糖酐都是分子量与成分很不均匀的体系，通常用平均分子量表示。右旋糖酐分子量不同生物学效应也不同。目前常用的有低分子量右旋糖酐和中分子量右旋糖酐。低分子量右旋糖酐可维持血液渗透压和扩充血容量。葡聚糖分子量为75 000的渗透压与血液等值，无毒，有良好的胶体性，输入血管可迅速补充血容量。其次是改善微循环，分子量较小者可使已经聚集的红细胞解聚。这可能与改变血液胶体状态和红细胞表面电荷有关，同时也使血液黏度减低。它还有抗血栓作用，右旋糖酐可包绕在血小板表面和覆盖在受损伤的血管内膜上，抑制血小板的黏附和聚集。葡聚糖分子量太小（4 万以下）从肾脏排出速度太快，分子量太大（30万以上）会潴留在体内，有潜在危险。分子量适中的可用于临床治疗。右旋葡萄糖酐主要用作代血浆，用于创伤失血或其他应急情况。用于临床治疗的葡萄糖酐不得含有机溶媒，一般为6%～10%的水溶液，其中含有0.9%氯化钠或5%的葡萄糖，须经高压蒸汽灭菌。每批制品使用前须抽样进行热原、毒性和无菌等检验。

五、干扰素

干扰素是人体细胞分泌的一种活性糖蛋白，具有广泛的抗病毒、抗肿瘤和免疫调节活性，是人体防御系统的重要组成部分。据其分子结构和抗原性的差异分为α、β、γ、ω 4种类型。早期干扰素用病毒诱导人白细胞产生，产量低，价格贵，远不能满足需要。现已用基因工程技术在大肠杆菌和酿酒酵母中表达，工业发酵大规模生产，发酵产物经提取、纯化，产品不含杂蛋白，效价、活性、纯度、无菌试验、安全毒性试验、热源质试验等均符合标准。已临床广泛用于人类流行感冒、带状疱疹、乙型肝炎、多种肿瘤和病毒性疾病的治疗，如骨瘤、乳癌等。

六、核苷酸

微生物发酵生产核苷和核苷酸主要用作食品风味强化剂。核苷、核苷酸及其衍生物还作临床治疗药物。嘌呤类似物 8-氮鸟嘌呤和 6-巯基嘌呤有与抗生素类似的功能可抑制癌细胞生长；9-β-D-阿拉伯呋喃糖基腺苷聚肌胞可治疗疱疹；S-腺苷甲硫氨酸及其盐类可治疗帕金森病、失眠，并有镇痛、消炎作用。肌苷可治疗心脏病。环腺苷单磷酸可治疗糖尿病、气喘、癌症等。

工业上通过 RNA 的酶法水解生产核苷酸。RNA 来源很广，如啤酒厂废酵母、单细胞蛋白及其他发酵工业废菌体。有些核苷及核苷酸用直接发酵法生产，如肌苷、5′-IMP、5′-GMP 等。

七、其他药物

与微生物有关的药物还有微生物药物、甾体药物、基因工程菌生产的药物、微生态调节剂。

1. 微生物药物 利用微生物生产的药物还有很多：酶抑制剂、受体拮抗剂、抗氧化剂、生长调节剂等，特别是药用真菌的真菌多糖等多种生理活性物质都有极高的药用价值，开发利用潜力巨大。已报道了 1000 多种来自微生物的抗感染、抗肿瘤以外的生理活性物质，其中有 30 多种已应用。

2. 甾体药物 甾体化合物的氧化、还原、羟基化等反应是制造甾体激素必不可少的步骤。用有机化学方法，步骤繁，副产物多，收率低。酶有高度专一性可在甾体化合物的特定位置上一次完成反应。现已用固定化菌和固定化酶生产各种甾体激素，如由 11-脱氧-17-羟化皮质酮生产皮质醇（氢化可的松），由皮质醇转化为氢化泼尼松、可的松、羟基可的松和脱氢可的松等。还可用微生物制备雄性皮质激素、睾丸酮和氧化睾丸酮等雄激素、雌激素等。有的用棒杆菌和酵母菌由脱氢表雄甾酮制备睾酮。用于生产甾体激素的微生物有新月弯孢霉（*Curvularia lunata*）、简单棒杆菌（*Corynebacterium simplex*）、简单节杆菌（*Arthrobacter simplex*）或球形分枝杆菌（*Mycobacterium globiforme*）等。用微生物转化甾醇包括两个阶段：首先培养微生物至某个生理时期使其有转化能力；再将要转化的基质制成溶液加入，在一定条件下完成转化。

3. 基因工程菌生产的药物 基因工程为利用微生物生产药物开辟了新途径。利用基因工程技术可以创造出前所未有的微生物类型。用于生产药物的工程菌种类不断增多，如利用基因工程菌可生产生长激素释放抑制因子、胰岛素、超氧化物歧化酶、β-内啡肽、生长激素、干扰素、白细胞介素和胸腺素等。可以预料，凡是人体内的多肽类生理活性物质在不久的将来都可通过基因工程的途径获得。

4. 微生态调节剂 它是用于调节微生态平衡，提高机体健康水平的有益微生物及其代谢产物的微生物制品。包括益生菌、益生元和合生元三类。益生菌是能通过改善微生态平衡帮助宿主提高健康水平的有益微生物及其代谢产物，如双歧杆菌、乳杆菌、肠球菌等。益生元是能促进益生菌生长繁殖的物质，如双歧因子、某些中草药等。合生元是益生菌和益生元同时存在的制剂。微生态调节剂有多方面作用，还可抑制有害微生物、防治疾病、改善环境、促进宿主生长。

八、疾病诊断

绝大多数传染性疾病与微生物有关，利用先进的科学技术测定微生物的存在与否，可以快速、准确地协助诊断某些疾病。以下简要介绍几种疾病的微生物学诊断方法。

1. 形态学诊断 主要从鉴定微生物的形态诊断疾病。是临床上常用的诊断方法，如常见的消化道疾病、泌尿系统感染、生殖系统感染、上呼吸道感染都可用鉴定微生物的形态确诊。鉴定的方法有不染色标本镜检法和染色标本镜检法，也可根据被检微生物的特性采用特殊的检查方法。形态学诊断快捷，结果较准确，特别有利于临床的快速确诊。

2. 免疫学诊断 免疫学方法的特异性及敏感性强，已被广泛用于临床诊断。用已知抗体检测抗原或用已知抗原检测抗体是临床诊断的重要工具（参见“第十章 传染与免疫”）。抗原抗体反应有一般理化反应没有的特异性和敏感性，不仅在许多感染性疾病的诊断上广泛应用，而且在早期怀孕、变态反应性疾病、自身免疫疾病及某些肿瘤的诊断上也很重要。抗原抗体反应用于诊断感染性疾病，若检测抗体一般宜采取早期和恢复期两份血清，结合病理注意抗体效价的变化。检测抗原的方法不断改进将在早期诊断上发挥更大的作用。

3. 气相色谱法诊断 采用气相色谱法诊断疾病的理论根据是病原体在其生长环境中常形成独特的代谢产物。只要在临床标本中有毫微克或微微克的这种独特的代谢物存在，即可产生其特征性的色谱图形，便可迅速作出诊断。例如，用气相色谱法可检验引起尿道感染和关节炎的淋病奈瑟球菌、葡萄球菌和链球菌的存在。

4. 放射元素测量法诊断 微生物利用培养基中含有 ^{14}C 的底物产生含有 ^{14}C 的 CO_2，通过测量培养基中放射性强度的变化确定标本中有无细菌存在。此法可用于监测和检查血培养中微生物的生长、无菌试验、致病性奈氏球菌鉴定、分枝杆菌的检测和药敏试验等。此法还可用于食品和水中细菌的快速检测及菌尿症的快速诊断等方面。

5. 阻抗测量法诊断 这是测定微生物培养物中惰性底物代谢成电活性物质。不同微生物在培养基中可产生有特征性阻抗曲线（阻抗对时间），根据此特征性阻抗曲线可诊断疾病。此法已用于微生物的鉴定、菌血症和菌尿症的快速诊断及药敏试验。

还有生物发光法诊断等多种新技术。用微生物学方法协助诊断疾病，为疾病的早期诊断、治疗提供依据，赢得时间。它已成为临床上疾病诊断的一种重要手段，而且应用越来越广。

第四节 微生物在环境保护中的应用

随着工业生产的发展和城镇人口的集中，以及化肥、农药的大量使用，环境污染日益严重，给人类健康造成严重危害。人们借助微生物的降解能力找到了净化环境的有效措施。近几十年来，污水、污物的微生物处理发展迅速。微生物在环境修复和监测中的应用也越来越广泛。已发展许多生物环保材料和生物制剂，如土壤改良菌剂、污水处理菌剂、污泥减量菌剂、生物膜、微生物絮凝剂、有机废弃物腐熟剂、堆肥接种剂，以及专用于矿山土壤、重金属及石油污染土壤和水体修复，处理有毒有害难降解的工业废水、废气、废渣等的特种酶制剂和菌剂。

一、微生物与污水处理

水是宝贵的自然资源。人类生活、动植物生长和工农业生产都离不开水。现在，一方面需水量迅速增加；另一方面，人们又将大量的污水、污物排入水体，污染了水源，使可用水量急剧减少。我国污水排放量大，且处理率低。近 40 多年来，我国水体已从轻度污染发展到严重污染。地下水也都受到了不同程度的污染。且有逐年加重的趋势。根据 2005 年的调查，我国每年排出的污水约 717 亿 t，其中 2/3 以上未经处理就直接排入江、河、湖、海，导致七大河流（长江、黄河、松花江、珠江、辽河、海河、淮河）和三大湖泊（太湖、巢湖、滇池）的严重污染。七大河流地表面水达Ⅰ类及Ⅱ类标准的已不足 40%，特别是富营养化日益严重。水体的污染是危害最广、最大的污染，对人类健康、工农业生产都造成了严重的危害。

污水处理的方法可归纳为物理法、化学法、生物法三类。它们各有特点，可以相互配合使用。目前应用最广、效果最好的是生物法，其中最主要的是微生物处理法。它具有效率高、效果好、应用广、费用低、方法成熟、简单方便等许多优点。例如，从微生物或其分泌物提取的安全、高效且能自然降解的微生物絮凝剂克服了高分子絮凝剂的缺陷，不仅能快速絮凝各种颗粒物，而且在废水脱色、高浓度有机物除去等方面有独特效果，对含有可溶性着色物质的黑墨水、发酵废水、造纸碱性黑液、颜料废水等有色废水，用微生物絮凝剂处理后上清液无色透明。

（一）污水生物处理的原理

1．污水的来源和性质　了解污水的来源和性质，可为处理污水提供依据，确定净化指标。

（1）生活污水　它是城镇居民日常生活中排放的各种脏水。其中粪便水、洗菜水、淘米水等很容易降解，洗衣水取决于所用洗涤剂的种类。肥皂容易降解，合成洗涤剂较难降解。

（2）工业废水　主要指工矿企业生产中产生的污水。企业种类繁多，工艺各异，工业废水成分和性质复杂。主要有石油废水、造气炼焦废水、造纸废水、制革废水、印染废水、化工废水、发酵废水和农药废水等。其中脂肪、蛋白质、淀粉等有机物和腈、酚、醇、烃等较易降解；纤维素、木质素等有机物及农药、表面活性剂等合成有机物较难降解；重金属很难去除。

（3）城镇污水　实际上是以某一类污水为主的混合污水。

（4）农田废水　含过剩的或流失的化肥、农药和粪便等，对水源的污染和危害也很严重。

废水降解的难易与污染物的性质及浓度有关，还与其C、N、P之比有关，它决定废水中限制性基质的性质。碳源、氮源都是限制性基质。有人认为C、N、P最适比例为146∶16∶3。

2．污水生物处理的目标　污水处理是将污水中悬浮的和溶解的污染物除去的过程。污水中常混有多种污染物，用单一指标难以表示其污染程度。目前衡量水体污染和净化程度的指标是：pH、色度、味道、悬浮固体（SS）、含氮化合物、生化需氧量（BOD）和化学需氧量（COD）。

BOD是水中有机污染物在好氧微生物作用下氧化分解时所消耗的溶解氧量。用它间接表示污水中有机物的含量，是目前城镇污水和大多数有机废水广泛使用的污染指标。实际测定时采用BOD_5即一升污水所含有机物在20℃时5d的生化需氧量的毫克数（mg/L）。我国对地面水环境质量标准的规定为：一级水BOD_5值＜1mg/L，二级水＜3mg/L，三级水＜4mg/L。若BOD_5值＞10mg/L，表示该水已严重污染，鱼类无法生存。

COD 用强氧化剂使有机物氧化所消耗的氧量（mg/L）表示被测样品中有机物的含量。它能在短时间内测得污染物的量。但被氧化的包括有机物和还原态的无机物。常用的氧化剂有高锰酸钾和重铬酸钾。重铬酸钾的氧化能力很强，氧化率80%～100%。高锰酸钾的氧化能力较弱，只有60%左右的有机物被氧化。因此，常用COD_{Cr}的测定值近似地代表废水中全部有机物含量。

同一污水的COD值与BOD值并不一致，但有明显的比例关系。经过一段时间的平行测试，可从COD值推算BOD值。

TOD即总需氧量，指污水中能被氧化的物质（主要指有机物）在高温下燃烧变成稳定氧化物时需要的氧量。TOD是评价水质的综合指标之一。快速、重现性好。

DO即溶解氧量，指溶于水中的分子态氧，是评价水质优劣的重要指标。DO大小是水体能否自净的关键。天然水体DO为5～10mg/L。我国规定地面水质的合格标准为DO＞4mg/L。

TOC即总有机碳量，指水体中所含有机物中全部有机碳的量。可通过将水样中所有有机物全部氧化为二氧化碳和水，然后测定生成的二氧化碳的量来计算。

悬浮固体（SS）是指水中不能通过过滤器的固体物。它包括两部分：一部分为挥发性悬浮固体，即在600℃下能分解、挥发的物质，主要是有机物，也可能有少量的碳酸盐、硝酸盐、铵盐；另外一部分是经灼烧留下的灰分。

污水生物处理的基本目标是：①降低有机物及悬浮固体的含量；②尽可能地除去氮磷等营

养物质；③尽可能减少产生的污泥量，并使污泥便于利用。

按净化程度，污水处理可分为三级。

1）一级处理：即预处理，通过物理法和化学法除去油类、酸碱物质及可沉降的悬浮物。

2）二级处理：也称常规处理，主要是除去可溶性有机物和部分可溶性无机物及经一级处理残留的悬浮物，方法包括生物法、化学法、物理法。

3）三级处理：又称高级处理，主要是除去难降解的有机物和较高程度地除去氮、磷和其他可溶性无机物，还包括出水的氯化消毒，也有生物法、物理法和化学法。

3．污水生物处理的原理 生物法是利用微生物分解污水中污染物质获得营养和能量，使污水净化的方法。污水中可溶性有机物透过微生物细胞壁和细胞膜被菌体吸收；固体和胶体等不溶性有机物先吸附在菌体外，由细胞分泌的胞外酶分解为可溶性物质再渗入细胞内。通过微生物体内的氧化、还原、分解、合成等生化作用将一部分有机物转化成微生物需要的营养物质，组成新的微生物体。另一部分有机物氧化为二氧化碳和水等并产生能量。污水中有机营养充足时微生物以外源呼吸大量合成细胞物质，快速繁殖；水中有机物耗尽则以氧化本身细胞物质的内源呼吸为主，供应养分与能量。许多微生物体内含降解质粒，在某些有毒物质的降解中发挥重要作用。微生物在可用碳源和能源的基质生长时伴随一种非生长物质的不完全转化，为其他微生物生长创造条件，使其进一步分解，降解原来不能降解的物质。这种通过微生物间配合完成对一些难降解有机物分解和转化的现象称共代谢作用，降解质粒和共代谢作用可视为分解作用的扩展和延伸。处理过程是在微生物酶作用下发生的生物化学反应，生物法又称生化法。

有些有毒化合物降解不是群落中某种微生物的单独作用，依赖于多种微生物的协同作用。因为单独一种微生物不具备彻底降解有毒化合物的全部酶系，必须借助多种微生物的接力作用，共同完成降解任务。随着时间的推移，微生物发生有规律的群落演替，使污水中的有机物或毒物不断被降解，达到消除污染的效果。有些有毒化合物本身不能作为微生物的碳源及能源，有时需要加入碳源（如葡萄糖）才能使它们生长。但微生物产生的酶系却能代谢有毒化合物。

（二）污水生物处理的类型

据生物处理系统中起主要作用的微生物呼吸类型，可分为好氧处理、厌氧处理和兼性处理。活性污泥法是好氧处理的典型代表，沼气发酵法是厌氧处理的代表。据处理系统中微生物存在的状态，可分为悬浮生长系统和固定膜系统。悬浮生长系统里微生物以个体游离状或絮体状悬浮于水中，降解污水中的有机物。固定膜系统中微生物群体附着于支持物上生长繁殖，使群体扩展加厚形成生物膜，污水通过时其中的污染物被膜上的微生物降解。氧化塘法既不属于悬浮生长系统也不属于固定膜系统，通过藻菌联合系统的作用处理污水。

污水的处理方法较多，要根据污水的特点选择适宜的方法，巧妙地配合，充分发挥各自的优点，以较低的代价取得较好的处理效果。目前国内外大多采用综合处理工艺（图 12-5）。

生物法主要有活性污泥法、生物膜法、生物接触氧化法、氧化塘法和沼气发酵法。

1．活性污泥法 又称曝气法，是利用悬浮生长的微生物絮状体处理有机废水的好氧处理法。目前它是污水生物处理的主要方法，可分推流式曝气和完全混合曝气两类。设备大致可分供微生物培养和氧化分解有机污染物的曝气池及沉淀活性污泥的沉淀池。污水先流入初次沉淀池使悬浮的固体沉淀。再流入曝气池加入适当的活性污泥，向前方推进到池末端流出；或通入压缩空气或通过翼轮搅拌增加氧以利好氧微生物生长。最后流入二次沉淀池使污泥沉淀，上部清水排放，池底的污泥部分回流到曝气池循环使用，剩余的污泥可进一步处理或直接排放（图 12-5）。目前我国污泥的有效处理率普遍较低（＜20%），大多数是填埋。造成严重的二次污染。

部分活性污泥回流接种是为了提高曝气池中活性污泥的浓度，提高净化效率。

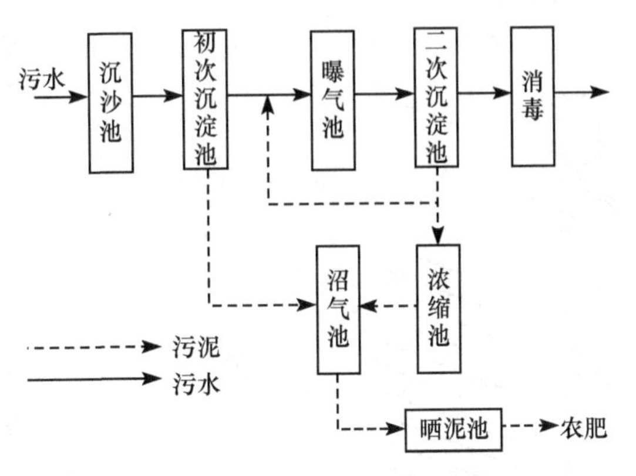

图 12-5　城镇污水处理的典型流程

活性污泥是由好氧细菌、放线菌、真菌、原生动物等微生物与污水中的悬浮物质、胶体物质形成的具有很强的吸附分解有机物能力的絮凝体。它是以菌胶团形成细菌、丝状细菌为主组成的绒絮状颗粒。常见的细菌有无色杆菌属（*Achromobacter*）、产碱杆菌属（*Alcaligenes*）、假单胞菌属、动胶杆菌属（*Zoogloea*）、黄杆菌属（*Flavobacterium*）、蛭弧菌属、亚硝化单胞菌属等；原生动物以钟虫属（*Vorticella*）最为常见。活性污泥与污水混合后，在通气条件下活性污泥中能形成菌胶团的细菌便利用污染物质大量繁殖逐渐形成絮状体。以这种絮状体为基础，丝状细菌（或真菌）交织穿插于其间，原生动物附着于其上，形成一颗颗悬浮的颗粒。污水中的有机物不断被吸附到活性污泥的颗粒上，细菌将吸附的污染物摄入细胞内进行代谢，一部分在氧的作用下将其转化为菌体物质，另一部分被完全氧化为无机物。活性污泥还能络合有机物和金属离子。静止时活性污泥很快凝聚沉降。活性污泥能在较短的时间内除去污水中的大量有机物，细菌起了主要作用。活性污泥法的净化率很高，BOD_5 和悬浮固体去除率为 95%，细菌和病毒的去除率可达 98%。病毒的去除主要靠絮凝体的吸附。原生动物的吞食在细菌的去除中起了重要作用。活性污泥法对金属的去除率铅为 78%，镍仅 1%，其他金属在两者之间。

针对活性污泥法存在基建投资大、运行费用高、负荷小、污泥多、易发生污泥膨胀、氮磷去除率低等问题，近年来开发了序批式活性污泥法、吸附-生物降解工艺等多种新型活性污泥法。

序批式活性污泥法运行包括进水、反应、沉淀、排水、静置等工序。其特点为间歇操作。通过控制曝气实现厌氧与好氧交替，既可抑制专性好氧丝状菌过量繁殖，能有效防止污泥膨胀，提高污泥的沉降性，又可获得脱氮除磷的效果。具投资少、处理效率高等优点。适用于中、小水量的处理。我国已成功用于屠宰废水、苯胺废水、啤酒废水、化工废水、淀粉废水等的处理。

吸附-生物降解工艺为两段活性污泥法，主要由 A 段曝气池、中间沉淀池、B 段曝气池和二次沉淀池组成。A 段曝气池为生物吸附段，在缺氧条件下工作，可承受很高的有机负荷，污泥龄短，世代时间长的霉菌等很难生存，主要是细菌。B 段曝气池为生物降解段，进水水质稳定，有机负荷低，除降解性细菌外还有原生动物等。原生动物吞噬来自 A 段曝气池的细菌等，提高了活性污泥的沉降性。它有负荷高、能耗低、对水质变化适应性强等特点。我国自 20 世纪 90 年代开始采用，已建成泰安污水处理厂、深圳滨河污水处理厂等多家污水处理厂。

2．生物膜法　又称生物滤池，是以生物膜为净化主体的污水生物处理法。根据载体与污水接触方式及构筑物的不同形式，可分洒滴滤床、塔式生物滤池、生物转盘、流化床生物膜法等其净化机制相同：使污水与固体基盘表面形成的生物膜接触，对污水中的污染物氧化分解。生物膜就是附着在填料表面呈薄膜状的活性污泥（图 12-6），对不断流经的污水中有机物强烈地吸附、分解。生物膜的表面总是附着一薄层污水称附着水层。附着水层外面是运动水层。附着水层中的有机物和氧不断被膜中微生物吸附、吸收、利用，运动水层中的有机物和氧则不停地向附着水层移动。微生物的代谢产物则是沿相反的方向向外移动。开始形成的生物膜较薄，是好氧性的，随着厚度增加内部就呈厌氧状态。其中主要有有机物、细菌、真菌和原生动物。污水中大量的有机物在生物膜的好氧层被细菌分解，细菌又被生物膜上的原生动物捕食。这条

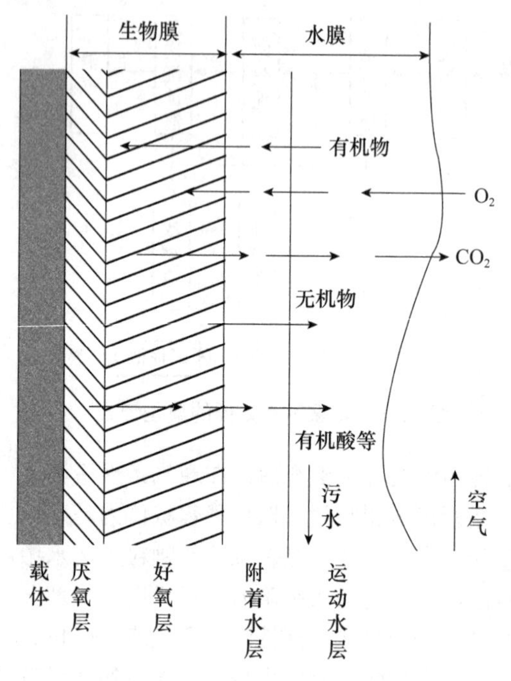

拓展资料

图 12-6　生物膜净化原理示意图

食物链对除去污水中的有机物起重要作用。生物膜不断增厚，内部厌氧层逐渐扩大，造成大块生物膜脱落，随污水流入沉淀池，固体基盘表面又形成新的生物膜，这是生物膜的正常更新。

生物膜的培育有自然挂膜法和菌种添加挂膜法。自然挂膜法是利用待处理污水中的微生物培育生物膜。菌种添加挂膜法是为了加速生物膜形成或提高其降解能力，将优良菌种与待处理污水混合，连续循环 3～7d 后改为连续进水，逐渐增大流量。

生物膜法比活性污泥法具有生物密度大、耐污力强、动力消耗少、无须污泥回流、不发生污泥膨胀等优点，已广泛用于石油、印染、制革、造纸、食品、医药、化纤等工业废水的处理。

（1）洒滴滤床　　又叫洒滴池，生物膜法处理污水是从洒滴池开始的，它比活性污泥法早。洒滴池主要是由一个用碎石铺成的滤床组成。滤床厚度一般 2m 左右，石块直径 3～10cm，略呈圆形，外表不要太光滑。污水从顶部均匀布洒，通过滤床慢慢流下。微生物随污水通过石块时有的被吸附于石块表面迅速生长繁殖，形成生物膜。有的在滤池底部通入空气，提高效率。

用洒滴滤床处理生活污水，BOD_5、悬浮固体和病菌的去除率均可达 95%。处理效果好，动力消耗少，对有毒污水有较强的耐受力。但占地多，卫生差，蚊蝇多，效率低。

（2）塔式生物滤池　　塔高 18～24m，直径与高度之比为 1∶（6～8），塔内分层设置隔栅，其上放置用浸过酚醛树脂的蜂窝纸或泡沫玻璃块等多孔材料制作的填料。污水由泵提升自塔顶布洒经填料流下，其中的有机物被填料上的生物膜吸附、分解。塔底有集水器等。污染物的浓度自上而下逐渐降低，生物也呈垂直分布，上中下部位填料上微生物的组成和数量都不同。

塔式生物滤池负荷大，效率高。因为塔池高度增加，污水与生物膜接触时间延长，通气量增大。同时具有占地面积小、结构简单、设计容易、造价低廉，对水量和水质适应性强等优点。缺点是污水在塔内停留时间仍较短，大分子有机物分解较差，又易堵塞。

（3）生物转盘　　它由许多质轻又耐腐蚀的圆板作等距离的紧密排列，用中心横轴串联。盘片可用各种塑料板。圆盘一半浸在污水处理槽中，另一半露在空气中，污水与圆盘平行从槽一侧流向另一侧。借电动机带动使圆盘以 0.8～3.0r/min 的速度缓缓转动（图 12-7）。运行初期

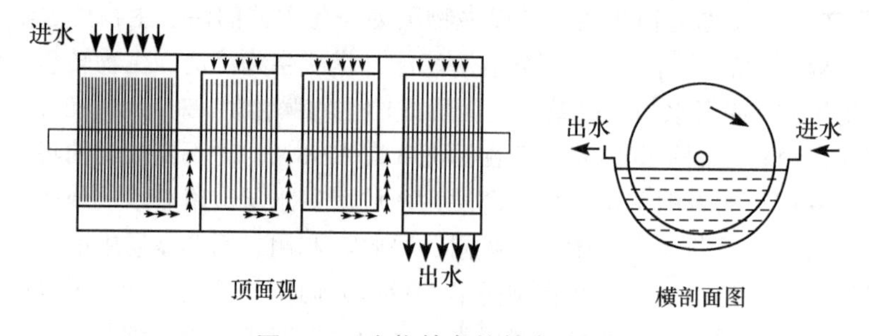

图 12-7　生物转盘的基本装置

水流缓慢，细菌在盘片表面生长形成生物膜称“挂膜”。此后水流加快，生物膜随盘片不停地转动，浸入污水时吸附水中的有机物；它带着污水膜进入空气时吸收氧气，氧化分解有机物。如此循环往复使污水中的有机物迅速分解。生物转盘的生物膜有增厚、脱落、更新的过程。从处理槽中流出的污水进入沉淀池，沉淀后上部清水排放，池底污泥另作处理。

生物转盘生物膜活性表面积大，生物氧化能力强，转盘转速控制方便。转盘前后出现不同的优势微生物种群，可分级运转有利于发挥多种微生物的分解作用。设备简单，节省人力。也不存在污泥回流、污泥膨胀等问题。卫生条件也好，必要时还可以加盖。

我国已用生物转盘法处理含丙烯腈、酚、农药等有毒污水及啤酒厂、医院等废水。分解酚、氰和农药能力很强的菌株都是我国科技工作者自己分离到的。酚等污物的去除率达98%以上。

（4）*流化床生物膜法*　这是一种使生物膜挂在运动的颗粒上处理废水的较新技术。在塔式或柱式反应器里装填一定高度的砂、无烟煤或活性炭，其粒径为0.5～1.5mm，微生物以此为载体形成生物膜，构成生物粒子，从反应器底部通入污水和空气，形成气、液、固三相反应系统。当污水达到一定流速时，固体的生物粒子在反应器内自动运动，整个反应器呈流化状态，形成流化床。脱落的生物膜与出水在二次沉淀池中分离。此法有处理污水生物量浓度高、净化效率高、比表面积大、传质速率高、污水在床中停留时间短、设备小、占地少、易管理等优点。

（5）*微污染水源水的生物膜法预处理*　微污染水源水是指受到轻度污染的饮用水水源。其污染程度虽低，但危害却很大。由于自来水厂常规工艺对有机物的去除率不到40%，对氨氮的去除率只有10%。在配水管运送中，自来水中的有机物可促进异养型微生物生长影响水质，氨氮可导致亚硝酸细菌活动产生亚硝酸。水中的有机物经水厂加氯消毒后会产生致癌化合物，对人体健康影响很大。需要对微污染水源水进行预处理，去除水中的有机物等污染物，生物膜法已开始应用于饮用水源水预处理，其中以接触氧化法应用较多。

我国已在多处建成水源水生物膜法预处理装置，COD和氨氮去除率已分别达30%和75%。

微污染水是一个贫营养的生态环境，因此生物膜的主要微生物有贫营养异养细菌、硝化细菌、藻类和原生动物等。对不同饮用水水源和不同填料的生物膜装置，其优势菌有一定的差异。

3．生物接触氧化法　它兼有活性污泥法和生物膜法的特点，将大量的微生物团黏附在生物氧化器内蜂窝填料的表面形成生物膜，使充氧（空气）的污水在氧化器内反复循环，与微生物不断接触，污水中的有机物被吸附、氧化，分解为二氧化碳和水。生物接触氧化法在我国北京、上海、西安等地已经广泛应用。近30多年来，又发展了以颗粒活性炭作填料的生物接触氧化滤床，在提高处理效率和活性炭再生方面都有优越性。

4．氧化塘法　将污水贮留在大而浅的池塘内，利用藻类光合作用产生的氧及来自空气的溶解氧保持好氧状态。污水中的有机物由好氧细菌氧化分解。氧化塘水层自上而下为光照层、有氧层和无氧层，底部厌氧有利于反硝化作用进行，避免氮富营养化。塘内生物以藻类和菌类为主。主要借藻类和细菌共生关系使污水净化，BOD_5去除率达80%～95%，磷减少90%，氮去除率80%以上。此法适宜处理生活污水及仪器、制革、造纸、石油、化工、农药等工业废水。近年来，常与好氧生物处理结合作污水深度处理，有效去除污水中的氮和磷。我国用氧化塘法对有机磷农药废水的三级处理，净化效果明显。并查清了分解有机磷农药废水的氧化塘水生态系统中的微生物种类，阐明了净化中对硫磷的降解本质。此法有简便、易管理、费用低等优点，还可养鱼、养鸭、养鹅、繁殖藻类等。但污水贮留时间长、占地面积大、要求降雨量少。

还可用水生植物和土地处理污水，后者将污水投配到土壤中，借土壤-植物-微生物系统的物理、化学与生物的作用使污水净化。常用的有土壤灌溉法、土壤渗滤系统和湿地处理系统等。

5．沼气发酵法　活性污泥法和生物膜法都产生大量污泥易造成二次污染；高浓度有机污水及含较多病原微生物、寄生虫卵的污水，活性污泥法、生物膜法和氧化塘法都难以处理。沼气发酵法可同时解决这两个难题，不仅处理效果好，而且产生的沼水可作肥料，沼气可作燃料，污泥量少且可作肥料。该法主要处理农业及生活废弃物，或污水处理剩余污泥，也可处理面粉厂、食品厂、造纸厂、制革厂、酒精厂、糖厂、油脂厂、农药厂、石油化工厂等的废水。

试验表明，废水组成以 BOD∶N∶P＝100∶6∶1 为佳，含氮量低于 2%时菌体不易增殖。

污水厌氧处理的方式除常见的厌氧消化池、厌氧生物滤池外，近年来又开发了许多新型高效厌氧反应器，如升流式厌氧污泥床反应器、厌氧折流板反应器、内循环厌氧反应器等。

普通厌氧消化池是应用较早的常用厌氧反应器，污水、污泥定期或连续加入消化池，消化后的污泥、污水分别由消化池底部和上部排出，沼气由顶部排出。消化池中设搅拌器定时搅拌。

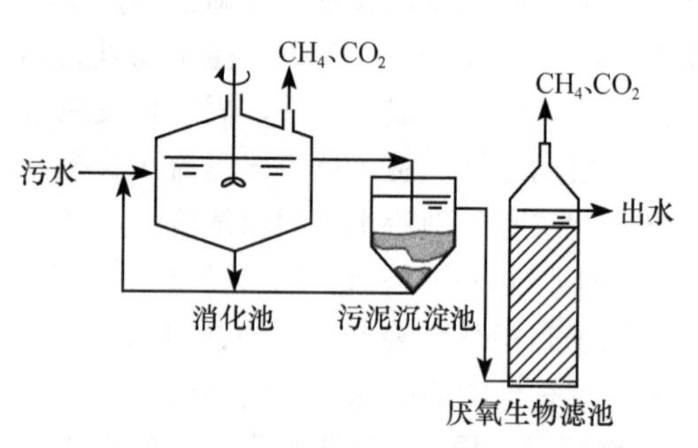

图 12-8　二阶段厌氧处理工艺流程

厌氧接触法在消化池后设污泥沉淀池，污泥从沉淀池回流到消化池。使反应器中污泥浓度提高，污泥停留时间延长，水的停留时间缩短。适宜处理悬浮物浓度较高的高浓度有机废水。

厌氧生物滤池若用块状填料处理能力要比普通消化池提高 2～3 倍，用塑料填料处理能力可提高 3～5 倍，且有质量轻、空隙率高、不易堵塞等优点。厌氧生物滤池不需要搅拌。为了提高处理效果可用厌氧接触法与厌氧生物滤池结合的组合工艺，即二阶段厌氧处理法（图 12-8）。厌氧生物滤池内为聚氯乙烯波纹填料，上面长满厌氧性生物膜。

升流式厌氧污泥床反应器由污泥床、污泥悬浮层、沉淀区和分离器组成（图 12-9）。其中污泥由活性生物量（细菌）占 70%～80%以上的颗粒污泥组成。其特点是废水从下而上流过反应器、污泥无须搅拌、反应器顶部有特殊的三相分离器等。该反应器主要用于处理含悬浮物特别是无机悬浮物少的有机废水。我国已成功用它处理味精、啤酒、柠檬酸、印染等工业废水。

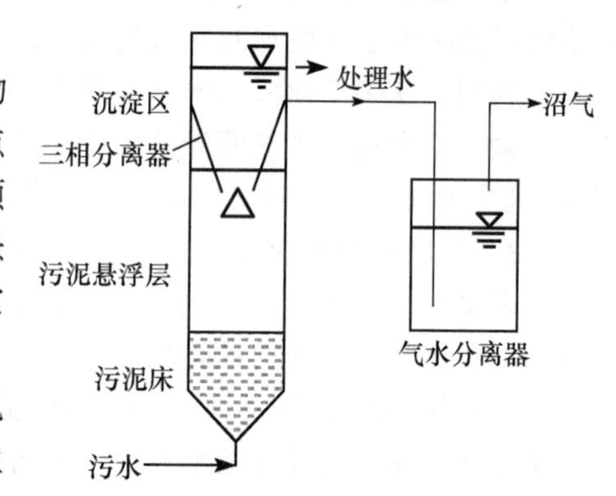

图 12-9　升流式厌氧污泥床反应器

厌氧生物处理现在又有了新的发展。高浓度的有机废水通过固定化微生物细胞厌氧处理产氢，氢气可作生物电池发电。初步处理的废水进一步通过固定化微生物细胞好氧处理达标排放。

有的用光合细菌厌氧处理高浓度有机废水，除应用一般的厌氧菌外，还应用光合细菌特别是紫色非硫细菌处理高浓度有机废水。

还有的用厌氧-好氧组合工艺处理难降解工业废水，通过厌氧预处理不仅可除去一部分有机物，降低继后好氧处理的负荷并减少能耗，最重要的是可以改善废水中难降解有机物的生物可降解性，大大提高系统的处理效率。我国已用该工艺处理啤酒废水，BOD 去除率达 98%以上。

6. 生物脱氮和除磷　污水经生化处理氮、磷去除率分别为 30%～60%、40%左右。含较多可溶性氮、磷的水排入天然水体仍然会产生多种危害，富营养化（总氮≥0.2mg/L 或总磷≥0.02mg/L）就是其中的一个重要问题，不仅造成经济损失，而且危害人类健康。首先是藻类过度繁殖封住水面，水中缺氧影响鱼类生存，藻体死后在水底分解，耗尽氧气严重影响鱼卵孵化；其次是蓝细菌过度繁殖使饮水产生霉味和臭味；再次是许多藻类能产生毒素危害动物并严重影响人类健康。水华是发生在淡水中的富营养化现象。水中的蓝细菌和藻类突然大量繁殖在水面形成一层蓝、绿色的藻体和泡沫。在河口、港湾或浅海等海域海生鞭毛目生物等藻类过度繁殖使海水呈红色或褐色，形成“赤潮”，使鱼类等死亡。水华和赤潮等大面积水体污染一旦发生就很难治理。为防止微生物污染水质，必须除去污水中的氮和磷。近年来，作饮用水水源的地表水及地下水也受到氮磷不同程度的污染，也需要除氮去磷处理，以保证人体健康。最近，我国采用“生物浮岛”技术防止水体富营养化。将陆生喜水植物移植到浮床上培养，不仅可吸收水中氮、磷等营养物质，还能抑制藻类生长、增加收入、丰富供应。

拓展资料

（1）脱氮　有脱氮法、沸石吸附法、氯气处理法和生物脱氮法，生物脱氮法最理想。

生物脱氮法可大致分为氨的硝化和硝酸的脱氮。氨的硝化是在好氧池中由亚硝酸细菌将氨氧化为亚硝酸，再由硝酸细菌氧化为硝酸。脱氮细菌属反硝化细菌，是兼性厌氧微生物。已知的有假单胞菌属、无色杆菌属、芽孢杆菌属和微球菌属等。假单胞菌和无色细菌是土壤中优势种。已证实废水处理中的脱氮也与这些细菌有关。在厌氧条件下它们利用 NO_3^- 等代替氧呼吸。

$$2NO_3^- + 10H \longrightarrow N_2\uparrow + 4H_2O + 2OH^-$$
$$2NO_2^- + 6H \longrightarrow N_2\uparrow + 2H_2O + 2OH^-$$

脱氮过程需要有机物作供氢体，通常以甲醇作供氢体。

生物学的硝化、脱氮用活性污泥法或生物膜法都能实现。其代表工艺流程是缺氧-好氧系统。污水流经系统的缺氧池、好氧池和沉淀池，并将好氧池的混合液和沉淀池的污泥同时回流至缺氧池。废水中的氮化物可在厌氧池、好氧池中氨化，在好氧池中发生硝化作用，回流混合液把大量硝酸盐带回厌氧池进行反硝化，氮化物被还原为 N_2O 和 N_2，挥发到空气中实现脱氮。

现在也有的采用缺氧-好氧脱氮工艺，将反硝化池置于工艺的第一级反应器，称为前置反硝化。污水首先进入缺氧池并与硝化池的回流液混合，污水中的一部分有机物作为反硝化细菌的碳源被利用，同时硝酸根被转化为氨或氮气。之后，缺氧池的混合液进入氧化池，污水中有机物得到进一步降解，同时氨被氧化为硝酸。此工艺的特点是反硝化过程能直接利用污水中的有机碳源，省去外加碳源；硝化池混合液的回流使产生的硝酸在反硝化池中被去除。BOD 和氨氮去除率均大于 90%，总氮的去除率为 65%～80%。

还有的用简洁硝化-反硝化工艺脱氮，其特点是将氨氮氧化控制在亚硝化阶段，然后直接进行反硝化，可节省空气量和碳源。主要控制温度和停留时间使亚硝化细菌在反应器中占优势。

还有的用厌氧氨化工艺脱氮，其特点是在厌氧条件下，以氨作电子供体、硝酸根或亚硝酸根为电子受体，将氨转化为氮气，厌氧氨氧化菌为自养型细菌，无须添加有机物。

（2）除磷　长期以来大多数用絮凝沉淀法脱磷。絮凝剂有铅盐、铁盐和石灰等。化学法除磷代价大，且沉降后的污泥数量大，处理难。生物法除磷有很多突出的优点。用活性污泥法对磷过量摄取以多聚偏磷酸盐（异染颗粒）贮存在菌体内，再将含这种细菌的活性污泥在沉淀池沉下作肥料。生物脱磷的代表工艺也是厌氧-好氧系统。污泥中的细菌在厌氧条件下吸收低分子的有机物如脂肪酸，同时将细胞中贮藏的聚合偏磷酸盐释放出来取得必要的能量。在随后的好氧条件下，所吸收的有机物被氧化释放出能量，同时从污水中吸收过量的磷以多聚偏磷酸盐贮藏在细胞内，随污泥在沉淀池中沉下。活性污泥大部分排出作肥料，小部分回流入厌氧池。活性污泥中的脱磷细菌主要是不动杆菌属、气生单胞菌属及假单胞属的细菌。还有诺卡菌、深红红螺菌、着色菌属、囊硫菌属、蜡状芽孢杆菌属等。这类“聚磷菌”一般只能利用低级脂肪酸等小分子有机物，不能直接利用大分子有机物。发酵产酸细菌能将大分子有机物降解为小分子，供聚磷菌利用。因此，必须要有这两类微生物的共同作用才能完成生物除磷。

已有多种生物除磷工艺，主要有厌氧-好氧除磷工艺和厌氧-缺氧-好氧脱氮除磷工艺。

在厌氧-好氧除磷工艺中，污水首先进入厌氧池，微生物在厌氧条件下释放细胞中的磷，然后进入好氧池，在好氧条件下微生物摄取污水中的磷，摄取量远大于在厌氧条件下的释放量，最后将高含磷的剩余污泥从系统中排除，达到除磷的目的。

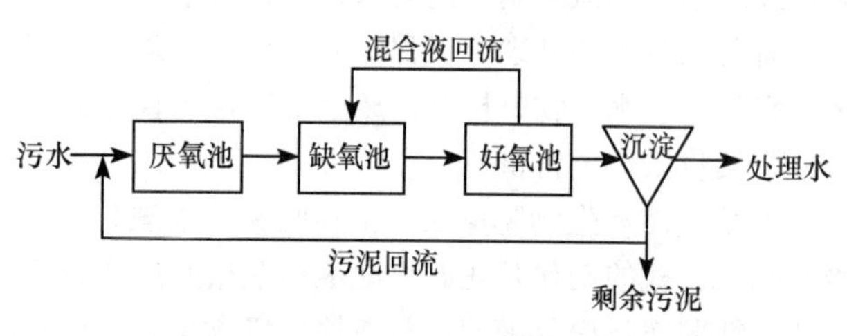

图 12-10 厌氧-缺氧-好氧脱氮除磷工艺流程

厌氧-缺氧-好氧脱氮除磷工艺由厌氧池、缺氧池、好氧池组成（图 12-10），同时有脱氮除磷功能。污水首先进入厌氧池，有机物被厌氧菌转化为挥发性脂肪酸等，聚磷菌将体内聚磷酸盐分解并排入污水。之后污水进缺氧池，反硝化细菌利用好氧池回流液中的硝酸盐和污水中的有机物进行反硝化作用除去污水中的氮。在好氧池中，微生物过量摄取污水中的磷实现除磷。

合理而有效的除氮、除磷方法是利用含氮、磷较高的污水大量繁殖藻类及绿萍等水生植物，收获藻体、植物体作饲料、肥料或用藻类、水草养殖鱼虾，化害为利，综合利用，简单易行。

（三）特定废水的处理

某些特定的难生物降解的有毒污水，或浓度高、成分单纯的有机污水，特别是对降解难、生物积累性高、生物学毒性强的人工合成有机污染物必须有针对性地分离、选育有显著降解效果的菌种处理。例如，处理含硫化物的污水需要用能够代谢含硫化合物的硫细菌，主要有无色硫细菌和光合自养型硫细菌；处理含木质素的造纸废水要筛选降解木质素的微生物，主要有白腐菌（*Phanerochaete sordida*）等，它还可降解多环芳烃和染料；处理含有机氯化物的污水需筛选可降解含氯有机化合物的微生物，主要有假单胞菌属、分枝杆菌属、甲基单胞菌属、不动杆菌属、亚硝化单胞菌属中的某些种。

1. 含氰（腈）化物污水的处理 石化废水含乙腈、丙烯腈、丙腈和丁二腈等各种氰（腈）化物，有的含各种氰化物如氰化钠、氰化钾等。这类污水污染湖泊、河流后会造成严重后果。这类有剧毒又较难分解的化合物用一般的活性污泥法等生物法处理，分解十分缓慢。曾选育降解氰（腈）化合物的微生物，用分离到的高效菌株处理含氰（腈）化合物污水，效果显著。

中国科学院微生物研究所的研究人员 1976 年从上海化纤二厂腈纶污水沟的污泥中分离到一株在废水中生长良好、分解丙烯腈能力强的菌种，培养物呈橘红色。经鉴定，该菌属于诺卡菌，对丙烯腈的耐受度为 1800mg/L，600mg/L 以下对丙烯腈的氧化能力最强。将此菌株在塔式生物滤池上挂膜，对丙烯腈废水的处理效果较原活性污泥法显著提高，丙烯腈去除率达 99%，出水含量小于 1mg/L；BOD_5 去除率达 85%～90%，出水 BOD_5 小于 60mg/L，且效果稳定。

2. 含酚污水的处理 活性污泥法和生物膜法处理含酚污水效果差。中国科学院武汉病毒所的研究人员 1958～1959 年做过大量工作，在沈阳枕木防腐厂含酚废水处理中应用，效果良好。

华东师范大学的教师在上海染化十一厂处理含酚废水的活性污泥等处采样，分离到酚去除率较高的菌株。经挂膜试验，解酚率稳定在 95%以上，而原来用生物转盘法处理的解酚率只有 80%左右。实践还表明，用多菌株混合培养的降解效果比单菌株处理效果更好。

最近，南京农业大学的研究人员利用一定的选择压力成功驯化出性能良好的活性污泥，处理含有对苯二甲酸（TA）、苯胺、苯乙酸等多种有毒或难降解污染物的工业废水，效果较好。

我国已克隆 3-苯基儿茶酚双加氧酶基因 *bph*C、水杨酸羟化酶基因 *nah*G、2,4-二氯苯氧乙酸单加氧酶基因 *tfd*A、甲苯 1,2-双加氧酶基因 *xyl*D 和二羟基环乙二烯羧酸脱氢酶基因 *xyl*L 等，正利用这些基因构建能高效去除石化等含酚工业废水中多种污染物的“超级生物降解细菌”。

3．含金属废水的生物处理

（1）金属的生物沉淀处理　这是利用硫酸盐还原菌在厌氧条件下将 SO_4^{2-} 还原为 H_2S，废水中的金属离子与硫化氢生成金属硫化物沉淀而除去。金属硫化物的溶解度都很低，因而金属的去除率很高。若污水中不含一定浓度的有机物和硫酸盐则需补加。

（2）金属的生物还原处理　含较高浓度 Cr^{6+} 的工业废水生物毒性较大。Cr^{6+} 生物还原处理用 Cr^{6+} 还原菌在厌氧条件下将 Cr^{6+} 还原成无毒性的 Cr^{3+}，Cr^{3+} 在碱性条件下生成 $Cr(OH)_3$ 沉淀被除去。中国科学院成都生物研究所从电镀污泥等分离出高效净化 Cr^{6+} 及其他重金属的复合菌，进行了工程示范研究。用该复合菌对废水中重金属的去除率达 99%，金属回收率达 80%。

（3）金属的生物氧化处理　铁细菌在酸性条件下（pH 2）可将 Fe^{2+} 氧化为 Fe^{3+}。矿山废水常含有较高浓度的 Fe^{2+} 和 SO_4^{2-}，且 pH 较低。利用铁细菌先将不易沉淀的 Fe^{2+} 氧化为易沉淀的 Fe^{3+}，再加碳酸钙调节 pH，使 Fe^{3+} 形成 $Fe(OH)_3$ 沉淀，SO_4^{2-} 形成硫酸钙沉淀同时被除去。

（4）金属的生物吸附处理　微生物细胞表面通常含有巯基、羧基、羟基等能与金属络合、配位的基团，它们能与污水中的金属离子结合而使其吸附在细胞表面称生物吸附。生物吸附不依赖能量代谢，又称被动吸附，其特点是快速、可逆。在另一种情况下吸附在细胞表面的金属离子与细胞表面的某些酶相结合转移到细胞内，这种过程要通过微生物的代谢活动称主动吸附，其特点是速度慢、不可逆。可利用微生物细胞作吸附剂处理废水中的金属。细菌、真菌和藻类等都可作吸附剂。由于生物吸附特别是被动吸附与生物的新陈代谢无关，可用活细胞也可以用死细胞作吸附剂，尤其是工业发酵中的废菌体。吸附于生物吸附剂上的金属可用适当的方法解吸附，回收金属。常用的解吸剂有盐酸、硝酸、乙酸、氢氧化钠、EDTA 等。

二、微生物对固体污染物的降解和转化

固体废弃物按组成可分为有机废弃物和无机废弃物；按来源可分为工业废物、矿业废物、生活垃圾、农业废弃物、放射性废弃物和有害废弃物。据报道，2016 年我国年固体废弃物超过 100 亿 t，其中畜禽养殖业废弃物 40 亿 t，农作物秸秆 10 亿 t，工业废弃物 33 亿 t，建筑垃圾 18 亿 t，大中城市生活垃圾 2 亿 t。近 30 多年来一直处于上升趋势，年增长率为 7%～9%。

城市生活垃圾是城镇日常生活中产生的固体废弃物。生活垃圾已成为我国最严重的污染源之一。具有数量巨大、组成复杂、污染严重、处理率低等特点。目前垃圾处理以无害化、减量化和资源化为目标。其无害化的主要方法有卫生填埋、高温堆肥和焚烧。前者是利用天然山谷、低洼、石塘等凹地或平地，经防渗、排水、导气、拦挡、截洪等处理，将垃圾分区按填埋单元堆放至最终设计标高后覆盖 0.8～1.0m 厚的土，压实，封场。其优点是工程造价和处理费用较低。缺点是占地面积大，稳定时间长，产生的渗滤液浓度高、毒性大、处理难，严重影响卫生。

高温堆肥是将分选的有机垃圾在发酵池（场）中堆积，通气，高温发酵使有机物转化为腐殖质并杀死病原体。优点是处理时间短并可产生大量的有机肥。缺点是操作较复杂，费用偏高。

焚烧是将垃圾经检选、破碎、分选等预处理后，进入焚烧炉在 800～1000℃下转化为灰渣。

我国目前垃圾无害化处理以卫生填埋为主，占全部处理量的 70%以上。

（一）无机污染物的微生物转化

微生物在无机污染物的转化中起重要作用。这里主要讨论重金属污染物的微生物转化。

金属矿床的开采，金属材料的加工，金属制品的使用，每年有大量的金属污染物排入环境，

被雨水浸淋，流入江河。水中的金属离子已达到使有的鱼类绝迹或不可食用的程度。有些金属污染通过生物体的富集和转化已引起十分严重的后果。其中尤以汞、砷、铅、镉、铬等对生物的毒性最大。重金属对人类的毒害与其浓度及存在状态关系密切。有机汞和有机铅化合物的毒性超过其无机化合物；六价铬比三价铬毒性更大。微生物不能降解重金属，只能使它们发生形态间的相互转化及分散、富集等作用，通过改变重金属的存在状态改变其毒性。

1．汞 以元素汞及有机汞、无机汞化合物三种形式存在，都有毒性。一般无机汞对人的毒性最小，烷基汞的毒性最大，如甲基汞的毒性比无机汞高 50～100 倍。汞广泛用于电器、仪表、涂料及氯碱、农药、防腐剂、制药和造纸等工业，绝大部分最终进入环境。此外，煤炭和石油燃烧及岩石风化都放出大量的汞。严重危害人类健康和鱼类生存。20 世纪 50 年代日本和瑞典的汞污染造成了大规模中毒事件，促进了对汞污染和转化的研究。

元素汞、离子汞经甲烷细菌作用形成甲基汞（CH_3Hg）。甲基汞、二甲基汞等烷基汞在水中极易溶解又能快速被细胞吸收。这类化合物进入生物体内又不易降解和排出，对生物的毒性很强。汞在生物圈内通过食物链逐级富集可达到惊人的程度，如某些脊椎动物肝脏内汞含量高达 224.8μg/g，是藻类的几百倍。汞在生物体内的富集对人类和动物的危害特别严重，可导致肝、肾和脑细胞破坏而死亡。被汞污染的河泥中有抗汞的微生物，能将甲基汞等有机汞和离子汞还原成元素汞。已知有 4 种细菌能将甲基汞转化成甲烷和元素汞。大肠杆菌、金黄色葡萄球菌、铜绿假单胞菌等许多微生物能使离子汞（$HgCl_2$）转化为元素汞。有机汞污染物如醋酸苯汞和乙基汞磷酸盐等也能被微生物转化为汞、苯和乙烷。用这类菌体吸收含汞废水中的甲基汞、乙基汞、硝酸汞、乙酸汞、硫酸汞等水溶性汞还原成元素汞。收集菌体处理，体内的元素汞一部分蒸发，用活性炭吸收；另一部分汞沉淀在反应器底部可回收，金属汞的回收率达 80%以上。

汞污染的防治，首先是严格控制含汞污染物进入水体和土壤，禁止使用汞涂料和含汞杀真菌剂；其次，对含汞污染物用解汞微生物处理，既治理污染又回收利用汞。

2．砷 砷可使人和动物中枢神经系统中毒，使细胞代谢的酶系失去作用；可与巯基结合使酶变性；增加活性氧引起细胞损伤和基因调控紊乱；有致癌作用，毒性很强。长期饮用被砷污染的水使皮肤发黑，手掌、足底皮肤角化，皮肤癌、肝癌发病率升高。亚砷酸离子比砷酸离子毒性更大。挥发性的三甲基砷对人体有高毒害。砷和砷化物普遍用于农药、药品制造及木材、标本防腐，还用作玻璃和墙壁的颜料。使用中有大量的砷进入环境，危害人体。

砷能发生生物甲基化，微生物能将砷转化成三甲基胂。许多细菌如无色杆菌可将亚砷酸盐氧化成为砷酸盐。甲烷细菌、脱硫弧菌等许多微生物能将砷酸盐还原为毒性更大的亚砷酸盐。

3．铅 铅用作电缆、蓄电池、铸字合金、防射线设备等的材料和油漆、农药、医药等原料及汽油添加剂。铅对人体毒性大，积累于骨、肝、肾等部位可引起乏力、食欲不振、腹泻、便秘以至腹绞痛及手脚麻痹、脑功能受损等，严重的会死亡。铅经微生物甲基化产生四甲基铅。

微生物还参与镉、硒、碲、锑、铜、锡等其他重金属的转化。

（二）有机污染物的微生物降解

微生物代谢类型多，自然界中各种有机物都可被微生物降解。随着工业的发展，许多人工合成的有机物排入环境。在新的选择压力下微生物能通过基因突变、接合、转化、转座形成有新降解能力的新菌株；更多的是可通过形成新的诱导酶以适应新的环境，产生新酶系的微生物具备新的代谢功能便能降解新的有机物。经过选择，微生物逐步提高分解新有机物的能力。主要通过氧化、还原、水解、聚合等反应分解有机污染物。微生物对有机污染物的降解潜力巨大。

1．碳氢化合物的微生物降解 石油是含有多种烃类和少量其他有机物的混合物。由多种微生物的共同作用使其分解。石油及其产品的微生物降解给人类的影响是多方面的。既有有利的，除利用它们以石油作碳源生产石油蛋白，作探矿指示菌、开采、加工石油外，还可利用它们消除石油污染等。也有不利的，如它们的活动会降低石油及其产品的质量等。

微生物在石油污染治理中正发挥越来越大的作用。已知有28属细菌、30属丝状真菌和12属酵母菌共70属200种的微生物能降解石油。石油污染极其普遍，生产、储存、运输、加工、使用中都有大量渗漏，常造成严重后果：破坏土壤生态系统的结构和功能，严重影响土壤的透气性和渗水性，导致土壤板结、肥力下降；油膜浮于水面使溶解氧大大减少，引起鱼类呼吸困难、窒息死亡，即使不死带有油味也影响食用；使海滩变质，风景区破坏，鸟类遭危害。石油含多种多环芳烃，已知其中有七八种能致癌，尤以3,4-苯并芘致癌作用最强，通过食物链的生物富集直接危害人类健康。正从各方面努力提高微生物对石油的分解速度，如构建“超级菌”降解石油污染。煤矿中瓦斯易爆炸，经甲烷氧化菌或酶处理后可消除煤矿甲烷，防止瓦斯爆炸。

2．氰（腈）化合物的微生物降解　随着化纤工业的发展，含有机腈化物如丙烯腈、乳腈等和无机氰化物的污染物日益增多。氰（腈）化物都有剧毒，可抑制细胞色素氧化酶，造成组织内窒息。一升水中只要含有0.05mg氰，鱼类就中毒死亡。人只要吸入一滴（约50mg）氢氰酸蒸汽就会立即死亡。口服0.1～0.3g KCN或NaCN马上致命。能分解氰（腈）化物的微生物有诺卡菌、茄病镰刀霉、木霉和假单胞菌等几十种。有机腈化物较无机氰化物易被降解。

3．合成洗涤剂的微生物降解　商品洗涤剂都含一定量的表面活性剂和添加剂。表面活性剂主要是合成脂肪酸衍生物、烷基磺酸盐、烷基苯磺酸盐或烷基硫酸盐等有机化合物。它们能降低表面张力，促进乳化，故广泛用于清洁剂、乳化剂和湿润剂制造。高浓度的表面活性剂对软体动物、甲壳动物、藻类和鱼类有毒。环境中表面活性剂的消失几乎全是微生物的作用。

添加剂都是洗涤剂的增效剂，属聚磷酸盐类，可引起水体富营养化，使藻类大量繁殖。

原来的洗涤剂为丙烯四聚物型烷基苯磺酸盐（ABS），是微生物难分解的（硬型）合成洗涤剂的代表，对致癌的多环芳烃有增溶作用。正努力改变合成洗涤剂结构，制成微生物易分解的（软型）洗涤剂，其代表为直链烷基苯磺酸盐（LAS），一定范围内碳原子数愈多分解愈快。

4．多氯联苯的微生物降解　多氯联苯是联苯分子中的氢被氯取代的化合物，耐酸、耐碱、耐腐蚀，有稳定、绝缘、不燃、耐热等特点，作绝缘润滑油、热载体、软化剂、增塑剂、涂料、添加剂等。生产和使用中常污染环境，引起人和动物中毒。

高度氯代作用是其难降解的重要原因。许多微生物能降解多氯联苯，如产碱杆菌、假单胞菌、白腐菌和不动杆菌能分解多种多氯联苯；蜡状芽孢杆菌能使一氯联苯、二氯联苯全部分解。

二噁英是含氯有机物燃烧中产生的剧毒多氯化合物，可抑制免疫、肝中毒、影响发育和生殖、诱发肿瘤等。鞘氨醇单胞菌（*Sphingomonas*）等能降解和转化多种二噁英类污染物。

5．农药的微生物降解　农药是除草剂、杀虫剂和杀菌剂的总称。化学农药种类多、使用广。全世界农药年产量达200多万吨，品种有500多种，常用的也有100多种。大多是有机氯制剂、有机磷制剂或有机汞制剂。这些合成农药都比较稳定，能在土壤中存留较长时间，甚至长达10年以上。农药污染食品、污染环境越来越严重，各国都在研究微生物降解化学农药。环境中有机农药的消失主要是微生物的降解作用，细菌、放线菌和真菌等都能降解农药。

微生物以两种方式降解农药：一种是以农药作碳源和能源，有时还作氮源使农药降解。有这种能力的微生物很多，如假单胞菌属和诺卡菌属的某些种。另一种是共代谢作用，微生物从其他化合物获得碳源能源后才能使农药转化，如氢单胞菌在降解二苯甲烷作碳源生长时能共代谢降解农药DDT的脱氯衍生物DDM。DDM的降解不能为菌株提供碳源和能源。微生物对农药的降解与降解质粒有密切关系，许多降解基因均位于降解质粒上，降解质粒表达的各种酶类使复杂农药分子逐步矿化。正利用基因工程技术构建广谱农药降解的超级菌。我国科学家成功构建完全矿化甲基对硫磷的工程菌、能降解甲胺磷和苯环类化合物的工程菌 TP2、能降解有机磷和有机氯农药的工程菌及能同时高效降解甲基对硫磷和呋喃丹的工程菌等一系列农药高效降解工程菌。研制出清除稻米、蔬菜、茶叶、水果、旱竹笋等表皮残留农药的高效工程解毒剂。

微生物对农药的作用是多方面的，可以归纳为 6 种类型。

1）去毒作用。农药被微生物作用后失去毒性。

2）降解作用。通过脱卤、脱烃、水解、氧化、还原、环裂解等反应将其分解为小分子物质。

3）活化作用。微生物可将无毒物质转化为有毒的农药，如除草剂 2,4-D 丁酸和杀虫剂甲拌磷等许多农药都是微生物的代谢产物。

4）失去活化性。一种无毒有机物可在酶的作用下活化成农药，但有的微生物能将这种物质转化成另一种无毒物质，且不能再活化为农药。

5）结合或加成作用。微生物代谢产物与农药结合形成复杂物质。这常常是解毒作用。

6）改变毒性谱。某一类农药对某些有机体有毒性，被微生物作用后却能抑制另一类有机体，如杀菌剂五氯苯醇在土壤中经微生物作用后变成除草剂氯苯酸。

现简单介绍几种农药的微生物转化。

（1）除草剂的微生物降解　弄清除草剂在土壤中的转化，可为防治污染提供依据。

1）苯氧乙酸的微生物降解。它是一大类除草剂，2,4-D 是其中常用的一种，是有高度选择性的内吸除草剂。双子叶植物对 2,4-D 最敏感，容易被杀死。禾本科植物抗药力较大。高浓度时 2,4-D 是良好的除草剂；低浓度（1mg/kg）时有刺激作用，可防治落花、落果、倒伏和促进早熟、生根等。2,4-D 在微生物作用下逐渐转变成有机酸，最后被好氧微生物分解为 CO_2、水和氯离子。能完全降解苯氧乙酸的微生物有细菌、放线菌和真菌。

2）氟乐灵的微生物降解。它是一种新型除草剂，可作曲霉属的唯一碳源，很容易被分解，经过微生物作用逐步分解为二氧化碳、水、氨和氟化氢。

3）阿特拉津的微生物降解。均三氮苯类除草剂广泛用于各种作物杂草的控制，阿特拉津是其中应用最广的一种，主要用于玉米、高粱、甘蔗等作物宽叶杂草的选择性去除。均三氮苯类除草剂结构稳定，具明显的生物难降解性，已引起严重的生态问题。降解阿特拉津的微生物有假单胞菌属、诺卡菌属和红球菌属的某些种，降解途径包括脱烷基、水解、开环三个过程。

（2）杀虫剂的微生物降解　农药在土壤中的分解速度主要与其分子结构、理化性质及微生物的作用有关。

1）DDT 的微生物分解。DDT 曾是有机氯杀虫剂主要品种之一，世界各地曾用它控制卫生和农业害虫。它对人畜的急性毒性不大。但性质稳定，不易分解，可通过食物、饲料进入人畜体内，在脂肪中部分积累，危害健康。现已禁用。细菌及放线菌、真菌都能分解 DDT。好氧时产气肠杆菌（*Enterobacter aerogenes*）能缓慢地将 P,P′-DDT（工业 DDT 主要成分）脱去 HCl 形成 P,P′-DDE。厌氧时微生物能快速脱去 P,P′-DDT 的氯原子，主要生成 P,P′-DDD（杀虫剂）。DDT 主要通过共代谢作用降解，尚未分离到一种菌能将 DDT 作为唯一碳源及能源而将其分解。DDT 的降解关键是脱氯。P,P′-DDT 的对氯苯基对微生物比较稳定，氢单胞菌与镰孢霉同时培养可将 DDT 分解成水、二氧化碳和氯化氢。绿色木霉三天内可降解 DDT 90%。

2）六六六的微生物分解。工业品六六六是其多种异构体混合物，其中 γ-六六六是有效成分。常食用有六六六残留的食物会使它在体内积累，危害健康。现已禁用。γ-六六六很稳定。土中有分解 γ-六六六的微生物。生孢芽孢梭菌及大肠杆菌分解 γ-六六六产生少量苯及氯苯。

3）有机磷农药的微生物分解。它较有机氯农药容易降解。微生物降解有机磷杀虫剂最常见的反应是脂酶水解。对硫磷经对硫磷水解酶作用形成二乙基硫代磷酸和对硝基酚，对硝基酚在土中被其他微生物降解。黄杆菌属、假单胞菌属的一些菌株可经诱导生成对硫磷水解酶。以荧光假单胞菌为优势种的混合培养物能降解对硫磷（1605）。我国科学家分离到一株降解对硫磷能力很强的邻单胞菌 M6，能在 15min 内将甲基对硫磷完全降解为对硝基酚。一种假单胞菌可分解马拉硫磷。假单胞菌等能降解甲胺磷，对甲胺磷分解是通过甲胺脱氢酶、磷酸二酯酶、酸性磷酸酯酶等打破 N—P、S—P、O—P 键，甲胺磷变为无机磷后的产物可被甲基营养菌代谢。

4）拟除虫菊酯类的微生物分解。这是一类较新的农药，20 世纪 80 年代开始广泛应用，现用量占农药总用量的 25%以上。它对昆虫高毒而对哺乳动物低毒。其结构较复杂，部分转化很容易，但彻底分解很困难。它在环境中通过水解、光解和生物降解。在土壤中的半衰期为 2～12 周。已分离的降解菌有荧光假单胞菌、蜡状芽孢杆菌和无色杆菌属等，主要通过共代谢降解。

正从抗药性强的菌株内提取有较强降解农药能力的 R 质粒在微生物群体中传播，将更有效地处理残留农药的污染。有人利用基因工程构建对致癌物质 3,4-苯并芘有降解能力的新菌种。

6．剩余污泥的分解　这是污水经生化处理后沉下的固体物质，成分复杂，既含大量有机物及各种无机盐等对作物有益的成分，也有一定量的病菌、虫卵，还有有机毒物和重金属等有害物质。其组成特别是有害物质的含量主要决定于污水的种类、性质及处理方法。

剩余污泥含有大量的有机物，又含有氮、磷、钾等多种营养元素，是一种优质肥料。有害物质中，病原微生物及寄生虫卵可通过多种方法杀灭；有机毒物能在微生物的作用下逐步分解；对重金属尚无妥善的处理办法。重金属的含量成了剩余污泥能否作肥料的关键因素。

处理污泥主要有消化法和高温堆肥发酵法。消化法是将污泥排入浓缩池，浓缩后进入消化罐进行厌氧发酵，以提高肥效和减少残毒。高温堆肥发酵法是先将污泥排入干化池渗滤脱水，再与马粪、厩肥等混合堆积，一层马粪一层污泥，加适量的水，注意通气，用泥封顶。适时翻堆。利用微生物对有机物进行分解和再合成。同时利用微生物分解产生的高温杀死病菌和虫卵。

三、微生物与废气处理

废气主要来自燃烧及工厂的各种排气。废气大部分为无机气体如硫化氢、二氧化硫、氨等，还有醛、醚、醇、烷烃、芳香烃等有机物。目前废气处理主要有物化法和生物法。生物法具有设备简单、运行费用低、耗能少、易操作、效果好及二次污染小等许多优点。

目前适合生物法处理的废气主要是含有乙醇、硫醇、酚、甲酚、吲哚、脂肪酸、乙醛、酮、二氧化硫、氨和胺等的废气。生物法处理废气是利用微生物的代谢作用将废气分解为简单的无机物。这一过程很难在气相中进行，废气必须先由气相转移到液相或固相表面的液膜中，再被微生物吸收降解。同废水一样，特定的成分都要有适宜处理的微生物群落。处理挥发性有机物时微生物种类以异养细菌为主，霉菌次之，极少有酵母菌。大部分细菌是杆菌和内生孢子菌。废气中只含无机物时微生物是以二氧化碳为碳源的化能自氧型细菌为主。

按微生物在废气处理系统中存在的形式可将处理工艺分为附着生长系统和悬浮生长系统。附着生长系统中微生物是附着在介质上，废气通过固定床时被吸收、降解，典型方式是生物过滤法。悬浮生长系统中微生物存在于液体中，废气通过传质进入液相被降解，典型方式是生物吸收法。同时具有两种生长系统特性的典型方式是生物滴滤法。

生物过滤法中废气在增湿后通过反应器的生物活性填料层，污染物从气相转移到生物滤料层并被附着的微生物氧化分解。该法大多用于气态无机物、挥发性或气态有机污染物等的处理。

生物吸收法工艺由废气吸收段和悬浮液再生段组成。在废气吸收段废气中的污染物和氧转入液相被微生物吸收，净化后的气体从上部排出。在悬浮液再生段吸收了废气污染物的生物悬浮液从再生反应器底部流入，通入空气充氧，污染物通过微生物氧化从液相中除去。再生后的悬浮液从吸收设备顶部喷淋，反复循环。再生反应器常用活性污泥法或生物膜法。吸收过程很快，停留时间仅几秒钟；再生过程较缓慢，停留时间为几分钟至十几小时。生物吸收法大多用于有机废气和在液相中溶解度较大的废气的净化和脱臭。

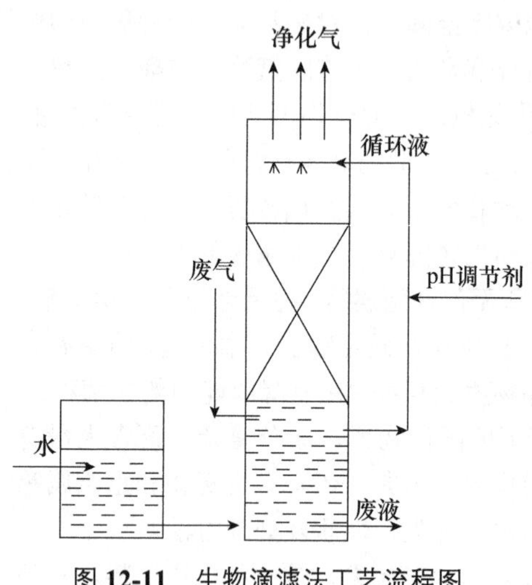

图 12-11 生物滴滤法工艺流程图

生物滴滤法工艺集生物吸收和生物氧化于一体。气体从生物滴滤器的底部进入填料层与回流水接触，最大限度地被吸收进入液相。溶解在水中的污染物被微生物吸收，作为碳源和能源、营养被分解为二氧化碳、水和盐。净化后的气体从顶部排出（图 12-11）。

生物处理废气最初用于脱臭逐步用于化工排气处理。我国用该法大多处理有机废气，先由气相转至液相或固体表面液膜再在系统中由混合微生物处理。

四、微生物与废物资源化

人类正面临粮食、能源、资源、环境污染等许多严重危机。微生物种类繁多，作用独特，使废弃物资源化，同时消除环境污染。它们有很强的分解和合成能力，各种废弃物、污染物都可经微生物的降解与转化，综合利用，变废为宝，化害为利。经微生物转化为资源的途径很多。

利用微生物菌体作食品和饲料以补充蛋白质等营养。单细胞蛋白营养极为丰富，不仅蛋白质含量高达 40%～80%，而且氨基酸组成齐全，还有丰富的多种维生素。微生物生产单细胞蛋白有效率高、原料广、成本低、产品安全性好等许多优点。细菌、放线菌、酵母菌、霉菌、藻类和原生动物等各类微生物都可利用各种工农业及生活废渣、废水、废气生产单细胞蛋白。我国已广泛利用蔗渣、纸浆废液、酒糟、味精废水、甲醇废水等废弃物培养酵母菌、白地霉、假单胞菌、螺旋蓝细菌等多种单细胞蛋白。并提取核糖核酸、辅酶、维生素等制药及化工原料。

利用微生物体内的酶或制成酶制剂，用以加工某些产品。微生物种类很多，有各种各样的酶。并且微生物酶具有特异性高、作用条件温和、产物均一、不污染环境等优点。已制成多种酶制剂广泛用于食品加工、洗涤剂、医药、纺织、造纸、制革和日常生活。由极端微生物产生的嗜热、嗜冷、耐酸、耐碱的水解酶和 DNA 聚合酶等特殊酶类更有广阔的应用前景。

用微生物的多糖、脂类、有机酸、醇类、维生素、氨基酸、抗生素等各种代谢产物制备生化试剂、医药和化工产品等。除进一步发展传统的乙醇、丙酮、丁醇、乙酸、甘油、异丙醇、柠檬酸、苹果酸、延胡索酸和甲叉丁二酸等生物基化工产品外，还要发展新型的水杨酸、乌头酸、丙烯酸、己二酸、丙烯酰胺、癸二酸、长链二元酸、长链二元醇、γ-亚麻酸、聚乳酸、聚羟丁酸等生物基化工产品。用真菌多糖生产抗肿瘤、抗病毒的新药。用微生物的代谢产物生产新型塑料、功能材料等新材料、新能源。微生物的代谢产物种类极多，潜力巨大。

利用微生物的代谢活动将废弃物、污染物转化为产品。细菌冶金、肥料积制、沼气发酵、能源生产等都是利用微生物的代谢活动。微生物种类多，代谢类型多，其代谢过程又易调节，利用潜力巨大。例如，可用微生物冶金技术对铜、金、铀等贵重金属矿渣、炉渣深度开发利用。特别是用微生物的代谢活动处理城市垃圾和工农业废弃物大有可为。理想的垃圾处理方式应该是综合处理：在垃圾源头减量化的基础上分类贮存、分类收集；加强废品回收利用；对无回收价值的废弃物充分利微生物的降解作用，提高并推广沼气发酵技术。综合利用，变废为宝。

五、微生物与生物修复

生物修复是用生物的代谢活动降低环境中有毒有害物质的浓度或使其无害化，使被污染和破坏的局部环境部分或完全恢复到原初状态的过程。例如，废弃的工厂和军事基地、地下水、加油站附近土壤、原油泄漏污染的海洋及海滨等。这些严重污染的地区已不适合普通生物生存，常用微生物和植物修复。微生物修复研究得最多，微生物种类多，适应能力强，能诱导产生代谢特殊污染物的酶系，总能找到合适的微生物修复被污染的局部环境。微生物修复使环境中有毒有机物在微生物作用下分解为二氧化碳和水。自然情况下发生的生物修复一般较慢，远达不到生产的要求。生产上一般用工程化手段加速生物修复进程，这种在受控条件下的生物修复称强化生物修复。生物修复有污染物在原地被降解清除、修复时间短、操作简便、效果好、费用低、对周围环境干扰少、对人类影响小、不发生二次污染、遗留问题少等许多优点，应用较广。

生物修复方法主要有原位生物修复、易位生物修复和原位-易位联合生物修复。不移动污染物的生物修复称原位生物修复。主要包括生物通风、生物强化、土地耕作三类技术措施，以改善微生物生存的环境条件，增强其转化活性。原位修复成本低，但效果较差，适用于面积大、污染负荷低的表层土壤的修复。易位生物修复是将严重污染的土壤或地下水从污染环境取出，集中处理后返还。目前主要利用预制床、堆制式及生物反应器三类生物修复技术。预制床可分条形堆制、静态堆制及反应堆制等方式。生物反应器有泥浆生物反应器、过滤生物反应器、固定化膜、固定化细胞及厌氧反应器等多种。易位修复效果较好，但成本高，适用于小面积、高污染负荷的土壤修复。联合修复是将原位修复和易位修复相结合，扬长避短。主要有冲洗-生物反应器处理系统、抽提-生物反应器-回注复合系统。目前，生物修复主要用于土壤、水体、海滩的农药、石油、富营养化等污染的治理及固体废弃物的处理。例如，土壤表层受污染可在土壤表层喷洒培养好的能降解特定污染物的微生物、营养物和水，提供共代谢底物，添加过氧化氢等促进剂及表面活性剂等分散剂提高污染物的溶解度，耕耙混匀并加强通风，促进微生物繁殖，增强其修复能力。经验表明，通气和添加营养尤其重要。南京农业大学利用接种高效降解有机磷农药的假单胞菌 DLL-E4 可消除土壤中 60%以上的农药残留。我国在春笋、芦笋、韭菜等根部施用防治害虫的农药后隔一段时间施用降解目标农药的微生物修复剂，使这些蔬菜的农药残留量符合国家标准。其施用时间十分关键，必须兼顾杀虫和修复双方作用。若土壤深层受污染则充分利用土壤及地下水中的微生物，添加其需要的营养物质，加强通风，促进其降解活动。例如，补充氮磷促进土壤中烃类降解菌分解泄漏的原油效果良好。地下水受污染要清除污染物十分困难，地下水的污染主要来自污染物泄漏及事故性排放，垃圾填埋场浸出液泄漏也是重要的污染源。污染物中含大量的脂肪烃、芳香烃及酚类、有机氯等。早期地下水污染的修复是将地下水抽到地面反应器中处理后再经表层土壤渗透返回地下水。现用较完整的地下水原位生物修复技术，通过注射井向含水层通入氧气及营养物质，依靠地下水中的土著微生物分解污染物。

为了安全，用基因工程获得有特殊降解能力的微生物现仅用于密闭系统中污染物的处理。

退化生态系统是结构与功能受到严重干扰和破坏，生物多样性丧失的生态系统，如沙漠化的陆地及废弃的矿山等。在许多恶劣的自然条件下植物的定植生长极其困难，建立微生物与植物共生体有助于提高植物定植的能力，占据适宜的生态位。最重要的是根瘤菌、菌根菌、根际微生物等，可为植物提供氮、水分、矿物质等。加速退化生态系统的修复。

六、微生物与环境监测

作环境状况指标的生物称指示生物。微生物种类多、分布广、对环境条件敏感，与环境关系极为密切。因此，常用于环境监测。

1．水质监测

（1）粪便污染指示菌　水体中如存在某种肠道细菌即表示该水体曾被粪便污染，并表示有可能存在肠道病原菌。粪便中肠道病原菌对水体的污染是引起霍乱、伤寒等流行病的主要原因。沙门菌、志贺菌等肠道病原菌数量少，检出、鉴定困难。因此，将与病原菌并存于肠道且具相关性的总大肠菌群、粪大肠菌群、粪链球菌、铜绿假单胞菌、金黄色葡萄球等作粪便污染指示菌，其中以总大肠菌群、粪大肠菌群最常使用。常根据水中“指示菌”的有无及数量评价水质。测定总大肠菌群、粪大肠菌群的常用方法有发酵法和滤膜法两种。

水质监测常用大肠菌群指数或大肠菌群值表示大肠菌群数。大肠菌群指数以 1L 水中所含大肠菌群数表示。大肠菌群值以水样中可检查到 1 个大肠菌群数的最小毫升数表示。两者关系：

$$\text{大肠菌群值}=\frac{1000}{\text{大肠菌群指数}}$$

我国生活饮用水卫生标准规定 1L 水大肠菌群数不得超过三个，即大肠菌群指数不得大于三，或大肠菌群值不得小于 333mL。

大肠菌群中细菌并非全部来自粪便，可能由腐败有机物、土壤等环境带来，可导致某些不准确。我国 2001 年颁布的《饮用水水质规范》中已增列粪大肠菌群为饮用水水质常规检查项目。粪大肠菌群是能在 44～45℃发酵乳糖的大肠菌群，也称耐热性大肠菌群。人粪中粪大肠菌群细菌占总大肠菌群的 96.4%，且在外环境中粪大肠菌群不易繁殖。常用的检测方法也是发酵法和滤膜法。多管发酵法是自总大肠菌群乳酸发酵试验的阳性管中取 1 滴转接于 EC 培养基中，44.5℃培养。用滤膜法检测总大肠菌群固体培养基用品红亚硫酸钠培养基，粪大肠菌群则用 FMC 培养基。结果观察及表达与总大肠菌群相同。水中粪大肠菌群与肠道病原微生物具有相关性。检测结果表明，粪大肠菌群的确是一种较好的水中肠道致病菌的指示菌。

（2）水体污染指示生物带　自然水体中腐生细菌的数量常与所含有机物浓度成正比。一般根据水体中腐生细菌的数量鉴别其污染程度。按污染程度将河流划分为多污带、中污带和寡污带。一般中污带较长，分为甲型和乙型两带（表 12-3）。可见从多污带到寡污带，污染物浓度逐渐降低，细菌数量由多到少，生物种类逐渐增多。

表 12-3　污水带的划分及其特征

特征	多污带	甲型中污带	乙型中污带	寡污带
腐生细菌数/mL	几十万至几百万	十几万	几万	几十至几百
有机物	含量大，主要是蛋白质及碳水化合物	较多 主要是氨和氨基酸	较少	极微
溶解氧	极低、厌氧性	少量、半厌氧性	较多、需氧性	很多、需氧性
BOD_5	非常高	较高	较低	很低

续表

特征	多污带	甲型中污带	乙型中污带	寡污带
主要生物群	硫细菌等多种细菌 鞭毛虫、寡毛虫、蠕虫	细菌、真菌、蓝细菌 纤毛虫、轮虫、蠕虫	蓝细菌、硅藻、绿藻、多种原生动物、软体动物、甲壳类、鱼类	硅藻、绿藻、金藻 轮虫、海绵动物、软体动物、甲壳类、鱼类等

生物传感器越来越多地用于污水监测。BOD 传感器由微生物与氧电极组成，微生物耗氧量大小取决于样品的 BOD。它测定一个样品仅需 10～30min，与五天培养法的测定结果有良好的相关性。已研制出多种测量各类污染物的微生物传感器投入应用。例如，用硝化细菌、氧化硫硫杆菌、大肠杆菌工程菌制成的传感器可分别测定氨和硝酸盐、硫化物、砷及各种金属离子等。

细菌发光强度受环境中氧浓度、毒物种类及其含量等的影响，用灵敏的光电测定仪可方便地检测试样中污染物的毒性与浓度。我国学者用自己从青海湖裸鱼身上分离的一株青海弧菌（*Vibrio qinghaiensis*）作试验菌，制成简便、快速、便宜的淡水型发光细菌冻干菌粉，加入复苏液活化几分钟后可随时测定水质的污染情况，半小时内可测得水质污染的数据，十分方便。

2．致突变物的微生物检测　致突变作用是致癌和致畸的根本原因。据统计，人类癌症80%～90%由环境因素主要是化学因素引起。用动物试验和流行病学调查法检测致突变物工作量巨大，费时、费力，远不能满足需要。用微生物检测致突变物方法有多种。用于检测致突变物的微生物主要有鼠伤寒沙门菌、大肠杆菌、枯草杆菌、粗糙脉孢菌、酿酒酵母或构巢曲霉等，沙门菌应用最广。

沙门菌 Ames 试验简称 Ames 试验，简易、快速、精确、灵敏，应用广泛。其原理是利用鼠伤寒沙门菌的组氨酸营养缺陷型菌株能发生回复突变的性能检测物质的致突变性。培养基不含组氨酸它们不能生长。若某种物质有致突变性，作用于细菌 DNA 使其特定部位发生基因突变回复为野生型菌株，便能在无组氨酸培养基上生长。一般用纸片点试法（图 12-12）和平皿掺入法检测污染物的致突变性。常用的组氨酸缺陷型鼠伤寒沙门菌有 6 个菌株。每次试验可同时使用几种菌株，只要其中任何一株发生回变即属阳性结果。有些化学物质原来并非致癌剂，进入机体后受肝细胞内一些加氧酶作用会形成有害的环氧化物或其他激活态化合物，故试验中要先加入鼠肝匀浆液并保温作用一段时间；试验菌株除需用营养缺陷型外，还应是 DNA 修复酶的缺陷型。图 12-12 中两块平板上是鼠伤寒沙门菌组氨酸缺陷型培养物。培养基不含组氨酸

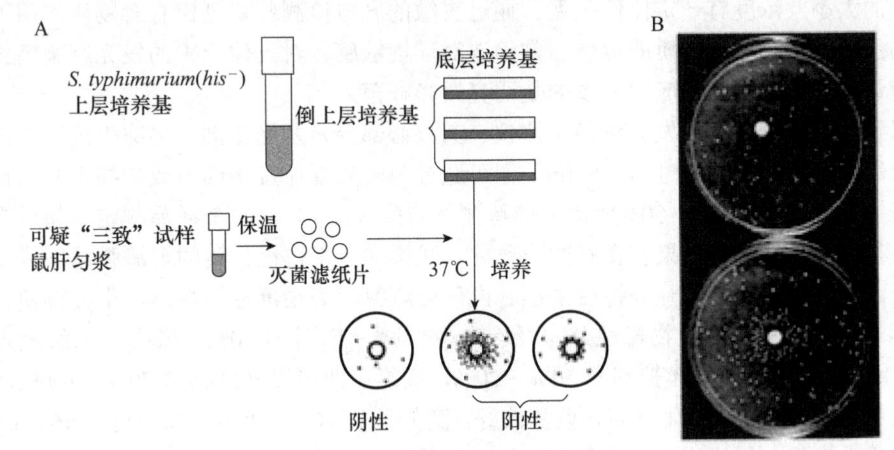

图 12-12　Ames 试验的纸片点试法

A．示意图；B．上为实验对照组，下为实验阳性组

只有回复为野生型的细菌才能生长。两块平板均有自发回复突变体，下面平板中圆滤纸片上化学物质提高突变率，纸片周围有较多的菌落。上面平板是阴性对照圆滤纸片，吸入的是水。

Ames 法虽有简便、快速、准确、低廉等较多的优点，但仍有不少缺点。此法所得阳性结果与致癌性之间的吻合率约 90%。更重要的是该法所用的实验菌属于原核生物，由它得出的结论推断真核生物致突变性仍有些不足。不过此法可作环境中污染物致突变性的初筛报警手段，再配合动物实验和化学分析便可准确识别和及时消除环境中潜在的致癌因子。它已被我国《食品安全性毒理学评价程序》（GB 15139.1—2003）、《农药登记毒理学试验方法》（GB/ T 15670—1995）等列为致突变性必做试验。

以微生物为敏感材料的致突变传感器使传统的污染物致突变性检测方法大为改进。枯草杆菌野生型菌株（rec^+）接触一定浓度的致突变物后耗氧量几乎不变，修复缺失型菌株（rec^-）的 DNA 受损后会致死，耗氧量会减少，且与致突变物浓度呈线性关系。致突变物可使鼠伤寒沙门菌组氨酸缺陷型菌株（his^-）回复突变为野生型菌株（his^+），导致耗氧量增加，his^-遇到非致突变物则耗氧量不多，与阴性对照相近。检测耗氧量的变化即可判断待测物的致突变性。

微生物传感器具有快速、灵敏、在线动态监测等优点，在致突变物监测中应用前景广阔。

3．有毒物质的检测 毒性指外源化合物与机体接触或进入机体的易感部位能引起损害的能力。一般分为急性、慢性和遗传性毒性等几类。检测毒性的手段主要有动物试验和微生物试验。动物试验费时、费力，局限性大。微生物学检测快速、方便。其原理是选择微生物的某一项或几项生理指标作为指征（如细胞生长、呼吸、酶活性等），根据待测物影响或抑制这些指征的程度判断毒性的强度。采用的指标多为半数有效浓度（EC_{50}）或半数抑制浓度（IC_{50}），即计算影响或抑制微生物某种正常生理指标值 50%所需要的待测物浓度。EC_{50} 或 IC_{50} 可与哺乳动物试验的半数致死量（LC_{50}）类比，已是国际上通行的规范化学物质安全性的重要参数。目前常用的污染物毒性检测方法包括原核微生物检测法和真核微生物检测法，选用的菌株有纯菌株也有混合菌株。

（1）*细菌发光抑制试验* 发光细菌是一类有极生鞭毛的 G^-杆菌或弧菌，兼性厌氧，有氧时能发出波长为 475～505nm 荧光。其生化反应是 $NADH_2$ 中的 H^+先传递给黄素蛋白形成 $FMNH_2$，其中的 H^+不经过呼吸链直接转移给 O_2，能量以光能释放。发光是其生理代谢正常的表现，对数期时发光能力极强。若环境条件不良或存在有毒物质发光能力便减弱，减弱程度与毒物毒性的大小及浓度有一定比例关系。通过灵敏的光电检测装置测定有毒物质作用下细菌发光强度的变化可检测被测物质的毒性。常筛选对环境敏感、对人体无害的发光细菌菌株，快速测定环境毒物。其中研究和应用最多的是明亮发光杆菌。

微量毒性分析器是一种发光细菌检测仪，其核心部分是发光菌剂。将冻干菌液与待测物混合，在所需温度下培养一定时间（5min）即可通过精密光度计直接读出或扫描出光量损失百分率。计算抑制细菌发光强度 50%所需要的待测物浓度（IC_{50}）。每个样品测定不超过半小时，测定结果与鱼类毒性实验结果有良好的一致性。我国学者用自己分离的青海弧菌制成发光细菌冻干菌粉，加入复苏液活化几分钟后半小时内便可测得污染物毒性的数据，十分方便。

根据该试验结果将测定物毒性分 4 级：一级发光抑制率＜30%，低毒；二级发光抑制率 30%～50%，中毒；三级发光抑制率 50%～70%，高毒；四级发光抑制率 70%～100%，剧毒。

本法灵敏、快速，自动化度高，重复性好，变异系数 10%～20%，优于鱼类 96h 毒性试验。

（2）*藻类生长抑制试验* 藻类对水体污染反应十分敏感。多年来广泛利用藻类监测水质和检测物质的毒性。常用的有硅藻、栅藻和小球藻，可通过测定水中这些藻类的生长量测定水质污染或物质毒性。测定藻类生长量的方法有：藻体生长量；释出氧量；摄取 ^{14}C 量；细胞 DNA

及 ATP 测定。以测定藻体生长量最直接、简便，应用最广。测定藻体生长量的方法有：在显微镜下用定容载片计数藻细胞数量；过滤后收集藻体，烘干，称重；用比浊计测定藻液浑浊度；测定藻体叶绿素含量等。在某种受试物试验浓度下，藻细胞最大生长速率与不加受试物的对照比较，已降 50%以下，且呈剂量反应关系时可认为该受试物对藻种有毒性作用。

（3）硝化细菌的相对代谢速率试验　硝化细菌的硝化作用只有微生物才能进行。测定硝化细菌的相对代谢速率可检测水及土壤中的有毒物，评判水体、土壤中污染物的生物毒性。

毒物与菌体接触会抑细胞内的酶促反应导致细胞代谢活性下降，耗氧量、CO_2 生成量、发光强度等改变，微生物传感器对这些信号强度实时、在线监测以测定待测物的急性毒性的大小。

4. 空气污染监测　许多微生物对空气污染很敏感，可利用这类微生物作指示生物，或用于研究细胞损伤。例如，大肠杆菌对由臭氧和碳氢化合物的光反应产生的烟雾有高度的敏感性，这种混合污染物的浓度不到 10ppb 时便可使大肠杆菌死亡。纯臭氧对大肠杆菌也有毒，能使细胞表面发生氧化作用，造成细胞内含物渗出而死亡。

发光细菌对测定由空气污染物引起的细胞损伤也是良好的工具。发光细菌在暗处生长，其生物发光又易测定，已知由氧化氮和丁烯经光化学作用产生的烟雾能明显阻碍生物发光。

地衣对 SO_2 很敏感，藻质成分对 SO_2 比菌质成分更加敏感，可作指示生物。一旦 SO_2 浓度过高，出现酸雨时地衣迅速消失。许多城市都积累了大量关于地衣作大气污染指标的数据。

第五节　微生物与基因工程

基因工程的产生和发展直接有赖于微生物学理论与技术的发展和运用。微生物和微生物学在基因工程中占有十分重要的地位。

一、微生物与基因工程的关系

基因工程的一切操作都离不开微生物。微生物在基因工程中起着不可替代的作用。

1. 基因资源　微生物的种类和基因的多样性，尤其是抗高温、抗高盐、耐酸碱、耐低温、分解有毒物质和杀虫等众多的特殊基因为基因工程提供了极其丰富而独特的基因资源。

2. 基因工程载体　基因工程中载体主要由微生物质粒、噬菌体等病毒 DNA 改造而成。

3. 基因工程工具酶　千余种基因工程工具酶绝大多数是从微生物中分离、纯化到的。

4. 基因克隆的宿主　微生物细胞是基因克隆的宿主，植物基因工程和动物基因工程也是先构建穿梭载体，使重组 DNA 在大肠杆菌中克隆并拼接和改造，才能转移到动植物细胞。

5. 基因表达的生物反应器　通常都是将外源基因表达载体导入大肠杆菌或酵母菌中，将“工程菌”作为生物反应器进行大规模的工业发酵，大量表达各种有价值的基因产物。

6. 基因工程理论研究　基因结构、性质和表达调控理论主要是来自对微生物的研究或将动植物基因转移到微生物中研究。微生物学不仅为基因工程提供操作技术，也提供理论指导。

二、基因工程的应用

20 世纪 70 年代兴起的基因工程使人类改造生物进入一个新的时期。基因工程的迅速发展和广泛应用，不仅对生命科学的理论研究产生深刻影响，而且为工农业生产、医药卫生及环境保护等实践领域开创了广阔的应用前景。

1. 在生物科学理论研究方面 运用基因工程技术能大量克隆目的基因，用于基因结构分析和调控机制的研究。用DNA分子杂交和限制性酶切图谱分析可研究基因结构和分析基因的不连续性、缺失、重叠和易位等特征。基因结构分析、调控机制研究和生物全套基因图谱分析对遗传密码、细胞分化、肿瘤发生和生物进化等重大基础理论问题的阐明有促进作用，用人工方法合成基因和通过基因工程技术改造缺陷基因。促进生物科学高速发展，开辟新的研究领域，进入新的研究深度。发育分子生物学、神经分子生物学、分子细胞学、分子生理学及分子进化论等学科蓬勃发展。

2. 在生产实践领域中的应用 基因工程技术能定向改变生物的遗传特性，选育有优良特性的新物种。它不仅可以改变现有的农业、轻工、化工、能源、医药和环保等产业的面貌，而且可形成许多新的重要产业。

（1）在农业上的应用 基因工程在抗病农作物新品种的选育、家畜医疗产品、生物杀虫剂、生物降解和重组动物生长激素的应用中发挥了重大作用。已陆续将某些杀虫基因和抗性基因等优良基因成功导入烟草、苜蓿、棉花等许多作物中，培育出许多有优良性状的转基因作物，其中有抗病虫、耐盐、耐碱、耐冻、抗除草剂、缩短生长期和延长蔬菜水果贮存期的新品种。带有苏云金杆菌毒素基因的抗虫棉花、烟草已推广种植；可阻遏自身乙烯产生能力的转基因番茄保鲜期可达5个月以上；已将自沙门菌分离的抗除草剂甘膦的基因经Ti质粒导入烟草，成功培育出抗除草剂的转基因作物，并相继育成抗除草剂的棉花等。植物基因工程也促进了对固氮机制和光合作用的研究。许多高产、优质的和能固氮、降解力强的作物陆续出现。

转基因动物的研究进展很大，1982年培育转基因小鼠获得成功，先后成功地将家畜的生长激素基因克隆，并用受精卵注射法导入胚胎细胞中，获得提高奶产量或瘦肉率的转基因动物。

基因工程技术在水产养殖、农副产品加工、海洋开发等方面也有重要的应用。利用基因工程技术开发的高产优质又抗病的动植物新品种、新型生物肥料和生物农药等不断出现。

（2）在工业上的应用 用基因工程技术提高传统发酵微生物的生产性能，如提高链霉菌产生抗生素的效价和谷氨酸棒杆菌产生谷氨酸的能力。在氨基酸、酶制剂等领域已有大量成功的例子。我国已用基因工程菌生产L-甲硫氨酸、中药丹参中的有效成分和异丁醇等。有的用转基因酵母菌发酵木糖生产乙醇等。基因工程在食品工业上的应用主要在以下方面：①改进传统的微生物发酵工艺以提高产品的产量和质量；②通过基因工程技术在动植物育种中的应用，改进食品生产原料的品质和质量；③构建新的基因工程微生物，产生新的发酵食品或改进原有产品的质量。基因工程技术将在氨基酸、酶制剂、有机酸、醇类、维生素、食品添加剂和单细胞蛋白等产品的生产中发挥越来越大的作用。用基因工程菌从海水中富集铀也已用于生产。

（3）在医药上的应用 治疗、诊断用药物和疫苗等基因工程药物的生产是当前基因工程最重的应用领域，进展迅速。1982年用基因工程技术生产出人工胰岛素，后来陆续生产出多种基因工程药物人生长激素、尿激酶原、链激酶、干扰素、免疫抑制因子、乙肝病毒疫苗、腹泻疫苗、口蹄疫疫苗等。近期出现治疗血友病的凝血因子、超氧化物歧化酶、β-内啡肽、人胸腺素、促红细胞生成素，还有抗癌的集落刺激因子、人的生长因子、新的人生长激素、白细胞介素和新型干扰素等。疱疹病毒疫苗、黑色素瘤疫苗、疟疾疫苗和新型乙肝疫苗等已投入临床使用。一大批新型药物、疫苗、单克隆抗体正在研究。现在不仅可用细菌、酵母菌等基因工程菌大量发酵生产各种基因工程药物和重组疫苗，而且已能用基因工程细胞、转基因植物、转基因动物代替发酵罐生产多种稀有、名贵的医用活性肽等新药。

随着对人类基因图谱的深入研究，许多基因疾病有可能用基因工程技术作基因治疗。基因治疗是向靶细胞中引入有正常功能的基因以纠正或补偿基因缺陷，实现治疗。目前基因治疗大致有三类：用正常基因弥补有缺陷基因治疗遗传疾病；通过转基因产生特异的核酸、反义核酸、RNA 干扰和抗体，消除不利的基因产物，杀死病原体和有害细胞，可治疗肿瘤和艾滋病；转基因用于提高免疫力，配合细胞或药物的治疗，增强疗效。它为临床医学开辟崭新的领域，一些尚无治疗手段的疾病如遗传病、肿瘤、心脑血管疾病、老年痴呆症及恶性传染病（各型肝炎、艾滋病等）可望通过基因治疗实现防治。我国基因治疗也取得可喜的成果，1991 年首例 B 型血友病基因治疗获得理想结果。恶性脑胶质瘤的基因治疗也进入临床应用。

（4）*在环境保护中的应用* 利用基因工程技术培育可同时分解多种有毒物质的基因工程菌。将降解芳烃、萜烃、多环芳烃的质粒转移到能降解脂烃的假单胞菌内得到能同时降解 4 种烃类的“超级菌”，可分解原油中 2/3 的烃。自然菌种消化海上浮油要一年多，“超级菌”只要几小时。利用基因工程菌在污染土壤中表达金属硫蛋白将游离的重金属离子固定，降低其毒性。

广泛使用生物农药、抗病虫的转基因作物都可减少化学农药的使用。近年来，我国学者用基因重组和克隆等方法，已研制了兼有苏云金杆菌和昆虫杆状病毒优点的新型基因工程病毒杀虫剂，还研究成功了重组有蝎毒基因的棉铃虫病毒杀虫剂。都是高效、无污染的新型生物农药。

（5）*高度警惕基因武器* 基因武器是指用基因工程技术研制的新型生物战剂（第三代生物战剂），包括高致病力的病原体、耐药菌等基因武器。它用基因工程技术在高致病力病原体中接入能对抗普通疫苗或药物的基因，或在非致病微生物体内接入致病基因制成生物武器，或通过基因工程技术增强天然毒素的毒性，尤其是利用合成生物学技术实现人工设计与合成自然界没有的生物。利用人种生化特征差异，使这些致病菌只对特定遗传特征的人致病，有选择地杀死敌方有生力量。

基因工程在生产中应用已非常广泛，在育种、植保、食品、化工、采矿、冶金、材料和能源、环保等方面都有广阔的应用前景。它将对人类作出更大的贡献。

基因工程的安全防护必须高度重视，如扩散致癌病毒、传播耐药质粒、干扰正常细胞功能、改变代谢途径、威胁生物多样性、改变生物学环境、破坏生态平衡、产生新的病原体等。为保证安全，应设法去除抗性标记基因和非目的基因的序列；认真研究重组菌的安全性，改进检测方法；加强环境中转基因生物的监测。要特别警惕生物武器的研究、制造和施放。任何转基因生物进入环境之前都必须确保其环境安全性。目前人们仍较多地选择或驯化土著优势菌作受体菌，在安全性方面较为适宜，且更接近于自然条件。

习 题

1．名词解释：微生物农药；沼气发酵；湿法冶金；微生物采油；微生物脱蜡；微生物传感器；基因武器。
2．微生物的活动对土壤肥力有何影响？
3．什么是微生物肥料？有何特点？根瘤菌剂、“5406”菌肥施用后对作物产生哪些影响？
4．什么是青贮饲料、糖化饲料、微生物蛋白饲料？试分别叙述其加工原理及特点。
5．试述苏云金杆菌、白僵菌、核型多角体病毒的杀虫原理。微生物农药有哪些特点？使用时应注意什么？
6．沼气发酵分哪几个阶段？各阶段有何特点？参与沼气发酵的微生物有哪几种？简述沼气发酵的原理。
7．面包、酱油、食用醋、味精、啤酒的生产分别利用哪些微生物作发酵菌剂？试述其微生物学原理。
8．我国目前法定的全民接种疫苗有哪几种？它们能预防哪些传染病？现在疫苗研究的发展趋势如何？
9．抗生素发酵与其他工业发酵有何不同？青霉素发酵后期为何要补充碳源？添加苯乙酸有何作用？
10．常用的污水生物处理法有哪几种？各有何特点？
11．什么是活性污泥？活性污泥包括哪些成分？活性污泥法净化污水的原理是什么？

12．废气的生物处理与废水的生物处理有何异同与联系？

13．试提出一个用微生物处理废水或废弃物，变废为宝的方案。

14．微生物对石油及其产品有何作用？应如何利用？

15．微生物在水质监测中有何作用？

16．什么是生物修复？其原理是什么？受哪些因素影响？生物修复有哪几种类型？各有何特点？

17．简述微生物学法检测污染物毒性的原理、方法与评价。

（蔡信之　缪静）

主要参考文献

蔡信之．1996．微生物学．上海：上海科学技术出版社．

蔡信之，黄君红．2002．微生物学．2 版．北京：高等教育出版社．

蔡信之，黄君红．2011．微生物学．3 版．北京：科学出版社．

蔡信之，黄君红．2019．微生物学实验．4 版．北京：科学出版社．

东秀珠，蔡妙英．2001．常见细菌系统鉴定手册．北京：科学出版社．

东秀珠，周宇光，朱红惠．等．2023．常见细菌与古菌系统分类鉴定手册．北京：科学出版社．

李阜棣．1996．土壤微生物学．北京：中国农业出版社．

李阜棣，胡正嘉．2007．微生物学．6 版．北京：中国农业出版社．

李颖，关国华．2013．微生物生理学．北京：科学出版社．

李颖，李友国．2019．微生物生物学．2 版．北京：科学出版社．

林稚兰，罗大珍．2011．微生物学．北京：北京大学出版社．

闵航．2011．微生物学．杭州：浙江大学出版社．

沈萍，陈向东．2016．微生物学．8 版．北京：高等教育出版社．

盛祖嘉．2007．微生物遗传学．3 版．北京：科学出版社．

王家玲．2004．环境微生物学．北京：高等教育出版社．

辛明秀，黄秀梨．2020．微生物学．4 版．北京：高等教育出版社．

邢来君，李明春，喻其林．2020．普通真菌学．3 版．北京：高等教育出版社．

杨瑞馥，陶天申，方呈祥．等．2011．细菌名称双解及分类词典．北京：化学工业出版社．

杨文博，李明春．2010．微生物学．北京：高等教育出版社．

叶明．2010．微生物学．北京：化学工业出版社．

赵斌，陈雯莉，何绍江．2011．微生物学．北京：高等教育出版社．

周德庆．2020．微生物学教程．4 版．北京：高等教育出版社．

诸葛健，李华钟．2009．微生物学．2 版．北京：科学出版社．

Nicklin J, et al. 2006. Microbiology. New york: Taylor & Francis Group.

Prescott L M, Herley J P, klein D A. 2005. Microbiology. 6th ed. Boston: WCB/McGraw-Hill.

Talaro K P, Chess B. 2013. Foundations in Microbiology (影印版). 8 版．北京：高等教育出版社．

附　录

常用微生物的名称

一、细菌

金黄色葡萄球菌 *Staphylococcus aureus*
淋病奈瑟球菌 *Neisseria gonorhoeae*
粪肠球菌 *Enterococcus faecalis*
唾液链球菌 *Streptococcus salivarius*
肺炎链球菌 *Streptococcus pneumoniae*
唾液链球菌嗜热亚种 *Streptococcus salivarius* subsp. *thermophilus*
脲芽孢八叠球菌 *Sporosarcina ureae*
甲烷八叠球菌属 *Methanosarcina*
藤黄微球菌 *Micrococcus luteus*
盐球菌属 *Halococcus*
詹氏甲烷球菌 *Methanococcus jannaschii*
脱氮副球菌 *Paracoccus denitrificans*
百日咳鲍特菌 *Bordetella pertussis*
根癌土壤杆菌 *Agrobacterium tumerfaciens*
产氨短杆菌 *Brevibacterium ammoniagenes*
北京棒杆菌 *Corynebacterium pekinense*
明亮发光杆菌 *Photobacterium phosphoreum*
产气肠杆菌 *Enterobacter aerogenes*
肺炎克雷伯菌 *Kelbsiella pneumoniae*
大豆根瘤菌 *Rhizobium japonicum*
褐球固氮菌 *Azotobacter chroococcum*
棕色固氮菌 *Azotobacter vinelandii*
节杆菌属 *Arthrobacter*
德氏乳杆菌保加利亚亚种 *Lactobacillus delbrueckii* subsp. *bulgaricus*
干酪乳杆菌 *Lactobacillus casei*
多黏芽孢杆菌 *Bacillus polymyxa*
苏云金杆菌 *Bacillus thuringiensis*
蜡状芽孢杆菌 *Bacillus cereus*
巨大芽孢杆菌 *Bacillus megaterium*
流产布鲁菌 *Brucella abortus*
乳酸乳球菌乳亚种 *Lactococcus lactis* subsp. *lactis*
脑膜炎奈瑟球菌 *Neisseria meningitidis*
酿脓链球菌 *Streptococcus pyogenes*
溶血性链球菌 *Streptococcus hemolyticus*
乳酸链球菌 *Streptococcus lactis*
粘质沙雷菌 *Serratia marcescens*
藤黄八叠球菌 *Sarcina luteus*
胃八叠球菌 *Sarcina ventriculi*
耐辐射异常球菌 *Deinococcus radiodurans*
嗜盐碱球菌属 *Natronococcus*
甲烷微球菌属 *Methanomicroccus*
硫还原球菌属 *Desulfurococcus*
硫化叶菌属 *Sulfolobus*
无色杆菌属 *Achromobacter*
白喉杆菌 *Corynebacterium diphtheriae*
谷氨酸棒杆菌 *Corynebacterium glutamicum*
肠膜状明串珠菌 *Leuconostoc mesenteroides*
弱氧化醋酸杆菌 *Acetobacter suboxydans*
生黑葡萄糖酸杆菌 *Gluconobacter melanogenus*
苜蓿中华根瘤菌 *Sinorhizobium meliloti*
雀稗固氮菌 *Azotobacter paspali*
巴氏固氮梭菌 *Clostridium pasteurianum*
嗜酸乳杆菌 *Lactobacillus acidophilus*
短乳杆菌 *Lactobacillus brevis*
植物乳杆菌 *Lactobacillus plantarum*
球形芽孢杆菌 *Bacillus sphaericus*
炭疽杆菌 *Bacillus anthracis*
地衣芽孢杆菌 *Bacillus licheniformis*
枯草杆菌 *Bacillus subtilis*
痢疾志贺菌 *Shigella dysenteriae*
奇异变形杆菌 *Proteus mirabilis*
伤寒沙门菌 *Salmonella typhi*

普通变形杆菌 *Proteus vulgaris*
大肠埃希菌 *Escherichia coli*
结核分枝杆菌 *Mycobacterium tuberculosis*
两歧双歧杆菌 *Bifidobacterium bifidum*
丙酮丁醇梭菌 *Clostridium acetobutylicum*
产气荚膜梭菌 *Clostridium perfringens*
嗜热菌 *Thermus thermophilus*
流感嗜血杆菌 *Haemophilus influenzae*
鼠疫耶尔森菌 *Yersinia pestis*
气单胞菌属 *Aeromonas*
铜绿假单胞菌 *Pseudomonas aeruginosa*
条纹假单胞菌 *Pseudomonas striata*
亚硝化单胞菌属 *Nitrosomonas*
脱硫单胞菌属 *Desulfuromonas*
盐生盐杆菌 *Halobacterium halobium*
氧化硫硫杆菌 *Thiobacillus thiooxidans*
满江红鱼腥蓝细菌 *Anabaena azollae*
巨颤蓝细菌 *Oscillatoria princeps*
脆弱拟杆菌 *Bcteroides fragilis*
幽门螺杆菌 *Helicobacter pylori*
绿菌属 *Chlorobium*
硝化杆菌属 *Nitrobacter*
脱硫弧菌属 *Desulfovibrio*
青海弧菌 *Vibrio qinghaiensis*
产脂固氮螺菌 *Azospirillum lipoferum*
甲烷螺菌属 *Methanospirillum*
迂回螺菌 *Spirillum volutans*
螺旋菌属 *Heliobacillus*
梅毒螺旋体 *Treponema pallidum*
双曲钩端螺旋体 *Leptospira biflexa*
脊螺旋体属 *Cristispira*
肺炎支原体 *Mycoplasma pneumoniae*
生殖道支原体 *Mycoplasma genitalium*
沙眼衣原体 *Chlamydophila trachomatis*
斑疹伤寒立克次体 *Rickettsia typhi*
普氏立克次体 *Rickettsia prowazekii*
麻风分枝杆菌 *Mycobacterium leprae*
长双歧杆菌 *Bifidobacterium longum*
破伤风梭菌 *Clostridium tetani*
肉毒梭菌 *Clostridium botulinum*
嗜酸热原体 *Thermoplasma acidophilum*
嗜热脂肪芽孢杆菌 *Bacillus stearothermophilus*
甲酸甲烷杆菌 *Methanobacterium formicicum*
氢单胞菌属 *Hydrogenomonas*
荧光假单胞菌 *Pseudomonas fluorescens*
嗜糖假单胞菌 *Pseudomonas saccharophila*
野油菜黄单胞菌 *Xanthomonas campestris*
脱氮硫杆菌 *Thiobacillus denitrificans*
嗜盐碱杆菌属 *Natronobacterium*
氧化亚铁硫杆菌 *Thiobacillus ferrooxidans*
螺旋蓝细菌属 *Spirulina*
宽球蓝细菌属 *Pleurocapsa*
柄杆菌属 *Caulobacter*
黄色杆菌属 *Xanthobacter*
着色菌属 *Chromatium*
脱硫杆菌属 *Desulfobacter*
霍乱弧菌 *Vibrio cholerae*
食菌蛭弧菌 *Bdellovibrio bacteriovorus*
红螺菌属 *Rhodospirillum*
硫螺旋菌属 *Thiospirillum*
趋磁螺菌 *Magnetospirillum magnetotacticum*
亚硝化螺菌属 *Nitrosospira*
回归热螺旋体 *Borrelia recurrentis*
问号钩端螺旋体 *Leptospira interrogans*
螺旋体属 *Spirochaeta*
脲原体属 *Ureaplasma*
肺炎衣原体 *Chlamydophila pneumoniae*
鹦鹉热衣原体 *Chlamydophila psittaci*
立氏立克次体 *Rickettsia rickettsii*
羌虫病立克次体 *Rickettsia tsutsugamushi*

二、放线菌

淡紫灰链霉菌 *Streptomyces lavendulae*
吸水链霉菌 *Streptomyces hygroscopicus*
红霉素链霉菌 *Streptomyces erythreus*
天蓝色链霉菌 *Streptomyces coelicolor*
金霉素链霉菌 *Streptomyces aureofaciens*
委内瑞拉链霉菌 *Streptomyces venezuelae*
费氏链霉菌 *Streptomyces fradiae*
龟裂链霉菌 *Streptomyces rimosus*
灰色链霉菌 *Streptomyces griseus*
春日链霉菌 *Streptomyces kasugaensis*
卡那霉素链霉菌 *Streptomyces kanamyceticus*
细黄链霉菌 *Streptomyces microflavus*

高温放线菌属 *Thermoactinomyces*
弗兰克菌属 *Frankia*
小单孢菌属 *Micromonospora*
小四孢菌属 *Microtetraspora*
游动放线菌属 *Actinoplanes*
放线菌属 *Actinomyces*
诺卡菌属 *Nocardia*
小双孢菌属 *Microbispora*
小多孢菌属 *Micropolyspora*
链孢囊菌属 *Streptosporangium*

三、酵母菌

卡尔斯伯酵母 *Saccharomyces carlsbergensis*
椭圆酿酒酵母 *Saccharomyces ellipsoideus*
黏红酵母 *Rhodotorula glutinis*
热带假丝酵母 *Candida tropicalis*
白假丝酵母 *Candida albicans*
阿舒假囊酵母 *Eremothecium ashbya*
酿酒酵母 *Saccharomyces cerevisiae*
路德类酵母 *Saccharomycodes ludwigii*
深红酵母 *Rhodotorula rubra*
产朊假丝酵母 *Candida utilis*
八孢裂殖酵母 *Schizosaccharomyces octosporus*
新型隐球酵母 *Cryptococcus neoformans*

四、霉菌

点青霉 *Penicillium notatum*
荨麻青霉 *Penicillium urticae*
高大毛霉 *Mucor mucedo*
黑根霉 *Rhizopus nigricans*
黑曲霉 *Aspergillus niger*
黄曲霉 *Aspergillus flavus*
栖土曲霉 *Aspergillus terricola*
绿色木霉 *Trichoderma viride*
里氏木霉 *Trichoderma reesei*
腐皮镰孢霉 *Fusarium solani*
白地霉 *Geotrichum candidum*
双孢蘑菇 *Agaricus bisporus*
中华被毛孢 *Hirsutella sinensis*
产黄青霉 *Penicillium chrysogenum*
灰黄青霉 *Penicillium griseofulvum*
鲁氏毛霉 *Mucor rouxianus*
红曲霉属 *Monascus*
米曲霉 *Aspergillus oryzae*
构巢曲霉 *Aspergillus nidulans*
藤仓赤霉 *Gibberella fujikuroi*
木素木霉 *Trichoderma lignorum*
球孢白僵菌 *Beauveria bassiana*
交镰孢霉属 *Alternaria*
粗糙脉孢菌 *Neurospora crassa*
蜜环菌 *Armillaria mellea*
南方灵芝 *Ganoderma australe*

五、病毒

单纯疱疹病毒 herpes simplex virus（HSV）
痘苗病毒 vaccinia virus
甲型肝炎病毒 hepatitis A virus（HAV）
甲型流感病毒 influenza A virus
狂犬病毒 rabies virus
冠状病毒 coronavirus
腺病毒 adenovirus
脊髓灰质炎病毒 poliovirus
类病毒 viroid
大肠杆菌噬菌体 Coliphage
核型多角体病毒 Nuclear polyhedrosis virus（NPV）
乙型肝炎病毒 hepatitis B virus（HBV）
口蹄疫病毒 foot and mouth disease virus（FMDV）
牛痘病毒 bovine poxvirus
人类免疫缺陷病毒 human immunodeficiency virus
烟草花叶病毒 tobacco mosaic virus（TMV）
朊病毒 prion
卫星病毒 satellite virus